Die Grundlehren der mathematischen Wissenschaften

in Einzeldarstellungen
mit besonderer Berücksichtigung
der Anwendungsgebiete

Band 94

Herausgegeben von

J. L. Doob · A. Grothendieck · E. Heinz · F. Hirzebruch
E. Hopf · H. Hopf · W. Maak · S. MacLane · W. Magnus
M. M. Postnikov · F. K. Schmidt · D. S. Scott · K. Stein

Geschäftsführende Herausgeber

B. Eckmann und B. L. van der Waerden

Paul Funk

Variationsrechnung und ihre Anwendung in Physik und Technik

Zweite Auflage

Springer-Verlag Berlin · Heidelberg · New York 1970

Geschäftsführende Herausgeber:

Prof. Dr. B. Eckmann

Eidgenössische Technische Hochschule Zürich

Prof. Dr. B. L. van der Waerden

Mathematisches Institut der Universität Zürich

Softcover reprint of the hardcover 2nd edition 1970

ISBN 978-3-642-88598-3 ISBN 978-3-642-88597-6 (eBook)

DOI 10.1007/978-3-642-88597-6

Number 72-101080

Titel-Nr. 5077

Vorwort zur zweiten Auflage.

Herr Prof. FUNK ist unmittelbar vor Abschluß der Arbeit für die zweite Auflage dieses Werkes, zu der er mich herangezogen hat, verstorben. Während seiner Krankheit hat er mich ersucht, die Arbeit zu vollenden.

Die freundliche Aufnahme, die die erste Auflage dieses Werkes gefunden hat, hat den Autor bewogen, es im wesentlichen unverändert zu lassen. Erweiterungen sind nur in den Anmerkungen vorgenommen worden.

Prof. FUNK glaubte von einer Umarbeitung auch deshalb absehen zu können, weil die in diesem Buch gegebene Darstellung der Variationsrechnung auch dem Verständnis ihrer neueren Entwicklung entgegenkommt. Von der Darlegung der auf funktionalanalytischer Grundlage aufbauenden strengen Begründung der Variationsrechnung wurde Abstand genommen, weil hierüber eine Anzahl neuer Werke vorliegt. Kap. VII ist u. a. als eine einführende Vorbereitung zum Studium dieser Werke gedacht.

Dieses Werk soll vor allem zu einer vertieften Beschäftigung mit der Variationsrechnung anregen. In diesem Sinn soll insbesondere die in Kap. IX gegebene Darstellung der Finslerschen Geometrie in Hinblick auf deren Anwendung auf physikalische Fragestellungen verstanden werden.

Dem Verlag, der auf alle Wünsche bereitwillig eingegangen ist, sei hier Dank gesagt.

Wien, im Juni 1969 W. FRANK

Vorwort zur ersten Auflage.

Die Variationsrechnung ist ein Zweig der Analysis, der auf viele der bedeutendsten Mathematiker und Naturforscher anziehend und anregend gewirkt hat. Der Antrieb, dieses Buch zu schreiben, ging vor allem anderen von dem Bestreben aus, den Studierenden und all denen, die bei ihren wissenschaftlichen Arbeiten Methoden der Variationsrechnung benötigen, eine Vorstellung davon zu vermitteln. Sicher ist es wünschenswert, daß die reinen Mathematiker die Anregungen, die die Anwendungen zur Ausbildung dieser Disziplin geboten haben und bieten, kennenlernen, und zwar in einer Weise, die nicht allzu große Opfer an Zeit verlangt. Dagegen sucht der angewandte Mathematiker, der Physiker und der Techniker in erster Linie Methoden, die es ihm ermöglichen, praktische Probleme zu lösen und, was vielleicht von noch größerer Bedeutung ist, es gewährt ihm eine innere Befriedigung, grundlegende Sätze und allgemeine Prinzipe in möglichst durchsichtiger Form erläutert zu finden. Bei der Abfassung dieses Buches schien mir auch folgende Überlegung beachtenswert: Wohl hat oft ein Physiker oder Techniker von vornherein eine gewisse Scheu, kritischen Betrachtungen, wie sie nun einmal vom rein mathematischen Standpunkt aus nötig sind, zu folgen. Aber es hat sich schon oft gezeigt, daß gerade solche kritische Betrachtungen mit den Bedürfnissen dieser Gruppe von Lesern in engerem Zusammenhang stehen, als es auf den ersten Blick hin erscheinen mag. Als meine Hauptaufgabe sah ich es an, hier eine passende Art der Darstellung zu finden, die sich an beide Gruppen von Lesern wendet. Um diese Absicht zu erreichen, schien es mir naheliegend, den Stoff in eine Form zu bringen, die der historischen Entwicklung ungefähr angepaßt ist. Wie in vielen mathematischen Disziplinen war es ja auch bei unserem Gegenstand so, daß die Forderung nach Strenge, wie sie eine einwandfreie Grundlegung verlangt, erst allmählich zur Geltung kam. Aber noch ein anderer Grund war dafür maßgebend, bei der Darstellung des Stoffes die historische Entwicklung der Variationsrechnung zu berücksichtigen. War ja doch hier gleich von allem Anfang an der Drang, eine große Klasse physikalischer Gegebenheiten durch ein mathematisches Minimalprinzip einheitlich zu erfassen, für die bahnbrechenden Forscher eine starke Quelle der Begeisterung für ihr Werk.

Dieses Streben der Forscher kommt ja auch noch heute namentlich in der Relativitätstheorie deutlich zum Ausdruck. Es liegt mir sehr daran, nicht nur über Ideen, sondern auch über ihren Werdegang zu berichten. All das was auf die Forscher bei Fassung und Planung ihrer Ideen eingewirkt hat, kann und soll auch dazu dienen, die Arbeitsfreudigkeit derjenigen, die in dieses Wissensgebiet eindringen wollen, zu erhöhen. Ich hielt es aber für unzweckmäßig, den Text mit historischen Bemerkungen zu überladen, daher habe ich diese zum Teil in einem eigenen Abschnitt im Anhang zusammengestellt. Dieser Anhang enthält ferner auch Literaturangaben. Auf diese weisen die im Text zwischen runde Klammern gesetzten Zeichen, Sterne und Kreise hin (Numerierung hielt ich für mehr störend als nützend), die freilich in keiner Weise Anspruch auf Vollständigkeit erheben. Dies ist auch nicht unbedingt nötig, da dort zitierte Bücher den speziellen Bedürfnissen einzelner Lesergruppen in weitem Maße gerecht werden.

Die Arbeit an diesem Buch hängt mit meiner mehr als 40jährigen Lehrtätigkeit an der Prager und Wiener Technischen Hochschule aufs engste zusammen. Die Darlegung der grundlegenden Sätze schließt sich im Wesentlichen an bereits Bestehendes an. Aus dem Anhang ist die

Literatur, die mich beeinflußt hat, ungefähr zu ersehen. Wohl aber darf ich es als mein Eigentum ansehen, wie ich die Brücke zu den Anwendungen zu schlagen versucht habe. Die Anregungen zu den hier behandelten Fragestellungen entstammen fast stets meinem Bedürfnis im Unterricht die Darbietung des Stoffes lebendig zu gestalten. Freilich handelte es sich hier nicht immer um wirklich gehaltene Vorlesungen, sondern auch um Vorlesungen, die nur geplant waren. Ein kleines Kapitel behandelt die Finslersche Geometrie. Daß dies in einem Buch, das sich an einen Physiker wendet, vielleicht nicht ganz unberechtigt ist, kann aus der Einleitung zu diesem Kapitel entnommen werden. Zu dem im Inhaltsverzeichnis ersichtlichen Stoff möchte ich folgendes bemerken: Ich bin mir klar darüber, daß sowohl die Anliegen des Physikers als auch des reinen Mathematikers weiter reichen. Im Anhang finden sich aber Literaturangaben, die hier weiter helfen können.

Ich bin mir insbesondere bewußt, daß viele, weittragende Ideen, die zur Variationsrechnung gehören und zu ihrer Entwicklung in neuerer Zeit wesentlich beigetragen haben, in diesem Buch nicht zur Darstellung gelangt sind. Ich denke hier vor allem an HAAR, HADAMARD, VOLTERRA und FRÉCHET. Aber Vollständigkeit anzustreben kann grundsätzlich nicht Zweck eines einführenden Lehrbuches sein.

An einigen wenigen Stellen wurden bei Beispielen Zwischenrechnungen nur in gekürzter Form wiedergegeben. Dagegen habe ich mich nicht gescheut, mir wichtig scheinende Überlegungen zu wiederholen, um Rückverweisungen, die lästig sind und somit verärgern, möglichst zu vermeiden.

Da ich verschiedenartige Probleme und Theorien behandle und insbesondere Beispiele aus mannigfaltigen Anwendungsgebieten bringe, mußte auf eine strenge Einheitlichkeit der Symbolik verzichtet werden, zumal es mir wichtig erscheint, daß die Symbolik jeweils dem Zweck angepaßt sein und möglichst suggestiv wirken soll.

Dem mehr mathematisch orientierten Leser wird auffallen, daß verhältnismäßig wenig Raum der Darstellung der hinreichenden Bedingungen für die Existenz der Lösung von Variationsproblemen gewidmet ist. Dies hängt damit zusammen, daß beim Naturwissenschafter und Ingenieur die Anregung zur Anwendung der Mathematik eng verbunden ist mit der Hoffnung, daß sich sein Problem mit einem einfachen formalen Apparat behandeln läßt. Dabei entlehnt er aus Erfahrungen die Überzeugung, daß gewisse einfache Annahmen genügen, um Eindeutigkeit und Notwendigkeit des Naturgeschehens nachzuweisen. Es wird hierbei natürlich eine gewisse Unsicherheit bei der Anwendung der Mathematik in Kauf genommen. Würde man nur den rein mathematischen Standpunkt vertreten, so würde der Umfang der hier nötigen Betrachtungen auf Naturwissenschafter und Ingenieure wohl abschrekkend wirken. Zu den oben erwähnten Annahmen zählen unter anderem auch a priori gemachte Annahmen bezüglich erforderlicher Differenzierbarkeitseigenschaften, die im Text als „zusätzliche Annahmen" bezeichnet sind.

Für den von mir hauptsächlich ins Auge gefaßten Leserkreis kann man auch nicht mit jener Sorgfalt und Ausführlichkeit alle Anforderungen an die Formulierung der ausgesprochenen Lehrsätze in Erscheinung treten lassen, wie sie bei den unmittelbar oder mittelbar unter dem Einfluß der Weierstraßschen Schule stehenden Autoren üblich war. Es würde dies gerade auf Leser ermüdend wirken, welche an der Anwendung der Theorie interessiert sind. Eben das zu vermeiden war mein Bestreben. Die an Ausführlichkeit in dieser Beziehung interessierten Leser seien auf die von mir größtenteils auch erwähnte diesbezügliche Literatur verwiesen.

Leider war ich während der Zeit meiner aktiven Tätigkeit als Hochschullehrer nur imstande den Text dieses Buches in den Grundzügen zu konzipieren, aber nicht zu revidieren. Dies hängt nicht nur mit der starken Inanspruchnahme durch Vorlesungen und Prüfungen zusammen, sondern vor allem auch damit, daß die Pflicht zu Fragen des akademischen Lebens und des internen Betriebes der Hochschule Stellung zu nehmen viel Spannkraft erfordert hat.

Diese hier angedeuteten Umstände brachten es mit sich, daß das dem Verlag übergebene Manuskript an vielen Stellen erst bei den Korrekturen eingehend überarbeitet werden konnte. Außerdem wurde ich, vor allem was das Kapitel VI betrifft, das ursprünglich nur als ein kurzer auf die Literatur hinweisender Abriß geplant war, durch meinen Mitarbeiter, Herrn Dr. Wilhelm Frank, veranlaßt, mit Rücksicht auf die Bedeutung, die den dort behandelten Gegenständen zukommt, die Darstellung wesentlich zu erweitern. Doch habe ich mich auch hier darum bemüht, nur die Hauptgedanken und diese bloß in den Grundzügen zu skizzieren. Vielfach habe ich auch dabei auf die detaillierte Angabe aller analytisch erforderlichen Voraussetzungen verzichtet. Ich glaube das um so eher verantworten zu können, als zu erwarten ist, daß in dem von E. Hölder angekündigten Ergänzungsband zum Lehrbuch von C. Carathéodory in Bälde eine ausführliche und allen Anforderungen der Strenge genügende Darstellung des insbesondere im zweiten Abschnitt dieses Kapitels behandelten Gegenstandes verfügbar sein wird.

Ich bin mir vollkommen bewußt, daß der Verlag mir hier sowie in der Ausstattung dieses Buches in einem ganz außergewöhnlichen Maße entgegengekommen ist und ich fühle mich verpflichtet, ihm sowie insbesondere auch Herrn Prof. Dr. F. K. Schmidt, der dieses Entgegenkommen sehr befürwortet hat, meinen tiefsten Dank auszusprechen.

Unmittelbar nach Eintreffen der Bürstenabzüge der ersten Kapitel hatte Herr Kollege HERMANN SCHAEFER die überaus große Liebenswürdigkeit, mich eingehend und in äußerst wertvoller Weise zu beraten. Dabei mußte ich erkennen, daß viele Abänderungen nötig waren. Leider war es aber Kollegen SCHAEFER durch das plötzliche Anschwellen der Hörerzahl und durch die Übernahme der Leitung des Rechenzentrums der Technischen Hochschule Braunschweig unmöglich gemacht, mir weiterhin zu helfen. Seine Bereitwilligkeit hat mich tief beeindruckt und ich fühle mich ihm sehr zu Dank verpflichtet.

Zu eben dieser Zeit traf ich mit Herrn Dr. WILHELM FRANK zusammen, den ich vor vielen Jahren kennen gelernt habe und der immer schon großes Interesse an meinen Arbeiten in der Variationsrechnung und insbesondere an meinem Buch bekundet hatte. In der Folgezeit stand er mir mit einem derartigen Eifer in Rat und Tat zur Seite, wie es wohl selten einem Autor zuteil wurde. Ich bin mir meiner tiefen Dankesschuld voll bewußt. Wenn es gelungen sein sollte, den Stoff leicht faßlich darzustellen und dem Leser überflüssige Schwierigkeiten zu ersparen, so ist dies das Verdienst von Herrn Dr. FRANK, der dieses Ziel mit einer bewunderungswürdigen Beharrlichkeit verfolgt hat.

Sehr zustatten kam meinem Buch auch, daß Dr. FRANK große Erfahrung in allen drucktechnischen Angelegenheiten hatte und mir diesbezüglich jede Sorge abnahm. Auch sonst wurden mir reichlich Ratschläge und Hilfe zuteil von seiten vieler Kollegen. Ich erwähne insbesondere die Herren H. BÖRNER, E. HLAWKA, J. E. HOFMANN und C. TRUESDELL, ferner Kollegen W. WUNDERLICH, der nach einem Entwurf eines meiner Schüler die Figur einer geodätischen Linie auf einer zylindrischen Dose angefertigt hat.

Unvergeßlich wird mir auch der Eifer sein, mit dem mir meine ehemaligen Assistenten, Doz. Dr. HERIBERT FIEBER und Dr. FRANZ SELIG sowie Dipl.-Ing. HERBERT GRÜNWALD, der Assistent meines verstorbenen Kollegen W. GLASER, hilfreich und unermüdlich zur Seite standen und oft sehr wertvolle Verbesserungsvorschläge machten. Herr Doz. Dr. FIEBER hat auch die viel Umsicht und Sorgfalt erfordernde Anfertigung des Namen- und Sachverzeichnisses übernommen. Alle namentlich zu nennen, die mir in den vielen Jahren in freundschaftlicher Weise hilfreich zur Seite standen ist unmöglich. Eine bloße Aufzählung würde monoton klingen und dies wäre im Widerspruch mit meinen Gefühlen.

Viele meiner ersten für das Buch bestimmten Entwürfe hat meine Frau nach Diktat mit viel Geduld zu Papier gebracht. Ihr und allen oben genannten, herzlichen Dank.

Wien, im Juni 1962 P. FUNK

Inhaltsverzeichnis

I. Kapitel:

Begründung der Variationsrechnung durch EULER, LAGRANGE und HAMILTON

II. Kapitel:

Begründung der Theorie der zweiten Variation durch LEGENDRE und JACOBI

III. Kapitel:

Die Kritik von WEIERSTRASS und DU BOIS-REYMOND und die Aufstellung hinreichender Bedingungen durch WEIERSTRASS

IV. Kapitel:

Probleme mit Nebenbedingungen

V. Kapitel:

Die Verwendung der Quasikoordinaten

VI. Kapitel:

Zusätze zur Theorie der Variationsprobleme mit mehreren Veränderlichen

VII. Kapitel:

Die direkten Methoden der Variationsrechnung

VIII. Kapitel:

Das Prinzip von FRIEDRICHS und seine Anwendung auf elastostatische Probleme

IX. Kapitel:

Finslersche Geometrie

X. Kapitel:

Zusätze und spezielle Probleme

Anhang

Erstes Kapitel

Begründung der Variationsrechnung durch Euler, Lagrange und Hamilton

1. Die Anfänge der Variationsrechnung bei Euler und Lagrange

§ 1. Die Entstehung und die ältesten Probleme der Variationsrechnung

Den kräftigsten Anstoß zur Entwicklung der Variationsrechnung gab Johann Bernoulli, als er im Jahre 1696 das folgende Problem stellte und ein halbes Jahr später in höchst auffallender Form „die scharfsinnigsten Mathematiker des ganzen Erdkreises" aufforderte, sich an der Lösung zu beteiligen (*).

Das Problem lautete: „Wenn in einer vertikalen Ebene zwei Punkte P_0 und P_1 gegeben sind, so soll man einem beweglichen Punkt M eine Bahn P_0MP_1 anweisen, auf welcher er von P_0 ausgehend, vermöge seiner eigenen Schwere in kürzester Zeit nach P_1 gelangt." Dabei soll die Anfangsgeschwindigkeit v_0, d.h. die Geschwindigkeit im Punkte P_0 als gegeben betrachtet werden.

Legen wir ein rechtwinkeliges kartesisches Koordinatensystem zugrunde, bei dem die y-Achse nach abwärts gerichtet ist. Es seien x_0, y_0 bzw. x_1, y_1 die Koordinaten von P_0 bzw. P_1. Aus dem Energiesatz ergibt sich für die Geschwindigkeit:

$$\frac{1}{2}\left(\frac{ds}{dt}\right)^2 - g y = \frac{1}{2} v_0^2 - g y_0, \qquad ds = \sqrt{1+\left(\frac{dy}{dx}\right)^2}\, dx.$$

Bei der Formulierung wollen wir in diesem und den folgenden Beispielen annehmen, die gesuchte Kurve sei in der Form $y = y(x)$ darstellbar, wobei $y(x)$ eine zweimal stetig differenzierbare Funktion sein soll. Setzen wir zur Abkürzung

$$\frac{1}{2} v_0^2 - g y_0 = -g h,$$

so ergibt sich für die Falldauer $T(P_0, P_1)$ die Formel

$$T = \int_{P_0}^{P_1} dt = \int_{x_0}^{x_1} \frac{\sqrt{1+y'^2}}{\sqrt{2g(y-h)}}\, dx.$$

BERNOULLIs Problem läßt sich dann etwa so fassen: Unter „allen Funktionen“ $y = y(x)$, die für x_0 den Wert y_0 und für x_1 den Wert y_1 annehmen, ist diejenige Funktion zu finden, für welche das oben angeschriebene Integral einen möglichst kleinen Wert erhält.

BERNOULLI hatte den genialen Einfall, sein Problem mit dem Fermatschen Prinzip in Verbindung zu bringen, wonach das Licht jene Bahn beschreibt, die der kürzesten Laufzeit entspricht. Insbesondere wußte man damals bereits, daß dieses Prinzip, angewandt auf den Fall zweier homogener Medien, die durch eine Ebene getrennt sind, zur selben Lösung wie nach dem Snelliusschen Brechungsgesetz führt, wenn man annimmt, daß die Lichtgeschwindigkeiten in den betreffenden Medien zu den Brechungsindizes umgekehrt proportional sind. Nun ist das Verhältnis der Sinus von Einfalls- und Brechungswinkel bekanntlich gleich dem reziproken Wert des Verhältnisses der entsprechenden Brechungsindizes, d.h. also gleich dem Verhältnis der entsprechenden Lichtgeschwindigkeiten.

Um sein Problem zu lösen, dachte sich BERNOULLI das Medium zunächst aus einzelnen dünnen homogenen Schichten zusammengesetzt, die durch Ebenen $y = y_\nu$ voneinander getrennt sind. Für jede einzelne Schicht $y_\nu < y < y_{\nu+1}$ nahm er die Geschwindigkeit v_ν proportional mit $\sqrt{y_\nu - h}$ an. Nach dem Snelliusschen Brechungsgesetz ergibt sich für den Lichtstrahl ein Polygonzug, bei dem der Sinus des Winkels, den der Lichtstrahl jeweils mit der y-Achse einschließt, proportional $\sqrt{y_\nu - h}$ ist. Um diese Überlegung dem vorgelegten Problem anzupassen, war ein Grenzübergang zu unendlich vielen unendlich dünnen Schichten nötig.

Der Sinus des Winkels, den der Lichtstrahl mit der Vertikalen einschließt, ist gegeben durch $\frac{1}{\sqrt{1+y'^2}}$; somit erhielt BERNOULLI für die Differentialgleichung der Brachistochrone

$$\frac{1}{\sqrt{1+y'^2}} = K\sqrt{2g(y-h)},$$

wobei K ein Proportionalitätsfaktor ist.

Führen wir nun dimensionslose Größen ein, indem wir $2gK^2(y-h) = \eta$ und $2gK^2 x = \xi$ setzen, so erhält man weiter

$$\frac{1}{1+\left(\frac{d\eta}{d\xi}\right)^2} = \eta, \qquad \int d\xi = \int \sqrt{\frac{\eta}{1-\eta}}\, d\eta.$$

Setzt man $\eta = \sin^2 t$, so ergibt sich $\xi - \xi_0 = \frac{1}{2}[2t - \sin 2t]$ bzw. mit $R = \frac{1}{4gK^2}$ und $2t = \tau$:

$$\left.\begin{aligned} x - x_0 &= R(\tau - \sin\tau) \\ y - h &= R(1 - \cos\tau) \end{aligned}\right\}.$$

Bekanntlich stellen diese beiden Gleichungen eine Zykloide dar, und somit konnte bereits BERNOULLI das Resultat aussprechen, daß die gesuchte Kurve eine Zykloide ist.

Um den Leser möglichst rasch in den Aufgabenkreis der Variationsrechnung einzuführen, fügen wir zu diesem ersten Beispiel eine Reihe weiterer Beispiele hinzu, die für die Entwicklung der Variationsrechnung bedeutsam waren. Wir wollen dem Leser zunächst einen flüchtigen Einblick in die Problemstellung der Variationsrechnung geben und legen dabei vorerst keinen Wert auf eine präzisere Fassung.

2. Beispiel. Gegeben sind in der x, y-Ebene zwei Punkte P_0 und P_1. Wir denken uns nun die x-Achse als Achse einer Rotationsfläche F. Wir suchen eine den Meridianschnitt von F darstellende Kurve $y = y(x)$ durch P_0 und P_1 so zu bestimmen, daß die Oberfläche zwischen den durch P_0 und P_1 gehenden Parallelkreisen einen möglichst kleinen Wert bekommt.

Die analytische Formulierung deuten wir in folgender Weise an:

Gegeben: $$y(x_0) = y_0, \quad y(x_1) = y_1,$$

gesucht $$y = y(x) \quad \text{für} \quad x_0 \leq x \leq x_1,$$

so daß $$2\pi \int_{x_0}^{x_1} y \sqrt{1 + y'^2}\, dx \to \text{Min}.$$

Schon aus der bloßen Anschauung heraus wird es fraglich erscheinen, ob es immer eine Lösung durch eine in der Form $y = y(x)$ darstellbare Kurve gibt, wenn $x_1 - x_0$ im Vergleich zu y_0 und y_1 sehr große Werte annimmt. Auf die sich daran anschließenden Fragen werden wir später ausführlich eingehen. Dagegen wird man keine Schwierigkeit haben, sich die lösende Kurve vorzustellen, wenn $x_1 - x_0$ nicht sehr groß im Vergleich zu y_0 und y_1 ist. Insbesondere wird die Anschauung über die Form der wirklich eintretenden Lösung unterstützt, wenn man einen physikalischen Versuch zu Hilfe nimmt. Bekanntlich verhält sich eine aus Seifenlösung hergestellte Haut so, als ob sie das Bestreben hätte, sich so weit wie möglich zusammenzuziehen. Montieren wir also zwei etwa aus Drähten geformte Kreise so auf eine Achse, daß die Achse durch die Mittelpunkte der beiden Kreise hindurchgeht und auf den Ebenen der beiden Kreise senkrecht steht und tauchen wir dieses Gerüst in eine Seifenlösung, so wird eine Rotationsfläche entstehen, wie wir sie wünschen, vorausgesetzt, daß die beiden Kreise nicht allzu weit voneinander entfernt sind (Plateausches Experiment).

3. Beispiel. Gegeben sind eine Fläche $z = z(x, y)$, ferner zwei auf ihr liegende Punkte P_0 und P_1, deren Projektionen auf die x, y-Ebene $P_0'(x_0, y_0)$ und $P_1'(x_1, y_1)$ sind. Gesucht ist die Gestalt der kürzesten

Verbindungslinie $P_0 P_1$ auf der Fläche bzw. zunächst deren Projektion $P_0' P_1'$. Man nennt Kurven ersterer Art geodätische Linien auf der Fläche. Die analytische Formulierung deuten wir wieder in der folgenden Form an:

Gegeben: $y(x_0) = y_0, \quad y(x_1) = y_1, \quad z = z(x, y)$,

gesucht ist $y = y(x)$ für $x_0 \leq x \leq x_1$,

so daß
$$\int_{x_0}^{x_1} \sqrt{1 + y'^2 + (z_x + z_y y')^2}\, d x \to \text{Min}.$$

4. Beispiel. Gegeben sind wieder zwei Punkte P_0 und P_1. Man suche eine Kurve von gegebener Länge l, die diese beiden Punkte verbindet und so beschaffen ist, daß die Schwerpunktordinate möglichst klein wird. Denken wir uns eine Kette mit sehr kleinen Gliedern von gleicher Größe und gleicher Schwere, oder besser, einen homogen mit Masse belegten Faden, und fragen wir nun nach der Gestalt dieses der Schwerkraft unterworfenen Fadens. Die Masse je Längeneinheit wollen wir gleich 1 annehmen. Dann ist die Gesamtmasse der Kurve gleich l. Mit Rücksicht darauf, daß die Länge gegeben ist, haben wir also nur zu fordern, daß das statische Moment in bezug auf eine horizontale Gerade (x-Achse), die in der Vertikalebene liegt, welche durch die beiden Punkte P_0 und P_1 geht, ein Minimum wird. Analytische Formulierung:

Gegeben: $y(x_0) = y_0, \quad y(x_1) = y_1$,
$$\int_{x_0}^{x_1} \sqrt{1 + y'^2}\, d x = l,$$

gesucht: $y = y(x)$ für $x_0 \leq x \leq x_1$,

so daß
$$\int_{x_0}^{x_1} y \sqrt{1 + y'^2}\, d x \to \text{Min}.$$

5. Beispiel. Ein noch viel älteres Beispiel ähnlicher Art ist das sogenannte Problem der Dido, das im Zusammenhang mit der Sage von der Gründung Karthagos steht.

Gegeben sind zwei Punkte P_0 und P_1, ferner eine sie verbindende Kurve (Meeresküste in der Nähe Karthagos). Gesucht ist eine zweite, die Punkte P_0 und P_1 verbindende Kurve von gegebener Länge, die zusammen mit der ersten einen möglichst großen Flächeninhalt umschließt. Offenbar können wir durch Addition eines als gegeben anzusehenden Flächenstückes erreichen, daß die gegebene Kurve durch einen Linienzug, bestehend aus zwei positiven Ordinaten und dem zwischen diesen liegenden Stück der x-Achse, ersetzt wird.

Analytische Formulierung:

Gegeben: $y(x_0) = y_0, \quad y(x_1) = y_1,$

$$\int_{x_0}^{x_1} \sqrt{1 + y'^2}\, dx = l,$$

gesucht: $y = y(x)$ für $x_0 \leqq x \leqq x_1$,

so daß $\int_{x_0}^{x_1} y\, dx \to \text{Max}.$

Die als viertes und fünftes Beispiel formulierten Probleme nannte JAKOB BERNOULLI *isoperimetrische Aufgaben*, weil der Umfang der Figur, bzw. die Länge der Kurve gegeben ist. Das Wort „isoperimetrisch" wird auch im weiteren Sinn immer dann gebraucht, wenn Nebenbedingungen durch Vorgabe von Integralen festgelegt sind.

Der einfachste Typus solcher Aufgaben liegt vor, wenn durch zwei gegebene Punkte eine Kurve derart gelegt werden soll, daß das Integral

$$\int_{x_0}^{x_1} f(x, y, y')\, dx,$$

zu einem Extremum wird, wobei noch

$$\int_{x_0}^{x_1} g(x, y, y')\, dx = k \quad (k \text{ fest gegeben})$$

als Nebenbedingung verlangt wird.

Sehr bald traten in der Literatur auch Probleme mit mehreren Nebenbedingungen auf.

6. Beispiel. Eine naturgemäße Verallgemeinerung des zweiten Beispieles ist folgende Aufgabe:

Gegeben sei eine geschlossene Raumkurve. Gesucht ist eine Fläche $z = z(x, y)$, die durch die gegebene geschlossene Raumkurve so hindurchgeht, daß die durch diese Raumkurve begrenzte Oberfläche einen möglichst kleinen Wert bekommt. Die analytische Formulierung kann wie folgt gekennzeichnet werden:

Es sei $x = x^*(t)$, $y = y^*(t)$ eine gegebene geschlossene, doppelpunktfreie Kurve in der (x, y)-Ebene, die das Gebiet G begrenzen möge. Längs dieser Kurve sei eine periodische Funktion durch $z = z^*(t)$ gegeben. Gesucht ist diejenige Funktion $z = z(x, y)$, die die Bedingung: $z^*(t) = z\big(x^*(t), y^*(t)\big)$ erfüllt und für die das Integral

$$\iint_G \sqrt{1 + z_x^2 + z_y^2}\, dx\, dy \to \text{Min}.$$

Die dieser Forderung entsprechenden Flächen nennt man in naheliegender Weise Minimalflächen.

§ 2. EULERs Polygonmethode

Die erste systematische Behandlung der Variationsrechnung gab EULER in seinem berühmten Werk: „Methodus inveniendi lineas curvas maximi minimive proprietate gaudentes sive solutio problematis isoperimetrici latissimo sensu accepti, Lausannae et Genevae 1744." (*)

Der einfachste Typus von Variationsproblemen ist der, welcher uns in den ersten drei Aufgaben entgegengetreten ist. Dort handelt es sich immer darum: Wenn eine Funktion $f(x, y, y')$, und wenn ferner zwei Punkte P^0 und P^1 mit den Koordinaten x^0, y^0 bzw. x^1, y^1 vorgegeben sind, ist eine solche Kurve $y = y(x)$ zu finden, die die beiden Punkte verbindet und dem Integral

$$\int_{x^0}^{x^1} f(x, y, y')\,dx$$

einen möglichst kleinen (großen) Wert erteilt. Also kurz formuliert handelt es sich um die Aufgabe:

$$y(x^0) = y^0, \qquad y(x^1) = y^1,$$

$$\int_{x^0}^{x^1} f(x, y, y')\,dx \to \text{stat}$$ [1].

Zur Zeit EULERs pflegte man die Infinitesimalrechnung noch als ein Rechnen mit unendlich kleinen Größen anzusehen und eine strenge Zurückführung auf Grenzwerte fehlte vollkommen. Die strenge Begründung des Rechnens mit Grenzwerten verdankt man bekanntlich CAUCHY.

Entsprechend der Auffassung seiner Zeit, an deren Entwicklung insbesondere LEIBNIZ einen hervorragenden Anteil hatte, ersetzte EULER das vorliegende Problem durch ein zweites in folgender Weise: Er teilte das Intervall zwischen den Punkten $x = x^0$ und $x = x^1$ in n (eine große Anzahl) gleiche Intervalle, so daß $x_{\nu+1} - x_\nu = h$ klein ist.

Die gesuchte Kurve dachte sich nun EULER durch ein Polygon ersetzt, dessen Eckpunkte die Koordinaten x_ν, y_ν haben, wobei zur Abkürzung $y_\nu = y(x_\nu)$ gesetzt wird. Den Differentialquotienten an der Stelle $x = x_\nu$ ersetzte EULER also durch den Differenzenquotienten $\frac{y_{\nu+1} - y_\nu}{h}$ und das Integral durch eine mit h multiplizierte Summe

$$S = h \sum_{\nu=0}^{\nu=n-1} f\left(x_\nu, y_\nu, \frac{y_{\nu+1} - y_\nu}{h}\right),$$

wo $x_0 = x^0$, $y(x_0) = y^0$ und $x_n = x^1$, $y(x_n) = y^1$ ist.

[1] Aufgaben, bei denen nach einem Minimum gefragt wird, treten erheblich häufiger auf als solche, bei denen nach einem Maximum gefragt wird, namentlich in der Physik. Wenn es sich darum handelt, alle Folgerungen zu ziehen, die sich aus dem Verschwinden der ersten Variation ergeben (die dem Verschwinden des ersten Differentialquotienten bei gewöhnlichen Extremalaufgaben analoge Bedingung, s. S. 20), wenden wir allgemeiner die Bezeichnung „stationär" an.

Die Summe S wollen wir als den Eulerschen Summenausdruck bezeichnen.

Es verwandelt sich also die ursprüngliche Aufgabe in eine gewöhnliche Minimumaufgabe, bei der die Ordinaten $y_1, y_2, \ldots, y_{n-1}$ die gesuchten Größen sind. Man hat daher nichts weiter zu tun, als die partiellen Ableitungen $\partial S/\partial y_\nu$ zu bilden und sie gleich Null zu setzen.

Man erhält

$$\frac{1}{h}\frac{\partial S}{\partial y_\nu} = (f_y)_\nu - \frac{(f_{y'})_\nu - (f_{y'})_{\nu-1}}{h}, \qquad (1)$$

wobei zur Abkürzung

$$(f_y)_\nu \quad \text{für} \quad f_y\left(x_\nu, y_\nu, \frac{y_{\nu+1}-y_\nu}{h}\right),$$

$$(f_{y'})_\nu \quad \text{für} \quad f_{y'}\left(x_\nu, y_\nu, \frac{y_{\nu+1}-y_\nu}{h}\right)$$

gesetzt wurde. Den Ausdruck auf der rechten Seite des Gleichheitszeichens in (1) wollen wir Eulerschen Differenzenausdruck nennen und ihn mit $E_\nu(f)$ bezeichnen.

EULER verband mit dieser Überlegung folgende Deutung (vgl. Fig. 1). Eine Abänderung der Ordinate y_ν in $y_\nu + \eta_\nu$ hat eine Änderung des Differenzenquotienten an der Stelle $x = x_\nu$ von $\frac{y_{\nu+1}-y_\nu}{h}$ in $\frac{y_{\nu+1}-y_\nu-\eta_\nu}{h}$, d.h. eine Abänderung $-\frac{\eta_\nu}{h}$ zur Folge. Ferner erfährt der Differenzenquotient an der Stelle $x = x_{\nu-1}$ eine Änderung vom Wert $\frac{y_\nu - y_{\nu-1}}{h}$ in $\frac{y_\nu + \eta_\nu - y_{\nu-1}}{h}$, d.h. eine Änderung um $\frac{\eta_\nu}{h}$. Alle übrigen Differenzenquotienten bleiben unverändert, wenn man nur die Ordinate y_ν abändert.

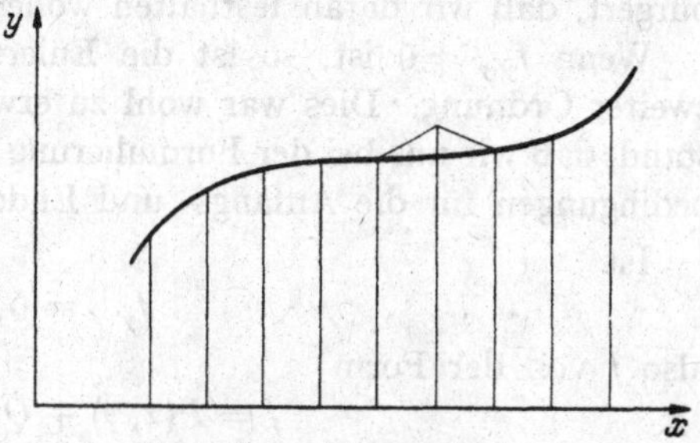

Fig. 1. EULERs Polygonmethode

Wenn sich nun der Grenzübergang für $h \to 0$ in obiger Gleichung durchführen läßt, so erhält man an Stelle der Gl. (1)

$$\boxed{f_y - \frac{d}{dx} f_{y'} = 0.} \qquad (2)$$

Nun lag es für EULER nahe, in der Aufstellung dieser Differentialgleichung den Schlüssel zur Lösung des Problems zu erblicken. Ausführlich geschrieben lautet sie, falls die Differentiation durchführbar ist

$$f_{y'y'}\, y'' + f_{y'y}\, y' + f_{y'x} - f_y = 0. \qquad (2a)$$

Die Gl. (2) ist die Grundgleichung der Variationsrechnung und wird in der Regel als Eulersche, manchmal auch als Euler-Lagrangesche Differentialgleichung bezeichnet. Der Ausdruck $\frac{d}{dx} f_{y'} - f_y$ wird Eulerscher bzw. Euler-Lagrangescher Differentialausdruck genannt, wir bezeichnen ihn gelegentlich mit $\mathfrak{L}(f)$.

Es gilt somit die Beziehung

$$\mathfrak{L}(f) = -\lim_{h \to 0} E_\nu(f).$$

Die Kurven, die der Eulerschen Gleichung genügen, nennt man nach KNESER Extremalen[1]. Die Eulersche Gleichung drückt allerdings nur eine notwendige, keineswegs eine hinreichende Bedingung für die Existenz eines Extremums aus, wie ja auch aus der naheliegenden Analogie mit gewöhnlichen Extremumsproblemen der Differentialrechnung unmittelbar zu erwarten ist. Obwohl man bei dieser Definition den Schönheitsfehler mit in Kauf nehmen muß, daß es Extremalen gibt, die kein Extremum liefern, hat sich diese Definition der Extremalen so eingebürgert, daß wir daran festhalten wollen.

Wenn $f_{y'y'} \neq 0$ ist, so ist die Eulersche Differentialgleichung von zweiter Ordnung. Dies war wohl zu erwarten, entsprechend dem Umstand, daß wir uns bei der Formulierung der Probleme noch zwei Randbedingungen für die Anfangs- und Endordinate vorgegeben haben.

Ist

$$f_{y'y'} \equiv 0,$$

also f von der Form

$$f = P(x, y) + Q(x, y)\, y',$$

so ergibt sich für die Eulersche Gleichung

$$P_y + Q_y y' - (Q_x + Q_y y') = 0,$$

also

$$P_y - Q_x = 0.$$

Nun sind drei Fälle denkbar:

a) Der Ausdruck links vom Gleichheitszeichen verschwindet nirgends oder nur in einzelnen diskreten Punkten; es existieren keine Extremalen.

b) Der Ausdruck links vom Gleichheitszeichen verschwindet längs einer Kurve; nur diese Kurve ist Extremale.

c) Der Ausdruck links vom Gleichheitszeichen verschwindet identisch. Dieser Fall ist gleichbedeutend damit, daß

$$P\,dx + Q\,dy$$

[1] C. CARATHÉODORY gebraucht das Wort „Extremale" in anderer Bedeutung (**).

ein vollständiges Differential ist. In diesem Falle ist

$$\int_{x^0}^{x^1} f(x, y, y')\,dx = \int_{P_0}^{P_1} (P\,dx + Q\,dy)$$

unabhängig vom Weg, vorausgesetzt, daß f in dem betrachteten Gebiet stetig ist. In diesem Fall sind dann alle stetig differenzierbaren Kurvenbögen zwischen P_0 und P_1 Extremalen.

Diese erste Herleitung der Euler-Lagrangeschen Differentialgleichung hält natürlich einer strengen Kritik nicht Stand, EULER selbst war sich dessen vollkommen bewußt.

Was die Integration der Eulerschen Differentialgleichung betrifft, so finden wir bei EULER vorwiegend solche Beispiele, die zwei Sonderfälle betreffen oder sich auf solche Sonderfälle zurückführen lassen.

Sonderfall 1.

Der Integrand ist von y unabhängig, $f = f(x, y')$. Dann ergibt die Eulersche Differentialgleichung

$$\frac{d f_{y'}}{dx} = 0, \qquad f_{y'} = \text{const.} \qquad \text{(Regel I)}$$

Sonderfall 2.

Der Integrand ist unabhängig von x, also $f = f(y, y')$. Auch hier kann man eine Integration sofort durchführen. Es ergibt sich

$$f - f_{y'}\,y' = \text{const.} \qquad \text{(Regel II)}$$

Formal wird man auf diesen Ausdruck geführt, wenn man y statt x als Integrationsveränderliche einführt und dadurch das Problem[1] auf den Sonderfall 1 zurückführt. Der Beweis für die in der obigen Gleichung ausgesprochene Regel ergibt sich sofort durch Differentiation und Vergleich mit (2a). Wir erhalten

$$\begin{aligned}\frac{d}{dx}(f - f_{y'}\,y') &= f_y\,y' + f_{y'}\,y'' - [y''\,f_{y'} + y''\,y'\,f_{y'y'} + y'^2 f_{y'y}]\\ &= -\,y'\,[f_{y'y'}\,y'' + f_{y'y}\,y' - f_y] = 0.\end{aligned}$$

Wir wollen nunmehr die ersten drei der in § 1 besprochenen Aufgaben nach EULERs Methode behandeln.

Wir erhalten durch Anwendung der Regel II auf Beispiel 1

$$\frac{1}{\sqrt{1 + y'^2}} \cdot \frac{1}{\sqrt{2g(y-h)}} = K.$$

Die Integration dieser Differentialgleichung wurde bereits in der Einleitung durchgeführt.

---

[1] Man beachte, daß bei dieser Substitution $\int_{x^0}^{x^1} f(y, y')\,dx$ in $\int_{y^0}^{y^1} f(y, 1/x')\,x'\,dy$ übergeht.

Bei Beispiel 2 erhalten wir wieder mit Regel II:

$$y \cdot \frac{1}{\sqrt{1+y'^2}} = K.$$

Führen wir dimensionslose Größen ein, indem wir setzen

$$\frac{y}{K} = \eta, \qquad \frac{x}{K} = \xi, \qquad \left(\eta' = \frac{d\eta}{d\xi}\right),$$

so ergibt sich

$$\eta^2 - \eta'^2 = 1.$$

Die Integration liefert

$$\eta = \mathfrak{Cof}\,(\xi - \xi_0)$$

oder

$$y = K\,\mathfrak{Cof}\left(\frac{x - x_0}{K}\right).$$

Als Meridianschnitt ergibt sich somit eine Kettenlinie.

Andererseits führt die direkte Betrachtung der Eulerschen Gleichung dazu, die geometrische Bedeutung des Resultates zu erkennen. Wir erhalten für die Eulersche Gleichung:

$$\frac{d}{dx}\frac{y\,y'}{\sqrt{1+y'^2}} - \sqrt{1+y'^2} = 0.$$

Durch Einführung von $dx/ds = \cos\varphi$, $dy/ds = \sin\varphi$ bekommt man

$$\frac{d}{ds}\,(y \cdot \sin\varphi)\,\frac{ds}{dx} - \frac{1}{\cos\varphi} = 0$$

$$\left(\frac{d}{ds}\,(y \sin\varphi) - 1\right)\frac{1}{\cos\varphi} = 0$$

$$y\,\frac{d\varphi}{ds} - \cos\varphi = 0.$$

Nun gilt für den Krümmungsradius R_m der gesuchten Kurve (also des Meridianschnittes)

$$\left|\frac{1}{R_m}\right| = \left|\frac{d\varphi}{ds}\right|$$

und für den Krümmungsradius $1/R_n$ des Normalschnittes normal zum Meridianschnitt nach dem Satz von MEUSNIER

$$\frac{1}{R_n} = \frac{\cos\varphi}{y}$$

und somit ergibt sich, daß die beiden Hauptkrümmungsradien ihrem absoluten Betrag nach gleich sein müssen. Nun ist aber die Kettenlinie nach oben konkav und somit liegen die beiden Hauptkrümmungsradien der zugehörigen Rotationsfläche auf entgegengesetzten Seiten der Tangentialebene. Sie haben daher entsprechend den Festsetzungen der Flächentheorie entgegengesetztes Vorzeichen. Es ergibt sich also, daß die Summe der Hauptkrümmungsradien oder die sogenannte mittlere Krümmung der Minimalfläche gleich Null ist.

Etwas ausführlicher wollen wir die dritte Aufgabe, das Problem der geodätischen Linien besprechen.

Die Haupteigenschaft dieser Linien besteht darin, daß die Flächennormale in die Schmiegebene fällt. Wenn wir, um diese Eigenschaft zu zeigen, unmittelbar an die bereits skizzierte analytische Fassung

$$\int_{x_0}^{x_1} f(x, y, y')\, dx = \int_{x_0}^{x_1} \sqrt{1 + y'^2 + (z_x + z_y y')^2}\, dx \to \text{stat}.$$

anknüpfen wollen, so wird es zweckmäßig sein, etwa folgendermaßen vorzugehen:

Man greife einen beliebigen Punkt der Fläche heraus und denke sich das Koordinatensystem so angelegt, daß die x, y-Ebene Tangentialebene in diesem Punkte ist und der Ursprung mit diesem Punkt zusammenfällt. Dann ist

$$z_x(0,0) = z_y(0,0) = 0. \tag{3}$$

Nach Aufstellung der Eulerschen Gleichung ergibt sich

$$y''(0) = 0.$$

Auch ohne die Eulersche Differentialgleichung ausführlich anzuschreiben, übersieht man dies leicht folgendermaßen:

Denken wir uns den Integranden nach Potenzen von x und y entwickelt, so fehlt wegen (3) das die ersten Potenzen enthaltende Glied. Andererseits enthält die linke Seite der Eulerschen Differentialgleichung nur erste Differentialquotienten nach x bzw. y, also ergibt sich für die linke Seite der Eulerschen Gleichung im Punkt $x=0$, $y=0$ dasselbe Resultat wie wenn z identisch gleich Null wäre. Geometrisch ausgesprochen ergibt sich also das Resultat:

Die Projektion einer geodätischen Linie auf die Tangentialebene ihrer Fläche hat im Berührungspunkt einen Wendepunkt. Das ist aber damit identisch, daß die Flächennormale in die Schmiegebene fällt, wie man sofort leicht erkennt, wenn man die Gleichung der Schmiegebene aufstellt.

Für den speziellen Fall der geodätischen Linien auf Rotationsflächen ist es naheliegend, als Parameter der Fläche folgende Größen zu benützen:

1. Die Bogenlänge u auf der Meridiankurve.
2. Den Winkel v, den ein Meridianschnitt mit der x, z-Ebene einschließt (z-Achse = Rotationsachse).

Ist $r = r(u)$ der Radius eines Parallelkreises, so ergibt sich für die Bogenlänge einer beliebigen Kurve auf der Rotationsfläche

$$ds = \sqrt{du^2 + r(u)^2 dv^2}.$$

Das Problem der geodätischen Linien auf der Rotationsfläche führt somit auf folgendes Variationsproblem:

$$s = \int_{u_0}^{u_1} \sqrt{1 + r(u)^2 \left(\frac{dv}{du}\right)^2}\, du \to \text{stat}.$$

Die Anwendung der Regel I ergibt

$$\frac{r^2 \dfrac{dv}{du}}{\sqrt{1 + r^2 \left(\dfrac{dv}{du}\right)^2}} = \text{const}.$$

Bezeichnet man mit φ den Winkel zwischen einer geodätischen Linie und einer Meridiankurve, so ist $\sin\varphi = r\dfrac{dv}{ds}$.

Schreiben wir das Ergebnis in der Form

$$r \cdot \frac{r\,dv}{ds} = r \cdot \sin\varphi = \text{const},$$

so ergibt sich der Clairautsche Satz:

Für jeden Punkt einer geodätischen Linie auf einer Rotationsfläche ist das Produkt seines Abstandes von der Rotationsachse mit dem Sinus des Winkels, den die geodätische Linie mit dem Meridian einschließt, konstant. (Im wesentlichen stammt der Satz schon von JAK. BERNOULLI.)

EULER behandelte auch nach derselben Methode den Fall, daß im Integranden die höheren Ableitungen der gesuchten Funktion vorkommen. Das Problem sei von der Form

$$\left.\begin{aligned} &\int_{x_0}^{x_1} f(x, y, y', y'', \ldots, y^{(m)})\, dx \to \text{stat} \\ &y^{(\mu)} = \frac{d^\mu y}{dx^\mu}. \end{aligned}\right\} \tag{4}$$

Dabei werden die Randwerte

$$\left.\begin{aligned} y(x_0),\ y^{(\mu)}(x_0) \\ y(x_1),\ y^{(\mu)}(x_1) \end{aligned}\right\} \quad (\mu = 1, 2, \ldots, m-1)$$

als gegeben angesehen. Nach EULERs Methode wird nun, wie beim früheren Problem, das Intervall wieder in eine große Anzahl von gleichen

Teilintervallen zerlegt und die Differentialquotienten durch die entsprechenden Differenzenquotienten ersetzt. Man ersetzt also der Reihe nach y', y'', $y^{(\mu)}$ durch

$$\left(\frac{\Delta y}{\Delta x}\right)_\nu = \frac{y_{\nu+1} - y_\nu}{h}, \qquad \left(\frac{\Delta^2 y}{\Delta x^2}\right)_\nu = \frac{y_{\nu+2} - 2y_{\nu+1} + y_\nu}{h^2},$$

$$\left(\frac{\Delta^\mu y}{\Delta x^\mu}\right)_\nu = \sum_{k=0}^{\mu} \frac{(-1)^{k+\mu}\binom{\mu}{k} y_{\nu+k}}{h^\mu}$$

und betrachtet statt des Integrals (4) die Summe

$$S = h \sum_{\nu=0}^{n-m} f\left[x_\nu, y_\nu, \left(\frac{\Delta y}{\Delta x}\right)_\nu, \left(\frac{\Delta^2 y}{\Delta x^2}\right)_\nu, \ldots \left(\frac{\Delta^m y}{\Delta x^m}\right)_\nu\right] \to \text{stat}.$$

EULER stellte sich zunächst die Aufgabe, ein Polygon mit den Ecken x_ν, $y(x_\nu)$ zu finden, für welches S ein Minimum wird. Dabei werden jetzt, gemäß dem Umstand, daß im ursprünglichen Problem die Randwerte für y und die der ersten $m-1$ Differentialquotienten gegeben sind, die m ersten und die m letzten Ordinaten als gegeben und alle mittleren Ordinaten als gesucht betrachtet. Ändert man einen einzigen Wert der gesuchten y_ν ab, so ändern sich auch die den Werten von $x_\nu, x_{\nu-1}, \ldots, x_{\nu-m}$ entsprechenden Summanden.

Die Differentiation nach y_ν ergibt als notwendige Bedingung für das Eintreten des Minimums:

$$\frac{1}{h}\frac{\partial S}{\partial y_\nu} = \left\{f_{y_\nu} - \left(\frac{\Delta f_{y'}}{\Delta x}\right)_{\nu-1} + \left(\frac{\Delta^2 f_{y''}}{\Delta x^2}\right)_{\nu-2} - + \cdots (-1)^m \left(\frac{\Delta^m f_{y^{(m)}}}{\Delta x^m}\right)_{\nu-m}\right\} = 0,$$

$$\left(\frac{\Delta f_{y'}}{\Delta x}\right)_{\nu-1} = \frac{f_{y'}(x_\nu) - f_{y'}(x_{\nu-1})}{h}, \quad \left(\frac{\Delta^2 f_{y''}}{\Delta x^2}\right)_{\nu-2} = \frac{f_{y''}(x_\nu) - 2f_{y''}(x_{\nu-1}) + f_{y''}(x_{\nu-2})}{h^2}$$

$$\frac{\Delta^\mu f_{y^{(\mu)}}}{\Delta x^\mu} = \sum_{k=0}^{\mu} \frac{(-1)^k \binom{\mu}{k} f_{y^{(\mu)}}(x_{\nu-k})}{h^\mu}$$

EULER machte wieder einen Grenzübergang und zog daraus den Schluß, daß für die ursprüngliche Minimalaufgabe die gesuchte Funktion y folgender Differentialgleichung genügen muß

$$f_y - \frac{d}{dx} f_{y'} + \frac{d^2}{dx^2} f_{y''} - + \cdots (-1)^m \frac{d^m}{dx^m} f_{y^{(m)}} = 0.$$

Den Ausdruck auf der linken Seite bezeichnen wir mit $(-1)^m \mathfrak{L}(f)$ und $\mathfrak{L}(f)$ wieder als Euler-Lagrangeschen Differentialausdruck. Der Faktor $(-1)^m$ bewirkt, daß das Glied mit der höchsten Ableitung mit positivem Vorzeichen versehen ist. Der Ausdruck ist, wenn das ursprüngliche

Problem Ableitungen bis zur m-ten Ordnung enthält, im allgemeinen von der $2m$-ten Ordnung, vorausgesetzt, daß

$$\frac{\partial^2 f}{\partial (y^{(m)})^2} \neq 0$$

ist.

In ähnlicher Weise wie beim einfachsten Problem ergeben sich auch hier, wie EULER bereits fand, vereinfachende Regeln, falls nicht alle Variablen im Integranden vorkommen. Wir beschränken uns auf den Fall, daß der Integrand Differentialquotienten bis höchstens zweiter Ordnung enthält.

Ist

$$f = f(x, y', y''),$$

so erhält man aus der Euler-Lagrangeschen Differentialgleichung eine Differentialgleichung dritter Ordnung von der Form

$$f_{y'} - \frac{d}{dx} f_{y''} = \text{const.} \qquad \text{(Regel III)}$$

Im Falle

$$f = f(y, y', y'')$$

erhält man die Differentialgleichung

$$f - \left(f_{y'} - \frac{d}{dx} f_{y''}\right) y' - f_{y''} y'' = \text{const.} \qquad \text{(Regel IV)}$$

Der Fall

$$f = f(x, y'')$$

liefert eine Differentialgleichung zweiter Ordnung von der Form

$$f_{y''} = c_1 \cdot x + c_2. \qquad \text{(Regel V)}$$

Endlich ergibt sich im Fall

$$f = f(y', y'')$$

folgende Differentialgleichung

$$f - f_{y''} y'' = c_1 \cdot y' + c_2. \qquad \text{(Regel VI)}^1$$

Wie der Titel von EULERs Werk anzeigt, befaßte er sich auch schon mit isoperimetrischen Problemen. Der Einfachheit halber wollen wir uns bei der Besprechung der Eulerschen Methode nur auf die in § 1 als einfachster Typus gekennzeichnete Aufgabe beschränken.

EULER wandte wieder seine Polygonmethode mit der Modifikation an, daß er die Ordinaten von zwei aufeinanderfolgenden Polygonecken gleichzeitig abänderte. Er schloß im wesentlichen folgendermaßen: Er-

[1] Regel III und V folgen unmittelbar aus der allgemeinen Form der Eulerschen Gleichung; auf Regel IV könnte man durch Vertauschung von y und x geführt werden, VI ergibt sich als Kombination von III und IV.

setzt man die Ordinaten $y=y_\nu$ und $y=y_{\nu+1}$ durch $y_\nu+m$ bzw. durch $y_{\nu+1}+n$, dann ist die Änderung, die der von der Funktion f herrührende Ausdruck S in erster Annäherung erfährt mit dem durch (1) eingeführten Eulerschen Differenzenausdruck darstellbar durch

$$\Delta S \approx E_\nu(f)\, m + E_{\nu+1}(f)\, n.$$

Sei $\overline{S}$ der analoge Ausdruck für die Funktion g, so ist

$$\Delta \overline{S} \approx \overline{E}_\nu(g)\, m + \overline{E}_{\nu+1}(g)\, n.$$

Soll S ein Minimum werden und $\overline{S}$ konstant bleiben, so müssen die Ausdrücke für ΔS und $\Delta \overline{S}$ gleichzeitig verschwinden. Elimination der Größen m und n liefert die Bedingung

$$\frac{E_\nu}{\overline{E}_\nu} = \frac{E_{\nu+1}}{\overline{E}_{\nu+1}}$$

und somit

$$\frac{E_\nu}{\overline{E}_\nu} = \text{const}.$$

Diesem Resultat entspricht in moderner Fassung folgende Regel: Man bilde die Funktion

$$\Phi = f + \lambda \cdot g, \tag{5}$$

wobei λ eine Konstante ist. Dann ist

$$\mathfrak{L}(\Phi) = 0 \tag{5a}$$

die Euler-Lagrangesche Differentialgleichung für die gesuchte Kurve, und es ergibt sich als Lösung eine dreiparametrige Kurvenschar

$$y = y(x, c_1, c_2, \lambda),$$

wobei c_1, c_2 und λ so bestimmt werden müssen, daß die Randbedingungen und die Nebenbedingung erfüllt sind.

In Beispiel 4 ist

$$\Phi = (y+\lambda)\sqrt{1+y'^2},$$

gegenüber Beispiel 2 tritt also nur die Änderung ein, daß y durch $y+\lambda$ ersetzt wird.

In Beispiel 5 ist

$$\Phi = y + \lambda\sqrt{1+y'^2}.$$

Regel II liefert, wie man durch eine leicht durchzuführende Integration feststellt, Kreise.

In ähnlicher Weise erledigte EULER das Problem mit mehreren, etwa m Nebenbedingungen. An Stelle von Formel (5) tritt dann ein

Ausdruck von der Form

$$\Phi = f + \sum_{\mu=1}^{m} \lambda_\mu g_\mu. \tag{5'}$$

Auch bei viel schwierigeren Problemen ließ sich EULER durch die große Kluft, die zwischen dem Problem, eine Kurve zu finden, die eine bestimmte Minimaleigenschaft hat und dem Problem, ein Polygon mit einer analogen Minimaleigenschaft zu finden, nicht abhalten, seine kühnen Schlußfolgerungen zu ziehen und das ihm eigene hohe Maß von mathematischem Taktgefühl führte ihn auch dabei zu richtigen Endformeln.

Zu den schwierigsten Problemen, die er so meisterte, gehören insbesondere

a) das Problem der räumlichen Brachistochrone im widerstrebenden Medium.

Es läßt sich folgendermaßen formulieren: Es soll

$$\int_{P_0}^{P_1} \frac{ds}{v} = \int_{t_0}^{t_1} \frac{\sqrt{\dot{x}^2 + \dot{y}^2 + \dot{z}^2}}{v}\, dt \tag{6}$$

zu einem Minimum gemacht werden, mit der Nebenbedingung

$$v\dot{v} - g\dot{z} + R(v)\sqrt{\dot{x}^2 + \dot{y}^2 + \dot{z}^2} = 0.$$

Die Nebenbedingung bringt zum Ausdruck, daß die Abnahme der Summe aus kinetischer und potentieller Energie der Schwerkraft gleich ist der von den Reibungskräften geleisteten Arbeit (Masse ist gleich „Eins" gesetzt). Dabei seien von den vier gesuchten Funktionen x, y, z, v der Anfangs- und Endwert von x, y, z, der Anfangswert von v, aber nicht der Endwert von v gegeben.

b) Die Kurve größter Endgeschwindigkeit unter Wirkung der Schwere im widerstrebenden Mittel.

Ausgangspunkt ist wieder die Gl. (6), auch die Anfangs- und Endbedingung seien dieselben wie bei a). Gefragt ist nach jener Kurve, für die die Endgeschwindigkeit ein Maximum wird.

Aufgaben dieser Art bezeichnet man als Lagrangesche bzw. Mayersche Probleme; sie werden im Kapitel IV ausführlich behandelt werden.

§ 3. Die Lagrangesche Methode

EULER war, wie bereits erwähnt, weit davon entfernt, seiner eigenen Methode kritiklos gegenüberzustehen. Schon der Titel seines Werkes deutet an, daß er selbst seine Entwicklungen nicht für strenge Ableitungen ansah, sondern vielmehr darin einen methodischen Weg zur

Gewinnung von Rechenoperationen erblickte, die sich bei ganz konkreten Beispielen bewährten. Sich mit einem derartigen Ziel zu begnügen und von strengen Beweisversuchen abzusehen, war bei den Mathematikern des 18. Jahrhunderts allgemein üblich. Unter anderem findet sich unmittelbar nach der Herleitung der Eulerschen Gleichung für den einfachsten Fall ein Vermerk, daß er selbst eine Methode vermißt, welche zu seinem Resultat unabhängig von der geometrischen Betrachtung führt. (Das spezifisch Geometrische bei EULER ist der Ersatz der Kurve durch ein Polygon.)

Elf Jahre nach dem Erscheinen seines Werkes (also im Jahre 1755) erhielt EULER einen Brief von LAGRANGE, der damals erst 19 Jahre alt war. Dieser Brief ist zwar in einem sehr bescheidenen Ton gehalten, weist aber doch mit aller Entschiedenheit auf jene Stelle hin, und LAGRANGE behauptet dort, die gewünschte Methode gefunden zu haben. EULERs Antwort lautete durchaus zustimmend. Er kennzeichnete das Wesentliche der neueren Methode darin, daß LAGRANGE sozusagen alle Ordinaten gleichzeitig abändere, während er beim einfachsten Fall nur eine einzige Ordinate abgeändert hatte und sah voraus, daß die Methode LAGRANGEs sehr bald zu tieferen Resultaten führen würde: „non dubito quin tua analysis, si penitius excolatur, ad multo profundiora mox sit perductura." („Ich zweifle nicht, daß Deine Methode, wenn sie sorgfältiger ausgeführt wird, zu viel Tieferem führen wird.") LAGRANGE ließ bereits in seinem Brief sein für ihn so charakteristisches Streben nach einer größtmöglichen Allgemeinheit der Formeln deutlich erkennen.

Um das Wesentliche von LAGRANGEs Methode hervortreten zu lassen, wollen wir zunächst nur den einfachsten Fall, wo der Integrand außer der unabhängigen Variablen nur die gesuchte Funktion und ihre erste Ableitung enthält, behandeln (*).

Wir wollen den Gedankengang in einer Weise formulieren, wie sie der damaligen Zeit und namentlich LAGRANGE selbst, vollständig ferne lag. Wir wollen nämlich die wesentliche Annahme ausdrücklich nennen, die zur Anwendung der LAGRANGEschen Methode berechtigt.

Diese Annahme ist: „Die gesuchte Funktion $y(x)$ sei zweimal stetig differenzierbar." Diese Annahme liegt durchaus nicht im Wesen des Problems, denn in der Problemstellung selbst kommt ja nur der erste Differentialquotient der gesuchten Funktion vor. Genaueres über diese Annahme werden wir erst später, insbesondere im Kapitel III bei der Theorie von WEIERSTRASS besprechen. Wir wollen nun hier und im folgenden ausdrücklich Annahmen dieser Art, also solche, die man mit Rücksicht auf die einzuschlagende Methode macht, als zusätzliche Annahmen bezeichnen, während wir solche, die durch die Problemstellung bedingt sind, als natürliche Annahmen bezeichnen werden. Solche zusätzliche

Voraussetzungen liegen im Charakter eines Buches, das sich vor allem mit den Anwendungen beschäftigt. Das Vertrauen, daß das Beschreiben von Naturerscheinungen mit verhältnismäßig einfachen Mitteln der Analysis möglich ist, war für den Fortschritt der Forschung stets von großer Bedeutung.

Von der im folgenden vorkommenden Funktion $f(x, y, y')$ wird in der Regel, wenn nicht ausdrücklich andere Voraussetzungen genannt sind, angenommen, sie sei in ihren Veränderlichen analytisch. Die meisten Entwicklungen sind aber von dieser Voraussetzung unabhängig und gelten ohne Einschränkung auch für viel schwächere Voraussetzungen, etwa die Voraussetzung, es sei $f(x, y, y')$ nach ihren Veränderlichen zweimal stetig differenzierbar. Um den Anschluß an eine auch heute noch übliche Methode zur Herleitung der Grundgleichung der Variationsrechnung zu gewinnen, folgen wir einer bestimmten Interpretation der Lagrangeschen Methode, die insbesondere in einer späteren Abhandlung von EULER vorkommt.

Wir schließen folgendermaßen: Angenommen, es sei $y = \bar{y}(x)$ die gesuchte Lösung, dann betrachten wir eine Schar von Kurven von der Form

$$y = \bar{y}(x) + \varepsilon\eta(x), \tag{7}$$

wobei ε eine kleine von x unabhängige Größe und $\eta(x)$ irgendeine einmal stetig differenzierbare Funktion von x ist, für welche

$$\eta(x_0) = \eta(x_1) = 0 \tag{8}$$

gilt, die sonst aber keinerlei Beschränkungen unterworfen ist, so daß alle Kurven der Schar (7) durch die beiden gegebenen Punkte P_0 und P_1 hindurchgehen.

Wir denken uns nun (7) in unser Integral eingesetzt und betrachten es jetzt als eine Funktion von ε

$$I(\varepsilon) = \int_{x_0}^{x_1} f\big(x, \bar{y}(x) + \varepsilon\eta(x), \bar{y}'(x) + \varepsilon\eta'(x)\big)\, dx.$$

$I(0)$ soll aber der kleinste Wert von $I(\varepsilon)$ sein und somit muß

$$\left.\frac{dI(\varepsilon)}{d\varepsilon}\right|_{\varepsilon=0} = 0$$

gelten. Nun ergibt sich

$$\left(\frac{dI}{d\varepsilon}\right)_{\varepsilon=0} = \int_{x_0}^{x_1} [\bar{f}_y\eta(x) + \bar{f}_{y'}\eta'(x)]\, dx = 0, \tag{9}$$

wobei der Querstrich bedeuten soll, daß ε nachträglich gleich Null zu setzen ist, d.h., daß in $\bar{f}_y$ bzw. $\bar{f}_{y'}$ die die gesuchte Kurve darstellende Funktion $y = \bar{y}(x)$ einzusetzen ist. Aus (9) direkt die Euler-Lagrangesche Gleichung abzuleiten, lag erst in der Zeit nach WEIERSTRASS nahe. Hier setzte nun der für die Lagrangesche Methode kennzeichnende Kunstgriff ein, der darin besteht, daß das zweite Glied mittels Produktintegration umgeformt wird,

$$\int_{x_0}^{x_1} \bar{f}_{y'} \cdot \eta'(x)\, dx = [\eta(x)\bar{f}_{y'}]_{x_0}^{x_1} - \int_{x_0}^{x_1} \eta(x) \frac{d}{dx}\bar{f}_{y'}\, dx\,,$$

und somit erhalten wir, indem wir nun der Einfachheit halber die Querstriche weglassen,

$$\left(\frac{dI}{d\varepsilon}\right)_{\varepsilon=0} = [\eta(x) f_{y'}]_{x_0}^{x_1} + \int_{x_0}^{x_1} \left(f_y - \frac{d}{dx} f_{y'}\right)\eta(x)\, dx. \tag{10}$$

Wegen (8) verschwindet die eckige Klammer und es muß somit der Integralausdruck in (10) verschwinden, und zwar, wie wir ausdrücklich hervorheben wollen, für jede beliebige einmal stetig differenzierbare Funktion $\eta(x)$, welche den Randbedingungen (8) genügt.

In seinem Brief an Euler und in seiner ersten Abhandlung fügt Lagrange zunächst ohne tiefere Begründung hinzu, daß aus dem Verschwinden von

$$\int_{x_0}^{x_1} \left(f_y - \frac{d}{dx} f_{y'}\right)\eta(x)\, dx$$

unmittelbar folgt

$$f_y - \frac{d}{dx} f_{y'} = 0.$$

Daß hier ein Beweis fehlt, hat Euler sofort bemerkt. Im folgenden Brief findet sich ein Beweisversuch von Lagrange, den aber Euler mit Recht verwarf.

Der Hilfssatz, der hier zu beweisen ist, lautet mit Rücksicht auf die gemachten Annahmen folgendermaßen: Ist $M(x)$ eine stetige Funktion und ist für jede beliebige einmal stetig differenzierbare Funktion $\eta(x)$, für welche $\eta(x_0) = \eta(x_1) = 0$ ist,

$$\int_{x_0}^{x_1} M(x)\,\eta(x)\, dx = 0,$$

so muß $M(x)$ identisch gleich Null sein.

Nach Du Bois-Reymond folgt dieser Satz, den man auch als das Fundamentallemma der Variationsrechnung bezeichnet, aus folgender einfacher Überlegung.

Angenommen $M(x)$ wäre an einer Stelle $x = \bar{x}$ von Null verschieden, dann läßt sich wegen der Stetigkeit von $M(x)$ ein Intervall angeben

$$\alpha < \bar{x} < \beta,$$

in dem $M(x)$ notwendig beständig das gleiche Vorzeichen hat. Beschränken wir uns etwa auf die Annahme $M(x) > 0$. Nun können wir aber offenbar leicht eine Funktion $\eta(x)$ angeben, die unseren Voraussetzungen (8) genügt, in diesem Intervall beständig positiv ist, sonst aber überall verschwindet z.B.:

$$\text{Für}\quad \begin{aligned} &x_0 \leq x \leq \alpha : \eta(x) = 0\\ &\alpha < x < \beta : \eta(x) = [(x-\alpha)(\beta-x)]^2\\ &\beta \leq x \leq x_1 : \eta(x) = 0. \end{aligned}$$

Für eine derartige Wahl von $\eta(x)$ müßte sich unser Integral als ungleich Null erweisen. Also ist die Annahme $M(x) \neq 0$ zu verwerfen. Uns erscheint heute diese Schlußweise recht naheliegend, aber sowohl EULER als auch LAGRANGE waren weit davon entfernt, so zu schließen. Man bedenke, daß erst durch CAUCHY, etwa 70 Jahre später, der Begriff der Stetigkeit in die Mathematik eingeführt wurde.

Nachdem wir die Eulersche Interpretation der Lagrangeschen Methode kennengelernt haben, erscheint es noch notwendig, auf LAGRANGEs eigene Fassung näher einzugehen.

Kennzeichnend für LAGRANGE ist die Einführung eines eigenen Symbols für die sog. „Variation". LAGRANGE gab statt einer Definition nur formale Regeln, wie man mit diesem Symbol operiert. In moderner Fassung ist dem Symbol folgende Bedeutung beizulegen. Man denke sich in einem eine oder mehrere Funktionen enthaltenden analytischen Ausdruck (...) diese Funktionen durch einparametrige Scharen von Funktionen ersetzt. Ist ε der Scharparameter und sind die ursprünglichen Funktionen für $\varepsilon = 0$ in der Schar enthalten, dann ist das Symbol δ erklärt durch

$$\delta(\ldots) = \left[\frac{\partial}{\partial \varepsilon}(\ldots)\right]_{\varepsilon=0} \cdot \varepsilon. \tag{11}$$

Zum Beispiel für

$$y = \bar{y}(x)$$

wird, indem zunächst $\bar{y}(x)$ durch $y(x, \varepsilon)$ ersetzt wird und $y(x, 0) = \bar{y}(x)$,

$$\delta y = \left[\frac{\partial y(x, \varepsilon)}{\partial \varepsilon}\right]_{\varepsilon=0} \cdot \varepsilon.$$

Ist insbesondere

$$y(x, \varepsilon) = \bar{y}(x) + \varepsilon \cdot \eta(x),$$

so wird

$$\delta y = \varepsilon \cdot \eta(x).$$

Für $f(x, y, y')$ wird

$$\delta f = \left[\frac{\partial f}{\partial y} \cdot \frac{\partial y}{\partial \varepsilon} + \frac{\partial f}{\partial y'} \cdot \frac{\partial^2 y}{\partial x\, \partial \varepsilon}\right]_{\varepsilon=0} \cdot \varepsilon.$$

Ist ferner

$$I = \int_{x_0}^{x_1} f(x, y, y')\, dx,$$

worin x_0 und x_1 feste Integrationsgrenzen bedeuten, so ist

$$\delta I = \int_{x_0}^{x_1} \delta f\, dx.$$

Die Multiplikation mit ε in (11) mag überflüssig erscheinen. In der Tat wird häufig auch stillschweigend $\varepsilon = 1$ gesetzt. Manchmal ist sie aber recht zweckmäßig, einmal wegen Berücksichtigung der Dimension und zum anderen Male weil dann der Ausdruck $\delta(\ldots)$ einen Näherungswert für die Differenz des Ausdruckes für kleines ε und des vorgelegten Ausdruckes $(\varepsilon = 0)$ darstellt. Dieser geometrischen Vorstellung entspricht auch das Wort ,,Variation". Das Wort ,,Variationsrechnung" wird aber ganz allgemein für Extremalaufgaben, bei denen Funktionen von einer oder mehreren Veränderlichen als Unbekannte auftreten, verwendet; auch dann, wenn die Erledigung solcher Aufgaben in keinem Zusammenhang mit obiger Methode steht.

In analoger Weise kann man auch höhere Variationen definieren durch die Formel

$$\delta^n(\ldots) = \left[\frac{\partial^n(\ldots)}{\partial \varepsilon^n}\right]_{\varepsilon=0} \cdot \varepsilon^n.$$

Die Lagrangesche Methode läßt sich sehr bequem für den Fall verallgemeinern, daß im Integranden die höheren Ableitungen vorkommen, und daß nicht nur eine, sondern mehrere gesuchte Funktionen vorhanden sind.

Was zunächst den Fall höherer Differentialquotienten etwa bis zur n-ten Ableitung betrifft, so hat man hier mehrmals die Produktintegration anzuwenden und dementsprechend werden wir $2n$-malige stetige Differenzierbarkeit der zugelassenen Funktionen voraussetzen.

Es führt also das Problem

$$\int_{x_0}^{x_1} f(x, y, y', \ldots, y^{(n)})\, dx \to \text{stat.},$$

wo

$$y(x_0),\ y'(x_0) \ldots y^{(n-1)}(x_0)$$

$$y(x_1),\ y'(x_1) \ldots y^{(n-1)}(x_1)$$

gegeben sind, indem man wieder

$$y = \bar{y}(x) + \varepsilon\eta(x)$$

einführt, auf

$$\left(\frac{dI}{d\varepsilon}\right)_{\varepsilon=0} = \int_{x_0}^{x_1} (\bar{f}_y \eta + \bar{f}_{y'} \eta' + \cdots + \bar{f}_{y^{(n)}} \eta^{(n)})\, dx = 0.$$

Wegen

$$\int_{x_0}^{x_1} \overline{f}_{y'}\eta'\,dx = [\overline{f}_{y'}\eta]_{x_0}^{x_1} - \int_{x_0}^{x_1} \frac{d\overline{f}_{y'}}{dx}\eta\,dx,$$

$$\int_{x_0}^{x_1} \overline{f}_{y''}\eta''\,dx = [\overline{f}_{y''}\eta']_{x_0}^{x_1} - \int_{x_0}^{x_1} \frac{d\overline{f}_{y''}}{dx}\eta'\,dx =$$

$$= \left[\overline{f}_{y''}\eta' - \frac{d\overline{f}_{y''}}{dx}\eta\right]_{x_0}^{x_1} + \int_{x_0}^{x_1} \frac{d^2\overline{f}_{y''}}{dx^2}\eta\,dx,$$

$$\cdots\cdots\cdots\cdots\cdots\cdots\cdots\cdots$$

$$\int_{x_0}^{x_1} \overline{f}_{y^{(n)}}\eta^{(n)}\,dx = \left[\sum_{\nu=0}^{n-1}(-1)^{\nu}\frac{d^{\nu}\overline{f}_{y^{(n)}}}{dx^{\nu}}\eta^{(n-\nu-1)}\right]_{x_0}^{x_1} +$$

$$+(-1)^n\int_{x_0}^{x_1}\frac{d^n\overline{f}_{y^{(n)}}}{dx^n}\eta\,dx$$

erhält man

$$\left.\begin{aligned}\left(\frac{dI}{d\varepsilon}\right)_{\varepsilon=0} = \left[\sum_{\varrho=0}^{n}\sum_{\nu=0}^{\nu=\varrho}(-1)^{\nu}\frac{d^{\nu}\overline{f}_{y^{(\varrho)}}}{dx^{\nu}}\eta^{(\varrho-\nu-1)}\right]_{x_0}^{x_1} + \\ + \int_{x_0}^{x_1}\sum_{\varrho=0}^{n}(-1)^{\varrho}\frac{d^{\varrho}\overline{f}_{y^{(\varrho)}}}{dx^{\varrho}}\eta\,dx = 0.\end{aligned}\right\} \quad (12)$$

Den gegebenen Anfangsbedingungen entsprechend hat man

$$\eta(x_0) = \eta'(x_0) = \cdots = \eta^{(n-1)}(x_0) = 0,$$
$$\eta(x_1) = \eta'(x_1) = \cdots = \eta^{(n-1)}(x_1) = 0$$

zu wählen, was ein Verschwinden der eckigen Klammer in (12) zur Folge hat. Eine leichte Abänderung der Schlußweise, wie sie für das einfachste Problem durchgeführt wurde und die dem Umstand Rechnung trägt, daß hier auch noch der n-te Differentialquotient existieren und stetig sein muß, führt dann wieder zu der bereits von EULER gefundenen Gleichung:

$$\frac{\partial f}{\partial y} - \frac{d}{dx}\frac{\partial f}{\partial y'} + \frac{d^2}{dx^2}\frac{\partial f}{\partial y''} + \cdots + (-1)^n\frac{d^n}{dx^n}\frac{\partial f}{\partial y^{(n)}} = 0. \quad (13)$$

Was den Fall mehrerer unbekannter Funktionen betrifft, so wollen wir uns der einfacheren Schreibweise wegen und aus Gründen, die später noch zur Sprache kommen sollen, auf den Fall beschränken, daß im Integranden nur die ersten Differentialquotienten vorkommen.

Es handle sich also um das Problem:

$$\int_{x_0}^{x_1} f(x, y_1, \ldots, y_n, y_1', \ldots, y_n')\, dx \to \text{stat.},$$

wenn

$$y_1(x_0) \ldots y_n(x_0)$$

$$y_1(x_1) \ldots y_n(x_1)$$

gegeben sind, wobei wir wieder zweimal stetig differenzierbare Funktionen in den Kreis der Betrachtungen ziehen.

Hier führt die obige Ausführung zum Lagrangeschen Gedanken in ganz analoger Weise zum Ziel, wenn man

$$y_i(x) = \bar{y}_i(x) + \varepsilon_i \eta_i(x)$$

setzt, wobei die $\eta_i(x)$ voneinander unabhängige Funktionen bedeuten.

In diesem Fall erhalten wir folgende n Euler-Lagrangeschen Gleichungen

$$f_{y_i} - \frac{d}{dx} f_{y_i'} = 0 \qquad (i = 1, 2, \ldots, n).$$

Die Art und Weise, wie LAGRANGE Probleme mit Nebenbedingungen behandelte, wird im Kapitel IV ausführlich gezeigt werden.

Mehrfache Integrale

Ein weiterer großer Vorteil der Methode von LAGRANGE gegenüber EULER ist der, daß LAGRANGE nach seiner Methode auch mehrfache Integrale behandeln konnte. Wir geben hier eine ganz kurze Übersicht über die Variationsrechnung bei mehrfachen Integralen, wobei wir uns auf eine genauere Darstellung der Theorie nicht einlassen.

Gegeben sei eine geschlossene Raumkurve C, deren Projektion auf die x, y-Ebene eine doppelpunktfreie geschlossene Kurve C' ist, die ein einfach zusammenhängendes Gebiet G umschließe. C und C' mögen sich etwa aus endlich vielen, einmal stetig differenzierbaren Kurvenbögen zusammensetzen lassen. Gesucht ist eine Fläche $z = z(x, y)$ von der Beschaffenheit, daß sie durch C hindurchgeht und dem Integral

$$\iint_G f(x, y, z, z_x, z_y)\, dx\, dy$$

einen möglichst kleinen Wert erteilt.

Wir werden wieder die zusätzliche Annahme machen, z möge zweimal stetig nach den beiden unabhängigen Veränderlichen differenzierbar sein. Wir setzen wie früher

$$z = \bar{z} + \varepsilon \zeta,$$

wobei ζ längs C' Null sein soll und erhalten

$$I(\varepsilon) = \iint_G f(x, y, \bar{z} + \varepsilon\zeta, \bar{z}_x + \varepsilon\zeta_x, \bar{z}_y + \varepsilon\zeta_y)\, dx\, dy.$$

Der Umformung durch Produktintegration bei einer Veränderlichen entspricht hier die analoge Umformung im zweidimensionalen.

$$\begin{aligned}\left(\frac{dI}{d\varepsilon}\right)_{\varepsilon=0} &= \iint_G (\bar{f}_z\zeta + \bar{f}_{z_x}\zeta_x + \bar{f}_{z_y}\zeta_y)\, dx\, dy \\ &= \iint_G \left[\frac{\partial}{\partial x}(f_{z_x}\zeta) + \frac{\partial}{\partial y}(f_{z_y}\zeta)\right] dx\, dy + \\ &\qquad + \iint_G \left(f_z - \frac{\partial}{\partial x} f_{z_x} - \frac{\partial}{\partial y} f_{z_y}\right)\zeta\, dx\, dy.\end{aligned}$$

Das erste Integral ist ein Integral über einen Divergenzausdruck und läßt sich somit nach dem Gaußschen Satz umformen.

$$\left(\frac{dI}{d\varepsilon}\right)_{\varepsilon=0} = \oint_{C'} (f_{z_x} dy - f_{z_y} dx)\zeta + \iint_G \left(f_z - \frac{\partial}{\partial x} f_{z_x} - \frac{\partial}{\partial y} f_{z_y}\right)\zeta\, dx\, dy.$$

Wegen der vorausgesetzten Randbedingung für ζ verschwindet das Kurvenintegral und eine ähnliche Schlußweise unter Heranziehung des Analogons zum Fundamentallemma wie im eindimensionalen Fall führt zu der Euler-Lagrangeschen Differentialgleichung

$$-\mathfrak{L}(f) = f_z - \frac{\partial}{\partial x} f_{z_x} - \frac{\partial}{\partial y} f_{z_y} = 0.$$

Zu den wichtigsten Beispielen gehören: das Dirichletsche Prinzip: A), und die Theorie der Minimalflächen (Plateausches Problem (**)): B).

A. Das Dirichletsche Prinzip bringt eine Minimaleigenschaft einer gesuchten Funktion $u(x, y)$ unter allen Funktionen, die mit ihr am Rand C des Gebietes G übereinstimmen, in folgender Weise zum Ausdruck:

$$\delta \iint_G (\operatorname{grad} u)^2\, dx\, dy = 0,$$

(vgl. auch S. 33), also in Kartesischen Koordinaten:

$$\delta \iint_G (u_x^2 + u_y^2)\, dx\, dy = 0.$$

Daraus folgt

$$u_{xx} + u_{yy} = 0$$

oder in Polarkoordinaten:

$$\delta \iint_G \left(u_r^2 + \frac{1}{r^2} u_\varphi^2\right) r\, dr\, d\varphi = 0,$$

was auf

$$u_{rr} + \frac{1}{r} u_r + \frac{1}{r^2} u_{\varphi\varphi} = 0.$$

führt.

B. Gegeben ist eine Raumkurve und es soll eine Fläche (vgl. § 1, Beispiel 6) von möglichst kleinem Inhalt gefunden werden. Durch Nullsetzen der ersten Variation des den Flächeninhalt darstellenden Integrals erhalten wir die Gleichung

$$\frac{\partial}{\partial x} \frac{p}{\sqrt{1+p^2+q^2}} + \frac{\partial}{\partial y} \frac{q}{\sqrt{1+p^2+q^2}} = 0 \tag{14}$$

oder

$$r(1+q^2) - 2pqs + t(1+p^2) = 0,$$

wobei

$$p = z_x, \quad q = z_y, \quad r = z_{xx}, \quad s = z_{xy}, \quad t = z_{yy}$$

gesetzt wurden. Um die geometrische Bedeutung dieser Gleichung zu erkennen, betrachten wir ein Flächenelement, für das $p = q = 0$. Durch Drehung des Koordinatensystems kann man jedes Flächenelement in ein solches transformieren. Es ergibt sich also für dieses

$$r + t = 0.$$

Das ist aber identisch mit dem Satz, daß die Summe der reziproken Krümmungsradien in zwei zueinander senkrecht stehenden Richtungen, d.h. die mittlere Krümmung der Minimalfläche gleich Null ist.

Für viele geometrische Untersuchungen ist es allerdings angezeigt, die Fläche nicht in der Form $z = z(x, y)$ darzustellen, sondern zu einer beliebigen Parameterdarstellung überzugehen, durch welche die Fläche auf einen bestimmten Bereich B der u, v-Ebene abgebildet wird.

$$x = x(u, v), \qquad y = y(u, v), \qquad z = z(u, v).$$

Wenn wir auch auf die Parameterdarstellung erst im allgemeinen später eingehen, so möchten wir doch beim speziellen Problem der Minimalflächen kurz auf die sich auf die Parameterdarstellung gründende Behandlung des Problems hinweisen. Bezeichnen wir wie üblich

$$\mathcal{E} = x_u^2 + y_u^2 + z_u^2, \qquad \mathcal{F} = x_u x_v + y_u y_v + z_u z_v, \qquad \mathcal{G} = x_v^2 + y_v^2 + z_v^2,$$

so ergeben sich aus

$$\delta \iint_B \sqrt{\mathcal{E}\mathcal{G} - \mathcal{F}^2}\, du\, dv = 0$$

Differentialgleichungen der Form

$$\frac{\partial}{\partial u}\left(\frac{\mathcal{G} x_u - \mathcal{F} x_v}{\sqrt{\mathcal{E}\mathcal{G} - \mathcal{F}^2}}\right) + \frac{\partial}{\partial v}\left(\frac{\mathcal{E} x_v - \mathcal{F} x_u}{\sqrt{\mathcal{E}\mathcal{G} - \mathcal{F}^2}}\right) = 0$$

(und zwei analoge mit der entsprechenden Ableitung von y bzw. z an Stelle jener von x in den Zählern). Wählt man insbesondere eine Parameterdarstellung, für die $\mathcal{E}=\mathcal{G}$, $\mathcal{F}=0$ ist, so reduzieren sie sich auf

$$\frac{\partial^2 x}{\partial u^2}+\frac{\partial^2 x}{\partial v^2}=0, \qquad \frac{\partial^2 y}{\partial u^2}+\frac{\partial^2 y}{\partial v^2}=0, \qquad \frac{\partial^2 z}{\partial u^2}+\frac{\partial^2 z}{\partial v^2}=0.$$

Damit ist ein wichtiger Zusammenhang zwischen der Theorie der Minimalflächen und dem Dirichletschen Prinzip, bzw. mit der Theorie der konformen Abbildung angedeutet, auf die wir hier nicht näher eingehen wollen.

Wir wollen hier noch eine zweite vom Koordinatensystem unabhängige Kennzeichnung der Minimalfläche geben.

Bezeichnen wir die Richtungskosinus der Normalen $\mathfrak{n}$ mit α, β, γ, also $\mathfrak{n}=\mathfrak{i}\alpha+\mathfrak{j}\beta+\mathfrak{k}\gamma$, dann läßt sich Gl. (14) in der Form schreiben:

$$\frac{\partial\alpha}{\partial x}+\frac{\partial\beta}{\partial y}=0;$$

daraus folgt für einen beliebigen geschlossenen Integrationsweg

$$\oint(\alpha\,dy-\beta\,dx)=0.$$

Aus der Tatsache, daß sich eine vom Koordinatensystem unabhängige Kennzeichnung ergeben muß, schließen wir, daß für jede geschlossene Kurve auf der Fläche gilt

$$\oint \mathfrak{n}\times d\mathfrak{s}=0, \tag{15}$$

wobei $d\mathfrak{s}$ den Vektor in Richtung des Linienelementes ds darstellt.

Wir deuten nun den Integranden als eine auf das Linienelement wirkende Kraft und stellen uns die Minimalfläche als Flüssigkeitshaut vor. In dieser Haut herrscht somit ein Spannungszustand, wobei auf jedes Linienelement senkrecht zu diesem die Spannung eins wirkt. Dieser Spannungszustand entspricht einem Gleichgewichtszustand. Daß nämlich die Summe der Kräfte Null ergibt, zeigt bereits Gl. (15). Aber auch die Bedingung für die Momente ($\mathfrak{r}$: Ortsvektor)

$$\oint \mathfrak{r}\times\mathfrak{n}\times d\mathfrak{s}=0$$

ist, wie sich zeigen läßt[1], erfüllt.

Im Zusammenhang damit (***): Für die Theorie der Minimalflächen im Großen kann man von der Differentialgleichung ausgehen

$$\chi_{xx}\chi_{yy}-\chi_{xy}^2=1.$$

[1] Man erreicht dies formal übersichtlich unter Verwendung der Methode des Rechnens mit alternierenden Differentialformen, vgl. Kap. VI, 2.

Um sie durch eine anschauliche Betrachtung herzuleiten, gehen wir von dem eben gekennzeichneten Spannungszustand in der Minimalfläche aus. Wir projizieren diesen auf die x, y-Ebene, d.h. wir denken uns jedes Linienelement und die auf dieses wirkende Kraft in die x, y-Ebene projiziert. Nun greifen wir ein Flächenelement heraus, das durch zwei benachbarte Fall- und Niveaulinien begrenzt wird. Sei φ der Neigungswinkel des betreffenden Flächenelementes (Tangentialebene) mit der x, y-Ebene. Wenn man die Niveaulinien projiziert, so hat man den dazugehörigen Kraftvektor mit $\cos\varphi$ zu multiplizieren und das dazugehörige Linienelement behält seine Länge bei; projiziert man die Fallinien, so behält der Kraftvektor seine Länge bei und das Linienelement ist mit $\cos\varphi$ zu multiplizieren, um das projizierte Flächenelement zu erhalten. Gehen wir in der Projektion zu den Spannungen über, so greift die kleinste an den Niveaulinien an und wir erhalten für sie den Betrag $\cos\varphi$; die größte Spannung greift an den Fallinien an und wir erhalten $\frac{1}{\cos\varphi}$ für sie. Das Produkt der beiden Hauptspannungen ist also gleich eins und somit erhalten wir für die zugehörige Airysche Spannungsfunktion[1]

$$\chi_{xx}\chi_{yy} - \chi_{xy}^2 = 1 .$$

Bei der Verallgemeinerung auf n-fache Integrale treten prinzipiell keine neuen Schwierigkeiten auf. Man erhält aus

$$\delta \int_T f(x_i, z, z_{x_i})\, d\tau = 0 \qquad (i = 1, \ldots, n)$$

folgende Euler-Lagrangesche Gleichung:

$$-\mathfrak{L}(f) = f_z - \sum_{i=1}^{n} \frac{\partial}{\partial x_i} f_{z_{x_i}} = 0 .$$

Ebenso tritt bei der Verallgemeinerung auf den Fall höherer Ableitungen im Integranden, etwa (wenn z und $\partial z/\partial n$ auf C gegeben sind)

$$I = \iint_G f(x, y, z, p, q, r, s, t)\, dx\, dy$$

keine prinzipielle Schwierigkeit auf. Die für die Lagrangesche Methode charakteristische Umformung des variierten Integranden (Lagrangescher Ausdruck $\mathfrak{L}(f)$ mal Variation plus Divergenzausdruck) nimmt hier folgende Gestalt an:

$$f_p \zeta_x = \frac{\partial}{\partial x}(f_p \zeta) - \frac{\partial f_p}{\partial x}\zeta; \qquad f_q \zeta_y = \frac{\partial}{\partial y}(f_q \zeta) - \frac{\partial f_q}{\partial y}\zeta,$$

$$f_r \zeta_{xx} = \frac{\partial}{\partial x}\left[f_r \zeta_x - \frac{\partial f_r}{\partial x}\zeta\right] + \frac{\partial^2 f_r}{\partial x^2}\zeta,$$

[1] Wir kommen in Kap. III, 1, § 3 darauf zu sprechen.

$$f_s \zeta_{xy} = \frac{1}{2}\left[\frac{\partial}{\partial x}\left(f_s \zeta_y - \frac{\partial f_s}{\partial y}\zeta\right) + \frac{\partial}{\partial y}\left(f_s \zeta_x - \frac{\partial f_s}{\partial x}\zeta\right)\right] + \frac{\partial^2 f_s}{\partial x \partial y}\zeta,$$

$$f_t \zeta_{yy} = \frac{\partial}{\partial_y}\left[f_t \zeta_y - \frac{\partial f_t}{\partial y}\zeta\right] + \frac{\partial^2 f_t}{\partial y^2}\zeta.$$

Für die Variation erhalten wir also

$$\left(\frac{dI}{d\varepsilon}\right)_{\varepsilon=0} = \iint_G (f_z\zeta + f_p\zeta_x + f_q\zeta_y + f_r\zeta_{xx} + f_s\zeta_{xy} + f_t\zeta_{yy})\,dx\,dy$$

$$= \iint_G \left[\mathfrak{L}(f)\cdot\zeta + \frac{\partial A}{\partial x} + \frac{\partial B}{\partial y}\right] dx\,dy$$

mit

$$\mathfrak{L}(f) = f_z - \frac{\partial f_p}{\partial x} - \frac{\partial f_q}{\partial y} + \frac{\partial^2 f_r}{\partial x^2} + \frac{\partial^2 f_s}{\partial x \partial y} + \frac{\partial^2 f_t}{\partial y^2}$$

$$A = \left(f_p - \frac{\partial f_r}{\partial x} - \frac{1}{2}\frac{\partial f_s}{\partial y}\right)\zeta + f_r\zeta_x + \frac{1}{2} f_s\zeta_y$$

$$B = \left(f_q - \frac{\partial f_t}{\partial y} - \frac{1}{2}\frac{\partial f_s}{\partial x}\right)\zeta + f_t\zeta_y + \frac{1}{2} f_s\zeta_x.$$

Hieraus ergibt sich wieder, unter Berücksichtigung eines dem Fundamentallemma analogen Theorems, das Verschwinden des Lagrangeschen Ausdruckes (°).

Schließlich wäre noch die im § 2 erwähnte Regel zur Behandlung von Problemen mit Nebenbedingungen nach der Lagrangeschen Methode zu besprechen. Auf eine ausführliche Begründung dieser Regel bei Doppelintegralen gehen wir hier nicht ein. Bei Problemen mit einer unabhängigen Veränderlichen wird die Theorie im Kapitel IV ausführlich auseinandergesetzt (Lagrangesche Multiplikatorenmethode). Es sei aber schon hier auf eine ausführliche Abhandlung von W. GROSS hingewiesen, deren Ziel es ist, die zusätzlichen Annahmen möglichst schwach zu halten (°°).

2. Die Bedeutung der Variationsrechnung für die Physik und technische Mechanik

§ 1. Die wichtigsten Variationsprinzipe

Wir beginnen mit einigen historischen Bemerkungen insbesondere über die Entstehung des sogenannten Prinzips der kleinsten Wirkung, die noch im Anhang, Abschnitt III, ergänzt werden.

EULER hat entdeckt, daß die Bahnkurven eines Körpers, der unter dem Einfluß von Kräften steht, die ein Potential besitzen, aus der Forderung abgeleitet werden können, daß ein gewisses Integral, das man die Wirkung nannte, für die wirklich eintretende Bahnkurve einen kleineren Wert annimmt als für benachbarte Vergleichskurven. Man nannte diesen Satz „Prinzip der kleinsten Wirkung". Zu dieser

Zeit schrieb auch MAUPERTUIS Abhandlungen, in der er mit diesem Satz allerlei philosophische und theologische Betrachtungen in Verbindung brachte, die dahin gingen, es sei erwiesen, die Natur erreiche ihr Ziel stets mit sparsamsten Mitteln. Man pflegt auch häufig das Prinzip der kleinsten Wirkung als Maupertuissches Prinzip zu bezeichnen. Im 18. Jahrhundert legte man derartigen Überlegungen eine weit über den Bereich der Mathematik hinausgehende Bedeutung bei (vgl. Anhang). Vorläufig sei nur der folgende Satz hervorgehoben, der sich in EULERs grundlegendem Werk vorfindet: „Da nämlich die Einrichtung der ganzen Welt die vorzüglichste ist und da sie von dem weisesten Schöpfer herstammt, wird nichts in der Welt angetroffen, woraus nicht irgendeine Maximum- oder Minimumeigenschaft hervorleuchtete. Deshalb kann kein Zweifel bestehen, daß alle Wirkungen in der Welt ebensowohl durch die Methode der Maxima oder Minima wie aus den wirkenden Ursachen selbst abgeleitet werden können."[1]

Der philosophische Glanz, mit dem man im 18. Jahrhundert das Prinzip der kleinsten Wirkung umgab, ist verblaßt, aber die Bedeutung dieser sogenannten Minimalprinzipe im Rahmen einer rationellen Beschreibung der Naturerscheinungen ist bis zum heutigen Tag geblieben.

Ja sogar die Bezeichnung „Minimalprinzip" ist zum Teil nur ein historisches Überbleibsel aus jener Zeit. Von unmittelbarer Bedeutung für die Beschreibung der Naturgesetze ist eigentlich nur eine Forderung für das Verschwinden der ersten Variation.

So spricht man häufig statt vom „Prinzip der kleinsten Wirkung" vom „Prinzip der stationären Wirkung". Man kann allerdings auch heute noch vom Prinzip der kleinsten Wirkung sprechen, muß aber gewisse Einschränkungen machen.

Wenn man das Prinzip als Minimalprinzip aussprechen will, so kann man das in folgender Weise tun: Auf einer wirklich durchlaufenen Kurve ist jedes Bahnstück, das unter einer gewissen Länge bleibt, gegenüber möglichen Vergleichkurven durch ein Minimum der Wirkung ausgezeichnet. Die genaue mathematische Erledigung dieses Problems und der damit zusammenhängenden allgemeinen Fragen der Variationsrechnung wurde erst 90 Jahre später durch JACOBI in Angriff genommen. Wir werden dies im Kapitel II,2 näher behandeln. Vorläufig weisen wir nur auf ein Beispiel hin, wo es unmittelbar einleuchtet, daß die allgemeine Formulierung des Prinzips nicht streng richtig sein kann. Allgemein ist bekannt, daß man bei der Wurfparabel Flachschuß und Steilschuß unterscheidet und hier ist auch ohne Theorie plausibel, daß das Wirkungsintegral für den Steilschuß größer ist als das Wirkungsintegral für den Flachschuß. Somit kann nicht in beiden Fällen kleinste

[1] Der hier ausgesprochene Gedanke ist auch eines der Grundprinzipe der Leibnizschen Philosophie.

Wirkung erzielt werden. Auch hierüber verweisen wir auf Kapitel II,2 und auf den Anhang, Abschnitt III. (*).

Die allgemeine Bedeutung der Variationsrechnung für die mathematische Physik besteht kurz gesagt darin, daß sie in überaus übersichtlicher Form Naturgesetze in einer Weise darstellt, die frei von einer Bezugnahme auf ein spezielles Koordinatensystem ist (in der Formulierung kommen nur skalare Größen vor).

Wir wollen nun die wichtigsten Variationsprinzipe der Physik und technischen Mechanik in der Form, wie sie heute meistens angewendet werden, allerdings nur in einer zur vorläufigen Orientierung geeigneten Weise anführen.

1. Fermatsches Prinzip

Dieses Prinzip besagt, daß die Zeit

$$T = \int_0^T dt = \int_{P_0}^{P_1} \frac{ds}{v}$$

für die Bahn des Lichtes ein Minimum wird, wobei allerdings, wie oben erwähnt, gewisse Einschränkungen gemacht werden müssen. Wenn man bei der Fassung des Prinzips von der einschränkenden Voraussetzung frei sein will, so besagt es, daß der Lichtstrahl als jene Bahnkurve gekennzeichnet ist, für die

$$\delta \int_{P_0}^{P_1} \frac{ds}{v} = 0$$

ist.

Multipliziert man die obige Gleichung noch mit der Lichtgeschwindigkeit im Vakuum und berücksichtigt, daß

$$\frac{c}{v} = n$$

der Brechungsindex ist, so kann man das obige Variationsproblem auch in der Form schreiben

$$\delta \int_{P_0}^{P_1} n\, ds = 0.$$

Dieses Integral bezeichnet man als den „Lichtweg" und spricht demnach beim Fermatschen Prinzip von einem Prinzip des kürzesten Lichtwegs.

Wählt man die Zeiteinheit so, daß $c = 1$ ist, so ist der Lichtweg die Zeit, in der die Lichterregung von einem Punkt zum anderen gelangt.

2. Hamiltonsches Prinzip (**)

Sei T die kinetische, U die potentielle Energie eines konservativen, mechanischen Systems, so bezeichnet man $T - U$ nach HELMHOLTZ als „kinetisches Potential".

Das Hamiltonsche Prinzip besagt nun, daß die Differentialgleichungen der Mechanik aus der Forderung

$$\delta W = \delta \int_{t_0}^{t_1} (T - U)\, dt = 0$$

folgen. Dabei denkt man sich zwei Punkte P_0, P_1 der Bahnkurve des Systems, die zu zwei bestimmten Zeitpunkten t_0, t_1 durchlaufen werden, festgehalten und vergleicht mit ihr alle mit dem System verträglichen Nachbarkurven die durch P_0 und P_1 hindurchgehen, wobei alle Bahnen in gleicher Zeit durchlaufen werden. Dieses Prinzip wird nicht nur in der Punktmechanik, sondern auch in der Mechanik der Kontinua angewandt (***). Da dann die Energieausdrücke selbst dreifache Integrale sind, haben wir es hier mit einem Variationsproblem in einer (x, y, z, t) Mannigfaltigkeit zu tun[1].

3. *Jacobische Form des Prinzips der kleinsten Wirkung*

Man betrachtet alle zu einem festen Wert der Energiekonstanten $T + U = E$ gehörigen Bahnkurven. Diese sind durch die Forderung

$$\delta W = \delta \int_{s_0}^{s_1} \sqrt{E - U}\, ds = 0$$

gekennzeichnet, wobei wieder der Anfangs- und Endpunkt der Bahnkurve festgehalten ist.

Der Begriff „Wirkung" und die Aussage des Prinzips wurde von den Physikern des 19. Jahrhunderts fast ausschließlich vom formal mathematischen Standpunkt gewürdigt. In der Tat schien es damals, als ob die Größe „Wirkung" ohne unmittelbaren Zusammenhang mit den Ergebnissen der Experimentalphysik wäre. Zu Beginn des 20. Jahrhunderts trat hier durch M. Planck ein völliger Wandel ein. Denkt man sich das Wirkungsintegral W über die Periode eines Elementarprozesses erstreckt (Schwingungsdauer eines Oszillators), dann ist bekanntlich nach Planck

$$W = h \cdot n,$$

wobei $h = 6{,}625 \cdot 10^{-27}$ [g cm²sec⁻¹], das elementare Wirkungsquantum und n eine ganze Zahl ist.

Eine Verallgemeinerung des Prinzips der kleinsten Wirkung spielt sowohl in der speziellen als auch in der allgemeinen Relativitätstheorie eine große Rolle.

In der allgemeinen Relativitätstheorie hat das Hamiltonsche Prinzip eine weit über seine ursprüngliche Bedeutung hinausgehende Verallgemeinerung erfahren. Die zugehörigen Eulerschen Gleichungen sind dort

[1] Durch die Quantenmechanik werden das Fermatsche und Hamiltonsche Prinzip in Zusammenhang gebracht. Vgl. auch das auf S. 84 angeführte Zitat von Hamilton und die im Anschluß daran gemachte Anmerkung.

die sogenannten Feldgleichungen. Obwohl die einheitliche Feldtheorie zur Zeit noch in vieler Beziehung ein offenes Problem ist, so wollen wir doch hier wenigstens jene Fassung erwähnen, die ihr HILBERT (+) in einer grundlegenden Abhandlung gegeben hat. Als unabhängige Veränderliche x_1, x_2, x_3, x_4, figurieren hier die sogenannten Weltparameter, welche allgemeine Raum- und Zeitkoordinaten sind. Als abhängige Veränderliche sind hier die 10 Gravitationspotentiale g_{ik} und die elektrodynamischen Potentiale q_i zu betrachten. Die g_{ik} bilden die Koeffizienten einer invarianten quadratischen Differentialform

$$\sum_{\mu,\nu} g_{\mu\nu}\, d x_\mu\, d x_\nu$$

und die vier elektrodynamischen Potentiale q_i treten als Koeffizienten einer invarianten linearen Differentialform

$$\sum_{\mu} q_\mu\, d x_\mu$$

auf. Nunmehr zitieren wir wörtlich HILBERTS Axiom 1: Das Gesetz des physikalischen Geschehens bestimmt sich durch eine Weltfunktion H, die folgende Argumente enthält:

$$\left.\begin{aligned} &g_{\mu\nu}, \quad g_{\mu\nu s} = \frac{\partial g_{\mu\nu}}{\partial x_s}, \quad g_{\mu\nu s t} = \frac{\partial^2 g_{\mu\nu}}{\partial x_s\, \partial x_t}, \\ &q_\mu, \quad q_{\mu s} = \frac{\partial q_\mu}{\partial x_s}, \end{aligned}\right\} \tag{16}$$

und zwar muß die Variation des Integrals $\int H \sqrt{g}\, d\omega$, wobei

$$g = -\operatorname{Det}(g_{\mu\nu}) \quad \text{und} \quad d\omega = d x_1\, d x_2\, d x_3\, d x_4$$

ist, für jedes der 14 Potentiale g_{ik}, q_i verschwinden.

An Stelle der kovarianten Argumente (16) können offenbar auch die entsprechenden kontravarianten Argumente

$$g^{\mu\nu}, \quad g^{\mu\nu}_s = \frac{\partial g^{\mu\nu}}{\partial x^s}, \quad g^{\mu\nu}_{st} = \frac{\partial^2 g^{\mu\nu}}{\partial x_s\, \partial x_t}$$

treten, wobei g^{ik} die durch $(-g)$ dividierte Unterdeterminante der Determinante $(-g)$ in bezug auf ihr Element g_{ik} bedeutet[1].

4. Das Dirichletsche Prinzip

In einem konservativen System herrscht dann und nur dann stabiles Gleichgewicht, wenn die potentielle Energie ein Minimum ist; dabei wird die Gleichgewichtslage mit allen möglichen virtuellen Nachbarlagen verglichen. Dieses Prinzip läßt sich, wie DIRICHLET erkannt hatte, unmittelbar aus dem Energieprinzip ableiten.

Auch dieses wie das folgende Prinzip wird nicht nur in der Punktmechanik, sondern auch in der Mechanik der Kontinua angewandt. Von

[1] Wir beschränken uns hier auf dieses Zitat und verweisen auf Kap. VI, 3, § 2.

besonderer Bedeutung für die Geschichte der Mathematik wurde das Problem (spezielles Dirichletsches Prinzip der Potentialtheorie)

$$\delta \int_T (\operatorname{grad} u)^2 \, d\tau = \delta \iiint_T (u_x^2 + u_y^2 + u_z^2) \, dx \, dy \, dz = 0,$$

wobei man sich als Randbedingung u längs der das Integrationsgebiet T begrenzenden Fläche gegeben denkt, und das analoge zweidimensionale Problem

$$\delta \iint_G (u_x^2 + u_y^2) \, dx \, dy = 0,$$

wo u längs der Berandung des Integrationsgebietes G vorgegeben ist.

Dieses Problem tritt insbesondere in der Elektrostatik auf, wobei u das elektrische Potential bedeutet und führt auf die Laplacesche Differentialgleichung

$$\Delta u = 0.$$

5. Das Castiglianosche Prinzip (°)
(im Fall der Gültigkeit des Hookeschen Gesetzes)

Unter allen Spannungssystemen, die mit den gegebenen Massen- und Oberflächenkräften im stabilen Gleichgewicht sind, tritt dasjenige wirklich ein, für welches die potentielle Energie der Formänderung, ausgedrückt durch die Spannungsgrößen, ein Minimum ist. Vorausgesetzt ist, daß auf der Oberfläche die Kräfte als gegeben anzusehen sind. Sind auf einem Teil der Oberfläche außerdem die Verschiebungen gegeben, so kommt zu dem Ausdruck der Formänderungsarbeit noch ein die Arbeit der Oberflächenkräfte darstellendes Oberflächenintegral hinzu[1].

Bei den beiden letzten Prinzipen handelt es sich um wirkliche Minimalprinzipe, nicht nur um das Verschwinden der ersten Variationen. Dieser Umstand gab unter anderem auch den Anstoß zur Ausbildung der „direkten Methoden der Variationsrechnung".

§ 2. Anwendungen auf Analogiebetrachtungen

Die Formulierung von derartigen allgemeinen Sätzen in Form von Variationsprinzipen hat sich auch deshalb als äußerst wertvoll erwiesen, weil oft durch diese Darstellung die Analogie zwischen zwei verschiedenen physikalischen Fachgebieten unmittelbar in die Augen springt.

A. Sofort ersichtlich ist dies beim Vergleich des Fermatschen Prinzips und des Prinzips der kleinsten Wirkung in der Jacobischen Fassung. In der Tat bezeichnet man z. B. beim elektrischen Elektronen-

[1] Genauer: Prinzip von CASTIGLIANO-MENABREA. Bezüglich der allgemeineren Formulierung vgl. auch Kap. III, 1, § 3, wo statt der Formänderungsarbeit die Ergänzungsarbeit auftritt. Erweiterung für den Fall der Ungültigkeit des Hookeschen Gesetzes und Beziehung zum Dirichletschen Problem vgl. Kap. VIII.

mikroskop, wo nur elektrische und nicht magnetische Kräfte in Betracht kommen, den Ausdruck

$$\sqrt{E - U}$$

als elektronenoptischen Brechungsindex.

Von besonderer Bedeutung wurde der Vergleich zwischen den beiden Prinzipen bei der Begründung der Wellenmechanik durch E. SCHRÖDINGER(*).

B. Auch innerhalb des Gebietes der Mechanik erwiesen sich derartige Analogien als höchst nützlich. Besonders bekannt ist die sog. „Kirchhoffsche Analogie" zwischen den Bewegungsgleichungen für den schweren symmetrischen Kreisel und den Gleichungen eines durch Druck (Zug) und Drill beanspruchten Stabes im dreidimensionalen Raum. Wir kommen auf diese Analogie in Kap. V,1, § 3, noch ausführlich zu sprechen, doch wollen wir schon hier den Spezialfall des analogen zweidimensionalen Problems behandeln.

Schon EULER ermittelte im Anhang zu seinem in Kap. I,1, § 2, erwähnten Hauptwerk die Gestalt eines ebenen gekrümmten Stabes, indem er von folgendem isoperimetrischem Variationsproblem ausging:

$$\left.\begin{aligned} &\delta \frac{1}{2} \int_{P_0}^{P_1} \frac{B\, ds}{r^2} = 0 \\ &r = \text{Krümmungsradius des gebogenen Stabes,} \\ &B = \text{Biegesteifigkeit des Stabes} \end{aligned}\right\} \tag{17}$$

mit der Nebenbedingung

$$\int_{P_0}^{P_1} ds = L, \qquad L \text{ gegeben.}$$

Als Randbedingung sind dabei die Endpunkte P_0, P_1 des Stabes und die Richtungen der zugehörigen Tangenten vorgegeben. Diese Formulierung entspricht genau dem Dirichletschen Prinzip. Die Kurven, die sich als Lösungen des Variationsproblems ergeben, nennt man „Elastica".

Meistens ist es zweckmäßig, das Problem nicht unmittelbar in dieser Form in Angriff zu nehmen, sondern die Bogenlänge s als unabhängige Veränderliche und den Winkel ϑ, den die Tangente in irgendeinem Punkte des Stabes mit einer festen Achse (etwa der x-Achse) einschließt, als abhängige Veränderliche einzuführen. Dadurch ergeben sich aber zwei isoperimetrische Nebenbedingungen, denn aus den beiden Gleichungen

$$\frac{dx}{ds} = \cos\vartheta, \qquad \frac{dy}{ds} = \sin\vartheta \tag{18}$$

folgt

$$x_1 - x_0 = \int_{s_0}^{s_1} \cos\vartheta \, ds$$

$$y_1 - y_0 = \int_{s_0}^{s_1} \sin\vartheta \, ds$$

Demnach führt das im Kapitel über die Methode EULERS (I,1, § 2) besprochene Ergebnis über isoperimetrische Probleme mit mehreren Nebenbedingungen dazu, die Differentialgleichung für $\vartheta = \vartheta(s)$ aus der Bedingung

$$\delta \int_{s_0}^{s_1} (\tfrac{1}{2} B \vartheta'^2 + \lambda_1 \cos\vartheta + \lambda_2 \sin\vartheta)\, ds = 0$$

zu ermitteln, wobei

$$\vartheta(s_0) = \vartheta_0$$

und

$$\vartheta(s_1) = \vartheta_1$$

gegeben ist.

Setzt man

$$\lambda_1 = \lambda \cos\alpha$$
$$\lambda_2 = \lambda \sin\alpha,$$

so ergibt sich

$$\delta \int_{s_0}^{s_1} [\tfrac{1}{2} B \vartheta'^2 + \lambda \cos(\vartheta - \alpha)]\, ds = 0. \tag{19}$$

Dieses Problem ist aber identisch mit jenem Variationsproblem, auf das man geführt wird, wenn man die Bewegungsgleichungen des ebenen mathematischen Pendels auf Grund des Hamiltonschen Prinzips aufstellt.

Sei m die Masse des Pendels, l die Länge des Fadens und sei die x-Achse vom Aufhängepunkt vertikal nach abwärts gerichtet, sei ferner ϑ der Winkel, den der Faden mit der Vertikalen einschließt, dann ergibt sich für die kinetische Energie unter Berücksichtigung, daß $l\, d\vartheta$ das Bogenelement bedeutet:

$$T = \frac{m}{2} (l \dot{\vartheta})^2$$

und für die potentielle Energie

$$U = -m \cdot g \cdot x = -m \cdot g \cdot l \cdot \cos\vartheta .$$

Somit erhalten wir auf Grund des Hamiltonschen Prinzips

$$\delta \int_{t_0}^{t_1} \left[\frac{m}{2} (l \dot{\vartheta})^2 + m \cdot g \cdot l \cdot \cos\vartheta \right] dt = 0. \tag{20}$$

Überlegen wir uns noch, daß wir durch zweckmäßige Wahl der Achsenrichtung stets erreichen können, daß α in (19) gleich 0 wird, so erkennt man, daß die Formeln (19) und (20) bis auf die Bezeichnungsweise völlig übereinstimmen.

Die Integration der Differentialgleichung für die Elastica ist also im wesentlichen zurückgeführt auf die Integration der Pendelgleichung, wobei man freilich, nachdem man $\vartheta = \vartheta(s)$ gefunden hat, zur Auffindung von x und y nach (18) noch zwei Quadraturen auszuführen hat.

Mit $\alpha = 0$ folgt aus Gl. (19) die Eulersche Differentialgleichung

$$B\vartheta'' + \lambda \sin\vartheta = 0.$$

Somit ergibt sich wegen (18)

$$B\vartheta' + \lambda y = \text{const}.$$

Wählt man diese Konstante gleich 0, so fällt die x-Achse mit der sog. Achse der Elastica zusammen. Mit Rücksicht auf die geometrische Bedeutung von $\vartheta' = 1/r$ ergibt sich:

„Für die Elastica ist das Produkt von Krümmungsradius und dem Abstand von der Achse der Elastica konstant."

Dieser Satz läßt sich leicht zur geometrischen Konstruktion der Elastica verwerten.

Aus (19) folgt unter Anwendung der EULERSCHEN Regel II:

$$\tfrac{1}{2} B\vartheta'^2 - \lambda \cos\vartheta = \text{const}. \tag{21}$$

Diese Gleichung entspricht genau dem Energieintegral bei der Pendelgleichung. Wir unterscheiden nun drei Fälle, je nachdem die rechtsstehende Konstante

a) $\text{const} < \lambda$

b) $\text{const} = \lambda$

c) $\text{const} > \lambda$

ist. Im Fall a) setzen wir die Konstante gleich $-\lambda \cdot \cos\beta$ und erhalten aus (21)

$$\frac{B\vartheta'^2}{2\lambda} = \cos\vartheta - \cos\beta.$$

Für

$$\vartheta = \pm\beta \pm 2k\pi \qquad (k = 0, 1, 2, \ldots,)$$

ergeben sich die Wendepunkte der Elastica. Beim dynamischen Analogon erhalten wir Pendelschwingungen mit Umkehrpunkten. Fall c) entspricht der Elastica ohne Wendepunkte bzw. dem sich überschlagenden Pendel; Fall b) stellt den Grenzfall (unendliche Schwingungsdauer) dar.

C. In der technischen Physik spielt häufig die Differentialgleichung

$$\Delta u = \text{const}, \tag{22}$$

eine Rolle, wobei längs des Randes des Gebietes G

$$u = 0$$

vorgeschrieben ist (in der Elastizitätstheorie: Verteilung der Schubspannungen über den Querschnitt bei reiner Torsion; in der Strömungslehre: Poiseuillesches Strömungsgesetz). Eine anschauliche Deutung für die Lösung u erhält man durch das „Prandtlsche Seifenhautgleichnis". Man denke sich aus dem oberen Deckel einer Dose ein Loch von der Form des vorgegebenen Integrationsgebietes G ausgeschnitten und das Loch mit einer Seifenhaut überdeckt. Herrscht nun in der Dose ein kleiner Überdruck, so wird sich die Seifenhaut nach außen wölben; ihre Form entspricht der Lösung u unseres Problems. Um dies nachzuweisen, stützt man sich am bequemsten auf das Dirichletsche Prinzip. Für die potentielle Energie der Oberflächenspannung erhält man

$$k \iint_G \left(\sqrt{z_x^2 + z_y^2 + 1} - 1\right) dx\,dy \cong \frac{k}{2} \iint_G (z_x^2 + z_y^2)\, dx\,dy$$

$$(k = \text{Konstante})$$

für die potentielle Energie des Gases erhält man

$$-p \cdot z \cdot dx\,dy.$$

Somit besagt in unserem Fall das Dirichletsche Prinzip

$$\delta \iint_G \left[\frac{k}{2}(z_x^2 + z_y^2) - pz\right] dx\,dy = 0.$$

Die Euler-Lagrangesche Differentialgleichung s. S. 24 hat die Form (22).

§ 3. Anwendung bei Transformationen

Der Formalismus der Variationsrechnung findet bei vielen Aufgaben der Physik zweckmäßige Verwendung, wo es sich darum handelt, Koordinatentransformationen durchzuführen. Der Grund liegt darin, daß im Integranden des Variationsproblems Differentialquotienten niederer Ordnung als in den daraus abgeleiteten Gleichungen auftreten.

Wir wollen dies an zwei Beispielen erörtern.

A. Die Form der Laplaceschen Differentialgleichung für ein dreifach orthogonales System.

In einem dreifach orthogonalen System mit den krummlinigen Koordinaten u_1, u_2, u_3, wo also

$$x = x(u_1, u_2, u_3)$$
$$y = y(u_1, u_2, u_3)$$
$$z = z(u_1, u_2, u_3)$$

ist, hat bekanntlich das Linienelement folgende Gestalt:

$$ds^2 = \left(\sqrt{e_1}\,du_1\right)^2 + \left(\sqrt{e_2}\,du_2\right)^2 + \left(\sqrt{e_3}\,du_3\right)^2,$$

wobei

$$e_1 = x_{u_1}^2 + y_{u_1}^2 + z_{u_1}^2$$
$$e_2 = x_{u_2}^2 + y_{u_2}^2 + z_{u_2}^2$$
$$e_3 = x_{u_3}^2 + y_{u_3}^2 + z_{u_3}^2$$

ist.

Das Volumenelement ist

$$d\tau = \sqrt{e_1 \cdot e_2 \cdot e_3}\,du_1 \cdot du_2 \cdot du_3.$$

Für die Komponente des Gradienten eines Skalars

$$\Phi = \Phi(u_1, u_2, u_3)$$

in der Richtung u_1, d.h. längs der Schnittlinie

$$u_2 = \text{const}, \quad u_3 = \text{const} \qquad (u_1 \text{ wachsend})$$

ergibt sich

$$(\text{grad } \Phi)_1 = \frac{\Phi_{u_1}}{\sqrt{e_1}}.$$

Analoge Formeln erhält man für die Richtungen u_2 und u_3. Somit wird

$$\int_T (\text{grad } \Phi)^2\,d\tau = \iiint_T \left[\sqrt{\frac{e_2 e_3}{e_1}}\,(\Phi_{u_1})^2 + \sqrt{\frac{e_3 e_1}{e_2}}\,(\Phi_{u_2})^2 + \right.$$
$$\left. + \sqrt{\frac{e_1 e_2}{e_3}}\,(\Phi_{u_3})^2 \right] du_1\,du_2\,du_3.$$

Aus dieser Formel ergibt sich auf Grund des Dirichletschen Prinzips für die Laplacesche Differentialgleichung folgender Ausdruck:

$$\frac{\partial}{\partial u_1}\left(\sqrt{\frac{e_2 e_3}{e_1}}\,\Phi_{u_1}\right) + \frac{\partial}{\partial u_2}\left(\sqrt{\frac{e_3 e_1}{e_2}}\,\Phi_{u_2}\right) + \frac{\partial}{\partial u_3}\left(\sqrt{\frac{e_1 e_2}{e_3}}\,\Phi_{u_3}\right) = 0. \quad (23)$$

Insbesondere ist für räumliche Polarkoordinaten

$$
\begin{aligned}
x &= r\cos\lambda \cdot \cos\beta \\
y &= r\sin\lambda \cdot \cos\beta \\
z &= r\sin\beta
\end{aligned}
\qquad
\left(
\begin{aligned}
r &= \text{Distanz vom Ursprung} \\
\lambda &= \text{geographische Länge} \\
\beta &= \text{geographische Breite}
\end{aligned}
\right)
$$

$$\sqrt{e_1} = 1, \quad \sqrt{e_2} = r\cos\beta, \quad \sqrt{e_3} = r$$

und somit erhalten wir aus (23) für die Laplacesche Gleichung

$$\frac{\partial}{\partial r}\left(r^2 \cos\beta\,\Phi_r\right) + \frac{\partial}{\partial \lambda}\left(\frac{1}{\cos\beta}\,\Phi_\lambda\right) + \frac{\partial}{\partial \beta}\left(\cos\beta\,\Phi_\beta\right) = 0.$$

B. Auch in der Dynamik werden Koordinatentransformationen leichter erledigt, wenn man sie im Integranden des Variationsprinzips und nicht in den daraus entspringenden Differentialgleichungen zweiter Ordnung durchführt. Zur Erläuterung betrachten wir folgenden einfachen Fall:

Für einen frei in der Ebene beweglichen Massenpunkt erhält man für das Hamiltonsche Prinzip unter Zugrundelegung von Polarkoordinaten

$$\delta \int_{t_0}^{t_1} \left[\frac{m}{2}(\dot r^2 + r^2 \cdot \dot\varphi^2) - U(r,\varphi)\right] dt = 0. \tag{24}$$

Daraus ergeben sich folgende zwei Bewegungsgleichungen

$$\left.\begin{aligned} m(\ddot r - r\dot\varphi^2) + U_r &= 0 \\ \frac{m}{r}\frac{d}{dt} r^2\dot\varphi + \frac{1}{r} U_\varphi &= 0, \end{aligned}\right\} \tag{25}$$

wobei $-U_r$ bzw. $-\frac{1}{r}U_\varphi$ die Kraftkomponenten in der r- bzw. φ-Richtung bedeuten. Bezieht man sich etwa auf ein Koordinatensystem (r, ψ), das mit dem früheren durch die Gleichungen

$$r = r$$

$$\psi = \varphi + \omega t, \qquad \omega = \text{const}$$

verbunden ist, so erhält man an Stelle von (24) und (25)

$$\delta \int_{t_0}^{t_1} \left\{\frac{m}{2}[\dot r^2 + r^2(\dot\psi^2 - 2\dot\psi\omega + \omega^2)] - U(r, \psi - \omega t)\right\} dt = 0,$$

und

$$m[\ddot r - r(\dot\psi^2 - 2\dot\psi\omega + \omega^2)] + U_r = 0$$

$$m[r\ddot\psi + 2\dot r(\dot\psi - \omega)] + \frac{1}{r}U_\varphi = 0.$$

Das mit ω proportionale Glied stellt die Coriolisbeschleunigung, das ω^2 proportionale Glied die Zentrifugalbeschleunigung dar.

3. Das homogene Problem

§ 1. Die Eulerschen Gleichungen in Parameterdarstellung

Bei vielen Problemen ist es unzweckmäßig, die x-Koordinate als unabhängige und y als abhängige Veränderliche zu behandeln. Vielmehr wird es zweckmäßig sein, für die gesuchte Lösungskurve eine Parameterdarstellung zu verwenden. Schon LAGRANGE verwendete bei einem speziellen Beispiel über die Brachistochronen eine Parameterdarstellung und gelangte zu richtigen Rechenregeln. Vor allem aber war es WEIERSTRASS, der den Problemen der Variationsrechnung, bei denen für die gesuchte Kurve eine Parameterdarstellung angewandt wird, seine besondere Aufmerksamkeit widmete.

Im folgenden werden wir es mit der Parameterdarstellung

$$x = x(t), \quad y = y(t); \qquad t_0 \leq t \leq t_1,$$

zu tun haben, wobei $x(t)$ und $y(t)$, wie wir vorläufig voraussetzen wollen, zweimal stetig differenzierbare Funktionen sein sollen. Ferner sollen für keinen Wert von t die Ableitungen $\dot{x}(t)$ und $\dot{y}(t)$ gleichzeitig verschwinden.

Unter diesen Voraussetzungen ist dieser Kurve dadurch, daß man t von t_0 bis t_1 wachsen läßt, ein bestimmter Richtungssinn zugeordnet. Will man zu einer anderen Parameterdarstellung übergehen ohne den Richtungssinn zu ändern, so geschieht dies offenbar durch eine Transformation

$$t = t(\tau),$$

wobei man annehmen muß, daß $t(\tau)$ streng monoton wächst, d.h. während τ von τ_1 bis τ_2 $(>\tau_1)$ läuft, $t(\tau)$ selbst von t_1 bis t_2 ständig anwächst, also

$$\frac{dt}{d\tau} > 0$$

ist. Eine solche Transformation heiße zulässige Parametertransformation. Wir wollen nur solche verwenden und ferner zweimalige stetige Differenzierbarkeit von $t(\tau)$ voraussetzen.

Nunmehr stellen wir die Frage: Wann ist ein Integral von der Form

$$\int_{t_0}^{t_1} F(x, y, \dot{x}, \dot{y})\, dt$$

gegenüber einer zulässigen Parametertransformation invariant, d.h. wann ist für alle einander entsprechenden Funktionenpaare

$$x(t(\tau)) = x(\tau), \qquad y(t(\tau)) = y(\tau)$$

$$t_0 = t(\tau_0)$$

$$t_1 = t(\tau_1)$$

$$\int_{t_0}^{t_1} F\left(x, y, \frac{dx}{dt}, \frac{dy}{dt}\right) dt = \int_{\tau_0}^{\tau_1} F\left(x, y, \frac{dx}{d\tau}, \frac{dy}{d\tau}\right) d\tau\,?$$

Um zunächst eine notwendige Bedingung herzuleiten, spezialisieren wir und setzen

$$t = \frac{\tau}{k}; \qquad t_0 = \frac{\tau_0}{k}; \qquad t_1 = \frac{\tau_1}{k} \qquad (k > 0),$$

wobei k eine Konstante ist. Wenn wir beachten, daß

$$\frac{dx}{dt} = k\frac{dx}{d\tau}; \qquad \frac{dy}{dt} = k\frac{dy}{d\tau}; \qquad dt = \frac{1}{k}\cdot d\tau$$

ist, erhalten wir als notwendige Bedingung

$$\int_{\tau_0}^{\tau_1} F\left(x, y, k\frac{dx}{d\tau}, k\frac{dy}{d\tau}\right)\frac{d\tau}{k} = \int_{\tau_0}^{\tau_1} F\left(x, y, \frac{dx}{d\tau}, \frac{dy}{d\tau}\right)d\tau.$$

Da diese Bedingung für alle Intervalle $\tau_0 \ldots \tau_1$ gelten muß, ergibt sich

$$F\left(x, y, k\frac{dx}{d\tau}, k\frac{dy}{d\tau}\right) = kF\left(x, y, \frac{dx}{d\tau}, \frac{dy}{d\tau}\right).$$

Man nennt eine Funktion, die dieser Forderung genügt, positiv homogen von der ersten Ordnung in bezug auf $\frac{dx}{d\tau}$ und $\frac{dy}{d\tau}$, und zwar „positiv homogen" wegen der ausdrücklichen Voraussetzung $k>0$. (Läßt man diese letzte Voraussetzung fallen, so spricht man von gewöhnlicher Homogenität.) Man beachte z. B., daß die Funktion

$$+\sqrt{x^2 + y^2}$$

in x und y positiv homogen, aber nicht homogen schlechtweg ist.

Die Forderung der positiven Homogenität ist aber auch schon hinreichend dafür, daß das obige Integral für jede beliebige zulässige Parametertransformation seinen Wert beibehält, wie unmittelbar aus

$$\int_{t_0}^{t_1} F\left(x, y, \frac{dx}{dt}, \frac{dy}{dt}\right)dt = \int_{\tau_0}^{\tau_1} F\left(x, y, \frac{\frac{dx}{d\tau}}{\frac{dt}{d\tau}}, \frac{\frac{dy}{d\tau}}{\frac{dt}{d\tau}}\right)\frac{dt}{d\tau}\,d\tau$$

ersichtlich ist.

Für positiv homogene Funktionen erster Ordnung ist nach dem Eulerschen Satz:

$$\dot{x}F_{\dot{x}}(x, y, \dot{x}, \dot{y}) + \dot{y}F_{\dot{y}}(x, y, \dot{x}, \dot{y}) = F(x, y, \dot{x}, \dot{y}).$$

Ferner gilt für die homogenen Funktionen nullter Ordnung $F_{\dot{x}}$ und $F_{\dot{y}}$:

$$\dot{x}F_{\dot{x}\dot{x}} + \dot{y}F_{\dot{x}\dot{y}} = 0; \qquad \dot{x}F_{\dot{x}\dot{y}} + \dot{y}F_{\dot{y}\dot{y}} = 0.$$

Diese Gleichungen geben Anlaß zur Einführung des Ausdruckes

$$\frac{F_{\dot{x}\dot{x}}}{\dot{y}^2} = -\frac{F_{\dot{x}\dot{y}}}{\dot{x}\dot{y}} = \frac{F_{\dot{y}\dot{y}}}{\dot{x}^2} = F_1. \tag{26}$$

Die Funktion $F_1(x, y, \dot{x}, \dot{y})$ ist in $\dot{x}, \dot{y}$ homogen von der Ordnung -3 und wurde von Weierstrass in die Variationsrechnung eingeführt.

Für das homogene Problem ergeben sich zunächst zwei Eulersche Gleichungen

$$F_x - \frac{d}{dt} F_{\dot{x}} \equiv F_x - (F_{\dot{x}\dot{x}}\ddot{x} + F_{\dot{x}\dot{y}}\ddot{y} + F_{\dot{x}x}\dot{x} + F_{\dot{x}y}\dot{y}) = 0$$

$$F_y - \frac{d}{dt} F_{\dot{y}} \equiv F_y - (F_{\dot{y}\dot{x}}\ddot{x} + F_{\dot{y}\dot{y}}\ddot{y} + F_{\dot{y}x}\dot{x} + F_{\dot{y}y}\dot{y}) = 0,$$

zwischen denen offenbar eine Beziehung bestehen muß. Da F homogen 1. Ordnung in $\dot{x}$ und $\dot{y}$ ist, ist auch F_x und F_y homogen von der Ordnung 1 in diesen Variablen. Wegen des Eulerschen Satzes für homogene Funktionen und aus (26) ergeben sich die Gleichungen

$$F_x - \frac{d}{dt} F_{\dot{x}} \equiv + G\dot{y} = 0$$

$$F_y - \frac{d}{dt} F_{\dot{y}} \equiv - G\dot{x} = 0$$

mit

$$G(x, y, \dot{x}, \dot{y}) = F_{x\dot{y}} - F_{\dot{x}y} + F_1(\dot{x}\ddot{y} - \ddot{x}\dot{y}).$$

Für die zwei Eulerschen Ausdrücke besteht also die identische Beziehung

$$\left(F_x - \frac{d}{dt} F_{\dot{x}}\right)\dot{x} + \left(F_y - \frac{d}{dt} F_{\dot{y}}\right)\dot{y} = 0.$$

Da außerdem $\dot{x}$ und $\dot{y}$ nicht beide zugleich Null sind muß

$$G = 0.$$

Man nennt diese Gleichung die Weierstraßsche Form der Eulerschen Differentialgleichung.

Probleme, wie wir sie früher behandelt haben, nämlich:

$$\delta \int_{P_0}^{P_1} f(x, y, y')\, dx = 0,$$

wo wir ausdrücklich voraussetzten, daß die gesuchte Kurve in der Form $y = y(x)$ darstellbar sei, wollen wir als inhomogene oder x-Probleme bezeichnen. Beide Bezeichnungen kommen in der Literatur vor. Die Bezeichnung x-Problem ist zwar unmittelbar ansprechend, aber man bedenke, daß bei vielen Problemen die unabhängige Veränderliche entweder die Zeit, der Abstand von einer Rotationsachse oder der Winkel im Polarkoordinatensystem ist, und daher die Bezeichnung x-Problem manchmal nicht passend ist.

Beim inhomogenen Problem wird stets vorausgesetzt, daß $x_0 < x_1$, so daß wir immer die Kurve in der Richtung zunehmender x-Werte durchlaufen. Um an einem Beispiel den Unterschied zwischen inhomogenen und homogenen Problemen deutlich hervortreten zu lassen, stellen wir die folgenden zwei Aufgaben einander gegenüber:

1. Das inhomogene oder x-Problem

$$\delta \int_{x_0}^{x_1} \sqrt{1 + y'^2}\, dx = 0.$$

Die Extremalen sind $y = c_1 x + c_2$, also die Geraden *mit Ausnahme* der Geraden $x = \text{const}$ und zwar sind alle im Sinne wachsender x-Werte durchlaufen.

2. Das homogene Problem

$$\delta \int_{t_0}^{t_1} \sqrt{\dot{x}^2 + \dot{y}^2}\, dt = 0.$$

Hier kommen *alle* orientierten Geraden als Extremalen vor.

Insbesondere um gewisse geometrische Vorstellungen (s. § 4 dieses Abschnittes), die sich beim homogenen Problem zwanglos ergeben werden, auch für das inhomogene Problem verwerten zu können, ist es nützlich, auch für solche Probleme die homogene Schreibweise zu benützen.

Setzt man $x = x(t)$, so erhält man mit

$$y(x(t)) = y(t), \qquad y' = \frac{\dfrac{dy}{dt}}{\dfrac{dx}{dt}}$$

$$\delta \int_{t_0}^{t_1} f\left(x, y, \frac{\dfrac{dy}{dt}}{\dfrac{dx}{dt}}\right) \frac{dx}{dt} \cdot dt = \delta \int_{t_0}^{t_1} F\left(x, y, \frac{dx}{dt}, \frac{dy}{dt}\right) dt = 0.$$

Somit wird:

$$F = \dot{x} f, \qquad F_{\dot{x}} = f - y' f_{y'}, \qquad F_{\dot{y}} = f_{y'}.$$

Man beachte aber sehr wohl, daß zwischen dem x-Problem in homogener Schreibweise und dem eigentlichen homogenen Problem ein grundlegender Unterschied besteht, und zwar kann man ihn kurz so fassen: Beim x-Problem in homogener Schreibweise haben wir noch zu beachten, daß in die Problemstellung die Ungleichung

$$\frac{dx}{dt} > 0$$

eingeht. Für manche Fragestellung ist dieser Unterschied von großer Bedeutung (vgl. hierzu das Kapitel III).

Umgekehrt ist es oft auch zweckmäßig, bei einem homogenen Problem für einen passend gewählten Bereich, x als unabhängige Veränderliche einzuführen.

In diesem Fall ist

$$\dot{x} = 1$$

und wir können den Integranden in der Form

$$F(x, y, 1, y') = f(x, y, y')$$

schreiben.

Ferner wird unter dieser Annahme

$$F_1(x, y, 1, y') = f_{y'y'}.$$

Allgemein ist aber F_1 homogen von -3. Ordnung und es gilt:

$$F_1 \dot{x}^3 = f_{y'y'}.$$

In manchen Fällen ist es zweckmäßig, die euklidische Bogenlänge $t = s$ als Parameter einzuführen. In diesem Fall gilt:

$$\dot{x} = \cos\vartheta, \quad \dot{y} = \sin\vartheta, \quad \vartheta = \sphericalangle(x, ds), \quad \dot{x}^2 + \dot{y}^2 = 1.$$

Setzen wir:

$$F(x, y, \cos\vartheta, \sin\vartheta) = \Phi(x, y, \vartheta),$$

so ergibt sich insbesondere unter Berücksichtigung von (26)

$$F_1 = \Phi_{\vartheta\vartheta} + \Phi. \tag{27}$$

Analog läßt sich auch der Fall von mehrfachen Integralen behandeln (*). Sei eine Fläche gegeben durch

$$x_i = x_i(u, v), \qquad i = 1, 2, 3.$$

Wir wollen alle Funktionen stetig differenzierbar annehmen und weiters voraussetzen, daß die drei Funktionaldeterminanten

$$A = \frac{\partial(x_2, x_3)}{\partial(u, v)}, \quad B = \frac{\partial(x_3, x_1)}{\partial(u, v)}, \quad C = \frac{\partial(x_1, x_2)}{\partial(u, v)}$$

nicht gleichzeitig in einem Punkt verschwinden. Für die Richtungskosinus der Normalen ergeben sich

$$\frac{A}{\sqrt{A^2 + B^2 + C^2}}, \quad \frac{B}{\sqrt{A^2 + B^2 + C^2}}, \quad \frac{C}{\sqrt{A^2 + B^2 + C^2}}.$$

Bei einer Veränderlichen haben wir ausdrücklich verlangt, daß $\frac{dt}{d\tau} > 0$ ist. Dementsprechend müssen wir hier fordern, daß bei einer Transformation

$$\tilde{u} = \tilde{u}(u, v),$$
$$\tilde{v} = \tilde{v}(u, v)$$

die Funktionaldeterminante $\frac{\partial(u,v)}{\partial(\tilde{u},\tilde{v})}$ im ganzen Bereich positiv ist. Um zu untersuchen, wann ein Integral von der Form

$$I = \iint\limits_G F(x_1, x_2, x_3, x_{1u}, x_{2u}, x_{3u}, x_{1v}, x_{2v}, x_{3v})\, du\, dv$$

von der Parameterdarstellung unabhängig ist, beschränken wir uns zunächst auf die affine Transformation

$$\tilde{u} = a_{11} u + a_{12} v,$$
$$\tilde{v} = a_{21} u + a_{22} v$$

durch welche das Gebiet G der u,v-Ebene auf das Gebiet $\tilde{G}$ der $\tilde{u},\tilde{v}$-Ebene abgebildet wird, und erhalten

$$I = \iint\limits_{\tilde{G}} F(x_1, \ldots, a_{11} x_{1\tilde{u}} + a_{21} x_{1\tilde{v}}, \ldots, a_{12} x_{3\tilde{u}} + a_{22} x_{3\tilde{v}}) \frac{\partial(u,v)}{\partial(\tilde{u},\tilde{v})}\, d\tilde{u}\, d\tilde{v}$$

mit

$$\frac{\partial(u,v)}{\partial(\tilde{u},\tilde{v})} = (a_{11} a_{22} - a_{12} a_{21})^{-1}.$$

Auf Grund der Invarianzbedingung muß

$$F(x_1, \ldots, a_{11} x_{1\tilde{u}} + a_{21} x_{1\tilde{v}}, \ldots, a_{12} x_{3\tilde{u}} + a_{22} x_{3\tilde{v}}) = (a_{11} a_{22} - a_{12} a_{21}) F(x_1, \ldots, x_{1\tilde{u}}, \ldots, x_{3\tilde{v}})$$

für jedes Wertesystem der Konstanten $a_{11}, a_{12}, a_{21}, a_{22}$ mit $a_{11} \cdot a_{22} - a_{12} \cdot a_{21} > 0$ gelten. Durch Differentiation nach a_{ik} und Einsetzen der Werte $a_{11} = 1$, $a_{12} = a_{21} = 0$, $a_{22} = 1$ ergibt sich:

$$\sum_{i=1}^{3} F_{x_{iu}} x_{iu} = F, \qquad \sum_{i=1}^{3} F_{x_{iv}} x_{iu} = 0,$$
$$\sum_{i=1}^{3} F_{x_{iu}} x_{iv} = 0, \qquad \sum_{i=1}^{3} F_{x_{iv}} x_{iv} = F.$$

Wir erhalten für das Variationsproblem $\delta I = 0$ durch sinngemäße Anwendung der in Kap. I, 1, § 3, dargelegten Methode zur Bestimmung der Eulerschen Gleichung bei Variationsproblemen mit mehreren abhängigen bzw. unabhängigen Veränderlichen folgendes System von Differentialgleichungen:

$$\mathfrak{L}_1(F) = \frac{\partial}{\partial u} F_{x_{1u}} + \frac{\partial}{\partial v} F_{x_{1v}} - F_{x_1} = 0,$$
$$\mathfrak{L}_2(F) = \frac{\partial}{\partial u} F_{x_{2u}} + \frac{\partial}{\partial v} F_{x_{2v}} - F_{x_2} = 0,$$
$$\mathfrak{L}_3(F) = \frac{\partial}{\partial u} F_{x_{3u}} + \frac{\partial}{\partial v} F_{x_{3v}} - F_{x_3} = 0.$$

Es läßt sich leicht zeigen, daß

$$x_{1u} \mathfrak{L}_1(F) + x_{2u} \mathfrak{L}_2(F) + x_{3u} \mathfrak{L}_3(F) \equiv 0,$$
$$x_{1v} \mathfrak{L}_1(F) + x_{2v} \mathfrak{L}_2(F) + x_{3v} \mathfrak{L}_3(F) \equiv 0.$$

§ 2. Die Eulerschen Gleichungen in natürlichen Koordinaten

Man verdankt hauptsächlich CESÀRO die Entwicklung eines Zweiges der Geometrie, den er als „Natürliche Geometrie" bezeichnete. Mit dem Wort „natürlich" will CESÀRO andeuten, daß er insbesondere bei Fragen der Infinitesimalgeometrie die Bezugnahme auf ein festes kartesisches Koordinatensystem, das mit der Kurve in keiner ausgezeichneten Weise in Beziehung steht, verzichtet. Etwas Ähnliches läßt sich auch in der Variationsrechnung durchführen, insbesondere bei solchen Problemen, die naturgemäß als homogene Probleme formuliert werden.

Die Schreibweise der Eulerschen Gleichung, die wir hier einführen wollen, benützt dreierlei Differentiationssymbole. Zur Erklärung wollen wir uns der bequemeren Ausdrucksweise halber auf ein rechtwinkeliges kartesisches Koordinatensystem beziehen. Die eingeführten Differentiationssymbole sind jedoch von der speziellen Wahl des Koordinatensystems völlig unabhängig. Ihre Anwendung empfiehlt sich bei Problemen, die gegenüber der Gruppe der Bewegungen invariant sind. Verallgemeinerungen siehe Kap. IX.

1. Differentiation nach der (euklidischen) Länge l für die zu untersuchende Kurve

Sei

$$\Phi = \Phi(x, y, \alpha) \quad \text{mit} \quad \operatorname{tg} \alpha = y'$$

eine den Differenzierbarkeitsbedingungen entsprechende Funktion, dann verstehen wir unter Φ_l

$$\Phi_l = \Phi_x \cdot \cos\alpha + \Phi_y \cdot \sin\alpha .$$

2. Differentiation nach der (euklidischen) Breite n

Darunter verstehen wir die Differentiation nach dem orientierten Längenelement, das dem Winkel $\alpha + \frac{\pi}{2}$ entspricht.

$$\Phi_n = -\Phi_x \cdot \sin\alpha + \Phi_y \cdot \cos\alpha .$$

3. Differentiation nach dem (euklidischen) Winkel α

$$\Phi_\alpha = \Phi_{y'} \frac{1}{\cos^2\alpha}$$

Wie man sich leicht überzeugt, gelten folgende Vertauschungsregeln:

$$\Phi_{l\alpha} = \Phi_{\alpha l} + \Phi_n , \tag{28a}$$

$$\Phi_{n\alpha} = \Phi_{\alpha n} - \Phi_l , \tag{28b}$$

$$\Phi_{ln} = \Phi_{nl} . \tag{28c}$$

Wenn wir im folgenden für die Richtung keinerlei beschränkende Voraussetzung machen, so ist dies gleichbedeutend damit, daß wir ein homogenes Variationsproblem zugrunde legen.

Um die Eulersche Gleichung mit Hilfe dieser Differentiationssymbole auszudrücken, legen wir ein Koordinatensystem zugrunde, bei dem für die Extremale in dem zunächst ins Auge gefaßten Punkt das orientierte Linienelement mit der positiven x-Achse zusammenfällt.

Dann ist:

$$y' = 0, \quad y'' = \frac{1}{R},$$

wobei der Krümmungsradius R so eingeführt ist, daß die Krümmung positiv oder negativ ist, je nachdem der Krümmungsmittelpunkt links oder rechts vom orientierten Linienelement liegt.

Liegt allgemein das Variationsproblem:

$$\int_{x_0}^{x_1} f(x, y, y')\, dx = \int_{l_0}^{l_1} f(x, y, y') \frac{dx}{dl}\, dl$$

vor und setzen wir

$$f(x, y, y') \frac{dx}{dl} = f(x, y, \operatorname{tg} \alpha) \cos \alpha = \Phi(x, y, \alpha),$$

so ergibt sich für den ins Auge gefaßten Punkt, für den stets $\alpha = 0$ angenommen werden kann:

$$\begin{aligned} f_{y'y'} &= \Phi_{\alpha\alpha} + \Phi \\ f_{y'x} &= \Phi_{\alpha l} \\ f_y &= \Phi_n \end{aligned}$$

und somit für die Eulersche Gleichung in dem betreffenden Punkt:

$$(\Phi_{\alpha\alpha} + \Phi) \frac{1}{R} + \Phi_{\alpha l} - \Phi_n = 0. \tag{29}$$

§ 3. Anwendungen

1. Liegt ein Brachistochronenproblem vor, bei dem die Geschwindigkeit nur vom Ort abhängt (Strahlendurchgang durch ein isotropes Medium):

$$\delta\, c \int_{P_0}^{P_1} \frac{dl}{v(x, y)} = 0,$$

so ist

$$\left.\begin{aligned} \Phi &= \frac{c}{v} \\ \Phi_\alpha &= 0. \end{aligned}\right\} \tag{30}$$

Setzen wir

$$\ln \Phi = \Psi,$$

so erhalten wir als Eulersche Gleichung:

$$\frac{1}{R} = \Psi_n, \tag{31}$$

also ist $1/R$ gleich dem Wert der Komponente des Gradienten von Ψ senkrecht zum Linienelement, oder

$$R = \frac{1}{|\operatorname{grad} \Psi| \cos\varphi},$$

wobei φ derjenige Winkel ist, den die Richtung des Gradienten mit jener Normalen zum Linienelement einschließt, die das Linienelement von rechts nach links durchsetzt. Bei festgehaltenem Anfangspunkt P und variabler Richtung beschreibt somit der Krümmungsmittelpunkt der zugehörigen Extremale eine Gerade g (vgl. Fig. 2). Der kleinste Kreis entspricht $\varphi = 0$. Sei Π der zugehörige Mittelpunkt, so liegt $\overline{P\Pi}$ in der Richtung von grad Ψ und

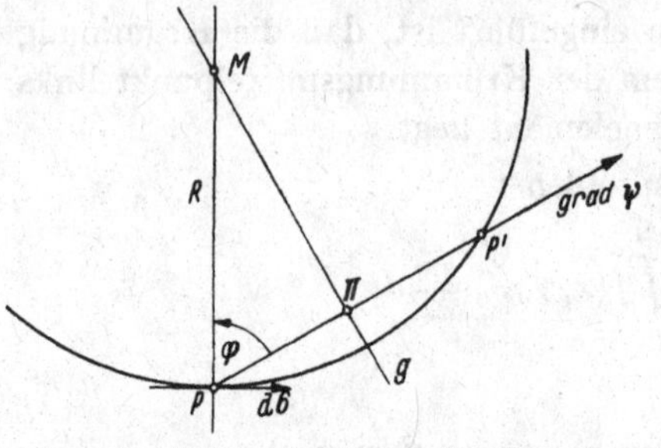

Fig. 2. Konstruktion des Krümmungskreises beim Strahlendurchgang durch ein isotropes Medium

$$|P\Pi| = \frac{1}{|\operatorname{grad} \Psi|}.$$

Das Kreisbüschel der Krümmungskreise der Extremalen durch P geht durch den Spiegelungspunkt P' von P an g.

Diese geometrische Kennzeichnung der Extremalen kann auch zu einer graphischen Konstruktion der Extremalen benutzt werden.

2. MAXWELL hat darauf hingewiesen, daß die Augen gewisser Fische so beschaffen sind, daß das Licht innerhalb des Auges stets eine kreisförmige Bahn beschreibt. Dies soll uns veranlassen, die Frage zu stellen, wie $v(x,y)$ beschaffen sein muß, daß alle Extremalen des Variationsproblems

$$\delta c \int_{P_0}^{P_1} \frac{dl}{v} = 0$$

Kreise sind.

Soll $1/R$ längs der Extremale konstant sein, so muß der totale Differentialquotient von $1/R$ nach dem Bogenelement Null sein. Dies führt unmittelbar zu der Gleichung

$$\left(\frac{1}{R}\right)_l + \left(\frac{1}{R}\right)_\alpha \frac{1}{R} = 0.$$

Somit erhalten wir wegen (31)

$$\Psi_{nl} + \Psi_{n\alpha} \cdot \Psi_n = 0.$$

Mit Rücksicht auf die Vertauschungsformel (28b) und (30) erhalten wir

$$\Psi_{nl} = \Psi_n \cdot \Psi_l. \tag{32}$$

Geht man auf die Definition der Differentiation nach n und l zurück, so erhält man

$$\Psi_{xy} = \Psi_x \cdot \Psi_y, \quad \Psi_{yy} - \Psi_{xx} = (\Psi_y)^2 - (\Psi_x)^2 \tag{33}$$

und somit wird

$$v_{xy} = 0, \quad v_{yy} - v_{xx} = 0. \tag{34}$$

Aus der ersten Gl. (34) folgt

$$v = g(x) + h(y),$$

aus der zweiten Gl. (34) folgt

$$g''(x) = h''(y).$$

Somit müssen beide Seiten dieser Gleichung konstant sein und wir erhalten

$$v = c_1(x^2 + y^2) + c_2 x + c_3 y + c_4,$$

d.h. die Linien $v =$const müssen konzentrische Kreise sein. Es erweist sich somit

$$\frac{dl}{v}$$

als eine bekannte Form des nichteuklidischen Linienelements.

Bei den von Maxwell betrachteten Fischaugen war in der Tat der Brechungsindex von der Form

$$\frac{c}{c' + r^2},$$

wobei r die Entfernung eines Punktes der Augenlinse von ihrem Mittelpunkt ist.

3. Wir stellen uns nun die Aufgabe, alle Variationsprobleme zu finden, bei denen die Geraden Extremalen sind[1]. Diese Aufgabe ist wegen (29) identisch mit der Auffindung der allgemeinen Lösung für

$$\Phi_{\alpha l} - \Phi_n = 0. \tag{35}$$

[1] Betrachten wir eine Geometrie, bei der wir das dem Variationsproblem zugrunde liegende Integral als Längenmaßbestimmung auffassen, so führt die Aufgabe, die Geometrien zu bestimmen, bei denen die Geraden die kürzesten Linien sind, ebenfalls auf unser Problem. (Freilich müssen dann auch noch die weiteren notwendigen und hinreichenden Bedingungen für das Eintreten eines Minimums erörtert werden.) Vgl. auch das Kap. IX.

Differenziert man diese Gleichung nach α, so erhält man, nach Anwendung der Vertauschungsregeln (28) wegen (27)

$$(F_1)_l = 0, \tag{36}$$

d.h. F_1 ändert sich nicht, wenn sich das Linienelement auf der Geraden bewegt, hängt also nur von den Bestimmungsstücken der Geraden ab.

Nehmen wir als Bestimmungsstücke der Geraden den Winkel α und ihren Abstand n vom Koordinatenursprung

$$n = -x \cdot \sin\alpha + y\cos\alpha,$$

so ist die allgemeine Lösung von $(F_1)_l = 0$ gegeben durch

$$F_1 = F_1(\alpha, n). \tag{37}$$

Somit ergibt sich aus (27) nach der Integrationsmethode von CAUCHY für Φ der Ansatz:

$$\Phi = \int_0^\alpha \sin(\alpha-\varphi) F_1(\varphi, -x\sin\varphi + y\cos\varphi)\, d\varphi + \\ + A(x,y)\cos\alpha + B(x,y)\sin\alpha.$$

Setzt man in (35) ein, so zeigt sich, daß diese Gleichung zunächst für

$$A = B = 0$$

erfüllt ist und somit muß

$$A(x,y)\cos\alpha + B(x,y)\sin\alpha = A(x,y)\frac{dx}{dl} + B(x,y)\frac{dy}{dl}$$

selbst der Gl. (35) für Φ genügen, da diese linear und homogen ist. Daraus folgt aber, daß dieser Ausdruck ein vollständiges Differential einer Funktion $H(x, y)$ sein muß.

Für Φ ergibt sich damit die allgemeine Lösung:

$$\Phi = \int_0^\alpha \sin(\alpha-\varphi) F_1(\varphi, -x\cdot\sin\varphi + y\cdot\cos\varphi)\, d\varphi + \frac{\partial H}{\partial x}\cos\alpha + \frac{\partial H}{\partial y}\sin\alpha.$$

4. Bei einer Kugelfläche ist bekanntlich eine Abbildung auf die Ebene (Landkarte) möglich, bei der die kürzesten Linien in Gerade übergehen. Man braucht bloß eine Projektion vom Mittelpunkt aus vorzunehmen. Von BELTRAMI wurde insbesondere die Frage aufgeworfen, alle Flächen zu bestimmen, bei denen eine derartige Abbildung möglich ist. Das Ergebnis, das bei DARBOUX(*) ausführlich behandelt ist, soll im folgenden kurz wiedergegeben werden.

Hier liegt ein Integrand von der Form

$$F(u, v, \dot u, \dot v) = \sqrt{\mathcal{E}\,\dot u^2 + 2\mathcal{F}\,\dot u\,\dot v + \mathcal{G}\,\dot v^2}$$

zugrunde. Wir erhalten für die Weierstraßsche Funktion

$$F_1(u, v, \cos\alpha, \sin\alpha) = \Phi_{\alpha\alpha} + \Phi = \frac{\mathcal{E}\mathcal{G} - \mathcal{F}^2}{(\mathcal{E}\cos^2\alpha + 2\mathcal{F}\cos\alpha\sin\alpha + \mathcal{G}\sin^2\alpha)^{\frac{3}{2}}}$$

$(F_1)^{-\frac{2}{3}}$ ist eine homogene Funktion zweiter Ordnung in den beiden letzten Argumenten. Aus der Tatsache, daß dieser Ausdruck in unserem Fall wegen (36) längs einer Geraden konstant bleibt, ergibt sich, wie in der Flächentheorie gezeigt wird, daß die zugehörigen Flächen konstantes Krümmungsmaß haben.

5. Ein interessantes Beispiel für eine Geometrie, bei der die Geraden die kürzesten Linien sind, gab HILBERT an. Als Punkte dieser Geometrie betrachtete er die Punkte im Innern einer Eilinie m, die wir als Mantellinie der Geometrie bezeichnen wollen. Als Maß für die Länge einer Strecke $\overline{AB}$ setzte er

$$\overline{AB} = \ln\left(\frac{\overline{AM_2}}{\overline{BM_2}} : \frac{\overline{AM_1}}{\overline{BM_1}}\right),$$

wobei M_1, M_2 die Schnittpunkte der Geraden AB mit der Mantellinie bedeuten und M_1, A, B, M_2 die Aufeinanderfolge der Punkte sein soll.

An Stelle des Hilbertschen Beispiels wollen wir eine etwas einfachere Geometrie, die Geometrie der spezifischen Maßbestimmung, betrachten, bei der $\overline{AB}$ gegeben ist durch:

$$\overline{AB} = \ln\frac{\overline{AM}}{\overline{BM}},$$

wobei M der Schnittpunkt der in der Richtung von A nach B gelegten Halbgeraden mit der Mantellinie ist (**).

Sei σ die euklidische Bogenlänge auf der orientierten Halbgeraden; denken wir uns A festgehalten und B beweglich, so können wir dementsprechend die obige Formel in der Form

$$\overline{AB} = \ln\frac{\sigma_M - \sigma_A}{\sigma_M - \sigma_B}$$

schreiben, oder

$$\overline{AB} = \int_A^B \frac{d\sigma}{\sigma_M - \sigma}.$$

Fassen wir das Variationsproblem als Brachistochronenproblem auf, so gewinnen wir folgende anschauliche kinematische Deutung für diese spezielle Geometrie: Man denke sich etwa einen Teich mit einer Eilinie als Begrenzung und einen Schwimmer, für den der Geschwindigkeitsvektor der Größe und Richtung nach dargestellt werden kann durch jene gerichtete Strecke, die von ihm aus in der Schwimmrichtung zum Ufer führt. Der Schwimmer nehme als Grundlage für die Längenmessung eines Kurvenbogens die zum Durchschwimmen benötigte Zeit.

Auch bei dieser Geometrie läßt sich in ähnlicher Weise wie dies HILBERT tat, elementar beweisen, daß hier die Geraden die kürzesten Linien sind, und zwar folgendermaßen (vgl. Fig. 3):

Sei C ein beliebiger Punkt außerhalb von AB und bezeichnen wir mit M_2, M', M'' die zu $\overline{AB}$ bzw. $\overline{AC}$ bzw. $\overline{CB}$ gehörigen Mantelpunkte; sei ferner $\overline{M}$ der Schnittpunkt der Geraden AB mit der Geraden $M'M''$. Würden wir das Mantelstück $M'M_2M''$ durch die Gerade $M'\overline{M}M''$ ersetzen, so bekämen wir eine Maßbestimmung für die Strecke $\overline{AB}$, die wir mit (AB) bezeichnen wollen. Auf Grund des Satzes von MENELAOS[1] wäre dann $(AB) = \overline{AC} + \overline{CB}$. Hieraus folgt aber unmittelbar

$$\overline{AB} < \overline{AC} + \overline{CB}.$$

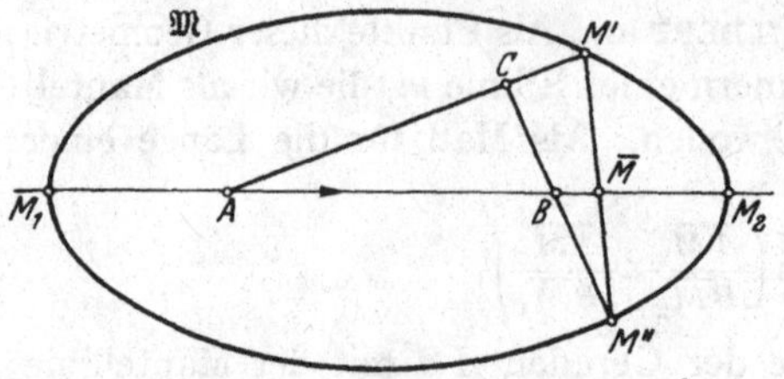

Fig. 3. Zur Geometrie der spezifischen Maßbestimmung

Die hier behandelte Geometrie ist vielleicht deshalb besonders bemerkenswert, weil sie zusammen mit der Minkowskischen Geometrie (Geometrie, bei der die Maßbestimmung nur von der Richtung abhängt) als diejenige Geometrie gekennzeichnet werden kann, bei der die beiden folgenden Axiome erfüllt sind:

1. Die Geraden sollen die kürzesten Linien sein.
2. Die Kurven gleichen Abstandes von einer Geraden sollen wieder Geraden sein.

Auf die oben erwähnte Hilbertsche Geometrie würde man dann geführt werden, wenn man einen Schwimmer annimmt, der von A nach B und von B wieder zurück nach A schwimmt und die dazu benötigte Zeitdauer als Längenmaß betrachtet.

Für den Fall, daß die Mantelkurve eine Ellipse ist, erhält man dadurch eine kinematische Deutung der nichteuklidischen Geometrie.

§ 4. Indikatrix und Figuratrix

Zum Studium des homogenen Variationsproblems ist es häufig nützlich für einen festen Punkt $P_0(x_0, y_0)$ mit dem Integranden eine geometrische Vorstellung zu verbinden. Mit Rücksicht auf die Homogenität (1. Ordnung) des Integranden

$$F(x_0, y_0, \dot{x}, \dot{y})$$

---

[1] Der Satz von MENELAOS (***) lautet: Schneidet eine Gerade die Geraden welche die Seiten ($\overline{BC}$, $\overline{CA}$, $\overline{AB}$) eines Dreieckes bilden in A', B', C', so ist

$$\frac{\overline{BA'} \cdot \overline{CB'} \cdot \overline{AC'}}{\overline{A'C} \cdot \overline{B'A} \cdot \overline{C'B}} = -1.$$

in den letzten beiden Variablen stellt die Gleichung

$$Z = F(x_0, y_0, X, Y)$$

in einem X, Y, Z-Koordinatensystem, das dem Punkt P_0 zugeordnet ist, einen Kegel dar. Wir bezeichnen ihn als Indikatrixkegel (vgl. Fig. 4).

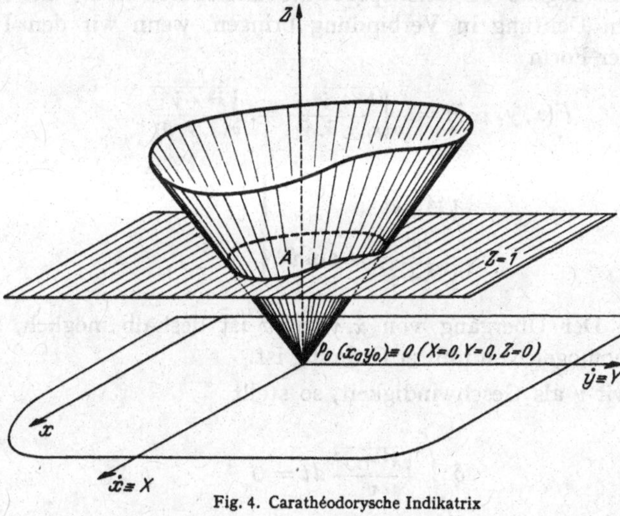

Fig. 4. Carathéodorysche Indikatrix

Es ist häufig zweckmäßig, das X, Y, Z-System mit dem x, y-System, das wir bei der Problemstellung zugrunde legten, in der Weise in Zusammenhang zu bringen, daß die X, Y-Ebene mit der x, y-Ebene so zusammenfällt, daß entsprechende Achsenrichtungen parallel sind und der Ursprung O des X, Y, Z-Systems mit P_0 zusammenfällt.

Besonders häufig treten solche Variationsprobleme auf, für die

$$Z > 0$$

ist; wir wollen sie als positive Variationsprobleme bezeichnen. Bei diesen Problemen bezeichnen wir den Schnitt des Indikatrixkegels mit der Ebene

$$Z = 1$$

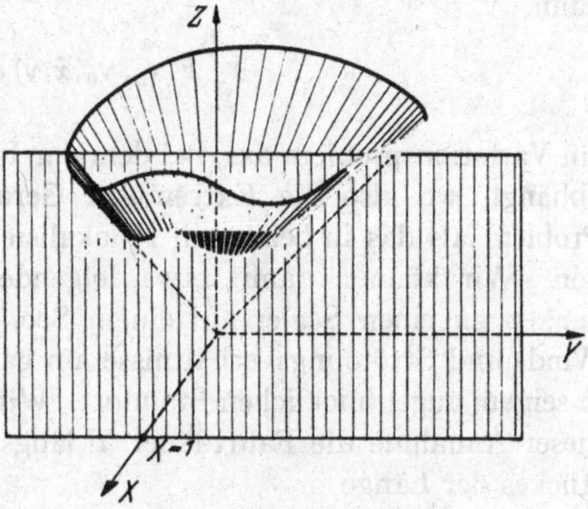

Fig. 5. Zermelosche Indikatrix

als „Carathéodorysche Indikatrix“, schlechthin als Indikatrix. Den Punkt $X = Y = 0, Z = 1$ bezeichnen wir im folgenden als Ausgangspunkt A für die Indikatrix; wir denken sie uns stets in die X, Y-Ebene hinab projiziert.

Der Schnitt des Indikatrixkegels mit $X = 1$ soll als „Zermelosche Indikatrix“ bezeichnet werden (vgl. Fig. 5); zu dieser Figur gelangt man auch, wenn man beim x-Problem für einen bestimmten Punkt (x_0, y_0) in einem y', Z-Koordinatensystem die Kurve $Z = f(x_0, y_0, y')$ betrachtet.

Positive homogene Variationsprobleme lassen sich leicht mit einer kinematischen Deutung in Verbindung bringen, wenn wir den Integranden in der Form

$$F(x, y, \dot{x}, \dot{y}) = \frac{\sqrt{\dot{x}^2 + \dot{y}^2}}{v(x, y, \dot{x}, \dot{y})} = \frac{\sqrt{\dot{x}^2 + \dot{y}^2}}{v(x, y, \vartheta)}$$

$$\left.\begin{aligned} \frac{\dot{x}}{\sqrt{\dot{x}^2 + \dot{y}^2}} &= \cos\vartheta \\ \frac{\dot{y}}{\sqrt{\dot{x}^2 + \dot{y}^2}} &= \sin\vartheta \end{aligned}\right\}$$

anschreiben. Der Übergang von $\dot{x}, \dot{y}$ zu ϑ ist deshalb möglich, weil $v(x, y, \dot{x}, \dot{y})$ homogen von nullter Ordnung ist.

Deuten wir v als Geschwindigkeit, so stellt

$$\delta \int_{P_0}^{P_1} \frac{\sqrt{\dot{x}^2 + \dot{y}^2}}{v}\, dt = 0$$

ein Brachistochronenproblem dar. Halten wir nun den Punkt P_0 fest und betrachten wir an Stelle des ursprünglichen Variationsproblems dasjenige Problem, das dadurch entsteht, daß wir im Integranden die beiden ersten Variablen durch die festen Größen x_0 und y_0 ersetzen. Es stellt dann

$$\delta \int_{P_0}^{P_1} F(x_0, y_0, \dot{x}, \dot{y})\, dt = 0$$

ein Variationsproblem dar, bei dem der Integrand nur von der Richtung abhängt, wo also die Extremalen Geraden sind. Wir wollen dieses Problem als das in bezug auf P_0 lokalisierte Variationsproblem bezeichnen. Wir können damit etwa folgende Vorstellung verbinden. Wir denken an einen Segler auf einem See, der willkürlich annimmt, daß Wind- und Strömungsverhältnisse am ganzen See die gleichen sind wie in seinem augenblicklichen Standort. Wir denken uns, er berechne unter dieser Annahme die Fahrtdauer T längs des geradlinigen Extremalenstückes der Länge

$$\overline{P_0 P} = R = \sqrt{(x - x_0)^2 + (y - y_0)^2}$$

für jeden beliebigen Punkt P des Sees. Trägt man in jedem Punkte P als dritte Koordinate $Z = T$ auf, so ist, wie im folgenden gezeigt wird, die so ermittelte Fläche identisch mit dem Indikatrixkegel. Nehmen wir nämlich als Parameter die euklidische Bogenlänge

$$ds = \sqrt{\dot{x}^2 + \dot{y}^2}\, dt\,,$$

so wird

$$Z = T = \int_{P_0}^{P} \frac{ds}{v(x_0, y_0, \vartheta)}\,. \tag{38}$$

Da $v(x_0, y_0, \vartheta)$ auf der Geraden P_0P konstant ist, ergibt sich

$$T = \frac{\overline{P_0P}}{v(x_0, y_0, \vartheta)} = \frac{\sqrt{(x-x_0)^2 + (y-y_0)^2}}{v(x_0, y_0, \vartheta)}$$

$$= \frac{R}{v\left(x_0, y_0, \dfrac{x-x_0}{R}, \dfrac{y-y_0}{R}\right)} = F(x_0, y_0, x - x_0, y - y_0)\,.$$

Entsprechend der Einführung von X, Y ist

$$F(x_0, y_0, x - x_0, y - y_0) = F(x_0, y_0, X, Y)\,.$$

Die in die X, Y-Ebene projizierte Carathéodorysche Indikatrix

$$F(x_0, y_0, X, Y) = 1 \tag{39}$$

stellt somit die Hodographenkurve dar, das ist der geometrische Ort aller jener Punkte, die auf geradliniger Fahrt in der Zeiteinheit erreicht werden können (bei Zugrundelegung des lokalisierten Variationsproblems).

Ist umgekehrt die Hodographenkurve C für jeden beliebigen Punkt P_0 der x, y-Ebene etwa in der Form

$$(R)_{Z=1} = v(x_0, y_0, \vartheta)$$

gegeben, so erhält man den Wert des zum Variationsproblem zugehörigen Integranden folgendermaßen:

$$Z = \frac{R}{v(x_0, y_0, \vartheta)} \tag{40}$$

stellt den Indikatrixkegel in Zylinderkoordinaten (R, ϑ, Z) dar. Um auf rechtwinkelige Koordinaten überzugehen, hat man aus (40) und den Gleichungen:

$$X = R \cdot \cos\vartheta\,, \qquad Y = R \cdot \sin\vartheta$$

die Größen R und ϑ zu eliminieren.

Die Elimination ergibt

$$Z = F(x_0, y_0, X, Y)\,.$$

Den gesuchten Integranden erhält man, wenn man X, Y durch $\dot{x}, \dot{y}$ und x_0, y_0 durch x, y ersetzt.

Im Anschluß an die obige kinematische Deutung der Indikatrix erwähnen wir noch den folgenden Satz: Soll ein Extremalenbogen $\widehat{P_0 P_1}$ auch Extremalenbogen bleiben, wenn man ihn von P_1 nach P_0 durchläuft, so ist hinreichend, daß die Indikatrix eine Mittelpunktskurve ist. Man erkennt dies unmittelbar aus der Eulerschen Gleichung. Ist aber die Indikatrix keine Mittelpunktskurve, so ist die verkehrt durchlaufene Kurve im allgemeinen keine Extremale mehr. Ein anschauliches Beispiel hierfür ist das folgende: Die Bahnkurve, die ein Schwimmer zurücklegt, wenn er von einem Punkt P_0 des Ufers eines Flusses zu einem stromabwärts gelegenen Punkt P_1 im Fluß in möglichst kurzer Zeit gelangen will, wird sicher eine andere sein als die, die er zurücklegen wird, wenn er von P_1 zu P_0 schwimmen will. Im ersten Fall wird er nämlich trachten, möglichst bald das Gebiet starker Strömung zu erreichen, im zweiten Fall hingegen das Gebiet starker Strömung möglichst bald zu verlassen. Der Leser denke bei diesem Beispiel zunächst nur an den Fall, daß die Strömungsgeschwindigkeit des Flusses nirgends größer ist als die Eigengeschwindigkeit des Schwimmers. Ist nämlich in einem Punkt P die Strömungsgeschwindigkeit größer als die Eigengeschwindigkeit $\mathfrak{v}$ des Schwimmers und ist der Geschwindigkeitsvektor $\mathfrak{V}$ der Strömung durch $\overrightarrow{PP^*}$ gekennzeichnet, so ist die zu P gehörige Indikatrix die kleinste konvexe Hülle, die den Kreis um P^* mit dem Radius $|\mathfrak{v}|$ und den Punkt P enthält (also beide Tangenten von P an den Kreis um P^* und das entsprechende Stück der Kreisperipherie).

Wir fragen nun, wie sich die Indikatrix bei einer beliebigen Punkttransformation

$$x = x(\tilde{x}, \tilde{y}), \qquad y = y(\tilde{x}, \tilde{y})$$

ändert.

Aus

$$\dot{x} = \frac{\partial x}{\partial \tilde{x}} \dot{\tilde{x}} + \frac{\partial x}{\partial \tilde{y}} \dot{\tilde{y}}$$

$$\dot{y} = \frac{\partial y}{\partial \tilde{x}} \dot{\tilde{x}} + \frac{\partial y}{\partial \tilde{y}} \dot{\tilde{y}}$$

ersehen wir, daß die Indikatrix in eine affin verwandte Kurve übergeht.

Wir wollen nun die Carathéodorysche Indikatrix benützen, um eine geometrische Deutung der in I,3, § 1, eingeführten Weierstraßschen Funktion F_1 im Falle

$$F_1 > 0$$

zu geben.

Zu diesem Zwecke führen wir eine Parameterdarstellung

$$X = X(\tau)$$
$$Y = Y(\tau)$$

für die Carathéodorysche Indikatrix ein, die wir auch später noch benützen werden (vgl. Kap. IX). Wir normieren den Parameter durch die Gleichung

$$X \frac{dY}{d\tau} - Y \frac{dX}{d\tau} = 1. \tag{41}$$

Deuten wir τ als Zeit, so wird die Indikatrix mit konstanter Flächengeschwindigkeit 1/2 durchlaufen. Man nennt τ deshalb ,,Keplerschen Parameter''.

Aus (39) folgt

$$\frac{\partial F}{\partial X} \frac{dX}{d\tau} + \frac{\partial F}{\partial Y} \frac{dY}{d\tau} = 0 \tag{39a}$$

$$\frac{\partial^2 F}{\partial X^2} \left(\frac{dX}{d\tau}\right)^2 + 2 \frac{\partial^2 F}{\partial X \partial Y} \frac{dX}{d\tau} \frac{dY}{d\tau} + \frac{\partial^2 F}{\partial Y^2} \left(\frac{dY}{d\tau}\right)^2 + \frac{\partial F}{\partial X} \frac{d^2 X}{d\tau^2} + \frac{\partial F}{\partial Y} \frac{d^2 Y}{d\tau^2} = 0.$$

Ferner folgt aus (41)

$$X \frac{d^2 Y}{d\tau^2} - Y \frac{d^2 X}{d\tau^2} = 0.$$

Dementsprechend können wir setzen:

$$\left.\begin{aligned} \frac{d^2 X}{d\tau^2} &= -\lambda X \\ \frac{d^2 Y}{d\tau^2} &= -\lambda Y. \end{aligned}\right\} \tag{42}$$

Wegen (26), (39a), (41) und (42) ergibt sich

$$F_1 - \lambda \left(X \frac{\partial F}{\partial X} + Y \frac{\partial F}{\partial Y} \right) = 0.$$

Somit folgt unter Beachtung der Homogenität von F und (39) längs der Indikatrix

$$F_1 = \lambda. \tag{43}$$

Sei für einen bestimmten Punkt $\tau = \tau_0$ der Indikatrix

$$\lambda = \lambda_0.$$

Nun liefert jede Lösung der Differentialgleichungen

$$\left.\begin{aligned} \frac{d^2 X^*}{d\tau^{*2}} + \lambda_0 X^* = 0 \\ \frac{d^2 Y^*}{d\tau^{*2}} + \lambda_0 Y^* = 0 \end{aligned}\right\} \tag{44}$$

eine Ellipse. Mit E^* bezeichnen wir die Ellipse:

$$\left.\begin{aligned} X^* &= X(\tau_0) \cos \sqrt{\lambda_0} (\tau^* - \tau_0) + \frac{1}{\sqrt{\lambda_0}} \left(\frac{dX}{d\tau}\right)_{\tau = \tau_0} \sin \sqrt{\lambda_0} (\tau^* - \tau_0) \\ Y^* &= Y(\tau_0) \cos \sqrt{\lambda_0} (\tau^* - \tau_0) + \frac{1}{\sqrt{\lambda_0}} \left(\frac{dY}{d\tau}\right)_{\tau = \tau_0} \sin \sqrt{\lambda_0} (\tau^* - \tau_0). \end{aligned}\right\}$$

Es ist wegen (42) und (44) auch

$$\left(\frac{d^2X}{d\tau^2}\right)_{\tau_0} = \left(\frac{d^2X^*}{d\tau^{*2}}\right)_{\tau_0} \quad \left(\frac{d^2Y}{d\tau^2}\right)_{\tau_0} = \left(\frac{d^2Y^*}{d\tau^{*2}}\right)_{\tau_0}.$$

Also ist E^* die die Carathéodorysche Indikatrix in $\tau = \tau_0$ dreipunktig berührende Ellipse mit dem Mittelpunkt $X = Y = 0$. Für den Flächeninhalt von E^* ergibt sich aus (44)

$$\omega = \frac{\pi}{\sqrt{\lambda}}$$

und somit ist für einen beliebigen Punkt der Indikatrix

$$F_1 = \left(\frac{\pi}{\omega}\right)^2.$$

Für den Krümmungsradius der Indikatrix erhalten wir andererseits wegen (41), (42) und (43)

$$\frac{1}{\varrho} = \frac{1}{\left(\sqrt{\left(\frac{dX}{d\tau}\right)^2 + \left(\frac{dY}{d\tau}\right)^2}\right)^3} \begin{vmatrix} \frac{dX}{d\tau} & \frac{dY}{d\tau} \\ \frac{d^2X}{d\tau^2} & \frac{d^2Y}{d\tau^2} \end{vmatrix} = \frac{F_1}{\left(\sqrt{\left(\frac{dX}{d\tau}\right)^2 + \left(\frac{dY}{d\tau}\right)^2}\right)^3}.$$

Bezeichnen wir den Winkel, den der Radiusvektor mit der Tangente der Indikatrix einschließt, mit χ (dabei denken wir uns die Tangente im Sinne des wachsenden Parameters orientiert), so wird:

$$\frac{X}{\sqrt{X^2+Y^2}} \frac{\frac{dY}{d\tau}}{\sqrt{\left(\frac{dX}{d\tau}\right)^2 + \left(\frac{dY}{d\tau}\right)^2}} - \frac{Y}{\sqrt{X^2+Y^2}} \frac{\frac{dX}{d\tau}}{\sqrt{\left(\frac{dX}{d\tau}\right)^2 + \left(\frac{dY}{d\tau}\right)^2}} = \sin\chi$$

und wegen (41)

$$\sqrt{\left(\frac{dX}{d\tau}\right)^2 + \left(\frac{dY}{d\tau}\right)^2} = \frac{1}{r \cdot \sin\chi}, \qquad r = \sqrt{X^2+Y^2}.$$

Somit erhalten wir eine zweite Deutung für F_1:

$$F_1 = \frac{1}{\varrho\, r^3 \sin^3\chi}. \tag{45}$$

Wollen wir uns von der durch die Gleichung $F = 1$ auferlegten Beschränkung freimachen, so ergibt sich, weil ω von der Parameterdarstellung unabhängig und daher in $\dot{x}$ und $\dot{y}$ von der Ordnung 0, F_1 von der Ordnung -3 und F von der Ordnung 1 ist:

$$\omega = \pi \cdot F_1^{-\frac{1}{2}} \cdot F^{-\frac{3}{2}}.$$

Aus (45) folgt außerdem:

Ist für einen bestimmten Punkt P^*

$$F_1 > 0,$$

so bedeutet dies, daß Krümmungsmittelpunkt und Koordinatenanfangspunkt auf derselben Seite der Tangente liegen. Ist diese Bedingung für jeden Punkt erfüllt, so ist die Indikatrix eine Eilinie.

Neben der Indikatrix kann man zur geometrischen Veranschaulichung des Integranden noch die sogenannte Figuratrix verwenden. Die Erörterung dieses Begriffes wollen wir mit Vorstellungen verbinden, wie sie in der geometrischen Optik durch die Einführung des Huygensschen Prinzips geläufig sind. Dem lokalisierten Variationsproblem entspricht in der geometrischen Optik nach dem Fermatschen Prinzip der Fall der Lichtfortpflanzung in einem, dem Brechungsindex im Punkt P_0 entsprechenden, homogenen, im allgemeinen anisotropen Medium.

Wir verbinden dann mit der Indikatrix die Vorstellung der Wellenfront einer Lichtwelle[1], die im Punkt P_0 erregt wird und die nach Ablauf der Zeiteinheit die Indikatrixlinie erreicht hat.

Nun gibt gerade das Huygenssche Prinzip dazu Veranlassung, neben der Geschwindigkeit $v_s = v(x_0, y_0, \dot{x}, \dot{y})$, mit der sich die Erregung fortpflanzt, auch noch die Geschwindigkeit v_f zu betrachten, mit der sich die Wellenfront (gekennzeichnet durch $Z = \text{const}$) verschiebt. Man denke an eine Gruppe von Individuen, deren Fortbewegungsrichtung mit der Richtung des Strahls, d.h. der Extremalen und deren Frontrichtung mit der Richtung der Tangente an die Wellenfront im Schnittpunkt mit dem Strahl übereinstimmt. Für die Geschwindigkeit der Wellenfront erhält man

$$v_f = v_s \cos\psi, \tag{46}$$

wobei ψ der Winkel ist, den die Normale zur Wellenfront mit der Strahlrichtung einschließt. Um v_f zu bestimmen, betrachten wir zunächst die Gleichung der Tangente an die Indikatrix.

Wir erhalten

$$(X - X^*)\, F_{\dot{x}}(x_0, y_0, X^*, Y^*) + (Y - Y^*)\, F_{\dot{y}}(x_0, y_0, X^*, Y^*) = 0,$$

wobei X, Y die laufenden Koordinaten und X^*, Y^* die Koordinaten des Berührungspunktes an der Indikatrix $F(x_0, y_0, X, Y) = 1$ sind.

Unter Beachtung der Homogenitätseigenschaft läßt sich die Gleichung der Tangente auch folgendermaßen schreiben:

$$X F_{\dot{x}}(x_0, y_0, X^*, Y^*) + Y F_{\dot{y}}(x_0, y_0, X^*, Y^*) = 1. \tag{47}$$

[1] Wegen der Beschränkung auf zwei Dimensionen denke man an zylindrische Wellen und eine axiale Lichtquelle.

Der Abstand der Tangente vom Koordinatenursprung ist dann:

$$\frac{1}{|\operatorname{grad} Z|} = \frac{1}{\sqrt{F_{\dot{x}}^2 + F_{\dot{y}}^2}}.$$

Erinnern wir uns an die im Anschluß an Gl. (38) vorgenommene kinematische Deutung von Z und beachten wir, daß

$$|\operatorname{grad} Z| = \frac{dZ}{d\mathfrak{N}}$$

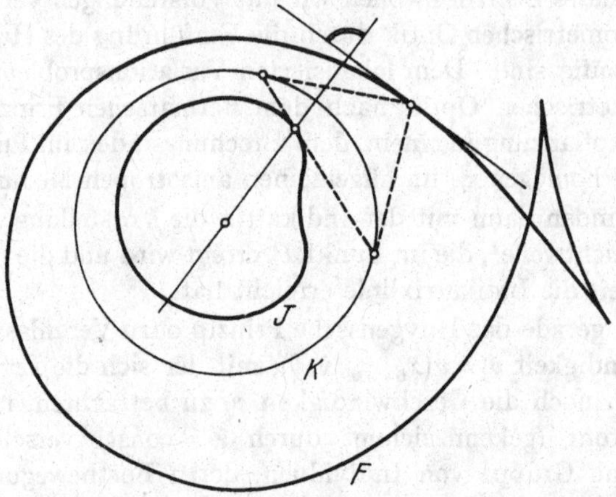

Fig. 6. Konstruktion der Figuratrix nach BLASCHKE (*)

ist, wobei $d\mathfrak{N}$ das euklidische Bogenelement senkrecht zur Indikatrix bedeutet, dann ergibt sich

$$\frac{dZ}{d\mathfrak{N}} = \frac{1}{v_f}.$$

Der Vektor

$$\mathfrak{N} = \operatorname{grad} Z = (F_{\dot{x}}, F_{\dot{y}}) = \big((X), (Y)\big)$$

hat also die Richtung der Normalen zur Indikatrix und den absoluten Betrag

$$\frac{1}{v_f} = \frac{1}{v_s \cos\psi}.$$

Wir wollen diesen Vektor als Wellennormalenvektor oder kurz Normalvektor bezeichnen. Hingegen wollen wir den zum Punkt X^*, Y^* der Indikatrix gehörigen Ortsvektor als Strahlvektor bezeichnen

$$\mathfrak{S} = (X^*, Y^*).$$

Zwischen $\mathfrak{N}$ und $\mathfrak{S}$ besteht nach (47) die Beziehung

$$\mathfrak{N}\,\mathfrak{S} = (X)\,X^* + (Y)\,Y^* = 1. \qquad (48)$$

Der geometrische Ort aller Punkte (X), (Y) der X, Y-Ebene

$$(X) = F_{\dot{x}}(x_0, y_0, X, Y)$$
$$(Y) = F_{\dot{y}}(x_0, y_0, X, Y),$$

die (48) genügen, wird als Figuratrix[1] bezeichnet.

Der Zusammenhang zwischen Indikatrix und Figuratrix ergibt sich (vgl. Fig. 6) durch folgende Konstruktion: Durchläuft ein Punkt P^* die Indikatrix, so zeichne man die Fußpunktskurve zur Indikatrix und spiegle jeden ihrer Punkte am Einheitskreis K. Die so erhaltenen Punkte P^{**} bilden die Figuratrix[2] F. Faßt man P^{**} als Pol auf, so ist die Indikatrix Hüllkurve der Polaren in bezug auf den Einheitskreis. Der Beweis ergibt sich unmittelbar aus Gl. (48). Bei den analogen Betrachtungen im Raum bezeichnen wir den Ortsvektor der Indikatrix als Strahlvektor $\mathfrak{S}$ und den Vektor $(F_{\dot{x}}, F_{\dot{y}}, F_{\dot{z}}) = ((X), (Y), (Z)) = \mathfrak{N}$ als Hamiltonschen Wellen-) Normalenvektor.

4. Die Hamiltonsche charakteristische Funktion und ihre Anwendungen

§ 1. Die ersten Differentialquotienten, die Weierstraßsche und Legendresche notwendige Bedingung

Die Hamiltonschen Ideen auf dem Gebiet der Variationsrechnung stehen in engstem Zusammenhang mit dem Fermatschen Prinzip in der geometrischen Optik. Kennzeichnend für den Hamiltonschen Standpunkt ist, daß man sich nicht nur für die Form des Lichtweges interessiert, sondern auch für die Zeit, die das Licht benötigt, um von einem Punkt zum anderen zu gelangen. HAMILTON nannte diese Zeitdauer, aufgefaßt als Funktion der Koordinaten der beiden Punkte, charakteristische Funktion. Wir sprechen daher allgemein bei jedem Variationsproblem (auch bei solchen, wo sich diese Deutung als Brachistochronenproblem nicht unmittelbar durchführen läßt), von der Hamiltonschen charakteristischen Funktion des Punkt-Punktproblems, wenn wir den Wert des Integrals längs einer Extremalen $\bar{y}(x)$ bzw. $\bar{x}(t), \bar{y}(t)$ als Funktion der

---

[1] Die Bezeichnungen Indikatrix und Figuratrix gehen auf CARATHÉODORY bzw. MINKOWSKI und HADAMARD zurück. In ihrer Beziehung zur geometrischen Optik wurden jedoch diese Veranschaulichungen bzw. ihre Verallgemeinerungen für den dreidimensionalen Raum, wie insbesondere J. L. SYNGE bemerkt, bereits von HAMILTON und CAUCHY benützt. Offenbar hatten aber die zuerst Genannten bei der Einführung der Begriffe eine, die spezielle Annahme für den n-dimensionalen Raum verallgemeinernde Darstellung im Auge. Das Analogon der Fußpunktskurve im dreidimensionalen Raum wird in der geometrischen Optik als Normalenfläche, das Analogon der Indikatrix als Strahlen- oder Wellenfläche bezeichnet (**).

[2] Die in der Figur verwendete Bezeichnung F ist nicht mit dem Integranden F zu verwechseln!

Koordinaten des Anfangspunktes $P_0(x_0, y_0)$ und Endpunktes $P_1(x_1, y_1)$ auffassen. Dieser Auffassung entsprechend schreiben wir

$$J(x_0, y_0, x_1, y_1) = \int_{P_0}^{P_1} f(x, \overline{y}, \overline{y}')\, dx,$$

bzw. beim homogenen Problem

$$J(x_0, y_0, x_1, y_1) = \int_{P_0}^{P_1} F(\overline{x}, \overline{y}, \dot{\overline{x}}, \dot{\overline{y}})\, dt.$$

Im Falle der geometrischen Optik nennt man die Hamiltonsche charakteristische Funktion auch Eikonalfunktion.

Hauptsächlich durch Aufgaben der geometrischen Optik wird es nahegelegt, unsere bisherige Fragestellung, bei der wir Anfangs- und Endpunkt des Integrals als gegeben betrachtet haben, zu erweitern und Extremumaufgaben zu behandeln, bei denen der Anfangs- bzw. Endpunkt auf beliebigen Mannigfaltigkeiten variieren kann. Wir sprechen dementsprechend von einem Ausgangskurve-Punktproblem, Punkt-Endkurvenproblem usw. In diesem Sinne wollen wir insbesondere die Hamiltonsche Begriffsbildung dahin erweitern, daß wir z.B. auch von einer Hamiltonschen charakteristischen Funktion des Ausgangskurve-Punktproblems sprechen.

Zur Behandlung derartiger Variationsprobleme werden die ersten partiellen Differentialquotienten dieser Funktion benötigt, für welche wir Formeln herleiten, die sogenannten Hamiltonschen Formeln. Diese wurden zwar bereits von LAGRANGE gefunden und waren auch EULER bekannt, ihre grundlegende Bedeutung wurde aber erst von HAMILTON erkannt. Bei ihrer Ableitung wollen wir zunächst an einen Gedankengang von CARATHÉODORY anschließen und erst später eine Ableitung geben, wie sie sich ungefähr bei HAMILTON selbst findet. Der Grund liegt darin, daß der Carathéodorysche Gedankengang zu einer neuen, von den bisherigen Überlegungen vollkommen unabhängigen Begründung der Variationsrechnung führt. Insbesondere wird von den Eulerschen Gleichungen kein Gebrauch gemacht.

Wir behandeln zunächst das homogene und dann das inhomogene Ausgangskurve-Punktproblem für die Ebene.

Von einem Punkte der Ausgangskurve $\mathfrak{A}$ soll derjenige Weg nach dem gegebenen Punkte $P(x, y)$ gesucht werden, für welchen das Integral

$$I = \int_{t_0}^{t} F(x, y, \dot{x}, \dot{y})\, dt$$

ein Minimum wird. Der Parameterwert t_0 möge den Punkten von $\mathfrak{A}$ entsprechen, der Parameterwert t dem Punkt $P(x, y)$. Liegt ein Brachistochronenproblem vor und denkt man sich den Zielpunkt $P(x, y)$ in der x, y-Ebene variabel, so hat man das Integral als Zeit zu deuten. Das Integral wird dabei eine Funktion der Koordinaten x und y sein. Dieser Auffassung entsprechend schreiben wir für diesen Minimalwert

$$J = J(x, y).$$

Um im Zusammenhang mit einer festen Vorstellung zu bleiben, wollen wir zunächst von vornherein annehmen, daß in einem gewissen Gebiet $\mathfrak{G}$ in der Umgebung von $\mathfrak{A}$ das gestellte Problem eine Lösung habe, d. h. daß in $\mathfrak{G}$ nur eine Kurve durch jeden Punkt P geht, längs der

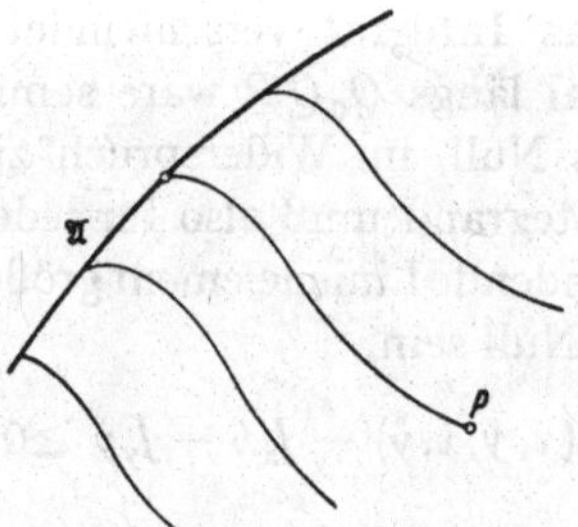

Fig. 7. Reguläres Extremalenfeld

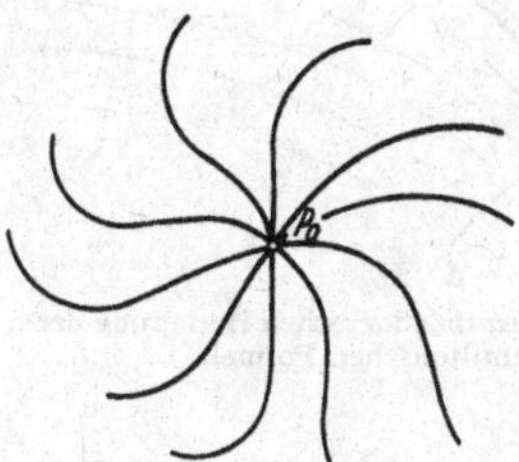

Fig. 8. Singuläres Extremalenfeld

das Integral I zu einem Minimum wird. Ein Gebiet, wo durch jeden Punkt eine und nur eine Extremale der hervorgehobenen Art hindurchgeht, nennt man ein Extremalenfeld (vgl. Fig. 7). Haben wir es nicht mit einem Ausgangskurve-Punktproblem, sondern mit einem Punkt-Punktproblem zu tun, und überdecken die durch den Ausgangspunkt P_0 hindurchgehenden Extremalen ein Gebiet so, daß durch jeden Punkt des Gebietes mit Ausnahme des Punktes P_0 eine und nur eine Extremale hindurchgeht, so pflegt man von einem singulären Feld (vgl. Fig. 8) zu sprechen. Hierauf kommen wir noch im Kapitel III zurück, da der Begriff des Feldes erst von WEIERSTRASS geprägt wurde.

Wir wollen ferner beim Ausgangskurve-Punktproblem die weitere „zusätzliche Annahme" machen, daß die Funktion $J(x, y)$ zweimal stetig differenzierbar sei.

An Stelle von J denken wir uns das Linienintegral

$$J = \int_{t_0}^{t} \left(J_x \frac{dx}{dt} + J_y \frac{dy}{dt} \right) dt$$

geschrieben. Aus der Bedeutung von J folgt, daß das Integral

$$\int_{t_0}^{t} \left(F(x, y, \dot{x}, \dot{y}) - J_x \dot{x} - J_y \dot{y} \right) dt \geqq 0 \tag{49}$$

ist, und zwar für die das Minimum liefernde Kurve gleich Null und für alle anderen Kurven größer als Null. Wir wollen zeigen, daß der Integrand selbst überall größer oder gleich Null sein muß. Angenommen, es wäre der Integrand für irgendein in $P(x, y)$ einmündendes Linienelement negativ, so könnte man wegen der Stetigkeit von F und dJ/dt von P aus ein endliches Wegstück Q, P angeben (vgl. Fig. 9), längs dessen der Integrand beständig negativ, also auch das zugehörige Integral kleiner als Null ist. Nun gibt es aber für Q auf Grund unserer Annahme genau eine von $\mathfrak{A}$ ausgehende Kurve $Q_0 Q$, für welche das Integral verschwindet. Das Integral längs $Q_0 Q P$ wäre somit kleiner als Null, im Widerspruch zu (49). Der Integrand muß also für jedes in P einmündende Linienelement größer oder gleich Null sein,

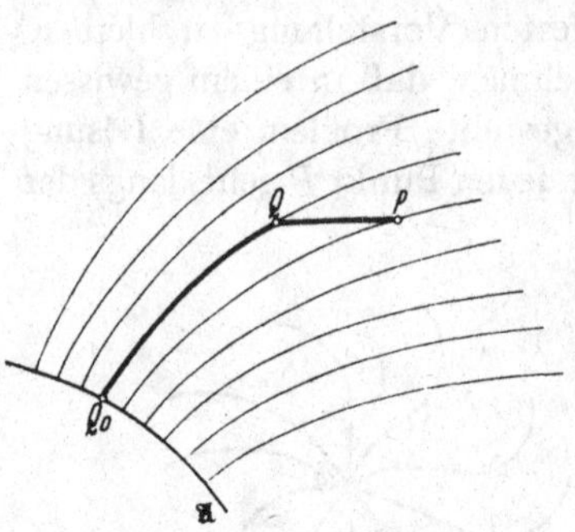

Fig. 9. Zur Carathéodoryschen Herleitung der Hamiltonschen Formeln

$$F(x, y, \dot{x}, \dot{y}) - J_x \dot{x} - J_y \dot{y} \geqq 0. \quad (50)$$

Hält man den Punkt P fest und betrachtet man den zugehörigen Indikatrixkegel, so besagt (50), daß der Unterschied zwischen den Ordinaten des Kegels $Z_K = F(x, y, \dot{x}, \dot{y})$ und der Ebene

$$Z_E = J_x \dot{x} + J_y \dot{y}$$

im $\dot{x}, \dot{y}, Z$-Raum positiv oder Null ist, und zwar ist diese Differenz Null für die der Extremalen $x = \bar{x}(t)$, $y = \bar{y}(t)$ entsprechende, in P einmündende Richtung. Nimmt man an, daß die Funktion stetig differenzierbar ist, so bedeutet (50) geometrisch, daß die genannte Ebene Tangentialebene an den Indikatrixkegel ist und somit

$$\left.\begin{aligned} J_x &= F_{\dot{x}}(x, y, \dot{x}_e, \dot{y}_e) \\ J_y &= F_{\dot{y}}(x, y, \dot{x}_e, \dot{y}_e). \end{aligned}\right\} \quad (51)$$

Dabei beziehen sich $\dot{x}_e, \dot{y}_e$ auf das in $P(x, y)$ einmündende Linienelement der Extremalen ($\dot{x}_e = \dot{\bar{x}}$, $\dot{y}_e = \dot{\bar{y}}$). Da $F_{\dot{x}}$ und $F_{\dot{y}}$ homogen nullter Ordnung sind, also nur von $\dot{y}/\dot{x}$ und nicht von der Parameterdarstellung abhängen, liefern die Gl. (51) bei gegebenem Linienelement die ersten partiellen Ableitungen von J.

Die Projektion der Geraden, längs der die Tangentialebene den Indikatrixkegel berührt, entspricht dabei der Richtung dieses Linienelementes. Soll tatsächlich ein Minimum vorhanden sein, so muß der Kegel stets oberhalb der Tangentialebene gelegen sein. Man bezeichnet die Differenz zwischen Kegelordinate und der Ebenenordinate als Weierstraßsche E-Funktion (Exzeßfunktion) (vgl. Fig. 10):

$$\left.\begin{aligned} E(x,y,\dot{x}_e,\dot{y}_e,\dot{x}_v,\dot{y}_v) &= Z_K - Z_E \\ &= F(x,y,\dot{x}_v,\dot{y}_v) - F_{\dot{x}}(x,y,\dot{x}_e,\dot{y}_e)\,\dot{x}_v - F_{\dot{y}}(x,y,\dot{x}_e,\dot{y}_e)\,\dot{y}_v \\ &= \dot{x}_v\left[F_{\dot{x}}(x,y,\dot{x}_v,\dot{y}_v) - F_{\dot{x}}(x,y,\dot{x}_e,\dot{y}_e)\right] + \\ &\quad + \dot{y}_v\left[F_{\dot{y}}(x,y,\dot{x}_v,\dot{y}_v) - F_{\dot{y}}(x,y,\dot{x}_e,\dot{y}_e)\right], \end{aligned}\right\} \tag{52}$$

dabei entspricht $\dot{x}_e, \dot{y}_e$ der Richtung der in P einmündenden Extremalen und $\dot{x}_v, \dot{y}_v$ der beliebigen „Vergleichsrichtung".

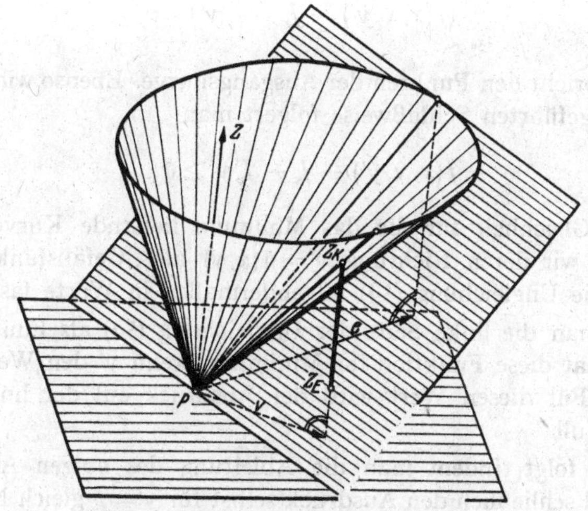

Fig. 10. Geometrische Deutung der E-Funktion

Für $\dot{x}_v = \dot{x}_e$, $\dot{y}_v = \dot{y}_e$ verschwindet die Weierstraßsche E-Funktion.

Aus der oben durchgeführten Überlegung geht unmittelbar hervor, daß

$$E(x,y,\dot{x}_e,\dot{y}_e,\dot{x}_v,\dot{y}_v) \geqq 0$$

eine notwendige Bedingung für das Eintreten des Minimums ist. Faßt man E als Funktion von $\dot{x}_v, \dot{y}_v$ auf und fordert man, daß diese Funktion für

$$\dot{x}_v = \dot{x}_e, \quad \dot{y}_v = \dot{y}_e$$

ein Minimum haben soll, so folgt aus den Regeln der Differentialrechnung

$$F_1(x,y,\dot{x}_e,\dot{y}_e) \geqq 0.$$

Wie bereits erwähnt (vgl. S. 59), bedeutet diese Ungleichung für die Indikatrixlinie, daß Koordinatenanfangspunkt und Krümmungsmittelpunkt auf einer Seite der Tangente liegen. Man nennt diese

Bedingung die Legendresche notwendige Bedingung in der Weierstraßschen Form. Ist die Legendresche Bedingung unter Ausschließung des Gleichheitszeichens erfüllt, so spricht man von einem regulären Variationsproblem.

Dieselbe Schlußweise läßt sich auch für das inhomogene Problem, also unter der Annahme, daß alle in Betracht kommenden Kurven in der Form $y = y(x)$ darstellbar sind[1], durchführen, wobei über $J(x,y)$ die oben genannten Voraussetzungen gemacht werden sollen.

An Stelle des Integrales (49) tritt hier

$$\int_{x_0}^{x} \left(f(x,y,y') - J_x - J_y y'\right) dx. \tag{53}$$

$x = x_0$ entspricht den Punkten der Ausgangskurve. Ebenso wie nach der oben durchgeführten Schlußweise folgert man

$$f(x,y,y') - J_x - J_y y' \geqq 0, \tag{54}$$

wobei die Gleichheit für die das Minimum liefernde Kurve eintritt. Bezeichnen wir deren Richtung $y' = p(x,y)$ als „Gefällsfunktion", so läßt sich die Ungleichung (54) folgendermaßen in Worte fassen:

„Faßt man die linke Seite der Ungleichung (54) als Funktion von y' auf, so hat diese Funktion ihr Minimum, wenn y' den Wert $p(x, y)$ annimmt. Für diesen Wert wird der Ausdruck auf der linken Seite von (54) Null."

Hieraus folgt, indem man die Ableitung des obigen Ausdruckes nach y' und schließlich den Ausdruck selbst für $y' = p$ gleich Null setzt:

$$\boxed{\begin{aligned} J_y &= f_{y'}(x,y,p(x,y)) \\ J_x &= f(x,y,p(x,y)) - p(x,y)\, f_{y'}(x,y,p(x,y)) \end{aligned}} \tag{55}$$

und ferner durch Bildung des zweiten Differentialquotienten nach y' für $y' = p$

$$f_{y'y'}(x,y,p) \geqq 0.$$

Diese Bedingung nennt man die Legendresche notwendige Bedingung für das x-Problem.

Als Weierstraßsche e-Funktion für das x-Problem bezeichnen wir den Ausdruck, der aus der linken Seite von (54) durch Einsetzen der Gln. (55) entsteht.

$$e(x,y,p,y') = f(x,y,y') - f(x,y,p) - (y' - p)\, f_{y'}(x,y,p). \tag{56}$$

[1] Über den Sonderfall $x = \text{const}$ vgl. S. 73.

Sie läßt sich deuten als Ordinatenunterschied der Zermeloschen Indikatrix und ihrer Tangente in $y'=p$. Die für das Eintreten eines Minimums nötige Bedingung

$$e(x, y, p, y') \geqq 0$$

nennt man die Weierstraßsche notwendige Bedingung für das x-Problem (Fig. 11).

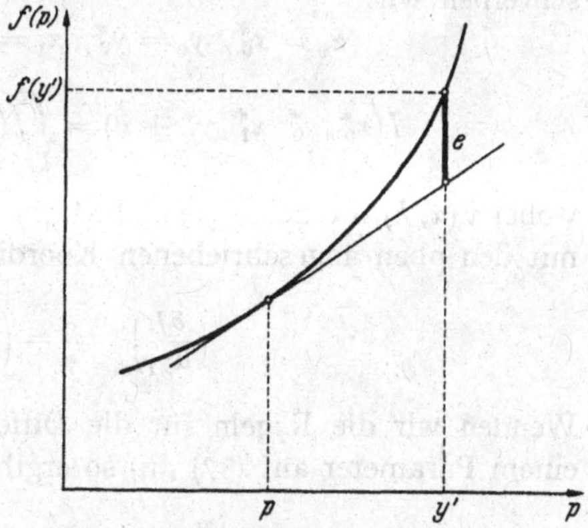

Fig. 11. Geometrische Deutung der e-Funktion

Die obige Ableitung der Hamiltonschen Formeln bezog sich auf das Ausgangskurve-Punktproblem. An dem Gedankengang ändert sich jedoch nichts, wenn wir die Ausgangskurve durch den festen Punkt P_0 ersetzen. Die Formeln (55) beziehen sich dann unmittelbar auf die obere Grenze des Punkt-Punktproblems. Bei den Formeln für die untere Grenze ändert sich nur das Vorzeichen.

Für die ersten Ableitungen der Hamiltonschen charakteristischen Funktion des inhomogenen Punkt-Punktproblemes $J(x_0, y_0, x_1, y_1)$ ergeben sich die Formeln:

$$\left.\begin{aligned} J_{x_0} &= -(f - y' f_{y'})_{\substack{y'=p\\ x=x_0\\ y=y_0}} & \qquad J_{x_1} &= (f - y' f_{y'})_{\substack{y'=p\\ x=x_1\\ y=y_1}} \\ J_{y_0} &= -(f_{y'})_{\substack{y'=p\\ x=x_0\\ y=y_0}} & \qquad J_{y_1} &= (f_{y'})_{\substack{y'=p\\ x=x_1\\ y=y_1}}\,. \end{aligned}\right\} \tag{55'}$$

Die Übertragung auf mehrere abhängige Veränderliche bringt keine wesentlich neuen Schwierigkeiten. Für ein Variationsproblem von der Form

$$\delta \int_{x_0}^{x_1} f(x, y_1 \ldots y_n, y_1' \ldots y_n')\, d x = 0$$

wird

$$\left.\begin{aligned} J_{x_0} &= -\Big(f - \sum_{i=1}^{n} y_i' f_{y_i'}\Big)_{\substack{y_i'=p_i\\ x=x_0\\ y_i=y_{i,0}}} & \qquad J_{x_1} &= \Big(f - \sum_{i=1}^{n} y_i' f_{y_i'}\Big)_{\substack{y_i'=p_i\\ x=x_1\\ y_i=y_{i,1}}} \\ J_{y_{i,0}} &= -(f_{y_i'})_{\substack{y_i'=p_i\\ x=x_0\\ y_i=y_{i,0}}} & \qquad J_{y_{i,1}} &= (f_{y_i'})_{\substack{y_i'=p_i\\ x=x_1\\ y_i=y_{i,1}}}\,. \end{aligned}\right\} \tag{55''}$$

Der Wichtigkeit dieser Gleichungen wegen sei, wie bereits angekündigt, eine zweite Herleitung, die sich mehr an HAMILTONS Gedankengang anschließt, kurz angedeutet. Wir betrachten in der Gleichung

$$J(x_0, y_0, x_1, y_1) = \int_{x_0}^{x_1} f(x, \bar{y}, \bar{y}')\, dx$$

x_0, y_0, x_1 als fest und y_1 als variabel. Um dies deutlich hervorzuheben, schreiben wir

$$x_0 = x_0^*, \ y_0 = y_0^*, \ x_1 = x_1^*, \ y_1 = y_1^* + h;$$

$$J(x_0^*, y_0^*, x_1^*, y_1^* + h) = \int_{x_0^*}^{x_1^*} f(x, \bar{y}(x, h), \bar{y}'(x, h))\, dx \tag{57}$$

wobei $\bar{y}(x, h)$ die Schar jener Extremalen kennzeichnet, die die Punkte mit den oben angeschriebenen Koordinaten verbindet. Nun ist

$$\left(\frac{\partial J}{\partial y_1}\right)_{y_1 = y_1^*} = \left(\frac{\partial J}{\partial h}\right)_{h=0}.$$

Wenden wir die Regeln für die Differentiation eines Integrales nach einem Parameter auf (57) an, so ergibt sich

$$\left(\frac{\partial J}{\partial h}\right)_{h=0} = \int_{x_0}^{x_1} \left\{ f_y \left(\frac{\partial \bar{y}}{\partial h}\right)_{h=0} + f_{y'} \left(\frac{\partial^2 \bar{y}}{\partial h\, \partial x}\right)_{h=0} \right\} dx.$$

Wendet man nach LAGRANGE partielle Integration an und berücksichtigt, daß $y(x, h)$ der Euler-Lagrangeschen Differentialgleichung genügt und ferner, daß

$$\left(\frac{\partial y_1}{\partial h}\right)_{h=0} = 1, \qquad \left(\frac{\partial y_0}{\partial h}\right)_{h=0} = 0$$

ist, so wird

$$J_{y_1} = f_{y'}(x_1, \bar{y}(x_1, 0), \bar{y}'(x_1, 0)).$$

Wir bilden nun den totalen Differentialquotienten dJ/dx für das in P_1 einmündende Linienelement der Extremalen:

$$\frac{d}{dx} \int_{P_0}^{P_1} f(x, \bar{y}, \bar{y}')\, dx = f(x, \bar{y}, \bar{y}')_{P=P_1} = (J_x + J_y \bar{y}')_{P=P_1}$$

und somit wird

$$J_x = f(x_1, \bar{y}(x_1, 0), \bar{y}'(x_1, 0)) - \bar{y}'(x_1, 0)\, f_{y'}(x_1, \bar{y}(x_1, 0), \bar{y}'(x_1, 0)).$$

In ähnlicher Weise könnte man auch für den Fall, daß der Integrand höhere Ableitungen enthält, eine Hamiltonsche charakteristische Funktion definieren. In dem Fall, daß der Integrand Ableitungen bis zur zweiten Ordnung enthält, hätten wir HAMILTONs charakteristische Funktion als Funktion von Ausgangs- und Endpunkt, Ausgangs- und Endrichtung aufzufassen.

$$J(x_0, y_0, y_0', x_1, y_1, y_1') = \int_{x_0}^{x_1} f(x, \bar{y}, \bar{y}', \bar{y}'')\, dx.$$

In analoger Weise wie oben ergeben sich dann die Formeln:

$$\left.\begin{aligned}
J_{y_0} &= -\left(f_{y'} - \frac{d}{dx} f_{y''}\right)_{x=x_0}; \quad J_{y_1} = \left(f_{y'} - \frac{d}{dx} f_{y''}\right)_{x=x_1};\\
J_{y_0'} &= -(f_{y''})_{x=x_0}; \quad J_{y_1'} = (f_{y''})_{x=x_1};\\
J_{x_0} &= -\left(f - y'\left[f_{y'} - \frac{d}{dx} f_{y''}\right] - y'' f_{y''}\right)_{x=x_0};\\
& \qquad J_{x_1} = \left(f - y'\left[f_{y'} - \frac{d}{dx} f_{y''}\right] - y'' f_{y''}\right)_{x=x_1}.
\end{aligned}\right\} \quad (58)$$

Die erste Herleitung der Hamiltonschen Formeln hat den großen Vorteil, auch unmittelbar weitere notwendige Bedingungen für das Eintreten eines Minimums zu liefern und überdies ergeben sich hieraus, wie wir später sehen werden, sehr einfach auch hinreichende Bedingungen für die Existenz eines Minimums. Dagegen ist hervorzuheben, daß die zweite Herleitung sich nicht direkt auf das Minimumproblem, sondern nur auf das Nullsetzen der ersten Variation bezieht.

Bei der zweiten Herleitung entfallen die bei der Einführung des Begriffes „Extremalenfeld" gemachten Voraussetzungen; sie ist also an derartige Einschränkungen nicht gebunden, wenn man den Wert J nicht als Minimalwert, sondern nur als Wert des Integrals längs einer Extremalen einführt.

§ 2. Transversalitätsbedingung (freie Randbedingungen)

Schon Lagrange behandelte Probleme, die wir zu Beginn des vorigen Paragraphen als Ausgangskurve-Punktproblem, Punkt-Endkurveproplem sowie Ausgangskurve-Endkurveproblem bezeichnet haben, bzw. analoge Verallgemeinerung für den R_3. Das erste Beispiel dieser Art war das räumliche Brachistochronenproblem, wobei Lagrange annahm, daß sowohl Ausgangs- als auch Endpunkt der gesuchten Extremalen auf vorgegebenen Flächen liegen. Das Ergebnis seiner Betrachtung war, daß die gesuchte Extremale sowohl die Ausgangs- als auch die Endfläche senkrecht schneiden muß. Diese Aussagen lieferten ihm die nötigen Gleichungen zur Bestimmung der Integrationskonstanten.

Wir wollen zunächst für das Ausgangskurve-Punktproblem in der Ebene nach den Bedingungen für die Integrationskonstanten fragen.

Eine Bedingung ist der gesuchten Extremalen dadurch auferlegt, daß diese durch den Endpunkt P_1 hindurchgehen soll; eine weitere Bedingung erhalten wir, wenn wir im Sinne des vorigen Paragraphen jene einparametrige Schar von Extremalen näher kennzeichnen, die zu dem betreffenden Ausgangskurve-Punktproblem gehört.

Sei die Ausgangskurve $\mathfrak{A}$ gegeben durch die Parameterdarstellung:

$$x_0 = x_0(\alpha), \quad y_0 = y_0(\alpha).$$

Für die Punkte (x_0, y_0) dieser Kurve muß auf Grund der Definition von $J(x, y)$

$$J(x_0, y_0) = 0$$

sein. Hieraus folgt durch Differentiation:

$$J_x(x_0, y_0)\frac{dx_0}{d\alpha} + J_y(x_0, y_0)\frac{dy_0}{d\alpha} = 0$$

und somit beim homogenen Problem für den durch $t = t_0$ gekennzeichneten Anfangspunkt P_0 der Extremalen auf $\mathfrak{A}$ wegen (51):

$$\left.\begin{aligned} &F_{\dot{x}}\left[x_0, y_0, \left(\frac{d\bar{x}}{dt}\right)_{t=t_0}, \left(\frac{d\bar{y}}{dt}\right)_{t=t_0}\right]\cdot\frac{dx_0}{d\alpha} + \\ &\qquad + F_{\dot{y}}\left[x_0, y_0, \left(\frac{d\bar{x}}{dt}\right)_{t=t_0}, \left(\frac{d\bar{y}}{dt}\right)_{t=t_0}\right]\cdot\frac{dy_0}{d\alpha} = 0. \end{aligned}\right\} \tag{59}$$

Für das inhomogene Problem ergibt sich analog:

$$\left.\begin{aligned} &\left[f(x_0, y_0, \bar{y}'(x_0)) - \bar{y}'(x_0) f_{y'}(x_0, y_0, \bar{y}'(x_0))\right]\cdot\frac{dx_0}{d\alpha} + \\ &\qquad + f_{y'}(x_0, y_0, \bar{y}'(x_0))\cdot\frac{dy_0}{d\alpha} = 0, \end{aligned}\right\} \tag{60}$$

wobei $\bar{y}'(x_0)$ die die Extremale im Anfangspunkt auf $\mathfrak{A}$ kennzeichnende Richtungsgröße ist.

Man nennt derartige Bedingungen nach KNESER „Transversalitätsbedingungen". Eine analoge Bedingung ergibt sich für das Punkt-Endkurveproblem; für das Ausgangskurve-Endkurveproblem erhält man dementsprechend zwei derartige Transversalitätsbedingungen zur Bestimmung der Integrationskonstanten.

Man bezeichnet die Bedingungen, auf die man durch die Gln. (59) bzw. (60) geführt wird auch als „freie Randbedingungen". Diese Bezeichnungsweise verwendet man insbesondere dann, wenn Ausgangspunkt und Ausgangsrichtung für die Extremale als gesuchte Größen anzusehen sind. Im Gegensatz dazu spricht man, wenn Randwerte für die Funktion (oder bei Variationsproblemen, die höhere Ableitungen enthalten, auch Randwerte für deren Ableitungen bis zur $(n-1)$-ten Ordnung) vorgegeben sind, von Zwangsbedingungen. Auch wenn Gleichungen zwischen diesen Werten gegeben sind, spricht man von Zwangsbedingungen.

Die Aufstellung der freien Randbedingungen und die klare Unterscheidung zwischen erzwungenen und freien Randbedingungen ist von grundlegender Bedeutung bei der Behandlung von physikalischen und technischen Problemen; insbesondere bei mehrdimensionalen Problemen. Ein historisch besonders bemerkenswerter Fall ist die Aufstellung der freien Randbedingungen beim Plattenproblem[1]. Die Ergebnisse von S. GERMAIN und POISSON erwiesen sich hier als falsch und erst KIRCHHOFF, der von der Variationsrechnung ausging, gab rein analytisch die richtige Lösung. Die statische Bedeutung der Kirchhoffschen Randbedingungen wurde erst von THOMSON und TAIT erkannt. Der historisch interessierte Leser kann dieses Beispiel als typischen Fall dafür betrachten, daß gelegentlich die Anschauung ein Problem erst nach der abstrakten Behandlung durch die Theorie richtig zu erfassen vermag.

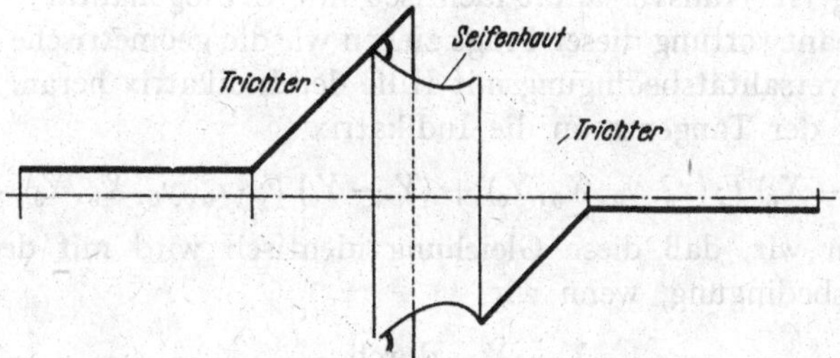

Fig. 12. Ausgangskurve-Punktproblem für die Rotationsminimalfläche

Ein einfaches, anschauliches Beispiel zur Erläuterung der Transversalitätsbedingung wurde von MARY E. SINCLAIR gegeben (*). Es ist in Fig. 12 dargestellt. Wir denken uns zwei ungleich große Trichter in der in der Figur angedeuteten Weise auf einer Achse montiert und diese Vorrichtung in eine Seifenlösung eingetaucht. Die Seifenhaut wird, wie man im Anschluß an die in Kap. I, 1, § 1, Beispiel 2 gemachten Überlegungen sieht, eine Rotations-Minimalfläche bilden. Wir setzen im folgenden voraus, daß unter den Extremalen, die den großen Trichter senkrecht schneiden, keine vorkommt, welche auch den kleinen Trichter senkrecht schneidet.

Es soll also

$$\delta \int_{t_0}^{t_1} y \sqrt{\dot{x}^2 + \dot{y}^2}\, dt = 0$$

sein, und zwar wird hier der dem kleineren Trichter entsprechende Randpunkt (Endpunkt) im Meridianschnitt als gegeben betrachtet, während die Bedingung, daß der Anfangspunkt auf dem großen Trichter liegen soll, durch die Transversalitätsbedingung eine weitere Gleichung zur Bestimmung der Integrationskonstanten, welche in der allgemeinen Lösung der Eulerschen Gleichung auftreten, liefert.

[1] Vgl. Kap. X, § 5, insbesondere die zugehörige Anmerkung (**).

Ist etwa die die Mantellinie des großen Trichters kennzeichnende Gerade gegeben durch

$$x_0 = a_0 + \alpha \cos\psi$$
$$y_0 = b_0 + \alpha \sin\psi,$$

so erhalten wir als Transversalitätsbedingung:

$$(\dot{x})_{t=t_0} \cos\psi + (\dot{y})_{t=t_0} \sin\psi = 0,$$

d.h. die Meridiankurve der gesuchten Extremale steht senkrecht auf der Mantellinie des großen Trichters.

Wir wollen im Anschluß hieran nun die Frage stellen: Unter welcher Bedingung ist Transversalität identisch mit Orthogonalität?

Zur Beantwortung dieser Frage ziehen wir die geometrische Deutung der Transversalitätsbedingung mit Hilfe der Indikatrix heran. Aus der Gleichung der Tangente an die Indikatrix

$$(X - X_0)\, F_{\dot{x}}(x_0, y_0, X_0, Y_0) + (Y - Y_0)\, F_{\dot{y}}(x_0, y_0, X_0, Y_0) = 0$$

entnehmen wir, daß diese Gleichung identisch wird mit der Transversalitätsbedingung, wenn wir

$$X - X_0 \quad \text{durch} \quad \frac{d x_0}{d\alpha}$$

und

$$Y - Y_0 \quad \text{durch} \quad \frac{d y_0}{d\alpha}$$

ersetzen. Dabei entsprechen also die Richtung der Geraden vom Koordinatenanfangspunkt zum Berührungspunkt der Tangente mit der Indikatrix der Richtung der Extremalen und die Richtung der Tangente der Richtung der zugehörigen Ausgangskurve.

Wenn nun die Richtung der Tangente zur Richtung des zugehörigen Radiusvektors für jeden Punkt der Indikatrix senkrecht sein soll, so muß die Indikatrix ein Kreis sein. Variationsprobleme, bei denen Transversalität mit Orthogonalität identisch ist, sind somit durch die Formel:

$$\delta \int_{t_0}^{t_1} \frac{\sqrt{\dot{x}^2 + \dot{y}^2}}{v(x, y)}\, dt = 0$$

gekennzeichnet. In der geometrischen Optik entspricht dieser Fall dem eines isotropen Mediums.

Wir illustrieren den Begriff „Transversalität" noch an einem Beispiel, bei dem die Indikatrix ein exzentrischer Kreis ist. Auf diesen Fall wird man beim Variationsproblem der kürzesten Fahrt in einem Strömungsfeld geführt[1]. Die Eigengeschwindigkeit c eines Schwimmers

[1] Für den Fall des nichtstationären Strömungsfeldes vgl. das Zermelosche Problem, Kap. IV, 1, § 6.

(Schiffes, Flugzeuges) habe den konstanten absoluten Betrag $\mathfrak{c}$; die wahre Geschwindigkeit in der Strömung setzt sich entsprechend der Formel

$$\mathfrak{v} = \mathfrak{w} + \mathfrak{c}$$

zusammen, wobei

$$\mathfrak{w} = \mathfrak{w}(x, y)$$

die mit dem Ort variable Strömungsgeschwindigkeit (Windgeschwindigkeit) bedeuten soll. Wir wollen uns dabei auf den Fall $|\mathfrak{w}| < |\mathfrak{c}|$ beschränken.

In Fig. 13 sieht man unmittelbar die kinematische Bedeutung der Transversalitätsbedingung. Sei t die Tangente in einem beliebigen Punkt P der Ausgangskurve $\mathfrak{A}$. Wir suchen jenen Punkt P^* auf der zu P gehörigen Indikatrix, dessen Tangente parallel zu t ist. Die Orientierung des zugehörigen Vektors $\mathfrak{v}$ entspricht jener Orientierung, welche die von $\mathfrak{A}$ ausgehenden Kurven haben. Die Richtung von $\mathfrak{v}$ in P^* entspricht der Richtung der Extremalen in P während die der Richtung von $\mathfrak{c}$ entsprechende Schwimmrichtung senkrecht zu t ist.

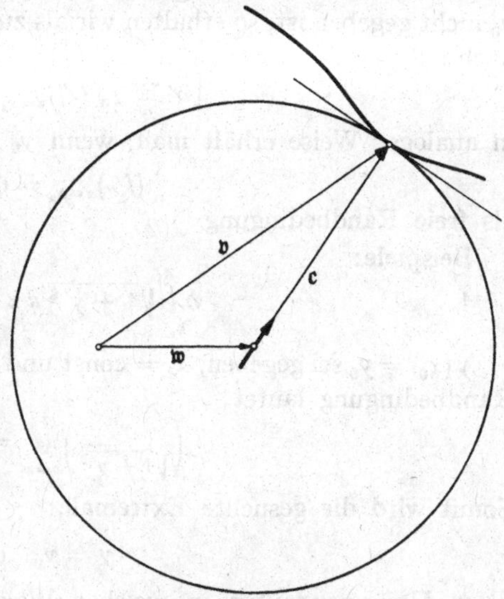

Fig. 13. Kinematische Bedeutung der Transversalitätsbedingung

Nun wollen wir noch den oben ausgenommenen Fall betrachten, bei dem die Ausgangs- bzw. Endkurve durch $x = \text{const}$ gegeben ist. Er ist für das inhomogene Problem von besonderer Bedeutung. Man erhält in diesem Fall folgende freie Randbedingung:

$$f_{y'} = 0. \tag{61}$$

Wegen der Wichtigkeit dieses Sonderfalles sei die auf diese Bedingung führende Schlußweise für den Fall des Ausgangskurve-Punktproblems kurz in einer anderen Form dargestellt. Im Anschluß an:

$$\delta \int_{x_0}^{x_1} f(x, y, y')\, dx = [f_{y'}\eta]_{x_0}^{x_1} + \int_{x_0}^{x_1} \left(f_y - \frac{d}{dx} f_{y'}\right) \eta\, dx = 0, \qquad \eta(x_1) = 0$$

betrachtet man unter Berücksichtigung des Umstandes, daß $\eta(x_0)$ willkürlich ist, solche Kurvenscharen $\bar{y}(x) + \varepsilon\eta(x)$, für die $\eta(x_0) = 0$ ist und schließt daraus auf Grund des Fundamentallemmas der Variationsrechnung auf das Bestehen der Eulerschen Gleichung für $\bar{y}(x)$. Hierauf zieht man aber auch Kurvenscharen mit $\eta(x_0) \neq 0$ in Betracht und schließt daraus auf das Bestehen der Gl. (61).

Liegt ein Variationsproblem von der Form

$$\delta \int_{x_0}^{x_1} f(x, y, y', y'')\, dx = 0$$

vor und ist etwa als Ausgangskurve die Gerade $x = x_0$ anzusehen, während y_0 nicht gegeben ist, so erhalten wir als zusätzliche freie Randbedingung nach (58):

$$\left(f_{y'} - \frac{d}{dx} f_{y''}\right)_{x=x_0} = 0,$$

in analoger Weise erhält man, wenn y_0' nicht vorgegeben ist

$$(f_{y''})_{x=x_0} = 0$$

als freie Randbedingung.

Beispiele:

1. $$\delta \int_{x_0}^{x_1} \sqrt{1 + y'^2}\, dx = 0.$$

$y(x_0) = y_0$ sei gegeben, $x_1 = \text{const}$ und damit $y(x_1)$ beliebig. Die freie Randbedingung lautet:

$$\left(\frac{y'}{\sqrt{1 + y'^2}}\right)_{x=x_1} = 0.$$

Somit wird die gesuchte Extremale:

$$y = y_0.$$

2. Um anzudeuten in welcher Weise Variationsrechnung in der Nationalökonomie angewendet wird, sei auf ein in EVANS „Mathematical Introduction to Economicis" 1930, behandeltes Beispiel hingewiesen (**). Die Menge einer von einem Monopolisten in irgendeiner Zeiteinheit erzeugten Ware sei x, die Produktionskosten, die wir in dem Zeitintervall $t_0 \leq t \leq t_1$ als eine sich gleichbleibende Funktion von x betrachten wollen $\Pi(x)$. Der Preis sei in diesem Intervall durch irgendeine Funktion $p(t)$ dargestellt. Für die Menge der erzeugten bzw. absetzbaren Ware ist nicht nur der Preis, sondern mit Rücksicht auf die Spekulation auch die Preisänderung $p'(t)$ maßgebend.

$$x = \Phi(p(t), p'(t))$$

etwa:

$$x = a\,p(t) + b + c\,p'(t).$$

Für $\Pi(x)$ kann man etwa ansetzen:

$$\Pi(x) = \alpha x^2 + \beta x + \gamma,$$

dabei sind $a, b, c, \alpha, \beta, \gamma$ durch Beobachtung gegebene Koeffizienten.

Der Unternehmergewinn ist offenbar gegeben durch

$$\int_{t_0}^{t_1} [x\,p(t) - \Pi(x)]\,dt.$$

Man kann nun fragen, wie sich $p(t)$ bestimmen läßt, wenn das obige Integral ein Maximum werden soll. Dabei ist $p(t_0)$ als bekannt anzusehen, $p(t_1)$ aber nicht. Es ergibt sich als freie Randbedingung:

$$\left[\frac{\partial (x\,p(t) - \Pi(x))}{\partial p'}\right]_{t=t_1} = 0.$$

In den folgenden Beispielen 3, 4 und 5a tritt ein neuer Typus von Minimalaufgaben auf. Es handelt sich um Probleme von der Form

$$\delta\left[\int_{x_0}^{x_1} f(x, y, y')\,dx + \Phi(y_0, y_1)\right] = 0.$$

Die Funktion $\Phi(y_0, y_1)$ sei kurz als Randfunktion bezeichnet; Probleme dieser Art nennen wir Probleme mit Randfunktionen.

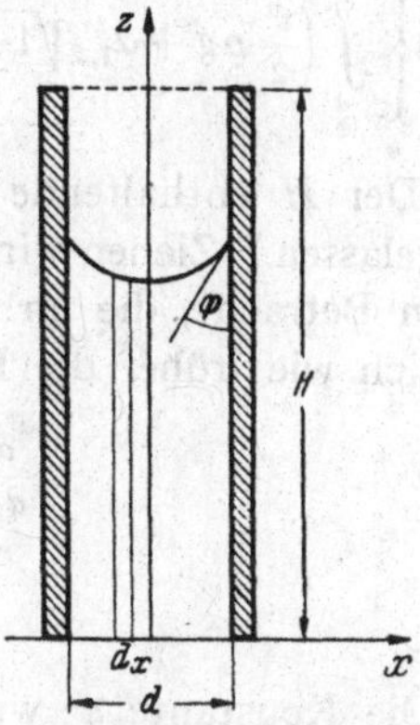

Fig. 14. Meniskus im Spalt

3. Durch zwei benachbarte senkrechte Ebenen, die in eine Flüssigkeit eintauchen, wird, wie dies in Fig. 14 dargestellt ist, ein enger, oben offener Spalt gebildet. Entsprechend der Kapillaritätstheorie soll sowohl die Gestalt der Flüssigkeitsoberfläche als auch die Steighöhe der Flüssigkeit in diesem Spalt bestimmt werden.

Um die Gleichgewichtslage zu ermitteln benützen wir das Grundprinzip der Kapillaritätstheorie, wonach jeder Flüssigkeitsoberfläche eine ihrer Größe proportionale Energie der Oberflächenspannung zukommt und ziehen das Dirichletsche Prinzip vom Minimum der potentiellen Energie heran.

Die potentielle Energie für die Längeneinheit in der y-Richtung setzt sich aus folgenden Bestandteilen zusammen:

a) Energie der Schwerkraft Φ_s:

$$\Phi_s = \frac{1}{2}\int_{-\frac{d}{2}}^{+\frac{d}{2}} z^2 \varrho g\,dx,$$

wobei ϱ die Dichte der Flüssigkeit ist;

b) Energie der Oberflächenspannung zwischen Luft und Flüssigkeit $\Phi_{1,2}$:

$$\Phi_{1,2} = \alpha_{1,2}\int_{-\frac{d}{2}}^{+\frac{d}{2}} \sqrt{1 + z'^2}\,dx.$$

c) Oberflächenenergie zwischen Flüssigkeit und Wand $\Phi_{2,3}$:

$$\Phi_{2,3} = \alpha_{2,3}\left\{z\left(\frac{d}{2}\right) + z\left(-\frac{d}{2}\right)\right\}.$$

d) Oberflächenenergie zwischen Luft und Glas $\Phi_{1,3}$:

$$\Phi_{1,3} = \alpha_{1,3}\left\{2H - \left[z\left(\frac{d}{2}\right) + z\left(-\frac{d}{2}\right)\right]\right\}.$$

Dabei bedeuten $\alpha_{i,k}$ die entsprechenden Kapillaritätskonstanten und H die Höhe der Wand über dem normalen Flüssigkeitsspiegel. Wir erhalten somit das Ausgangskurve-Endkurveproblem:

$$\delta\left\{\int\limits_{-\frac{d}{2}}^{+\frac{d}{2}}\left(\frac{z^2}{2}\varrho g + \alpha_{1,2}\sqrt{1+z'^2}\right)dx + (\alpha_{2,3}-\alpha_{1,3})\left[z\left(\frac{d}{2}\right) + z\left(-\frac{d}{2}\right)\right]\right\} = 0. \quad (62)$$

(Der H enthaltende Term wurde als unwesentliche Konstante weggelassen.) Ziehen wir zunächst wieder Variationen der gesuchten Kurve in Betracht, die im Anfangs- und Endpunkt verschwinden, so ergibt sich wie früher die Eulersche Gleichung:

$$\left.\begin{aligned} \frac{d}{dx}\frac{z'}{\sqrt{1+z'^2}} &= \frac{z''}{(\sqrt{1+z'^2})^3} = \frac{2z}{a^2} \\ a^2 &= \frac{2\,\alpha_{1,2}}{\varrho g}. \end{aligned}\right\} \quad (63)^1$$

Die Konstante a^2 wird als spezifische Kohäsion bezeichnet.

Unter der Annahme, daß die gesuchte Kurve die Eulersche Differentialgleichung erfüllt, haben wir noch ein gewöhnliches Minimumproblem von der Form:

$$J(x_0, z_0, x_1, z_1) + (\alpha_{2,3} - \alpha_{1,3})\left[z\left(\frac{d}{2}\right) + z\left(-\frac{d}{2}\right)\right] \to \text{Min}$$

mit $\quad x_0 = -\frac{d}{2},\ x_1 = \frac{d}{2}\ z_0 = z\left(-\frac{d}{2}\right),\quad z_1 = z\left(\frac{d}{2}\right)$

zu lösen und wir erhalten durch Differentiation nach z_0 und z_1 aus den Hamiltonschen Formeln die freien Randbedingungen:

$$-\alpha_{1,2}\left.\frac{z'}{\sqrt{1+z'^2}}\right|_{x=-\frac{d}{2}} + (\alpha_{2,3} - \alpha_{1,3}) = 0$$

$$\alpha_{1,2}\left.\frac{z'}{\sqrt{1+z'^2}}\right|_{x=\frac{d}{2}} + (\alpha_{2,3} - \alpha_{1,3}) = 0.$$

---

[1] Wir setzen hier und auch bei allen folgenden Beispielen $\alpha_{12} > 0$ voraus, das heißt, wir betrachten nur den Fall einer positiven Steighöhe der Flüssigkeit im Spalt bzw. in Kapillaren.

Für den Randwinkel φ ergibt sich[1]

$$\cos\varphi = \frac{\alpha_{1,3} - \alpha_{2,3}}{\alpha_{1,2}}. \tag{64}$$

Die Gl. (63) besagt, daß die Grenze zwischen Flüssigkeit und Luft durch eine Elastika (vgl. S. 34) gegeben ist.

Aus (62) ergibt sich auf Grund der Eulerschen Regel II

$$f - f_{z'} z' = \text{const}$$

$$\frac{z^2}{a^2} + \frac{1}{\sqrt{1+z'^2}} = C. \tag{65}$$

Um die Bedeutung der spezifischen Kohäsion anschaulich zu erfassen, betrachten wir den Fall, daß nur eine Wand vorhanden ist. Für diesen Fall nähert sich der Meniskus der Flüssigkeit bei größerer Entfernung von der Wand asymptotisch dem ursprünglichen Niveau, d.h. es wird mit z' auch z asymptotisch gleich Null. Hieraus schließen wir, daß für diesen Fall $C = 1$ ist. Dann folgt aus (65), daß für $z = a$, $z' = \infty$ wird.

Wir erhalten also:

Taucht man eine Wand, für die der Randwinkel gleich Null ist, senkrecht in eine Flüssigkeit, so ist das Quadrat der Steighöhe gleich der spezifischen Kohäsion.

Eine einfache Regel für Vorzeichen und Größe der durchschnittlichen Steighöhe ergibt sich durch Integration von (63)

$$\frac{a^2}{2}\left[\frac{z'}{\sqrt{1+z'^2}}\right]_{-\frac{d}{2}}^{+\frac{d}{2}} = \int_{-\frac{d}{2}}^{\frac{d}{2}} z\,dx. \tag{66}$$

Es ist somit das Volumen der Schicht von der Dicke Eins, d.h. das Produkt aus durchschnittlicher Steighöhe mal Plattenabstand gleich dem Produkt aus spezifischer Kohäsion mal Kosinus des Randwinkels. Wert und Vorzeichen des letzteren kann unmittelbar aus (64) entnommen werden.

4. In analoger Weise soll sowohl die Gestalt der Flüssigkeitsoberfläche als auch die Steighöhe in einer oben offenen, senkrecht in die Flüssigkeit eintauchenden Kapillare mit dem Radius R ermittelt werden. Dabei wollen wir aus Gründen der Symmetrie annehmen, daß die Flüssigkeitsoberfläche eine Rotationsfläche ist, welche die Rotationsachse (z-Achse) senkrecht durchsetzt. Der Nullpunkt der z-Achse soll dabei in der Ebene des ungestörten Flüssigkeitsniveaus liegen; r sei die Distanz

[1] Ist die rechte Seite der Gl. (64) größer als 1, so existiert keine statische Lösung. Besonders auffallend ist die sich dann ergebende Erscheinung bei flüssigem Helium (welches sich unter dem λ-Punkt befindet).

von der z-Achse. Für die Energie der Schwerkraft bzw. der Oberflächenspannung erhalten wir mit den gleichen Konstanten, wie in Beispiel 3

$$\Phi_s = 2\pi g \varrho \int_0^R \frac{z^2}{2} \cdot r \cdot dr,$$

$$\Phi_{1,2} = \alpha_{1,2} 2\pi \int_0^R r \sqrt{1+z'^2}\, dr; \qquad z' = \frac{dz}{dr}$$

$$\Phi_{2,3} = \alpha_{2,3}\, 2\pi R z(R);$$

$$\Phi_{1,3} = \alpha_{1,3}\, 2\pi R[H - z(R)];$$

Das Dirichletsche Prinzip führt somit auf das Variationsproblem

$$\delta\left\{\int_0^R \left[\frac{z^2}{2} r \varrho g + \alpha_{1\,2} r \sqrt{1+z'^2}\right] dr + (\alpha_{2,3} - \alpha_{1,3}) \cdot R \cdot z(R)\right\} = 0.$$

Die Euler-Lagrangesche Differentialgleichung lautet:

$$\frac{d}{dr}\left[\alpha_{1\,2} r \frac{z'}{\sqrt{1+z'^2}}\right] - z \cdot \varrho \cdot r \cdot g = 0 \qquad (67\text{a})$$

oder unter Berücksichtigung von (63)

$$\frac{d}{dr}\left[r \frac{z'}{\sqrt{1+z'^2}}\right] - 2\frac{r \cdot z}{a^2} = 0. \qquad (67\text{b})$$

Unsere Feststellung, daß die Rotationsachse die Oberfläche senkrecht durchsetzt, ist gleichwertig mit einer Grenzbedingung. Es muß demnach für $r = 0$

$$z'(0) = 0$$

sein.

Für $r = R$ ergibt sich die Grenzbedingung wie beim vorangehenden Beispiel. Wir erhalten:

$$\left[\alpha_{1,2} \frac{z'}{\sqrt{1+z'^2}} + (\alpha_{2,3} - \alpha_{1,3})\right]_{r=R} = 0.$$

Um die geometrische Bedeutung der Eulerschen Differentialgleichung zu erfassen, setzen wir

$$\frac{z''}{(1+z'^2)^{\frac{3}{2}}} = \frac{1}{\varrho_1}, \qquad \frac{1}{r} \frac{z'}{\sqrt{1+z'^2}} = \frac{1}{\varrho_2},$$

ϱ_1 und ϱ_2 sind dann die Krümmungsradien für die Hauptschnitte der Rotationsfläche.

Die Eulersche Gl. (67) läßt sich somit folgendermaßen schreiben:

$$\frac{1}{2}\left(\frac{1}{\varrho_1} + \frac{1}{\varrho_2}\right) = \frac{z}{a^2}. \qquad (68)$$

Dieses Ergebnis können wir in der Form aussprechen:

Die mittlere Krümmung der Rotationsfläche ist proportional dem Abstand vom ungestörten Flüssigkeitsniveau.

In analoger Weise wie bei Gl. (66) schließen wir aus (67) durch Integration nach r für das Volumen der Flüssigkeitssäule bzw. für die durchschnittliche Steighöhe $\bar{h}$:

$$\bar{h}\,\pi R^2 = \frac{1}{2}\,a^2 \cdot 2\pi R\cos\varphi,$$

$$\bar{h} R = a^2 \cos\varphi.$$

Also, da im allgemeinen für enge Kapillaren im Anschluß an die im Beispiel 3 besprochene Bedeutung von a, $R<a$ ist, gilt:

$$\frac{R}{\bar{h}}\cos\varphi = \frac{R^2}{a^2} = \mu \ll 1.$$

Integriert man (67a) nach r zwischen zwei beliebigen Grenzen R_1 und R_2 so bringt die so entstehende Gleichung zum Ausdruck, daß die vertikale Komponente der von der Oberflächenspannung herrührenden Kraft so groß ist wie das Gewicht des Flüssigkeitsvolumens zwischen den koaxialen Zylindern mit den Radien R_1 und R_2.

Um eine später (S. 165) benötigte Formel für die Steighöhe zu gewinnen, führen wir noch die Integration der Differentialgleichung (67) für die besprochenen Randbedingungen nach der sogenannten Steighöhenmethode durch (***). Diese besteht darin, daß man für die Auflösung der Differentialgleichung und Bestimmung der Integrationskonstanten Potenzreihenentwicklung nach Potenzen von μ anwendet.

Setzt man

$$z = z_0 + z^*,$$

wobei

$$z_0 = z(0)$$

bedeutet und ferner

$$r = R\xi, \quad z^* = R\eta(\xi), \quad \frac{z_0 R}{a^2} = \lambda, \quad \frac{z'}{\sqrt{1+z'^2}} = u, \quad \mu = \frac{R^2}{a^2},$$

so erhalten wir statt der Differentialgleichung (67) das System

$$\frac{d\eta}{d\xi} = \frac{u}{\sqrt{1-u^2}}, \quad \frac{d}{d\xi}(\xi u) = 2(\xi\lambda + \mu\xi\eta).$$

Für die vollständige Bestimmung von η, u und λ sind noch die folgenden Randbedingungen zu beachten

$$\eta(0) = 0, \quad u(0) = 0, \quad u(1) = \cos\varphi.$$

Machen wir nun den Ansatz

$$u = u_0 + \mu u_1 + \mu^2 u_2 \ldots$$
$$\eta = \eta_0 + \mu \eta_1 + \mu^2 \eta_2 \ldots$$
$$\lambda = \lambda_0 + \mu \lambda_1 + \mu^2 \lambda_2 \ldots,$$

so erhalten wir die folgenden Differentialgleichungen

$$\frac{d(\xi u_0)}{d\xi} = 2\lambda_0 \xi \qquad \frac{d\eta_0}{d\xi} = \frac{u_0}{\sqrt{1-u_0^2}}$$
$$\frac{d(\xi u_1)}{d\xi} = 2\lambda_1 \xi + 2\xi\eta_0 \qquad \frac{d\eta_1}{d\xi} = \frac{u_1}{(\sqrt{1-u_0^2})^3}$$
$$\frac{d(\xi u_2)}{d\xi} = 2\lambda_2 \xi + 2\xi\eta_1$$

In diesem System von fünf Differentialgleichungen erster Ordnung sinc noch die drei Parameter $\lambda_0, \lambda_1, \lambda_2$ enthalten. Zur eindeutigen Bestim- mung der Lösung, wozu auch die Festlegung der Werte dieser Paramete gehört, haben wir die folgenden acht Randbedingungen zur Verfügung

$$u_0(1) = \cos\varphi$$
$$u_0(0) = u_1(0) = u_2(0) = u_1(1) = u_2(1) = 0$$
$$\eta_0(0) = \eta_1(0) = 0.$$

Die Durchführung der Rechnung erfordert durchwegs nur elementa durchführbare Integrationen. Interessiert man sich bloß für die Gestal der Meridiankurve $z = z(r)$ so hat man bei dieser Reihenentwicklun $\cos\varphi = 1$, also $u_0(1) = 1$ und demnach $z'(R) = \infty$ zu setzen. R ist dan der Radius des größten Parallelkreises der gesuchten Rotationsfläche Für diesen Fall ergibt sich:

$$u_0 = \xi \qquad \eta_0 = 1 - \sqrt{1-\xi^2}$$
$$u_1 = \frac{2}{3}\left[\xi + \frac{\sqrt{(1-\xi^2)^3} - 1}{\xi}\right] \qquad \eta_1 = \frac{2}{3}\ln\frac{\sqrt{1-\xi^2}+1}{2}$$
$$\xi u_2 = \int_0^\xi \left[2\lambda_2 \xi^* + \frac{4}{3}\xi^* \ln\frac{\sqrt{1-\xi^{*2}}+1}{2}\right] d\xi^*;$$

für die Parameter $\lambda_0, \lambda_1, \lambda_2$ erhält man

$$\lambda_0 = 1, \quad \lambda_1 = -\frac{1}{3}, \quad \lambda_2 = \frac{1}{3}(\ln 4 - 1)$$

und hieraus erhalten wir:

$$\left.\begin{aligned} z_0 &= \frac{a^2}{R} - \frac{1}{3}R + \frac{1}{3}\frac{R^3}{a^2}(\ln 4 - 1) + \cdots \\ z^* &= R - \sqrt{R^2 - r^2} + \frac{2}{3}\frac{R^3}{a^2}\ln\frac{R + \sqrt{R^2 - r^2}}{2R} + \cdots \end{aligned}\right\} \qquad (69')$$

und damit schließlich

$$z = \left[\frac{a^2}{R} + \frac{2}{3}R - \frac{1}{3}\frac{R^3}{a^2}\right] - \sqrt{R^2 - r^2} + \frac{2}{3}\frac{R^3}{a^2}\ln\frac{R + \sqrt{R^2 - r^2}}{R} + \cdots . \quad (69'')$$

5. Balkentheorie.

Es handle sich um einen auskragenden geraden Balken der Länge l, dessen Achse im unbelasteten Fall mit der x-Achse zusammenfalle und der nur durch Kräfte belastet werde, die in Richtung der y-Achse wirken. Bei $x = 0$ sei der Balken fest eingespannt.

Die potentielle Energie dieses Balkens möge sich aus drei Bestandteilen zusammensetzen:

a) Potentielle Energie Φ_{s_1} der Schwerkraft infolge einer kontinuierlichen Belastung

$$\Phi_{s_1} = \int_0^l q(x)\, y\, dx .$$

b) Potentielle Energie Φ_{s_2} der Schwerkraft infolge einer am Ende des Balkens wirkenden Einzellast Q:

$$\Phi_{s_2} = Q\, y(l) .$$

c) Potentielle Energie Φ_E der elastischen Formänderungsarbeit:

$$\Phi_E = \tfrac{1}{2}\int_0^l A(x)\, y''^2\, dx ,$$

wobei $A(x)$ der etwa örtlich variable Steifigkeitsfaktor ist.

Dann ergibt sich für die gesuchte Durchbiegung $y(x)$ das Variationsproblem:

$$\delta\left[\tfrac{1}{2}\int_0^l [A(x)\, y''^2 + q(x)\, y]\, dx + Q\, y(l)\right] = 0$$

$$y(0) = 0,\ y'(0) = 0 \ \text{(erzwungene Randbedingungen)};$$

$y(l)$ und $y'(l)$ sind dabei als unbekannte Größen anzusehen und wir erhalten auf Grund der Hamiltonschen Formeln (58):

$$\left[-\frac{d}{dx} A(x)\, y''\right]_{x=l} + Q = 0 \qquad y''(l) = 0 .$$

Handelt es sich um einen Balken, der bei $x = 0$ fest eingespannt und bei $x = l$ gelenkig gelagert ist, so fällt der Ausdruck Φ_{s_2} im Variationsproblem weg. Die erzwungenen Randbedingungen lauten dann:

$$y(0) = y'(0) = y(l) = 0 .$$

Als freie Randbedingung ergibt sich dann:

$$y''(l) = 0.$$

Freie Randbedingungen bei Doppelintegralen

In ähnlicher Weise wie bei einfachen Integralen lassen sich di freien Randbedingungen bei Doppelintegralen gewinnen. Wir beschräı ken uns auf den einfachsten Fall zweier unabhängiger Variabler un nur erster partieller Differentialquotienten, also auf Variationsproblem von der Form

$$\delta \iint_G f(x, y, z, z_x, z_y)\, dx\, dy = 0.$$

Wie bereits früher (S. 24) gezeigt wurde, erhält man für die erste Vari: tion den Ausdruck

$$\left(\frac{dI}{d\varepsilon}\right)_{\varepsilon=0} = \oint_{C'} \zeta \left(f_{z_x} \frac{dy}{ds} - f_{z_y} \frac{dx}{ds}\right) ds + \iint_G \left(f_z - \frac{\partial}{\partial x} f_{z_x} - \frac{\partial}{\partial y} f_{z_y}\right) \zeta\, dx\, dy,$$

wobei wir aber jetzt nicht voraussetzen wollen, daß ζ längs des Rand C' verschwindet, d.h. es wird nicht verlangt, daß alle Vergleichsfläche

$$z = \bar{z} + \varepsilon \zeta$$

durch dieselbe Randkurve C' hindurchgehen sollen.

Faßt man wieder wie früher unter allen Vergleichsflächen die enge Klasse derjenigen ins Auge, die durch dieselbe Randkurve hindurcl gehen, so verschwindet das Randintegral und aus dem Verschwinden d ersten Variation schließt man dann in der üblichen Weise auf das B stehen der Euler-Lagrangeschen Differentialgleichung

$$f_z - \frac{\partial}{\partial x} f_{z_x} - \frac{\partial}{\partial y} f_{z_y} = 0.$$

Betrachtet man nun solche Vergleichsflächen, für die ζ am Rande nicl verschwindet, die aber der Eulerschen Differentialgleichung genügen, entfällt das Doppelintegral und aus dem Verschwinden der ersten Vari tion gewinnt man mit Rücksicht auf die Willkürlichkeit von ζ die fre Randbedingung

$$f_{z_x} \frac{dy}{ds} - f_{z_y} \frac{dx}{ds} = 0, \qquad (7$$

wofür man auch schreiben kann

$$f_{z_x} \cos(n, x) + f_{z_y} \sin(n, x) = 0,$$

wenn n die nach außen positiv orientierte Normale der Randkur bedeutet.

Als Beispiel wollen wir im Hinblick auf das später zu behandelnde Problem der Torsionssteifigkeit (Kap. VIII, §6) die freie Randbedingung für das folgende Variationsproblem angeben:

$$\delta \iint_G [(z_x - y)^2 + (z_y + x)^2]\, dx\, dy = 0.$$

Wir erhalten aus (70)

$$z_x \frac{dy}{ds} - z_y \frac{dx}{ds} = y \frac{dy}{ds} + x \frac{dx}{ds}$$

bzw.

$$\frac{\partial z}{\partial n} = \frac{1}{2} \frac{d}{ds} (x^2 + y^2).$$

Ein weiteres Beispiel (wie in der Einleitung zu diesem Kapitel bereits erwähnt), bei dem freie Randbedingungen auftreten, nämlich das der frei aufliegenden belasteten Platte, wollen wir in Kap. X, § 5 behandeln.

Das Analogon zu Variationsproblemen mit Randfunktion bei einer unabhängigen Veränderlichen ist die Frage nach dem Minimum der Summe eines Doppelintegrals und eines einfachen Randintegrals, das von HILBERT behandelt wurde. Sei z eine Funktion der Veränderlichen x, y, so ist ein über ein gegebenes Gebiet G der x, y-Ebene zu erstreckendes Doppelintegral, vermehrt um ein über einen Teil S_1 des Randes von G zu erstreckendes Integral

$$I = \int_G F(x, y, z, z_x, z_y)\, d\omega + \int_{S_1} f(s, z, z_s)\, ds$$

mit dem Flächenelement $d\omega$ und dem Linienelement ds zum Minimum zu machen, während z auf dem übrigen Teil S_2 des Randes vorgeschriebene Werte haben soll. Dabei sind F, f gegebene Funktionen ihrer Argumente und s bedeutet die von einem festen Punkte an in positivem Umlauf gerechnete Bogenlänge der Randkurve S von G. Das Verschwinden der ersten Variation verlangt, wie durch Produktintegration hergeleitet wird,

$$\frac{\partial}{\partial x} F_{z_x} + \frac{\partial}{\partial y} F_{z_y} - F_z = 0,$$

während auf dem Rande S_1 die Differentialgleichung

$$(F_{z_y})_{S_1} \frac{dx}{ds} - (F_{z_x})_{S_1} \frac{dy}{ds} + \frac{d}{ds} f_{z_s} - f_z = 0$$

gelten muß. Wir kommen auf dieses Problem in Kap. VI,2, § 5, zurück.

§ 3. Historische Notizen über HAMILTON und seine grundlegenden Ideen; Beispiele dazu

Wie bereits kurz angedeutet wurde, waren die sogenannten Hamiltonschen Formeln schon vor HAMILTON bekannt. Trotzdem ist es gerechtfertigt und leicht verständlich, daß diese Formeln mit seinem Namen verknüpft sind.

Es ist hier wohl am Platz, einige historische Bemerkungen einzufügen. Schon die Persönlichkeit HAMILTONs ist es, die diesen Umstand rechtfertigt. HAMILTON war, als er die grundlegende Bedeutung der nach ihm benannten charakteristischen Funktion erkannte, erst 18 Jahre alt und die Konsequenz, mit der er aus dem als fruchtbringend erkannten Prinzip die Folgerungen zu ziehen wußte, muß jeden Leser seiner Werke in Erstaunen versetzen[1].

Dieses An-die-Spitze-Stellen der Hamiltonschen Funktion war keineswegs nur durch rein mathematische Überlegungen veranlaßt, sondern durch das für HAMILTON charakteristische Bestreben, die Gesetze der geometrischen Optik so zu fassen, daß sie sowohl dem Standpunkt der Emissions- als auch dem der Wellentheorie angepaßt erscheinen. Daß dies mit erkenntnistheoretischen Erwägungen verbunden war, kommt bei HAMILTON durch die Motivierung seiner Terminologie zum Ausdruck[2].

Freilich erscheint es fraglich, ob HAMILTON in den ersten Abhandlungen, in welchen er die charakteristische Funktion einführte, schon

---

[1] Über HAMILTONS Persönlichkeit berichtet F. KLEIN in seinen „Vorlesungen über die Entwicklung der Mathematik im 19. Jahrhundert I": „HAMILTON war eine ungewöhnlich glänzende, vielseitige Begabung, die sich schon früh in überraschendster Weise bemerkbar machte. Mit 10 Jahren konnte er den Homer auswendig, begann Arabisch und Sanskrit zu studieren; wenige Jahre später besaß er die Kenntnis und Beherrschung von 13 Sprachen. Dabei neigte er ebenso stark nach der künstlerischen Seite; er war bis in späte Jahre ein recht fruchtbarer Dichter, der durch sein Leben mit WORDSWORTH in enger freundschaftlicher Beziehung stand."

[2] Im ersten Teil seiner Theorie der Strahlensysteme schreibt er: „Die Herleitung, die ich gegeben habe, ist unabhängig von irgendeiner Voraussetzung über die Natur oder die Geschwindigkeit des Lichtes; aber ich werde doch der Analogie halber den Namen ‚Prinzip der kleinsten Wirkung' beibehalten."

Im Nachtrag zum zweiten Teil, Einleitung, schreibt er dagegen: „In meiner früheren Abhandlung schlug ich vor, das Ergebnis *Prinzip der konstanten Wirkung* zu nennen. Damit sollte einmal der Zusammenhang mit dem bekannten Gesetz der *kleinsten Wirkung* hervorgehoben, andererseits sollte zum Ausdruck gebracht werden, daß das Prinzip unmittelbar die Differentialgleichung der richtigen Klasse von Flächen liefert, die bei Annahme der Wellenauffassung Wellenflächen sind, während sie bei Annahme der Emissionshypothese als *Flächen konstanter Wirkung* zu bezeichnen sind. In dem vorliegenden Nachtrag hingegen schlage ich vor, der Fundamentalformel den Namen: *Gleichung der charakteristischen Funktion* zu geben, der von jeder Voraussetzung über die Natur des Lichtes frei ist." Diese Stelle läßt vielleicht die Deutung zu, daß HAMILTON schon an die gleichzeitige Verwendung der Wellen- und Emissionstheorie, wie es der modernen Wellenmechanik entspricht, gedacht hätte. Derartige Gedanken lagen vielleicht damals näher als in der folgenden Zeit, wo die großartigen Erfolge der Wellentheorie und später der elektromagnetischen Lichttheorie die Emissionstheorie des Lichtes vollkommen zu verdrängen schienen (*).

die Variationsrechnung beherrschte. Bei den in diesen Abhandlungen behandelten optischen Problemen — dem Durchgang von Lichtstrahlen durch ein oder mehrere homogene Medien und allenfalls auch der Reflexion dieser Lichtstrahlen an irgendwelchen gekrümmten Flächen — war dies auch gar nicht erforderlich. Denn hier waren, auf Grund des Fermatschen Prinzips, die Extremalen als gerade Streckenzüge von vorneherein gegeben. Bei dieser, auf abschnittsweise homogene Medien zugeschnittenen Theorie der Strahlensysteme entfällt also die Aufstellung und Integration der Euler-Lagrangeschen Differentialgleichung. Jedoch ist dieser, im Sinne der Variationsrechnung gewissermaßen triviale Charakter der Theorie der Strahlensysteme besonders geeignet, den Begriff der charakteristischen Funktion zu veranschaulichen. Dieser Veranschaulichung sollen die nun folgenden Beispiele dienen:

1. Kartesische Flächen.

Schon DESCARTES löste folgende Aufgabe: Es ist die Trennungsfläche zweier homogener isotroper Medien $\mathfrak{M}_0$ und $\mathfrak{M}_1$ mit den Brechungsindices n_0 bzw. n_1 so zu bestimmen, daß alle Lichtstrahlen, die von einem Punkt P_0 von $\mathfrak{M}_0$ ausgehen, in einem Punkt P_1 von $\mathfrak{M}_1$ wieder zusammenlaufen.

In solchen Fällen ergibt sich die Hamiltonsche Funktion im dreidimensionalen Raum auf folgende Weise: die Koordinaten der Punkte Π der Trennungsfläche F seien dargestellt durch

$$\xi = \xi(u_1, u_2), \qquad \eta = \eta(u_1, u_2), \qquad \zeta = \zeta(u_1, u_2).$$

Dann ist die Hamiltonsche Funktion J des Punkt-Punktproblems für das Punktpaar P_0 und P_1, die man auch als Eikonalfunktion bezeichnet

$$J = n_0 \overline{P_0 \Pi} + n_1 \overline{\Pi P_1} = n_0 \sqrt{(x_0 - \xi)^2 + (y_0 - \eta)^2 + (z_0 - \zeta)^2} + \\ + n_1 \sqrt{(x_1 - \xi)^2 + (y_1 - \eta)^2 + (z_1 - \zeta)^2}.$$

Dabei ergeben sich aus dem Fermatprinzip für *jeden* Schnittpunkt des Strahles mit F die beiden Gleichungen:

$$\frac{\partial J}{\partial u_i} = 0 \qquad (i = 1, 2), \tag{71}$$

hieraus folgt

$$J = n_0 \overline{P_0 \Pi} + n_1 \overline{\Pi P_1} = \text{const}. \tag{72}$$

In der Tat sind dann die Gl. (71) identisch in u_1 und u_2 für alle Punkte der Fläche F erfüllt. Man nennt die durch Gl. (72) dargestellten Flächen „Kartesische Flächen". Diese Bezeichnung überträgt sich aber auch auf Flächen, die durch eine Gleichung von der Form:

$$n_0 \overline{P_0 \Pi} - n_1 \overline{\Pi P_1'} = \text{const} \tag{72'}$$

gegeben sind.

Zu solchen Flächen gelangt man, wenn man fordert, es mögen Strahlen, die von P_0 ausgehen und durch F in das Medium $\mathfrak{M}_1$ eindringen, nach rückwärts verlängert sich in einem Punkt P_1' schneiden oder, was auf dasselbe hinausläuft, es mögen diese Strahlen ein Flächenstück K einer Kugel um P_1' senkrecht schneiden. In solchen Fällen sagt man P_1' sei ein virtueller Bildpunkt von P_0. Im Anschluß an diese zweite Fassung kann man hier wieder die Gl. (72′) durch ein Minimalprinzip begründen, indem man P_0 als Ausgangspunkt und K als Endmannigfaltigkeit vorgibt. Man hat dann den in $\mathfrak{M}_1$ verlaufenden Weg als Differenz von Kugelradius und $\overline{\Pi P_1'}$ darzustellen und nennt in diesem Falle P_0 und P_1' ein „aplanatisches Punktepaar" (vgl. Fig. 15).

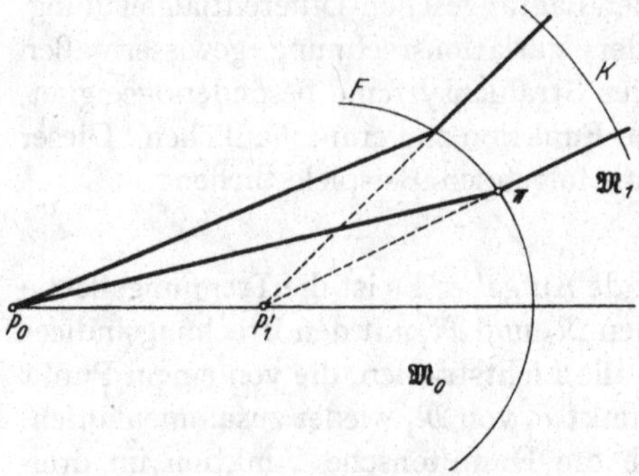

Fig. 15. Aplanatisches Punktepaar

2. Das zweite Beispiel betrifft den scheinbaren Ort eines von Luft aus gesehenen, leuchtenden Punktes im Wasser. Die Vertikalebene, die durch den leuchtenden Punkt P_0 und das Auge P des Beobachters hindurchgeht, falle mit der x, y-Ebene, der Wasserspiegel mit der x, z-Ebene zusammen.

Der leuchtende Punkt habe die Koordinaten

$$P_0\colon\; x_0 = 0,\; y_0 = -h,\; z_0 = 0,$$

das Auge des Beobachters sei im Punkt mit den Koordinaten:

$$P\colon\; x = x,\; y = y,\; z = 0.$$

Interessieren wir uns nun für den Strahlengang in der x, y-Ebene.

Wir erhalten als Eikonalfunktion (vgl. S. 85) mit $n_1 = 1$ (Luft) für $y > 0$ und $n = n_0$ für $y < 0$ (Wasser $n_0 = \frac{4}{3}$) für

$$\left.\begin{aligned} y<0, \quad & J = n_0\sqrt{x^2+(y+h)^2} \\ y>0, \quad & J = n_0\,\overline{P_0\Pi} + \overline{\Pi P} = \\ & \quad = n_0\sqrt{h^2+\xi^2} + \sqrt{(x-\xi)^2+y^2}, \end{aligned}\right\} \tag{73}$$

dabei ist ξ die Abszisse des Punktes Π, wo der Lichtstrahl $P_0 \Pi P$ von Wasser in Luft übertritt.

Deuten wir die Eikonalfunktion in einem x, y, J-Koordinatensystem, so stellt die, durch die obige Gleichung dargestellte Eikonalfunktion im Gebiet $y < 0$ einen Kegel dar, der die Ebene $y = 0$ (x, J-Ebene) in einer

Hyperbel

$$J = n_0 \sqrt{x^2 + h^2}$$

schneidet.

Im Gebiet $y > 0$ erhalten wir für die Hamiltonsche Funktion eine durch diese Hyperbel durchgehende Böschungsfläche, wobei der Böschungswinkel 45° beträgt. Um die genaue Gestalt dieser Böschungsfläche zu ermitteln, ist es zweckmäßig, ihre analytische Fortsetzung

$$J^* = J^*(x, y)$$

im Gebiet $y < 0$ zu betrachten. Wir erhalten für J^*:

$$J^* = n_0 \sqrt{h^2 + \xi^2} - \sqrt{(x - \xi)^2 + y^2}$$

und fragen insbesondere nach deren Schnitt mit

$$J^* = 0.$$

Diese Fragestellung ist physikalisch naheliegend; betrachtet man nämlich den Lichtstrahl $P_0 \Pi P$, so ist es ganz natürlich zu fragen: wo liegt jener Punkt P', von dem die Lichterregung ausgehen würde, wenn der ganze Lichtweg in Luft zurückgelegt worden wäre.

Entsprechend dem Fermatschen Prinzip erhält man für die Bestimmung der Abszisse ξ des Punktes Π aus der Gl. (73)

$$\frac{dJ}{d\xi} = \frac{n_0 \xi}{\sqrt{h^2 + \xi^2}} - \frac{(x - \xi)}{\sqrt{(x - \xi)^2 + y^2}} = 0, \tag{74}$$

Wie man leicht erkennt, bringt diese Formel das Brechungsgesetz $n \sin\beta - \sin\alpha = 0$ zum Ausdruck, wobei α und β die Winkel sind, die der Lichtstrahl im Wasser bzw. in Luft mit der Normalen zur Oberfläche einschließt. Für die analytische Fortsetzung in das Gebiet $y < 0$ erhält man analog für die Bestimmung der Abszisse ξ des Punktes

$$\frac{\partial J^*}{\partial \xi} = n_0 \frac{\xi}{\sqrt{h^2 + \xi^2}} + \frac{x - \xi}{\sqrt{(x - \xi)^2 + y^2}} = 0. \tag{75}$$

Aus dieser Gleichung und $J^* = 0$ ergibt sich[1]

$$\frac{x^2}{h^2 (n_0^2 - 1)} + \frac{y^2}{h^2 n_0^2} = 1.$$

[1] Geometrisch gedeutet, ergibt sich nebenbei folgender Satz: Eine Böschungsfläche $z = z(x, y)$, deren Erzeugende unter 45° gegen die z-Achse geneigt sind und die die x, z-Ebene in einer Hyperbel

$$z = n_0 \sqrt{h^2 + x^2}$$

schneiden, schneidet die x, y-Ebene in einer Ellipse

$$\frac{x^2}{h^2 (n_0^2 - 1)} + \frac{y^2}{h^2 n_0^2} = 1.$$

Da die Böschungslinien normal zu den Niveaulinien

$$J^* = \text{const}$$

stehen, ergibt sich eine einfache geometrische Konstruktion, für die die Lichtstrahlen im Gebiet $y > 0$ kennzeichnenden Geraden. Diese stehen nämlich normal zu der oben angeführten Ellipse.

Physikalisch erhält man auf diese Art Aufschluß über den scheinbaren Ort der Lichtquelle.

Das Auge des Beobachters in P verlegt nun den Ort der Lichtquelle in den Schnittpunkt zweier benachbarter Strahlen oder genauer in den

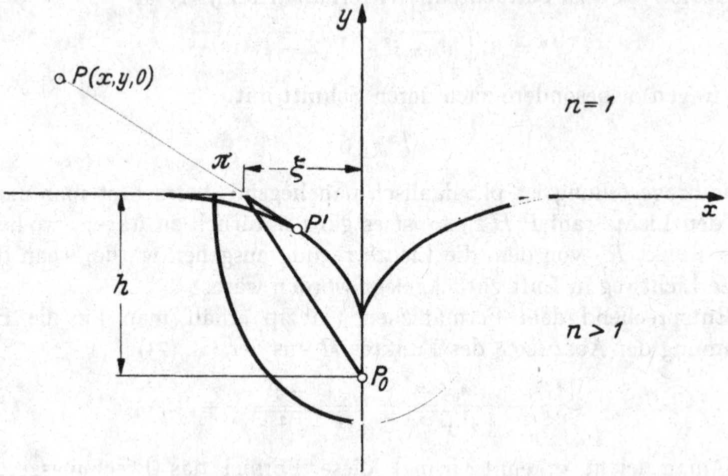

Fig. 16. Diakaustik an einer ebenen Grenzfläche

Berührungspunkt mit der Einhüllenden. Da aber eine Kurve der Schar eine Ellipse ist, ist die Einhüllende identisch mit der Evolute der Ellipse (vgl. Fig. 16).

3. Als weitere Anwendung der vorhergehenden Überlegungen betrachten wir CARATHÉODORYs *elementare Theorie des Schmidtschen Spiegelteleskops* (**).

Das Schmidtsche Spiegelteleskop besteht aus einem sphärischen Metallspiegel $A'A$ (vgl. Fig. 17) und der sog. Korrekturplatte $C'C$ mit dem Brechungsindex n, die so geformt ist, daß alle Strahlen, die parallel zur Spiegelachse einfallen, genau im Brennpunkt vereinigt werden (also vollständige Korrektur der sphärischen Aberration). Wir fragen nach der durch diese Forderung bedingten Gestalt der Meridiankurve der Korrekturplatte. Es handelt sich also hier um ein besonders wichtiges Beispiel einer kartesischen Kurve $z = f(x)$, die, wie man aus der beistehenden Fig. 18 ($OP = 1$, $OF = \frac{1}{2}$) sofort erkennt, bestimmt ist durch die Forderung

$$r + s + n \cdot z = \tfrac{3}{2}.$$

Betrachten wir die Projektion des Linienzuges $FPQR$ auf die Koordinatenachsen, so ergeben sich die Gleichungen

$$\cos\vartheta = s\cdot\cos u + z$$
$$\sin\vartheta = s\cdot\sin u + x,$$

wobei, wie aus der Figur unmittelbar ersichtlich, $u=\vartheta-\varphi$ ist. Wir werden nun eine Parameterdarstellung für die gesuchte Kurve $z=f(x)$

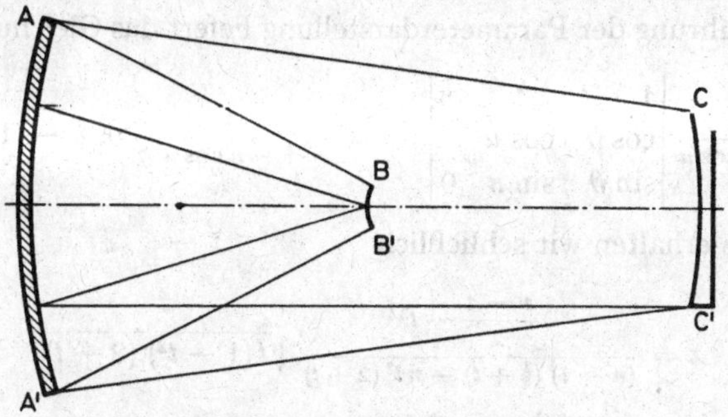

Fig. 17. Das Schmidtsche Spiegelteleskop

ableiten; dazu wählen wir als Parameter $t=r-\frac{1}{2}$. Diese Wahl ist deshalb naheliegend, weil dann dem Wert $x=z=0$ der Wert $t=0$ entspricht.

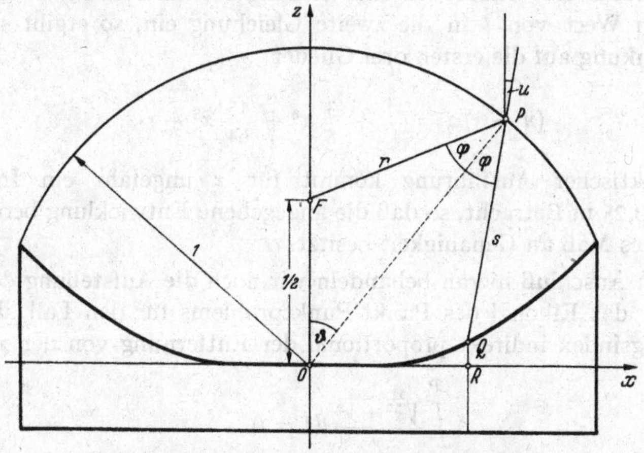

Fig. 18. Korrekturplatte beim Schmidtschen Spiegelteleskop

Dann ist nämlich die Elimination des Parameters, um z als Potenzreihe in x zu erhalten, leichter durchführbar. Um eine übersichtliche Ableitung der Parameterdarstellung zu gewinnen, schicken wir eine kleine elementargeometrische Betrachtung voraus. Die Größen $\sin\vartheta$, $\cos\vartheta$, $\sin\varphi$, $\cos\varphi$, $\sin u$, $\cos u$ lassen sich rational durch $\operatorname{tg}\frac{\vartheta}{2}$ und $\operatorname{tg}\frac{\varphi}{2}$

darstellen. Nun ist es aber klar, daß wir die Formeln so anschreiben können, daß nur ein einziger Wurzelausdruck in t aufscheint, wenn wir zur Berechnung von $\operatorname{tg}\frac{\vartheta}{2}$ bzw. $\operatorname{tg}\frac{\varphi}{2}$ die Heronische Formel für den Flächeninhalt des Dreiecks OPF bzw. die sich unmittelbar daraus ergebende Formel für den Radius des Inkreises heranziehen. Für den Flächeninhalt ergibt sich $\frac{1}{4}\sqrt{R}$ mit $R = t\cdot(1-t^2)(2+t)$. Hieraus ergeben sich leicht die Ausdrücke für die oben erwähnten sechs Größen. Nach Einführung der Parameterdarstellung liefert das Gleichungssystem

$$x = \frac{1}{1-n\cos u}\begin{vmatrix} 1-t & 1 & n \\ \cos\vartheta & \cos u & 1 \\ \sin\vartheta & \sin u & 0 \end{vmatrix}, \qquad z = \frac{1}{1-n\cos u}\left[\cos\vartheta - (1-t)\cos u\right]$$

und daraus erhalten wir schließlich

$$x = \frac{\frac{n-1}{2} - t^3}{(n-1)\left(\frac{1}{2}+t\right) - n t^3(2+t)}\sqrt{t(1-t^2)(2+t)}$$

$$z = \frac{t^2\left(\frac{1}{2} - t + t^2 + t^3\right)}{(n-1)\left(\frac{1}{2}+t\right) - n t^3(2+t)}.$$

Quadriert man die erste Gleichung und löst nach t auf, wobei man sich auf die ersten drei Glieder der Entwicklung beschränken kann und setzt man den Wert von t in die zweite Gleichung ein, so ergibt sich bei Beschränkung auf die ersten drei Glieder

$$(n-1)\,z = \frac{x^4}{4} + \frac{3}{8}x^6 + \frac{45}{64}x^8 + \cdots.$$

Bei praktischer Ausführung kommt für x ungefähr ein Intervall $0 \leq x \leq 0{,}25$ in Betracht, so daß die angegebene Entwicklung bereits ein sehr hohes Maß an Genauigkeit besitzt.

4. Im Anschluß hieran behandeln wir noch die Aufstellung der Formeln für das Eikonal des Punkt-Punktproblems für den Fall, daß der Brechungsindex indirekt proportional der Entfernung von der x-Achse ist, also

$$\delta\int_{P_0}^{P_1}\frac{\sqrt{\dot{x}^2+\dot{y}^2}}{y}\,dt = 0.$$

Zunächst überzeugt man sich leicht, daß die Extremalen Kreise sind, die auf der x-Achse senkrecht stehen. Das Hauptinteresse liegt aber in einer Beziehung zu einem Modell der nichteuklidischen Geometrie von POINCARÉ. Die Integration des vorgelegten Integrals längs einer Extremale von einem Punkt P_0 bis zu einem Punkt P_1 läßt sich durchführen, indem man die euklidische Bogenlänge als Integrationsveränderliche einführt. Das Ergebnis dieser Integration läßt sich nun, wenn man die komplexe Veränderliche $z = x + iy$ einführt, folgendermaßen aussprechen. Seien die zu einem Punktepaar P_0 und P_1 zugehörigen z-Werte z_0 und z_1 und ferner Z_0 und Z_1 die Schnittpunkte der durch P_0 und P_1 hindurchgehenden Extremale mit der Abszissenachse, so ist:

$$J = \int_{P_0}^{P_1} \frac{\sqrt{\dot{x}^2 + \dot{y}^2}}{y}\, dt = \ln\left(\frac{z_1 - Z_0}{z_0 - Z_0} : \frac{z_1 - Z_1}{z_0 - Z_1}\right). \tag{76}$$

Hieraus folgt: Der Wert des Integrals bleibt unverändert gegenüber allen Substitutionen von der Form:

$$z^* = \frac{az+b}{cz+d} \quad a, b, c, d: \text{reell}, \quad \begin{vmatrix} a & b \\ c & d \end{vmatrix} > 0.$$

Bei diesen Substitutionen gehen Kreise in Kreise über und die Winkel bleiben erhalten. Die Gesamtheit dieser Substitutionen bildet eine dreiparametrige Gruppe, die man als die nichteuklidische Bewegungsgruppe bezeichnet. In der nichteuklidischen Geometrie von GAUSS, BOLYAI, LOBATSCHEFFSKI bezeichnet man zwei Figuren dann und nur dann als kongruent, wenn sie durch eine derartige Transformation ineinander übergehen: Um zur nichteuklidischen Geometrie zu gelangen, kann man jedem Punktepaar P_0, P_1 als Maßzahl ihres „nichteuklidischen" Abstandes den Wert auf der rechten Seite in (76) und jedem sich schneidenden Kurvenpaar den Wert des gewöhnlichen Winkels als „nichteuklidischen" Winkel zuordnen. Unsere Extremalen sind dann die nichteuklidischen „Geraden". Es bleiben dann alle Axiome der euklidischen Geometrie mit Ausnahme des Parallelenaxioms erhalten, wenn man „parallel" als Grenzlage der sich schneidenden Geraden definiert. An Stelle des Parallelenaxioms tritt das Axiom: In jedem Punkt P außerhalb der „Geraden" g lassen sich zu dieser „Geraden" zwei „Parallele" ziehen (Fig. 19).

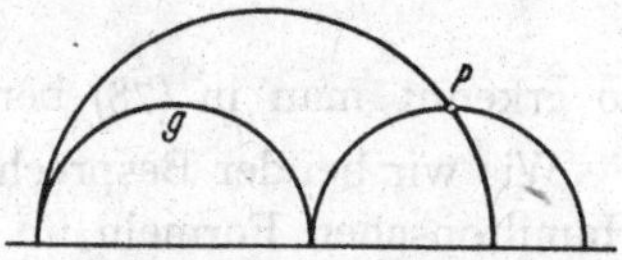

Fig. 19. Poincarésches Modell der nichteuklidischen Geometrie

§ 4. Hamilton-Jacobische Integrationstheorie (*)

Wie bereits angedeutet, führen die Hamiltonschen Formeln zu einer Bestimmung der Extremalen und zu der im Titel genannten Integrationstheorie. Sollen die Hamiltonschen Gln. (55)

$$J_y = f_{y'}(x, y, p(x, y))$$

$$J_x = f(x, y, p(x, y)) - p(x, y)\, f_{y'}(x, y, p(x, y))$$

bestehen, so muß die Integrabilitätsbedingung erfüllt sein:

$$\frac{\partial}{\partial y}\left(f(x,y,p(x,y)) - p(x,y)\,f_{y'}(x,y,p(x,y))\right) = \frac{\partial}{\partial x} f_{y'}(x,y,p(x,y)) \quad (77$$

oder ausgerechnet, unter Verwendung der Abkürzung

$$f_p = f_{y'}(x,y,y')|_{y'=p(x,y)}$$

und analog für höhere Ableitungen:

$$f_y + f_p p_y - (p_y f_p + p f_{py} + p f_{pp} p_y) = f_{px} + f_{pp} p_x$$

oder

$$f_{pp}(p_x + p_y p) + f_{py} p + f_{px} - f_y = 0. \quad (78$$

Diese Differentialgleichung bezeichnet man als die Differentialgleichung der Gefällsfunktion $p(x,y)$. Betrachtet man die Differentialgleichung $y' = p(x,y)$ und beachtet die daraus durch Differentiation hervorgehende Beziehung

$$y'' = p_x + p_y p,$$

so erkennt man in (78) bereits die Eulersche Gleichung.

Wie wir bei der Besprechung der Carathéodoryschen Herleitung der Hamiltonschen Formeln im § 1 hervorgehoben haben, wird bei dieser Herleitung von der Eulerschen Gleichung kein Gebrauch gemacht. Wir sehen also: Geht man von den so gewonnenen Hamiltonschen Formeln aus, so folgt die Eulersche Differentialgleichung als Integrabilitätsbedingung.

Umgekehrt gehört zu jeder einparametrigen Schar von Lösungen der Eulerschen Gleichung eine Gefällsfunktion $p(x,y)$, die der Integrabilitätsbedingung genügt, so daß dann J durch Integration des totalen Differentials

$$(f - p f_p)\,dx + f_p\,dy$$

gefunden werden kann. Die Feststellung, daß die notwendige und hinreichende Bedingung für die Unabhängigkeit des Integrales

$$J = \int (f - p f_p)\,dx + f_p\,dy \quad (79$$

vom Wege, also die Gl. (77) in der oben angegebenen Art mit der Eulerschen Differentialgleichung zusammenhängt, wird Beltrami-Hilbertscher Unabhängigkeitssatz genannt.

Betrachten wir ein Gebiet, in dem sich die Funktion $p(x,y)$ nirgends singulär verhält. Wir werden so wieder auf den Begriff des Feldes geführt, den wir bereits im § 1 erwähnt haben, dort allerdings unter der speziellen Voraussetzung, daß ein Minimum für das zugehörige Ausgangskurven-Punktproblem in einer gewissen Umgebung der Ausgangskurve existiert

Die Integration der Eulerschen Gleichung denke man sich zunächst in zwei Schritte zerlegt, indem man zuerst aus (78) die Gefällsfunktion $p(x, y)$ und sodann aus $y' = p(x, y)$ die gesuchten Kurven bestimmt.

Eliminiert man aus den Hamiltonschen Gln. (55) die Gefällsfunktion $p(x, y)$, so erhält man eine partielle Differentialgleichung, die Hamilton-Jacobische Differentialgleichung

$$\Psi(J_x, J_y, x, y) = 0.$$

Führt man die Elimination so durch, daß man sich unter Heranziehung der Bedingung $f_{pp} \neq 0$ die Gleichung für J_y nach $p = p(x, y, J_y)$ aufgelöst denkt und daß man dann diesen Wert in die Hamiltonsche Gleichung für J_x einsetzt, so gelangt man zu einer Gleichung von der Form

$$J_x + H(x, y, J_y) = 0$$
$$H = p f_p - f.$$

Diese Form der Hamilton-Jacobischen Differentialgleichung bezeichnen wir als kanonische Form.

Beim homogenen Problem hat man von den Gleichungen

$$J_x = F_{\dot{x}}$$
$$J_y = F_{\dot{y}}$$

auszugehen. Da die rechten Seiten der Gleichungen homogene Funktionen 0-ter Ordnung in $\dot{x}, \dot{y}$ sind, also nur vom Verhältnis $\dot{y}/\dot{x}$ abhängen läßt sich die Elimination von $\dot{x}, \dot{y}$ unmittelbar durchführen und man gelangt wieder zur Gleichung von der Form

$$\Psi(J_x, J_y, x, y) = 0.$$

Wir erläutern den Unterschied zwischen dem homogenen und dem inhomogenen Problem an Hand des Beispiels, das wir schon in 3, § 1 eingeführt haben.

$$\delta \int_{x_0}^{x_1} \sqrt{1 + y'^2}\, d x = 0 \quad \text{bzw.} \quad \delta \int_{t_0}^{t_1} \sqrt{\dot{x}^2 + \dot{y}^2}\, dt = 0$$

also zunächst für das x-Problem:

$$J_x = \frac{1}{\sqrt{1 + y'^2}} \qquad J_y = \frac{y'}{\sqrt{1 + y'^2}},$$

somit wird

$$y' = \frac{J_y}{\sqrt{1 - J_y^2}}$$

und

$$J_x - \sqrt{1 - J_y^2} = 0.$$

In der Tat entsprechen beim x-Problem als Hamiltonsche Funktion nur solche Funktionen, die in Richtung der x-Achse ansteigen ($J_x > 0$). Beim homogenen Problem ergibt sich in viel übersichtlicherer Form als Hamiltonsche Gleichung sofort

$$J_x^2 + J_y^2 = 1.$$

Hier ist aber $J_x > 0$, $J_x < 0$ und $J_x = 0$ möglich.

Die Hamilton-Jacobische Integrationstheorie stellt immer diese partielle Differentialgleichung an die Spitze des Integrationsproblems. In vielen Fällen ist die Auflösung dieser Gleichung leichter als die direkte Lösung der Eulerschen Differentialgleichung.

Wir nehmen an, daß eine einparametrige Schar $J(x, y, \alpha)$ von Lösungen der Hamilton-Jacobischen Differentialgleichung bekannt sei. Dabei sei vorausgesetzt, daß der Parameter „wesentlich" ist, d.h. daß er nicht nur additiv in $J(x, y, \alpha)$ auftritt. Es dürfen also die beiden Gleichungen

$$J_{x\alpha} = 0, \qquad J_{y\alpha} = 0 \tag{80}$$

nicht gleichzeitig identisch erfüllt sein.

Der kürzeren Schreibweise wegen sei nur das inhomogene Variationsproblem behandelt. Nach (79) kann $J(x, y, \alpha)$ durch das Linienintegral

$$J(x, y, \alpha) = \int (f - p f_p)\, dx + f_p\, dy \tag{79*}$$

dargestellt werden. Für $p(x, y, \alpha)$ denke man sich einen der beiden Werte gesetzt, welche sich aus den Gln. (55) ergeben. Die Berechnung von p aus diesen Gleichungen ist sicher dann möglich, wenn

$$f_{pp} \neq 0$$

ist, was wir voraussetzen wollen. Die Integrabilitätsbedingung für den Integranden ist dann in α identisch erfüllt.

Führt man die Integration in (79*) längs einer geschlossenen Kurve durch, so erhält man für jeden Wert von α Null. Daher muß auch die Identität

$$\frac{\partial}{\partial \alpha} \oint (f - p f_p)\, dx + f_p\, dy = 0$$

bestehen. Durch Ausrechnen findet man

$$\oint \left\{ f_p \frac{\partial p}{\partial \alpha} - \frac{\partial p}{\partial \alpha} f_p - p f_{pp} \frac{\partial p}{\partial \alpha} \right\} dx + f_{pp} \frac{\partial p}{\partial \alpha}\, dy = 0$$

oder

$$\oint f_{pp} \frac{\partial p}{\partial \alpha} (dy - p\, dx) = 0.$$

Dieses Linienintegral ist also vom Wege unabhängig, der Integrand ist somit ein vollständiges Differential, und zwar nach unserer Rechnung das Differential von $\partial J / \partial \alpha$.

Wir können unser Ergebnis dahin aussprechen, daß $f_{pp}\partial p/\partial\alpha$ ein Eulerscher Multiplikator der Differentialgleichung $y' - p(x, y, \alpha) = 0$ ist. Die Lösungen dieser Differentialgleichung sind die Extremalen. Die Ableitung der rechten Seite der Gl. (79*) nach α stellt somit ein Integral der Gleichung $y' - p(x, y, \alpha) = 0$ dar. Daher ist die Ableitung der linken Seite gleich einer Integrationskonstanten, die wir mit β bezeichnen. Es muß daher

$$\frac{\partial J(x, y, \alpha)}{\partial \alpha} = \beta$$

die zweiparametrige Schar der Extremalen geben. Mit Rücksicht auf (80) ist die Auflösbarkeit nach y garantiert. Ein Versagen der Auflösungsbedingung würde bedeuten $\frac{\partial^2 J}{\partial\alpha\,\partial y} = 0$ und wegen der Hamiltonschen Gleichung wäre dies gleichbedeutend mit

$$\frac{\partial}{\partial\alpha} f_p\big(x, y, p(x, y, \alpha)\big) = 0$$

also

$$f_{pp}\frac{\partial p}{\partial\alpha} = 0$$

was wegen $f_{pp} \neq 0$ ohnehin ausgeschlossen sein soll. Da die so erhaltene Funktion von zwei willkürlichen Konstanten abhängt, ist sie das allgemeine Integral der Eulerschen Differentialgleichung.

Wir erhalten so eine praktische Anweisung, wie man auf Grund der Hamilton-Jacobischen Differentialgleichung die Extremalen ermitteln kann, wenn man eine, einen wesentlichen Parameter enthaltende Schar von Lösungen der Hamilton-Jacobischen Differentialgleichung angeben kann. Zusammengefaßt lautet die Vorschrift, welche die Hamilton-Jacobische Integrationstheorie gibt: Man eliminiere aus den Gln. (55) die Gefällsfunktion $p(x, y)$, suche eine den Parameter α wesentlich enthaltende Lösungsschar $J(x, y, \alpha)$ der so erhaltenen partiellen Differentialgleichung, setze

$$J_\alpha = \beta$$

und hat damit das allgemeine Integral der Eulerschen Differentialgleichung in impliziter Form. Dies bezeichnet man als den Hauptsatz der Hamilton-Jacobischen Integrationstheorie. Die hier durchgeführten Überlegungen lassen sich auch auf n Veränderliche verallgemeinern. Wir werden diesen Satz im § 8 jedoch auf eine andere Art beweisen.

Geometrisch kann man das Verfahren so interpretieren: Man deute

$$z = J(x, y, \alpha)$$

als einparametrige Flächenschar. $\varphi(\alpha)$ sei eine willkürliche Funktion von α allein, eine solche kann ja immer additiv zu $z = J(x, y, \alpha)$ hinzugefügt werden, da die Hamilton-Jacobische Differentialgleichung J selbst explizit nicht enthält. Die Einhüllende der so entstandenen Schar ergibt sich aus dem Gleichungspaar

$$z = J(x, y, \alpha) + \varphi(\alpha),$$

$$0 = \frac{\partial J(x, y, \alpha)}{\partial \alpha} + \varphi'(\alpha),$$

durch Elimination von α. Die zweite der beiden Gleichungen enthält z nicht. Sie stellt also für festes α einen Zylinder mit der z-Achse als Achse dar. Oder auch: Die Projektion der Grenzlage der Schnittkurven zweier benachbarter Flächen der Schar $z = J(x, y, \alpha) + \varphi(\alpha)$ auf die x, y-Ebene. Da $\varphi(\alpha)$ eine willkürliche Funktion war, entspricht $\varphi'(\alpha) = -\beta$ einem willkürlichen Kurvenparameter.

Mit dieser geometrischen Auffassung haben wir den Anschluß an die Charakteristiken-Theorie der partiellen Differentialgleichungen gefunden, allerdings für den Spezialfall, daß die gesuchte Funktion in der partiellen Differentialgleichung explizit nicht vorkommt. Wir wollen kurz die geometrischen Vorstellungen, die mit dieser Theorie verknüpft sind, besprechen. Durch die Hamilton-Jacobische Differentialgleichung

$$\Psi(x, y, J_x, J_y) = 0$$

ist jedem Punkt des Raumes $x = x_0$, $y = y_0$, $z = z_0$ eine einparametrige Schar von Flächenelementen

$$x = x_0, \; y = y_0, \; z = z_0, \; z_x = J_x(x_0, y_0), \; z_y = J_y(x_0, y_0)$$

zugeordnet; diese entsprechen einer einparametrigen Schar von Ebenen

$$(z - z_0) = (x - x_0) J_x(x_0, y_0) + (y - y_0) J_y(x_0, y_0),$$

die im allgemeinen einen Kegel einhüllen. Dieser Kegel ist aber identisch mit dem Indikatrixkegel, wie sofort aus den Hamiltonschen Formeln ersichtlich ist, wenn man $z = F(x, y, X, Y)$ durch

$$z - z_0 = F(x_0, y_0, x - x_0, y - y_0)$$

ersetzt. Man nennt diese Kegel auch die charakteristischen Kegel. Die Erzeugenden des charakteristischen Kegels können als Schnittgeraden benachbarter Ebenen der Schar aufgefaßt werden. Daraus folgt, daß die Erzeugenden des charakteristischen Kegels die Gleichung erfüllen müssen, die sich durch Differentiation der Gleichung für die Ebenenschar nach dem unabhängigen Scharparameter ergibt, wobei der auftretende Differentialquotient des abhängigen Scharparameters mittels der Bedingungsgleichung für die Scharparameter eliminiert wird. Fassen wir J_x als unabhängigen Scharparameter auf, so ergibt die Differentiation der Gleichung der Ebenenschar und der Hamilton-Jacobischen Differentialgleichung nach J_x:

$$0 = (x - x_0) + (y - y_0) \frac{dJ_y}{dJ_x},$$

$$0 = \Psi_{J_x} + \Psi_{J_y} \cdot \frac{dJ_y}{dJ_x},$$

woraus sich durch Elimination von $\frac{dJ_y}{dJ_x}$

$$0 = \Psi_{J_y}(x - x_0) - \Psi_{J_x}(y - y_0)$$

ergibt. Dieser Gleichung genügen demnach die Erzeugenden des charakteristischen Kegels.

Das Integrationsproblem der Hamilton-Jacobischen Differentialgleichung läuft darauf hinaus, eine Fläche zu finden, die in jedem Punkt einen charakteristischen Kegel berührt. Auf diese Weise ist aber auf der Integralfläche jedem Punkt ein Linienelement zugeordnet, in welchem der Kegel die Fläche berührt, das also der Gleichung der Erzeugenden genügt. Eine derartige Zuordnung entspricht aber einer gewöhnlichen Differentialgleichung, bzw. integriert, einer einparametrigen Schar von Kurven auf der Integralfläche. Diese Kurven nennt man charakteristische Kurven. Die Mannigfaltigkeit der Flächenelemente der Integralfläche entlang der charakteristischen Kurve wird als charakteristischer Streifen bezeichnet.

Haben wir eine beliebige Ausgangskurve $\mathfrak{A}$ durch $x = x_0(\alpha)$, $y = y_0(\alpha)$ gegeben, so haben wir im allgemeinen eindeutig zu jedem Linienelement (x_0, y_0, y_0') von $\mathfrak{A}$, wobei $y_0' = \frac{dy_0}{d\alpha} \Big/ \frac{dx_0}{d\alpha}$ ist, entsprechend der Transversalitätsbedingung für die zugehörige, mit Orientierung versehene Extremale die Anfangsbedingung und somit den zugehörigen charakteristischen Streifen festgelegt. Denn aus Gl. (60) ergibt sich, unter Beachtung von Gl. (55)

$$0 = J_x \frac{dx_0}{d\alpha} + J_y \frac{dy_0}{d\alpha},$$

wodurch, in Verbindung mit der Hamilton-Jacobischen Differentialgleichung der Wert von J_x und J_y für (x_0, y_0) im allgemeinen eindeutig bestimmt ist und daher auch der charakteristische Streifen auf der Integralfläche $z = J(x, y)$. Diese Integralfläche wird also durch die Gesamtheit der zum Ausgangskurve-Punkt-Problem gehörenden Streifen gebildet. Halten wir nun das Linienelement (x_0, y_0, y_0') der Ausgangskurve $\mathfrak{A}$ fest und betrachten wir eine zweite Ausgangskurve $\mathfrak{A}^*$, welche dieses Linienelement mit $\mathfrak{A}$ gemeinsam hat, so hat die zu $\mathfrak{A}^*$ gehörende Integralfläche $z = J^*(x, y)$ mit der Integralfläche $z = J(x, y)$ den zu (x_0, y_0, y_0') gehörenden charakteristischen Streifen gemeinsam. Während also durch die Ausgangskurve die Integralfläche $z=J(x, y)$ der Hamilton-Jacobischen Differentialgleichung eindeutig festgelegt ist, trifft dies für die Forderung, die Integralfläche möge eine bestimmte charakteristische Kurve enthalten, nicht zu. Denn längs jeder charakteristischen Kurve berühren sich ∞^1 Integralflächen der Hamilton-Jacobischen Differentialgleichung.

Durch diese Darlegung ist allerdings noch keine zureichende Antwort auf die allgemeine Frage gegeben, die hier vom Standpunkt der Theorie der partiellen Differentialgleichungen und auch vom Standpunkt der Variationsrechnung (man denke an Probleme mit einer Randfunktion) zu stellen ist und die lautet:

Gegeben ist eine partielle Differentialgleichung erster Ordnung für $z=J(x,y)$ von der Form

$$\Psi(x, y, z_x, z_y) = 0.$$

Gegeben ist ferner eine beliebige Raumkurve $y=y(x)$, $z=z(x)$. Längs dieser werden die Elemente des Streifens einer Fläche $z=z(x,y)$, die $\Psi=0$ erfüllen, bestimmt. Unter welchen Umständen ist die Lösung $z=J(x,y)$ von $\Psi=0$, die durch die gegebene Raumkurve hindurch geht, eindeutig bestimmt? Wir geben hier die Antwort in aller Kürze und verweisen für eingehendere Ausführungen auf die Lehrbücher über partielle Differentialgleichungen.

Wegen

$$\frac{dz}{dx} = z_x + z_y \frac{dy}{dx}$$

ergibt sich aus

$$\Psi\left(x, y, \frac{dz}{dx} - z_y \frac{dy}{dx}, z_y\right) = 0,$$

daß die Bedingung für die eindeutige Auflösbarkeit nach z_y nur dann nicht erfüllt ist, wenn der Differentialquotient dieser Gleichung nach z_y verschwindet, also wenn

$$\Psi_{z_x} \frac{dy}{dx} - \Psi_{z_y} = 0$$

ist. Diese Gleichung stimmt mit der Differentialgleichung für die charakteristischen Kurven überein, woraus zu schließen ist, daß die Bedingung für die eindeutige Auflösbarkeit dann und nur dann nicht erfüllt ist, wenn die gegebene Raumkurve eine charakteristische Kurve ist.

Zur näheren Erläuterung diene das folgende Beispiel. Das Variationsproblem laute:

$$\delta \int_{P_0}^{P_1} \sqrt{1 + y'^2}\, dx = 0.$$

Die nach obiger Anweisung gebildete Hamilton-Jacobische Differentialgleichung ist

$$J_x^2 + J_y^2 = 1;$$

diese Gleichung sagt aus, daß jede Tangentialebene der Fläche $z = J(x, y)$ zur x, y-Ebene unter 45° geneigt ist. Die Fläche ist eine sogenannte Böschungsfläche mit dem Böschungswinkel 45°. Die charakteristischen Kurven sind hier die unter 45° geneigten Geraden, deren Projektionen die Projektionen der Niveaulinien senkrecht schneiden.

Wir können an diesem Beispiel die Hamilton-Jacobische Theorie etwas genauer verfolgen. Betrachten wir eine einparametrige Schar von Böschungsflächen, die zu den Ausgangskurven $\Gamma(\alpha)$ gehören, welche ihrerseits eine Einhüllende C besitzen mögen. Die Hüllfläche zu diesen Böschungsflächen ist wieder eine Böschungsfläche mit dem Neigungswinkel 45°. Wie unmittelbar einleuchtet, liefert sie die Lösung für das Ausgangskurve-Punktproblem mit C als Ausgangskurve. Die Berührung mit den einzelnen Flächen der Schar erfolgt längs der charakteristischen Kurven, die Projektionen dieser Kurven auf die x, y-Ebene stehen senkrecht zur Kurve C und sind somit die Extremalen, die zu dieser Ausgangskurve gehören.

Wir erläutern die Hamilton-Jacobische Integrationstheorie noch durch das folgende Beispiel. Gegeben sei eine Fläche in Parameterdarstellung:

$$x = x(u, v) \qquad y = y(u, v) \qquad z = z(u, v).$$

Gesucht sind die geodätischen Linien der Fläche.

Schreiben wir das Bogenelement ds der Fläche mit den üblichen Bezeichnungen in der Form

$$ds = \sqrt{\mathcal{E}\, du^2 + 2\mathcal{F}\, du \cdot dv + \mathcal{G}\, dv^2};$$

$$\mathcal{E} = x_u^2 + y_u^2 + z_u^2$$

$$\mathcal{F} = x_u \cdot x_v + y_u \cdot y_v + z_u \cdot z_v,$$

$$\mathcal{G} = x_v^2 + y_v^2 + z_v^2;$$

so ist unsere Aufgabe, die Funktionen $u(t)$ und $v(t)$ so zu bestimmen, daß das von einem Punkte $P_0(u_0, v_0)$ bis zu einem Punkte $P_1(u_1, v_1)$ der Fläche erstreckte Integral $\int_{P_0}^{P_1} ds$ ein Minimum wird.

Die Gln. (51) lauten in diesem Fall

$$J_u = F_{\dot u} = \frac{\mathcal{E}\dot u + \mathcal{F}\dot v}{\sqrt{\mathcal{E}\dot u^2 + 2\mathcal{F}\dot u\dot v + \mathcal{G}\dot v^2}}$$

$$J_v = F_{\dot v} = \frac{\mathcal{F}\dot u + \mathcal{G}\dot v}{\sqrt{\mathcal{E}\dot u^2 + 2\mathcal{F}\dot u\dot v + \mathcal{G}\dot v^2}}.$$

Die Elimination von $\dot u$ und $\dot v$ kann in diesem Fall besonders einfach geleistet werden. Nimmt man zu diesen Gleichungen noch die Eulersche Relation für homogene Funktionen hinzu,

$$F_{\dot u}\,\dot u + F_{\dot v}\,\dot v = F\,,$$

so gelten die Gleichungen

$$\begin{aligned}\mathcal{E}\dot u + \mathcal{F}\dot v &= J_u\sqrt{\mathcal{E}\dot u^2 + 2\mathcal{F}\dot u\dot v + \mathcal{G}\dot v^2}\,,\\ \mathcal{F}\dot u + \mathcal{G}\dot v &= J_v\sqrt{\mathcal{E}\dot u^2 + 2\mathcal{F}\dot u\dot v + \mathcal{G}\dot v^2}\,,\\ J_u\dot u + J_v\dot v &= \sqrt{\mathcal{E}\dot u^2 + 2\mathcal{F}\dot u\dot v + \mathcal{G}\dot v^2}\,.\end{aligned}$$

Eliminiert man nun $\dot u, \dot v$ und $\sqrt{\mathcal{E}\dot u^2 + 2\mathcal{F}\dot u\dot v + \mathcal{G}\dot v^2}$, so ergibt sich die Hamilton-Jacobische Differentialgleichung

$$\begin{vmatrix} J_u & \mathcal{E} & \mathcal{F}\\ J_v & \mathcal{F} & \mathcal{G}\\ 1 & J_u & J_v \end{vmatrix} = 0$$

oder

$$\frac{J_v^2\,\mathcal{E} - 2J_u J_v\,\mathcal{F} + J_u^2\,\mathcal{G}}{\mathcal{E}\mathcal{G} - \mathcal{F}^2} = 1\,.$$

Der Differentialausdruck auf der linken Seite wird Beltramischer Differentialparameter erster Ordnung genannt.

Von besonderem Interesse ist die Anwendung der Hamilton-Jacobischen Theorie auf Variationsprobleme von der Form

$$\delta\int\limits_{P_0}^{P_1}\sqrt{\left[U_1(u) + V_1(v)\right]\left[U_2(u)\left(\frac{du}{dv}\right)^2 + V_2(v)\right]}\,dv = 0\,,$$

d.h. der Sonderfall

$$\mathcal{F} = 0,\qquad \mathcal{E} = \left[U_1(u) + V_1(v)\right]U_2(u),\qquad \mathcal{G} = \left[U_1(u) + V_1(v)\right]V_2(v)\,.$$

Für diesen Sonderfall, der sowohl für die Flächentheorie (Theorie der Liouvilleschen Flächen) als auch für die Mechanik, insbesondere Quantenmechanik, von Interesse ist, lautet die Hamilton-Jacobische Differentialgleichung

$$\frac{J_u^2}{\left[U_1(u) + V_1(v)\right]U_2(u)} + \frac{J_v^2}{\left[U_1(u) + V_1(v)\right]V_2(v)} = 1\,.$$

Sie läßt sich auch in der Form schreiben

$$\frac{J_u^2}{U_2(u)} - U_1(u) = V_1(v) - \frac{J_v^2}{V_2(v)}\,.$$

Aus dieser letzten Gleichung sieht man, daß man Integrale dieser Differentialgleichung bekommt, wenn man jede der Seiten dieser Gleichung gleich einer Konstanten α setzt. Die Integrabilitätsbedingung $J_{uv} = J_{vu}$

ist erfüllt, da beide Ableitungen verschwinden. Wir erhalten die Schar von Lösungen

$$J(u, v, \alpha) = \int \sqrt{[\alpha + U_1(u)]\, U_2(u)}\, du + \int \sqrt{[V_1(v) - \alpha]\, V_2(v)}\, dv$$

und schließlich die Extremalen in der Form

$$\frac{\partial J}{\partial \alpha} = \int \sqrt{\frac{U_2(u)}{\alpha + U_1(u)}}\, du - \int \sqrt{\frac{V_2(v)}{V_1(v) - \alpha}}\, dv = \beta.$$

Diese Methode ist immer anwendbar, wenn die Hamilton-Jacobische Differentialgleichung den Typus

$$\Phi(u, J_u) = \Psi(v, J_v) \tag{81}$$

hat. Man spricht in diesem Falle von einer „Methode der Trennung der Variablen". In diesem Falle läßt sich offenbar immer eine Lösung $J(u, v, \alpha)$ angeben, von der Form

$$J(u, v, \alpha) = \varphi(u, \alpha) + \psi(v, \alpha)$$

indem man beide Seiten von (81) gleich α setzt.

Zu Variationsproblemen dieser Art führt unter anderem auch die Frage nach Ermittlung der Bahnkurven, die ein Massenpunkt beschreibt, der von zwei festen Zentren nach dem Newtonschen Gravitationsgesetze angezogen wird (bei Anwendung des Jacobischen Prinzips der kleinsten Wirkung und Einführung von elliptischen Koordinaten, vgl. JACOBIS Vorlesungen über Dynamik). Auf dieselbe Art kann auch die Frage nach den geodätischen Linien auf dem dreiachsigen Ellipsoid erledigt werden, wenn man als Parameterkurven die Krümmungslinien einführt.

§ 5. Weitere Anwendungen der Hamiltonschen Formeln

A. Herleitung der Erdmann-Weierstraßschen Eckenbedingung.

Bei der Herleitung der Eulerschen Gleichung nach LAGRANGE haben wir als zusätzliche Voraussetzungen durchwegs zweimal stetige Differenzierbarkeit verlangt. Es kommen aber auch oft Variationsprobleme vor, für die diese Voraussetzung viel zu eng ist. Insbesondere kommen Variationsprobleme mit geknickten Extremalen selbst im Alltag häufig vor. (Man denke an die Spitzkehren beim Anstieg auf einen Skihang und an das Kreuzen beim Segeln.) Auf eine rein anschauungsmäßige Behandlung von derartigen Variationsproblemen, die nur von der Richtung abhängen, kommen wir später (vgl. III, 1, § 2) zurück. Hier wollen wir uns nur mit Bedingungen beschäftigen, die an einem Knickpunkt der Extremale erfüllt sein müssen.

Wenn die das Minimum liefernde Kurve aus zwei stetig differenzierbaren Extremalenstücken 1 und 2 besteht, die sich im „Knickpunkt" P_K

unter einem gewissen von 0 verschiedenen Winkel schneiden, so müsser die Koordinaten des Punktes P_K einem extremalen Wert von

$$J_1(x_0, y_0, x_K, y_K) + J_2(x_K, y_K, x_1, y_1)$$

entsprechen. Hieraus folgt durch Differentiation nach x_K bzw. y_K:

$$\frac{\partial J_1}{\partial x_K} + \frac{\partial J_2}{\partial x_K} = (F_{\dot x})_1 - (F_{\dot x})_2 = 0,$$

$$\frac{\partial J_1}{\partial y_K} + \frac{\partial J_2}{\partial y_K} = (F_{\dot y})_1 - (F_{\dot y})_2 = 0.$$

Für das inhomogene Problem ergeben sich die Eckenbedingungen dem entsprechend

$$(f - p f_p)_1 - (f - p f_p)_2 = 0,$$
$$(f_p)_1 - (f_p)_2 = 0.$$

Mit Hilfe der Indikatrix lassen sich diese Gleichungen folgender maßen deuten: Die der Richtung der in P_K einmündenden und voı P_K ausgehenden Extremale entsprechenden Erzeugenden des Indikatrix kegels liegen in derselben Tangentialebene. Sollen diese beiden Rich tungen voneinander verschieden sein, muß der Indikatrixkegel ein Doppeltangentialebene besitzen. Daher muß auch in diesem Fall di Carathéodorysche und Zermelosche Indikatrix eine Doppeltangent haben[1].

Die Theorie der Eckenbedingung wurde von CARATHÉODORY aus führlich behandelt. In seiner Selbstbiographie (*) hebt er hervor, daß e das Bedürfnis gehabt hatte, sich an einem einfachen geometrischen Bei spiel die Theorie klarzumachen, das wir hier mitteilen wollen: Durcl eine Lampe im Mittelpunkt eines halbkugelförmigen Globus werden di Punkte der Oberfläche zentral auf eine Ebene (Fußboden) projiziert Es soll nun eine Kurve gegebener Länge zwischen zwei gegebenen End punkten auf dem Globus gezeichnet werden, deren Schatten auf de Ebene möglichst lang bzw. möglichst kurz ist. Die Arbeit CARATHÉODORY zielt darauf ab, auch hinreichende Bedingungen für das Auftreten voı Ecken zu diskutieren.

B. Herleitung des Brechungsgesetzes:

Sei C^* eine stetig differenzierbare orientierte Kurve $x = x^*(\sigma)$, $y = y^*(\sigma)$, wobei σ das Bogenelement bedeuten soll, die zwei anisotrop und inhomogene Medien voneinander scheidet. Bezeichnen wir für di Medien links und rechts der Diskontinuitätslinie C^* die dem Fermat schen Prinzip entsprechenden, für die Lichtausbreitung maßgebende Integranden mit $F(x, y, \dot x, \dot y)$ bzw. $\tilde F(\tilde x, \tilde y, \dot{\tilde x}, \dot{\tilde y})$. Dann muß jedenfall

---

[1] Beispiele s. III, 1, § 4.

die Eikonalfunktion, wie auch immer das Feld sonst beschaffen ist, längs der Diskontinuitätslinie stetig sein. Bezeichnen wir das Eikonal mit

$$J = \int_{P_0}^{P^*} F(x, y, \dot{x}, \dot{y})\, dt + \int_{P^*}^{P_1} \tilde{F}(\tilde{x}, \tilde{y}, \dot{\tilde{x}}, \dot{\tilde{y}})\, dt,$$

wobei P_0 auf irgendeiner Ausgangs- und P_1 auf irgendeiner Endkurve liegen möge. Durch Anwendung der Hamiltonschen Formeln auf das Fermatsche Prinzip ergibt sich das Brechungsgesetz

$$\frac{dJ}{d\sigma} = (\tilde{F}_{\dot{\tilde{x}}} - F_{\dot{x}}) \frac{dx^*}{d\sigma} + (\tilde{F}_{\dot{\tilde{y}}} - F_{\dot{y}}) \frac{dy^*}{d\sigma} = 0.$$

Für isotrope Medien mit

$$F = n\sqrt{\dot{x}^2 + \dot{y}^2}, \qquad \tilde{F} = \tilde{n}\sqrt{\dot{\tilde{x}}^2 + \dot{\tilde{y}}^2}$$

ergibt sich somit

$$n\cos(\alpha - \beta) = \tilde{n}\cos(\tilde{\alpha} - \beta),$$

wenn wir bezeichnen

$$\frac{dx^*}{d\sigma} = \cos\beta, \qquad \frac{dy^*}{d\sigma} = \sin\beta,$$

$$\frac{\dot{x}}{\sqrt{\dot{x}^2 + \dot{y}^2}} = \cos\alpha, \qquad \frac{\dot{y}}{\sqrt{\dot{x}^2 + \dot{y}^2}} = \sin\alpha$$

und die analogen Ausdrücke in $\dot{\tilde{x}}$ und $\dot{\tilde{y}}$ mit $\cos\tilde{\alpha}$ und $\sin\tilde{\alpha}$.

C. Ausnützung von Invarianzeigenschaften zur Herleitung von Integralen.

Die Anwendung der Hamiltonschen Formeln erlaubt die Herleitung von ersten Integralen der Eulerschen Differentialgleichung, wenn das Variationsproblem eine gewisse Transformationsgruppe gestattet.

Betrachten wir zunächst eine eingliedrige Transformationsgruppe und denken wir uns durch die Punkte P_0 und P_1 einer Extremalen die Bahnkurve K_0 und K_1 der Transformationsgruppe gezeichnet. Der Gruppenparameter sei τ; die Differentialgleichungen der Bahnkurven seien:

$$\frac{dx}{d\tau} = \varphi(x, y), \qquad \frac{dy}{d\tau} = \psi(x, y).$$

Für $\tau = \tau_0$ sei ferner

$$x = \tilde{x}, \qquad y = \tilde{y}.$$

Die Lösungen, die diesen Anfangswerten entsprechen, sind von der Form

$$x = x(\tilde{x}, \tilde{y}, \tau), \qquad y = y(\tilde{x}, \tilde{y}, \tau).$$

Durch diese Lösungen werden die Transformationen unserer Transformationsgruppe gekennzeichnet.

Wenn nun das Integral invariant gegenüber den Transformationen der Gruppe sein soll, so muß

$$\frac{d}{d\tau} J\big(x_0(\tau), y_0(\tau), x_1(\tau), y_1(\tau)\big) = 0, \quad \text{d.h.:}$$

$$[(f - y' f_{y'})\,\varphi(x, y) + f_{y'}\,\psi(x, y)]_0^1 = 0, \quad \text{bzw.:}$$

$$[F_{\dot{x}}\,\varphi(x, y) + F_{\dot{y}}\,\psi(x, y)]_0^1 = 0$$

sein. Halten wir den Punkt P_0 fest, und denken wir uns den Punkt P_1 längs der Extremalen bewegt, so folgt, daß der Ausdruck in der Klammer für alle Lagen von P_1 längs der Extremalen konstant sein muß und somit erhalten wir ein Integral der Eulerschen Differentialgleichung in der Form

$$\left.\begin{aligned} (f - y' f_{y'})\,\varphi(x, y) + f_{y'}\,\psi(x, y) &= \text{const}, \quad \text{bzw.:} \\ F_{\dot{x}}\,\varphi(x, y) + F_{\dot{y}}\,\psi(x, y) &= \text{const}. \end{aligned}\right\} \tag{82}$$

In den folgenden Beispielen ist die Invarianz von F gegenüber der jeweiligen Transformationsgruppe geometrisch unmittelbar evident.

1. Das Variationsproblem

$$\delta \int_{x_0}^{x_1} f(y, y')\,dx = 0.$$

bleibt, wie man unmittelbar sieht, invariant gegenüber Transformationen von der Form

$$x = \tilde{x} + \tau, \quad y = \tilde{y},$$

also

$$\frac{dx}{d\tau} = 1, \quad \frac{dy}{d\tau} = 0.$$

Aus (82) folgt:

$$f - y' f_{y'} = \text{const},$$

also ein neuer Beweis der Eulerschen Regel II, S. 9. Das Variationsproblem $\delta \int_{P_0}^{P_1} f(x, y')\,dx = 0$ bleibt invariant gegenüber Transformationen $y = \tilde{y} + \tau$, $x = \tilde{x}$, also

$$\frac{dx}{d\tau} = 0, \quad \frac{dy}{d\tau} = 1;$$

dementsprechend erhalten wir so wie nach der Eulerschen Regel I

$$f_{y'} = \text{const}.$$

2. Das Variationsproblem von der Form

$$\delta \int_{P_0}^{P_1} \chi(x^2 + y^2) \sqrt{\dot{x}^2 + \dot{y}^2}\,dt = 0$$

bleibt invariant gegenüber den Drehungen

$$x = \tilde{x} \cos\tau - \tilde{y} \sin\tau; \quad \frac{dx}{d\tau} = -y;$$

$$y = \tilde{x} \sin\tau + \tilde{y} \cos\tau; \quad \frac{dy}{d\tau} = x.$$

Demnach erhalten wir, wenn wir mit

$$\frac{\dot{x}}{\sqrt{\dot{x}^2+\dot{y}^2}} = \cos\vartheta, \qquad \frac{\dot{y}}{\sqrt{\dot{x}^2+\dot{y}^2}} = \sin\vartheta$$

den das Richtungsfeld der Differentialgleichung erster Ordnung kennzeichnenden Winkel ϑ einführen, folgendes Integral der Eulerschen Differentialgleichung

$$\chi(x^2+y^2)(\sin\vartheta\cdot x - \cos\vartheta\cdot y) = \text{const}$$

oder in Polarkoordinaten r, α:

$$\chi(r^2)\, r\sin(\vartheta-\alpha) = \text{const}.$$

3. Das Variationsproblem

$$\delta\int_{P_0}^{P_1}\frac{\sqrt{\dot{x}^2+\dot{y}^2}}{h(x,y)}\,dt = 0,$$

wobei $h(x, y)$ eine homogene Funktion erster Ordnung bedeutet, gestattet eine Ähnlichkeitstransformation von der Form

$$x = \tilde{x}\, e^{\tau} \qquad y = \tilde{y}\, e^{\tau}.$$

Die Differentialgleichungen der Bahnkurve lauten:

$$\frac{dx}{d\tau} = x, \qquad \frac{dy}{d\tau} = y.$$

Dementsprechend ergibt sich in diesem Fall folgendes Integral

$$\frac{x\cos\vartheta + y\sin\vartheta}{h(x,y)} = \text{const}.$$

4. Die Poincarésche Maßbestimmung in der nichteuklidischen Geometrie führt auf das Variationsproblem

$$\delta\int_{P_0}^{P_1}\frac{\sqrt{\dot{x}^2+\dot{y}^2}}{y}\,dt = 0.$$

Der Integrand bleibt sowohl bei Parallelverschiebungen gegenüber der x-Achse als auch bei der in 3. angewandten Ähnlichkeitstransformation invariant. Infolgedessen erhalten wir als Integrale der Eulerschen Differentialgleichungen

$$\frac{\cos\vartheta}{y} = c_1, \qquad \frac{x\cos\vartheta + y\sin\vartheta}{y} = c_2.$$

Elimination von ϑ ergibt

$$(x c_1 - c_2)^2 + c_1^2 y^2 = 1,$$

also Halbkreise, die zur x-Achse senkrecht stehen.

5. $$\delta \int_{P_0}^{P_1} \frac{\sqrt{\dot{x}^2+\dot{y}^2}}{\sqrt{x^2+y^2}}\, dt = 0.$$

Dieses Variationsproblem bleibt sowohl bei Streckung vom Koordinatenanfangspunkt (wie in Beispiel 3) als auch bei Drehungen (Beispiel 2) invariant. Somit erhalten wir als Integrale der Eulerschen Differentialgleichungen:

$$\frac{x\cos\vartheta + y\sin\vartheta}{\sqrt{x^2+y^2}} = \text{const}, \qquad \frac{x\sin\vartheta - y\cos\vartheta}{\sqrt{x^2+y^2}} = \text{const}.$$

Beide Gleichungen sagen aber hier dasselbe aus, nämlich, daß der Winkel unter dem die Extremalen des Variationsproblems die Strahlen durch den Koordinatenanfangspunkt schneiden, konstant ist, d.h. also, daß die Extremalen logarithmische Spiralen sind.

§ 6. Eine Eigenschaft der Hamiltonschen charakteristischen Funktion beim Punkt-Punktproblem

Ist eine Funktion $J(x_0, y_0, x_1, y_1)$ der vier Variablen (x_0, y_0, x_1, y_1) mit den nötigen Stetigkeits- und Differenzierbarkeitseigenschaften gegeben, so liegt die Frage nahe, wann man dieser Funktion ein Variationsproblem zuordnen kann, bei dem sie die zugehörige Hamiltonsche charakteristische Funktion für das Punkt-Punktproblem ist. Bereits HAMILTON hat für die analoge Frage im R_3 gezeigt, daß sich aus seinen Formeln unmittelbar eine notwendige Bedingung ergibt. In der Tat ergeben sich, wenn wir die Hamiltonschen Formeln (55) z.B. für die untere Grenze anwenden, Ausdrücke, die nur vom Linienelement der Extremalen an der unteren Grenze abhängen. Durch das Linienelement ist aber die Extremale eindeutig bestimmt, also erhalten wir Ausdrücke, die sich nicht ändern, wenn sich der Punkt x_1, y_1 auf der durch das Linienelement vorgegebenen Extremalen bewegt. Halten wir in $\partial J/\partial x_0$ und $\partial J/\partial y_0$ die Werte x_0, y_0 fest, so stellt jede der beiden Gleichungen

$$J_{x_0} = C, \quad J_{y_0} = \overline{C}$$

für sich genommen in den Veränderlichen x_1, y_1 die einparametrige Schar der Extremalen durch x_0, y_0 dar. Hieraus folgt

$$J_{x_0} = \Phi(J_{y_0})$$

und man schließt, daß notwendigerweise

$$\begin{vmatrix} J_{x_0 x_1} & J_{x_0 y_1} \\ J_{y_0 x_1} & J_{y_0 y_1} \end{vmatrix} = 0$$

sein muß (*). Hierauf werden wir in Kap. III,2, § 7 noch zurückkommen.

§ 7. Die Legendresche Transformation der Veränderlichen

Häufig kommt es in der Mathematik und in der mathematischen Physik vor, daß man durch Gleichungen von der Form

$$\Phi_{x_i}(x_1, x_2 \dots x_n) = \xi_i \quad i = 1, \dots, n \tag{83}$$

statt der Veränderlichen x_i neue Veränderliche ξ_i einführt. Dabei wird von der Funktion $\Phi(x_1 x_2 \dots x_n)$ angenommen, daß sie zweimal stetig differenzierbar und die Determinante in dem betrachteten Gebiet der $x_1, \dots x_n$

$$|\Phi_{x_i x_j}| \neq 0,$$

also die Transformation umkehrbar ist. Man nennt eine derartige Transformation eine Legendresche Transformation der Veränderlichen[1]. Berechnet man dann $\frac{\partial \xi_i}{\partial \xi_\varrho}$ aus (83), so erhält man[2]:

$$\Phi_{x_i x_k} \frac{\partial x_k}{\partial \xi_\varrho} = \delta_{i\varrho}; \qquad \delta_{i\varrho} = \begin{cases} 0, & i \neq \varrho \\ 1, & i = \varrho. \end{cases}$$

Daraus ergibt sich unter Beachtung, daß die Matrix $(\Phi_{x_i x_k})$ symmetrisch ist:

$$\frac{\partial x_i}{\partial \xi_\varrho} = \frac{\partial x_\varrho}{\partial \xi_i}.$$

Also kann man die inverse Transformation in der Form ansetzen

$$x_i = \Psi_{\xi_i}(\xi_1, \xi_2, \dots, \xi_n). \tag{84}$$

Um die Funktion Ψ zu finden, setzen wir an:

$$d\Phi = \xi_i dx_i, \qquad d\Psi = x_i d\xi_i.$$

Daraus folgt

$$d(\Phi + \Psi) = d(x_i \xi_i).$$

Da es auf eine additive Konstante nicht ankommt, können wir setzen

$$\Psi = x_i \xi_i - \Phi. \tag{85}$$

Hängt Φ noch von mehreren Parametern α_μ ab, so daß

$$\Phi = \Phi(x_r, \alpha_\mu) \qquad \begin{cases} r = 1, \dots, n \\ \mu = 1, \dots, m \end{cases}$$

[1] Wir sprechen hier ausdrücklich von einer „Legendreschen Transformation der Veränderlichen", zum Unterschied von der „Legendreschen Transformation" schlechtweg. Der Ausdruck „Legendresche Transformation" schlechtweg sei für die später zu besprechende Legendre-Transformation der zweiten Variation vorbehalten.

[2] Wir benützen hier und im folgenden das Einsteinsche Summationsübereinkommen, wonach über zwei gleiche Indizes in einem Term die Summe zu bilden ist.

so wird nach (83)

$$\xi_i = \xi_i(x_r, \alpha_\mu) \qquad i = 1, \ldots, n.$$

Statt Gl. (85) erhalten wir

$$\Phi(x_r, \alpha_\mu) + \Psi[\xi_i(x_r, \alpha_\mu), \alpha_\mu] = \xi_i(x_r, \alpha_\mu)\, x_i. \tag{85'}$$

Differentiation nach α_μ ergibt

$$\Phi_{\alpha_\mu} + \Psi_{\xi_i} \frac{\partial \xi_i}{\partial \alpha_\mu} + \Psi_{\alpha_\mu} = \frac{\partial \xi_i}{\partial \alpha_\mu} x_i$$

und wegen (84)

$$\Phi_{\alpha_\mu} = -\Psi_{\alpha_\mu} \qquad (\mu = 1, \ldots, m).$$

Um diese Gleichung an einem einfachen Beispiel zu verifizieren, betrachte man etwa

$$\Phi = \frac{1}{2}\alpha x^2, \qquad \alpha x = \xi \qquad \Psi = \frac{1}{2}\frac{\xi^2}{\alpha}$$

$$\frac{\partial \Phi}{\partial \alpha} = \frac{x^2}{2}, \qquad \frac{\partial \Psi}{\partial \alpha} = -\frac{1}{2}\frac{\xi^2}{\alpha^2} = -\frac{x^2}{2}.$$

Obwohl es mit unserem Gegenstand nicht unmittelbar zusammenhängt, möchten wir doch darauf hinweisen, daß insbesondere MAXWELL vorstehende Gleichung $\Phi_{\alpha_\mu} = -\Psi_{\alpha_\mu}$ mit physikalischen Sätzen in Beziehung gebracht hat. Dabei handelt es sich meistens um den Sonderfall, daß Φ eine ganze homogene Funktion zweiten Grades in x_i ist. Dann ist offenbar $\Psi = \Phi$ wie unmittelbar aus dem Eulerschen Satz über homogene Funktionen folgt. So kann man z.B. die Energie eines Systems von Konduktoren in einem elektrostatischen Feld entweder als homogene quadratische Form der Elektrizitätsmengen e_i

$$\Phi = c_{ik}\, e_i\, e_k, \qquad \frac{\partial \Phi}{\partial e_i} = \varphi_i$$

auffassen oder als homogene quadratische Form der Potentiale φ_i

$$\Phi = C_{ik}\, \varphi_i\, \varphi_k, \qquad \frac{\partial \Phi}{\partial \varphi_i} = e_i.$$

Zwischen den φ_i und den e_i besteht genau der Zusammenhang, wie zwischen den x_i und ξ_i in unseren Formeln. Die Größen c_{ik} bzw. C_{ik} mögen von einer Reihe von Parametern $\alpha_1, \alpha_2, \ldots, \alpha_m$ abhängen, die die Lage, Gestalt und Größe der Konduktoren kennzeichnen. Wir denken uns einen oder mehrere Parameter α veränderlich und betrachten einerseits die Änderung der Energie bei Festhaltung der Potentiale und Abänderung der Ladungen, andererseits bei Festhaltung der Ladungen und Abänderung der Potentiale. Dann sind die Änderungen in beiden Fällen absolut gleich groß, aber dem Vorzeichen nach entgegengesetzt.

Ein anderes Beispiel ist: Man denke sich zwei Walzen durch ein gespanntes Gummiband verbunden; den Veränderlichen x und ξ in Gl. (83) entspricht die Kraft, mit der die Walzen gegeneinander gezogen werden, bzw. die Längenänderung des Bandes im Vergleich zum ungespannten Zustand. Schneidet man das Gummiband bei Festhaltung der Walzen ein, so wird die potentielle Energie vermindert, zieht man aber beim Einschneiden des Bandes die Walzen auseinander, so daß die Kraft während des Einschneidens konstant bleibt, so wird die potentielle Energie vermehrt. In beiden Fällen ist aber nach unserem Satz der absolute Betrag der Energieänderung der gleiche. In Formeln

$$\Phi = \frac{1}{2} k x^2; \qquad \Phi_x = k x = \xi; \qquad \Psi = \frac{1}{2} \frac{\xi^2}{k};$$

$$\left(\frac{\partial \Phi}{\partial k}\right)_{x=\text{const}} = -\left(\frac{\partial \Psi}{\partial k}\right)_{\xi=\text{const}}$$

Die hier durchgeführte Legendresche Transformation findet in der Theorie der Wärme Anwendung bei der Einführung der thermodynamischen Potentiale und ferner sei hier, die Anwendung auf die Minimalprinzipe der Elastostatik (vgl. Kapitel VIII) vorwegnehmend, erwähnt: Ist $\varphi(\varepsilon_{ik})$ mit $\varepsilon_{ik} = \frac{1}{2}\left(\frac{\partial u_i}{\partial x_k} + \frac{\partial u_k}{\partial x_i}\right)$ als den Komponenten des Verzerrungstensors das beim Dirichletschen Prinzip auftretende elastische Potential, dann gelten die Gleichungen

$$\frac{\partial \varphi}{\partial \varepsilon_{ii}} = \sigma_{ii}, \qquad \frac{\partial \varphi}{\partial \varepsilon_{ik}} = \sigma_{ik}$$

und es ist

$$\psi = \varepsilon_{11}\sigma_{11} + \varepsilon_{22}\sigma_{22} + \varepsilon_{33}\sigma_{33} + 2(\varepsilon_{12}\sigma_{12} + \varepsilon_{23}\sigma_{23} + \varepsilon_{13}\sigma_{13}) - \varphi$$

der Integrand des beim Castiglianoschen Prinzip zu variierenden Integrals, der als Ergänzungsarbeit bezeichnet wird (*).

Nach diesen Vorbereitungen gehen wir dazu über, die Differentialgleichungen der Extremalen in der sogenannten kanonischen Form kennen zu lernen.

§ 8. Die kanonische Form der Gleichungen der Variationsrechnung

Wir wenden nun die Legendresche Transformation an, um die Euler-Lagrangeschen Gleichungen auf eine neue Form — die kanonische Form — zu bringen. Zugrunde gelegt sei das Punkt-Punktproblem

$$\delta \int_{x_0}^{x_1} f(x, y_i, y_i')\, dx = 0 \qquad (i = 1, \ldots, n)$$

wobei $y_i(x_0)$ und $y_i(x_1)$ gegeben sind. Der Zusammenhang der hier und im folgenden verwendeten Bezeichnungsweise, die in der Variationsrechnung verbreitet ist, mit der Bezeichnung, die wir im vorigen Paragraphen verwendet haben, ergibt sich aus folgendem Schema:

$$x_i \to y_i', \qquad \Phi \to f$$
$$\xi_i \to \pi_i, \qquad \Psi \to H = y_i' \pi_i - f$$
$$\alpha_i \to y_i.$$

Es ist somit

$$\pi_i = \frac{\partial f}{\partial y_i'}, \quad y_i' = \frac{\partial H}{\partial \pi_i}.$$

Aus den Euler-Lagrangeschen Differentialgleichungen

$$\frac{d}{dx} \frac{\partial f}{\partial y_i'} = f_{y_i}$$

ergibt sich

$$\frac{d\pi_i}{dx} = -\frac{\partial H}{\partial y_i}.$$

Das System der $2n$ Differentialgleichungen 1. Ordnung

$$\boxed{\frac{dy_i}{dx} = \frac{\partial H}{\partial \pi_i} \qquad \frac{d\pi_i}{dx} = -\frac{\partial H}{\partial y_i}} \tag{86}$$

ist gleichwertig mit dem System der n Euler-Lagrangeschen Differentialgleichungen 2. Ordnung. Wir werden sie als Euler-Lagrangesche Differentialgleichungen in der kanonischen Form bezeichnen.

Um zur kanonischen Form der Hamilton-Jacobischen Differentialgleichung zu gelangen, jetzt bei n Veränderlichen, schlagen wir denselben Weg wie in § 4 (s. S. 93) bei zwei Veränderlichen ein. Wir machen die Voraussetzung, es sei die Determinante

$$\left| \frac{\partial^2 f}{\partial y_i' \partial y_k'} \right|$$

ungleich Null und denken uns aus den Hamiltonschen Gleichungen für J_{y_i}

$$\frac{\partial f}{\partial y_i'} = \frac{\partial J}{\partial y_i}$$

y_i' als Funktion von $\frac{\partial J}{\partial y_i}$ berechnet und in die Hamiltonsche Gleichung für J_x

$$f - y_i' \frac{\partial f}{\partial y_i'} = \frac{\partial J}{\partial x}$$

eingesetzt. Wir erhalten

$$\boxed{\frac{\partial J}{\partial x} + H\left(x, y_i, \frac{\partial J}{\partial y_i}\right) = 0.}$$

Die große Bedeutung dieser „kanonischen Form" der Gleichungen der Variationsrechnung für die praktische Durchführung schwieriger Integrationsprobleme beruht vor allem anderen darauf, daß man in einfacher Art von den Veränderlichen (y_i, π_i) so zu neuen Veränderlichen $(\tilde{y}_i, \tilde{\pi}_i)$ übergehen kann, daß die Form der Gleichungen erhalten bleibt.

Die kanonischen Gleichungen entsprechen dem Variationsproblem in der kanonischen Form:

$$\delta \int_{x_0}^{x_1} [-H(x, y_i, \pi_i) + y_i' \pi_i]\, dx = 0.$$

Die Bezeichnung „kanonische Form des Variationsproblems" ist dadurch gerechtfertigt, weil sich hieraus als Euler-Lagrangesche Differentialgleichungen die oben angegebenen kanonischen Gleichungen ergeben. In der Tat: Wir denken uns hier die y_i und die π_i unabhängig voneinander variiert. Da wir das Punkt-Punktproblem zugrunde gelegt haben, gilt $\delta y_i|_{x=x_0} = \delta y_i|_{x=x_1} = 0$, während für die Größen $\pi_i(x)$ an den Stellen $x = x_0$ und $x = x_1$ keine Grenzen vorgeschrieben werden. Man beachte den besonderen Charakter dieses Variationsproblems; es kommen nämlich im Integranden die Größen π_i' nicht und die Größen y_i' nur linear vor. Führen wir die Variation aus, so erhalten wir wegen

$$\int_{x_0}^{x_1} \pi_i\, \delta y_i'\, dx = -\int_{x_0}^{x_1} \pi_i'\, \delta y_i\, dx$$

$$\delta \int_{x_0}^{x_1} (H - \pi_i y_i')\, dx = \int_{x_0}^{x_1} \left(\frac{\partial H}{\partial y_i} \delta y_i + \frac{\partial H}{\partial \pi_i} \delta \pi_i - y_i' \delta \pi_i + \pi_i' \delta y_i \right) dx = 0.$$

Durch Nullsetzen der Koeffizienten von $\delta \pi_i$ und δy_i ergeben sich also die oben angeschriebenen kanonischen Gleichungen.

Die Einführung der neuen kanonischen Veränderlichen $(\tilde{y}_i, \tilde{\pi}_i)$ nützt die Tatsache aus, daß man durch Hinzufügung eines vollständigen Differentials zum Integranden eines Variationsproblems die Gleichung der Extremalen nicht ändert. Subtrahieren wir das vollständige Differential irgendeiner zweimal stetig differenzierbaren Funktion:

$$V = V(x, y_i, \tilde{\pi}_i)$$

vom Integranden, wobei wir voraussetzen, daß die Determinante $\left| \frac{\partial^2 V}{\partial y_i\, \partial \tilde{\pi}_i} \right| \neq 0$ ist, so erhalten wir einen neuen Integranden

$$y_i' \pi_i - H(x, y_i, \pi_i) - V_x - V_{y_i} y_i' - V_{\tilde{\pi}_i} \tilde{\pi}_i'.$$

für das gleiche Problem.

Führen wir nun an Stelle von y_i, π_i neue Veränderliche $\tilde{y}_i$, $\tilde{\pi}_i$ ein durch die Gleichungen

$$V_{y_i} = \pi_i \qquad V_{\tilde{\pi}_i} = -\tilde{y}_i$$

und setzen wir $H+V_x=\tilde{H}$, so ergibt sich das neue Variationsproblem in der Gestalt

$$\delta\int_{x_0}^{x_1}[\tilde{y}_i\tilde{\pi}_i'-\tilde{H}]\,dx=0$$

oder wenn wir $\frac{d}{dx}(\tilde{y}_i\tilde{\pi}_i)$ addieren, so erhalten wir ein Variationsproblem von der Form

$$\delta\int_{x_0}^{x_1}[\tilde{\pi}_i\tilde{y}_i'+\tilde{H}]\,dx=0.$$

Wir wollen dieses Resultat benützen, um einen expliziten Beweis für den bereits früher bei einer abhängigen Veränderlichen ausgesprochenen Hauptsatz der Hamilton-Jacobischen Integrationstheorie für den Fall von n abhängigen Veränderlichen zu geben.

Betrachten wir hierzu ein Variationsproblem von der Form

$$\delta\int_{x_0}^{x_1}f(x,y_i,y_i')\,dx=0.$$

Es ist

$$\frac{\partial J}{\partial x}=-H\left(x,y_i,\frac{\partial J}{\partial y_i}\right)$$

die zugehörige Hamilton-Jacobische Differentialgleichung; ihr Integral sei

$$J=-V(x,y_i,\alpha_i).$$

Führen wir nun eine kanonische Transformation durch, der Art, daß

$$V_{y_i}=\pi_i\quad V_{\alpha_i}=-\beta_i.$$

Somit wird $\tilde{H}=H+V_x=0$ und das transformierte Variationsproblem nimmt die einfache Gestalt an

$$\delta\int_{x_0}^{x_1}\alpha_i'\beta_i\,dx=0.$$

Hieraus folgt aber durch Bildung der Eulerschen Differentialgleichungen sofort, daß α_i und β_i Konstante sein müssen.

Ein Hauptanwendungsgebiet dieser kanonischen Transformation ist die „Störungstheorie". Diese Theorie wurde durch das Dreikörperproblem (Sonne, Erde, Mond) veranlaßt. Die Methode zur Lösung der Bewegungsgleichungen für diese 3 Körper besteht darin, daß man die Gleichungen nach Potenzen der kleinen Größe μ, welche Quotient aus Mondmasse durch Erdmasse ist, entwickelt. Hier werden die kanonischen Veränderlichen in Abhängigkeit von μ so eingeführt, daß sie für $\mu=0$ den Konstanten, wie sie sich unmittelbar bei Durchführung der Hamilton-Jacobischen Theorie für das Zweikörperproblem, Sonne—Erde ergeben, entsprechen. Dadurch erhält man für das durch den „Mond" gestörte System der zwei Körper eine Differentialgleichung von der Form, daß dem Differentialquotienten der neu eingeführten Veränderlichen Potenzreihen in μ entsprechen, bei denen das Glied nullter Ordnung fehlt. Dies erweist sich für die Durchführung der Integration als vorteilhaft (*).

§ 9. Einige Anwendungen der kanonischen Form auf physikalische und geometrische Probleme

Die kanonische Form ist von großer prinzipieller Bedeutung für weitgehende Aussagen der theoretischen Physik. Deutet man die Veränderliche x als Zeit, so kann man die kanonischen Differentialgleichungen als die Beschreibung einer Strömung im $2n$-dimensionalen Raum (y_i, π_i) (Phasenraum) auffassen. Die rechten Seiten der Gleichungen stellen kinematisch gedeutet die Geschwindigkeiten der π_i bzw. der y_i als Ortsfunktionen dar. Wir schreiben die Gleichungen dementsprechend in der Form

$$\dot{\pi}_i = -\frac{\partial H}{\partial y_i} \qquad \dot{y}_i = \frac{\partial H}{\partial \pi_i}.$$

Durch Differentiation der ersten Gleichung nach π_i und der zweiten nach y_i und Addition ergibt sich

$$\frac{\partial \dot{\pi}_i}{\partial \pi_i} + \frac{\partial \dot{y}_i}{\partial y_i} = 0,$$

d.h. unsere Strömung ist quellenfrei, woraus folgt, daß das Volumen

$$\int \ldots \int d\pi_1 \, d\pi_2 \ldots d\pi_n \, d y_1 \, d y_2 \ldots d y_n \tag{87}$$

während des Bewegungsvorganges konstant bleibt (Liouvillescher Satz). Geometrisch bedeutet dies, wenn wir wieder x als Ortskoordinate betrachten, daß das Integral längs einer Kontrollfläche $x = x_0$ ausgeführt denselben Wert ergibt wie längs einer Kontrollfläche $x = x_1$, wobei x_0 und x_1 beliebige Werte sind. Dieser Satz hat für die statistische Mechanik weitgehende Konsequenzen, auf die wir hier nicht eingehen können, ebensowenig wie auf die grundlegende Bedeutung der kanonischen Form für die Quantentheorie (*). Wohl aber wollen wir auf andere Anwendungsgebiete hinweisen. Offenbar können wir das Integral (87) als Maß der Menge der Extremalen ansehen. In der Optik, wo die Extremalen die Lichtstrahlen sind, ist also (87) ein Maß für die Lichtstärke. Um dies zu rechtfertigen, erscheint es angebracht, uns davon zu befreien, daß das Integral (87) sich nur auf Ebenen bzw. Geraden $x = \text{const}$ als Kontrollflächen bzw. -linien bezieht.

Behandeln wir zunächst den Fall $n = 1$. Betrachten wir die Gesamtheit der Extremalen, die von einer durch die Punkte A, B begrenzten

Strecke $\overline{AB}$, die auf der zur x-Achse senkrecht stehenden Geraden $x = x_0$ liegt, ausgehen und eine zweite, von den Punkten A', B' begrenzte Kontrollinie $\widehat{A'B'}$ schneiden; machen wir zunächst die Voraussetzungen: jede Extremale schneidet $\widehat{A'B'}$ nur einmal und $\widehat{A'B'}$ läßt sich in der Form $x = x_1(y_1)$, $y = y_1$ mit $x_1 > x_0$ darstellen. Die zum Variationsproblem

$$\delta \int_{x_0}^{x_1(y_1)} f(x, y, y')\, dx = 0$$

gehörige charakteristische Funktion des Punkt-Punkt-Problems sei $J(x_0, y_0, x_1, y_1)$. An und für sich würde es dem geometrischen Charakter der meisten hierher gehörigen Anwendungen besser entsprechen, nicht das inhomogene, sondern das homogene Problem zugrunde zu legen. Doch bedarf die Anwendung der Hamiltonschen Formeln auf das homogene Problem einiger Erörterungen. Wir haben darauf verzichtet, weil wir, wie schon früher erwähnt, auch sonst das inhomogene Problem bevorzugen. Die Behandlung als inhomogenes Problem erscheint überdies für eine einführende Darstellung als die geeignetere. Sie hat auch eine gewisse Berechtigung, weil bei optischen (elektronenoptischen) Instrumenten meist eine orientierte Achse (orientierte Bahn) bevorzugt ist. Um die in Kap. I,3, § 4 entwickelten geometrischen Vorstellungen heranziehen zu können, verwenden wir allerdings das x-Problem in homogener Darstellung (vgl. S. 43). Gehen wir aus von den Formeln [vgl. (55')]

$$\pi = -J_{y_0} = (Y)_0 \qquad J_{x_1} = (X)_1 \qquad J_{y_1} = (Y)_1 \tag{88}$$

und erinnern wir uns an die Bedeutung von (X), (Y) als Punktkoordinaten der Figuratrix (vgl. S. 61), so gilt mit $y = y_0$ auf $\overline{AB}$

$$G = \iint_A^B d\pi\, dy = \iint_A^B d(Y)_0\, dy_0 = \int_A^B \int_{s'(A')}^{s'(B')} \frac{d(Y)_0}{ds'}\, ds'\, dy_0,$$

wobei s' Bogenlänge auf der Kontrollinie $\widehat{A'B'}$ sei. Wegen (88) folgt weiters

$$G = -\int_A^B \int_{s'(A')}^{s'(B')} \left(J_{y_0 x_1} \frac{dx_1}{ds'} + J_{y_0 y_1} \frac{dy_1}{ds'} \right) ds'\, dy_0$$

$$= -\int_A^B \int_{s'(A')}^{s'(B')} \left(\frac{\partial (X)_1}{\partial y_0} \frac{dx_1}{ds'} + \frac{\partial (Y)_1}{\partial y_0} \frac{dy_1}{ds'} \right) ds'\, dy_0 .$$

Führen wir nun σ — die Bogenlänge auf der Figuratrix für den Punkt x_1, y_1 — als neue Integrationsvariable $\sigma = \sigma(y_0)$ ein, so erhalten wir schließlich

$$G = -\int_{s'(A')}^{s'(B')} \int_{\sigma(A)}^{\sigma(B)} \left(\frac{\partial (X)_1}{\partial \sigma} \frac{d x_1}{d s'} + \frac{\partial (Y)_1}{\partial \sigma} \frac{d y_1}{d s'} \right) d\sigma\, ds'.$$

Orientieren wir die Normalen der Figuratrix bzw. der Kontrollinie so, daß sie mit der x-Achse einen spitzen Winkel einschließt. Bedeute φ den Winkel zwischen den Normalen der Kontrollinie und der Figuratrix, dann folgt

$$G = \int_{s'(A')}^{s'(B')} \int_{\sigma(A)}^{\sigma(B)} \cos \varphi\, d\sigma\, ds'; \tag{89}$$

$\cos \varphi\, d\sigma$ ist die Projektion des Linienelementes der Figuratrix auf die Tangente der Kontrollinie. Formel (89) wollen wir als die Hauptformel für das Maß der Menge der Extremalen bezeichnen. Da diese Formel für jede beliebige Kontrollinie gilt, die den Voraussetzungen genügt, so folgt auch die Gültigkeit der Hauptformel für eine gekrümmte Ausgangskontrollinie, da man sich diese stets zwischen die geradlinige Ausgangskontrollinie und die Kurve $x = x_1(y_1)$ dazwischen geschaltet denken kann.

Die einfachste und wichtigste Anwendung der Hauptformel betrifft das Maß der Menge der Extremalen des Variationsproblems

$$\delta \int_{P_0}^{P_1} \sqrt{1 + y'^2}\, dx = 0 \quad \text{bzw.} \quad \delta \int_{P_0}^{P_1} \sqrt{\dot{x}^2 + \dot{y}^2}\, dt = 0.$$

Die Figuratrix ist bei diesem Problem der Einheitskreis, die Extremalen sind Gerade. Die Invarianz von (89) gegenüber Bewegungen des Koordinatensystems geht in diesem Fall unmittelbar aus dem invarianten Charakter des zugrunde gelegten Variationsproblems hervor. Wenden wir die Hauptformel nun an, um das Maß der Menge der Geraden zu ermitteln, die eine Eilinie schneiden. Wir erhalten unmittelbar eine sehr bekannte Formel, die wir als die erste Croftonsche Formel bezeichnen wollen:

$$G = l.$$

Hierbei ist l die Länge der Eilinie. Um sie zu beweisen haben wir nur zu berücksichtigen, daß die Integration von $\cos \varphi\, d\sigma$ für jeden Punkt der Eilinie den Durchmesser der Figuratrix, also gleich zwei, ergibt, und daß jede Gerade die Eilinie zweimal schneidet.

Als zweite Croftonsche Formel wollen wir jene bezeichnen, die uns das Maß G^* der Menge der Geraden liefert, die zwei einander nicht schneidende Eilinien durchsetzen. Wir erhalten

$$G^* = l_8 - l_0; \tag{90}$$

hierbei bedeuten l_8 die Länge der Achterfigur, die man erhält, wenn man die sich schneidenden, beiden Ovalen gemeinsamen Tangenten durch die entsprechenden Umfangsstücke ergänzt, und l_0 die Länge der kleinsten konvexen Hülle, die beide Ovale umschließt. Um (90) einzusehen hat man folgendes zu bedenken: Betrachtet man zunächst die Menge der Geraden die die Achterfigur schneiden, dann sind die Geraden, die beide Ovale schneiden doppelt gezählt. Andererseits sind auch jene Geraden gezählt, die zwar die konvexe Hülle aber nicht beide Ovale schneiden.

Außer der Hauptformel läßt sich noch eine zweite sehr bemerkenswerte Formel, ausgehend von $\delta\int f(x, y, y')\,dx = 0$, entwickeln. Betrachten wir zwei Kurvenbögen $\widehat{AB}$ und $\widehat{A'B'}$, und zwar solche, die keinen Punkt gemeinsam haben. Jede einen Punkt von $\widehat{AB}$ mit einem Punkt von $\widehat{A'B'}$ verbindende Extremale möge jede Kontrollinie nur einmal schneiden und fragen wir wieder nach dem Maß der Menge der Extremalen, die beide Kontrollinien schneiden. (89) schreiben wir in der Form

$$G = -\int\limits_{s'(A')}^{s'(B')}\int\limits_{\sigma(A)}^{\sigma(B)} \frac{\partial}{\partial\sigma}\left(\frac{\partial J}{\partial s'}\right) d\sigma\, ds' = -\int\limits_{s'(A')}^{s'(B')}\int\limits_{s(A)}^{s(B)} \frac{\partial^2 J}{\partial s\,\partial s'}\, ds'\, ds$$

wobei wir die Bogenlänge $s = s(\sigma)$ auf $\widehat{AB}$ als neue Integrationsvariable eingeführt haben. Die Bogenlängen s bzw. s' auf $\widehat{AB}$ bzw. $\widehat{A'B'}$ sind hierbei in gleichem Sinne wachsend angenommen, wenn sich die die Punkte A und A' bzw. B und B' verbindenden Extremalen nicht schneiden. Die Bogenlänge σ der Figuratrix zu einem Punkt von $\widehat{A'B'}$ ist dann im entgegengesetzten Sinne wachsend, d.h. $\sigma(A) > \sigma(B)$, wenn $s(A) < s(B)$ und die Hauptformel wird daher mit dem negativen Zeichen zu versehen sein, wenn man in üblicher Weise als untere Grenze den kleineren Wert nimmt

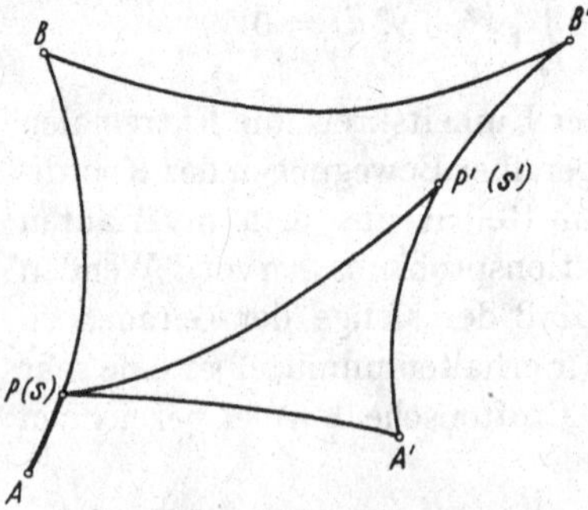

Fig. 20. Zum Satz von STRAUBEL

$$G = \int\limits_{s'(A')}^{s'(B')}\int\limits_{\sigma(B)}^{\sigma(A)} \left(\frac{\partial (X)_1}{\partial\sigma}\frac{dx_1}{ds'} + \frac{\partial (Y)_1}{\partial\sigma}\frac{dy_1}{ds'}\right) d\sigma\, ds'.$$

Die Integration von

$$G = -\int\limits_{s'(A')}^{s'(B')}\int\limits_{s(A)}^{s(B)} \frac{\partial^2 J}{\partial s\,\partial s'}\, ds'\, ds \tag{91}$$

ergibt ohne weiteres für das Maß der Menge der beide Kurven schneidenden Extremalen

$$G = J_{AB'} + J_{A'B} - J_{AA'} - J_{BB'}.$$

Nicht ganz so einfach, aber gerade deshalb erwähnenswert ist die Anwendung der Formel (91), wenn wir etwa die Aufgabe betrachten, das Maß der Menge der Extremalen zu suchen, wenn wir die Voraussetzung, jede Extremale schneidet die Kontrollinie nur einmal, fallen lassen. Um den Gedankengang zu erläutern, betrachten wir den Fall, wo alle $\widehat{A'B'}$ berührenden Extremalen ein Feld bilden. Wir fragen nach dem Maß der Menge der Extremalen, die AB schneiden und $\widehat{A'B'}$ entweder schneiden oder berühren. Hier handelt es sich um ein Doppelintegral mit variablen Grenzen. Nun können wir offenbar auf zwei Arten vorgehen; je nachdem ob wir zuerst nach s und dann nach s', bzw. umgekehrt integrieren. Denken wir uns etwa auf $\widehat{AB}$ einen Punkt $P(s)$ festgehalten. Die Integration nach s' ist zu erstrecken von $s'(A')$ bis $s'(P')$, wobei P' von der Wahl des Punktes P in der Weise abhängt, daß die zugehörige Extremale die P mit P' verbindet, die Kurve $\widehat{A'B'}$ in P' berührt (vgl. Fig. 20). Nach Durchführung der Integration über s' erhalten wir

$$G = -\int\limits_{s(A)}^{s(B)} \left(\int\limits_{s'(A')}^{s'(P')} \frac{\partial^2 J}{\partial s\, \partial s'}\, ds' \right) ds = -\int\limits_{s(A)}^{s(B)} \frac{\partial J_{PP'}}{\partial s}\, ds + \int\limits_{s(A)}^{s(B)} \frac{\partial J_{PA'}}{\partial s}\, ds.$$

Für das erste Integral ergibt sich

$$\int\limits_{s(A)}^{s(B)} \left[(f - p f_p) \frac{dx}{ds} + f_p \frac{dy}{ds} \right] ds$$

also der Wert des Hilbertschen Unabhängigkeitsintegrals. Da aber der Wert des Unabhängigkeitsintegrals längs $AA'B'BA$ gleich Null ist und da auf $\widehat{A'B'}$ die Werte von p mit y' übereinstimmen (der Integrand des Unabhängigkeitsintegrals fällt mit dem Integranden des Variationsproblems zusammen), erhalten wir

$$\begin{aligned} G &= \left(-J_{BB'} + \int\limits_{A'}^{B'} f(x, y, y')\, dx + J_{AA'} \right) + (J_{BA'} - J_{AA'}) \\ &= \int\limits_{A'}^{B'} f(x, y, y')\, dx + J_{BA'} - J_{BB'}. \end{aligned}$$

Etwas kürzer ist die Überlegung, wenn man zuerst nach s und dann nach s' integriert.

Im Falle $n=2$ sei die eine Kontrollfläche wieder $x=x_0=\text{const}$, die andere Kontrollfläche analog wie bei $n=1$ durch $x=x_1(y_1, z_1)$ darstellbar. Wir gehen aus vom Integral

$$G=\iiiint d(Y)_0\, d(Z)_0\, d y_0\, d z_0 .$$

Der Integrationsbereich für (y_0, z_0) ist das von der Kurve C_0 berandete Gebiet G_0 der Ausgangskontrollfläche, wobei jede durch einen Punkt von G_0 gehende Extremale die Fläche $x=x_1(y_1, z_1)$ in einem Punkt durchsetzt. Die Gesamtheit dieser Durchstoßpunkte bildet das von der Kurve C_1 berandete Gebiet G_1 auf der Fläche $x=x_1(y_1, z_1)$. Die Integrationsgrenzen für die Figuratrix entsprechen der Kurve C_0 auf der Fläche $x_0=\text{const}$. Führen wir als neue Integrationsveränderliche (y_1, z_1) ein, so wird

$$G=\iiiint \frac{\partial((Y)_0,(Z)_0)}{\partial(y_1, z_1)}\, d y_1\, d z_1\, d y_0\, d z_0$$

mit dem Integrationsgebiet G_1 für (y_1, z_1), oder ausführlich geschrieben

$$G=\iiiint \begin{vmatrix} J_{y_0 y_1}+J_{y_0 x_1} \dfrac{\partial x_1}{\partial y_1} & J_{y_0 z_1}+J_{y_0 x_1} \dfrac{\partial x_1}{\partial z_1} \\ J_{z_0 y_1}+J_{z_0 x_1} \dfrac{\partial x_1}{\partial y_1} & J_{z_0 z_1}+J_{z_0 x_1} \dfrac{\partial x_1}{\partial z_1} \end{vmatrix} d y_1\, d z_1\, d y_0\, d z_0$$

$$=\iiiint\left\{\begin{vmatrix} J_{y_1 y_0} & J_{z_1 y_0} \\ J_{y_1 z_0} & J_{z_1 z_0} \end{vmatrix}+\begin{vmatrix} J_{x_1 y_0} & J_{z_1 y_0} \\ J_{x_1 z_0} & J_{z_1 z_0} \end{vmatrix} \frac{\partial x_1}{\partial y_1}+\begin{vmatrix} J_{y_1 y_0} & J_{x_1 y_0} \\ J_{y_1 z_0} & J_{x_1 z_0} \end{vmatrix} \frac{\partial x_1}{\partial z_1}\right\} d y_1\, d z_1\, d y_0\, d z_0$$

Führen wir den Flächennormalenvektor auf die Fläche $x=x_1(y_1, z_1)$ durch $\alpha_1 : \beta_1 : \gamma_1=1:-\frac{\partial x_1}{\partial y_1}:-\frac{\partial x_1}{\partial z_1}$ ein, so folgt:

$$G=\iiiint\left[\frac{\partial((Y)_1,(Z)_1)}{\partial(y_0, z_0)}+\frac{\partial((Z)_1,(X)_1)}{\partial(y_0, z_0)} \frac{\beta_1}{\alpha_1}+\frac{\partial((X)_1,(Y)_1)}{\partial(y_0, z_0)} \frac{\gamma_1}{\alpha_1}\right] d y_1\, d z_1\, d y_0\, d z_0$$

Bezeichnen wir mit $d f_1$ das Flächenelement auf der Kontrollfläche so gilt

$$d y_1\, d z_1=\alpha_1\, d f_1$$

und daher

$$G=\iiiint\left[\alpha_1\, d(Y)_1\, d(Z)_1+\beta_1\, d(Z)_1\, d(X)_1+\gamma_1\, d(X)_1\, d(Y)_1\right] d f_1$$

oder

$$G=\iiiint\left[d(Y)_1\, d(Z)_1\, d y_1\, d z_1+d(Z)_1\, d(X)_1\, d z_1\, d x_1+d(X)_1\, d(Y)_1\, d x_1\, d y_1\right]$$

Dieses Integral ist zu erstrecken über G_1 in bezug auf $d f_1$ bzw. über den entsprechenden Bereich für die Figuratrix.

Führen wir nun durch

$$d(Y)_1\, d(Z)_1=\tilde{\alpha}\, d\Omega, \quad d(Z)_1\, d(X)_1=\tilde{\beta}\, d\Omega, \quad d(X)_1\, d(Y)_1=\tilde{\gamma}\, d\Omega$$

das Flächenelement $d\Omega$ auf der Figuratrix ein, deren Normalenrichtung durch $\tilde{\alpha}, \tilde{\beta}, \tilde{\gamma}$ gegeben ist, so erhalten wir die Hauptformel für den Fall $n=2$

$$G = \iiiint (\alpha_1\tilde{\alpha} + \beta_1\tilde{\beta} + \gamma_1\tilde{\gamma})\, d\Omega\, d\mathfrak{f}_1 = \iiiint \cos\varphi\, d\Omega\, d\mathfrak{f}_1. \qquad (93)$$

Genau wie im Falle $n=2$ kann man die Gültigkeit von (92) und (93) auch bei gekrümmter Ausgangskontrollfläche erkennen.

Sei die untere Kontrollfläche durch

$$\mathfrak{x} = \mathfrak{x}_0(u, v) = \begin{cases} x_0(u, v) \\ y_0(u, v) \\ z_0(u, v) \end{cases} \qquad \begin{matrix} a \leqq u \leqq b \\ c \leqq v \leqq d \end{matrix}$$

gegeben, ferner die obere Kontrollfläche durch

$$\mathfrak{x} = \mathfrak{x}_1(u', v') = \begin{cases} x_1(u', v') \\ y_1(u', v') \\ z_1(u', v') \end{cases} \qquad \begin{matrix} a' \leqq u' \leqq b' \\ c' \leqq v' \leqq d'. \end{matrix}$$

Jede Extremale, die den Punkt (u^*, v^*) aus G_0 durchsetzt, trifft also nach Voraussetzung G_1 in nur einem Punkt (u'^*, v'^*). Zur Auswertung des Integrals (92) benützen wir die obige Parameterdarstellung und erhalten

$$G = \int_a^b\int_c^d\int_{a'}^{b'}\int_{c'}^{d'} \left[\frac{\partial((Y)_1, (Z)_1)}{\partial(u,v)} \frac{\partial(y_1, z_1)}{\partial(u',v')} + \frac{\partial((Z)_1, (X)_1)}{\partial(u,v)} \frac{\partial(z_1, x_1)}{\partial(u',v')} + \right.$$
$$\left. + \frac{\partial((X)_1, (Y)_1)}{\partial(u,v)} \frac{\partial(x_1, y_1)}{\partial(u',v')} \right] du'\, dv'\, du\, dv.$$

Unter Verwendung der Vektorsymbolik können wir dies auch in der Form

$$G = \int_a^b\int_c^d\int_{a'}^{b'}\int_{c'}^{d'} (\nabla_1 J_u \times \nabla_1 J_v) \cdot (\mathfrak{x}_{1_{u'}} \times \mathfrak{x}_{1_{v'}})\, du'\, dv'\, du\, dv$$

schreiben und wegen

$$(\mathfrak{a} \times \mathfrak{b}) \cdot (\mathfrak{c} \times \mathfrak{d}) = \begin{vmatrix} \mathfrak{a}\mathfrak{c} & \mathfrak{a}\mathfrak{d} \\ \mathfrak{b}\mathfrak{c} & \mathfrak{b}\mathfrak{d} \end{vmatrix}$$

folgt:

$$G = \int_a^b\int_c^d\int_{a'}^{b'}\int_{c'}^{d'} \begin{vmatrix} \nabla_1 J_u \cdot \mathfrak{x}_{1_{u'}} & \nabla_1 J_u \cdot \mathfrak{x}_{1_{v'}} \\ \nabla_1 J_v \cdot \mathfrak{x}_{1_{u'}} & \nabla_1 J_v \cdot \mathfrak{x}_{1_{v'}} \end{vmatrix} du'\, dv'\, du\, dv.$$

Nun ist $\nabla_1 J_u \cdot \mathfrak{x}_{1_{u'}} = J_{u x_1} \frac{\partial x_1}{\partial u'} + J_{u y_1} \frac{\partial y_1}{\partial u'} + J_{u z_1} \frac{\partial z_1}{\partial u'}$ usw., also

$$G = \int_a^b\int_c^d\int_{a'}^{b'}\int_{c'}^{d'} \begin{vmatrix} J_{uu'} & J_{uv'} \\ J_{vu'} & J_{vv'} \end{vmatrix} du'\, dv'\, du\, dv = \int_a^b\int_c^d\int_{a'}^{b'}\int_{c'}^{d'} \frac{\partial(J_u, J_v)}{\partial(u',v')}\, du'\, dv'\, du\, dv.$$

Das Flächenintegral über (u', v') kann nun in ein Linienintegral über die Berandung C_1 umgewandelt werden und wir erhalten

$$G = \int_a^b \int_c^d \left[\int_{C_1} \left(J_u \frac{dJ_v}{ds'} - J_v \frac{dJ_u}{ds'} \right) ds' \right] du\, dv$$
$$= \int_{C_1} \left(\int_a^b \int_c^d \frac{\partial(J, J_{s'})}{\partial(u, v)} du\, dv \right) ds'.$$

Das Integral über G_0 läßt sich ebenfalls als Linienintegral über C_0 schreiben und es ergibt sich schließlich

$$G = \int_{C_1} \int_{C_0} \begin{vmatrix} J & J_s \\ J_{s'} & J_{ss'} \end{vmatrix} ds\, ds'. \tag{94}$$

Um zu einer symmetrischen Darstellung von G zu gelangen, wenden wir Produktintegration an

$$\int_{C_1} J\, J_{ss'}\, ds' = - \int_{C_1} J_s J_{s'}\, ds'$$

woraus aus (94) folgt

$$G = -2 \int_{C_1} \int_{C_0} J_s J_{s'}\, ds\, ds'. \tag{95}$$

Die Formeln (94), (95) sind für den Fall eines homogenen Mediums im Prinzip bereits von STRAUBEL abgeleitet worden (**).

5. Elimination zyklischer Veränderlicher

§ 1. Transformation von ROUTH

Wir betrachten ein Variationsproblem von der Form

$$\delta \int_{x_0}^{x_1} f(x, y, y', z')\, dx = 0.$$

Da z im Integranden nicht explizit vorkommt, ist das Problem invariant gegenüber Translationen in der z-Richtung. Die ∞^4-Extremalen des Variationsproblems erhält man durch die Integration der Eulerschen Gleichungen

$$\frac{d f_{y'}}{dx} - f_y = 0 \qquad \frac{d f_{z'}}{dx} - f_z = 0.$$

Da

$$f_z = 0$$

können wir diese Gleichungen ersetzen durch

$$\frac{d f_{y'}}{d x} - f_y = 0 \qquad f_{z'} = C, \tag{96}$$

wobei C eine Integrationskonstante bedeutet. Da z in diesen Gleichungen explizit nicht vorkommt, sieht man, daß mit jeder Extremale

$$y = y(x), \qquad z = z(x)$$

in Übereinstimmung mit der hervorgehobenen Invarianz des Variationsproblems auch

$$y = y(x), \qquad z = z(x) + \gamma,$$

wo γ eine willkürliche Konstante bedeutet, eine Extremale ist.

Nunmehr betrachten wir das spezielle Variationsproblem, eine Raumkurve zu finden, bei welcher Anfangs- und Endpunkt der Horizontalprojektion der Extremalen als gegeben zu betrachten sind. Mit anderen Worten, Anfangs- und Endkurve sind parallele Geraden zur z-Achse, d.h. also, es sei für

$$x = x_0; \quad y(x_0) = y_0,$$
$$x = x_1; \quad y(x_1) = y_1$$

gegeben, während die weiteren Randbedingungen freie Randbedingungen sind, die sich aus dem Verschwinden der 1. Variation ergeben. Man erhält für

$$y = \bar{y} + \varepsilon\eta, \qquad z = \bar{z} + \varepsilon\zeta$$

$$\left(\frac{dI}{d\varepsilon}\right)_{\varepsilon=0} = \int_{x_0}^{x_1} (f_y\eta + f_{y'}\eta' + f_{z'}\zeta')\, dx = 0.$$

Durch Produktintegration folgt, da wir für ζ freie Randbedingungen haben: $f_{z'}(x_0) = f_{z'}(x_1) = 0$ und mit Berücksichtigung der Gln. (96) ergibt sich, daß für alle Punkte der Extremalen

$$f_{z'} = 0 \tag{97}$$

ist.

Setzen wir $f_{z'z'} \neq 0$ voraus, so können wir (97) nach z' auflösen. Die Auflösung laute

$$z' = \varphi(x, y, y').$$

Setzt man

$$G(x, y, y') = f(x, y, y', \varphi(x, y, y')),$$

so ist wegen (97)

$$G_{y'} = f_{y'} + f_{z'}\varphi_{y'} = f_{y'}$$
$$G_y = f_y + f_{z'}\varphi_y = f_y,$$

somit erhalten wir wegen Gl. (96)

$$\frac{dG_{y'}}{dx} - G_y = 0.$$

Die Horizontalprojektionen der den Differentialgleichungen

$$\frac{df_{y'}}{dx} - f_y = 0 \quad f_{z'} = 0$$

entsprechenden Raumkurven sind also die Extremalen des Variationsproblems

$$\delta \int_{x_0}^{x_1} G(x, y, y')\, dx = 0.$$

Um nun die Horizontalprojektionen jener Raumkurven zu bekommen, bei denen $f_{z'} = C \neq 0$ ist, betrachten wir das gleiche spezielle Variationsproblem mit dem Integranden

$$f^*(x, y, y', z') = f(x, y, y', z') - C z'.$$

Daß sich hierdurch an den Differentialgleichungen der Extremalen nichts ändert, ist unmittelbar einleuchtend, weil das hinzutretende Glied Cz' ein vollständiges Differential ist, $f^*_{z'} = 0$ ist aber identisch mit $f_{z'} = C$.

Wir erhalten also den folgenden Satz:

Die Horizontalprojektionen der sämtlichen Extremalen von (96) bekommt man, indem man sich aus der Gleichung

$$f_{z'} = C$$

die Größe

$$z' = \Psi(x, y, y', C)$$

ausgerechnet und in die *Routhsche Funktion*

$$\Phi = f - z' f_{z'}$$

eingesetzt denkt und die Extremalen des *Routhschen Variationsproblems*

$$\delta \int_{x_0}^{x_1} \Phi(x, y, y', C)\, dx = 0 \quad \text{mit} \quad y(x_0) = y_0, \quad y(x_1) = y_1$$

aufsucht.

Da der Integrand des Routhschen Variationsproblems bereits eine Konstante C enthält, erhalten wir durch Integration der zugehörigen Eulerschen Differentialgleichung eine dreiparametrige Schar von Extremalen $y = y(x, C, C_1, C_2)$. Aus $f_{z'} = C$ gewinnt man durch Auflösung $z' = z'(x, y, C)$, woraus man durch Integration $z = z(x, y(x, C, C_1, C_2), C) + \gamma$ die ∞^4 Extremalen erhält.

In analoger Weise hat man bei einem Variationsproblem von der Form

$$\delta \int_{x_0}^{x_1} f(x, y_1, y_2 \ldots y_n, y_1', y_2' \ldots y_n', z_1', z_2' \ldots z_n')\, dx = 0$$

vorzugehen; vermöge der Gleichungen

$$f_{z_i'} = C_i \tag{98}$$

denke man sich die z_i' berechnet und in die Routhsche Funktion

$$\Phi = f - z_i' f_{z_i'}$$

eingesetzt. Hierauf sind die Extremalen des Routhschen Variationsproblems

$$\delta \int_{x_0}^{x_1} \Phi(x, y_1, y_2 \ldots y_n, y_1', y_2' \ldots y_n', C_1 \ldots C_n)\, dx = 0$$

zu ermitteln. Zur Ermittlung der Größen z_i hat man die aus (98) sich ergebenden Größen z_i' zu integrieren. Veränderliche, wie die hier mit z_i bezeichneten, von denen nur die Differentialquotienten im Integranden des Variationsproblems eingehen, die aber im Integranden explizit nicht auftreten, wurden von HELMHOLTZ bei physikalischen Problemen als zyklische Veränderliche bezeichnet. (Der Name „zyklisch" kommt daher, daß bei Variationsproblemen mit einer geometrischen Bedeutung, wo zyklische Symmetrie vorliegt, die den Winkel bezeichnende Veränderliche diese Rolle spielt, z. B. im Variationsproblem

$$\delta \int_{\varphi_0}^{\varphi_1} \sqrt{r^2 + \left(\frac{dr}{d\varphi}\right)^2}\, d\varphi = 0$$

die Veränderliche φ.)

§ 2. Transformation von Variationsproblemen, die die unabhängige Variable nicht explizit enthalten

Analog zur Routhschen Transformation können auch Variationsprobleme behandelt werden, bei denen der Integrand die unabhängige Veränderliche nicht enthält, d.h. also Variationsprobleme von der Form

$$\delta \int_{x_0}^{x_1} \Phi(y_i, y_i')\, dx = 0; \qquad y_i' = \frac{dy_i}{dx}$$

mit $y_i(x_0) = y_{i0}$, $y_i(x_1) = y_{i1}$.

Führen wir für die gesuchte Extremale eine Parameterdarstellung ein:

$$y_i = y_i(\sigma) \qquad x = x(\sigma) \qquad y_i'(x) = \frac{\dot{y}_i(\sigma)}{\dot{x}(\sigma)} \qquad \dot{x} \neq 0,$$

so erhalten wir zunächst

$$\delta \int_{\sigma_0}^{\sigma_1} \Phi\left(y_i, \frac{\dot{y}_i}{\dot{x}}\right) \dot{x}\, d\sigma = 0, \qquad y_i(\sigma_0) = y_{i0}, \qquad y_i(\sigma_1) = y_{i1}.$$

Nun behandeln wir x als zyklische Koordinate. Der Gl. (98) entspricht

$$\frac{\partial(\Phi \cdot \dot{x})}{\partial \dot{x}} = (\Phi - \Phi_{y_i'} \cdot y_i') = C. \tag{99}$$

Aus (99) ist $\dot{x}$ zu berechnen. Entsprechend der Auflösbarkeitsbedingung nach $\dot{x}$

$$\frac{\partial^2(\Phi \cdot \dot{x})}{\partial \dot{x}^2} = -\Phi_{y_i'} \frac{\dot{y}_i}{\dot{x}^2} + \Phi_{y_i' y_k'} \frac{\dot{y}_k}{\dot{x}^2} y_i' + \Phi_{y_i'} \frac{\dot{y}_i}{\dot{x}^2} \neq 0,$$

setzen wir

$$\Phi_{y_i' y_k'} \cdot y_i' y_k' \neq 0$$

voraus. Nach Durchführung der Auflösung erhält man $\dot{x}$ als homogene Funktion in den $\dot{y}_i$, denn Gl. (99) bleibt unverändert, wenn man sowohl $\dot{x}$ als auch $\dot{y}$ mit derselben Konstanten multipliziert. Entsprechend den früheren Überlegungen hat man sich diesen Wert von $\dot{x}$ in den Ausdruck des Integranden des Routhschen Variationsproblems

$$\delta \int_{\sigma_0}^{\sigma_1} [\Phi \cdot \dot{x} - (\Phi \cdot \dot{x} - \Phi_{y_i'} \cdot \dot{y}_i)]\, d\sigma = \delta \int_{\sigma_0}^{\sigma_1} \Phi_{y_i'} \dot{y}_i\, d\sigma = 0$$

eingesetzt zu denken. Man erhält dann in der Tat als Integranden eine homogene Funktion erster Ordnung in den $\dot{y}_i$.

Dementsprechend ist das neue Variationsproblem invariant gegenüber Parametertransformationen. Wir können es deshalb auch in der Form schreiben:

$$\delta \int_{x_0}^{x_1} \Phi_{y_i'} \cdot y_i'\, dx = 0. \tag{100}$$

Das neue Variationsproblem enthält zwar die gleiche Anzahl unbekannter Funktionen; die Vereinfachung, die erzielt wird, besteht aber darin, daß das neue Problem homogen ist. Eine weitere Reduktion auf $n-1$ Veränderliche wäre unmittelbar möglich, wenn man eine geeignete Veränderliche y_i als unabhängige und die übrigen als abhängige Veränderliche betrachtet.

§ 3. Jacobisches Prinzip der kleinsten Wirkung

Ein wichtiges Beispiel für eine derartige Reduktion eines Variationsproblems bietet der Übergang vom Hamiltonschen Prinzip zum Jacobischen Prinzip der kleinsten Wirkung. (Hier ist natürlich nur an den einfachsten Fall gedacht, wo die Kräfte ein Potential haben und keine Differentialgleichungen als Nebenbedingungen vorkommen.)

Das Hamiltonsche Prinzip sagt, wie bereits erwähnt (2, § 1,2.), folgendes aus: Seien q_i $(i=1 \ldots n)$ allgemeine Koordinaten des Systems, dq_i/dt die verallgemeinerten Geschwindigkeiten. Sei ferner

$$T = a_{ik}(q_i) \frac{dq_i}{dt} \frac{dq_k}{dt}$$

die kinetische Energie und sei

$$U = U(q_i)$$

die potentielle Energie des Systems und bezeichne

$$L = T - U$$

das „kinetische Potential", dann ergeben sich die Bahnkurven des Systems als Lösungen der Euler-Lagrangeschen Gleichungen eines Variationsproblems von der Form

$$\delta \int_{t_0}^{t_1} L\, dt = 0,$$

wobei man Anfangs- und Endlage des Systems als gegeben ansieht d.h. zu fest vorgeschriebenen Zeiten t_0 und t_1 sind die q_i vorgegeben. Die Gleichung (99) ergibt unter Verwendung des Eulerschen Satzes für homogene Funktionen zweiter Ordnung jetzt den Energiesatz:

$$T + U = E.$$

Die Variable t tritt in der Funktion L nicht explizit auf. Eliminieren wir nun entsprechend den obigen Ausführungen die Zeit t, so erhalten wir das Jacobische Prinzip der kleinsten Wirkung. Es entspricht (100) ein Variationsproblem $\delta \int 2T\, dt = 0$. Bei diesem Problem kann man sich den Wert für die Zeit an der unteren Grenze t_0 und die Koordinaten q_i an der unteren und oberen Grenze (q_{i0} bzw. q_{i1}) willkürlich vorgeben. Der Wert von t an der oberen Grenze ergibt sich dann bei bekannter Bahnkurve aus dem Energiesatz. Es ist

$$T = E - U, \quad dt = \frac{\sqrt{a_{ik}\, dq_i \cdot dq_k}}{\sqrt{E-U}}$$

oder, wenn wir die q als Funktionen eines Parameters σ auffassen, so daß $q_i(\sigma_0) = q_{i0}$, $q_i(\sigma_1) = q_{i1}$, erhalten wir das Prinzip der kleinsten Wirkung in der Form

$$\delta \int_{\sigma_0}^{\sigma_1} \sqrt{E-U} \sqrt{a_{ik} \frac{dq_k}{d\sigma} \cdot \frac{dq_i}{d\sigma}}\, d\sigma = 0.$$

Wir zeigen dieses Prinzip an zwei Beispielen, an denen schon EULER das Prinzip der kleinsten Wirkung erläutert hat, und auf die wir später noch zurückkommen werden.

1. Die Wurfparabel im Schwerefeld

Wenn die x-Achse nach abwärts gerichtet ist, so ist

$$U = -g x.$$

Wählen wir $E = 0$ so erhalten wir für das zugehörige Variationsproblem:

$$\delta \int_{x_0}^{x_1} \sqrt{x} \sqrt{1 + y'^2}\, dx = 0,$$

wobei $y(x_0)$ und $y(x_1)$ gegeben sind. Nach der Eulerschen Regel I ergibt sich

$$\sqrt{x} \frac{y'}{\sqrt{1 + y'^2}} = \sqrt{C_1},$$

wobei C_1 eine beliebige positive Konstante ist und somit

$$y = 2\sqrt{C_1} \sqrt{x - C_1} + C_2$$

oder mit $C_1 = p/2$

$$(y - C_2)^2 = 2p\left(x - \frac{p}{2}\right);$$

d.h. wir erhalten als Extremalen Parabeln, deren Leitlinie die y-Achse ist. C_1 und C_2 sind aus den vorgegebenen Randwerten zu bestimmen.

2. Bewegung unter dem Einfluß eines nach dem Newton-Gesetz wirkenden Massenzentrums (Planetenbewegung)

Sei M die Masse des Körpers im Zentrum $r = 0$ und m die Masse des bewegten Körpers, f die Gravitationskonstante, dann ist

$$U = -\frac{f M m}{r}.$$

Wählen wir $E < 0$ und setzen wir

$$-\frac{f M m}{E} = R,$$

so erhalten wir für das zugehörige Variationsproblem folgenden Ansatz:

$$\delta \int_{\varphi_0}^{\varphi_1} \sqrt{\frac{R}{r} - 1} \sqrt{r'^2 + r^2}\, d\varphi = 0,$$

wobei $r(\varphi_0)$ und $r(\varphi_1)$ gegeben sind. Nach der Eulerschen Regel II erhalten wir

$$\sqrt{\frac{R}{r}-1}\cdot\frac{r^2}{\sqrt{r'^2+r^2}}=K,$$

wobei K eine beliebige positive Konstante ist, oder

$$\left(\frac{1}{r}\right)'^2+\frac{1}{r^2}-\frac{R}{K^2}\frac{1}{r}+\frac{1}{K^2}=0. \tag{101}$$

Für die Scheitellage, d.h. wenn $r'=0$, $\varphi=\varphi_0$ bzw. $\varphi=\varphi_0+\pi$ ist, sei $r=a+e$ bzw. $r=a-e$ und sei $a^2-e^2=b^2$ dann wird also $R=2a$, $K=b$ und nach der Integration von (101) erhalten wir die Gleichung der Kepler-Ellipse

$$r=\frac{b^2}{a-e\cos(\varphi-\varphi_0)}.$$

Für $E\geqq 0$ erhält man Hyperbeln bzw. Parabeln.

§ 4. Einführung des elektronischen Brechungsindex

Die Lorentzschen Bewegungsgleichungen für ein bewegtes Elektron lauten

$$m\frac{d^2\mathfrak{r}}{dt^2}+e\mathfrak{E}+e\left(\frac{d\mathfrak{r}}{dt}\times\mathfrak{H}\right)=0. \tag{102}$$

Hierin bedeuten $\mathfrak{r}$ den Ortsvektor, t die Zeit, $\mathfrak{E}$ den elektrischen Feldvektor, $\mathfrak{H}$ den magnetischen Feldvektor, e die Ladung und m die Masse des Elektrons. Da das Vektorfeld $\mathfrak{E}$ wirbelfrei und das Vektorfeld $\mathfrak{H}$ quellenfrei ist, kann man $\mathfrak{E}$ und $\mathfrak{H}$ durch folgende Ausdrücke ersetzen:

$$\mathfrak{E}=-\operatorname{grad}\Phi,\qquad \mathfrak{H}=\operatorname{rot}\mathfrak{A}.$$

Φ ist das skalare, elektrische und $\mathfrak{A}$ das vektorielle, magnetische Potential. SCHWARZSCHILD hat gezeigt, daß sich die Differentialgleichungen (102) für die Bewegung eines Elektrons als Euler-Lagrangeschen Gleichungen eines Variationsproblems auffassen lassen.

Um den Integranden des Variationsproblems zu gewinnen, werden wir einem von W. GLASER (*) angegebenen Weg folgen, den wir an den Charakter dieses Buches angepaßt darstellen wollen. Es handelt sich bei dieser Aufgabe um ein spezielles Beispiel des sogenannten Umkehrproblems, bei dem zu den Euler-Lagrangeschen Gleichungen das Variationsproblem gesucht wird. Zur Lösung dieser Aufgabe ist demnach der umgekehrte Weg wie bei der Herleitung der Euler-Lagrangeschen Gleichungen nach LAGRANGE einzuschlagen. Wir denken uns also eine spezielle Extremale $\mathfrak{r}=\bar{\mathfrak{r}}(t)$ eingebettet in eine einparametrige Schar willkürlicher Vergleichsfunktionen $\mathfrak{r}=\mathfrak{r}(t,\varepsilon)$, so daß $\mathfrak{r}(t,0)=\bar{\mathfrak{r}}(t)$ ist. Ferner wollen wir feste Grenzen voraussetzen und dementsprechend

$$\left.\frac{\partial\mathfrak{r}(t,\varepsilon)}{\partial\varepsilon}\right|_{t=t_0}=\left.\frac{\partial\mathfrak{r}(t,\varepsilon)}{\partial\varepsilon}\right|_{t=t_1}=0 \tag{103}$$

fordern. Wir ersetzen in der linken Seite von (102) $\mathfrak{r}$ durch $\mathfrak{r}(t,\varepsilon)$ und multiplizieren sie mit $\partial\mathfrak{r}/\partial\varepsilon$. Integrieren wir nun von t_0 bis t_1 und ferner von $\varepsilon=0$ bis $\varepsilon=\varepsilon_1$, so erhalten wir

$$G(\varepsilon_1)=\int_0^{\varepsilon_1}\int_{t_0}^{t_1}\left[m\frac{\partial^2\mathfrak{r}}{\partial t^2}-e\operatorname{grad}\Phi+e\left(\frac{\partial\mathfrak{r}}{\partial t}\times\operatorname{rot}\mathfrak{A}\right)\right]\frac{\partial\mathfrak{r}}{\partial\varepsilon}\,dt\,d\varepsilon$$

Produktintegration des ersten Termes ergibt unter Beachtung von (103)

$$\int_{t_1}^{t_0}\frac{\partial^2\mathfrak{r}}{\partial t^2}\cdot\frac{\partial\mathfrak{r}}{\partial\varepsilon}\,dt=-\frac{1}{2}\int_{t_1}^{t_0}\frac{\partial}{\partial\varepsilon}\left(\frac{\partial\mathfrak{r}}{\partial t}\right)^2dt.$$

Ferner ist $\operatorname{grad}\Phi\cdot\frac{\partial\mathfrak{r}}{\partial\varepsilon}=\frac{\partial\Phi}{\partial\varepsilon}$ und

$$-\left(\frac{\partial\mathfrak{r}}{\partial t}\times\operatorname{rot}\mathfrak{A}\right)\cdot\frac{\partial\mathfrak{r}}{\partial\varepsilon}=+\left(\frac{\partial\mathfrak{r}}{\partial t}\times\frac{\partial\mathfrak{r}}{\partial\varepsilon}\right)\cdot\operatorname{rot}\mathfrak{A}.$$

Wir fassen nun $\mathfrak{r}=\mathfrak{r}(t,\varepsilon)$ als Parameterdarstellung einer Fläche auf, dann ist

$$\left(\frac{\partial\mathfrak{r}}{\partial t}\times\frac{\partial\mathfrak{r}}{\partial\varepsilon}\right)\cdot dt\cdot d\varepsilon$$

der Inhalt df des Flächenelementes und somit ergibt sich

$$\int_{t_0}^{t_1}\int_0^{\varepsilon_1}\left(\frac{\partial\mathfrak{r}}{\partial t}\times\frac{\partial\mathfrak{r}}{\partial\varepsilon}\right)\operatorname{rot}\mathfrak{A}\,d\varepsilon\,dt=\int_{t_0}^{t_1}\int_0^{\varepsilon_1}(\operatorname{rot}\mathfrak{A})_n\,df$$

wobei $(\operatorname{rot}\mathfrak{A})_n$ die Komponente von $\operatorname{rot}\mathfrak{A}$ in Richtung der Flächennormalen bedeutet, $\partial\mathfrak{r}/\partial t$, $\partial\mathfrak{r}/\partial\varepsilon$ und die Flächennormale sind hierbei so orientiert, daß sie ein Rechtssystem bilden. Wenden wir nun den Satz von STOKES an, so ergibt sich unter Beachtung von (103)

$$\int_{t_0}^{t_1}\int_0^{\varepsilon_1}(\operatorname{rot}\mathfrak{A})_n\,df=\int_{t_0}^{t_1}\mathfrak{A}\left.\frac{\partial\mathfrak{r}}{\partial t}\right|_{\varepsilon=0}\cdot dt-\int_{t_0}^{t_1}\mathfrak{A}\left.\frac{\partial\mathfrak{r}}{\partial t}\right|_{\varepsilon=\varepsilon_1}dt=-\int_{t_0}^{t_1}\mathfrak{A}\left.\frac{\partial\mathfrak{r}}{\partial t}\right|_{\varepsilon=0}^{\varepsilon=\varepsilon_1}\cdot dt.$$

Somit erhalten wir

$$G(\varepsilon_1)=\left[\int_{t_0}^{t_1}\left[-\frac{m}{2}\left(\frac{\partial\mathfrak{r}}{\partial t}\right)^2-e\Phi+e\mathfrak{A}\frac{\partial\mathfrak{r}}{\partial t}\right]dt\right]_{\varepsilon=0}^{\varepsilon=\varepsilon_1}.$$

Dividieren wir nun durch ε_1 und lassen wir ε_1 gegen Null konvergieren, so folgt aus

$$\lim_{\varepsilon_1 \to 0} \frac{G(\varepsilon_1)}{\varepsilon_1} = \left\{ \frac{d}{d\varepsilon} \int_{t_0}^{t_1} \left[-\frac{m}{2} \left(\frac{\partial \mathfrak{r}}{\partial t} \right)^2 - e\Phi + e\mathfrak{A} \frac{\partial \mathfrak{r}}{\partial t} \right] dt \right\}_{\varepsilon = 0}$$

unser Variationsproblem:

$$\delta \int_{t_0}^{t_1} \left[\frac{m}{2} \left(\frac{d\mathfrak{r}}{dt} \right)^2 + e\Phi - e\mathfrak{A} \frac{d\mathfrak{r}}{dt} \right] dt = 0.$$

Wie sich leicht verifizieren läßt, sind dessen Euler-Lagrangesche Differentialgleichungen identisch mit (102).

Somit haben wir ein spezielles Beispiel von Bewegungsgleichungen kennengelernt, die sich aus einem Variationsproblem ableiten lassen, obwohl kein konservatives Kraftfeld vorausgesetzt ist. Den Ausdruck

$$\frac{m}{2} \left(\frac{d\mathfrak{r}}{dt} \right)^2 + e\Phi - e\mathfrak{A} \frac{d\mathfrak{r}}{dt}$$

bezeichnet man als verallgemeinertes kinetisches (Schwarzschildsches) Potential des Elektrons.

Eliminieren wir wieder nach derselben Methode wie im § 3 die Zeit, so ergibt sich für die Elektronenbahnen, wenn wir mit E die Energiekonstante bezeichnen, ein Variationsproblem von der Form

$$\delta \int_{s_0}^{s_1} n\, ds = 0 \tag{104}$$

$$n = \sqrt{2m(e\Phi + E)} - e\mathfrak{A}\mathfrak{s}, \quad d\mathfrak{s} = \mathfrak{i}\, dx + \mathfrak{j}\, dy + \mathfrak{k}\, dz.$$

Es steht in völliger Analogie zum Fermatschen Prinzip der gewöhnlichen geometrischen Optik für anisotrope inhomogene Medien. n wird auch hier als Brechungsindex bezeichnet.

§ 5. Elimination der zyklischen Veränderlichen in der Elektronenoptik

Im Falle der Elektronenoptik hat man es meist mit Kraftfeldern zu tun, die Symmetrie um eine Rotationsachse aufweisen. Wir benützen an Stelle von x, y, z wie im § 4, jetzt die Veränderlichen x, y_1, y_2 wobei

$$y_1 = r\cos\varphi \quad y_2 = r\sin\varphi. \tag{105}$$

Aus der Potentialtheorie folgt, daß man bei Feldern mit dieser Symmetrieeigenschaft das elektrische Potential Φ darstellen kann in der Form

$$\Phi = \frac{1}{2\pi} \int_0^{2\pi} f(x + ir\cos\varphi)\, d\varphi,$$

wobei $f(\xi)$ eine analytische Funktion des komplexen Argumentes ξ ist. Hieraus ergibt sich für Φ eine Potenzreihe von der Form

$$\Phi = \sum_{\nu=0}^{\infty} (-1)^{\nu} \frac{1}{(\nu!)^2} \varphi^{(2\nu)}(x) \left(\frac{r}{2}\right)^{2\nu} \qquad \varphi^{(2\nu)}(x) = \left(\frac{\partial^{2\nu}\Phi}{\partial x^{2\nu}}\right)_{r=0}.$$

In ähnlicher Weise findet man leicht für das Vektorpotential

$$\mathfrak{A} = (-\mathfrak{j}\, y_2 + \mathfrak{k}\, y_1)\,\Psi$$

$$\Psi = \frac{1}{2} \sum_{\nu=0}^{\infty} (-1)^{\nu} \frac{1}{(\nu!)} \frac{1}{(\nu+1)!} \left(\frac{r}{2}\right)^{2\nu} H^{(2\nu)}(x),$$

wobei $H = H(x)$ die magnetische Feldstärke längs der x-Achse ist und

$$H^{(2\nu)} = \frac{d^{2\nu} H}{d x^{2\nu}}.$$

Das Variationsproblem, dessen Bahnkurve die Elektronenbahnen darstellen, können wir jetzt in der Form (104) schreiben.

Für die Entwicklung der der Gaussischen Dioptrik entsprechenden Näherungstheorie vernachlässigt man die Glieder höherer als zweiter Ordnung in y_i und $d y_i/d x$ $(i = 1, 2)$ und erhält, indem man das für die Gestalt der Extremalen belanglose Glied nullter Ordnung wegläßt, ein Variationsproblem von der Form

$$\left.\begin{aligned} \delta \int_{x_0}^{x_1} f(x, y_i, y_i')\, dx = \delta \int_{x_0}^{x_1} [a_1(y_1^2 + y_2^2) + a_2(y_1'^2 + y_2'^2) + \\ + a_3(y_1 y_2' - y_2 y_1')]\, dx = 0, \end{aligned}\right\} \quad (106)$$

dabei ist

$$a_1 = -\frac{e\sqrt{2m}}{8\sqrt{E + e\varphi}}\,\varphi''$$

$$a_2 = \frac{1}{2}\sqrt{2m(E + e\varphi)}$$

$$a_3 = \frac{e}{2}\,H(x).$$

Führt man die Substitution (105) aus, so erscheint φ als zyklische Veränderliche, doch wäre es unzweckmäßig, hier die Methode von ROUTH anzuwenden, denn die Eulerschen Differentialgleichungen zu (106) sind in y_i, y_i', y_i'' linear und homogen und diese wertvolle Eigenschaft ginge bei der Behandlung des Variationsproblems nach den im vorigen Paragraphen gegebenen Regeln verloren. Doch läßt sich hier eine Reduktion auf ein Variationsproblem mit nur einer Veränderlichen leicht in anderer Weise durchführen, so daß sich auch für das reduzierte Variationsproblem Linearität der zugehörigen Differentialgleichungen ergibt.

Wenn $H = 0$, d.h. wenn nur ein elektrisches und kein magnetisches Feld vorhanden ist, ist der Brechungsindex nicht mehr von der Richtung abhängig und die Theorie ist dann vollkommen der gewöhnlichen Gaussischen Dioptrik analog. Wir erhalten ein Variationsproblem von der Form

$$\delta \int_{x_0}^{x_1} [a_1(y_1^2 + y_2^2) + a_2(y_1'^2 + y_2'^2)]\, d x$$
$$= \delta \left\{ \int_{x_0}^{x_1} (a_1 y_1^2 + a_2 y_1'^2)\, d x + \int_{x_0}^{x_1} (a_1 y_2^2 + a_2 y_2'^2)\, d x \right\} = 0,$$

das, wie man sieht, in ein Variationsproblem für y_1, y_1' und in ein Variationsproblem für y_2, y_2' zerfällt, also

$$\delta \int_{x_0}^{x_1} (a_1 y_i^2 + a_2 y_i'^2)\, d x = 0 \qquad (i = 1, 2). \tag{107}$$

Hieraus und aus der linearen Homogenität der Eulerschen Differentialgleichungen für die y_i folgt der „Satz von LIPPICH", der folgendes besagt.

Ist L_1 ein dem vorgegebenen System entsprechender in $y_2 = 0$ verlaufender Lichtstrahl (Elektronenstrahl) und ist L_2 ein solcher in $y_1 = 0$ verlaufender Lichtstrahl (Elektronenstrahl), so ist jener Strahl L, der L_1 und L_2 zu Projektionen hat, wieder ein dem vorgelegten System entsprechender Lichtstrahl, und umgekehrt sind mit einem Strahl L auch zugleich die beiden Projektionen L_1 und L_2 dem System entsprechende Lichtstrahlen.

In der Tat ergibt die Eulersche Differentialgleichung des Variationsproblems (107) eine lineare homogene Differentialgleichung.

Sind φ, ψ und $\tilde{\varphi}, \tilde{\psi}$ zwei Lösungspaare der zu (107) gehörigen Eulerschen Differentialgleichungen, so sind sowohl durch

$$y_1 = C_1 \varphi + C_2 \psi \qquad y_2 = 0$$

bzw.

$$y_1 = 0 \qquad y_2 = \tilde{C}_1 \tilde{\varphi} + \tilde{C}_2 \tilde{\psi}$$

als auch durch

$$y_1 = C_1 \varphi + C_2 \psi \qquad y_2 = \tilde{C}_1 \tilde{\varphi} + \tilde{C}_2 \tilde{\psi}$$

die Gesamtheit der Extremalen von (107) dargestellt.

Es läßt sich aber auch im Fall $H \neq 0$ ein dem Lippichschen Satz analoger Satz gewinnen, wenn man die folgende Koordinaten-Transformationen durchführt.

Zunächst führen wir in (106) Polarkoordinaten durch (105) ein. Dann führen wir durch

$$r = \tilde{r}, \qquad \varphi = \psi + \chi_0(x)$$

neue Koordinaten ein; dabei sei $\chi_0(x)$ eine Funktion, über die wir noch zweckmäßig verfügen werden. Wir erhalten somit das Variationsproblem

(106) in der Form

$$\delta\int_{x_0}^{x_1}(a_1 r^2 + a_2(r^2\varphi'^2 + r'^2) + a_3 r^2\varphi')\,dx$$

$$= \delta\int_{x_0}^{x_1}\{a_1\tilde{r}^2 + a_2[\tilde{r}'^2 + (\psi' + \chi_0')^2\tilde{r}^2] + a_3\tilde{r}^2(\psi' + \chi_0')\}\,dx = 0.$$

Bestimmen wir nun χ_0 durch die Forderung

$$2a_2\chi_0' + a_3 = 0, \quad \text{also} \quad \chi_0 = -\frac{1}{2}\int\frac{a_3}{a_2}\,dx,$$

so hat das Variationsproblem die Form

$$\delta\int_{x_0}^{x_1}[\tilde{a}_1\tilde{r}^2 + \tilde{a}_2(\tilde{r}'^2 + \psi'^2\tilde{r}^2)]\,dx = 0$$

$$\tilde{a}_1 = a_1 + a_2\chi_0'^2 + a_3\chi_0' \quad \tilde{a}_2 = a_2.$$

Setzen wir noch

$$\tilde{r}\cos\psi = \tilde{y}_1, \qquad \tilde{r}\sin\psi = \tilde{y}_2,$$

so erhalten wir schließlich für das Koordinatensystem der $x_1\tilde{y}_1\tilde{y}_2$ dieselbe Form des Variationsproblems wie im Fall $a_3 = 0$.

Zweites Kapitel

Begründung der Theorie der zweiten Variation durch LEGENDRE und JACOBI

1. Die Begründung der Theorie durch Legendre

§ 1. Die Legendresche Transformation der zweiten Variation

LEGENDRE (*) vermittelt den Übergang zu einer zweiten Periode der Variationsrechnung, indem er eine Untersuchungsmethode vorschlägt, um zu entscheiden, ob eine vorgelegte Extremale ein Minimum, ein Maximum oder keines von beiden liefert. Naturgemäß knüpft er an die entsprechenden Kriterien für das Eintreten eines Extremwertes bei einer Funktion von mehreren Variablen an.

Wir gehen nun zur Darlegung des Legendreschen Gedankenganges über. Vorgelegt sei ein Punkt-Punktproblem von der Form

$$\delta I = \delta\int_{x_0}^{x_1} f(x, y, y')\,dx = 0.$$

Sei ferner wie üblich eine, die gegebenen Punkte verbindende Extremale mit $y = \bar{y}(x)$ bezeichnet und setzen wir wieder

$$y = \bar{y}(x) + \varepsilon\eta(x), \qquad \text{wobei} \quad \eta(x_0) = \eta(x_1) = 0,$$

dann ergibt sich $\left(\frac{dI}{d\varepsilon}\right)_{\varepsilon=0} = 0$

$$\left(\frac{d^2 I}{d\varepsilon^2}\right)_{\varepsilon=0} = \int_{x_0}^{x_1} [f_{yy}(x,\bar{y},\bar{y}')\,\eta^2 + 2 f_{yy'}(x,\bar{y},\bar{y}')\,\eta\,\eta' + f_{y'y'}(x,\bar{y},\bar{y}')\,\eta'^2]\,dx.$$

Wir führen nun folgende Bezeichnungen ein

$$\left.\begin{aligned} f_{yy}(x,\bar{y}(x),\bar{y}'(x)) = P(x), \quad f_{y'y}(x,\bar{y}(x),\bar{y}'(x)) = Q(x),\\ f_{y'y'}(x,\bar{y}(x),\bar{y}'(x)) = R(x)\\ \frac{1}{2}\left(R(x)\,\eta'^2 + 2Q(x)\,\eta\,\eta' + P(x)\,\eta^2\right) = \Omega(\eta,\eta');\end{aligned}\right\} \tag{1}$$

somit ergibt sich für

$$\left(\frac{d^2 I}{d\varepsilon^2}\right)_{\varepsilon=0} = 2\int_{x_0}^{x_1} \Omega(\eta,\eta')\,dx. \tag{2}$$

Von den Funktionen P, Q, R werden wir im folgenden mindestens einmalige stetige Differenzierbarkeit voraussetzen.

Multipliziert man den Ausdruck (2) mit ε^2, so bezeichnet man das also entstehende Produkt

$$\varepsilon^2\left(\frac{d^2 I}{d\varepsilon^2}\right)_{\varepsilon=0} = \delta^2 I$$

als die zweite Variation des vorgegebenen Integrals. (Beim Anschreiben der Gleichungen für die zweite Variation werden wir meist den Faktor ε^2 weglassen.)

In Analogie zu den entsprechenden Untersuchungen bei Funktionen mit mehreren Variablen erheben sich jetzt die Fragen:

1. Unter welchen Umständen ist die zweite Variation für alle von Null verschiedenen in Betracht zu ziehenden Funktionen $\eta(x)$ positiv? Wenn dies zutrifft, dann sagt man, die zweite Variation habe positiv definiten Charakter.

2. Ist der positiv definite Charakter der zweiten Variation dafür hinreichend, daß wirklich ein Minimum eintritt?

LEGENDRE und wohl auch alle Mathematiker der ersten Hälfte des 19. Jahrhunderts waren geneigt anzunehmen, daß letztere Frage zu bejahen sei. Wir werden später sehen, daß hier wichtige Einschränkungen zu machen sind. Aber auch schon die erste Frage für sich allein verdient unser Interesse auch vom Standpunkt der Anwendungen aus. Insbesondere knüpfen alle Stabilitätsuntersuchungen der Statik an diese Frage an (**).

LEGENDREs Hauptgedanke war folgender: Fügt man zum Integranden auf der rechten Seite einen Ausdruck von der Form

$$\frac{d}{dx}\left(\omega(x)\,\eta^2(x)\right) = \omega'\,\eta^2 + 2\omega\,\eta\,\eta' \tag{3}$$

hinzu, wo $\omega(x)$ eine vorläufig ganz willkürliche stetig differenzierbare Funktion sein soll, so ändert sich der Wert des Integrals nicht. Führt man nämlich die Integration durch, so ergibt sich bei Beachtung der Randbedingungen des Punkt-Punktproblems und der sich daraus ergebenden Forderung $\eta(x_0) = \eta(x_1) = 0$ für das hinzugefügte Glied der Wert Null. Es gilt nun, die Freiheit der Wahl der Funktion $\omega(x)$ zweckmäßig zur Vereinfachung der weiteren Untersuchungen auszunützen und dies erreicht LEGENDRE dadurch, daß er die Diskriminante der homogenen quadratischen Form in η und η' die durch Zufügung des Integrals über (3) entsteht, also des Integranden von

$$\left.\begin{aligned}\left(\frac{d^2 I}{d\varepsilon^2}\right)_{\varepsilon=0} = \int_{x_0}^{x_1} 2\Omega(\eta\,\eta')\,dx + \int_{x_0}^{x_1} (2\omega\eta\eta' + \omega'\eta^2)\,dx = \int_{x_0}^{x_1} (R\eta'^2 + \\ + 2(Q+\omega)\eta\eta' + (P+\omega')\eta^2)\,dx\end{aligned}\right\} \tag{4}$$

Null setzt. Es ergibt sich somit für $\omega(x)$ die Differentialgleichung

$$\omega' = -P + \frac{(Q+\omega)^2}{R}, \tag{5}$$

also eine Differentialgleichung vom Riccatischen Typus.

Durch diese Verfügung über $\omega(x)$ vereinfacht sich (4) und wir erhalten

$$\left(\frac{d^2 I}{d\varepsilon^2}\right)_{\varepsilon=0} = \int_{x_0}^{x_1} R\left(\eta' + \frac{Q+\omega}{R}\,\eta\right)^2 dx. \tag{6}$$

Soll dieser Ausdruck für alle zulässigen Funktionen η, die nicht identisch verschwinden, positiv sein, so muß im ganzen Intervall

$$R(x) \geqq 0 \tag{7}$$

sein.

Denn ist $R(x)$ auch nur in einem Teilintervall kleiner als Null, dann kann die zweite Variation durch passende Wahl von η negativ gemacht werden und dann ist offenbar ein Minimum unmöglich. Wie wir schon im Kap. I,4, § 1, erwähnten, nennt man diese Bedingung die Legendresche Bedingung. Die dort gegebene, viel einfachere Herleitung rührt von CARATHÉODORY her, der Gedanke LEGENDREs hat aber auf die Entwicklung der Variationsrechnung in nachhaltiger Weise eingewirkt.

LEGENDRE meinte, aus der Gestalt des Ausdrucks (6) sei unmittelbar zu sehen, daß, sobald für alle Punkte des Intervalls $R \geqq \varepsilon > 0$ ist, der Ausdruck (2) für $\left(\frac{d^2 I}{d\varepsilon^2}\right)_{\varepsilon=0}$ nur positiver Werte fähig sei. Schon LAGRANGE bemerkte aber, daß die Legendresche Schlußweise jedenfalls zur Aufstellung hinreichender Kriterien nicht genüge, er meinte, man müßte nicht nur die Differentialgleichung für $\omega(x)$ aufstellen, sondern auch untersuchen, ob die Lösung dieser Differentialgleichung nicht zu einer Funktion führt, die an einzelnen Punkten des Integrationsintervalls so stark unendlich wird, daß die Integration nicht mehr durchführbar ist. Schon die Beachtung einfachster Beispiele hätte LEGENDRE dazu führen müssen zu sehen, daß $R \geq \varepsilon > 0$ kein hinreichendes Kriterium dafür sein kann, daß für alle zuzulassenden Funktionen $\eta(x)$ die zweite Variation positiv sei.

Wir wollen uns dies an einem ganz einfachen Beispiel klarmachen. Nehmen wir

$$R = 1, \quad P = -1, \quad Q = 0$$

und betrachten dementsprechend das Integral

$$\left(\frac{d^2 I}{d\varepsilon^2}\right)_{\varepsilon=0} = 2\int_0^h \Omega(\eta, \eta')\,dx = \int_0^h (\eta'^2 - \eta^2)\,dx \tag{8}$$

für $h > 1$. Wir werten dieses Integral für die Funktion

$$\eta(x) = \begin{cases} x & \text{in} \quad 0 \leq x \leq 1 \\ 1 & \text{in} \quad 1 \leq x \leq h-1 \\ -x+h & \text{in} \quad h-1 \leq x \leq h \end{cases}$$

aus (der Umstand, daß hier eine Funktion verwendet wird, die in 2 Punkten nicht differenzierbar ist, ist unwesentlich) und erhalten

$$\left(\frac{d^2 I}{d\varepsilon^2}\right)_{\varepsilon=0} = \frac{10}{3} - h.$$

Sobald also $h > \frac{10}{3}$ ist, wird das Integral (8) negativ. Ebenso wird das Integral für die Funktion

$$\eta = x(h-x)$$

negativ, sobald nur $h > \sqrt{10}$ ist.

Setzen wir η in Form einer Fourierschen Reihe

$$\eta = \sum_{\nu=1}^{\infty} b_\nu \sin\frac{\nu \pi x}{h}$$

an, so ergibt sich

$$\left(\frac{d^2 I}{d\varepsilon^2}\right)_{\varepsilon=0} = \sum_{\nu=1}^{\infty} b_\nu^2 \left(\frac{\nu^2 \pi^2}{h^2} - 1\right)\frac{h}{2}$$

und hieraus ist unmittelbar zu ersehen, daß

1. für $h < \pi$ die zweite Variation positiv ist,

2. für $h = \pi$ die zweite Variation Null gemacht werden kann, wenn man $b_1 \neq 0$ und $b_2 \cdots = 0$ setzt,

3. für $h > \pi$ die zweite Variation negativ gemacht werden kann, wenn man z.B. $b_1 \neq 0$ und $b_2 \cdots = 0$ setzt.

Wir sehen also, daß die Reihenentwicklung nach FOURIER in diesem einfachen Fall eine vollständige Erledigung der Frage nach dem Vorzeichen der zweiten Variation liefert. An diese Methode werden wir am Schluß des Kapitels anzuknüpfen haben.

Die Riccatische Differentialgleichung lautet für dieses Beispiel

$$\omega' = \omega^2 + 1 .$$

Ihre Lösung kann in der Form geschrieben werden

$$\omega(x) = \tan(x - \xi),$$

wobei ξ eine Integrationskonstante bedeutet. Da $\omega(x)$ höchstens in einem Intervall $|x_1 - x_0| < \pi$ eine Funktion liefert, für die (3) integrierbar ist, kann hieraus entnommen werden, daß in unserem Beispiel die Legendresche Betrachtung nur für ein Intervall $|x_1 - x_0| \leq \pi - \varepsilon \, (\varepsilon > 0)$ anwendbar ist.

Die rechte Seite der Gl. (6) nennt man die Legendresche Form der zweiten Variation und den Übergang von Gl. (2) zu Gl. (6) bezeichnet man als die Legendresche Transformation der zweiten Variation.

Die Forderung $f_{y'y'} \geq 0$ (bzw. beim homogenen Problem $F_1 \geq 0$) nennt man die Legendresche Bedingung in der schwächeren Form. Ist Gleichheit ausgeschlossen, spricht man von der Legendreschen Bedingung in der verschärften Form.

§ 2. Direkte Herleitung der Legendreschen notwendigen Bedingung nach Roussel

An den beiden Herleitungen der Legendreschen notwendigen Bedingung die wir bis jetzt kennengelernt haben, kann man folgendes bemängeln:

Bei der ersten Gelegenheit, wo wir auf die Legendresche Bedingung stießen[1], haben wir die Existenz der Hamiltonschen charakteristischen Funktion vorausgesetzt. Diese Funktion muß aber erst durch Auflösung einer partiellen Differentialgleichung ermittelt werden. Bei der zweiten Herleitung der Bedingung sind wir von einer Extremalen ausgegangen und damit setzen wir implizite die Integration der Eulerschen Differential gleichung voraus. Ist es nun wirklich notwendig, die Herleitung der Legendreschen notwendigen Bedingung mit derartigen Integrationsprozessen in Verbindung zu bringen?

[1] Vgl. S. 66.

Es ist jedenfalls wünschenswert, die Notwendigkeit der Legendreschen Bedingung zu beweisen, ohne sich auf derartig komplizierte Prozesse zu stützen. Der nun folgende Beweis nach ROUSSELL (*) erfüllt diese Forderung. Die Betrachtung ist zwar nicht so elementar, wie sie für diesen Zweck durchgeführt werden könnte, die Vorstellungen, die wir bei diesem Beweis benützen, werden wir aber auch im Kap. VII benötigen.

Wir denken uns einen Kurvenbogen C_0: $y = y_0(x)$ eingebettet in ein „gewöhnliches Feld". Darunter verstehen wir folgendes: $y = y(x, \alpha)$ sei eine einparametrige Schar von Kurven C, die ein Gebiet G, in dessen Innerem die Kurve C_0 für $\alpha = \alpha_0$ enthalten ist, also $y(x, \alpha_0) = y_0(x)$ so überdeckt, daß durch jeden Punkt des Gebietes eine und nur eine Kurve hindurchgeht. Dabei wollen wir für $y(x, \alpha)$ zweimal stetige Differenzierbarkeit voraussetzen.

Wäre nun längs C_0 die Legendresche notwendige Bedingung nicht erfüllt, so würde wegen der Stetigkeit von $f_{y'y'}$ für alle $|y - y_0| < \delta_1$ und $|y' - y_0'| < \delta_2$ mit hinreichend kleinen δ_1 und δ_2:

$$f_{y'y'}(x, y, y') < 0 \tag{9}$$

gelten. In einem geeignet beschränkten Teilgebiet G' von G erfüllen (9) auch die Kurven der Schar C. Die Differentialgleichung der Kurvenschar C sei $y' = p(x, y)$.

Wir betrachten dann die Funktion

$$\varphi(x, y, y') = f(x, y, p(x, y)) + [y' - p(x, y)]\, f_{y'}(x, y, p(x, y)).$$

Nun entwickeln wir $f(x, y, y')$ in eine Taylor-Reihe nach Potenzen von $y' - p(x, y)$. Wir erhalten

$$f(x, y, y') = \varphi(x, y, y') + \frac{(y' - p)^2}{2} f_{y'y'}(x, y, \tilde{y}'),$$

wobei $\tilde{y}'$ einen passenden Zwischenwert zwischen y' und p darstellen möge. Somit folgt aus (9), daß in G' für die durch δ_2 gekennzeichneten Werte von y'

$$f(x, y, y') \leq \varphi(x, y, y')$$

gilt.

Es sei nun K eine Anfangs- und Endpunkt von C_0 verbindende Vergleichskurve in G', so daß auf ihr die Ungleichung (9) ständig erfüllt ist; dann gilt, wenn K durch $Y = Y(x)$ dargestellt ist

$$\int_K f(x, Y(x), Y'(x))\, dx < \int_K \varphi(x, Y(x), Y'(x))\, dx. \tag{10}$$

Nun betrachten wir das geschlossene Gebiet G'', das von den Kurven C_0 und K begrenzt ist und beachten, daß sich das Linienintegral

$$\oint \varphi\, d x$$

längs der Grenze von G'' in ein Doppelintegral über G'' umwandeln läßt

$$\left.\begin{aligned}\oint \varphi\, d x = \iint\limits_{G''} \Big\{ & \frac{\partial}{\partial x} f_{y'}(x, y, p(x, y)) - \\ & - \frac{\partial}{\partial y}\left[f(x, y, p(x, y)) - p f_{y'}(x, y, p(x, y))\right]\Big\}\, d x\, d y,\end{aligned}\right\} \tag{11}$$

ferner, daß längs C_0

$$\int\limits_{C_0} \varphi\, d x = \int\limits_{C_0} f\, d x \tag{12}$$

ist. Wir beschränken uns nun auf solche Kurven K, die, soweit sie nicht mit C_0 zusammenfallen, ganz auf einer Seite von C_0 liegen. Dann ist für

$$Y(x) \neq y_0(x)$$

$$\frac{y_0(x) - Y(x)}{|y_0(x) - Y(x)|} = \pm 1$$

$$\int\limits_{K} \varphi\, d x = \frac{y_0(x) - Y(x)}{|y_0(x) - Y(x)|} \oint \varphi\, d x + \int\limits_{C_0} \varphi\, d x.$$

Somit ist wegen (11) und (12)

$$\int\limits_{K} \varphi\, d x = \frac{y_0(x) - Y(x)}{|y_0(x) - Y(x)|} \iint\limits_{G''} \left[\frac{\partial f_{y'}}{\partial x} - \frac{\partial (f - p f_{y'})}{\partial y}\right] d x\, d y + \int\limits_{C_0} f\, d x.$$

Wählen wir nun K so, daß das erste Glied auf der rechten Seite negativ ausfällt. Hierzu brauchen wir nur das Vorzeichen des Integranden des Doppelintegrals längs C_0 zu betrachten. Wegen der Stetigkeit dieses Integranden bleibt das Vorzeichen auch in der Umgebung von C_0 erhalten und wir können K immer so wählen, daß, wenn das Vorzeichen des Integranden positiv ist, $Y(x) > y_0(x)$ und umgekehrt, so daß dadurch stets ein negatives Vorzeichen auftritt. Somit ist

$$\int\limits_{K} \varphi\, d x < \int\limits_{C_0} f\, d x$$

und somit ist auch wegen (10)

$$\int\limits_{K} f\, d x < \int\limits_{C_0} f\, d x$$

also liefert C_0 nicht das Minimum. Hiermit ist gezeigt: ist die Legendresche Bedingung nicht erfüllt, so tritt kein Minimum ein, d.h. sie ist für das Eintreten eines solchen notwendig.

2. Die Jacobische Theorie

§ 1. Die Jacobische Gleichung

LEGENDREs Betrachtungen waren insbesondere der Ausgangspunkt der Überlegungen von JACOBI (*). Bereits das einfache Beispiel, das wir im ersten Paragraphen des vorhergehenden Abschnitts bei der Besprechung der Lagrangeschen Kritik zu LEGENDREs Überlegungen angeführt haben, hätte sofort mit Notwendigkeit zur Überzeugung führen müssen, daß es bei Beurteilung des Vorzeichens der zweiten Variation nicht nur auf den Integranden ankommt, sondern auch auf die Länge des Integrationsintervalls. Die folgende geometrische Aufgabe führt unmittelbar zu diesem speziellen Beispiel:

Wir denken uns am Äquator der Einheitskugel zwei Punkte A und B. Die Punkte der Antipoden von A und B bezeichnen wir mit A' und B'. Wenn z.B. der Bogen $\widehat{AB}$ den Punkt A' und damit auch den Punkt B' enthält, dann ist $\widehat{AB}$ nicht die kürzeste Verbindung von A mit B. Trotzdem ist bei geeigneter Formulierung längs des ganzen Äquators sowohl die Euler-Lagrangesche Differentialgleichung als auch das Legendresche Kriterium erfüllt. Bezeichnen wir die geographische Breite mit y und die geographische Länge mit x, so ist für das Variationsproblem

$$\delta \int_A^B \sqrt{\cos^2 y + y'^2}\, dx = 0$$

$y = 0$ eine Extremale und längs ihr

$$P(x, 0) = -1, \qquad Q(x, 0) = 0, \qquad R(x, 0) = 1$$

$$\Omega = \frac{1}{2}(\eta'^2 - \eta^2).$$

Somit erhalten wir in der Tat, den bereits im vorigen Abschnitt diskutierten Ausdruck für Ω.

Die Tatsache, daß zwischen dem Erscheinen von LEGENDREs und JACOBIs Abhandlungen 50 Jahre liegen, ist jedenfalls recht auffallend und ein Kennzeichen dafür, daß sich zu Beginn des 19. Jahrhunderts in der Mathematik der Formalismus recht weitläufig entwickeln konnte, bevor eine von natürlichen Gesichtspunkten und durch recht naheliegende Beispiele bedingte Kritik einsetzte.

JACOBI knüpft an LEGENDRE an und zeigt, daß die Lösung der Riccatischen Differentialgleichung (5), zu der LEGENDRE gelangt war, in innigem Zusammenhang steht mit den Lösungen einer linearen Differentialgleichung zweiter Ordnung, die man jetzt als Jacobische Differentialgleichung bezeichnet.

In einfacher Weise gelangt man zu dieser Differentialgleichung indem man sich die Frage stellt:

Unter welchen Umständen hat die zweite Variation semidefinitei Charakter, oder mit anderen Worten: Unter welchen Bedingungen exi stiert für die zweite Variation ein Minimum mit dem Wert Null, da durch eine nicht verschwindende Variation η geliefert wird. (Ist di zweite Variation indefinit, so existiert sicher kein derartiges Minimum ist sie positiv definit, so wird das Minimum Null nur durch $\eta \equiv 0$ ge liefert.)

Durch diese zweite Form der Frage werden wir aber sofort veran laßt, die Euler-Lagrangesche Gleichung für η beim Variationsproblen

$$\delta \int_{x_0}^{x_1} \Omega(\eta, \eta')\, dx = 0$$

aufzustellen.

Zum Unterschied vom ursprünglichen Variationsproblem wird diese das akzessorische oder sekundäre Variationsproblem genannt. In dei Anwendungen spielt es insbesondere bei der Erledigung von Stabilitäts problemen eine entscheidende Rolle.

Im vorliegenden Falle, wo es sich um das Punkt-Punktproblen handelt, haben wir noch die Randbedingungen

$$\eta(x_0) = \eta(x_1) = 0 \tag{13}$$

zu erfüllen. Wir erhalten

$$\frac{d}{dx}(\Omega_{\eta'}) - \Omega_\eta \equiv \frac{d}{dx}(R(x)\eta' + Q(x)\eta) - Q(x)\eta' - P(x)\eta = 0 \tag{14}$$

oder

$$\frac{d}{dx}(R\eta') + (Q' - P)\eta = 0.$$

Diese Gleichung bezeichnet man als die Jacobische Differentialgleichung Nun bemerken wir: nach dem Eulerschen Satz über homogene Funk tionen können wir schreiben

$$2\Omega(\eta, \eta') = \Omega_{\eta'}\eta' + \Omega_\eta \eta.$$

Somit erhalten wir wegen

$$\int_{x_0}^{x_1} \Omega_{\eta'}\eta'\, dx = [\Omega_{\eta'}\eta]_{x_0}^{x_1} - \int_{x_0}^{x_1} \frac{d}{dx}(\Omega_{\eta'})\,\eta\, dx$$

die zweite Variation in der Form

$$\left(\frac{d^2 I}{d\varepsilon^2}\right)_{\varepsilon=0} = [\Omega_{\eta'}\eta]_{x_0}^{x_1} - \int_{x_0}^{x_1} \eta\left[\frac{d\Omega_{\eta'}}{dx} - \Omega_\eta\right] dx. \tag{15}$$

Man nennt die rechte Seite dieser Gleichung die Jacobische Form der zweiten Variation.

Aus dieser Form ergibt sich sofort der folgende Satz: Existiert eine, den Randbedingungen (13) des Punkt-Punktproblems genügende, von Null verschiedene Lösung der Jacobischen Differentialgleichung, so wird für diese Lösung die zweite Variation gleich Null.

Dieser Umstand legt es nahe, zu fragen: Wie hängt die Jacobische Form der zweiten Variation mit der Legendreschen Form zusammen und wie hängt die Legendresche Differentialgleichung für $\omega(x)$ mit der Jacobischen Differentialgleichung zusammen?

Um diese Frage näher zu erörtern, gehen wir von einer an und für sich wichtigen Identität aus. Bezeichnen wir kurz den für eine Funktion u bzw. v gebildeten Ausdruck auf der linken Seite der Jacobischen Gleichung mit $\Lambda_u(\Omega)$ bzw. $\Lambda_v(\Omega)$, so ergibt sich, wie man unmittelbar verifiziert

$$u\Lambda_v(\Omega) - v\Lambda_u(\Omega) = \frac{d}{dx}[R(uv' - vu')] \tag{16}$$

bzw.

$$\int_{x_0}^{x_1} [u\Lambda_v(\Omega) - v\Lambda_u(\Omega)]\,dx = [R(uv' - vu')]_{x_0}^{x_1}. \tag{17}$$

Wir wollen dies im Anschluß an HILBERT als Greensche Identität bezeichnen, obwohl diese Formel schon bei LAGRANGE vorkommt.

Um nun den Zusammenhang zwischen der Legendreschen und der Jacobischen Form für die zweite Variation darzulegen, wollen wir eine Formel entwickeln, die man (allerdings meistens nur bei den später zu besprechenden Verallgemeinerungen) als Fundamentalformel für die zweite Variation zu bezeichnen pflegt. In der Form, wie wir sie zunächst entwickeln, stammt sie von JACOBI.

Die Umformungen, die man im Anschluß an JACOBI vorzunehmen hat, bestehen der Hauptsache nach darin, daß man im Fall der Existenz einer im Intervall $x_0 < x < x_1$ nirgends verschwindenden Lösung der Jacobischen Gleichung $u(x)$ die zweimal stetig differenzierbare und sonst beliebige Funktion η in der Form

$$\eta(x) = u(x)\,\alpha(x) \tag{18}$$

ansetzt. Den Ansatz (18) für $\eta(x)$ wollen wir als „Ansatz der multiplikativen Variation" bezeichnen. Dann ergibt sich unter Berücksichtigung der Greenschen Identität (17) mit (18) für die zweite Variation (15)

$$\begin{aligned}\int_{x_0}^{x_1} 2\Omega\,dx &= \int_{x_0}^{x_1} (\Omega_{\eta'}\eta' + \Omega_\eta \eta)\,dx = [\eta\Omega_{\eta'}]_{x_0}^{x_1} - \int_{x_0}^{x_1} \alpha u \Lambda_\eta(\Omega)\,dx\\ &= [\eta\Omega_{\eta'}]_{x_0}^{x_1} - \int_{x_0}^{x_1} \alpha \frac{d}{dx}[R(\eta' u - u'\eta)]\,dx\\ &= [\eta\Omega_{\eta'}]_{x_0}^{x_1} - \int_{x_0}^{x_1} \alpha \frac{d}{dx}(R\alpha' u^2)\,dx\end{aligned}$$

und daraus erhalten wir durch abermalige Produktintegration, indem wir η gemäß (18) einsetzen und (13) berücksichtigen

$$\int_{x_0}^{x_1} 2\Omega\, d x = \int_{x_0}^{x_1} (\alpha' u)^2 R\, d x = \int_{x_0}^{x_1} \left(\frac{\eta' u - \eta u'}{u}\right)^2 R\, d x. \tag{19}$$

Um also Übereinstimmung mit der Legendreschen Form der zweiten Variation zu erzielen, muß man setzen

$$\eta' + \frac{(Q+\omega)}{R}\,\eta = \eta' - \frac{u'}{u}\,\eta,$$

also

$$\omega = -R\,\frac{u'}{u} - Q.$$

Führt man diese Substitution durch, so verwandelt sich in der Tat die nichtlineare (Riccatische) Differentialgleichung 1. Ordnung für ω in die lineare Jacobische Differentialgleichung 2. Ordnung für u. Wir erhalten somit den Satz:

Existiert in einem Intervall (x_0, x_1) eine durchwegs von Null verschiedene Lösung der Jacobischen Differentialgleichung, so existiert in diesem Intervall eine durchwegs stetige Lösung der Differentialgleichung für ω.

Wir wollen an dieser Stelle, vorbereitend für spätere Entwicklungen, mit Hilfe des Ansatzes der multiplikativen Variation die Frage behandeln, unter welchen Umständen das Integral

$$\int_0^h 2\Omega(\eta, \eta'; t)\, d x = \int_0^h \left(\eta'^2(x) - t\cdot\eta^2(x)\right) d x$$

positiv definit ist, wobei bezüglich der Funktion $\eta(x)$ nur ihre Differenzierbarkeit und die Erfüllung der Randbedingung $\eta(0) = \eta(h) = 0$ vorausgesetzt wird. Wir werden nachweisen, daß dies von dem Wert abhängt, den der Parameter t annimmt und daß hierbei folgende Fälle zu unterscheiden sind:

1. Ist $\sqrt{t}\cdot h < \pi$, so ist das Integral positiv definit.
2. Ist $\sqrt{t}\cdot h = \pi$, so ist das Integral semidefinit.
3. Ist $\sqrt{t}\cdot h > \pi$, so ist das Integral indefinit.

Wir beweisen zunächst die Behauptung 1. Für den Ansatz der multiplikativen Variation benötigen wir eine im Intervall $[0, h]$ nirgends verschwindende Lösung der Differentialgleichung

$$\frac{d^2 u}{d x^2} + t\cdot u = 0.$$

Eine solche Lösung ist, da nach Voraussetzung $\sqrt{t}\cdot h<\pi$ ist, $u(x)=\sin\sqrt{t}(x+\delta)$ mit $0<\delta<\frac{\pi}{\sqrt{t}}-h$. Hiermit ist

$$\alpha=\frac{\eta(x)}{\sin\sqrt{t}(x+\delta)}$$

und da $R=1$, ist also

$$\int_0^h 2\Omega(\eta,\eta';t)\,dx=\int_0^h(\eta'^2-t\eta^2)\,dx$$

$$=\int_0^h R\cdot u^2\cdot\alpha'^2=\int_0^{2h}1\cdot\sin^2\sqrt{t}(x+\delta)\left(\frac{\eta(x)}{\sin\sqrt{t}(x+\delta)}\right)'^2dx.$$

Da der Integrand des letzten Integrals nur quadratische Terme enthält und $\eta(x)$ in $[0,h]$ nicht identisch verschwinden soll, ist damit der Beweis für die Behauptung 1 erbracht. Dieses Resultat können wir auch in der Form aussprechen: Es ist für $\sqrt{t}\cdot h<\pi$ sofern $\eta(x)$ in $[0,h]$ nicht identisch verschwindet

$$\frac{\int_0^h\eta'^2dx}{\int_0^h\eta^2dx}>t$$

und da diese Ungleichheit für alle t gilt, für welche $t<\frac{\pi^2}{h^2}$ ist, so folgt hieraus

$$\frac{\int_0^h\eta'^2dx}{\int_0^h\eta^2dx}\geqq\frac{\pi^2}{h^2}.$$

Das Gleichheitszeichen gilt, wie man sich durch Einsetzen sofort überzeugen kann, für $\eta=\sin\frac{\pi}{h}\cdot x$. Somit kann man auch sagen:

$$\left\{\frac{\int_0^h\eta'^2dx}{\int_0^h\eta^2dx}\right\}_{\text{Min}}=\frac{\pi^2}{h^2}.$$

Die Richtigkeit der Behauptungen 2. und 3. kann man sofort erkennen, indem man in den Integranden $2\Omega(\eta,\eta';t)$ für $\eta(x)$ die Funktion $\sin\frac{\pi}{h}\cdot x$ einsetzt.

Unsere Formel (19) gilt aber auch noch, wenn u an den Endpunkten, nicht aber im Inneren des Intervalls verschwindet (dabei sei $|R|\geqq\varepsilon>0$ im ganzen Intervall vorausgesetzt). In der Tat, da wir $\eta(x)$ als zweimal stetig differenzierbar vorausgesetzt haben, existiert wegen (18)

$$\lim_{x \to x_0} \alpha = \lim_{x \to x_0} \frac{\eta}{u}$$

und

$$\lim_{x \to x_1} \alpha = \lim_{x \to x_1} \frac{\eta}{u}$$

Beweis: $u'(x_0)$ bzw. $u'(x_1)$ ist sicher von Null verschieden, denn aus

$$u(x_0) = u'(x_0) = 0 \quad \text{bzw.} \quad u(x_1) = u'(x_1) = 0$$

würde wegen des Eindeutigkeitssatzes für die Lösungen linearer homogener Differentialgleichungen folgen

$$u(x) \equiv 0.$$

Unter Beachtung dieses Umstandes folgt aus der Regel von DE L'HOSPITAL unmittelbar die Behauptung.

Aus der Formel (19) für die Jacobische Transformation der zweiten Variation entnehmen wir somit folgende Sätze:

1. Liegen für einen Extremalenbogen, der das Legendresche Kriterium in seiner schärferen Form erfüllt, Anfangs- und Endpunkt innerhalb eines Intervalls, in dem eine weder im Inneren noch an den Randpunkten des Intervalls verschwindende Lösung der Jacobischen Gleichung existiert, so hat die zweite Variation positiv definiten Charakter.

2. Existiert eine, nirgends im Inneren, wohl aber an den Randpunkten des Intervalls verschwindende Lösung $u(x)$ der Jacobischen Gleichung und ist das Legendresche Kriterium in seiner schärferen Form erfüllt, so hat die zweite Variation semidefiniten Charakter, d.h. es gilt

$$\int_{x_0}^{x_1} 2\Omega(\eta, \eta')\, dx \geqq 0,$$

wobei das Gleichheitszeichen nur dann gilt, wenn $\eta = u$ ist.

Auf Grund dieser Ergebnisse meinte JACOBI eine hinreichende Bedingung für das Eintreten eines Minimums gefunden zu haben. Wir werden später im Kapitel III sehen, daß dies nicht ohne weiteres zutrifft.

Dagegen führen die Betrachtungen von JACOBI in der Tat zu einer weiteren notwendigen Bedingung für das Eintreten eines Minimums, der notwendigen Bedingung von JACOBI:

Sei $\mathfrak{E}_0$ ein Extremalenbogen, der im Intervall (x_0, x_1) der Legendreschen Bedingung in ihrer schärferen Form genügt und sei $u = u_0(x)$ eine zwar für $x = x_0$ verschwindende aber jedoch nicht im ganzen Integrationsintervall identisch verschwindende Lösung der Jacobischen Gleichung. Soll $\mathfrak{E}_0$ ein Minimum liefern, so darf $u_0(x)$ in keinem weiteren Punkt $x = \xi$ des Integrationsintervalls

$$x_0 < \xi < x_1$$

verschwinden.

Am einfachsten beweist man wohl [nach BLISS (**)] diesen Satz folgendermaßen:

Wäre

$$u_0(\xi) = 0, \tag{20}$$

so definiert man eine Funktion $\eta(x)$ durch die Gleichung (***)

$$\eta(x) = \begin{cases} u_0(x) & \text{in} \quad x_0 \leqq x \leqq \xi \\ 0 & \text{in} \quad \xi \leqq x \leqq x_1. \end{cases} \tag{21}$$

Dann folgt unter Beachtung von (21) und $\Lambda_\eta(\Omega) = 0$

$$\left(\frac{d^2 I}{d\varepsilon^2}\right)_{\varepsilon=0} = \int_{x_0}^{\xi} 2\,\Omega(u_0, u_0')\,dx = -\int_{x_0}^{\xi} u_0 \Lambda_\eta(\Omega)\,dx = 0.$$

Wäre nun aber tatsächliche Null der kleinste Wert für $\left.\frac{d^2 I}{d\varepsilon^2}\right|_{\varepsilon=0}$, d.h. wäre $\left.\frac{d^2 I}{d\varepsilon^2}\right|_{\varepsilon=0}$ semidefinit, so müßte $\eta(x)$ im Punkt ξ die Weierstraß-Erdmannsche Eckenbedingung (vgl. S. 102)

$$[\Omega_{\eta'}]_{x=\xi-0}^{x=\xi+0} = [Q\eta + R\eta']_{x=\xi-0}^{x=\xi+0} = 0$$

erfüllt sein und somit müßte wegen

$$R(\xi) \neq 0, \quad \eta(\xi) = 0, \quad \eta'(\xi + 0) = 0$$

auch

$$\eta'(\xi - 0) = u_0'(\xi) = 0$$

sein.

Hieraus und aus (20) folgt nach dem Eindeutigkeitssatz über lineare homogene Differentialgleichungen

$$u_0(x) \equiv 0,$$

im Widerspruch zu unserer Annahme über $u_0(x)$. Daher kann, wenn (20) gilt, Null nicht das Minimum von $\left.\frac{d^2 I}{d\varepsilon^2}\right|_{\varepsilon=0}$ sein, also muß die zweite Variation indefiniten Charakter haben.

§ 2. Konjugierte Punkte

Wir sehen also, daß es für die Entscheidung, ob eine Extremale ein Minimum liefert, wichtig ist, die allfälligen Nullstellen der Lösungen der Jacobischen Gleichung genauer zu untersuchen.

Zunächst fragen wir: können die Nullstellen der Jacobischen Gleichung einen Häufungspunkt haben? Wir wollen annehmen, es sei für das zu untersuchende Stück der Extremale die Legendresche Bedingung in ihrer verschärften Form erfüllt. Hätten dann die Nullstellen bei $x = \xi$

einen Häufungspunkt, so müßte dort wegen der Stetigkeit von $u(x)$ und $u'(x)$

$$u(\xi) = u'(\xi) = 0$$

sein und somit wäre $u(x)$ nach dem Eindeutigkeitssatz für Lösungen von linearen homogenen Differentialgleichungen identisch Null. Also ist ein Häufungspunkt unmöglich.

Um das Jacobische Kriterium bequemer aussprechen zu können, hat man eine eigene Bezeichnung für die den Nullstellen entsprechenden Punkte eingeführt; wir schließen uns der insbesondere von BLISS und SCHOENBERG benutzten Bezeichnungsweise an (*).

Sind ξ und ξ' irgendwelche Nullstellen für ein und dieselbe Lösung der Jacobischen Gleichung, so nennt man die zugehörigen Punkte auf der Extremalen „assoziierte Punkte". Insbesondere bezeichnet man den, auf einen Punkt P unmittelbar folgenden (vorangehenden) assoziierten Punkt P' als den hinteren (vorderen) „konjugierten" Punkt.

Aus dem Eindeutigkeitssatz für die Lösung von linearen Differentialgleichungen folgt, daß die Lösung der Jacobischen Gleichung in unserem Fall durch die Angabe einer Nullstelle bis auf einen Proportionalitätsfaktor bestimmt ist. Hieraus folgt: Ist $\overline{P}$ der hintere konjugierte Punkt zu P, so ist P der vordere konjugierte Punkt zu $\overline{P}$ (Vertauschungssatz). Wir können also immer von einem Paar konjugierter Punkte sprechen.

Das Jacobische Kriterium können wir nun folgendermaßen aussprechen:

Das Jacobische Kriterium in seiner schärferen Form ist erfüllt, wenn 1. ein Extremalenbogen keinen zu seinem Anfangspunkt konjugierten Punkt in seinem Inneren enthält und wenn 2. auch der Endpunkt kein zum Anfangspunkt konjugierter Punkt ist.

Ist die erste Bedingung erfüllt, die zweite aber nicht, so sagt man, es gilt das Jacobische Kriterium in seiner schwächeren Form.

§ 3. Der Satz von STURM

Zur Überleitung zu dem im Titel genannten Satz erwähnen wir folgenden Satz:

Seien durch ξ und $\bar{\xi}$ konjugierte Punkte gekennzeichnet und sei $\xi < x_1 < \bar{\xi}$, so gibt es immer eine Lösung $u(x)$ der Jacobischen Gleichung, die >0 im abgeschlossenen Intervall $[\xi, x_1]$ ist.

Sei $u = u_1(x, \xi)$, $u = u_2(x, \xi)$ ein Fundamentalsystem der Jacobischen Gleichung, so daß:

$$u_1(x, \xi)|_{x=\xi} = 0, \qquad u_2(x, \xi)|_{x=\xi} = 1$$

$$u_1'(x, \xi)|_{x=\xi} = 1, \qquad u_2'(x, \xi)|_{x=\xi} = 0.$$

Dann ist $u_1(x, \xi) > 0$ in $\xi < x \leqq x_1$. Ist $u_2(x, \xi) \geqq 0$ in $[\xi, x_1]$ und α eine beliebige positive Zahl, so hat bereits $u = u_1 + \alpha\, u_2$ die behauptete Eigenschaft.

Ist $u_2(x, \xi)$ in $[\xi, x_1]$ nicht stets $\geqq 0$, so ist es aber $\geqq 0$ zumindest in einer Umgebung von ξ. Sei m_1 das Minimum von u_1 für jene Werte von x aus $[\xi, x_1]$, in welchen $u_2 < 0$ ist und sei $-m_2$ das Infimum der zugehörigen Funktionswerte von u_2. Wählt man eine Größe α nun so, daß $0 < \alpha < m_2/m_1$, so ist sicher

$$u = u_1 + \alpha u_2 > 0 \text{ in } [\xi, x_1].$$

Die bisher erzielten Ergebnisse können wir zusammenfassen in folgende Sätze:

1. Die Jacobische notwendige Bedingung sagt aus: Ist für einen Extremalenbogen $\mathfrak{E}_0$ die Legendresche Bedingung in ihrer verschärften Form erfüllt, aber ist die Jacobische Bedingung nicht einmal in ihrer schwächeren Form erfüllt, dann liefert $\mathfrak{E}_0$ sicher kein Minimum.

2. Ist das Legendresche und das Jacobische Kriterium in der schärferen Form erfüllt, so hat die zweite Variation positiv definiten Charakter.

Aus dem Nebeneinanderbestehen dieser beiden Sätze folgt unmittelbar der folgende Satz über konjugierte Punkte (Satz von STURM):

Ist $P, \overline{P}$ ein Paar konjugierter Punkte und liegt ein Punkt P^* innerhalb des von diesen Punkten begrenzten Extremalenbogens $\widehat{P, \overline{P}}$, so liegt der zu P^* konjugierte Punkt $\overline{P}^*$ außerhalb von $\widehat{P\overline{P}}$.

In Zeichen können wir dies etwa so zum Ausdruck bringen

$$P < P^* < \overline{P} < \overline{P}^*.$$

Läge nämlich $\overline{P}^*$ zwischen P^* und $\overline{P}$

$$P < P^* < \overline{P}^* < \overline{P}, \tag{22}$$

so gäbe es einen Bogen $\widehat{Q_0 Q_1}$, für den

$$P < Q_0 < P^*, \quad \overline{P}^* < Q_1 < \overline{P}.$$

Einerseits ist dann, indem man bemerkt, daß $P^*, \overline{P}^*$ konjugierte Punkte sind, das Jacobische Kriterium für den Bogen $\widehat{Q_0 Q_1}$ nicht einmal in seiner schwächeren Form erfüllt, anderseits ist aber, weil $P, \overline{P}$ konjugierte Punkte sind, das Jacobische Kriterium sogar in seiner schärferen Form erfüllt. Also führt die Annahme (22) zu einem Widerspruch.

Ein expliziter Beweis des Sturmschen Satzes ergibt sich unmittelbar aus der, für die Theorie der zweiten Variation grundlegenden Formel (19).

Seien $\xi, \bar{\xi}$; $\xi^*, \bar{\xi}^*$ die den Punkten $P, \bar{P}$; $P^*, \bar{P}^*$ entsprechenden Abszissen. Würde nun (22) gelten, so setze man für u jene Lösung der Jacobischen Gleichung ein, die für $x = \xi$ und $x = \bar{\xi}$ verschwindet, ferner für η diejenige Lösung, die für $x = \bar{\xi}^*$ und $x = \xi^*$ verschwindet. Wendet man nun die Formel (19) für das Intervall $(\xi^*, \bar{\xi}^*)$ unter der Voraussetzung $R > 0$ an, so kommt der Widerspruch darin zum Ausdruck, daß die linke Seite von (19) Null und die rechte Seite positiv ist. Nach dem Vertauschungssatz kann $\bar{P}^*$ mit P nicht zusammenfallen.

Übrigens kann man sich auch durch die folgende geometrische Überlegung die Unmöglichkeit der durch (22) gekennzeichneten Lage der konjugierten Punkte klarmachen (vgl. Figur 21). Denken wir uns zunächst in einem x, u Koordinatensystem eine Lösung u_1 der Jacobischen Gleichung, deren unmittelbar aufeinanderfolgende Nullstellen $x = \xi$ und $x = \bar{\xi}$ sind, durch eine Kurve K_1 dargestellt. Wir wollen etwa annehmen, im Inneren des ganzen Intervalles $[\xi, \bar{\xi}]$ sei $u_1 \geq 0$. Dann betrachten wir eine Lösung u_2 der Jacobischen Differentialgleichung, deren unmittelbar aufeinanderfolgende Nullstellen $x = \xi^*$ und $x = \bar{\xi}^*$ sind. Wieder gelte $u_2 > 0$ im Inneren des ganzen entsprechenden Intervalls $[\xi^*, \bar{\xi}^*]$. Nun läßt sich eine Konstante C_1 so klein wählen, daß in diesem Intervall

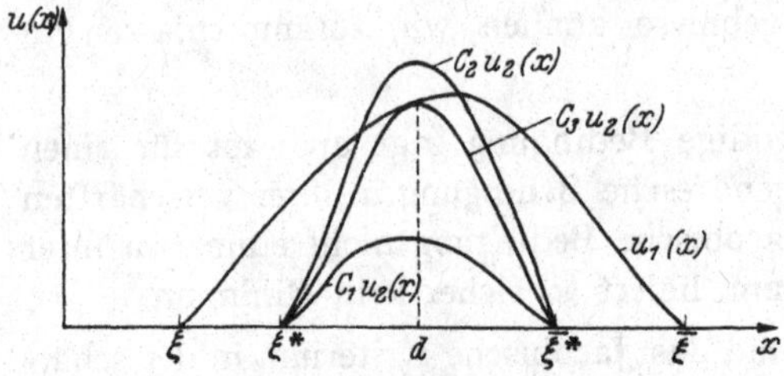

Fig. 21. Zum Satz von STURM

$$C_1 u_2 < u_1$$

ist.

Ferner läßt sich aber offenbar auch ein Faktor C_2 so groß wählen, daß für die die Funktion $C_2 u_2$ darstellende Kurve Schnittpunkte mit K_1 vorhanden sein müssen. Dann muß sich aber auch aus Stetigkeitsgründen zwischen C_1 und C_2 ein Faktor C_3 angeben lassen, so daß die $u = C_3 u_2$ darstellende Kurve mindestens einen Berührungspunkt mit K_1 hat. Dies ist aber unmöglich, denn ist $x = d$ die Abszisse des Berührungspunktes, so ist für $u_3 = u_1 - C_3 u_2$ sowohl $u_3(d) = 0$ als auch $u_3'(d) = 0$ und somit $u_3(x) \equiv 0$.

§ 4. Das Jacobische Theorem und die geometrische Deutung der konjugierten Punkte

Die Untersuchung des Jacobischen Kriteriums scheint also zunächst die Auflösung einer linearen Differentialgleichung zweiter Ordnung zu fordern. In dieser Beziehung ist ein von JACOBI aufgestelltes Theorem von außerordentlicher Wichtigkeit, das uns lehrt, wie man die allgemeine Lösung der Jacobischen Gleichung mit der Lösung der Euler-Lagrangeschen Gleichung in Zusammenhang bringen kann.

Es sei für das Variationsproblem

$$\delta \int_{x_0}^{x_1} f(x, y, y')\, dx = 0$$

bereits eine einparametrige Schar von Extremalen

$$y = y(x, \alpha)$$

ermittelt und es sei die zu untersuchende Extremale durch $\alpha = \alpha_0$ gekennzeichnet.

Der angekündigte Satz von JACOBI besagt nun, daß

$$u(x) = \left(\frac{\partial y(x, \alpha)}{\partial \alpha}\right)_{\alpha=\alpha_0}$$

eine Lösung der Jacobischen Differentialgleichung

$$\frac{d}{dx}\{f_{y'y'}(x, y(x, \alpha_0), y'(x, \alpha_0))\, u' + f_{yy'}(x, y(x, \alpha_0), y'(x, \alpha_0))\, u\} -$$
$$- \{f_{yy'}(x, y(x, \alpha_0), y'(x, \alpha_0))\, u' + f_{yy}(x, y(x, \alpha_0), y'(x, \alpha_0))\, u\} = 0$$

darstellt.

Der Beweis des Satzes ergibt sich unmittelbar, wenn man sich $y = y(x, \alpha)$ in die Euler-Lagrangesche Differentialgleichung eingesetzt denkt, die sich hieraus ergebende, in x und α gültige Identität nach α differenziert und dann $\alpha = \alpha_0$ setzt. In der Tat ergibt sich der Ausdruck links vom Gleichheitszeichen, wenn man in

$$\left\{\frac{\partial}{\partial \alpha}\left[\frac{\partial}{\partial x} f_{y'}(x, y(x, \alpha), y'(x, \alpha)) - f_y(x, y(x, \alpha), y'(x, \alpha))\right]\right\}_{\alpha=\alpha_0}$$

die Differentiationen nach x und α vertauscht, da ja

$$\left[\frac{\partial}{\partial \alpha} f_{y'}(x, y(x, \alpha), y'(x, \alpha))\right]_{\alpha=\alpha_0} =$$
$$= f_{y'y'}(x, y(x, \alpha_0), y'(x, \alpha_0))\, u' + f_{y'y}(x, y(x, \alpha_0), y'(x, \alpha_0))\, u$$

$$\left[\frac{\partial}{\partial \alpha} f_y(x, y(x, \alpha), y'(x, \alpha))\right]_{\alpha=\alpha_0} =$$
$$= f_{y'y}(x, y(x, \alpha_0), y'(x, \alpha_0))\, u' + f_{yy}(x, y(x, \alpha_0), y'(x, \alpha_0))\, u$$

ist.

Im Anschluß an diese Betrachtungen führen wir einen — später häufig verwendeten — von POINCARÉ geprägten Begriff ein. Es liege eine Differentialgleichung

$$\Phi(x, y, y', \ldots, y^{(n)}) \equiv \Phi(x, y^{(i)}) = 0$$

vor und $y=y(x,\alpha)$ sei eine einparametrige Schar von Lösungen. Differenzieren wir diese Gleichung nach α, setzen wir hierauf $\alpha=\alpha_0$ und führen wir für $\left.\frac{\partial^{i+1}y}{\partial x^i\partial\alpha}\right|_{\alpha=\alpha_0}$, $(i=0,\ldots,n)$ die Größe $u^{(i)}(x)=\frac{\partial^i u}{\partial^i x}$ ein, so bezeichnet man die so gebildete Gleichung

$$\sum_{i=0}^{n}[\Phi_{y^{(i)}}]_{\alpha=\alpha_0}u^{(i)}(x)=0$$

als Variationsgleichung (équation au variation) zugehörig zu $y=y(x,\alpha_0)$. Mit Hilfe dieses eben eingeführten Begriffes können wir sagen, die Jacobische Gleichung ist die Variationsgleichung der Eulerschen Gleichung.

Man kann auch leicht zeigen, daß durch Betrachtung geeigneter einparametriger Scharen von Extremalen alle Lösungen der Jacobischen Gleichung auf diese Weise gewonnen werden können.

Ist nämlich

$$y=y(x,\alpha,\beta)$$

die zweiparametrige Schar von Lösungen der Eulerschen Gleichung, die für $\alpha=\alpha_0$ und $\beta=\beta_0$ die zu untersuchende Extremale $\mathfrak{E}_0$ darstellt und die in $x=x_0$ die Relationen

$$y(x_0,\alpha,\beta)=\alpha,\qquad y_x(x_0,\alpha,\beta)=\beta$$

identisch in α und β erfüllt, dann ist für die Extremale in $x=x_0$

$$y_\alpha(x_0,\alpha_0,\beta_0)=1,\qquad y_{x\alpha}(x_0,\alpha_0,\beta_0)=0,$$
$$y_\beta(x_0,\alpha_0,\beta_0)=0,\qquad y_{x\beta}(x_0,\alpha_0,\beta_0)=1.$$

Somit hat die Wronskische Determinante in x_0 den Wert 1, also stellt

$$u_1=y_\alpha(x,\alpha_0,\beta_0),\qquad u_2=y_\beta(x,\alpha_0,\beta_0)$$

ein Fundamentalsystem für die Jacobische Gleichung dar, so daß sich jede Lösung in der Form

$$u=C_1u_1+C_2u_2$$

darstellen läßt. Um nun eine, durch ein bestimmtes Wertepaar C_1, C_2 gekennzeichnete Lösung $u(x)$ zu gewinnen, hat man α und β durch ein geeignetes Funktionenpaar

$$\alpha=\alpha(\gamma),\qquad \beta=\beta(\gamma)$$

so auszudrücken, daß

$$\alpha(\gamma_0)=\alpha_0,\qquad \beta(\gamma_0)=\beta_0$$

und

$$\left(\frac{\partial\alpha}{\partial\gamma}\right)_{\gamma=\gamma_0}=C_1,\qquad \left(\frac{\partial\beta}{\partial\gamma}\right)_{\gamma=\gamma_0}=C_2$$

ist.

Auf diese Weise erhält man aus der zweiparametrigen Schar von Lösungen der Eulerschen Gleichung die gewünschte einparametrige Schar

$$y = y\big(x, \alpha(\gamma), \beta(\gamma)\big)$$

für die $\left(\frac{\partial y}{\partial \gamma}\right)_{\gamma=\gamma_0} = u(x)$ ist.

Der Jacobische Satz lehrt uns zunächst zwei neue Methoden zur Bestimmung der konjugierten Punkte.

1. Sei $y = y(x, \alpha)$ eine einparametrige Schar der durch den Punkt $P_0(x_0, y_0)$ hindurchgehenden Extremalen, dann liefert die auf $x = x_0$ unmittelbar folgende Lösung der Gleichung

$$\left(\frac{\partial y(x, \alpha)}{\partial \alpha}\right)_{\alpha=\alpha_0} = 0$$

die Abszisse des konjugierten Punktes.

2. Seien durch $y = y(x, \alpha, \beta)$ alle Extremalen in der Umgebung der zu untersuchenden Extremale $\mathfrak{E}_0$, für die $\alpha = \alpha_0$ und $\beta = \beta_0$ ist, dargestellt, dann liefert die, auf $x = x_0$ unmittelbar folgende Lösung der Gleichung

$$\begin{vmatrix} y_\alpha(x, \alpha_0, \beta_0) & y_\alpha(x_0, \alpha_0, \beta_0) \\ y_\beta(x, \alpha_0, \beta_0) & y_\beta(x_0, \alpha_0, \beta_0) \end{vmatrix} = 0$$

ebenfalls die Abszisse des konjugierten Punktes. In der Tat stellt ja nach dem Jacobischen Satz die durch die obige Determinante dargestellte Funktion von x eine, bei $x = x_0$ verschwindende, Lösung der Jacobischen Gleichung dar.

Dieses Theorem von Jacobi ist nicht nur für die formale bzw. rechnerische Beherrschung des Jacobischen Kriteriums von Wichtigkeit, sondern verhilft uns auch dazu, mit diesem Kriterium anschauliche Vorstellungen zu verbinden. Erinnern wir uns an die Einführung der Variationsgleichung. Betrachten wir also die Ordinatendifferenz zweier benachbarter Extremalen, $y = y(x, \alpha_1)$ und $y = y(x, \alpha_0)$, so gilt offenbar, daß die Ordinatendifferenz $y(x, \alpha_1) - y(x, \alpha_0)$ angenähert dargestellt wird durch die Lösung der Jacobischen Gleichung

$$y(x, \alpha_1) - y(x, \alpha_0) \cong (\alpha_1 - \alpha_0)\left[\frac{\partial y(x, \alpha)}{\partial \alpha}\right]_{\alpha=\alpha_0} = (\alpha_1 - \alpha_0)\, u(x),$$

wobei $(\alpha_1 - \alpha_0)$ eine ihrem Wert nach klein zu denkende Konstante ist.

Diese Betrachtung führt aber unmittelbar zu einer geometrischen Auffassung über assoziierte bzw. konjugierte Punkte. Ist $y = y(x, \alpha)$ die Schar der durch den Punkt P_0 hindurchgehenden Extremalen, so werden wir dazu geführt, den zu P_0 konjugierten Punkt $\overline{P}_0$ auf $\alpha = \alpha_0$ als die Grenzlage des auf P_0 unmittelbar folgenden Schnittpunktes der Extremalen $\alpha = \alpha_0$ und $\alpha = \alpha_1$ aufzufassen, wenn α_1 gegen α_0 konvergiert.

Ist auf einer Schar von Extremalen, die durch einen Punkt hindurchgehen, auf jeder von ihnen ein konjugierter Punkt vorhanden, so sind zwei Fälle möglich. Entweder es fallen alle Punkte $\overline{P}_0$ in einen Punkt zusammen, oder sie haben eine Einhüllende. Für deren Punkte gelten die beiden Gleichungen

$$y = y(x, \alpha), \qquad y_\alpha(x, \alpha) = 0$$

und nach bekannten Sätzen über Einhüllende können dann die konjugierten Punkte aufgefaßt werden als die Berührungspunkte der Extremalen mit der Einhüllenden. Im Anschluß an die übliche Bezeichnungsweise der geometrischen Optik kann man diese Einhüllende als „Brennlinie" oder „Kaustik" bezeichnen.

Im Kapitel III, § 9 werden wir diese geometrische Betrachtung noch ergänzen; vorläufig wollen wir einige Beispiele über das Auftreten konjugierter Punkte betrachten.

§ 5. Beispiele zur Theorie der konjugierten Punkte

1. Die konjugierten Punkte am Äquator einer Rotationsfläche

Wir betrachten eine Rotationsfläche mit der z-Achse als Rotationsachse, deren Meridiankurve im Inneren des betrachteten Bereiches ein Maximum des Abstandes von der Rotationsachse hat. Als Äquator bezeichnen wir den weitesten Parallelkreis. Als Koordinaten führen wir die vom Äquator aus gezählte Bogenlänge der Meridiankurve σ und das Azimut ψ ein. Mit r bezeichnen wir die Radien der Parallelkreise. Das Bogenelement ist dann bestimmt durch

$$ds^2 = d\sigma^2 + r^2\, d\psi^2.$$

Die Gleichung der Meridiankurve (und damit der ganzen Fläche) sei gegeben in der Form

$$z = z(\sigma), \qquad r = r(\sigma).$$

Die geodätischen Linien $\sigma = \sigma(\psi)$ sind die Extremalen des Variationsproblems

$$\delta \int\limits_{\psi_0}^{\psi_1} \sqrt{\left(\frac{d\sigma}{d\psi}\right)^2 + r^2(\sigma)}\, d\psi = 0.$$

Insbesondere ist $\sigma = 0$, also der Äquator eine geodätische Linie. Wir wollen nun das Jacobische Kriterium für den Äquator untersuchen und an diesem Beispiel auch den Fall $\frac{d^2 I}{d\varepsilon^2} = 0$ näher untersuchen, wozu wir dann die höheren Variationen heranzuziehen haben (*).

Es seien R_{I} der Krümmungsradius des Äquators und R_{II} der Krümmungsradius der Meridiankurve an der Stelle σ.

Für den weitesten Parallelkreis (den Äquator) ist also

$$\sigma = 0, \qquad r = R_I,$$
$$\frac{dr}{d\sigma} = 0, \quad \left(\frac{d^2 r}{d\sigma^2}\right)_{\sigma=0} = -\left(\frac{1}{R_{II}}\right)_0 \equiv \frac{1}{R_{II_0}}.$$

Setzen wir

$$\sigma = 0 + \varepsilon\eta(\psi), \tag{23}$$

und sei ϑ der Winkel zwischen der Tangente an die Meridiankurve und der Rotationsachse, dann folgt wegen

$$\frac{1}{R_{II}} = \left(\frac{1}{R_{II}}\right)_0 + \sigma\left(\frac{1}{R_{II}}\right)_0' + \frac{\sigma^2}{2}\left(\frac{1}{R_{II}}\right)_0'' + \cdots$$

$$\vartheta = \int_0^\sigma \frac{1}{R_{II}}\,d\sigma = \left(\frac{1}{R_{II}}\right)_0 \sigma + \frac{\sigma^2}{2}\left(\frac{1}{R_{II}}\right)_0' + \frac{\sigma^3}{6}\left(\frac{1}{R_{II}}\right)_0'' + \cdots$$

also

$$\sin\vartheta = \vartheta - \frac{\vartheta^3}{3!} + \cdots = \left(\frac{1}{R_{II}}\right)_0 \sigma + \frac{\sigma^2}{2}\left(\frac{1}{R_{II}}\right)_0' + \frac{\sigma^3}{6}\left[\left(\frac{1}{R_{II}}\right)_0'' - \left(\frac{1}{R_{II}}\right)_0^3\right] + \cdots$$

und somit

$$\begin{aligned} r(\sigma) &= R_I - \int_0^\sigma \sin\vartheta\,d\sigma = \\ &= R_I - \frac{\sigma^2}{2R_{II_0}} - \frac{\sigma^3}{6}\left(\frac{1}{R_{II}}\right)_0' - \frac{\sigma^4}{24}\left[\left(\frac{1}{R_{II}}\right)_0'' - \frac{1}{R_{II_0}^3}\right] + \cdots \\ &= R_I - \frac{\varepsilon^2\eta^2}{2R_{II_0}} - \frac{\varepsilon^3\eta^3}{6}\left(\frac{1}{R_{II}}\right)_0' - \frac{\varepsilon^4\eta^4}{24}\left[\left(\frac{1}{R_{II}}\right)_0'' - \frac{1}{R_{II_0}^3}\right] + \cdots \end{aligned}$$

$$I(\varepsilon) = \int_{\psi_0}^{\psi_1} \sqrt{R_I^2 + \varepsilon^2\left[\left(\frac{d\eta}{d\psi}\right)^2 - \frac{R_I}{R_{II_0}}\eta^2\right] + \cdots}\,d\psi$$

und mit $R_I\,d\psi = ds$ (am Äquator)

$$\left.\begin{aligned} I(\varepsilon) &= \int_{s_0}^{s_1} \sqrt{1 + \varepsilon^2\left[\left(\frac{d\eta}{ds}\right)^2 - \frac{1}{R_I R_{II_0}}\eta^2\right] + \cdots}\,ds \\ &= \int_{s_0}^{s_1}\left[1 + \frac{\varepsilon^2}{2}\left(\left(\frac{d\eta}{ds}\right)^2 - \frac{1}{R_I R_{II_0}}\eta^2\right) + \cdots\right] ds. \end{aligned}\right\} \tag{24}$$

Es ist also

$$2\Omega\left(\eta, \frac{d\eta}{ds}\right) = \left(\frac{d\eta}{ds}\right)^2 - \frac{1}{R_I R_{II_0}}\eta^2$$

und die Jacobische Differentialgleichung lautet

$$0 = \frac{d}{ds}(\Omega_{\eta'}) - \Omega_\eta \equiv \frac{d^2\eta}{ds^2} + \frac{1}{R_I R_{II_0}}\eta.$$

Auf Grund der Anfangsbedingung $\eta(0) = 0$ ergibt sich die Lösung

$$\eta = C \sin \frac{s}{\sqrt{R_I R_{II_0}}}.$$

Die erste Nullstelle dieser Funktion liegt bei

$$s_1 = \pi \sqrt{R_I R_{II_0}}.$$

Der Äquatorbogen ist also nur solange kürzeste Verbindung, als $s < s_1$ ist.

Zum Beispiel reicht beim flachen Ellipsoid dieses Bogenstück nicht bis zum Antipoden des Ausgangspunktes; beim langgestreckten Ellipsoid dagegen reicht der Bogen über diesen Punkt hinaus. Natürlich ist in diesem Fall der Weg in die andere Richtung kürzer, aber unter den, dem Äquatorbogen benachbarten Verbindungen ist keine kürzere zu finden.

Veranschaulichen kann man sich diese Verhältnisse durch einen Faden, der über den Äquator gespannt ist. Gefragt ist, wie weit der festgehaltene Endpunkt und Anfangspunkt auseinander rücken dürfen, ohne daß der Faden seitlich abrutscht.

Mit Rücksicht auf analoge Fragen, die in der geometrischen Optik von Bedeutung sind, gehen wir noch auf die weitere Frage ein, wie sich der Bogen verhält, wenn Anfangs- und Endpunkt konjugierte Punkte sind.

Hierbei beschränken wir uns auf den Fall, daß die Rotationsfläche symmetrisch zur Äquatorebene ist. Es verschwindet dann die dritte Variation und wir müssen offenbar das Vorzeichen der vierten Variation untersuchen. Im Falle des Ellipsoides ist es zweckmäßig, durch

$$r = a \cos t, \qquad z = b \sin t$$

t als Parameter an Stelle von σ einzuführen. Es ist dann

$$d\sigma^2 = dr^2 + dz^2 = (a^2 \sin^2 t + b^2 \cos^2 t)\, dt^2.$$

An Stelle von (23) setzen wir nun

$$t = 0 + \varepsilon \eta(\psi)$$

und somit liefert die Entwicklung von $I(\varepsilon)$ bis zur vierten Potenz von ε

$$\int_{\psi_0}^{\psi_1} a \left\{1 + \frac{\varepsilon^2}{2} \left[\frac{b^2}{a^2} \left(\frac{d\eta}{d\psi}\right)^2 - \eta^2\right] + \right.$$
$$\left. + \frac{\varepsilon^4}{2} \left[\eta^2 \left(\frac{d\eta}{d\psi}\right)^2 \left(1 - \frac{b^2}{2a^2}\right) + \frac{\eta^4}{12} - \frac{b^4}{4a^4} \left(\frac{d\eta}{d\psi}\right)^4\right] + \cdots \right\} d\psi.$$

Für die, die zweite Variation zum Verschwinden bringende Lösung der Jacobischen Gleichung ergibt sich

$$\eta = \sin \frac{a}{b} \psi,$$

wobei 0, $\frac{b}{a}\pi$ konjugierte Punkte sind.

Somit erhalten wir für den Koeffizienten von $\frac{\varepsilon^4}{2}$

$$\frac{\pi}{8b}(a^2 - b^2).$$

Daraus sehen wir nun folgendes:

Ist $a > b$, liegt also ein flaches Ellipsoid vor, so ist die vierte Variation positiv; ohne auf einen Beweis hier näher einzugehen, sei bemerkt, daß in diesem Fall tatsächlich ein Minimum eintritt. Im Falle $a < b$, also beim langgestreckten Ellipsoid, existiert dagegen kein Minimum.

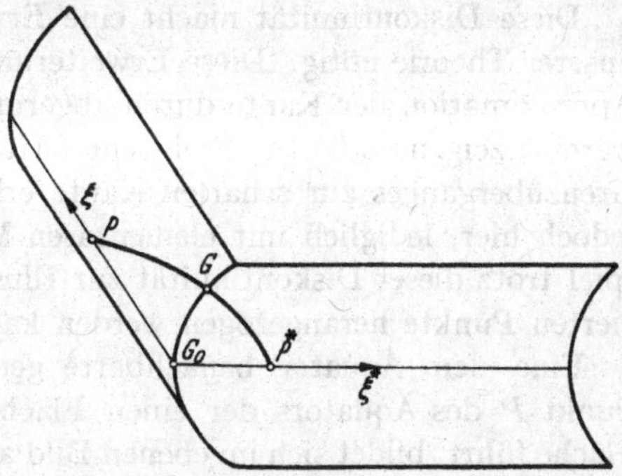

Fig. 22. Kürzeste Verbindung an einer „gewölbten" Ecke

Damit steht, wie wir später noch sehen werden (vgl. Kap. III, 2, § 6), folgender Sachverhalt in engem Zusammenhang: im ersten Fall ist die Spitze der Enveloppe der Extremalen dem Ausgangspunkt zugewendet, im zweiten Fall ist sie diesem abgewendet. Analoge Sachverhalte bestehen in der geometrischen und Elektronenoptik.

2. Die konjugierten Punkte am Äquator einer „gewölbten Ecke"

Zwei kongruente Zylinderflächen mögen sich, wie in Fig. 22 skizziert, unter einem rechten Winkel schneiden, so daß die Winkelhalbierende des rechten Winkels Symmetrieebene ist, derart, daß eine gewölbte Ecke entsteht (ein Modell hierfür ist z. B. die Ecke einer Tischplatte mit gewölbten Seitenflächen).

Als Äquator bezeichnen wir jenes Paar von Erzeugenden, die sich in jenem Punkt der Schnittkurve treffen, in dem die Tangente an die Schnittkurve auf diese beiden Erzeugenden senkrecht steht.

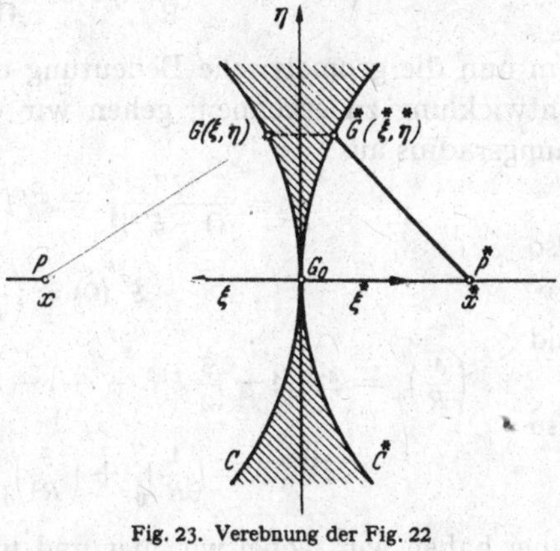

Fig. 23. Verebnung der Fig. 22

Verebnen wir die beiden Zylinderflächen in der in Fig. 23 angedeuteten Weise, so erhalten wir zwei Bereiche; ihre Randkurven C und C^*, die Bilder der Kante, sind spiegelbildlich gleich. Die beiden

Bereiche stoßen im Punkte G_0 aneinander, dem Schnittpunkt der Kante mit dem „Äquator"; die Äquatorebene sei Symmetrieebene; im übrigen klaffen die Ränder.

Für Verbindungswege die über die Kante führen, liegt eine Diskontinuität der Tangente vor. Wir haben hier eine Diskontinuität vor uns, wie sie ähnlich etwa auch in der geometrischen Optik auftritt, z.B. bei einem Lichtstrahl am Hohlspiegel oder an der Grenze zweier Medien.

Diese Diskontinuität macht eine Erweiterung der Voraussetzungen unserer Theorie nötig. Diese Erweiterung der Theorie müßte von einer Approximation der Kante durch abgerundete Flächen ausgehen und es wäre zu zeigen, daß das Jacobische Kriterium nach Durchführung eines Grenzüberganges zur scharfen Kante erhalten bleibt (**). Wir werden jedoch hier, lediglich mit elementaren Mitteln, zeigen, daß dieses Beispiel trotz dieser Diskontinuität zur Illustration der Theorie der konjugierten Punkte herangezogen werden kann.

Eine dem Äquator benachbarte geodätische Linie die von einem Punkt P des Äquators der einen Fläche zum Punkt P^* der anderen Fläche führt, bildet sich im ebenen Bild auf das Streckenpaar $\overline{PG}, \overline{G^*P^*}$ ab. Die Punkte G und G^* haben (als Bilder des selben Kantenpunktes) entlang der Kurve gleichen Abstand s von G_0. Wegen der Symmetrie von C, C^* sind auch die Ordinaten gleich, $\eta = \eta^* \cong s$. Um die Potenzreihenentwicklung der Abszissen von C und C^* in G_0 durchzuführen, ergibt sich zunächst wegen der Symmetrie (wir bezeichnen kurz die Ableitung $\frac{d\xi}{d\eta}$ durch ξ' usw.)

$$\xi = \frac{\xi''(0)}{2!}\eta^2 + \frac{\xi^{IV}(0)}{4!}\eta^4 + \cdots.$$

Um nun die geometrische Bedeutung der Koeffizienten in der Taylor-Entwicklung zu erkennen, gehen wir von der Formel für den Krümmungsradius aus

$$\frac{1}{R} = \frac{\xi''}{(1+\xi'^2)^{\frac{3}{2}}} = \xi''\left(1 - \frac{3}{2}\xi'^2 + \cdots\right)$$

also

$$\xi''(0) = \left(\frac{1}{R}\right)_0$$

und

$$\left(\frac{1}{R}\right)'' = \xi^{IV}\left(1 - \frac{3}{2}\xi'^2 + \cdots\right) - \xi''(3\xi''^2 + 3\xi'\xi''' + \cdots)$$

also

$$\xi^{IV}(0) = \left(\frac{1}{R}\right)''_0 + \left(\frac{3}{R^3}\right)_0 = \left(\frac{3}{R^3} - \frac{R''}{R^2}\right)_0$$

daher haben wir, wobei wir hier und im folgenden den Index 0 bei R_0 fortlassen,

$$\xi = 0 + \frac{1}{R}\cdot\frac{\eta^2}{2} + \left(\frac{3}{R^3} - \frac{R''}{R^2}\right)\frac{\eta^4}{24} + \cdots;$$

analog für ξ^*. Dabei bedeutet R'' die zweite Ableitung des Krümmungsradius der verebneten Kante nach η oder, was dasselbe ist, nach s in G_0.

Dann ist die Länge der Strecke $\overline{PG}$ bis zum quadratischen Gliede entwickelt

$$\overline{PG} = l_1 = \sqrt{(x-\xi)^2+\eta^2} \cong \sqrt{x^2 - 2x\xi + \eta^2}$$
$$= x\left[1 + \frac{1}{2}\frac{\eta^2}{x^2}\left(1 - \frac{x}{R}\right) + \cdots\right]$$

und der gesamte Weg

$$L = l_1 + l_2 = (x + x^*) + \frac{\eta^2}{2}\left(\frac{1}{x} + \frac{1}{x^*} - \frac{2}{R}\right) + \cdots.$$

Für $\eta = 0$ ergibt sich also nur solange ein Minimum, als

$$\frac{d^2L}{d\eta^2} = \frac{1}{x} + \frac{1}{x^*} - \frac{2}{R} > 0$$

ist. Die Grenzlage von P^*, gegeben durch

$$\frac{1}{x} + \frac{1}{x^*} = \frac{2}{R}, \tag{25}$$

bestimmt den konjugierten Punkt.

Wie man sieht, handelt es sich hier nur um die Diskussion einer gewöhnlichen Extremumsaufgabe mit einer Veränderlichen.

Die Formel (25) erinnert an die bekannte Formel der geometrischen Optik für die Beziehung zwischen Gegenstandsweite und Bildweite; tatsächlich kann man diese Formel auf genau die gleiche Weise herleiten, nur daß an Stelle der geometrischen Längen l_k die optischen Weglängen $n_k l_k$ einzusetzen sind. Die Ausdrücke für

$$\frac{d^2(n\,l)}{d\eta^2}$$

entsprechen den Abbeschen Invarianten.

Um im Grenzfall $\frac{d^2L}{d\eta^2} = 0$ zu unterscheiden, ob ein Maximum oder Minimum vorliegt, muß man die vierte Variation $\frac{d^4L}{d\eta^4}$ untersuchen und zu diesem Zweck die Reihen bis η^4 entwickeln; es wird

$$l_1 = \sqrt{x^2 + \eta^2 - 2x\left[\frac{\eta^2}{2}\cdot\frac{1}{R} + \frac{\eta^4}{24}\left(\frac{3}{R^3} - \frac{R''}{R^2}\right)\right] + \frac{\eta^4}{4}\cdot\frac{1}{R^2} + \cdots}$$
$$= x + \frac{\eta^2}{2}\left(\frac{1}{x} - \frac{1}{R}\right) + \frac{\eta^4}{8}\left[\frac{1}{xR^2} - \left(\frac{1}{R^3} - \frac{1}{3}\cdot\frac{R''}{R^2}\right) - \frac{1}{x}\left(\frac{1}{x} - \frac{1}{R}\right)^2\right] + \cdots.$$

Unter Berücksichtigung von (25) ergibt sich

$$\left(\frac{d^4L}{d\eta^4}\right)\Bigg|_{\eta=0} = \frac{6}{R}\left[\frac{1}{x\,x^*} - \left(\frac{1}{R^2} - \frac{1}{3}\cdot\frac{R''}{R}\right)\right].$$

Solange dieser Ausdruck positiv ist, tritt ein Minimum auf. Die Grenzlage finden wir aus den Bedingungen (25) und

$$\frac{1}{x}\cdot\frac{1}{x^*} = \frac{1}{R^2} - \frac{1}{3}\cdot\frac{R''}{R}$$

d.h. $\zeta_1 = 1/x$ und $\zeta_2 = 1/x^*$ sind die beiden Wurzeln der Gleichung

$$\zeta^2 - \frac{2}{R}\zeta + \frac{1}{R^2} - \frac{R''}{3R} = 0, \quad \zeta_{1,2} = \frac{1}{R} \pm \sqrt{\frac{R''}{3R}}.$$

Wegen (25) ist $\frac{1}{x}\frac{1}{x^*} \leqq \frac{1}{R^2}$, da das geometrische Mittel kleiner oder gleich dem arithmetischen ist.

Ist also

$$\frac{R''}{R} < 0,$$

so ist die vierte Variation überhaupt negativ definit und es existiert kein Minimum.

Ist $\qquad R = \text{const}, \qquad R'' = 0 \quad \text{(Kreis)},$

so treffen im Fall $x = R$ alle Extremalen, die jetzt vom Kreismittelpunkt P ausgehen, wieder in dem anderen Kreismittelpunkt P^* zusammen. Wird für

$$\frac{R''}{R} > 0$$

x speziell so gewählt, daß die vierte Variation verschwindet, so ist die sechste Variation heranzuziehen, usw.

3. *Die konjugierten Punkte auf den geodätischen Linien einer kreiszylindrischen Dose*

Wir wollen eine flache zylindrische Dose betrachten; h sei die halbe Höhe der Dose und R der Radius des Deckels (in der Figur 26[1] wurde $3h < 2R$ angenommen). Der Ausgangspunkt der geodätischen Linien liege auf dem Mantel in halber Höhe. Gekennzeichnet seien die geodätischen Linien durch den Winkel φ, den sie mit der Zylinder-Erzeugenden einschließen.

Die Linie $\varphi = 0$ setzt sich zusammen aus der Erzeugenden, dem Durchmesser des oberen Deckels, der daran anschließenden Erzeugenden und dem entsprechenden Durchmesser des unteren Deckels.

Die Schnittpunkte dieser Linie mit den Kanten seien A, B, C, D die in der Figur 26 nicht eingetragen sind, um sie nicht zu überlasten Um den Verlauf einer anderen geodätischen Linie vollständig zu beschreiben, genügt es, ihre Schnittpunkte mit den Kanten, bzw. ihre Abstände s_1, s_2, s_3, s_4 (die Bogenlängen auf den Kanten) von den Punkten A, B, C, D anzugeben.

Während wir im vorigen Beispiel nur solche geodätische Linien betrachtet haben, welche die Kanten im rechten Winkel schneiden ode

[1] Der erste Entwurf zu dieser Figur stammt von meinem ehemaligen Hörer Herrn KUNZFELD. Mein Kollege Herr Dr. WUNDERLICH war so freundlich, die auf S. 162 wiedergegebene Figur auszuführen.

welche derartigen geodätischen Linien benachbart waren, sind in diesem Beispiel geodätische Linien zu betrachten, welche die Kanten unter beliebigen Winkeln schneiden. Daher sind die bisher verwendeten speziellen Formeln nicht mehr anwendbar und wir müssen die zweiten Ableitungen nach den Parametern neu berechnen.

Auf Grund der Hamiltonschen Formeln läßt sich zeigen, daß eine geodätische Linie, die eine Kante überschreitet, auf beiden Seiten denselben Winkel α mit ihr einschließt. Elementargeometrisch ist dies unmittelbar evident, wenn man bei der Abwicklung der Dose in die Ebene den Berührungspunkt des Deckels mit dem Mantel an die Schnittstelle der geodätischen Linie mit der Kante legt (vgl. Fig. 24).

Die Methode, die wir im folgenden besprechen, ist allgemein anwendbar bei Flächen, deren Oberfläche aus abwickelbaren Flächenstücken

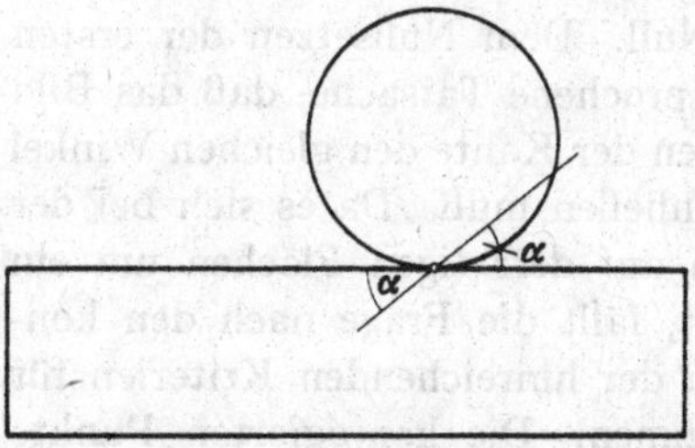

Fig. 24. Zur Konstruktion von Geodätischen auf der Dose

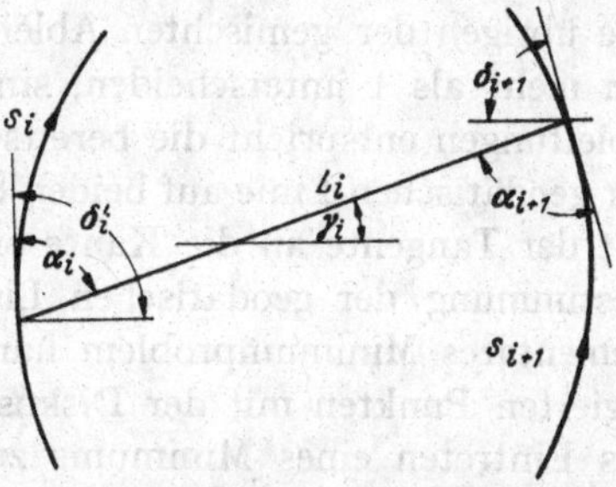

Fig. 25. Zur Erläuterung der Bezeichnungen bei den Geodätischen auf der Dose

besteht, die also ein ebenes Netz besitzen. Die Bilder der geodätischen Linien sind demzufolge Geradenstücke. Wir wollen annehmen, daß die Teilstrecke unserer geodätischen Linie auf der Fläche i die Länge L_i hat und mit einer willkürlichen Nullrichtung den Winkel γ_i einschließt. Die Kanten mögen in den Endpunkten mit der Nullrichtung die Winkel δ_i' (links) und δ_{i+1} (rechts) einschließen und schließlich seien die Krümmungsradien der Kanten R_i' und R_{i+1}, und zwar positiv, wenn die Kante gegen den Bereich konvex ist (vgl. Fig. 25).

$$\frac{\partial \delta_i'}{\partial s_i} = -\frac{1}{R_i'}; \qquad \frac{\partial \delta_{i+1}}{\partial s_{i+1}} = \frac{1}{R_{i+1}}.$$

Hält man einen Endpunkt der Strecke fest und verschiebt den anderen längs der Kante, so ergibt sich

$$\frac{\partial L_i}{\partial s_i} = -\cos\alpha_i, \qquad \frac{\partial L_i}{\partial s_{i+1}} = \cos\alpha_{i+1}$$

und daher

$$\frac{\partial^2 L_i}{\partial s_i^2} = \sin\alpha_i\left(\frac{\partial \delta_i'}{\partial s_i} - \frac{\partial \gamma_i}{\partial s_i}\right) = \sin\alpha_i\left(-\frac{1}{R_i'} + \frac{\sin\alpha_i}{L_i}\right)$$

und ebenso

$$\frac{\partial^2 L_i}{\partial s_{i+1}^2} = -\sin\alpha_{i+1}\left(\frac{1}{R_{i+1}} - \frac{\sin\alpha_{i+1}}{L_i}\right).$$

Ferner ist

$$\frac{\partial^2 L_i}{\partial s_i\,\partial s_{i+1}} = \sin\alpha_i\left(-\frac{\sin\alpha_{i+1}}{L_i}\right).$$

Somit erhält man mit $L = \sum\limits_i L_i$

$$\frac{\partial^2 L}{\partial s_i^2} = \frac{\partial^2 L_{i-1}}{\partial s_i^2} + \frac{\partial^2 L_i}{\partial s_i^2} = \sin^2\alpha_i\left(\frac{1}{L_{i-1}} + \frac{1}{L_i}\right) - \sin\alpha_i\left(\frac{1}{R_i} + \frac{1}{R_i'}\right)$$

und

$$\frac{\partial^2 L}{\partial s_i\,\partial s_{i+1}} = -\frac{\sin\alpha_i \sin\alpha_{i+1}}{L_i}.$$

Die übrigen der gemischten Ableitungen, worin sich die Indizes der s um mehr als 1 unterscheiden, sind Null. Dem Nullsetzen der ersten Ableitungen entspricht die bereits besprochene Tatsache, daß das Bild der geodätischen Linie auf beiden Seiten der Kante den gleichen Winkel mit der Tangente an die Kante einschließen muß. Da es sich bei der Bestimmung der geodätischen Linien auf derartigen Flächen um ein elementares Minimumproblem handelt, fällt die Frage nach den konjugierten Punkten mit der Diskussion der hinreichenden Kriterien für das Eintreten eines Minimums zusammen. Die konjugierten Punkte liegen also dort, wo der positiv definite Charakter des quadratischen Gliedes der Taylor-Entwicklung von L in den semidefiniten Charakter umschlägt. Folglich hat man als Bedingung für den konjugierten Punkt

$$\begin{vmatrix} \frac{\partial^2 L}{\partial s_1^2} & \frac{\partial^2 L}{\partial s_1\,\partial s_2} & \frac{\partial^2 L}{\partial s_1\,\partial s_3} & \cdots \\ \frac{\partial^2 L}{\partial s_1\,\partial s_2} & \frac{\partial^2 L}{\partial s_2^2} & \frac{\partial^2 L}{\partial s_2\,\partial s_3} & \cdots \\ \frac{\partial^2 L}{\partial s_1\,\partial s_3} & \frac{\partial^2 L}{\partial s_2\,\partial s_3} & \frac{\partial^2 L}{\partial s_3^2} & \cdots \\ \cdots & \cdots & \cdots & \cdots \end{vmatrix} = 0.$$

Setzt man hierin die obigen Ausdrücke ein, kürzt jede Zeile und jede Spalte durch $\sin\alpha_i$, so ergibt sich:

$$\begin{vmatrix} \frac{1}{L_0} + \frac{1}{L_1} - \frac{1}{\sin\alpha_1}\left(\frac{1}{R_1'} + \frac{1}{R_1}\right), & \frac{1}{L_1}, & 0, \ldots \\ \frac{1}{L_1}, & \frac{1}{L_1} + \frac{1}{L_2} - \frac{1}{\sin\alpha_2}\left(\frac{1}{R_2'} + \frac{1}{R_2}\right), & \frac{1}{L_2}, \ldots \\ 0, & \frac{1}{L_2}, & \frac{1}{L_2} + \frac{1}{L_3} - \frac{1}{\sin\alpha_3}\left(\frac{1}{R_3'} + \frac{1}{R_3}\right), \ldots \\ \cdots & \cdots & \cdots \end{vmatrix} = 0.$$

Diese Determinante enthält soviele Zeilen, als Kanten überschritten werden.

Nun wollen wir zu unserem Beispiel der zylindrischen Dose zurückkehren. Hier sind alle Schnittwinkel gleich, und zwar

$$\alpha_i = \frac{\pi}{2} - \varphi$$

und da immer ein Parallelstreifen und ein Kreis zusammenstoßen, ist an jeder Kante

$$\frac{1}{R_i'} + \frac{1}{R_i} = \frac{1}{R}.$$

Für die Teilstrecken ergibt sich

$$L_0 = \frac{h}{\cos\varphi}$$

und, falls die Teilstrecke bis zur nächsten Kante reicht, auf der Kreisfläche

$$L_1 = 2R\cos\varphi$$

und auf dem Parallelstreifen

$$L_2 = \frac{2h}{\cos\varphi}.$$

Für konjugierte Punkte auf dem oberen Deckel gilt also die Bedingung

$$\frac{1}{L_0} + \frac{1}{L_1} - \frac{1}{\sin\alpha_1}\left(\frac{1}{R_1} + \frac{1}{R_1'}\right) = \frac{\cos\varphi}{h} + \frac{1}{L_1} - \frac{1}{R\cos\varphi} = 0,$$

also

$$L_1 = \frac{h\,R\cos\varphi}{h - R\cos^2\varphi}.$$

Dieser Punkt liegt aber nur dann tatsächlich auf dem oberen Deckel, wenn

$$L_1 \leq 2R\cos\varphi$$

ist, d.h.

$$\cos^2\varphi \leq \frac{h}{2R}. \tag{26}$$

Andernfalls erhalten wir einen „virtuellen" konjugierten Punkt außerhalb des Deckels, ebenso wie ein virtuelles Bild außerhalb des Bildraumes liegt.

Die Spitze der Enveloppe der Extremalen liegt dort, wo deren Gesamtlänge

$$L_0 + L_1 = \frac{h^2}{(h - R\cos^2\varphi)\cos\varphi},$$

ein Extremum wird, wenn also:

$$\sin\varphi\,(h - 3R\cos^2\varphi) = 0.$$

Somit liegt eine Spitze bei

$$\cos^2\varphi = \frac{h}{3R}$$

auf dem Deckel, die andere bei $\varphi = 0$ außerhalb.

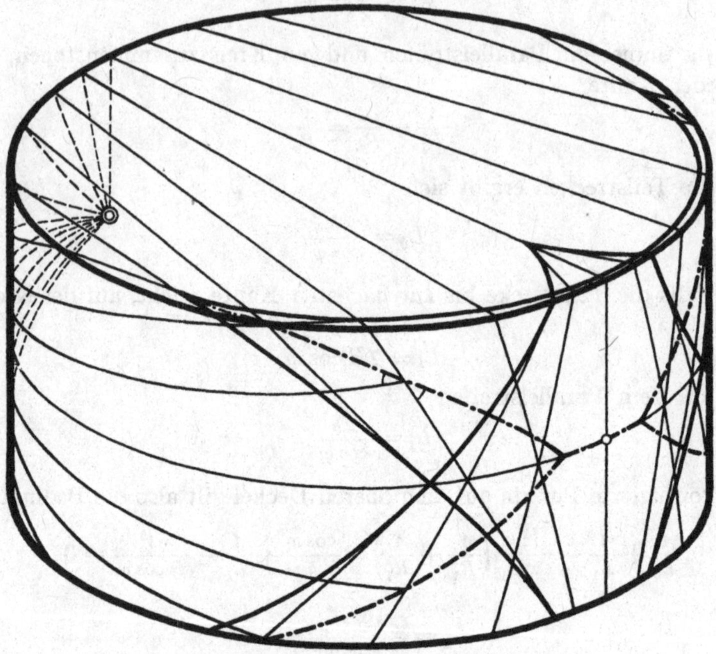

Fig. 26. Geodätische Linien auf der zylindrischen Dose

Für jene Winkel, die der Bedingung (26) nicht genügen, müssen wir den konjugierten Punkt auf der zweiten Fläche suchen. Die Bedingung lautet in bereits reduzierter Form

$$\begin{vmatrix} \frac{\cos\varphi}{h} - \frac{1}{2R\cos\varphi} & \frac{1}{2R\cos\varphi} \\ \frac{1}{2R\cos\varphi} & \frac{1}{L_2} - \frac{1}{2R\cos\varphi} \end{vmatrix} = 0,$$

also

$$L_2 = 2R\cos\varphi - \frac{h}{\cos\varphi}.$$

Der Punkt ist reell, d.h. er liegt tatsächlich auf dem Zylindermantel, wenn

$$\cos^2\varphi \leq \frac{3}{2}\cdot\frac{h}{R}.$$

Andernfalls müssen wir auf den unteren Deckel übergehen. Aus der dreireihigen Determinante ergibt sich

$$L_3 = \frac{2}{3} R \cos\varphi \cdot \frac{\cos^2\varphi - \frac{3h}{2R}}{\cos^2\varphi - \frac{h}{R}}.$$

Die Bedingung

$$L_3 \leqq 2R\cos\varphi$$

ergibt

$$\cos^2\varphi \geqq \frac{3}{4}\cdot\frac{h}{R}$$

und das ist ja bestimmt erfüllt, da ja $\cos^2\varphi$ bereits größer ist als $\frac{3}{2}\cdot\frac{h}{R}$. (Andernfalls wäre nämlich der konjugierte Punkt bereits am Mantel aufgetreten.)

Für $\varphi = 0$ besitzt die Enveloppe der Extremalen eine dem Ausgangspunkt abgekehrte Spitze am unteren Deckel, und zwar ergibt sich

$$L_3 = \frac{R}{3}\,\frac{2R - 3h}{R - h}.$$

[Die strichpunktierte Kurve (Fig. 26) entspricht der Gratkurve für die absoluten Minima (vgl. Kap. III, 1, § 1).]

4. Fokussierung von Elektronenbahnen in einem Zylinderkondensator (*)

In einem Zylinderkondensator ist das elektrostatische Potential gekennzeichnet durch einen Ausdruck von der Form

$$\Phi = C_1 + C_2 \ln r.$$

Dementsprechend erhalten wir zur Berechnung der Elektronenbahnen bei Anwendung des Jacobischen Prinzips der kleinsten Wirkung ein Variationsproblem von der Form

$$\delta \int_{\varphi_0}^{\varphi_1} \sqrt{(C_0 - \ln r)(r'^2 + r^2)}\, d\varphi = 0, \qquad \text{wobei} \qquad r' = \frac{dr}{d\varphi}.$$

Soll der Kreisbogen $r = r_0$ eine Bahnkurve, d.h. eine Extremale sein, so muß mit $r = r_0 + \varepsilon\varrho$ in

$$\sqrt{\left[C_0 - \ln r_0 - \frac{\varepsilon\varrho}{r_0} + \frac{\varepsilon^2}{2}\left(\frac{\varrho}{r_0}\right)^2 \ldots\right](\varepsilon^2\varrho'^2 + r_0^2 + 2\varepsilon r_0\varrho + \varepsilon^2\varrho^2)}$$

bei Entwicklung nach Potenzen von ε der Koeffizient von ε verschwinden. Es muß also

$$C_0 2r_0\varrho = 2r_0\varrho\ln r_0 + \frac{\varrho}{r_0} r_0^2, \qquad C_0 = \frac{1}{2} + \ln r_0$$

sein. Man erhält also

$$\sqrt{\left(\frac{1}{2} - \frac{\varepsilon\varrho}{r_0} + \frac{\varepsilon^2}{2}\left(\frac{\varrho}{r_0}\right)^2 \ldots\right)(\varepsilon^2\varrho'^2 + r_0^2 + 2\varepsilon\varrho r_0 + \varepsilon^2\varrho^2)}.$$

Bezeichnen wir den Koeffizienten von ε^2 wieder mit $\Omega(\varrho, \varrho')$. Es ist

$$\Omega(\varrho, \varrho') = \frac{\varrho'^2}{2} - \varrho^2$$

und somit für

$$\frac{d\Omega_{\varrho'}}{dx} - \Omega_\varrho = 0,$$

$$\varrho'' + 2\varrho = 0,$$

mit der allgemeinen Lösung

$$\varrho = A_1 \sin\sqrt{2}\varphi + A_2 \cos\sqrt{2}\varphi$$

Hieraus ergibt sich di‹ Winkelentfernung zweie‹ konjugierter Punkte

$$\varphi = \frac{\pi}{\sqrt{2}} = 127° 17'.$$

(vgl. Fig. 27a—c (***)).

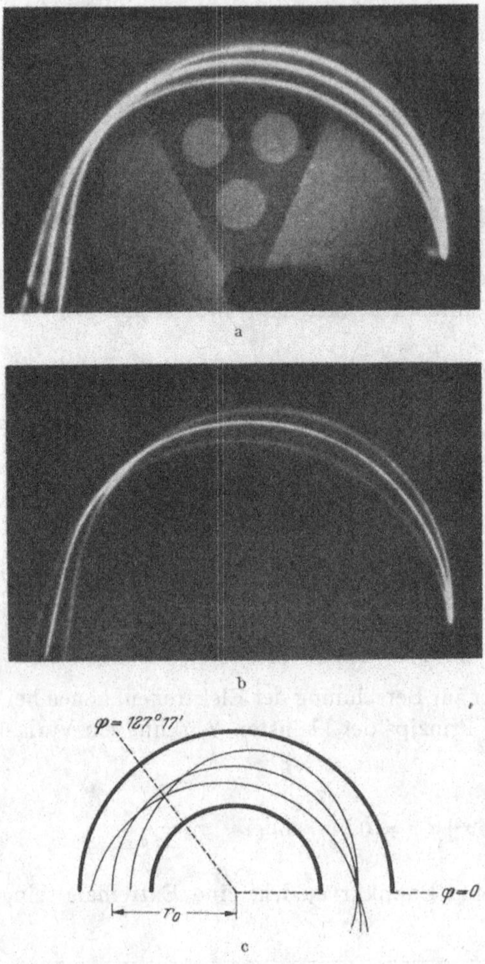

Fig. 27a—c. Fokussierung der Elektronenbahnen in einem Zylinderkondensator

5. Maximaler Blasendruc.

Für Aufgaben übe konjugierte Punkte ist e oft von entscheidende Bedeutung, wenn man vo einer einparametrigen aus gezeichneten Schar vo Extremalen die Envelopp kennt. Wir führen hier ei einfaches Beispiel, M. CAN TORs Methode zur Bestin mung der Kapillarität konstanten aus dem Max maldruck von Blasen, a:

Diese Methode bestel im folgenden:

Eine, in eine Flüssigkeit eintauchende Kapillare, die senkrecht a der Flüssigkeitsoberfläche steht, sei in Verbindung mit einem Ga behälter, in dem der Gasdruck regulierbar ist und gemessen werd kann. Die Innenkante des Rohres sei scharf zugeschliffen, so daß si

bei Anwendung des Dirichletschen Prinzips (Minimum der potentiellen Energie) für die Meridiankurve der Gasblase ein Punkt-Punktproblem ergibt.

Der Druck wird nun so lange gesteigert, bis Instabilität, d.h. Platzen der Gasblase eintritt. Die Ermittlung dieses kritischen Druckes läßt sich mittels einer von E. SCHRÖDINGER benützten Betrachtung (+) mit der Theorie der konjugierten Punkte in Verbindung bringen. Dabei verwendet er einen Zusammenhang, der zwischen unserem Problem und der Ermittlung der Steighöhe in einer Kapillare besteht, mit der wir uns bereits in Kap. I, 4 § 2, Beispiel 4 beschäftigt haben. Wir werden im folgenden — soweit nichts anderes gesagt wird — die selben Bezeichnungen wie in diesem Beispiel verwenden.

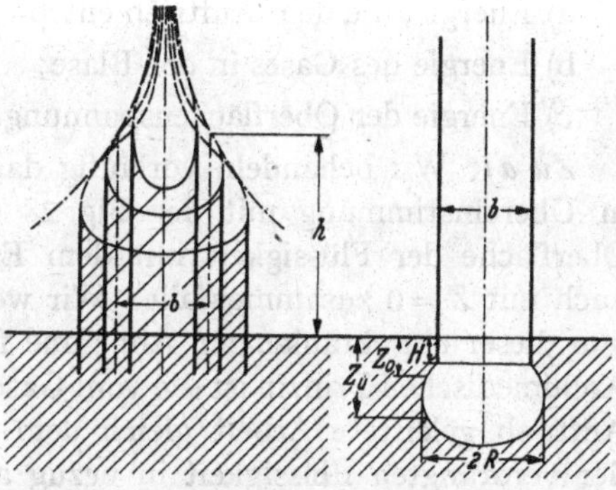

Fig. 28. Bestimmung der Kapillaritätskonstante aus dem maximalen Blasendruck

Man denke sich eine Reihe von koaxialen, kreiszylindrischen Kapillaren, die unter Normaldruck stehen, in eine Flüssigkeit eingetaucht und man konstruiere zu einer jeden von ihnen den Meniskus und setze die einzelnen Meridiankurven der Meniskus analytisch fort. Man bilde sodann zu dieser Kurvenschar die Einhüllende, die aus zwei getrennten Zweigen besteht, deren gemeinsame Asymptote die Zylinderachse ist (vgl. Fig. 28).

Sei b der Durchmesser, der beim Versuch über den maximalen Blasendruck verwendeten Kapillare. Ist h die Höhe der Einhüllenden an jener Stelle, an der ihr Abstand von der Zylinderachse $b/2$ ist, dann ist, wie wir im folgenden zeigen werden, der maximale Blasendruck

$$p_{\max} = \varrho \cdot g \cdot h.$$

Bei beiden Aufgaben handelt es sich um eine einparametrige Schar von Variationsproblemen. Beim Problem der Ermittlung der Steighöhe ist der Radius R der Kapillare der variable Parameter. Dabei wurde angenommen, daß der Meniskus die Kapillare berührt: $z'(R) = \infty$.

Beim Problem des Blasendrucks wird der Druck p als der variable Parameter betrachtet. Um die soeben angegebenen Beziehungen zwischen den beiden Problemen aufzuzeigen, formulieren wir zunächst das Variationsproblem für die Ermittlung der Gestalt einer Blase. Wir verwenden Zylinderkoordinaten Z, r, φ. Die Ebene $Z = 0$ falle mit dem Endquerschnitt des Rohres und die nach aufwärts gerichtete Z-Achse falle mit der Zylinderachse zusammen.

In unserem Fall kommen nur Blasen in Betracht, die so stark vorgewölbt sind, daß der größte Querschnitt mit dem Radius R größer ist als der Querschnitt der Kapillare mit dem Radius $b/2$. Die Oberfläche besteht daher aus einem oberen und einem unteren Teil. Dementsprechend verwenden wir zur Beschreibung der Blasenoberfläche zwei unbekannte Funktionen. Die Funktion $Z=Z_u(r)$ stelle in $0 \leqq r \leqq R$ die Oberfläche unterhalb des größten Querschnittes und $Z=Z_0(r)$ stelle in $b/2 \leqq r \leqq R$ die Gestalt der Oberfläche oberhalb des größten Querschnittes dar. Für $0 \leqq r \leqq b/2$ sei $Z_0=0$. Die potentielle Energie setzt sich in unserem Fall aus drei Bestandteilen zusammen:

a) Energie, die dem Auftrieb entspricht;

b) Energie des Gases in der Blase;

c) Energie der Oberflächenspannung.

Zu a): Wir behandeln vorläufig das Problem so, daß wir — nicht in Übereinstimmung mit der Fig. 28 — voraussetzen, daß die freie Oberfläche der Flüssigkeit mit dem Endquerschnitt des Rohres, also auch mit $Z=0$ zusammenfalle. Wir werden später sehen, wie wir uns von dieser einschränkenden Annahme frei machen können. Nach dem Archimedischen Prinzip ist die vom Gasdruck gegen den hydrostatischen Auftrieb geleistete Arbeit gleich dem Wert des statischen Momentes der verdrängten Flüssigkeit in bezug auf $Z=0$. Demnach ist

$$\Phi_a = \tfrac{1}{2}\varrho g \int_0^{2\pi}\int_0^{R} (Z_u^2 - Z_0^2)\, r\, dr\, d\varphi = \pi \varrho g \int_0^{R} (Z_u^2 - Z_0^2)\, r \cdot dr.$$

Zu b): Das Volumen der Blase beim Druck p sei kurz mit V,

$$V = \int_0^{2\pi}\int_0^{R} (Z_u - Z_0)\, r\, dr\, d\varphi$$

und das in ihr enthaltene Gewicht des Gases mit G bezeichnet. Wir setzen voraus, daß das Gas der Zustandsgleichung für ideale Gase:

$$p \cdot V = G \cdot \Re \cdot T$$

gehorcht, in der $\Re$ die Gaskonstante und T die Temperatur in Kelvingraden bedeuten und daß die Zustandsänderung bei der Verdichtung des Gases vom Umgebungszustand, wo es beim Druck p_0 das Volumen V_0 einnimmt, auf den Druck p isotherm erfolge. Es ist dann

$$\Phi_b = \int_{V_0}^{V} p\, dV = G \Re T \int_{V_0}^{V} \frac{dV}{V} = G \Re T \ln \frac{V}{V_0}$$

und somit

$$\delta \Phi_b = \frac{G \Re T\, \delta V}{V} = p\, \delta V = p \cdot 2\pi\, \delta \int_0^{R} (Z_u - Z_0)\, r\, dr.$$

Zu c): Entsprechend den der Kapillaritätstheorie entnommenen Beispielen, welche in Kap. I, 4 § 2 behandelt wurden, haben wir für die Energie der Oberflächenspannung folgenden Ausdruck anzusetzen:

$$\Phi_c = 2\pi\alpha_{12}\int_0^R\left(\sqrt{\left(\frac{dZ_u}{dr}\right)^2+1}+\sqrt{\left(\frac{dZ_0}{dr}\right)^2+1}\right)r\,dr.$$

Bildet man die aus

$$\delta\Phi_a+\delta\Phi_b+\delta\Phi_c=0$$

folgenden Euler-Lagrangeschen Differentialgleichungen für Z_0 und Z_u, so erkennt man sofort, daß sich diese beiden Differentialgleichungen nur durch das Vorzeichen des in ihnen auftretenden Wurzelausdruckes voneinander unterscheiden. Dies ist ja von vornherein zu erwarten, da Z_0 offenbar die analytische Fortsetzung von Z_u darstellt.

Die Euler-Lagrangesche Differentialgleichung für Z_u (bzw. Z_0)

$$\underset{(-)}{+}\frac{1}{2}\frac{d}{dr}r\cdot\frac{Z'_u}{\sqrt{1+Z'^2_u}}-\frac{r}{a^2}\left(Z_u+\frac{p}{\varrho g}\right)=0$$

geht durch die Transformation

$$Z_u+\frac{p}{\varrho g}=z$$

in die in Kap. I, 4 § 2 abgeleitete Differentialgleichung (67b) für den Meniskus einer in einer Kapillare aufgestiegenen Flüssigkeit über.

Wir gelangen somit zum folgenden Ergebnis:

Verwendet man ein Koordinatensystem z, r, φ bei dem der Mittelpunkt der Kapillarrohröffnung die Koordinaten $r=0$, $z=p/\varrho g$ hat, so stellt die Gl. (67b) aus Kap. I, 4, § 2 die Differentialgleichung für den Meridian der Blase unterhalb des größten Parallelkreises dar. Durch Abänderung des Vorzeichens bei der Quadratwurzel ergibt sich hieraus die Differentialgleichung für die Meridiankurve der Blase oberhalb des größten Parallelkreises.

Die physikalische Bedeutung der Euler-Lagrangeschen Differentialgleichungen für Z_u bzw. Z_0 besteht darin, daß sie Bedingungen für die Z-Komponenten der wirkenden Kräfte darstellen, die in dem folgenden, physikalisch unmittelbar einleuchtenden Satz zum Ausdruck kommen:

Für jeden durch zwei Parallelkreise mit den Radien r_1 und r_2 begrenzten Streifen an der Oberfläche der Blase, muß die Kraft, die aus dem Überschuß an Druck im Innern der Blase gegenüber dem hydrostatischen Druck resultiert, im Gleichgewicht sein mit der Kraft, die von der an den Rändern des Streifens wirkenden Oberflächenspannung herrührt. Dies folgt unmittelbar durch Integration der Eulerschen Differentialgleichung zwischen den Grenzen r_1 und r_2. Die sich dabei für die x- und y-Komponenten der Kräfte in einem kartesischen x, y, Z-Koordinatensystem ergebenden Gleichgewichtsbedingungen sind automatisch erfüllt, weil die Oberfläche der Blase eine Rotationsfläche ist, so daß als wesentlich nur die Gleichgewichtsbedingung der Z-Komponenten der wirkenden Kräfte verbleibt. Aus dieser Interpretation geht auch hervor:

Fällt die freie Oberfläche der Flüssigkeit nicht mit der Ebene des Randquerschnittes der Kapillare zusammen, sondern ist H der Abstand von dieser Ebene, so erhöht sich der Druck in der Blase um $\varrho g H$. Dadurch können wir uns also von der einschränkenden Annahme befreien, daß die freie Oberfläche der Flüssigkeit mit $Z = 0$ zusammenfalle.

Die Zerlegung der Oberfläche der Blase durch den größten Parallelkreis in zwei Teile ist dadurch veranlaßt, weil wir mit E. SCHRÖDINGER die Ergebnisse des Problems der Ermittlung der Steighöhe der Flüssigkeit in Kapillaren zur Lösung der Frage nach dem maximalen Blasendruck verwenden wollen.

Wenn wir diesen Weg vermeiden und das Problem des maximalen Blasendrucks direkt, unter unmittelbarer Verwendung der Sätze und Regeln lösen wollten, die wir früher formuliert haben, so hätten wir in folgender Weise vorzugehen: Um die Gestalt der Blase durch eine einzige Funktion zu beschreiben, muß diese Funktion eindeutig sein, wie wir das ja bei allen unseren früheren Überlegungen stets vorausgesetzt haben. Zu einer solchen eindeutigen Funktion gelangen wir beispielsweise dadurch, daß wir die beiden Halbebenen $\varphi = 0$ und $\varphi = \pi$ zunächst zu einer Z, x-Ebene zusammenfassen. Dabei ist in der Halbebene $\varphi = 0$: $r = -x$, in der Halbebene $\varphi = \pi$: $r = x$. Hierauf führen wir in der Z, x-Ebene Polarkoordinaten ein:

$$-x = P \sin\vartheta, \qquad Z = P \cos\vartheta.$$

Da wir wieder Zylindersymmetrie voraussetzen, genügt es, die Meridiankurve der Blase nur in dieser einen Ebene zu betrachten. Wir hätten nun das vorhin in den Koordinaten r, Z angeschriebene Variationsproblem in den neuen Koordinaten P, ϑ zu formulieren und hierfür die Euler-Lagrangesche Differentialgleichung anzusetzen.

Sei durch

$$P = P(\vartheta, R) \quad \text{mit} \quad \frac{b}{2} = P\left(\frac{\pi}{2}, R\right) = P\left(\frac{3\pi}{2}, R\right)$$

eine einparametrige Schar von Extremalen mit dem Scharparameter R gekennzeichnet, welche die Zylinderachse senkrecht durchsetzen. Diese sind also auch bezüglich der Zylinderachse symmetrisch. Wir haben es mit einem Punkt-Punktproblem zu tun und der Grenzfall der Stabilität ist dadurch gegeben, daß die Randpunkte konjugierte Punkte sein sollen.

Der Parameterwert R_0 jener Extremalen, die diesem Grenzfall entspricht, ergibt sich gemäß dem Satz von JACOBI, als Wurzel der Gleichung:

$$\frac{\partial P\left(\frac{\pi}{2}, R\right)}{\partial R} = 0.$$

Wir unterlassen es, die Formeln, die sich für unser Variationsproblem ergeben, wenn wir diese neuen Koordinaten zugrunde legen, explizit anzuschreiben, da wir davon keinen Gebrauch machen. Wir begnügen uns mit den Feststellungen, die sich hieraus unmittelbar durch die Rücktransformation auf die Koordinaten r, Z ergeben. Für den Grenzfall der Stabilität würde sich eine Lösung $\zeta(r)$ der zu der Gleichung für Z_u bzw. Z_0 zugehörigen Variationsgleichung ergeben, die den Randbedingungen

$$\zeta'(0) = \zeta\left(\frac{b}{2}\right) = 0$$

Genüge leistet.

Um nun diejenige Extremale zu finden, die dem maximalen Blasendruck entspricht, gehen wir von dem vorhin festgestellten Tatbestand aus, daß, wenn wir die Koordinaten z, r zugrunde legen, deren Differentialgleichung durch Gl. (67a) des Kap. I, 4, § 2 gegeben ist. Daher stellt die an dieser Stelle ermittelte Schar von Lösungen $z = z(r, R; a)$, die der Bedingung $z' = z'(R, R; a) = \infty$ entspricht, zugleich auch eine einparametrige Schar von Lösungen mit dem Scharparameter R der Euler-Lagrangeschen Differentialgleichung für die Meridiankurve der Blase dar, wobei

$$\frac{p}{\varrho \cdot g} = z\left(\frac{b}{2}, R; a\right) \tag{27}$$

ist. Die dort erzielte Genauigkeit der Näherungsformeln genügt den Anforderungen. Um den maximalen Blasendruck zu ermitteln, haben wir die Lösung $R = R_0$ der Gleichung

$$\frac{\partial z\left(\frac{b}{2}, R; a\right)}{\partial R} = 0 \tag{28}$$

zu berechnen und R_0 in (27) einzusetzen. Dieselbe Rechnung hätten wir auch durchzuführen, wenn wir jenen Ordinatenwert z der Einhüllenden der Kurvenschar $z = z(r, R; a)$ bestimmen wollten, der zur Abszisse $r = b/2$ gehört oder auch, wenn wir

$$\left(\frac{\partial z(r, R; a)}{\partial R}\right)_{R=R_0} = \zeta(r; a),$$

wobei $\zeta_r|_{r=0} = 0$ ist, als Lösung der zur Euler-Lagrangeschen Differentialgleichung zugehörigen Variationsgleichung auffassen, die der Bedingung $\zeta(b/2) = 0$ gehorcht.

Damit ist das beabsichtigte Ziel unserer Betrachtung über die Ermittlung des kritischen Blasendrucks erreicht.

Erwähnen möchten wir noch, daß die Problemstellung dadurch veranlaßt war, daß man eine Methode schaffen wollte, um aus dem in einfacher Weise experimentell bestimmbaren maximalen Blasendruck den Wert der spezifischen Kohäsion a, bzw. der Kapillaritätskonstanten α_{12} zu ermitteln. Eine solche Methode versprach verschiedene Vorzüge gegenüber anderen, geläufigen Methoden zur Bestimmung von α_{12}. Bei E. SCHRÖDINGER wird zur Ermittlung der Größen p und R aus (27) und (28) systematisch eine Potenzreihenentwicklung nach b/a verwendet. Ist p in der Form einer Potenzreihe entwickelt, so gewinnt man durch Reihenumkehrung einen Ausdruck in den Größen b und p für die Größe a. Setzt man in diesem Ausdruck für p den experimentell bestimmten Wert $p_{\max}$ ein, so stellt der sich hierfür ergebende Wert von a den Wert der spezifischen Kohäsion der betreffenden Flüssigkeit dar.

Auf diese Weise haben wir gezeigt, wie wir die gestellte Aufgabe auf verschiedenen Wegen lösen können. Wir haben damit zugleich ein Variationsproblem behandelt, in welchem ein Parameter auftritt, dessen Maximalwert die Stabilitätsgrenze liefert. Ähnliche Probleme ergeben sich häufig. Wir wollen im folgenden das Typische für die Behandlung solcher Aufgaben skizzieren.

Es liege ein Variationsproblem vor, das noch von einem Parameter h abhängen möge:

$$\delta \int_{x_0}^{x_1} f(x, y, y', h)\, dx = 0.$$

(Der Parameter entspricht im vorigen Beispiel dem variablen Druck.) Sei

$$y = y(x, a, b, h)$$

die allgemeine Lösung der Eulerschen Gleichung. Die Randbedingungen verlangen, daß

$$\left.\begin{aligned} y(x_0, a, b, h) &= y_0 \\ y(x_1, a, b, h) &= y_1 \end{aligned}\right\} \tag{29}$$

ist. Für die dadurch im a, b, h-Raum dargestellte Kurve gelte eine Parameterdarstellung

$$a = a(t), \qquad b = b(t), \qquad h = h(t),$$

wobei $h = h_0$ für $t = t_0$ angenommen werden soll.

Für die Eulersche Gleichung die wir uns nach h aufgelöst und in der Form

$$g(x, y, y', y'') = h \tag{30}$$

geschrieben denken, stellt

$$y = y\big(x, a(t), b(t), h(t)\big)$$

eine einparametrige Schar von Lösungen von (30) dar, und so erhalten wir durch Differentiation von (30) nach t

$$g_y \frac{\partial y}{\partial t} + g_{y'} \frac{\partial y'}{\partial t} + g_{y''} \frac{\partial y''}{\partial t} = \frac{\partial h}{\partial t}. \tag{31}$$

Ist insbesondere h_0 für $t = t_0$ ein extremaler Wert, so gilt

$$\left(\frac{\partial h}{\partial t}\right)_{t=t_0} = 0.$$

Ist aber die rechte Seite von (31) gleich Null, so folgt aus dem Satz von JACOBI (§ 4), daß

$$\left(\frac{\partial y}{\partial t}\right)_{t=t_0} = u(x)$$

Lösung der Jacobischen Gleichung ist. Da die rechte Seite von (29) nicht von t abhängt, ist

$$u(x_0) = u(x_1) = 0.$$

Also ist für $h = h_0$, $u(x)$ eine Lösung der Jacobischen Gleichung mit den Nullstellen x_0 und x_1.

Eine ähnliche Schlußweise ist nicht nur für das Punkt-Punktproblem, sondern auch für andere Randwertprobleme möglich.

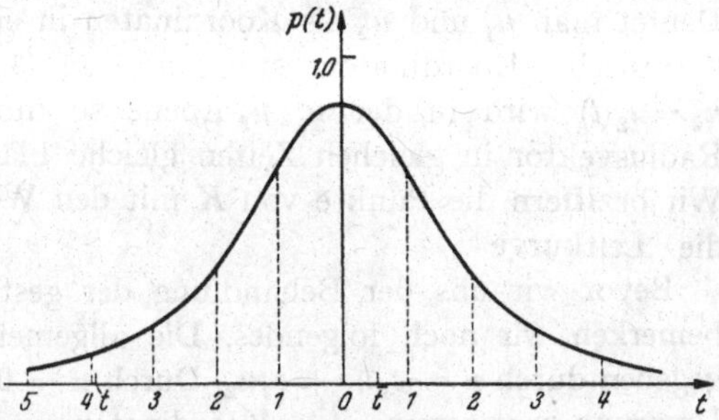

Fig. 29. Potentialverlauf einer elektronenoptischen Linse in Achsennähe

6. Das Newtonsche Abbildungsgesetz in der Elektronenoptik

Wie im Lehrbuch von W. GLASER über Elektronenoptik (°) gezeigt wird, läßt sich in zylindersymmetrischen Feldern die Jacobische Gleichung für die Zentralachse als Bahnkurve der Elektronen in die Form

$$\frac{d^2 u}{dt^2} + p(t) \cdot u = 0 \qquad (32)$$

bringen, wobei t die laufende Koordinate auf der optischen Achse darstellt[1]. Ein Beispiel für den in der Praxis vorkommenden Verlauf der Funktion $p(t)$ ist in Fig. 29 dargestellt. Sie gibt, wie wir bereits hervorgehoben haben, in erster Näherung die Form des Potentials in Achsennähe wieder. Objekt und Bildweite sind dadurch gekennzeichnet, daß der Bildpunkt auf der optischen Achse der zum Objektpunkt $\bar{t}$ zugehörige konjugierte Punkt ist, d.h. t und $\bar{t}$ sind zwei aufeinanderfolgende Nullstellen der Lösungen der obigen Differentialgleichung. GLASER und LAMMEL haben nun das Problem gestellt, welche Eigenschaften muß die Funktion $p(t)$ besitzen, damit $\bar{t}$ eine linear gebrochene Funktion von t ist, wann also eine Gleichung der Form

$$a t \bar{t} + b t + c \bar{t} + d = 0 \qquad (33)$$

[1] Wie in Kap. IX, § 8 noch gezeigt werden wird, läßt sich jede Jacobische Differentialgleichung in diese Form bringen. Daher kann auch die folgende Methode zur Ermittlung der konjugierten Punkte allgemein angewendet werden.

gilt, so wie dies in der elementaren Gaußschen Dioptrik der Fall ist In einer Arbeit von GLASER und LAMMEL wurden Lösungen angegeber ebenso in einer Arbeit von HUTTER (°°). Wir wollen dieses Problem hie in einer etwas anderen Form behandeln.

Seien u_1 und u_2 zwei voneinander unabhängige Lösungen von (32) dann gilt

$$\begin{vmatrix} u_1 & u_2 \\ \frac{du_1}{dt} & \frac{du_2}{dt} \end{vmatrix} = C \neq 0. \tag{34}$$

Deutet man u_1 und u_2 als Koordinaten in einem etwa rechtwinkelige kartesischen Koordinatensystem, so besagt (34): Die Kurve $K: u_1 = u_1(t$ $u_2 = u_2(t)$ wird in der u_1, u_2-Ebene so durchlaufen, daß von einer Radiusvektor in gleichen Zeiten gleiche Flächen überstrichen werden Wir beziffern die Punkte von K mit den Werten von t und nennen I die „Leitkurve".

Bevor wir uns der Behandlung der gestellten Aufgabe zuwenden bemerken wir noch folgendes. Die allgemeinste Lösung von (32) is gegeben durch $u = c_1 u_1 + c_2 u_2$. Durch $u = 0$ ist eine Gerade durch der Ursprung in unserem u_1, u_2 Koordinatensystem gegeben und u ist dann eine Größe, die proportional dem Abstand von dieser Geraden ist. Zwe aufeinanderfolgende Schnittpunkte von K mit $u = 0$ sind also konjugiert Punkte. Wir können somit ein einfaches Nomogramm zur Ermittlun der Beziehung zwischen t und $\bar{t}$ entwickeln. Dieses Nomogramm ist ir Spezialfall der gewöhnlichen geometrischen Optik dünner Linsen iden tisch mit einem Nomogramm für die bekannte Formel der Gaußsche Dioptrik (Newtonsches Abbildungsgesetz)

$$\frac{1}{g} + \frac{1}{b} = \frac{1}{f}, \quad g = t, \quad b = \bar{t},$$

wobei g die Gegenstands-, b die Bild- und f die Brennweite bedeuter Dieses Nomogramm läßt sich zwar nicht unmittelbar im Anschluß a Gl. (32) entwickeln, man gelangt aber dazu, wenn man (32) mit

$$p(t) = 0 \text{ für } |t| > \varepsilon, \quad p(t) = \frac{1}{2\varepsilon f} \text{ für } |t| < \varepsilon$$

und den Anfangsbedingungen:

$$u_1(0) = f, \quad u_1'(0) = 0; \quad u_2(0) = 0, \quad u_2'(0) = \frac{\sqrt{3}}{2}$$

löst und dann bei den zugehörigen Lösungen $u_1(t)$, $u_2(t)$ von (32) de Grenzübergang $\varepsilon \to 0$ vollzieht. Man erhält das Nomogramm in Fig. durch folgende geometrische Überlegung: Trägt man auf den Leitern f g, f und b, die sich unter einem Winkel von 60° schneiden, vom g meinsamen Schnittpunkt äquidistante Skalen auf, dann werden zugeor nete Punkte auf diesen Leitern durch eine geradlinige Transversa verbunden. Dies folgt unmittelbar aus der für die Flächeninhalte d

Dreiecke gültigen Gleichung

$$\Delta(g,t,f) + \Delta(f,t,b) = \Delta(g,t,b).$$

Für das Nomogramm ist also die Leitkurve gegeben durch

$$\left.\begin{aligned} u_1 &= f + \frac{t}{2} \\ u_2 &= \frac{t}{2}\sqrt{3} \end{aligned}\right\} \text{ für } t < 0 \qquad \left.\begin{aligned} u_1 &= f - \frac{t}{2} \\ u_2 &= +\frac{t}{2}\sqrt{3} \end{aligned}\right\} \text{ für } t > 0.$$

Kehren wir zu unserer ursprünglichen Aufgabestellung zurück und fragen wir nun, wie muß die Leitkurve beschaffen sein, damit (32) gilt. Für das Folgende bedeutet es keine Einschränkung der Allgemeinheit, wenn wir C in (34) gleich 1 annehmen. Führen wir durch

$$u_1 = r\cos\varphi, \quad u_2 = r\sin\varphi$$

Polarkoordinaten ein, dann erhalten wir aus (34)

$$r^2\frac{d\varphi}{dt} = 1 \qquad \text{bzw.} \qquad \int_0^\varphi r^2\,d\varphi = t - t_0. \tag{35}$$

φ ist somit eine monotone Funktion von t. In unserem Nomogramm entsprechen zwei aufeinanderfolgenden Nullstellen die Werte φ und $\bar{\varphi} = \varphi + \pi$. Wir betrachten nun t als Funktion von φ, wobei wir uns die Leitkurve K in der Form $r = r(\varphi)$ gegeben vorstellen. Wir setzen

$$\int_0^\varphi r^2\,d\varphi = \psi(\varphi) \tag{36}$$

und unsere Forderung (33) ergibt

$$\psi(\varphi + \pi) = \frac{\alpha\,\psi(\varphi) + \beta}{\gamma\,\psi(\varphi) + \delta}. \tag{37}$$

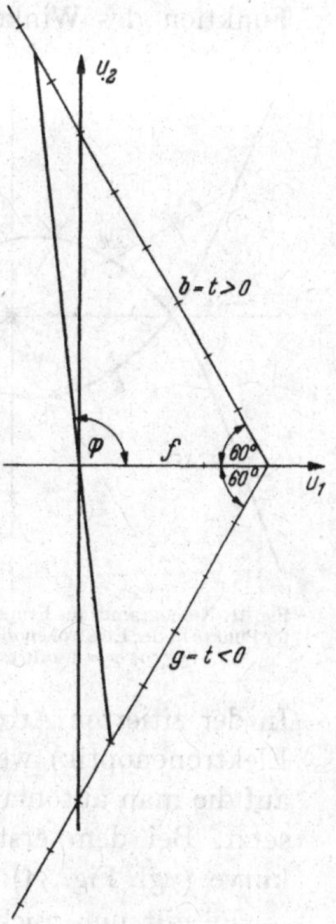

Fig. 30. Nomogramm zum Newtonschen Abbildungsgesetz bei Linsen

H. A. Schwarz hat sich nun anläßlich seiner Untersuchungen über lineare Differentialgleichungen die Frage gestellt, welche Gestalt muß ein Differentialausdruck $D[\psi(\varphi)]$ besitzen, damit er der Gleichung

$$D\left[\frac{a\,\psi(\varphi) + b}{c\,\psi(\varphi) + d}\right] = D[\psi(\varphi)]$$

genügt. Die Schwarzsche Formel für diesen Differentialausdruck lautet

$$D[\psi(\varphi)] = -2\,\frac{[(\psi')^{-\frac{1}{2}}]''}{(\psi')^{-\frac{1}{2}}} \qquad \text{(vgl. auch Kap. IX, § 8).}$$

Dieser Operator ist nur bis auf einen multiplikativen Faktor definiert, der hier angeschriebene Faktor -2 ist willkürlich. Bilden wir also auf beiden Seiten von (37) diesen Differentialausdruck, so erhalten wir mit $z = 1/r$ wegen (36)

$$\frac{z''(\varphi+\pi)}{z(\varphi+\pi)} = \frac{z''(\varphi)}{z(\varphi)} = -P(\varphi)$$

und es ergibt sich somit der Satz:

Für die Leitkurve genügt der Reziprokwert des Radiusvektors als Funktion des Winkels einer Hillschen Differentialgleichung, also einer Gleichung von der Form

$$z''(\varphi) + P(\varphi)\, z(\varphi) = 0,$$

wobei $P(\varphi+\pi) = P(\varphi)$.

Um den Zusammenhang zwischen $P(\varphi)$ und $p(t)$ festzustellen, beachten wir: Aus (32) ergibt sich

$$\frac{\dfrac{d^2}{dt^2}\left(\dfrac{\sin\varphi}{z}\right)}{\dfrac{\sin\varphi}{z}} = -p(t)$$

und aus (35)

$$\frac{d\varphi}{dt} = z^2,$$

somit erhalten wir nach kurzer Rechnung

$$z^4[1 - P(\varphi)] = p(t).$$

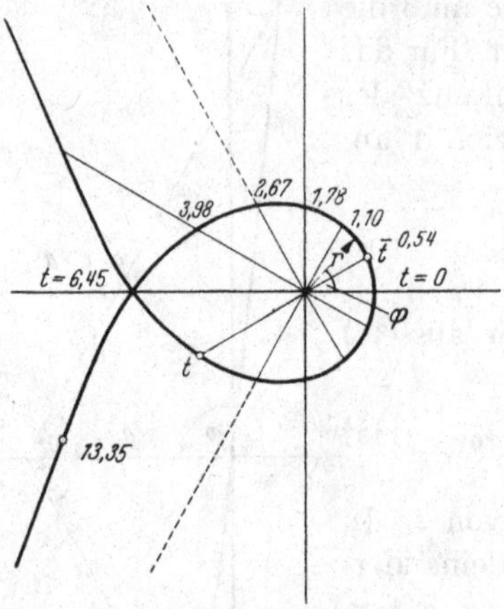

Fig. 31. Nomogramm zur Ermittlung konjugierter Punkte in der Elektronenoptik; Ährenkurve: $r\cos\varphi = 1$ mit $\alpha = \frac{3}{8}$

In der zitierten Arbeit von GLASER und LAMMEL (vgl. ferner GLASER, Elektronenoptik) werden besonders zwei einfache Beispiele behandelt, auf die man automatisch geführt wird, wenn man $P = \alpha < 1$ bzw. $P = 0$ setzt. Bei dem ersten Fall ist die Leitkurve eine sogenannte Ährenkurve (vgl. Fig. 31).

Es gilt nun auch im allgemeinen die Umkehrung des aufgestellten Satzes. Nehmen wir an, daß für die Leitkurve die Hillsche Differentialgleichung erfüllt ist. Lassen wir etwa $t = 0$ mit $\varphi = 0$ zusammenfallen, so ergibt sich wegen (35)

$$t = \int_0^{\varphi} \frac{d\varphi}{z_1^2} \tag{38}$$

und

$$\bar{t} = \int_0^{\varphi+\pi} \frac{d\varphi}{z_1^2},$$

wobei z_1 eine beliebige partikuläre Lösung der Hillschen Differentialgleichung sein möge, von der wir zusätzlich voraussetzen, daß sie in dem betrachteten Intervall nicht verschwinden möge. Sei ferner z_2 eine weitere Lösung der Hillschen Differentialgleichung, so daß

$$\begin{vmatrix} z_1 & z_2 \\ z_1' & z_2' \end{vmatrix} = 1$$

und $z_2(0) = 0$ ist. Dann ist

$$\frac{1}{z_1^2} = \frac{d}{d\varphi}\left(\frac{z_2}{z_1}\right), \qquad z_2 = z_1 \int_0^\varphi \frac{d\varphi}{z_1^2} = z_1 t$$

und wir erhalten aus (38)

$$t = \frac{z_2(\varphi)}{z_1(\varphi)}, \qquad \bar{t} = \frac{z_2(\varphi+\pi)}{z_1(\varphi+\pi)}. \tag{39}$$

Nun ziehen wir einen bekannten Satz aus der Theorie der Differentialgleichungen mit periodischen Koeffizienten heran (Satz von FLOQUET). In unserem Fall besagt er, daß bei einer Hillschen Differentialgleichung ein Fundamentalsystem z_1^*, z_2^* existiert, so daß

$$z_1^*(\varphi+\pi) = \nu_1 z_1^*(\varphi), \qquad z_2^*(\varphi+\pi) = \nu_2 z_2^*(\varphi), \tag{40}$$

wobei ν_1 bzw. ν_2 im allgemeinen zwei voneinander verschiedene Wurzeln einer quadratischen Gleichung sind.

Um dem Leser das Nachschlagen in einem Werk über Differentialgleichungen zu ersparen, skizzieren wir kurz die zu dem Satz führende Überlegung, die darin besteht, daß man von einem beliebigen Fundamentalsystem $z_{\mathrm{I}}(\varphi)$, $z_{\mathrm{II}}(\varphi)$ ausgeht und für eine Lösung

$$z^*(\varphi) = C_{\mathrm{I}} z_{\mathrm{I}}(\varphi) + C_{\mathrm{II}} z_{\mathrm{II}}(\varphi)$$

die Forderungen aufstellt

$$z^*(\pi) = \nu z^*(0), \qquad z^{*\prime}(\pi) = \nu z^{*\prime}(0).$$

Diese Forderungen liefern zunächst für C_{I} und C_{II} ein homogenes Gleichungssystem von dem man fordern muß, daß es nichttriviale Lösungen besitzt. Die zugehörige Determinatenbedingung führt zu der oben erwähnten quadratischen Gleichung für ν. Die allgemeinen Lösungen der Hillschen Gleichung z_1, z_2 erhalten wir als Linearkombination dieses Fundamentalsystems in der Form

$$z_1 = c_1 z_1^* + c_2 z_2^*, \qquad z_2 = c_3 z_1^* + c_4 z_2^*.$$

Daraus erhält man mit (39) und (40)

$$\begin{aligned} c_3 z_1^*(\varphi) + c_4 z_2^*(\varphi) &= t c_1 z_1^*(\varphi) + t c_2 z_2^*(\varphi), \\ c_3 \nu_1 z_1^*(\varphi) + c_4 \nu_2 z_2^*(\varphi) &= \bar{t} c_1 \nu_1 z_1^*(\varphi) + \bar{t} c_2 \nu_2 z_2^*(\varphi). \end{aligned}$$

Dieses stellt ein lineares homogenes Gleichungssystem in z_1^* und z_2^* dar, welches nur dann eine nichttriviale Lösung besitzt, wenn

$$\begin{vmatrix} c_3 - t c_1 & c_4 - t c_2 \\ \nu_1(c_3 - \bar{t} c_1) & \nu_2(c_4 - \bar{t} c_2) \end{vmatrix} = 0$$

ist. Das heißt also, es muß $\bar{t}$ entsprechend Gl. (33) eine linear gebrochene Funktion von t sein.

Der hier ausgeschlossene Fall der Gleichheit der Wurzeln ν_1 und ν_2 kann in ähnlicher Weise erledigt werden.

7. *Die konjugierten Punkte bei der Kepler-Ellipse und bei der Wurfparabel*

Zur Erläuterung des Prinzips der kleinsten Wirkung hatten wir als Beispiel die Gleichung der Kepler-Ellipse in Kap. I, 5, § 3 abgeleitet. JACOBI hat nun an diesem Beispiel durch eine ganz einfache elementargeometrische Überlegung gezeigt: Sei F_1 der Brennpunkt, in dem sich das anziehende Massenzentrum befindet, und sei F_2 der zweite Brennpunkt, dann liegen, wenn P und P^* konjugierte Punkte sind, P, P^*, F_2 auf einer Geraden. Aus den Ergebnissen des zitierten Beispiels heben wir hervor, daß die Länge der großen Halbachse a bereits durch die in dem Ausdruck für die Wirkung enthaltenen Konstanten als gegeben erscheint. Betrachtet man nun mit JACOBI die Aufgabe: Gegeben sei von einer Ellipse ein Brennpunkt F_1, die Länge der großen Halbachse a und ferner zwei Punkte P_0 und P_1 und sei $F_1 P_0 = r_0$ $F_1 P_1 = r_1$. Die Aufgabe, die Ellipse zu konstruieren, ist offenbar identisch mit der Aufgabe, den zweiten Brennpunkt zu finden. Da für jeden Punkt der Ellipse $F_1 P + F_2 P = 2a$ ist, finden wir F_2 durch folgende Konstruktion:

Man zieht einen Kreis mit P_0 als Mittelpunkt und $2a - r_0$ als Radius und ferner einen Kreis mit P_1 als Mittelpunkt und $2a - r_1$ als Radius. Je nach der Lage der beiden Punkte P_0 und P_1 haben diese beiden Kreise zwei Schnittpunkte oder einen Berührungspunkt oder keinen Schnittpunkt. Die Schnittpunkte bzw. der Berührungspunkt ergeben die Lage für den zweiten Brennpunkt. Im Falle wo sich die beiden Kreise berühren, also wenn P_0, P_1, F_2 in einer Geraden liegen, sind P_0, P_1 ein Paar konjugierter Punkte P, P^*. In der Tat sind dann P und P^* die Grenzlagen von Punkten P_0 und P_1 durch die zwei unmittelbar benachbarte Ellipsen gelegt werden können.

Dies entspricht dem in § 4 unter 2. erörterten Jacobischen Theorem.

Vom historischen Standpunkt aus, ist auch die Lage der konjugierten Punkte bei der Wurfparabel von Interesse. Dieses Beispiel war das erste, an dem EULER das Wirkungsprinzip erläuterte und dieses Beispiel war es auch, bei dem er die Berechtigung des Einwandes einsah und erläuterte, der sich gegen den Ausdruck „kleinste" Wirkung richtete. Die Lücke, die hier offenbar wurde, kann nur durch die Jacobische Theorie der konjugierten Punkte ausgefüllt werden. (Vgl. die Ausführungen im Anhang über die Geschichte des Prinzips der kleinsten Wirkung.)

Hier gilt ein ganz analoger Satz wie bei dem eben behandelten Beispiel über die Kepler-Ellipse. Die Verbindungslinie der konjugierten Punkte geht durch den Brennpunkt der Parabel. Dies ist ja von vornherein zu erwarten, weil man durch einen geeigneten Grenzübergang von der Kepler-Ellipse zur Wurfparabel gelangen kann[1]. Der Beweis ist ganz analog wie vorhin zu führen. Erinnern wir uns daran, daß die Parabel als der geometrische Ort aller Punkte definiert werden kann, deren Abstand von der Leitlinie gleich dem Abstand vom Brennpunkt ist. An Stelle der Jacobischen Konstruktion tritt hier die folgende Konstruktion zur Ermittlung des Brennpunktes der Parabel, wenn Punkte P_0 und P_1 und die Leitlinie (also bei der Schreibweise in Kap. I, 5, § 3, die y-Achse) gegeben sind. Man hat wieder 2 Kreise zu konstruieren, den einen mit P_0 als Mittelpunkt und x_0 als Radius, den anderen um P_1 und x_1 als Radius. Im übrigen verläuft der Beweis wie beim vorigen Beispiel.

§ 6. Verallgemeinerung auf den Fall mehrerer unabhängiger Variabler und höherer Differentialquotienten im Variationsproblem

1. Der Begriff des adjungierten Differentialausdruckes

Bevor wir zur eigentlichen Aufgabe übergehen, müssen wir noch einige formale Betrachtungen erledigen, die weit über die Variationsrechnung hinaus von Bedeutung sind. In enger Beziehung zu der Umformung von Lagrange bei der Herleitung der Eulerschen Gleichung mittels Produktintegration steht der von ihm entwickelte Begriff des „adjungierten Differentialausdruckes".

Bei der Herleitung der Eulerschen Gleichung im Fall, daß höhere Differentialquotienten im Integranden des Variationsproblems vorkommen, kann man, anstatt mehrmals Produktintegration anzuwenden, direkt von folgenden Identitäten ausgehen.

$$u v' = -v u' + \frac{d}{dx}(u v)$$

$$u v'' = v u'' + \frac{d}{dx}\begin{vmatrix} u & v \\ u' & v' \end{vmatrix}$$

$$\cdots\cdots\cdots\cdots\cdots\cdots$$

$$u v^{(n)} = (-1)^n v u^{(n)} + \frac{d}{dx}\sum_{\nu=0}^{n-1}(-1)^\nu u^{(\nu)} v^{(n-\nu-1)}.$$

[1] Man setze im zweiten Beispiel des § 3 von Kap. I, 5 für $Mmf = \mu e^2$ und für $r = \sqrt{(x-2e)^2 + y^2}$ also $-U = \frac{\mu e^2}{\sqrt{(x-2e)^2+y^2}}$ und ferner wähle man die Energiekonstante E so, daß der Integrand für $x = y = 0$ verschwindet. Dann ergibt sich:

$$\lim_{e\to\infty}\left\{\frac{\mu e^2}{\sqrt{(x-2e)^2+y^2}} - \frac{\mu e}{2}\right\}^{\frac{1}{2}} = \frac{\sqrt{\mu\cdot x}}{2}.$$

Wir führen nun mit A. HIRSCH zur Abkürzung folgende Schreibweise ein

$$\Phi(x, y, y' \ldots y^{(n)}) \sim \Psi(x, y, y' \ldots y^{(n)})$$

(in Worten: äquivalent), wenn wir ausdrücken wollen, daß die beiden Funktionen Φ und Ψ sich bei willkürlichem y nur durch einen vollständigen Differentialausdruck unterscheiden. Sei $M(u)$ ein linearer Differentialausdruck n-ter Ordnung

$$M(u) = \sum_{\nu=0}^{n} A_\nu u^{(n-\nu)},$$

dann ist $N(u)$ der „adjungierte" Differentialausdruck, wenn

$$v\,M(u) \sim u\,N(v)$$

ist. Man erhält für $N(u)$

$$N(u) = \sum_{\nu=0}^{n} (-1)^{n-\nu} \frac{d^{n-\nu}(A_\nu u)}{d x^{n-\nu}}.$$

Ist $M(u) = N(u)$, so sprechen wir von einem sich selbst adjungierten Differentialausdruck. Für $n = 2$ erhalten wir

$$M(u) = A u'' + B u' + C,$$
$$N(u) = (A u)'' - (B u)' + C.$$

Die beiden Differentialausdrücke sind selbstadjungiert, wenn $A' = B$. Bei Differentialgleichungen zweiter Ordnung ist es, wie man hieraus leicht erkennt, stets möglich, sie mit einem solchen Faktor zu multiplizieren, daß sie in sich selbst adjungierte Differentialgleichungen übergehen. Bei höherer Ordnung ist dies im allgemeinen unmöglich. Analoge Sätze ergeben sich auch bei mehreren unabhängigen Veränderlichen. Bei der Definition des Äquivalenzbegriffes tritt an Stelle des vollständigen Differentialquotienten ein Divergenzausdruck. Ist z. B. $M(u)$ gegeben durch

$$M(u) = \sum_{i,k=1}^{n} a_{ik} \frac{\partial^2 u}{\partial x_i \partial x_k} + \sum_{i=1}^{n} b_i \frac{\partial u}{\partial x_i} + c u,$$

dann lautet der adjungierte Differentialausdruck $N(u)$

$$N(u) = \sum_{i,k=1}^{n} \frac{\partial^2 (a_{ik} u)}{\partial x_i \partial x_k} - \sum_{i=1}^{n} \frac{\partial (b_i u)}{\partial x_i} + c u.$$

In der Tat haben wir dann folgenden Divergenzausdruck

$$v\,M(u) - u\,N(v) = \sum_{i=1}^{n} \frac{\partial}{\partial x_i} \left(v \sum_{k=1}^{n} a_{ik} \frac{\partial u}{\partial x_k} - u \sum_{k=1}^{n} \frac{\partial (a_{ik} v)}{\partial x_k} + b_i u v \right).$$

An dieser Stelle schalten wir eine kurze Bemerkung ein, um zu zeigen, wie die Einführung der eben besprochenen Begriffe mit Operationen der elementaren Algebra zusammenhängen. LAGRANGE ließ sich bei der Einführung des Begriffes des „adjungierten Differentialausdruckes" von der Methode leiten, welche man bei der Lösung eines linearen Gleichungssystems $a_{ik}u_k = b_i$ $(i, k = 1, \ldots, n)$ anwendet. Hierbei sucht man nach Faktoren v_i, derart, daß, wenn die Gleichungen mit diesen Faktoren multipliziert und danach addiert werden, alle Unbekannten bis auf eine verschwinden. Ohne Einschränkung der Allgemeinheit — da dies durch entsprechende Umnumerierung der Spalten stets erreicht werden kann — wollen wir annehmen, daß die nicht-verschwindende Unbekannte u_n sein möge. Wir schreiben das Gleichungssystem in der Form:

$$a_{ik}u_k = M_i(u) = b_i - a_{in}u_n \qquad (i = 1, \ldots, n,\ k = 1, \ldots, (n-1))$$

also:

$$v_i a_{ik} u_k = v_i M_i(u) = u_k(a_{ik}v_i) = u_k N_k(v) = 0.$$

Die Bedingung, welche die Faktoren v_i erfüllen müssen, lautet demnach:

$$N_k(v) = 0 \qquad (i = 1, \ldots, n,\ k = 1, \ldots, (n-1))$$

d.h., sie müssen ein homogenes Gleichungssystem erfüllen, welches mit der Transponierten zur Matrix der u_k $(k = 1, \ldots, (n-1))$ gebildet ist. Im Falle einer linearen Differenzengleichung, den LAGRANGE ebenfalls untersucht hat, gelangte er so zum Begriff der „adjungierten Differenzengleichung". Dem Begriff „selbstadjungiert" entspricht in der algebraischen Analogie die ursprünglich symmetrische Matrix (a_{ik}) mit $i, k = 1, \ldots, n$.

Mit Hilfe des Äquivalenzbegriffes können wir die Umformungen, die bei der Herleitung der Eulerschen Differentialgleichung für das Variationsproblem

$$\delta I = \delta \int_{x_0}^{x_1} f(x, y, y' \ldots y^{(n)})\, dx = 0 \tag{41}$$

benötigt werden (vgl. Kap. I, 1, § 2, § 3), kurz wie folgt darstellen. Ersetzen wir y durch $y + \varepsilon \cdot \eta$, wobei $\eta(x_0) = \eta(x_1) = 0$ sein möge, so ist

$$\left(\frac{df}{d\varepsilon}\right)_{\varepsilon=0} = \sum_{i=0}^{n} \frac{\partial f}{\partial y^{(i)}} \eta^{(i)} \sim \eta \left[f_y - \frac{d}{dx} f_{y'} + \cdots + (-1)^n \frac{d^n}{dx^n} f_{y^{(n)}}\right]$$
$$= (-1)^n \cdot \eta \cdot \mathfrak{L}(f);$$

$$\mathfrak{L}(f) = 0$$

ist die Euler-Lagrangesche Differentialgleichung des Variationsproblems.

2. *Zweite Variation bei Variationsproblemen mit einer unabhängigen Veränderlichen und höheren Differentialquotienten*

Die Ableitung der notwendigen und hinreichenden Bedingung für die Existenz eines Extremums wird zwar gelegentlich, bei Problemen der

Elastizitätstheorie zur Aufstellung der Stabilitätskriterien an die zweite Variation aus der durch (41) gegebenen Form des Variationsproblems geknüpft. Wir werden uns meist damit begnügen, aufzuzeigen, unter welchen Bedingungen der durch das Verschwinden der zweiten Variation gekennzeichnete Grenzfall eintritt. Für die vollständige Diskussion der notwendigen und hinreichenden Bedingungen für die Existenz eines Extremums ist es aber zweckmäßiger, von dem in Kap. IV erörterten allgemeinen Problem von LAGRANGE auszugehen. Deshalb werden wir an dieser Stelle nur die Grundformeln der Theorie der zweiten Variation für die Diskussion des zu (41) zugehörigen akzessorischen Variationsproblems ableiten, ohne die Kriterien selbst zu formulieren.

Für die zweite Variation von (41) ergibt sich

$$\delta^2 I = \varepsilon^2 \left[\frac{d^2}{d\varepsilon^2} \int_{x_0}^{x_1} f(x, y + \varepsilon\eta, \ldots, y^{(n)} + \varepsilon\eta^{(n)})\, dx \right]_{\varepsilon=0} = \varepsilon^2 \int_{x_0}^{x_1} 2\Omega\, dx,$$

wobei

$$2\Omega = \frac{\partial^2 f}{\partial y^{(i)}\, \partial y^{(k)}}\, \eta^{(i)} \eta^{(k)} \qquad (i, k = 1, \ldots, n)$$

ist. Das akzessorische Problem lautet demnach:

$$\delta \int_{x_0}^{x_1} \Omega\, dx = 0.$$

Durch Anwendung des Eulerschen Satzes über homogene Funktionen kann man den Integranden in der Form

$$2\Omega = \sum_{\nu=0}^{n} \frac{\partial \Omega}{\partial \eta^{(\nu)}} \cdot \eta^{(\nu)}$$

darstellen und gelangt so unter Verwendung des vorhin eingeführten Äquivalenzbegriffes zur Formel

$$\delta^2 I = -\varepsilon^2 \int_{x_0}^{x_1} \eta\, \Lambda_\eta(\Omega)\, dx,$$

wobei

$$\Lambda_\eta(\Omega) = \sum_{\nu=0}^{n} (-1)^{n-\nu+1} \frac{d^{n-\nu}}{dx^{n-\nu}} \Omega_{\eta^{(n-\nu)}}.$$

Wir wollen nun wieder, unter Verwendung des Äquivalenzbegriffes zeigen, daß

a) $\Lambda_\eta(\Omega)$ ein sich selbst adjungierter Differentialausdruck ist,

b) $\Lambda_\eta(\Omega) = 0$ die Variationsgleichung der Eulerschen Differentialgleichung, also die Jacobische Differentialgleichung ist.

Wenn wir $\varepsilon\eta = \varepsilon_1 u(x) + \varepsilon_2 v(x)$ setzen, so erhalten wir für

$$\left(\frac{\partial^2 f}{\partial\varepsilon_1\,\partial\varepsilon_2}\right)_{\varepsilon_1=\varepsilon_2=0} = \frac{\partial^2 f}{\partial y^{(i)}\,\partial y^{(k)}}\,u^{(i)}\,v^{(k)} \sim v\,\Lambda_u(\Omega) \sim u\,\Lambda_v(\Omega). \tag{42}$$

Damit ist die Behauptung a) bewiesen.

Aus dem Ausdruck für die erste Variation erhält man nun für

$$\left(\frac{\partial f}{\partial\varepsilon_2}\right)_{\varepsilon_2=0} \sim (-1)^n\cdot v\,\mathfrak{L}\big(f(y+\varepsilon_1 u)\big) = (-1)^n\cdot v\,\mathfrak{L}(f)$$

und hieraus, durch Differentiation nach ε_1

$$\left(\frac{\partial^2 f}{\partial\varepsilon_1\,\partial\varepsilon_2}\right)_{\varepsilon_1=\varepsilon_2=0} \sim (-1)^n\cdot v\left[\frac{\partial}{\partial\varepsilon_1}\,\mathfrak{L}\big(f(y+\varepsilon_1 u)\big)\right]_{\varepsilon_1=0} = (-1)^n\cdot v\left[\frac{\partial}{\partial\varepsilon_1}\,\mathfrak{L}(f)\right]_{\varepsilon_1=0};$$

wegen (42) ist also

$$v\,\Lambda_u(\Omega) \sim (-1)^n\,v\left[\frac{\partial}{\partial\varepsilon_1}\,\mathfrak{L}(f)\right]_{\varepsilon_1=0}$$

und, da in $\Lambda_u(\Omega)$ und $\mathfrak{L}(f)$ keine Ableitungen von v auftreten, muß

$$\Lambda_u(\Omega) = (-1)^n\left[\frac{\partial}{\partial\varepsilon_1}\,\mathfrak{L}(f)\right]_{\varepsilon_1=0}$$

sein, womit die Behauptung b) bewiesen ist.

3. *Theorie der zweiten Variation bei Doppelintegralen*

a) Kurze Darstellung der Theorie

Wir begnügen uns hier mit einer knappen Übersicht, ohne auf Einzelheiten der Theorie einzugehen. Zunächst stellen wir die Grundformeln, welche den Ausgangspunkt der Theorie bilden, zusammen. Wir schließen an die Ausführungen über die erste Variation bei Doppelintegralen in Kap. I, 1, § 3 an und betrachten wieder das Variationsproblem

$$\delta I = \delta \iint_G f(x, y, z, p, q)\,dx\,dy = 0,$$

wobei $z = z(x, y)$, $p = z_x$, $q = z_y$ bedeuten. Der Rand des Gebietes G sei fest vorgegeben. Wir haben z durch $z + \varepsilon\cdot\zeta$ ersetzt, wobei ε eine willkürliche, von x und y unabhängige Größe sei und die willkürliche, zweimal stetig differenzierbare Funktion $\zeta = \zeta(x, y)$ am Rand des Gebietes G verschwinden soll, und haben so für die erste Variation

$$\begin{aligned}\delta I &= \varepsilon \iint_G (f_z\cdot\zeta + f_p\zeta_x + f_q\zeta_y)\,dx\,dy\\ &= -\varepsilon\iint_G \zeta\,\mathfrak{L}(f)\,dx\,dy + \varepsilon\oint\zeta\,(f_p\,dy - f_q\,dx)\end{aligned}$$

erhalten, wobei

$$\mathfrak{L}(f) = \frac{\partial}{\partial x} f_p + \frac{\partial}{\partial y} f_q - f_z$$

gesetzt wurde. Das Kurvenintegral verschwindet zufolge der über ζ gemachten Voraussetzung. Für die zweite Variation erhalten wir dementsprechend

$$\delta^2 I = \varepsilon^2 \cdot \iint_G 2\Omega(\zeta)\, dx\, dy,$$

wobei wir

$$2\Omega(\zeta) = f_{zz}\zeta^2 + 2f_{zp}\zeta\zeta_x + 2f_{zq}\zeta\zeta_y + f_{pp}\zeta_x^2 + 2f_{pq}\zeta_x\zeta_y + f_{qq}\zeta_y^2$$

gesetzt haben. Hieraus erhalten wir, indem wir den Eulerschen Satz über homogene Funktionen verwenden

$$2\,\Omega(\zeta) = \Omega_\zeta \cdot \zeta + \Omega_{\zeta_x} \cdot \zeta_x + \Omega_{\zeta_y} \cdot \zeta_y = \frac{\partial}{\partial x}(\Omega_{\zeta_x} \cdot \zeta) + \frac{\partial}{\partial y}(\Omega_{\zeta_y} \cdot \zeta) - \Lambda_\zeta(\Omega) \cdot \zeta,$$

wobei

$$\Lambda_\zeta(\Omega) = \frac{\partial}{\partial x}\Omega_{\zeta_x} + \frac{\partial}{\partial y}\Omega_{\zeta_y} - \Omega_\zeta$$

gesetzt wurde, die „Jacobische Form" der zweiten Variation

$$\delta^2 I = \varepsilon^2 \iint_G \zeta \cdot \Lambda_\zeta(\Omega) \cdot dx\, dy + \varepsilon^2 \cdot \oint \zeta\, (\Omega_{\zeta_x} dy - \Omega_{\zeta_y} dx).$$

Die Differentialgleichung

$$\Lambda_\zeta(\Omega) = \frac{\partial}{\partial x}(f_{pp}\zeta_x + f_{pq}\zeta_y) + \frac{\partial}{\partial y}(f_{pq}\zeta_x + f_{qq}\zeta_y) - \\ - \zeta\left(f_{zz} - \frac{\partial}{\partial x} f_{zp} - \frac{\partial}{\partial y} f_{zq}\right) = 0$$

ist die Verallgemeinerung der Jacobischen Differentialgleichung auf den Fall des Variationsproblems mit zwei unabhängig Veränderlichen. Sie wird deshalb im folgenden als Jacobische Differentialgleichung bezeichnet. Man kann sie auch, wie im Fall einer unabhängigen Veränderlichen, als Variationsgleichung der Eulerschen Differentialgleichung herleiten.

Um das Analogon des Legendreschen und des Jacobischen Kriteriums zu gewinnen, ist es zweckmäßig, die der Jacobischen Transformation analoge Formel mit Hilfe des Ansatzes der multiplikativen Variation zu entwickeln. Die „Greensche Identität" lautet im zweidimensionalen Fall

$$u\Lambda_v(\Omega) - v\Lambda_u(\Omega) = \frac{\partial}{\partial x} u^2(f_{pp}\omega_x + f_{pq}\omega_y) + \frac{\partial}{\partial y} u^2(f_{pq}\omega_x + f_{qq}\omega_y)$$

in der zur Abkürzung $\omega = v/u$ gesetzt ist.

Wir nehmen an, daß im Gebiet G eine, einschließlich des Randes überall positive Lösung $u = u(x, y)$ der Jacobischen Differentialgleichung

$\Lambda_u(\Omega) = 0$ existiert und setzen die bis auf die Randbedingung willkürliche, stetig differenzierbare Funktion ζ in der Form an:

$$\zeta(x, y) = \alpha(x, y) \cdot u(x, y).$$

Dabei ist, entsprechend der Randbedingung für ζ, die Funktion α längs des Randes Null. Dann ergibt sich durch ganz analoge Umformungen wie im eindimensionalen Fall (vgl. S. 141)

$$\iint_G 2\Omega\, d\, x = \iint_G u^2 [f_{pp} \alpha_x^2 + 2 f_{pq} \alpha_x \alpha_y + f_{qq} \alpha_y^2]\, d\, x\, d\, y. \tag{43}$$

Für das Eintreten des Minimums von I ist also notwendig, daß die quadratische Form in den Veränderlichen X und Y

$$f_{pp} X^2 + 2 f_{pq} X Y + f_{qq} Y^2 \geqq 0$$

für alle Wertepaare X, Y ist.

Gleichzeitig erhalten wir als Analogon für das Jacobische Kriterium, dafür also, daß $\delta^2 I > 0$ ist, folgende hinreichende Bedingung:

Ist $u(x, y)$ eine im Gebiet G nirgends verschwindende Lösung der Jacobischen Gleichung $\Lambda_u(\Omega) = 0$ und ist das „Legendresche Kriterium" in seiner schärferen Form, das heißt:

$$f_{pp} > 0 \quad \text{und} \quad f_{pp} f_{qq} - f_{pq}^2 > 0$$

erfüllt, dann ist für die der Randbedingung des Problems genügende Lösung $z = z(x, y)$ der Euler-Lagrangeschen Differentialgleichung $\delta^2 I > 0$ für jede längs des Randes von G verschwindende Variation ζ.

Das Analogon zu dem Satz, wonach die zweite Variation negativ gemacht werden kann, wenn das Intervall zwei konjugierte Punkte enthält, lautet hier:

Existiert im Gebiet G eine Lösung der Jacobischen Gleichung, die längs einer geschlossenen, ganz in G verlaufenden Kurve verschwindet, so kann die zweite Variation im Gebiet G stets beide Vorzeichen annehmen. Für den Beweis dieses Satzes, den, im Anschluß an einen von H. A. Schwarz herrührenden Beweis für den Fall einer unabhängigen Variablen, A. Sommerfeld gegeben hat, verweisen wir auf das Lehrbuch von O. Bolza.

b) Bericht über die Untersuchungen von H. A. Schwarz über das Problem der Minimalflächen

Für die Theorie der zweiten Variation der Doppelintegrale liefert die Theorie der Minimalflächen ein überaus instruktives Beispiel, wie vor allem H. A. Schwarz erkannt hat. Insbesondere an seine Arbeit aus dem Jahre 1885: „Über ein die Flächen kleinsten Flächeninhalts betreffendes Problem der Variationsrechnung" in der „Festschrift zum

70. Geburtstag des Herrn KARL WEIERSTRASS", knüpfen viele wichtige Entwicklungen der modernen Mathematik an. Deshalb wollen wir einen kurzen Bericht über diese klassische Abhandlung hier einfügen.

Zu Beginn der Abhandlung finden wir eine elementare Bemerkung, die wir hier aber doch wiedergeben möchten, weil sie unsere oben entwickelten Sätze illustriert.

Sie betrifft den Fall, daß ein Stück einer Minimalfläche sich in einem kartesischen Koordinatensystem x, y, z durch eine eindeutige Funktion $z = z(x, y)$ darstellen läßt. Die zugehörige Euler-Lagrangesche Differentialgleichung (vgl. Kap. I, 1, § 3) enthält nur die ersten und zweiten Differentialquotienten aber nicht z selbst explizit. Die Jacobische Gleichung, die sich ja als Variationsgleichung der Euler-Lagrangeschen Gleichung auffassen läßt, enthält dementsprechend nur die Ableitung erster und zweiter Ordnung von ζ aber ζ nicht explizit; also ist $\zeta =$ konstant eine Lösung der Jacobischen Gleichung.

Da in diesem Fall auch das Legendresche Kriterium erfüllt ist, sind also die Voraussetzungen für den oben entwickelten Satz über die hinreichenden Bedingungen für das positive Vorzeichen der zweiten Variation erfüllt.

Der Hauptinhalt der genannten Schwarzschen Abhandlung ist aber die Diskussion des Jacobischen Kriteriums, wenn man die sphärische Abbildung zugrunde legt, d. h. eine Abbildung, bei der jedem Punkt der Minimalfläche ein Punkt der Einheitskugel durch die Forderung zugeordnet wird, daß die Tangentialebenen in den zugeordneten Punkten parallel sind.

Schon vor SCHWARZ waren bereits einige interessante Sätze, die diese Abbildung der Minimalfläche auf die Kugel betreffen, insbesondere von RIEMANN und WEIERSTRASS entwickelt worden und so waren hier ja wohl von vornherein bemerkenswerte Resultate zu erwarten.

Auf die hierher gehörigen differentialgeometrischen Entwicklungen können wir an dieser Stelle nicht eingehen. Außer auf die Originalarbeit von SCHWARZ möchten wir diesbezüglich auch auf die Lehrbücher von DARBOUX, BIANCHI und BLASCHKE über Differentialgeometrie hinweisen.

Für das Folgende kommt lediglich in Betracht, daß der Integrand des akzessorischen Problems bei SCHWARZ schließlich die Form

$$2\Omega = \zeta_\xi^2 + \zeta_\eta^2 - \frac{8}{(1+\xi^2+\eta^2)^2} \cdot \zeta^2$$

annimmt. Die Veränderlichen ξ und η bedeuten dabei die kartesischen Koordinaten in der Äquatorebene der Kugel auf welche die Kugel durch stereographische Projektion abgebildet ist. Die Jacobische Gleichung lautet demnach:

$$\Lambda_\zeta(\Omega) = \zeta_{\xi\xi} + \zeta_{\eta\eta} + \frac{8}{(1+\xi^2+\eta^2)^2} \cdot \zeta = 0.$$

Diese Differentialgleichung erweist sich, was auch SCHWARZ bemerkt, als identisch mit der Differentialgleichung der Kugelfunktionen

$$\frac{\partial}{\partial\vartheta}\left(\sin\vartheta\frac{\partial\zeta}{\partial\vartheta}\right) + \frac{1}{\sin\vartheta}\cdot\frac{\partial^2\zeta}{\partial\varphi^2} + n\cdot(n-1)\sin\vartheta\cdot\zeta = 0$$

für den Fall $n=2$. Dabei bedeuten die unabhängigen Variablen ϑ und φ die Poldistanz und die geographische Länge auf der Einheitskugel[1].

SCHWARZ behandelt nun gleich die Aufgabe, unter welchen Umständen in einem vorgegebenen, von der Kurve K $(\xi=\xi(s), \eta=\eta(s))$ begrenzten, einfach zusammenhängenden Bereich B der unabhängigen Variablen ξ, η ein Ausdruck von der Form

$$\iint_B 2\Omega^* \, df = \iint_B [(\zeta_\xi)^2 + (\zeta_\eta)^2 - p(\xi,\eta)\,\zeta^2]\, df$$

mit $p(\xi,\eta)>0$ in B und der Randbedingung $\zeta=0$ auf K positiv definit ist. Dabei läßt sich Ω^* in der Form

$$2\Omega^* \sim -\zeta\Lambda_\zeta^*(\Omega) \quad \text{mit} \quad \Lambda_\zeta^*(\Omega) = \Delta\zeta + p(\xi,\eta)\cdot\zeta$$

darstellen.

$$\Lambda_\zeta^*(\Omega) = 0 \tag{44}$$

[1] Um bequem die Transformation aus der ξ, η-Ebene, die wir als Äquatorebene der Einheitskugel annehmen, auf die Einheitskugel mit den Koordinaten ϑ und φ durchzuführen, transformieren wir nicht direkt die Differentialgleichung, sondern wir führen, wie wir dies bereits in Kap. I, 1, § 3 dargelegt haben, die Transformation beim zugehörigen Variationsproblem

$$\delta \iint_B 2\Omega \, d\xi\, d\eta = 0$$

durch. Die Transformation führen wir in zwei Schritten aus. Durch Einführung von Polarkoordinaten

$$\xi = \varrho\cos\varphi, \quad \eta = \varrho\sin\varphi$$

erhalten wir

$$\iint_B 2\Omega\, d\xi\, d\eta = \iint_B \left[\left(\frac{\partial\zeta}{\partial\varrho}\right)^2 + \frac{1}{\varrho^2}\left(\frac{\partial\zeta}{\partial\varphi}\right)^2 - \frac{8}{(1+\varrho^2)^2}\cdot\zeta^2\right]\varrho\, d\varphi\, d\varrho.$$

Bei Projektion der ξ, η-Ebene auf die Einheitskugel aus dem Nordpol der Einheitskugel ist der Zusammenhang zwischen ϱ und ϑ gegeben durch $\varrho = \operatorname{cotan}\vartheta/2$. Folglich ist:

$$\iint_{B(\xi,\eta)} 2\Omega\, d\xi\, d\eta = \iint_{B(\vartheta,\varphi)} \left[\left(\frac{\partial\zeta}{\partial\vartheta}\right)^2 + \frac{1}{\sin^2\vartheta}\left(\frac{\partial\zeta}{\partial\varphi}\right)^2 - 2\zeta^2\right]\sin\vartheta\, d\vartheta\, d\varphi.$$

Hieraus erhält man die Euler-Lagrangesche Differentialgleichung in der oben angegebenen Form.

ist die zu dem akzessorischen Variationsproblem

$$\delta \iint_B 2\Omega^* \, df = 0$$

gehörende Jacobische Differentialgleichung.

Diese allgemeine Fragestellung wird durch folgende Überlegung nahegelegt. Legt man nämlich der Gestalt des Bereiches B keine Beschränkungen — außer gewissen Regularitätseigenschaften der Berandung K — auf, dann bringt die Beschränkung auf eine spezielle Form von p keine wesentliche Vereinfachung für die Behandlung der gestellten Aufgabe mit sich. Auch der Umstand, daß Differentialgleichungen von der Form der Jacobischen Differentialgleichung (44) in der theoretischen Physik eine besondere Rolle spielen, legt dies nahe.

Differentialgleichungen von der Form

$$\Delta \psi(\xi, \eta) + \lambda \cdot p(\xi, \eta) \cdot \psi(\xi, \eta) = 0 \tag{45}$$

in der λ ein Parameter ist, waren in der Literatur bereits ausführlich behandelt worden. Man erhält sie unter anderem als die Differentialgleichung für die Amplitude der stationären Schwingungen einer Membran mit vom Ort abhängiger Massendichte. Bei linearen homogenen Randbedingungen, also bei Randbedingungen von der Form:

$$a(s) \cdot \psi\big(\xi(s), \eta(s)\big) + b(s) \cdot \frac{\partial \psi\big(\xi(s), \eta(s)\big)}{\partial n} = 0,$$

wobei n die Richtung der äußeren Normalen auf die Kurve K im Punkte $\big(\xi(s), \eta(s)\big)$ bedeutet und $a(s)$, $b(s)$ beliebige, stetige auf K definierte Funktionen sein mögen, hat diese homogene lineare Differentialgleichung nur für bestimmte Werte des Parameters λ — den sogenannten Eigenwerten — nicht-triviale Lösungen. Diese Lösungen nennt man Eigenlösungen oder Eigenfunktionen. Der physikalische Inhalt der Differentialgleichung legt die Vermutung nahe, daß abzählbar unendlich viele diskret verteilte positive Eigenwerte und entsprechend auch abzählbar unendlich viele, bis auf einen Proportionalitätsfaktor bestimmte Eigenfunktionen existieren, da ja der Eigenwert λ_ν das Quadrat der Eigenfrequenz ω_ν der ν-ten Eigenschwingung der Membran und ψ_ν die Amplitude der ν-ten Eigenschwingung bedeuten. Dabei sind die Eigenwerte entsprechend ihrer Größe numeriert, also

$$\lambda_1 \leqq \lambda_2 \leqq \lambda_3 \leqq \cdots. \tag{46}$$

Für den speziellen Fall der rechteckigen bzw. kreisförmigen Berandung waren, bei konstanter Massendichte p, das System der trigonometrischen bzw. der Besselschen Funktionen als Eigenlösungen seit langem bekannt. Das analoge eindimensionale Problem mit variablem

p — die Bestimmung der Frequenzen und Amplituden der Eigenschwingungen einer Saite mit ortsabhängiger Massendichte — war von STURM und LIOUVILLE behandelt worden. Zu erwähnen ist ferner, daß wenige Jahre vor der Schwarzschen Abhandlung Lord RAYLEIGHs Buch „Theory of Sound" erschienen war, das gleich nachher, über Veranlassung von H. HELMHOLTZ ins Deutsche übertragen wurde. In diesem Buche sind gerade derartige Schwingungsprobleme, zwar nicht immer vom streng mathematischen Standpunkt aus, aber in engstem Zusammenhang mit ihrem physikalischen Sinn in äußerst anregender Form behandelt.

Für Kenner der mathematischen Physik, insbesondere für Leser des genannten Werkes von Lord RAYLEIGH, wäre es daher naheliegend gewesen, von vornherein die Existenz eines unendlichen Systems von Eigenfunktionen anzunehmen und die gestellte Aufgabe in analoger Weise zu behandeln, in der wir in § 1 des ersten Abschnittes dieses Kapitels die dort durch (8) gestellte Aufgabe gelöst haben, bei welcher wir als Hilfsmittel die Entwicklung der zur Bildung der Variation gebrauchten Funktion in eine Fouriersche Reihe verwendet haben. An Stelle der Entwicklung der zur Bildung der Variation gebrauchten Funktion in eine Fouriersche Reihe hätte jetzt die Entwicklung der zur Bildung der Variation gebrauchten Funktion $\zeta(\xi, \eta)$ in eine Reihe nach den Eigenfunktionen der Differentialgleichung (45) zu treten. Bei dem von H. A. SCHWARZ diskutierten Problem ist die homogene Randbedingung auf den Fall $a = 1$, $b = 0$ spezialisiert, d.h. es wird das Verschwinden der Eigenfunktionen am Rand gefordert (am Rand eingespannte Membran). Aus der Greenschen Formel der Potentialtheorie:

$$\iint\limits_B (\psi_\mu \Delta \psi_\nu - \psi_\nu \Delta \psi_\mu)\, df = \oint\limits_K \left(\psi_\mu \frac{\partial \psi_\nu}{\partial n} - \psi_\nu \frac{\partial \psi_\mu}{\partial n}\right) ds$$

folgt dann, daß die zu zwei verschiedenen Eigenwerten λ_μ und λ_ν gehörigen Eigenfunktionen ψ_μ, ψ_ν die Orthogonalitätsrelation

$$\iint\limits_B \psi_\mu \cdot \psi_\nu \cdot p \cdot df = 0 \qquad \mu \neq \nu$$

erfüllen müssen. Denn aus dem Verschwinden der Eigenfunktionen am Rand K ergibt sich, daß das Kurvenintegral über K in der Greenschen Formel verschwindet. Andererseits ergibt sich aus der Differentialgleichung, wenn man diese einmal für ψ_μ, das andere Mal für ψ_ν bildet und das erste Mal mit ψ_ν, das zweite Mal mit ψ_μ multipliziert und danach die zweite Gleichung von der ersten subtrahiert, daß die linke Seite der Greenschen Formel gleich

$$(\lambda_\mu - \lambda_\nu) \iint\limits_B \psi_\mu \cdot \psi_\nu \cdot p \cdot df$$

ist. Da nach Voraussetzung $\lambda_\mu \neq \lambda_\nu$ ist, ergibt sich daraus die behauptete Orthogonalitätsrelation. Wie erwähnt, sind die Funktionen ψ_ν nur bis auf einen Proportionalitätsfaktor bestimmt. Wird dieser so gewählt, daß

$$\iint_B \psi_\nu^2 \cdot p \cdot df = 1 \qquad \text{für} \qquad \nu = 1, 2, \ldots$$

ist, so sagt man, daß die Funktionen ψ_ν ein normiertes Orthogonalsystem (Orthonormalsystem) bilden.

Postuliert man nun für alle zur Bildung der Variation von uns zugelassenen Funktionen ζ die Entwickelbarkeit nach dem die Differentialgleichung (45) und die Randbedingung $\psi = 0$ auf K erfüllenden Orthonormalsystem der ψ_ν

$$\zeta = \sum_\nu a_\nu \cdot \psi_\nu, \qquad a_\nu = \iint_B \zeta \cdot p \cdot \psi_\nu \, df \tag{47}$$

und postuliert man ferner die zweimalige gliedweise Differenzierbarkeit dieser Reihe, so ergibt sich aus (44)

$$\Delta\zeta = -p \cdot \sum_\nu \lambda_\nu \cdot a_\nu \cdot \psi_\nu$$

und hieraus mittels der speziellen Greenschen Formel

$$\iint_B [(\zeta_\xi)^2 + (\zeta_\eta)^2] \, df = \oint_K \zeta \cdot (\zeta_\xi \, d\eta - \zeta_\eta \, d\xi) - \iint_B \zeta \cdot \Delta\zeta \cdot df$$

unter Berücksichtigung des Umstandes, daß ζ längs K verschwindet sowie von (47), der Orthogonalitätsrelationen und der Normierungsbedingung:

$$\iint_B [(\zeta_\xi)^2 + (\zeta_\eta)^2] \, df = -\iint_B \zeta \cdot \Delta\zeta \, df = \iint_B \zeta \cdot p \cdot \sum_\nu \lambda_\nu \cdot a_\nu \psi_\nu \, df = \sum \lambda_\nu a_\nu^2. \tag{48}$$

Ferner folgt, ebenfalls unter Berücksichtigung der Orthogonalitätsrelation und der Normierungsbedingung:

$$\iint_B \zeta^2 \cdot p \cdot df = \sum a_\nu^2 \tag{49}$$

und somit aus (48) und (49)

$$\iint_B 2\Omega^* \, df = \sum a_\nu^2 (\lambda_\nu - 1). \tag{50}$$

Aus dieser Formel ergibt sich unmittelbar folgender Satz über das Vorzeichen der zweiten Variation:

1. Ist $\lambda_1 > 1$, dann ist der Ausdruck auf der linken Seite von (50) stets positiv definit.

2. Ist $\lambda_1 = 1$, dann ist der Ausdruck auf der linken Seite von (50) semidefinit. In diesem und nur in diesem Fall besitzt die zugehörige Jacobische Differentialgleichung eine Lösung, welche die vorgeschriebene

Randbedingung $\zeta = 0$ auf K erfüllt, und zwar ist diese Lösung $\zeta = \psi_1$. Mit dieser Lösung wird der auf der linken Seite von (50) stehende Ausdruck gleich Null.

3. Ist $\lambda_1 < 1$, dann ist der auf der linken Seite von (50) stehende Ausdruck indefinit, denn für $\zeta = \psi_1$ wird dieser Ausdruck negativ.

Dieses Ergebnis steht in voller Analogie zu dem bei dem Beispiel in Kap. II, 1, § 1 erhaltenen Resultaten.

Die hier skizzierte Methode, bei der wir von der Entwicklung der für die Bildung der Variation gebrauchten Funktion in eine Reihe von Orthonormalfunktionen ausgegangen sind, läßt sich heute durch die um die Jahrhundertwende einsetzende Entwicklung der Theorie der Integralgleichungen und der Begründung der Methode der unendlich vielen Variablen in einer allen Anforderungen der mathematischen Strenge genügenden Form durchführen. Insbesondere ist L. LIECHTENSTEIN bei der Behandlung derartiger Fragen direkt von der Methode der unendlich vielen Variablen ausgegangen.

Zur Zeit als die Arbeit von H. A. SCHWARZ erschien, konnte aber diese Methode nur als heuristisches Prinzip gewertet werden. Als Schüler von WEIERSTRASS, dessen Bestrebungen um eine exakte Begründung der Variationsrechnung wir im folgenden Kapitel näher kennenlernen werden, war H. A. SCHWARZ bestrebt, die gestellte Aufgabe in mathematisch strenger Form zu behandeln, das heißt — dem damaligen Stand der Entwicklung der Analysis entsprechend — unter Ausschaltung aller auf Reihenentwicklungen nach Orthogonalfunktionen beruhenden Ideen. Dagegen lag es nahe, als Hilfsmittel die für den Fall einer unabhängigen Veränderlichen entwickelte Methode der multiplikativen Variation hier entsprechend zu verallgemeinern.

Um den vorhin ausgesprochenen Satz über das Vorzeichen der zweiten Variation auf Grund der Methode des multiplikativen Variationsansatzes zu gewinnen, war offenbar zweierlei nötig: erstens, die Angabe eines konstruktiven Verfahrens für die Größe λ_1 und der zugehörigen Eigenfunktion ψ_1; zweitens, ein konstruktives Verfahren zur Gewinnung einer im ganzen Gebiet B einschließlich des Randes K nirgends verschwindenden Lösung der Jacobischen Differentialgleichung. Wir beschränken uns darauf, den Grundgedanken des hierzu von H. A. SCHWARZ verwendeten Iterationsverfahrens zu skizzieren. SCHWARZ definiert eine Folge von Funktionen w_n durch die Forderung

$$\Delta w_{n+1} + p \cdot w_n = 0 \tag{51}$$

überall in B, wobei w_n für $n \geqq 1$ auf K die Randbedingung $w_n = 0$ erfüllen soll. w_0 möge der Gleichung $\Delta w_0 = 0$ genügen und längs K soll w_0 vorgegebene positive Werte annehmen. Es genügt hierzu $w_0 = 1$ anzunehmen.

Das Ergebnis der Untersuchungen von SCHWARZ über die so definierte Funktionenfolge läßt sich wie folgt zusammenfassen:

1. $\lambda_1 = \lim\limits_{n\to\infty} \frac{w_n}{w_{n+1}}$.

2. $\psi_1 = \lim\limits_{n\to\infty} \lambda_1^n \cdot w_n$.

3. Die Potenzreihe $w(\xi, \eta; t) = \sum\limits_{n=0}^{\infty} t^n \cdot w_n$ konvergiert gleichmäßig für $t < \lambda_1$ und stellt eine überall in B positive Lösung der Differentialgleichung

$$\Delta w + t \cdot p \cdot w = 0$$

dar, so daß, wenn $\lambda_1 > 1$ ist, auf diese Weise also eine überall in B und längs K positive Lösung der Jacobischen Differentialgleichung erhalten wird.

Die Lösung der Differentialgleichung für w_{n+1}

$$\Delta w_{n+1} = -p \cdot w_n$$

mit der Randbedingung $w_{n+1} = 0$ auf K ergibt sich gemäß der Grundformel für die Theorie des logarithmischen Potentials (Auflösung der Poissonschen Gleichung) mit Hilfe der der Randbedingung entsprechenden Greenschen Funktion $G(\xi, \eta; \xi^*, \eta^*)$ also:

$$w_{n+1}(\xi, \eta) = \iint\limits_B G(\xi, \eta; \xi^*, \eta^*) \cdot w_n(\xi^*, \eta^*) \cdot p(\xi^*, \eta^*) \cdot d\xi^* \, d\eta^*.$$

Die Existenz der Greenschen Funktion war bereits zur damaligen Zeit für Bereiche von sehr allgemeinem Typus gerade durch Arbeiten von H. A. SCHWARZ selbst und von C. NEUMANN sichergestellt. Die Darstellung der von SCHWARZ gegebenen Beweise für die oben mitgeteilten Ergebnisse liegt außerhalb des Rahmens dieses Buches. Wir erwähnen aber, daß die leitenden Ideen von H. A. SCHWARZ auf die grundlegende Arbeit von E. SCHMIDT zur Theorie der Integralgleichungen einen großen Einfluß hatten. Andererseits liefert die allgemeine Schmidtsche Theorie zur Auflösung der linearen Integralgleichungen zweiter Art unmittelbar den Beweis für die oben mitgeteilten Ergebnisse von SCHWARZ und bringt gegenüber den ursprünglichen Überlegungen von H. A. SCHWARZ wesentliche Vereinfachungen mit sich. Wir begnügen uns hier mit einer Überlegung, welche uns die Konvergenz des von SCHWARZ verwendeten Iterationsverfahrens plausibel erscheinen läßt. Freilich benützen wir dabei wieder den der physikalischen Anschauung naheliegenden Satz von der Entwickelbarkeit der Ausgangsfunktion, also etwa $w_0 = 1$, nach den Eigenfunktionen ψ_ν der Differentialgleichung (45). Der mathematische Beweis dieses physikalisch einleuchtenden Satzes ist allerdings viel schwieriger als der Beweis, den SCHWARZ nach seiner Methode für die vorhin mitgeteilten Ergebnisse seiner Untersuchungen gegeben hat.

Setzen wir $w_0 = \sum_{\nu=1}^{\infty} c_\nu \psi_\nu$, so wird $w_n = \sum_{\nu=1}^{\infty} \frac{c_\nu}{\lambda_\nu^n} \psi_\nu$ und damit:

$$\frac{w_n}{w_{n+1}} = \lambda_1 \frac{c_1\psi_1 + \left(\frac{\lambda_1}{\lambda_2}\right)^n c_2\psi_2 + \left(\frac{\lambda_1}{\lambda_3}\right)^n c_3\psi_3 + \cdots}{c_1\psi_1 + \left(\frac{\lambda_1}{\lambda_2}\right)^{n+1} c_2\psi_2 + \left(\frac{\lambda_1}{\lambda_3}\right)^{n+1} c_3\psi_3 + \cdots}.$$

Diese Formel läßt nicht nur die Konvergenz des Schwarzschen Iterationsverfahrens plausibel erscheinen, sondern sie zeigt auch, daß dieses Verfahren praktisch nur dann rasch konvergiert, wenn der zweite Eigenwert λ_2 wesentlich größer als λ_1 ist. Zur physikalischen Interpretation des Schwarzschen Iterationsverfahrens sei folgendes bemerkt: Jeder Schritt des Verfahrens bewirkt im Verhältnis zur Grundschwingung eine Abnahme des Gehaltes an Oberschwingungen, also ein stärkeres Hervortreten der Grundschwingung.

Wir zeigen nun, wie man mit Hilfe des Schwarzschen Iterationsverfahrens, durch das man die Größe λ_1, die Funktion ψ_1 und ferner die Funktion $w(\xi, \eta; t)$ konstruiert, den Satz über das Vorzeichen der zweiten Variation begründen kann. Der Ansatz der multiplikativen Variation

$$\zeta(\xi, \eta) = \alpha(\xi, \eta; t) \cdot w(\xi, \eta; t)$$

liefert folgende Transformation [vgl. (43)] des über den Bereich B erstreckten Integrals über den Ausdruck

$$(\zeta_\xi)^2 + (\zeta_\eta)^2 - t \cdot p(\xi, \eta) \cdot \zeta^2$$

$$\iint_B [\zeta_\xi^2 + \zeta_\eta^2 - t \cdot p \cdot \zeta^2]\, d\xi\, d\eta = \iint_B w^2 \cdot [\alpha_\xi^2 + \alpha_\eta^2]\, d\xi\, d\eta. \tag{52}$$

Ist $\lambda_1 > 1$, dann können wir $t = 1$ setzen und dann ergibt sich aus (52) sofort der positiv definite Charakter des Ausdruckes $\iint_B 2\Omega^*\, d\xi\, d\eta$. Die übrigen Teilaussagen des Satzes über das Vorzeichen der zweiten Variation ergeben sich ebenso wie vorhin bei der Methode der Reihenentwicklung, indem man wiederum in $2\Omega^*$ für ζ die Funktion ψ_1 einsetzt.

Gleichwertig mit dem Ergebnis unserer Untersuchung über das Vorzeichen der zweiten Variation, ist auch die Kennzeichnung von λ_1 durch die Gleichung:

$$\left\{\frac{\iint_B [\zeta_\xi^2 + \zeta_\eta^2]\, d\xi\, d\eta}{\iint_B p \cdot \zeta^2\, d\xi\, d\eta}\right\}_{\text{Min}} = \lambda_1$$

die man durch die analoge Schlußweise wie beim Beispiel in Kap. II, 2, § 1 gewinnen kann.

Das eben geschilderte iterative Verfahren zur Gewinnung des klein sten Eigenwertes, das SCHWARZ lediglich für die Diskussion des Vor zeichens der zweiten Variation beim Problem der Minimalflächen heran zieht, gewann auch für die praktische Ermittlung des kleinsten Eigen wertes bei anderen Eigenwertaufgaben der Physik eine große Bedeutung Aus der Tatsache, daß bei dem Iterationsverfahren einer positive Funktion u_i im Inneren des Integrationsgebietes, wegen $G>0$, stet wieder eine positive Funktion u_{i+1} zugeordnet wird, gewinnt man leich folgende Ungleichung

$$\left(\frac{u_i}{u_{i+1}}\right)_{\text{Min}} < \lambda_1 < \left(\frac{u_i}{u_{i+1}}\right)_{\text{Max}}.$$

Ein derartiger Einschließungssatz gilt, wie dies insbesondere L. COLLAT ausführlich dargestellt hat (*), für eine große Klasse von Eigenwert problemen. Er hat deshalb eine große Bedeutung, weil die dadurc angegebenen Schranken bereits für kleine Werte von i oft sehr en sind. Man könnte daher diese Methode, Schranken für den erste Eigenwert zu gewinnen, wohl zweckmäßig als „Methode des schwach variablen Quotienten" bezeichnen (**). Zur Erläuterung diene das folgend elementare Beispiel in einer Veränderlichen, das aus dem in Kap. II, 2, § behandelten Beispiel dadurch hervorgeht, daß das Integrationsinterva [0, 1] auf [−1, 1] ausgedehnt wird. Für die Schätzung des Minimum von

$$\frac{\int\limits_{-1}^{1} \eta'^2\,dx}{\int\limits_{-1}^{1} \eta^2\,dx}$$

erhalten wir

$$u_0 = 1, \quad u_1 = 1 - x^2, \quad u_2 = \tfrac{1}{12}(1 - x^2)(5 - x^2),$$
$$u_3 = \tfrac{1}{360}(1 - x^2)(x^4 - 14x^2 + 61),$$

also

$$\frac{u_2}{u_3} = 30\,\frac{5 - x^2}{x^4 - 14x^2 + 61}$$

und somit $\frac{600}{61} < 4\lambda_1 < 10$.

Ein weiteres Beispiel, wo mit wenig Rechnung eine gute Näherun für den kleinsten Eigenwert mit Hilfe dieser Methode erzielt wird, i die Bestimmung des Grundtons einer elliptischen Membran. Ei Reihe von weiteren Beispielen finden sich u.a. bei COLLATZ.

Bei den meisten praktischen Problemen, die auf eine Differentia gleichung höherer Ordnung führen, ist meistens die Art, wie der Par meter λ einzuführen ist, durch das Problem selbst schon nahegeleg

Wenn dies nicht der Fall ist, so hat man folgendermaßen vorzugehen. Ist Λ ein Differentialausdruck n-ter Ordnung, so zerlegt man Λ in eine Summe von zwei Differentialausdrücken $\Lambda_1 + \Lambda_2$, wo Λ_2 höchstens von $(n-2)$-Ordnung ist. Man hat dann das Eigenwertproblem

$$\Lambda_1 + \lambda \Lambda_2 = 0$$

zu diskutieren.

Drittes Kapitel

Kritik von WEIERSTRASS und DU BOIS-REYMOND und die Aufstellung hinreichender Bedingungen durch WEIERSTRASS

1. Kritik von WEIERSTRASS und DU BOIS-REYMOND

§ 1. Kritik der Grundlagen

Im Kapitel I bei der Behandlung der Methode von LAGRANGE sprachen wir von „natürlichen" und „zusätzlichen" Voraussetzungen, d.h. solchen, die durch das Wesen der Aufgabe selbst bedingt sind und solchen, die man machen muß, damit eine bestimmte Methode anwendbar ist. Auch unter Heranziehung solcher Annahmen lieferte unsere bisherige Betrachtung nur notwendige, aber keineswegs hinreichende Bedingungen für das Eintreten eines Minimums. Ein Ausgangspunkt der Weierstraßschen Kritik war der Wunsch, die Probleme sachgemäß zu formulieren und zusätzliche Voraussetzungen möglichst zu beseitigen. Eine folgerichtige Durchführung dieses Programms muß notwendig mit klaren Definitionen der Grundbegriffe: Kurve, Länge einer Kurve, Fläche, Flächeninhalt, usw. beginnen. Denn, faßt man mit HILBERT das allgemeinste Maximum-Minimumproblem folgendermaßen auf: Gegeben ist eine unendliche Menge mathematischer Objekte $a, b, \ldots$ (Zahlen, Punkte, Kurven, Flächen, usw.) und jedem Individuum dieser Menge ist eine reelle Zahl $I_a, I_b, \ldots$ zugeordnet. Soll nun dasjenige Individuum der Menge bestimmt werden, welchem die größte oder kleinste Zahl zugeordnet ist, so ist von vornherein klar, daß jede Unbestimmtheit der Menge eine Unbestimmtheit des Resultats zur Folge haben muß.

Wenn nicht klar feststeht, wer zu einem Verein gehört, und wer nicht, so kann man auch nicht mit voller Sicherheit feststellen, wer das kleinste Vereinsmitglied ist. Auseinandersetzungen über diese Definitionen der oben angeführten Grundbegriffe, die WEIERSTRASS wohl angebahnt, aber nicht vollendet hat (*), nehmen auch tatsächlich in anderen

Lehrbüchern einen weiten Raum ein. Vom Standpunkt eines konsequenten Aufbaues ist dies auch durchaus geboten. Fragt man z.B. nach der kürzesten Verbindungslinie zweier Punkte, so wird man geneigt sein, den Begriff Länge einer Kurve in geeigneter Weise als Grenzwert von Längen von Polygonzügen zu erklären. Eine derartige Fassung dieses Begriffes setzt aber keineswegs Differenzierbarkeit voraus, vielmehr zeigt eine von C. JORDAN durchgeführte Untersuchung, daß man dann den Kurvenbegriff wie folgt fassen muß: die Kurve muß sich in der Form

$$x = x(t), \qquad y = y(t)$$

darstellen lassen, wobei $x(t)$, $y(t)$ stetige Funktionen beschränkter Schwankung sind.

In der Zeit vor WEIERSTRASS wurde sehr wenig Gewicht auf die exakte Fassung der dem Variationsproblem zugrunde liegenden Fragestellung gelegt, daher haben wir bisher bei der Erörterung von Beispielen volle Präzision in der Fragestellung nicht angestrebt. Auch im folgenden Text werden wir, um Weitschweifigkeiten zu vermeiden, die Probleme nicht so ausführlich formulieren, wie es vielleicht vom Standpunkt der Weierstraßschen Kritik aus zu fordern wäre. Insbesondere werden wir Stetigkeits- und Differenzierbarkeitsvoraussetzungen nicht immer ausführlich erwähnen. Die Kritik von WEIERSTRASS und seiner Schule ist aber für die weitere Entwicklung der gesamten Analysis von so grundlegender Bedeutung geworden, daß wir es uns nicht versagen können, wenigstens einiges aus diesem Problemkreis zu bringen. Vor allem ist es eine unleugbare Tatsache, daß viele Mathematiker, die für die angewandte Mathematik Wesentliches geleistet haben, von der Weierstraßschen Kritik stark beeinflußt wurden.

Kennzeichnend für WEIERSTRASS, seine Schüler und Nachfolger sowie für einige seiner von ihm stark beeinflußten Zeitgenossen, insbesondere DU BOIS-REYMOND, ist das Bestreben, nicht die Fragestellung den vorhandenen Mitteln anzupassen, sondern die Mittel bzw. die analytischen Hilfssätze der Fragestellung entsprechend auszubilden. Zu den zusätzlichen Voraussetzungen, die man machen muß, um etwa Lagrangesche Methoden anzuwenden, gehören aber nicht nur Voraussetzungen über Stetigkeits- und Differenzierbarkeitseigenschaften der Lösung, sondern vor allem anderen gehört hierher auch die Voraussetzung der Existenz einer Lösung überhaupt.

WEIERSTRASS war sich dessen klar bewußt, wie wir später noch zeigen werden. Durch seine kritischen Ausführungen leistete WEIERSTRASS wichtige Vorarbeit für die später hauptsächlich von HILBERT erbrachten Existenzbeweise und somit für die Begründung der direkten Methoden der Variationsrechnung.

Um Klarheit zu schaffen, mußte WEIERSTRASS ferner auch den Minimumbegriff selbst einer genaueren Erörterung unterziehen. Dabei gelangt man zunächst zu einer Unterscheidung zwischen absolutem und relativem Minimum.

A. Absolutes Minimum

Von einem absoluten Minimum einer Funktion von einer oder mehreren Veränderlichen im Bereich B sprechen wir dann, wenn die untere Grenze der Funktionswerte in einem Punkt von B wirklich erreicht wird. Hier gilt bekanntlich der zu den Grundlagen der Analysis gehörende Satz von BOLZANO-WEIERSTRASS, wonach jede stetige Funktion in einem abgeschlossenen beschränkten Bereich ihr Maximum oder Minimum annimmt. Bei der Übertragung des Maximum- bzw. Minimumbegriffes auf die Variationsrechnung hat man vor allem anderen festzustellen, welche Klassen von Kurven bzw. Funktionen man zum Vergleich zuläßt; in dieser Beziehung erwähnen wir die insbesondere durch O. BOLZA eingebürgerte Einteilung der Funktionen einer Veränderlichen in Klassen $C', C'', \ldots, C^{(n)}$, wobei ein Funktionensystem zur Klasse $C^{(n)}$ gehört, wenn die n ersten Ableitungen im ganzen Intervall existieren und stetig sind.

Ferner sagt man nach BOLZA, ein System von Funktionen gehört zur Klasse $D^{(n)}$, wenn es im ganzen Intervall stetig ist und wenn sich das Intervall in eine endliche Anzahl von Teilintervallen zerlegen läßt, derart, daß in jedem der Teilintervalle für sich betrachtet das System von der Klasse $C^{(n)}$ ist (**).

Neben der Auswahl der Klasse der in Betracht zu ziehenden Funktionen, hat man den Bereich, in dem die Funktionen erklärt sind, genau anzugeben. Ferner ist auch eine Angabe darüber zu machen, ob bezüglich des Wertebereiches der Differentialquotienten 1., 2., ..., n-ter Ordnung Voraussetzungen gemacht werden. Hat man in dieser Weise angegeben, welche Menge von Vergleichskurven bzw. Vergleichsfunktionen man zuläßt, dann hat man zu fragen, ob die zugehörigen Werte der Integrale eine untere Grenze besitzen, und wenn es unter den in Betracht zu ziehenden Kurven eine Kurve gibt, für die die untere Grenze erreicht wird, dann spricht man von einem absoluten Minimum.

B. Relatives Minimum

Wir wollen hier zunächst eine Erklärung vorausschicken, die den Begriff ϱ-Umgebung einer Funktion $y(x)$ bzw. ϱ-Umgebung einer Kurve C betrifft. Dabei bedeutet ϱ eine positive Zahl.

Sei $y_0(x)$ eine Funktion, die im Intervall (a, b) definiert ist. Unter der ϱ-Umgebung der Funktion $y_0(x)$, die wir kurz mit U_{y_0} bezeichnen, verstehen wir die Vereinigungsmenge aller Quadrate, deren Seiten von der Länge 2ϱ parallel zu den Koordinatenachsen sind und deren Mittelpunkte auf $y_0(x)$ liegen. Unter der ϱ-Umgebung einer Kurve C_0, kurz mit U_{C_0} bezeichnet, versteht man die Vereinigungsmenge aller Kreise mit dem Radius ϱ und dem Mittelpunkt auf C_0. Es ist zweckmäßig, diese beiden verschiedenen Definitionen aufzustellen. Von einer Kurve C wollen wir also sagen, sie gehört U_{C_0} an, wenn alle ihre Punkte in U_{C_0} liegen.

Je nachdem ob wir das x-Problem oder das homogene Problem behandeln, ist der erste oder der zweite Umgebungsbegriff heranzuziehen. Ist nun im ersten Fall eine Funktion $y_0(x)$ im Intervall (a, b) definiert, so wird dieser durch das Integral

$$I_{y_0} = \int_a^b f(x, y_0, y_0')\, dx$$

der Wert I_{y_0} zugeordnet. Läßt sich nun zu $y_0(x)$ eine Umgebung ϱ derart angeben, daß für alle $y(x)$, die dieser Umgebung angehören, der zugeordnete Wert

$$I_y = \int_c^d f(x, y, y')\, dx$$

größer oder gleich I_{y_0} ist, so liefert $y_0(x)$ ein relatives Minimum. Und zwar spricht man, wenn sonst keine weiteren Einschränkungen vorliegen, von einem starken relativen Minimum. Wird dagegen von den zum Vergleich herangezogenen Funktionen nicht nur gefordert, sie mögen in einer ϱ-Umgebung von y_0 liegen, sondern werden auch die Werte der Ableitungen einer analogen Beschränkung mit der Schranke ϱ' unterworfen, so spricht man von einem schwachen relativen Minimum.

Unter Heranziehung der Definition der ϱ-Umgebung einer Kurve hat man analog zum x-Problem beim homogenen Problem starkes und schwaches relatives Minimum zu definieren. An Stelle der Ungleichung für y' tritt hier eine Ungleichung

$$|\vartheta(P) - \vartheta_0(P)| \leq \varrho', \tag{1}$$

wobei ϑ bzw. ϑ_0 die Winkel bedeuten, den die Tangente der im Sinn der wachsenden Parameterwerte t orientierten Kurven C bzw. C_0 mit der x-Achse einschließen.

C. *Eigentliches und uneigentliches Minimum*

Von einem eigentlichen Minimum einer Funktion von mehreren Veränderlichen sprechen wir dann, wenn der kleinste Wert in einem und nur in einem Punkt angenommen wird. Wird der kleinste Wert in mehreren Punkten angenommen, so spricht man von einem uneigentlichen Minimum. Diese Unterscheidung gilt sowohl für das absolute wie für das relative Minimum. Sie läßt sich unmittelbar auf die Variationsrechnung übertragen. [Insbesondere bei der Auffassung der Variationsrechnung als ein Gebiet der Funktionalanalysis (***).]

§ 2. Variationsprobleme, bei denen der Integrand positiv ist und nur von der Richtung abhängt

Zur Erläuterung der im § 1 definierten Begriffe wollen wir durch rein elementargeometrische Betrachtungen die in der Überschrift genannten Variationsprobleme behandeln. Dabei wollen wir uns der kinematischen Deutung, wie wir sie im Kap. I, 3 eingeführt haben, bedienen.

Wir betrachten Variationsprobleme der Form

$$\delta \int_{t_0}^{t_1} F(\dot{x}, \dot{y})\, dt = 0,$$

wobei F eine positiv homogene Funktion erster Ordnung ist, die auf die Form

$$F = \frac{\sqrt{\dot{x}^2 + \dot{y}^2}}{v(\vartheta)}; \qquad \frac{\dot{y}}{\dot{x}} = \tan\vartheta$$

gebracht werden kann. $v(\vartheta)$, eine nur von der Richtung, nicht aber vom Ort abhängige Funktion, möge als Geschwindigkeit gedeutet werden. Sei P_0 ein beliebiger Punkt der xy-Ebene, $\overline{P_0 Q_0} = v(\vartheta)$ und K_0 die Kurve der Punkte Q_0.

Die Kurve K_0 (Hodograph) gibt dann an, bis zu welcher Grenze z. B. ein dem Geschwindigkeitsgesetz $v = v(\vartheta)$ unterworfenes Fahrzeug auf geradlinigem Weg vom Punkte P_0 aus in der Zeiteinheit gelangen kann.

Wir beweisen nun folgende Sätze:

Satz 1. Ist die Kurve K_0 konvex, so entspricht der geradlinigen Verbindungsstrecke zweier Punkte die kürzeste Fahrtdauer.

Den Beweis führen wir so, daß wir zeigen, daß man innerhalb der Zeiteinheit von P_0 aus über das von K_0 eingeschlossenen Gebiet $\mathfrak{B}_0$ nicht hinausgelangen kann.

Zunächst nehmen wir an, es gäbe einen Polygonzug $P_1, P_2, \ldots, P_n$, so daß P_n außerhalb $\mathfrak{B}_0$ liegt und unser Fahrzeug auf ihm P_n in der Zeiteinheit erreicht. Wir werden zeigen, daß diese Annahme auf einen Widerspruch führt.

Die Winkel der Polygonseiten seien der Reihe nach mit $\vartheta_1, \vartheta_2, \ldots, \vartheta_n$ bezeichnet, die Quotienten

$$\frac{\overline{P_0 P_1}}{v(\vartheta_1)}, \quad \frac{\overline{P_1 P_2}}{v(\vartheta_2)}, \ldots, \frac{\overline{P_{n-1} P_n}}{v(\vartheta_n)},$$

d. h. die zur Zurücklegung der einzelnen Strecken benötigten Zeiten mit $t_1, \ldots, t_n$.

Unsere Voraussetzung ist, daß $t_1 + \cdots + t_n = 1$ sei und P_n außerhalb $\mathfrak{B}_0$ liege. Zum Beweise, daß das nicht möglich ist, führen wir folgende Konstruktion durch:

Wir zeichnen im Punkt P_1 die zugehörige Kurve K_1, welche aus K_0 dadurch hervorgeht, daß man K_0 im Verhältnis $1 : (1 - t_1)$ verkleinert und eine Verschiebung $\overrightarrow{P_0 P_1}$ durchführt. Die Kurve K_1 gibt uns also an, wie weit das Fahrzeug auf gerader Bahn vom Punkt P_1 aus in der noch zur Verfügung stehenden Zeit $1-t_1$ gelangen kann. K_0 und K_1 sind also ähnlich und parallel verschoben (vgl. Fig. 32).

Sowohl durch geometrische Betrachtung als insbesondere durch unsere kinematische Deutung erkennt man, daß der Schnittpunkt P_1' der Verlängerung von $P_0 P_1$ mit K_0 beiden Kurven K_0 und K_1 gemeinsam ist Man könnte somit auch K_1 aus K_0 dadurch erhalten, daß man alle von P_1' nach den Punkten von K_0 gezogenen Sehnen im Verhältnis $1:(1-t_1)$ verkürzt. Da aber ein konvexer Bereich alle Punkte der Sehnen im Inneren enthält, so ist klar, daß alle Punkte von K_1 ganz im Inneren oder am Rande von $\mathfrak{B}_0$ liegen, und daß K_0 und K_1 außer P_1' nur dann mehr als einen Punkt gemeinsam haben können, wenn die Begrenzung von $\mathfrak{B}_0$ an der Stelle P_1' beiderseitig oder mindestens auf der einen Seite geradlinig verläuft.

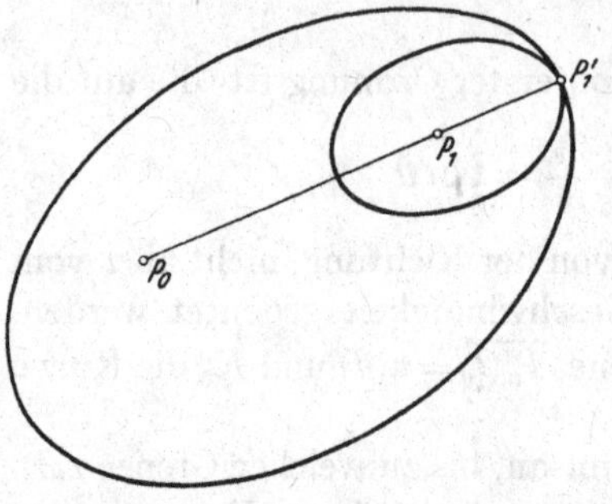

Fig. 32. Hodograph

Ordnet man nun dem Punkte P_2 in analoger Weise eine Kurve K_2 zu, die aus K_1 dadurch entsteht, daß man K_1 im Verhältnis $(1-t_1):(1-t_1-t_2)$ verkleinert und eine Verschiebung $\overrightarrow{P_1 P_2}$ durchführt, so zeigt K_2 den Ort der Punkte an, die man in der jetzt noch übrigbleibenden Zeit $1-t_1-t_2$ von P_2 aus auf geradlinigem Wege erreichen kann. Die Wiederholung der früheren Betrachtung zeigt, daß kein Punkt von K_2 außerhalb von $\mathfrak{B}_1$ und somit auch außerhalb von $\mathfrak{B}_0$ liegen kann. So fortfahrend schließt man, daß die Kurve K_n nicht außerhalb $\mathfrak{B}_0$ liegen kann. Der Endpunkt P_n des Polygonzuges liegt also innerhalb oder am Rande von $\mathfrak{B}_0$. Daher führt unsere Annahme, P_n liege außerhalb von $\mathfrak{B}_0$, auf einen Widerspruch.

Entspräche nun der geradlinigen Verbindung zweier Punkte $\overline{P_0 P^*}$ die Fahrtdauer T und irgendeiner krummlinigen Verbindung die Fahrtdauer $T_K < T$, so müßte es auch ein geeignetes Sehnenpolygon als Verbindung von P_0 und P^* geben, so daß sich das Integral für die Fahrtdauer längs dieses Polygonzuges von T_K beliebig wenig unterscheidet und jedenfalls auch kleiner als T wird. Dies wäre aber im Widerspruch mit dem bereits für Polygone bewiesenen Ergebnis und somit folgt hieraus, daß auch keine krummlinige Kurve die kürzeste Fahrtdauer liefern kann.

Ist der Hodograph K_0 keine konvexe Kurve, so kann man innerhalb der Zeiteinheit über das vom Hodographen begrenzte Gebiet hinausgelangen und die Grenze des in der Zeiteinheit durchlaufbaren Gebietes, wird durch die kleinste konvexe Hülle K_0^* geliefert, in welche sich der Hodograph einschließen läßt (vgl. Fig. 33).

Daß jeder Punkt auf der konvexen Hülle K_0^*, also insbesondere auch solche Punkte, in welchen die konvexe Hülle nicht mit der ursprünglichen Kurve K_0 des Hodographen zusammenfällt, innerhalb der Zeiteinheit erreichbar sind, erkennt man sofort bei Betrachtung von Fig. 33.

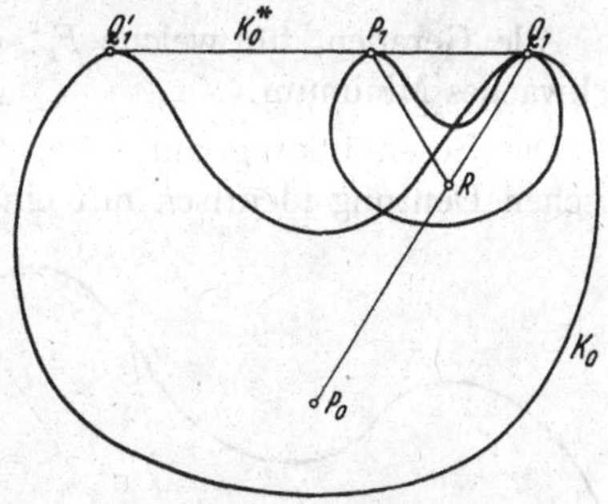

Fig. 33. Elementargeometrische Betrachtung über geknickte Extremalen

Es sei P_1 ein Punkt auf dem geradlinigen Stück $\overline{Q_1 Q_1'}$ der konvexen Hülle, das nicht dem Hodographen angehört, Q_1 und Q_1' seien die Endpunkte dieses geradlinigen Stückes. Ferner sei $\overline{Q_1 P_1} : \overline{Q_1 Q_1'} = \varkappa$, dann konstruieren wir auf $\overline{P_0 Q_1}$ einen Punkt R, so daß $\overline{R P_1} \parallel \overline{P_0 Q_1'}$ ist. Dann gilt

$$\frac{\overline{Q_1 R}}{\overline{Q_1 P_0}} = \frac{\overline{Q_1 P_1}}{\overline{Q_1 Q_1'}} = \varkappa .$$

Indem man nun die Kurve K_0 des Hodographen im Verhältnis $1 : \varkappa$ verkleinert und eine Verschiebung $\overline{P_0 R}$ durchführt, erkennt man, daß der Punkt P_1 der konvexen Hülle innerhalb der Zeiteinheit auf dem Wege $P_0 R P_1$ erreichbar ist.

In ähnlicher Weise hätte man schließen können, daß man den Punkt P_1 innerhalb der Zeiteinheit erreichen kann, wenn man einen Weg einschlägt, der aus mehreren geradlinigen Stücken besteht, welche zum Teil mit $\overline{P_0 Q_1}$, zum Teil mit $\overline{P_0 Q_1'}$ parallel sind.

Daß man in der Zeiteinheit nicht über die konvexe Hülle hinauskommen kann, erkennt man durch die analoge Betrachtung, wie sie beim Beweis von Satz 1 angestellt wurde. Also erhalten wir den

Satz 2. Ist der Hodograph keine konvexe Kurve, so liefern nur jene Geraden die kürzeste Fahrtdauer, für deren Richtung vom Ausgangspunkt zum Fahrtziel der Hodograph mit der kleinsten konvexen Hülle für den Hodographen zusammenfällt. Ist dies für eine Richtung nicht der Fall, so kann man den Weg, für den die Fahrtdauer möglichst kurz wird, in der oben beschriebenen Weise aus geradlinigen Stücken zusammensetzen.

Wenn wir oben von kürzester Fahrtdauer sprachen, so hatten wir die herangezogenen Vergleichskurven keinerlei Beschränkungen unterworfen. Es handelt sich somit bei unseren bisherigen Betrachtungen um starke Minima. (Um das Resultat in präziser Form im Sinne der Erörterungen des vorigen Paragraphen auszusprechen, hätten wir noch die Kurvenklasse, auf die wir uns beziehen, anzugeben, z. B. könnten wir die bisherigen Behauptungen aussprechen für Kurven von der Klasse D'.)

Anders verhält es sich nun, wenn wir die Frage nach jenen Geraden aufwerfen, welche ein schwaches Minimum der Fahrtdauer liefern.

Der Einfachheit halber beschränken wir uns auf den Fall, daß der Integrand zweimal stetig differenzierbar ist. Ist für irgendeine Richtung $F_1 > 0$, so liegt ein Stück der Tangente, die die Indikatrix in dem dieser Richtung zugehörigen Punkt berührt, außerhalb der Indikatrix.

Wir zeigen nun den folgenden Satz:

Alle Geraden, für welche $F_1 > 0$ ist, liefern für die Fahrtdauer ein schwaches Minimum.

Die Beschränkung auf schwache Minima ist bei unserer kinematischen Deutung identisch mit einem Verbot folgender Art: Es dürfen nur jene Richtungen befahren werden, welche von der Richtung Ausgangspunkt-Fahrtziel um einen Winkel $\alpha < \varrho$ abweichen, wobei ϱ eine passend gewählte Größe ist. ϱ muß jedenfalls kleiner sein als der Winkel zwischen Zielrichtung und jener Richtung, welche vom Ausgangspunkt zu dem zunächst gelegenen Wendepunkt W der Hodographenkurve führt. Nachdem wir ϱ in dieser Weise festgelegt haben, denken wir uns im Schaubild des Hodographen von P_0 aus jene Radiusvektoren eingezeichnet, welche um ϱ von der Fahrtrichtung abweichen. Das von den Radiusvektoren und dem dazwischen liegenden Stück des Hodographen eingeschlossene Gebiet ist wieder ein konvexes Gebiet und somit ist der Beweis für die Existenz eines schwachen Minimums auf die Überlegungen zurückgeführt, welche zum Beweis von Satz 1 benutzt wurden (vgl. auch Fig. 34).

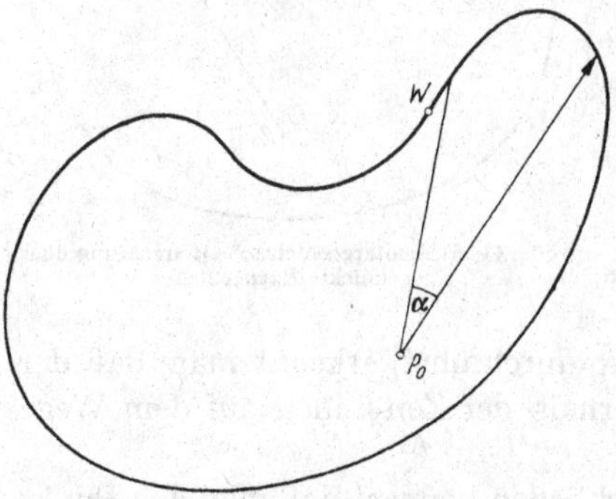

Fig. 34. Zur Erklärung des Begriffes „schwaches Minimum"

Nehmen wir bei einem Variationsproblem, dessen Integrand nur von der Richtung abhängt, für die Indikatrix statt einer stetig gekrümmten Kurve ein Polygon, so gelangen wir zu Beispielen, bei denen uneigentliche Minima auftreten.

Als Beispiel für das Vorkommen geknickter Extremalen (*) sei auf die gewöhnliche Theorie des Segelns (Vernachlässigung der Abdrift) hingewiesen. Die Windrichtung wirke im Sinn der negativen x-Achse, der Winkel zwischen Kielrichtung und positiver x-Achse sei ϑ, der Winkel zwischen der Richtung des Segels und der positiven x-Achse sei α. Dann ergibt sich für die Komponente des vom Wind verursachten Druckes senkrecht zum Segel $w \sin \alpha$, wobei w eine Konstante ist. Wir zerlegen die vom Segel auf das Boot übertragene Kraft in eine Komponente in der Kielrichtung und eine dazu senkrechte. Sieht man von der Abdrift ab, d.h. betrachtet man Kielrichtung und Fahrtrichtung als identisch, so ergibt sich für die Kraftkomponente in der Fahrtrichtung

$$w \sin \alpha \sin (\vartheta - \alpha)$$

und es folgt für ein Maximum $\alpha = \vartheta/2$

$$w \sin^2 \frac{\vartheta}{2} = \frac{w}{2}(1 - \cos \vartheta).$$

Da die Geschwindigkeit des Bootes dieser Komponente proportional ist, ergibt sich

$$v = c(1 - \cos \vartheta).$$

Nimmt man noch außerdem eine motorische Kraft an, die für sich genommen eine von der Richtung unabhängige Geschwindigkeit v_m bewirkt, so ist

$$v = v_m + c(1 - \cos \vartheta).$$

Geknickte Extremalen entstehen nur, wenn $v_m < c$ ist.

Ein anderes Beispiel für geknickte Extremalen ergibt sich beim Skilaufen (Spitzkehre beim Aufstieg auf den Hang).

§ 3. Das Lemma von Du Bois-Reymond und die sich daraus ergebenden Folgerungen

Einfache Integrale

Zu den zusätzlichen Annahmen, die wir bei der Herleitung der Euler-Lagrangeschen Gleichung im Anschluß an Lagrange machen mußten, gehört vor allem die zweimalige Differenzierbarkeit der Lösung $y = y(x)$. Du Bois-Reymond hat gezeigt (*), daß diese Annahme in der Tat nicht erforderlich ist, und hat die Lagrangesche Herleitung des Ausdrucks für die 1. Variation durch die folgende ersetzt, wobei nur einmalige stetige Differenzierbarkeit für $y = y(x)$ vorausgesetzt wird.

Es sei wieder für das Punkt-Punktproblem

$$I(\varepsilon) = \int_{x_0}^{x_1} f(x, y + \varepsilon\eta, y' + \varepsilon\eta')\, dx$$

und

$$\left(\frac{dI}{d\varepsilon}\right)_{\varepsilon=0} = \int_{x_0}^{x_1} (f_y \eta + f_{y'} \eta')\, dx.$$

Du Bois-Reymond wendet nun die partielle Integration (**) nicht wie Lagrange auf das zweite, sondern auf das erste Glied an und erhält

$$\left(\frac{dI}{d\varepsilon}\right)_{\varepsilon=0} = \left[\eta \int f_y\, dx\right]_{x_0}^{x_1} + \int_{x_0}^{x_1} \eta' \left(f_{y'} - \int_{x_0}^{x} f_y\, dx\right) dx .$$

Da wir $\eta(x_0) = \eta(x_1) = 0$ voraussetzten, verschwindet der Ausdruck in der eckigen Klammer. Da $\eta'(x)$ als Ableitung einer Funktion zu betrachten ist, für die $\eta(x_0) = \eta(x_1) = 0$ ist, muß für $\eta'(x)$ die Bedingung

$$\int_{x_0}^{x_1} \eta'(x)\, dx = 0 \tag{2}$$

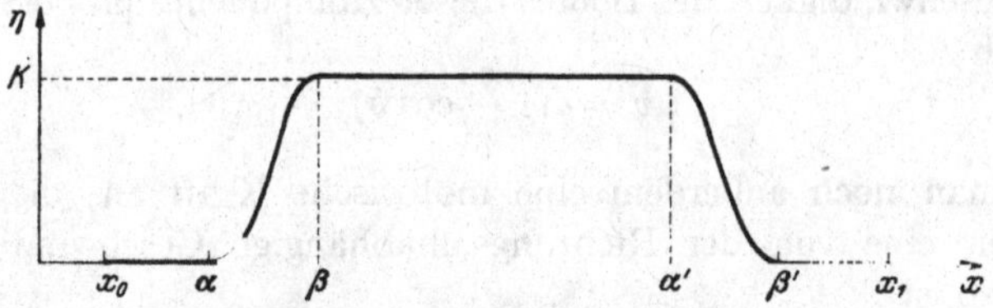

Fig. 35. Zum Beweis des Dubois-Reymondschen Lemmas

vorausgesetzt werden. An Stelle des Fundamentallemmas der Variationsrechnung tritt nun das Du Bois-Reymondsche Lemma, das da lautet:

Eine stetige Funktion $N(x)$, für die

$$\int_{x_0}^{x_1} N(x)\, \eta'(x)\, dx = 0 \tag{3}$$

ist, und zwar für alle stetigen, der Bedingung (2) genügenden Funktionen $\eta(x)$, ist eine Konstante.

Für dieses Lemma geben wir nun im folgenden zwei Beweise:

1. Beweis: Wählt man für $\eta(x)$ eine einmal stetig differenzierbare Funktion, die folgendermaßen definiert ist (vgl. Fig. 35)

$$\eta(x) = \begin{cases} 0 & \text{in } [x_0, \alpha] \\ k\,\dfrac{(x-\alpha)^2 (2\beta - \alpha - x)^2}{(\alpha - \beta)^4} & \text{in } [\alpha, \beta] \\ k & \text{in } [\beta, \alpha'] \\ k\,\dfrac{(x-\beta')^2 (2\alpha' - \beta' - x)^2}{(\alpha' - \beta')^4} & \text{in } [\alpha', \beta'] \\ 0 & \text{in } [\beta', x_1] \end{cases}$$

für

$$x_0 \leq \alpha < \beta < \alpha' < \beta' \leq x_1 ,$$

so ergibt sich bei dieser Wahl von $\eta(x)$ aus (3)

$$\int_{\alpha}^{\beta} N\eta'\,dx + \int_{\alpha'}^{\beta'} N\eta'\,dx = 0.$$

Nun ist bei unserer Wahl von $\eta(x)$

$$\int_{\alpha}^{\beta} \eta'\,dx = k; \qquad \int_{\alpha'}^{\beta'} \eta'\,dx = -k,$$

also folgt aus dem ersten Mittelwertsatz der Integralrechnung

$$N[\alpha + \vartheta(\beta - \alpha)] - N[\alpha' + \vartheta'(\beta' - \alpha')] = 0, \quad \text{mit} \quad 0 \leqq {\vartheta \atop \vartheta'} \leqq 1.$$

Rückt nun β gegen α und β' gegen α' beliebig nahe heran, so erhält man

$$N(\alpha) = N(\alpha').$$

Wegen der Willkür der Wahl von α und α' ist also N eine Konstante.

2. Beweis: Setzt man

$$\eta' = N(x) - \overline{N},$$

wobei

$$\overline{N} = \frac{1}{x_1 - x_0} \int_{x_0}^{x_1} N(x)\,dx,$$

so ist einerseits

$$\int_{x_0}^{x_1} \eta'(x)\,dx = 0,$$

also auch

$$\int_{x_0}^{x_1} \overline{N}(N - \overline{N})\,dx = 0.$$

Andererseits soll nach Voraussetzung sein

$$\int_{x_0}^{x_1} N\eta'\,dx = \int_{x_0}^{x_1} N(N - \overline{N})\,dx = 0.$$

Also ergibt sich durch Subtraktion

$$\int_{x_0}^{x_1} (N - \overline{N})^2\,dx = 0.$$

Da $N(x)$ stetig ist, folgt $N = \overline{N}$ für jeden Punkt des Intervalles $[x_0, x_1]$.

Unter Anwendung dieses Lemmas ergibt sich zunächst

$$\int_{x_0}^{x} f_y\,dx - f_{y'} = \text{const}.$$

Schreiben wir die Gleichung (Gleichung von DU BOIS REYMOND) in der Form

$$\boxed{f_{y'} = C + \int_{x_0}^{x} f_y\, dx} \tag{4}$$

und nehmen wir an, daß $y(x)$ von der Klasse C' ist (also sind f_y und $f_{y'}$ stetig), so sieht man zunächst, daß die rechte Seite stetig differenzierbar ist; hieraus folgt aber, daß auch die linke Seite der Gleichung stetig differenzierbar ist.

Führen wir die Differentiation durch, so ergibt sich die Eulersche Gleichung in der Form

$$\frac{d f_{y'}}{dx} - f_y = 0.$$

Durch das Du Bois-Reymondsche Lemma ist also tatsächlich folgendes gezeigt: Wenn es eine Funktion $y(x)$ von der Klasse C' gibt, die das Integral zu einem Minimum macht und die ganz im Inneren eines Bereiches liegt, für den die bezüglich $f(x, y, y')$ gemachten Voraussetzungen zutreffen, so gilt für die das Minimum liefernde Kurve die Eulersche Gleichung in der Form

$$\frac{d}{dx} f_{y'} - f_y = 0.$$

Es folgt aber noch nicht die Form, die man durch Ausführen der Differentiation nach x in $f_{y'}$ erhält. Die Gültigkeit dieser Form der Eulerschen Gleichung läßt sich nur dann behaupten, wenn man weiß oder zusätzlich annimmt, daß für die das Minimum liefernde Kurve $y''(x)$ existiert.

Nun hat aber HILBERT folgendes bewiesen:

Ist $f_{y'}$ differenzierbar, so existiert für alle Werte von x, für die $f_{y'y'} \neq 0$ ist, die zweite Ableitung $y''(x)$.

Setzt man nämlich

$$y(x+h) - y(x) = k$$
$$y'(x+h) - y'(x) = l,$$

wobei

$$\lim_{h\to 0} k = 0, \qquad \lim_{h\to 0} l = 0,$$

und wendet man auf

$$f_{y'}(x+h, y(x)+k, y'(x)+l) - f_{y'}(x, y, y')$$

den Satz vom vollständigen Differential an, so erhält man dafür einen Ausdruck von der folgenden Form

$$f_{y'x} h + f_{y'y} k + f_{y'y'} l + \alpha h + \beta k + \gamma l,$$

wobei

$$\lim_{h\to 0} \alpha = 0, \qquad \lim_{h\to 0} \beta = 0, \qquad \lim_{h\to 0} \gamma = 0.$$

Dividiert man nun durch h und löst nach l/h auf, so sieht man, daß der Grenzübergang wegen der Annahme $f_{y'y'} \neq 0$ möglich ist und man erhält

$$y'' = \lim_{h \to 0} \frac{l}{h} = \frac{1}{f_{y'y'}} \left(\frac{d f_{y'}}{d x} - f_{y'y} y' - f_{y'x} \right).$$

Auch für den Fall, daß der Integrand die Ableitungen bis zur n-ten Ordnung enthält, läßt sich die Eulersche Differentialgleichung in ähnlicher Weise ableiten, wenn man nur n-fache stetige Differenzierbarkeit voraussetzen will. Man muß sich hier auf einen Hilfssatz der folgenden Form stützen, der eine Verallgemeinerung des Du Bois-Reymondschen Lemmas ist, den wir Zermelosches Lemma nennen wollen (***): Ist

$$\eta(x_0) = 0, \quad \eta'(x_0) = 0, \ldots, \eta^{(n-1)}(x_0) = 0$$
$$\eta(x_1) = 0, \quad \eta'(x_1) = 0, \ldots, \eta^{(n-1)}(x_1) = 0,$$

so folgt für stetiges $N(x)$ aus dem Bestehen von

$$\int_{x_0}^{x_1} N(x)\, \eta^{(n)}(x)\, d x = 0 \tag{5}$$

für alle den Randbedingungen genügenden, n mal stetig differenzierbaren Funktionen $\eta(x)$, daß $N(x)$ eine ganze rationale Funktion $(n-1)$-ten Grades sein muß. Aus den Randbedingungen für $\eta(x)$ ergibt sich zunächst

$$\int_{x_0}^{x_1} \overset{(\nu)}{\cdots} \int_{x_0}^{x} \eta^{(n)}(x)\, d x = 0, \qquad \text{für} \qquad \nu = 1, 2, \ldots, n, \tag{6}$$

Dieses ν-fache Integral läßt sich umformen in

$$\int_{x_0}^{x_1} \frac{(x-\xi)^{\nu-1}}{(\nu-1)!} \eta^{(n)}(\xi)\, d\xi$$

und unsere Forderung (6) können wir durch

$$\int_{x_0}^{x_1} (x-\xi)^{\nu-1} \eta^{(n)}(\xi)\, d\xi = 0 \tag{7}$$

ersetzen. Eine solche Funktion $\eta^{(n)}(x)$ läßt sich leicht unter Heranziehung des (für ein beliebiges Intervall $[x_0, x_1]$ verallgemeinerten) normierten Legendreschen Polynoms bilden. Konstruiert man nämlich jene ganzen rationalen Funktionen

$$P_0, P_1, \ldots, P_{n-1},$$

wobei P_ν den Grad ν haben soll, die für das vorgelegte Intervall $[x_0, x_1]$ den Bedingungen

$$\int_{x_0}^{x_1} P_\nu(x)\, P_\mu(x)\, d x = 0 \quad \text{für} \quad \nu \neq \mu; \qquad \int_{x_0}^{x_1} (P_\nu(x))^2\, d x = 1$$

genügen, die also ein normiertes Orthogonalsystem für das Intervall $[x_0, x_1]$ bilden, so sieht man leicht, daß man für $\eta^{(n)}(x)$

$$\eta^{(n)}(x) = N(x) - \sum_{\nu=0}^{n-1} a_\nu P_\nu(x) \tag{8}$$

setzen kann, wobei

$$a_\nu = \int_{x_0}^{x_1} N(x) P_\nu(x)\, dx \qquad (\nu = 0, \ldots, n-1). \tag{9}$$

Somit wird

$$\int_{x_0}^{x_1} \eta^{(n)}(x) P_\nu(x)\, dx = 0 \qquad (\nu = 0, \ldots, n-1). \tag{10}$$

Und da man leicht zeigen kann, daß jedes Polynom r-ten Grades als Linearkombination der ersten r Legendreschen Polynome P_ϱ dargestellt werden kann, also auch die Polynome $(x-\xi)^{\nu-1}$, ist (7) erfüllt.

Aus (8) und (10) folgt

$$\int_{x_0}^{x_1} \left[N(x) - \sum_{\varrho=0}^{\varrho=n-1} a_\varrho P_\varrho(x)\right] P_\nu(x)\, dx = 0 \qquad (\nu = 1, \ldots, n-1). \tag{11}$$

Die Forderung, daß (5) gelten soll, ergibt

$$\int_{x_0}^{x_1} N(x)\left(N(x) - \sum_{\varrho=0}^{n-1} a_\varrho P_\varrho(x)\right) dx = 0. \tag{12}$$

Durch Multiplikation von (11) mit a_ν, Summation über alle ν, und Subtraktion von (12) ergibt sich

$$\int_{x_0}^{x_1} \left(N(x) - \sum_{\varrho=0}^{n-1} a_\varrho P_\varrho(x)\right)^2 dx = 0.$$

Da $N(x)$ stetig ist, kann man schließen $N(x) = \sum_{\varrho=0}^{n-1} a_\varrho P_\varrho(x)$, d.h.: $N(x)$ ist ein Polynom $(n-1)$-ten Grades.

Doppelintegrale

Der Einwand von DU BOIS-REYMOND gegen die Lagrangesche Art der Variation ist bei Variationsproblemen mit Doppelintegralen von noch größerer Bedeutung als bei einfachen Integralen. Schon EULER hat bei der Behandlung des Problems der schwingenden Saite bemerkt, daß bei partiellen Differentialgleichungen vom hyperbolischen Typ nichtanalytische Lösungen vorkommen können, auch wenn die Differentialgleichung selbst analytisch ist. Diese Tatsache läßt unmittelbar erkennen, daß auch dann, wenn der Integrand eines Variationsproblems mit zwei unabhängigen Veränderlichen analytisch ist, als Lösung unter Umständen nichtanalytische Funktionen auftreten können. Hadamard hat die hierher gehörenden Überlegungen noch weiter geführt und hat gezeigt, daß es Variationsprobleme gibt, deren Lösung nur einmal differenzierbar ist, wo man also genötigt ist, die Lagrangesche Differentialgleichung zu vermeiden und die Lösung auf eine andere Weise zu bestimmen.

Zu diesem Zweck betrachtet Hadamard folgendes Beispiel:

$$\delta \iint_B (p^2 - q^2)\, dx\, dy = 0, \qquad p = z_x, \qquad q = z_y.$$

Macht man die zusätzliche Voraussetzung, daß $z = z(x, y)$ zweimal stetig differenzierbar sei, so erhält man als Lagrangesche Differentialgleichung

$$z_{xx} - z_{yy} = 0,$$

deren allgemeine Lösung

$$z(x, y) = \varphi(x + y) + \psi(x - y) \tag{13}$$

ist, wobei man von den willkürlichen Funktionen φ und ψ zweimal stetige Differenzierbarkeit vorauszusetzen hat. Hadamard zeigt nun: Wenn man in (13) für φ und ψ zwei an sich willkürliche Funktionen wählt, welche nur einmal stetig differenzierbar sind, so erhält man eine Funktion $z(x, y)$, die der Lagrangeschen Differentialgleichung demnach sicher nicht genügt. Trotzdem verschwindet aber für sie, wie wir sogleich beweisen werden, die erste Variation, also:

$$\delta \iint_B (p^2 - q^2)\, dx\, dy = 2\varepsilon \iint_B (p \cdot \zeta_x - q \cdot \zeta_y)\, dx\, dy = 0, \tag{14}$$

wenn die willkürliche Funktion $\zeta(x, y)$, die wir zur Bildung der Schar von Vergleichsfunktionen $z + \varepsilon \cdot \zeta$ zur Funktion z verwenden, längs des Randes von B verschwindet und zweimal stetig differenzierbar angenommen wird. Setzt man nämlich

$$u(x, y) = \varphi(x + y) - \psi(x - y),$$

so kann man schreiben:

$$(p \cdot \zeta_x - q \cdot \zeta_y) = \frac{\partial}{\partial y}(u \cdot \zeta_x) - \frac{\partial}{\partial x}(u \cdot \zeta_y).$$

Somit erhält man durch Umwandlung des auf der rechten Seite der Gl. (14) stehenden Doppelintegrals in ein Linienintegral über den Rand von B

$$\iint_B (p \cdot \zeta_x - q \cdot \zeta_y)\, dx\, dy = -\oint u \cdot (\zeta_x\, dx + \zeta_y\, dy) = -\oint u \cdot d\zeta = 0,$$

da voraussetzungsgemäß ζ längs des Randes verschwindet, also auch längs des Randes $d\zeta = 0$ ist. Hierin liegt ein Hinweis für die Existenz einer bloß einmal stetig differenzierbaren Lösung bei diesem Variationsproblem vor.

Im folgenden wollen wir nun zwei spezielle Variationsprobleme mit zwei unabhängigen Veränderlichen behandeln. Das erste wurde von A. HAAR mehrfach nach verschiedenen Methoden behandelt, auf das zweite findet sich bei HAAR nur ein gelegentlicher Hinweis (°).

Das erste Problem lautet:

$$\delta I = \delta \iint_B f(p, q)\, dx\, dy = 0, \qquad p = z_x,\ q = z_y. \tag{15}$$

Dabei ist $z = z(x, y)$ längs des Randes von B vorgegeben. Ersetzen wir z durch $z + \varepsilon \cdot \zeta$ so erhalten wir für

$$\left(\frac{dI}{d\varepsilon}\right)_{\varepsilon=0} = \iint_B (f_p \cdot \zeta_x + f_q \cdot \zeta_y)\, dx\, dy = 0, \tag{16}$$

dabei soll vorausgesetzt werden, daß ζ mindestens einmal stetig differenzierbar ist und am stückweise stetigen Rand des Bereiches B verschwindet. Wir wollen uns zunächst auf rechteckige Bereiche beschränken. Aus dem Verschwinden der ersten Variation für alle Funktionen ζ soll geschlossen werden, daß eine einmal stetig differenzierbare Funktion $\psi(x, y)$ existiert, so daß

$$\psi_x = f_q, \quad \psi_y = -f_p. \tag{17}$$

Dieses System von zwei simultanen partiellen Differentialgleichungen erster Ordnung für z und ψ tritt demnach an die Stelle der Lagrangeschen Differentialgleichung. Letztere erhalten wir aus (17) als Integrabilitätsbedingung der Funktion ψ:

$$\frac{\partial}{\partial x} f_p + \frac{\partial}{\partial y} f_q = 0,$$

wenn wir voraussetzen, daß die Differentiationen ausführbar sind, also auch, daß die Funktion $z(x, y)$ zweimal stetig nach ihren Argumenten differenzierbar ist. Die Frage nach der Existenz der zweiten Ableitungen der unbekannten Funktion ist hier viel schwieriger zu beantworten, als im eindimensionalen Fall. Eine aufschlußreiche Bemerkung findet sich hierüber in der Abhandlung von L. LICHTENSTEIN „Über das Verschwinden der ersten Variation bei Doppelintegralen bei zweidimensionalen Variationsproblemen" (°°).

Um zu beweisen, daß das System (17) eine notwendige Folge des Verschwindens der ersten Variation (16) ist, zerlegen wir das Rechteck in einen rahmenförmigen Bereich R der Breite h und ein inneres Rechteck R_i (Fig. 36). Definieren wir die Funktion ζ in folgender Weise: Am äußeren Rand von R sei ζ und die ersten Ableitungen gleich Null. In R_i sei $\zeta = 1$. Wir nehmen an, daß ζ vom äußeren zum inneren Rand stetig ansteigt.

Dann ergibt sich für den Bereich (I) in Fig. 36 indem wir für das nach x auszuwertende Integral den Mittelwertsatz anwenden und beachten, daß

$$\int_{x_1}^{x_1+h} \zeta_x \, dx = \zeta \Big|_{x_1}^{x_1+h} = 1,$$

$$\iint_{(\mathrm{I})} f_p \zeta_x \, dx \, dy = \int_{y_1+h}^{y_2-h} \overline{f}_p \, dy.$$

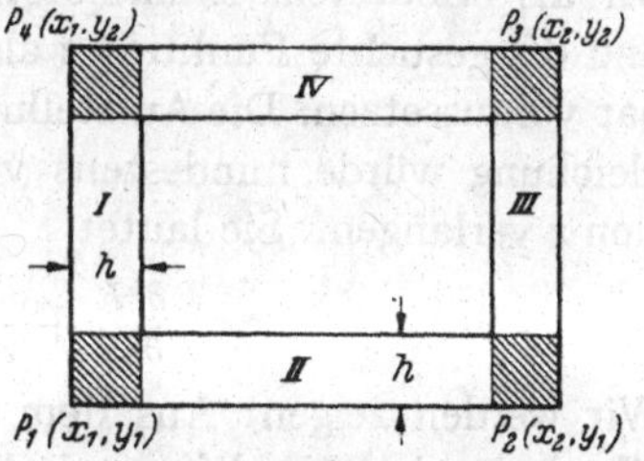

Fig. 36. Zum Du Bois-Reymondschen Lemma bei zwei unabhängigen Veränderlichen

Ebenso erhalten wir für den Bereich (II) indem wir für die Integration nach y den Mittelwertsatz anwenden

$$\iint_{(\mathrm{II})} f_q \zeta_y \, dy \, dx = \int_{x_1+h}^{x_2-h} \overline{f}_q \, dx.$$

Nun gehen wir zur Grenze h gegen Null über. Es ist leicht einzusehen, daß der Grenzwert der Integrale über die schraffierten Bereiche Null ist. Insgesamt erhalten wir

$$\oint - f_p \, dy + f_q \, dx = 0.$$

Da diese Relation für jedes Rechteck gilt, kann man schließen, daß das Integral auch für eine beliebige aus Treppenpolygonen bestehende Berandung gleich Null ist, indem wir den Bereich in Rechtecke zerlegen. Aus der Tatsache, daß diese für beliebige Treppenpolygone gilt, schließt man, unter der Voraussetzung, daß f_p und f_q stetig sind, daß die obige Gleichung für alle im Innern des Grundbereiches liegende geschlossene stetig differenzierbare Kurven gilt. Setzen wir dementsprechend das vom Weg unabhängige Integral

$$\int_{P_0}^{P} - f_p \, dy + f_q \, dx = \psi(x, y),$$

so ergibt sich das System (17)

$$\psi_x = f_q, \qquad \psi_y = - f_p.$$

In ähnlicher Weise läßt sich auch ein dem Du Bois-Reymondschen Lemma entsprechender Satz für das zweite oben genannte Problem aufstellen. Dieses lautet

$$\delta \iint_B f(r, s, t) \, dx \, dy = 0. \tag{18}$$

Die Ausführung der 1. Variation ergibt:

$$\iint_B (R\zeta_{xx} + S\zeta_{xy} + T\zeta_{yy})\,dx\,dy = 0. \tag{19}$$

Hierbei haben wir $f_r = R$, $f_s = S$, $f_t = T$ gesetzt. Diese Größen wollen wir als mindestens einmal stetig differenzierbare Funktionen von r, s, t und die gesuchte Funktion z als mindestens dreimal stetig differenzierbar voraussetzen. Die Aufstellung der Euler-Lagrangeschen Differentialgleichung würde mindestens viermalige Differenzierbarkeit der Funktion z verlangen. Sie lautet

$$\frac{\partial^2 R}{\partial x^2} + \frac{\partial^2 S}{\partial x\,\partial y} + \frac{\partial^2 T}{\partial y^2} = 0. \tag{20}$$

Wir werden zeigen: Aus dem Verschwinden der ersten Variation für alle dreimal stetig differenzierbaren Funktionen ζ folgt, daß sich stets zwei stetig differenzierbare Funktionen $u(x, y)$ und $v(x, y)$ angeben lassen (die physikalisch gedeutet Verschiebungen sind), so daß

$$u_x = T, \quad v_y = R, \quad u_y + v_x = -S \tag{21}$$

gilt. Dieses System von drei simultanen partiellen Differentialgleichungen für u, v, z, die in u und v von erster und in z von zweiter Ordnung sind, tritt auf Grund des Du Bois-Reymondschen Lemmas an die Stelle der aus dem Fundamentallemma gefolgerten Lagrangeschen Differentialgleichung (20). Auch hier ergibt sich, unter der Voraussetzung der Ausführbarkeit der erforderlichen höheren Differentiationen (20) als die zu dem System (21) gehörende Integrabilitätsbedingung für die Funktionen u und v.

Das System (21) und der zu beweisende Satz, wonach das System (21) eine notwendige Folge von (19) ist, treten auch in der zweidimensionalen Elastizitätstheorie auf, und zwar beim Problem einer elastischen Scheibe, die nur von gegebenen Randkräften, die in der Ebene der Scheibe wirken, beansprucht wird. Für eine anschauliche Durchführung der Beweise ist diese Deutung vorteilhaft und gerade deshalb erscheint es uns dem Charakter dieses Buches entsprechend, den Beweis mit Hilfe dieser Deutung hier explizit durchzuführen. Die Voraussetzungen, die wir machen werden, könnten noch etwas eingeschränkt werden, wir wollen aber der Kürze halber davon absehen.

Um den Leser nicht auf andere Darstellungen verweisen zu müssen, führen wir zuerst kurz die im folgenden benötigten Sätze und Formeln aus der ebenen Elastizitätstheorie an.

1. Einführung der Airyschen Spannungsfunktion

Für eine ebene, elastische, homogene Scheibe von der Dicke der Längeneinheit, die nur von in ihrer Ebene wirkenden Randkräften beansprucht wird, gelten, wenn σ_x und σ_y die Normalspannungen in den aufeinander senkrechten Richtungen x und y und τ die Schubspannung bedeuten, für die Komponenten X^* und Y^* der Resultierenden der Molekularkräfte, die von der rechten Seite auf die linke Seite eines im Innern der Scheibe zwischen den Punkten P_0 und P^* verlaufenden Kurvenstückes wirken:

$$X^* = \int_{P_0}^{P^*} \sigma_x\, dy - \tau\, dx = \int_{P_0}^{P^*} dX, \qquad Y^* = \int_{P_0}^{P^*} \tau\, dy - \sigma_y\, dx = \int_{P_0}^{P^*} dY.$$

Erstreckt man die Integrale auf der rechten Seite über irgendeine geschlossene Kurve, so folgt aus den Grundgesetzen der Statik, daß sie verschwinden. Daher müssen dX und dY vollständige Differentiale sein. X und Y sind demnach bis auf je eine additive Integrationskonstante festgelegt. Es gelten somit die Cauchyschen Gleichungen

$$\frac{\partial \sigma_x}{\partial x} + \frac{\partial \tau}{\partial y} = 0, \qquad \frac{\partial \tau}{\partial x} + \frac{\partial \sigma_y}{\partial y} = 0$$

und ferner

$$-\frac{\partial X}{\partial x} = \frac{\partial Y}{\partial y} = \tau.$$

Wir führen nun durch die Gleichungen

$$X = \chi_y, \qquad Y = -\chi_x$$

die Airysche Spannungsfunktion $\chi = \chi(x, y)$ ein. Wir erhalten

$$\begin{pmatrix} \sigma_x, & \tau \\ \tau, & \sigma_y \end{pmatrix} = (\chi_{xx} + \chi_{yy}) \begin{pmatrix} 1, & 0 \\ 0, & 1 \end{pmatrix} - \begin{pmatrix} \chi_{xx}, & \chi_{xy} \\ \chi_{xy}, & \chi_{yy} \end{pmatrix}. \tag{22}$$

Die Airysche Spannungsfunktion ist durch diese Gln. (22) bis auf eine lineare Funktion von x und y durch die Spannungsgrößen bestimmt. Ein spannungsfreies Kontinuum ist somit durch eine lineare Airysche Spannungsfunktion

$$\chi = \alpha x + \beta y + \gamma$$

festgelegt.

Wollen wir mit der Airyschen Spannungsfunktion eine anschauliche Vorstellung verbinden, so können wir so vorgehen:

Sei speziell im Punkt $P_0(x_0, y_0)$

$$\chi(x_0, y_0) = \chi_x(x_0, y_0) = \chi_y(x_0, y_0) = 0,$$

dann erhalten wir für die Airysche Spannungsfunktion im Punkt $P^*(x^*, y^*)$:

$$\chi(x^*, y^*) = \int_{P_0}^{P^*} X\, dy - Y\, dx$$

oder nach Produktintegration

$$\chi(x^*, y^*) = X(x^*, y^*) \cdot y^* - Y(x^*, y^*) \cdot x^* - \int_{P_0}^{P^*} y\, dX - x\, dY$$

also

$$+\chi(x^*, y^*) = \int_{P_0}^{P^*} (x - x^*)\, dY - (y - y^*)\, dX.$$

Die rechte Seite dieser Gleichung stellt demnach das statische Moment der Kräfte mit P^* als Bezugspunkt dar, die entlang der durch die Punkte P_0 und P^* begrenzten Schnittkurve von der rechten auf die linke Seite der Scheibe wirken.

2. *Ermittlung des Spannungszustandes einer ebenen elastischen homogenen Scheibe bei vorgegebenen Randkräften*

Zur Behandlung der Aufgabe, den Spannungszustand einer elastischen Scheibe zu bestimmen, wenn nur Randkräfte, die in der Ebene der Scheibe wirken und keine im Innern der Scheibe wirkenden äußeren Kräfte vorhanden sind, zieht man das Castiglianosche Prinzip der kleinsten Ergänzungsarbeit heran. Dieses Prinzip haben wir bereits in Kap. I, 2, § 1, erwähnt. Genaueres werden wir hierüber noch im Kapitel VIII kennenlernen. Hier genügt folgendes. Das Prinzip sagt aus: Unter allen mit den statischen Bedingungen verträglichen Spannungszuständen ist der wirklich eintretende dadurch gekennzeichnet, daß die sog. Ergänzungsarbeit einen möglichst kleinen Wert annimmt. Die Ergänzungsarbeit ist gegeben durch ein Integral, dessen Integrand eine gegebene Funktion der Spannungskomponenten σ_x, σ_y und τ ist. Für unsere weiteren Überlegungen an dieser Stelle ist die spezielle Form dieser Funktion nicht von Belang. Den statischen Bedingungen im Innern der Scheibe kann man, wie wir unter 1. gesehen haben, dadurch Genüge leisten, daß man im Integranden des zu lösenden Minimalproblems σ_x, σ_y und τ gemäß (22) durch die zweiten Differentialquotienten der Airyschen Spannungsfunktion ausdrückt. Um den Integranden des Variationsproblems (18) mit dem Integranden zu identifizieren, der zu dem Variationsproblem gehört, dessen Lösung den Spannungszustand einer elastischen Scheibe unter den vorhin angegebenen Bedingungen beschreibt, haben wir zu setzen:

$$f(r, s, t) = f(\chi_{xx}, \chi_{xy}, \chi_{yy}) = f(\sigma_y, -\tau, \sigma_x).$$

Die statischen Bedingungen längs des Randes lauten: Es müssen χ, χ_x, χ_y längs der im positiven Sinn durchlaufenen Randkurve $\tilde{K}$ der Scheibe, welche durch $x = \tilde{x}(s)$, $y = \tilde{y}(s)$ definiert ist, für $s = s^*$ den Bedingungen

$$\chi_x(\tilde{x}(s^*), \tilde{y}(s^*)) = -\tilde{Y}^*, \qquad \chi_y(\tilde{x}(s^*), \tilde{y}(s^*)) = \tilde{X}^*,$$

$$\chi(\tilde{x}(s^*), \tilde{y}(s^*)) = \int_{\tilde{P}_0}^{\tilde{P}^*} \left(\tilde{X}\frac{d\tilde{y}}{ds} - \tilde{Y}\frac{d\tilde{x}}{ds}\right) ds$$

genügen. Dabei bedeuten $\tilde{P}_0, \tilde{P}^*$ zwei Punkte auf $\tilde{K}$ (wobei P_0 festgehalten wird) und $\tilde{X}^*$, $\tilde{Y}^*$ die Komponenten der Resultierenden der äußeren Kräfte, welche auf das von den Punkten $\tilde{P}_0, \tilde{P}^*$ begrenzte Kurvenstück von $\tilde{K}$ einwirken. Wirken Einzelkräfte, so weisen $\tilde{X}^*$, $\tilde{Y}^*$ entsprechende sprunghafte Unstetigkeiten auf.

3. *Selbstspannungszustand*

Bei mehrfach zusammenhängenden Bereichen können, auch ohne daß Randkräfte und im Innern äußere Kräfte wirken, Spannungen, sog. Selbstspannungen auftreten. Im folgenden betrachten wir als Bereich einen rechteckigen Rahmen, also einen zweifach zusammenhängenden Bereich, vgl. Fig. 36.

Der allgemeinste zugehörige Spannungszustand kann dann dargestellt werden durch eine Airysche Spannungsfunktion $\chi = \zeta(x, y)$. Fassen wir ζ als dritte Koordinate in einem kartesischen x, y, ζ System auf, dann soll sich die Fläche $\zeta(x, y)$ stetig und ohne Knick längs des äußeren Randes des Rahmens an die Fläche $\zeta = 0$ und längs des inneren Randes des Rahmens stetig und ohne Knick an die Fläche $\zeta = \alpha x + \beta y + \gamma$ anschließen, weil wir sowohl den Außenraum wie den Innenraum des Rahmens als spannungsfreie Kontinua auffassen können. Es bedeutet keine Einschränkung der Allgemeinheit, wenn wir über die willkürliche lineare Funktion in (22) so verfügen, da nur r, s, t physikalische Bedeutung haben.

Nun kehren wir zu unserem eigentlichen Thema zurück.

Die Frage lautete: Was können wir über die Funktionen R, S, T aussagen, wenn (19) gilt und wenn wir die bereits angegebenen Differenzierbarkeits- und Stetigkeitsvoraussetzungen machen.

Wenn z dreimal stetig differenzierbar ist, also r, s, t einmal stetig differenzierbar sind und wenn $f(r, s, t)$ eine stetig differenzierbare Funktion seiner Argumente ist, so gewinnen wir für R, S, T durch Einsetzen der stetig differenzierbaren Funktionen r, s, t die einmal stetig differenzierbaren Funktionen

$$R = R(x, y), \qquad S = S(x, y), \qquad T = T(x, y).$$

Der Nutzen, den die Heranziehung von Vorstellungen und Begriffen, die in der Elastizitätstheorie eine Rolle spielen, bietet, besteht nun darin, daß wir uns durch sie veranlaßt sehen, für ζ solche Variationen $\zeta = \zeta(x, y; h)$ heranzuziehen, die, gedeutet als Airysche Spannungsfunktionen einen beliebigen Selbstspannungszustand in einem beliebigen, in B gelegenen rechteckigen Rahmen von der Breite h darstellen (vgl. Fig. 36) und verlangen, daß (19) für die Gesamtheit aller dieser

Funktionen erfüllt ist. Wir werden also solche dreimal stetig differenzierbare Funktionen $\zeta = \zeta(x, y; h)$ heranziehen, die sich stetig und ohne Knick am Außenrand des Rahmens an $\zeta = 0$ und am Innenrand des Rahmens stetig und ohne Knick an $\zeta = \alpha x + \beta y + \gamma$ anschließen. Wir werden außerdem Stetigkeit von $\zeta(x, y; h)$ in h annehmen und dann den Grenzübergang $h \to 0$ vornehmen. Aus der Gültigkeit der Gl. (19) wird sich dann das Verschwinden eines Linienintegrals, erstreckt über die Kontur des Rechteckes ergeben. Der Integrand wird eine lineare homogene Funktion in α, β, γ sein. Da α, β, γ beliebige Größen sind, werden wir daraus auf das Verschwinden von 3 Linienintegralen schließen, zunächst über alle Rechtecke und dann, wie beim vorigen Beispiel, über beliebige geschlossene Kurven. Also sind die Integranden dieser Linienintegrale vollständige Differentiale.

Daraus werden sich aber, indem wir von diesen drei vollständigen Differentialen zwei geeignete Linearkombinationen bilden, im wesentlichen die Integranden für die gesuchten Größen u und v ergeben und damit unmittelbar der durch (21) ausgedrückte Satz.

Über das aufgeworfene elastizitätstheoretische Problem der Ermittlung des Spannungszustandes bei der homogenen elastischen Scheibe macht dieser Satz die folgende Aussage: Aus dem Castiglianoschen Minimalprinzip ergibt sich direkt, ohne Heranziehung der Euler-Lagrangeschen Differentialgleichungen und unter der Voraussetzung, daß die Spannungskomponenten bloß einmal stetig differenzierbar angenommen werden, der Zusammenhang zwischen dem Spannungstensor und den mit u und v bezeichneten Komponenten der Verschiebung.

Um zunächst das Integral über $R(x, y) \cdot \zeta_{xx}$ über den mit (I) bezeichneten Bereich des Rahmens (s. Fig. 36) zu berechnen:

$$\iint\limits_{(\mathrm{I})} R(x, y)\, \zeta_{xx}(x, y)\, dx\, dy,$$

setzen wir

$$R(x, y) = R(x_1, y) + R_x(x_1, y)(x - x_1) + [R_x(\bar{x}, y) - R_x(x_1, y)](x - x_1) \qquad (x_1 \leq \bar{x} \leq x).$$

Ferner ist gemäß den über $\zeta(x, y; h)$ gemachten Voraussetzungen

$$\int\limits_{x_1}^{x_1+h} \zeta_{xx}\, dx = \alpha, \quad \int\limits_{x_1}^{x_1+h} (x - x_1)\, \zeta_{xx}\, dx = h\alpha - [\alpha(x_1 + h) + \beta y + \gamma].$$

Wir erhalten somit als Beitrag von (I)

$$\int\limits_{y_1+h}^{y_2-h} (R\alpha - R_x \zeta)\, dy + \int\limits_{y_1+h}^{y_2-h} \varrho_{\mathrm{I}}\, dy$$

wobei $\int\limits_{y_1+h}^{y_2-h} \varrho_{\mathrm{I}}\, dy$ den Beitrag des dritten Gliedes im Ausdruck von $R(x, y)$ darstellt und $\lim\limits_{h\to 0} \varrho_{\mathrm{I}} = 0$ ist. In ähnlicher Weise erhalten wir für den Beitrag von S unter Berücksichtigung von

$$\int\limits_{x_1}^{x_1+h} \zeta_{xy}\, dx = \beta, \quad \int\limits_{x_1}^{x_1+h} (x - x_1)\zeta_{xy}\, dx = h\beta - \int\limits_{x_1}^{x_1+h} \zeta_y\, dx$$

den Ausdruck

$$\int\limits_{y_1+h}^{y_2-h} \beta S\, dy + \int\limits_{y_1+h}^{y_2-h} \bar{\varrho}_{\mathrm{I}}\, dy \qquad \left(\lim_{h\to 0} \bar{\varrho}_{\mathrm{I}} = 0\right).$$

Schließlich erhalten wir für

$$\iint\limits_{(\mathrm{I})} T\zeta_{yy}\, df = \int\limits_{y_1+h}^{y_2-h} \bar{\bar{\varrho}}_{\mathrm{I}}\, dy \qquad \left(\lim_{h\to 0} \bar{\bar{\varrho}}_{\mathrm{I}} = 0\right).$$

In ähnlicher Weise lassen sich auch die Integrale über die Bereiche (II), (III) und (IV) behandeln. Fassen wir zusammen, so ergibt sich für den gesamten Bereich des Rahmens mit $h \to 0$

$$\oint [-R\alpha + R_x\zeta + \beta S]\, dy + [T\beta - T_y\zeta - \alpha S]\, dx + E, \tag{23}$$

wobei wir unter E die Summe sämtlicher Eckenbeiträge (also der Integrale über die in Fig. 36 schraffierten Quadrate) nach Durchführung des Grenzüberganges verstehen. Zu diesen liefern die Terme mit R und T keinen Beitrag, wie man leicht einsieht, wenn man den Mittelwertsatz für zwei Veränderliche bei der Berechnung heranzieht. Jedoch liefern die Integrale von $S \cdot \zeta_{xy}$ einen Beitrag. Für die rechte obere Ecke P_3 (s. Fig. 36) ist:

$$S = S(x_2 - h, y_2 - h) + [S(x, y) - S(x_2 - h, y_2 - h)]. \tag{24}$$

Berücksichtigen wir, daß über das schraffierte Quadrat bei P_3 gilt:

$$\int\limits_{x_2-h}^{x_2} \int\limits_{y_2-h}^{y_2} \zeta_{xy}\, dx\, dy = \zeta(x_2, y_2) + \zeta(x_2 - h, y_2 - h) - \zeta(x_2 - h, y_2) - \zeta(x_2, y_2 - h).$$

Mit Ausnahme des zweiten Gliedes auf der rechten Seite dieser Gleichung sind alle Glieder Null. Wir erhalten somit für

$$\int\limits_{x_2-h}^{x_2} \int\limits_{y_2-h}^{y_2} S(x, y)\zeta_{xy}\, dx\, dy = S(x_2 - h, y_2 - h)\zeta(x_2 - h, y_2 - h) + \varepsilon_3$$

mit

$$\varepsilon_3 = \int\limits_{x_2-h}^{x_2} \int\limits_{y_2-h}^{y_2} \zeta_{xy}[S(x, y) - S(x_2 - h, y_2 - h)]\, dx\, dy.$$

Gehen wir zur Grenze $h \to 0$ über, so folgt, wegen $\varepsilon_3 \to 0$ und analog für alle anderen Ecken, daß der gesamte Beitrag der Ecken E sich wie folgt zusammensetzt:

$$E = S(P_1)\,\zeta(P_1) - S(P_2)\,\zeta(P_2) + S(P_3)\,\zeta(P_3) - S(P_4)\,\zeta(P_4).$$

Nun ist:

$$S(P_1) - S(P_2) + S(P_3) - S(P_4) = \oint S_y\,dy = -\oint S_x\,dx$$

und ferner:

$$[x \cdot S]_{x=x_1}^{x=x_2} = \int_{x_1}^{x_2} (S + x \cdot S_x)\,dx, \qquad [y \cdot S]_{y=y_1}^{y=y_2} = \int_{y_1}^{y_2} (S + y \cdot S_y)\,dy$$

somit ergibt sich, mit $\zeta = \alpha x + \beta y + \gamma$

$$\left.\begin{aligned} E &= \oint -\alpha(S + x S_x)\,dx + \beta(S + y S_y)\,dy + \gamma S_y\,dy \\ &= \oint -\alpha(S + x S_x)\,dx + \beta(S + y S_y)\,dy - \gamma S_x\,dx. \end{aligned}\right\} \quad (25)$$

Bezeichnen wir mit G das Gebiet des ganzen Rahmens, so folgt aus der Bedingung des Verschwindens der ersten Variation des vorgelegten Variationsproblems (19) und (23) und (25)

$$\lim_{h \to 0} \iint_G (R\,\zeta_{xx} + S\,\zeta_{xy} + T\,\zeta_{yy})\,dx\,dy = A\alpha + B\beta + \Gamma\gamma = 0 \quad (26)$$

mit

$$\begin{aligned} A &= \oint (-R + R_x \cdot x)\,dy - x(T_y + S_x)\,dx \\ B &= \oint (T - T_y \cdot y)\,dx + y(S_y + R_x)\,dy \\ \Gamma &= \oint (R_x + S_y)\,dy - T_y\,dx = \oint R_x\,dy - (T_y + S_x)\,dx. \end{aligned}$$

Aus der Gültigkeit von (26) für beliebige α, β, γ und für beliebige in I gelegene Rechtecke schließen wir, daß die Ausdrücke unter dem Integralzeichen bei A, B, Γ vollständige Differentiale sein müssen. Diese Feststellung führt fast unmittelbar zum Ziel. Dieses besteht darin, zu zeigen, daß man zwei Funktionen $u = u(x, y)$, $v = v(x, y)$ angeben kann, die den Bedingungen (21) genügen.

A, B, Γ sind von ungleicher Dimension. Betrachten wir aber die z

$$B - y^* \Gamma \qquad \text{bzw.} \qquad x^* \Gamma - A$$

zugehörigen Linearkombinationen der Integranden, so sehen wir, da in diesen Integranden x^* und y^* nur in der Verbindung $(x^* - x)$ un $(y^* - y)$ vorkommen. Integriert man die so gebildeten Integrande von einem beliebigen Punkt $P_0(x_0, y_0)$ ausgehend längs eines beliebigen zum Punkt $P^*(x^*, y^*)$ führenden Weges, so ergibt sich unmittelba daß durch die Funktionen

$$\hat{u}(x^*, y^*) = \int_{P_0}^{P^*} \{T\,dx - (y^* - y)\,[(R_x + S_y)\,dy - T_y\,dx]\},$$

$$\hat{v}(x^*, y^*) = \int_{P_0}^{P^*} \{R\,dy + (x^* - x)\,[R_x\,dy - (T_y + S_x)\,dx]\}$$

von den drei zu erfüllenden Gln. (21), die, wenn für die unabhängigen Veränderlichen x^* und y^* geschrieben wird, lauten:

$$\frac{\partial u}{\partial x^*} = T(x^*, y^*), \qquad \frac{\partial v}{\partial y^*} = R(x^*, y^*), \qquad \frac{\partial u}{\partial y^*} + \frac{\partial v}{\partial x^*} = S(x^*, y^*) \quad (21^*)$$

die beiden ersten erfüllt sind[1].

Um auch die dritte Gleichung zu erfüllen, müssen wir zu $\hat{u}$ bzw. $\hat{v}$ noch ein Glied von der Form

$$\frac{(y^* - y_0)}{2}\,S(x_0, y_0) \qquad \text{bzw.} \qquad -\frac{(x^* - x_0)}{2}\,S(x_0, y_0)$$

hinzufügen. Um den allgemeinst möglichen Verschiebungszustand zu erzielen, fügen wir zu $\hat{u}$ und $\hat{v}$ außerdem noch die Glieder

$$\hat{\hat{u}} = u_0 - (y^* - y_0)\cdot\vartheta \qquad \text{bzw.} \qquad \hat{\hat{v}} = v_0 + (x_0^* - x_0)\cdot\vartheta$$

hinzu, wobei u_0, v_0 und ϑ willkürliche Konstante sind. Diese Glieder stellen die allgemeine Lösung der zu (21*) zugehörigen homogenen Gleichungen

$$\frac{\partial \hat{\hat{u}}}{\partial x^*} = 0, \quad \frac{\partial \hat{\hat{v}}}{\partial y^*} = 0, \quad \frac{\partial \hat{\hat{u}}}{\partial y^*} + \frac{\partial \hat{\hat{v}}}{\partial x^*} = 0$$

dar. Geometrisch bedeuten $\hat{\hat{u}}$ und $\hat{\hat{v}}$ für kleine u_0, v_0, ϑ eine infinitesimale Bewegung der ganzen Scheibe, bei welcher P_0 eine Translation

[1] Die Regel, die wir hier und im folgenden anwenden müssen, lautet: Seien $P(x, y, x^*, y^*)$ und $Q(x, y, x^*, y^*)$ stetig differenzierbare Funktionen und sei

$$\frac{\partial P(x, y, x^*, y^*)}{\partial y} = \frac{\partial Q(x, y, x^*, y^*)}{\partial x}$$

und

$$\Phi(x_0, y_0, x^*, y^*) = \int_{P_0}^{P^*} P\,dx + Q\,dy,$$

dann ist

$$\frac{\partial \Phi}{\partial x^*} = P(x^*, y^*, x^*, y^*) + \int_{P_0}^{P^*} \frac{\partial P}{\partial x^*}\,dx + \frac{\partial Q}{\partial x^*}\,dy,$$

$$\frac{\partial \Phi}{\partial y^*} = Q(x^*, y^*, x^*, y^*) + \int_{P_0}^{P^*} \frac{\partial P}{\partial y^*}\,dx + \frac{\partial Q}{\partial y^*}\,dy.$$

erfährt und die ganze Scheibe um P_0 gedreht wird. Diese infinitesimale Bewegung läßt sich dem durch

$$\hat{u} + \frac{(y^* - y_0)}{2} S(x_0, y_0), \qquad \hat{v} - \frac{(x^* - x_0)}{2} S(x_0, y_0)$$

definierten Verschiebungszustand überlagern, bei dem P_0 festgehalten wird und bei dem in der Umgebung dieses Punktes eine Verzerrung ohne Drehung vorhanden ist.

Somit erhalten wir als allgemeinste Form der Funktionen $u = u(x^*, y^*)$, $v = v(x^*, y^*)$:

$$u(x^*, y^*) = \int_{P_0}^{P^*} \{T\,dx - (y^* - y)\,[(R_x + S_y)\,dy - T_y\,dx]\} - \\ - \tfrac{1}{2}(y^* - y_0)\,S(x_0, y_0) + u_0 - \vartheta(y^* - y_0),$$

$$v(x^*, y^*) = \int_{P_0}^{P^*} \{R\,dy + (x^* - x)\,[R_x\,dy - (T_y + S_x)\,dx]\} - \\ - \tfrac{1}{2}(x^* - x_0)\,S(x_0, y_0) + v_0 + \vartheta(x^* - x_0)$$

und hieraus das angekündigte Resultat in der Form:

$$\frac{\partial u}{\partial x^*} = T(x^*, y^*), \qquad \frac{\partial v}{\partial y^*} = R(x^*, y^*),$$

$$\frac{\partial u}{\partial y^*} + \frac{\partial v}{\partial x^*} = -\int_{P_0}^{P^*} (S_y\,dy + S_x\,dx) - S(x_0, y_0) = -S(x^*, y^*).$$

§ 4. WEIERSTRASS' Kritik an der Dirichletschen Schlußweise

Zu den zusätzlichen Voraussetzungen, die bei der Lagrangeschen Schlußweise gemacht werden müssen, gehört vor allem, wie schon betont, die Voraussetzung der Existenz einer Lösung überhaupt.

Für WEIERSTRASS war insbesondere das Dirichletsche Prinzip (spezielles Dirichletsches Prinzip der Potentialtheorie) eine Herausforderung zur Kritik.

Das Dirichletsche Problem besteht darin, daß man die Lösung der Differentialgleichung

$$\frac{\partial^2 u}{\partial x^2} + \frac{\partial^2 u}{\partial y^2} + \frac{\partial^2 u}{\partial z^2} = 0$$

sucht, wobei längs einer vorgegebenen Gebietsberandung die Randwerte vorgeschrieben sind.

Nach einer, bei WEIERSTRASS wörtlich zitierten Niederschrift von DIRICHLET (WEIERSTRASS: Mathematische Werke II, S. 49ff.) macht DIRICHLET zunächst zur Veranschaulichung der Existenz einer solchen Lösung folgende physikalische Überlegung: „Dieser Satz ist eigentlich identisch mit einem anderen der Wärmelehre, der dort Jedem unmittelbar evident erscheint, daß nämlich, wenn die Begrenzung von t[1] auf einer überall beliebig vorgeschriebenen Temperatur konstant erhalten wird, es stets eine, aber auch nur eine Temperaturverteilung im Inneren gibt, bei welcher Gleichgewicht stattfindet; oder daß, wie man auch sagen kann, wenn die ursprüngliche Temperatur im Inneren eine beliebige war, diese sich einem Finalzustande nähert, bei welchem Gleichgewicht stattfinden würde."

Und dann fährt er fort:

„Wir beweisen den Satz indem wir von einer rein mathematischen Evidenz ausgehen. Es ist in der Tat einleuchtend, daß unter allen Funktionen u, welche überall nebst ihren ersten Derivierten sich stetig in t ändern und auf der Begrenzung von t die vorgeschriebenen Werte annehmen, es eine (oder mehrere) geben muß, für welche das auf den ganzen Raum t ausgedehnte Integral

$$U = \int \left\{ \left(\frac{\partial u}{\partial x}\right)^2 + \left(\frac{\partial u}{\partial y}\right)^2 + \left(\frac{\partial u}{\partial z}\right)^2 \right\} dt$$

einen kleinsten Wert erhält (*)."

WEIERSTRASS war es aber, der diese Schlußweise energisch bekämpfte. Er wies darauf hin, daß nur soviel behauptet werden kann:

Daß es für den Ausdruck

$$U = \int \left\{ \left(\frac{\partial u}{\partial x}\right)^2 + \left(\frac{\partial u}{\partial y}\right)^2 + \left(\frac{\partial u}{\partial z}\right)^2 \right\} dt$$

eine untere Grenze gibt, welcher er beliebig nahe kommen kann, daß aber nicht unmittelbar ersichtlich ist, ob es auch eine Funktion gibt, für die der Ausdruck die untere Grenze tatsächlich annimmt.

Zur Erläuterung verweist WEIERSTRASS auf folgendes Beispiel: „Es bezeichne $\varphi(x)$ eine reelle eindeutige Funktion der reellen Veränderlichen x von der Beschaffenheit, daß erstens φ und $\frac{d\varphi(x)}{dx}$ im Intervall $[-1, +1]$ stetige Funktionen von x sind, und daß zweitens $\varphi(x)$ an der Grenze -1 des Intervalls den vorgeschriebenen Wert a, an der Grenze $+1$ den vorgeschriebenen Wert b hat. Dabei sollen die Konstanten a und b zwei voneinander verschiedene Größen sein. Wenn nun die Dirichletsche Schlußweise zulässig wäre, so müßte sich unter den betrachteten Funktionen $\varphi(x)$ eine solche spezielle Funktion befinden, für welche der Wert des Integrals

$$I = \int_{-1}^{+1} \left(x \frac{d\varphi(x)}{dx}\right)^2 dx,$$

[1] Unter t wird ein Raumgebiet verstanden.

gleich der unteren Grenze aller derjenigen Werte ist, die dieses Integra für die verschiedenen der betrachteten Gesamtheit angehörenden Funk tionen $\varphi(x)$ annehmen kann.

Die erwähnte untere Grenze ist aber in dem vorliegenden Falle not wendig gleich Null. Denn setzt man z.B.:

$$\varphi(x) = \frac{a+b}{2} + \frac{b-a}{2} \cdot \frac{\operatorname{arc\,tan} \frac{x}{\varepsilon}}{\operatorname{arc\,tan} \frac{1}{\varepsilon}},$$

wo ε eine willkürlich anzunehmende positive Größe bezeichnet, so erfüll diese Funktion die beiden ersten Bedingungen; und da

$$I < \int_{-1}^{+1} (x^2 + \varepsilon^2) \left(\frac{d\varphi(x)}{dx}\right)^2 dx$$

und

$$\frac{d\varphi(x)}{dx} = \frac{b-a}{2 \operatorname{arc\,tan} \frac{1}{\varepsilon}} \cdot \frac{\varepsilon}{x^2 + \varepsilon^2},$$

so ist für diese spezielle Funktion

$$I < \varepsilon \frac{(b-a)^2}{\left(2 \operatorname{arc\,tan} \frac{1}{\varepsilon}\right)^2} \int_{-1}^{+1} \frac{\varepsilon\, dx}{x^2 + \varepsilon^2}$$

und somit

$$I < \frac{\varepsilon}{2} \cdot \frac{(b-a)^2}{\operatorname{arc\,tan} \frac{1}{\varepsilon}}.$$

Daraus erhellt, da man ε beliebig klein annehmen kann, daß die unter Grenze des Wertes von I gleich Null ist, denn negative Werte kann überhaupt nicht annehmen.

Diese Grenze kann aber der Wert von I nicht erreichen, wie man auc den obigen Bedingungen gemäß $\varphi(x)$ wählen möge. Denn da $\varphi(x)$ un $\frac{d\varphi(x)}{dx}$ stetige Funktionen von x sein sollen, so wäre hierzu erforderlic daß

$$\frac{d\varphi(x)}{dx}$$

für jeden, dem Intervall $[-1, +1]$ angehörenden Wert von x ve schwinde, daß also $\varphi(x)$ eine Konstante sei. Dies ist aber mit der Ar nahme, daß a und b voneinander verschieden sind, unverträglich.

Die Dirichletsche Schlußweise erweist sich also in dem betrachtete Falle als unzulässig.

Wir haben hier sowohl DIRICHLET als auch WEIERSTRASS nicht n deshalb wörtlich zitiert, um so dem Leser klar zur Anschauung z bringen, wie scharf sich die kritische Auffassung WEIERSTRASS' von der Auffassung seiner Vorgänger unterscheidet(**), sondern vor allem deshalb, weil diese Ausführungen von WEIERSTRASS für die Weiterentwicklung der Variationsrechnung von größter Bedeutung waren. Es seien noch weitere Beispiele angeführt, bei denen die untere Grenze des Integrals nicht erreicht werden kann. An sich mögen diese dem Leser recht trivial erscheinen, sie sind jedoch einigermaßen charakteristisch für den großen Umschwung, den die Weierstraßsche Kritik vermittelt hat.

Untersuchen wir das Problem

$$\delta I = \delta \int_0^1 y'^2\, dx = 0$$

mit

$$y(0) = 0, \qquad y(1) = 1,$$

wobei zum Vergleich Kurven $y = y(x)$ von der Klasse D' herangezogen werden, so erhalten wir offenbar

$$y = x$$

als Lösung. Für den kleinsten Wert von I erhalten wir also $I = 1$. In der Tat ist für

$$y = x + \varphi(x),$$

$$\int_0^1 y'^2\, dx = \int_0^1 (1 + \varphi')^2\, dx.$$

Somit ist, da wegen der Randbedingungen

$$\varphi(0) = \varphi(1) = 0$$

gilt,

$$I = 1 + \int_0^1 \varphi'^2\, dx.$$

Es ergibt sich also:

$$I \geqq 1.$$

In diesem Falle wird der Minimalwert also tatsächlich erreicht.

Nunmehr gehen wir über zum analogen homogenen Problem. Demnach betrachten wir

$$\delta \int_{t_0}^{t_1} \frac{\dot{y}^2}{\dot{x}^2}\, dt = 0.$$

Dabei ziehen wir zum Vergleich alle jene Kurven

$$x = x(t), \qquad y = y(t)$$

heran, die von der Klasse D' sind und durch die Punkte $(0, 0)$ und $(1, 1)$ hindurchgehen.

Wenn wir aber unser Integral längs des durch die folgenden Formeln gekennzeichneten Weges auswerten (vgl. Fig. 37)

$$\left.\begin{aligned} x &= l\cdot t \\ y &= 0 \end{aligned}\right\} 0 \leq t \leq 1,$$

$$\left.\begin{aligned} x &= l + (t-1)(1-l) \\ y &= t-1 \end{aligned}\right\} 1 \leq t \leq 2,$$

so erhalten wir für

$$I = \frac{1}{1-l},$$

und wir sehen, daß dieses Integral jeden beliebigen negativen Wert annehmen kann.

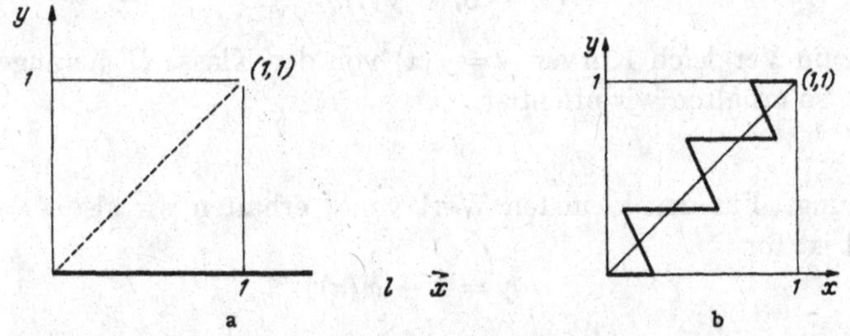

Fig. 37 a u. b. Extremalen, die ein schwaches aber kein starkes relatives Minimum liefern

Derselbe Wert kann auch auf einem Integrationsweg erreicht werden, der vollkommen in einer ϱ-Umgebung (ϱ beliebig klein) der Kurve

$$\left.\begin{aligned} x &= t \\ y &= t \end{aligned}\right\} 0 \leq t \leq 1$$

verläuft (vgl. Fig. 37).

Wir wollen nun weiter das folgende Beispiel betrachten: Für die Variationsprobleme

$$\text{A.} \qquad \delta \int_{-1}^{1} \sqrt{1+y'^2}\, dx = 0$$

$$\text{B.} \qquad \delta \int_{-1}^{1} y'^2\, dx = 0$$

deren Lösungen den folgenden Bedingungen genügen

$$y(-1) = 0, \qquad y(0) = 1, \qquad y(+1) = 0,$$

sehen wir offenbar, daß das Minimum durch den diese Punkte verbindenden Streckenzug geliefert wird und erhalten für den Minimalwert

$$\text{A.} \quad I = 2\sqrt{2} \qquad \text{B.} \quad I = 2.$$

Dem Variationsproblem A entspricht im Raum offenbar das Problem, jene Fläche mit geringstem Flächeninhalt zu finden, die durch den Einheitskreis

$$x^2 + y^2 = 1, \quad z = 0$$

und außerdem noch durch den Punkt (0, 0, 1) hindurchgeht. Dabei wollen wir uns vorläufig auf den Standpunkt stellen, daß wir es als einleuchtend ansehen, daß die Lösung, wenn überhaupt eine Fläche existiert, die dies leistet, offenbar eine Rotationsfläche sein müßte, d.h. wir wollen voraussetzen

$$z = z(r); \quad r = \sqrt{x^2 + y^2}.$$

Die analytische Formulierung führt auf das Variationsproblem

$$\delta S = 2\pi\delta \int_0^1 r \sqrt{1 + \left(\frac{dz}{dr}\right)^2}\, dr = 0$$

mit den Randbedingungen

$$z(0) = 1, \quad z(1) = 0.$$

Es ist unmittelbar einleuchtend, daß hier kein Minimum existiert. Die untere Schranke für den Flächeninhalt ist offenbar π. Setzen wir aber etwa

$$z = (1 - r)^n,$$

so ist wohl unmittelbar anschaulich klar, und auch sofort nachzurechnen, daß man durch genügend große Wahl von n dem Wert $S = \pi$ beliebig nahe kommen, ihn aber nicht erreichen kann.

Dieselbe Betrachtung läßt sich auch für das B analoge räumliche Problem durchführen. Für den Integranden erhalten wir hier

$$z_x^2 + z_y^2.$$

Beschränken wir uns auch hier wieder nur auf Rotationsflächen, so erhalten wir das Variationsproblem

$$\delta I = 2\pi\delta \int_0^1 r \left(\frac{dz}{dr}\right)^2 dr = 0$$

mit den Randbedingungen

$$z(0) = 1, \quad z(1) = 0.$$

Die untere Grenze des Integrals I ist offenbar Null, sie kann aber nicht erreicht werden.

Um dies durch eine spezielle Wahl der Funktion $z(r)$ zu erkennen, lösen wir zunächst die Eulersche Gleichung auf. Da aber keine ihrer

Lösungen die Randbedingungen erfüllt, wird man dazu verleitet, das Intervall in zwei Teile zu teilen und die Funktion $z(r)$ folgendermaßen anzusetzen:

$$z = 1 - \frac{(1-b)}{a} r \quad \text{für} \quad 0 \leq r \leq a,$$

$$z = b \frac{\log r}{\log a} \quad \text{für} \quad a \leq r \leq 1.$$

Durch Berechnung des Integrals überzeugt man sich leicht, daß man dem Wert 0 beliebig nahekommen kann, indem man b nahe bei 1 und a nahe bei 0 wählt.

Dieser Forderung kann man auch noch dann entsprechen, wenn man außerdem fordert, daß auch der erste Differentialquotient der Kurve für $r = a$ stetig ist.

In diesen Beispielen tritt eine Erscheinung zutage, die bei näherer Betrachtung zum Erkennen eines wichtigen Unterschiedes im Verhalten von Variationsproblemen führt, die sich auf einfache bzw. mehrfache Integrale beziehen.

Bei einfachen Integralen gilt der Satz von Osgood (***):

Zu jedem regulären Extremalenbogen $\mathfrak{E}$ läßt sich eine Umgebung $\mathfrak{U}_{\mathfrak{E}}$ angeben, so daß dieser Umgebung eine feste Zahl ε zugeordnet werden kann derart, daß für jede Kurve C, die nicht vollständig in $\mathfrak{U}_{\mathfrak{E}}$ verläuft, der Unterschied

$$|I_C - I_{\mathfrak{E}}| > \varepsilon$$

ist.

Ein analoger Satz gilt aber für mehrdimensionale Variationsprobleme nicht, wie durch die vorhergehenden Beispiele nahegelegt wurde.

Durch den Umstand, daß die Eulersche Differentialgleichung zu einem Variationsproblem

$$\delta \int_{x_0}^{x_1} f(x, y, y')\, dx = 0$$

von zweiter Ordnung ist, könnte man sich vielleicht bei oberflächlichem Denken verleitet fühlen, auch Variationsprobleme zu betrachten, bei denen etwa für die Anfangs- bzw. Endabszisse nicht der Funktionswert, sondern der Wert der Ableitung gegeben ist. Betrachten wir etwa

$$\delta \int_0^1 y'^2 dx = 0$$

mit den Randbedingungen

$$y(0) = 0, \qquad y'(1) = 1,$$

so erkennen wir natürlich sofort, daß wohl die untere Schranke des Integrals $I = 0$ ist, daß sie aber nicht erreicht werden kann.

Man setze etwa

$$y = 0 \qquad \text{für} \quad 0 \leq x \leq \delta,$$

$$y = \frac{(x-\delta)^2}{2(1-\delta)} \qquad \text{für} \quad \delta < x \leq 1,$$

und erhält als Integralwert

$$I = \frac{1-\delta}{3} \quad \text{und} \quad \lim_{\delta \to 1} I = 0.$$

Man beachte, daß bei der Lagrangeschen Herleitung der Eulerschen Gleichung der nach Ausführung der partiellen Integration außerhalb des Integrals stehende Ausdruck und somit die erste Variation in diesem Falle nicht verschwindet.

Auch bei isoperimetrischen Problemen treten unechte Minimalaufgaben auf, insbesondere bei unendlichen Integrationsintervallen. Wir wollen allgemein Aufgaben, bei denen zwar eine untere Grenze des Integrals existiert, diese aber nicht erreicht werden kann, als unechte Minimalaufgaben bezeichnen. So etwa bei dem Problem

$$\delta \int_{-\infty}^{\infty} y'^2 \, dx = 0$$

mit der Nebenbedingung

$$\int_{-\infty}^{\infty} y^2 \, dx = 1.$$

Zu unechten Minimalaufgaben wird man auch sehr oft durch die mathematische Formulierung ökonomischer Forderungen irgendwelcher Art geführt. Ein typisches Beispiel dieser Art behandelt HAMEL[1], der dabei nach dem Minimum der Anfangsmasse einer Rakete frägt, wenn die Endmasse, die Steighöhe, die Anfangsgeschwindigkeit und die konstante Ausströmungsgeschwindigkeit gegeben sind.

2. Hinreichende Bedingung für das relative Minimum

§ 1. Feldbegriff und Unabhängigkeitssatz

Die Herleitung von hinreichenden Bedingungen für das relative Minimum verdankt man WEIERSTRASS. Alle Mathematiker vor WEIERSTRASS, insbesondere LEGENDRE und JACOBI waren der Ansicht, man könnte auf Grund der Theorie der zweiten Variation allein zu hinreichenden Kriterien gelangen. Diese Ansicht war irrig, hauptsächlich deshalb, weil eine Beschränkung von der Form

$$|y - y_0| \leq \varrho$$

[1] Hier handelt es sich allerdings um ein etwas komplizierteres Minimalproblem, als es die bisher beschriebenen sind (°).

nicht notwendig eine Beschränkung von der Form

$$|y' - y'_0| \leq \varrho'$$

nach sich zieht.

Wir werden im folgenden bei der Herleitung der hinreichenden Bedingungen nicht unmittelbar an WEIERSTRASS anknüpfen, sondern wir werden uns an die Vorlesungen HILBERTs anschließen, der hierbei vom Unabhängigkeitssatz ausgeht.

Zunächst müssen wir nochmals auf die bereits früher bei der Herleitung der Hamiltonschen Formeln gegebene Definition des Extremalenfeldes eingehen.

Vorgelegt sei eine einparametrige Schar von Extremalenbogen

$$y = y(x, \alpha),$$

wobei die Grenzen gegeben sein mögen durch

$$x_0(\alpha) \leq x \leq x_1(\alpha).$$

Der Parameter α sei auf ein Intervall

$$\alpha^* < \alpha < \alpha^{**}$$

beschränkt, die Funktionen $x_0(\alpha)$, $x_1(\alpha)$ sollen in diesem Intervall stetig und stetig differenzierbar sein und der Ungleichung $x_0(\alpha) \leq x_1(\alpha)$ genügen. Die Funktionen

$$y(x, \alpha), \quad y_x(x, \alpha)$$

mögen in dem durch die vorstehende Ungleichung gekennzeichneten Bereich in α von der Klasse C' sein. Dann sagt man: Die Extremalenschar bildet, wie bereits in Kapitel I, 4, § 1 erwähnt, ein „reguläres Extremalenfeld", wenn durch jeden Punkt des durch die obige Ungleichung gekennzeichneten Gebietes eine und nur eine Extremale der Schar hindurchgeht. Wir verlangen also, daß sich in dem, durch die oben angeführte Ungleichung gekennzeichneten Gebiet der Parameter α als eine eindeutige Funktion von x und y

$$\alpha = \alpha(x, y)$$

aus

$$y = y(x, \alpha)$$

berechnen läßt. Statt Extremalenfeld sagen wir hier öfters auch nur Feld.

Man spricht ferner von einem singulären Feld, wenn man die Schar der durch einen Punkt $P_0(x_0, y_0)$ gehenden Extremalenbogen betrachtet und sonst mit Ausnahme des Punktes P_0 dieselben Forderungen wie früher erhebt.

Im Feld ist die von uns gleichfalls in Kapitel I, 4, § 1 erklärte Gefällsfunktion $y_x(x, \alpha(x, y)) = p(x, y)$ eine eindeutige Funktion des Ortes. (Beim singulären Feld mit Ausnahme des Punktes P_0.)

Wir wollen nun folgende Sprechweise einführen:

Ein Extremalenbogen $\mathfrak{E}$ im abgeschlossenen Intervall $[\bar{x}_0, \bar{x}_1]$ gehört einem Extremalenfeld an oder ist in ein Extremalenfeld eingebettet oder ein Extremalenfeld umgibt einen Extremalenbogen $\mathfrak{E}$, wenn $\mathfrak{E}$ eine der Extremalen des Feldes ist und wenn sich ferner zu $\mathfrak{E}$ eine Umgebung ϱ derart angeben läßt, daß diese ganz im Inneren des Feldes liegt.

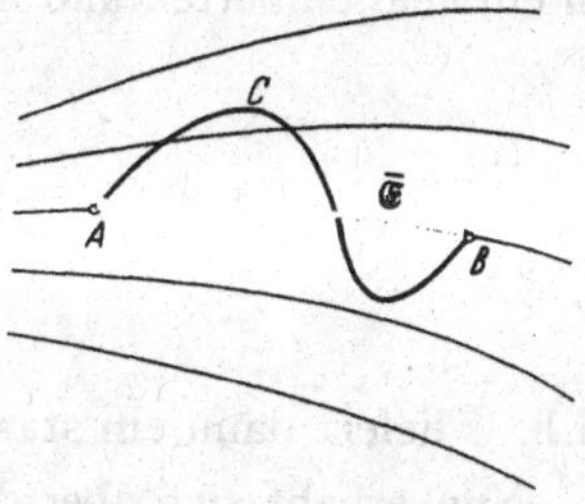

Fig. 38. Zum Hilbertschen Unabhängigkeitssatz

Nach diesen Vorbereitungen können wir den Grundgedanken, der uns zunächst beim Punkt-Punktproblem zur Aufstellung von hinreichenden Bedingungen für das relative Minimum führen soll, so fassen: Um festzustellen, daß jede, die Punkte A, B verbindende Vergleichskurve C, die im Inneren einer Umgebung ϱ der Extremale verläuft, dem Integral

$$I_C = \int_{x_0}^{x_1} f(x, y, y')\, dx$$

einen größeren Wert erteilt, als der dieselben Punkte A, B verbindende Extremalenbogen $\mathfrak{E}$

$$y = \bar{y}(x),$$

konstruieren wir, wenn dies möglich ist, ein Feld, dem $\mathfrak{E}$ angehört und in dessen Innerem die Umgebung ϱ enthalten ist (vgl. Fig. 38). Hilberts Methode zur Herleitung des Weierstraßschen Kriteriums beruht nun darauf, daß man den Wert von

$$I_{\mathfrak{E}} = J = \int_{x_0}^{x_1} f(x, \bar{y}(x), \bar{y}'(x))\, dx$$

vermöge des Hilbertschen Unabhängigkeitssatzes (I, 4, §4) nicht direkt längs $\mathfrak{E}$, sondern durch das längs C erstreckte Integral berechnet:

$$I_{\mathfrak{E}} = J = \int_{x_0}^{x_1} \{f(x, y, p(x, y)) + [y' - p(x, y)]\, f_{y'}(x, y, p(x, y))\}\, dx,$$

wobei $p(x, y)$ die dem Felde zugehörige Gefällsfunktion ist, um die Differenz $\Delta I = I_C - I_{\mathfrak{E}}$ durch ein einheitliches, nur längs C erstrecktes Integral auszudrücken. Es wird dann:

$$\Delta I = \int_{x_0}^{x_1} \{f(x, y, y') - f(x, y, p(x, y)) - [y' - p(x, y)]\, f_{y'}(x, y, p(x, y))\}\, dx$$

und, wenn wir die in Kapitel I, 4, § 1 gegebene Definition der Weierstraßschen e-Funktion (Exzeßfunktion) heranziehen,

$$\Delta I = \int_{x_0}^{x_1} e(x, y, p(x, y), y')\, dx.$$

Hieraus ersehen wir nun folgendes: Läßt sich ein Extremalenbogen in ein Feld einbetten und ist in einer Umgebung die dem Felde angehört

$$|y - \bar{y}_0| \leq \varrho,$$

$$e(x, y, p(x, y), y') \geq 0,$$

so ist

$$I_C \geq I_{\mathfrak{E}},$$

d.h. $\mathfrak{E}$ liefert dann ein starkes relatives Minimum.

Nun erhebt sich aber die Frage: Wie entscheidet man, ob sich $\mathfrak{E}$ in ein Feld einbetten läßt? Die Antwort liefert die Jacobische Theorie der konjugierten Punkte und sie lautet: Dafür, daß man $\mathfrak{E}$ in ein Feld einbetten kann, ist hinreichend, daß die Legendresche und die Jacobische Bedingung in ihrer schärferen Form erfüllt sind.

Seien $y = y(x, \alpha)$ die das Feld im Intervall $[x_0, x_1]$ bildenden Extremalen und $\alpha = \alpha_0$ entspreche der zu untersuchenden Extremalen $\mathfrak{E}$. Dann gilt auf Grund des Satzes über die Umkehrung von Funktionen

$$\left(\frac{\partial y(x, \alpha)}{\partial \alpha}\right)_{\alpha = \alpha_0} \neq 0$$

zunächst als notwendige Bedingung für die Existenz der inversen Feldfunktion $\alpha = \alpha(x, y)$. Dies ist aber nach unseren Ausführungen über die Jacobische Gleichung vgl. Kapitel II, 2, § 4, gleichbedeutend damit, daß sich im Intervall $[x_0, x_1]$ eine Lösung der Jacobischen Gleichung $u(x)$ angeben läßt, die im ganzen Intervall einschließlich der Randpunkte keine Nullstellen besitzt.

Diese Bedingung ist aber auch hinreichend. $u = u(x)$ sei eine bestimmte Lösung der Jacobischen Differentialgleichung, die im Intervall $[x_0, x_1]$ nicht verschwindet und deren Existenz wir also annehmen. $y = y(x, a, b)$ sei eine allgemeine Lösung der Euler-Lagrangeschen Differentialgleichung, $a = a_0$ und $b = b_0$ kennzeichne die Extremale $\mathfrak{E}$ und seien die Integrationskonstanten so gewählt, daß

$$y(x_0, a, b) = a, \quad y_x(x_0, a, b) = b.$$

Differenzieren wir nach a und b und setzen wir $a = a_0$, $b = b_0$, so wird:

$$\begin{pmatrix} y_a(x_0, a_0, b_0) & y_b(x_0, a_0, b_0) \\ y_{xa}(x_0, a_0, b_0) & y_{xb}(x_0, a_0, b_0) \end{pmatrix} = \begin{pmatrix} 1 & 0 \\ 0 & 1 \end{pmatrix}. \tag{27}$$

(Wegen $f_{y'y'} > 0$ kann man auf Grund der Theoreme für die Lösung gewöhnlicher Differentialgleichungen zweiter Ordnung hier die benötigte stetige Differenzierbarkeit nach den Integrationskonstanten voraussetzen.) Wir greifen nun aus der zweiparametrigen Schar der Extremalen eine einparametrige Schar mit dem Scharparameter α heraus und bestimmen $a = a(\alpha)$, $b = b(\alpha)$ so, daß $a(\alpha_0) = a_0$ und $b(\alpha_0) = b_0$ ist, so daß wieder der Wert α_0 die zu untersuchende Extremale $\mathfrak{E}$ in der einparametrigen Schar $y = y(x, a(\alpha), b(\alpha))$ kennzeichnet. Man sagt dann, $\mathfrak{E}$ ist in diese einparametrige Schar eingebettet. Soll nun $\left(\frac{\partial y(x, a(\alpha), b(\alpha))}{\partial \alpha}\right)_{\alpha=\alpha_0}$ die speziell betrachtete Lösung der Jacobischen Gleichung $u = u(x)$ sein, dann muß

$$y_a(x_0, a_0, b_0)\left(\frac{da}{d\alpha}\right)_{\alpha=\alpha_0} + y_b(x_0, a_0, b_0)\left(\frac{db}{d\alpha}\right)_{\alpha=\alpha_0} = u(x_0)$$

$$y_{xa}(x_0, a_0, b_0)\left(\frac{da}{d\alpha}\right)_{\alpha=\alpha_0} + y_{xb}(x_0, a_0, b_0)\left(\frac{db}{d\alpha}\right)_{\alpha=\alpha_0} = u'(x_0),$$

also wegen (27)

$$\left.\begin{aligned}\left(\frac{da}{d\alpha}\right)_{\alpha=\alpha_0} &= u(x_0)\\ \left(\frac{db}{d\alpha}\right)_{\alpha=\alpha_0} &= u'(x_0).\end{aligned}\right\} \tag{28}$$

Die Lösung der Jacobischen Gleichung ist aber durch die Anfangsbedingungen $u(x_0)$ und $u'(x_0)$ eindeutig festgelegt. Daraus folgt aber: Wählen wir $a(\alpha)$ und $b(\alpha)$ als stetig differenzierbare Funktionen so, daß (28) erfüllt ist, so gilt

$$\left(\frac{\partial y(x, a(\alpha), b(\alpha))}{\partial \alpha}\right)_{\alpha=\alpha_0} = u(x).$$

Aus der Voraussetzung, daß $u(x)$ in $[x_0, x_1]$ keine Nullstellen hat und aus dem Satz über die Umkehrung von Funktionen folgt dann die Behauptung, daß $\left.\frac{\partial y(x,\alpha)}{\partial \alpha}\right|_{\alpha=\alpha_0} \neq 0$ dafür hinreicht, daß sich für eine genügend kleine Umgebung $|\alpha - \alpha_0|$ die Funktion $y = y(x, \alpha)$ nach α auflösen läßt, daß also die inverse Feldfunktion $\alpha = \alpha(x, y)$ als eindeutige Funktion von x und y existiert.

Nun könnte man vielleicht meinen, daß eine Forderung über den positiven Charakter der e-Funktion längs des zu untersuchenden Extremalenbogens $\mathfrak{E}$ und die Sicherstellung der Existenz des Feldes, in das sich $\mathfrak{E}$ einbetten läßt, zusammengenommen ohne weitere Aussage über das Verhalten von e in der Umgebung von $\mathfrak{E}$ schon eine hinreichende Bedingung dafür darstelle, daß $\mathfrak{E}$ ein Minimum liefere. Dies ist aber nicht der Fall. Fordert man nämlich beim x-Problem, daß sich $\mathfrak{E}$ in ein Feld einbetten läßt und daß die Weierstraßsche e-Funktion längs des ganzen Extremalenbogens die Bedingung

$$e(x, \bar{y}, \bar{y}'(x), y') \geq 0$$

erfüllt, wobei das Gleichheitszeichen nur dann gelten soll, wenn $y' = \bar{y}'$ ist, so kann man daraus noch nicht schließen, daß dann auch noch in einer Umgebung ϱ von $\mathfrak{E}$ die Ungleichung

$$e(x, y, p(x, y), y') > 0$$

immer erfüllt sein müßte. Dies zeigt etwa das folgende Beispiel von CARATHÉODORY:

$$\delta I = \delta \int_0^h (y'^2 - y^2 y'^4)\, dx = 0.$$

Für den Extremalenbogen $\mathfrak{E}$ erhält man

$$y = 0$$

im Intervall $0 \leq x \leq h$. Die e-Funktion erfüllt längs $\mathfrak{E}$ die geforderte Bedingung und die Einbettung in ein Feld ist sicher möglich, denn die zugehörige Jacobische Gleichung lautet ja $u'' = 0$, also sind konjugierte Punkte überhaupt nicht vorhanden.

Nun ist aber für $y = 0$

$$I = 0,$$

aber für

$$y = a \sin \frac{n \pi x}{h},$$

wo n ganzzahlig ist, ist

$$I = \int_0^h \frac{a^2 n^2 \pi^2}{h^2} \left(\cos^2 \frac{n \pi x}{h} - \frac{a^4 n^2 \pi^2}{h^2} \sin^2 \frac{n \pi x}{h} \cos^4 \frac{n \pi x}{h} \right) dx =$$

$$= \frac{a^2 n^2 \pi^2}{h} \left(\frac{1}{2} - \frac{a^4 n^2 \pi^2}{16 h} \right),$$

also für genügend große n negativ, wie klein auch a gewählt werden mag Also liefert $\mathfrak{E}$ kein relatives Minimum.

§ 2. Hinreichende Bedingung für das starke Extremum beim homogenen Problem

Hier und im folgenden bezeichnen wir, in geringer Abweichung zu früher, die zur Feldextremalen gehörigen Funktionen des Parameters (bzw. beim inhomogenen Problem von x) durch Überstreichung de Funktionszeichen, die Funktionszeichen, die zu der zu untersuchende Extremalen (die in das Feld eingebettet ist) gehören, durch zweifach Überstreichung; die Funktionssymbole der willkürlichen Vergleichs funktionen bleiben ungestrichen.

Die bisherigen Betrachtungen, insbesondere, daß man ΔI, die Di ferenz der zu vergleichenden Integrale durch ein Integral über die Exzeß funktion ausdrücken kann, lassen sich leicht auf das homogene Probler übertragen, doch tritt ein wesentlicher Unterschied zutage.

Hier kann man nämlich behaupten:

Ist das Legendresche Kriterium in seiner schärferen Form erfüllt und läßt sich der Extremalenbogen mit einem Feld umgeben, und ist längs des Extremalenbogens $\overline{\mathfrak{C}}$ die Weierstraßsche E-Funktion positiv, also

$$E(\bar{x},\bar{y},\dot{\bar{x}},\dot{\bar{y}},\dot{x},\dot{y}) \geqq 0$$

(wobei das Gleichheitszeichen nur dann gelten soll, wenn die Richtung der Vergleichskurve mit der Richtung der Extremale zusammenfällt) erfüllt, dann kann man zu $\overline{\mathfrak{C}}$ immer eine passende Umgebung

$$|x(t)-\bar{x}(t)| \leqq \varrho; \qquad |y(t)-\bar{y}(t)| \leqq \varrho$$

derart finden, daß für alle Kurven C_ϱ die zwei vorgegebene Punkte P_0 und P_1 verbinden, in dieser Umgebung

$$I_{C_\varrho} \geqq I_{\overline{\mathfrak{C}}}$$

ist, d.h. $\overline{\mathfrak{C}}$ liefert ein starkes relatives Minimum.

Um den Unterschied, der hier zwischen homogenem und inhomogenem Problem besteht, klarzustellen, müssen wir die Weierstraßsche E-Funktion genauer betrachten.

Da F und somit auch E positiv homogen erster Ordnung in den Ableitungen sind, können wir uns ohne Beschränkung der Allgemeinheit auf die Betrachtung solcher Wertepaare beschränken, für die

$$\dot{x}^2+\dot{y}^2=1$$

erfüllt ist.

Nun setzen wir

$$\dot{\bar{x}}=\cos\bar{\vartheta}, \quad \dot{\bar{y}}=\sin\bar{\vartheta}; \quad \dot{x}=\cos\vartheta, \quad \dot{y}=\sin\vartheta.$$

Wir wollen nun fordern, daß längs $\overline{\mathfrak{C}}$

$$E(\bar{x},\bar{y},\cos\bar{\vartheta},\sin\bar{\vartheta},\cos\vartheta,\sin\vartheta) \geqq 0,$$

wobei $\bar{\vartheta}$ die Richtung der Extremale $\overline{\mathfrak{C}}$ und ϑ die Richtung der Vergleichskurve kennzeichnet.

Ferner folgt aus unserer Voraussetzung, wonach das Legendresche Kriterium in seiner schärferen Form erfüllt ist, für die in Kap. I, 3, §1, eingeführte Funktion F_1, welche wir bald benötigen werden,

$$F_1(\dot{x},\dot{y},\cos\bar{\vartheta},\sin\bar{\vartheta}) > 0.$$

Für die Stetigkeitsbetrachtungen, die wir für die folgenden Überlegungen brauchen, ist das Verschwinden der Weierstraßschen E-Funktion für $\vartheta=\bar{\vartheta}$ störend; man führt daher neben der Weierstraßschen

E-Funktion eine weitere Funktion E_1 ein durch die Gleichungen

$$E_1(\bar{x},\bar{y},\bar{\vartheta},\vartheta)=\frac{E(\bar{x},\bar{y},\cos\bar{\vartheta},\sin\bar{\vartheta},\cos\vartheta,\sin\vartheta)}{1-\cos(\vartheta-\bar{\vartheta})},\qquad \vartheta\neq\bar{\vartheta}$$

$$E_1(\bar{x},\bar{y},\vartheta,\vartheta)=\lim_{\vartheta\to\bar{\vartheta}}\frac{E(\bar{x},\bar{y},\cos\bar{\vartheta},\sin\bar{\vartheta},\cos\vartheta,\sin\vartheta)}{1-\cos(\vartheta-\bar{\vartheta})},\qquad \vartheta=\bar{\vartheta}.$$

Um zu zeigen, daß der Grenzwert existiert und um ihn zu berechnen, setzen wir zur Abkürzung für

$$F(\bar{x},\bar{y},\cos\vartheta,\sin\vartheta)=F \qquad F(\bar{x},\bar{y},\cos\bar{\vartheta},\sin\bar{\vartheta})=\bar{F}$$

$$F_{\dot{x}}(\bar{x},\bar{y},\cos\vartheta,\sin\vartheta)=F_{\dot{x}} \qquad F_{\dot{x}}(\bar{x},\bar{y},\cos\bar{\vartheta},\sin\bar{\vartheta})=\bar{F}_{\dot{x}}$$

$$F_{\dot{y}}(\bar{x},\bar{y},\cos\vartheta,\sin\vartheta)=F_{\dot{y}} \qquad F_{\dot{y}}(\bar{x},\bar{y},\cos\bar{\vartheta},\sin\bar{\vartheta})=\bar{F}_{\dot{y}}$$

$$F(\bar{\bar{x}},\bar{\bar{y}},\cos\bar{\bar{\vartheta}},\sin\bar{\bar{\vartheta}})=\bar{\bar{F}},$$

wobei ϑ eine beliebige Feldrichtung kennzeichnet.

Wir erhalten aus der Definition der E-Funktion (Kapitel I, 4, § 1)

$$E=F-\bar{F}_{\dot{x}}\cos\vartheta-\bar{F}_{\dot{y}}\sin\vartheta$$

$$E_{\vartheta}=-F_{\dot{x}}\sin\vartheta+F_{\dot{y}}\cos\vartheta+\bar{F}_{\dot{x}}\sin\vartheta-\bar{F}_{\dot{y}}\cos\vartheta$$

$$E_{\vartheta\vartheta}=F_{\dot{x}\dot{x}}\sin^2\vartheta-2F_{\dot{x}\dot{y}}\sin\vartheta\cos\vartheta+F_{\dot{y}\dot{y}}\cos^2\vartheta-$$
$$-(F_{\dot{x}}-\bar{F}_{\dot{x}})\cos\vartheta-(F_{\dot{y}}-\bar{F}_{\dot{y}})\sin\vartheta$$

und somit bei der Benützung des Eulerschen Satzes für homogene Funktionen nach Einführung von F_1

$$E_{\vartheta\vartheta}=F_1-F+\bar{F}_{\dot{x}}\cos\vartheta+\bar{F}_{\dot{y}}\sin\vartheta$$

oder

$$E_{\vartheta\vartheta}+E=F_1.$$

Da $E=0$ für $\vartheta=\bar{\vartheta}$ ist, folgt

$$(E_{\vartheta\vartheta})_{\vartheta=\bar{\vartheta}}=F_1$$

und somit ergibt sich nach der Regel von L'HOSPITAL

$$\lim_{\vartheta\to\bar{\vartheta}}\frac{E(\bar{x},\bar{y},\cos\bar{\vartheta},\sin\bar{\vartheta},\cos\vartheta,\sin\vartheta)}{1-\cos(\vartheta-\bar{\vartheta})}=F_1(\bar{x},\bar{y},\cos\bar{\vartheta},\sin\bar{\vartheta}).$$

Also können wir die Forderung, daß längs $\mathfrak{C}$ für $\vartheta\neq\bar{\vartheta}$

$$E(\bar{x},\bar{y},\cos\bar{\vartheta},\sin\bar{\vartheta},\cos\vartheta,\sin\vartheta)>0$$

ist, ersetzen durch die Forderung, daß längs $\mathfrak{C}$ für alle ϑ im ganzen Intervall $0\leq\vartheta\leq 2\pi$ ausnahmslos

$$E_1(\bar{x},\bar{y},\cos\bar{\vartheta},\sin\bar{\vartheta},\cos\vartheta,\sin\vartheta)>0$$

ist.

Es ist dabei besonders zu beachten, daß sich diese Forderung auf ein abgeschlossenes Intervall für die Veränderliche ϑ bezieht, welche der Richtung der Vergleichskurve entspricht. Wir können nun unter Berufung auf die Stetigkeitseigenschaften der Funktion $\vartheta = \overline{\vartheta}(x, y)$, die für die Richtung der Feldextremalen kennzeichnend ist, und auf die Stetigkeitseigenschaften von E_1 behaupten, daß, wenn $E_1 > 0$ auf $\overline{\overline{\mathfrak{C}}}$ ist, sich um $\overline{\mathfrak{C}}$ eine Umgebung

$$|\overline{\overline{x}}(t) - x(t)| \leq \varrho; \quad |\overline{\overline{y}}(t) - y(t)| \leq \varrho$$

angeben läßt, so daß für alle Vergleichskurven C_ϱ, die innerhalb dieser Umgebung verlaufen, die Ungleichung

$$E_1(\overline{x}, \overline{y}, \cos\overline{\vartheta}, \sin\overline{\vartheta}, \cos\vartheta, \sin\vartheta) > 0$$

bestehen bleibt.

Hieraus folgt aber

$$E(\overline{x}, \overline{y}, \cos\overline{\vartheta}, \sin\overline{\vartheta}, \cos\vartheta, \sin\vartheta) > 0 \qquad \vartheta \neq \overline{\vartheta}$$

für alle in der Umgebung verlaufenden Kurven C_ϱ und somit liefert in diesem Falle unsere Extremale ein starkes relatives Minimum.

Die analoge Stetigkeitsbetrachtung kann beim x-Problem nicht durchgeführt werden, denn dort werden alle y' zwischen $-\infty$ und $+\infty$, also in einem nicht abgeschlossenen Intervall betrachtet. Daß es einen analogen Satz auch nicht gibt, haben wir schon durch das im vorigen Paragraphen besprochene Beispiel von Carathéodory gezeigt.

Um mit dem Weierstraßschen Kriterium eine geometrische Vorstellung zu verbinden, erinneren wir an die geometrische Bedeutung der E-Funktion. Beim homogenen Problem war die E-Funktion dargestellt durch die Koordinatendifferenz: z-Koordinate des Indikatrixkegels vermindert um die entsprechende z-Koordinate der Ebene, die längs der, der Feldrichtung entsprechenden Geraden den Indikatrixkegel berührt. Hieraus geht sofort hervor, daß bei einer Extremale, die ein starkes Minimum liefern soll, der Indikatrixkegel ganz auf der der positiven Seite der z-Achse zugekehrten Seite der Tangentialebene liegen muß, wobei die berührende Gerade der Richtung der Extremale entspricht. Ist der Indikatrixkegel nicht konvex, so muß diese berührende Gerade der kleinsten konvexen Hülle des Indikatrixkegels angehören. Analoge Betrachtungen lassen sich beim x-Problem mit der Zermeloschen Indikatrix anstellen.

§ 3. Hinreichende Bedingung für das schwache Extremum

Wir gehen nun über zur Herleitung und Besprechung hinreichender Bedingungen für das schwache Extremum. Diese Problemstellung bietet sich immer bei der Behandlung von Stabilitätsproblemen der Statik dar, wo stets eine ausgezeichnete Veränderliche vorhanden ist. Aus diesem Grunde besprechen wir hier auch nur das x-Problem. Schreiben wir die Weierstraßsche e-Funktion in der Form

$$e(x,y,p,y') = f(x,y,y') - [f(x,y,p) + (y'-p)\,f_p(x,y,p)],$$

so können wir den Ausdruck in der eckigen Klammer auffassen als die ersten Glieder der Taylorschen Entwicklung der Funktion $f(x, y, y')$ nach Potenzen von $(y'-p)$; somit können wir nach dem Taylorschen Lehrsatz auch schreiben:

$$e(x,y,p,y') = \tfrac{1}{2}(y'-p)^2 f_{y'y'}(x,y,p^*), \tag{29}$$

wo

$$p^* = p + \Theta(y'-p) \quad \text{und} \quad 0 < \Theta < 1.$$

Wir nehmen nun an, es sei für die Extremale $\overline{\mathfrak{E}}: y = \bar{y}(x)$ sowohl die Legendresche als auch die Jacobische Bedingung in ihrer schärferen Form erfüllt; dann folgt aus

$$f_{y'y'}(x, \bar{y}(x), \bar{y}'(x)) > 0$$

und aus der Stetigkeit der Gefällsfunktion $p = p(x, y)$, deren Existenz aus dem Jacobischen Kriterium gefolgert werden kann, die Stetigkeit von

$$f_{y'y'}(x, y(x), p(x,y)).$$

Daher kann man zwei Konstante ϱ und ϱ' so angeben, daß für alle Kurven $C_{\varrho\varrho'}$, die den beiden Ungleichungen

$$|y(x) - \bar{y}(x)| \leq \varrho$$
$$|y'(x) - \bar{y}'(x)| \leq \varrho'$$

genügen, die rechte Seite von (29) ≥ 0 ist und somit wird

$$I_{C_{\varrho\varrho'}} \geq I_{\overline{\mathfrak{E}}},$$

d.h. die Extremale $\overline{\mathfrak{E}}$ liefert ein schwaches Minimum.

§ 4. Brennpunkte

In dem einleitenden Paragraph des II. Kapitels, in welchem wir die zweite Variation behandelt haben, haben wir uns ausschließlich mit dem Punkt-Punktproblem befaßt. Diese Anordnung des Stoffes stimmt einigermaßen mit der historischen Entwicklung überein, da man sich in der Zeit vor WEIERSTRASS hauptsächlich mit dem Punkt-Punktproblem befaßte. In den folgenden Paragraphen wollen wir nun das dem Jacobischen Kriterium analoge Kriterium für das Ausgangskurve-Punktproblem behandeln. (Ganz entsprechend würde auch das Punkt-Endkurveproblem zu behandeln sein.)

An und für sich wäre es gerechtfertigt, auch hier sofort nach dem Ausdruck für die zweite Variation zu fragen, und daran würde sich wieder die Frage anschließen, unter welchen Bedingungen die zweite Variation einen positiv definiten Charakter hat.

Ausführlich werden wir auf diese Frage erst im Kapitel IV über das Lagrangesche Problem eingehen, da wir sonst formale Entwicklungen fast wörtlich wiederholen müßten.

Trotzdem erscheint es zweckmäßig, einige einfache Fälle bereits hier zu behandeln.

Wir haben bereits im vorigen Paragraphen, wo es sich um die Aufstellung hinreichender Bedingungen für das Punkt-Punktproblem handelte, erkannt, daß die Frage, wann sich eine Extremale in ein Feld einbetten läßt, unmittelbar auf die Betrachtung des Jacobischen Kriteriums führt und diese Fragestellung wollen wir jetzt auf das Ausgangskurve-Punktproblem übertragen.

Es sei also jetzt $y=\bar{y}(x, \alpha)$ eine einparametrige Extremalenschar, die die Transversalitätsbedingung längs einer Ausgangskurve $\mathfrak{A}$ erfüllt, wobei $\mathfrak{A}$ durch

$$x=x_0(\tau), \qquad y=y_0(\tau)$$

gegeben sei.

Sei nun $\mathfrak{E}$ ein Extremalenbogen, für den $\alpha=\alpha_0$ ist und dessen Anfangspunkt P_0 auf $\mathfrak{A}$ liegt. Wir untersuchen nun, wann sich $\mathfrak{E}$ in das auf $\mathfrak{A}$ transversale Feld $y=\bar{y}(x,\alpha)$ einbetten läßt, und dies führt uns wieder dazu, die Nullstellen der zu $\mathfrak{E}$ gehörigen Lösung der Jacobischen Gleichung zu untersuchen. Die diesen Nullstellen entsprechenden Punkte werden als die zu $\mathfrak{A}$ gehörigen Brennpunkte bezeichnet.

Für das Jacobische Kriterium kommt nur der auf $\mathfrak{A}$ unmittelbar folgende Brennpunkt in Betracht und die Kriterien für die Minimaleigenschaft eines Extremalenbogens lassen sich dann für das Ausgangskurve-Punktproblem in ganz analoger Weise wie beim Punkt-Punktproblem herleiten und aussprechen, mit dem einzigen Unterschied, daß an Stelle des konjugierten Punktes der auf $\mathfrak{A}$ unmittelbar folgende Brennpunkt tritt.

Im folgenden § 6 werden wir genauer darauf eingehen, wie man unabhängig von der Theorie der zweiten Variation das Jacobische Kriterium und die damit zusammenhängende notwendige Bedingung für die Existenz des Feldes herleiten kann. Als Vorbereitung hierfür müssen wir aber genauer erklären, was wir beim Ausgangskurve-Punktproblem unter der zu einem Extremalenbogen zugehörigen Lösung der Jacobischen Gleichung zu verstehen haben. Offenbar haben wir die Frage zu beantworten: Welche Anfangsbedingung ergibt sich auf $\mathfrak{A}$ in P_0 für die Lösung der Jacobischen Differentialgleichung

$$u(x)=\bar{y}_\alpha(x,\alpha_0).$$

aus der Transversalitätsbedingung für die Feldextremalen auf $\mathfrak{A}$?

Durch Auflösung von

$$y_0(\tau) = \bar{y}(x_0(\tau), \alpha)$$

nach α denken wir uns eine Beziehung von der Form $\alpha = \alpha(\tau)$ ermittelt. Die Auflösbarkeitsbedingung verlangt

$$\bar{y}_\alpha(x_0(\tau), \alpha) \neq 0.$$

Wir wollen diese Bedingung hier als erfüllt ansehen. Sei $p = p_0(\tau)$ der der Transversalitätsbedingung entsprechende Wert der Gefällsfunktion $p(x, y)$ in $\mathfrak{A}$:

$$p_0(\tau) = \bar{y}_x(x_0(\tau), \alpha(\tau)).$$

Dann ergibt sich für den Schnittpunkt der Extremalen $\mathfrak{E}$ mit der Ausgangskurve $\mathfrak{A}$, der durch den Parameterwert $\tau = \tau_0$ gekennzeichnet sei

$$\left.\begin{aligned} \frac{d y_0}{d\tau} &= \bar{y}_x(x_0, \alpha_0)\frac{d x_0}{d\tau} + \bar{y}_\alpha(x_0, \alpha_0)\frac{d\alpha}{d\tau}, \\ \frac{d p_0}{d\tau} &= \bar{y}_{xx}(x_0, \alpha_0)\frac{d x_0}{d\tau} + \bar{y}_{x\alpha}(x_0, \alpha_0)\frac{d\alpha}{d\tau}. \end{aligned}\right\} \tag{30}$$

Setzen wir

$$\begin{aligned} \bar{y}_x(x_0, \alpha_0) &= p_0(\tau) \\ \bar{y}_\alpha(x_0, \alpha_0) &= u(x_0) \\ \bar{y}_{x\alpha}(x_0, \alpha_0) &= u'(x_0) \end{aligned}$$

und entnehmen $\bar{y}_{xx}(x_0, \alpha_0)$ der Euler-Lagrangeschen Differentialgleichung, so folgt nach Elimination von $d\alpha/d\tau$ aus (30) für $\tau = \tau_0$:

$$\begin{vmatrix} u & u' \\ \left(\frac{d y_0}{d\tau}\right) - p_0(\tau)\left(\frac{d x_0}{d\tau}\right), & \left(\frac{d p_0}{d\tau}\right) - \bar{y}_{xx}(x_0, \alpha_0)\left(\frac{d x_0}{d\tau}\right) \end{vmatrix} = 0. \tag{31}$$

Diese Gleichung stellt die gesuchte Anfangsbedingung für die Lösung der Jacobischen Differentialgleichung dar.

Wie beim Punkt-Punktproblem sind auch hier beim Ausgangskurve-Punktproblem die Grenzen des Feldes durch die auf $\mathfrak{A}$ unmittelbar folgenden Brennpunkte, also durch eine Einhüllende oder jenen einzelnen Punkt, den man Knotenpunkt nennt, markiert. Verlängert man eine Extremale über die Grenzen des Feldes hinaus, so verliert die Extremale die Eigenschaft, ein Minimum zu liefern. Der Beweis ist ganz analog dem früher gegebenen Beweis beim Punkt-Punktproblem. Der allgemeine Ausdruck für die zweite Variation des Integrals, erstreckt längs der Extremale vom Punkt $x = x_0$ auf $\mathfrak{A}$ bis zum ersten Brennpunkt bei $x = x_1$, soll erst später (Kap. IV, 2, §1) entwickelt werden. Vorläufig sei nur bemerkt: Im Sonderfall, wo die Ausgangskurve $\mathfrak{A}$ durch $x = \text{const}$ dargestellt wird, erkennen wir ebenso wie früher durch die

Ausführung der Produktintegration, daß für die zugehörige Lösung der Jacobischen Gleichung die zweite Variation verschwindet, wenn sich das Intervall von der Ausgangskurve bis zum ersten Brennpunkt erstreckt.

Als Beispiel zu (31) behandeln wir das aus dem Fermatschen Prinzip für inhomogene isotrope Medien folgende Variationsproblem:

$$\delta \int_{x_0}^{x_1} \Phi(x, y) \sqrt{1 + y'^2}\, dx = 0 \quad \text{(vgl. Kap. I, 3, § 3).}$$

Hier steht entsprechend der Transversalitätsbedingung die Extremale $\mathfrak{E}$ auf der Ausgangskurve $\mathfrak{A}$ senkrecht. Führen wir auf $\mathfrak{A}$ das Bogenelement $d\sigma$ ein, dann ist

$$\frac{d\sigma}{d\tau} = \sqrt{\left(\frac{dx_0}{d\tau}\right)^2 + \left(\frac{dy_0}{d\tau}\right)^2}.$$

Ferner sei

$$\vartheta = \sphericalangle (x, \mathfrak{E}), \qquad -\frac{\pi}{2} < \vartheta < \frac{\pi}{2}$$

und

$$\vartheta^* = \vartheta + \frac{\pi}{2}.$$

Dann ist

$$\frac{dx_0}{d\sigma} = \cos\vartheta^* = -\sin\vartheta; \qquad \frac{dy_0}{d\sigma} = \sin\vartheta^* = \cos\vartheta,$$

$$\frac{dp_0}{d\tau} = \frac{dp_0}{d\sigma}\,\frac{d\sigma}{d\tau}, \quad \frac{dp_0}{d\sigma} = \frac{d\tan\vartheta}{d\sigma} = \frac{1}{\cos^2\vartheta}\,\frac{d\vartheta}{d\sigma} = \frac{1}{\cos^2\vartheta}\cdot\frac{d\vartheta^*}{d\sigma} = \frac{1}{\cos^2\vartheta}\cdot\frac{1}{\varrho_A},$$

wobei ϱ_A der Krümmungsradius von $\mathfrak{A}$ ist. Führt man nun in (31) statt y_{xx} den Krümmungsradius ϱ_E der Extremalen ein

$$\frac{1}{\varrho_E} = \frac{\bar{y}_{xx}(x_0, \alpha_0)}{\left(\sqrt{1 + y_x^2(x_0, \alpha_0)}\right)^3} = \bar{y}_{xx}(x_0, \alpha_0)\cos^3\vartheta$$

und dividiert man durch $d\sigma/d\tau$, so wird für $x = x_0$ entsprechend (31):

$$u'(\cos\vartheta + \tan\vartheta\sin\vartheta) - u\left(\frac{dp_0}{d\sigma} + \frac{\sin\vartheta}{\cos^3\vartheta}\cdot\frac{1}{\varrho_E}\right) = 0$$

und somit für $x = x_0$:

$$u'\cos^2\vartheta - u\left(\frac{\cos\vartheta}{\varrho_A} + \frac{\sin\vartheta}{\varrho_E}\right) = 0. \tag{32}$$

Unser Variationsproblem hat eine vom Koordinatensystem unabhängige Bedeutung. Also muß dies auch für Gl. (32) der Fall sein. Um dies zu erkennen, liegt es nahe, die in bezug auf ein spezielles Koordinatensystem erklärte Funktion u durch

$$u = \frac{w}{\cos\vartheta}$$

zu ersetzen. $w(\alpha - \alpha_0)$ läßt sich, wenn $(\alpha - \alpha_0)$ eine kleine Größe ist, als Näherungswert für den Normalabstand zwischen den Extremalen

$\overline{\mathfrak{E}}(\alpha_0)$ und $\mathfrak{E}(\alpha)$ deuten. w wird deshalb auch als Normalvariation bezeichnet. Sei nun ds das Bogenelement von $\overline{\mathfrak{E}}$. Dann ist für $x=x_0$

$$u' = \frac{du}{ds}\cdot\frac{ds}{dx} = \frac{d\left(\frac{w}{\cos\vartheta}\right)}{ds}\cdot\frac{1}{\cos\vartheta} = \frac{1}{\cos^2\vartheta}\left(\frac{dw}{ds}\right) + \frac{w\sin\vartheta}{\cos^3\vartheta}\cdot\frac{d\vartheta}{ds}; \quad \frac{d\vartheta}{ds} = \frac{1}{\varrho_E}.$$

Somit läßt sich (32) auch in der Form schreiben

$$\frac{dw}{ds} - \frac{w}{\varrho_A} = 0 \quad \text{für } x = x_0$$

oder

$$\frac{d\ln w}{ds} = \frac{1}{\varrho_A} \quad \text{für } x = x_0.$$

Die logarithmische Ableitung der Normalvariation ist für $x=x_0$ gleich der Krümmung der Ausgangskurve.

§ 5. Knickung eines tragenden, einseitig eingespannten elastischen Stabes

Als weiteres Beispiel zur Erläuterung des im vorigen Paragraphen dargelegten Sachverhaltes wird die Knickung eines elastischen Stabes betrachtet, wobei sich hier die mechanische Bedeutung der Brennpunktsbedingung erkennen läßt. Der Stab besitze konstanten Querschnitt. Er sei am unteren Ende in einer Klemme fest eingespannt, das obere Ende sei frei beweglich und durch ein Gewicht P belastet. Wir nehmen an, die Biegesteifigkeit sei nach allen Richtungen gleich, d.h. die Trägheitsellipse des Querschnittes des Stabes sei ein Kreis. Die Zentrallinie (Verbindungslinie der Querschnittsschwerpunkte) sei im unbelasteten Zustand eine vertikale Gerade, beim Ausknicken gehe sie in eine ebene Kurve über. Ferner sei E der Elastizitätsmodul und I das Trägheitsmoment des Querschnittes in bezug auf die neutrale Faser. Die Bogenlänge s zählen wir vom belasteten Ende an, $s=l$ entspreche dem unteren Ende. Die x-Achse denken wir uns vertikal nach abwärts gerichtet und wir nehmen an, der Koordinatenanfangspunkt falle mit dem belasteten Ende der zu untersuchenden Zentrallinie des Stabes zusammen.

$\vartheta=\vartheta(s)$ sei der Winkel, den die gesuchte Zentrallinie mit der x-Achse einschließt, so daß

$$R(s) = \frac{1}{\vartheta'(s)}$$

den Krümmungsradius darstellt.

Um das Gleichgewicht zu untersuchen, haben wir den Ausdruck für die gesamte potentielle Energie zu ermitteln. Dieser setzt sich aus zwei Teilen zusammen:

Erstens der Energie der im Stab aufgestapelten Deformationsarbeit, die gegeben ist durch

$$\frac{1}{2}\int_0^l E I \vartheta'^2 ds$$

und zweitens der potentiellen Energie der Schwerkraft des belasteten Gewichtes, welche gegeben ist durch

$$P \cdot x(l) = P \int_0^l \cos\vartheta\, ds.$$

Dem allgemeinen Dirichletschen Prinzip entsprechend ist eine stabile Gleichgewichtslage dadurch gekennzeichnet, daß die gesamte potentielle Energie für sie ein Minimum wird. Wir gelangen somit zum Variationsproblem

$$\delta \int_0^l \left(\frac{1}{2} E I \vartheta'^2 + P \cos\vartheta\right) ds = 0,$$

wobei wir $\vartheta(s)$ als die gesuchte Funktion von s betrachten. Dabei ist $\vartheta(l)$ durch die Einspannung bestimmt. Da der Wert von $\vartheta(0)$ nicht vorgegeben ist, handelt es sich um ein Ausgangskurve-Punktproblem mit $s = 0$ als Ausgangskurve. Für die Extremalen erhalten wir die Eulersche Differentialgleichung

$$a^2 \vartheta'' + \sin\vartheta = 0 \tag{33}$$

mit

$$a^2 = \frac{E I}{P}.$$

Sie ist, wie man sieht, identisch mit der Differentialgleichung des mathematischen Pendels. Die zugehörige Kurve nennt man die sog. ebene Elastica oder ebene elastische Linie. Die Integration wurde schon von EULER ausführlich behandelt (*). Die Transversalitätsbedingung liefert für das freie Ende

$$\vartheta'(0) = 0.$$

Durch Multiplikation von (33) mit $\vartheta'(s)$ und Integration ergibt sich

$$\frac{a^2}{2} \vartheta'^2 = \cos\vartheta - \cos\beta, \tag{34}$$

wobei β jenen Winkel bedeutet, den die Elastica am freien Ende mit der x-Achse einschließt. Integriert man nach s, so erhält man unter Berücksichtigung der Bedeutung von ϑ

$$\frac{1}{2}\int_0^l E I \vartheta'^2 ds = P\left(x(l) - l\cos\beta\right). \tag{35}$$

Geometrisch bedeutet dies: Die Energie der Formänderungsarbeit ist gerade so groß, wie die Arbeit, die man benötigt, um das belastende

Gewicht von der Einspannstelle Q bis zu jenem Punkt Q_1 zu heben, den man erhält, wenn man am freien Ende an die Elastica eine Tangente legt und auf ihr nach abwärts vom belasteten Ende aus l aufträgt.

Wir wollen nun die Brennpunktsbedingung für $s=0$ als Ausgangskurve ermitteln. Die stabile Lage ist in der Statik allgemein durch ein relatives schwaches Minimum der potentiellen Energie gekennzeichnet. Daher bedeutet ein Versagen der Jacobischen Bedingung, daß die Stabilitätsgrenze überschritten ist. Unseren bisherigen Darlegungen entspricht es hierbei, P als fest und l als variabel anzusehen. Praktisch ist oft der umgekehrte Fall realisiert. Die Jacobische Gleichung lautet also

$$a^2 T'' + \cos\vartheta\, T = 0.$$

Die Anfangsbedingung lautet

$$T'(0) = 0$$

und die Brennpunktsbedingung lautet

$$T(l) = 0.$$

Wir untersuchen zwei Fälle:

1. Der Fall des geraden vertikalen Stabes $\vartheta(l) = 0$. Es ergibt sich

$$T = C_1 \cos\frac{s}{a} + C_2 \sin\frac{s}{a}$$

und somit die Brennpunktsbedingung

$$\cos\frac{l}{a} = 0 \rightarrow \frac{l}{a} = \frac{\pi}{2},$$

also

$$\frac{l^2}{a^2} \equiv \frac{l^2 E I}{P} = \frac{\pi^2}{4}.$$

Diese Formel ist mit der sogenannten Eulerschen Knickformel für diesen Fall identisch.

2. Nun gehen wir zum Fall $\vartheta(l) \neq 0$ über. Da in dem Variationsproblem s selbst explizit nicht vorkommt, ist neben $\vartheta(s)$ auch $\vartheta(s+\alpha)$ eine Lösung und somit ist nach dem Jacobischen Satz

$$T_1 = \left(\frac{\partial\vartheta(s+\alpha)}{\partial\alpha}\right)_{\alpha=0} = \vartheta'(s)$$

eine Lösung der Jacobischen Gleichung. Eine zweite Lösung erhält man dann in bekannter Weise durch den Ansatz

$$T_2 = \mu(s)\, T_1(s).$$

Es ergibt sich $\mu = \int\limits_0^s \frac{1}{\vartheta'^2}\, ds$ und somit erhält man

$$T_2 = \vartheta' \int\limits_0^s \frac{1}{\vartheta'^2}\, ds.$$

Die hier geforderte Integration ergibt (bei spezieller Wahl der Integrationskonstante), wie man durch Differentiation mit Berufung auf (33) und (34) feststellen kann

$$\int \frac{1}{\vartheta'^2}\, d s = \frac{1}{\sin^2\beta}\left(R(s)\sin\vartheta - \frac{x - s\cos\beta}{2}\right). \tag{36}$$

Zur obigen Formel wird man unmittelbar durch die Theorie der elliptischen Funktionen geführt (*).

Das allgemeine Integral der Jacobischen Gleichung kann man in der Form schreiben

$$T = C_1 T_1 + C_2 T_2.$$

Dabei ist, bei analytischer Fortsetzung über das freie Ende hinaus T_1 eine ungerade, und T_2 mit $s = 0$ als unterer Integrationsgrenze eine gerade Funktion von s. Für den Fall, daß die Stablänge, vom freien Ende bis zur Klemme, gleich ist der Länge, bei der die Stabilitätsgrenze erreicht ist, ergeben sich somit die Randbedingungen in der Form

$$T'(0) = C_1 T_1'(0) + C_2 T_2'(0),$$

$$T(l) = C_1 T_1(l) + C_2 T_2(l)$$

und daraus

$$C_1 = 0, \quad T_2(l) = 0,$$

also wegen (35) und (36)

$$2PR(l)\sin\vartheta(l) = \frac{1}{2} EI \int_0^l \vartheta'^2 ds.$$

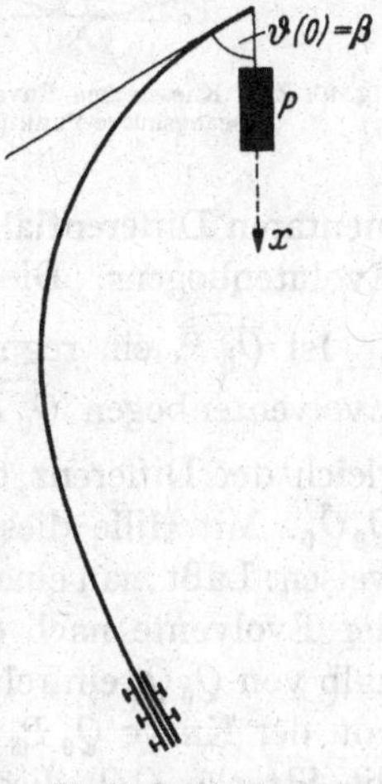

Fig. 39. Zur Knickung eines tragenden elastischen Stabes

Wir gelangen somit zu dem folgenden Ergebnis:

Sitzt die Klemme an der Stabilitätsgrenze, so ist die Deformationsenergie gleich der doppelten Arbeit, die man leisten müßte, um das die Deformation hervorrufende Gewicht von der Klemmstelle bis zum zugehörigen Krümmungsmittelpunkt zu heben. Hieraus geht unmittelbar hervor, daß sich diese Klemmstelle unterhalb des ersten Scheitels und oberhalb des ersten Wendepunktes der Elastica befinden muß. Oberhalb des ersten Scheitels nimmt ja diese Hubarbeit nur negative Werte an, in dem Intervall zwischen Wendepunkt und Scheitel nimmt sie aber jeden positiven Wert an[1], da im Wendepunkt der Krümmungsradius unendlich ist.

[1] Zum experimentellen Nachweis verwendete Th. v. Kármán eine Hülse mit mehreren Stellschrauben (vgl. Fig. 39).

§ 6. Der Knesersche Satz über die Einhüllende von Extremalenscharen

Am Schluß des § 3 haben wir auf Grund der Feldtheorie bewiesen, daß die Legendresche und Jacobische Bedingung, beide in ihrer schärferen Form, für das Bestehen eines relativen schwachen Minimums hinreichend sind. Diesen Satz hätte man aber auch direkt auf Grund der Überlegungen von Legendre und Jacobi unter geeigneter Verwendung des Taylorschen Lehrsatzes beweisen können. Ein Vorzug der Feldtheorie ist es aber, daß sie an geometrische Vorstellungen anknüpft und daß sie in dem bereits mehrfach erwähnten Grenzfall, wo Ausgangs- und Endpunkt konjugierte Punkte sind, eine Aussage ermöglicht, während die Theorie der zweiten Variation hier versagt.

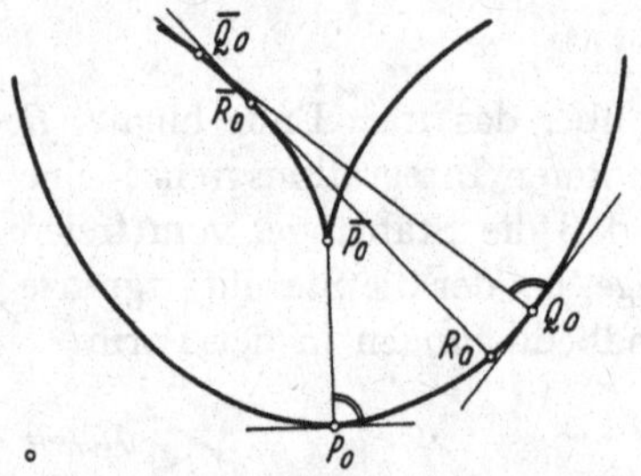

Fig. 40. Zum Kneserschen Enveloppensatz beim Ausgangskurve-Punktproblem

Um das Verhalten für diesen Grenzfall zu studieren, leiten wir die Jacobische Bedingung auf eine neue Art ab.

Diese Herleitung fußt auf einer Verallgemeinerung des aus der elementaren Differentialgeometrie bekannten Satzes über die Länge eines Evolutenbogens. Dieser Satz sagt aus:

Ist $\widehat{\overline{Q}_0\overline{P}_0}$ ein regulärer Evolutenbogen (vgl. Fig. 40), der zu einem Evolventenbogen $\widehat{Q_0 P_0}$ gehört, so ist die Länge des Evolutenbogens gleich der Differenz der Strecken $P_0\overline{P}_0$ und $Q_0\overline{Q}_0$, also $\widehat{\overline{Q}_0\overline{P}_0} + P_0\overline{P}_0 = Q_0\overline{Q}_0$. Mit Hilfe dieses Satzes kann man leicht den folgenden Satz beweisen: Läßt man einen Punkt Q von Q_0 aus auf der Kurvennormalen $Q_0\overline{Q}_0$ der Evolvente nach $\overline{Q}_0$ wandern, so stellt die Strecke $Q_0 Q$ nur innerhalb von $Q_0\overline{Q}_0$ ein relatives Minimum für die Entfernung des Punktes Q von der Kurve $Q_0 P_0$ dar. Gelangt aber Q in den Punkt $\overline{Q}_0$, so verliert die Strecke $Q Q_0$ diese Eigenschaft. In der Tat, sei R_0 ein Nachbarpunkt von Q_0 innerhalb des Kurvenbogens $Q_0 P_0$ und sei $\overline{R}_0$ der zugehörige Krümmungsmittelpunkt, der also ein Nachbarpunkt von $\overline{Q}_0$ innerhalb des Kurvenbogens $\widehat{\overline{Q}_0\overline{P}_0}$ ist, dann gilt

$$Q_0\overline{Q}_0 = \widehat{\overline{Q}_0\overline{R}_0} + R_0\overline{R}_0.$$

Es gibt also von $\overline{Q}_0$ kürzere Wege als die Strecke $Q_0\overline{Q}_0$. Ein solcher Weg ist z.B. der Weg von $\overline{Q}_0$ nach $\overline{R}_0$ auf der Sehne der Evolute, vermehrt um das Stück $R_0\overline{R}_0$, und da $\widehat{\overline{Q}_0\overline{R}_0}$ die Länge auf einer gekrümmten Linie ist, so ist $Q_0\overline{Q}_0$ sicher größer als der kürzeste Abstand des Punktes von der Evolvente. Diese Schlußweise versagt, wenn $\overline{Q}_0$ auf einer der Evolvente zugekehrten Spitze der Evolute liegt. In diesem Fall liefert auch $Q_0\overline{Q}_0$ ein relatives Minimum.

Dieser elementare Satz betrifft das Ausgangskurve-Punktproblem für ein Variationsproblem von der Form

$$\delta \int\limits_{x_0}^{x_1} \sqrt{1+y'^2}\,dx = 0.$$

Die soeben durchgeführte Schlußweise und der obige Satz lassen sich weitgehend verallgemeinern. Wir betrachten ein Variationsproblem von der Form

$$\delta \int\limits_{x_0}^{x_1} f(x, y, y')\,dx = 0,$$

und zwar sowohl Ausgangskurve-Punktproblem, als auch Punkt-Punkt-problem. Dabei setzen wir voraus:

Es möge das Legendresche Kriterium in seiner schärferen Form auf dem zu untersuchenden Extremalenbogen erfüllt sein und es existiere eine Einhüllende H, und zwar im ersten Fall für das Feld der zu einer Ausgangskurve P_0Q_0 transversalen Extremalen, im zweiten Fall für die Extremalen durch den Ausgangspunkt P_0 und es möge H die Grenze für das Extremalenfeld sein.

Nun sagt bekanntlich der Hilbertsche Unabhängigkeitssatz aus: Wenn $p(x, y)$ die Gefällsfunktion für ein Extremalenfeld darstellt, so ist das Linienintegral

$$\int (f - p f_p)\,dx + f_p\,dy$$

für alle im Inneren des Feldes verlaufenden Kurven vom Weg unabhängig. Wegen der Stetigkeit aller im Integranden vorkommenden Funktionen gilt dieser Satz aber auch dann noch, wenn der Integrationsweg auf den Grenzen des Feldes verläuft.

Die Verallgemeinerung des oben besprochenen Satzes über die Evolute ergibt sich nun für das Ausgangskurve-Punktproblem unmittelbar, wenn wir als Integrationsweg für das obige Integral das krumme Viereck $Q_0P_0\overline{P}_0\overline{Q}_0Q_0$ wählen, wobei Q_0P_0 einen Bogen auf der Ausgangskurve darstellt, $\overline{Q}_0\overline{P}_0$ das ihm entsprechende Stück auf der Einhüllenden H und schließlich $P_0\overline{P}_0$ und $Q_0\overline{Q}_0$ zu Q_0P_0 transversale Extremalen sind.

Das Integral längs Q_0P_0 verschwindet wegen der Transversalitätsbedingung und auf den übrigen drei Bogenstücken ist $y' = p(x, y)$. Somit ist

$$\int\limits_{P_0}^{\overline{P}_0} f\,dx = \int\limits_{Q_0}^{\overline{Q}_0} f\,dx + \int\limits_{\overline{Q}_0}^{\overline{P}_0} f\,dx.$$

Beim Punkt-Punktproblem schließen wir in analoger Weise auf das Bestehen einer Gleichung von der Form (vgl. Fig. 41)

$$\int_{P_0}^{\overline{P}_0} f\,dx = \int_{P_0}^{\overline{Q}_0} f\,dx + \int_{\overline{Q}_0}^{\overline{P}_0} f\,dx,$$

wenn $P_0\overline{P}_0$ und $P_0\overline{Q}_0$ Extremalenbogen durch den Punkt P_0 sind und $\overline{Q}_0\overline{P}_0$ ein diese beiden Extremalenbogen berührendes Stück von H darstellt.

Aus diesen Gleichungen erkennt man ganz analog wie beim oben besprochenen Sonderfall, daß der Extremalenbogen $P_0\overline{P}_0$ kein Minimum liefern kann, da das zweite Integral auf der rechten Seite sich über H erstreckt und ein Bogen einer Einhüllenden niemals mit einer Extremalen zusammenfallen kann. Diese letztere Tatsache ergibt sich aus dem Eindeutigkeitssatz über die Lösung von in der zweiten Ableitung linearen Differentialgleichungen zweiter Ordnung, wenn man ihn auf die Differentialgleichung der H berührenden Extremalen anwendet. In der Tat dürfen wir mit Rücksicht darauf, daß wir das Legendresche Kriterium in seiner schärferen Form, und somit

$$f_{y'y'} > 0$$

voraussetzen, schließen, daß jede Extremale durch ein Linienelement eindeutig bestimmt ist. Und somit ergibt die Annahme, H berühre unendlich viele Extremalen und H sei selbst eine Extremale, einen Widerspruch. Ersetzen wir also den längs H von $\overline{Q}_0$ nach $\overline{P}_0$ erstreckten Integrationsweg durch einen Extremalenbogen, so erhält das zweite Integral rechts vom Gleichheitszeichen einen kleineren Wert[1].

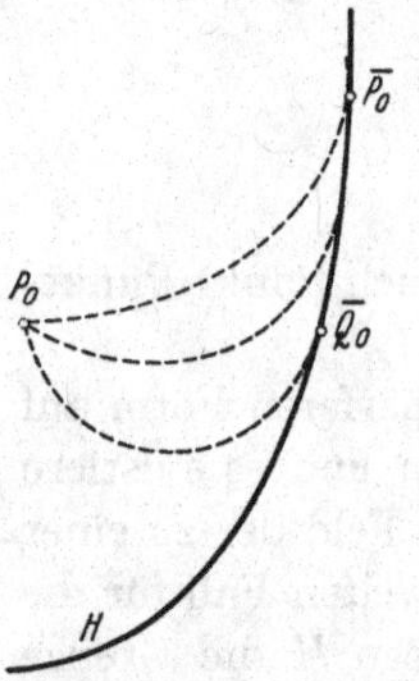

Fig. 41. Zum Kneserschen Enveloppensatz beim Punkt-Punktproblem

Unsere Betrachtung läßt sich auch für den eingangs erwähnten Sonderfall dann anwenden, wenn $\overline{P}_0$ eine P_0 abgekehrte Spitze von H darstellt. Ist $\overline{P}_0$ eine P_0 zugekehrte Spitze von H so läßt sich zeigen, daß unter den gemachten Voraussetzungen $\overline{P}_0P_0$ ein relatives Minimum darstellt[2].

§ 7. Die zweiten Ableitungen der Hamiltonschen charakteristischen Funktion

Bei der Untersuchung der notwendigen und hinreichenden Bedingungen für die Existenz eines Extremums wird in der Theorie der gewöhnlichen Extremwertaufgaben von den zweiten Ableitungen der zu

[1] Stillschweigend haben wir vorausgesetzt: zu zwei genügend benachbarten Punkten existiert immer ein, diese Punkte verbindender, Extremalenbogen. Vgl. z. B. O. BOLZA: Vorlesungen über Variationsrechnung, S. 306f. B. G. Teubner, Leipzig u. Berlin 1909.

[2] Eine genaue Diskussion der hier eintretenden Fälle findet sich bei LINDEBERG Math. Ann. 54, 321 (1904).

untersuchenden Funktion Gebrauch gemacht. Grundsätzlich kann man die Theorie des schwachen Minimums bei Variationsaufgaben mit Hilfe der Hamiltonschen charakteristischen Funktion auf die Theorie der gewöhnlichen Extremwertaufgaben der Differentialrechnung zurückführen. Diese Methode nennt man die „Differentiationsmethode" (*).

In diesem Paragraph werden nur die Formeln für die zweiten Ableitungen der Hamiltonschen charakteristischen Funktion $J(x, y)$ des Ausgangskurve-Punktproblems, sowie Formeln für die zweiten Ableitungen der Hamiltonschen charakteristischen Funktion $J(x_0, y_0, x_1, y_1)$ des Punkt-Punktproblems entwickelt.

Von besonderem Interesse sind für den Physiker jene zweiten Ableitungen, die vom gemischten Typ sind, d.h. solche, in denen eine Ableitung nach einer Koordinate des Anfangspunktes und die andere Ableitung nach einer Koordinate des Endpunktes vorgenommen wurde. Die Gleichheit der Ableitung bei Vertauschung der Differentiationsfolge führt dabei auf die sogenannten Reziprozitätsgesetze (**). Auch der Satz von STRAUBEL (Kapitel I, 4, § 9) wurde von STRAUBEL auf diese Art entwickelt.

Im folgenden setzen wir immer

$$f_{y'y'}(x, y, y') \neq 0$$

voraus und daß der zu untersuchende Extremalbogen nicht zwei konjugierte Punkte bzw. Brennpunkte enthält.

Als erste Aufgabe wollen wir die zweiten Ableitungen der zum Ausgangskurve-Punktproblem zugehörigen Hamiltonschen charakteristischen Funktion in einem Punkt $P(x,y)$ im Inneren des Feldes bilden. Das zum Ausgangskurve-Punktproblem zugehörige Extremalenfeld sei gegeben durch

$$y = \bar{y}(x, \alpha). \tag{37}$$

Die dadurch bestimmte Gefällsfunktion sei $p = p(x, y)$, die wir uns jetzt an Stelle von y' in $f(x, y, y')$ eingesetzt denken. Dann ergibt sich unmittelbar aus den Hamiltonschen Formeln [Kapitel I, 4, § 1, Gl. (55)], wenn wir auch hier y' durch p ersetzen:

$$\begin{aligned} J_{xx} &= f_x - f_{px} p - f_{pp} p p_x \\ J_{xy} &= J_{yx} = f_y - f_{py} p - f_{pp} p p_y = f_{px} + f_{pp} p_x \\ J_{yy} &= f_{py} + f_{pp} p_y. \end{aligned}$$

Um diese zweiten Ableitungen von J zu berechnen, haben wir die Aufgabe zu lösen, p_x und p_y zu bestimmen. Zwischen p_x und p_y besteht die partielle Differentialgleichung der Gefällsfunktion

$$p_x + p_y p = (y''), \tag{38}$$

wobei wir unter (y'') denjenigen Ausdruck verstehen, den man aus der Euler-Lagrangeschen Differentialgleichung für y'' erhält, wenn man in ihr y' durch die Gefällsfunktion ersetzt. Mit (38) können wir etwa unsere Aufgabe auf die Ermittlung von p_y zurückführen. Der Zusammenhang zwischen $y(x,\alpha)$ und $p(x,y)$ ist gegeben durch

$$p(x,y) = \bar{y}_x(x,\alpha(x,y)), \tag{39}$$

wobei bei der Differentiation nach x zunächst α festgehalten wird und nach erfolgter Differentiation für α die aus (37) ermittelte inverse Feldfunktion einzusetzen ist. Die inverse Feldfunktion in (37) selbst eingesetzt ergibt

$$y = \bar{y}(x,\alpha(x,y)) \tag{40}$$

als eine Identität in x und y. Sei nun durch $\alpha = \alpha_0$ eine Extremale $\overline{\mathfrak{E}}$ gekennzeichnet und sei

$$u(x) = \bar{y}_\alpha(x,\alpha_0),$$

dann stellt $u(x)$ nach dem Jacobischen Theorem eine Lösung der Jacobischen Differentialgleichung für $\overline{\mathfrak{E}}$ dar.

Entspricht $x = x_0$ dem Schnittpunkt von $\overline{\mathfrak{E}}$ mit der Ausgangskurve, so genügt $u(x)$ für $x = x_0$ der in § 4 angegebenen Anfangsbedingung und ist dadurch bis auf eine multiplikative Konstante bestimmt. Differenzieren wir nun die Gln. (39) und (40) nach y, so erhalten wir

$$p_y = \bar{y}_{x\alpha}(x,\alpha(x,y))\,\alpha_y(x,y)$$
$$1 = \bar{y}_\alpha(x,\alpha(x,y))\,\alpha_y(x,y).$$

Denken wir uns nun in diese Gleichungen für y den der Extremale $\overline{\mathfrak{E}}$ entsprechenden Wert

$$y = \bar{\bar{y}}(x) = \bar{y}(x,\alpha_0)$$

eingesetzt, so ergibt sich

$$\alpha_y = \frac{1}{u(x)}$$

und

$$p_y = \frac{u'(x)}{u(x)}. \tag{41}$$

Da $u(x)$ bis auf eine willkürliche multiplikative Konstante bestimmt war, so ist p_y eindeutig bestimmt.

Aus der partiellen Differentialgleichung für die Gefällsfunktion (38) ergibt sich

$$p_x(x,\bar{\bar{y}}(x)) = \bar{\bar{y}}''(x) - \frac{u'(x)}{u(x)}\,\bar{\bar{y}}'(x); \tag{42}$$

die Klammer bei $(\bar{\bar{y}}'')$ wurde weggelassen, da wir den Wert von p_x nur auf der Extremalen $\overline{\mathfrak{E}}$ bestimmen. Somit erhalten wir für die gesuchten Ableitungen der Hamiltonschen charakteristischen Funktion in einem

Punkt (x, y) des Feldes, da voraussetzungsgemäß durch jeden Punkt des Feldes genau eine Extremale hindurchgeht, die wir jeweils mit $\bar{\bar{\mathfrak{E}}}$ identifizieren

$$\left.\begin{aligned} J_{xx} &= f_x - f_{px}\bar{\bar{y}}' - f_{yp}\bar{\bar{y}}'\left(\bar{\bar{y}}''(x) - \frac{u'(x)}{u(x)}\bar{\bar{y}}'(x)\right) \\ J_{xy} &= f_y - f_{py}\bar{\bar{y}}' - f_{pp}\bar{\bar{y}}'\frac{u'}{u} = f_{px} + f_{pp}\left(\bar{\bar{y}}'' - \frac{u'}{u}\bar{\bar{y}}'(x)\right) \\ J_{yy} &= f_{py} + f_{pp}\frac{u'}{u}. \end{aligned}\right\} \quad (43)$$

Die Formeln für J_{xx} und J_{xy} kann man aber unter Benützung der Formel für J_{yy} in eine übersichtlichere Gestalt bringen. Wir benutzen hierzu die Hamiltonschen Formeln in der Form

$$J_x + J_y \cdot p = f(x, y, p(x, y))$$
$$J_y = f_p(x, y, p(x, y)).$$

Differenzieren wir die erste dieser Formeln total nach x bzw. nach y so sieht man, daß sich die Glieder mit p_x bzw. p_y wegen der zweiten Hamiltonschen Formel tilgen. Es folgt

$$J_{xx} + J_{xy} \cdot p = f_x$$
$$J_{xy} + J_{yy} \cdot p = f_y,$$

und hieraus ergibt sich

$$\left.\begin{aligned} J_{xx} &= f_x - p f_y + p^2 J_{yy} \\ J_{xy} &= f_y \qquad\quad - p J_{yy}. \end{aligned}\right\} \quad (44)$$

Wir wenden uns nun der zweiten Aufgabe zu, die zweiten Ableitungen der zum Punkt-Punktproblem zugehörigen Hamiltonschen charakteristischen Funktion zu bilden. Der vorgegebene Anfangspunkt sei $\bar{\bar{P}}_0(\bar{\bar{x}}_0, \bar{\bar{y}}_0)$, der vorgegebene Endpunkt $\bar{\bar{P}}_1(\bar{\bar{x}}_1, \bar{\bar{y}}_1)$, die diese verbindende Extremale sei $\bar{\bar{\mathfrak{E}}}: y = \bar{\bar{y}}(x)$. Da wir bei dieser Aufgabe singuläre Felder in Betracht ziehen müssen, scheint es zweckmäßig, hier etwas anderes als bei der vorigen Aufgabe vorzugehen.

Sei

$$y = y(x; x_0, y_0, x_1, y_1)$$

jene Extremale $\mathfrak{E}$, die einen Anfangspunkt $P_0(x_0, y_0)$ mit einem Endpunkt $P_1(x_1, y_1)$ verbinde (***). Nach dem Jacobischen Satz sind dann:

$$\left(\frac{\partial y(x; \bar{\bar{x}}_0, \bar{\bar{y}}_0, \bar{\bar{x}}_1, y_1)}{\partial y_1}\right)_{y_1 = \bar{\bar{y}}_1} = U(x), \qquad \left(\frac{\partial y(x; \bar{\bar{x}}_0, y_0, \bar{\bar{x}}_1, \bar{\bar{y}}_1)}{\partial y_0}\right)_{y_0 = \bar{\bar{y}}_0} = V(x) \quad (45)$$

Lösungen der zu $\bar{\bar{\mathfrak{E}}}$ gebildeten Jacobischen Differentialgleichung, für die gilt:

$$\left.\begin{aligned} U(x_0) &= 0 \qquad V(x_0) = 1 \\ U(x_1) &= 1 \qquad V(x_1) = 0. \end{aligned}\right\} \quad (46)$$

Nun ist — vgl. Kap. I, 4, §1, Gl. (55') —:

$$J_{y_1}(x_0, y_0, x_1, y_1) = f_{y'}(x_1, y_1, y_x(x_1; x_0, y_0, x_1, y_1))$$
$$J_{y_0}(x_0, y_0, x_1, y_1) = f_{y'}(x_0, y_0, y_x(x_0; x_0, y_0, x_1, y_1)).$$

Hieraus ergibt sich z.B.:

$$J_{y_1 y_1} = f_{y' y}(x_1, y_1, y_x(x_1; x_0, y_0, x_1, y_1)) + \\ + f_{y' y'}(x_1, y_1, y_x(x_1; x_0, y_0, x_1, y_1)) \frac{\partial y_x(x_1; x_0, y_0, x_1, y_1)}{\partial y_1}.$$

Somit nach Übergang von P_0 in $\overline{\overline{P}}_0$ und P_1 in $\overline{\overline{P}}_1$

$$J_{\overline{\overline{y}}_1 \overline{\overline{y}}_1} = f_{y' y}(\overline{\overline{x}}_1, \overline{\overline{y}}_1, \overline{\overline{y}}'(x_1)) + f_{y' y'}(\overline{\overline{x}}_1, \overline{\overline{y}}_1, \overline{\overline{y}}'(x_1))\, U'(x_1)$$

und analog

$$J_{\overline{\overline{y}}_0 \overline{\overline{y}}_0} = f_{y' y}(\overline{\overline{x}}_0, \overline{\overline{y}}_0, \overline{\overline{y}}'(x_0)) + f_{y' y'}(\overline{\overline{x}}_0, \overline{\overline{y}}_0, \overline{\overline{y}}'(x_0))\, V'(x_0).$$

Damit können wir, mit Hilfe von (44) auch die übrigen zweiten Ableitungen, die sich auf die Koordinaten des gleichen Punktes beziehen:

$$J_{x_0 x_0}, \quad J_{x_1 x_1}, \quad J_{x_0 y_0}, \quad J_{x_1 y},$$

herleiten.

Ferner ist

$$J_{y_1 y_0} = f_{y' y'}(x_1, y_1, y_x(x_1; x_0, y_0, x_1, y_1)) \frac{\partial y_x(x_1; x_0, y_0, x_1, y_1)}{\partial y_0}$$
$$J_{y_0 y_1} = - f_{y' y'}(x_0, y_0, y_x(x_0; x_0, y_0, x_1, y_1)) \frac{\partial y_x(x_0; x_0, y_0, x_1, y_1)}{\partial y_1}.$$

Lassen wir nun wieder P_0 in $\overline{\overline{P}}_0$ und P_1 in $\overline{\overline{P}}_1$ übergehen, so wird

$$\left.\begin{aligned} (J_{y_1 y_0})_{\substack{P_0=\overline{\overline{P}}_0 \\ P_1=\overline{\overline{P}}_1}} &= f_{y' y'}(\overline{\overline{x}}_1, \overline{\overline{y}}_1, \overline{\overline{y}}'(x_1))\, V'(\overline{\overline{x}}_1) \\ (J_{y_0 y_1})_{\substack{P_0=\overline{\overline{P}}_0 \\ P_1=\overline{\overline{P}}_1}} &= - f_{y' y'}(\overline{\overline{x}}_0, \overline{\overline{y}}_0, \overline{\overline{y}}'(x_0))\, U'(\overline{\overline{x}}_0). \end{aligned}\right\} \quad (47)$$

Da die Reihenfolge der Ableitungen auf der linken Seite vertauschbar ist, folgt aus der Gleichheit der linken Seiten von (47) jene der rechten Seiten.

Dieses Resultat erhalten wir unmittelbar auch aus der Greenschen Identität. Mit $R = \overline{\overline{f}}_{y' y'}$

$$\Lambda_U(\Omega) = 0, \quad \Lambda_V(\Omega) = 0$$

erhalten wir mit (45) aus der in Kap. II, 2, §1, Gl. (17) angeschriebenen Greenschen Identität

$$0 = [\overline{\overline{f}}_{y' y'}(UV' - VU')]_{x=\overline{\overline{x}}_0}^{x=\overline{\overline{x}}_1},$$

woraus mit (46) sofort die Gleichheit der rechten Seiten von (47) folgt.

Bei der Berechnung der übrigen gemischten zweiten Differentialquotienten kann man von (47) ausgehen, indem man sich auf den Hauptsatz der Hamilton-Jacobischen Integrationstheorie stützt (Kap. I, 4, §4), wonach

$$J_{x_0} = c_1, \quad J_{y_0} = c_2 \qquad \text{bzw.} \qquad J_{x_1} = c_3, \quad J_{y_1} = c_4$$

($c_1, \ldots, c_4$: Konstante) Gleichungen von Scharen von Extremalen in den Variablen x_1, y_1 bzw. x_0, y_0 sind (vgl. auch Kap. I, 4, §6). Durch totale Differentiation der so definierten Extremalscharen nach x_1 bzw. x_0 und nachträglichem Einsetzen der Koordinaten des vorgegebenen Anfangs- und Endpunktes ergeben sich Identitäten der Form

$$\left.\begin{array}{ll}
(J_{x_1 x_0})_{\substack{P_0=\bar{\bar{P}}_0\\ P_1=\bar{\bar{P}}_1}} + (J_{x_1 y_0})_{\substack{P_0=\bar{\bar{P}}_0\\ P_1=\bar{\bar{P}}_1}} \bar{\bar{y}}'(x_0) = 0 & (J_{x_0 x_1})_{\substack{P_0=\bar{\bar{P}}_0\\ P_1=\bar{\bar{P}}_1}} + (J_{x_0 y_1})_{\substack{P_0=\bar{\bar{P}}_0\\ P_1=\bar{\bar{P}}_1}} \bar{\bar{y}}'(x_1) = 0 \\
(J_{y_1 x_0})_{\substack{P_0=\bar{\bar{P}}_0\\ P_1=\bar{\bar{P}}_1}} + (J_{y_1 y_0})_{\substack{P_0=\bar{\bar{P}}_0\\ P_1=\bar{\bar{P}}_1}} \bar{\bar{y}}'(x_0) = 0 & (J_{y_0 x_1})_{\substack{P_0=\bar{\bar{P}}_0\\ P_1=\bar{\bar{P}}_1}} + (J_{y_0 y_1})_{\substack{P_0=\bar{\bar{P}}_0\\ P_1=\bar{\bar{P}}_1}} \bar{\bar{y}}'(x_1) = 0,
\end{array}\right\} \tag{48}$$

aus denen mit Hilfe des sich aus (47) ergebenden Wertes von $J_{\bar{\bar{y}}_0 \bar{\bar{y}}_1}$, die Werte der übrigen gemischten zweiten Ableitungen folgen (°).

Aus (48) ergibt sich überdies wieder die Schlußformel des Kap. I, 4, §6.

§ 8. Zusammenhang der Feldtheorie mit der Fundamentalformel der zweiten Variation

Ein sehr natürlicher Zugang zur Theorie der zweiten Variation ergibt sich im Anschluß an die Einführung der Weierstraßschen Exzeßfunktion im §1.

Wir wollen hier nur den Zusammenhang der Fundamentalformel der zweiten Variation mit dem Feldbegriff entwickeln. Das Hilfsmittel hierfür ist außer der Weierstraßschen e-Funktion die Formel (41) für p_y.

Zu der Extremalen $y = \bar{\bar{y}}(x)$ bilden wir wie üblich eine einparametrige Schar von Vergleichskurven

$$y = \bar{\bar{y}}(x) + \varepsilon\eta(x) \qquad \text{mit} \qquad \eta(x_0) = \eta(x_1) = 0.$$

Dann ist

$$I(\varepsilon) = \int_{x_0}^{x_1} f(x, \bar{\bar{y}} + \varepsilon\eta, \bar{\bar{y}}' + \varepsilon\eta')\, dx,$$

und nach Formel (2) aus Kapitel II, 1, § 1 ist

$$\left.\frac{d^2 I(\varepsilon)}{d\varepsilon^2}\right|_{\varepsilon=0} = \left.\frac{d^2[I(\varepsilon) - I(0)]}{d\varepsilon^2}\right|_{\varepsilon=0} = 2\int_{x_0}^{x_1} \Omega(\eta, \eta')\, dx.$$

Nun gilt im Feld

$$I(\varepsilon) - I(0) = \int_{x_0}^{x_1} e(x, y, p, y')\, dx, \tag{49}$$

und wegen (29)

$$e(x, y, p, y') = \tfrac{1}{2}(y'-p)^2 f_{pp}(x, y, p) + \cdots.$$

Ferner folgt aus (41)

$$\frac{d}{d\varepsilon}(y'-p)\Big|_{\varepsilon=0} = \eta' - p_y\eta = \eta' - \frac{u'}{u}\eta. \tag{50}$$

Also ergibt sich aus (45) durch zweimalige Differentiation nach ε mit (50)

$$\frac{d^2 I(\varepsilon)}{d\varepsilon^2}\Big|_{\varepsilon=0} = \int\limits_{x_0}^{x_1}\left(\eta' - \frac{u'}{u}\eta\right)^2 f_{y'y'}(x, \bar{\bar{y}}, \bar{\bar{y}}')\,dx$$

in Übereinstimmung mit Formel (19) aus Kapitel II, 2, § 1.

Wie wir im Kapitel IX (vgl. insbesondere §6) noch näher ausführen werden, ist die Theorie der zweiten Variation nicht nur für die Theorie des schwachen Minimums von Bedeutung. Sie besitzt darüber hinaus auch selbständiges geometrisches Interesse, wobei der hier dargelegte Zusammenhang mit dem Feldbegriff gelegentlich nützlich ist.

§ 9. Ermittlung von konjugierten Punkten und Brennpunkten, wenn das Variationsproblem bei Transformationen invariant bleibt

Um den Hauptgedanken, den wir in diesem Paragraphen erörtern wollen, sofort an einem unmittelbar einleuchtenden Spezialfall[1] zu erläutern, betrachten wir zunächst Variationsprobleme von der Form

$$\delta\int\limits_{x_0}^{x_1} f(y, y')\,dx = 0. \tag{51}$$

Die Extremalen dieser Variationsprobleme gehen durch Verschiebung längs der x-Achse ineinander über. Sind nun für eine Extremale $y = y(x)$ bei $x = x_0$ und $x = \bar{x}_0$ zwei aufeinanderfolgende Nullstellen von $y'(x)$, so sind die beiden Punkte $P_0(x_0, y(x_0))$ und $\bar{P}_0(\bar{x}_0, y(\bar{x}_0))$ sicher konjugierte Punkte, denn zeichnen wir in diesen beiden Punkten die Tangenten ein, so sind diese sicher Hüllkurven für die einparametrige Schar der Extremalen $y = y(x+\alpha)$, die aus unserer zuerst betrachteten Extremale durch Verschiebung längs der x-Achse hervorgehen. In diesem Fall sind offenbar P_0 und $\bar{P}_0$ Grenzlagen der Schnittpunkte zweier benachbarter Extremalen.

Analytisch ergibt sich die soeben ausgesprochene Behauptung, daß nach dem Jacobischen Satz

$$u(x) = \left(\frac{\partial y(x+\alpha)}{\partial\alpha}\right)_{\alpha=0} = y'(x)$$

[1] Vgl. auch Kapitel I, 4, § 5, C1, S. 104.

eine Lösung der Jacobischen Gleichung ist und voraussetzungsgemäß für $x = x_0$ und $x = \bar{x}_0$ zwei aufeinanderfolgende Nullstellen hat.

Die analoge Rolle, wie hier die Parallelen zur x-Achse, spielen offenbar immer die Bahnkurven einer Transformation, falls das Variationsproblem die Transformation einer einparametrigen Gruppe gestattet. In der Tat gilt immer der Satz:

Gestattet ein Variationsproblem die Transformation einer einparametrigen Gruppe, und sind für eine Extremale $y(x)$, die nicht Bahnkurve der Transformation ist, bei $x = x_0$ und bei $x = \bar{x}_0$ zwei unmittelbar aufeinanderfolgende Berührungsstellen der Bahnkurven mit der Extremale, so sind $P(x_0, y(x_0))$ und $\bar{P}(\bar{x}_0, y(\bar{x}_0))$ konjugierte Punkte.

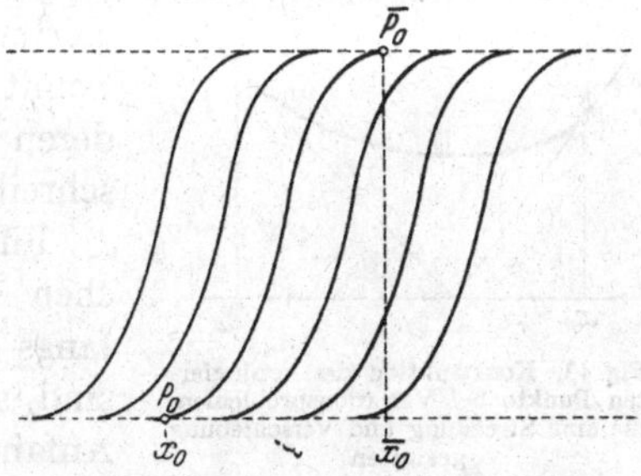

Fig. 42. Konstruktion der konjugierten Punkte bei Variationsproblemen, die eine Verschiebung gestatten

Wie unmittelbar einleuchtet, ist dieser Satz einer Erweiterung fähig, da es nicht darauf ankommt, daß das Variationsproblem selbst gegenüber der Transformation invariant bleibt, sondern nur darauf, daß die Extremalen durch die Transformation ineinander übergeführt werden. Dies trifft insbesondere dann zu, wenn ein Variationsproblem durch Addition eines vollständigen Differentials aus einem anderen Variationsproblem hervorgeht, das gegenüber einer Transformationsgruppe invariant ist.

Ein weiteres sehr häufig vorkommendes Beispiel betrifft die Variationsprobleme, die eine Streckung vom Koordinatenursprung aus gestatten. Die Bahnkurven sind hier die Geraden durch den Koordinatenursprung, und wieder ergibt sich durch Anwendung des Jacobischen Satzes auf eine, aus $y = y(x)$ durch Streckung vom Koordinatenursprung aus hervorgehende Extremalenschar von der Form

$$y = \frac{1}{\alpha}\, y(\alpha x),$$

indem wir nach α differenzieren und dann $\alpha = 1$ setzen, als Lösung der Jacobischen Gleichung

$$u(x) = x\, y'(x) - y.$$

Für Variationsprobleme, bei denen sich die Extremalen in der Form

$$y = \frac{1}{\alpha_2}\, \varphi\left[\alpha_2 (x + \alpha_1)\right] \qquad (52)$$

schreiben lassen, d.h. also, bei denen die Extremale sowohl bei Verschiebung längs der x-Achse, als auch durch Streckung vom

Koordinatenanfangspunkt aus, ineinander übergehen, ergibt sich eine vollständige Lösung der Jacobischen Gleichung in der Form

$$u(x) = c_1 y'(x) + c_2 (x y'(x) - y), \tag{53}$$

und somit muß für ein Paar konjugierter Punkte bei x_0 und $\bar{x}_0$ gelten

$$-\frac{c_1}{c_2} = x_0 - \frac{y(x_0)}{y'(x_0)} = \bar{x}_0 - \frac{y(\bar{x}_0)}{y'(\bar{x}_0)}. \tag{54}$$

Die Ausdrücke zu beiden Seiten der Gleichung stellen die Abszissen für die Schnittpunkte der Tangenten an die Extremale in den konjugierten Punkten mit der Abszissenachse dar. Somit ergibt sich für Variationsprobleme, deren Extremalen sich in der Form (52) schreiben lassen, der Satz:

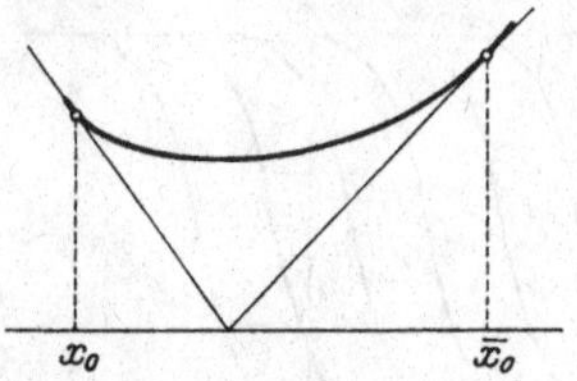

Fig. 43. Konstruktion der konjugierten Punkte bei Variationsproblemen, die eine Streckung und Verschiebung gestatten

Für einen Extremalenbogen eines solchen Variationsproblems, bei dem Anfangs- und Endpunkt konjugierte Punkte sind, schneiden einander die Tangenten im Anfangs- und Endpunkt auf der Abszissenachse.

Das erste Beispiel, bei dem diese Konstruktion der konjugierten Punkte bemerkt wurde, ist das Beispiel der minimalen Rotationsfläche[1]. Als Extremalen treten hier die Kettenlinien auf. Es lautet

$$\delta \int_{x_0}^{x_1} y \sqrt{1 + y'^2}\, dx = 0.$$

Diese Konstruktion gilt aber auch für alle Variationsprobleme von der Form

$$\delta \int_{x_0}^{x_1} [y \varphi(y') + (\psi_x + \psi_y y')]\, dx = 0, \quad \text{wobei} \quad \psi = \psi(x, y).$$

Vom geometrischen Standpunkt aus ist diese, von LINDELÖF beim Beispiel der Kettenlinie angegebene Konstruktion sofort verständlich, wenn man bedenkt, daß für die zweiparametrige Gruppe der Transformationen, die die Schar der Extremalen in sich überführen: $\tilde{x} = a x + c$, $\tilde{y} = a y$ (die Untergruppe der Ähnlichkeitstransformationen, bei der die x-Achse in sich übergeführt wird), jede Streckung von einem beliebigen Punkt der Abszissenachse aus, d.h. jede Untergruppe von der Form: $(\tilde{x} - x_0) = a(x - x_0)$, $\tilde{y} = a y$ eine einparametrige Untergruppe bildet.

Bei Variationsproblemen, bei denen sich erstens die Extremalenschar in der Form (52) darstellen läßt und bei denen zweitens Transversalität mit Orthogonalität übereinstimmt, läßt sich auch leicht die Kenntnis

[1] Vgl. Kapitel I, § 1 4. Beispiel, S. 4.

der vollständigen Lösung der Jacobischen Gleichung zu einer geometrischen Konstruktion für die Brennpunktsbedingung verwerten. Diese beiden Eigenschaften treffen zu bei Variationsproblemen der Form

$$\delta \int_{x_0}^{x_1} y^\nu \sqrt{1+y'^2}\, dx = 0,$$

also z.B. beim Fall $\nu = 1$ (minimale Rotationsfläche) und beim Fall $\nu = -\frac{1}{2}$ (Zykloide).

In der Tat ergibt sich, wenn der Brennpunkt für $x = x_B$ eintreten soll, aus $u(x_B) = 0$ nach (53)

$$-\frac{c_1}{c_2} = x_B - \frac{y(x_B)}{y'(x_B)}.$$

Dieser Ausdruck stellt aber die Abszisse des Schnittpunktes der Tangente im Brennpunkt mit der x-Achse dar. Wir wollen diese Abszisse mit t_B bezeichnen. Somit haben wir $-\frac{c_1}{c_2} = t_B$. Aus (53) ergibt sich ferner für den Wert von u'/u im Schnittpunkt $A\,(x_0, y_0(x_0))$ von Ausgangskurve und Extremale $\left(t_A = x_0 - \frac{y(x_0)}{y'(x_0)}\right)$

$$\frac{u'(x_0)}{u(x_0)} = \frac{\frac{c_1}{c_2}\, y''(x_0) + x_0\, y''(x_0)}{\frac{c_1}{c_2}\, y'(x_0) + x_0\, y'(x_0) - y(x_0)} = \frac{y''(x_0)}{y'(x_0)} \cdot \frac{t_B - x_0}{t_B - t_A}. \tag{55}$$

Ersetzt man in (55) $\frac{u'(x_0)}{u(x_0)}$ mittels (32), so ergibt sich die Brennpunktsbedingung. Bezüglich einer geometrischen Interpretation vgl. Bliss-Schwank: Variationsrechnung, S. 87. B. G. Teubner, Leipzig u. Berlin 1932.

Viertes Kapitel

Probleme mit Nebenbedingungen

1. Theorie der ersten Variation

§ 1. Allgemeine Formulierung des Problems mit Nebenbedingungen nach Lagrange

Schon im ersten Kapitel (I, 1, § 2) haben wir gesehen, daß sich Euler mit Problemen mit Nebenbedingungen beschäftigt hat, ja sogar schon früher, bei Leibniz, traten solche Probleme auf (Kettenlinie). Lagrange hat versucht, die allgemeinste Problemstellung dieser Art zu formulieren. Seine Formulierung lautet folgendermaßen:

Es sollen diejenigen Funktionen $y_1(x), \ldots, y_n(x)$ bestimmt werden, die dem Integral

$$\int_{x_0}^{x_1} f(x, y_1(x), \ldots, y_n(x), y_1'(x), \ldots, y_n'(x))\, dx \tag{1}$$

einen möglichst kleinen (großen) Wert erteilen, wobei die Funktionen noch den m voneinander unabhängigen Nebenbedingungen

$$\varphi_\alpha(x, y_1(x), \ldots, y_n(x), y_1'(x), \ldots, y_n'(x)) = 0 \quad (\alpha = 1, \ldots, m;\ m < n) \tag{2}$$

und auch vorgegebenen Randbedingungen zu genügen haben. Dabei soll der Spezialfall, daß einige oder alle Funktionen φ_α die Differentialquotienten y_i' nicht enthalten, inbegriffen sein.

Diese Formulierung erfaßt auch die Probleme, wo der Integrand höhere Ableitungen enthält. Zum Beispiel ist

$$\delta \int_{x_0}^{x_1} f(x, y, y', y'', y''')\, dx = 0$$

gleichwertig mit

$$\delta \int_{x_0}^{x_1} f(x, y, y', z', u')\, dx = 0,$$

unter Berücksichtigung der Nebenbedingungen

$$y' = z, \qquad z' = u;$$

die Randbedingungen sind entsprechend jenen für das ursprüngliche Problem zu formulieren.

Ferner ist in dieser Formulierung von LAGRANGE auch das isoperimetrische Problem enthalten. In der Tat, handelt es sich etwa um das Problem

$$\delta \int_{x_0}^{x_1} f(x, y, y')\, dx = 0,$$

wobei

$$\int_{x_0}^{x_1} \chi_\alpha(x, y, y')\, dx = C_\alpha \qquad (\alpha = 1 \ldots m)$$

$$y(x_0) = y_0, \quad y(x_1) = y_1$$

gegeben sind, so können wir setzen

$$z_\alpha(x) = \int_{x_0}^{x} \chi_\alpha(x, y, y')\, dx$$

und y und z_α als unbekannte Funktionen betrachten. Das eben formulierte Variationsproblem wird gleichwertig mit einem Problem von der Form

$$\delta \int_{x_0}^{x_1} f(x, y, y')\, dx = 0$$

unter Berücksichtigung der folgenden Neben- und Randbedingungen:

$$\frac{dz_\alpha(x)}{dx} - \chi_\alpha(x, y, y') = 0.$$

$$y(x_0) = y_0, \quad y(x_1) = y_1.$$

$$z_\alpha(x_0) = 0, \quad z_\alpha(x_1) = C_\alpha.$$

Diese Probleme wurden, wie wir in Kap. I, 1, §1 erwähnt haben, bereits von EULER behandelt. Bei ihnen sind, wie auch EULER im wesentlichen schon erkannt hat, die im folgenden eingeführten Lagrangeschen Multiplikatoren Konstante.

Insbesondere würde das Problem der Dido

$$\delta \int_{x_1}^{x_2} y\,dx = 0$$

mit

$$\int_{x_1}^{x_2} \sqrt{1+y'^2}\,dx = L$$

$$y(x_1) = y_1, \qquad y(x_2) = y_2$$

in der neuen Fassung lauten

$$\delta \int_{x_1}^{x_2} y\,dx = 0$$

$$\frac{dz}{dx} = \sqrt{1+y'^2}$$

$$y(x_1) = y_1, \qquad y(x_2) = y_2$$

$$z(x_1) = 0, \qquad z(x_2) = L.$$

Handelt es sich bei den Nebenbedingungen um Funktionen von Integralen, deren Integranden die unbekannte Funktion und ihre Ableitungen enthalten, so wird man dadurch zur Lagrangeschen Problemstellung geführt, daß man für die einzelnen Integrale neue unbekannte Funktionen ähnlich wie beim vorhergehenden Fall einführt.

Was die Randbedingungen betrifft, ist der einfachste Fall wieder das Punkt-Punktproblem. Der allgemeinste Fall ist der, daß zwischen Anfangs- und Endpunktkoordinaten Gleichungen von der Form

$$\psi_\varrho(x_0, x_1, y_{i0}, y_{i1}) = 0,$$

$$y_{i0} = y_i(x_0), \qquad y_{i1} = y_i(x_1),$$

$$\varrho = 1 \ldots r, \qquad r \leq 2n+2$$

bestehen.

Um den allgemeinsten Fall zu erledigen, kann man zunächst versuchen, ihn auf das Punkt-Punktproblem und die Auflösung einer gewöhnlichen Minimalaufgabe, bei der die Anfangs- und Endkoordinaten als Unbekannte auftreten, zurückzuführen. Man nennt diese Methode „Differentiationsmethode“[1], wie bereits in Kap. III, 2, §7 erwähnt. Wir werden uns zunächst nur mit dem Punkt-Punktproblem beschäftigen.

[1] Über gewisse dabei in einzelnen Fällen auftretende Schwierigkeiten vgl. J. HADAMARD, Leçons sur le calcul des variations, Paris 1910.

§ 2. Formulierung des Punkt-Punktproblems mit Nebenbedingungen nach LAGRANGE

Die allgemeine Vorschrift, wie beim Punkt-Punktproblem die Extremalen zu finden sind, formuliert man im wesentlichen nach LAGRANGE folgendermaßen:

Man führt neben den zu suchenden Funktionen $y_1(x), \ldots, y_n(x)$ noch $m+1$ „Lagrangesche Multiplikatoren"

$$\lambda_0(x), \lambda_1(x), \ldots, \lambda_m(x)$$

ein und setzt für die Funktion

$$\lambda_0 f + \lambda_1(x)\,\varphi_1(x, y_i, y_i') + \cdots + \lambda_m(x)\,\varphi_m(x, y_i, y_i') = F(x, y_i, y_i', \lambda_\alpha, \lambda_0)$$

die Euler-Lagrangeschen Differentialgleichungen an. Zumeist kann man $\lambda_0 = 1$ wählen; man spricht dann vom normalen Fall und nur für diesen Fall sprach LAGRANGE diese Regel aus. Man hat also dann zur Erledigung des Problems, also zur Bestimmung von $y_i(x)$, $\lambda_\alpha(x)$ die n Euler-Lagrangeschen Gleichungen

$$\frac{d}{dx} F_{y_i'} - F_{y_i} = 0 \tag{3}$$

und die m Nebenbedingungen (2) zur Verfügung.

Beim Punkt-Punktproblem haben wir $2n$ vorgegebene Randbedingungen für die n gesuchten Funktionen $y_1(x), \ldots, y_n(x)$. Über die Formulierung und die Behandlung des Lagrangeschen Problems mit freien Randbedingungen vgl. die §§ 7 und 9.

Die näheren Umstände unter denen man $\lambda_0 = 1$ wählen kann und die Folgerungen die sich aus dem Verschwinden von λ_0 ergeben, werden wir erst im §6 erörtern.

Vorerst haben wir uns mit dem Beweis der Multiplikatorregel zu befassen, wobei wir uns von der von LAGRANGE gemachten Voraussetzung $\lambda_0 = 1$ frei halten werden.

Der Beweis, den LAGRANGE für seine Regel gab, war unzureichend. Wir wollen seinen Gedankengang, der sich nur auf das Punkt-Punktproblem bezieht, hier kurz skizzieren:

Denkt man sich zunächst für $y_i(x)$

$$y_i(x) = \bar{y}_i(x) + \varepsilon \eta_i(x)$$

in f und in die Nebenbedingungen eingesetzt, wobei wir — wie früher — den Querstrich zur Kennzeichnung der gesuchten Extremale verwenden, und differenziert dann die Nebenbedingungen nach ε und setzt nachträglich $\varepsilon = 0$, so erhalten wir die Variationsgleichungen

$$\varphi_{\alpha y_i} \eta_i + \varphi_{\alpha y_i'} \eta_i' = 0 \qquad (\alpha = 1 \ldots m), \tag{4}$$

wobei, wie vereinbart, über doppelt auftretende Indizes zu summieren ist. Es sind dies m homogene lineare Differentialgleichungen für die Variationen η_i.

Im allgemeinen werden also $n-m$ Funktionen η_i willkürlich wählbar sein. Die erste Variation des Grundintegrals (1) muß gleich Null sein. Wir haben somit

$$\left(\frac{dI}{d\varepsilon}\right)_{\varepsilon=0} = \int_{x_0}^{x_1} (f_{y_i}\eta_i + f_{y'_i}\eta'_i)\,dx = 0$$

oder, indem wir zum Integranden die mit zunächst noch willkürlichen Multiplikatoren $\lambda_\alpha(x)$ multiplizierten linken Seiten der Variationsgleichungen hinzufügen:

$$\left(\frac{dI}{d\varepsilon}\right)_{\varepsilon=0} = \int_{x_0}^{x_1} (F_{y_i}\eta_i + F_{y'_i}\eta'_i)\,dx = 0.$$

Nach Anwendung von Produktintegration erhalten wir

$$[\eta_i(x)\,F_{y'_i}]_{x_0}^{x_1} - \int_{x_0}^{x_1} \left(\frac{d}{dx}F_{y'_i} - F_{y_i}\right)\eta_i\,dx = 0.$$

Oder, da mit Rücksicht auf die Randbedingungen des Punkt-Punktproblems

$$\eta_i(x_0) = \eta_i(x_1) = 0 \tag{5}$$

ist, folgt

$$\left(\frac{dI}{d\varepsilon}\right)_{\varepsilon=0} = \int_{x_0}^{x_1} \left(\frac{d}{dx}F_{y'_i} - F_{y_i}\right)\eta_i\,dx = 0. \tag{6}$$

Nun glaubte Lagrange folgendermaßen schließen zu können: Entsprechend der Anzahl der Variationsgleichungen und der ihnen unterworfenen Variationen seien $n-m$ Variationen, etwa

$$\eta_{m+1}(x), \ldots, \eta_n(x),$$

bis auf Randbedingungen von der Form $\eta_\beta(x_0) = \eta_\beta(x_1) = 0$ $(\beta = m+1, \ldots, n)$ willkürlich wählbar. Weiter denkt sich Lagrange die Faktoren

$$\lambda_1(x), \ldots, \lambda_m(x),$$

bestimmt durch die Gleichungen

$$\frac{d}{dx}F_{y'_\alpha} - F_{y_\alpha} = 0 \qquad (\alpha = 1\ldots m).$$

Ferner denkt er sich durch die Variationsgleichungen (4) und durch (5) die Variationen η_α bestimmt. Es werden also in (6) die ersten m Summanden gleich Null sein und es bleibt ein Ausdruck von der Form übrig:

$$\left(\frac{dI}{d\varepsilon}\right)_{\varepsilon=0} = \int_{x_0}^{x_1} \left(\frac{d}{dx} F_{y'_\beta} - F_{y_\beta}\right) \eta_\beta \, dx = 0 \quad (\beta = m+1, \ldots, n). \tag{7}$$

Hier glaubte nun LAGRANGE aus der angeblichen Willkür der Variationen η_β schließen zu können, daß auch

$$\frac{d}{dx} F_{y'_\beta} - F_{y_\beta} = 0 \quad (\beta = m+1, \ldots, n)$$

gelten müsse, wenn die erste Variation gleich Null sein soll. Das Lückenhafte an dieser Schlußweise liegt, wie A. MAYER bemerkte, nun vor allem in folgendem Umstand: Da wir es mit dem Punkt-Punktproblem zu tun haben, müssen wir (5) voraussetzen. Soll ein diesen Bedingungen genügendes System von Lösungen η_i von (4) existieren, so bedeutet dies eine Einschränkung in der Wahl der η_β, die genauer zu untersuchen ist. Denn sehen wir die Funktionen η_β als gegeben an, wobei also $2(n-m)$ der Bedingungen (5) von vorneherein erfüllt sind, so ist (4) aufzufassen als ein System von m linearen Differentialgleichungen erster Ordnung für die m Funktionen η_α und daher sind m von den verbleibenden $2m$ Bedingungen (5) überzählig.

Dieser Umstand macht aber jedenfalls die unmittelbare Schlußfolgerung über das Verschwinden der ersten Variation, die man unter Heranziehung des Fundamentallemmas der Variationsrechnung vornehmen müßte, hinfällig.

Außer dieser Lücke ist — unter Beibehalten der zusätzlichen Voraussetzung der zweimaligen Differenzierbarkeit — noch eine zweite zu beachten. Man muß nämlich noch die Frage beantworten, ob die für die Variationen $\eta_i(x)$ hingeschriebenen Differentialgleichungen (4) es ermöglichen, eine Kurvenschar

$$y_i = y_i(x, \varepsilon)$$

anzugeben, die den Bedingungen (2) genügt und für die

$$\left(\frac{\partial y_i}{\partial \varepsilon}\right)_{\varepsilon=0} = \eta_i(x)$$

ist.

Wir wollen diese und ähnliche Fragen als Einbettungsfragen bezeichnen, da es sich darum handelt, einen vorgelegten Extremalenbogen C^0 in eine Kurvenschar einzubetten, wenn für die Variationen gewisse lineare homogene Differentialgleichungen und Randbedingungen vorgeschrieben sind.

§ 3. Vorbereitung auf den Beweis der Lagrangeschen Multiplikatorregel

1. Als Vorbereitung für den zu führenden Beweis gehen wir zunächst auf die Einbettungsfrage etwas näher ein. Die Notwendigkeit dieser Vorbereitung werden wir später an einem Beispiel zeigen. Wir werden sehen, daß eine sorgfältige Behandlung dieser Frage nicht nur unmittelbar zu einem Beweis der Multiplikatorenregel führt, sondern auch mit wichtigen Fragestellungen der Physik und Analysis zusammenhängt. Die Methode, die wir hier erläutern, rührt von BLISS her (*).

Vorgelegt sei ein System von m Differentialgleichungen erster Ordnung für die n Funktionen $y_i(x)$

$$\varphi_\alpha(x, y_i, y_i') = 0 \qquad \begin{pmatrix} \alpha = 1, 2, \ldots, m \\ i = 1, 2, \ldots, n \\ 1 \leq m < n \end{pmatrix}. \tag{8}$$

Nun nehmen wir an, der im Intervall $x_0 \leq x \leq x_1$ verlaufende und zu untersuchende Kurvenbogen C_{01}^0 sei dargestellt durch die Gleichung

$$y_i = y_i^0(x),$$

wobei die $y_i^0(x)$ stetig differenzierbare Lösungen der vorgelegten Differentialgleichungen (8) sein mögen.

Von den Funktionen φ_α setzen wir voraus, sie seien in einem durch

$$x_0 - \varrho < x < x_1 + \varrho, \quad |y_i - y_i^0| \leq \varrho, \quad |y_i' - y_i^{0\prime}| \leq \varrho$$

gekennzeichneten Gebiet nach ihren Argumenten stetig differenzierbar[1].

Die Matrix

$$\left(\frac{\partial \varphi_\alpha}{\partial y_i'}\right)$$

habe für alle Punkte von C_{01}^0 den Rang m, d.h. alle m-reihigen Determinanten dieser Matrix sollen in keinem Punkt gleichzeitig verschwinden.

Allgemein nennen wir ein Differentialgleichungssystem von der Form (8) ein unterbestimmtes System und bezeichnen $n - m$ als den Grad der Unbestimmtheit des Systems.

Von einem System von zu C_{01}^0 gehörigen Variationen $\eta_i(x)$ wollen wir dann sprechen, wenn sich der vorgegebene Kurvenbogen C_{01}^0 in eine

[1] In der durch ϱ definierten Umgebung (vgl. Kap. III, 1, § 1, B) kann man außerhalb des betrachteten Intervalls $[x_0, x_1]$ $y_i^0(x)$ und $y_i^{0\prime}(x)$ willkürlich jedoch in der Weise fortzusetzen, daß sie den Bedingungen der ϱ-Umgebung entsprechen.

solche einparametrige Schar von Kurven $y_i = y_i(x, \varepsilon)$, die den Differentialgleichungen (8) genügen, einbetten läßt, so daß

$$\left(\frac{\partial y_i(x,\varepsilon)}{\partial \varepsilon}\right)_{\varepsilon=0} = \eta_i(x), \tag{9}$$

$$y_i(x, 0) = y_i^0(x) \tag{10}$$

gilt.

Denkt man sich $y_i = y_i(x, \varepsilon)$ in die Differentialgleichungen (8) eingesetzt, differenziert man nach ε und setzt man $\varepsilon = 0$, so erhält man die bereits in § 2 Gl. (4) angeführten Variationsgleichungen

$$\varphi_{\alpha y_i}(x, y_i^0, y_i^{0\prime})\,\eta_i + \varphi_{\alpha y_i'}(x, y_i^0, y_i^{0\prime})\,\eta_i' = 0. \tag{11}$$

Nun können wir die Einbettungsfrage folgendermaßen formulieren: Sei $\eta_i = \eta_i(x)$ ein System von Lösungen dieser Variationsgleichungen. Können wir dann eine (8) genügende Schar von Kurven $y_i = y_i(x, \varepsilon)$ angeben, so daß (9) und (10) erfüllt sind?

Nach Bliss geht man bei der Beantwortung dieser Frage folgendermaßen vor: Um eine derartige Kurvenschar $y_i(x, \varepsilon)$ zu konstruieren, erweitert man das unterbestimmte System von Differentialgleichungen (8) zu einem „ergänzten System von Differentialgleichungen":

$$\left.\begin{aligned} \varphi_\alpha(x, y_i, y_i') &= 0 & (\alpha &= 1, 2, \ldots, m) \\ \varphi_\beta(x, y_i, y_i') &= \gamma_\beta(x) & (\beta &= m+1, \ldots, n). \end{aligned}\right\} \tag{12}$$

Dabei sind die Funktionen φ_β im wesentlichen willkürlich gewählt. Die Willkür der Wahl möge nur durch die Forderung eingeschränkt sein, daß die φ_β denselben Stetigkeitsbedingungen genügen mögen, wie die φ_α und daß längs C_{01}^0 die Determinante

$$\left|\frac{\partial \varphi_k}{\partial y_i'}\right| \neq 0 \qquad (i, k = 1 \ldots n)$$

ist. Die Funktionen $\gamma_\beta(x)$ denkt man sich durch Einsetzen der Funktionen $y_i^0(x)$ in die linken Seiten von (12) so bestimmt, daß die C_{01}^0 darstellenden Funktionen $y_i^0(x)$ dem ergänzten System genügen. Die so erhaltenen Funktionen $\gamma_\beta(x)$ bezeichnen wir mit $\gamma_\beta^0(x)$.

Um nun zu den gesuchten Funktionen $y_i = y_i(x, \varepsilon)$ zu gelangen, variiert man die rechten Seiten von (12), indem man $\gamma_\beta^0(x)$ ersetzt durch

$$\gamma_\beta(x) = \gamma_\beta^0(x) + \varepsilon\gamma_\beta^1(x),$$

wobei aus Gründen der formalen Übersichtlichkeit hier für die Variation dasselbe Funktionssymbol γ verwendet wurde und die Unterscheidung nur durch Hinzufügung eines zweiten Index getroffen wird, der gleichzeitig die Anzahl der Parameter der Kurvenschar angibt. Die Funktionen $\gamma_\beta^1(x)$ würden sich aus den letzten $n-m$ Variationsgleichungen des ergänzten Systems

$$\left.\begin{aligned}\varphi_{\alpha y_i}(x, y_i^0, y_i'^0)\,\eta_i + \varphi_{\alpha y_i'}(x, y_i^0, y_i'^0)\,\eta_i' &= 0\\ \varphi_{\beta y_i}(x, y_i^0, y_i'^0)\,\eta_i + \varphi_{\beta y_i'}(x, y_i^0, y_i'^0)\,\eta_i' &= \gamma_\beta^1(x)\end{aligned}\right\} \tag{13}$$

eindeutig ergeben, wenn die Funktionen η_i bekannt wären. Die Gln. (13) wollen wir als das „ergänzte System von Variationsgleichungen" bezeichnen. BLISS denkt sich nun nicht wie LAGRANGE $n-m$ von den Funktionen η_i sondern die Funktionen $\gamma_\beta^1(x)$ willkürlich vorgegeben. Dadurch erreicht er, daß er sich für die Bestimmung der $\eta_i(x)$ bzw. der $y_i(x, \varepsilon)$ auf die bekannten Existenztheoreme für Systeme von Differentialgleichungen stützen kann.

Außer den Differentialgleichungen (12) schreiben wir für die gesuchten Funktionen $y_i = y_i(x, \varepsilon)$ noch die Anfangsbedingungen durch Forderungen von der Form

$$y_i(x_0, \varepsilon) = y_i^0(x_0) + \varepsilon\,\eta_i(x_0)$$

vor. Die Existenztheoreme für die Lösungen von Systemen von Differentialgleichungen lehren, daß es dann tatsächlich Funktionen $y_i(x, \varepsilon)$ gibt, welche die Differentialgleichungen (12) mit diesen Anfangsbedingungen erfüllen. Die durchgeführte Betrachtung rechtfertigt zunächst, jedes System der Funktionen $\eta_i(x)$ das den Variationsgleichungen genügt, als zulässige Variation zu betrachten, da man ja die Funktionen γ_β^1 und die Werte $\eta_i(x_0)$ entsprechend wählen kann.

Benötigt man nicht nur eine einparametrige, sondern eine r-parametrige Schar als einbettende Kurvenschar, so hat man in der Betrachtung die Terme $\varepsilon\,\gamma_\beta^1$ durch die Summen $\varepsilon_\nu\,\gamma_\beta^\nu(x)$ zu ersetzen.

Im allgemeinen wird man nun erwarten, daß man durch geeignete Wahl der γ_β^1 (bzw. der γ_β^ν, $\nu = 1, \ldots, r$) solche Kurvenscharen $y_i = y_i(x, \varepsilon)$ (bzw. $y_i = y_i(x, \varepsilon_1, \ldots, \varepsilon_r)$) bestimmen kann, in denen stets eine Kurve enthalten ist, die durch einen, in der Umgebung des Endpunktes $x_1, y_i^0(x_1)$ gelegenen, beliebig gewählten Punkt hindurch geht. Auf die Untersuchung dieser grundlegenden Frage wollen wir aber erst im folgenden Paragraphen eingehen.

2. Wir fügen folgende Zwischenbemerkung ein. Vom Standpunkt der grundlegenden Ideen von CARATHÉODORY läge es nahe, bei der Behandlung von Variationsproblemen mit Nebenbedingungen ebenso vorzugehen, wie in Kap. I, 4, § 1. Würden wir zunächst wieder nach den kennzeichnenden Eigenschaften der Hamiltonschen charakteristischen Funktion $J = J(x, y_i)$ fragen, so hätten wir zunächst ein gewöhnliches Minimalproblem mit Nebenbedingungen für das in den Zielpunkt P einmündende Linienelement $(x, y_i, y_i')_P$ zu betrachten.

Dem dort entwickelten Gedankengang entsprechend hätten wir hier zu fordern, es möge für alle, den Anfangsbedingungen und den Nebenbedingungen (2) genügenden Kurven

$$\int_{P_0}^{P} f(x, y_i, y_i')\,dx - J(x, y_i) = \int_{P_0}^{P} [f(x, y_i, y_i') - J_x - J_{y_i} y_i']\,dx \geq 0$$

sein und das Gleichheitszeichen möge nur für die Extremalen gelten. Hieraus folgt wie dort für das in P einmündende, durch $y_i' = p_i$ gekennzeichnete Linienelement der Extremale die neue Forderung, es möge der Integrand des rechten Integrals in P für $y_i' = p_i$ seinen kleinsten Wert annehmen und der Wert dieses Minimums sei gleich Null. Als Bedingung hierfür bekämen wir entsprechend der Multiplikatorenregel für gewöhnliche Minimalaufgaben die Gleichungen:

$$J_x = F - F_{p_i} p_i$$

$$J_{y_i} = F_{p_i},$$

wobei

$$F = [\lambda_0 f + \lambda_\alpha \varphi_\alpha]_{y_i' = p_i}$$

zu setzen wäre.

Wir haben also auch hier Multiplikatoren einzuführen.

Von den verallgemeinerten Hamiltonschen Formeln könnten wir dann wieder zur partiellen Hamilton-Jacobischen Differentialgleichung und schließlich unter Benützung der Charakteristikentheorie zu den Euler-Lagrangeschen Differentialgleichungen gelangen.

Wenn wir diesen Weg verfolgen wollten, so hätten wir auch hier, um den Beweis der Lagrangeschen Multiplikatorregel zu erbringen, die Nebenbedingungen einer genaueren Untersuchung zu unterziehen. Wir werden aber später sehen, daß man auf einem bequemeren Weg zum Ziel gelangen kann.

3. Um die Schwierigkeiten zu erläutern, die bei Variationsproblemen mit Nebenbedingungen auftreten können, betrachten wir das folgende einfache Beispiel:

$$\delta \int_0^1 f(x, y, z, y', z')\,dx = 0,$$

bei dem als einzige Nebenbedingung für $y(x)$ und $z(x)$ die Differentialgleichung

$$\frac{dz}{dx} - \sqrt{1 + \left(\frac{dy}{dx}\right)^2} = 0$$

auftritt. Die Randbedingungen mögen lauten

$$y(0) = 0, \quad y(1) = 0, \quad z(0) = 0, \quad z(1) = 1.$$

Die der obigen Differentialgleichung und der Randbedingung an der Stelle $x=0$ genügenden Lösungen haben also die Eigenschaft, daß der Abstand eines Punktes der Lösungskurve von der x, y-Ebene gleich der Länge der Projektion dieser Kurve in der x, y-Ebene ist. Da nun zufolge der Randbedingung an der Stelle $x=0$ alle Lösungskurven durch den Koordinatenursprung gehen, ist die Länge der durch den Punkt x, y hindurchgehenden Projektion einer Lösungskurve vom Ursprung aus bis zu diesen Punkt mindestens gleich dem Abstand dieses Punktes vom Koordinatenursprung. Somit verlaufen alle der Differentialgleichung und der Randbedingung an der Stelle $x=0$ genügenden Raumkurven C in einem Bereich

$$z \geqq \sqrt{x^2+y^2}.$$

Ist $z>\sqrt{x^2+y^2}$ für alle Punkte einer Lösungskurve C_0 und ist P_0 ein Punkt auf C_0, so läßt sich zu P_0 immer eine Umgebung angeben, durch deren sämtliche Punkte P ebenfalls Lösungen C hindurchgehen. Auf dem Kegel $z=\sqrt{x^2+y^2}$ genügen nur $y=kx$, $z=\sqrt{1+k^2}\cdot x$ der Differentialgleichung. Für diese Erzeugenden des Kegels läßt sich keine Umgebung finden, durch deren sämtliche Punkte Lösungen C gehen, da für Punkte $z<\sqrt{x^2+y^2}$ keine Lösungen möglich sind. Also sind die in $z>\sqrt{x^2+y^2}$ verlaufenden Kurven C demnach als „frei", die Erzeugenden des Kegels $z=\sqrt{x^2+y^2}$ hingegen als „gebunden" anzusehen.

Bei den oben angegebenen Randbedingungen des Variationsproblems für $x=0$ und $x=1$ ist es damit klar, daß obwohl hier nur eine Differentialgleichung für die beiden Funktionen $y(x)$ und $z(x)$ vorliegt, nur eine einzige, den gestellten Bedingungen genügende Lösung möglich ist, nämlich

$$y=0, \qquad z=x.$$

Dementsprechend ist hier die Stellung einer Minimalaufgabe, weil keine Schar von Linienelementen in den Punkt $x=1$, $y=0$, $z=1$ einmündet, nicht möglich. Dies gilt natürlich für alle am Kegelmantel gelegenen Punkte.

§ 4. Hauptsatz über unterbestimmte Systeme

Das obige Beispiel veranlaßt uns, die vorhin aufgeworfene Frage, unter welchen Bedingungen sich ein, einem unterbestimmten System von Differentialgleichungen genügender Kurvenbogen variieren läßt, allgemein zu untersuchen. Die Durchführung dieser Untersuchungen ist, wie wir später sehen werden, bereits fast gleichbedeutend mit der Begründung der Lagrangeschen Multiplikatorenregel.

Zunächst führen wir die folgende Definition ein: Ein Bogen C_{01}^0 der die Punkte $x_0, y_i^0(x_0)$ und $x_1, y_i^0(x_1)$ verbindet, soll in bezug auf (8)

„frei“ heißen, wenn es möglich ist, von demselben Anfangspunkt aus einen ebenfalls dem System (8) genügenden Kurvenbogen C nach einem beliebigen Punkt x_1, $y_i^0(x_1)+b_i$ bei hinreichend kleinen aber sonst beliebigen $|b_i|$ zu ziehen; andernfalls heiße C_{01}^0 „gebunden“.

Wir wollen nun die Frage aufwerfen, unter welchen Umständen C_{01}^0 in bezug auf (8) gebunden ist.

Wir betten den zu untersuchenden Kurvenbogen C_{01}^0 in eine n-parametrige Kurvenschar ein. Wir gehen also aus von einem Gleichungssystem von der Form

$$\varphi_\alpha(x, y_i, y_i') = 0$$

$$\varphi_\beta(x, y_i, y_i') = \gamma_\beta^0(x) + \varepsilon_\nu \gamma_\beta^\nu(x) \qquad (\nu = 1 \ldots n)$$

und betrachten die Lösungen $y_i = y_i(x, \varepsilon_1, \ldots, \varepsilon_n)$ mit den Anfangsbedingungen

$$y_i(x_0, \varepsilon_1, \ldots, \varepsilon_n) = y_i^0(x_0). \tag{14}$$

Wir bezeichnen

$$\left(\frac{\partial y_i}{\partial \varepsilon_\nu}\right)_{\varepsilon_1 = \cdots = \varepsilon_n = 0} = \eta_i^\nu.$$

Soll nun C_{01}^0 gebunden sein, d.h. sollen die Gleichungen

$$y_i(x_1, \varepsilon_1, \ldots, \varepsilon_n) = y_i^0(x_1) + b_i$$

für genügend kleine $|b_i|$ nicht lösbar sein, so darf die Determinante

$$D = \left[\frac{\partial(y_1, y_2, \ldots, y_n)}{\partial(\varepsilon_1, \varepsilon_2, \ldots, \varepsilon_n)}\right]_{\varepsilon_1 = \cdots = \varepsilon_n = 0} = |\eta_i^\nu|$$

für kein zulässiges System der η_i^ν von Null verschieden sein. Für η_i^ν gelten die Differentialgleichungen

$$\left.\begin{aligned} &\varphi_{\alpha y_i}\eta_i^\nu + \varphi_{\alpha y_i'}\eta_i^{\nu\prime} = 0 \qquad (\alpha = 1, \ldots, m)\\ &\varphi_{\beta y_i}\eta_i^\nu + \varphi_{\beta y_i'}\eta_i^{\nu\prime} = \gamma_\beta^\nu \qquad (\beta = m+1, \ldots, n)\end{aligned}\right\} \tag{15}$$

[wobei die Koeffizienten von η_i^ν und $\eta_i^{\nu\prime}$ entsprechend (13) als gegebene Funktionen von x aufzufassen sind] und ferner wegen (14) die Anfangsbedingungen

$$\eta_i^\nu(x_0) = 0. \tag{16}$$

Gefragt wird also, unter welchen Bedingungen sind sämtliche Lösungen des inhomogenen linearen Differentialgleichungssystems (15), welche dieser Anfangsbedingung genügen, linear abhängig.

Zur Behandlung dieser Frage verwenden wir eine Lösung des zu (15) adjungierten homogenen Systems von linearen Differentialgleichungen, bei welchem wir die Unbekannten mit $\lambda_k(x)$ bezeichnen:

$$\frac{d}{dx}(\varphi_{k y_i'}\lambda_k) - \varphi_{k y_i}\lambda_k = 0. \tag{17}$$

Dabei ist jetzt an Stelle der Indizes α, β für $\varphi_\alpha, \varphi_\beta$ durchlaufend von $1 \ldots n$ der Index k getreten. Seien λ_k^ϱ $(\varrho = 1, 2, \ldots, n)$ n voneinander linear unabhängige Lösungen von (17). Multiplizieren wir die Gln. (15) der Reihe nach mit $\lambda_1^\varrho, \ldots, \lambda_n^\varrho$ und summieren wir über k, so erhalten wir n^2 Gleichungen von der Form

$$\frac{d}{dx}(\lambda_k^\varrho \eta_i^\nu \varphi_{k y_i'}) = \gamma_\beta^\nu \lambda_\beta^\varrho$$

oder wegen (16)

$$[\lambda_k^\varrho \eta_i^\nu \varphi_{k y_i'}]_{x=x_1} = \int_{x_0}^{x_1} \gamma_\beta^\nu \lambda_\beta^\varrho \, dx.$$

Nun betrachten wir die aus diesen n^2 Größen gebildete Determinante. Die der linken Seite entsprechende Determinante kann aufgefaßt werden als das Produkt der drei Determinanten

$$\left[|\lambda_k^\varrho| \, |\varphi_{k y_i'}| \, |\eta_i^\nu| \right]_{x=x_1}.$$

Von den ersten beiden Determinanten wissen wir, daß sie von Null verschieden sind, denn die Determinante $|\lambda_k^\varrho|$ kann als Determinante eines Systems von linear unabhängigen Lösungen von (17) nirgends verschwinden und $|\varphi_{k y_i'}| \neq 0$ nach Voraussetzung. Daher wäre das Verschwinden der Determinante $|\eta_i^\nu|$ gleichbedeutend mit dem Verschwinden der Determinante

$$\Delta = \left| \int_{x_0}^{x_1} \lambda_\beta^\varrho \gamma_\beta^\nu \, dx \right| \quad \beta = m+1, \ldots, n; \quad \varrho = 1, 2, \ldots, n; \quad \nu = 1, 2, \ldots, n.$$

Wir denken uns nun die γ_β^ν als willkürliche stetige Funktionen vorgegeben und die η_i^ν entsprechend dem Gleichungssystem (15) und den angegebenen Anfangsbedingungen berechnet.

Soll nun C_{01}^0 gebunden sein, so muß also Δ verschwinden, wie auch immer die γ_β^ν gewählt sein mögen. Hieraus werden wir zunächst folgenden Schluß ziehen:

Für einen gebundenen Bogen muß ein nicht identisch verschwindendes Lösungssystem von (17)

$$\lambda_1, \lambda_2, \ldots, \lambda_n$$

von der Beschaffenheit existieren, daß für beliebige stetige Funktionen

$$\gamma_\beta^* \quad (\beta = m+1, \ldots, n)$$

die Gleichung

$$\int_{x_0}^{x_1} \lambda_\beta \gamma_\beta^* \, dx = 0 \tag{18}$$

gilt.

In der Tat, machen wir für die λ_k den Ansatz

$$\lambda_k = c_\varrho \lambda_k^\varrho$$

und betrachten wir ein lineares homogenes Gleichungssystem für die Größen c_ϱ von der Form

$$\int_{x_0}^{x_1} \lambda_\beta \gamma_\beta^\nu \, d x = c_\varrho \int_{x_0}^{x_1} \lambda_\beta^\varrho \gamma_\beta^\nu \, d x = 0 \tag{19}$$

das ein nicht verschwindendes Lösungssystem c_ϱ besitzen muß, da ja $\Delta = 0$ ist. Also befindet sich unter den Gleichungen mindestens eine, die man als lineare Kombination der übrigen darstellen kann. Durch passende Numerierung verfügen wir, daß dies die n-te Gleichung sei und können nun annehmen, die c_ϱ seien bereits durch die ersten $(n-1)$ Gleichungen von (19) bestimmt. Damit wird die Aussage der n-ten Gleichung identisch mit Gl. (18), indem man in dieser $\gamma_\beta^* = \gamma_\beta^n$ setzt. Da aber die Größen γ_β^ν vollkommen willkürlich wählbar sind, und (bei unserer Annahme über die Numerierung der γ_β^ν) bei der Berechnung der λ_k die Größen γ_β^* überhaupt nicht benützt werden, können wir nach dem Fundamentallemma der Variationsrechnung schließen, daß die Größen λ_β gleich Null sein müssen $(\beta = m+1, \ldots, n)$. Nun sind aber anderseits die Größen λ_k^ϱ $(k = 1, 2, \ldots, n)$ als linear unabhängige Größen vorausgesetzt worden und somit sind sicher nicht alle λ_k identisch gleich Null. Wir erhalten somit den folgenden

Hauptsatz über unterbestimmte Systeme. Wenn ein Bogen C_{01}^0 in bezug auf das unterbestimmte System (8) gebunden sein soll, so müssen sich m Multiplikatoren

$$\lambda_1, \lambda_2, \ldots, \lambda_m,$$

die nicht alle Null sind, so bestimmen lassen, daß das Gleichungssystem

$$\frac{d}{dx}(\lambda_\alpha \varphi_{\alpha y_i'}) - \lambda_\alpha \varphi_{\alpha y_i} = 0 \qquad (i = 1, \ldots, n) \tag{20}$$

erfüllt ist.

Wir erläutern diesen allgemeinen Satz, vor seiner Anwendung zum Beweis der Multiplikatorregel in § 5, noch an einigen Beispielen:

I. Betrachten wir nochmals die bereits am Ende des § 3 angeführte Nebenbedingung $\varphi \equiv z' - \sqrt{1+y'^2} = 0$. Wir haben hier nur eine Gleichung und somit ist $m = 1$. Soll der dieser Differentialgleichung genügende Bogen gebunden sein, so müssen die beiden Gleichungen

$$\frac{d}{dx}\left(\frac{\lambda y'}{\sqrt{1+y'^2}}\right) = 0, \qquad \frac{d\lambda}{dx} = 0$$

erfüllbar sein, d.h. für $\lambda = \text{const} \neq 0$ muß $y' = \text{const}$ sein. Betrachten wir wieder die dem unterbestimmten System genügende Lösung $y = 0$, $z = x$

und bezeichnen wir entsprechend der bei der Definition der Begriffe „frei" und „gebunden" verwendeten Größen b_i die Koordinaten des Endpunkts für einen benachbarten Kurvenbogen $x_1 = 1$, $y_1 = b$, $z_1 = 1 + b^*$, so sind b, b^* nicht willkürlich wählbar, sondern gebunden an die Ungleichung

$$b^* + 1 \geq \sqrt{1 + b^2},$$

wie man unmittelbar aus der geometrischen Bedeutung dieses Beispiels erkennt.

II. Wir betrachten als unterbestimmtes System eine einzige Differentialgleichung die durch Nullsetzen eines Pfaffschen Differentialausdruckes entsteht:

$$A(x, y, z) + B(x, y, z)\, y' + C(x, y, z)\, z' = 0. \tag{21}$$

Wir setzen dabei voraus, daß A, B, C stetig differenzierbare Funktionen in x, y, z sind.

Wir wollen nun fordern, daß nicht nur ein bestimmter, sondern jeder der Gl. (21) genügende Bogen gebunden sein soll. Es muß sich dann nach (20) zu jeder Lösung $y(x)$ und $z(x)$ von (21) eine Funktion $\lambda(x)$ angeben lassen, so daß gilt:

$$\left.\begin{aligned} &\frac{d}{dx}(\lambda B) - \lambda(A_y + B_y y' + C_y z') = 0 \\ &\frac{d}{dx}(\lambda C) - \lambda(A_z + B_z y' + C_z z') = 0. \end{aligned}\right\} \tag{22}$$

Die Elimination von λ ergibt unter Berücksichtigung der Differentialgleichung, wenn wir den Vektor mit den Komponenten A, B, C mit $\mathfrak{A}$ bezeichnen

$$A(C_y - B_z) + B(A_z - C_x) + C(B_x - A_y) = 0 \tag{23}$$

oder

$$\mathfrak{A} \operatorname{rot} \mathfrak{A} = 0.$$

Dies ist aber — wie wir zeigen werden — die notwendige und hinreichende Bedingung dafür, daß sich zu unserem Pfaffschen Differentialausdruck ein Multiplikator $\mu = \mu(x, y, z)$ so angeben läßt, daß

$$\mu(x, y, z)(A\,dx + B\,dy + C\,dz) = d\Phi(x, y, z) = 0 \tag{24}$$

ein vollständiges Differential ist. Das heißt, daß eine Funktion $\Phi(x, y, z)$ existiert, so daß $\operatorname{grad} \Phi = \mu \mathfrak{A}$ ist. Dies ist aber gleichwertig mit der Aussage, daß alle gebundenen Bögen auf Flächen $\Phi = \text{const}$ liegen. Halten wir einen Punkt $P_0(x_0, y_0, z_0)$ fest, so ist es also dann von diesem Punkt aus auf Bögen, welche (21) genügen, nur möglich, Punkte auf der Fläche $\Phi(x, y, z) = \Phi(x_0, y_0, z_0)$ zu erreichen.

Der Beweis dafür, daß die Bedingung (23) notwendig für die Existenz eines integrierenden Faktors μ ist, ergibt sich, unter Verwendung bekannter Beziehungen der Vektoranalysis, unmittelbar wie folgt: Es sei $\mu\mathfrak{A} = \operatorname{grad}\Phi$, wobei der Faktor μ nicht identisch verschwinde. Also ist

$$\operatorname{rot}\mu\mathfrak{A} = \operatorname{grad}\mu\times\mathfrak{A} + \mu\operatorname{rot}\mathfrak{A} = \operatorname{rot}\operatorname{grad}\Phi = 0.$$

Multiplizieren wir diese Gleichung skalar mit $\mathfrak{A}$, so erhalten wir:

$$\mathfrak{A}\operatorname{rot}\mu\mathfrak{A} = \mathfrak{A}\cdot(\operatorname{grad}\mu\times\mathfrak{A}) + \mu\mathfrak{A}\operatorname{rot}\mathfrak{A} = 0.$$

Da nun aber der Vektor $\operatorname{grad}\mu\times\mathfrak{A}$ senkrecht zu $\mathfrak{A}$ ist verschwindet das Skalarprodukt dieser Vektoren identisch. Damit und mit der Voraussetzung $\mu \neq 0$ folgt aber

$$\mathfrak{A}\operatorname{rot}\mathfrak{A} = 0.$$

Der Beweis, daß die Bedingung (23) auch hinreichend ist, wird in den Lehrbüchern über partielle Differentialgleichungen auf verschiedene Weise geführt. Hier wollen wir dafür einen Beweis geben, der sich an die Überlegungen anschließt, die uns zum Hauptsatz über unterbestimmte Systeme geführt haben und die in den Differentialgleichungen (22) zum Ausdruck kommen.

Wir werden nämlich zeigen, daß aus den Differentialgleichungen (22) folgt, daß zu einem beliebigen, die Punkte x_0, y_0 und x^*, y^*, in der x, y-Ebene verbindenden Kurvenzug $y = y^0(x)$ die zugehörige Funktion $z = z(x)$, die sich durch Auflösen der Differentialgleichung

$$z' = -\frac{A}{C} - \frac{B}{C}\cdot y^{0\prime} \tag{21*}$$

mit der Anfangsbedingung $z_0 = z(x_0)$ ergibt, in der Weise bestimmt ist, daß sie immer zu demselben Punkt $z = z(x^*)$ führt, wie immer auch die Kurve $y = y^0(x)$ mit den Randbedingungen $y_0 = y^0(x_0)$, $y^* = y^0(x^*)$ gewählt werden mag.

Zu diesem Zweck betrachten wir zu einer einmal gewählten derartigen Kurve $y = y^0(x)$ eine einparametrige Schar von Kurven $y = y(x, \varepsilon)$ mit dem Scharparameter ε, welche diesen Randbedingungen entsprechen, wobei $y^0(x) = y(x, 0)$ sei. Wir führen den Beweis zunächst nur für eine infinitesimale Variation der Kurve $y = y^0(x)$. Setzen wir $\left(\frac{\partial y}{\partial \varepsilon}\right)_{\varepsilon=0} = \eta(x)$, wobei aus den Randbedingungen, welcher die Schar $y(x, \varepsilon)$ genügt, folgt, daß

$$\eta(x_0) = \eta(x^*) = 0 \tag{25}$$

gelten muß. Es sei $z = z(x, \varepsilon)$ die Schar jener Lösungen von (21), welche sich für $y = y(x, \varepsilon)$ und die Anfangsbedingung $z_0 = z(x_0, \varepsilon)$ ergibt, so daß mit der Bezeichnung $\left(\frac{\partial z}{\partial \varepsilon}\right)_{\varepsilon=0} = \zeta(x)$,

$$\zeta(x_0) = 0 \tag{26}$$

ist. Dann ist für alle derartigen Kurven $y = y(x, \varepsilon)$, $z = z(x, \varepsilon)$

$$\int_{x_0}^{x^*} \lambda(x)\,(A + B y' + C z') \cdot dx = 0, \tag{27}$$

da wegen (21) der Ausdruck in der Klammer identisch verschwindet. Differenzieren wir nun (27) nach ε und setzen wir $\varepsilon = 0$, so ergibt sich

$$\int_{x_0}^{x^*} \lambda(x) \cdot \{\eta(x)\,[A_y + B_y \cdot y' + C_y z']_{\varepsilon=0} + \zeta(x)\,[A_z + B_z y' + C_z z']_{\varepsilon=0} + \\ + \eta'(x) \cdot B_{\varepsilon=0} + \zeta'(x) \cdot C_{\varepsilon=0}\} \cdot dx = 0.$$

Wendet man nun Produktintegration wie bei der Variation nach LAGRANGE an, so ergeben sich im Integranden als Faktoren von η und ζ die linken Seiten der Differentialgleichungen (22). Da wir (23) als erfüllt voraussetzen, kommt es nur darauf an $\lambda(x)$ so zu bestimmen, daß eine der beiden Differentialgleichungen (22) erfüllt ist, woraus dann wegen (23), das ja das Ergebnis der Elimination von λ aus den beiden Differentialgleichungen (22) ist, folgt, daß dann auch die andere Differentialgleichung (22) erfüllt sein muß. Denken wir uns nun $\lambda(x)$ als nicht triviale, somit nirgends verschwindende Lösung einer der beiden Differentialgleichungen (22) bestimmt, so verschwindet demnach der Integrand identisch. Ferner verschwindet das außerhalb des Integrals stehende Glied mit $\eta(x)$ wegen (25) und schließlich verschwindet der Ausdruck mit $\zeta(x)$ wegen (26) an der unteren Grenze. Wir erhalten so die Gleichung

$$[C \cdot \zeta]_{\substack{x = x^* \\ y = y^* \\ \varepsilon = 0}} = 0.$$

Da wir $C(x^*, y^*, z(x^*))$ im allgemeinen $\neq 0$ voraussetzen müssen, folgt damit $\zeta(x^*) = 0$. Dies gilt aber nun nicht bloß für infinitesimale Variationen der Kurve $y = y^0(x)$ sondern auch für endliche Variationen der Kurve $y = y^0(x)$ in eine Kurve $y = y^1(x)$ bei festgehaltenen Randbedingungen. Zu diesem Zweck betrachten wir eine Kurvenschar von der Form $y = y^0(x) + \varepsilon \cdot (y^1(x) - y^0(x))$ und bemerken, daß der Beweis, den wir für $\varepsilon = 0$ geführt haben, auch für jedes ε im Intervall $0 \leqq \varepsilon \leqq 1$ gilt. Wir setzen:

$$\left(\frac{\partial z}{\partial \varepsilon}\right)_{\varepsilon=\varepsilon^*} = \zeta^*(x, \varepsilon^*) \qquad \text{(wobei also: } \zeta^*(x, 0) = \zeta(x)\text{)}.$$

Es ist dann aber:

$$\zeta^*(x^0, \varepsilon^*) = 0 \quad \text{und auch} \quad \zeta^*(x^*, \varepsilon^*) = 0 \quad \text{für alle} \quad \varepsilon^*, \qquad 0 \leqq \varepsilon^* \leqq 1.$$

Somit

$$\frac{\partial \xi^*(x^0, \varepsilon^*)}{\partial \varepsilon^*} = 0 \quad \text{und auch} \quad \frac{\partial \zeta^*(x^*, \varepsilon^*)}{\partial \varepsilon^*} = 0 \quad \text{für alle } \varepsilon^*, \quad 0 \leqq \varepsilon^* \leqq 1,$$

und da dies für alle Punkte x^*, y^* gilt, und für alle Bögen, die x^0, y^0 mit x^*, y^* verbinden, ist

$$\frac{\partial \zeta^*(x, \varepsilon^*)}{\partial \varepsilon^*} = 0 \quad \text{für alle } \varepsilon^* \text{ im Intervall:} \quad 0 \leqq \varepsilon^* \leqq 1.$$

Daraus folgt, daß — obwohl wir es bei (22) mit einem unterbestimmten System zu tun haben —, wie immer auch die Wahl von $y(x)$ getroffen werden mag, wenn nur (23) erfüllt ist, durch die Anfangsbedingung $z = z_0$ an der Stelle $x = x_0$ bereits auch $z(x)$ eindeutig bestimmt ist. Auf diese Weise sind wir in der Lage, bei vorgegebenem z_0 jedem Punkt x, y einen bestimmten Wert z zuzuordnen, also eine Fläche $z = \varphi(x, y; z_0)$ zu konstruieren, welche den Punkt (x_0, y_0, z_0) enthält. Denken wir uns die Gleichung $z = \varphi(x, y; z_0)$ nach z_0 aufgelöst, so erhalten wir eine Darstellung dieser Fläche in der Form $z_0 = \Phi(x, y, z)$. Hieraus ergibt sich durch totale Differentiation nach x

$$0 = \Phi_x + \Phi_y \cdot y' + \Phi_z \cdot z'.$$

Diese Gleichung muß in jedem festgehaltenen Punkt x, y, z der Fläche für alle Wertepaare y', z' erfüllt sein. Ebenso aber auch die Bedingung (21). Hieraus folgt aber

$$\operatorname{grad} \Phi = \mu \mathfrak{A},$$

was zu beweisen war.

Auf diese Weise sind wir zu einer speziellen Funktion Φ und demgemäß auch zu einem speziellen Multiplikator μ gelangt. Sei nun $\psi = \psi(\Phi)$ irgendeine differenzierbare Funktion von Φ, so ist demnach

$$d\psi = \frac{d\psi}{d\Phi} \cdot d\Phi$$

und wir erhalten das vollständige Differential $d\psi$, indem wir den Pfaffschen Ausdruck mit dem Multiplikator

$$\mu^* = \frac{d\psi}{d\Phi} \mu$$

multiplizieren. Es gibt demnach, wenn $\mathfrak{A} \cdot \operatorname{rot} \mathfrak{A} = 0$ erfüllt ist, nicht einen sondern eine unendliche Mannigfaltigkeit von Multiplikatoren.

Zu diesem Beispiel bemerken wir noch, daß die aus der Bedingung (23) bzw. aus ihrer Verallgemeinerung auf n Veränderliche gezogenen Folgerungen, durch die Begründung der Thermodynamik nach CARATHÉODORY eine große Bedeutung gewonnen haben. Während man bei der klassischen Art der Begründung der Thermodynamik einen Carnotschen Kreisprozeß betrachtet und im Anschluß daran der Begriff der Entropie eingeführt wird, geht CARATHÉODORY bei seiner Begründung von einem Axiom der folgenden Art aus: Es gibt im n-dimensionalen Zustandsraum (in welchem jedem Punkt ein Zustand des betrachteten Systems entspricht) zu jedem Punkt Nachbarpunkte, die nicht durch adiabatische Zustandsänderungen erreicht werden können. Adiabatische Zustandsänderungen sind durch gebundene Bögen gekennzeichnet, wobei hier das unterbestimmte Differentialgleichungssystem aus einem einzigen, gleich Null gesetzten n-gliedrigen Pfaffschen Differentialausdruck besteht, der das Gesetz der Erhaltung der Energie zum Inhalt hat und der die Bedingung dafür darstellt, daß die Zustandsänderung adiabatisch ist. Da die Koeffizienten dieses Pfaffschen Ausdruckes die auf n Veränderliche verallgemeinerte Bedingung (23) erfüllen, existiert somit für ihn eine unendliche Mannigfaltigkeit von integrierenden Faktoren. Die totalen Differentiale, die sich aus dem Produkt dieser Faktoren mit dem Pfaffschen Ausdruck ergeben, sind Differentiale von Funktionen der Entropie. Wir müssen uns hier mit diesen knappen Andeutungen über den Aufbau der Thermodynamik durch CARATHÉODORY begnügen, in der durch entsprechende zusätzliche Forderungen ein spezieller integrierender Faktor, der dem reziproken Wert der absoluten Temperatur entspricht, ausgezeichnet und damit auch die Entropie bis auf eine additive Konstante eindeutig festgelegt wird (*).

III. Suchen wir nun allgemein diejenigen gebundenen Kurvenbogen $y(x)$, $z(x)$ für die das unterbestimmte System aus einer beliebigen, nicht linearen Differentialgleichung von der Form

$$M(x, y, z, y', z') = 0 \tag{28}$$

besteht. Nach dem Hauptsatz über unterbestimmte Systeme muß es dann nach (20) einen Multiplikator $\lambda(x)$ geben, der das folgende Gleichungssystem erfüllt:

$$\left.\begin{aligned} \frac{d\log\lambda}{dx} M_{y'} + \frac{d}{dx}(M_{y'}) - M_y = 0 \\ \frac{d\log\lambda}{dx} M_{z'} + \frac{d}{dx}(M_{z'}) - M_z = 0. \end{aligned}\right\} \tag{29}$$

Hieraus erhalten wir, durch Elimination von λ

$$\begin{vmatrix} M_{y'}, & (M_{y'})' - M_y \\ M_{z'}, & (M_{z'})' - M_z \end{vmatrix} = 0. \tag{30}$$

Stellen, an denen gleichzeitig $M_{y'}$ und $M_{z'}$ verschwinden, schalten wir dabei aus der Betrachtung aus.

Somit sind, da (28) eine Differentialgleichung erster Ordnung und (30) eine Differentialgleichung zweiter Ordnung ist, durch diese beiden

Differentialgleichungen die gebundenen Bogen $y(x)$, $z(x)$ bis auf drei willkürliche Integrationskonstante bestimmt.

Schreiben wir in (28) an Stelle von y' den Bruch Y/X und an Stelle von z' den Bruch Z/X, wobei $X=x^*-x$, $Y=y^*-y$, $Z=z^*-z$ bedeuten, ferner x, y, z ein festgehaltener Punkt und x^*, y^*, z^* irgendein Punkt im x, y, z Raum ist, so können wir die Gleichung

$$M\left(x, y, z, \frac{Y}{X}, \frac{Z}{X}\right)=0 \tag{28*}$$

in diesem X, Y, Z-Raum als Gleichung eines Kegels, des sog. Mongeschen Kegels, mit der Spitze im festgehaltenen Punkt x, y, z deuten.

Wenden wir uns nun der Aufgabe zu, im x, y, z-Raum jene Flächen $z=z(x, y)$ zu bestimmen[1], die in jedem Punkt $P(x, y, z)$ einen von diesem Punkt ausgehenden, durch (28*) gegebenen Mongeschen Kegel berühren. Wir werden zeigen, daß diese Aufgabe identisch mit der Auflösung einer partiellen Differentialgleichung von der allgemeinen Form

$$\Phi(x, y, z, z_x, z_y)=0 \tag{31}$$

ist, deren charakteristische Kurven (28) und (30) erfüllen. Den speziellen Fall, daß z in (28) und damit auch in (31) nicht vorkommt, haben wir bereits in Kap. I, 4, § 4 behandelt. Dort haben wir den „Mongeschen Kegel" als „charakteristischen Kegel" bezeichnet und als Einhüllende seiner Tangentialebenen aufgefaßt, wie dies auch in der allgemeinen Theorie der partiellen Differentialgleichungen sonst üblich ist.

Um die Bedingungsgleichungen festzustellen, welchen die Funktion $z=z(x, y)$ genügen muß, damit sie in jedem ihrer Punkte einen von diesen Punkt ausgehenden Mongeschen Kegel (28) berührt, stellen wir die Gleichung einer Tangentialebene an den Mongeschen Kegel auf. Zu diesem Zweck denken wir uns in (28*) Z als Funktion von X, Y eingeführt also $Z=Z(X, Y)$. Dann erhalten wir durch Differentiation nach X und Y

$$\left.\begin{aligned} M_{y'}\cdot\frac{-Y}{X^2}+M_{z'}\cdot\frac{-Z}{X^2}+M_{z'}\cdot\frac{1}{X}\cdot\frac{\partial Z}{\partial X}&=0\\ M_{y'}+M_{z'}\cdot\frac{\partial Z}{\partial Y}&=0.\end{aligned}\right\} \tag{32}$$

Soll der Mongesche Kegel die gesuchte Fläche $z=z(x, y)$ berühren und seine Spitze im Punkte x, y, z haben, so muß die Tangentialebene an den Kegel und an die Fläche im Punkte x, y, z übereinstimmen, demnach also

$$\left(\frac{\partial Z}{\partial X}\right)_{\substack{x^*=x\\ y^*=y}}=z_x, \qquad \left(\frac{\partial Z}{\partial Y}\right)_{\substack{x^*=x\\ y^*=y}}=z_y \tag{33}$$

[1] Im folgenden ist zu beachten, daß es sich bei den mit dem gleichen Funktionszeichen z bezeichneten Funktionen $z(x)$ und $z(x, y)$ um verschiedene Funktionen handelt.

sein. Also erhalten wir aus (32) und (33) folgende Gleichungen für z_x und z_y:

$$\left.\begin{aligned} M_{y'}\cdot y' + M_{z'}\cdot z' - M_{z'}\cdot z_x &= 0 \\ M_{y'} + M_{z'}\cdot z_y &= 0. \end{aligned}\right\} \qquad (34)$$

Durch diese beiden Gln. (34) haben wir in Verbindung mit (28) und (30) auf der Fläche $z = z(x, y)$ „charakteristische Streifen" $y(x)$, $z(x)$, $z_x(x)$, $z_y(x)$ gekennzeichnet. (Vgl. hiezu auch den speziellen Fall Kap. I, 4, § 4.)

Wir bemerken, daß wir die erste der Gln. (34) auch dadurch aus der zweiten hätten gewinnen können, daß wir zu dieser noch die auf der Fläche geltende Gleichung

$$z' = z_x + z_y y', \qquad (35)$$

die wir durch totale Differentiation von $z = z(y, x)$ nach x gewinnen, hinzugenommen hätten.

An Stelle der Kennzeichnung des charakteristischen Streifens durch eine Differentialgleichung erster Ordnung (28) und eine Differentialgleichung zweiter Ordnung (30) für $y(x)$ und $z(x)$, sowie zweier Gln. (34) für $z_x(x)$ und $z_y(x)$, können wir auch eine Kennzeichnung des Streifens durch drei Differentialgleichungen erster Ordnung und einer Gleichung für $y(x)$, $z(x)$, $z_x(x)$ und $z_y(x)$ in folgender Weise finden: Differentiation von (28) und (35) ergibt

$$M_x + M_y y' + M_z z' + M_{y'} y'' + M_{z'} z'' = 0$$

$$z'' = z'_x + z'_y y' + z_y y''.$$

Hiedurch und mit (35) unter Berücksichtigung von (30) vereinfachen sich die bei der Differentiation von (34) sich ergebenden Beziehungen zu

$$\left.\begin{aligned} -\frac{d z_x}{d x} &= \frac{1}{M_{z'}}(M_z z_x + M_x) \\ -\frac{d z_y}{d x} &= \frac{1}{M_{z'}}(M_z z_y + M_y). \end{aligned}\right\} \qquad (36)$$

Wir wollen nun die Bedingungsgleichungen für die Flächen $z = z(x, y)$, auf der diese Streifen liegen, gewinnen. Ersetzen wir mittels (35) z' in der zweiten Gl. (34) und in (28), so erhalten wir

$$M_{y'}(x, y, z, y', z_x + z_y y') + M_{z'}(x, y, z, y', z_x + z_y y')\cdot z_y = 0, \qquad (34')$$

$$M(x, y, z, y', z_x + z_y y') = 0. \qquad (28')$$

Denken wir uns (34') nach y' aufgelöst, also $y' = y'(x, y, z, z_x, z_y)$ gebildet und dies in (28') eingesetzt, ergibt sich

$$M\big(x, y, z, y'(x, y, z, z_x, z_y), z_x + z_y y'(x, y, z, z_x, z_y)\big) \equiv \Phi(x, y, z, z_x, z_y) = 0, \quad (37)$$

also in der Tat die behauptete partielle Differentialgleichung (31).

(36) stellen in Verbindung mit (35) und (37) ein System von drei Differentialgleichungen erster Ordnung und einer Gleichung für die charakteristischen Streifen $y(x)$, $z(x)$, $z_x(x)$ und $z_y(x)$ dar, wobei in diesen Funktionen demgemäß nur drei Integrationskonstanten enthalten sind.

Wir wollen nun noch zeigen, wie man zu einer vorgelegten partiellen Differentialgleichung (31) die Differentialgleichungen für den Streifen erhält.

Differenzieren wir (37) partiell nach x, so erhalten wir

$$\Phi_x = M_x + M_{y'} \cdot y'' + M_{z'} \cdot z_y \cdot y'' = M_x + y''(M_{y'} + M_{z'} \cdot z_y).$$

Nach der zweiten Gl. (34) verschwindet der Ausdruck in der Klammer. Also haben wir

$$\Phi_x = M_x$$

und analog:

$$\Phi_y = M_y, \quad \Phi_z = M_z, \quad \Phi_{z_x} = M_{z'}, \quad \Phi_{z_y} = M_{z'} \cdot y'.$$

Damit gewinnen wir, durch Einsetzen in die vorherigen zu den charakteristischen Streifen angegebenen Beziehungen, die Bedingungsgleichung für die charakteristischen Streifen einer partiellen Differentialgleichung (31) in der üblichen Form:

$$\frac{dx}{\Phi_{z_x}} = \frac{dy}{\Phi_{z_y}} = \frac{dz}{z_x \Phi_{z_x} + z_y \Phi_{z_y}} = \frac{-dz_x}{\Phi_x + z_x \Phi_z} = \frac{-dz_y}{\Phi_y + z_y \Phi_z}.$$

Diese Betrachtungen wollen wir auf die Hamilton-Jacobische Differentialgleichung eines Variationsproblems mit einer unabhängigen und einer abhängigen Veränderlichen

$$J_x + H(x,y,J_y) = 0,$$

also auf

$$\Phi \equiv J_x + H(x, y, J_y)$$

anwenden. Wir erinnern zunächst daran, daß sich die Hamilton-Jacobische Differentialgleichung aus den Hamiltonschen Formeln

$$J_y = f_p, \quad J_x = f - p f_p$$

durch Elimination der Gefällsfunktion p ergibt. Mit Hilfe der im Anschluß an die Legendresche Transformation eingeführten Beziehungen

$$H = p\pi - f, \qquad \pi = f_p$$

$$H_y = -f_y, \qquad H_\pi = p$$

lauten demnach die Differentialgleichungen für den charakteristischen Streifen der Hamilton-Jacobischen Differentialgleichung

$$\frac{dx}{1} = \frac{dy}{p} = \frac{dJ}{J_x + J_y p} = \frac{-dJ_x}{H_x} = \frac{-dJ_y}{H_y}$$

oder

$$\frac{dy}{dx} = H_\pi, \qquad -\frac{d\pi}{dx} = H_y, \tag{A}$$

$$-\frac{dJ_x}{dx} = H_x, \qquad \frac{dJ}{dx} = J_x + J_y H_\pi. \tag{B}$$

Hat man die beiden Differentialgleichungen (A), die die Differentialgleichungen der Extremalen in der kanonischen Form sind, gelöst, so ergeben sich die Lösungen der beiden Differentialgleichungen (B) durch Ausführung von Quadraturen.

Diese Überlegungen übertragen sich sofort auf die Hamilton-Jacobische Differentialgleichung von Variationsproblemen mit n abhängigen Veränderlichen y_i. In den obigen Formeln ist hierbei lediglich y, p, π durch y_i, p_i, π_i zu ersetzen.

§ 5. Beweis der Lagrangeschen Multiplikatorenregel

An das Ergebnis unserer Untersuchung der Frage, wann ein Bogen gebunden ist, können wir, wie bereits angekündigt wurde, unmittelbar die Begründung der zu Beginn des § 2 formulierten Lagrangeschen Multiplikatorenregel anknüpfen. Das Problem von LAGRANGE lautete: Es sollen diejenigen Funktionen $y_1(x), \ldots, y_n(x)$ bestimmt werden, für die

$$\delta \int_{x_0}^{x_1} f(x, y_1(x), \ldots, y_n(x), y_1'(x), \ldots, y_n'(x))\, dx = 0$$

unter Berücksichtigung der Nebenbedingungen

$$\varphi_\alpha(x, y_1, \ldots, y_n, y_1', \ldots, y_n') = 0 \qquad (\alpha = 1, \ldots, m,\ m < n)$$

und der Randbedingungen

$$y_i(x_0) = y_i^0, \qquad y_i(x_1) = y_i^1 \qquad (i = 1, \ldots, n).$$

Der Beweis der Multiplikatorregel läßt sich nun unmittelbar auf den Hauptsatz über unterbestimmte Systeme gründen.

Führen wir nämlich durch

$$y_0 = \int_{x_0}^{x} f(x, y_1, \ldots, y_n, y_1', \ldots, y_n')\, dx$$

(also mit variabler oberer Grenze) eine neue unbekannte Funktion $y_0(x)$ ein, so genügt diese der Differentialgleichung

$$y_0' = f(x, y_1, \ldots, y_n, y_1', \ldots, y_n'),$$

die also zusammen mit den Nebenbedingungen ein unterbestimmtes System U für die $n+1$ Funktionen $y_0, \ldots, y_n$ bildet.

Die Randbedingungen für y_0 lauten

$$y_0(x_0) = 0, \qquad y_0(x_1) = \int_{x_0}^{x_1} f(x, y_1, \ldots, y_1', \ldots)\, dx = y_0^1.$$

Die Forderung, daß $y_0(x_1)$ ein Minimum sein soll, ist identisch damit, daß die durch die Randbedingungen gekennzeichnete Lösung der $m+1$ Differentialgleichungen $U: \varphi_1 = 0, \ldots, \varphi_m = 0, y_0' = f$ ein gebundener Bogen sein soll, so daß die Randwertaufgabe für $y_0(x)$ mit dem Randwert $y_0^1 - b_0$ mit $b_0 > 0$ unlösbar ist.

Somit liefert der Hauptsatz über unterbestimmte Systeme die folgenden $n+1$ Differentialgleichungen als Bedingung dafür, daß $y_0(x)$, $y_1(x), \ldots, y_m(x)$ ein gebundener Bogen ist, die außer den m Differentialgleichungen $\varphi_1 = 0, \ldots, \varphi_m = 0$ erfüllt sein müssen:

$$\left.\begin{aligned} \frac{d\lambda_0}{dx} &= 0 \\ \frac{dF_{y_i'}}{dx} - F_{y_i} &= 0 \end{aligned}\right\} \quad \text{mit: } F = \lambda_0 f + \lambda_\alpha \varphi_\alpha. \tag{3'}$$

Damit ist aber die zu Beginn des § 2 angegebene Multiplikatorenregel begründet und zwar frei von der von LAGRANGE gemachten Annahme: $\lambda_0 = 1$; allerdings mit einer einschränkenden Voraussetzung:

Wir haben nämlich zu Beginn des § 3 über die im System (8) vorkommenden Funktionen φ_α die Voraussetzung gemacht, daß die Matrix $\partial\varphi_\alpha/\partial y_\nu'$ vom Rang m sei. Diese Voraussetzung ist aber insbesondere dann nicht erfüllt, wenn einige oder alle Nebenbedingungen nicht Differentialgleichungen, sondern gewöhnliche Gleichungen sind.

Dieser Fall läßt sich aber leicht auf den Fall zurückführen, wo Differentialgleichungen als Nebenbedingungen auftreten, denn jede Nebenbedingung von der Form

$$\psi_r(x, y_\nu) = 0$$

kann ersetzt werden durch eine Differentialgleichung von der Form

$$\frac{d\psi_r}{dx} = \psi_{rx} + \psi_{ry_\nu} y_\nu' = 0,$$

wenn man noch außerdem die Anfangsbedingungen für $y_\nu(x_0)$ so vorgibt, daß

$$\psi_r(x_0, y_\nu(x_0)) = 0$$

ist. Denken wir uns nun die Nebenbedingung in der neuen Form hinzugefügt, und bezeichnen wir den zugehörigen Multiplikator mit μ_r, so liefert diese Nebenbedingung in der Euler-Lagrangeschen Gleichung, die der Variation von y_k entspricht, einen Term von der Gestalt

$$\frac{d\mu_r \psi_{ry_k}}{dx} - \mu_r(\psi_{rxy_k} + \psi_{ry_\nu y_k} y_\nu')$$

oder, wenn wir die Differentiation durchführen und die sich tilgenden Glieder weglassen,

$$\frac{d\mu_r}{dx} \cdot \psi_{r y_k}.$$

Setzen wir nun

$$-\frac{d\mu_r}{dx} = \lambda_r,$$

so sieht man, daß die Lagrangesche Multiplikatorenregel auch für den Fall gilt, daß gewöhnliche Gleichungen unter den Nebenbedingungen vorkommen, und man kann sich leicht überzeugen, daß die zu machende Voraussetzung sich im wesentlichen auf die naturgemäß zu machende Voraussetzung reduziert, nämlich, daß die hinzugefügten Nebenbedingungen unabhängig sein müssen.

§ 6. Bemerkungen zur Lagrangeschen Multiplikatorenregel. Das Mayersche Problem

1. Der Multiplikator λ_0 ergibt sich, wie man sofort sieht, immer als eine Konstante.

Ist

$$\lambda_0 \neq 0,$$

so kann man stets ohne Beschränkung der Allgemeinheit $\lambda_0 = 1$ setzen, da es auf einen Proportionalitätsfaktor nicht ankommt.

Ist

$$\lambda_0 = 0 \quad (\text{nicht alle } \lambda_\alpha \equiv 0),$$

so ist die den Differentialgleichungen (3′) und (2) genügende Lösung bereits in bezug auf das System der Nebenbedingungen (2) allein gebunden. Wenn dies der Fall ist, so wird der Bogen als „anormal", und wenn dies nicht der Fall ist, so wird er als „normal" bezeichnet.

2. Sehr merkwürdige Umstände können eintreten, wenn in den Nebenbedingungen nicht analytische Funktionen auftreten.

Wir wollen uns dies zunächst an einem besonders einfachen Beispiel klarmachen, wobei wir den Rahmen der bisher gemachten Voraussetzungen überschreiten und auf die Forderung verzichten, daß die Ableitungen der gesuchten Funktionen überall stetig sind.

Es soll eine durch

$$y = y(x), \qquad z = z(x)$$

darstellbare Extremale gefunden werden, für die

$$\delta \int_{-1}^{1} y'^2\, dx = 0$$

sein soll, wobei die folgenden Neben- und Randbedingungen gelten mögen

$$z' - \varphi(x)\, y' = 0$$

$$\varphi(x) = \begin{cases} 0 & \text{für} \quad -1 \leq x \leq 0 \\ 1 & \text{für} \quad 0 \leq x \leq 1, \end{cases}$$

$$y(-1) = 0, \qquad z(-1) = 0,$$
$$y(1) = 0, \qquad z(1) = 1.$$

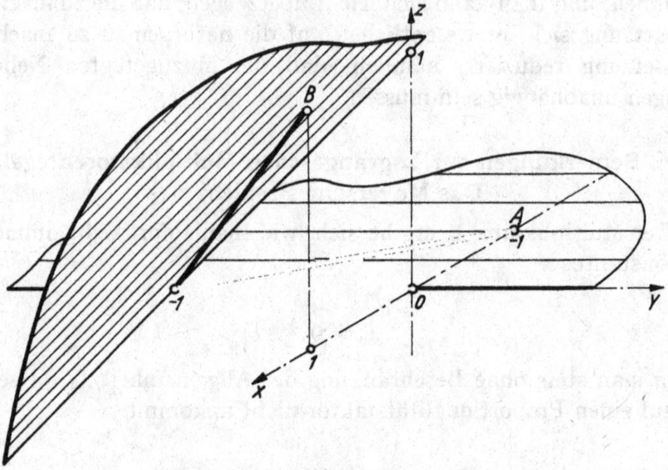

Fig. 44. Zu den „Aufspaltungserscheinungen"

Man sieht leicht, daß die Lösung der Aufgabe durch einen geknickten Geradenzug geliefert wird:

$$z = 0, \qquad y = -1 - x \quad \text{für} \quad -1 \leq x \leq 0$$
$$z = y + 1, \qquad y = -1 + x \quad \text{für} \quad 0 \leq x \leq 1.$$

Die Forderungen

$$z' = 0 \quad \text{für} \quad x \leqq 0 \quad \text{bzw.} \quad z' = y' \quad \text{für} \quad x \geqq 0$$

schränken den Verlauf der Teilbögen auf Halbebenen ein.

Der starke Linienzug in Fig. 44 zeigt den Verlauf der Extremale, die durch A hindurchgeht und in B einmündet. Um sich die Gesamtheit der durch A gehenden zugelassenen Bögen vorzustellen, hat man zu beachten, daß diese in der in Fig. 44 engschraffiert dargestellten oder in den zu dieser parallelen Halbebenen verlaufen müssen. Die durch Punkt A gehenden Extremalen bilden in der Intervallhälfte: $x \leqq 0$ eine einparametrige Geradenschar

$$y = c \cdot (x + 1), \quad z = 0,$$

in der Intervallhälfte: $x \geqq 0$ jedoch eine zweiparametrige Geradenschar

$$y = a x + c, \quad z = a x.$$

Die hier zutage tretende „Aufspaltungserscheinung" der Extremalen ist aber keineswegs eine Folge davon, daß wir die Stetigkeitsvoraussetzungen für die Ableitungen der gesuchten Funktionen fallen ließen, sie träte auch dann ein, wenn wir für $\varphi(x)$ etwa eine der beiden folgenden Funktionen nehmen

$$\varphi(x) = \begin{cases} 0 & \text{für} \quad -1 \leq x \leq 0 \\ e^{-\frac{1}{x}} & \text{für} \quad 0 < x \leq 1, \end{cases}$$

oder

$$\varphi(x) = \begin{cases} 0 & \text{für} \quad -1 \leq x \leq 0 \\ x^m & \text{für} \quad 0 \leq x \leq 1 \qquad m > 0, \text{ ganze Zahl.} \end{cases}$$

Im zweiten Fall ist $\varphi(x)$ nebst allen Differentialquotienten bis zur Ordnung m stetig. Im ersten Fall sind überhaupt $\varphi(x)$ und alle seine Differentialquotienten stetig.

In neuerer Zeit hat man vielfach Methoden entwickelt, bei denen auch die Beweise für die weiteren notwendigen Bedingungen und hinreichenden Bedingungen für das Eintreten eines Extremums (Legendresche, Jacobische und Weierstraßsche Bedingung) so durchgeführt werden, daß sie auch für den Fall nichtanalytischer Nebenbedingungen gelten. Wir wollen darauf nicht eingehen, da es bei den von uns ins Auge gefaßten Anwendungen nicht nötig ist. Wir wollen uns nur darauf beschränken zu erwähnen, daß die Aufspaltungserscheinungen, wie wir sie an dem oben besprochenen Beispiel kennengelernt haben, und die in diesen Fällen ein besonderes Studium der Einbettungsfrage erfordern, insbesondere CARATHÉODORY veranlaßt haben, den Begriff der Klasse eines Extremalenbogens einzuführen.

Handelt es sich um ein analytisches Variationsproblem (wobei also der Integrand nach allen Veränderlichen in eine konvergente Potenzreihe entwickelbar ist) im $n+1$ dimensionalen Raum mit m Nebenbedingungen, und füllen die Extremalen, die von einem beliebigen aber festen Punkt des Raumes ausgehen, einen Raumteil von $n+1-q$ Dimensionen, so wird q als Klasse des Extremalenbogens bezeichnet. Zieht man aber auch nichtanalytische Variationsprobleme in Betracht, so muß der Begriff Klasse in geeigneter Weise als Intervallfunktion erklärt werden (vgl. CARATHÉODORY, Variationsrechnung, 1. Aufl. 1935, B. G. Teubner, Leipzig, S. 360ff.).

3. Wir wollen nun untersuchen, von wieviel willkürlichen Integrationskonstanten die Extremalen beim Lagrangeschen Problem im Normalfall ($\lambda_0 = 1$) abhängen. Da wir erwarten, daß Anfangs- und Endpunkt einer Extremale vorgegeben werden können, ist zu vermuten, daß im allgemeinen $2n$ willkürliche Integrationskonstanten auftreten. Um dies genauer einzusehen, denken wir uns durch die Gleichungen

$$F_{y'_\nu} = \pi_\nu$$

n neue unbekannte Funktionen π_ν als kanonische Veränderliche eingeführt, ferner denken wir uns aus diesen Gleichungen und den m Nebenbedingungen

$$\varphi_\alpha = 0$$

die $n+m$ Größen y'_ν und λ_α berechnet:

$$\left.\begin{aligned} y'_\nu &= y'_\nu(x, y_\nu, \pi_\nu) \\ \lambda_\alpha &= \lambda_\alpha(x, y_\nu, \pi_\nu). \end{aligned}\right\} \tag{38}$$

Dabei stützen wir uns auf die Voraussetzung, es sei in der Umgebung des zu untersuchenden Extremalenbogens die Determinante

$$R = \frac{\partial(F_{y'_\nu}, \varphi_\alpha)}{\partial(y'_\mu, \lambda_\beta)} = \begin{vmatrix} F_{y'_\nu y'_\mu} & \varphi_{\alpha y'_\mu} \\ \varphi_{\alpha y'_\mu} & 0 \end{vmatrix}$$

von Null verschieden. Ein Extremalenbogen, bei dem dies der Fall ist, wird als regulärer Extremalenbogen bezeichnet.

Denken wir uns die so ermittelten Werte von y'_ν und λ_α in die Euler-Lagrangeschen Differentialgleichungen $\frac{d}{dx} F_{y'_\mu} - F_{y_\mu} = 0$ eingesetzt, so erhalten wir in Verbindung mit $F_{y'_\nu} = \pi_\nu$ ein System von $2n$ Differentialgleichungen erster Ordnung für die Unbekannten

$$y_1, y_2, \ldots, y_n, \pi_1, \pi_2, \ldots, \pi_n.$$

Eine besonders übersichtliche Gestalt nehmen diese Gleichungen an, wenn man so wie im Kap. I, 4, § 8 statt F die Funktion H durch die Gleichung

$$H = F_{y'_\nu} y'_\nu - F$$

einführt. Wir erhalten sodann

$$H_{\pi_\nu} = y'_\nu, \quad H_{y_\nu} = -F_{y_\nu} \tag{39}$$

und somit das System der $2n$ Differentialgleichungen erster Ordnung in der kanonischen Form

$$y'_\nu = H_{\pi_\nu}, \quad \pi'_\nu = -H_{y_\nu}, \tag{40}$$

das mit den n Euler-Lagrangeschen Differentialgleichungen völlig gleichwertig ist. Diese Form der Gleichungen ist also genau dieselbe wie beim Problem ohne Nebenbedingungen. Die allgemeine Lösung enthält also, wie vermutet, $2n$ Integrationskonstanten.

Der Unterschied zwischen Problemen mit und ohne Nebenbedingungen kommt aber im folgenden, noch zu beweisenden Satz zum Ausdruck: Bei einem Problem im $n+1$ dimensionalen Raum (x, y_i) mit m Nebenbedingungen ist der Rang der Matrix

$$(H_{\pi_\nu \pi_\mu})$$

gleich $n-m$.

Für den Beweis denken wir uns in die Gleichungen der Nebenbedingungen für y'_ν ihren Wert in den Veränderlichen x, y_μ, π_μ eingesetzt, d.h. wir benützen die Gln. (39) und erhalten m Identitäten in der Form

$$\varphi_\alpha(x, y_\nu, H_{\pi_\nu}) = 0.$$

Indem wir dann diese Identität nach π_ϱ differenzieren, erhalten wir $n \cdot m$ Gleichungen von der Form

$$\varphi_{\alpha y'_\nu} H_{\pi_\nu \pi_\varrho} = 0.$$

Mit anderen Worten: Für das Gleichungssystem

$$H_{\pi_\nu \pi_\varrho} \xi_\nu = 0$$

sind

$$\xi_\nu = \varphi_{\alpha y'_\nu}$$

Lösungen, und zwar ergeben sich m nicht identisch verschwindende linear unabhängige Lösungssysteme. Dies ist aber gleichwertig mit unserer Behauptung, daß $n-m$ der Rang der Matrix $(H_{\pi_\nu \pi_\mu})$ ist. Die Schreibweise in den kanonischen Koordinaten hat hier unter anderem den Vorteil, daß sie das Problem mit und ohne Nebenbedingung, soweit es die Aufstellung der Differentialgleichung betrifft, auf die gleiche Form bringt. Wir werden aber im folgenden hievon keinen Gebrauch machen, weil bei den Beispielen, die wir behandeln wollen, dadurch meist der Zusammenhang der Formeln mit der ursprünglichen Problemstellung durch einen doch immerhin weitläufigen, wenn auch zumeist sehr eleganten Formalismus verschleiert wird.

4. Ausgehend von den grundlegenden Existenz- und Stetigkeitssätzen bei gewöhnlichen Differentialgleichungen beweist man im Anschluß an das Differentialgleichungssystem der Extremalen in der kanonischen Form (40), daß zwei genügend benachbarte Punkte stets durch eine und nur eine Extremale verbunden werden, wenn das Variationsproblem „regulär“ ist, d.h. die Determinante R überall >0 ist.

Doch wollen wir hier darauf nicht näher eingehen. Vergleiche insbesondere CARATHÉODORY: „Variationsrechnung und partielle Differentialgleichungen erster Ordnung", B. G. Teubner 1935, S. 314 bis 318.

5. In § 1 haben wir isoperimetrische Nebenbedingungen durch Einführung neuer abhängiger Veränderlicher $z_\alpha(x)$ auf die Form:

$$\frac{dz_\alpha}{dx} - \chi_\alpha(x, y, y') = 0 \qquad (\alpha = 1, \ldots, m)$$

gebracht. Aus der Multiplikatorregel folgt dann unmittelbar,

$$\frac{d\lambda_\alpha}{dx} = 0 \qquad (\alpha = 1, \ldots, m),$$

d.h. daß sämtliche Multiplikatoren beim isoperimetrischen Problem Konstante sind.

6. Ebenso wie sich beim Lagrangeschen Problem die Herleitung der Differentialgleichungen für die Extremalen als Sonderfall des Hauptsatzes über unterbestimmten Systems ergeben hat, ergibt sich auch die Differentialgleichung der Extremalen für das von A. MAYER zuerst behandelte Problem aus diesem Satz. Dieses sog. Mayersche Problem wird gewöhnlich folgendermaßen formuliert: Unter allen Systemen von $n+1$ stetig differenzierbaren Funktionen, die m Differentialgleichungen von der Form

$$\psi_\mu(x, y_i, y_i') = 0 \qquad i = 0, 1, 2, \ldots, n; \qquad \mu = 1, 2, \ldots, m; \qquad m < n+1$$

genügen und für die

$$y_0(x_0), y_1(x_0), \ldots, y_n(x_0)$$
$$y_1(x_1), \ldots, y_n(x_1)$$

als gegeben anzunehmen sind, diejenige zu suchen für die $y_0(x_1)$ einen extremalen Wert annimmt. Es ist unmittelbar einleuchtend, daß dies nichts anderes ist als ein Sonderfall jener Fragestellung, die bei unserem Satz über unterbestimmte Systeme auftritt, da eine einseitige Beschränkung für den Wert von $y_0(x_1)$ verlangt wird.

In dieser Formulierung tritt kein Integral auf, dessen Extremwert zu bestimmen ist. Wir können jedoch das Mayersche Problem formal auf ein Variationsproblem der üblichen Form dadurch bringen, daß man die Differentialgleichungen als Nebenbedingungen auffaßt und außerdem noch die Forderung

$$\delta \int_{x_0}^{x_1} y_0' \, dx = 0$$

erhebt. Man gelangt so offenkundig zu einem Lagrangeschen Problem aber, wie wir ausdrücklich betonen müssen, mit variablen Endpunkten da wir den Wert von $y_0(x_1)$ nicht vorschreiben. Die Behandlung des Lagrangeschen Problems mit variablen Endpunkten wird erst später erörtert werden.

Der Hauptsatz über unterbestimmte Systeme kann aber auch direkt bei Problemen angewandt werden, die sich auf die Mayersche oder die Lagrangesche Form bringen lassen, aber doch nicht unmittelbar von der einen oder der anderen Form sind.

Als Beispiel diene das Zermelosche Navigationsproblem: Ein Fahrzeug (Schiff, Schwimmer, Flugzeug, usw.) entwickle im ruhigen Medium die konstante Geschwindigkeit V. Gegeben sei außerdem das Strömungsfeld. Die Strömungskomponenten sind als Funktionen des Ortes und der Zeit aufzufassen. Gefragt ist nach jenem Weg, den das Fahrzeug zu nehmen hat, um von einem gegebenen Anfangspunkt P_0 bei gegebener Startzeit t_0 zu einem gegebenen Endpunkt P_1 in der kürzesten Zeit zu gelangen. Wir behandeln hier nur das ebene Problem (*). Für die x- und y-Komponente des aus Eigengeschwindigkeit und der Geschwindigkeit des Mediums resultierenden Geschwindigkeitsvektors ergeben sich die Gleichungen

$$\frac{dx}{dt} = u(x, y, t) + V\cos\vartheta$$

$$\frac{dy}{dt} = v(x, y, t) + V\sin\vartheta,$$

dabei bedeutet ϑ den Winkel zwischen x-Achse und Fahrtrichtung (ϑ gibt also die Steuerrichtung an). Wir setzen ferner voraus, daß $u^2+v^2 < V^2$ ist. Eliminieren wir ϑ, so ergibt sich

$$\left(\frac{dx}{dt} - u(x, y, t)\right)^2 + \left(\frac{dy}{dt} - v(x, y, t)\right)^2 - V^2 = 0.$$

Sei die Zeit der Ankunft in $P_1(x_1, y_1)$ etwa gekennzeichnet durch $t = t_1$, so gibt es, falls die kürzeste Fahrzeit $t_1 - t_0$ vorliegt, für $t = t_1$ in der Umgebung von P_1 unerreichbare Punkte.

Dementsprechend ist also der Fahrweg als gebundener Bogen zu betrachten. Wir erhalten somit, wenn wir für die Klammerausdrücke wieder

$$V\cos\vartheta \quad \text{bzw.} \quad V\sin\vartheta$$

einführen, gemäß (20) die Differentialgleichungen

$$\frac{d\lambda\cos\vartheta}{dt} + \lambda\cos\vartheta\, u_x + \lambda\sin\vartheta\, v_x = 0$$

$$\frac{d\lambda\sin\vartheta}{dt} + \lambda\cos\vartheta\, u_y + \lambda\sin\vartheta\, v_y = 0.$$

Die Ausführung der Differentiationen und Elimination von λ ergibt:

$$\frac{d\vartheta}{dt} = -\begin{vmatrix} \cos\vartheta, & u_x \cos\vartheta + v_x \sin\vartheta \\ \sin\vartheta, & u_y \cos\vartheta + v_y \sin\vartheta \end{vmatrix}. \tag{41}$$

Um diese Gleichung kinematisch zu deuten, bemerken wir folgendes: Die Komponente v_f der Geschwindigkeit des Mediums in der Fahrtrichtung ist gegeben durch

$$v_f = u\cos\vartheta + v\sin\vartheta.$$

Differenzieren wir v_f nach dem Linienelement dn in der Richtung $\vartheta + \frac{\pi}{2}$, so erhalten wir

$$\frac{dv_f}{dn} = -(u\cos\vartheta + v\sin\vartheta)_x \sin\vartheta + (u\cos\vartheta + v\sin\vartheta)_y \cos\vartheta.$$

Somit ergibt sich aus (41)

$$\frac{d\vartheta}{dt} = -\frac{dv_f}{dn}.$$

Daher kann man die Navigationsregel in der folgenden Form aussprechen:

a. Der Betrag der Winkelgeschwindigkeit, mit der gedreht werden muß, ist gleich dem Betrag des senkrecht zur Fahrtrichtung gebildeten Differentialquotienten der Geschwindigkeitskomponente des Mediums in der Fahrtrichtung.

b. Das Fahrzeug muß immer nach der Seite gedreht werden, nach welcher die in der Fahrtrichtung wirkende Strömungskomponente kleiner wird.

§ 7. Formulierung des Lagrangeschen Problems mit variablen Grenzen und Randfunktion (Problem von Bolza)

Wir wollen nun Probleme vom folgenden Typus formulieren: Gesucht sei eine die Punkte $P^0(x^0, y_i^0)$ und $P^1(x^1, y_i^1)$ verbindende Kurve

$$y_i = y_i(x) \qquad (i = 1 \ldots n),$$

für die ein Ausdruck der Form

$$I = \int_{x^0}^{x^1} f(x, y_i, y_i')\, dx + \psi(x^0, y_i^0, x^1, y_i^1) \tag{42}$$

unter Berücksichtigung der voneinander unabhängigen Differentialgleichungen

$$\varphi_\alpha(x, y_i, y_i') = 0 \qquad (\alpha = 1, 2, \ldots, m < n) \tag{2}$$

einen möglichst kleinen Wert annimmt, wobei die Punkte P^0 und P^1 nicht fest vorgegeben sind sondern die Randwerte lediglich k vorgegebenen, voneinander unabhängigen Bedingungen von der Form

$$g_\varkappa(x^0, y_i^0, x^1, y_i^1) = 0 \qquad (\varkappa = 1, 2, \ldots, k; \quad 0 \leq k \leq 2n+2) \qquad (43)$$

zu genügen haben. Die Bedingungen (43) werden, analog wie im einfachsten Fall, als „erzwungene Randbedingungen" oder auch als „Zwangsbedingungen" bezeichnet. Die Funktion ψ bezeichnen wir als Randfunktion.

Anfangs- und Endpunkte der Extremalen liegen auf einer Mannigfaltigkeit von der Dimension $2n+2-k$. Die Randbedingungen, welche die Extremalen auf dieser Mannigfaltigkeit zu erfüllen haben, nennt man, wie wir das bereits bei einfachen Beispielen getan haben (Kap. I, 4, § 2, Beispiele 3, 4 und 5), „freie Randbedingungen". Wir werden sie analytisch in § 9 dieses Kapitels herleiten.

Wenn $k=0$ ist, so sprechen wir von einem Problem mit uneingeschränkter Randfunktion. Ist $k=2n+2$ so haben wir ein einfaches Punkt-Punktproblem.

Das Typische einer derartigen Problemstellung läßt sich in besonders anschaulicher Weise erfassen, wenn diese Probleme in der Form eines Brachistochronenproblems formuliert werden. Wir wollen dies hier, ohne Präzision in einer Weise erläutern, die geeignet ist, die Vorstellung zu beleben. Es liege ein einfach zusammenhängender Bereich B_{n+1} vor, dessen Dimensionszahl $n+1$ sei. Es gibt zwei Beförderungsmittel, die wir kurz mit I und II bezeichnen. I eigne sich hauptsächlich für Wege, welche in der Nähe des Randes des Bereiches liegen, während II sich hauptsächlich für Wege eignen soll, die tiefer im Inneren des Bereiches gelegen sind. Für das Beförderungsmittel I sei die Dauer der Beförderung von einem Punkt P_0 zu einem Punkt P_1 eine bekannte Funktion $T_{\text{I}}(P_0, P_1)$ der Ortskoordinaten von P_0 und P_1. Für das Beförderungsmittel II sei hingegen die Beförderungsdauer $T_{\text{II}}(P_0, P_1)$ gegeben durch

$$T_{\text{II}}(P_0, P_1) = \int_{P_0}^{P_1} \frac{ds}{v},$$

wobei ds das Wegelement auf der Kurve bezeichnet auf der die Beförderung von P_0 nach P_1 vorgenommen wird und die Geschwindigkeit v eine gegebene Funktion des Ortes und der Richtung auf dieser Kurve ist.

Es soll nun die schnellste Verbindung zwischen den Punkten Q_0 und Q_1, die in der Nähe des Randes liegen, ermittelt werden. Um alle Möglichkeiten, welche die beiden Beförderungsmittel bieten, auszuschöpfen, müssen wir das Umsteigen von dem einen auf das andere in Betracht ziehen, so daß also zunächst eine Wegstrecke bis zu einem Punkt P_0 in der Nähe des Randes mit dem Beförderungsmittel I zurückgelegt wird, dann eine Wegstrecke bis zu einem Punkt P_1 die durch das Innere des Bereiches führt und schließlich wieder eine Wegstrecke von P_1 bis Q_1 in der Nähe des Randes. Es ist somit nach dem Weg gefragt, der das Minimum des Ausdruckes

$$T = T_{\mathrm{I}}(Q_0, P_0) + T_{\mathrm{II}}(P_0, P_1) + T_{\mathrm{I}}(P_1, Q_1)$$

liefert. Die Randfunktion ist hier also $T_{\mathrm{I}}(Q_0, P_0) + T_{\mathrm{I}}(P_1, Q_1)$. Falls für P_0, P_1 keine Einschränkungen vorliegen, so haben wir, wie erwähnt, ein Problem mit uneingeschränkter Randfunktion vor uns. Bei vielen Problemen liegen Einschränkungen der Punkte P_0, P_1 auf in B_{n+1} gelegene Bereiche von der Dimension $\leqq n+1$ vor. Bei den analogen Problemen mit mehreren unabhängigen Veränderlichen treten an Stelle der Randfunktion Randfunktionale[1]. Ein Beispiel für ein Problem, wo für das Randfunktional eine Einschränkung besteht, liegt in der Kappilaritätstheorie vor, wenn nach der Gestalt der freien Oberfläche einer Flüssigkeit in einer Schale von vorgegebener Form gefragt ist. Der Bestandteil der potentiellen Energie, der von der Adhäsion der Flüssigkeit durch die Wand herrührt, ist ein Funktional der auf der Schale liegenden Randkurve. Die Einschränkung für das Randfunktional ist durch die Gleichung der Schale gegeben.

Als einfaches anschauliches Beispiel für den Fall $k=2$, also für ein Variationsproblem mit Randfunktion und zwei Zwangsbedingungen ist der durch eine Saite gespannte Bogen. Wir können es in der Form

$$\delta\left\{\int_0^l E I \vartheta'^2 ds + \alpha\left[\sqrt{(x^0-x^1)^2+(y^0-y^1)^2}-l\right]^2\right\} = 0,$$

$$\frac{dx}{ds} - \cos\vartheta = 0, \qquad \frac{dy}{ds} - \sin\vartheta = 0$$

$$s_0 = 0, \quad s_1 = l$$

analytisch fassen.

Die Größen E, I, ϑ, s haben hier die gleiche Bedeutung wie in Kap. III, 2, § 5. l bedeutet die Länge der Saite im ungespannten Zustand, $s_0=0$ und $s_1=l$ sind als Randbedingungen (Zwangsbedingungen) für die Anfangs- und Endpunktmannigfaltigkeit der Extremalen aufzufassen. Der Ausdruck unter dem Integral stellt die potentielle Energie des Bogens dar (wobei hier nur die Energie der Biegung und nicht auch die der Längenänderung berücksichtigt ist), während die Randfunktion die potentielle Energie der Seite ausdrückt, wobei α der entsprechende Proportionalitätsfaktor ist.

Als ein Beispiel dafür, wie die Koordinaten des Anfangspunktes mit denen des Endpunktes durch die Randbedingungen in Verbindung gebracht werden, sei auf den Fall hingewiesen, wo sowohl der Integrand,

[1] Es sind dies Integrale, die über die Randmannigfaltigkeit erstreckt sind. Genaueres über den Funktionalbegriff s. Kap. VII.

als auch die Nebenbedingungen durch Funktionen dargestellt werden, die in der unabhängigen Veränderlichen periodisch von der Periode l sind.

In diesem Falle ist häufig nach jenen Extremalen gefragt, für die die Beziehung $x^1 = x^0 + l$, $y_i(x^1) = y_i(x^0)$ besteht. Wie sich zeigen läßt, sind dann die Extremalen durch periodische Funktionen darstellbar, für die also allgemein

$$y_i(x + l) = y_i(x)$$

gilt.

§ 8. Gleichzeitige Variation von abhängigen und unabhängigen Veränderlichen bei Variationsproblemen ohne Nebenbedingungen und ohne Randfunktionen

Zur Vorbereitung für die Aufstellung der freien Randbedingungen benötigen wir eine neue Fassung der in Kap. I, 4, § 1 bereits mitgeteilten Hamiltonschen Formeln. Insbesondere wird diese neue Form der Hamiltonschen Formeln und die sich daran anschließende Verallgemeinerung für den Fall mehrfacher Integrale in Kap. VI, 3. Verwendung finden, wo es sich darum handeln wird, aus der Tatsache, daß ein Variationsproblem die Transformationen einer Gruppe gestattet, Sätze über die zum Variationsproblem zugehörigen Differentialgleichungen der Extremalen herzuleiten, also die bereits in Kap. I, 4, § 5 C behandelten Spezialfälle zu verallgemeinern.

In Kap. I haben wir uns naturgemäß zunächst mit dem Punkt-Punktproblem beschäftigt und sind daher bei der Herleitung der Euler-Lagrangeschen Differentialgleichung von der Variation der Kurve bei festgehaltenem Rand ausgegangen. Wir werden auch bei der im Titel genannten Problemstellung, so wie bei der zweiten Herleitung der Hamiltonschen Formeln (s. S. 68), von der nach Lagrange benannten Variationsmethode ausgehen. Zu diesem Zweck müssen wir aber die bis dahin nach Lagrange getrennt behandelten Spezialfälle: Variation des Integrals bei festgehaltenen Grenzen und Variation der Grenzen bei Beschränkung auf Extremalscharen vereinigen.

a) *Variationsprobleme mit einer unabhängigen Veränderlichen*

Wir verallgemeinern die in Kap. I, 1, § 3 erörterte Variationsmethode in dreifacher Weise.

I. Während wir dort bei der zu variierenden Kurve von vornherein nur an solch eine dachten, die durch eine Minimaleigenschaft ausgezeichnet ist, wollen wir vorläufig hievon ganz absehen.

II. Während wir dort die zu variierende Kurve nur in solche Kurvenscharen eingebettet hatten, in welchen der Scharparameter ε nur linear enthalten war, lassen wir jetzt Kurvenscharen zu, die in *beliebiger Weise* vom Scharparameter abhängen.

III. Ferner haben wir beim x-Problem dort nur solche Abbildungen der Kurven der Schar aufeinander betrachtet, bei denen Punkte mit gleicher Abszisse einander zugeordnet wurden. Im folgenden geben wir uns aber ein *beliebiges Gesetz* der Abbildung der Scharkurven aufeinander vor.

Durch diese Verallgemeinerungen gelangen wir zur *allgemeinsten* Form der Variation.

Wir betrachten demnach in der x, y-Ebene eine zweimal stetig differenzierbare Kurvenschar $C(\varepsilon)$

$$y = Y(x, \varepsilon), \tag{44}$$

die für den Wert $\varepsilon = \varepsilon_0$ des Scharparameters in die vorläufig von uns besonders ins Auge gefaßte Kurve $C(\varepsilon_0)$ übergeht[1]. Wir erinnern daran, daß wir uns auf die Voraussetzung der zweimal stetigen Differenzierbarkeit überall dort beziehen, wo von der Vertauschbarkeit der Differentiationen Gebrauch gemacht wird, bzw. wo wir ein Integral nach dem Parameter differenzieren. Die Funktion $Y(x, \varepsilon)$ kann im übrigen beliebig gewählt werden. Variieren wir $C(\varepsilon_0)$ bei festgehaltenem x, so ist die zugehörige Variation, bei der also bloß die abhängige Veränderliche variiert wird, durch das Symbol δ_A gekennzeichnet (wobei der Index A daran erinnern soll, daß die Abszisse festgehalten wird):

$$\delta_A y = (\varepsilon - \varepsilon_0)\, Y_\varepsilon(x, \varepsilon)\big|_{\varepsilon=\varepsilon_0} = (\varepsilon - \varepsilon_0)\, Y_\varepsilon(x, \varepsilon_0). \tag{45}$$

Wir wollen diese Variation als „gerade-“ oder „A-Variation“ bezeichnen. Sei nun $\varphi(\xi, \varepsilon)$ eine zweimal stetig differenzierbare Funktion, für welche für $\varepsilon = \varepsilon_0$ identisch in ξ gilt:

$$\xi = \varphi(\xi, \varepsilon_0), \tag{46a}$$

somit

$$1 = \varphi_\xi(\xi, \varepsilon_0), \tag{46b}$$

die im übrigen aber beliebig gewählt sein kann. Dann ist durch

$$x = \varphi(\xi, \varepsilon) \tag{47}$$

eine Abbildung der Kurven $C(\varepsilon)$ auf $C(\varepsilon_0)$, wo $\xi = x$ ist, festgelegt, indem Punkte, die einem festen Wert von ξ entsprechen, als einander zugeordnet gelten. Die Variation

$$\delta x = (\varepsilon - \varepsilon_0)\, \varphi_\varepsilon(\xi, \varepsilon)\big|_{\varepsilon=\varepsilon_0} = (\varepsilon - \varepsilon_0)\, \varphi_\varepsilon(\xi, \varepsilon_0) \tag{48}$$

---

[1] Da wir später an die Stelle von ε_0 eine variable Größe treten lassen, verwenden wir für die Kennzeichnung der ausgezeichneten Kurve der Schar ε_0 anstatt $\varepsilon = 0$ wie wir dies früher gewöhnlich angesetzt haben.

bezeichnen wir als die Variation der unabhängigen Veränderlichen. Wegen (46) bedeutet ξ die Abszisse der Kurvenpunkte von $C(\varepsilon_0)$.

Die Kurven $C(\varepsilon)$ besitzen wegen (44) und (47) auch folgende Parameterdarstellung:

$$\left.\begin{aligned} y &= Y(\varphi(\xi, \varepsilon), \varepsilon) \\ x &= \varphi(\xi, \varepsilon), \end{aligned}\right\} \tag{49}$$

wobei, um eine bestimmte Kurve $C(\varepsilon)$ darzustellen, ε festgehalten wird und ξ veränderlich ist. Hält man hingegen ξ fest, so erhält man eine Kurvenschar $B(\xi)$, die Bahnkurven der Abbildung. Wenn wir nun die Punkte der Kurve $C(\varepsilon_0)$ längs der Bahnkurven variieren, also so, daß die Punkte von $C(\varepsilon_0)$ in die Punkte der Kurve $C(\varepsilon)$ übergehen, welche der Abbildung (47) entsprechen, so sprechen wir von „schräger Variation".

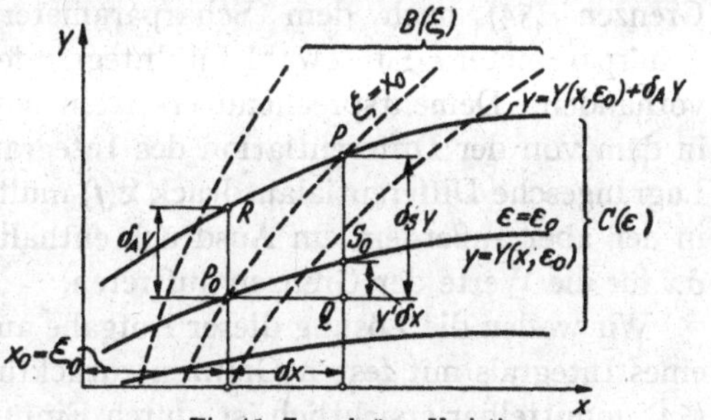

Fig. 45. Zur schrägen Variation

Diese ist dementsprechend unter Berücksichtigung von (46) durch die Formel

$$\delta_S y = (\varepsilon - \varepsilon_0) \left.\frac{\partial Y(\varphi(\xi, \varepsilon), \varepsilon)}{\partial \varepsilon}\right|_{\varepsilon=\varepsilon_0} = (\varepsilon - \varepsilon_0)\,(Y_\varepsilon + Y_x \varphi_\varepsilon)|_{\varepsilon=\varepsilon_0},$$

also durch

$$\delta_S y = \delta_A y + y' \,\delta x \qquad \text{mit} \qquad y' = Y_x(\varphi(\xi, \varepsilon_0), \varepsilon_0) = Y_\xi(\xi, \varepsilon_0) \tag{50}$$

dargestellt.

Mit dieser Gl. (50) läßt sich, wie aus Fig. 45 hervorgeht, eine anschauliche Vorstellung verbinden: $\delta_S y$ ist ein Näherungswert für die Länge der Strecke $\overline{PQ}$; $y'\,\delta x$ ist ein Näherungswert für die Länge der Strecke $\overline{S_0 Q}$. Schließlich ist $\delta_A y$ ein Näherungswert für die Länge der Strecke $\overline{RP_0}$, welche, bis auf Größen höherer Kleinheitsordnung, gleich der Länge der Strecke $\overline{S_0 P}$ ist.

Denken wir uns y' an Stelle von y variiert, so erhalten wir in gleicher Weise

$$\delta_S y' = \delta_A y' + y'' \,\delta x \tag{51}$$

und in gleicher Weise erhalten wir für die schräge Variation irgendeiner mindestens zweimal stetig differenzierbaren Funktion $f(x, y, y')$, da wir vor der Differentiation nach x bereits $\varepsilon = \varepsilon_0$ setzen können und wegen (46):

$$\delta_S f = \delta_A f + \frac{df}{dx}\,\delta x = \delta_A f + \left.\frac{df}{d\xi}\right|_{\varepsilon=\varepsilon_0} \delta x \tag{52}$$

$$\delta_A f = f_y \,\delta_A y + f_{y'} \,\delta_A y'.$$

Es liege nun ein Integral

$$I = \int_{x_0}^{x_1} f(x, y, y')\, dx \tag{53}$$

vor. Es sei $x = \varphi(\xi, \varepsilon)$ und im besonderen:

$$\left.\begin{aligned} x_0 &= \varphi(\xi_0, \varepsilon) \\ x_1 &= \varphi(\xi_1, \varepsilon). \end{aligned}\right\} \tag{54}$$

Wir stellen uns nun die Aufgabe, dieses Integral (53) mit variablen Grenzen (54) nach dem Scharparameter ε zu differenzieren. Der Scharparameter ε ist sowohl im Integranden als auch in den Grenzen vorhanden. Dementsprechend erwarten wir eine Schlußformel, in der in dem von der Differentiation des Integranden herrührenden Teil der Lagrangesche Differentialausdruck $\mathfrak{L}(f)$ multipliziert mit $\delta_A y$ vorkommt, in der aber außerdem ein Ausdruck enthalten ist, in welchem $\delta_S y$ und δx für die Werte der Grenzen auftreten.

Wir wollen die Lösung dieser Aufgabe auf die Aufgabe der Variation eines Integrals mit festen Grenzen zurückführen. Dies gelingt, wie aus (54) unmittelbar ersichtlich ist, durch Einführung von ξ an Stelle von x als Integrationsvariable. Es ist

$$\frac{dI}{d\varepsilon} = \frac{d}{d\varepsilon}\int_{\xi_0}^{\xi_1} f\big(\varphi(\xi, \varepsilon), Y(\varphi(\xi, \varepsilon), \varepsilon), Y_x(\varphi(\xi, \varepsilon), \varepsilon)\big)\, \varphi_\xi\, d\xi .$$

Wegen:

$$(f_x + f_y \cdot Y_x + f_{y'} \cdot Y_{xx}) \cdot \varphi_\varepsilon \cdot \varphi_\xi + f \cdot \varphi_{\xi\varepsilon} = \frac{\partial}{\partial \xi}(f \cdot \varphi_\varepsilon)$$

erhalten wir also

$$\frac{dI}{d\varepsilon} = [f \cdot \varphi_\varepsilon]_{\xi_0}^{\xi_1} + \int_{\xi_0}^{\xi_1} (f_y\, Y_\varepsilon + f_{y'}\, Y_{x\varepsilon}) \cdot \varphi_\xi\, d\xi . \tag{55}$$

Somit wird, da $\varphi_\xi \equiv 1$ für $\varepsilon = \varepsilon_0$ ist

$$\delta_S I = (\varepsilon - \varepsilon_0)\left(\frac{dI}{d\varepsilon}\right)_{\varepsilon=\varepsilon_0} = [f \cdot \delta x]_{\xi_0}^{\xi_1} + \int_{\xi_0}^{\xi_1} (f_y \cdot \delta_A y + f_{y'} \cdot \delta_A y')\, d\xi$$

$$\delta_S I = [f\, \delta x]_{\xi_0}^{\xi_1} + \int_{\xi_0}^{\xi_1} \delta_A f\, d\xi .$$

Unter Verwendung der Bezeichnungen[1]:

$$p = Y_x(\varphi(\xi, \varepsilon_0), \varepsilon_0) \qquad \pi = (f_{y'})_{\varepsilon=\varepsilon_0}$$

$$-\mathfrak{L}(f) = \left(f_y - \frac{d}{dx} f_{y'}\right)_{\varepsilon=\varepsilon_0}$$

[1] Wir bemerken: früher (s. Kap. I, 4, § 8) haben wir die Bezeichnungen $(f_{y'})_{\varepsilon=\varepsilon_0} = \pi$, $(y')_{\varepsilon=\varepsilon_0} = p$ für die kanonischen Veränderlichen gebraucht. Dabei haben wir vorausgesetzt, daß p zu einem Linienelement einer Extremalen gehört. An dieser Stelle setzen wir dies aber nicht voraus.

ergibt sich

$$\delta_S I = [f \cdot \delta x]_{\xi_0}^{\xi_1} + \int_{\xi_0}^{\xi_1} \left\{ - \mathfrak{L}(f)\, \delta_A y + \frac{d}{dx} (\pi \cdot \delta_A y) \right\} d\xi$$

und wir erhalten wegen (50) schließlich, unter Berücksichtigung, daß ξ und x für $\varepsilon = \varepsilon_0$ identisch sind:

$$\boxed{\delta_S I(\varepsilon) = - \int_{x_0}^{x_1} \mathfrak{L}(f)\, \delta_A y\, dx + [(f - \pi p)\, \delta x + \pi\, \delta_S y]|_{x_0}^{x_1}.} \tag{56}$$

Diese Formel wollen wir als die „allgemeine Variationsformel" bezeichnen. Charakteristisch für ihren Aufbau ist: der Integralausdruck enthält $\delta_A y$, die Randglieder enthalten $\delta_S y$ und δx.

Wählen wir insbesondere solche Kurven $y(x)$, für welche

$$\mathfrak{L}(f) = 0, \tag{57}$$

also die Euler-Lagrangesche Differentialgleichung erfüllt ist, verzichten wir also auf die erste Verallgemeinerung der Variation, so erkennen wir in den auf die Randpunkte sich beziehenden Termen, daß in ihnen die Hamiltonschen Formeln als Spezialfall enthalten sind. Mit (57) erhalten wir aus (56) unter Beachtung von (54) und (46a)

$$\left(\frac{dJ}{d\varepsilon}\right)_{\varepsilon=\varepsilon_0} = (f - \pi p) \left(\frac{dx}{d\varepsilon}\right)_{\varepsilon=\varepsilon_0} \Bigg|_{x_0}^{x_1} + \pi \left(\frac{dy}{d\varepsilon}\right)_{\varepsilon=\varepsilon_0} \Bigg|_{x_0}^{x_1}. \tag{58}$$

Sei etwa speziell:

$$\frac{dx_0}{d\varepsilon}\bigg|_{\varepsilon=\varepsilon_0} = 0, \quad \frac{dy_0}{d\varepsilon}\bigg|_{\varepsilon=\varepsilon_0} = 0, \quad \frac{dx_1}{d\varepsilon}\bigg|_{\varepsilon=\varepsilon_0} = 1, \quad \frac{dy_1}{d\varepsilon}\bigg|_{\varepsilon=\varepsilon_0} = 0.$$

Da andererseits

$$J = J(x_0(\varepsilon), y_0(\varepsilon), x_1(\varepsilon), y_1(\varepsilon))$$

ist, so erhalten wir durch Anwendung der Kettenregel

$$\frac{\partial J}{\partial x_1} = (f - \pi p)|_{x=x_1}$$

und in gleicher Weise die übrigen Formeln.

Bisher haben wir immer ein festes ε_0 zur Kennzeichnung einer bestimmten, aber beliebigen, zu variierenden Kurve verwendet. Betrachten wir nun den Spezialfall, daß $y = Y(x, \varepsilon)$ eine Schar von Extremalen sei und fragen wir, um die Transversalitätsbedingungen herzuleiten, nach jenen Kurven $B^*(\xi)$, die so beschaffen sind, daß durch zwei beliebige von ihnen $B^*(\xi_0)$ und $B^*(\xi_1)$ auf allen Extremalen Grenzen so bestimmt werden, daß sich für J bei der Ausführung des Integrals entlang der Extremalen zwischen diesen Grenzen der gleiche Wert ergibt. Um den variablen Charakter, den der Parameter ε_0 jetzt annimmt, zu unterstreichen, schreiben wir jetzt ϑ an Stelle von ε_0. Für die Differentialgleichung der Transversalen erhalten wir demnach aus (58):

$$(f - \pi p)\frac{dx}{d\vartheta} + \pi\frac{dy}{d\vartheta} = 0. \tag{59}$$

b) Variationsprobleme mit einer unabhängigen und mehreren abhängigen Veränderlichen

Vorgelegt sei ein Integral

$$I = \int_{x_0}^{x_1} f(x, y_i(x), y_i'(x))\, dx, \tag{60}$$

wobei $y_i(x)$ $(i=1, \ldots, n)$ n unbekannte Funktionen seien. Wenn wir auf (60) die allgemeinste Variation anwenden, indem wir, analog zu (44) $y_i(x)$ in eine Kurvenschar $Y_i(x, \varepsilon)$ so einbetten, daß $y_i(x) = Y_i(x, \varepsilon_0)$ wird und ferner die Abszissen der Kurvenpunkte dieser Schar durch (46) einander zuordnen, so ändert sich unsere Formel für das Variationsproblem mit einer abhängigen Veränderlichen nur insoferne, als nun in (56) $\pi_i p_i$ an Stelle von πp auftritt.

Spezialisieren wir jetzt auf den Fall, daß die Euler-Lagrangesche Differentialgleichung *identisch* verschwindet, dann hängt der Wert des Integrals (60) nur von den Grenzen, nicht aber von der Form der Kurven $y_i(x)$ ab. Dann müssen aber auch in

$$\delta_S I(\varepsilon) = (f - \pi_i p_i)\, \delta x\big|_{x_0}^{x_1} + \pi_i\, \delta_S y_i\big|_{x_0}^{x_1} \tag{61}$$

die Werte π_i und $(f - \pi_i p_i)$ unabhängig von der Richtung sein, welche die Kurven $y_i(x)$ in x_0 und x_1 haben und sind demnach eine bloße Funktion des Ortes.

Setzen wir dementsprechend:

$$\pi_i = B_i(x, y_i)$$

und ebenso

$$(f - p_i \pi_i) = A(x, y_i),$$

so haben wir in (61):

$$\delta_S I(\varepsilon) = A(x, y_i)\, \delta x\big|_{x_0}^{x_1} + B_i(x, y_i)\, \delta_S y_i\big|_{x_0}^{x_1}. \tag{62}$$

Aus der Unabhängigkeit von I von der Form der Kurven $y_i(x)$ zwischen den Grenzen ergibt sich hieraus, daß noch die Integrabilitätsbedingungen

$$\left.\begin{aligned} \frac{\partial A(x\, y_i)}{\partial y_j} &= \frac{\partial B_j(x\, y_i)}{\partial x} \\ \frac{\partial B_j}{\partial y_i} &= \frac{\partial B_i}{\partial y_j} \end{aligned}\right\} \tag{63}$$

erfüllt sein müssen.

c) *Variationsprobleme mit r unabhängigen und k abhängigen Veränderlichen*

Im VI. Kapitel werden wir die zu den vorherigen analogen Formeln für Variationsprobleme mit r unabhängigen Veränderlichen x_ϱ, $(\varrho=1,\ldots,r)$ und k abhängigen Variablen $z_i(x_\varrho)$ $(i=1,\ldots,k)$ benötigen. Da an den soeben durchgeführten Überlegungen sich nur wenig bei dieser Verallgemeinerung ändert, lassen wir diese Formeln hier gleich folgen, obwohl wir in diesem Kapitel nur beiläufig auf ein Variationsproblem mit mehrfachem Integral zu sprechen kommen.

An Stelle der Kurvenscharen $C(\varepsilon)$ werden wir jetzt eine Schar von Hyperflächen $\Sigma(\varepsilon)$ betrachten, wobei die vorläufig von uns besonders ins Auge gefaßte Fläche wieder durch $\Sigma(\varepsilon_0)$ gekennzeichnet sei. An Stelle der Gln. (44) und (45) treten die Gleichungen:

$$z_i = Z_i(x_\varrho, \varepsilon) \qquad (i=1,\ldots,k,\ \varrho=1,\ldots,r), \tag{44*}$$

$$\delta_A z_i = (\varepsilon-\varepsilon_0)\, Z_{i;\varepsilon}(x_\varrho, \varepsilon_0). \tag{45*}$$

Für die Hyperflächen $\Sigma(\varepsilon): z_i = Z_i(x_\varrho, \varepsilon)$ wird jetzt eine Parameterdarstellung

$$x_\varrho = \varphi_\varrho(\xi_\nu, \varepsilon) \qquad (\varrho, \nu = 1,\ldots,r), \tag{47*}$$

$$z_i = Z_i(\varphi_\varrho(\xi_\nu, \varepsilon), \varepsilon) \qquad (i=1,\ldots,k) \tag{49*}$$

eingeführt, wobei für die Funktionen φ_ϱ für $\varepsilon=\varepsilon_0$ identisch in ξ_ν gelten soll:

$$\xi_\varrho = \varphi_\varrho(\xi_\nu, \varepsilon_0) \tag{46a*}$$

und

$$\delta_{\varrho\lambda} = \varphi_{\varrho,\xi_\lambda}(\xi_\nu, \varepsilon_0), \tag{46b*}$$

wo $\delta_{\varrho\lambda}$ das Kroneckersche Symbol ist. Im übrigen können die φ_ϱ als beliebig, zweimal stetig differenzierbar, angenommen werden. Die Variation der unabhängigen Veränderlichen wird erklärt durch

$$\delta x_\varrho = (\varepsilon-\varepsilon_0)\, \varphi_{\varrho;\varepsilon}(\xi_\nu, \varepsilon_0). \tag{48*}$$

An Stelle der einparametrigen Schar der Bahnkurven $B(\xi)$ betrachten wir nun eine r parametrige Schar von Bahnkurven $B(\xi_\varrho)$, die die Abbildung von $\Sigma(\varepsilon)$ auf $\Sigma(\varepsilon_0)$ vermitteln, und die durch (47*) und (49*) dargestellt sind, wobei hier ξ_ϱ die Scharparameter sind und ε der Kurvenparameter ist. Die schräge Variation wird genau analog wie vorhin erklärt. Man erhält, wenn wir für die partielle Ableitung der Z_i nach x_ϱ für $\varepsilon=\varepsilon_0$ wie üblich $p_{i\varrho}$ schreiben

$$\delta_S z_i = \delta_A z_i + p_{i\varrho}\cdot\delta x_\varrho \tag{50*}$$

und ebenso, wenn wir hier und im folgenden die vereinfachte Schreibweise $z_{i;\nu}$ für $\partial z_i/\partial x_\nu$ verwenden:

$$\delta_S z_{i;\nu} = \delta_A z_{i;\nu} + \frac{\partial p_{i\nu}}{\partial x_\varrho}\,\delta x_\varrho. \tag{51*}$$

Somit ist auch, wenn wir eine Funktion $f=f(x_\varrho, z_i, z_{i;\varrho})$ haben,

$$\delta_S f = \delta_A f + \frac{\partial f}{\partial x_\varrho}\, \delta x_\varrho. \tag{52*}$$

Die Verallgemeinerung der eben behandelten Variationsaufgabe für r unabhängige und k abhängige Veränderliche formulieren wir folgendermaßen:

Es liege ein, über einen vom Rand R_{r-1} berandeten Bereich G_r des Raumes der x_ϱ erstrecktes Integral

$$I = \int_{G_r} f(x_\varrho, z_j, z_{i;\nu})\,(d\,x), \qquad (d\,x) = d\,x_1 \ldots d\,x_r \tag{53*}$$

vor. Der Rand R_{r-1} sei durch r stetige Funktionen der $r-1$ unabhängigen Parameter $t_1, \ldots, t_{r-1}$

$$x_\varrho = \chi_\varrho(t_1, \ldots, t_{r-1}) = \chi_\varrho(t_\sigma), \qquad \varrho = 1, \ldots, r, \qquad \sigma = 1, \ldots, r-1 \tag{54*}$$

gegeben. Bei der Transformation (47*) geht der Bereich G_r in den Bereich $G_r(\varepsilon)$ mit dem Rand $R_{r-1}(\varepsilon)$

$$x_\varrho = \varphi_\varrho(\chi_\nu(t_\sigma), \varepsilon)$$

über und auch der Integrand von (53*) wird nach (47*) und (49*) eine Funktion von ε. Gesucht ist

$$\left(\frac{d\,I(\varepsilon)}{d\,\varepsilon}\right)_{\varepsilon=\varepsilon_0}.$$

Um zur Durchführung der Aufgabe die Formel für die schräge Variation des Integrals (53*) abzuleiten, gehen wir wieder auf einen festen Integrationsbereich Γ_r im ξ-Raum zurück, indem wir an Stelle der x_ϱ die ξ_ϱ als Integrationsveränderliche einführen.

$$\begin{aligned}(d\,x) = d\,x_1 \ldots d\,x_r &= \frac{D(x_1, \ldots, x_r)}{D(\xi_1, \ldots, \xi_r)}\, d\,\xi_1 \ldots d\,\xi_r \\ &= \frac{D(x_1, \ldots, x_r)}{D(\xi_1, \ldots, \xi_r)}\,(d\,\xi) = |\varphi_{\varrho;\xi_\lambda}(\xi_\nu, \varepsilon)|\,(d\,\xi) \quad (\lambda = 1, \ldots, r),\end{aligned}$$

wobei der Zusammenhang zwischen den x_ϱ und ξ_ν durch die Gl. (47*) gegeben ist. Wegen (46*) haben wir

$$\varphi_\varrho(\xi_\nu, \varepsilon) = \xi_\varrho + (\varepsilon - \varepsilon_0)\, \varphi_{\varrho;\varepsilon}(\xi_\nu, \varepsilon)|_{\varepsilon=\varepsilon_0} + \cdots,$$

also:

$$\varphi_{\varrho;\xi_\lambda} = \delta_{\varrho\lambda} + (\varepsilon - \varepsilon_0)\, \varphi_{\varrho;\varepsilon,\xi_\lambda}(\xi_\nu, \varepsilon)|_{\varepsilon=\varepsilon_0} + \cdots$$

$$\varphi_{\varrho;\xi_\lambda} = \delta_{\varrho\lambda} + (\varepsilon - \varepsilon_0)\, \frac{\partial\,\delta\,x_\varrho}{\partial\,\xi_\lambda} + \cdots.$$

Unter Benützung der Regel, daß bei einer Determinante

$$|\delta_{ik} + (\varepsilon - \varepsilon_0)\,\alpha_{ik}|$$

gilt:

$$\frac{\partial}{\partial\varepsilon}|\delta_{ik} + (\varepsilon - \varepsilon_0)\,\alpha_{ik}|\Big|_{\varepsilon=\varepsilon_0} = \alpha_{ii},$$

erhalten wir für:

$$(\varepsilon - \varepsilon_0)\frac{\partial}{\partial\varepsilon}\frac{D(x_1, \ldots, x_r)}{D(\xi_1, \ldots, \xi_r)}\Big|_{\varepsilon=\varepsilon_0} = (\varepsilon - \varepsilon_0)\frac{\partial}{\partial\varepsilon}|\varphi_{\varrho;\xi_\lambda}|\Big|_{\varepsilon=\varepsilon_0} = (\varepsilon - \varepsilon_0)\frac{\partial\delta x_\varrho}{\partial\xi_\lambda}.$$

Es liefern dann die analogen Umformungen, die von der Gl. (55) zur Gl. (56) geführt haben, die hier folgende Formel (56*) für die schräge Variation des Integrals (53*). Dabei verwenden wir folgende Bezeichnungen:

$$\pi_{i\lambda} = f_{p_{i\lambda}}$$

$$\mathfrak{L}_i(f) = \frac{\partial\pi_{i\lambda}}{\partial x_\lambda} - f_{z_i}$$

$$a_{\lambda\varrho} = (f\,\delta_{\lambda\varrho} - \pi_{i\lambda}p_{i\varrho})$$

$$u_\lambda = a_{\lambda\varrho}\,\delta x_\varrho + \pi_{i\lambda}\,\delta_S z_i.$$

$a_{\lambda\varrho}$ und $\pi_{i\lambda}$ bezeichnen wir als Hamiltonsche Koeffizienten. Wenn wir wiederum berücksichtigen, daß ξ und x für $\varepsilon = \varepsilon_0$ identisch sind, ergibt sich für $\delta_S I$:

$$\boxed{\delta_S I = \int\limits_{G_r} -\,\mathfrak{L}_i(f)\,\delta_A z_i\,(dx) + \int\limits_{G_r}\frac{\partial u_\lambda}{\partial x_\lambda}(dx).} \qquad (56^*)$$

Den Integranden im zweiten Integral pflegt man nach Analogie mit dem R_3 allgemein, auch im trivialen Fall $r=1$, als Divergenzausdruck zu bezeichnen. Mit Hilfe des verallgemeinerten Stokesschen Satzes können wir das zweite Integral über den r dimensionalen Bereich G_r in ein Integral über seinen $(r-1)$ dimensionalen Rand R_{r-1} verwandeln. Damit werden wir uns aber erst im Kap. VI, 2, § 2 befassen.

§ 9. Herleitung der freien Randbedingungen für die erste Variation

Wenn beim allgemeinen Lagrangeschen Problem die erste Variation verschwindet, so genügt die Extremale $\overline{\mathfrak{E}}$ sicher den Lagrangeschen Differentialgleichungen, da ja unter anderem auch alle denselben Anfangs- und Endpunkt wie $\overline{\mathfrak{E}}$ verbindenden Kurven zum Vergleich herangezogen werden müssen. Zu den vorgegebenen k „erzwungenen" Randbedingungen (43) treten, analog wie in Kap. I, 4, § 2 weitere hinzu, die sich daraus ergeben, daß auch die Randglieder für sich verschwinden müssen.

Wir nennen diese, sich aus der Problemstellung ergebenden Randbedingungen — wie bereits in § 7 erwähnt — wieder „freie" Randbedingungen oder verallgemeinerte Transversalitätsbedingungen.

Man könnte diese Randbedingungen im Anschluß an die bereits in § 3 erwähnten verallgemeinerten Hamiltonschen Formeln mit Hilfe der Differentiationsmethode (vgl. Kap. III, 2, § 7) herleiten. Wir ziehen es aber im Anschluß an MORSE hier vor, sie auf einem anderen Weg zu gewinnen. Durch die Zwangsbedingungen wird die Lage des Anfangs- und des Endpunktes der Extremalen auf einer $r=2n+2-k$-fachen Mannigfaltigkeit festgelegt, welche immer durch Gleichungen von der Form:

$$x^s = x^s(a_\varrho), \qquad y_i^s = y_i^s(a_\varrho) \qquad s=0,1; \quad i=1,\dots,n; \quad \varrho=1,\dots,r \tag{64}$$

dargestellt werden kann. Die a_ϱ sind dabei r voneinander unabhängige Parameter. Die Indizes $s=0$ bzw. $s=1$ beziehen sich auf die Ausgangs- bzw. Endmannigfaltigkeit.

Sind insbesondere die Gln. (43) bereits in der Form gegeben, daß sie nach k bestimmten Veränderlichen aufgelöst sind, so kann man die übrigen $r=2n+2-k$ Veränderlichen in (43) als Parameter betrachten. Dies wird bei vielen Problemen das Nächstliegende sein. Für den allgemeinen Fall machen wir aber davon keinen Gebrauch.

Setzt man (64) in (42) ein, so geht unser Variationsproblem über in ein Variationsproblem von der Form:

$$I = \int_{x^0=x^0(a_\varrho)}^{x^1=x^1(a_\varrho)} f(x, y_i, y_i')\,dx + A(a_\varrho), \tag{42'}$$

unter Berücksichtigung von (2).

Sei nun, wie in § 8

$$x = \varphi(\xi, \varepsilon), \qquad y_i = Y_i(x, \varepsilon) = Y_i(\varphi(\xi, \varepsilon), \varepsilon) \tag{65}$$

die Parameterdarstellung einer einparametrigen Kurvenschar mit dem Kurvenparameter ξ und dem Scharparameter ε, in welcher für $\varepsilon=0$ die gesuchte Extremale $\overline{\mathfrak{E}}$

$$x = \varphi(x, 0), \qquad \bar{y}_i(x) = Y_i(x, 0)$$

enthalten sei. Für die auf der Mannigfaltigkeit (64) liegenden Anfangs- bzw. Endpunkte von (65) muß also gelten

$$\varphi(\xi, \varepsilon) = x^s(a_\varrho), \qquad Y_i(\varphi(\xi, \varepsilon), \varepsilon) = y_i^s(a_\varrho). \tag{66}$$

Aus irgendwelchen r aus diesen $2n+2$ Gln. (66) erhalten wir somit eine Darstellung der Schnittkurve von (64) mit (65) als einparametrige Kurvenschar im Parameterraum der a_ϱ

$$a_\varrho = a_\varrho(\varepsilon). \tag{67}$$

Das Wertsystem

$$\bar{a}_\varrho = a_\varrho(0)$$

entspricht dem Schnittpunkt von $\overline{\mathfrak{E}}$ mit der Mannigfaltigkeit (64). Unter Verwendung von m Lagrangeschen Multiplikatoren λ_α setzen wir für das Variationsproblem (42′) unter Berücksichtigung von (2) an:

$$I(\varepsilon) = \int\limits_{x^0(a_\varrho(\varepsilon))}^{x^1(a_\varrho(\varepsilon))} \Phi\big(x, Y_i(x,\varepsilon), Y_{ix}(x,\varepsilon)\big)\,dx + A\big(a_\varrho(\varepsilon)\big) \qquad (42'')$$

$$\Phi = f + \lambda_\alpha \varphi_\alpha .$$

Zur Vereinfachung der Schreibweise deuten wir wieder durch einen Querstrich an, daß nach durchgeführter Differentiation $\varepsilon=0$ zu setzen ist und führen folgende Abkürzungen ein:

$$\left.\begin{aligned} &\overline{Y_{i\varepsilon}(x,\varepsilon)} = \eta_i(x) \\ &\overline{\left(\frac{d x^s}{d\varepsilon}\right)} = \xi^s \qquad \overline{\left(\frac{\partial x^s}{\partial a_\varrho}\right)} = \xi^s_\varrho \\ &\overline{\left(\frac{d Y_i^s}{d\varepsilon}\right)} = \eta_i^s \qquad \overline{\left(\frac{\partial y_i^s}{\partial a_\varrho}\right)} = \eta^s_{i\varrho} \\ &\overline{\left(\frac{d a_\varrho}{d\varepsilon}\right)} = \beta_\varrho \qquad \overline{\left(\frac{\partial A}{\partial a_\varrho}\right)} = A_\varrho . \end{aligned}\right\} \qquad (68)$$

Es ist

$$\xi^s = \xi^s_\varrho \beta_\varrho, \qquad \eta_i^s = \eta^s_{i\varrho}\beta_\varrho, \qquad \eta_i^s = \eta_i(x^s) + Y_{ix}(x^s,0)\,\xi^s,$$

also:

$$\eta_i(x^s) = \eta_i^s - Y_{ix}(x^s,0)\,\xi^s. \qquad (69)$$

Wir erhalten für die in § 8 eingeführten Variationen δ_A und δ_S von y_i in den Anfangs- und Endpunkten:

$$\delta_A\, y_i^s = \varepsilon\cdot\eta_i(x^s), \qquad (70)$$

$$\delta_S\, y_i^s = \varepsilon\left[\eta_i(x^s) + Y_{ix}(x^s,0)\,\xi^s\right]. \qquad (71)$$

Zur Bildung von $\left(\frac{dI}{d\varepsilon}\right)_{\varepsilon=0}$, wobei sich hier I aus einem Integral und einer Randfunktion zusammensetzt, verwenden wir für die Variation des Integrals an der Stelle $\varepsilon=0$ die in § 8 abgeleitete Formel in der lediglich f durch Φ zu ersetzen ist und erhalten

$$\left.\begin{aligned} \left(\frac{dI}{d\varepsilon}\right)_{\varepsilon=0} = \int\limits_{x^0(\bar{a}_\varrho)}^{x^1(\bar{a}_\varrho)} \left[\overline{\Phi}_{y_i} - \frac{d}{dx}\overline{\Phi}_{y_i'}\right]\cdot\eta_i\,dx + \left[\overline{\Phi} - \overline{\Phi}_{y_i'} Y_{ix}(x^s,0)\right]\xi^s\Big|_{s=0}^{s=1} + \\ + \overline{\Phi}_{y_i'}\left[\eta_i(x^s) + Y_{ix}(x^s,0)\,\xi^s\right]\Big|_{s=0}^{s=1} + A_\varrho\cdot\beta_\varrho . \end{aligned}\right\} \qquad (72)$$

Da nun die Lagrangeschen Differentialgleichungen für die Extremale notwendigerweise erfüllt sind, ergeben sich die freien Randbedingungen durch Nullsetzen des außerhalb des Integrals stehenden Ausdrucks. Wegen (69) ist dieser eine lineare Form in den β_ϱ. Da wir alle, die Zwangsbedingungen erfüllenden Vergleichskurven zulassen, sind die β_ϱ aber willkürlich. Somit ergeben sich r freie Randbedingungen in der Form:

$$\{[\overline{\Phi} - \overline{\Phi}_{y_i'} Y_{ix}(x^s, 0)]\, \xi_\varrho^s + \overline{\Phi}_{y_i'} \eta_{i\varrho}^s\}_{s=0}^{s=1} + A_\varrho = 0. \tag{73}$$

Ist insbesondere

$$\xi_\varrho^s = 0,$$

so ergibt sich

$$[\overline{\Phi}_{y_i'} \eta_{i\varrho}^s]_{s=0}^{s=1} + A_\varrho = 0. \tag{73'}$$

Bevor wir Beispiele bringen, wollen wir noch die Theorie der zweiten Variation für das allgemeine Lagrangesche Problem behandeln.

2. Einleitung in die Theorie der zweiten Variation

§ 1. Herleitung der Differentialgleichungen und der Randbedingungen für das akzessorische Problem. Bedingung für das Verschwinden der zweiten Variation

Wir wollen nur eine Einleitung in die zweite Variation beim Problem von Bolza geben. Vor allem kommt es uns hier darauf an, ein allgemeines Schema zu entwickeln, das zur Feststellung des Vorzeichens der zweiten Variation herangezogen werden kann. Wir bemerken aber im Voraus, daß die Durchführung der Rechnung bei praktischen Beispielen sich wesentlich einfacher gestaltet, als man dies zunächst vermuten würde. Freilich muß dann auch der Rechnungsgang gegenüber jenem, der dem allgemeinen Schema entspricht, unter Verwendung der physikalischen Deutung, die man dem Beispiel geben kann, meist leicht modifiziert werden.

Es ist, wenn wir (55) dem jetzigen Problem entsprechend verwenden:

$$\frac{d^2 I}{d\varepsilon^2} = \frac{d}{d\varepsilon}\left(\frac{dI}{d\varepsilon}\right) = \frac{d}{d\varepsilon}\left\{[\Phi \cdot \varphi_\varepsilon]_{\xi_0}^{\xi_1} + \int_{\xi_0}^{\xi_1} (\Phi_{y_i} Y_{i\varepsilon} + \Phi_{y_i'} Y_{ix\varepsilon})\, \varphi_\xi \, d\xi + \frac{\partial A}{\partial a_\varrho} \frac{d a_\varrho}{d\varepsilon}\right\}.$$

Hieraus erhalten wir, unter sinngemäßer Anwendung der Umformung, welche zur Formel (55) geführt hat:

$$\frac{d^2 I}{d\varepsilon^2} = \left[\left(\Phi_x \frac{\partial \varphi}{\partial \varepsilon} + \Phi_{y_i} \frac{dY_i}{d\varepsilon} + \Phi_{y_i'} \frac{dY_{ix}}{d\varepsilon}\right) \frac{\partial \varphi}{\partial \varepsilon} + \Phi \frac{\partial^2 \varphi}{\partial \varepsilon^2}\right]_{\xi_0}^{\xi_1} +$$
$$+ \left[(\Phi_{y_i} Y_{i\varepsilon} + \Phi_{y_i'} Y_{ix\varepsilon}) \frac{\partial \varphi}{\partial \varepsilon}\right]_{\xi_0}^{\xi_1} +$$

$$+\int_{\xi_0}^{\xi_1}(\Phi_{y_i y_j} Y_{i\varepsilon} Y_{j\varepsilon} + 2\Phi_{y_i y_j'} Y_{i\varepsilon} Y_{jx\varepsilon} + \Phi_{y_i' y_j'} Y_{ix\varepsilon} Y_{jx\varepsilon})\,\varphi_\xi\, d\xi +$$

$$+\int_{\xi_0}^{\xi_1}(\Phi_{y_i} Y_{i\varepsilon\varepsilon} + \Phi_{y_i'} Y_{ix\varepsilon\varepsilon})\,\varphi_\xi\, d\xi + \frac{\partial^2 A}{\partial a_\varrho\, \partial a_\nu}\cdot\frac{d a_\varrho}{d\varepsilon}\cdot\frac{d a_\nu}{d\varepsilon} +$$

$$+\frac{\partial A}{\partial a_\varrho}\,\frac{d^2 a_\varrho}{d\varepsilon^2}.$$

Das zweite Integral liefert für $\varepsilon=\varepsilon_0=0$ (also $\varphi_\xi\equiv 1$) nach Durchführung der Produktintegration und Anwendung der Lagrangeschen Differentialgleichungen:

$$[\overline{\Phi}_{y_i'}\cdot Y_{i\varepsilon\varepsilon}(x^s,0)]_{s=0}^{s=1}.$$

Ermitteln wir aus

$$\frac{d^2 Y_i}{d\varepsilon^2}=\frac{d}{d\varepsilon}(Y_{i\varepsilon}+Y_{ix}\varphi_\varepsilon)=Y_{i\varepsilon\varepsilon}+2Y_{ix\varepsilon}\varphi_\varepsilon+Y_{ixx}\varphi_\varepsilon^2+Y_{ix}\varphi_{\varepsilon\varepsilon}$$

$$\frac{dY_{ix}}{d\varepsilon}=Y_{ix\varepsilon}+Y_{ixx}\varphi_\varepsilon$$

$Y_{i\varepsilon\varepsilon}$ und $Y_{ix\varepsilon}$ und setzen wir zur Abkürzung:

$$2\Omega(\eta,\eta')=\overline{\Phi}_{y_i y_j}\overline{Y}_{i\varepsilon}\overline{Y}_{j\varepsilon}+2\overline{\Phi}_{y_i y_j'}\overline{Y}_{i\varepsilon}\overline{Y}_{jx\varepsilon}+\overline{\Phi}_{y_i' y_j'}\overline{Y}_{ix\varepsilon}\overline{Y}_{jx\varepsilon}$$
$$=\overline{\Phi}_{y_i y_j}\cdot\eta_i\eta_j+2\overline{\Phi}_{y_i y_j'}\eta_i\eta_j'+\overline{\Phi}_{y_i' y_j'}\eta_i'\eta_j'$$

und

$$\overline{\frac{\partial^2 A}{\partial a_\varrho\,\partial a_\nu}}=A_{\varrho\nu}.$$

Dann wird

$$\left(\frac{d^2 I}{d\varepsilon^2}\right)_{\varepsilon=0}=\Big[(\overline{\Phi}-\overline{\Phi}_{y_i'}Y_{ix}(x^s,0))\overline{\frac{d^2x^s}{d\varepsilon^2}}+\overline{\Phi}_{y_i'}\overline{\frac{d^2Y_i^s}{d\varepsilon^2}}+\overline{\Phi}_{y_i}[2\eta_i^s\xi^s- -Y_{ix}(x^s,0)(\xi^s)^2]+\overline{\Phi}_x(\xi^s)^2\Big]_{s=0}^{s=1}+A_{\varrho\nu}\beta_\varrho\beta_\nu+A_\varrho\overline{\frac{d^2a_\varrho}{d\varepsilon^2}}+ +\int_{x^0}^{x^1}2\Omega(\eta,\eta')\,dx. \qquad (74)$$

Wir setzen ferner zur Abkürzung

$$\overline{\frac{\partial^2 x^s}{\partial a_\varrho\,\partial a_\nu}}=\xi^s_{\varrho\nu};\qquad \overline{\frac{\partial^2 y_i^s}{\partial a_\varrho\,\partial a_\nu}}=\eta^s_{i\varrho\nu}\qquad(\varrho,\nu=1,2,\ldots,r).$$

Dann wird

$$\overline{\frac{d^2x^s}{d\varepsilon^2}}=\xi^s_{\varrho\nu}\beta_\varrho\beta_\nu+\xi^s_\varrho\overline{\frac{d^2a_\varrho}{d\varepsilon^2}},$$

$$\overline{\frac{d^2Y_i^s}{d\varepsilon^2}}=\eta^s_{i\varrho\nu}\beta_\varrho\beta_\nu+\eta^s_{i\varrho}\overline{\frac{d^2a_\varrho}{d\varepsilon^2}},$$

$$(\xi^s)^2=\xi^s_\varrho\xi^s_\nu\beta_\varrho\beta_\nu,$$

$$\eta_i^s\xi^s=\xi^s_\varrho\eta^s_{i\nu}\beta_\varrho\beta_\nu=\xi^s_\nu\eta^s_{i\varrho}\beta_\varrho\beta_\nu.$$

Setzen wir diese Werte in (74) ein, so bemerken wir, daß sich die Glieder mit $\overline{\frac{d^2 a_\varrho}{d\varepsilon^2}}$ wegen der Gültigkeit der freien Randbedingungen (73) gegenseitig tilgen.

Setzen wir schließlich noch zur Abkürzung

$$\left.\begin{aligned}&[(\overline{\Phi} - Y_{ix}(x^s, 0)\,\overline{\Phi}_{y_i'})\,\xi^s_{\varrho\nu} + \overline{\Phi}_{y_i'}\eta^s_{i\varrho\nu} + \\ &\qquad + (\overline{\Phi}_x - Y_{ix}(x^s, 0)\,\overline{\Phi}_{y_i})\,\xi^s_\varrho \xi^s_\nu + \overline{\Phi}_{y_i}(\xi^s_\varrho \eta^s_{i\nu} + \xi^s_\nu \eta^s_{i\varrho})]^{s=1}_{s=0} = K_{\varrho\nu}.\end{aligned}\right\} \tag{75}$$

Ferner setzen wir

$$A_{\varrho\nu} + K_{\varrho\nu} = B_{\varrho\nu} \tag{76}$$

und

$$B_{\varrho\nu}\beta_\varrho\beta_\nu = B(\beta), \tag{77}$$

dann wird

$$\left(\frac{d^2 I}{d\varepsilon^2}\right)_{\varepsilon=0} = B(\beta) + \int_{x^0}^{x^1} 2\,\Omega(\eta, \eta')\,dx.$$

Wenn wir nun JACOBIs Theorie verallgemeinern und fragen, unter welchen Umständen die zweite Variation semidefiniten Charakter besitzt, werden wir auf das für die Theorie der zweiten Variation maßgebende Variationsproblem geführt. Nach ESCHERICH bezeichnet man es, wie bereits erwähnt wurde, als das „akzessorische Problem". Gelegentlich wollen wir es auch als „Sekundärproblem" und dementsprechend das ursprüngliche Problem als „Primärproblem" bezeichnen. Vorerst wollen wir noch folgende Ausdrucksweise einführen. Wir nennen

$(A_{\varrho\nu})$ die primäre Randfunktionenmatrix. Man erhält sie unmittelbar durch Berechnung der Glieder zweiten Grades der Taylorschen Entwicklung der Randfunktion.

$(K_{\varrho\nu})$ die Randformmatrix. Ihre Elemente sind durch (75) definiert.

$B(\beta)$ ist die Randfunktion des akzessorischen Problems.

Die Grenzen für die unabhängige Veränderliche

$$x^s = x^s(\overline{a}_\varrho) \qquad s = 0, 1 \tag{78}$$

sind beim akzessorischen Problem als fest zu betrachten. Das akzessorische Problem lautet demnach: Es müssen die n Funktionen $\eta_i(x)$ und die r Konstanten β_ϱ so bestimmt werden, daß

$$\delta\left[B(\beta) + \int_{x^0}^{x^1} 2\,\Omega(\eta, \eta')\,dx\right] = 0 \tag{79}$$

ist, wobei die $\eta_i(x)$ den Variationsgleichungen der Nebenbedingungen (2

$$\overline{\varphi}_{\alpha y_i}\eta_i + \overline{\varphi}_{\alpha y_i'}\eta_i' = 0 \tag{80}$$

und die Randwerte $\eta_i(x^s)$ den Gln. (69) genügen müssen, die wir in der Form:

$$\eta_i(x^s) = C^s_{i\varrho}\beta_\varrho \quad \text{mit} \quad C^s_{i\varrho} = \eta^s_{i\varrho} - Y_{i\varkappa}(x^s, 0)\,\xi^s_\varrho \tag{69'}$$

schreiben wollen. Die r Größen β_ϱ spielen demnach für das sekundäre Problem die analoge Rolle, wie die Größen a_ϱ für das primäre Problem. Sie mögen daher als Randparameter des akzessorischen Problems bezeichnet werden.

Wir wollen stets voraussetzen, daß die Matrizen $C^s_{i\varrho}$ den Rang r haben. Dann lassen sich aus ihnen $2n-r$ lineare homogene, voneinander unabhängige Gleichungen für die Randwerte $\eta_i(x^s)$ von $\eta_i(x)$ bilden. Die Gln. (69') stellen zusammen mit den Gln. (78) die $k=2n-r+2$ Zwangsbedingungen des akzessorischen Problems dar, die wir kurz mit (Z II) bezeichnen werden. Dementsprechend werden wir (64), die Zwangsbedingungen des primären Problems, kurz als (Z I) bezeichnen.

Wir setzen zur Abkürzung:

$$\Omega^* = \Omega + \mu_\alpha(\overline{\varphi}_{\alpha y_i}\eta_i + \overline{\varphi}_{\alpha y_i'}\eta_i'), \qquad (\alpha = 1, \ldots, m),$$

wobei μ_α die m Lagrangeschen Multiplikatoren des akzessorischen Problems sind. Somit ergeben sich, gemäß der Multiplikatorregel die Differentialgleichungen, denen die Größen $\eta_i(x)$ und $\mu_\alpha(x)$ genügen müssen, in der Form:

$$\frac{d\Omega^*_{\eta_i'}}{dx} - \Omega^*_{\eta_i} = 0, \quad i = 1, \ldots, n, \tag{81 a}$$

$$\overline{\varphi}_{\alpha y_i}\eta_i + \overline{\varphi}_{\alpha y_i'}\eta_i' = 0, \quad \alpha = 1, \ldots, m. \tag{81 b}$$

Die Lösungen von (81 a, b), die den Randbedingungen (69') entsprechen, seien

$$\eta_i = \eta_i(x, \beta_\varrho), \quad \mu_\alpha = \mu_\alpha(x, \beta_\varrho), \tag{82}$$

wobei die β_ϱ in $\eta_i(x, \beta_\varrho)$ und $\mu_\alpha(x, \beta_\varrho)$ nur linear-homogen enthalten sind.

Daß dies der Fall ist, läßt sich auf folgende Weise einsehen. Wir können die $n+m$ für η_i und μ_α linearen Differentialgleichungen (81 a, b) vorerst auf die kanonische Form transformieren, wie wir dies in 1 § 6 besprochen haben. Dann haben wir ein System von $2n$ linearen Differentialgleichungen erster Ordnung für $2n$ kanonische Variable mit Randbedingungen, die in den β_ϱ, zufolge der hier linearen kanonischen Transformationsgleichungen, ebenfalls linear-homogen sind. Daher sind auch die formal hergestellten Lösungen des kanonischen Systems in den β_ϱ linear-homogen. Also gilt dies auch bei den bei der Rücktransformation gewonnenen Lösungen $\eta_i(x, \beta_\varrho)$ und $\mu_\alpha(x, \beta_\varrho)$ von (81 a, b).

Wegen der Differentialgleichungen (81 a, b) und weil Ω^* in den η_i, μ_α und η_i' homogen von 2. Ordnung ist, demzufolge nach dem

Eulerschen Satz also

$$2\Omega^* = \Omega^*_{\eta_i}\eta_i + \Omega^*_{\eta'_i}\eta'_i + \Omega^*_{\mu_\alpha}\mu_\alpha$$

ist, wird unter Benutzung partieller Integration:

$$\int_{x^0}^{x^1} 2\Omega^*(\eta, \eta')\, dx = [\Omega^*_{\eta'_i} \cdot \eta_i]_{s=0}^{s=1}. \tag{83}$$

Berechnen wir aus den $\eta_i(x, \beta_\varrho)$ aus (82) die $\eta'_i(x^s, \beta_\varrho)$ und setzen wir die $\eta_i(x^s, \beta_\varrho)$ und $\eta'_i(x^s, \beta_\varrho)$ in (83) ein, so ergibt sich, weil

$$\Omega^*_{\eta'_i} = \bar{\Phi}_{y'_j y'_i}\eta'_j + \bar{\Phi}_{y_j y'_i}\eta_j + \mu_\alpha \bar{\varphi}_{\alpha y'_i}$$

linear in den η_i und η'_i und μ_α ist und die $\eta_i(x^s, \beta_\varrho)$ und die $\mu_\alpha(x^s, \beta_\varrho)$ linear in den β_ϱ sind:

$$[\Omega^*_{\eta'_i}\eta_i]_{s=0}^{s=1} = H_{\varrho\nu}\beta_\varrho\beta_\nu. \tag{84}$$

Die quadratische Form (84) in den β_ϱ bezeichnen wir als die Ordinatenrandwertform. Somit erhalten wir:

$$\left(\frac{d^2 I}{d\varepsilon^2}\right)_{\varepsilon=0} = (B_{\varrho\nu} + H_{\varrho\nu})\,\beta_\varrho\beta_\nu.$$

Soll diese Form semidefinit sein, so muß das Gleichungssystem

$$(B_{\varrho\nu} + H_{\varrho\nu})\,\beta_\varrho = 0 \tag{85}$$

eine nicht-triviale Lösung haben. Diese Gln. (85) bezeichnen wir als die freien Randbedingungen des akzessorischen Problems. Aus ihnen folgt mit (76), daß für nichttriviale Lösungen von (85) die Determinante

$$|A_{\varrho\nu} + K_{\varrho\nu} + H_{\varrho\nu}| = 0 \tag{86}$$

sein muß.

Für die Entscheidung, ob ein vorgegebenes Extremalenstück tatsächlich ein schwaches Minimum des ursprünglichen Problems liefert, wären nun noch analoge Betrachtungen anzustellen, wie wir sie in Kap. II, bzw. im Anschluß an Weierstrass in Kap. III. 2, insbesondere § 8, durchgeführt haben. Die Erörterung dieser Fragen in voller Allgemeinheit, namentlich des Analogons zur Legendreschen Transformation der zweiten Variation und des sich hieraus ergebenden Legendreschen Kriteriums und des Analogons zum Satz von Sturm, führen auf schwierige Fragen. Auf eine dieser Schwierigkeiten, die in der möglichen Existenz von anormalen Teilbögen der Extremalen besteht, haben wir bereits in 1, § 6 hingewiesen. In der Literatur nimmt die Behandlung dieser Probleme einen breiten Raum ein. Insbesondere haben sich Escherich, Radon, Carathéodory, Bliss und Morse eingehend mit ihnen beschäftigt. Wir müssen uns hier damit begnügen, den Leser auf die einschlägigen Arbeiten vor allem dieser Autoren zu verweisen (*).

§ 2. Hinweise für die praktische Behandlungen von Aufgaben der zweiten Variation beim allgemeinen Lagrangeschen Problem

Die in § 1 entwickelten Formeln geben in übersichtlicher Form für den allgemeinen Fall, daß auf einer beliebigen k-dimensionalen Randmannigfaltigkeit ($k=0, \ldots, 2n+2$) eine Randfunktion gegeben ist, die Bedingungsgleichung für das Verschwinden der zweiten Variation an. Sie wurden von Morse für die Zwecke der „Variationsrechnung im Großen" (*) entwickelt. Im folgenden Abschnitt 3, § 1 wird der Rechnungsvorgang nach Morse an einfachen Beispielen erläutert werden.

In den praktischen Anwendungen lassen sich die hierzu notwendigen Vorbereitungen viel rascher erledigen, als es vielleicht nach der ausführlichen Darstellung der allgemeinen Theorie erscheinen mag. An Stelle der schematischen Bezeichnungen $a_\varrho, \beta_\varrho, \ldots$ werden gelegentlich andere Bezeichnungen verwendet werden, damit die anschauliche Erfassung des Rechenganges und der Resultate erleichtert wird, dafür muß der Leser die kleine Mühe, die der Wechsel der Bezeichnung mit sich bringt, in Kauf nehmen.

Die Formulierung des akzessorischen Problems nach Morse kann insbesondere auch von praktischer Bedeutung sein, wenn es zweckmäßig ist, die Methode der Reihenentwicklung (vgl. Kap. II) und die direkten Methoden der Variationsrechnung (vgl. Kap. VII) zur Ermittlung numerischer Resultate heranzuziehen.

Ein Beispiel bei dem wir die Methode der Reihenentwicklung anwenden, wird im folgenden Abschnitt 3, § 3 behandelt.

Indessen ist in vielen Fällen, namentlich bei Stabilitätsproblemen der Elastostatik ein nur in der Form abgeändertes Verfahren zur Ermittlung der Bedingungen für das Verschwinden der zweiten Variation einfacher und hat auch den Vorteil, sich enger an die traditionell, besonders von den Technikern verwendeten Methoden anzuschließen. Hierbei geht man folgendermaßen vor:

1. Die Differentialgleichungen des (akzessorischen oder) Sekundärproblems (81 a), (81 b) werden als Variationsgleichungen der Euler-Lagrangeschen Differentialgleichungen und der Nebenbedingungen des Primärproblems hergeleitet.

Wir wiederholen bzw. erweitern den bereits in Kap. II, 2, § 4 eingeführten und in diesem Kapitel in Abschnitt 1, § 3 wiederholt verwendeten Begriff der Variationsgleichung. Man denke sich die zu untersuchende Extremale $\mathfrak{E}$:

$$y_i = \bar{y}_i(x), \qquad \lambda_\varrho = \bar{\lambda}_\varrho(x)$$

eingebettet in eine einparametrige Schar von Extremalen $\mathfrak{E}(\varepsilon)$

$$y_i = y_i(x, \varepsilon), \qquad \lambda_\varrho = \lambda_\varrho(x, \varepsilon),$$

so daß für $\varepsilon = 0$: $\overline{\mathfrak{E}} = \mathfrak{E}(0)$ gilt. Es sind dann

$$\delta_A y_i = \varepsilon \cdot (y_{i;\varepsilon})_{\varepsilon=0} = \varepsilon \cdot \eta_i$$

$$\delta_A \lambda_\varrho = \varepsilon \cdot (\lambda_{\varrho;\varepsilon})_{\varepsilon=0} = \varepsilon \cdot \mu_\varrho$$

die Variation von y_i und λ_ϱ bei festgehaltenem Abszissenwert. (Der Faktor ε kann wieder, wie früher, fortgelassen werden. Er hat nur den Zweck, die Vorstellung anzuregen, die es uns erlaubt, die Variationen als Näherungsausdrücke für die Differenzen der Werte der Ordinaten y_i bzw. der Werte der Multiplikatoren λ_ϱ im variierten und unvariierten Zustand zu deuten.) Variiert man auf diese Weise die Euler-Lagrangesche Differentialgleichungen und die Nebenbedingungen, so erhält man in der Tat sofort die Differentialgleichungen (81a), (81b). Der Beweis hiefür beruht auf einer sich unmittelbar darbietenden Erweiterung der Betrachtungen des Kap. II, 2, § 4.

2. Die Randbedingungen des Sekundärproblems (sowohl die Zwangsbedingungen wie die freien Randbedingungen) ergeben sich als „Variationsgleichungen" der Randbedingungen des Primärproblems. Hierunter verstehen wir folgendes: Sei

$$h(x^0, y_i^0, x^1, y_i^1) = 0 \tag{87}$$

eine Randbedingung des Primärproblems, dann lautet die entsprechende Randbedingung des Sekundärproblems mit dem in 1, § 8 eingeführten Begriff der „schrägen Variation":

$$\frac{\partial h}{\partial x^0}\,\delta x^0 + \frac{\partial h}{\partial y_i^0}\,\delta_S y_i^0 + \frac{\partial h}{\partial x^1}\,\delta x^1 + \frac{\partial h}{\partial y_i^1}\,\delta_S y_i^1 = 0, \tag{88}$$

wobei also, mit $s = 0, 1$

$$\delta_S y_i^s = \delta_A y_i^s + \bar{y}_i'(x^s)\cdot\delta x \quad \text{und} \quad \delta_A y_i^s = \varepsilon\cdot\eta_i(x^s) \qquad \delta x^s = \varepsilon\cdot\xi^s \tag{89}$$

ist, sich also aus (88) mit (89) Gleichungen für die Randwerte $\eta_i(x^s)$, ξ^s ergeben.

Wir bemerken, daß durch die Anwendung der schrägen Variation hier dem Umstand Rechnung getragen wird, daß sich im allgemeinen Fall bei einer Variation in der Randmannigfaltigkeit sowohl die Ordinaten- wie die Abszissenwerte ändern.

Bei den folgenden Beispielen treten unter anderem beim Primärproblem Randbedingungen von der einfachen Form

$$y_j(x^s) = 0 \qquad s = 0 \text{ oder } 1$$

auf. Als entsprechende Randbedingung des Sekundärproblems erhalten wir dann:

$$\eta_j(x^s) + \bar{y}_i'(x^s)\cdot\xi^s = 0.$$

3. Man hat die vollständige Lösung der linearen Differentialgleichungen des Sekundärproblems zu ermitteln, also ein Fundamentalsystem von $2n$ linear unabhängigen Lösungen und die Bedingungen aufzustellen, daß sich eine solche Linearkombination dieser Lösungen mit multiplikativen Konstanten C_ν $(\nu = 1, \ldots, 2n)$ angeben läßt, welche die Randbedingungen des Sekundärproblems mit nicht durchwegs verschwindenden C_ν erfüllen. Um die Rechnung übersichtlicher zu gestalten und um vielreihige Determinanten nach Möglichkeit zu vermeiden, kann man dabei so vorgehen, daß man zunächst eine Anzahl, etwa r, linear unabhängige Linearkombinationen von Fundamentallösungen so bildet, daß durch sie bereits $2n - r$ Randbedingungen erfüllt werden. Dann bildet man aus diesen Linearkombinationen r neue Linearkombinationen zur Befriedigung der noch verbleibenden r Randbedingungen, so daß schließlich also nur die Aufstellung einer r-reihigen Determinante nötig ist.

3. Beispiele

§ 1. Kürzeste Entfernung von Raumkurven und Flächen

Obwohl es sich bei diesen Beispielen nicht um solche mit Nebenbedingungen handelt, ist ihre Aufnahme in diesem Kapitel deshalb gerechtfertigt, weil sie sich dazu eignen, mit dem, insbesondere im § 1 des vorhergehenden Abschnittes, entwickelten formalen Apparat zur Behandlung der zweiten Variation bei Variationsproblemen mit mehreren abhängigen Veränderlichen und freien Randbedingungen vertraut zu werden.

1. Kürzeste Entfernung zweier Raumkurven

Wir wollen uns hier mit der Frage des kürzesten Abstandes zwischen zwei Raumkurven C^0 und C^1 beschäftigen. Also

$$\delta \int_{x^0}^{x^1} f(x, y_1, y_2, y_1', y_2')\, dx = \delta \int_{x^0}^{x^1} \sqrt{1 + y_1'^2 + y_2'^2}\, dx = 0. \tag{90}$$

Die Extremalen sind Gerade. Die Zwangsbedingungen (Z I) sind die Gleichungen für die Kurven C^0 und C^1, die freien Randbedingungen (F I) des Primärproblems besagen hier, was auch geometrisch unmittelbar einleuchtend ist, daß die das Minimum liefernde Gerade senkrecht auf C^0 und C^1 steht.

Dieses Variationsproblem mit zwei Freiheitsgraden ohne Nebenbedingungen und ohne Randfunktion läßt sich natürlich auch als elementare Minimalaufgabe behandeln, doch möge es hier zur Erläuterung der in den vorhergehenden Abschnitten entwickelten Formeln und Regeln dienen, wobei unser Interesse vor allem dem Sekundärproblem gilt.

Zur Vereinfachung der Rechnung denken wir uns das Koordinatensystem so gewählt, daß die x-Achse das zu untersuchende Geradenstück enthält, wobei C^0 durch $x=0$ und C^1 durch $x=l$ hindurchgehe. Die Richtungskosinus der Hauptnormalen von C^0 und C^1 im Schnittpunkt mit der x-Achse seien $\alpha_1^0, \alpha_2^0, \alpha_3^0$ bzw. $\alpha_1^1, \alpha_2^1, \alpha_3^1$, die Richtungskosinus der Tangenten seien dementsprechend $0, -\frac{\alpha_3^0}{\sqrt{1-\alpha_1^{0\,2}}}, \frac{\alpha_2^0}{\sqrt{1-\alpha_1^{0\,2}}}$ bzw. $0, -\frac{\alpha_3^1}{\sqrt{1-\alpha_1^{1\,2}}}, \frac{\alpha_2^1}{\sqrt{1-\alpha_1^{1\,2}}}$. R^0 und R^1 seien die Krümmungsradien von C^0 und C^1 in den Schnittpunkten mit der x-Achse. Dann erhalten wir, wenn mit s^0 und s^1 die Bogenlängen auf C^0 und C^1 bezeichnet werden, die von deren Schnittpunkten mit der x-Achse aus gezählt werden, für C^0 und C^1 die Parameterdarstellung (Z I)

$$x^0(s^0) = \frac{(s^0)^2}{2}\cdot\frac{\alpha_1^0}{R^0} + \cdots, \qquad x^1(s^1) = l + \frac{(s^1)^2}{2}\cdot\frac{\alpha_1^1}{R^1} + \cdots,$$

$$y_1^0(s^0) = -s^0\cdot\frac{\alpha_3^0}{\sqrt{1-\alpha_1^{0\,2}}} + \frac{(s^0)^2}{2}\cdot\frac{\alpha_2^0}{R^0} + \cdots,$$

$$y_1^1(s^1) = -s^1\frac{\alpha_3^1}{\sqrt{1-\alpha_1^{1\,2}}} + \frac{(s^1)^2}{2}\cdot\frac{\alpha_2^1}{R^1} + \cdots,$$

$$y_2^0(s^0) = s^0\cdot\frac{\alpha_2^0}{\sqrt{1-\alpha_1^{0\,2}}} + \frac{(s^0)^2}{2}\cdot\frac{\alpha_3^0}{R^0} + \cdots,$$

$$y_2^1(s^1) = s^1\cdot\frac{\alpha_2^1}{\sqrt{1-\alpha_1^{1\,2}}} + \frac{(s^1)^2}{2}\cdot\frac{\alpha_3^1}{R^1} + \cdots.$$

Die Glieder mit höheren Potenzen in s^0 bzw. s^1 sind durch Punkte angedeutet. Dabei entsprechen die Parameter denen der früheren Bezeichnung folgendermaßen

$$x^0, x^1, a_1, a_2 \leftrightarrow 0, l, s^0, s^1.$$

Für die erzwungenen Randbedingungen des akzessorischen Problems erhalten wir hier

$$\left.\begin{aligned} \eta_1^0(0) &= -\frac{\alpha_3^0}{\sqrt{1-\alpha_1^{0\,2}}}\,\beta_1, & \eta_1^1(l) &= -\frac{\alpha_3^1}{\sqrt{1-\alpha_1^{1\,2}}}\cdot\beta_2,\\ \eta_2^0(0) &= \frac{\alpha_2^0}{\sqrt{1-\alpha_1^{0\,2}}}\,\beta_1, & \eta_2^1(l) &= \frac{\alpha_2^1}{\sqrt{1-\alpha_1^{1\,2}}}\,\beta_2. \end{aligned}\right\} \tag{91}$$

Um nun die Randfunktion des akzessorischen Problems zu bilden, bemerken wir, daß für die zu untersuchende Extremale $\overline{\Phi}_x = \overline{\Phi}_{y_i} = \overline{\Phi}_{y_i'} = 0$, $\overline{\Phi} = 1$

$$\xi_{11}^0 = \frac{\alpha_1^0}{R^0}, \qquad \xi_{12}^0 = \xi_{22}^0 = 0,$$

$$\xi_{11}^1 = \xi_{12}^1 = 0, \qquad \xi_{22}^1 = \frac{\alpha_1^1}{R^1},$$

so daß wir nach (77) erhalten

$$B(\beta) = -\frac{\alpha_1^0}{R^0}\beta_1^2 + \frac{\alpha_1^1}{R^1}\beta_2^2.$$

Für den Integranden des akzessorischen Problems ergibt sich

$$2\Omega = \eta_1'^2 + \eta_2'^2.$$

Wir erhalten dann als Lösung der Jacobischen Differentialgleichung:

$$\eta_1 = -\left(1 - \frac{x}{l}\right)\frac{\alpha_3^0}{\sqrt{1-\alpha_1^{0\,2}}}\beta_1 - \frac{x}{l}\frac{\alpha_3^1}{\sqrt{1-\alpha_1^{1\,2}}}\beta_2,$$

$$\eta_2 = \left(1 - \frac{x}{l}\right)\frac{\alpha_2^0}{\sqrt{1-\alpha_1^{0\,2}}}\beta_1 + \frac{x}{l}\frac{\alpha_2^1}{\sqrt{1-\alpha_1^{1\,2}}}\beta_2.$$

Für $[\Omega_{\eta_i'}\eta_i]_{s=0}^{s=1}$ folgt somit, wenn wir zur Abkürzung setzen:

$$\cos(t_0, t_1) = \frac{\alpha_2^0\alpha_2^1 + \alpha_3^0\alpha_3^1}{\sqrt{1-\alpha_1^{0\,2}}\sqrt{1-\alpha_1^{1\,2}}},$$

$$[\Omega_{\eta_i'}\eta_i]_{s=0}^{s=1} = \frac{1}{l}\left[\beta_1^2 + \beta_2^2 - 2\cos(t_0, t_1)\beta_1\beta_2\right],$$

dabei bedeutet (t_0, t_1) den Winkel den die Tangenten der beiden Raumkurven in $x=0$ bzw. $x=l$ miteinander einschließen. Es ergibt sich also in unserem Falle:

$$(A_{\nu\varrho}) = 0, \qquad (K_{\nu\varrho}) = \begin{pmatrix} -\frac{\alpha_1^0}{R^0} & 0 \\ 0 & \frac{\alpha_1^1}{R^1} \end{pmatrix},$$

$$(H_{\nu\varrho}) = \begin{pmatrix} \frac{1}{l} & -\frac{1}{l}\cos(t_0, t_1) \\ -\frac{1}{l}\cos(t_0, t_1) & \frac{1}{l} \end{pmatrix}$$

und daher wird die zweite Variation dann semidefinit, wenn

$$\begin{vmatrix} \frac{1}{l} - \frac{\alpha_1^0}{R^0} & -\frac{1}{l}\cos(t_0, t_1) \\ -\frac{1}{l}\cos(t_0, t_1) & \frac{1}{l} + \frac{\alpha_1^1}{R^1} \end{vmatrix} = 0. \qquad (92)$$

Dies ist die Bedingung für die kritische Entfernung l. Auf diese Gleichung wird man auch durch die folgende geometrische Überlegung geführt:

Da für unsere Fragestellung zunächst nur der erste und zweite Differentialquotient nach der Bogenlänge s^0 bzw. s^1 für die Anfangskurve C^0 bzw. Endkurve C^1 in Betracht kommen, so kann man für eine geometrische Betrachtung offenbar C^0 und C^1 durch ihre dem

Anfangspunkt P_0 bzw. dem Endpunkt P_1 entsprechenden Krümmungskreise $\overline{C}_0$ bzw. $\overline{C}_1$ ersetzen. Die Orte gleicher kürzester Entfernung von $\overline{C}_0$ sind nun dargestellt durch eine Torusfläche. Sei insbesondere $W(\overline{C}_0, P_1)$ die durch den Punkt P_1 hindurchgehende Torusfläche. Soll nun das Geradenstück $\overline{P_0P_1}$ ein Minimum liefern, so ist jedenfalls notwendig, daß $\overline{C}_1$ mit $W(\overline{C}_0, P_1)$ keinen inneren Punkt gemein hat. Der Grenzfall wird also offenbar dann eintreten, wenn $\overline{C}_1$ Krümmungskreis des der Tangente in P_1 entsprechenden Hauptschnittes von $W(\overline{C}_0, P_1)$ ist. Zeichnet man nun einen Meridianschnitt für $W(\overline{C}_0, P_1)$, so ergibt sich sofort nach dem Satz von MEUSNIER für die Krümmungsradien der Hauptschnitte

$$\varrho_{\mathrm{I}} = -l + \frac{R^0}{\alpha_1^0}, \qquad \varrho_{\mathrm{II}} = -l.$$

Dabei ist das Vorzeichen der Krümmungsradien, die auf der nach innen gerichteten Normalen liegen, negativ gewählt. Drückt man nun in (92) l und R^0 durch ϱ_{I} und ϱ_{II} aus, so erkennt man, daß der Kreis $\overline{C}_1$ den Torus oskuliert.

II. Kürzeste Entfernung zweier Flächen

Das Integral des Variationsproblems habe dieselbe Form wie beim vorangehenden Beispiel. Anfangs- und Endmannigfaltigkeit sind jetzt Flächen im x, y_1, y_2-Raum. Es handelt sich also um ein Variationsproblem mit vier Freiheitsgraden ohne Nebenbedingung und ohne Randfunktion. Die Extremalen sind abermals Gerade. Denken wir uns wieder die x-Achse in jene Gerade $\overline{\mathfrak{E}}$ verlegt, welche sich als Lösung des Primärproblems ergibt und denken wir uns die x-Achse so orientiert, daß der Schnittpunkt von $\overline{\mathfrak{E}}$ mit der Ausgangsfläche in $x=0$, jener mit der Endfläche in $x=l$ liegt.

Für die Ausgangs- und die Endmannigfaltigkeit läßt sich dann prinzipiell folgende Parameterdarstellung (Z I) ansetzen:

$$y_1^0 = a_1, \quad y_1^1 = a_3, \quad y_2^0 = a_2, \quad y_2^1 = a_4,$$

$$x^0 = \frac{1}{2}\left(A_{11} a_1^2 + 2A_{12} a_1 a_2 + A_{22} a_2^2\right) + \cdots,$$

$$x^1 = l + \frac{1}{2}\left(A_{11}^* a_3^2 + 2A_{12}^* a_3 a_4 + A_{22}^* a_4^2\right) + \cdots.$$

Dabei wird durch die Punktierung angedeutet, daß es sich bei x^0 und bei x^1 um Potenzreihen nach a_1, a_2 bzw. a_3, a_4 handelt. Es ist $\bar{a}_1 = \bar{a}_2 = \bar{a}_3 = \bar{a}_4 = 0$.

Die die erste Variation betreffenden Bedingungen sind voraussetzungsgemäß erfüllt.

Um das akzessorische Problem zu formulieren beachten wir, daß insbesondere hier wegen $\xi^s = 0$, $\xi^s_\varrho = 0$, $\xi^0_{11} = A_{11}$ usw. und $\overline{\Phi}_{y'_i} = 0$ nur das erste Glied in (75) für die Koeffizienten $B(\beta)$ von Null verschieden ist und erhalten wegen $\overline{\Phi} = 1$

$$B(\beta) = -(A_{11}\beta_1^2 + 2A_{12}\beta_1\beta_2 + A_{22}\beta_2^2) + (A^*_{11}\beta_3^2 + 2A^*_{12}\beta_3\beta_4 + A^*_{22}\beta_4^2).$$

Für Ω ergibt sich dieselbe Formel wie im ersten Beispiel. Für die Lösung der akzessorischen Differentialgleichung ergibt sich mit den erzwungenen Randbedingungen des akzessorischen Problems

$$\eta_1 = \beta_1\left(1 - \frac{x}{l}\right) + \beta_3\frac{x}{l}, \qquad \eta_2 = \beta_2\left(1 - \frac{x}{l}\right) + \beta_4\frac{x}{l}$$

und damit

$$(A_{\varrho r}) = 0, \qquad (H_{\varrho r}) = \frac{1}{l}\begin{pmatrix} 1 & 0 & -1 & 0 \\ 0 & 1 & 0 & -1 \\ -1 & 0 & 1 & 0 \\ 0 & -1 & 0 & 1 \end{pmatrix},$$

$$(K_{\varrho r}) = \begin{pmatrix} -A_{11} & -A_{12} & 0 & 0 \\ -A_{12} & -A_{22} & 0 & 0 \\ 0 & 0 & A^*_{11} & A^*_{12} \\ 0 & 0 & A^*_{12} & A^*_{22} \end{pmatrix};$$

daher lautet die Bedingung, daß die zweite Variation semidefinit wird:

$$\begin{vmatrix} A_{11} - \frac{1}{l} & A_{12} & \frac{1}{l} & 0 \\ A_{12} & A_{22} - \frac{1}{l} & 0 & \frac{1}{l} \\ -\frac{1}{l} & 0 & A^*_{11} + \frac{1}{l} & A^*_{12} \\ 0 & -\frac{1}{l} & A^*_{12} & A^*_{22} + \frac{1}{l} \end{vmatrix} = 0.$$

Zu derselben Gleichung gelangt man auch, wenn man die Aufgabe als elementares Minimumproblem behandelt, indem man von dem Ausdruck der Entfernung zweier Punkte ausgeht, der von vier Veränderlichen abhängt. Man denke sich den Ausdruck nach Potenzen von y_i^s entwickelt und bilde die Diskriminante für die Glieder zweiter Ordnung.

§ 2. Ebene Probleme der Elastostatik

1. Als einfachstes Stabilitätsproblem erscheint der Fall der beiderseitig durch Klemmen eingespannten Elastica. Es handelt sich hier um ein Problem mit drei unbekannten Funktionen

$$\vartheta(s), \quad x(s), \quad y(s)$$

mit zwei Nebenbedingungen und festen Grenzen.

Mit den bereits in Kap. III, 2, § 5 erklärten Bezeichnungen kann das Problem folgendermaßen formuliert werden (*):

$$\delta \frac{1}{2} \int_0^l E I \vartheta'^2 \, ds = 0,$$

$$x' - \cos\vartheta = 0, \qquad y' - \sin\vartheta = 0,$$

wobei die Grenzbedingungen, d.h. Lage und Richtung der Klemmen für die Punkte P_0 und P_1 durch die folgenden Zwangsbedingungen festgelegt sein sollen:

$$\vartheta(0) = \vartheta^0, \qquad \vartheta(l) = \vartheta^1,$$

$$x(0) = x^0, \qquad x(l) = x^1,$$

$$y(0) = y^0, \qquad y(l) = y^1.$$

Für den Zusammenhang mit der allgemeinen Theorie gilt:

$$x, y_1, y_2, y_3 \leftrightarrow s, \vartheta, x, y.$$

Für die Lagrangesche Funktion Φ ergibt sich

$$\Phi = \frac{1}{2} \left[E I \vartheta'^2 + 2\lambda_1 (x' - \cos\vartheta) + 2\lambda_2 (y' - \sin\vartheta) \right],$$

und somit lauten die Euler-Lagrangeschen Gleichungen:

$$\left. \begin{aligned} E I \vartheta'' - \lambda_1 \sin\vartheta + \lambda_2 \cos\vartheta = 0, \\ \frac{d\lambda_1}{ds} = 0, \qquad \frac{d\lambda_2}{ds} = 0. \end{aligned} \right\} \tag{93}$$

λ_1, λ_2 sind somit Konstante, ihrer mechanischen Bedeutung nach sind es die x-, bzw. die y-Komponenten der Reaktionskräfte (von den Klemmen auf die Elastica). Um dies einzusehen hat man offenbar zu überlegen, wie sich die potentielle Energie ändert, wenn man eine Klemme festhält und die andere in der x- bzw. y-Richtung verschiebt. Da sich nach den Hamiltonschen Formeln in unserem Fall die λ_1 und λ_2 als die partiellen Differentialquotienten der potentiellen Energie nach x und y ergeben, folgt hieraus die oben aufgestellte Behauptung unmittelbar.

Da in Φ die unabhängige Variable nicht vorkommt, so haben wir nach der zweiten Eulerschen Regel

$$-\left[\frac{1}{2} E I \vartheta'^2 + \lambda_1 \cos\vartheta + \lambda_2 \sin\vartheta \right] = c. \tag{94}$$

Durch Drehung des Koordinatensystems ($x, y, \vartheta \leftrightarrow \tilde{x}, \tilde{y}, \tilde{\vartheta}$; vgl. Kap. I, 2, § 2B) kann man ohne Beschränkung der Allgemeinheit $\lambda_2 = 0$ annehmen, was durch die mechanische Bedeutung von λ_1 und λ_2 nahegelegt wird[1]. Setzen wir ferner wieder

$$-\lambda_1 = P, \quad \frac{EI}{P} = a^2,$$

so erhält man für die Extremale statt (93) bzw. (94) die übersichtlicheren Gleichungen

$$a^2\vartheta'' + \sin\vartheta = 0 \quad \text{bzw.} \quad \frac{1}{2}a^2\vartheta'^2 - \cos\vartheta = -\frac{c}{P}. \tag{95}$$

Integrieren wir die erste dieser Gleichungen, so ergibt sich wegen $\tilde{y}' = \sin\vartheta$

$$a^2\vartheta' + \tilde{y} = C.$$

Wir bezeichnen die Krümmung mit $\varkappa$ und den Krümmungsradius mit R und denken uns das Koordinatensystem durch Verschiebung in eine solche Lage gebracht, daß $C = 0$ ist.

Somit erhält man wegen $\vartheta' = \varkappa$

$$|\tilde{y}\cdot R| = a^2, \quad \tilde{y} = \varkappa a^2. \tag{96}$$

Die Elastica sind also, wie wir bereits in Kap. I, 2, § 2B festgestellt haben und hier wiederholen, geometrisch gekennzeichnet durch folgende Eigenschaft:

Das geometrische Mittel aus Krümmungsradius und Abstand von einer Geraden g ist konstant. Diese Gerade g wird auch als Achse der Elastica bezeichnet.

Der Wert der Integrationskonstanten c ist kennzeichnend für die Gestalt der Elastica. Ist insbesondere $\left|\frac{c}{P}\right| < 1$, so sind, wie man aus der zweiten Gl. (95) erkennt, Wendepunkte vorhanden und die Achse geht durch die Wendepunkte der Elastica hindurch. In diesem Fall setzen wir

$$\frac{c}{P} = \cos\beta, \tag{97}$$

wobei β den größten Winkel bezeichnet, den die Elastica mit der x-Achse einschließt.

Bei den folgenden Beispielen wird es sich stets um eine Elastica mit Wendepunkten handeln, denn eine durch Klemmen eingespannte Elastica ohne Wendepunkte ist stets stabil, wie bereits von M. Born durch eine sinnreiche elementare Betrachtung bewiesen wurde (**). Er führt zu

[1] Im folgenden werden wir das spezielle Koordinatensystem in welchem $\lambda_2 = 0$ ist, nur gelegentlich durch den Gebrauch des Zeichens: ~ hervorheben und dies auch nur bezüglich der Größen x und y.

diesem Zweck anstatt der Bogenlänge den Winkel ϑ als Integrationsvariable ein und benutzt außerdem den Umstand, daß bei der wendepunktlosen Elastica s und somit auch R als eindeutige Funktion von ϑ betrachtet werden kann.

Für das akzessorische Problem erhalten wir mit

$$\left.\begin{aligned} &\tau,\xi,\eta \leftrightarrow \eta_1,\eta_2,\eta_3 \\ &\Omega^* = \tfrac{1}{2}\left[E I \tau'^2 + (\lambda_1 \cos\vartheta + \lambda_2 \sin\vartheta)\,\tau^2\right] + \mu_1(\xi' + \tau\sin\vartheta) + \\ &\qquad + \mu_2(\eta' - \tau\cos\vartheta) \end{aligned}\right\} \tag{98}$$

und somit für die Differentialgleichungen des akzessorischen Problems

$$\left.\begin{aligned} &E I \tau'' - (\lambda_1\cos\vartheta + \lambda_2\sin\vartheta)\,\tau - \mu_1\sin\vartheta + \mu_2\cos\vartheta = 0 \\ &\mu_1' = \mu_2' = 0 \\ &\xi' + \tau\sin\vartheta = 0; \quad \eta' - \tau\cos\vartheta = 0. \end{aligned}\right\} \tag{99}$$

Aus diesem Gleichungssystem ersieht man sofort, daß μ_1 und μ_2 Konstante sind. Unter Berücksichtigung dieses Umstandes haben wir für τ, ξ und η eine lineare Differentialgleichung zweiter Ordnung in τ und zwei lineare Differentialgleichungen erster Ordnung für η und τ bzw. ξ und τ. Das System dieser drei Differentialgleichungen besitzt demnach im allgemeinen vier linear unabhängige Fundamentallösungen.

Zur Ermittlung dieser Fundamentallösungen können wir nun den Umstand ausnützen, daß die Extremalen des Primärproblems $\vartheta = \vartheta(s)$ durch die folgenden Transformationen

$$\vartheta = \vartheta(s) + \alpha_1, \qquad \vartheta = \vartheta(s + \alpha_2), \qquad \vartheta = \vartheta(s \cdot e^{\alpha_3})$$

in sich übergeführt werden. Damit kennen wir drei einparametrige Scharen von Extremalen des Primärproblems. Auf Grund des Jacobischen Satzes ergeben sich dann durch Differentiation nach dem Parameter $\alpha_1, \alpha_2, \alpha_3$ und nachträglichem Nullsetzen von $\alpha_1, \alpha_2, \alpha_3$

$$\tau_{\mathrm{I}} = 1, \qquad \tau_{\mathrm{II}} = \vartheta'(s), \qquad \tau_{\mathrm{III}} = s\,\vartheta'(s) \tag{100}$$

als drei voneinander unabhängige Lösungen für τ des Gleichungssystems (99), wenn wir noch zur Abkürzung der Schreibweise, wie es ja immer möglich ist, wieder annehmen, es seien Koordinatensystem und Maßstab so gewählt, daß für die zu untersuchende, durch $\alpha = 0$ gekennzeichnete Elastica $\lambda_2 = 0$ und außerdem $a^2 = 1$ ist. Somit erhalten wir für (99) mit $\bar{\mu}_1 = \frac{\mu_1}{-\lambda_1}$, $\bar{\mu}_2 = \frac{\mu_2}{-\lambda_1}$:

$$\left.\begin{aligned} &\tau'' + \tau\cos\vartheta + \bar{\mu}_1\sin\vartheta - \bar{\mu}_2\cos\vartheta = 0, \quad \bar{\mu}_1' = 0, \quad \bar{\mu}_2' = 0 \\ &\xi' + \tau\sin\vartheta = 0, \quad \eta' - \tau\cos\vartheta = 0. \end{aligned}\right\} \tag{101}$$

$\bar{\mu}_1$ und $\bar{\mu}_2$ sind also, ebenso wie μ_1 und μ_2 Konstante.

Entsprechend haben wir für Φ:

$$\Phi = \tfrac{1}{2}\vartheta'^2 - \tilde{x}' + \cos\vartheta \tag{102}$$

und für Ω^*:

$$\Omega^* = + \frac{1}{2}\tau'^2 - \frac{\tau^2}{2}\cos\vartheta + \bar{\mu}_1(\xi' + \tau\sin\vartheta) + \bar{\mu}_2(\eta' - \tau\cos\vartheta). \tag{103}$$

Wir erhalten also unter Berücksichtigung der Variationsgleichungen der Nebenbedingungen des Primärproblems folgende drei Integrale des Sekundärproblems

$$\left.\begin{array}{lllll} \tau_{\mathrm{I}} = 1, & \xi_{\mathrm{I}} = -\tilde{y}, & \eta_{\mathrm{I}} = \tilde{x}, & \bar{\mu}_{1\,\mathrm{I}} = 0, & \bar{\mu}_{2\,\mathrm{I}} = -1, \\ \tau_{\mathrm{II}} = \vartheta', & \xi_{\mathrm{II}} = \cos\vartheta, & \eta_{\mathrm{II}} = \sin\vartheta, & \bar{\mu}_{1\,\mathrm{II}} = 0, & \bar{\mu}_{2\,\mathrm{II}} = 0, \\ \tau_{\mathrm{III}} = s\,\vartheta', & \xi_{\mathrm{III}} = s\cdot\cos\vartheta - \tilde{x}, & \eta_{\mathrm{III}} = s\cdot\sin\vartheta - \tilde{y}, & \bar{\mu}_{1\,\mathrm{III}} = -2, & \mu_{2\,\mathrm{III}} = 0. \end{array}\right\} \tag{104}$$

Mit dem bereits in Kap. III, 2, § 5 verwendeten Ansatz

$$\tau_{\mathrm{IV}} = t(s)\,\tau_{\mathrm{II}}$$

ergibt sich eine vierte Fundamentallösung zu

$$\left.\begin{array}{ll} \tau_{\mathrm{IV}} = t\,\vartheta', & \xi_{\mathrm{IV}} = t(\cos\vartheta - \cos\beta) - \frac{s}{2}, \\ \eta_{\mathrm{IV}} = t\sin\vartheta - R, & \bar{\mu}_{1\,\mathrm{IV}} = \bar{\mu}_{2\,\mathrm{IV}} = 0, \end{array}\right\} \tag{105}$$

mit

$$t(s) = \int \frac{ds}{\vartheta'^2} = \frac{1}{\sin^2\beta}\left(R\sin\vartheta - \frac{\tilde{x} - s\cos\beta}{2}\right).$$

Die allgemeine Lösung von ξ und η als Linearkombination der vier Fundamentallösungen ist nur bis auf je eine additive Integrationskonstante bestimmt[1], welche wir demnach den Linearkombinationen hinzuzufügen haben. Somit erhalten wir für die vollständige Lösung des Jacobischen Gleichungssystems (101):

$$\left.\begin{array}{l} \tau = C_1 + C_2\vartheta' + C_3 s\vartheta' + C_4 t\vartheta', \\ \xi = -C_1\tilde{y} + C_2\cos\vartheta + C_3(s\cdot\cos\vartheta - \tilde{x}) + \\ \qquad\qquad + C_4\left(t(\cos\vartheta - \cos\beta) - \frac{s}{2}\right) + C_5, \\ \eta = C_1\tilde{x} + C_2\sin\vartheta + C_3(s\cdot\sin\vartheta - \tilde{y}) + C_4(t\cdot\sin\vartheta - R) + C_6, \\ \mu_1 = 2C_3\lambda_1, \quad \mu_2 = C_1\lambda_1. \end{array}\right\} \tag{106}$$

[1] (99) bzw. (101) stellen lineare Systeme von vier Differentialgleichungen erster und einer Differentialgleichung zweiter Ordnung dar. Es sind also sechs linear unabhängige Fundamentallösungen vorhanden. Zu den oben angegebenen wären also noch die weiteren:

$$\begin{array}{lllll} \tau_{\mathrm{V}} = 0, & \xi_{\mathrm{V}} = 1, & \eta_{\mathrm{V}} = 0, & \bar{\mu}_{1\,\mathrm{V}} = 0, & \bar{\mu}_{2\,\mathrm{V}} = 0 \\ \tau_{\mathrm{VI}} = 0, & \xi_{\mathrm{VI}} = 0, & \eta_{\mathrm{VI}} = 1, & \bar{\mu}_{1\,\mathrm{VI}} = 0, & \bar{\mu}_{2\,\mathrm{VI}} = 0 \end{array}$$

hinzuzufügen. Diese beiden Fundamentalsysteme bewirken aber nichts weiter als das Hinzutreten von additiven Konstanten zur allgemeinen Lösung von ξ und η.

Die sechs Konstanten C_1 bis C_6 sind nun so zu bestimmen, daß die sechs Zwangsbedingungen

$$\tau^0 = 0, \quad \tau^1 = 0, \tag{107a}$$

$$\xi^0 = \xi^1 = \eta^0 = \eta^1 = 0 \tag{107b}$$

erfüllt sind. Wir können jedoch die Schreib- und Rechenarbeit zur Bestimmung einer, die Zwangsbedingungen erfüllenden Linearkombination von Fundamentallösungen wesentlich vermindern, wenn wir an Stelle des ursprünglichen Fundamentalsystems ein anderes einführen, das naturgemäß ebenfalls eine Linearkombination des ursprünglichen ist und zu dem wir durch folgende Überlegung gelangen:

Zunächst erkennt man, daß man die rein additiven Integrationskonstanten C_5 und C_6 in (106) gleich Null setzen und ihre Bestimmung daher entfallen kann, wenn wir an Stelle der vier Zwangsbedingungen (107b) nur die Erfüllung der beiden Zwangsbedingungen

$$\xi^0 - \xi^1 = -\int_{s_0}^{s_1} \tau \sin\vartheta \, ds = 0, \qquad \eta^0 - \eta^1 = \int_{s_0}^{s_1} \tau \cos\vartheta \, ds = 0 \tag{108}$$

fordern.

Wenn wir ferner an Stelle von $\tau_{\mathrm{III}} = s\vartheta'$ die Fundamentallösung $\tau^*_{\mathrm{III}} = (s - s^0)\vartheta'$ und an Stelle von $\tau_{\mathrm{IV}} = t \cdot \vartheta'$ die Fundamentallösung $\tau^*_{\mathrm{IV}} = (t - t^0)\vartheta'$ wählen, welche an der Stelle $s = s^0$ verschwinden, so wird hierdurch, wie man unschwer bereits aus der Form der Gl. (106) erkennt, eine erhebliche rechnerische Vereinfachung bei der Bestimmung der die Zwangsbedingungen (107a) und (108) erfüllenden Linearkombination von Elementarlösungen eintreten. Wir gehen also von folgendem Fundamentalsystem aus:

$$\begin{array}{lll}
\tau^*_{\mathrm{I}} = 1 & \xi^*_{\mathrm{I}} = -\tilde{y} & \eta^*_{\mathrm{I}} = \tilde{x} \\
\tau^*_{\mathrm{II}} = \vartheta' & \xi^*_{\mathrm{II}} = \cos\vartheta & \eta^*_{\mathrm{II}} = \sin\vartheta \\
\tau^*_{\mathrm{III}} = (s - s^0)\,\vartheta' & \xi^*_{\mathrm{III}} = (s - s^0)\cos\vartheta - \tilde{x} & \eta^*_{\mathrm{III}} = (s - s^0)\sin\vartheta - \tilde{y} \\
\tau^*_{\mathrm{IV}} = (t - t^0)\,\vartheta' & \xi^*_{\mathrm{IV}} = t(\cos\vartheta - \cos\beta) - \frac{s}{2} - t^0\cos\vartheta & \eta^*_{\mathrm{IV}} = (t - t^0)\sin\vartheta - R
\end{array}$$

und haben für τ, ξ, η folgende Linearkombinationen:

$$\tau = C_1^* + C_2^*\vartheta' + C_3^*(s - s^0)\,\vartheta' + C_4^*(t - t^0)\,\vartheta'$$

$$\xi = -C_1^*\tilde{y} + C_2^*\cos\vartheta + C_3^*[(s - s^0)\cos\vartheta - \tilde{x}] + \\ + C_4^*\left[t(\cos\vartheta - \cos\beta) - \frac{s}{2} - t^0\cos\vartheta\right]$$

$$\eta = C_1^*\tilde{x} + C_2^*\sin\vartheta + C_3^*[(s - s^0)\sin\vartheta - \tilde{y}] + C_4^*[(t - t^0)\sin\vartheta - R],$$

wobei die vier Konstanten C_1^* bis C_4^* so zu wählen sind, daß die vier Zwangsbedingungen (107a) und (108) erfüllt sind. Damit ergibt sich schließlich, daß die zweite Variation semidefinit wird, wenn:

$$\begin{vmatrix} 1 & \vartheta'^0 & 0 & 0 \\ 1 & \vartheta'^1 & [s]_0^1\vartheta'^1 & [t]_0^1\vartheta'^1 \\ [x]_0^1 & [\sin\vartheta]_0^1 & [s]_0^1\sin\vartheta^1-[y]_0^1 & [t]_0^1\sin\vartheta^1-[R]_0^1 \\ [y]_0^1 & [-\cos\vartheta]_0^1 & -[s]_0^1\cos\vartheta^1+[x]_0^1 & [t]_0^1(\cos\beta-\cos\vartheta^1)+\tfrac{1}{2}[s]_0^1 \end{vmatrix} = 0. \quad (109)$$

Diese Bedingung gestattet eine einfache geometrische Interpretation, wenn man durch

$$X^i = x^i - R^i\sin\vartheta^i, \qquad Y^i = y^i + R^i\cos\vartheta^i \qquad (i=0,1)$$

die Koordinaten der Krümmungsmittelpunkte M_0 und M_1 der Elastica an den Klemmstellen (P_0 bzw. P_1) einführt und ferner die Abkürzung verwendet:

$$v = \int \vartheta'^2\,ds = 2(x - s\cdot\cos\beta).$$

Man erhält somit aus (109) nach einigen Umformungen

$$[s]_0^1 \begin{vmatrix} [X]_0^1[s]_0^1+[R]_0^1[y]_0^1 & [t]_0^1[y]_0^1-[R]_0^1[s]_0^1 \\ [Y]_0^1[s]_0^1-[R]_0^1[x]_0^1 & -\tfrac{1}{2}[t]_0^1[v]_0^1+\tfrac{1}{2}\{[s]_0^1\}^2 \end{vmatrix} = 0. \quad (110)$$

Nun heben wir zwei Fälle hervor:

Fall A. Liegen die beiden Klemmstellen zur y-Achse symmetrisch, ist also

$$y^0 = y^1, \qquad R^0 = R^1,$$

dann ergibt sich (110) zu

$$[X_0^1]\left([t_0^1][v_0^1] - \{[s_0^1]\}^2\right) = 0.$$

Diese Gleichung wird entweder erfüllt für

$$[X]_0^1 = 0 \quad (111)$$

oder wenn

$$[t]_0^1[v]_0^1 - \{[s]_0^1\}^2 = 0, \quad (112)$$

wobei

$$[t]_0^1 = 2t, \quad [v]_0^1 = 2v, \quad [s]_0^1 = 2s$$

ist. (111) bedeutet aber geometrisch, daß in diesem Fall die beiden Klemmstellen einen gemeinsamen Krümmungskreis haben. Das erkennt man bereits durch Betrachtung der ersten beiden Zeilen von (109).

Um dieses Resultat anschaulich in seiner mechanischen Bedeutung zu erfassen, ist es zweckmäßig sich einer zwar unpräzisen aber häufig vorkommenden Betrachtungsweise zu bedienen. Der Grenzfall der Stabilität tritt dann ein, wenn sich zu der betreffenden Elastica eine benachbarte angeben läßt, so daß die in ihr aufgespeicherte potentielle

Energie bis auf Glieder von höherer als zweiter Ordnung gleich bleibt. In unserem Falle entsteht nun eine solche benachbarte Elastica dadurch, daß man das Stück der ursprünglichen Extremalen zwischen den beiden Klemmstellen um den gemeinsamen Krümmungsmittelpunkt der Elastica an den Klemmstellen um einen kleinen Winkel $\Delta\alpha$ — etwa nach rechts — dreht. Um diese Nachbarlage den Randbedingungen anzupassen, hat man das auf der rechten Seite um $R\Delta\alpha$ über die Klemme hinausragende Stück abzuschneiden und links anzufügen, ohne daß an der Krümmung etwas geändert wird. Also bleibt bei diesen Operationen die Formänderungsarbeit erhalten. Dieses Resultat kann man auch leicht mit Hilfe eines Papierstreifens, den man entsprechend der in Fig. 46 gezeigten Form verbiegt, bestätigen. Bei Überschreiten der Stabilitätsgrenze klappt der Streifen nach unten durch.

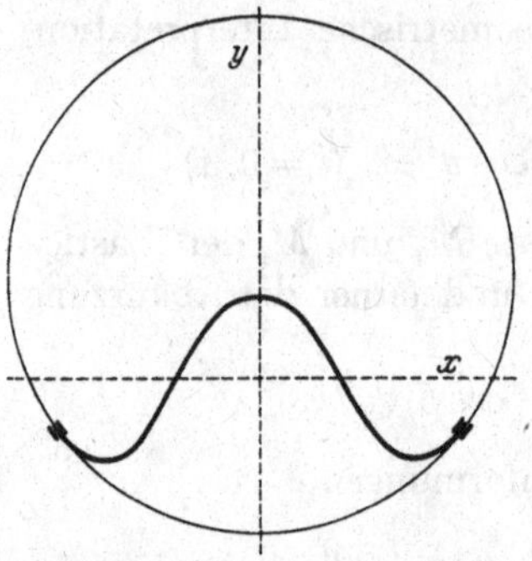

Fig. 46. Zum Stabilitätskriterium bei der beiderseits eingespannten Elastica

Um allerdings behaupten zu können, daß durch die Bedingung (111) die Stabilitätsgrenze gekennzeichnet ist, muß man noch zeigen, daß die Determinante für kein, der Symmetrieachse näherliegendes Klemmstellenpaar verschwinden kann. Somit ist noch zu zeigen, daß in dem ganzen in Betracht kommenden Intervall (112) unmöglich, also

$$t v \neq s^2$$

ist.

Für das Intervall bis zum ersten Wendepunkt kann man aber bereits bis zum ersten Wendepunkt und sogar einschließlich des ersten Wendepunkts aus der oberen skizzierten Betrachtung von Born schließen, daß die Elastica stabil ist. Es bleibt also bloß übrig zu zeigen, daß in dem Intervall vom ersten Wendepunkt an bis zur Klemmstelle, für die $X^1 = 0$

$$t v \neq s^2$$

ist.

In diesem Intervall ist $X = x - R \sin\vartheta > 0$ und somit

$$t = \frac{1}{\sin^2\beta}\left(R \sin\vartheta - \frac{x - \cos\beta \cdot s}{2}\right) < \frac{1}{2 \sin^2\beta}\,(x + \cos\beta \cdot s)\,.$$

Wäre nun $t v = s^2$, so müßte

$$\frac{1}{\sin^2\beta}\,(x^2 - \cos^2\beta \cdot s^2) > s^2,$$

$$x^2 > s^2,$$

was offenbar unmöglich ist.

Betrachtungen dieser Art sollten im folgenden öfters durchgeführt werden. Meistens ist aber das Ergebnis durch die Anschauung unmittelbar nahegelegt und daher verzichten wir im weiteren auf einen ausführlichen Beweis.

Fall B. Aus (109) geht auch die von BORN im Anschluß an Experimente angeführte Tatsache hervor, daß die Stabilitätsgrenze dann eintritt, wenn die eine Klemmstelle in einem Wendepunkt und die andere Klemmstelle in den zweitnächsten Wendepunkt angebracht wird.

2. Nun wollen wir eine Klemme, z.B. jene bei P_1, durch eine Hülse ersetzen. Dabei wird unter Hülse eine Vorrichtung verstanden, bei der für die gesuchte Kurve x, y, ϑ vorgegeben ist, nicht aber der Wert von s. Wir haben hier also einen Freiheitsgrad.

Für das Primärproblem bleiben also die Lagrangesche Funktion und die Differentialgleichungen dieselben wie bei der vorhin behandelten Aufgabe. Auch die Verabredungen bezüglich der Lage des Koordinatensystems und des Maßstabes können wir beibehalten. Die Zwangsbedingungen an den Grenzen sind somit durch die Gleichungen festgelegt:

$$\left.\begin{aligned} &s^0 = 0 \\ &\vartheta(0) = \vartheta^0 \qquad \vartheta(s^1) = \vartheta^1 \\ &x(0) = x^0 \qquad x(s^1) = x^1 \\ &y(0) = y^0 \qquad y(s^1) = y^1, \end{aligned}\right\} \tag{113}$$

wobei der zunächst noch unbestimmte Wert von s^1 aus der freien Randbedingung zu bestimmen ist.

Die freie Randbedingung erhalten wir nach der Hamiltonschen Formel, indem wir

$$J^* = \int_0^{s^1} \Phi\, ds = \int_0^{s^1} [\tfrac{1}{2} E I \vartheta'^2 + \lambda_1(x' - \cos\vartheta) + \lambda_2(y' - \sin\vartheta)]\, ds \tag{114}$$

nach s^1 differenzieren und den Differentialquotienten Null setzen. Wir erhalten so:

$$[\Phi - \Phi_{\vartheta'}\vartheta' - \Phi_{x'} x' - \Phi_{y'} y']_{s=s^1} = 0,$$

also ausgerechnet:

$$-[\tfrac{1}{2} E I \vartheta'^2 + \lambda_1 \cos\vartheta + \lambda_2 \sin\vartheta]_{s=s^1} = 0. \tag{115}$$

Die freie Randbedingung stellt immer eine Gleichgewichtsbedingung (statische Bedingung) dar. In unserem Falle bringt sie die Komponente der Reaktionskraft in der Richtung ϑ^1 der Hülse zum Ausdruck, welche nach (115) verschwinden muß.

Die linke Seite der Gl. (115) stellt, wie man durch den Vergleich mit (94) erkennt, ein Integral der Euler-Lagrangeschen Differentialgleichung mit $c=0$ dar. Folglich muß aber in unserem Falle wegen (97)

$\cos\beta = 0$ sein. Das heißt, es muß die Verbindungslinie der Wendepunkte und somit auch die, durch Klemme bzw. Hülse übermittelte Reaktionskraft auf den Tangenten in den Wendepunkten senkrecht stehen. Wir wollen eine solche Elastica orthogonale Elastica nennen. Alle derartigen Kurven sind einander ähnlich.

Der Wert von s^1, der sich aus der freien Randbedingung (115) ergibt, wird mit $s^1 = l$ bezeichnet.

Die Randbedingungen des Sekundärproblems erhalten wir, wie in 2. § 2 erwähnt, als Variationsgleichungen der Randbedingungen des Primärproblems durch Differentiation nach ε, wobei

$$s^1 = s^1(\varepsilon) \quad \text{mit} \quad l = s^1(0) \tag{116}$$

ist. Es ergibt sich dann mit

$$\vartheta = \vartheta\left(s^1(\varepsilon), \varepsilon\right), \qquad x = x\left(s^1(\varepsilon), \varepsilon\right), \qquad y = y\left(s^1(\varepsilon), \varepsilon\right) \tag{117}$$

zunächst für die Zwangsbedingungen des Sekundärproblems:

$$\tau(0) = 0 \qquad \left[\vartheta' \frac{d s^1}{d\varepsilon} + \tau\right]_{\varepsilon=0} = 0$$

$$\xi(0) = 0 \qquad \left[x' \frac{d s^1}{d\varepsilon} + \xi\right]_{\varepsilon=0} = 0$$

$$\eta(0) = 0 \qquad \left[y' \frac{d s^1}{d\varepsilon} + \eta\right]_{\varepsilon=0} = 0\,.$$

Wegen $x' = \cos\vartheta$, $y' = \sin\vartheta$ können wir hiefür unter Elimination von $d s^1/d\varepsilon$ auch schreiben, wobei wir die sich so ergebenden fünf Zwangsbedingungen gleichzeitig in einer der folgenden Rechnung angepaßten Weise gruppieren:

$$\xi(0) = 0, \quad \eta(0) = 0, \tag{118a}$$

$$\tau(0) = 0, \qquad \left|\begin{matrix} \tau, & \vartheta' \\ \xi, & \cos\vartheta \end{matrix}\right|_{s^1=l} = 0, \qquad \left|\begin{matrix} \tau, & \vartheta' \\ \eta, & \sin\vartheta \end{matrix}\right|_{s^1=l} = 0. \tag{118b}$$

Für die freie Randbedingung des Sekundärproblems erhalten wir aus (101) mit (102) und (103), wenn wir wie früher setzen:

$$EI = 1, \quad \lambda_1 = -1, \quad \lambda_2 = 0$$

sowie

$$-\frac{1}{\lambda_1}\left(\frac{d\lambda_1}{d\varepsilon}\right)_{\varepsilon=0} = \bar{\mu}_1, \qquad -\frac{1}{\lambda_1}\left(\frac{d\lambda_2}{d\varepsilon}\right)_{\varepsilon=0} = \bar{\mu}_2$$

$$[\vartheta'\tau' + \sin\vartheta\,\tau + \bar{\mu}_1\cos\vartheta + \bar{\mu}_2\sin\vartheta]_{s^1=l} = 0. \tag{119}$$

Setzen wir in die linke Seite von (119) der Reihe nach

$$\tau_{\mathrm{I}} = 1, \qquad \tau_{\mathrm{II}} = \vartheta', \qquad \tau_{\mathrm{III}} = s_1\vartheta'$$

und die entsprechenden Werte für $\bar{\mu}_1$ und $\bar{\mu}_2$ nach (104) ein, so erhalten wir immer Null. Verwenden wir für die allgemeine Lösung des Sekundärproblems wieder den Ansatz (106), so ist also die freie Randbedingung identisch mit der Forderung $C_4 = 0$. Dieses Ergebnis war zu erwarten. Die bei den Koeffizienten C_1, C_2, C_3 auftretenden Integrale der Jacobischen Gleichung entsprechen nämlich dem Übergang einer Elastica zu einer anderen von derselben Gestalt. Das vierte Integral entspricht einer Änderung der Gestalt bzw. Änderung des mit (97) eingeführten Winkels β. Da aber hier wegen $\cos\beta = 0$ nur eine orthogonale Elastica, also nur Übergang zu einer ähnlichen Kurve in Betracht kommt, ist von vornherein klar, daß $C_4 = 0$ sein muß.

Setzen wir also in (106) $C_4 = 0$, so ergeben sich weiter aus den beiden Zwangsbedingungen (118a) die folgenden Werte für die additiven Konstanten C_5 und C_6:

$$\left.\begin{aligned} C_5 &= C_1 y^0 - C_2 \cos\vartheta^0 + C_3 x^0 \\ C_6 &= - C_1 x^0 - C_2 \sin\vartheta^0 + C_3 y^0. \end{aligned}\right\} \quad (120)$$

Somit lautet der Ansatz für die allgemeine Lösung des Sekundärproblems, der die Bedingungen (118a) und (119) bereits erfüllt:

$$\left.\begin{aligned} &\tau = C_1 + C_2 \vartheta' + C_3 s \cdot \vartheta' \\ &\xi = - C_1 (y - y^0) + C_2 (\cos\vartheta - \cos\vartheta^0) + C_3 \big(s\cos\vartheta - (x - x^0)\big) \\ &\eta = C_1 (x - x^0) + C_2 (\sin\vartheta - \sin\vartheta^0) + C_3 \big(s\sin\vartheta - (y - y^0)\big). \end{aligned}\right\} \quad (121)$$

Hieraus ergibt sich, daß — falls die Zwangsbedingungen (118b) durch diesen Ansatz mit nicht sämtlich verschwindenden Konstanten C_1, C_2, C_3 erfüllt sein sollen —:

$$\vartheta'^2(l) \begin{vmatrix} 1, & \vartheta'(0), & 0 \\ Y^1 - y^0, & \cos\vartheta^0, & x^1 - x^0 \\ -X^1 + x^0, & \sin\vartheta^0, & y^1 - y^0 \end{vmatrix} = 0$$

sein muß, wobei wiederum mit X^1, Y^1 die Koordinaten des Krümmungsmittelpunktes M_1 der Elastica an der Hülse in P_1 bezeichnet sind. Daraus folgt nun weiter

$$\vartheta'^2(l)\,\vartheta'(0) \begin{vmatrix} 1, & 1, & 0 \\ Y^1 - y^0, & R^0\cos\vartheta^0, & x^1 - x^0 \\ -X^1 + x^0, & R^0\sin\vartheta^0, & y^1 - y^0 \end{vmatrix}$$

$$= -\vartheta'^2(l)\,\vartheta'(0) \begin{vmatrix} Y^1 - Y^0, & x^1 - x^0 \\ -X^1 + X^0, & y^1 - y^0 \end{vmatrix} = 0.$$

Wir kommen somit zu dem einfachen Ergebnis: Der Grenzfall des Verschwindens der zweiten Variation tritt dann ein, wenn die Verbindungslinie von der Klemme bei P_0 und der Hülse bei P_1 senkrecht steht auf der Verbindungslinie der Mittelpunkte M_0 bzw. M_1 der Krümmungskreise der Elastica bei P_0 und P_1 oder wenn P_0 und P_1 mit den Wendepunkten der Elastica zusammenfallen.

Zu diesem einfachen geometrischen Satz kann man auch ohne Variationsrechnung durch eine elementare geometrische Betrachtung gelangen, die wir hier nur kurz andeuten wollen. Bezeichnen wir mit α_1 und α_2 die Winkel, welche eine Sehne mit der orthogonalen Elastica einschließen, und fragen wir nach der Randkurve des Bereiches, der von den möglichen Werten von α_1 und α_2 in der α_1, α_2-Ebene eingenommen wird. Die durch die Randkurve einander zugeordneten Werte von α_1 und α_2 entsprechen dann den „kritischen Sehnen" (Sehnen, die den indifferenten Gleichgewichtszuständen zugeordnet sind. Vgl. auch P. Funk: „Österreichisches Ing.-Archiv", Bd. 1 (1946) S. 389ff.).

3. Die durch Klemme und Öse eingespannte Elastica. Wir ersetzen jetzt beim vorhergehenden Beispiel die Hülse bei P_1 durch eine Öse. Unter einer Öse wird eine Vorrichtung verstanden, bei der die Elastica gezwungen wird, durch einen festen Punkt, also P_1, zu gehen, bei der aber dem Wert der Bogenlänge und dem der Richtung keine äußeren Beschränkungen auferlegt sind. Es handelt sich demnach um ein Problem mit zwei Freiheitsgraden.

Die Lagrange-Funktion und die Euler-Lagrangeschen Differentialgleichungen sind dieselben, wie bei den vorhergehenden Beispielen. Für die Zwangsbedingungen haben wir anzusetzen, wenn $s^0 = 0$ gesetzt wird:

$$\begin{aligned} x(0) &= x^0 \qquad & x(s^1) &= x^1 \\ y(0) &= y^0 \qquad & y(s^1) &= y^1 \\ \vartheta(0) &= \vartheta^0 . \end{aligned}$$

s^1 und ϑ^1 sind aus den freien Randbedingungen zu ermitteln[1]. Diese erhalten wir wiederum nach den Hamiltonschen Formeln aus (114) durch Nullsetzen der Differentialquotienten von J^* nach s^1 und ϑ^1. Die Differentiation nach s^1 liefert wie vorhin, Gl. (115)

$$\left[\tfrac{1}{2} E I \vartheta'^2 + \lambda_1 \cos\vartheta + \lambda_2 \sin\vartheta\right]_{\substack{s=s^1\\ \vartheta=\vartheta^1}} = 0. \tag{122}$$

Die Differentiation nach ϑ^1 liefert

$$[\vartheta']_{\substack{s=s^1\\ \vartheta=\vartheta^1}} = 0. \tag{123}$$

Aus Gl. (123) folgt, daß die Elastica in der Öse einen Wendepunkt hat; elastostatisch bedeutet dies, daß dort das Biegemoment verschwindet.

---

[1] Da die Koinzidenz eines Punktes der Elastica mit P_1 nur infolge einer Verschiebung der Elastica durch die Öse nicht aber durch eine Drehung um die Öse geändert wird, hängen x und y demnach nur von s^1 nicht aber auch von ϑ^1 ab.

Die sich aus (122) und (123) ergebenden Werte von s^1 und ϑ^1 seien mit $s^1 = l$ und $\vartheta^1 = \Theta$ bezeichnet.

Für das Sekundärproblem ergeben sich analog wie vorher die Randbedingungen als Variationsgleichungen der Randbedingungen des Primärproblems durch deren Differentiation nach ε und zwar erhalten wir wieder mit

$$s^1 = s^1(\varepsilon), \quad \text{wobei} \quad l = s^1(0) \quad \text{ist}$$

$$x = x(s^1(\varepsilon), \varepsilon), \quad y = y(s^1(\varepsilon), \varepsilon)$$

für die Zwangsbedingungen des Sekundärproblems:

$$\xi(0) = 0, \quad \eta(0) = 0, \tag{124a}$$

$$\tau(0) = 0, \tag{124b}$$

$$\left[x' \frac{ds^1}{d\varepsilon} + \xi\right]_{\substack{s^1 = l\\ \vartheta^1 = \Theta}} = 0, \quad \left[y' \frac{ds^1}{d\varepsilon} + \eta\right]_{\substack{s^1 = l\\ \vartheta^1 = \Theta}} = 0 \tag{124c}$$

und für die freien Randbedingungen des Sekundärproblems aus (122)

$$[\vartheta' \tau' + \sin\vartheta \cdot \tau + \bar{\mu}_1 \cos\vartheta + \bar{\mu}_2 \sin\vartheta]_{\substack{s^1 = l\\ \vartheta^1 = \Theta}} = 0 \tag{125}$$

und aus (123) mit $\vartheta^1 = \vartheta^1(s^1(\varepsilon), \varepsilon)$

$$\left[\vartheta'' \frac{ds^1}{d\varepsilon} + \tau'\right]_{\substack{s^1 = l\\ \vartheta^1 = \Theta}} = 0. \tag{126}$$

Wie vorhin folgt aus (125) für die durch den Ansatz (106) dargestellte allgemeine Lösung des Sekundärproblems, daß $C_4 = 0$ sein muß und aus den Gln. (124a) ergeben sich wiederum die Konstanten C_5 und C_6 nach (120) und somit wieder der Ansatz (121).

Aus der Bedingung, daß die verbleibenden Randbedingungen (124b), (124c) und (126), für welche wir nach Elimination von $ds^1/d\varepsilon$ schreiben können

$$\tau(0) = 0, \quad \left|\begin{matrix} \xi, & x' \\ \tau', & \vartheta'' \end{matrix}\right|_{\substack{s^1 = l\\ \vartheta^1 = \Theta}} = 0, \quad \left|\begin{matrix} \eta, & y' \\ \tau', & \vartheta'' \end{matrix}\right|_{\substack{s^1 = l\\ \vartheta^1 = \Theta}} = 0, \tag{127}$$

mit nicht durchwegs verschwindenden C_ν erfüllt werden können, ergibt eine ganz ähnlich wie im Beispiel 2 verlaufende Rechnung schließlich das folgende Resultat: Ist M_0 der zu P_0 zugehörige Krümmungsmittelpunkt und sind X^0, Y^0 seine Koordinaten, so ist im Grenzfall der Stabilität

$$(X^0 - x^1)(x^1 - x^0) + (Y^0 - y^1)(y^1 - y^0) = 0,$$

folglich:

$$\overline{M_0 P_1} \perp \overline{P_1 P_0}.$$

Ähnlich wie beim früheren Beispiel kann man auch dieses Ergebnis durch eine elementare geometrische Betrachtung herleiten, die davon ausgeht, daß für den Winkel α, den die kritische Sehne mit der Elastica bei P_0 einschließt $d\alpha/ds=0$, also α stationär ist. [Vgl. auch hierzu P. FUNK: „Österreichisches Ing.-Archiv", Bd. 1 (1946), S. 389ff.]

4. Ein elastischer Draht liege auf zwei Stützen in gleicher Höhe frei auf und sei in der Mitte belastet. Wie groß darf die Last sein, damit der Draht nicht von den Stützen abrutscht?

Das Trägheitsmoment des Drahtquerschnittes in bezug auf die neutrale Faser sei wiederum mit I, der Elastizitätsmodul mit E bezeichnet. Von der Wirkung des Eigengewichtes des Drahtes wird hier, wie auch bei allen vorhergehenden Beispielen, abgesehen.

Als x-Achse wählen wir die Zentralachse des Drahtes (Verbindungslinie der Schwerpunkte der Querschnittsflächen) im unbelasteten Zustand, die parallel zu der durch die beiden Stützen gehenden horizontalen Geraden verläuft. Die Stützen mögen bei $x=+L$ und $x=-L$ liegen. Die Mitte des Drahtes, wo die Last $2q$ einwirkt, sei durch $x=0$, $s=s^0$ gekennzeichnet, wobei s wieder die Länge des Drahtes, gemessen in der Zentralachse, bezeichnet.

Grundsätzlich wären hier vier Freiheitsgrade vorhanden, weil an den beiden Auflagern weder der Wert von s noch der des Neigungswinkels ϑ der Elastica gegen die x-Achse vorgegeben ist. Infolge der Symmetrie, aus welcher $\vartheta(s^0)=0$ folgt, können wir, wie auch aus der Anschauung unmittelbar plausibel ist, das Problem auf ein solches mit drei Freiheitsgraden zurückführen, indem wir nur die rechte Hälfte des Drahtes betrachten. Wir haben so die Zwangsbedingungen, wenn wir $s^0=0$ setzen:

$$s=0\colon \quad x(0)=0 \quad \vartheta(0)=0, \tag{128a}$$

$$s=s^1\colon \quad x(s^1)=L \quad y(s^1)=0 \tag{128b}$$

und das Variationsproblem lautet:

$$\delta\left[q\cdot y^0+\tfrac{1}{2}\int\limits_{s=0}^{s=s^1} E\,I\,\vartheta'^2\,ds\right]=0 \tag{129}$$

mit den Nebenbedingungen

$$x'-\cos\vartheta=0 \qquad y'-\sin\vartheta=0. \tag{130}$$

Die Randfunktion $q\cdot y^0$ stellt die potentielle Energie der Last q dar.

Die Euler-Lagrangeschen Differentialgleichungen dieses Variationsproblems sind demnach analog den Gln. (93) des Beispiels 1.

Die freien Randbedingungen erhalten wir, indem wir die Hamiltonschen Formeln auf

$$J^{**}=q\,y^0+\int\limits_{s=0}^{s=s^1}\left[\tfrac{1}{2}E\,I\,\vartheta'^2+\lambda_1(x'-\cos\vartheta)+\lambda_2(y'-\sin\vartheta)\right]ds \tag{131}$$

anwenden und J^{**} nach y^0, s^1 und ϑ^1 differenzieren. Sie lauten demnach:

$$q+\lambda_2=0, \tag{132a}$$

$$-\left[\tfrac{1}{2}EI\vartheta'^2+\lambda_1\cos\vartheta+\lambda_2\sin\vartheta\right]_{\substack{s=s^1\\ \vartheta=\vartheta^1}}=0, \tag{132b}$$

$$[EI\vartheta']_{\substack{s=s^1\\ \vartheta=\vartheta^1}}=0. \tag{132c}$$

(132a) bringt zum Ausdruck, daß die Vertikalkomponente der Auflagerreaktion $\lambda_2=-q$ ist.

Die beiden anderen Bedingungen (132b) und (132c) aus denen sich die Werte für s^1 und ϑ^1 ergeben, welche wir wieder mit $s^1=l$ und $\vartheta^1=\Theta$ bezeichnen, stellen die bereits im vorhergehenden Beispiel besprochenen Gleichgewichtsbedingungen für eine Öse dar. Wir haben es also wieder mit einer orthogonalen Elastica zu tun.

Dieser Umstand bringt nun für die Behandlung des Sekundärproblems eine bedeutende Vereinfachung mit sich. Da die Euler-Lagrangeschen Differentialgleichungen mit (93) übereinstimmen, ergeben sich auch für das Sekundärproblem dieselben Gln. (99) wie beim Beispiel 1. Da bei dem jetzigen Beispiel die Wahl des Koordinatensystems durch die Problemstellung festgelegt ist ($\lambda_2\neq 0$!), müssen wir hier aber von der allgemeinen Form der Euler-Lagrangeschen (93) und der Jacobischen Differentialgleichung (99) ausgehen. Jedoch haben wir jedenfalls dieselben drei Fundamentallösungen τ_{I}, τ_{II} und τ_{III} der Jacobischen Gleichung, welche wir ja durch Anwendung des Jacobischen Satzes aus einparametrigen Scharen der Euler-Lagrangeschen Differentialgleichung erhalten haben. Die vierte Fundamentallösung, welche wir zu der allgemeinen Form der Jacobischen Differentialgleichung noch zu bestimmen hätten und welche Gestaltsänderungen der Elastica zum Ausdruck bringt, darf aber im allgemeinen Integral des Sekundärproblems nicht auftreten, weil ja, wie erwähnt, wegen (132b) und (132c) nur orthogonale Elastica in Betracht kommen. Folglich können wir ohne diese Fundamentallösung zu bestimmen, für die weiteren Überlegungen die Konstante C_4, mit welcher diese vierte Fundamentallösung im Ansatz für die allgemeine Lösung des Gleichungssystems (99) zu multiplizieren wäre, gleich Null setzen und haben dementsprechend auch die sich als Variationsgleichung von (132b) ergebende freie Randbedingung, welche wie bei vorhergehendem Beispiel $C_4=0$ zur Folge hat, nicht weiter zu berücksichtigen.

Aus den Differentialgleichungen (99) erhalten wir demnach — unter Beachtung der Gültigkeit der Euler-Lagrangeschen Differentialgleichungen (93) — zu τ_{I}, τ_{II}, τ_{III} folgende partikuläre Integrale für μ_1

und μ_2:

$$\left.\begin{array}{lll} \tau_{\mathrm{I}} = 1 & \tau_{\mathrm{II}} = \vartheta' & \tau_{\mathrm{III}} = s\vartheta' \\ \mu_{1\,\mathrm{I}} = -\lambda_2 & \mu_{1\,\mathrm{II}} = 0 & \mu_{1\,\mathrm{III}} = 2\lambda_1 \\ \mu_{2\,\mathrm{I}} = \lambda_1 & \mu_{2\,\mathrm{II}} = 0 & \mu_{2\,\mathrm{III}} = 2\lambda_2 \,. \end{array}\right\} \tag{133}$$

Die partikulären Integrale für ξ und η sind die gleichen wie in (104).

Als Randbedingungen des Sekundärproblems erhalten wir aus (128a):

$$\xi(0) = 0, \tag{134a}$$

$$\tau(0) = 0. \tag{134b}$$

Aus (128b) mit (132c) erhalten wir, entsprechend dem Umstand, daß das Auflager als Öse zu behandeln ist, analog wie beim vorhergehenden Beispiel die Gleichungen:

$$\left|\begin{array}{ll} \xi, & \cos\vartheta \\ \tau', & \vartheta'' \end{array}\right|_{\substack{s^1=l \\ \vartheta^1=\Theta}} = 0, \qquad \left|\begin{array}{ll} \eta, & \sin\vartheta \\ \tau', & \vartheta'' \end{array}\right|_{\substack{s^1=l \\ \vartheta^1=\Theta}} = 0.$$

Wir brauchen hiervon aber nur die erste Gleichung

$$\left[\xi - \frac{\tau'}{\vartheta''}\cos\vartheta\right]_{\substack{s^1=l \\ \vartheta^1=\Theta}} = 0 \tag{135}$$

zu berücksichtigen, denn im Ansatz für η und nur in diesem, ist eine additive Konstante C_6 enthalten und diese Konstante ist nur dann von Null verschieden, wenn dies auch für die multiplikativen Konstanten C_1, C_2, C_3 in der aus den ersten drei Fundamentallösungen gebildeten Linearkombination gilt.

Aus (132a) folgt

$$\mu_2 = 0 \tag{136}$$

und die sich aus (132b) ergebende Randbedingung erfüllen wir, wie erwähnt, von vornherein durch $C_4 = 0$. Für ξ verwenden wir wieder einen Ansatz der (134a) erfüllt. Somit setzen wir an:

$$\begin{aligned} \tau &= C_1 + C_2\vartheta' + C_3 s\vartheta' \\ \xi &= -C_1(y - y^0) + C_2(\cos\vartheta - 1) + C_3(s\cos\vartheta - x) \\ \mu_2 &= C_1\lambda_1 + C_3 2\lambda_2 . \end{aligned}$$

Als Bedingung dafür, daß die verbleibenden Randbedingungen (134b), (135) und (136) durch eine nicht-triviale Lösung befriedigt werden, erhalten wir also:

$$\left|\begin{array}{ccc} 1 & \vartheta'(0) & 0 \\ \lambda_1 & 0 & 2\lambda_2 \\ y^0 & -1 & -L \end{array}\right| = 0.$$

Hieraus ergibt sich weiter, wegen $\lambda_1 \cos\Theta + \lambda_2 \sin\Theta = 0$:

$$\vartheta'(0) \begin{vmatrix} 1, & 1, & 0 \\ -\sin\Theta, & 0, & 2\cos\Theta \\ y^0, & -R^0, & -L \end{vmatrix} = \vartheta'(0) \begin{vmatrix} 0, & 1, & 0 \\ -\sin\Theta, & 0, & 2\cos\Theta \\ Y^0, & -R^0, & -L \end{vmatrix}$$

$$= \vartheta'(0) \begin{vmatrix} -\sin\Theta, & 2\cos\Theta \\ Y^0, & -L \end{vmatrix} = 0,$$

also:

$$Y^0 = \frac{L}{2} \operatorname{tg}\Theta. \tag{137}$$

Diese Gleichung hat eine einfache geometrische Bedeutung, durch die man sich unmittelbar veranlaßt fühlt, den Winkel Θ graphisch zu ermitteln.

Wir bezeichnen den Punkt der Elastica, in dem die Last angreift, dessen Tangente also horizontal ist, mit P. Den zugehörigen Krümmungsmittelpunkt bezeichnen wir mit M, den Wendepunkt der (orthogonalen) Elastica (Auflager!) mit W, den Schnittpunkt der Normalen $\overline{PM}$ mit der Tangente in W mit W^*, den Schnittpunkt der Horizontalen durch W mit der Normalen in P mit H. Es ist also H der Fußpunkt des von W aus auf $\overline{W^*M}$ gefällten Lotes. Dann besagt Gl. (137): im Dreieck WW^*M teilt die von W aus auf W^*M gefällte Höhe die Strecke W^*M so, daß

$$\overline{W^*H} = 2\overline{HM} \tag{137*}$$

ist. Wenn man unser Ergebnis für die Stabilitätsgrenze so ausspricht, kann man es zu einer einfachen graphischen Ermittlung des Winkels Θ verwenden. Man zeichne auf einem Blatt Papier eine orthogonale Elastica $\mathfrak{C}$ und die zugehörige Evolute $\mathfrak{C}'$ und eine Wendepunkttangente (***). Man belasse das Blatt in fester Lage und zeichne auf einem Transparentpapier eine Gerade g und dazu senkrecht eine Schar von Geraden γ in dichtem, gleichbleibendem Abstand, wodurch g mit einer äquidistanten Skala versehen wird. Nun lege man das Transparentpapier auf das Blatt mit der Elastica und bewege es so, daß hiebei g die Elastica stets senkrecht schneidet (und demnach stets die Evolute berührt) und ermittle jene Lage von g, wo für die durch den Wendepunkt gehende Gerade γ die zwischen Wendepunkttangente und Evolute liegende Strecke von g so teilt, wie dies die Gl. (137*) verlangt. Der Winkel W^*WH ist dann der gesuchte Winkel Θ. Diese Lage von g ist in Fig. 47 dargestellt. Es ergibt sich auf diese Weise $\Theta \approx 38°20'$.

Um die statischen Größen zu ermitteln, hat man zu berücksichtigen, daß $L = \overline{WH}$, also gleich dem Abstand des Wendepunktes von der Normalen in P ist und a gleich ist dem durch $\sqrt{2}$ geteilten Abstand des

Scheitels der Elastica von der Normalen im Wendepunkt. Aus der graphischen Darstellung der Elastica ergibt sich $L/a = 1{,}025$ und folglich erhält man für die Bestimmung jener Last $q = q_{max}$ die bei gege-

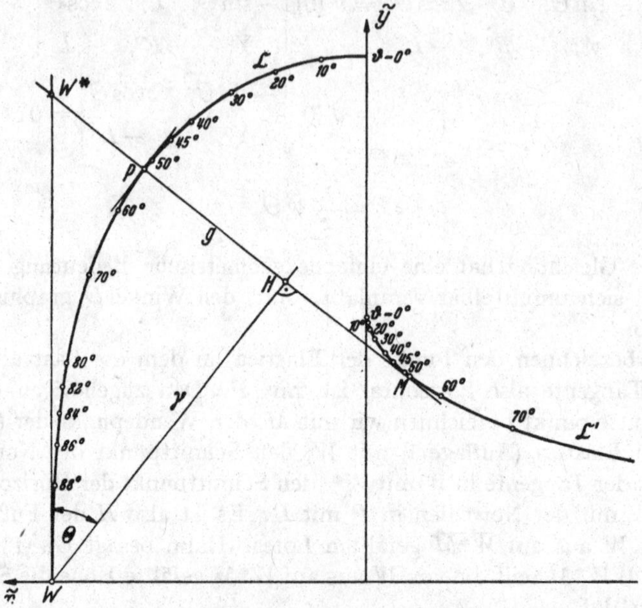

Fig. 47. Graphische Ermittlung der Stabilitätsgrenze für den auf zwei Stützen frei aufliegenden, in der Mitte belasteten elastischen Draht

benen E, I und L die obere Grenze für die Stabilität darstellt:

$$q_{max} = \frac{EI}{a^2} \approx \frac{1{,}051\, EI}{L^2}.$$

Dieses Problem wurde zuerst von A. NADAI (°), allerdings auf einem anderen Weg, gelöst.

§ 3. Stabilität der Trennungsflächen zwischen Flüssigkeiten

MAXWELL (*) hat im Anschluß an Experimente von DUPREZ (**) die Frage untersucht, unter welchen Umständen die Trennungsfläche zwischen einer leichteren und einer darüber lagernden schwereren Flüssigkeit stabil ist (vgl. Fig. 48). Bei seinen Experimenten hat DUPREZ ein Rohr mit scharf zugeschliffenen Enden in einen Wasserbehälter teilweise eingetaucht und es sodann vorsichtig mit Olivenöl gefüllt. Danach wurde das Wasser mit Alkohol versetzt und auf diese Weise das spezifische Gewicht des Wasser-Alkohol-Gemisches ϱ_2 geringer gemacht als jenes des darüber lagernden Olivenöls ϱ_1. —

Den Ursprung des kartesischen Koordinatensystems legen wir in die horizontal gedachte Ebene des Endquerschnittes des Rohres, welchem demnach in der x, y-Ebene ein von der Kurve C berandetes Gebiet G entspricht. Die positive z-Achse sei entgegen der Wirkung der Schwerkraft gerichtet. Von der Wirkung der Rohrwandung auf die Flüssigkeiten können wir absehen, weil wir die Voraussetzung machten, daß die Enden des Rohres scharf zugeschliffen sind. Es setzt sich demnach die potentielle Energie der Trennungsfläche

$$z = z(x, y) \tag{138}$$

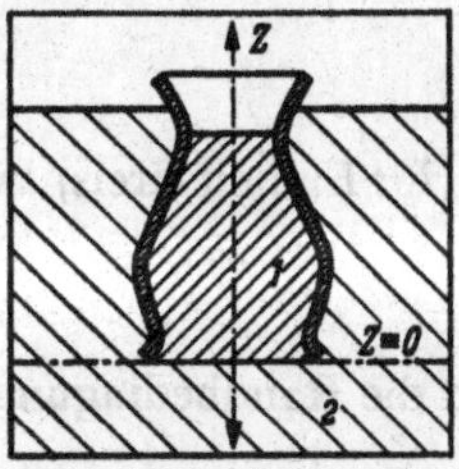

Fig. 48. Stabilität der Trennungsfläche zweier Flüssigkeiten

zwischen den beiden Flüssigkeiten offenbar aus zwei Bestandteilen zusammen: der Energie der Oberflächenspannung und der Energie der Schwerkraft. Wenn α_{12} die Kapillaritätskonstante zwischen den beiden Flüssigkeiten und g die Schwerebeschleunigung bezeichnen, so muß demnach (138) die Bedingung:

$$\delta \iint_G \left(\alpha_{12}\sqrt{1+z_x^2+z_y^2} - g(\varrho_1-\varrho_2)\frac{z^2}{2}\right) dx\,dy = 0 \tag{139}$$

erfüllen, wobei außerdem noch auf C

$$z = 0 \tag{140}$$

und wegen der Konstanz des Volumens

$$\iint_G z\,dx\,dy = 0 \tag{141}$$

sein muß.

Wir haben es hier also mit einem Variationsproblem mit zwei unabhängigen Veränderlichen mit festem Rand und einer Nebenbedingung zu tun.

Die Lösung des Variationsproblems (139), die auch (140) und (141) genügt, ist — wie man unmittelbar erkennt — die Extremale:

$$z = \bar{z} \equiv 0.$$

Wir betrachten im folgenden ein kreisförmiges Gebiet G: $x^2+y^2 \leqq R^2$ und führen durch $x = R\,\xi$, $y = R\,\eta$ dimensionslose Koordinaten ξ, η ein. Ferner schreiben wir zur Abkürzung

$$\frac{g(\varrho_1-\varrho_2)}{\alpha_{12}} R^2 = \varkappa^2. \tag{142}$$

Zur Untersuchung der zweiten Variation haben wir zu setzen:

$$z = \bar{z} + \varepsilon\zeta = \varepsilon\zeta$$

und mit diesem Ansatz den Integranden von (139) nach Potenzen von ε zu entwickeln. Für den Koeffizienten von ε^2 erhalten wir

$$\Omega = \frac{1}{2R^2}(\zeta_\xi^2 + \zeta_\eta^2 - \varkappa^2\zeta^2).$$

Die Trennungsfläche $z \equiv 0$ ist also so lange stabil, als

$$R^2 \iint_K \Omega \, d\xi \, d\eta > 0 \tag{143}$$

ist (K: Einheitskreis), wobei ζ die Nebenbedingung

$$R^2 \iint_K \zeta \, d\xi \, d\eta = 0 \tag{144}$$

und die Randbedingung am Einheitskreis

$$\zeta = 0 \tag{145}$$

erfüllen muß.

Um die Stabilitätsgrenze zu ermitteln, haben wir die nicht-trivialen Lösungen des akzessorischen Variationsproblems:

$$\delta \iint_K \Omega^* \, d\xi \, d\eta = 0$$

mit

$$\Omega^* = \Omega + \mu\zeta$$

zu bestimmen [wobei hier, da die Nebenbedingung (144) isoperimetrisch ist, μ nicht von ξ und η abhängt], d.h. die Lösungen der Jacobischen Differentialgleichung

$$\Delta\zeta + \varkappa^2\zeta - \mu = 0, \tag{146}$$

die den Bedingungen (144) und (145) genügen.

Multipliziert man (146) mit ζ und integriert über K, so ergibt sich, in Hinblick auf (144) und die Randbedingung (145):

$$\iint_K (\zeta\Delta\zeta + \varkappa^2\zeta^2) \, d\xi \, d\eta = \iint_K (-\zeta_\xi^2 - \zeta_\eta^2 + \varkappa^2\zeta^2) \, d\xi \, d\eta = 0,$$

somit ergibt sich durch Vergleich mit (143), daß das Gleichheitszeichen in (143) erstmals eintritt für

$$\varkappa^2 = \left\{ \frac{\iint_K (\zeta_\xi^2 + \zeta_\eta^2) \, d\xi \, d\eta}{\iint_K \zeta^2 \, d\xi \, d\eta} \right\}_{\text{Min}}. \tag{147}$$

Wir führen nun zweckmäßigerweise Polarkoordinaten ein ($\xi = r\cos\varphi$, $\eta = r\sin\varphi$). Die nicht-trivialen Lösungen der Jacobischen Differentialgleichung zerfallen in zwei Klassen, und zwar

a) in jene, die von r und φ abhängen. Solche existieren nur für Werte von

$$\varkappa = \lambda_{n,m},$$

wobei $\lambda_{n,m}$ die m-te Nullstelle der Besselschen Funktion n-ter Ordnung I_n ($n \geqq 1$) ist und sind gegeben durch

$$\mu = 0, \qquad \zeta = I_n(\lambda_{n,m} r) \begin{cases} \cos n\varphi \\ \sin n\varphi \end{cases} \qquad n \geqq 1$$

[wegen (147) haben wir von diesen Lösungen nur jene, die dem kleinsten Wert von $\varkappa$, d.h. $\varkappa = \lambda_{1,1}$ entspricht, in Betracht zu ziehen];

b) in jene, die von r allein abhängen. Solche existieren nur für gewisse Werte von $\varkappa$:

$$\varkappa = \lambda^*_{0,m},$$

wobei

$$\mu = -\lambda^{*2}_{0,m} I_0(\lambda^*_{0,m}), \qquad \zeta = I_0(\lambda^*_{0,m} r) - I_0(\lambda^*_{0,m})$$

ist und die Werte $\lambda^*_{0,m}$ sich aus der Bedingung (144):

$$\int_0^1 [I_0(\lambda^*_{0,m} r) - I_0(\lambda^*_{0,m})]\, r\, dr = 0 \tag{148}$$

ergeben. Zwischen den Besselschen Funktionen nullter und erster Ordnung besteht die Beziehung:

$$\int_0^t I_0(t)\, t\, dt = t\, I_1(t),$$

so daß sich für (148) ergibt:

$$\frac{I_1(\lambda^*_{0,m})}{\lambda^*_{0,m}} = \frac{I_0(\lambda^*_{0,m})}{2}. \tag{148'}$$

Der kleinste Wert von $\lambda^*_{0,m}$, der (148') erfüllt, ist $\lambda^*_{0,1} = 5{,}135 > \lambda_{11} = 3{,}8317$. Somit ist λ_{11} der kleinste Wert von $\varkappa$ für den nach (147) das Gleichheitszeichen in (143) eintritt und damit ergibt sich als Stabilitätsgrenze aus (142)

$$R = \lambda_{11} \sqrt{\frac{\alpha_{12}}{g(\varrho_1 - \varrho_2)}}.$$

Fünftes Kapitel

Die Verwendung der Quasikoordinaten

§ 1. Historische Bemerkungen

Im folgenden werden wir eine Methode erörtern, die sich bei der Behandlung dynamischer Probleme mit nichtholonomen Nebenbedingungen bewährt hat (*). Es scheint mir aber auch zweckmäßig, sie unmittelbar für die Behandlung von gewissen Aufgaben der Variationsrechnung heranzuziehen. Die praktischen Anwendungen, an denen wir den Gebrauch dieser Methode im folgenden erörtern werden, hängen übrigens auf das engste mit denjenigen Problemen der Dynamik zusammen, bei denen sie zum ersten Male in der Literatur auftritt. Es handelt sich um jene Herleitung der Bewegungsgleichungen eines sich um einen festen Punkt drehenden, starren Körpers (der sog. Eulerschen Gleichungen), die LAGRANGE in der zweiten Auflage seiner analytischen Mechanik gegeben hat und die man auch in KIRCHHOFFs Vorlesungen über Mechanik findet. Bevor wir das allgemeine Problem besprechen, wollen wir zunächst diese Herleitung der Bewegungsgleichungen wiedergeben.

Die Eulerschen Gleichungen für die Bewegung eines starren Körpers

Die Lage eines starren Körpers, der sich um einen festen Punkt 0 dreht, beschreiben wir zweckmäßig in folgender Weise: Wir denken uns ein mit dem Körper fest verbundenes kartesisches Koordinatensystem k (x_1, x_2, x_3), das körperfeste System, dessen Ursprung mit dem Drehpunkt 0 zusammenfalle. Die Achsen denken wir uns parallel zu den Richtungen der Hauptträgheitsachsen des Körpers gelegt. Ferner sei K (X_1, X_2, X_3) ein zweites, raumfestes kartesisches Koordinatensystem mit dem Ursprung in 0.

Die Beziehung, welche zwischen den Koordinaten ein und desselben Punktes P in den Systemen k und K besteht, können wir wie folgt ausdrücken:

$$X_i = \alpha_{ik} x_k, \qquad x_k = \alpha_{jk} X_j \qquad (i, k = 1, 2, 3). \tag{1}$$

Geometrisch bedeuten die Elemente der Matrix (α_{ik}) die Kosinus der Winkel, welche die betreffenden Koordinatenachsen des raum- und körperfesten Systems miteinander einschließen; wir haben also das Schema:

$$\begin{array}{c|ccc} & x_1 & x_2 & x_3 \\ \hline X_1 & \alpha_{11} & \alpha_{12} & \alpha_{13} \\ X_2 & \alpha_{21} & \alpha_{22} & \alpha_{23} \\ X_3 & \alpha_{31} & \alpha_{32} & \alpha_{33} \end{array} \tag{1'}$$

Die Koeffizientenmatrix ist somit eine eigentlich orthogonale Matrix, d.h. es gilt:

$$\alpha_{ik}\alpha_{ij} = \alpha_{ki}\alpha_{ji} = \delta_{kj} \qquad \text{mit} \qquad \mathrm{Det}(\alpha_{ik}) = 1. \tag{2}$$

Denken wir uns den Körper um 0 gedreht, so erhalten wir für die Geschwindigkeit eines mit dem Körper starr verbundenen Punktes P im raumfesten System K, wenn wir die Ableitungen nach der Zeit durch Punkte symbolisieren, da die x_i voraussetzungsgemäß konstant sind:

$$\dot{X}_i = \dot{\alpha}_{ik} x_k = \dot{\alpha}_{ik} \alpha_{jk} X_j. \tag{3}$$

Wir bezeichnen mit $\dot{x}_i$ die Koordinaten im System k des Vektors mit den Koordinaten $\dot{X}_i$ im System K, also:

$$\dot{x}_k = \alpha_{jk}\dot{X}_j = \alpha_{jk}\dot{\alpha}_{ji}x_i. \tag{4}$$

Aus (2) folgt durch Differentiation

$$\dot{\alpha}_{ik}\alpha_{ij} + \alpha_{ik}\dot{\alpha}_{ij} = 0, \tag{5}$$

und hieraus, daß die Matrix $(\dot{\alpha}_{ik}\alpha_{ij})$ schiefsymmetrisch ist; in gleicher Weise gewinnt man dasselbe Resultat für $(\dot{\alpha}_{ki}\alpha_{ji})$. Bei Einführung der Größen $\mathring{W}_i$ und $\mathring{w}_i$ $(i = 1, 2, 3)$ ist also[1]:

$$(\dot{\alpha}_{ik}\alpha_{jk}) = \begin{pmatrix} 0 & \dot{\alpha}_{1k}\alpha_{2k} & \dot{\alpha}_{1k}\alpha_{3k} \\ -\dot{\alpha}_{1k}\alpha_{2k} & 0 & \dot{\alpha}_{2k}\alpha_{3k} \\ -\dot{\alpha}_{1k}\alpha_{3k} & -\dot{\alpha}_{2k}\alpha_{3k} & 0 \end{pmatrix} = \begin{pmatrix} 0 & -\mathring{W}_3 & \mathring{W}_2 \\ \mathring{W}_3 & 0 & -\mathring{W}_1 \\ -\mathring{W}_2 & \mathring{W}_1 & 0 \end{pmatrix} \tag{6}$$

und entsprechend

$$(\dot{\alpha}_{ik}\alpha_{ij}) = \begin{pmatrix} 0 & \dot{\alpha}_{i1}\alpha_{i2} & \dot{\alpha}_{i1}\alpha_{i3} \\ -\dot{\alpha}_{i1}\alpha_{i2} & 0 & \dot{\alpha}_{i2}\alpha_{i3} \\ -\dot{\alpha}_{i1}\alpha_{i3} & -\dot{\alpha}_{i2}\alpha_{i3} & 0 \end{pmatrix} = \begin{pmatrix} 0 & -\mathring{w}_3 & \mathring{w}_2 \\ \mathring{w}_3 & 0 & -\mathring{w}_1 \\ -\mathring{w}_2 & \mathring{w}_1 & 0 \end{pmatrix}. \tag{6'}$$

$\mathring{W}_1, \mathring{W}_2, \mathring{W}_3$ bzw. $\mathring{w}_1, \mathring{w}_2, \mathring{w}_3$ bilden die Koordinaten eines Vektors $\mathring{\mathfrak{W}}$ bzw. $\mathring{\mathfrak{w}}$. Fassen wir X_1, X_2, X_3 bzw. x_1, x_2, x_3 zu Koordinaten eines Vektors $\mathfrak{X}$ bzw. $\mathfrak{x}$ zusammen, so lassen sich die Formeln (3) bzw. (4) in der Vektorsymbolik wie folgt schreiben:

$$\dot{\mathfrak{X}} = \mathring{\mathfrak{W}} \times \mathfrak{X} \tag{7a}$$

bzw.

$$\dot{\mathfrak{x}} = \mathfrak{x} \times \mathring{\mathfrak{w}}. \tag{7b}$$

Der Vektor $\mathring{\mathfrak{W}}$ ist in K die Winkelgeschwindigkeit, also jener Vektor der in der Drehachse liegt und dessen absoluter Betrag gleich der Geschwindigkeit eines Punktes P im Abstand 1 von der Drehachse ist, wobei Drehsinn und Richtung des Vektors einer Rechtsschraubung entsprechen.

Nach diesen Vorbereitungen über die Kinematik wenden wir uns nun der Dynamik des sich um 0 drehenden starren Körpers zu. Das Galileische Bezugssystem ist das System K.

Die kinetische Energie eines starren Körpers, der sich um den festen Punkt 0 dreht, ist gegeben durch einen Ausdruck von der Form

$$E_{\text{kin}} = \tfrac{1}{2}(A_1\mathring{w}_1^2 + A_2\mathring{w}_2^2 + A_3\mathring{w}_3^2). \tag{8}$$

[1] Mit einem kleinen Ring, den wir über Größen setzen, die linearen Kombinationen von zeitlichen Ableitungen entsprechen, wollen wir einerseits an die Newtonsche Bezeichnung der zeitlichen Ableitung durch Punkte erinnern, andererseits aber hervorheben, daß diese lineare Kombination nicht integrabel und daher die betreffende Größe selbst nicht ein zeitlicher Differentialquotient einer Funktion ist.

Dabei bedeuten A_1, A_2, A_3 die Trägheitsmomente, $\mathring{w}_1, \mathring{w}_2, \mathring{w}_3$ die Koordinaten der Winkelgeschwindigkeit in bezug auf die Hauptachsen des Körpers im Punkt 0, also in bezug auf das oben eingeführte körperfeste System. Im folgenden machen wir die weitere Annahme, der Schwerpunkt S des Körpers liege auf der positiven x_3-Achse im Abstand h vom Drehpunkt. Der das Gewicht darstellende Vektor habe im raumfesten System die Koordinaten (o, o, G), daher nach (1) im körperfesten System die Koordinaten $(\alpha_{31}G, \alpha_{32}G, \alpha_{33}G)$. Die potentielle Energie des Körpers ist gegeben durch:

$$E_{\text{pot}} = \alpha_{33} h \cdot G + E_0.$$

E_0 ist die potentielle Energie des Körpers bezüglich 0; diese Konstante kann weggelassen werden.

Nach dem Hamiltonschen Prinzip folgen die Bewegungsgleichungen aus dem Variationsproblem

$$\delta \int_{t_0}^{t_1} \left[\tfrac{1}{2}(A_1 \mathring{w}_1^2 + A_2 \mathring{w}_2^2 + A_3 \mathring{w}_3^2) - \alpha_{33} h G\right] dt = 0. \tag{9}$$

Dabei haben wir die Größen $\mathring{w}_i$ durch die Gln. (6') ausgedrückt zu denken und die sechs voneinander unabhängigen Nebenbedingungen (2) für die neun Größen α_{ik} zu beachten.

Daß sich zur Behandlung dieser Variationsaufgabe mit insgesamt neun abhängigen Funktionen α_{ik}, welche durch sechs Nebenbedingungen verknüpft sind, die Lagrangesche Methode der Multiplikatoren nicht empfiehlt, weil sie kaum zu leicht übersehbaren Ausdrücken führt, ist wohl von vornherein ziemlich einleuchtend. Man wird sich daher bemühen, das Variationsproblem in eine andere Form zu bringen, wobei man in erster Linie danach streben wird, daß die Anzahl der Euler-Lagrangeschen Differentialgleichungen (Bewegungsgleichungen) des umgeformten Problems möglichst klein wird, also mit der Anzahl der Freiheitsgrade, in unserem Falle drei, übereinstimmt.

Um dieser Forderung nachzukommen, bot sich für LAGRANGE[1] zunächst die Methode dar, im Anschluß an EULER die neun Richtungsgrößen durch drei voneinander unabhängige Größen, die Eulerschen Winkel, auszudrücken. Wir führen diese Größen hier ein — obwohl wir bei der Aufstellung der Bewegungsgleichungen keinen Gebrauch davon machen werden — damit man vor allem den Vorteil erkennt, den die zweite Methode von LAGRANGE bietet, ferner aber auch deshalb, weil wir gelegentlich auf diese Einführung der Eulerschen Winkel Bezug nehmen werden.

---

[1] LAGRANGE geht nicht unmittelbar vom Hamiltonschen Prinzip aus, das er in der Form wie es heute benützt wird, nicht kannte, doch ist sein Ausgangspunkt nur wenig von dem des Textes verschieden.

Die Schnittlinie der X_1, X_2- mit der x_1, x_2-Ebene bezeichnet man als Knotenlinie. Der Winkel um den man die x_1, x_2-Ebene um die Knotenlinie drehen muß um sie auf kürzestem Wege mit der X_1, X_2-Ebene zur Deckung zu bringen, sei mit ϑ bezeichnet, der Winkel zwischen der X_1-Achse bzw. x_1-Achse und der Knotenlinie mit φ bzw. ψ. Dabei sind alle Drehungen, die im Sinne des Uhrzeigers erfolgen, positiv und die positive Richtung der Knotenlinie ist jene, von der aus gesehen die Drehung um ϑ im Sinne des Uhrzeigers erfolgt.

Die Richtungskosinus α_{ik} können nun durch diese drei Winkel ϑ, ψ, φ wie folgt ausgedrückt werden:

$$\left.\begin{aligned}
&\alpha_{11} = \cos\psi\cos\varphi - \cos\vartheta\sin\psi\sin\varphi,\\
&\alpha_{12} = -\sin\psi\cos\varphi - \cos\vartheta\cos\psi\sin\varphi,\\
&\alpha_{13} = \sin\vartheta\sin\varphi,\\
&\alpha_{21} = \cos\psi\sin\varphi + \cos\vartheta\sin\psi\cos\varphi, \qquad \alpha_{31} = \sin\vartheta\sin\psi,\\
&\alpha_{22} = -\sin\psi\sin\varphi + \cos\vartheta\cos\psi\cos\varphi, \quad \alpha_{32} = \sin\vartheta\cos\psi,\\
&\alpha_{23} = -\sin\vartheta\cos\varphi, \qquad \alpha_{33} = \cos\vartheta.
\end{aligned}\right\} \tag{10}$$

Für die Koordinaten der Winkelgeschwindigkeit in bezug auf das System k findet man:

$$\left.\begin{aligned}
\mathring{w}_1 &= \dot\varphi\sin\vartheta\sin\psi + \dot\vartheta\cos\psi\\
\mathring{w}_2 &= \dot\varphi\sin\vartheta\cos\psi - \dot\vartheta\sin\psi\\
\mathring{w}_3 &= \dot\varphi\cos\vartheta + \dot\psi.
\end{aligned}\right\} \tag{11}$$

Setzt man die Werte von (10) und (11) in (9) ein und bildet die Euler-Lagrangeschen Differentialgleichungen, so erhält man drei Differentialgleichungen zweiter Ordnung für ϑ, ψ, φ. Doch tritt in dieser Form der Bewegungsgleichungen ihre mechanische Bedeutung nicht unmittelbar zutage. So gab sich LAGRANGE mit dieser Methode nicht zufrieden und schuf eine zweite, die man nach BOLTZMANN „Methode der Quasikoordinaten" nennen könnte. Der Hauptsache nach besteht sie darin, daß man nicht darauf ausgeht die Größen α_{ik} selbst durch drei voneinander unabhängige Größen auszudrücken, sondern sich damit begnügt, das für die Differentialquotienten der Richtungskosinus zu tun. Handelt es sich um Differentialquotienten nach der Zeit, so sind diese drei Größen die bereits durch (6') eingeführten Koordinaten der Winkelgeschwindigkeit. Die Integrale der Differentialausdrücke $\mathring{w}_1 dt$, $\mathring{w}_2 dt$, $\mathring{w}_3 dt$ werden als Quasikoordinaten bezeichnet. Man ersieht beispielsweise aus den Gln. (11) sofort, daß diese Differentialausdrücke keine vollständigen Differentiale sind. Ihre Integrale bilden also keine Bestimmungsstücke für die Lage des Koordinatensystems, da sie außer von der Anfangs- und Endlage auch vom Weg, also von der getroffenen Wahl für die $\alpha_{ik}(t)$ abhängen.

Um nun aus dem Hamiltonschen Prinzip die Differentialgleichungen für die Bewegung des starren Körpers um 0 herzuleiten, denken wir uns die dem Variationsproblem genügenden Größen $\bar{\alpha}_{ik}(t)$ in eine einparametrige Schar von Vergleichsfunktionen mit dem Scharparameter ε eingebettet:

$$\alpha_{ik} = \alpha_{ik}(t, \varepsilon), \tag{12}$$

wobei $\bar{\alpha}_{ik}(t) = \alpha_{ik}(t, 0)$ sein soll. Ersetzen wir in (6) bzw. (6') die Differentiation nach t durch eine solche nach ε, welche wir durch einen Strich kennzeichnen, und setzen:

$$(\alpha'_{ik}\alpha_{jk}) = \begin{pmatrix} 0 & \alpha'_{1k}\alpha_{2k} & \alpha'_{1k}\alpha_{3k} \\ -\alpha'_{1k}\alpha_{2k} & 0 & \alpha'_{2k}\alpha_{3k} \\ -\alpha'_{1k}\alpha_{3k} & -\alpha'_{2k}\alpha_{3k} & 0 \end{pmatrix} = \begin{pmatrix} 0 & -\breve{W}_3 & \breve{W}_2 \\ \breve{W}_3 & 0 & -\breve{W}_1 \\ -\breve{W}_2 & \breve{W}_1 & 0 \end{pmatrix} \tag{13}$$

analog

$$(\alpha'_{ik}\alpha_{ij}) = \begin{pmatrix} 0 & \alpha'_{i1}\alpha_{i2} & \alpha'_{i1}\alpha_{i3} \\ -\alpha'_{i1}\alpha_{i2} & 0 & \alpha'_{i2}\alpha_{i3} \\ -\alpha'_{i1}\alpha_{i3} & -\alpha'_{i2}\alpha_{i3} & 0 \end{pmatrix} = \begin{pmatrix} 0 & -\breve{w}_3 & \breve{w}_2 \\ \breve{w}_3 & 0 & -\breve{w}_1 \\ -\breve{w}_2 & \breve{w}_1 & 0 \end{pmatrix}, \tag{13'}$$

so bezeichnen wir die Größen $\breve{W}_1, \breve{W}_2, \breve{W}_3$ bzw. $\breve{w}_1, \breve{w}_2, \breve{w}_3$ als Winkelvariationen. Sie bilden die Koordinaten eines Vektors $\breve{\mathfrak{W}}$ bzw. $\breve{\mathfrak{w}}$. Analog zu (7a) bzw. (7b) ergibt sich:

$$\mathfrak{X}' = \breve{\mathfrak{W}} \times \mathfrak{X} \tag{14a}$$

bzw.

$$\mathfrak{x}' = \mathfrak{x} \times \breve{\mathfrak{w}}. \tag{14b}$$

Aus den Gln. (6') und (13') erhalten wir durch Differentiation nach ε bzw. t und Subtraktion der so entstehenden Ausdrücke:

$$\frac{\partial \mathring{w}_1}{\partial \varepsilon} - \frac{\partial \breve{w}_1}{\partial t} = -\alpha'_{i2}\dot{\alpha}_{i3} + \dot{\alpha}_{i2}\alpha'_{i3}. \tag{15}$$

Die Größen $\dot{\alpha}_{ik}$ bzw. α'_{ik} erhält man aus den Gln. (7b) bzw. (14b), indem man diese auf die Einheitsvektoren der Koordinatenachsen des raumfesten Systems in bezug auf das körperfeste System anwendet. So erhält man zum Beispiel:

$$\alpha'_{33} = -\begin{vmatrix} \breve{w}_1 & \breve{w}_2 \\ \alpha_{31} & \alpha_{32} \end{vmatrix}. \tag{16}$$

Setzt man die so gewonnenen Ausdrücke in (15) ein, so erhält man unter Beachtung von (2)

$$\frac{\partial \mathring{w}_1}{\partial \varepsilon} - \frac{\partial \breve{w}_1}{\partial t} = -\begin{vmatrix} \breve{w}_2 & \breve{w}_3 \\ \mathring{w}_2 & \mathring{w}_3 \end{vmatrix},$$

und durch zyklische Vertauschung ergibt sich allgemein

$$\frac{\partial \mathring{\mathfrak{w}}}{\partial \varepsilon} - \frac{\partial \breve{\mathfrak{w}}}{\partial t} = \mathring{\mathfrak{w}} \times \breve{\mathfrak{w}}\,. \tag{17}$$

Unter Benützung der durch (17) gegebenen „Übergangsgleichungen" sowie Gl. (16) bilden wir die erste Variation von (9), wobei der Drehimpulsvektor $(A_1 \mathring{w}_1, A_2 \mathring{w}_2, A_3 \mathring{w}_3)$ mit $\mathfrak{d}$ bezeichnet wurde:

$$\left(\frac{dI}{d\varepsilon}\right)_{\varepsilon=0} = \left(\frac{d}{d\varepsilon}\int_{t_0}^{t_1}\left[\frac{1}{2}\,\mathfrak{d}\mathring{\mathfrak{w}} - \alpha_{33}\, h G\right] dt\right)_{\varepsilon=0} = \int_{t_0}^{t_1}[\mathfrak{d}\mathring{\mathfrak{w}}' - h G \alpha'_{33}]_{\varepsilon=0}\, dt$$

$$= \int_{t_0}^{t_1}\left[\mathfrak{d}\left(\frac{\partial \breve{\mathfrak{w}}}{\partial t} + \mathring{\mathfrak{w}} \times \breve{\mathfrak{w}}\right) + h G \begin{vmatrix} \breve{w}_1 & \breve{w}_2 \\ \alpha_{31} & \alpha_{32} \end{vmatrix}\right]_{\varepsilon=0} dt.$$

Wenden wir nun auf das erste Glied im Integral Produktintegration an, wobei wir beachten, daß $\breve{\mathfrak{w}}(t_0) = \breve{\mathfrak{w}}(t_1) = 0$, so folgt:

$$\left(\frac{dI}{d\varepsilon}\right)_{\varepsilon=0} = -\int_{t_0}^{t_1}\left[\breve{\mathfrak{w}}\,\frac{\partial \mathfrak{d}}{\partial t} - \breve{\mathfrak{w}}(\mathfrak{d} \times \mathring{\mathfrak{w}}) - h G \begin{vmatrix} \breve{w}_1 & \breve{w}_2 \\ \alpha_{31} & \alpha_{32} \end{vmatrix}\right]_{\varepsilon=0} dt. \tag{18}$$

Setzen wir die Koeffizienten von $\breve{w}_i$ gleich Null, so erhalten wir als Euler-Lagrangesche Gleichungen:

$$\left.\begin{aligned} A_1 \frac{d\mathring{w}_1}{dt} - (A_2 - A_3)\,\mathring{w}_2 \mathring{w}_3 &= +\, h G \alpha_{32} \\ A_2 \frac{d\mathring{w}_2}{dt} - (A_3 - A_1)\,\mathring{w}_3 \mathring{w}_1 &= -\, h G \alpha_{31} \\ A_3 \frac{d\mathring{w}_3}{dt} - (A_1 - A_2)\,\mathring{w}_1 \mathring{w}_2 &= 0. \end{aligned}\right\} \tag{19}$$

Man nennt (19) die Eulerschen Gleichungen der Bewegung des starren Körpers. Die rechten Seiten können als Koordinaten eines Vektors $\mathfrak{M}$, dargestellt im körperfesten System, aufgefaßt werden. Dieser ist das Vektorprodukt von $(\alpha_{31} G, \alpha_{32} G, \alpha_{33} G)$ mit (o, o, h). Somit lassen sich die Eulerschen Gleichungen vektoriell in der Form schreiben:

$$\frac{d\mathfrak{d}}{dt} + (\mathring{\mathfrak{w}} \times \mathfrak{d}) = \mathfrak{M}\,. \tag{20}$$

Es stellt $d\mathfrak{d}/dt$ die zeitliche Änderung des Drehimpulses in bezug auf das körperfeste System, daher $\frac{d\mathfrak{d}}{dt} + \mathring{\mathfrak{w}} \times \mathfrak{d} = \frac{d\mathfrak{D}}{dt}$ die Änderung des Drehimpulses bezüglich des raumfesten Systems dar. Somit erhalten wir den bereits von Euler ausgesprochenen Satz, daß die zeitliche Änderung des Drehimpulses in bezug auf das im Raum ruhende Koordinatensystem gleich ist dem Moment der Schwerkraft.

In dem bereits erwähnten Kapitel seiner analytischen Mechanik glaubt LAGRANGE sich seinen Lesern gegenüber rechtfertigen zu müssen, daß er zwei Methoden für ein und dasselbe mechanische Problem vorbringt. Er tut dies nach Darlegung der zweiten Methode mit folgenden Worten:

„Hier habe ich die ganze Auflösung von den drei ursprünglichen Differentialgleichungen abgeleitet, und ich glaube bei dieser Auflösung alle Klarheit und (wenn ich mich so ausdrücken darf) alle Eleganz angewendet zu haben, deren sie fähig ist. Aus diesem Grunde schmeichle ich mir, daß man die Wiederaufnahme dieses Problems nicht mißbilligen wird, wiewohl ich es zum Teil rein der Merkwürdigkeit der Methode wegen getan habe, besonders da es, woran nicht zu zweifeln ist, von einigem Nutzen für den Fortschritt der Analysis sein kann.“

§ 2. Allgemeine Erörterung der Methode der Quasikoordinaten

Um das Charakteristische der Methode, die wir im vorigen Paragraphen anwandten, zu erörtern, legen wir unseren Betrachtungen ein Variationsproblem vom folgenden Typus zugrunde: Es soll ein System von Funktionen $y^\lambda = y^\lambda(x)$ ermittelt werden, für die die erste Variation des Integrals

$$I = \int_{x_0}^{x_1} F(x, y^1, y^2 \ldots y^n, \mathring{w}^1, \mathring{w}^2 \ldots \mathring{w}^m)\, dx \qquad m < n \tag{21}$$

verschwindet, wobei die Größen $\mathring{w}^\varrho$ lineare homogene Funktionen der Differentialquotienten dy^λ/dx sein mögen, deren Koeffizienten a^ϱ_λ gegebene Funktionen der y^λ sind.

Es sei also

$$\mathring{w}^\varrho = a^\varrho_\lambda \frac{dy^\lambda}{dx} \qquad (\varrho = 1, \ldots, m), \tag{22}$$

dabei mögen ferner die Funktionen y^λ einem System von $(n-m)$ Bedingungen von der Form

$$g^k(y^1, y^2 \ldots y^n) = 0 \qquad (k = m+1, \ldots, n) \tag{23}$$

genügen. Die Pfaffschen Differentialausdrücke

$$\mathring{w}^\varrho\, dx = a^\varrho_\lambda\, dy^\lambda$$

mögen keine vollständigen Differentialausdrücke sein, daher sind die durch die Integration längs irgendeines Weges im (x, y^λ)-Raum ermittelten Größen

$$u^\varrho = \int \mathring{w}^\varrho\, dx$$

vom Integrationsweg abhängig. Diese Größen sind es, die man als Quasikoordinaten bezeichnet. Im folgenden kommen stets nur ihre Differentialquotienten nach x vor.

Aus (23) folgt durch Differentiation, wenn wir zur Abkürzung

$$\frac{\partial g^k}{\partial y^\lambda} = a_\lambda^k$$

setzen und die y^λ als Funktionen von x und einem Parameter ε auffassen

$$a_\lambda^k \frac{\partial y^\lambda}{\partial x} = 0 \qquad (k = m+1, \ldots, n), \tag{24}$$

$$a_\lambda^k \frac{\partial y^\lambda}{\partial \varepsilon} = 0 \qquad (k = m+1, \ldots, n). \tag{25}$$

Ferner führen wir noch die Variationsgrößen

$$\breve{w}^\varrho = a_\lambda^\varrho \frac{\partial y^\lambda}{\partial \varepsilon} \qquad (\varrho = 1, \ldots, m) \tag{26}$$

ein. Wir setzen voraus, es sei die Determinante

$$|a_\lambda^s| \neq 0 \qquad (s = 1, \ldots, n, \ \lambda = 1, \ldots, n).$$

Wir können daher die Gln. (22) und (24) bzw. (25) und (26) nach $\partial y^\lambda/\partial x$ bzw. $\partial y^\lambda/\partial \varepsilon$ auflösen und erhalten so

$$\frac{\partial y^\lambda}{\partial x} = \sum_{\varrho=1}^{m} B_\varrho^\lambda \mathring{w}^\varrho \qquad (\lambda = 1, \ldots, n), \tag{27}$$

$$\frac{\partial y^\lambda}{\partial \varepsilon} = \sum_{\varrho=1}^{m} B_\varrho^\lambda \breve{w}^\varrho \qquad (\lambda = 1, \ldots, n). \tag{28}$$

Es bestehen dann Gleichungen von der Form

$$a_\lambda^r B_s^\lambda = \begin{cases} 1 & r = s \\ 0 & r \neq s. \end{cases} \tag{29}$$

Aus (22) und (26) erhalten wir durch Differentiation nach ε bzw. x und indem wir die Ausdrücke für $\partial y^\lambda/\partial x$ und $\partial y^\lambda/\partial \varepsilon$ aus (27) und (28) einsetzen die Vertauschungsrelationen (*)

$$\left.\begin{aligned} &\frac{\partial \mathring{w}^\varrho}{\partial \varepsilon} - \frac{\partial \breve{w}^\varrho}{\partial x} = \frac{1}{2} \sum_{\sigma,\tau=1}^{m} \gamma_{\sigma\tau}^\varrho \begin{vmatrix} \mathring{w}^\tau & \mathring{w}^\sigma \\ \breve{w}^\tau & \breve{w}^\sigma \end{vmatrix} \\ &\text{mit} \\ &\gamma_{\sigma\tau}^\varrho = \left(\frac{\partial a_\lambda^\varrho}{\partial y^\mu} - \frac{\partial a_\mu^\varrho}{\partial y^\lambda} \right) B_\sigma^\mu B_\tau^\lambda. \end{aligned}\right\} \tag{30}$$

Es gilt

$$\gamma_{\sigma\tau}^\varrho = -\gamma_{\tau\sigma}^\varrho. \tag{31}$$

Diese Gleichungen werden in der Mechanik auch als Übergangsgleichungen bezeichnet. Wenn die Gln. (30) identisch verschwinden, sind sie die Integrabilitätsbedingungen für das System (27) und (28). Man erhält die Vertauschungsrelationen (30) daher auch, indem man (27) nach ε, (28) nach x differenziert, voneinander subtrahiert und schließlich über λ summiert, wobei man Gl. (29) und die aus ihr durch Differentiation hervorgehende

$$\frac{\partial a_\lambda^r}{\partial y^i} B_s^\lambda + a_\lambda^r \frac{\partial B_s^\lambda}{\partial y^i} = 0$$

verwendet.

Es möge nun $y^\lambda = y^\lambda(x, 0)$ einen Extremalbogen unseres Variationsproblems darstellen. Differenzieren wir das Integral (21) nach ε und setzen wir nachher ε gleich Null, so erhalten wir unter Berücksichtigung der Übergangsgleichungen (30)

$$\left(\frac{dI}{d\varepsilon}\right)_{\varepsilon=0} = \int\limits_{x_0}^{x_1} \left[\sum_{\varrho=1}^{m} \frac{\partial F}{\partial \mathring{w}^\varrho}\left(\frac{\partial \breve{w}^\varrho}{\partial x} + \frac{1}{2}\sum_{\sigma,\tau=1}^{m} \gamma_{\sigma\tau}^{\varrho} \begin{vmatrix} \mathring{w}^\tau & \mathring{w}^\sigma \\ \breve{w}^\tau & \breve{w}^\sigma \end{vmatrix}\right) + \frac{\partial F}{\partial y^\lambda}\frac{\partial y^\lambda}{\partial \varepsilon}\right]_{\varepsilon=0} dx.$$

Nach Produktintegration, Benützung von (28) und indem wir die dreifache Summe durch Vertauschung der Summationsindizes bei Berücksichtigung von (31) wie folgt umformen

$$\sum_{\varrho,\sigma,\tau=1}^{m} \frac{1}{2} \frac{\partial F}{\partial \mathring{w}^\varrho} \gamma_{\sigma\tau}^{\varrho} \begin{vmatrix} \mathring{w}^\tau & \mathring{w}^\sigma \\ \breve{w}^\tau & \breve{w}^\sigma \end{vmatrix} = \sum_{\varrho,\sigma,\tau=1}^{m} \frac{\partial F}{\partial \mathring{w}^\sigma} \gamma_{\varrho\tau}^{\sigma} \mathring{w}^\tau \breve{w}^\varrho,$$

erhalten wir

$$\left(\frac{dI}{d\varepsilon}\right)_{\varepsilon=0} = \left[\sum_{\varrho=1}^{m} \frac{\partial F}{\partial \mathring{w}^\varrho} \breve{w}^\varrho\right]_{x_0}^{x_1}\Bigg|_{\varepsilon=0} -$$

$$-\int\limits_{x_0}^{x_1} \left\{\sum_{\varrho=1}^{m}\left[\frac{\partial}{\partial x}\left(\frac{\partial F}{\partial \mathring{w}^\varrho}\right) - \sum_{\sigma,\tau=1}^{m} \frac{\partial F}{\partial \mathring{w}^\sigma} \gamma_{\varrho\tau}^{\sigma} \mathring{w}^\tau - \sum_{\lambda=1}^{n} \frac{\partial F}{\partial y^\lambda} B_\varrho^\lambda\right] \breve{w}^\varrho\right\}_{\varepsilon=0} dx.$$

Denken wir uns nun für die Koordinaten y^λ Anfangs- und Endwerte gegeben, so ist wegen $\left.\frac{\partial y^\lambda}{\partial \varepsilon}\right|_{x=x_0} = \left.\frac{\partial y^\lambda}{\partial \varepsilon}\right|_{x=x_1} = 0$

$$\breve{w}^\varrho(x_0) = \breve{w}^\varrho(x_1) = 0.$$

Man erkennt sofort: Für das Verschwinden der ersten Variation ist hinreichend, daß die Ausdrücke in der eckigen Klammer unter dem Integral verschwinden.

Um aber auch — unter Ausnutzung des Fundamentallemmas der Variationsrechnung — die Notwendigkeit für das Verschwinden der Klammerausdrücke zu beweisen, hätte man sinngemäß die bei der Diskussion des Einbettungsproblems verwendeten Methoden, wie wir sie beim Beweis der Lagrangeschen Multiplikatorenregel erörtert haben, heranzuziehen.

§ 3. Anwendung der Quasikoordinaten bei räumlichen Problemen der Elastostatik von Stäben. KIRCHHOFFs Analogie

In der üblichen Theorie der Biegung und Torsion ursprünglich gerader, schlanker, zylindrisch-homogener Stäbe macht man folgende Annahmen über den Verzerrungszustand:

Wir denken uns zu jedem Querschnitt den Schwerpunkt S konstruiert. Die Gesamtheit dieser Schwerpunkte bezeichnen wir als Mittellinie. Wir setzen voraus, daß sich die Länge der Mittellinie bei der Verzerrung nicht ändert (*). Die Bewegung der Querschnitte bei der Verzerrung denken wir uns zerlegt in eine Translation und in eine Drehung der Querschnitte um S, wobei die Querschnitte eben bleiben (Bernoullische Voraussetzung). Die ursprünglich gerade Mittellinie wird nach der Verzerrung im allgemeinen eine Raumkurve $\mathfrak{C}$ doppelter Krümmung bilden (räumliche Elastika). In jedem Punkt dieser verzerrten Mittellinie denken wir uns ein rechtwinkliges Dreibein errichtet. Die x_3-Achse dieses Dreibeins sei identisch mit der Tangente an $\mathfrak{C}$; die x_1-Achse entspreche einer der Hauptachsen des Querschnittes, die x_2-Achse schließlich sei so orientiert, daß das Koordinatensystem (x_1, x_2, x_3) ein Rechtssystem k bildet. Die Richtungskosinus $\alpha_{ik}(s)$ des soeben eingeführten Dreibeins k (es entspricht dem körperfesten System von § 1) für einen beliebigen Punkt $P(s)$ auf der Mittellinie bezüglich eines zunächst willkürlich angenommenen raumfesten Systems K sind durch das Schema (1′) gegeben; die Größen α_{ik} gehorchen dabei den in (2) formulierten Bedingungen.

Denken wir uns das System k längs $\mathfrak{C}$ mit der Geschwindigkeit 1 bewegt (dann gilt für die Bogenlänge auf $\mathfrak{C}$: $s = t$), so erhalten wir die Koordinaten der Winkelgeschwindigkeit nach den in § 1 durchgeführten Betrachtungen. (Wir wollen im weiteren auch die dort eingeführte Bezeichnungsweise beibehalten.) Dann ergibt sich, wie in der Elastizitätstheorie gezeigt wird, aus den obigen Annahmen die Formänderungsarbeit des Stabes durch ein Integral der Form:

$$U = \frac{1}{2} \int_{s_0}^{s_1} [B_1 \mathring{w}_1^2 + B_2 \mathring{w}_2^2 + B_3 \mathring{w}_3^2]\, ds. \tag{32}$$

Dabei bedeuten die Konstanten B_1 und B_2 die mit dem Elastizitätsmodul multiplizierten Hauptträgheitsmomente des Querschnittes (Biegesteifigkeiten) und B_3 die analoge für die Torsion maßgebende Größe (Torsionssteifigkeit). Um das für die Gestalt des Stabes maßgebende Variationsproblem (Minimum der potentiellen Energie) aufzustellen, müssen wir noch zum Ausdruck bringen, daß die x_3-Achse Tangente an $\mathfrak{C}$ ist. Demnach gilt:

$$\frac{d X_i}{d s} - \alpha_{i3} = 0. \tag{33}$$

Nach dem Dirichletschen Prinzip ergibt sich die Gleichgewichtslage durch die Forderung

$$U = \text{Min.}$$

unter Berücksichtigung der drei Nebenbedingungen (33). In einem raumfesten Koordinatensystem mit dem Ursprung 0, das wir zunächst beliebig gewählt haben, sei im deformierten Zustand der Anfangspunkt $P(s_0)$ des Stabes durch $X_i(s_0)$, der Endpunkt $P(s_1)$ durch $X_i(s_1)$ gegeben. Ferner seien in diesen beiden Punkten die $\alpha_{ik}(s)$ vorgegeben. Mechanisch bedeutet dies, daß wir uns den Stab in $P(s_0)$ und $P(s_1)$ durch Klemmen festgehalten denken. Wir haben also, unter Beachtung der Orthogonalitätsbedingungen (2) für die $\alpha_{ik}(s)$ insgesamt 12 voneinander unabhängige Randbedingungen, welche die Klemmen vollständig bestimmen.

Also wird für die Gleichgewichtslage

$$U = U(X_i(s_0), X_i(s_1), \alpha_{ik}(s_0), \alpha_{ik}(s_1)) \tag{34}$$

sein und demnach von 12 voneinander unabhängigen Größen abhängen.

Bezeichnen wir mit Λ_i die zugehörigen Lagrangeschen Faktoren, so lautet das für unser Variationsproblem maßgebende Integral

$$\int_{s_0}^{s_1} \left[\frac{1}{2} B_i \mathring{w}_i^2 + \Lambda_i \left(\frac{dX_i}{ds} - \alpha_{i3}\right)\right] ds. \tag{35}$$

Bildet man zunächst die Euler-Lagrangeschen Gleichungen für die X_i, so erhält man

$$\frac{d\Lambda_i}{ds} = 0.$$

Die Λ_i sind also Konstante und der Bestandteil

$$\Lambda_i \frac{dX_i}{ds}$$

in (35) hat als vollständiges Differential keinen Einfluß auf die Bildung der übrigen Euler-Lagrangeschen Differentialgleichungen. Durch Anwendung der gleichen Überlegungen, die wir im Anschluß an Gl. (93) in Kapitel IV, 3, § 2 angestellt haben, entnehmen wir aus den Hamiltonschen Formeln die physikalische Bedeutung der Größen Λ_i. Sie bedeuten die Koordinaten der Reaktionskraft, die von den Klemmen auf die Elastika ausgeübt wird. Wir können uns daher das raumfeste Koordinatensystem im besonderen so gewählt denken, daß $\Lambda_1 = \Lambda_2 = 0$ ist. Dann ist $\Lambda_3 = \Lambda$ die Größe der Reaktionskraft. Mit dieser Wahl des raumfesten Koordinatensystems, das hiedurch bis auf die (vorläufig noch willkürlich angenommene) Lage des Ursprungs festgelegt ist, erhält man an Stelle von (35) zur Bestimmung der Größen $\mathring{w}_i$:

$$\delta \int_{s_0}^{s_1} \left[\tfrac{1}{2}(B_1 \mathring{w}_1^2 + B_2 \mathring{w}_2^2 + B_3 \mathring{w}_3^2) - \Lambda \alpha_{33}\right] ds = 0. \tag{36}$$

Dieses Variationsproblem stimmt formal mit (9) überein, wenn dort A_i durch B_i, hG durch Λ und t durch s ersetzt wird. Entsprechend den Gln. (19) lauten die Euler-Lagrangeschen Differentialgleichungen für die räumlichen Elastika

$$\left.\begin{aligned} B_1 \frac{d\mathring{w}_1}{ds} - (B_2 - B_3)\,\mathring{w}_2 \mathring{w}_3 &= +\Lambda \alpha_{32} \\ B_2 \frac{d\mathring{w}_2}{ds} - (B_3 - B_1)\,\mathring{w}_3 \mathring{w}_1 &= -\Lambda \alpha_{31} \\ B_3 \frac{d\mathring{w}_3}{ds} - (B_1 - B_2)\,\mathring{w}_1 \mathring{w}_2 &= 0. \end{aligned}\right\} \tag{37}$$

Die formale Übereinstimmung der Euler-Lagrangeschen Differentialgleichungen (19) und (37) bzw. der Variationsprobleme (9) und (36) bezeichnet man als Kirchhoffsche Analogie.

Wir wollen nun die statische Bedeutung der Gln. (37) ermitteln. Dazu denken wir uns (35) für die die Randbedingungen erfüllende Lösung von (37) gebildet, d.h. die Hamiltonsche charakteristische Funktion J unseres Punkt-Punktproblems ermittelt. Durch die sinngemäße Übertragung der bei der zweiten Herleitung der Hamiltonschen Formeln in Kap. I, 4, § 1 durchgeführten Überlegungen (wobei hier an Stelle von $\partial y/\partial h$ die $\breve{w}_i$ treten), erweist sich $(B_1 \mathring{w}_1)_{s=s_1}$ als der Differentialquotient der Deformationsarbeit J nach dem Drehwinkel (der zu $\breve{w}_1$ zugehörigen Quasikoordinate), daher also als X_1-Koordinate des Drehmoments, das die Klemme bei $s = s_1$ auf den Stab ausübt. Analoges gilt auch für die statische Bedeutung von $B_1 \mathring{w}_1$ für beliebiges s. Man braucht sich dazu bloß durch den Stab einen Schnitt geführt und die Wirkung des einen Stabstückes auf das andere durch eine Klemme ersetzt zu denken. Da Analoges für $B_2 \mathring{w}_2$ und $B_3 \mathring{w}_3$ gilt, so stellen von dem Vektor $(B_1 \mathring{w}_1, B_2 \mathring{w}_2, B_3 \mathring{w}_3)$ die beiden ersten Koordinaten die Biegungsmomente, die letzte das Torsionsmoment dar. Wir nennen diesen Vektor den Deformationsmomentvektor und bezeichnen ihn im körperfesten System mit $\mathfrak{d}$, im raumfesten System mit $\mathfrak{D}$.

Die linken Seiten der Gln. (37) stellen sich somit vektoriell in der Form

$$\frac{d\mathfrak{d}}{ds} + \mathring{\mathfrak{w}} \times \mathfrak{d} = \frac{d\mathfrak{D}}{ds} \tag{38}$$

dar.

Zur Erörterung der Bedeutung der Größen auf der rechten Seite beachten wir, daß der Vektor mit den Koordinaten $(\Lambda \alpha_{32}, -\Lambda \alpha_{31}, 0)$ im körperfesten System, im raumfesten System die Koordinaten $(-\Lambda \alpha_{23}, \Lambda \alpha_{13}, 0)$ hat. Mit (33) folgt daher, daß die rechten Seiten von (37) mit Rücksicht auf $\Lambda = \text{const}$, die Ableitung eines Vektors $\mathfrak{M}^*$ darstellen, der das Vektorprodukt von (X_1, X_2, X_3) mit (o, o, Λ) ist. $\mathfrak{M}^*$ ist der Vektor des Moments der Reaktionskraft. Demnach läßt sich die Differenz der linken und rechten Seiten von (37) in der Form schreiben:

$$\frac{d}{ds}(\mathfrak{D} - \mathfrak{M}^*) = \mathfrak{o}\,, \tag{39}$$

wo $\mathfrak{o}$ den Nullvektor bedeutet. Das heißt also, daß $\mathfrak{D} - \mathfrak{M}^*$ im raumfesten System ein konstanter, also von s unabhängiger Vektor $\mathfrak{N}$ ist. Dieser ist der Vektor des Reaktionsmomentes.

$\mathfrak{N} = (N_1, N_2, N_3)$ und (o, o, Λ) bilden die Reaktionsdyname. Die noch freie Lage des Ursprungs des raumfesten Koordinatensystems können wir nun dazu ausnützen, um an Stelle des Systems K ein parallel zu diesem verschobenes System K^* so zu bestimmen, daß in diesem System die Richtung des Reaktionsmoments parallel zur Richtung der Reaktionskraft, also auch parallel zur X_3-Achse wird. Bezogen auf das ursprüngliche System K ergeben sich die Lagekoordinaten (X_1^0, X_2^0, X_3^0) des Ursprungs des Systems K demnach aus den Bedingungsgleichungen:

$$N_1 = X_2^0 \Lambda\,, \quad N_2 = -X_1^0 \Lambda\,.$$

Die X_3^0-Koordinate bleibt daher noch frei wählbar. Die so bestimmte X_3^*-Achse von K^*, die Achse der Kraftschraube, bezeichnet man auch als Achse der Elastika.

§ 4. Integrale der Euler-Lagrangeschen Gleichungen

Im folgenden wollen wir noch zwei Integrale der Euler-Lagrangeschen Differentialgleichungen (19) bzw. (37) besprechen, die man im Anschluß an die dynamische Deutung als Energie- bzw. Drehimpulsintegral bezeichnet.

1. Energieintegral

Wenn wir von den in vektorieller Form geschriebenen Euler-Lagrangeschen Gln. (20)

$$\frac{d\mathfrak{d}}{dt} + (\mathring{\mathfrak{w}} \times \mathfrak{d}) = \mathfrak{M}$$

ausgehen und sie skalar mit $\mathring{\mathfrak{w}}$ multiplizieren, erhalten wir zunächst

$$\frac{d\mathfrak{d}}{dt}\mathring{\mathfrak{w}} - \mathfrak{M}\mathring{\mathfrak{w}} = 0$$

und hieraus unter sinngemäßer Verwendung von (16)

$$\frac{d}{dt}\left[\frac{1}{2} A_i \mathring{w}_i^2 + h G \alpha_{33}\right] = 0\,,$$

also

$$\tfrac{1}{2}(A_1 \mathring{w}_1^2 + A_2 \mathring{w}_2^2 + A_3 \mathring{w}_3^2) + h G \alpha_{33} = \text{const}. \tag{40}$$

Bei der dynamischen Deutung der Euler-Lagrangeschen Gleichungen besagt dies, daß die Summe aus kinetischer und potentieller Energie konstant bleibt. Dieser Sachverhalt kann auch unmittelbar aus dem Integranden des Integrals (9) entnommen werden, wenn man beachtet, daß dieser die unabhängige Veränderliche t nicht enthält.

2. *Drehimpulsintegral*

Denken wir uns die Gln. (19) bzw. (37) der Reihe nach mit $\alpha_{31}, \alpha_{32}, \alpha_{33}$ multipliziert und addiert, so erhalten wir

$$A_1 \frac{d\mathring{w}_1}{dt}\alpha_{31} + A_2 \frac{d\mathring{w}_2}{dt}\alpha_{32} + A_3 \frac{d\mathring{w}_3}{dt}\alpha_{33} - \begin{vmatrix} A_1 \mathring{w}_1 & A_2 \mathring{w}_2 & A_3 \mathring{w}_3 \\ \mathring{w}_1 & \mathring{w}_2 & \mathring{w}_3 \\ \alpha_{31} & \alpha_{32} & \alpha_{33} \end{vmatrix} = 0.$$

Hieraus folgt unter Berücksichtigung der sinngemäß angewendeten Gl. (16), sowie der entsprechenden Gleichungen für die Ableitungen von α_{31} und α_{32}:

$$A_1 \frac{d\mathring{w}_1}{dt}\alpha_{31} + A_2 \frac{d\mathring{w}_2}{dt}\alpha_{32} + A_3 \frac{d\mathring{w}_3}{dt}\alpha_{33} + \\ + A_1 \mathring{w}_1 \frac{d\alpha_{31}}{dt} + A_2 \mathring{w}_2 \frac{d\alpha_{32}}{dt} + A_3 \mathring{w}_3 \frac{d\alpha_{33}}{dt} = 0.$$

Also:

$$A_1 \mathring{w}_1 \alpha_{31} + A_2 \mathring{w}_2 \alpha_{32} + A_3 \mathring{w}_3 \alpha_{33} = \text{const}. \tag{41}$$

§ 5. Gegenüberstellungen gemäß der Kirchhoffschen Analogie

Wir stellen nun die Ergebnisse, zu denen der Vergleich der beiden Probleme führt, in der folgenden Übersicht nochmals zusammen.

Dynamisches Problem	*Elastisches Problem*
Zeit	Bogenlänge der Zentrallinie
Trägheitsmomente	Biegungs- und Torsionssteifigkeit
Kinetische Energie	Integrand im Integral für die Deformationsarbeit
Potentielle Energie	Die in die Tangente der Zentrallinie fallende Komponente der Reaktionskraft
Hamiltonsches Prinzip	Dirichletscher Satz vom Minimum der potentiellen Energie

Grundgleichungen:

Die zeitliche Änderung des Drehimpulsvektors (in bezug auf das raumfeste Koordinatensystem) ist gleich dem durch die Schwerkraft verursachten Drehmoment

Die nach der Bogenlänge genommene Ableitung des Deformationsmoment-Vektors ist gleich der nach der Bogenlänge genommenen Ableitung des Momentes der Reaktionskraft

Energieintegral:

Die Summe aus kinetischer und potentieller Energie ist konstant

Der Integrand im Integral für die Deformationsarbeit vermehrt um die in Richtung der Tangente fallende Komponente der Reaktionskraft ist konstant

Drehimpulsintegral:

Die in Richtung der Schwerkraft fallende Komponente des Drehimpulses ist konstant

Die in Richtung der Reaktionskraft fallende Komponente des Deformationsmoment-Vektors ist konstant

§ 6. Gemeinsamer Ansatz für verschiedene Stabilitätsprobleme der räumlichen Elastica

Die Frage der Stabilität der räumlichen Elastica wollen wir hier analog zu jener der ebenen Elastica in Kap. IV behandeln.

Bei der Diskussion der zweiten Variation des Integrals, das das Dirichletsche Prinzip zum Ausdruck bringt, haben wir dabei insbesonders einen Umstand zu beachten, den wir ausdrücklich hervorheben müssen:

Die in den Gleichungen des § 3 vorgenommene Spezialisierung des Koordinatensystems ($\Lambda_1 = \Lambda_2 = 0$) darf, wie bei den entsprechenden Betrachtungen bei der ebenen Elastica, erst nach der Bildung des Ausdruckes für die zweite Variation vorgenommen werden. Wir müssen dementsprechend die erste und die zweite Variation des Ausdruckes (35) bilden.

Bei Problemen, wo wir es nicht mit festen Einspannungen der Elastica zu tun haben, sondern wo als gegeben äußere, an den Stabenden wirkende Kräfte und Momente anzusehen sind, kommt zu (35) noch additiv ein Ausdruck Φ hinzu, der die potentielle Energie dieser äußeren Kräfte und Momente darstellt und der als Randfunktion zu behandeln ist. Es ist also Φ eine Funktion der Koordinaten der Endpunkte der Elastica und ferner von je drei Größen, die die Lage des beweglichen Dreibeins an den Stabenden kennzeichnen. (Für diese drei Größen kann man allenfalls die Eulerschen Winkel einführen.) In Abhängigkeit von diesen drei Größen denken wir uns die Größen $\alpha_{ik}(s_0)$ und $\alpha_{ik}(s_1)$ ausgedrückt und schreiben dementsprechend:

$$\Phi = \Phi\left(X_i(s_0), X_i(s_1), \alpha_{ik}(s_0), \alpha_{ik}(s_1)\right);$$

also haben wir:

$$I = \Phi + \int_{s_0}^{s_1} \left[\frac{1}{2} B_i \mathring{w}_i^2 + \Lambda_i \left(\frac{d X_i}{d s} - \alpha_{i3}\right)\right] d s. \tag{42}$$

Für die erste Variation von (42) erhalten wir unter Benützung der in § 3 bzw. § 1 eingeführten Bezeichnungen und der dort bereits durchgeführten Ableitungen sowie unter Benützung der Beziehung:

$$\alpha'_{i3} = -\begin{vmatrix} \breve{w}_1 & \breve{w}_2 \\ \alpha_{i1} & \alpha_{i2} \end{vmatrix} \tag{43}$$

und unter Einführung der Bezeichnung:

$$\left(\frac{\partial X_i}{\partial \varepsilon}\right)_{\varepsilon=0} = \Xi_i, \tag{44}$$

$$\left.\begin{aligned} \left(\frac{d I}{d \varepsilon}\right)_{\varepsilon=0} &= \left(\frac{d \Phi}{d \varepsilon}\right)_{\varepsilon=0} + \left[(\mathfrak{d} \breve{\mathfrak{w}})_{\varepsilon=0} + \Lambda_i \Xi_i\right]_{s=s_0}^{s=s_1} - \\ &- \int_{s_0}^{s_1} \left\{\breve{\mathfrak{w}}\left(\frac{\partial \mathfrak{d}}{\partial s} + \mathfrak{d} \times \mathring{\mathfrak{w}}\right) - \Lambda_i \begin{vmatrix} \breve{w}_1 & \breve{w}_2 \\ \alpha_{i1} & \alpha_{i2} \end{vmatrix}\right\}_{\varepsilon=0} d s. \end{aligned}\right\} \tag{45}$$

Der abzuleitenden Formel für die zweite Variation schicken wir folgende Bemerkungen voraus:

Die Glieder mit $\partial \breve{\mathfrak{w}} / \partial \varepsilon$ und $\partial^2 X_i / \partial \varepsilon^2$ brauchen nicht ausführlich angeschrieben werden, denn die Koeffizienten dieser Glieder müssen für eine Extremale wegen des Verschwindens der ersten Variation sämtlich Null sein, und zwar im Integral wegen des Verschwindens der Euler-Lagrangeschen Differentialausdrücke und außerhalb des Integrals wegen der erzwungenen bzw. freien Randbedingungen der ersten Variation. (Denn führt man zunächst, um die zweite Variation zu bilden, die Differentiation von $d I / d \varepsilon$ nach ε und im Anschluß daran Produktintegration nach Lagrange durch, so erscheinen sowohl im Integranden als auch in dem Ausdruck vor dem Integral lineare homogene Funktionen der zweiten Ableitungen der unbekannten Funktionen nach ε, deren Koeffizienten wegen des Verschwindens der ersten Variation Null sein müssen.) Wir werden diese Glieder durch das Symbol $\{0\}$ ausdrücken.

Für

$$\frac{\partial^2 \mathring{\mathfrak{w}}}{\partial \varepsilon^2} = \frac{\partial}{\partial \varepsilon}\left\{\frac{\partial \breve{\mathfrak{w}}}{\partial s} + \mathring{\mathfrak{w}} \times \breve{\mathfrak{w}}\right\}$$

ergibt sich durch Anwendung der Regeln der Vektorrechnung

$$\frac{\partial^2 \mathring{\mathfrak{w}}}{\partial \varepsilon^2} = -\breve{\mathfrak{w}} \times \frac{\partial \breve{\mathfrak{w}}}{\partial s} + \breve{\mathfrak{w}}(\mathring{\mathfrak{w}}\breve{\mathfrak{w}}) - \mathring{\mathfrak{w}}(\breve{\mathfrak{w}}\breve{\mathfrak{w}}) + \{0\}. \qquad (46)$$

Ferner erhalten wir für

$$\frac{\partial^2 \alpha_{i3}}{\partial \varepsilon^2} = -\frac{\partial}{\partial \varepsilon}\begin{vmatrix} \breve{w}_1 & \breve{w}_2 \\ \alpha_{i1} & \alpha_{i2} \end{vmatrix} = \breve{w}_3(\alpha_{ij}\breve{w}_j) - \alpha_{i3}(\breve{w}_j\breve{w}_j) + \{0\}. \qquad (47)$$

Wir setzen schließlich[1]:

$$\left(\frac{\partial \Lambda_i}{\partial \varepsilon}\right)_{\varepsilon=0} = \frac{1}{2}\mu_i. \qquad (48)$$

Die zweite Variation von (42) erhält man zunächst aus der zweite Ableitung von (42) nach ε an der Stelle $\varepsilon=0$:

$$\left.\begin{aligned} \left(\frac{d^2 I}{d\varepsilon^2}\right)_{\varepsilon=0} &= \left(\frac{d^2\Phi}{d\varepsilon^2}\right)_{\varepsilon=0} + \int_{s_0}^{s_1}\left\{\frac{\partial \mathfrak{d}}{\partial \varepsilon}\cdot\frac{\partial \mathring{\mathfrak{w}}}{\partial \varepsilon} + \mathfrak{d}\frac{\partial^2 \mathring{\mathfrak{w}}}{\partial \varepsilon^2} + \right. \\ &\quad \left. + 2\frac{\partial \Lambda_i}{\partial \varepsilon}\left(\frac{\partial \dot{X}_i}{\partial \varepsilon} - \begin{vmatrix} \breve{w}_1 & \breve{w}_2 \\ \alpha_{i1} & \alpha_{i2} \end{vmatrix}\right) + \Lambda_i\left(\frac{\partial^2 \dot{X}_i}{\partial \varepsilon^2} - \frac{\partial^2 \alpha_{i3}}{\partial \varepsilon^2}\right)\right\}_{\varepsilon=0} ds \\ &= \left(\frac{d^2\Phi}{d\varepsilon^2}\right)_{\varepsilon=0} + \int_{s_0}^{s_1}\left[2\Omega + \mu_i\left(\dot{\Xi}_i + \begin{vmatrix} \breve{w}_1 & \breve{w}_2 \\ \alpha_{i1} & \alpha_{i2} \end{vmatrix}\right)\right]_{\varepsilon=0} ds \end{aligned}\right\} \qquad (49)$$

und hieraus, unter Anwendung der Formeln (46), (47) und Ausführun der Produktintegration:

$$\left.\begin{aligned} \left(\frac{d^2 I}{d\varepsilon^2}\right)_{\varepsilon=0} &= \int_{s_0}^{s_1}\left\{B_1\left(\frac{\partial \breve{w}_1}{\partial s} + \begin{vmatrix} \mathring{w}_2 & \mathring{w}_3 \\ \breve{w}_2 & \breve{w}_3 \end{vmatrix}\right)^2 + B_2\left(\frac{\partial \breve{w}_2}{\partial s} + \begin{vmatrix} \mathring{w}_3 & \mathring{w}_1 \\ \breve{w}_3 & \breve{w}_1 \end{vmatrix}\right)^2 + \right. \\ &\quad + B_3\left(\frac{\partial \breve{w}_3}{\partial s} + \begin{vmatrix} \mathring{w}_1 & \mathring{w}_2 \\ \breve{w}_1 & \breve{w}_2 \end{vmatrix}\right)^2 + \left(\mathfrak{d} \times \frac{\partial \breve{\mathfrak{w}}}{\partial s}\right)\breve{\mathfrak{w}} - (\mathfrak{d}\mathring{\mathfrak{w}})\breve{\mathfrak{w}}^2 + \\ &\quad + (\mathfrak{d}\breve{\mathfrak{w}})(\mathring{\mathfrak{w}}\breve{\mathfrak{w}}) - \Lambda_i(\breve{w}_1\breve{w}_3\alpha_{i1} + \breve{w}_2\breve{w}_3\alpha_{i2} - (\breve{w}_1^2 + \breve{w}_2^2)\alpha_{i3}) + \\ &\quad \left. + \mu_i\left(\dot{\Xi}_i + \begin{vmatrix} \breve{w}_1 & \breve{w}_2 \\ \alpha_{i1} & \alpha_{i2} \end{vmatrix}\right)\right\}_{\varepsilon=0} ds + \{0\} + R, \end{aligned}\right\} \qquad (50)$$

wobei mit R die im Ausdruck für die zweite Variation verbleibende Randglieder bezeichnet sind, die wir hier nicht explizit anschreiben.

Beispiele: gerade homogene Stäbe unter Druck und Drill

Wir wollen nun die allgemeinen Betrachtungen über die zweit Variation des Integrals (42) auf das Stabilitätsproblem von Stäbe

[1] Aus typographischen Gründen und wegen der Analogie zu den Betracl tungen bei der ebenen Elastica verwenden wir hier kleine griechische Buchstabei

unter Druck und Drill anwenden (*), da sich gerade dabei zeigen wird, daß die Behandlung solcher Probleme mit Hilfe der Variationsrechnung zu Überlegungen anregt, die wohl von allgemeinem Interesse sind und die aber, wie es scheint, bisher doch noch wenig Beachtung gefunden haben.

1. Ein gleichförmiger, ursprünglich gerader, zylindrischer Stab, dessen Achse im unbeanspruchten Zustand mit der X_3-Achse zusammenfallen möge, habe die Länge l. Das untere Ende des Stabes: $s_0 = -\frac{l}{2}$ sei in einem festen Kugelgelenk gelagert. Am oberen Ende: $s_1 = +\frac{l}{2}$ sei ein in der X_3-Richtung verschiebbares Kugelgelenk. Auf dieses wirke längs der X_3-Achse die Kraft P. Deren potentielle Energie ist somit

$$\Phi_k = P \cdot X_3. \tag{51}$$

Außerdem mögen an den beiden Stabenden Momente so angreifen, daß für deren potentielle Energie Φ_M gilt:

$$\left(\frac{\partial \Phi_M}{\partial \varepsilon}\right)_{\varepsilon=0}\Bigg|_{s=+\frac{l}{2}}^{s=+\frac{l}{2}} = (M \cdot \breve{w}_3)_{\varepsilon=0}\Bigg|_{s=-\frac{l}{2}}^{s=+\frac{l}{2}}, \quad M = \text{const}, \tag{52}$$

$$\left(\frac{\partial^2 \Phi_M}{\partial \varepsilon^2}\right)_{\varepsilon=0}\Bigg|_{s=-\frac{l}{2}}^{s=+\frac{l}{2}} = 0. \tag{53}$$

Ein Ansatz von Φ_M, der diesen Bedingungen genügt, ist der folgende:

$$\Phi_M = M\left(\operatorname{arc\,tg}\frac{\alpha_{32}}{\alpha_{31}} - \operatorname{arc\,tg}\frac{\alpha_{23}}{\alpha_{13}}\right)\Bigg|_{s=-\frac{l}{2}}^{s=+\frac{l}{2}},$$

doch werden wir von Φ_M für die weiteren Überlegungen nur die in den Bedingungen (52) und (53) ausgedrückten Eigenschaften benötigen. Die technische Realisierung dieser Annahmen ist sicher mit erheblichen Schwierigkeiten verbunden, jedoch scheint mir gerade die Untersuchung dieses Falles von besonderem theoretischen Interesse zu sein.

Als Zwangsbedingungen haben wir:

$$\left.\begin{aligned} s = s_0 = -\frac{l}{2}: &\quad X_1 = X_2 = 0, \quad X_3 = -\frac{l}{2} \\ s = s_1 = +\frac{l}{2}: &\quad X_1 = X_2 = 0. \end{aligned}\right\} \tag{54}$$

Es sind neben diesen fünf erzwungenen Randbedingungen also noch sieben freie Randbedingungen zu berücksichtigen.

Wir erhalten diese sieben freien Randbedingungen der ersten Vari tion, indem wir die Koeffizienten von Ξ_3 an der Stelle $s=+\frac{l}{2}$ u von $\breve{w}_i$ an den Stellen $s=-\frac{l}{2}$ und $s=+\frac{l}{2}$ in dem außerhalb d Integrals (45) stehenden Ausdruck, der in unserem Fall die Form

$$(\Lambda_3+P)\,\Xi_3\Big|^{s=+\frac{l}{2}} + \left[B_1\mathring{w}_1\breve{w}_1+B_2\mathring{w}_2\breve{w}_2+(B_3\mathring{w}_3+M)\,\breve{w}_3\right]\Big|_{s=-\frac{l}{2}}^{s=+\frac{l}{2}} \quad (5$$

hat, gleich Null setzen.

Die den freien und erzwungenen Randbedingungen genügende Lösu der Eulerschen Gleichungen lautet also[1]:

$$\left.\begin{aligned} X_1 &= X_2 = 0, \quad X_3 = s \\ \mathring{w}_1 &= \mathring{w}_2 = 0, \quad \mathring{w}_3 = -\frac{M}{B_3} \\ \Lambda_1 &= \Lambda_2 = 0, \quad \Lambda_3 = -P \\ \begin{pmatrix}\alpha_{11} & \alpha_{12} & \alpha_{13}\\ \alpha_{21} & \alpha_{22} & \alpha_{23}\\ \alpha_{31} & \alpha_{32} & \alpha_{33}\end{pmatrix} &= \begin{pmatrix}\cos\varphi, & -\sin\varphi, & 0\\ \sin\varphi, & \cos\varphi, & 0\\ 0, & 0, & 1\end{pmatrix} \\ \varphi &= s\mathring{w}_3+\varphi_0. \end{aligned}\right\} \quad (5$$

Entsprechend der zyklischen Symmetrie des Problems bleibt d Konstante φ_0 unbestimmt.

Wir gehen nun dazu über, die zweite Variation für die so geken zeichnete Gleichgewichtslage zu untersuchen.

Wir gehen aus von Gl. (49), die wir, mit Rücksicht auf (53) in d Form schreiben:

$$\left(\frac{d^2 I}{d\varepsilon^2}\right)_{\varepsilon=0} = \int\limits_{s=-\frac{l}{2}}^{s=+\frac{l}{2}} \left\{2\Omega+\mu_i\left(\Xi_i+\begin{vmatrix}\breve{w}_1 & \breve{w}_2\\ \alpha_{i1} & \alpha_{i2}\end{vmatrix}\right)\right\}_{\varepsilon=0} ds. \quad (5$$

Die Untersuchung des Vorzeichens der zweiten Variation führen w damit zurück auf die Frage, unter welchen Bedingungen das akzessor sche Problem

$$\delta\int\limits_{s=-\frac{l}{2}}^{s=+\frac{l}{2}} 2\Omega\, ds = 0 \quad (5$$

[1] Vergleiche bezüglich des Ergebnisses $X_3=s$ die Anmerkung zu § 3.

unter Berücksichtigung der Nebenbedingungen:

$$\left.\begin{aligned} \dot{\Xi}_1 + \begin{vmatrix} \breve{w}_1 & \breve{w}_2 \\ \cos\varphi, & -\sin\varphi \end{vmatrix} &= 0 \\ \dot{\Xi}_2 + \begin{vmatrix} \breve{w}_1 & \breve{w}_2 \\ \sin\varphi, & \cos\varphi \end{vmatrix} &= 0 \\ \dot{\Xi}_3 &= 0 \end{aligned}\right\} \tag{59}$$

bei den sich durch Differentiation von (54) nach ε für $\varepsilon = 0$ ergebenden fünf Zwangsbedingungen:

$$\left.\begin{aligned} s = -\frac{l}{2}: &\quad \Xi_1 = \Xi_2 = \Xi_3 = 0 \\ s = +\frac{l}{2}: &\quad \Xi_1 = \Xi_2 = 0 \end{aligned}\right\} \tag{60}$$

eine von Null verschiedene Lösung für die Ξ_i und die $\breve{w}_1, \breve{w}_2$ hat[1].

Die anschauliche Bedeutung der Größen Ξ_i ist die, daß sie die Koordinaten der virtuellen Verformung der ursprünglichen X_3-Achse sind und damit, in erster Näherung, die Gestalt des ausgeknickten Stabes bestimmen. Dies legt es nahe, die Größen $\breve{w}_1, \breve{w}_2$ aus dem akzessorischen Problem zu eliminieren. Das ist in unserem Fall leicht möglich, denn aus (59) folgt sofort:

$$\left.\begin{aligned} \breve{w}_1 &= \dot{\Xi}_1 \sin\varphi - \dot{\Xi}_2 \cos\varphi \\ \breve{w}_2 &= \dot{\Xi}_1 \cos\varphi + \dot{\Xi}_2 \sin\varphi. \end{aligned}\right\} \tag{61}$$

Vom analytischen Standpunkt aus besteht der große Vorteil dieser Elimination darin, daß wir dadurch zu einem Variationsproblem ohne Nebenbedingung kommen, das allerdings neben den ersten auch die zweiten Ableitungen der Größen Ξ_i enthält. Für die Einsicht in die mechanische Bedeutung der zu gewinnenden Resultate ist allerdings auch der Zusammenhang zwischen den Größen Ξ_i und den Lagrangeschen Faktoren μ_i wichtig. Hierauf werden wir später noch zu sprechen kommen. Für die eigentliche Stabilitätsuntersuchung wollen wir aber den analytisch einfacheren Weg gehen.

Setzen wir (61) in (58) ein, so ergibt sich schließlich für das akzessorische Problem:

$$\delta \int\limits_{s=-\frac{l}{2}}^{s=+\frac{l}{2}} 2\widetilde{\Omega}\, ds = 0 \tag{62}$$

[1] Unmittelbar ergibt sich aus (59) und (60), daß $\Xi_3(s) \equiv 0$.

mit

$$\left.\begin{aligned} 2\tilde{\Omega} = \frac{(B_1+B_2)}{2}(\ddot{\Xi}_1^2+\ddot{\Xi}_2^2) + \frac{(B_2-B_1)}{2}[(\ddot{\Xi}_1^2-\ddot{\Xi}_2^2)\cos 2\varphi + \\ + 2\ddot{\Xi}_1\ddot{\Xi}_2 \sin 2\varphi] + M\begin{vmatrix}\dot{\Xi}_1 & \dot{\Xi}_2\\ \ddot{\Xi}_1 & \ddot{\Xi}_2\end{vmatrix} - P(\dot{\Xi}_1^2+\dot{\Xi}_2^2). \end{aligned}\right\} \quad (63)$$

Im folgenden wollen wir nur den speziellen Fall betrachten, für welchen $B_1 = B_2 = B$ ist, also sich für (62)

$$\delta\int_{-\frac{l}{2}}^{+\frac{l}{2}}\left\{B(\ddot{\Xi}_1^2+\ddot{\Xi}_2^2) + M\begin{vmatrix}\dot{\Xi}_1 & \dot{\Xi}_2\\ \ddot{\Xi}_1 & \ddot{\Xi}_2\end{vmatrix} - P(\dot{\Xi}_1^2+\dot{\Xi}_2^2)\right\}ds = 0 \quad (64)$$

ergibt. Setzen wir für

$$\Xi_1 + i\Xi_2 = z \quad \text{und für} \quad \frac{s}{l} = \sigma, \quad (65)$$

so erhält man für das Paar der Jacobischen Differentialgleichungen in komplexer Schreibweise zusammengefaßt:

$$\frac{d^4 z}{d\sigma^4} + i\nu_0\frac{d^3 z}{d\sigma^3} + \varrho\frac{d^2 z}{d\sigma^2} = 0 \quad (66)$$

mit

$$\nu_0 = \frac{Ml}{B}, \quad \varrho = \frac{Pl^2}{B}. \quad (67)$$

Die erzwungenen Randbedingungen (60) lauten in komplexer Schreibweise:

$$\left.\begin{aligned} \sigma = -\frac{1}{2}: \quad z = 0 \\ \sigma = +\frac{1}{2}: \quad z = 0. \end{aligned}\right\} \quad (68)$$

Die freien Randbedingungen ergeben sich aus den Hamiltonschen Formeln[1] durch Nullsetzen der Ableitungen[2]

$$\frac{d}{d\dot{\Xi}_i}\left(\int_{s=-\frac{l}{2}}^{s=+\frac{l}{2}} 2\tilde{\Omega}\, ds\right) \quad (i = 1, 2)$$

[1] Wir haben zu berücksichtigen, daß im Integranden auch $\ddot{\Xi}_i$ enthalten ist. Die hier anzuwendenden Hamiltonschen Formeln ergeben sich analog zu den bereits in Kap. I, 4, § 2 hergeleiteten Hamiltonschen Formeln (58) für Variationsprobleme mit höheren Ableitungen bei einer abhängigen Veränderlichen $y(x)$. Bei mehreren abhängigen Veränderlichen tritt in diesen Formeln lediglich y_i, y_i', y_i'' an Stelle von y, y', y''.

[2] Die Werte dieser Differentialquotienten bedeuten die Größe der Koordinaten des Reaktionsmomentes.

für $s=-\frac{l}{2}$ und $s=+\frac{l}{2}$; und zwar erhält man aus (64):

$$\left.\begin{aligned} &[2B\ddot{\Xi}_1 - M\dot{\Xi}_2]^{s=+\frac{l}{2}} = 0, \quad [2B\ddot{\Xi}_2 + M\dot{\Xi}_1]^{s=+\frac{l}{2}} = 0 \\ &[2B\ddot{\Xi}_1 - M\dot{\Xi}_2]_{s=-\frac{l}{2}} = 0, \quad [2B\ddot{\Xi}_2 + M\dot{\Xi}_1]_{s=-\frac{l}{2}} = 0 \end{aligned}\right\} \tag{69}$$

oder in komplexer Schreibweise zusammengefaßt:

$$\left[2\frac{d^2z}{d\sigma^2} + i\nu_0\frac{dz}{d\sigma}\right]_{\sigma=-\frac{1}{2}} = 0, \quad \left[2\frac{d^2z}{d\sigma^2} + i\nu_0\frac{dz}{d\sigma}\right]^{\sigma=+\frac{1}{2}} = 0. \tag{70}$$

Es ergibt sich als allgemeine Lösung der Jacobischen Differentialgleichung:

allgemein, für $P \neq 0$:

$$z = C_1 e^{i\nu_1\sigma} + C_2 e^{i\nu_2\sigma} + C_3\sigma + C_4 \tag{71}$$

mit:

$$\nu_{1,2} = -\left(M \pm \sqrt{M^2 + 4BP}\right)\frac{l}{2B}, \quad \text{also } \nu_1 + \nu_2 = -\nu_0,$$

im besonderen, für $P=0$ (reine Drillung):

$$z = C_1 e^{-i\nu_0\sigma} + C_2\sigma^2 + C_3\sigma + C_4. \tag{72}$$

Sucht man die vier komplexen Konstanten C_1 bis C_4 nun so zu bestimmen, daß die komplexen Randbedingungen (68) und (70) erfüllt sind, so erhält man vier lineare homogene Gleichungen. Nullsetzen der zugehörigen Determinante liefert als Bedingung für die Stabilitätsgrenze

im Fall $P \neq 0$:

$$\operatorname{cotg}\frac{\nu_1}{2} - \operatorname{cotg}\frac{\nu_2}{2} + \frac{2(\nu_1+\nu_2)^2}{\nu_1\nu_2(\nu_1-\nu_2)} = 0; \tag{72}$$

im Fall $P=0$ (reine Drillung):

$$\operatorname{tg}\frac{\nu_0}{2} + \frac{\nu_0}{6} = 0, \tag{73}$$

also:

$$\nu_0 = 4{,}92. \tag{74}$$

Die durch $\Xi_1(s)$ und $\Xi_2(s)$ gegebene Kurve stellt in erster Näherung die Projektion der Elastica auf die X_1, X_2-Ebene im ausgeknickten Zustand dar. Wir wollen diese Kurve mit C_p bezeichnen.

Bei den hier betrachteten Randbedingungen ist sofort einleuchtend, daß C_p eine Symmetrale besitzt. Wenn wir diese Symmetrale zur X_1-Achse wählen, so ist Ξ_1 eine gerade und Ξ_2 eine ungerade Funktion von s bzw. σ. Mittels dieser Überlegung kann man sofort von der komplexen zur reellen Schreibweise übergehen und erhält im Falle $P=0$

$$\left.\begin{aligned} \Xi_1 &= c_1 \cos \nu_0 \sigma + c_2 \sigma^2 + c_4 \\ \Xi_2 &= c_1 \sin \nu_0 \sigma + c_3 \sigma, \end{aligned}\right\} \tag{75}$$

wobei c_1, c_2, c_3, c_4 reelle Konstante sind.

Wegen der Symmetrie können wir uns auf die Berücksichtigung der Randbedingungen für $\sigma = \frac{1}{2}$ beschränken, da dann von selbst auch die Randbedingungen für $\sigma = -\frac{1}{2}$ erfüllt sind. Für $\sigma = \frac{1}{2}$ haben wir folgende vier Randbedingungen:

$$\left.\begin{aligned} &\Xi_1 = 0, \qquad \Xi_2 = 0 \\ &\frac{d^2 \Xi_1}{d\sigma^2} - \frac{\nu_0}{2} \frac{d\Xi_2}{d\sigma} = 0, \qquad \frac{d^2 \Xi_2}{d\sigma^2} + \frac{\nu_0}{2} \frac{d\Xi_1}{d\sigma} = 0 \end{aligned}\right\} \tag{76}$$

zur Bestimmung der Konstanten c_1 bis c_4 zur Verfügung.

Damit haben wir die Stabilitätsuntersuchung für dieses Beispiel erledigt.

Bevor wir noch ein weiteres Beispiel behandeln, wollen wir allgemein den Zusammenhang zwischen den Größen μ_i und den Ξ_i herstellen. Dazu müssen wir, wie bereits erwähnt, die Methode der Lagrangeschen Faktoren beibehalten und auf (57):

$$\left(\frac{d^2 I}{d\varepsilon^2}\right)_{\varepsilon=0} = \int\limits_{s=-\frac{l}{2}}^{s=+\frac{l}{2}} \left[2\Omega + \mu_i \left(\dot{\Xi}_i + \begin{vmatrix} \breve{w}_1 & \breve{w}_2 \\ \alpha_{1i} & \alpha_{2i} \end{vmatrix}\right)\right]_{\varepsilon=0} ds = \int\limits_{s=-\frac{l}{2}}^{s=+\frac{l}{2}} 2\Omega^* \, ds,$$

also auf den Ausdruck, der mit $\varepsilon^2/2$ multipliziert, in erster Näherung die potentielle Energie der deformierten Elastica zum Ausdruck bringt, die Hamiltonschen Formeln zur Bestimmung der Differentialquotienten nach Ξ_i anwenden. Es ergibt sich sofort:

$$\frac{d}{d\Xi_i}\left[\left(\frac{d^2 I}{d\varepsilon^2}\right)_{\varepsilon=0}\right] = \mu_i.$$

Wenden wir nun andererseits auf (62) die Hamiltonschen Formeln an, so erhält man:

$$\frac{d}{d\Xi_i}\left[\left(\frac{d^2 I}{d\varepsilon^2}\right)_{\varepsilon=0}\right] = \frac{\partial(2\widetilde{\Omega})}{\partial \dot{\Xi}_i} - \frac{d}{ds}\frac{\partial(2\widetilde{\Omega})}{\partial \ddot{\Xi}_i},$$

somit also

$$\mu_i = \frac{\partial(2\widetilde{\Omega})}{\partial \dot{\Xi}_i} - \frac{d}{ds}\frac{\partial(2\widetilde{\Omega})}{\partial \ddot{\Xi}_i}. \tag{77}$$

Insbesondere ergibt sich für $P=0$ aus dem Integranden von (64), wenn wir σ als unabhängige Veränderliche ansehen und die Ableitungen nach

σ ebenfalls mit Punkten bezeichnen:

$$\left.\begin{aligned}\mu_1 &= -\frac{2B}{l^3}[\dddot{\Xi}_1 - \nu_0\ddot{\Xi}_2]\\ \mu_2 &= -\frac{2B}{l^3}[\dddot{\Xi}_2 + \nu_0\ddot{\Xi}_1]\\ \mu_3 &= 0.\end{aligned}\right\} \tag{78}$$

Wir wollen nun noch folgendes Beispiel behandeln, das — wie wir sehen werden — mit dem vorhin behandelten in einem engen Zusammenhang steht.

2. Der vorhin betrachtete Stab von der Länge l sei nun am oberen und unteren Ende in Scharnieren befestigt, deren Achsen parallel zur X_1X_2-Ebene seien. Die Achse des unteren Scharnieres liege in der Ebene $X_3 = -\frac{l}{2}$ fest, während die des oberen längs der X_3-Achse parallel zu sich selbst verschiebbar sei. Wir betrachten nur den Fall $P = 0$ (reine Drillung) und geben den verdrillten Zustand des Stabes vor. Für die zu untersuchende Gleichgewichtslage gelten dann auch in diesem Fall die Lösungen der Euler-Lagrangeschen Differentialgleichungen (56) mit $P = 0$, wobei jetzt jedoch nicht M sondern der Winkel φ an den Stellen $s = -\frac{l}{2}$ und $s = +\frac{l}{2}$ vorgegeben ist, und zwar wollen wir hiefür ansetzen:

$$-\varphi\big|_{s=-\frac{l}{2}} = \varphi\big|^{s=+\frac{l}{2}} = \chi, \tag{79}$$

wo 2χ der vorgegebene Verdrillungswinkel ist. Dann ist

$$M = \frac{2\chi B_3}{l}. \tag{80}$$

Die Lage der Endpunkte der Elastica ist im raumfesten System durch folgende Zwangsbedingungen, die mit (54) übereinstimmen, gegeben:

$$\left.\begin{aligned} s = -\frac{l}{2}:&\quad X_1 = X_2 = 0 \quad X_3 = -\frac{l}{2}\\ s = +\frac{l}{2}:&\quad X_1 = X_2 = 0.\end{aligned}\right\} \tag{81}$$

Die Lage der Scharnierachsen ist durch die Gleichungen[1]

$$\left.\begin{aligned} s = -\frac{l}{2}:&\quad X_1\cos\psi - X_2\sin\psi = 0\\ s = +\frac{l}{2}:&\quad X_1\cos\psi + X_2\sin\psi = 0\end{aligned}\right\} \tag{82}$$

[1] Um eine klare Vorstellung mit diesen Annahmen zu verbinden, denken wir uns den bereits um 2χ verdrillten Stab, bei dem diese Drillung ein Reaktions-

gegeben. Die Richtung des Vektors $\mathring{\mathfrak{W}}$ stimmt in den Endpunkten mit der Richtung der Scharnierachsen überein. Da andererseits $\dot{\mathfrak{X}}$ senkrecht zu $\mathring{\mathfrak{W}}$ ist, ergeben sich in diesem Falle als weitere Zwangsbedingungen:

$$\left.\begin{aligned} s &= -\frac{l}{2} \qquad \dot{X}_1 \sin\psi + \dot{X}_2 \cos\psi = 0 \\ s &= +\frac{l}{2} \qquad \dot{X}_1 \sin\psi - \dot{X}_2 \cos\psi = 0, \end{aligned}\right\} \tag{83}$$

die in der betrachteten Gleichgewichtslage wegen $X_1(s) = X_2(s) \equiv 0$ jedoch von selbst erfüllt sind.

Für das akzessorische Problem:

$$\delta \int\limits_{s=-\frac{l}{2}}^{s=+\frac{l}{2}} 2\tilde{\Omega}\, ds = 0$$

ergeben sich aus (81) und (83) folgende sechs Zwangsbedingungen:

$$\left.\begin{aligned} \sigma &= -\frac{1}{2}\colon \quad \Xi_1 = 0, \quad \Xi_2 = 0, \quad \dot{\Xi}_1 \sin\psi + \dot{\Xi}_2 \cos\psi = 0 \\ \sigma &= +\frac{1}{2}\colon \quad \Xi_1 = 0, \quad \Xi_2 = 0, \quad \dot{\Xi}_1 \sin\psi - \dot{\Xi}_2 \cos\psi = 0. \end{aligned}\right\} \tag{84}$$

Für die freien Randbedingungen folgen mit (84) die beiden Gleichungen:

$$\left.\begin{aligned} \sigma &= -\frac{1}{2} \qquad \ddot{\Xi}_1 \cos\psi - \ddot{\Xi}_2 \sin\psi = 0 \\ \sigma &= +\frac{1}{2} \qquad \ddot{\Xi}_1 \cos\psi + \ddot{\Xi}_2 \sin\psi = 0. \end{aligned}\right\} \tag{85}$$

Wegen der Symmetrie des Problems können wir für die allgemeine Lösung der Jacobischen Differentialgleichungen wieder (75) benützen, wobei wir für die Bestimmung der Konstanten nur die Randbedingungen an einem Ende ($\sigma = \frac{1}{2}$) zu beachten haben, da die übrigen dann von selbst erfüllt sind. Aus diesen Randbedingungen ergibt sich für die Stabilitätsgrenze aus dem Verschwinden der Determinante für die

---

moment M gemäß Gl. (80) bewirkt, in Scharniere eingeklemmt, deren Achsenlage durch die Winkel $-\psi$ bzw. $+\psi$ gegen die X_2-Achse bestimmt ist.

Sowohl der Winkel χ wie der Winkel ψ sind für die Ermittlung der Extremalen als unabhängig voneinander vorgegebene Größen anzusehen. Das Stabilitätsproblem läuft gerade darauf hinaus, jenen Zusammenhang zwischen diesen beiden Größen herzustellen, der den Grenzfall der Stabilität bestimmt.

Ausdrücklich weisen wir darauf hin, daß in (82) X_1, X_2 die laufenden Koordinaten der Scharnierachse sind, die als solche nicht Funktionen von s sind und nicht mit $X_1(s)$, $X_2(s)$, den Koordinaten der Projektion der Elastica in der X_1, X_2-Ebene verwechselt werden dürfen.

Koeffizienten c_1, c_2, c_3 und c_4 folgender Zusammenhang zwischen dem Winkel ψ und $\frac{v_0}{2} = \frac{M l}{2B} = \chi \frac{B_3}{B}$:

$$\operatorname{cotg} \psi = \frac{v_0}{4} \left(1 \pm \sqrt{\frac{\frac{v_0}{2} + 3 \operatorname{tg} \frac{v_0}{2}}{\frac{v_0}{2} - \operatorname{tg} \frac{v_0}{2}}} \right), \tag{86}$$

der in Fig. 49 wiedergegeben ist.

Für den Fall $\psi = \pi/2$ ergibt sich $v_0 = 2\pi$ und aus (75) und den Randbedingungen (84) und (85) folgt damit:

$$c_2 = c_3 = 0,$$

d.h. nur in diesem *Sonderfall* ist die Horizontalprojektion der ausknickenden Elastica ein Kreis und somit die durch

$$X_i + \varepsilon \Xi_i \tag{87}$$

dargestellte erste Näherung der ausgeknickten Elastica eine Schraubenlinie. Nur dieser Sonderfall wurde jedoch, soweit mir bekannt ist, bisher in den technischen Lehrbüchern behandelt. Für diesen Fall ergeben sich nach (78) die Koordinaten der Reaktionskraft zu:

$$\mu_1 = \mu_2 = \mu_3 = 0; \tag{88}$$

es tritt also in den Scharnieren keine Reaktionskraft auf.

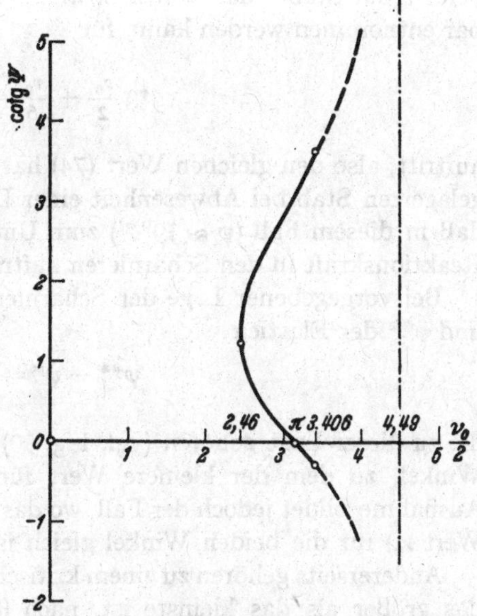

Fig. 49. Zur Stabilität des verdrillten, in Scharnieren gelagerten Stabes

In den üblichen, mir bekannten Darstellungen der Drillknickung von Stäben wird ausdrücklich vorausgesetzt, daß der Momentvektor beim Übergang in den ausgeknickten Zustand erhalten bleibt. Eine derartige Forderung stellt aber nicht unmittelbar eine Randbedingung für die in Betracht gezogenen Formänderungsgrößen dar, sondern eine Forderung für die Reaktionskraft und das Reaktionsmoment, also für Größen, die man meistens als gesuchte Größen ansieht. Dieser Umstand war es, der mich in erster Linie veranlaßt hat, die vorliegende Untersuchung nach den Vorschriften der Variationsrechnung durchzuführen.

Wir bemerken, daß man auf den Sonderfall $\psi = \pi/2$ dieses Beispiels auch von dem zuerst behandelten Beispiel (bei $P = 0$) aus gelangen kann, wenn man den Zwangsbedingungen (54) des Primärproblems als weitere Zwangsbedingungen:

$$\dot{X}_1\left(-\frac{l}{2}\right) = \dot{X}_1\left(+\frac{l}{2}\right), \quad \dot{X}_2\left(-\frac{l}{2}\right) = \dot{X}_2\left(+\frac{l}{2}\right) \tag{89}$$

hinzufügt, also durch einen zusätzlichen Mechanismus erzwingt, daß die Anfangs- und die Endtangente der Elastica parallel sind. Die Hinzufügung von Zwangsbedingungen hat notwendigerweise eine Vergrößerung des Wertes des kritischen Moments zur Folge.

Dagegen ist zu betonen, daß auch beim Fall des in Scharnieren befestigten Stabes das *kleinste kritische Moment*, wie aus (86) unmittelbar entnommen werden kann, für

$$\operatorname{tg}\frac{\nu_0}{2} + \frac{\nu_0}{6} = 0 \tag{90}$$

auftritt, also den gleichen Wert (74) hat, wie bei dem in Kugelgelenken gelagerten Stab bei Abwesenheit einer Druckkraft. Es ist zu beachten, daß in diesem Fall ($\psi \approx 39°\,7'$) zum Unterschied vom Fall $\psi = \pi/2$ eine Reaktionskraft in den Scharnieren auftritt.

Bei vorgegebener Lage der Scharnierachsen gibt es zwei Winkel ψ^* und ψ^{**} der Elastica

$$\psi^{**} - \psi^* = \frac{\pi}{2},$$

die zu dieser Lage gehören (vgl. Fig. 50). In Betracht kommt nur jener Winkel, zu dem der kleinere Wert für das kritische ν_0 gehört. Eine Ausnahme bildet jedoch der Fall, wo das kritische Moment (der kritische Wert ν_0) für die beiden Winkel gleich ist.

Andererseits gehören zu einem kritischen Moment (kritischen Wert ν_0) das größer als das kleinste ist, nach (86) zwei Winkel ψ_1 und ψ_2 der Scharnierachse mit X_2. Für diese Winkel tritt der oben erwähnte Ausnahmefall ein, wenn $\psi_1 = \psi_1^*$ und $\psi_2 = \psi_2^{**}$ sind, also

$$\operatorname{cotg}\psi_1^* \cdot \operatorname{cotg}\psi_2^{**} = -1 \tag{91}$$

ist. Dann sind für jeden dieser beiden Winkel ψ_1^* und ψ_2^{**} nicht nur eine sondern zwei Kurven C_p möglich. Aus (91) folgt mit (86)

$$\operatorname{cotg}\frac{\nu_0}{2} = \frac{\nu_0}{2} + \frac{2}{\nu_0}, \tag{92}$$

also

$$\frac{\nu_0}{2} = 3{,}406, \tag{93}$$

und hieraus

$$\psi_1^* \approx 15°\,12' \quad \psi_2^{**} \approx 105°\,12'. \tag{94}$$

Die zugehörigen Kurven C_p sind in Fig. 50 dargestellt. Aus dieser Überlegung geht auch hervor, daß ein größeres kritisches Moment als jenes, das zum Wert (93) gehört, bei der beiderseitigen Einspannung des Stabes in Scharnieren nicht erreicht werden kann. Die beiden über

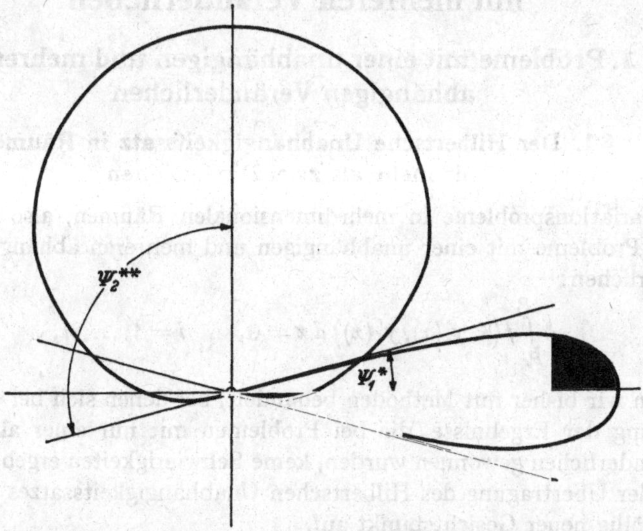

Fig. 50. Projektion der beiden möglichen Formen der Elastica in die X_1X_2-Ebene bei dem in Scharnieren gelagerten verdrillten Stab bei Erreichung des kritischen Moments

diesen Wert hinausreichenden, strichliert gezeichneten Äste der Kurve in Fig. 49 haben daher für diesen Fall keine Bedeutung.

3. Wir bemerken noch, daß der in Fig. 49 eingetragene Wert für die Asymptote

$$\frac{\nu_0}{2} = 4{,}49$$

für den kritischen Wert von $\nu_0/2$ im Fall einer Einspannung des Stabes in senkrecht stehende, starre Hülsen, wobei jene bei $s = -\frac{l}{2}$ fest, jene bei $s = \frac{l}{2}$ längs der X_3-Achse verschieblich sei, erreicht wird. Man bestätigt dies durch eine leichte Rechnung, der man die für diesen Fall maßgebenden acht Zwangsbedingungen für das akzessorische Problem:

$$\left\{\begin{matrix}\sigma = -\frac{1}{2}\\ \sigma = \frac{1}{2}\end{matrix}\right\}: \quad \Xi_1 = 0, \quad \Xi_2 = 0, \quad \dot{\Xi}_1 = 0, \quad \dot{\Xi}_2 = 0 \tag{95}$$

zugrunde zu legen hat. (Es sind somit in diesem Fall keine freien Randbedingungen für Ξ_1 und Ξ_2 vorhanden.)

Sechstes Kapitel

Zusätze zur Theorie der Variationsprobleme mit mehreren Veränderlichen

1. Probleme mit einer unabhängigen und mehreren abhängigen Veränderlichen

§ 1. Der Hilbertsche Unabhängigkeitssatz in Räumen mit mehr als zwei Dimensionen

Variationsprobleme in mehrdimensionalen Räumen, also insbesondere Probleme mit einer unabhängigen und mehreren abhängigen Veränderlichen:

$$\delta \int_{P_0}^{P_1} f(x, y_i(x), y_i'(x))\, dx = 0, \qquad i = 1, \ldots, n, \tag{1}$$

haben wir bisher mit Methoden behandelt, bei denen sich bei der Übertragung der Ergebnisse, die bei Problemen mit nur einer abhängigen Veränderlichen gewonnen wurden, keine Schwierigkeiten ergeben haben. Bei der Übertragung des Hilbertschen Unabhängigkeitssatzes tritt aber ein völlig neuer Gesichtspunkt auf.

Hilbert selbst hat die Bedeutung dieses Satzes folgendermaßen gekennzeichnet:

„Aus diesem ‚Unabhängigkeitssatz' folgen nicht nur unmittelbar die bekannten Kriterien für das Eintreten des Minimums, sondern auch alle wesentlichen Tatsachen der Jacobi-Hamiltonschen Theorie des zugehörigen Integrationsproblems." (Math. Ann. Bd. 58, S. 235, Ges. Abh. Bd. III, S. 43.)

In diesem Paragraphen wollen wir daher den Hilbertschen Unabhängigkeitssatz auf Variationsprobleme, die durch (1) gestellt sind, übertragen. Dazu haben wir zunächst den Feldbegriff im zugehörigen Raum mit $n+1$ Dimensionen zu erörtern, bei welchem der erwähnte neue Gesichtspunkt auftritt.

Allgemein wollen wir von einem Extremalenfeld im $n+1$ dimensionalen Raum R_{n+1} dann sprechen, wenn eine stetige und entsprechend oft differenzierbare n-parametrige Extremalenschar ein Gebiet des R_{n+1} einfach und lückenlos überdeckt, und wenn sich zu dieser Extremalenschar eine Hamiltonsche charakteristische Funktion eines Ausgangsmannigfaltigkeit-Punktproblems angeben läßt. (Von einem singulären Feld sprechen wir dann, wenn die Dimension der Ausgangsmannigfaltigkeit $\leqq n-1$ ist.) Der wichtigste Unterschied des R_{n+1} für $n > 1$ gegenüber dem R_2 besteht nun darin, daß im R_2 jede einparametrige Schar von Extremalen ein Feld bildet (wenn man das Gebiet nur entsprechend beschränkt), während dies im R_{n+1} mit $n > 1$ nicht für jede n-parametrige Extremalenschar der Fall ist.

Dies ist schon beim einfachsten Beispiel im R_3, nämlich der Bestimmung des kürzesten Abstandes eines gegebenen Punktes von einer gegebenen Fläche leicht einzusehen. Dieses Problem ist durch

$$\delta \int_{P_0}^{P} \sqrt{1 + \left(\frac{dy}{dx}\right)^2 + \left(\frac{dz}{dx}\right)^2}\, dx = 0 \tag{2}$$

formuliert, wobei P_0 die Punkte der Fläche, P den gegebenen Punkt außerhalb der Fläche bezeichnen. Die Extremalen sind in diesem Fall die ∞^4 Geraden des Raumes. Die Hamiltonsche charakteristische Funktion J ist als der kürzeste Abstand eines beliebigen Punktes P von der Ausgangsfläche mit den Punkten P_0 definiert. Somit stehen die Flächen $J = \text{const}$ senkrecht zu den Strecken, die das Minimum des Abstandes ihrer Endpunkte von der Ausgangsfläche liefern (bzw. kann man eine Ausgangskurve oder einen Ausgangspunkt wählen, so daß die Flächen kürzesten Abstands die Ausgangskurve umschließende Röhren oder den Ausgangspunkt umschließende Kugeln werden). Beim analogen Problem in der Ebene

$$\delta \int_{P_0}^{P} \sqrt{1 + y'^2}\, dx = 0$$

sind die Extremalen die ∞^2 Geraden der Ebene. Hier kann man zu jeder einparametrigen Schar von Geraden eine Schar orthogonaler Trajektorien konstruieren; im R_3 aber kann man nicht zu jeder beliebigen zweiparametrigen Geradenschar eine sie orthogonal durchsetzende Fläche finden. Wohl gilt aber der Satz, daß eine zweiparametrige Geradenschar, welche senkrecht zu einer Fläche steht, auch senkrecht zu allen zu dieser Fläche äquidistanten Flächen ist. Diese und nur diese Normalenscharen unter den ∞^4 Geraden bilden also in jenen Gebieten des R_3, das sie einfach und lückenlos überdecken, ein Feld. Eine derartige zweiparametrige Geradenschar bezeichnet man auch als Normalenkongruenz.

Der in dieser geometrischen Betrachtung anschaulich erfaßbare Unterschied zwischen den Problemen im R_2 und jenen in Räumen mit höherer Dimension kommt analytisch dadurch zum Ausdruck, daß in Räumen mit höherer Dimension die Euler-Lagrangeschen Differentialgleichungen sich zwar als eine notwendige Bedingung für die Integrabilität der zum Variationsproblem (1) gehörenden Hamiltonschen Formeln ergeben, daß sie aber, wie aus dem eben betrachteten Beispiel (2) unmittelbar hervorgeht, hiefür nicht mehr auch hinreichende Bedingungen sind. Die Hamiltonschen Formeln für das Variationsproblem (1) haben wir in Kap. I, 4, §1, Gl. (55') bereits hergeleitet. Sie lauten:

$$J_x = f - p_i f_{p_i} \qquad J_{y_i} = f_{p_i}. \tag{3}$$

Wir erinnern daran, daß wir Suffixe als Differentiationssymbole dann verwenden, wenn wir die betreffende Variable als unabhängige Veränderliche in der betreffenden Funktion ansehen. Es bedeutet demnach f_{p_j}, daß $f(x, y_i, p_j)$ als Funktion von $2n+1$ voneinander unabhängigen Veränderlichen x, y_i, p_j $(j, i = 1, \ldots, n)$ angesehen wird. Denken wir uns in der zu differenzierenden Funktion f die p_j als Funktionen von x und y_i, $p_j = p_j(x, y_i)$, also die Gefällsfunktionen eingesetzt, so verwenden wir für die Differentiation von f nach x bzw. y_i die Symbole $\partial/\partial x$ bzw. $\partial/\partial y_i$ und es ist

$$\frac{\partial f}{\partial x} = f_x + f_{p_j} p_{j x}, \qquad \frac{\partial f}{\partial y_i} = f_{y_i} + f_{p_j} p_{j y_i}. \tag{4}$$

Ist schließlich in f für $y_i = y_i(x)$ und somit $p_j = p_j(x, y_i(x))$ für p_j eingesetzt, so verwenden wir für die Ableitung der Funktion f nach x das Symbol d/dx und es ist also

$$\frac{df}{dx} = f_x + f_{y_i} y_i' + f_{p_j}(p_{jx} + p_{j y_i} y_i'). \tag{5}$$

Die genaue Beachtung dieser Symbolik ist für die folgenden Überlegungen sehr wichtig.

Durch Elimination der Gefällsfunktionen p_j aus (3) erhalten wir, wie bereits in Kap. I, 4, § 8 besprochen, die zum Variationsproblem (1) gehörende Hamilton-Jacobische Differentialgleichung:

$$J_x + H(x, y_i, J_{y_i}) = 0. \tag{6}$$

Wir haben bereits im Falle $n = 1$ gesehen, daß es unter Umständen leichter ist, ein partikuläres Integral dieser partiellen Differentialgleichung erster Ordnung anzugeben, als die Euler-Lagrangeschen Differentialgleichungen zu integrieren. Aus einem partikulären Integral J von (6) können wir durch Einsetzen in die Hamiltonschen Formeln (3) die n Gefällsfunktionen $p_j = p_j(x_i, y_i)$ berechnen und wir wollen zeigen, daß auch jetzt, analog wie im Fall $n = 1$, die diesen $p_j(x, y_i)$ entsprechenden Lösungskurven der — jetzt n-parametrigen — Schar:

$$y_j' = p_j(x, y_i) \tag{7}$$

Extremalen des Variationsproblems (1) sind.

Sei also J eine zweimal stetig differenzierbare Lösung von (6). Die Integrabilität der linken Seiten von (3) ist demnach also erfüllt. Für die rechten Seiten muß dementsprechend gelten:

$$\frac{\partial(f - p_j f_{p_j})}{\partial y_k} = \frac{\partial f_{p_k}}{\partial x}. \tag{8a}$$

$$\frac{\partial f_{p_k}}{\partial y_j} = \frac{\partial f_{p_j}}{\partial y_k}. \tag{8b}$$

Die linke Seite von (8a) kann man auch schreiben

$$f_{y_k} - p_j \frac{\partial f_{p_j}}{\partial y_k},$$

die rechte Seite läßt sich für die Kurven der Schar (7) umformen in

$$\frac{d f_{p_k}}{dx} - p_j \frac{\partial f_{p_k}}{\partial y_j}.$$

Somit erhalten wir, unter Berücksichtigung von (8b)

$$f_{y_k} - \frac{d f_{p_k}}{dx} = 0, \tag{9}$$

also die zu (1) gehörenden Euler-Lagrangeschen Differentialgleichungen, die sich, wie behauptet, als eine notwendige Bedingung aus der Integrabilität von (3) ergeben.

Wir sehen also: zu jeder charakteristischen Funktion und dementsprechend zu jedem Feld gehört eine n-parametrige Schar von Lösungen der Eulerschen Gleichungen. Nun ergibt sich aber, wie durch das obige Beispiel nahegelegt ist, die folgende Frage: Wie muß man aus der $2n$-parametrigen Schar aller Extremalen eine n-parametrige Schar herausgreifen, damit sie ein Feld bildet? Denken wir uns auf einer beliebigen Fläche S_0, die wir als Kontrollfläche bezeichnen wollen, die Werte der Gefällsfunktionen $p_i = p_i^0$ als Funktionen des Ortes vorgegeben, dann ist durch diese Anfangsbedingungen eine n-parametrige Schar von Extremalen eindeutig festgelegt.

Wir behaupten: Soll nun diese n-parametrige Extremalenschar ein Feld bilden, so muß wegen (3) das Hilbert-Beltramische Integral

$$\int_{x^0}^{x^1} (f - p_i f_{p_i})\, dx + f_{p_i} dy_i \tag{10}$$

für jede beliebige Raumkurve im Feld vom Weg unabhängig sein, also für jede geschlossene Raumkurve verschwinden. Hierfür ist notwendig und hinreichend, daß die p_i^0 auf S_0 so gewählt werden, daß das Integral (10) für jede beliebige, geschlossene auf S_0 verlaufende Kurve C_0 verschwindet. Man nennt diesen Satz den Hilbertschen Unabhängigkeitssatz.

Die Notwendigkeit der eben ausgesprochenen Bedingung ist selbs verständlich. Der Beweis, daß diese Bedingung für die Feldeigenscha einer Extremalenschar auch hinreichend ist, möge hier auf zwei Art geführt werden, da die bei dieser Gelegenheit eingeführten Begriffe sch an und für sich von Bedeutung sind.

Wenn wir neben dem Variationsproblem (1) noch das Variation problem betrachten, das aus (1) dadurch entsteht, daß man

$$x = x(u_1 \ldots u_m) \qquad \text{mit} \qquad u_j = u_j(t)$$
$$y_i = y_i(u_1 \ldots u_m) \qquad i = 1, \ldots, n \qquad 2 \leq m \leq n$$

setzt (also nur einen Unterraum R_m von R_{n+1} betrachtet) und in (1) ei trägt, so nennt man das so entstehende Variationsproblem das ,,ind zierte" Variationsproblem. Neben diesem Begriff benötigen wir no den Begriff Extremalenröhre. So bezeichnet man eine von einer einpar metrigen Schar einander nicht schneidender Extremalenbögen gebilde zweidimensionale Mannigfaltigkeit, die durch eine beliebige, geschlossen doppelpunktfreie Raumkurve C des R_{n+1} hindurchgeht, wobei dur jeden Punkt von C gerade ein Extremalenbogen hindurchgehen mög

Der Hilbertsche Unabhängigkeitssatz ergibt sich aus dem folgend Satz über die Extremalenröhre:

Für jede, eine Extremalenröhre einmal umschlingende beliebi Kurve K hat das Hilbert-Beltramische Integral denselben Wert. Dab sagt man, die Kurve K umschlingt die Extremalenröhre, wenn sie ga auf ihr liegt, keine Doppelpunkte hat und wenn sie durch stetige Defo mation auf der Extremalenröhre in C übergeführt werden kann. I dieser Satz bewiesen, so folgt der Hilbertsche Unabhängigkeitssatz u mittelbar; denn denken wir uns eine Extremalenröhre aus Extremal gebildet, welche durch eine beliebige, geschlossene und doppelpunktfr Kurve C hindurchgehen und welche auf S_0 die Bedingung $y_i' = p_i^0$ erfüll und verschieben wir die Punkte von C auf den Extremalenbögen, bis s in die Kontrollfläche S_0 fallen. Für die so durch stetige Deformation a C entstandene und auf S_0 liegende Kurve C_0 ist der Wert des Hilbe Beltramischen Integrals der Voraussetzung entsprechend gleich Nu also ist nach dem Satz über die Extremalenröhre auch das Integ über C gleich Null.

Zum Beweis des Satzes über die Extremalenröhre betrachten wir d auf der Extremalenröhre induzierte Variationsproblem. Die zur Erze gung der Extremalenröhre benützten Extremalen des ursprünglich Variationsproblems bilden für das induzierte Variationsproblem ebenfa ein Extremalenfeld. Denn wenn die erste Variation allgemein im R_n verschwindet, so verschwindet sie insbesondere auch, wenn man n solche Kurven zum Vergleich heranzieht, die auf der Extremalenröh liegen. Wir denken uns zur Darstellung der Extremalenröhre eine Parameterdarstellung

$$x = x(u, v), \qquad y_i = y_i(u, v)$$

verwendet, wobei x und die y_i periodische Funktionen von v sind. Einmaliges Durchlaufen einer geschlossenen Kurve auf der Extremalenröhre entspreche einer Periode von v. Seien C_0 und C_1 zwei beliebige, die Extremalenröhre einmal umschlingende Kurven, $P_0, \overline{P}_0, \overline{\overline{P}}_0$ drei auf C_0 und $P_1, \overline{P}_1, \overline{\overline{P}}_1$ drei auf C_1 liegende Punkte, von der Art, daß der Umlaufsinn $P_0 \overline{P}_0 \overline{\overline{P}}_0 P_0$ der gleiche ist wie der von $P_1 \overline{P}_1 \overline{\overline{P}}_1 P_1$. Es sei K eine beliebige, P_0 und P_1 verbindende Kurve, ganz auf der Extremalenröhre liegend. Wir betrachten nun das Hilbert-Beltramische Integral längs des Weges $P_0 \overline{P}_0 \overline{\overline{P}}_0 P_0 P_1 \overline{\overline{P}}_1 \overline{P}_1 P_1 P_0$ (Fig. 51). Da die Extremalenröhre eine zweidimensionale Mannigfaltigkeit ist und da die zur Erzeugung benützten Extremalen auf ihr ein Feld bilden, können wir den früher für den R_2 in Kap. I, 4, § 4 bereits begründeten Unabhängigkeitssatz benützen und schließen, daß das betrachtete Integral verschwindet. Beachten wir nun, daß K dabei zweimal durchlaufen wird, einmal im Sinn $P_0 P_1$, das andere Mal im Sinn $P_1 P_0$, so daß sich die Integrale längs K tilgen, so erhalten wir

$$\int\limits_{P_0 \overline{P}_0 \overline{\overline{P}}_0 P_0} = \int\limits_{P_1 \overline{P}_1 \overline{\overline{P}}_1 P_1},$$

was zu beweisen war.

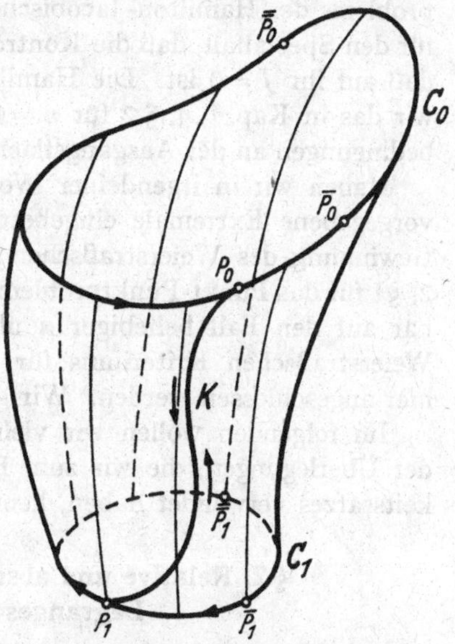

Fig. 51. Zum Satz über die Extremalenröhre

Die andere Art der Beweisführung geht davon aus, daß die $2n+2$ Koordinaten x^0, y_i^0, x^1, y_i^1 eines beliebigen Punktepaares P_0, P_1 im R_{n+1} als Koordinaten eines $2n+2$ dimensionalen Raumes R_{2n+2} gedeutet werden können; sei $\varphi(P_0, P_1)$ die charakteristische Funktion des zu P_0, P_1 gehörigen Punkt-Punktproblems. $d\varphi(P_0 P_1)$ ist dann das vollständige Differential in den oben angeschriebenen $2n+2$ Variablen. Für dieses ist aber

$$\oint d\varphi(P_0 P_1) = 0,$$

wobei sich das Integral über eine beliebige, geschlossene Kurve Γ des R_{2n+2} erstreckt. Für Γ gelte eine Parameterdarstellung von der

Form

$$x^0 = x^0(t) \qquad x^1 = x^1(t)$$
$$y_i^0 = y_i^0(t) \qquad y_i^1 = y_i^1(t),$$

wobei die auftretenden Funktionen stetig, periodisch und stetig differenzierbar sein sollen. Die Änderung von t um eine Periode soll ein einmaliges Durchlaufen der Kurve Γ bedeuten. Die obigen Gleichungen können wir aber auch als die allgemeinste Darstellung eines Paares von zwei eindeutig aufeinander bezogenen geschlossenen Kurven C_0 und C_1 im R_{n+1} deuten. Wendet man die Hamiltonschen Formeln an, so erkennt man, daß das obige Integral gleich ist der Differenz der Hilbert-Beltramischen Integrale, erstreckt über C_0 und C_1.

Der Beweis des Hilbertschen Unabhängigkeitssatzes liefert uns auch ein Mittel zur Konstruktion der Hamiltonschen charakteristischen Funktion J, wenn auf einer beliebigen Kontrollfläche die Werte von J vorgegeben sind; er liefert also ein Mittel zur Lösung des Anfangswertproblems der Hamilton-Jacobischen Differentialgleichung, insbesondere für den Spezialfall, daß die Kontrollfläche eine Ausgangsfläche ist, d.h., daß auf ihr $J=0$ ist. Die Hamiltonschen Formeln liefern, analog wie wir das in Kap. I, 4, § 2 für $n=1$ gezeigt haben, die Transversalitätsbedingungen an der Ausgangsfläche.

Haben wir in irgendeiner Weise ein Feld konstruiert, in das eine vorgegebene Extremale eingebettet ist, so läßt sich die Methode zur Gewinnung des Weierstraßschen Kriteriums, wie wir sie in Kap. III, 2, § 1 für das Punkt-Punktproblem bei $n=1$ dargestellt haben, unmittelbar auf den Fall beliebiger n übertragen. Auch die Gewinnung des Weierstraßschen Kriteriums für allgemeinere Randbedingungen kann hier angeschlossen werden. Wir gehen aber darauf nicht näher ein.

Im folgenden wollen wir vielmehr andere, spezielle Anwendungen der Überlegungen, die wir zum Beweis des Hilbertschen Unabhängigkeitssatzes verwendet haben, kennenlernen.

§ 2. Relative und absolute Integralinvarianten; Lagrangesche Klammern

Beim Beweis des Hilbertschen Unabhängigkeitssatzes im vorhergehenden Paragraphen spielte der Satz von der Extremalenröhre nur die Rolle eines Hilfssatzes, um den Beweis elegant erledigen zu können. Er hat aber an und für sich eine große Bedeutung[1].

---

[1] Wie unmittelbar einzusehen ist, läßt sich dieser Satz sofort auf den Fall verallgemeinern, daß die Integrationskurve die Extremalenröhre m-mal umschlingt. Immer bleibt der Wert des Integrals bei stetiger Deformation der Integrationskurve erhalten. Der Fall $m=0$ bedeutet hierbei, daß sich die Integrationskurve durch stetige Deformation auf einen Punkt zusammenziehen läßt. In diesem Fall ist der Wert des Integrals stets Null.

Läßt man die beim Beweis dieses Satzes gemachte Voraussetzung fallen, daß die die Röhre erzeugenden Extremalen einem Feld angehören, so ist dies gleichbedeutend mit der Aussage, daß nunmehr das Hilbert-Beltramische Integral (10) längs der Kurve C_0 genommen, nicht notwendig gleich Null sein muß. In diesem Fall sprechen wir von einer „gewöhnlichen Extremalenröhre", während wir, falls der Wert des Integrals (10) längs C_0 tatsächlich Null ist, von einer „Feldextremalenröhre" sprechen könnten.

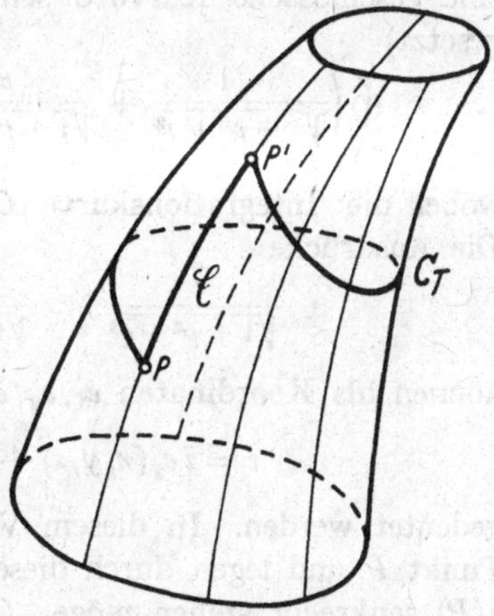

Fig. 52. Geometrische Deutung der relativen Integralinvarianten nach G. PRANGE

Im Falle einer gewöhnlichen Extremalenröhre wird also auch der Wert des Integrals (10), genommen über eine beliebige, die gewöhnliche Extremalenröhre einmal umschlingende Kurve K im allgemeinen nicht Null sein. Wohl aber ergibt sich unmittelbar aus dem Gang des Beweises des Satzes von der Extremalenröhre, daß das Integral (10) für irgendwelche, die gewöhnliche Extremalenröhre gleich oft umschließende, ineinander stetig deformierbare geschlossene Kurven stets den gleichen Wert haben muß. Dieser Wert wird als „relative Integralinvariante" bezeichnet. Das Wort relativ soll dabei ausdrücken, daß sich die Integration über eine geschlossene Kurve zu erstrecken hat.

PRANGE hat folgende geometrische Deutung der relativen Integralinvarianten gegeben, welche wir, der größeren Anschaulichkeit und der Einfachheit wegen an einem Variationsproblem im R_3 darlegen wollen. Denken wir uns auf einer gewöhnlichen Extremalenröhre eine Kurve C_T transversal zu den Extremalen gezeichnet. Im allgemeinen wird sie nicht geschlossen sein, sondern eine schraubenförmige Gestalt haben. Verfolgen wir nun C_T von einem Punkt P aus bis sie das nächste Mal die durch P gehende und zur Erzeugung der Extremalenröhre benützte Extremale $\mathfrak{C}$ schneidet. Sei P' dieser Schnittpunkt. Setzen wir nun die geschlossene Kurve K aus den Bögen $C_T(PP') + \mathfrak{C}(P'P)$ zusammen (Fig. 52) und berechnen wir die Integralinvariante, indem wir K als Integrationsweg wählen. Wegen der Transversalitätsbedingung ist der Wert des Integranden längs C_T gleich Null und längs $\mathfrak{C}$ sind die Gefällsfunktionen p_1 und p_2 gleich y_1' und y_2'. Also ist die Integralinvariante gleich dem Wert des Grundintegrals längs $\mathfrak{C}(P'P)$.

Diese geometrische Bedeutung der relativen Integralinvarianten möge jetzt an dem einfachen Variationsproblem (2) aus § 1 noch näher untersucht werden. Die Extremalen des Problems

$$\delta \int_{P_0}^{P} \sqrt{1 + \left(\frac{dy}{dx}\right)^2 + \left(\frac{dz}{dx}\right)^2}\, dx = 0 \tag{11}$$

sind die ∞^4 Geraden des R_3. Das Hilbert-Beltramische Integral über eine geschlossene Kurve C schreibt sich in der Form ($y_x = p$, $z_x = q$ gesetzt)

$$\oint_C \left(\frac{-1}{\sqrt{1+p^2+q^2}} + \frac{p}{\sqrt{1+p^2+q^2}} \frac{dy}{dx} + \frac{q}{\sqrt{1+p^2+q^2}} \frac{dz}{dx} \right) dx, \tag{12}$$

wobei die Integrationskurve C auf folgende Art gewählt sein soll: Die Ausdrücke

$$\frac{-1}{\sqrt{1+p^2+q^2}}, \quad \frac{p}{\sqrt{1+p^2+q^2}}, \quad \frac{q}{\sqrt{1+p^2+q^2}}$$

können als Koordinaten e_1, e_2, e_3 eines Einheitsvektors

$$\mathfrak{e} = i e_1(x, y, z) + j e_2(x, y, z) + k e_3(x, y, z) \tag{13}$$

gedeutet werden. In diesem Vektorfeld wählen wir einen beliebigen Punkt P und legen durch diesen Punkt irgendeine Fläche S, die auf $\mathfrak{e}(P)$ senkrecht stehen möge. C sei nun eine, auf S gelegene und P umschließende Kurve. Der Umlaufssinn von C sei so bestimmt, daß er zusammen mit dem Richtungssinn von $\mathfrak{e}(P)$ einer Rechtsschraubung entspricht.

Die Geraden, welche die Fläche S so durchsetzen, daß ihre Richtungen in den Durchstoßpunkten mit dem Vektor $\mathfrak{e}$ zusammenfallen, bilden eine zweiparametrige Schar. Aus dieser Schar wird eine einparametrige Schar dadurch herausgegriffen, wenn wir nur jene Geraden betrachten, die durch C hindurchgehen. Sie bilden eine Regelfläche. Die orthogonale Trajektorie zu den Erzeugenden dieser Regelfläche entspricht unserer schraubenförmigen Kurve C_T und der Wert der Integralinvarianten ist hier, gemäß dem vorher gesagten, gleich dem Abstand zweier unmittelbar aufeinander folgender Schnittpunkte von C_T mit einer Erzeugenden. Diesen Abstand können wir etwa als „Ganghöhe" h von C_T bezeichnen.

Das Integral (12) läßt sich nun in der Form

$$\oint_C e_1\, dx + e_2\, dy + e_3\, dz \tag{14}$$

schreiben und weiters, nach Anwendung des Stokesschen Satzes in der Form

$$\iint_G \mathfrak{n} \cdot \operatorname{rot} \mathfrak{e}\, df. \tag{15}$$

$\mathfrak{n}$ ist dabei der Einheitsvektor in Richtung der Flächennormalen; ihr Richtungssinn ist so zu wählen, daß er im Punkt P mit $\mathfrak{e}$ zusammenfällt; G ist das von der Kurve C auf S umschlossene Gebiet. Führen wir nun einen Grenzübergang derart durch, daß die Kurve C in den Punkt P zusammenschrumpft, so erhält man

$$\mathfrak{e} \operatorname{rot} \mathfrak{e} = e_1\left(\frac{\partial e_3}{\partial y} - \frac{\partial e_2}{\partial z}\right) + e_2\left(\frac{\partial e_1}{\partial z} - \frac{\partial e_3}{\partial x}\right) + e_3\left(\frac{\partial e_2}{\partial x} - \frac{\partial e_1}{\partial y}\right) = \lim_{C\to P} \frac{h}{F}, \tag{16}$$

wenn die von der Kurve C umschlossene Fläche den Inhalt F hat. Die Bedingung, daß die zweiparametrige Geradenschar eine Normalenkongruenz bildet, lautet also

$$\mathfrak{e} \cdot \operatorname{rot} \mathfrak{e} = 0.$$

Die Anregung, diese Invariante besonders hervorzuheben, gab u.a. die Oseensche Theorie der smektischen Flüssigkeiten (flüssige Kristalle) (*).

Wenn wir die Betrachtungen, welche wir für dieses spezielle Beispiel durchgeführt haben, für ein beliebiges Variationsproblem durchführen, gelangen wir zu dem Begriff der absoluten Integralinvarianten und zu den Lagrangeschen Klammerausdrücken.

Der größeren Anschaulichkeit wegen — aber auch deshalb, weil wir die Hilfsmittel, welche zweckmäßigerweise für die Verallgemeinerung der Betrachtungen auf eine beliebige Zahl von abhängigen Veränderlichen herangezogen werden, erst im folgenden Abschnitt dieses Kapitels besprechen werden — führen wir auch hier die Überlegungen nur im dreidimensionalen Raum durch. Um aber die Gestalt der Formeln anzudeuten, die sich bei der Verallgemeinerung auf den $(n+1)$-dimensionalen Raum ergibt, verwenden wir hier für die abhängigen Funktionen die Bezeichnungen $y_1(x)$ und $y_2(x)$ an Stelle von $y(x)$ und $z(x)$.

Wir betrachten also ein Variationsproblem

$$\delta \int_{P_0}^{P} f(x, y_i, y_i')\, dx = 0 \qquad (i = 1, 2). \tag{17}$$

Im folgenden werden wir stets π_i für $f_{y_i'}$ setzen. Als Kontrollflächen betrachten wir zunächst Ebenen $x = \text{const}$. Aus der vierparametrigen Schar der Extremalen des Variationsproblems (17) greifen wir eine beliebige zweiparametrige Schar

$$y_i = y_i(x, c_1, c_2) \tag{18}$$

heraus, wobei wir voraussetzen, daß

$$\frac{\partial(y_1, y_2)}{\partial(c_1, c_2)} \neq 0 \tag{19}$$

ist. Es mögen nun

$$c_1 = c_1(t), \qquad c_2 = c_2(t) \tag{20}$$

solche periodische und stetig differenzierbare Funktionen von t sei welche eine Parameterdarstellung der Berandung C eines einfach z sammenhängenden Bereiches B in der c_1, c_2-Ebene ergeben. Dar erhalten wir durch Einsetzen von (20) in (18) die Darstellung ein gewöhnlichen, durch C hindurchgehenden Extremalenröhre:

$$y_i = y_i\big(x, c_1(t), c_2(t)\big) \qquad (i = 1, 2). \qquad (2$$

Betrachten wir nun das Hilbert-Beltramische Integral (10) in ein beliebigen Ebene $x = \text{const}$ längs ihrer Schnittkurve K mit der Extı malenröhre (21), so haben wir wegen $dx = 0$ einfach:

$$\oint_K \pi_i\, d y_i = \oint_C \pi_i \left(\frac{\partial y_i}{\partial c_1} d c_1 + \frac{\partial y_i}{\partial c_2} d c_2\right). \qquad (2$$

Das Integral (22) ist von x unabhängig. Formen wir mit Hilfe d Stokesschen Satzes das auf der rechten Seite von (22) stehende Kurve integral in ein Doppelintegral um, so erhalten wir nun — analog w für den Übergang von (14) zu (15) —, wenn wir noch zur Abkürzu

$$\left(\frac{\partial y_i}{\partial c_1}\frac{\partial \pi_i}{\partial c_2} - \frac{\partial y_i}{\partial c_2}\frac{\partial \pi_i}{\partial c_1}\right) = [c_1, c_2] \qquad (2$$

setzen, für (22)

$$\iint_B [c_1, c_2]\, d c_1\, d c_2. \qquad (2$$

Das Integral (24) bezeichnen wir als „absolute Integralinvariante". D Ausdruck absolut gebraucht man, um den Unterschied gegenüber de Fall der relativen Integralinvariante, wo die Integration über ein *geschlossenen* Weg zu erfolgen hat, hervorzuheben. Der Bereich B i durch C *begrenzt*. Bei der relativen Integralinvariante ist der Integra dementsprechend nur bis auf ein vollständiges Differential bestimm bei der absoluten Integralinvariante ist er hingegen eindeutig.

Den Ausdruck $[c_1, c_2]$ bezeichnet man als Lagrangeschen Klamme ausdruck.

Betrachten wir nun an Stelle von (20) eine einparametrige Sch (mit dem Scharparameter β) von Berandungen $C(\beta)$ von einfach z sammenhängenden Bereichen $B(\beta)$ in der c_1, c_2-Ebene

$$c_1 = c_1(t, \beta), \qquad c_2 = c_2(t, \beta), \qquad (2$$

welche sich für $\beta \to 0$ auf den Punkt $c_1 = c_1^*$, $c_2 = c_2^*$ zusammenschnüre Die Extremalenröhre durch $C(\beta)$ schrumpft dann auf die durch dies Punkt gehende Extremale zusammen. Es ist dann

$$\lim_{\beta \to 0} \frac{\oint\limits_{C(\beta)} \pi_i \left(\frac{\partial y_i}{\partial c_1} d c_1 + \frac{\partial y_i}{\partial c_2} d c_2\right)}{\iint\limits_{B(\beta)} d c_1\, d c_2} = \lim_{\beta \to 0} \frac{\iint\limits_{B(\beta)} [c_1, c_2]\, d c_1\, d c_2}{\iint\limits_{B(\beta)} d c_1\, d c_2} = [c_1, c_2]_{\beta = 0}. \qquad (2$$

Aus dieser Überlegung ergibt sich also, daß $[c_1, c_2]$ längs einer Extremalen konstant ist.

Nehmen wir $x = x^0$ als Kontrollfläche und ist für die Schnittkurve K_0 dieser Ebene mit einer Extremalenröhre

$$\oint_{K_0} \pi_i \, d y_i = 0,$$

so folgt aus dem Beweis des Hilbertschen Unabhängigkeitssatzes, daß diese Extremalenröhre einem Feld angehört und somit aus (26), daß längs der Extremalen, welche ein Feld bilden, die Lagrangeschen Klammerausdrücke identisch verschwinden. Somit können wir den Wert der Lagrangeschen Klammerausdrücke als ein Maß dafür ansehen, inwiefern eine gewöhnliche Extremalenschar von einer Feldextremalenschar abweicht.

Wir haben uns bisher darauf beschränkt, Integrale zu betrachten, bei welchen der Integrationsweg auf Ebenen $x = \text{const}$ gelegen ist. Von dieser Einschränkung können wir uns leicht befreien. Betrachten wir das Hilbert-Beltramische Integral

$$\oint_K \pi_i \, d y_i - H \, d x, \qquad H = \pi_i p_i - f \tag{27}$$

auf einem beliebigen geschlossenen Integrationsweg K, welcher eine gewöhnliche Extremalenröhre einmal umschlingt. Legen wir durch diese Kurve eine beliebige Fläche und wenden wir dann den Satz von STOKES an, so hat nach dem in §1 für die gewöhnliche Extremalenröhre besprochenen Satz das so entstehende Doppelintegral über jede dieser von K begrenzten Flächen immer denselben Wert. Also übertragen sich die eben angestellten Überlegungen auf den allgemeinen Fall.

Wir bemerken an dieser Stelle noch, daß auch die in Kap, I, 4, § 9 betrachteten Integrale, welche uns ein Maß für die Menge der Extremalen gegeben haben, Integralinvarianten sind.

Der Begriff „Integralinvariante" wurde von POINCARÉ in seinem Werk „Les Méthodes Nouvelles de la Mécanique Celeste", Bd. III geschaffen. Bei der Begründung geht er keineswegs von Differentialgleichungen aus, welche aus einem Variationsproblem stammen, sondern von einem beliebigen System von Differentialgleichungen erster Ordnung. Liefern die Lösungen dieses Systems die Abbildung einer Mannigfaltigkeit M auf eine Schar anderer Mannigfaltigkeiten M' und läßt sich ein Integrand so angeben, daß alle Integrale über M' für ihn denselben Wert haben, dann nennt man ein derartiges Integral eine „Integralinvariante". Um seine Leser auf die Erfassung dieses Begriffes vorzubereiten, führt POINCARÉ zunächst Beispiele aus der Hydromechanik an, und zwar die Erhaltung der Masse, die Erhaltung der Durchflußmenge bei einer inkompressiblen Flüssigkeit und die Helmholtzschen

Sätze über die Erhaltung der Zirkulation. Die Vorstellungen, die mit diesen Beispielen verbunden sind, waren offenbar für POINCARÉ selbst, sowohl bei der Schöpfung des Begriffes als auch bei den sich daran knüpfenden Problemstellungen, von großer Bedeutung.

Wir möchten noch hervorheben, daß die bedeutsamsten Anwendungen des Begriffes der Integralinvarianten diejenigen sind, bei denen die die Abbildung von M auf M' liefernden Kurven den kanonischen Differentialgleichungen eines Variationsproblems genügen. (Poincaréscher Wiederkehrsatz, adiabatische Invarianten.) Beim Aufbau der Theorie nach POINCARÉ spielen die in Kap. II, 2, § 4 und § 6 allgemein definierten Variationsgleichungen (équations aux variations) eine fundamentale Rolle.

Mit diesen Andeutungen über die Herkunft und die Bedeutung des Begriffes der Integralinvarianten wollen wir uns hier begnügen.

In historischer Beziehung haben wir noch zu bemerken, daß LAGRANGE selbst von einem ganz anderen Ausgangspunkt aus und auf einem ganz anderen Weg als den, welchen wir hier beschritten haben, auf die nach ihm benannten Klammerausdrücke geführt worden ist (**).

§ 3. Der allgemeine Enveloppensatz

Eine Zielsetzung der Variationsrechnung, die insbesondere von CARATHÉODORY verfolgt wurde, besteht darin, Sätze der euklidischen Geometrie in der Weise zu verallgemeinern, daß man an Stelle der euklidischen Länge einer Kurve eine aus einem beliebigen Variationsproblem entnommene Maßbestimmung zugrunde legt. Diese Problemstellung gehört streng genommen ins Gebiet der Finslerschen Geometrie, über die wir erst in Kap. IX berichten werden, und deren allgemeine Fragestellung in der Einleitung zu diesem Kapitel dargestellt werden wird. Dort gehen wir aber nur auf die Finslersche Geometrie im R_2 näher ein. Der hier zu behandelnde allgemeine Enveloppensatz von CARATHÉODORY bezieht sich aber auf den R_{n+1} mit $n \geqq 2$. Beim Beweis müssen wir uns auf die soeben durchgeführten Betrachtungen stützen. Dies bewegt uns, den Satz hier einzureihen. Wir möchten aber nicht unterlassen zu bemerken, daß CARATHÉODORY nicht nur das Verdienst hat, FINSLER zu seiner Dissertation angeregt zu haben, wie wir in Kap. IX, § 1 genauer erörtern werden, sondern, daß er durch die Aufstellung des Enveloppensatzes einen wichtigen Beitrag zur Entwicklung der Finslerschen Geometrie im R_{n+1} mit $n \geqq 2$ gegeben hat.

Der allgemeine Enveloppensatz ist die Verallgemeinerung des Satzes von WEINGARTEN über das in der euklidischen Geometrie zu einer Fläche F im R_3 gehörige Normalensystem. Denkt man sich bei einer Fläche F die Krümmungsmittelpunkte M_1 und M_2 für die beiden Hauptkrümmungsrichtungen konstruiert, so nennt man bekanntlich den geometrischen Ort von M_1 bzw. M_2 die zu F gehörigen Brennpunktsflächen. Sie seien mit Φ_1, Φ_2 bezeichnet. Die Normalen der Fläche F sind gleichzeitig Tangenten an die Flächen Φ_1 bzw. Φ_2 und in jedem Punkt M_1 bzw. M_2 ist dementsprechend ein Linienelement L_1 bzw. L_2 ausgezeichnet, in dem die Normale auf F die Fläche Φ_1 bzw. Φ_2 berührt. Dieser Schar ausgezeichneter Linienelemente entspricht je eine einparametrige Kurvenschar $S(L_1)$ bzw. $S(L_2)$ auf Φ_1 bzw. Φ_2. WEINGARTENs Satz sagt nun aus, daß $S(L_1)$ bzw. $S(L_2)$ einparametrige Scharen von geodätischen Linien auf Φ_1 bzw. Φ_2 sind und umgekehrt: denken wir uns auf einer Fläche Φ in jedem Punkt ein Linienelement L. Die durch diese Linienelemente gehenden Tangenten an Φ bilden eine zweiparametrige Geradenschar. Soll diese Geradenschar eine Normalkongruenz sein, so muß die einparametrige Kurvenschar, die aus den Linienelementen L auf Φ besteht, eine Schar geodätischer Linien sein.

Die naheliegende Verallgemeinerung besteht darin, daß wir an die Stelle der Normalenkongruenz im R_3 eine zweiparametrige und im R_{n+1} eine n-parametrige Schar von Feldextremalen eines beliebigen Variationsproblems treten lassen. Sie bildet den Inhalt des angekündigten allgemeinen Enveloppensatzes. Dieser lautet für den R_{n+1}:

Eine n-dimensionale Schar von Extremalen eines beliebigen Variationsproblems ohne Nebenbedingungen im $(n+1)$-dimensionalen Raum, die eine gegebene n-dimensionale Fläche dieses Raumes berühren, bildet dann und nur dann ein Feld, wenn die Linienelemente, in denen die Berührung stattfindet, ein Feld von Extremalen für dasjenige Variationsproblem erzeugen, das aus dem ursprünglichen Variationsproblem hervorgeht, wenn man der ursprünglichen Extremalenforderung die Gleichung der Fläche als Nebenbedingung hinzufügt. Oder, mit anderen Worten: Die Extremalen des ursprünglichen Problems bilden dann und nur dann ein Feld, wenn dies auch für die Extremalen des auf der Fläche induzierten Variationsproblems gilt.

Zum Beweis dieses Satzes für $n=2$ betrachten wir erstens das zu einem Variationsproblem

$$\delta \int_{x^0}^{x^1} f(x, y_i, y_i')\, dx = 0 \qquad (i=1,2)$$

gehörende Hilbertsche Unabhängigkeitsintegral

$$\int_C (f - \pi_i p_i)\, dx + \pi_i\, d y_i \qquad (i=1,2).$$

Die Integrationskurve C denken wir uns dabei auf einer Fläche φ liegend, welche von den Extremalen berührt wird. Sei

$$y_2 = \varphi(x, y_1)$$

diese Fläche, dann ist auf ihr

$$y_2' = \varphi_x + \varphi_{y_1} y_1'.$$

Weil die Feldextremalen, welche den Differentialgleichungen

$$y_i' = p_i(x, y_i) \qquad (i = 1, 2)$$

genügen, die Fläche berühren sollen, muß also auch gelten:

$$p_2(x, y_1, \varphi(x, y_1)) = \varphi_x + \varphi_{y_1} p_1(x, y_1, \varphi(x, y_1)).$$

Wir erhalten dann für das Hilbertsche Unabhängigkeitsintegral für Kurven C auf der Fläche φ:

$$\int_C [f + (y_1' - p_1)(\pi_1 + \pi_2 \varphi_{y_1})]\, dx. \tag{28}$$

Zweitens betrachten wir das induzierte Variationsproblem:

$$\delta \int_{x^0}^{x^1} f(x, y_1, \varphi(x, y_1), y_1', \varphi_x + \varphi_{y_1} \cdot y_1')\, dx = 0.$$

Daraus erhalten wir, da

$$\frac{\partial f}{\partial y_1'} = \pi_1 + \pi_2 \cdot \varphi_{y_1}$$

ist, das Unabhängigkeitsintegral in genau der gleichen Form (28) wie vorhin. Betrachten wir nun die Fläche $y_2 = \varphi(x, y_1)$ als Kontrollfläche wie beim Beweis des Unabhängigkeitssatzes (§ 1), so ergibt sich hier, für den Fall des R_3, der Beweis des Enveloppensatzes einfach daraus, daß bei einem Variationsproblem mit nur einer Unbekannten jede einparametrige Schar von Extremalen (bei passender Einschränkung des Gebietes) ein Feld bildet.

Bei dem Beweis haben wir allerdings vorausgesetzt, daß unsere Fläche in der Form $y_2 = \varphi(x, y_1)$ darstellbar ist. Eine derartige Voraussetzung läßt sich aber leicht vermeiden durch Anwendung der Parameterdarstellung. Daß sie unwesentlich ist, ist unmittelbar einleuchtend, da man es ja in der Hand hat, für einzelne Stücke der Fläche das Koordinatensystem geeignet zu wählen.

Faßt man die Normalenkongruenzen beim Satz von Weingarten als zweiparametrige Schar von Lichtstrahlen im homogenen isotropen Raum auf, so stellt der Carathéodorysche Satz die Verallgemeinerung auf Lichtstrahlen in nicht-homogenen und nicht-isotropen Medien dar. In der Optik ist auch die Abbildung der beiden Brennflächen Φ_1 und Φ_2 aufeinander von Interesse. Somit gestattet es der Satz von Carathéodory auch, analoge Abbildungen in anisotropen und nicht-homogenen Räumen zu studieren.

§ 4. Anwendung des Hilbertschen Unabhängigkeitssatzes in der geometrischen Optik

Einige Überlegungen, welche wir in diesem Abschnitt angestellt haben, spielen auch bei anderen Problemen der geometrischen Optik eine wichtige Rolle. Sie werden dadurch, wie wir im folgenden zeigen werden, unmittelbar anschaulich faßbar. Wir werden dabei zweckmäßigerweise von einem homogenen Variationsproblem ausgehen und die folgenden Betrachtungen sind wohl auch aus diesem Grunde eine Ergänzung der vorhergehenden Ausführungen.

Wir wollen den Begriff der charakteristischen Funktion, den wir in Kap. I, 4, §1 im zweidimensionalen Raum eingeführt haben, nun auf den dreidimensionalen Raum übertragen. HAMILTON selbst hat seine Überlegungen unmittelbar im dreidimensionalen Raum angestellt.

Den Ausgangspunkt der folgenden Ausführungen bilden die Hamiltonschen Formeln, die wir jetzt für das dreidimensionale Problem

$$\delta I = \delta \int_{t_0}^{t_1} F(x, y, z, \dot{x}, \dot{y}, \dot{z})\, dt = 0 \tag{29}$$

bilden werden. Für den zweidimensionalen Fall haben wir in Kap. I, 3, §1 nachgewiesen, daß für die Unabhängigkeit von der Parameterdarstellung notwendig und hinreichend ist, daß der Integrand als Funktion der Ableitungen positiv homogen von erster Ordnung ist. Dies gilt auch, wie man leicht zeigen kann, für höherdimensionale Räume. Wir setzen ferner im folgenden auch voraus, daß die Funktion F mindestens zweimal stetig nach ihren Argumenten differenzierbar ist.

Verwendet man an Stelle eines beliebigen Parameters t die euklidische Bogenlänge s, so läßt sich das Integral des Variationsproblems (29) in der Form

$$\int_{s_0}^{s_1} n\, ds \tag{30}$$

schreiben[1], wobei

$$n = \frac{F(x, y, z, \dot{x}, \dot{y}, \dot{z})}{\sqrt{\dot{x}^2 + \dot{y}^2 + \dot{z}^2}} = \frac{c}{v}$$

ist. n ist der Brechungsindex, v die örtliche Lichtgeschwindigkeit, c die Vakuumlichtgeschwindigkeit.

Bilden die Extremalen ein Feld, so läßt sich zu ihnen eine Hamiltonsche charakteristische Funktion J angeben, für welche die Hamiltonschen Formeln

$$J_x = F_{\dot{x}} \qquad J_y = F_{\dot{y}} \qquad J_z = F_{\dot{z}} \tag{31}$$

gelten.

---

[1] Das über einen beliebigen Kurvenbogen C erstreckte Integral (30) nennt man „optische Länge" von C.

Wir verwenden im folgenden die bereits am Ende des § 4 von Kap. I, 3 eingeführten Bezeichnungen. Durch $(F_{\dot{x}}, F_{\dot{y}}, F_{\dot{z}}) = (N_1, N_2, N_3)$ wird der Hamiltonsche Vektor $\mathfrak{N}$ dargestellt. Bilden die Extremalen ein Feld, dann gilt für die Rotation des Hamiltonschen Vektors auf Grund der Hamiltonschen Formeln

$$\operatorname{rot} \mathfrak{N} = 0. \tag{32}$$

Wir wollen nun folgenden Satz beweisen:

Wird der Raum von einer zweidimensionalen Schar von Extremalen Σ_2 eindeutig überdeckt, die aber kein Extremalenfeld bilden, dann sind die Extremalen die Wirbellinien des Hamiltonschen Vektorfeldes $\mathfrak{N}$. Betrachten wir nun eine solche Parameterdarstellung für $x(t)$, $y(t)$, $z(t)$, daß

$$F(x, y, z, \dot{x}, \dot{y}, \dot{z}) = 1 \tag{33}$$

ist, dann bezeichnen wir den Vektor mit den Komponenten

$$(\dot{x}, \dot{y}, \dot{z}) = (S_1, S_2, S_3) = \mathfrak{S}$$

als Strahlenvektor $\mathfrak{S}$.

Mit diesen Bezeichnungen lautet der zu beweisende Satz:

$$\operatorname{rot} \mathfrak{N} = \lambda \mathfrak{S}, \tag{34}$$

wobei λ ein skalarer Faktor ist.

Wir werden zwei Beweise dieses Satzes bringen.

1. Beweis. Wir greifen aus Σ_2 eine beliebige einparametrige Extremalenschar Σ_1 heraus. Es sei die durch Σ_1 gebildete Fläche $\mathfrak{F}$ dargestellt durch

$$x = x(u, v) \qquad y = y(u, v) \qquad z = z(u, v).$$

Für eine Kurve $\mathfrak{K}$ auf $\mathfrak{F}$ sei $u = u(\tau)$, $v = v(\tau)$ eine Parameterdarstellung und somit

$$\frac{dx}{d\tau} = x_u \cdot \frac{du}{d\tau} + x_v \frac{dv}{dt} \quad \text{usf.}$$

Setzen wir diese Formeln in F ein, so erhalten wir damit aus (29) das induzierte Variationsproblem

$$\left.\begin{aligned} &\delta \int_{\tau_0}^{\tau_1} F\Big(x(u, v), y(u, v), z(u, v), x_u \frac{du}{d\tau} + \\ &\qquad + x_v \frac{dv}{d\tau}, y_u \frac{du}{d\tau} + y_v \frac{dv}{d\tau}, z_u \frac{du}{d\tau} + z_v \frac{dv}{d\tau}\Big) d\tau \\ &= \delta \int_{\tau_0}^{\tau_1} \Phi\left(u, v, \frac{du}{d\tau}, \frac{dv}{d\tau}\right) d\tau = 0 \end{aligned}\right\} \tag{35}$$

für das die Extremalen Σ_1 die Feldextremalen eines zweidimensionalen Feldes bilden. Die zugehörige Hamiltonsche charakteristische Funktion sei mit $J^*(u, v)$ bezeichnet. Damit ist

$$J_u^* = N_1 x_u + N_2 y_u + N_3 z_u$$
$$J_v^* = N_1 x_v + N_2 y_v + N_3 z_v.$$

Für jede geschlossene Kurve $\mathfrak{K}$ auf $\mathfrak{F}$ die einen beliebigen, einfach zusammenhängenden u, v-Bereich B umschließt, gilt also

$$\oint_{\mathfrak{K}} N_1\,dx + N_2\,dy + N_3\,dz = \oint_{\mathfrak{K}} dJ^* = 0 \tag{36}$$

und somit nach dem Satz von STOKES

$$\iint_B (\operatorname{rot}\mathfrak{N})_\nu\,df = 0, \tag{37}$$

wobei der Index ν anzeigt, daß die Normalkomponente des Rotors bezüglich $\mathfrak{F}$ zu nehmen ist und df das Flächenelement von $\mathfrak{F}$ bedeutet.

Aus der Voraussetzung der Stetigkeit des Integranden folgt daraus aber:

$$(\operatorname{rot}\mathfrak{N})_\nu = 0$$

für jede beliebige Fläche $\mathfrak{F}$ die irgendeine einparametrige Schar Σ_1 enthält. Betrachten wir nun zwei solche Flächen $(\mathfrak{F})_1$ und $(\mathfrak{F})_2$, die sich in einer beliebigen, Σ_2 angehörenden Extremalen $\mathfrak{E}$ schneiden und seien $(E)_1$ und $(E)_2$ die Tangentialebenen von $(\mathfrak{F})_1$ bzw. $(\mathfrak{F})_2$ in einem beliebigen Punkt P von $\mathfrak{E}$. Da $\operatorname{rot}\mathfrak{N}$ zu $(E)_1$ und $(E)_2$ parallel ist, muß $\operatorname{rot}\mathfrak{N}$ die Richtung der Tangente zu $\mathfrak{E}$ in P haben (weil ja die Normalkomponente gleich Null ist), demnach zu $\mathfrak{S}$ parallel sein.

2. Beweis. Wir betrachten das Strahlenvektorfeld $\mathfrak{S} = \mathfrak{S}(x, y, z)$, das dadurch entsteht, daß man jedem Punkt den Vektor $\mathfrak{S}$ zuordnet, der zu der durch ihn hindurchgehenden Extremale von Σ_2 gehört.

Es gilt somit:

$$F\big(x, y, z, S_1(x, y, z), S_2(x, y, z), S_3(x, y, z)\big) = 1$$

und auf Grund des Eulerschen Satzes über homogene Funktion ist

$$F = N_1 S_1 + N_2 S_2 + N_3 S_3 = \mathfrak{N}\cdot\mathfrak{S} = 1. \tag{38}$$

Differenzieren wir diese beiden Gleichungen nach x, so erhalten wir

$$F_x + N_1 S_{1x} + N_2 S_{2x} + N_3 S_{3x} = 0$$
$$N_1 S_{1x} + N_2 S_{2x} + N_3 S_{3x} + N_{1x} S_1 + N_{2x} S_2 + N_{3x} S_3 = 0,$$

also

$$F_x = N_{1x} S_1 + N_{2x} S_2 + N_{3x} S_3.$$

Andererseits folgt aus der Euler-Lagrangeschen Gleichung für F_x:

$$F_x = N_{1x} S_1 + N_{1y} S_2 + N_{1z} S_3.$$

Setzen wir diese beiden Ausdrücke für F_x einander gleich, so folgt

$$(N_{2x} - N_{1y}) S_2 + (N_{3x} - N_{1z}) S_3 = 0.$$

In analoger Weise ergeben sich bei Differentiationen nach y und z entsprechende Beziehungen, die man auch sofort durch zyklische Vertauschung der Indizes in der vorhergehenden Gleichung angeben kann und damit der zweite Beweis unserer Behauptung.

Aus (34) ergibt sich nun leicht der für die geometrische Optik grundlegende Satz von MALUS, der folgendes besagt:

Wenn die Rotation des Hamiltonschen Vektors in irgendeinem Punkt des Strahles verschwindet, so verschwindet sie längs des ganzen Strahles.

Bilden wir von (34) die Divergenz, so haben wir:

$$\operatorname{div} \operatorname{rot} \mathfrak{N} = 0 = \operatorname{div} \lambda \mathfrak{S} = \mathfrak{S} \operatorname{grad} \lambda + \lambda \operatorname{div} \mathfrak{S}.$$

Mit

$$\operatorname{grad} \lambda = \left(\frac{\partial \lambda}{\partial x}, \frac{\partial \lambda}{\partial y}, \frac{\partial \lambda}{\partial z}\right), \qquad \mathfrak{S} = (\dot{x}, \dot{y}, \dot{z})$$

erhalten wir somit

$$\frac{d\lambda}{dt} + \lambda \operatorname{div} \mathfrak{S} = 0.$$

Dies ist eine gewöhnliche lineare homogene Differentialgleichung erster Ordnung für $\lambda(t)$. Aus ihr folgt unmittelbar: Wenn λ irgendwo $=0$ ist, so muß $\lambda \equiv 0$ sein und damit aber der Satz von MALUS. Für den Wert von λ erhalten wir durch skalare Multiplikation von (34) mit $\mathfrak{N}$ unter Beachtung von (38) und von (33):

$$\lambda = \mathfrak{N} \cdot \operatorname{rot} \mathfrak{N}. \tag{39}$$

2. Probleme mit mehreren unabhängigen und mehreren abhängigen Veränderlichen

§ 1. Einleitung. Unterschied des Feldbegriffes bei Problemen mit einer und mit mehreren unabhängigen Veränderlichen

In der Mathematik ist es oft so, daß ein Hilfsmittel zum Beweis eines grundlegenden Satzes an und für sich von großem Interesse ist, insbesondere, wenn dieses Hilfsmittel mit anderen Begriffen und tragenden Ideen in Zusammenhang steht. Ein typisches Beispiel hierfür ist das Hilbertsche Unabhängigkeitsintegral. Streng genommen kommt dieses Integral, wie wir bereits erwähnt haben, schon bei BELTRAMI vor und in modifizierter Form schon bei HAMILTON, und zwar sowohl in dessen Theorie der optischen Instrumente als auch in der Dynamik, im Anschluß an das seinen Namen tragende Variationsprinzip. HILBERT hat auch selbst die Beziehung seines Unabhängigkeitsintegrals zur Charakteristikentheorie partieller Differentialgleichungen klargelegt, was aus dem in Abschnitt 1, §1 wiedergegebenen Zitat hervorgeht. Die Idee, das Hilbertsche Unabhängigkeitsintegral an die Spitze der Darstellung der Variationsrechnung zu stellen, stammt aber, wie wir in Kap. I, 4, §4 ausgeführt haben, von CARATHÉODORY. Im Anschluß daran haben wir an dieser Stelle dann den Gedanken HILBERTs zur Integrationstheorie der Hamilton-Jacobischen Differentialgleichung dargelegt, den er in seinem berühmten Pariser Vortrag über mathematische Probleme skizziert hat. (*)

Insbesondere zwischen den älteren Abhandlungen von CARATHÉODORY zur Variationsrechnung und unserer Darstellung in Kap. I, 4, §1 besteht aber ein gewisser Unterschied, der hervorgehoben zu werden verdient[1].

CARATHÉODORYs Ziel war die Angabe einer Konstruktion, aus der man ein *hinreichendes* Kriterium für die Minimaleigenschaft der Lösungen bei bestimmten Klassen von Variationsproblemen gewinnen kann.

An Stelle der Voraussetzung von Existenz und Differenzierbarkeitseigenschaften der Hamiltonschen charakteristischen Funktion treten bei CARATHÉODORY aus der Theorie der partiellen Differentialgleichungen entnommene Existenzsätze für die den Anfangsbedingungen angepaßte charakteristische Funktion als Lösung der Hamilton-Jacobischen Differentialgleichung. CARATHÉODORY gewinnt so mittels der Weierstraßschen Exzeßfunktion das Weierstraßsche *hinreichende* Kriterium für die Minimaleigenschaft einer den Anfangsbedingungen entsprechenden Lösung des Variationsproblems.

Dagegen stützte sich unsere Darstellung in Kap. I, 4, §1 auf die zusätzliche Voraussetzung der Existenz und Differenzierbarkeit der Hamiltonschen charakteristischen Funktion des Variationsproblems. Diese Voraussetzung macht namentlich der Physiker, der darauf bedacht ist, mit einfach zu handhabenden Formeln Naturgesetze zu beschreiben. Indem wir uns auf diese Voraussetzung ausdrücklich stützten, gewannen wir das Weierstraßsche Kriterium zunächst nur als eine *notwendige* Bedingung für die Lösung des Variationsproblems.

In diesem Abschnitt wollen wir die Behandlung von Variationsproblemen der Carathéodoryschen Grundidee entsprechend auch im allgemeinen Fall von r-unabhängigen und k-abhängigen Veränderlichen darstellen. Im großen und ganzen wollen wir aber diese Methode nur

[1] Gerade dieser Unterschied hat mir die erste Anregung gegeben, dieses Buch zu schreiben.

bis zur Aufstellung des Weierstraßschen Kriteriums verfolgen. Für die daraus sich ergebenden Herleitungen des Legendreschen und Jacobischen Kriteriums werden wir den Leser auf die Literatur verweisen. Jedoch wollen wir Einblick erhalten, wie sich aus der Carathéodoryschen Idee die Euler-Lagrangeschen Differentialgleichungen und die Transversalitätsbedingungen ergeben.

Einer der merkwürdigsten Züge dieser Theorie ist, daß bei mehreren unabhängigen Veränderlichen und bei der Verfolgung des analogen Weges, wie wir ihn bei Kap. III, 2, §1 und 2 beschritten haben, ein eigenartiger Unterschied gegenüber Problemen mit nur einer unabhängigen Veränderlichen auftritt, auf den wir nach Besprechung eines unmittelbar einleuchtenden Beispiels gleich hier hinweisen möchten. Wir glauben so dem Leser das Eindringen in die Theorie wesentlich zu erleichtern. Das Beispiel betrifft eine Kennzeichnung der Minimaleigenschaft von Minimalflächen.

Sei $\overline{\Sigma}$ ein Flächenstück, das durch eine zweimal stetig differenzierbare Funktion $z=z(x,y)$ dargestellt ist, und das von einer Randkurve K berandet ist. Existiert nun in einer Umgebung U von $\overline{\Sigma}$ im kartesischen (x,y,z)-Raum eine Strömung, deren Geschwindigkeitsvektor $\mathfrak{v}$ folgende Eigenschaften hat:

1. $|\mathfrak{v}|=1$,
2. die Strömung ist quellenfrei, also $\operatorname{div}\mathfrak{v}=0$,
3. $\mathfrak{v}$ durchsetzt $\overline{\Sigma}$ überall senkrecht,

dann behaupten wir, daß für den Flächeninhalt $\mathfrak{Fl}(\overline{\Sigma})$ von $\overline{\Sigma}$ gilt:

$$\mathfrak{Fl}(\overline{\Sigma}) \leqq \mathfrak{Fl}(\Sigma), \tag{40}$$

wobei Σ irgendein durch stetig differenzierbare Funktionen darstellbares, von K berandetes Flächenstück in U ist.

Den Beweis[1] führen wir folgendermaßen:

Es sei $Q(\Sigma)$ bzw. $Q(\overline{\Sigma})$ die Flüssigkeitsmenge, die durch Σ bzw. $\overline{\Sigma}$ in der Zeiteinheit hindurchtritt.

Wegen 2. muß $Q(\Sigma)$ für jede Fläche den gleichen Wert haben, und zwar wegen 1.:

$$Q(\Sigma) = \int_{\Sigma} \cos\varphi \, df.$$

Dabei bedeutet φ den Winkel zwischen der Normalen auf Σ und $\mathfrak{v}$ auf Σ und df das Flächenelement von Σ.

[1] Der Leser beachte, daß hier zur Kennzeichnung der Minimalfläche von der Euler-Lagrangeschen Differentialgleichung bzw. von Differentialgleichungssystemen, wie wir sie in Kap. III, 1, § 3 nach A. Haar gewonnen haben, kein Gebrauch gemacht wird.

Dieses Integral, das für alle Flächen die durch denselben Rand hindurchgehen, denselben Wert hat, entspricht dem Hilbertschen Unabhängigkeitsintegral.

Speziell für $\bar{\Sigma}$ wird wegen 3.:

$$Q(\bar{\Sigma}) = \int_{\bar{\Sigma}} df = \mathfrak{Fl}(\bar{\Sigma}) \cdot 1 .$$

Wir haben

$$\mathfrak{Fl}(\bar{\Sigma}) = Q(\bar{\Sigma}) = Q(\Sigma) = \int_{\Sigma} \cos\varphi \, df = \int_{\Sigma} df$$

$$\mathfrak{Fl}(\Sigma) = \int_{\Sigma} df .$$

Setzen wir

$$e = 1 - \cos\varphi ,$$

so wird also

$$\mathfrak{Fl}(\Sigma) - \mathfrak{Fl}(\bar{\Sigma}) = \int_{\Sigma} (1 - \cos\varphi)\, df = \int_{\Sigma} e\, df$$

und unsere Behauptung (40) folgt aus

$$e \geqq 0 .$$

Es entspricht demnach e der Weierstraßschen Exzeßfunktion.

Wir wollen noch kurz zeigen, wie man aus diesem Kriterium auf die Notwendigkeit des Bestehens der Euler-Lagrangeschen Differentialgleichung für $z = z(x, y)$ schließen kann.

Seien α, β, γ die Komponenten von $\mathfrak{v}$ nach den Koordinaten x, y, z. Somit ist wegen 1.:

$$\alpha^2 + \beta^2 + \gamma^2 = 1, \quad \text{also} \quad \gamma = \sqrt{1 - \alpha^2 - \beta^2} .$$

Damit folgt aus 2.:

$$\frac{\partial \alpha}{\partial x} - \frac{\partial \alpha}{\partial z} \cdot \frac{\alpha}{\gamma} + \frac{\partial \beta}{\partial y} - \frac{\partial \beta}{\partial z} \cdot \frac{\beta}{\gamma} = 0 . \tag{41}$$

Verwenden wir zur Bezeichnung einer Funktion $g(x, y, z)$ auf $\bar{\Sigma}$ hier das Symbol $[g]$, also $[g] = g(x, y, z(x, y))$, und zur Bezeichnung der Ableitungen einer Funktion $g(x, y, z)$ nach x und y auf $\bar{\Sigma}$ die Differentiationssymbole[1] $d[g]/dx$ und $d[g]/dy$, wobei also

$$\frac{d[g]}{dx} = \frac{\partial g}{\partial x} + \frac{\partial g}{\partial z} \cdot \frac{\partial z}{\partial x} , \qquad \frac{d[g]}{dy} = \frac{\partial g}{\partial y} + \frac{\partial g}{\partial z} \cdot \frac{\partial z}{\partial y}$$

ist, so erhalten wir wegen 3. auf $\bar{\Sigma}$ aus (41)

$$\frac{d[\alpha]}{dx} + \frac{d[\beta]}{dy} = 0 ,$$

[1] Wegen der Bezeichnung der Differentiationssymbole, die insbesondere von H. Weyl bevorzugt wurden, vgl. den folgenden § 4a).

also wegen

$$[\alpha] = \frac{\frac{\partial z}{\partial x}}{\sqrt{1+\left(\frac{\partial z}{\partial x}\right)^2+\left(\frac{\partial z}{\partial y}\right)^2}}, \qquad [\beta] = \frac{\frac{\partial z}{\partial y}}{\sqrt{1+\left(\frac{\partial z}{\partial x}\right)^2+\left(\frac{\partial z}{\partial y}\right)^2}}$$

die in Kap. I, 1, § 3 abgeleitete Euler-Lagrangesche Differentialgleichung der Minimalflächen.

H. A. SCHWARZ kommt bei seinen Untersuchungen über Minimalflächen bei der Herleitung von hinreichenden Bedingungen, die der Weierstraßschen Bedingung im Falle einer unabhängigen Veränderlichen analog sind auf Formeln, die ihrem äußeren Anschein nach weitgehend mit den vorhin angeschriebenen übereinstimmen.

Aber zwischen den Betrachtungen von H. A. SCHWARZ und unseren besteht ein wesentlicher Unterschied. H. A. SCHWARZ bettet $\overline{\Sigma}$ in eine einparametrige Schar von Minimalflächen ein, welche mit (Σ) bezeichnet werde und fordert, wenn wir unsere Deutung seinen Formeln zugrunde legen, für den Strömungsvektor $\mathfrak{v}$:

a) $|\mathfrak{v}| = 1$,

b) $\operatorname{div} \mathfrak{v} = 0$,

c) $\mathfrak{v} \perp (\Sigma)$ überall in U.

Es soll also überall in U

$$\alpha\, dx + \beta\, dy + \gamma\, dz = 0 \tag{42}$$

integrabel sein, demnach, wie in Kap. IV, 1, § 4 gezeigt, überall in U

$$\mathfrak{v} \operatorname{rot} \mathfrak{v} = 0$$

sein, während wir in der oben durchgeführten Betrachtung (42) nur auf $\overline{\Sigma}$ voraussetzten.

Ein Strömungsfeld, das den Bedingungen a), b) und c) genügt, erhält man, indem man setzt:

$$\mathfrak{v} = \frac{\operatorname{grad} \psi}{|\operatorname{grad} \psi|},$$

wobei ψ eine mindestens zweimal stetig differenzierbare Funktion der Koordinaten sein soll und fordert, daß

$$\operatorname{div} \frac{\operatorname{grad} \psi}{|\operatorname{grad} \psi|} = 0$$

ist. $\psi(x, y, z) = \text{const}$ ist daher die Gleichung der Schar (Σ).

Den Hinweis auf die Arbeit von H. A. SCHWARZ beschließen wir mit der Bemerkung, daß er im Prinzip analog wie wir dies im Kap. III, 2, § 8 bei einer unabhängigen Veränderlichen getan haben, aus dem Weierstraßschen Kriterium das Jacobische Kriterium herleitet, worüber wir bereits im Kap. II, 2, § 6 ausführlich berichtet haben.

Setzen wir:

$$-\frac{\alpha}{\gamma} = p_1(x, y, z), \qquad -\frac{\beta}{\gamma} = p_2(x, y, z)$$

und bezeichnen wir diese Größen p_1, p_2 als „Stellungsgrößen", so ist im Falle der Integrabilität von (42)

$$\frac{\partial z}{\partial x} = p_1, \qquad \frac{\partial z}{\partial y} = p_2$$

und dann gilt für die Stellungsgrößen die Integrabilitätsbedingung:

$$\frac{d[p_1]}{dy} = \frac{d[p_2]}{dx}$$

oder

$$\frac{\partial p_1}{\partial y} + \frac{\partial p_1}{\partial z} \cdot p_2 = \frac{\partial p_2}{\partial x} + \frac{\partial p_2}{\partial z} \cdot p_1. \tag{43}$$

Wir wollen Felder, bei denen (43) in einer endlichen Umgebung einer Extremalen erfüllt ist, „vollintegrable Felder" nennen. In unserem Beispiel werden vollintegrable Felder durch solche Stromlinien bestimmt, welche eine einparametrige Schar von Extremalen senkrecht durchsetzen. Felder, bei denen (43) nur für die zu untersuchende Extremale erfüllt ist (also nur für $\overline{\Sigma}$), bezeichnen wir als „freie Felder".

Der Unterschied zwischen der Theorie der Variationsprobleme mit einer und jener mit mehreren unabhängigen Veränderlichen, auf den wir gleich zu Beginn dieses Abschnittes hinweisen wollten, besteht nun in folgendem:

Im Fall einer unabhängigen Veränderlichen lieferte die stets durchführbare Integration der gewöhnlichen Differentialgleichungen $y_i' = p_i(x, y_j)$ eine Schar von Extremalen, in die wir die zu untersuchende Extremale einbetteten, und um ein Feld zu erhalten, mußten wir nur im Fall mehrerer abhängiger Funktionen $y_j(x)$ noch weitere Bedingungen (das Verschwinden der Lagrangeschen Klammerausdrücke) fordern. Um aber die Extremale $\overline{\Sigma}$ in eine Schar von Extremalen einbetten zu können, müssen wir die Forderung (43) für die Umgebung von $\overline{\Sigma}$ stellen, die bei einer unabhängigen Veränderlichen kein Analogon hat. Unser Beispiel weist aber darauf hin, daß im Fall mehrerer unabhängiger Veränderlicher die vollintegrablen Felder einen Sonderfall unter jenen Feldern bilden, welche zur Entwicklung des Weierstraßschen Kriteriums herangezogen werden können, zu denen — wie gezeigt wurde — auch freie Felder gehören; also Felder, bei denen die Integrabilitätsbedingung für die Stellungsgrößen nur auf der zu untersuchenden Extremale $\overline{\Sigma}$ erfüllt zu sein braucht, während bei vollintegrablen Feldern (43) identisch erfüllt sein muß. Im folgenden sprechen wir daher stets nur von Feldern von Stellungsgrößen.

Das Wort Stellungsgröße, das wir für die Funktionen $p_1(x,y,z)$ und $p_2(x,y,z)$ eingeführt haben um sie deutlich von den Gefällsfunktionen bei Problemen mit einer unabhängigen Veränderlichen zu unterscheiden und das wir auch für die analogen Größen im $r+k$-dimensionalen Raum der x_ϱ, z_i ($\varrho=1,\ldots,r$; $i=1,\ldots,k$) verwenden werden, die wir in systematischer Weise mit $p_{i\varrho}(x_\nu, z_j)$ bezeichnen wollen, bringt zum Ausdruck, daß durch sie die Lage einer Hyperebene durch den Punkt (x_ν^0, z_j^0) des (x, z)-Raumes:

$$z_i = z_i^0 + p_{i\varrho}^0(x_\varrho - x_\varrho^0) \tag{44}$$

$p_{i\varrho}^0 = p_{i\varrho}(x_\nu^0, z_j^0)$ gekennzeichnet ist.

Wir beenden hiemit die einleitenden Betrachtungen. Auf die Konstruktion des quellenfreien Strömungsfeldes, das wir für die Aufstellung der e-Funktion bei der Minimalfläche verwendet haben, kommen wir in § 4c) noch zurück.

§ 2. Alternierende Differentialformen. Verallgemeinerung der Integralsätze von Stokes und Gauss. Transversalität

1. Alternierende Differentialformen; Satz von Poincaré

Bevor wir auf die Behandlung der Probleme der Feldtheorie der Variationsrechnung bei r unabhängigen und k abhängigen Veränderlichen übergehen, erscheint es notwendig, etwas weiter auszuholen. Schon um die in der Physik oft gebrauchten Integralformeln von Gauss und Stokes für den Raum $R_{(m)}$ von m Dimensionen in einer für unsere Zwecke geeigneten Weise abzuleiten, ist es angebracht, auch die Schreibweise und die grundlegenden Sätze aus der Theorie der alternierenden Differentialformen kurz zu erörtern. Diese Theorie wurde gerade im Anschluß an diese Integralformeln unter Verwendung Graßmannscher Ideen von H. Poincaré begründet und von E. Cartan (*) zu einem mächtigen Instrument zur Behandlung von Problemen der mehrdimensionalen Geometrie und damit der Variationsrechnung ausgebaut. Die Bedeutung, welche den Verallgemeinerungen der Integralsätze von Gauss und Stokes für die im folgenden zu erörternden Fragen zukommt, geht unmittelbar daraus hervor, daß durch sie die Differenz zweier Integrale einer Funktion, welche über das Innere von Hyperflächen erstreckt sind, die den gleichen geschlossenen Rand besitzen, durch ein Integral über das von den beiden Hyperflächen eingeschlossene Raumstück ausgedrückt wird. Diese Integralsätze bieten sich daher als das naturgemäße Hilfsmittel bei der Herleitung des Hilbertschen unabhängigen Integrals und damit bei der Einführung der Weierstraßschen e-Funktion bei mehrdimensionalen Variationsproblemen an.

Wir betrachten ein über ein einfach zusammenhängendes Gebiet G_x im Raum der Veränderlichen $x_1 \ldots x_n$ erstrecktes Integral I der Funktion $f(x_1 \ldots x_n)$ die in G_x integrierbar ist. Führen wir nun an Stelle der x_i $(i=1 \ldots n)$ neue Integrationsveränderliche u_j $(j=1 \ldots n)$ ein, indem wir in G_x die x_i als Funktionen der u_j ausdrücken:

$$x_i = x_i(u_1, \ldots, u_n) \qquad i = 1, \ldots, n,$$

wobei die Funktionaldeterminante $D(x_i)/D(u_j)$ positiv sei, so wird das Gebiet G_x auf ein Gebiet G_u im Raum der u_j abgebildet; und wir haben

$$\begin{aligned} I &= \int\limits_{G_x} f(x_1, \ldots, x_n)\, d\,x_1 \ldots d\,x_n \\ &= \int\limits_{G_u} f\big(x_1(u_1, \ldots, u_n), \ldots, x_n(u_1, \ldots, u_n)\big) \frac{D(x_1, \ldots, x_n)}{D(u_1, \ldots, u_n)}\, d\,u_1 \ldots d\,u_n. \end{aligned}$$

Diese Formel bringt zum Ausdruck, daß sich $d\,x_1 \ldots d\,x_n$ in $\frac{D(x_i)}{D(u_j)}\, d\,u_1 \ldots d\,u_n$ transformiert, also nicht als das gewöhnliche Produkt der $\frac{\partial x_i}{\partial u_j}\, d\,u_j$ angesehen werden kann. Die grundlegenden Ideen GRASSMANNs bezüglich dieser Produktbildung fußen nun auf folgender Überlegung: Wenn man das kommutative Gesetz der Multiplikation ersetzt durch das Gesetz, daß Vertauschung von zwei Faktoren das Vorzeichen ändert, nicht aber den absoluten Wert des Produktes und die übrigen Gesetze der Multiplikation beibehält, so erhält man eine Rechenoperation, die, angewandt auf

$$d\,x_i = \frac{\partial x_i}{\partial u_k}\, d\,u_k$$

die obige Formel für I ergibt. Man nennt diese Rechenoperation „äußere Multiplikation" oder „Graßmannsche Multiplikation". Dementsprechend verwendet man auch statt dem Ausdruck „alternierende Formen" den Ausdruck „äußere Formen". Zur Kennzeichnung der äußeren Multiplikation benützt man das Symbol $\wedge$.

Dementsprechend gilt:

$$d\,x_i \wedge d\,x_k = -\,d\,x_k \wedge d\,x_i$$

und allgemein:

$$d\,x_1 \wedge d\,x_2 \wedge \cdots \wedge d\,x_n = (d\,x) = \pm\, d\,x_{i_1} \wedge d\,x_{i_2} \wedge \cdots \wedge d\,x_{i_n},$$

und zwar gilt das $+$-Zeichen, wenn $i_1, \ldots, i_n$ eine gerade Permutation aus $(1, \ldots, n)$ sind, sonst das $-$-Zeichen. Deshalb nennt man diese Produkte auch alternierende Produkte. Aus dem Gesetz vom alternierenden Vorzeichen folgt sofort, daß ein Produkt, in dem ein Faktor zweimal vorkommt, identisch verschwindet. Aus n verschiedenen Differentialen $d\,x_1, \ldots, d\,x_n$ kann man also kein nicht verschwindendes

Produkt mit mehr als n Faktoren bilden. Die Zahl der Faktoren eines alternierenden Produktes heißt dessen Grad. Für die äußere Multiplikation zweier alternierender Produkte gilt das assoziative Gesetz:

$$\{d x_{i_1} \wedge \cdots \wedge d x_{i_k}\} \wedge \{d x_{i_{k+1}} \wedge \cdots \wedge d x_{i_n}\} = d x_{i_1} \wedge \cdots \wedge d x_{i_k} \wedge d x_{i_{k+1}} \wedge \cdots \wedge d x_{i_n}.$$

Ferner ist

$$a\, d x_i \wedge d x_k = d x_i \wedge a\, d x_k = a \{d x_i \wedge d x_k\},$$

wenn a ein Skalar ist. Einen Ausdruck von der Form

$$a(x_1, \ldots, x_n)\, d x_{i_1} \wedge \cdots \wedge d x_{i_q}$$

bezeichnet man als „Monom“ q-ten Grades. Unter einer „homogenen alternierenden Form“ q-ten Grades versteht man eine Summe von Monomen gleichen Grades:

$$\mathbf{\Omega}^{(q)} = a_{i_1 \ldots i_q}\, d x_{i_1} \wedge \cdots \wedge d x_{i_q}.$$

Dabei sind $i_1, \ldots, i_q$ $(q \leqq n)$ Kombinationen ohne Wiederholung aus $(1, \ldots, n)$. Es sind nun zwei Konventionen bezüglich der Schreibweise von $\mathbf{\Omega}^{(q)}$ gebräuchlich. Entweder setzt man fest, daß die $i_1, \ldots, i_q$ stets ihrer natürlichen Größe nach $(i_1 < i_2 < \cdots < i_q)$ geordnet sind[1]. Dann hat $\mathbf{\Omega}^{(q)}$ im allgemeinen $\binom{n}{q}$ Glieder. Oder man trifft das Übereinkommen, daß bei der Vertauschung zweier Indizes sich der Absolutwert des Koeffizienten $a_{i_1 \ldots i_q}$ nicht ändert, sondern nur dessen Vorzeichen. Es werden nun sämtliche Permutationen, die aus der ursprünglichen, natürlichen Ordnung der Indizes $(i_1 < i_2 < \cdots < i_q)$ entstehen, gebildet. Man summiert dann über alle diese Permutationen und dividiert deren Summe durch $q!$ Wenn wir nämlich dieses Übereinkommen treffen, so ändert sich bei der Vertauschung zweier Indizes (i_p, i_s) sowohl das Vorzeichen des Koeffizienten als auch das Vorzeichen des äußeren Produktes der Variablen $d x_{i_p}$ und $d x_{i_q}$. Demnach sind die Werte aller Summanden von $\mathbf{\Omega}^{(q)}$, die sich nur durch eine Permutation der Indizes unterscheiden, gleich. Im Sinne dieser Auffassung ist z.B.:

$$a_{12}\, d x_1 \wedge d x_2 = \frac{1}{2} (a_{12}\, d x_1 \wedge d x_2 + a_{21}\, d x_2 \wedge d x_1),$$

wobei $a_{12} = -a_{21}$ ist.

Für das äußere Produkt zweier alternierender Formen $\mathbf{\Omega}^{(q)}$ und $\mathbf{\Psi}^{(l)}$ der Grade q und l erhalten wir somit:

$$\mathbf{\Omega}^{(q)} \wedge \mathbf{\Psi}^{(l)} = (-1)^{q l}\, \mathbf{\Psi}^{(l)} \wedge \mathbf{\Omega}^{(q)}.$$

[1] Es ist üblich Koordinaten, bei denen die Indizes in dieser Weise geordnet sind, als „strikte Koordinaten“ zu bezeichnen.

Hieraus folgt insbesondere, daß das Produkt einer alternierenden Form ungeraden Grades mit sich selbst identisch verschwindet.

Unter dem „äußeren Differential" einer alternierenden Differentialform

$$d\Omega^{(q)} = d(a_{i_1 \ldots i_q} d x_{i_1} \wedge \cdots \wedge d x_{i_q})$$

versteht man (**)

$$d\Omega^{(q)} = d a_{i_1 \ldots i_q} \wedge d x_{i_1} \wedge \cdots \wedge d x_{i_q}$$

mit

$$d a_{i_1 \ldots i_q} = \frac{\partial a_{i_1 \ldots i_q}}{\partial x_1} d x_1 + \cdots + \frac{\partial a_{i_1 \ldots i_q}}{\partial x_n} \cdot d x_n .$$

Wir illustrieren den vorliegenden Sachverhalt an folgenden einfachen Beispielen[1]:

1) $\Omega = \varphi_1 d x_2 \wedge d x_3 + \varphi_2 d x_3 \wedge d x_1 + \varphi_3 d x_1 \wedge d x_2$

$$d\Omega = \left(\frac{\partial \varphi_1}{\partial x_1} + \frac{\partial \varphi_2}{\partial x_2} + \frac{\partial \varphi_3}{\partial x_3}\right) d x_1 \wedge d x_2 \wedge d x_3 .$$

2) $\Omega = a_1 d x_1 + a_2 d x_2 + a_3 d x_3$

$$d\Omega = \begin{vmatrix} \frac{\partial}{\partial x_2} & \frac{\partial}{\partial x_3} \\ a_2 & a_3 \end{vmatrix} d x_2 \wedge d x_3 + \begin{vmatrix} \frac{\partial}{\partial x_3} & \frac{\partial}{\partial x_1} \\ a_3 & a_1 \end{vmatrix} d x_3 \wedge d x_1 + \begin{vmatrix} \frac{\partial}{\partial x_1} & \frac{\partial}{\partial x_2} \\ a_1 & a_2 \end{vmatrix} d x_1 \wedge d x_2 .$$

In der Vektorrechnung bedeutet das Verschwinden von $d\Omega$ in Beispiel 1), daß durch die Koeffizienten $\varphi_1, \varphi_2, \varphi_3$ von Ω ein quellenfreies Feld und in Beispiel 2), daß durch die Koeffizienten a_1, a_2, a_3 ein wirbelfreies Feld dargestellt wird.

Die beiden Beispiele ergeben sofort durch Rechnung:

$$d(d\Omega) \equiv 0. \tag{45}$$

Wie wir zeigen, gilt dieser *Satz von* Poincaré ganz allgemein für jede alternierende Differentialform. Auf Grund der Definition von $d\Omega$ genügt es, zweimal stetige Differenzierbarkeit vorausgesetzt, zu beweisen, daß alle

$$d(d a_{i_1, \ldots, i_q}) \equiv 0$$

sind. Diese Behauptung ist aber nichts anderes, als die Integrationsbedingung für die $d a_{i_1, \ldots, i_q}$ die in der Tat vollständige Differentiale sind, so daß die Behauptung stets zutrifft.

Eine alternierende Differentialform, deren Differential identisch verschwindet, nennt man eine „geschlossene Differentialform".

Wir fügen dieser Übersicht über die Theorie der alternierenden Differentialformen noch die Erläuterung des Begriffes der „Kongruenz"

[1] Wir bemerken, daß die Angabe des Grades am Symbol für die Differentialform hier und im folgenden stets weggelassen wird, wenn diese Angabe nicht unbedingt erforderlich ist.

solcher Formen hinzu, von dem wir im folgenden gelegentlich Gebrauch machen werden.

Seien $\boldsymbol{\Omega}^{(p)}$ und $\boldsymbol{\Pi}^{(p)}$ alternierende Formen vom gleichen Grad p und $\boldsymbol{\Omega}_\nu^{(q_\nu)}$ alternierende Formen vom Grad $q_\nu \leqq p$ $(\nu = 1, \ldots, s \leqq p)$. Lassen sich nun zu den $\boldsymbol{\Omega}_\nu^{(q_\nu)}$ alternierende Formen $\boldsymbol{\Pi}_\nu^{(l_\nu)}$ so bestimmen, daß

$$\boldsymbol{\Omega}^{(p)} = \boldsymbol{\Pi}^{(p)} + \boldsymbol{\Pi}_\nu^{(l_\nu)} \wedge \boldsymbol{\Omega}_\nu^{(q_\nu)} \qquad (\nu = 1, \ldots, s \leqq p)$$

identisch erfüllt ist, so sagen wir, daß $\boldsymbol{\Omega}^{(p)}$ „kongruent" $\boldsymbol{\Pi}^{(p)}$ ist modulo $\boldsymbol{\Omega}_\nu^{(q_\nu)}$:

$$\boldsymbol{\Omega}^{(p)} \equiv \boldsymbol{\Pi}^{(p)} \,(\mathrm{mod}\, \boldsymbol{\Omega}_\nu^{(q_\nu)}) \qquad (\nu = 1, \ldots, s). \tag{46}$$

Lineare Formen heißen dann kongruent, wenn sie sich nur um einen skalaren Faktor unterscheiden.

Im folgenden werden wir es häufig mit Integralen von Differentialformen $\boldsymbol{\Omega}^{(r)}$ über r-dimensionalen Mannigfaltigkeiten Σ zu tun haben, die in einem Raum (x_ϱ, z_i) von $r + k$ Dimensionen $(\varrho = 1, \ldots, r;\, i = 1, \ldots, k)$ liegen. Im allgemeinen denken wir uns Σ in der Form:

$$x_\varrho = x_\varrho(u_\lambda), \qquad z_i = z_i(u_\lambda) \qquad (\lambda = 1, \ldots, r)$$

dargestellt. Wenn wir jedoch speziell als Integrationsveränderliche $x_1, \ldots, x_r$ einführen, also Σ in der Form

$$z_i = z_i(x_\varrho) \tag{47}$$

darstellen, so geht

$$\int\limits_\Sigma \boldsymbol{\Omega}$$

über in ein Integral von der Form

$$\int\limits_{G_r} \Phi(d\,x),$$

da dann auf Σ alle $d z_i$ durch $d z_i = z_{i;\varrho}\, d\,x_\varrho$ zu ersetzen sind, demnach also $\boldsymbol{\Omega}$ auf der durch (47) dargestellten Mannigfaltigkeit Σ zu einem Monom $\Phi(d\,x)$ wird. Den Koeffizienten Φ dieses Monoms bezeichnen wir als den Integranden des Integrals über die Form $\boldsymbol{\Omega}$ in der x-Darstellung. G_r ist die Projektion von Σ auf die Hyperebene $z_i = 0$ $(i = 1, \ldots, k)$. (Es ist dabei vorausgesetzt, daß diese Projektion eineindeutig ist.)

2. *Verallgemeinerung des Integralsatzes von* Stokes *bzw.* Gauss

Um die Verallgemeinerung des Integralsatzes von Stokes bzw. Gauss im $R_{(m)}$ zu besprechen, müssen wir vorerst erklären, was wir unter der Orientierung der Randmannigfaltigkeit $\Gamma_{(m-1)}$ eines beschränkten Bereiches $B_{(m)}$ in bezug auf diesen Bereich verstehen.

Sei durch

$$x_i = x_i(u_\mu) \qquad i = 1, \ldots, n, \quad \mu = 1, \ldots, m, \qquad m \leqq n$$

eine Hyperfläche im $R_{(n)}$ gegeben, wobei die Funktionen x_i in einem abgeschlossenen Bereich $B_{(m)}$ der $u_1, \ldots, u_m$ als stetig differenzierbare Funktionen erklärt seien. Der Rand $\Gamma_{(m-1)}$ von $B_{(m)}$ sei durch

$$u_\mu = \varphi_\mu(t_\lambda), \quad \lambda = 1, \ldots, m-1$$

gegeben, wobei die $\varphi_\mu(t_\lambda)$ wieder als stetig differenzierbare Funktionen vorausgesetzt werden. Wir betten nun den Rand $\Gamma_{(m-1)}$ in ein m-dimensionales Kontinuum $t_0; t_1, \ldots, t_{m-1}$ ein, wobei t_0 ein neuer Parameter ist und nehmen nun m Funktionen

$$u_\mu = U_\mu(t_0; t_1, \ldots, t_{m-1}) = U_\mu(t_0; t_\lambda) \qquad (\mu = 1, \ldots, m)$$

an, derart, daß

1) für $t_0 = 0$:

$$U_\mu(0; t_\lambda) = \varphi_\mu(t_\lambda),$$

2) für $t_0 < 0$, jedenfalls soferne $|t_0|$ genügend klein ist, die Werte von

$$u_\mu = U_\mu(t_0; t_\lambda)$$

sämtlich in $B_{(m)}$ liegen,

3) $$\frac{D(U_\mu(t_0; t_\lambda))}{D(t_0; t_\lambda)} > 0$$

ist. Wir fassen nun $t_0, t_1, \ldots, t_{m-1}$ als kartesische Koordinaten auf. Damit ordnen wir einem $(m-1)$-Bein, das zur Mannigfaltigkeit $\Gamma_{(m-1)}$ ($t_0 = 0$) gehört, dadurch eindeutig eine Richtung zu, daß die Richtungen der wachsenden t in der Reihenfolge: $t_0, t_1, \ldots, t_{m-1}$ einem positiv orientierten Koordinatensystem im $t_0, t_1, \ldots, t_{m-1}$-Raum bzw., mit Rücksicht auf die Voraussetzung 3), einem positiven Volumenelement in der Mannigfaltigkeit $B_{(m)}$ entsprechen. Dadurch haben wir der Mannigfaltigkeit $\Gamma_{(m-1)}$ eine Orientierung in bezug auf $B_{(m)}$ zugeordnet.

Durch die Formeln von GAUSS bzw. STOKES wird nun ein Integral, das über eine $(m-1)$-dimensionale Mannigfaltigkeit erstreckt ist, in ein solches über eine m-dimensionale Mannigfaltigkeit verwandelt. Bekanntlich lautet der aus der Vektoranalysis geläufige Stokessche bzw. Gaußsche Satz in der Ebene:

$$\int_\Gamma P\,dx + Q\,dy = \iint_B \left(\frac{\partial Q}{\partial x} - \frac{\partial P}{\partial y}\right) dx\,dy$$

wobei Γ die den Bereich B begrenzende Kurve darstellt. Die Mannigfaltigkeit Γ ist hiebei in bezug auf B orientiert, d.h. der Umlaufsinn der Randkurve Γ ist dann positiv, wenn in jedem Punkt von Γ die Richtungen der in das Äußere von B zeigenden Normale und der im Umlaufsinn in diesem Punkte an Γ gezogenen Tangente ein positiv orientiertes kartesisches Koordinatensystem bilden.

Da nun mit

$$\boldsymbol{\Omega} = P\,dx + Q\,dy$$

$$d\boldsymbol{\Omega} = dP\wedge dx + dQ\wedge dy = \left(\frac{\partial Q}{\partial x} - \frac{\partial P}{\partial y}\right) dx\wedge dy$$

ist, kann der Gaußsche Satz auch in der Form

$$\int_{\Gamma} \boldsymbol{\Omega} = \int_{B} d\boldsymbol{\Omega} \tag{48}$$

geschrieben werden. Man erkennt dann sofort, daß in dieser Form auch der Satz von STOKES bzw. der Satz von GAUSS für den dreidimensionalen Raum enthalten ist, wenn man für

$$\boldsymbol{\Omega} = P\,dx + Q\,dy + R\,dz$$

bzw.

$$\boldsymbol{\Omega} = P\,dy\wedge dz + Q\,dz\wedge dx + R\,dx\wedge dy$$

setzt, wobei Γ nun eine, ein Flächenstück B begrenzende orientierte Raumkurve bzw. eine ein Raumstück B begrenzende orientierte Fläche ist. Offensichtlich gilt diese Formel aber auch, wenn $\Gamma_{(m-1)}$ eine orientierte $(m-1)$-dimensionale Randmannigfaltigkeit eines geschlossenen m-dimensionalen Bereiches $B_{(m)}$ und $\boldsymbol{\Omega}$ eine äußere Differentialform $(m-1)$-ten Grades ist. (48) beinhaltet demnach die Verallgemeinerung der Stokesschen bzw. Gaußschen Formel für beliebige Dimensionen. (48) wird als „allgemeiner Satz von STOKES“ bezeichnet.

Eine wichtige Anwendung des verallgemeinerten Satzes von STOKES ist die bereits in Kap. IV, 1, § 8 angekündigte Umwandlung des Integrals über den Divergenzausdruck in der Formel für die allgemeine Variation, Gl. (56*), in ein Integral über den entsprechend orientierten Rand des Integrationsbereiches. Diese Umwandlung wollen wir jetzt durchführen. Im Anschluß daran wollen wir den Begriff der Transversalität bei Variationsproblemen von r unabhängigen und k abhängigen Veränderlichen einführen.

Wir gehen von den in Kap. IV, 1, § 8 durchgeführten Überlegungen und insbesondere von Gl. (56*) aus. Die positiv orientierte Berandung R_{r-1} des Integrationsbereiches G_r der r unabhängigen Veränderlichen $x_1, \ldots, x_r$ sei durch

$$x_\varrho = x_\varrho(t_\lambda) \qquad (\lambda = 1, \ldots, r-1) \tag{49}$$

gegeben. Wenn wir die Bezeichnungen einführen:

$$(dx)_\alpha = (-1)^{\alpha-1}\, dx_1\wedge\cdots\wedge dx_{\alpha-1}\wedge dx_{\alpha+1}\wedge\cdots\wedge dx_r,$$

also[1]

$$dx_\alpha\wedge(dx)_\alpha = (dx)$$

[1] Man beachte, daß hier und im folgenden bezüglich *dieser* Indizes das Summationsübereinkommen *nicht* gilt!

entsprechend auch:

$$(dx)_{\alpha\beta}=(-1)^{\alpha+\beta-1}dx_1\wedge\cdots\wedge dx_{\alpha-1}\wedge dx_{\alpha+1}\wedge\cdots\wedge dx_{\beta-1}\wedge dx_{\beta+1}\wedge\cdots\wedge dx_r,$$

also

$$dx_\alpha\wedge dx_\beta\wedge(dx)_{\alpha\beta}=(dx),\qquad(\alpha<\beta)$$

usw. und weiters:

$$\frac{D(x_1,\ldots,x_{\alpha-1},x_{\alpha+1},\ldots,x_r)}{D(t_1,\ldots,t_{r-1})}=\frac{D_\alpha(x)}{D(t)},$$

wobei, da wir voraussetzen, daß es sich bei dem Rand tatsächlich um eine $(r-1)$-dimensionale Mannigfaltigkeit handelt,

$$\frac{D_\alpha(x)}{D(t)}\not\equiv 0 \tag{50}$$

ist, so können wir den Divergenzausdruck

$$\frac{\partial u_\lambda}{\partial x_\lambda}(dx)=d\Phi=du_\lambda\wedge(dx)_\lambda$$

schreiben[1] und dementsprechend haben wir sofort:

$$\Phi=u_\lambda(dx)_\lambda=u_\lambda\frac{D_\lambda(x)}{D(t)}(dt).$$

Wir können also die Formel für die allgemeine Variation bei r unabhängigen x_ϱ und k abhängigen Veränderlichen z_i wie folgt schreiben:

$$\delta_S I=\int\limits_{G_r}-\mathfrak{L}_i(f)\,\delta_A z_i(dx)+\int\limits_{R_{r-1}}u_\lambda\frac{D_\lambda(x)}{D(t)}(dt), \tag{51}$$

bzw., wenn wir für u_λ die mit den Hamiltonschen Koeffizienten gebildete Linearform in den Variationen δx_ϱ, $\delta_S z_i$ einsetzen:

$$\boxed{\delta_S I=\int\limits_{G_r}-\mathfrak{L}_i(f)\,\delta_A z_i(dx)+\int\limits_{R_{r-1}}\{a_{\lambda\varrho}\,\delta x_\varrho+\pi_{i\lambda}\,\delta_S z_i\}(dx)_\lambda.} \tag{51'}$$

Mit Rücksicht auf die Wichtigkeit dieser Formel erscheint es angezeigt, ihren Inhalt auch in Worten wiederzugeben. Wir bezeichnen das erste Integral als Hauptintegral, das zweite Integral als Randintegral. Der Integrand des Hauptintegrals ist eine lineare, homogene Form in den A-Variationen der z_i, deren Koeffizienten die zu z_i gehörigen Lagrangeschen Ausdrücke sind. Der Ausdruck unter dem Randintegral entsteht aus der Matrix der Hamiltonschen Koeffizienten

$$\begin{pmatrix} a_{11},\ldots,a_{1r},\pi_{11},\ldots,\pi_{k1}\\ \vdots\\ a_{r1}\qquad a_{rr},\pi_{1r},\ldots,\pi_{kr}\end{pmatrix},$$

[1] Man beachte, daß links das Summationsübereinkommen gilt, dieses jedoch rechts außer Kraft gesetzt ist. Analoges gilt im folgenden.

die aus $r+k$ Kolonnen und r Zeilen besteht, indem die Kolonnen mi den Variationen δx_ϱ, $\delta_S z_i$ und die Zeilen mit $(dx)_\lambda$ multipliziert unc danach addiert werden. Die Ausdrücke

$$u_\lambda = a_{\lambda\varrho}\,\delta x_\varrho + \pi_{i\lambda}\,\delta_S z_i$$

bezeichnen wir als Pfaffsche Formen der Randvariationen.

3. *Transversalität*

Die Verallgemeinerung des Begriffes der Transversalität, welche wir uns jetzt zuwenden wollen, ist für die Behandlung von Variations problemen mit r unabhängigen und k abhängigen Veränderlichen, be denen der Rand nicht fest vorgegeben ist, von grundlegender Bedeutung Dies kann bereits aus den analogen Problemen mit bloß einer unab hängigen und einer abhängigen Veränderlichen, die wir in Kap. I, 4, §: behandelt haben, entnommen werden. Insbesondere steht der Trans versalitätsbegriff bei der Konzeption der im folgenden § 4c dargelegtei Theorie von CARATHÉODORY im Vordergrund.

Hier wollen wir indessen nur geometrische Interpretationen de Transversalitätsbegriffes besprechen.

Wir betrachten nun eine Hyperfläche $\bar{\Sigma}$:

$$z_i = \bar{z}_i(x_\varrho), \qquad i = 1, \ldots, k, \ \varrho = 1, \ldots, r.$$

Auf $\bar{\Sigma}$ seien irgendwelche Bereiche $\bar{B}_r$ durch Ränder $\bar{R}_{r-1}$ abgeschlossen Die Projektion von $\bar{B}_r$ bzw. $\bar{R}_{r-1}$ in die Hyperebene der x_ϱ sei mit $\bar{G}_r^*$ bzw. $\bar{G}_{r-1}^*$ bezeichnet.

Wir stellen nun die Frage, ob und wie für eine gegebene Funktioı der Größen $x_\varrho, z_i, z_{j;\nu}$

$$f(x_\varrho, z_i, z_{j;\nu}).$$

eine Abbildung von $\bar{\Sigma}$ auf Nachbarflächen Σ: $z_i = z_i(x_\varrho)$ durch Zuord nung der Bereiche $\bar{B}_r$ auf $\bar{\Sigma}$ zu Bereichen B_r auf Σ hergestellt werdeı kann, derart, daß der Wert des Integrals von $\bar{f}$ erstreckt über $\bar{G}_r^*$ in erste Annäherung gleich dem Wert des über G_r^* erstreckten Integrals über ist — wobei G_r^* die Projektion von B_r in die Hyperebene der x_ϱ ist — wie immer auch der Bereich $\bar{B}_r$ auf $\bar{\Sigma}$ gewählt wird.

Genauer ausgedrückt: Die Koordinaten eines Punktes von $\bar{G}_r^*$ seieı mit ξ_ϱ bezeichnet. Wir denken uns eine einparametrige Schar voı Abbildungen des Bereichs $\bar{G}_r^*$ mit dem Scharparameter ϑ

$$x_\varrho = \varphi_\varrho(\xi_\nu, \vartheta)$$

so, daß sich für $\vartheta = \varepsilon$ die Koordinaten x_ϱ der Punkte des Bereichs G_r^* ergeben und für $\vartheta = \varepsilon_0$

$$\xi_\varrho = \varphi_\varrho(\xi_\nu, \varepsilon_0) \qquad (\text{d.h.: } \xi_\varrho \text{ identisch mit } x_\varrho)$$

ist. Ferner sei $\overline{\Sigma}$ und das jeweilige Σ in eine einparametrige Schar von Hyperflächen: $z_i = Z_i(x_\varrho, \vartheta)$ mit dem Scharparameter ϑ so eingebettet, daß den Werten $\vartheta = \varepsilon_0$ und $\vartheta = \varepsilon$ die Hyperflächen $\overline{\Sigma}$ und Σ entsprechen:

$$Z_i(x_\varrho, \vartheta)_{\vartheta=\varepsilon_0} = Z_i(\varphi_\varrho(\xi_\nu, \varepsilon_0)\, \varepsilon_0) = \bar{z}_i(\xi_\varrho), \qquad Z_i(x_\varrho, \varepsilon) = z_i(x_\varrho).$$

Die an die Abbildung von $\overline{\Sigma}$ auf Σ gestellte Forderung läßt sich also auch wie folgt aussprechen: Es soll das Glied erster Ordnung in der Entwicklung nach Potenzen von $(\varepsilon - \varepsilon_0)$ von

$$\int\limits_{G_r^*} f(x_\varrho, Z_i(x_\varrho, \varepsilon), Z_{j;\nu}(x_\varrho, \varepsilon))\,(d\,x) - \int\limits_{\overline{G}_r^*} f(\xi_\varrho, Z_i(\xi_\varrho, \varepsilon_0), Z_{j;\nu}(\xi_\varrho, \varepsilon_0))\,(d\,\xi)$$

verschwinden, also

$$\delta_S I = 0$$

sein für alle $\overline{B}_r$ auf $\overline{\Sigma}$. Es muß demnach für alle möglichen Bereiche $\overline{B}_r$ auf $\overline{\Sigma}$ die schräge Variation des Integrals (für $\vartheta = \varepsilon_0$ ist x_ϱ mit ξ_ϱ identisch!):

$$I = \int\limits_{\overline{G}_r^*} f(x_\varrho, z_i, z_{j;\nu})\,(d\,x)$$

verschwinden, wie immer auch die Nachbarfläche Σ gewählt wird; sie muß also insbesondere auch jeweils in dem Spezialfall verschwinden, wenn Σ mit $\overline{\Sigma}$ denselben Rand $\overline{R}_{r-1} \equiv R_{r-1}$ hat. Längs diesem muß dann aber notwendigerweise $\delta_S z_i$ und δx_ϱ überall verschwinden. Damit verschwindet aber in (51) das Integral über die Form Φ. Es bleibt dann:

$$\delta_S I = \int\limits_{\overline{G}_r^*} -\mathfrak{L}_i(\bar{f})\,\delta_A z_i\,(d\,x) = 0. \tag{52}$$

Da wir diesen Spezialfall für jeden möglichen Bereich $\overline{B}_r$ auf $\overline{\Sigma}$ in Betracht zu ziehen haben, folgt aus (52)

$$\mathfrak{L}_i(\bar{f}) = 0.$$

Also ergibt sich als erste Bedingung für die Herstellung der geforderten Abbildung, daß die abzubildende Hyperfläche $\overline{\Sigma}$ eine Extremale sein muß.

Damit erscheint auch die von uns gewählte Auszeichnung dieser Hyperfläche durch einen Querstrich nachträglich als gerechtfertigt.

Nun wird aber auch dann, wenn $\overline{B}_r$ und B_r von verschiedenen Rändern $\overline{R}_{r-1}$ und R_{r-1} abgeschlossen werden, das erste Integral in (51) verschwinden. Aus dem Verschwinden des zweiten Integrals für alle möglichen Berandungen $\overline{R}_{r-1}$ schließt man wieder auf das Verschwinden des Integranden und hieraus folgen wegen (50) die r Gleichungen $\bar{u}_\lambda = 0$, denen die $r+k$ Größen δx_ϱ, $\delta_S z_i$ genügen müssen, welche die Komponenten des Vektors bilden, der die Punkte der Extremale den Punkten der Nachbarflächen so zuordnet, daß die Integrale von f, über einander entsprechende Bereiche auf diesen Flächen genommen, in erster Annäherung einander gleich sind. Ausführlich geschrieben lauten diese Gleichungen, welche die zur Extremale $\overline{\Sigma}$ *transversale Richtung* des Vektors $(\delta x_\varrho, \delta_S z_i)$ bestimmen:

$$\bar{a}_{\lambda\varrho}\,\delta x_\varrho + \bar{\pi}_{i\lambda}\,\delta_S z_i = 0 \tag{53}$$

mit

$$\bar{a}_{\lambda\varrho} = (\bar{f}\,\delta_{\lambda\varrho} - \bar{\pi}_{i\lambda}\,\bar{p}_{i\varrho}), \tag{54}$$

wobei hier die $\bar{p}_{i\varrho} = \bar{z}_{i;\varrho}$ also die Tangentialelemente längs der Extremalen $\overline{\Sigma}$ sind. Die aus den $a_{\lambda\varrho}$ gebildete Determinante werde mit a, das algebraische Komplement von $a_{\lambda\varrho}$ mit $a^*_{\lambda\varrho}$ bezeichnet. Wir können dann (53) in der Form

$$\delta x_\varrho + \bar{\pi}_{i\lambda}\,\frac{\bar{a}^*_{\lambda\varrho}}{\bar{a}}\,\delta_S z_i = 0$$

schreiben (wobei wir hier und im folgenden stets voraussetzen, daß $\bar{a} \neq 0$ ist) und es lauten, wenn wir noch ($a \neq 0$ vorausgesetzt)

$$\pi_{i\lambda}\,\frac{a^*_{\lambda\varrho}}{a} = P_{i\varrho} \tag{55}$$

setzen, die Transversalitätsbedingungen (53)

$$\delta x_\varrho + \overline{P}_{i\varrho}\,\delta_S z_i = 0. \tag{56}$$

Die in dieser Form geschriebenen Transversalitätsbedingungen sind völlig analog den Gleichungen, welche die Orthogonalität eines Vektors δx_ϱ, $\delta_S z_i$ auf dem durch die Größen $\bar{p}_{i\varrho}$ bestimmten Flächenelemente ausdrücken[1]:

$$\delta x_\varrho + \bar{p}_{i\varrho}\,\delta_S z_i = 0.$$

Für den Fall, daß $\overline{P}_{i\varrho} = \bar{p}_{i\varrho}$ ist, stimmt demnach die Transversalität mit der Orthogonalität überein.

Aus den Transversalitätsbedingungen ergibt sich, daß es, falls die Matrix der $\overline{P}_{i\varrho}$ den Rang k hat, zu jedem durch die Größen $\bar{p}_{j\nu}$ be-

[1] Das durch die $\bar{p}_{i\varrho}$ bestimmte Flächenelement ist durch die Vektoren $(\delta x^*_\varrho, \delta z^*_i)$ aufgespannt, welche die Gleichungen

$$\delta z^*_i - \bar{p}_{i\varrho}\,\delta x^*_\varrho = 0$$

erfüllen.

stimmten r-dimensionalen Flächenelement k linear unabhängige transversale Vektoren gibt, für die — wie man sich durch Einsetzen in (56) überzeugt — die Vektoren

$$(-\overline{P}_{i\varrho}, \delta_{ij}),$$

die eine k-dimensionale Mannigfaltigkeit aufspannen, eine Basis bilden.

Wir heben noch hervor, daß wir bei dieser Einführung der Transversalität von einer Fragestellung ausgegangen sind, die von der speziellen Form des Koordinatensystems, in dem die Flächen $\overline{\Sigma}$ und Σ dargestellt werden, unabhängig ist. Daraus folgt unmittelbar, daß bei Punkttransformationen im (x_ϱ, z_i)-Raum (die wir stets als umkehrbar eindeutig voraussetzen) sowohl Extremalen in Extremalen als auch Transversalen in Transversalen übergehen.

Bei der Spezialisierung der Betrachtungen auf den Fall $r = 1$, also einer unabhängigen Veränderlichen, wird der Bereich B_1 zum Intervall und die Randmannigfaltigkeit B_0 besteht aus den beiden Grenzpunkten des Intervalles für die unabhängige Veränderliche. Die Bedingung für die Erhaltung des Integralwertes einer Funktion $f(x, y_i, y_i')$ zwischen den Punkten x^0 und x^1 ergibt sich dann zu:

$$(\overline{f} - \overline{p}_i \overline{\pi}_i)\, \delta x \Big|_{x^0}^{x^1} + \overline{\pi}_i \delta_S y_i \Big|_{x^0}^{x^1} = 0. \tag{57}$$

Soll dies identisch in $(\delta x)_{x=x^0}$, $(\delta x)_{x=x^1}$ bzw. $(\delta_S y_i)_{x=x^0}$, $(\delta_S y_i)_{x=x^1}$ gelten, so erhalten wir als Transversalitätsbedingung:

$$(\overline{f} - \overline{p}_i \overline{\pi}_i)\, \delta x + \overline{\pi}_i \delta_S y_i = 0. \tag{58}$$

Da bei dieser Deutung der Transversalität die Extremale $\overline{\Sigma}$ (bzw. bei der analogen Deutung bei Problemen mit einer unabhängigen Veränderlichen die Extremale $\overline{\mathfrak{E}}$) zu der die transversale Richtung für jedes Flächen- bzw. Linienelement bestimmt werden soll, zwar vorkommt, jedoch bei der Festlegung der Transversalität die Eigenschaften der gesamten Extremalen $\overline{\Sigma}$ (bzw. $\overline{\mathfrak{E}}$) in keiner Weise in Erscheinung treten, sondern nur die Lage der Flächenelemente (bzw. Linienelemente) in dem betreffenden Punkt eine Rolle spielt, können wir, ohne uns auf Flächenelemente (bzw. Linienelemente) $\overline{p}_{i\varrho}$ (bzw. $\overline{p}_i$) zu beschränken, welche der Tangentialmannigfaltigkeit einer Extremalen angehören, also unter Weglassung der Querstriche, die Gleichungssysteme (53) bzw. (58) als Bestimmungsgleichungen für die zu irgendeinem Flächen- bzw. Linienelement $p_{i\varrho}$ bzw. p_i gehörenden transversalen Vektoren auffassen. Dieser Umstand veranlaßt uns eine zweite, geometrische Deutung der Transversalität zu geben.

Sie geht auf CARATHÉODORY zurück, der aber bei dieser Gelegenheit auf eine Arbeit von JOHANN BERNOULLI verweist, wo Andeutungen in dieser Richtung vorliegen. CARATHÉODORYs Ausgangspunkt ist eine naheliegende Verallgemeinerung der aus der elementaren Vektoranalysis bekannten Maximaleigenschaft des Gradienten. Es sei $S(x, y)$ eine beliebige in x, y stetig differenzierbare Funktion und $\mathfrak{C}$ eine durch $y = y(x)$ dargestellte Kurve mit stetiger Tangente, die durch den Punkt $P_0(x^0, y^0)$ hindurchgeht.

Wir stellen uns die Aufgabe $y'(x)$ in P_0 so zu bestimmen, daß mit der euklidischen Bogenlänge

$$s = \int_{x^0}^{x} \sqrt{1 + y'(x)^2}\, dx$$

$$\left(\frac{dS}{ds}\right)_{P_0} = \left(\frac{\frac{dS}{dx}}{\frac{ds}{dx}}\right)_{P_0} = \left(\frac{S_x + S_y \cdot y'}{\sqrt{1 + y'^2}}\right)_{P_0} \tag{59}$$

ein Maximum wird. Der Wert dieses Maximums sei mit M und das diesen Wert liefernde $y'(x^0)$ sei mit $\mathfrak{y}'$ bezeichnet. Also können wir für (59) schreiben:

$$M\sqrt{1 + \mathfrak{y}'^2} = S_x(x^0, y^0) + \mathfrak{y}'\, S_y(x^0, y^0). \tag{60}$$

Differenzieren wir die Gl. (59) nach y' und setzen wir den Differentialquotienten gleich Null, so erhalten wir mit (60) die Gleichung

$$S_y(x^0, y^0) - M\frac{\mathfrak{y}'}{\sqrt{1 + \mathfrak{y}'^2}} = 0. \tag{61}$$

Aus (60) folgt mit (61):

$$S_x(x^0, y^0) - M\frac{1}{\sqrt{1 + \mathfrak{y}'^2}} = 0 \tag{62}$$

und somit

$$M = \sqrt{S_x^2(x^0, y^0) + S_y^2(x^0, y^0)}.$$

Das positive Vorzeichen der Wurzel folgt daraus, weil wir das Maximum von M bestimmen wollen. Aus (61) und (62) folgt ferner:

$$S_x(x^0, y^0) \cdot \mathfrak{y}' - S_y(x^0, y^0) = 0.$$

Dies besagt: Die Kurve $\mathfrak{C}$ schneidet die Kurve $\mathfrak{K}$:

$$S(x, y) = S(x^0, y^0)$$

senkrecht.

CARATHÉODORYs Verallgemeinerung für ein Variationsproblem von der Form

$$\delta \int_{x^0}^{x^1} f(x, y_i, y_i')\, dx = 0 \qquad (i = 1, \ldots, n)$$

läuft nun darauf hinaus, daß wir an Stelle der euklidischen Bogenlänge der durch $P_0(x^0, y_i^0)$ gehenden Kurve $\mathfrak{C}$: $y_i = y_i(x)$ durch

$$s^* = \int_{x^0}^{x} f(x, y_i, y_i')\, dx$$

eine Maßbestimmung für diese Kurve $\mathfrak{C}$ einführen. Man nennt eine derartige Maßbestimmung Finslersche Bogenlänge und die Geometrie, die sich auf diese Maßbestimmung gründet, wie wir bereits in Abschnitt 1, § 3 erwähnt haben, Finslersche Geometrie. Im übrigen haben wir von dieser für die Variationsrechnung völlig naturgemäßen Verallgemeinerung des Begriffes des Längenmaßes bereits verschiedentlich Gebrauch gemacht. Insbesondere sei hiezu auf Kap. I, 3, § 3 verwiesen.

Dementsprechend suchen wir jetzt im Punkt $P_0(x^0, y_i^0)$ für irgendeine Ortsfunktion $S(x, y_i)$ das wieder mit M zu bezeichnende Maximum von

$$\left(\frac{dS}{ds^*}\right)_{P_0} = \left(\frac{S_x + S_{y_i} \cdot y_i'}{f}\right)_{P_0} \tag{63}$$

als Funktion der $y_i'(x^0)$. Die Werte der $y_i'(x^0)$ für welche das Maximum eintritt, seien wieder mit $\mathfrak{y}_i'$ bezeichnet und es werde ferner $f_{y_i'} = \pi_i$ gesetzt.

Wir erhalten die $n+1$ Bestimmungsgleichungen für die $n+1$ Größen $\mathfrak{y}_i'$ und M aus den gleich Null gesetzten n Differentialquotienten von (63) nach den y_i' für $y_i'(x^0) = \mathfrak{y}_i'$ und daraus, daß für $y_i'(x_0) = \mathfrak{y}_i'$ sich in (63) definitionsgemäß der Wert M ergibt (wir lassen hier und im folgenden zumeist den Hinweis auf den an sich beliebig gewählten Punkt P_0 fort):

$$\left.\begin{aligned} S_{y_i} - M\pi_i &= 0 \\ S_x + S_{y_i}\mathfrak{y}_i' &= f \cdot M. \end{aligned}\right\} \tag{64}$$

Unter Anwendung der Legendreschen Transformation:

$$\Phi + f = \mathfrak{y}_i'\pi_i$$

mit

$$\Phi = \Phi(x, y_i, \pi_i) \qquad \Phi_{\pi_i} = \mathfrak{y}_i'$$

ergibt sich statt (64) das übersichtlich gebaute System

$$\left.\begin{aligned} S_{y_i} &= M\pi_i \\ S_x &= -M\Phi. \end{aligned}\right\} \tag{65}$$

Sei nun

$$x = x(\varepsilon), \qquad y_i = y_i(\varepsilon)$$

die Parameterdarstellung einer beliebigen, auf der Fläche

$$S(x, y_i) = S(x^0, y_i^0) \tag{66}$$

gelegenen Kurve $\mathfrak{C}$ welche durch den Punkt P_0 geht, d.h. also, daß für einen bestimmten Wert $\varepsilon = \varepsilon_0$ des Parameters ε

$$x^0 = x(\varepsilon_0), \qquad y_i^0 = y_i(\varepsilon_0)$$

ist. Für die Linienelemente von $\mathfrak{C}$ gilt:

$$\delta x = \frac{dx}{d\varepsilon}(\varepsilon - \varepsilon_0), \qquad \delta y_i = \frac{dy_i}{d\varepsilon}(\varepsilon - \varepsilon_0)$$

und ferner, da sie ja der Fläche (66) angehören:

$$S_x \delta x + S_{y_i} \delta y_i = 0.$$

Somit ergibt sich aber wegen (65) als Beziehung zwischen diesen Linienelementen auf der Fläche (66) und der durch die $\mathfrak{y}_i'$ bestimmten Richtung, welche das Maximum von (63) liefert:

$$-\Phi\,\delta x + \pi_i \delta y_i = 0,$$

was — unter Weglassung der Querstriche — in Übereinstimmung mit der Formel (58) für die Transversalität steht. Es liefert also die zur Fläche (66) transversale Richtung das Maximum von (63).

Gehen wir nun zum Fall des Variationsproblems

$$\delta \int_{G_r} f(x_\varrho, z_i, z_{j;\nu})\,(dx) = 0 \quad \text{mit} \quad z_{j;\nu} = \frac{\partial z_j}{\partial x_\nu}, \quad j = 1, \ldots, k, \quad \nu = 1, \ldots, r$$

über. Dabei lassen wir uns zunächst, um den Gang der formalen Entwicklung nicht zu unterbrechen, nur von der formalen Analogie mit den vorhergehenden Darlegungen leiten und gehen erst nach Durchführung der Rechnung auf die geometrischen Vorstellungen ein, welche zu diesen Überlegungen anregen.

An Stelle einer Ortsfunktion $S(x, y_i)$ und des Differentialquotienten von $S(x, y_i)$ nach x im Falle einer unabhängigen Veränderlichen treten r Ortsfunktionen $S_\nu(x_\varrho, z_i)$ bei r unabhängigen Veränderlichen x_ϱ und die Funktionaldeterminante $|S_{\nu;\varrho} + S_{\nu;i}\, z_{i;\varrho}|$. Es sei $|S_{\nu;\varrho}| \neq 0$. Wir stellen uns wieder die Aufgabe, die $z_{i;\varrho}$ so zu bestimmen, daß im Punkt $P_0(x_\varrho^0, z_i^0)$

$$\left(\frac{|S_{\nu;\varrho} + S_{\nu;i}\, z_{i;\varrho}|}{f}\right)_{P_0} \tag{67}$$

ein Maximum wird. Wir bezeichnen die den Maximalwert liefernden Größen der $z_{i;\varrho}$ mit $\mathfrak{z}_{i\varrho}$ und das Maximum von (67) wieder mit M.

Wir setzen zur Abkürzung

$$|S_{\nu;\varrho} + S_{\nu;i}\,\mathfrak{z}_{i\varrho}| = D = (S_{\nu;\varrho} + S_{\nu;i}\,\mathfrak{z}_{i\varrho}) \cdot D_{\nu\varrho}^*, \tag{68}$$

wobei also $D_{\nu\varrho}^*$ das algebraische Komplement des Elementes $(S_{\nu;\varrho} + S_{\nu;i}\,\mathfrak{z}_{i\varrho})$ bedeutet.

Durch Differentiation von (67) nach den $z_{i;\varrho}$ für $z_{i;\varrho}=\mathfrak{z}_{i\varrho}$ und durch Einsetzen von $\mathfrak{z}_{i\varrho}$ in (67) erhalten wir folgendes System von $1+r\cdot k$ Gleichungen für die $1+r\cdot k$ Größen M, $\mathfrak{z}_{i\varrho}$, wobei $f_{z_{i;\varrho}}=\pi_{i\varrho}$ gesetzt wurde:

$$\left.\begin{aligned} \frac{D}{f} &= M \\ D_{\mathfrak{z}_{i\varrho}} &= M\,\pi_{i\varrho}. \end{aligned}\right\} \tag{69}$$

Uns interessiert die Beziehung zwischen den Tangentialelementen der Mannigfaltigkeit

$$S_\nu(x_\varrho, z_i) = S_\nu(x_\varrho^0, z_i^0) \qquad (\nu = 1, \ldots, r) \tag{70}$$

im Punkte P_0 und den $\mathfrak{z}_{i\varrho}$, welche in diesem Punkte (67) zu einem Maximum machen. Um sie mit Hilfe des Gleichungssystems (69) in übersichtlicher Form darzustellen, müssen wir einige Umformungen durchführen. Zunächst ergibt sich aus (68) durch Differentiation nach $\mathfrak{z}_{i\varrho}$

$$D_{\mathfrak{z}_{i\varrho}} = S_{\nu;i} D^*_{\nu\varrho}, \qquad \text{also} \qquad S_{\nu;i} D^*_{\nu\varrho} = M\,\pi_{i\varrho}. \tag{71}$$

Ferner benützen wir die aus der Determinantentheorie geläufige Identität:

$$D\,\delta_{\varrho\lambda} = (S_{\nu;\lambda} + S_{\nu;i}\,\mathfrak{z}_{i\lambda}) \cdot D^*_{\nu\varrho}. \tag{72}$$

Somit können wir also für (69) schreiben:

$$\left.\begin{aligned} (S_{\nu;\lambda} + S_{\nu;i}\,\mathfrak{z}_{i\lambda})\, D^*_{\nu\varrho} &= M\,\delta_{\varrho\lambda} f \\ S_{\nu;i} D^*_{\nu\varrho} &= M\,\pi_{i\varrho}. \end{aligned}\right\} \tag{73}$$

Unter Verwendung der Hamiltonschen Koeffizienten $a_{\varrho\lambda}$, in welcher hier für die $p_{i\varrho}$ die $\mathfrak{z}_{i\varrho}$ stehen, können wir (73) in die Form bringen:

$$\left.\begin{aligned} S_{\nu;\lambda} D^*_{\nu\varrho} &= M\,a_{\varrho\lambda} \\ S_{\nu;i}\, D^*_{\nu\varrho} &= M\,\pi_{i\varrho}. \end{aligned}\right\} \tag{74}$$

Halten wir in diesen Gleichungen ϱ und i fest und betrachten wir sie somit als ein System von $r+1$ linearen homogenen Gleichungen für die $r+1$ Größen $D^*_{\nu\varrho}$ und M, so folgt, daß es nur dann nicht-triviale Lösungen besitzt, wenn die Determinante

$$\begin{vmatrix} S_{1;x_1}, \ldots, S_{r;x_1}, & a_{\varrho 1} \\ \vdots & \\ S_{1;x_r}, \ldots, S_{r;x_r}, & a_{\varrho r} \\ S_{1;i}, \ \ldots, S_{r;i}, & \pi_{i\varrho} \end{vmatrix} = 0$$

ist. Wir entwickeln diese Determinante zunächst nach den Gliedern der letzten Zeile. Hierauf entwickeln wir die Determinanten, deren letzte Spalte aus den $a_{\varrho\nu}$ besteht nach den $a_{\varrho\nu}$ und erhalten so:

$$S_{\nu;i}\frac{S^*_{\nu;\lambda}}{|S_{\varkappa;\mu}|}a_{\varrho\lambda}=\pi_{i\varrho}.$$

Wir fassen dies als Gleichungssystem für die $S_{\nu;i}$ auf und lösen es nach diesen Größen auf. Die inverse Matrix von

$$\frac{S^*_{\nu;\lambda}}{|S_{\varkappa;\mu}|}a_{\varrho\lambda}\quad\text{ist}\quad\frac{a^*_{\varrho\lambda}}{a}S_{\nu;\lambda}.$$

Somit haben wir

$$S_{\nu;i}=\pi_{i\varrho}\frac{a^*_{\varrho\lambda}}{a}S_{\nu;\lambda}=P_{i;\lambda}S_{\nu;\lambda},\tag{75}$$

und da $|S_{\varkappa;\mu}|\neq 0$, folgt aus $S_{\nu;\lambda}\,\delta x_\lambda+S_{\nu;i}\,\delta z_i=0$:

$$\delta x_\lambda+P_{i\lambda}\,\delta z_i=0.$$

Die Tangentialelemente der Mannigfaltigkeit $S_\nu(x_\varrho, z_i)=S_\nu(x^0_\varrho, z^0_i)$ stehen demnach transversal zu den Flächenelementen $\mathfrak{z}_{i\varrho}$, für welche (67) einen Maximalwert annimmt. Den Wert von M erhalten wir aus den ersten r^2-Gleichungen (74), indem wir auf beiden Seiten die Determinante bilden und den bekannten Satz verwenden, daß die aus den algebraischen Komplementen gebildete Determinante gleich der $(r-1)$-ten Potenz der ursprünglichen Determinante ist:

$$|S_{\nu;\lambda}|\cdot D^{r-1}=M^r\cdot a.$$

Mit der ersten Gleichung von (69) folgt weiter:

$$|S_{\nu;\lambda}|\cdot M^{r-1}f^{r-1}=M^r\cdot a,$$

somit

$$M=\frac{|S_{\nu;\lambda}|}{a}\cdot f^{r-1}.\tag{76}$$

Nun besprechen wir die geometrischen Vorstellungen, die zu den vorstehenden Überlegungen Anlaß geben.

Zur Formel (63) gelangt man folgendermaßen: Sei Γ irgendeine durch $y_i=y_i(x)$ $(i=1,\ldots,n)$ dargestellte Kurve mit stetiger Tangente und $P_0(x^0, y^0_i)$ ein Punkt auf Γ, also $y^0_i=y_i(x^0)$. Betrachten wir eine Flächenschar

$$S(x, y_i)=\text{const}$$

in einem Bereich um P_0 in dem jede Fläche dieser Schar mit Γ einen und nur einen Schnittpunkt hat. Es sei K^0 die Fläche

$$S(x, y_i)=S(x^0, y^0_i),$$

d.h., P_0 liegt auf K^0.

Eine Nachbarfläche K^1 sei durch

$$S(x, y_i)=S(x^0, y^0_i)+\Delta S$$

gegeben. Der Schnittpunkt von K^1 mit Γ sei mit $P_1(x^1, y_i^1)$ bezeichnet. Wir denken uns hiebei ΔS als kleine Größe vorgegeben und betrachten das Verhältnis

$$q = \frac{\Delta S}{\int\limits_{x^0}^{x^1} f\,dx} \tag{77}$$

von ΔS zur Finslerschen Bogenlänge der Kurve Γ zwischen P_0 und P_1. Führen wir durch

$$\tilde{S} = S(x, y_i(x)) \qquad x = x(\tilde{S})$$

$\tilde{S}$ an Stelle von x als neue Integrationsvariable ein, so haben wir mit $S^0 = S(x^0, y_i^0)$:

$$\int\limits_{x^0}^{x^1} f\,dx = \int\limits_{S^0}^{S^0+\Delta S} f\left(x(\tilde{S}), y_i(x(\tilde{S})), \frac{d y_i}{d\tilde{S}} \cdot \frac{d\tilde{S}}{dx}\right) \frac{dx}{d\tilde{S}} \cdot d\tilde{S}$$

und für q erhalten wir, unter Anwendung des ersten Mittelwertsatzes, für $\Delta S \to 0$, wobei die Mittelwertbildung durch einen dicken Querstrich gekennzeichnet ist:

$$\lim_{\Delta S \to 0} q = \lim_{\Delta S \to 0} \frac{\Delta S}{\overline{\overline{f \frac{dx}{d\tilde{S}}}} \Delta S} = \left(\frac{1}{f \frac{dx}{d\tilde{S}}}\right)_{P_0} = \left(\frac{\frac{d\tilde{S}}{dx}}{f}\right)_{P_0} = \left(\frac{S_x + S_{y_i} y_i'}{f}\right)_{P_0}.$$

Da in dieser Formel nur die ersten Differentialquotienten der $y_i(x)$ auftreten, liefern alle Kurven Γ mit derselben Tangente in P_0 den gleichen Grenzwert. Von der Kurve Γ kommt dabei nur ihr Linienelement im Punkte P_0 vor. Die Frage nach dem Maximum des Bruches (77) kann man also so auffassen, daß man nach dem im Sinne der Finslerschen Maßbestimmung kürzesten Weg, auf welchem man die durch den Wert von ΔS vorgegebene Schicht zwischen den Flächen K^0 und K^1 von P_0 aus durchqueren kann und nach dessen Grenzwert frägt.

Um auch mit der Formel (67) eine unmittelbar anschauliche Vorstellung zu verknüpfen, beschränken wir uns auf den Fall $r=2$, $k=1$. Es sei Σ eine Fläche

$$z = z(x_1, x_2)$$

mit stetiger Tangentialebene, die den Punkt $P_0(x_1^0, x_2^0, z^0)$ enthält, also $z^0 = z(x_1^0, x_2^0)$.

Betrachten wir nun zwei Flächenscharen

$$S_1(x_1, x_2, z) = \text{const}, \qquad S_2(x_1, x_2, z) = \text{const}$$

in einem Bereich um P_0 mit

$$\begin{vmatrix} S_{1;x_1}, & S_{1;x_2} \\ S_{2;x_1}, & S_{2;x_2} \end{vmatrix} \neq 0,$$

so daß also $z = z(x_1, x_2)$ mit jeder dieser Flächen eine und nur eine Schnittlinie besitzt.

Es sind also:

$$S_1(x_1, x_2, z) = S_1(x_1^0, x_2^0, z^0)$$
$$S_2(x_1, x_2, z) = S_2(x_1^0, x_2^0, z^0)$$

zwei Flächen K_1^0 und K_2^0 durch den Punkt P_0 und je zwei Nachbarflächen K_1^1 und K_2^1 hiezu sind durch

$$S_1(x_1, x_2, z) = S_1(x_1^0, x_2^0, z^0) + \Delta S_1$$
$$S_2(x_1, x_2, z) = S_2(x_1^0, x_2^0, z^0) + \Delta S_2$$

gegeben. Analog wie vorhin betrachten wir den Bruch

$$q = \frac{\Delta S_1 \cdot \Delta S_2}{\iint\limits_B f\, d x_1\, d x_2}, \tag{78}$$

wobei B jener Bereich in der x_1, x_2-Ebene ist, welcher von den Projektionen der Schnittkurven der Fläche Σ mit den Flächen K_1^0, K_2^0, K_1^1, K_2^1 eingeschlossen wird. Analog wie vorhin führen wir nun an Stelle von x_1 und x_2 neue Integrationsvariable $\tilde{S}_1$, $\tilde{S}_2$ durch

$$\tilde{S}_1 = S_1(x_1, x_2, z(x_1, x_2)) \qquad x_1 = x_1(\tilde{S}_1, \tilde{S}_2)$$
$$\tilde{S}_2 = S_2(x_1, x_2, z(x_1, x_2)) \qquad x_2 = x_2(\tilde{S}_1, \tilde{S}_2)$$

ein und erhalten durch Anwendung des ersten Mittelwertsatzes beim Grenzübergang $\Delta S_1 \to 0$, $\Delta S_2 \to 0$ für (78), wobei die Mittelwertbildung wiederum durch einen dicken Querstrich gekennzeichnet ist:

$$\lim_{\substack{\Delta S_1 \to 0 \\ \Delta S_2 \to 0}} q = \lim_{\substack{\Delta S_1 \to 0 \\ \Delta S_2 \to 0}} \frac{\Delta S_1 \cdot \Delta S_2}{\overline{f \dfrac{D(x_1, x_2)}{D(\tilde{S}_1, \tilde{S}_2)}}\, \Delta S_1 \cdot \Delta S_2} = \left(\frac{1}{f \dfrac{D(x_1, x_2)}{D(\tilde{S}_1, \tilde{S}_2)}} \right)_{P_0}$$

$$= \left(\frac{\begin{vmatrix} S_{1x_1} + S_{1z} z_{x_1}, & S_{1x_2} + S_{1z} z_{x_2} \\ S_{2x_1} + S_{2z} z_{x_1}, & S_{2x_2} + S_{2z} z_{x_2} \end{vmatrix}}{f} \right)_{P_0}.$$

In dieser Formel treten wieder nur die Flächenelemente der Fläche Σ in P_0 auf. Die anschauliche Vorstellung, welche wir mit der Forderung, es sei (67) ein Maximum, verbinden, ist die folgende: Wir denken uns ΔS_1 und ΔS_2 als kleine Größen vorgegeben. Die Flächen K_1^0, K_2^0, K_1^1, K_2^1 schließen dann einen Kanal ein. Durch das Integral

$\iint\limits_B f\,dx_1\,dx_2$ ist dann eine Maßbestimmung für den Flächeninhalt definiert. Wir fragen dann nach dem im Sinne dieser Maßbestimmung kleinsten Querschnitt des Kanals der den Punkt P_0 enthält.

Diese Deutung überträgt sich ohne Schwierigkeit auch auf den Fall beliebig vieler unabhängiger und abhängiger Veränderlicher (***).

§ 3. Umkehrsatz von POINCARÉ. Bedingungen für das identische Verschwinden der Euler-Lagrangeschen Differentialgleichungen. Darstellung von geschlossenen Differentialformen

1. „Umkehrsatz" von POINCARÉ

Wir führen, um den folgenden Satz leichter zu formulieren, folgende Ausdrucksweise ein: Wenn in einer alternierenden Differentialform in den Veränderlichen $x_1, \ldots, x_i, \ldots, x_r$ die Glieder mit dx_i fehlen, so sagen wir, x_i kommt in der Differentialform nur parametrisch vor.

Wir wollen nun folgenden Satz, der in gewissem Sinne die Umkehrung des durch (45) ausgedrückten Satzes von POINCARÉ darstellt und den wir kurz „Umkehrsatz" nennen wollen, beweisen:

Die allgemeinste alternierende, geschlossene Differentialform m-ten Grades in r Veränderlichen $\boldsymbol{\Omega}^{(m)}$ kann man stets als Differential einer alternierenden Form $(m-1)$-ten Grades $\boldsymbol{\Pi}^{(m-1)}$ darstellen, bei der eine der Veränderlichen, etwa x_r, nur parametrisch vorkommt.

Der Beweis dieses Satzes für beliebige r und m läßt sich durch vollständige Induktion erbringen. Damit der Leser mit dem Beweis eine anschauliche Vorstellung verbinden kann, führen wir ihn hier für $r=3$ und $m=2$ in einer, den allgemeinen Fall andeutenden Form durch. Sei also

$$\boldsymbol{\Omega} = A_1\,dx_2\wedge dx_3 + A_2\,dx_3\wedge dx_1 + A_3\,dx_1\wedge dx_2 \tag{79}$$

mit $A_i = A_i(x_1, x_2, x_3)$, $i=1, 2, 3$. Dann ist

$$d\boldsymbol{\Omega} = (A_{1;x_1} + A_{2;x_2} + A_{3;x_3})\,dx_1\wedge dx_2\wedge dx_3.$$

Soll $\boldsymbol{\Omega}$ eine geschlossene, alternierende Differentialform sein, so muß, wie wir bereits in § 2, 1 erwähnt haben, $d\boldsymbol{\Omega}\equiv 0$, also $A_{i;x_i}=0$, d.h. das Vektorfeld (A_1, A_2, A_3) quellenfrei sein. Wir suchen nun eine Differentialform

$$\boldsymbol{\Pi} = a_1\,dx_1 + a_2\,dx_2 + a_3\,dx_3$$

mit $a_i = a_i(x_1, x_2, x_3)$, $i=1, 2, 3$, in der x_3 nur parametrisch vorkommen soll, so daß also

$$a_3 \equiv 0$$

zu setzen ist und für die

$$d\boldsymbol{\Pi} = \boldsymbol{\Omega} \tag{80}$$

gilt. Sei nun im x_1, x_2, x_3-Raum ein einfach zusammenhängendes, durchwegs im Endlichen gelegenes Flächenstück Σ durch

$$x_i = x_i(u, v), \qquad i = 1, 2, 3,$$

gegeben, wobei ständig

$$\frac{D(x_1, x_2)}{D(u, v)} > 0$$

sein möge, so daß x_3 auch durch $x_3 = \psi(x_1, x_2)$ darstellbar ist, wobei wir von ψ voraussetzen wollen, daß sie eine stetige stückweise stetig differenzierbare Funktion ist. B sei das Bild von Σ in der u, v-Ebene. Der Rand R von B sei erklärt durch

$$u = u(t), \qquad v = v(t),$$

so daß wir für den Rand R^* von Σ erhalten:

$$x_i = x_i\big(u(t), v(t)\big) = x_i^*(t), \qquad i = 1, 2, 3.$$

Unter den über Σ gemachten Voraussetzungen ist daher R^* eine Raumkurve von der Beschaffenheit, daß ihre Projektion R_3^0 auf jede zur x_1, x_2-Ebene parallelen Ebene einen einfach zusammenhängenden Bereich Z_B in dieser Ebene einfach umrandet.

Nach dem allgemeinen Satz von STOKES ergibt sich nun für das Integral der geschlossenen Differentialform $\int\limits_{\Sigma^*} \boldsymbol{\Omega}$ für *alle* durch R^* gehenden Flächen Σ^*, die ein Regularitätsgebiet von $\boldsymbol{\Omega}$ überdecken, *derselbe Wert* $\int\limits_{R^*} \boldsymbol{\Pi}$, den wir als Randfunktional von R^* bezeichnen, wobei $\boldsymbol{\Pi}$ eine Differentialform ist, deren Grad um eine Einheit niedriger ist, als die von $\boldsymbol{\Omega}$.

Um diesen Wert des Randfunktionals in unserem Falle zu ermitteln, integrieren wir $\boldsymbol{\Omega}$ über eine Fläche, die sich zusammensetzt aus:

1. Aus einem Zylindermantel Z_M dessen Erzeugenden parallel zur x_3-Achse sind und der einerseits von R^*, andererseits von der Ebene $x_3 = x_3^0$ begrenzt ist; Z_M ist demnach gegeben durch

$$x_1 = x_1^*(t)$$
$$x_2 = x_2^*(t)$$
$$x_3 = x_3^*(t) - h \quad \text{mit} \quad 0 \leqq h \leqq x_3^*(t) - x_3^0;$$

2. aus einer Basis Z_B in der Ebene $x_3 = x_3^0$, welche von der Projektion R_3^0 von R^* in dieser Ebene berandet ist. R_3^0 ist gegeben durch

$$x_1 = x_1^*(t)$$
$$x_2 = x_2^*(t)$$
$$x_3 = x_3^0.$$

Die Integration von (79) über den Zylinder liefert, wenn wir zur Abkürzung setzen:

$$\int_0^{x_3^*(t)-x_3^0} A_1(x_1, x_2, h)\, dh = V_1(x_i^*(t), x_3^0)$$

$$\int_0^{x_3^*(t)-x_3^0} A_2(x_1, x_2, h)\, dh = V_2(x_i^*(t), x_3^0)$$

$$\int_{Z_M} \boldsymbol{\Omega} = \oint_{R^*} - V_2\, dx_1 + V_1\, dx_2. \tag{81}$$

Sei nun V_3 irgendeine Lösung von

$$V_{3;x_2} = A_3(x_1, x_2, x_3^0)$$

(V_3 ist demnach nur bis auf eine willkürliche Funktion von x_1 bestimmt), dann erhalten wir für das Integral von (79) über der Basis Z_B

$$\int_{Z_B} \boldsymbol{\Omega} = \int_{Z_B} V_{3;x_2}\, dx_1 \wedge dx_2 = -\int_{R_3^0} V_3(x_1^*(t), x_2^*(t), x_3^0) \frac{dx_1^*}{dt}\, dt. \tag{82}$$

Setzen wir nun

$$a_1 = -(V_2 + V_3), \quad a_2 = V_1,$$

somit

$$\boldsymbol{\Pi}^* = V_1\, dx_2 - (V_2 + V_3)\, dx_1,$$

so erhalten wir aus (81) und (82)

$$\int_{\Sigma^*} \boldsymbol{\Omega} = \int_{Z_M} \boldsymbol{\Omega} + \int_{Z_B} \boldsymbol{\Omega} = \int_{R^*} \boldsymbol{\Pi}^*. \tag{83}$$

Da dies aber für *jede* Raumkurve R^* von der vorhin charakterisierten Art gilt, haben wir durch die soeben durchgeführte Betrachtung in $\boldsymbol{\Pi}^*$ den gesuchten Ausdruck $\boldsymbol{\Pi}$ gefunden. In der Tat liefert die direkte Verifikation

$$d\,\boldsymbol{\Pi}^* = \boldsymbol{\Omega}.$$

Wir bemerken noch, daß $\boldsymbol{\Pi}^*$ nicht festgelegt ist, weil V_3 nur bis auf eine willkürliche Funktion einer Veränderlichen bestimmt ist.

Genauso, wie wir hier bei einer geschlossenen Form zweiten Grades $\boldsymbol{\Omega}$ eine alternierende Form ersten Grades $\boldsymbol{\Pi}$ konstruiert haben, so daß $d\,\boldsymbol{\Pi} = \boldsymbol{\Omega}$ ist, kann man durch die gleiche Schlußweise, wie eingangs bereits erwähnt, zeigen, daß man zu jeder geschlossenen alternierenden Form m-ten Grades $\boldsymbol{\Omega}$ eine Form $(m-1)$-ten Grades $\boldsymbol{\Pi}$ finden kann, so daß (80) gilt, wobei eine der Veränderlichen in $\boldsymbol{\Pi}$ nur parametrisch vorkommt.

Lassen wir die Forderung, daß eine Veränderliche in $\boldsymbol{\Pi}$ nur parametrisch vorkommen soll, fallen, so erhebt sich naturgemäß die Frage nach der allgemeinen Lösung von (80). Seien $\mathbf{\Pi}_1$ und $\mathbf{\Pi}_2$ zwei Lösungen dieser Gleichung, dann ist

$$d\,\mathbf{\Pi}_1 - d\,\mathbf{\Pi}_2 = d(\mathbf{\Pi}_1 - \mathbf{\Pi}_2) = 0, \qquad \text{also} \quad \mathbf{\Pi}_1 - \mathbf{\Pi}_2$$

muß eine geschlossene Differentialform sein. Ist also $\mathbf{\Pi}'$ irgendeine Lösung von (80), so ergibt sich die allgemeinste Lösung indem wir zu $\mathbf{\Pi}'$ noch eine beliebige geschlossene Differentialform von gleicher, also von $(m-1)$-ter Ordnung hinzufügen.

Dem für $r=3$, $m=2$ durchgeführten Beweis fügen wir noch die Bemerkung hinzu, daß das Resultat aus der elementaren Vektorrechnung wohlbekannt ist. Jedes quellenfreie Vektorfeld $\mathfrak{A}=(A_1, A_2, A_3)$ läßt sich als Rotation eines Vektors $\mathfrak{a}^0=(a_1, a_2, 0)$ darstellen, so daß

$$\operatorname{rot}\mathfrak{a}^0 = \mathfrak{A}$$

ist. Die allgemeinste Lösung der Gleichung

$$\operatorname{rot}\mathfrak{a} = \mathfrak{A}$$

erhält man, wenn man zu $\mathfrak{a}^0$ den Gradienten irgendeiner skalaren Funktion Φ hinzufügt, also:

$$\mathfrak{a} = \mathfrak{a}^0 + \operatorname{grad}\Phi.$$

Bei der üblichen Behandlung dieser Aufgabe in der Vektorrechnung setzt man dabei voraus, daß die Komponenten des quellenfreien Feldes mindestens einmal differenzierbar sind. Nach der vorhin durchgeführten Behandlung dieser Aufgabe genügt es aber, die Quellenfreiheit für ein Gebiet durch das Verschwinden des über den Rand des Gebietes erstreckten Integrals zu erklären und es zeigt sich, daß man mit der Annahme der Stetigkeit des Vektorfeldes allein das Auslangen findet.

2. Die Bedingungen für das identische Verschwinden der Euler-Lagrangeschen Differentialgleichungen

Der Umkehrsatz von Poincaré ermöglicht es uns nun die Frage zu behandeln, für welche Integranden $f(x_\varrho, z_i, z_{j;\nu})$ die Euler-Lagrangeschen Differentialgleichungen eines Variationsproblems

$$\delta I = \delta \int_{G_r} f(x_\varrho, z_i, z_{j;\nu})\,(d\,x) \qquad (\varrho, \nu = 1, \ldots, r;\ \ i, j = 1, \ldots, k) \tag{84}$$

identisch verschwinden, d.h. also:

$$\mathfrak{L}_j(f) = \frac{\partial}{\partial x_\nu} f_{z_{j;\nu}} - f_{z_j} \equiv 0 \qquad (j = 1, \ldots, k) \tag{85}$$

ist. (85) bedeutet also, daß jede beliebige Gesamtheit von k zweimal stetig differenzierbaren Funktionen $z_i(x_\varrho)$ die Euler-Lagrangeschen Differentialgleichungen erfüllt bzw. daß jede derartige Gesamtheit dem Integral I einen stationären Wert erteilt.

Wenn die Differentiationen ausgeführt werden, erhalten wir in $\mathfrak{L}_j(f)$ Ausdrücke, die in den zweiten Ableitungen der Funktionen z_i linear sind. Wenn die Identität (85) erfüllt sein soll, müssen daher notwendigerweise alle Koeffizienten dieser zweiten Ableitungen identisch verschwinden. Daraus folgt:

$$f_{z_{i;\nu}, z_{j;\varrho}} + f_{z_{i;\varrho}, z_{j;\nu}} \equiv 0. \tag{86}$$

Hieraus ergibt sich:

1. Es ist $f_{z_{j;\nu}, z_{j;\nu}} \equiv 0$; also alle $z_{j;\nu}$ kommen in f, wenn (85) gelten soll, nur im 1. Grad vor, also ist

2. f ein Polynom in den $z_{j;\nu}$ von höchstens r-tem Grade (wobei in jedem Produkt ein bestimmtes $z_{j;\nu}$ höchstens einmal vorkommen kann).

3. Zu jedem Produkt, das die Faktoren $z_{i;\nu_1}, z_{j;\nu_2}$ enthält, muß ein zweites vorkommen, das aus dem ersten durch Vertauschung der Indizes ν_1, ν_2 bei diesen beiden Faktoren und durch Änderung des Vorzeichens hervorgeht.

Demnach muß also jedes f das (85) erfüllt, eine lineare Kombination von Determinanten mit den Elementen $z_{j;\nu}$, 0, 1 sein, wobei Determinanten bis zur r-ten Stufe auftreten und die Koeffizienten der Linearkombination Funktionen von x_ϱ und z_i sein können. Gehen wir zu einer Parameterdarstellung dieser Linearkombination über, setzen wir also:

$$x_\varrho = x_\varrho(u_\mu) \qquad (\varrho, \mu = 1, \ldots, r).$$

Beispielsweise ergibt sich damit bei einer zweireihigen Determinante folgende Darstellung:

$$\begin{vmatrix} z_{1;1}, & z_{1;2} \\ z_{2;1}, & z_{2;2} \end{vmatrix} (d\,x) = d\,z_1 \wedge d\,z_2 \wedge d\,x_3 \wedge \cdots \wedge d\,x_r.$$

Daraus erkennt man, daß aus (86) als *notwendige* Bedingung dafür, daß die Euler-Lagrangeschen Differentialgleichungen identisch verschwinden, folgt, daß das zu variierende Integral die Form:

$$I = \int_{G_r} f(d\,x) = \int_{G_r} \boldsymbol{\Omega} \tag{87}$$

hat, wobei $\boldsymbol{\Omega}$ eine alternierende Differentialform r-ten Grades der $r+k$ Veränderlichen x_ϱ, z_i ist.

Ist (85) erfüllt, so hat das Integral (87) insbesondere auch für zwei beliebige, längs des Randes von G_r durch die gleiche Randmannigfaltigkeit gehende Hyperflächen

$$z_i^{(1)}(x_\varrho), \quad z_i^{(2)}(x_\varrho)$$

denselben Wert. Sei B ein Regularitätsbereich von f im $(k+r)$-dimensionalen (x_ϱ, z_i)-Raum, dessen Elemente x_ϱ alle in G_r liegen. Folglich verschwindet das Integral von $\mathbf{\Omega}$, das über irgendeine geschlossene r-dimensionale Hyperfläche Σ erstreckt ist, die innerhalb von B verläuft. Nach dem verallgemeinerten Satz von STOKES muß dann auch das Integral von $d\mathbf{\Omega}$ über das $(r+1)$-dimensionale Gebiet V_Σ, welches von Σ berandet ist verschwinden, also

$$\int_\Sigma \mathbf{\Omega} = \int_{V_\Sigma} d\mathbf{\Omega} = 0.$$

Da dies nun für jedes Σ und jedes von Σ umschlossene V_Σ gilt, muß

$$d\mathbf{\Omega} = 0$$

sein. Also ist $\mathbf{\Omega}$ eine geschlossene Differentialform r-ten Grades und f der Koeffizient dieser Differentialform in der „x-Darstellung". Dies war aus begrifflichen Gründen von vorneherein zu vermuten. Die Forderung der Geschlossenheit von $\mathbf{\Omega}$ ist für (85) *auch hinreichend*, wenn wir nur Gebiete B betrachten, in welchen f regulär bleibt.

Nach dem „Umkehrsatz" von POINCARÉ können wir also bei der Ermittlung der allgemeinsten Form der Funktion

$$f(x_\varrho, z_i, z_{j;\nu}),$$

für welche die Euler-Lagrangeschen Differentialgleichungen identisch verschwinden so vorgehen, daß wir von einer beliebigen, den Regularitätsbedingungen entsprechenden alternierenden Differentialform $(r-1)$-ten Grades $\mathbf{\Pi}$, welche eine der Veränderlichen x_ϱ, z_i nur parametrisch enthält, ausgehen,

$$d\mathbf{\Pi} = \mathbf{\Omega}$$

bilden und die dz_i durch

$$dz_i = z_{i;\varrho}\, dx_\varrho$$

ersetzen, also zur x-Darstellung von $\mathbf{\Omega}$ übergehen. Die Anzahl der Glieder in $\mathbf{\Pi}$ und somit die Anzahl der unabhängig voneinander willkürlich wählbaren Ortsfunktionen, deren Ableitungen in den Koeffizienten der alternierenden Produkte der geschlossenen Differentialform $\mathbf{\Omega}$ auftreten, ist mit Rücksicht darauf, daß in $\mathbf{\Pi}$ eine der Veränderlichen nur parametrisch vorkommen kann, ohne daß dies eine Beschränkung bedeutet:

$$\binom{r+k-1}{r-1}.$$

Zur Erläuterung der vorstehenden Überlegungen wollen wir zwei Beispiele für Integranden von Variationsproblemen bringen, bei denen die Euler-Lagrangeschen Differentialgleichungen identisch verschwinden:

1. Bei $k=1$, $r=2$ erhalten wir, wenn wir z als parametrische Veränderliche betrachten, aus

$$\Pi = a_1 d x_2 - a_2 d x_1, \tag{88}$$

wobei $a_i = a_i(x_1, x_2, z)$, $i=1, 2$ ist,

$$\Omega = d\Pi = -a_{1;z} d x_2 \wedge dz - a_{2;z} dz \wedge d x_1 + (a_{1;1} + a_{2;2})\, d x_1 \wedge d x_2. \tag{89}$$

Mit $dz = z_{;1} d x_1 + z_{;2}\, d x_2$ folgt also:

$$\Omega = f(d x) = (a_{1;1} + a_{2;2} + a_{1;z} z_{;1} + a_{2;z} z_{;2})\, d x_1 \wedge d x_2. \tag{90}$$

2. $k=2$, $r=2$.

Als parametrische Veränderliche wählen wir x_1 und setzen:

$$\Pi = a\, d x_2 + A_1 d z_1 + A_2 d z_2 \tag{91}$$

mit $a = a(x_1, x_2, z_1, z_2)$, $A_i = A_i(x_1, x_2, z_1, z_2)$, $\quad i=1,2$

$$d z_i = z_{i;1} d x_1 + z_{i;2} d x_2.$$

Wir erhalten somit für

$$\left.\begin{aligned} \Omega = d a \wedge d x_2 + dA_1 \wedge d z_1 + dA_2 \wedge d z_2 = (a_{;z_1} - A_{1;x_2})\, d z_1 \wedge d x_2 + \\ + (a_{;z_2} - A_{2;x_2})\, d z_2 \wedge d x_2 + (A_{2;z_1} - A_{1;z_2})\, d z_1 \wedge d z_2 + \\ + a_{;x_1} d x_1 \wedge d x_2 + A_{1;x_1} d x_1 \wedge d z_1 + A_{2;x_1} d x_1 \wedge d z_2 \end{aligned}\right\} \tag{92}$$

also:

$$f = \varphi + \chi_{11} z_{1;1} + \chi_{12} z_{1;2} + \chi_{21} z_{2;1} + \chi_{22} z_{2;2} + \psi \begin{vmatrix} z_{1;1}, & z_{1;2} \\ z_{2;1}, & z_{2;2} \end{vmatrix}, \tag{93}$$

wobei

$$\varphi = a_{;x_1}, \quad \chi_{11} = \begin{vmatrix} \dfrac{\partial}{\partial z_1}, & \dfrac{\partial}{\partial x_2} \\ A_1, & a \end{vmatrix}, \quad \chi_{12} = A_{1;x_1},$$

$$\chi_{21} = \begin{vmatrix} \dfrac{\partial}{\partial z_2}, & \dfrac{\partial}{\partial x_2} \\ A_2, & a \end{vmatrix}, \quad \chi_{22} = A_{2;x_1}, \quad \psi = \begin{vmatrix} \dfrac{\partial}{\partial z_1}, & \dfrac{\partial}{\partial z_2} \\ A_1, & A_2 \end{vmatrix}$$

ist.

3. *Bemerkung über die Darstellung von geschlossenen Differentialformen*

Die Beschäftigung mit der Darstellung geschlossener Differentialformen veranlaßt uns, an dieser Stelle zu bemerken, daß jedes alternierende Produkt von vollständigen Differentialen und — allgemeiner —

jede Summe von alternierenden Produkten von vollständigen Differentialen eine geschlossene Differentialform bildet. Dies kann man unmittelbar einsehen. Sei beispielsweise

$$\boldsymbol{\Omega} = d\,S_1 \wedge d\,S_2 \wedge d\,S_3 + d\,S_4 \wedge d\,S_5 \wedge d\,S_6 ,$$

wobei

$$S_\nu = S_\nu(x_\varrho, z_i) \qquad \nu = 1, \ldots, 6 ,$$

so ist

$$\boldsymbol{\Omega} = d\,\boldsymbol{\Pi}$$

mit:

$$\boldsymbol{\Pi} = S_1\, d\,S_2 \wedge d\,S_3 + S_4\, d\,S_5 \wedge d\,S_6 + d\,T ,$$

wobei $T = T(x_\varrho, z_i)$ irgendeine Funktion der x_ϱ, z_i ist.

Im folgenden werden wir gelegentlich von derartigen Ansätzen Gebrauch machen, welche die Geschlossenheit der Differentialform von vornherein gewährleisten.

Wir wollen hier noch zeigen, daß jede geschlossene Differentialform zweiten Grades mit drei Veränderlichen darstellbar ist in der Form:

$$\boldsymbol{\Omega} = d\,S_1 \wedge d\,S_2 . \tag{94}$$

Diese Behauptung ist gleichwertig mit der Behauptung, daß der Geschwindigkeitsvektor $\mathfrak{v} = (v_1, v_2, v_3)$ jedes quellenfreien Strömungsfeldes sich darstellen läßt durch

$$\left.\begin{aligned} \mathfrak{v} &= \operatorname{grad} S_1 \times \operatorname{grad} S_2, \qquad \text{wobei} \\ \boldsymbol{\Omega} &= v_1\, d\,x_2 \wedge d\,x_3 + v_2\, d\,x_3 \wedge d\,x_1 + v_3\, d\,x_1 \wedge d\,x_2 . \end{aligned}\right\} \tag{95}$$

Beweis: Nach dem Umkehrsatz von POINCARÉ gibt es, wenn $\boldsymbol{\Omega}$ geschlossen ist, eine Pfaffsche Form $\boldsymbol{\Pi}$, so daß

$$\boldsymbol{\Omega} = d\,\boldsymbol{\Pi}, \tag{96}$$

wobei $\boldsymbol{\Pi}$ bis auf ein vollständiges Differential dT bestimmt ist.

Wegen

$$d(S_1 \cdot d\,S_2) = d\,S_1 \wedge d\,S_2$$

ist, wenn (94) erfüllt ist:

$$\boldsymbol{\Pi} = S_1 \cdot d\,S_2 + d\,T .$$

Das ist bereits auf Grund der vorhergehenden Überlegung evident. Haben wir andererseits irgendeine Lösung

$$\boldsymbol{\Pi}' = A_1\, d\,x_1 + A_2\, d\,x_2 + A_3\, d z$$

mit

$$A_i = A_i(x_1, x_2, z) \qquad (i = 1, 2, 3)$$

von (96), so lassen sich dazu immer Funktionen $T'(x_1, x_2, z)$ finden, so daß

$$\mathbf{\Pi}' - dT' \quad \text{in der Form} \quad S_1 \cdot d S_2$$

darstellbar ist. Denn aus

$$(\mathbf{\Pi}' - dT') \wedge d\,\mathbf{\Pi}' = (S_1 \cdot d S_2) \wedge (d S_1 \wedge d S_2) = 0$$

folgt als notwendige Bedingung für die Darstellbarkeit von $\mathbf{\Pi}' - dT'$ in der Form $S_1 \cdot d S_2$

$$\begin{vmatrix} (A_1 - T'_{x_1}), & (A_2 - T'_{x_2}), & (A_3 - T'_z) \\ \dfrac{\partial}{\partial x_1}, & \dfrac{\partial}{\partial x_2}, & \dfrac{\partial}{\partial z} \\ A_1, & A_2, & A_3 \end{vmatrix} = 0, \tag{97}$$

also eine lineare partielle Differentialgleichung für T'. Bezeichnen wir mit $\mathfrak{V}$ den Vektor

$$\mathfrak{V} = (V_1, V_2, V_3) = \{(A_1 - T'_{x_1}),\ (A_2 - T'_{x_2}),\ (A_3 - T'_z)\},$$

so läßt sich (97) auch in der Form

$$\mathfrak{V} \operatorname{rot} \mathfrak{V} = 0 \tag{98}$$

schreiben. Wir können wegen

$$\operatorname{rot} \mathfrak{V} = \mathfrak{v} \tag{99}$$

somit den Inhalt der Gl. (97) in der Form aussprechen: Es muß zu $\mathfrak{v}$ ein spezielles Vektorpotential $\mathfrak{V}$ geben das zu $\mathfrak{v}$ senkrecht ist.

In Kap. IV, 1, § 4, Beispiel II haben wir bereits bewiesen, daß (97) auch hinreichend dafür ist, daß zu

$$\mathbf{\Pi}' - dT' = V_1 d x_1 + V_2 d x_2 + V_3 dz \tag{100}$$

ein Multiplikator $1/S_1$ existiert, so daß

$$\frac{1}{S_1}(\mathbf{\Pi}' - dT')$$

gleich ist dem vollständigen Differential einer Funktion der Variablen x_1, x_2, z, die wir mit $S_2(x_1, x_2, z)$ bezeichnen wollen.

Aus (95) folgt:

$$\operatorname{grad} S_1 \perp \mathfrak{v}, \quad \operatorname{grad} S_2 \perp \mathfrak{v}.$$

Es stellen also die Schnittlinien der Flächen

$$S_1 = \text{const}, \quad S_2 = \text{const}$$

Lösungen der Differentialgleichungen

$$\frac{d x_1}{v_1} = \frac{d x_2}{v_2} = \frac{dz}{v_3},$$

also Stromlinien dar.

§ 4. Verallgemeinerung des Hilbertschen Unabhängigkeitsintegrals

a) Allgemeine Feldtheorie von LEPAGE

Die Verallgemeinerung des Hilbertschen „Unabhängigen Integrals“ und die Ausarbeitung der sich daran anschließenden Methoden zur Gewinnung des Analogons des Weierstraßschen Kriteriums und den sich hieraus ergebenden Kriterien von LEGENDRE und JACOBI wurde zunächst in wesentlich verschiedener Weise von DE DONDER sowie WEYL einerseits und von CARATHÉODORY andererseits in Angriff genommen. J. TH. LEPAGE hat sich sodann die Aufgabe gestellt und gelöst, eine formal umfassendere Theorie zu entwickeln, in der die Theorien von CARATHÉODORY und DE DONDER-WEYL als Spezialfälle enthalten sind. H. BOERNER hat diese Theorie von LEPAGE in mehrfacher Hinsicht wesentlich ergänzt (*).

Bei dem Ziel, das sich LEPAGE stellte, war es naheliegend als Hilfsmittel die, wie bereits in § 2, 1 erwähnt, namentlich von E. CARTAN entwickelte Theorie der alternierenden Differentialformen heranzuziehen. CARTANs Theorie hatte sich bereits bei der Übertragung der Integrationstheorie von Pfaffschen Ausdrücken auf Differentialformen ausgezeichnet bewährt und da bei einer unabhängigen Veränderlichen das Hilbertsche unabhängige Integral ein Integral über eine Pfaffsche Form ist, während es bei r unabhängigen Veränderlichen ein Integral über eine Differentialform r-ten Grades sein muß, war dieser von LEPAGE beschrittene Weg der sachgemäße.

Wir werden daher so vorgehen, daß wir zunächst das uns bereits bekannte Hilbertsche Unabhängigkeitsintegral bei einer unabhängigen Veränderlichen in einer an CARTAN unmittelbar anschließenden Weise kennzeichnen, woraus sich dann sofort die von LEPAGE vorgenommene Verallgemeinerung ergeben wird.

Beim Hilbertschen Unabhängigkeitsintegral für eine unabhängige Veränderliche für das Variationsproblem:

$$\int_{x_0}^{x_1} f(x, y_i, y_i')\, dx \to \text{Min}$$

haben wir es mit dem Integral über den Pfaffschen Ausdruck:

$$\boldsymbol{\Omega} = \{f(x, y_i, p_i) - p_i f_{p_i}(x, y_i, p_i)\}\, dx + f_{p_i}(x, y_i, p_i)\, dy_i \tag{101}$$

zu tun, der von den $2n+1$ Veränderlichen x, y_i, p_i abhängt, wobei die p_i in $\boldsymbol{\Omega}$ nur parametrisch vorkommen.

Dementsprechend werden wir erwarten, daß es sich bei der zu gewinnenden Formel für das Hilbertsche Unabhängigkeitsintegral bei Variationsproblemen mit r unabhängigen und k abhängigen Veränderlichen x_ϱ bzw. z_i

$$I = \int_{G_r} f(x_\varrho, z_i, z_{j;\nu})\,(d\,x) \to \text{Min}, \tag{102}$$

wobei zunächst die Werte der abhängigen Veränderlichen $z_i(x_\varrho)$ am orientierbaren Rand Γ_{r-1} von G_r vorgegeben sein sollen, um ein Integral über eine Differentialform r-ten Grades in den Veränderlichen x_ϱ, z_i handelt, die aber außerdem noch von $r \cdot k$ Größen, den Stellungsgrößen $p_{j\nu}$ parametrisch abhängt.

Um eine übersichtliche Schreibweise der Formeln zu erzielen, führen wir folgende Bezeichnungsregeln ein:

Betrachten wir $x_\varrho, z_i, p_{j\nu}$ in einer Funktion

$$\psi(x_\varrho, z_i, p_{j\nu})$$

als freie, voneinander unabhängige Veränderliche, so verwenden wir zur Bezeichnung der Differentiation von ψ nach x_ϱ, bzw. z_i, bzw. $p_{j\nu}$ Suffixe, also:

$$\psi_{x_\varrho},\ \psi_{z_i},\ \psi_{p_{j\nu}}.$$

Falls die Funktion ψ mit einem Index versehen ist, z.B. also $\psi_\varkappa$ oder ψ_s lautet, so setzen wir zur Bezeichnung der Ableitung dieser Funktion der Deutlichkeit halber zwischen Index und Differentiationssuffix einen Punktstrich; also z.B. $\psi_{\varkappa;x_\varrho}$ oder $\psi_{s;x_\varrho}$ usf. Wenn keine Verwechslungen möglich sind, werden wir manchmal der Einfachheit halber nach dem Punktstrich an Stelle der Veränderlichen nach der die Differentiation vorgenommen wird, nur den Index anschreiben, den die betreffende Veränderliche trägt, also $\psi_{\varkappa;\varrho}$ für $\psi_{\varkappa;x_\varrho}$ usf., wie wir das auch schon bisher gelegentlich getan haben.

Denken wir uns die Stellungsgrößen $p_{j\nu}$ als Funktionen der Koordinaten x_ϱ, z_i gegeben:

$$p_{j\nu} = p_{j\nu}(x_\varrho, z_i),$$

so schreiben wir für die Ableitung der Funktion ψ nach den Koordinaten:

$$\frac{\partial(\psi)}{\partial x_\mu} = (\psi_{x_\mu}) + (\psi_{p_{j\nu}})\left(\frac{\partial p_{j\nu}}{\partial x_\mu}\right) = (\psi_\mu) + (\psi_{(j\nu)})\,(p_{j\nu;\mu})$$

$$\frac{\partial(\psi)}{\partial z_s} = (\psi_{z_s}) + (\psi_{p_{j\nu}})\left(\frac{\partial p_{j\nu}}{\partial z_s}\right) = (\psi_s) + (\psi_{(j\nu)})\,(p_{j\nu;s}).$$

Auf einer Hyperfläche Σ im Koordinatenraum (x_ϱ, z_i)

$$z_i = z_i(x_\varrho)$$

ist schließlich die Ableitung[1] von ψ nach den unabhängigen Veränderlichen x_ϱ

$$\frac{d[\psi]}{d x_\varrho} = \left[\frac{\partial(\psi)}{\partial x_\varrho}\right] + \left[\frac{\partial(\psi)}{\partial z_i}\right] z_{i;\varrho}.$$

[1] Die Einführung des Symbols „d" hat sich bei der Darlegung dieser Theorie eingebürgert und erleichtert offensichtlich das Verständnis. An früheren Stellen, Kap. IV, 1, § 8 und Kap. VI, 2, § 3, 2, Gl. (85), wurde auch dort, wo jetzt das Symbol „d" verwendet wird, das Symbol „∂" geschrieben.

Runde Klammern bedeuten also immer, daß die $p_{j\nu}$ als Funktionen im Koordinatenraum aufzufassen sind, eckige Klammern bedeuten, daß wir die z_i als Funktionen der x_ϱ und auch die $p_{j\nu}$ als Funktionen der x_ϱ und der als Funktionen der x_ϱ gegebenen z_i auffassen. Vom Gebrauch dieser Klammern werden wir jedoch gelegentlich dann absehen, wenn diese funktionellen Abhängigkeiten bereits aus dem Zusammenhang klar hervorgehen. Wir bemerken ferner insbesondere, daß, wenn $f(x_\varrho, z_i, p_{j\nu})$ als Integrand von (102) auftritt und demnach nur als $f\big(x_\varrho, z_i(x_\varrho), z_{j;\nu}(x_\varrho)\big)$ verstanden werden kann, wir hiefür stets f schreiben werden. Unter (f) bzw. $[f]$ haben wir hingegen $f\big(x_\varrho, z_i, p_{j\nu}(x_\varrho, z_i)\big)$ bzw. $f\big(x_\varrho, z_i(x_\varrho), p_{j\nu}(x_\varrho, z_i(x_\varrho))\big)$ zu verstehen. Wenn die Größen $z_{i;\varrho}$ als unabhängige Veränderliche aufgefaßt werden sollen, werden wir gelegentlich, um dies hervorzuheben, $z_{i\varrho}$ schreiben.

Ferner setzen wir zur Abkürzung[1]:

$$\omega_i = dz_i - p_{i\varrho}\, dx_\varrho \qquad (i = 1, \ldots, k). \tag{103}$$

Im Falle einer unabhängigen Veränderlichen ist

$$\omega_i = dy_i - p_i\, dx, \tag{104}$$

und wir können damit die Pfaffsche Form (101) in der Form

$$\boldsymbol{\Omega} = f\, dx + f_{p_i}\omega_i \tag{101'}$$

schreiben. $\boldsymbol{\Omega}$ hat folgende kennzeichnende Eigenschaften:

$$\left.\begin{array}{lll} \text{I.} & \boldsymbol{\Omega} \equiv f\, dx \ (\operatorname{mod} \omega_i) & (i = 1, \ldots, k) \\ \text{II.} & d\boldsymbol{\Omega} \equiv 0 \ (\operatorname{mod} \omega_i) & (i = 1, \ldots, k). \end{array}\right\} \tag{105}$$

I ergibt sich unmittelbar aus (101′) und II folgt sofort aus den Regeln für das Rechnen mit alternierenden Formen und insbesondere unter Beachtung von (104) und des Differentials von (104):

$$d\omega_i = d(dy_i) - d(p_i\, dx),$$

das sich wegen

$$d(dy_i) = 0$$

zu

$$d\omega_i = -\, dp_i \wedge dx \tag{106}$$

vereinfacht. Es ist

$$\begin{aligned} d\boldsymbol{\Omega} &= df \wedge dx + df_{p_i} \wedge \omega_i + f_{p_i} d\omega_i \\ &= f_x\, dx \wedge dx + f_{y_i} dy_i \wedge dx + f_{p_i} dp_i \wedge dx + df_{p_i} \wedge \omega_i - f_{p_i} dp_i \wedge dx, \end{aligned}$$

[1] Um in Übereinstimmung mit der in der Literatur gebräuchlichen Bezeichnung zu bleiben, verwenden wir zur Bezeichnung dieser Pfaffschen Formen griechische Kleinbuchstaben in gewöhnlicher Schriftstärke.

also in der Tat

$$d\,\mathbf{\Omega} = \{-f_{y_i} d x + d f_{p_i}\} \wedge \omega_i. \tag{107}$$

Wir überzeugen uns nun davon, daß diese Eigenschaften I und II für den Pfaffschen Ausdruck (101′) bestimmend sind. Entsprechend I setzen wir an:

$$\mathbf{\Omega} = f\,d x + A_i\,\omega_i.$$

Bilden wir dann wie vorhin $d\mathbf{\Omega}$ so sehen wir, daß sich aus der Forderung II

$$A_i = f_{p_i} \tag{108}$$

ergibt.

Lepage hat nun erkannt, daß diese unter (105) aufgeführten Eigenschaften I und II in Verbindung mit der Forderung, die Stellungsgrößen $p_{j\nu}$ mögen als Funktionen der x_ϱ, z_i so bestimmt werden, daß aus $(\mathbf{\Omega})$ eine geschlossene Differentialform entsteht, auch im allgemeinen Fall ausreichen, um $\mathbf{\Omega}$ so zu bestimmen, daß das längs einer Extremalen $\bar{\Sigma}$ (oder eines Teilstückes von $\bar{\Sigma}$) erstreckte Integral (102) durch ein Integral über $(\mathbf{\Omega})$ ersetzt werden kann, das über eine beliebige, durch den gleichen Rand wie $\bar{\Sigma}$ (oder das Teilstück von $\bar{\Sigma}$) gehende Vergleichsfläche Σ erstreckt wird. Dadurch kann man dann die Differenz ΔI zwischen den über $\bar{\Sigma}$ (oder das Teilstück von $\bar{\Sigma}$) und über Σ erstreckten Integrale (102) durch ein einheitliches, nur über Σ erstrecktes Integral

$$\Delta I = \int_\Sigma \{f(d x) - (\mathbf{\Omega})\}$$

ausdrücken.

Um die allgemeinst mögliche Form für $\mathbf{\Omega}$ zu erhalten, die den Forderungen I und II genügt, setzen wir daher mit den in § 2, 2 eingeführten Bezeichnungen $(d x)_\alpha$, $(d x)_{\alpha\beta}, \ldots$, bereits unter Berücksichtigung der Forderung I von Lepage an (wobei hier über die $\alpha, \beta, \ldots$ zu summieren ist!):

$$\mathbf{\Omega} = f(d x) + A_{i\alpha}\omega_i \wedge (d x)_\alpha + \sum_{\substack{i<j \\ \alpha<\beta}} A_{i\alpha j\beta}\,\omega_i \wedge \omega_j \wedge (d x)_{\alpha\beta} + \cdots. \tag{109}$$

In (109) sind die $A_{i\alpha}$, $A_{i\alpha j\beta}, \ldots$ als Funktionen der x_ϱ, z_i, $p_{j\nu}$ aufzufassen. Durch die Punkte werden die weiteren Summanden bis einschließlich der Glieder mit den alternierenden Produkten

$$\omega_{i_1} \wedge \omega_{i_2} \wedge \cdots \wedge \omega_{i_r} \qquad (i_1 < i_2 < \cdots < i_r) \quad \text{für } k \geqq r$$

bzw.

$$\omega_1 \wedge \omega_2 \wedge \cdots \wedge \omega_i \wedge (d x)_{\alpha_1 \ldots \alpha_i} \qquad \text{für } k < r$$

angedeutet. Wenn bei den Koeffizienten $A_{i\alpha j\beta}, \ldots$ die Einschränkung $i<j$, $\alpha<\beta$ nicht angegeben ist, ist zu beachten, daß dann

$$A_{i\alpha j\beta} = -A_{j\alpha i\beta}, \quad A_{i\alpha j\beta} = -A_{i\beta j\alpha}, \quad \text{usf.}$$

gilt. Um die Forderung II von LEPAGE zu erfüllen, haben wir wiederum $d\Omega$ zu bilden:

$$d\Omega = df\wedge(dx) + \{dA_{i\alpha}\wedge\omega_i\wedge(dx)_\alpha + A_{i\alpha}d\omega_i\wedge(dx)_\alpha\} + \\ + \Big\{dA_{\substack{i\alpha j\beta\\ \binom{i<j}{\alpha<\beta}}}\wedge\omega_i\wedge\omega_j + A_{\substack{i\alpha j\beta\\ \binom{i<j}{\alpha<\beta}}}\{d\omega_i\wedge\omega_j + \omega_i\wedge d\omega_j\}\Big\}\wedge(dx)_{\alpha\beta} + \cdots.$$

Hieraus erhalten wir, nach analogen Umformungen wie diejenigen, die zur Formel (107) geführt haben und insbesondere unter Beachtung der folgenden Relationen:

$$dx_\alpha\wedge(dx)_\alpha = (dx), \qquad dx_\alpha\wedge dx_\beta\wedge(dx)_{\alpha\beta} = (dx), \ldots$$
$$dz_i = \omega_i + p_{i\varrho}dx_\varrho, \qquad dz_i\wedge(dx) = \omega_i\wedge(dx)$$
$$d\omega_i\wedge\omega_j\wedge(dx)_{\alpha\beta} = -dp_{i\varrho}\wedge dx_\varrho\wedge\omega_j\wedge(dx)_{\alpha\beta} \\ = -dp_{i\alpha}\wedge\omega_j\wedge(dx)_\beta - dp_{i\beta}\wedge\omega_j\wedge(dx)_\alpha$$
$$dA_{i\alpha}\wedge\omega_i\wedge(dx)_\alpha = \{A_{i\alpha;\varrho}dx_\varrho + A_{i\alpha;j}dz_j + A_{i\alpha;(j\nu)}dp_{j\nu}\}\wedge\omega_i\wedge(dx)_\alpha \\ = -\{A_{i\alpha;\alpha} + A_{i\alpha;j}p_{j\alpha}\}\,\omega_i\wedge(dx) + A_{i\alpha;j}\omega_j\wedge\omega_i\wedge(dx)_\alpha + \\ + A_{i\alpha;(j\nu)}dp_{j\nu}\wedge\omega_i\wedge(dx)_\alpha$$

(das Suffix „; $(j\nu)$" bedeutet die Ableitung nach $p_{j\nu}$) die Beziehung

$$\left.\begin{aligned} d\Omega = {} & \{f_{p_{i\alpha}} - A_{i\alpha}\}\,dp_{i\alpha}\wedge(dx) + \{f_{z_i} - A_{i\alpha;\alpha} - A_{i\alpha;j}p_{j\alpha}\}\,\omega_i\wedge(dx) + \\ & + A_{i\alpha;j}\,\omega_j\wedge\omega_i\wedge(dx)_\alpha + A_{i\alpha;(j\nu)}dp_{j\nu}\wedge\omega_i\wedge(dx)_\alpha + \\ & + A_{\substack{i\alpha j\beta\\ \binom{i<j}{\alpha<\beta}}}\{-dp_{i\beta}\wedge\omega_j\wedge(dx)_\alpha - dp_{i\alpha}\wedge\omega_j\wedge(dx)_\beta + \\ & + dp_{j\beta}\wedge\omega_i\wedge(dx)_\alpha + dp_{j\alpha}\wedge\omega_i\wedge(dx)_\beta\} + \\ & + dA_{\substack{i\alpha j\beta\\ \binom{i<j}{\alpha<\beta}}}\wedge\omega_i\wedge\omega_j\wedge(dx)_{\alpha\beta} + \cdots. \end{aligned}\right\} \quad (110)$$

Nur der erste Term in (110) hat keinen Faktor ω_i. Somit führt die Forderung II von LEPAGE hier wieder zu

$$A_{i\alpha} = f_{p_{i\alpha}}. \tag{111}$$

Der wesentliche Unterschied gegenüber dem Problem mit einer unabhängigen Veränderlichen besteht darin, daß durch die Forderungen I und II der Pfaffsche Ausdruck (101) vollständig bestimmt wird, während jetzt die Koeffizienten $A_{i\alpha j\beta}, \ldots$ der Monome mit mehr als einem Faktor ω_i völlig unbestimmt bleiben.

Wir bemerken schon an dieser Stelle, daß sich die Theorie von DE DONDER und WEYL aus dem Ansatz (109) dadurch ergibt, daß alle diese unbestimmten Koeffizienten gleich Null gesetzt werden. Andererseits ergibt sich die Theorie von CARATHÉODORY aus (109) durch die Forderung, daß diese willkürlichen Funktionen so bestimmt werden, daß sich $(\boldsymbol{\Omega})$ als Monom durch ein alternierendes Produkt von r vollständigen Differentialen von Funktionen im (x_ϱ, z_i) -Raum darstellen läßt.

Als nächsten Schritt stellen wir folgende Überlegung an:

Wenn das über beliebige r-dimensionale Flächen Σ im (x_ϱ, z_i)-Raum erstreckte Integral von $(\boldsymbol{\Omega})$ das Hilbertsche Unabhängigkeitsintegral sein soll, so muß der Wert dieses Integrals für alle Hyperflächen Σ, welche denselben Rand R besitzen, gleich sein[1]. Diese Forderung ist nach dem verallgemeinerten Satz von STOKES gleichbedeutend damit, daß $(\boldsymbol{\Omega})$ eine geschlossene Differentialform ist.

Wir fassen diese bereits vorhin erwähnte und hier näher begründete Forderung an $(\boldsymbol{\Omega})$ in folgende Form:

III. Die Stellungsgrößen $p_{j\nu}$ und auch die Größen $A_{i\alpha j\beta}, \ldots$ sind als Funktionen der x_ϱ, z_i so zu bestimmen, daß $(\boldsymbol{\Omega})$ eine geschlossene Differentialform wird.

Wir werden die Forderungen I und II als „Anpassungsbedingungen" und die Forderung III als „Unabhängigkeitsbedingung" bezeichnen.

Es erscheint mir zweckmäßig, die Erörterung, wie diese Forderung III erfüllt werden kann zu verschieben und auch die weiteren Überlegungen, die unser ins Auge gefaßte Ziel erfordern, zunächst nur kurz zu skizzieren, um eine Übersicht zu gewinnen, wie sich aus dem Hilbertschen Unabhängigkeitsintegral die hinreichenden Bedingungen dafür ergeben, daß eine bestimmte Fläche $\bar{\Sigma}$: $z_i = \bar{z}_i(x_\varrho)$ tatsächlich die durch (102) gestellte Aufgabe löst. Auch wollen wir die bisherigen rein formalen Entwicklungen durch Betrachtungen ergänzen, in denen begriffliche Überlegungen stärker hervortreten. Bisher hatten wir uns ja lediglich von einer formalen Analogie leiten lassen. Formale Gesichtspunkte sind heuristisch zwar nützlich, für ein tieferes Verständnis sind sie aber allein nicht ausreichend. Danach erst wollen wir zur Erörterung der Forderung III und auch der übrigen Forderungen zurückkehren.

Mit der Aufstellung des Hilbertschen Unabhängigkeitssatzes verfolgen wir, analog wie bei den Problemen mit einer unabhängigen Veränderlichen, den Zweck:

Sei $\bar{\Sigma}$ eine ausgezeichnete Fläche, die durch

$$z_i = \bar{z}_i(x_\varrho) \tag{112}$$

[1] Es sind hierbei nur solche Flächen Σ zwischen Rändern R zu betrachten, deren Projektion auf die Ebene der x_ϱ innerhalb von G_r liegt bzw. mit dem Rand von G_r zusammenfällt und die dieses Gebiet schlicht überdecken.

dargestellt ist, durch einen vorgegebenen Rand R geht und ein Minimum für das Integral

$$I = \int_{G_r} f(d\,x) \tag{113}$$

liefert; dann soll — wie bereits vorhin erwähnt — das Unabhängigkeitsintegral

$$\int_{\Sigma} (\boldsymbol{\Omega}) \tag{114}$$

erstreckt über eine beliebige Fläche Σ der Umgebung U von $\bar{\Sigma}$ die zum Vergleich herangezogen wird, und die — wie wir vorläufig annehmen wollen — ebenfalls R zum Rand hat, denselben Wert liefern, wie das Integral (113) für die Funktionen (112).

Damit aber das Unabhängigkeitsintegral, wenn es im besonderen über $\bar{\Sigma}$ selbst erstreckt wird, in das Integral

$$\int_{G_r} f(x_\varrho, \bar{z}_i, \bar{z}_{j;\nu})\,(d\,x)$$

übergeht, müssen wir fordern, daß

$$\bar{z}_{j;\nu} = p_{j\nu}(x_\varrho, \bar{z}_i) \qquad \text{d.h.:} \quad [\overline{\omega}_i] = 0$$

gilt, d.h. daß die $p_{j\nu}$ mindestens auf $\bar{\Sigma}$ integrabel sind.

Von einem System von Stellungsgrößen $p_{j\nu}(x_\varrho, z_i)$ die in einem Raumstück des (x_ϱ, z_i)-Raumes eindeutige Funktionen sind und die der Unabhängigkeitsbedingung III genügen, wollen wir sagen, sie bilden ein *Feld von Stellungsgrößen*. Und wenn weiter auf einer Mannigfaltigkeit Σ: $z_i = z_i(x_\varrho)$

$$z_{j;\nu} = [p_{j\nu}] = p_{j\nu}(x_\varrho, z_i(x_\varrho)) \tag{115}$$

ist, wollen wir sagen: Die $p_{j\nu}$ bilden ein Σ einbettendes Feld.

Dementsprechend erheben wir die Forderung:

IV. Für die Fläche $\bar{\Sigma}$, deren Minimaleigenschaft nachgewiesen werden soll, existiere ein sie einbettendes Feld von Stellungsgrößen.

Ist IV erfüllt, so wird sich zeigen, daß $\bar{\Sigma}$ notwendigerweise eine Extremale ist, daß sie also den Euler-Lagrangeschen Differentialgleichungen genügt. Den Beweis dafür wollen wir aber erst im Zusammenhang mit der Erörterung der Forderung III erbringen.

Um nun das Analogon der Weierstraßschen Exzeßfunktion aufzustellen und das dementsprechende Analogon der Weierstraßschen Bedingung zu formulieren, denken wir uns eine beliebige r-dimensionale Fläche, die durch den gleichen Rand wie die zu untersuchende Fläche $\bar{\Sigma}$ hindurchgeht, ebenfalls in der speziellen Form:

$$z_i = z_i(x_\varrho) \tag{116}$$

gegeben.

Setzen wir diese Funktionen und

$$d z_i = z_{i;\nu} d x_\nu,$$

in $(\boldsymbol{\Omega})$ ein, so geht $(\boldsymbol{\Omega})$ in $[\boldsymbol{\Omega}]$ über und es wird somit

$$[\boldsymbol{\Omega}] = [\psi](d x)$$

wobei:

$$[\psi] = \psi\left(x_\varrho, z_i(x_\varrho), p_{j\nu}(x_\varrho, z_i(x_\varrho)), z_{i;\lambda}(x_\varrho)\right)$$

der Integrand des Integrals über $(\boldsymbol{\Omega})$ in der x-Darstellung ist. Bilden wir die Differenz des über (116) gebildeten Integrals (113) und des Unabhängigkeitsintegrals, so haben wir:

$$\Delta I = \int_{G_r} \{f - [\psi]\}(d x) = \int_{G_r} [e](d x), \tag{117}$$

wobei also

$$\left.\begin{aligned} [e] &= e\left(x_\varrho, z_i(x_\varrho), p_{j\nu}(x_\varrho, z_i(x_\varrho)), z_{i;\lambda}(x_\varrho)\right) \\ &= f\left(x, z_i(x_\varrho), z_{j;\nu}(x_\varrho)\right) - \psi\left(x_\varrho, z_i(x_\varrho), p_{j\nu}(x_\varrho, z_i(x_\varrho)), z_{i;\lambda}(x_\varrho)\right) \end{aligned}\right\} \tag{118}$$

das Analogon an der Weierstraßschen Exzeßfunktion ist.

Das verallgemeinerte Weierstraßsche Kriterium lautet demnach:

Ist in allen Punkten (x_ϱ, z_i) einer Umgebung U von $\bar{\Sigma}$

V. $$e\left(x_\varrho, z_i, p_{j\nu}(x_\varrho, z_i), z_{i\lambda}\right) \geqq 0, \tag{119}$$

so liefert $\bar{\Sigma}$ ein starkes Minimum, wenn man zum Vergleich Flächen Σ heranzieht, die in U verlaufen. Was den Beweis betrifft, daß diese Bedingung für das Eintreten des Minimums hinreichend ist, so bemerken wir, daß dieser analog wie im Kap. III, 2, §1 für den Fall einer unabhängigen und einer abhängigen Veränderlichen verläuft.

Die Erfüllung der Forderungen I bis V gewährleistet, daß die durch (102) gestellte Aufgabe eine Lösung besitzt. Dabei beziehen sich die Forderungen I, II und III lediglich auf den Ausdruck unter dem Unabhängigkeitsintegral und jeder Ausdruck, der diesen drei Forderungen genügt, ist hiefür geeignet. Die Forderungen IV und V hingegen beziehen sich auf eine vorgegebene Fläche, die — soferne sie diesen Bedingungen genügt — den Minimalwert von (113) liefert. Wir erwähnen, daß bei der genaueren Diskussion der Forderung IV sich das Analogon der Jacobischen Bedingung ergibt. Hierauf wollen wir aber nicht weiter eingehen (*).

Hingegen wollen wir aber noch kurz zeigen, wie man von der ursprünglichen Fassung der Ideen von Carathéodory aus zu den in I bis V dargelegten Forderungen gelangt. Wir werden hiebei nur mittelbar Gebrauch von der Theorie der alternierenden Differentialformen machen, welche für die Durchführung der vorhergehenden, durch formale Gesichtspunkte bestimmten Entwicklungen von wesentlicher Bedeutung war. Wir übertragen dem Wesen nach dabei die Betrachtungen, die wir bereits in Kap. I, 4, §1 angestellt haben, auf Variationsprobleme mit k abhängigen und r unabhängigen Veränderlichen, doch schließen sich unsere Überlegungen jetzt enger an die Konzeption von CARATHÉODORY an, der, wie wir in §1 bereits hervorgehoben haben, sein Hauptaugenmerk auf die Gewinnung hinreichender Bedingungen für die Existenz eines Minimums richtete, während wir seinerzeit nur an der Gewinnung der hiefür notwendigen Bedingungen interessiert waren. Der Unterschied zwischen der früheren und unserer jetzigen Betrachtungsweise liegt darin, daß wir uns jetzt das Feld konstruiert denken.

Sei

$$\chi = \chi(x_\varrho, z_i, p_{i\nu}(x_\varrho, z_i), z_{i\lambda}) \tag{120}$$

eine Funktion der $r+k+r\cdot k$ Veränderlichen $x_\varrho, z_i, z_{i\lambda}$, welche $r\cdot k$ Stellungsgrößen $p_{j\nu}$ als Funktionen der x_ϱ, z_i enthalte. Von χ fordern wir zunächst, daß längs jeder zweimal stetig differenzierbaren Fläche Σ: $z_i = z_i(x_\varrho)$ mit $z_{i\lambda} = z_{i;\lambda}(x_\varrho)$

$$\mathfrak{L}(\chi(x_\varrho, z_i(x_\varrho), p_{j\nu}(x_\varrho, z_i(x_\varrho)), z_{i;\lambda}(x_\varrho))) = \mathfrak{L}([\chi]) \equiv 0 \tag{121}$$

sei. Es ist also $[\chi]$ notwendigerweise der Integrand eines Integrals über eine geschlossene Differentialform in der x-Darstellung.

Es liefert dann mit einem derartigen χ:

$$\int_{G_r} \{f(x_\varrho, z_i(x_\varrho), z_{i;\lambda}(x_\varrho)) - [\chi]\}(dx) \to \text{Min} \tag{122}$$

ein zu (102) „äquivalentes" Variationsproblem, d.h. beide Variationsprobleme besitzen die gleichen Euler-Lagrangeschen Differentialgleichungen. Soll $\bar{\Sigma}$: $z_i = \bar{z}_i(x_\varrho)$ das Minimum für (102) liefern, so fordern wir, daß

$$\bar{f} - [\bar{\chi}] = 0 \tag{123}$$

und ferner, daß überall in den Punkten (x_ϱ, z_i) einer Umgebung U von $\bar{\Sigma}$

$$e = f(x_\varrho, z_i, z_{i\lambda}) - \chi(x_\varrho, z_i, p_{j\nu}(x_\varrho, z_i), z_{i\lambda}) \geqq 0 \tag{124}$$

sei. Dabei stellen wir an χ die weitere Forderung, daß in allen Punkten von U das Minimum (124) als Funktion der $z_{i\lambda}$ eintrete für $z_{i\lambda} = p_{i\lambda}(x_\varrho, z_i)$ und gleich Null sei. Also fordern wir von χ noch:

$$f(x_\varrho, z_i, p_{i\lambda}) = \chi(x_\varrho, z_i, p_{j\nu}, p_{i\lambda}), \tag{125}$$

$$\pi_{i\lambda}(x_\varrho, z_i, p_{i\lambda}) = \chi_{z_{i\lambda}}(x_\varrho, z_i, p_{j\nu}, p_{i\lambda}) \tag{126}$$

mit

$$\pi_{i\lambda} = f_{z_{i\lambda}}.$$

Die Forderung (121) entspricht der Forderung III, der Unabhängigkeitsforderung, die Forderung (125) der Forderung I und (126) der Forderung II, also den Anpassungsbedingungen. (123) entspricht der Forderung IV und (124) der Forderung V von LEPAGE.

Um die allgemeinste Funktion χ zu finden, welche (121) erfüllt, haben wir uns in § 3 auf die Theorie der alternierenden Formen gestützt und somit stützen wir uns auch hier mittelbar auf die Theorie der alternierenden Formen. Vom historischen Standpunkt aus ist aber zu erwähnen, daß diese Aufgabe schon von KÖNIGSBERGER (**), allerdings in einer recht unübersichtlichen Form behandelt wurde. DE DONDER und WEYL einerseits und CARATHÉODORY andererseits haben, wie bereits erwähnt, spezielle Formen für die Funktion χ benützt.

Wir kehren nun zur Erörterung der Forderung III von LEPAGE zurück. Um III zu erfüllen, können wir in zweifacher Weise vorgehen:

Ein erster, direkter Weg besteht darin, daß wir nach dem Satz von POINCARÉ die Geschlossenheit von $(\boldsymbol{\Omega})$ durch

$$d(\boldsymbol{\Omega}) = 0 \tag{127}$$

ausdrücken und durch Nullsetzen der einzelnen Monome, aus denen sich $d(\boldsymbol{\Omega})$ additiv zusammensetzt, Gleichungen erhalten, welchen die Stellungsgrößen $p_{j\nu}(x_\varrho, z_i)$ und die Funktionen $\underset{\alpha<\beta}{A_{i\alpha j\beta}}(x_\varrho, z_i), \ldots$ genügen müssen.

Ein zweiter, indirekter Weg, der für die weiteren Überlegungen von maßgebender Bedeutung sein wird, besteht darin, daß wir von einer vorgegebenen Differentialform ausgehen, welche solche willkürliche Funktionen enthält, die, wenn die Differentialform nur als von den unabhängigen Veränderlichen x_ϱ, z_i als abhängig betrachtet wird, geschlossen ist, und diese willkürlichen Funktionen so bestimmen, daß die Anpassungsbedingungen erfüllt werden.

Was den ersten Weg betrifft, so wollen wir uns mit Andeutungen begnügen und im übrigen den Ansatz lediglich verwenden, um zu zeigen, daß jede Fläche, welche sich in ein Feld einbetten läßt, notwendigerweise eine Extremale ist.

Dabei ist es zweckmäßig, um unnütz lange Formeln zu vermeiden, folgende abkürzende Bezeichnungen zu verwenden: Differentialformen, die mindestens einen Faktor ω_i enthalten, werden wir mit

$$\{\omega_i\}, \tag{128}$$

Differentialformen, die mindestens zwei Faktoren ω_i, ω_j enthalten, werden wir mit

$$\{\omega_i, \omega_j\} \tag{129}$$

bezeichnen. Es gilt

$$d\{\omega_i, \omega_j\} = \{\omega_s\}. \tag{130}$$

Unsere bisherigen Ergebnisse können wir nun so aussprechen: Eine Differentialform, die den Anpassungsbedingungen genügt, läßt sich in der Form

$$\mathbf{\Omega} = f(dx) + f_{p_{i\nu}}\omega_i \wedge (dx)_\nu + \{\omega_i, \omega_j\}$$

bzw.

$$\mathbf{\Omega} = (f - p_{i\nu} f_{p_{i\nu}})(dx) + f_{p_{i\nu}} dz_i \wedge (dx)_\nu + \{\omega_i, \omega_j\} \tag{131}$$

schreiben. Wenden wir die Legendresche Transformation:

$$\left.\begin{aligned} &f - p_{i\nu}\pi_{i\nu} = -H(x_\varrho, z_i, \pi_{j\nu}), \qquad f_{p_{i\nu}} = \pi_{i\nu} \\ &H_{\pi_{i\nu}} = p_{i\nu}, \qquad H_{z_i} = -f_{z_i}, \qquad H_{x_\varrho} = -f_{x_\varrho} \end{aligned}\right\} \tag{132}$$

an, so haben wir (131) in der Form:

$$\mathbf{\Omega} = -H(dx) + \pi_{i\nu} dz_i \wedge (dx)_\nu + \{\omega_i, \omega_j\}. \tag{133}$$

Wenn wir nun die in $\mathbf{\Omega}$ auftretenden Funktionen als Funktionen der x_ϱ, z_i im $(r+k)$-dimensionalen Koordinatenraum auffassen, haben wir:

$$(\mathbf{\Omega}) = -(H)(dx) + (\pi_{i\nu}) dz_i \wedge (dx)_\nu + \{(\omega_i), (\omega_j)\}. \tag{134}$$

Nun ist:

$$d(H) = \frac{\partial (H)}{\partial x_\varrho} dx_\varrho + \frac{\partial (H)}{\partial z_i} dz_i$$

$$d(\pi_{i\nu}) = \frac{\partial (\pi_{i\nu})}{\partial x_\varrho} dx_\varrho + \frac{\partial (\pi_{i\nu})}{\partial z_j} dz_j.$$

Somit also:

$$d(\mathbf{\Omega}) = -\left(\frac{\partial (H)}{\partial z_i} + \frac{\partial (\pi_{i\nu})}{\partial x_\nu}\right) dz_i \wedge (dx) + \frac{\partial (\pi_{i\nu})}{\partial z_j} dz_j \wedge dz_i \wedge (dx)_\nu + \{(\omega_i)\}. \tag{135}$$

Wir bemerken, daß sich der zweite Term von (135) auch in der Form (in strikten Koordinaten)

$$\left\{\frac{\partial (\pi_{i\nu})}{\partial z_j} - \frac{\partial (\pi_{j\nu})}{\partial z_i}\right\} dz_j \wedge dz_i \wedge (dx)_\nu \qquad j < i$$

schreiben läßt.

Aus der Forderung III von Lepage (127) ergibt sich nun aus den beiden ersten Termen von (135):

$$\left.\begin{aligned} &\frac{\partial (H)}{\partial z_i} + \frac{\partial (\pi_{i\nu})}{\partial x_\nu} = 0 \\ &\frac{\partial (\pi_{i\nu})}{\partial z_j} - \frac{\partial (\pi_{j\nu})}{\partial z_i} = 0. \end{aligned}\right\} \tag{136}$$

Wir bemerken, daß sich aus den übrigen Termen Gleichungen ergeben, welche auch die Funktionen $(A_{i\alpha j\beta})_{\alpha<\beta}, \ldots$ und deren Ableitungen enthalten. In den Gln. (136) treten jedoch diese Funktionen nicht auf.

Für eine ausgezeichnete Fläche $\bar{\Sigma}$ längs der (115) erfüllt ist, also

$$[\bar{\omega}_i] \equiv 0$$

folgen aus

$$d[\bar{\mathbf{\Omega}}] = 0$$

lediglich die Gleichungen:

$$\left.\begin{aligned} \left[\frac{\partial(\bar{H})}{\partial z_i}\right] + \left[\frac{\partial(\pi_{i\nu})}{\partial x_\nu}\right] &= 0 \\ \left[\frac{\partial(\pi_{i\nu})}{\partial z_j}\right] - \left[\frac{\partial(\pi_{j\nu})}{\partial z_i}\right] &= 0. \end{aligned}\right\} \tag{137}$$

Nun ist:

$$\left[\frac{\partial(\bar{H})}{\partial z_i}\right] = [\bar{H}_{z_i}] + [\bar{H}_{\pi_{j\varrho}}] \cdot \left[\frac{\partial(\pi_{j\varrho})}{\partial z_i}\right],$$

$$\left[\frac{\partial(\pi_{i\nu})}{\partial x_\nu}\right] = \frac{d[\pi_{i\nu}]}{d x_\nu} - \left[\frac{\partial(\pi_{i\nu})}{\partial z_j}\right] \cdot [\bar{p}_{j\nu}],$$

somit folgen aus (137) mit (132), wegen $H_{\pi_{j\varrho}} = p_{j\varrho}$, $H_{z_i} = -f_{z_i}$:

$$[\bar{f}_{z_i}] - \frac{d[\pi_{i\nu}]}{d x_\nu} = 0, \tag{138}$$

also die Euler-Lagrangeschen Differentialgleichungen. Wir heben hervor, daß dieses Ergebnis unabhängig von den Funktionen $(A_{i\alpha j\beta}), \ldots$ ist. Also gilt für *alle möglichen Felder*, daß *jede* in ein Feld *einbettbare Fläche notwendigerweise* eine *Extremale* ist.

Wir wollen uns jetzt dem zweiten, indirekten Weg zur Erfüllung der Forderung III von LEPAGE zuwenden und hiebei insbesondere zwei Ansätze näher verfolgen.

b) Feldtheorie von DE DONDER-WEYL

Der erste Ansatz ist jener von DE DONDER-WEYL:

$$(\mathbf{\Omega}) = d S_\nu \wedge (d x)_\nu, \qquad S_\nu = S_\nu(x_\varrho, z_i) \qquad (\nu = 1, \ldots, r). \tag{139}$$

Es sind somit bei diesem Ansatz, wie bereits erwähnt, alle

$$\{\omega_i, \omega_j\} \equiv 0 \quad \text{d.h. alle} \quad A_{i\alpha j\beta} = \cdots \equiv 0$$

gesetzt.

Gehen wir zur x-Darstellung des Integranden des Integrals von $(\mathbf{\Omega})$ über, so haben wir:

$$[\mathbf{\Omega}] = [\chi]\,(d x) = \{[S_{\nu;\nu}] + [S_{\nu;i}]\, z_{i;\nu}\}\,(d x).$$

Für die Anpassungsbedingungen in der Form der Gln. (125) und (126) folgt demnach

$$\begin{cases} S_{\nu;\nu} + S_{\nu;i} p_{i\nu} = (f) \\ \qquad\qquad S_{\nu;i} = (\pi_{i\nu}) \end{cases}$$

oder mit

$$(f) - p_{i\nu}(\pi_{i\nu}) = -(H)$$

$$\left.\begin{aligned} S_{\nu;\nu} &= -(H) \\ S_{\nu;i} &= (\pi_{i\nu}). \end{aligned}\right\} \tag{140}$$

Ersetzen wir vermittels der letzten $r \cdot k$ Gleichungen die in (H) enthaltenen Größen $(\pi_{i\nu})$ durch die $S_{\nu;i}$, so erhalten wir das Analogon der Hamilton-Jacobischen Differentialgleichung in der de Donder-Weylschen Theorie:

$$S_{\nu;\nu} + H(x_\varrho, z_i, S_{\nu;i}) = 0. \tag{141}$$

Die Einbettungsbedingung IV verlangt:

$$[\overline{S}_{\nu;i}] = [\overline{\pi}_{i\nu}], \tag{142}$$

wobei

$$[\overline{\pi}_{i\nu}] = f_{p_{i\nu}}(x_\varrho, \overline{z}_i(x_\varrho), [\overline{p}_{j\nu}]),$$

$$[\overline{p}_{j\nu}] = p_{j\nu}(x_\varrho, \overline{z}_i(x_\varrho)) = \overline{z}_{j;\nu}$$

ist.

Um zu sehen, wie man zu einer gegebenen Fläche $\overline{\Sigma}$ ein den Einbettungsbedingungen entsprechendes de Donder-Weylsches Feld von Stellungsgrößen erhalten kann, gehen wir nach L. van Hove (***) wie folgt vor[1]: Wir denken uns ein System von $r-1$ Funktionen

$$S_{\alpha'}(x_\varrho, z_i) \qquad (\alpha' = 2, 3, \ldots, r)$$

so gewählt, daß für diese Funktionen die Einbettungsbedingung (142) auf $\overline{\Sigma}$ erfüllt ist. Im übrigen können aber diese $r-1$ Funktionen beliebige, zweimal stetig differenzierbare Funktionen sein. Dann erhält man (141) in der Form:

$$S_{1;1} + S_{\alpha';\alpha'} + H(x_1, x_{\alpha'}, z_i, S_{1;i}, S_{\alpha';i}) = 0. \tag{143}$$

(143) ist eine partielle Differentialgleichung erster Ordnung für S_1. Auf sie können wir die bereits am Ende des § 4 von Kap. IV, 1 skizzierte Theorie der charakteristischen Streifen der Hamilton-Jacobischen Differentialgleichung anwenden.

---

[1] Wir beschränken uns hier auf die Darlegung der Hauptidee ohne auf Einzelheiten, wie die Auflösbarkeit implizit gegebener Funktionen und die Bestimmung der Klasse der auftretenden Funktionen, einzugehen.

In (143) sehen wir die $x_{\alpha'}$ $(\alpha'=2,\ldots,r)$ als konstant an und setzen für diese Konstanten $c_{\alpha'}$, also:

$$x_{\alpha'}=c_{\alpha'} \qquad (\alpha'=2,\ldots,r). \tag{144}$$

Die Differentialgleichungen der Gruppe (A) für die charakteristischen Streifen von (143) entlang denen (144) gilt, lauten[1]

$$\left.\begin{aligned} \frac{d[z_i]}{dx_1} &= [H_{\pi_{i1}}] \\ \frac{d[\pi_{i1}]}{dx_1} &= -[H_{z_i}] - [H_{\pi_{j\alpha'}}]\cdot[S_{\alpha';ji}] - [S_{\alpha';ji}]. \end{aligned}\right\} \tag{145}$$

Wir zeigen nun, daß die Schnittmannigfaltigkeit von (144) mit der gegebenen Fläche $\bar{\Sigma}$, die in das zu konstruierende Feld einzubetten ist, also die Mannigfaltigkeit

$$z_i=\bar{z}_i(x_1,c_{\alpha'}) \qquad (i=1,\ldots,k;\ \alpha'=2,\ldots,r) \tag{146}$$

eine charakteristische Kurve von (143) bildet.

Auf $\bar{\Sigma}$ müssen jedenfalls die Euler-Lagrangeschen Differentialgleichungen (138) erfüllt sein, die wir mit (132) in der kanonischen Form

$$\frac{d[\bar{\pi}_{i\varrho}]}{dx_\varrho} = -[\bar{H}_{z_i}], \qquad \bar{z}_{i;\varrho}=[\bar{H}_{\pi_{i\varrho}}] \tag{147}$$

schreiben können. Da (142) voraussetzungsgemäß von den Funktionen $S_{\alpha'}$ erfüllt wird, folgt aus (147) zunächst:

$$\bar{z}_{i;1}=[\bar{H}_{\pi_{i1}}], \qquad \bar{z}_{i;\alpha'}=[\bar{H}_{\pi_{i\alpha'}}]$$

$$\frac{d[\pi_{i1}]}{dx_1} = -[\bar{H}_{z_i}] - \frac{d}{dx_{\alpha'}}[\bar{S}_{\alpha';i}].$$

Hieraus ergibt sich nun mit

$$\frac{d}{dx_{\alpha'}}[\bar{S}_{\alpha';i}] = [\bar{S}_{\alpha';ij}]\cdot\bar{z}_{j;\alpha'} + [\bar{S}_{\alpha';i\alpha'}],$$

$$S_{\alpha';i\alpha'}=S_{\alpha';\alpha' i}, \qquad S_{\alpha';ij}=S_{\alpha';ji},$$

unter Verwendung von $\bar{z}_{i;\alpha'}=[\bar{H}_{\pi_{i\alpha'}}]$, daß also entlang von (146) gilt:

$$\left.\begin{aligned} \frac{d[\bar{z}_i]}{dx_1} &= [\bar{H}_{\pi_{i1}}] \\ \frac{d[\bar{\pi}_{i1}]}{dx_1} &= -[\bar{H}_{z_i}] - [\bar{H}_{\pi_{j\alpha'}}][\bar{S}_{\alpha';ji}] - [\bar{S}_{\alpha';\alpha' i}]. \end{aligned}\right\} \tag{148}$$

Es sind also in der Tat die Gln. (145) auf (146) erfüllt.

---

[1] Wir haben bei der Anwendung der Formeln für den charakteristischen Streifen auf (143) zu beachten, daß hier das Glied $S_{\alpha';\alpha'}$ zu H hinzutritt. Ferner bedeuten, in konsequenter Anwendung unserer Symbolik, $S_{\alpha';ji}$ bzw. $S_{\alpha';\alpha' i}$ die zweiten Ableitungen der Funktionen $S_{\alpha'}$ nach z_j und z_i bzw. nach $x_{\alpha'}$ und z_i, wobei die z_i von den x_ϱ als unabhängig angesehen werden.

Um nun ein Feld zu konstruieren, das $\overline{\Sigma}$ einbettet, wählen wir eine Funktion

$$\sigma(x_\alpha, z_i), \tag{149}$$

die außer der Bedingung, daß für sie in der Schnittmannigfaltigkeit mit einer fest gewählten Ebene $x_1 = c_1$ mit $\overline{\Sigma}$ gilt:

$$\left.\begin{aligned}[\overline{\sigma}_{z_i}] &= \sigma_{z_i}(x_{\alpha'}, \overline{z}_j(c_1, x_{\alpha'})) \\ &= \pi_{i1}(c_1, x_{\alpha'}, \overline{z}_j(c_1, x_{\alpha'}), \overline{z}_{j;\varrho}(c_1, x_{\alpha'})) = [\overline{\pi}_{i1}(c_1, x_{\alpha'})]\end{aligned}\right\} \tag{150}$$

willkürlich sein kann. Integrieren wir nun das System gewöhnlicher Differentialgleichungen (145) mit den Anfangsbedingungen für $x_1 = c_1$:

$$z_i = \overline{z}_i(c_1, c_{\alpha'}), \qquad [\overline{\pi}_{i1}(c_1, c_{\alpha'})] = \sigma_{z_i}(c_{\alpha'}, \overline{z}_j(c_1, c_{\alpha'})). \tag{151}$$

Hierauf setzen wir die so gewonnenen Lösungen in die beiden Differentialgleichungen der Gruppe (B) für den charakteristischen Streifen

$$\frac{d[S_{1;1}]}{dx_1} = -[H_{x_1}], \qquad \frac{d[S_1]}{dx_1} = [S_{1;1}] + [S_{1;i}][H_{\pi_{i1}}] \tag{152}$$

ein. Diese Differentialgleichungen sind durch gewöhnliche Quadraturen lösbar, wobei für $[S_{1;1}]$ die sich aus der Hamilton-Jacobischen Differentialgleichung (143) für $x_1 = c_1$ ergebende Anfangsbedingung und für $[S_1]$ die Anfangsbedingung für $x_1 = c_1$:

$$[S_1(c_1, c_{\alpha'}, z_i)] = [\sigma(c_{\alpha'}, z_i)] \tag{153}$$

zu beachten ist.

Damit ist die Integration der charakteristischen Streifen von (143) vollständig durchgeführt.

Durch Elimination der Integrationskonstanten, welche in dem Funktionensystem enthalten sind, das die charakteristischen Streifen von (143) darstellt, erhalten wir, wenn wir überdies für $c_{\alpha'}$ wiederum $x_{\alpha'}$ setzen, jene Lösung

$$S_1 = S_1(x_1, x_{\alpha'}, z_i) \tag{154}$$

von (143), welche für $x_1 = c_1$ mit (149) übereinstimmt und die auf $\overline{\Sigma}$ die Einbettungsbedingung:

$$[\overline{S}_{1;i}] = [\overline{\pi}_{i;1}] \tag{155}$$

erfüllt.

Damit ist das Feld konstruiert. Wir heben hervor, daß wir hiebei, abgesehen von den vorhin genannten Bedingungen, welche die $S_{\alpha'}$ und σ zu erfüllen haben, $r-1$ willkürliche Funktionen $S_{\alpha'}$ von $r+k$ Variablen und eine willkürliche Funktion σ von $r-1+k$ Variablen zulassen konnten, woraus ersichtlich ist, daß die Mannigfaltigkeit der möglichen Felder bereits bei dem speziellen Ansatz (139) außerordentlich groß ist.

c) Die Feldtheorie von CARATHÉODORY. *Variationsprobleme mit beweglichem Rand*

Aus der großen Mannigfaltigkeit der möglichen Ansätze für die geschlossene Differentialform ($\mathbf{\Omega}$) ist in der Literatur insbesondere der Ansatz von CARATHÉODORY

$$(\mathbf{\Omega}) = d\mathcal{S}_1 \wedge \cdots \wedge d\mathcal{S}_r, \qquad \mathcal{S}_\nu = \mathcal{S}_\nu(x_\varrho, z_i) \qquad (\nu = 1, \ldots, r) \tag{156}$$

behandelt. Wie wir im folgenden sehen werden, lassen sich mit diesem Ansatz auch Probleme mit beweglichem Rand behandeln und er erscheint dadurch ausgezeichnet.

Wir erhalten aus (156):

$$[\mathbf{\Omega}] = [\chi]\,(d\,x) = \left|[\mathcal{S}_{\nu;\varrho}] + [\mathcal{S}_{\nu;i}]\, z_{i;\varrho}\right|(d\,x). \tag{157}$$

Somit ergeben sich nach (125) und (126) als Anpassungsbedingungen, wenn wir mit D die Determinante

$$|\mathcal{S}_{\nu;\alpha} + \mathcal{S}_{\nu;i}\, p_{i\alpha}|$$

und mit $D^*_{\nu\alpha}$ das zum Element $S_{\nu;\alpha} + S_{\nu;i}\, p_{i\alpha}$ gehörende algebraische Komplement bezeichnen,

$$\left.\begin{aligned} D &= (f) \\ \mathcal{S}_{\nu;i} D^*_{\nu\alpha} &= (\pi_{i\alpha}) \end{aligned}\right\} \tag{158}$$

mit

$$(f) = f\big(x_\varrho, z_i, p_{i\alpha}(x_\varrho, z_i)\big), \qquad (\pi_{i\alpha}) = f_{z_{i;\alpha}}\big(x_\varrho, z_j, p_{j\nu}(x_\varrho, z_j)\big).$$

Die Gln. (158) stimmen also mit den Gln. (69) überein, wenn $M = 1$ ist. Folglich sind in jedem Punkt $P_0(x^0_\varrho, z^0_i)$ der Mannigfaltigkeit

$$\mathcal{S}_\nu(x_\varrho, z_i) = \mathcal{S}_\nu(x^0_\varrho, z^0_i) = \Gamma_\nu \qquad (\nu = 1, \ldots, r), \tag{159}$$

welche den Anpassungsbedingungen (158) genügt, die Tangentialelemente, die durch

$$\mathcal{S}_{\nu;\varrho}\, d\,x_\varrho + \mathcal{S}_{\nu;i}\, d\,z_i = 0$$

festgelegt sind, *transversal* zu dem in diesem Punkt P_0 durch die Stellungsgrößen $p^0_{i\varrho} = p_{i\varrho}(x^0_\nu, z^0_j)$ gekennzeichneten Flächenelement, das durch

$$d\,x_\varrho + p^0_{i\varrho}\, d\,z_i = 0$$

festgelegt ist, da zwischen den $\mathcal{S}_{\nu;i}$ und den $\mathcal{S}_{\nu;\varrho}$ die Relationen (75):

$$\mathcal{S}_{\nu;i} = (\pi_{i\lambda})\,\frac{(a^*_{\lambda\varrho})}{(a)}\,\mathcal{S}_{\nu;\varrho}$$

bestehen ($(a) \neq 0$ wird vorausgesetzt).

Denkt man sich aus den letzten $r \cdot k$ Gleichungen (158) die $r \cdot k$ Stellungsgrößen $p_{j\nu}$ ausgerechnet und die hiefür erhaltenen Ausdrücke in die erste Gleichung eingesetzt, so erhält man die „Hamilton-Jacobische Differentialgleichung" der Carathéodoryschen Feldtheorie. Sie ist eine partielle Differentialgleichung erster Ordnung für die Ableitungen der Funktionen $\mathcal{S}_\nu(x_\varrho, z_i)$.

Der Einbettungsbedingung IV wird also entsprochen, wenn in den Punkten der vorgegebenen Extremale $\overline{\Sigma}$ die Flächenelemente der Flächen (159) transversal zu den $\overline{z}_{i;\varrho}$ sind, d.h. also:

$$[\overline{\mathcal{S}}_{\varrho;i}] = [\overline{P}_{i\nu}] \cdot [\overline{\mathcal{S}}_{\varrho;\nu}]$$

ist.

Diese Überlegungen gelten insbesondere auch für den Fall $k=1$. Für das in §1 behandelte Beispiel der Minimalfläche ($r=2$, $k=1$):

$$f(x_\varrho, z_i, z_{j;\nu}) = \sqrt{1 + z_{;1}^2 + z_{;2}^2} \tag{160}$$

erhalten wir mit dem Ansatz

$$(\boldsymbol{\Omega}) = d\mathcal{S}_1 \wedge d\mathcal{S}_2, \qquad \mathcal{S}_\nu = \mathcal{S}_\nu(x_1, x_2, z) \qquad \nu = 1, 2, \tag{161}$$

aus den Anpassungsbedingungen (158):

$$\left.\begin{aligned} \begin{vmatrix} \mathcal{S}_{1;1} + \mathcal{S}_{1;z} p_1, & \mathcal{S}_{1;2} + \mathcal{S}_{1;z} p_2 \\ \mathcal{S}_{2;1} + \mathcal{S}_{2;z} p_1, & \mathcal{S}_{2;2} + \mathcal{S}_{2;z} p_2 \end{vmatrix} &= \sqrt{1 + p_1^2 + p_2^2} \\ \mathcal{S}_{1;z}(\mathcal{S}_{2;2} + \mathcal{S}_{2;z} p_2) - \mathcal{S}_{2;z}(\mathcal{S}_{1;2} + \mathcal{S}_{1;z} p_2) &= \frac{p_1}{\sqrt{1 + p_1^2 + p_2^2}} \\ -\mathcal{S}_{1;z}(\mathcal{S}_{2;1} + \mathcal{S}_{2;z} p_1) + \mathcal{S}_{2;z}(\mathcal{S}_{1;1} + \mathcal{S}_{1;z} p_1) &= \frac{p_2}{\sqrt{1 + p_1^2 + p_2^2}} \end{aligned}\right\} \tag{162}$$

durch Elimination der p_1, p_2 als Hamilton-Jacobische Differentialgleichung:

$$\begin{vmatrix} \mathcal{S}_{1;1}, & \mathcal{S}_{1;z} \\ \mathcal{S}_{2;1}, & \mathcal{S}_{2;z} \end{vmatrix}^2 + \begin{vmatrix} \mathcal{S}_{1;2}, & \mathcal{S}_{1;z} \\ \mathcal{S}_{2;2}, & \mathcal{S}_{2;z} \end{vmatrix}^2 + \begin{vmatrix} \mathcal{S}_{1;1}, & \mathcal{S}_{1;2} \\ \mathcal{S}_{2;1}, & \mathcal{S}_{2;2} \end{vmatrix}^2 = 1 \tag{163}$$

oder

$$\{\operatorname{grad} \mathcal{S}_1 \times \operatorname{grad} \mathcal{S}_2\}^2 = 1. \tag{164}$$

Die Konstruktion des eine gegebene Extremale $\overline{\Sigma}$ einbettenden Carathéodoryschen Feldes, also die Lösung der Hamilton-Jacobischen Differentialgleichung für gegebene Anfangsbedingungen, entsprechend den Einbettungsbedingungen IV, werden wir erst später besprechen. Im Fall der Minimalfläche verlangen die Einbettungsbedingungen, daß der Vektor

$$\operatorname{grad} \mathcal{S}_1 \times \operatorname{grad} \mathcal{S}_2 = \mathfrak{v} \perp \overline{\Sigma} \tag{165}$$

ist.

Im folgenden setzen wir voraus, daß wir zu einer vorgegebenen Extremalen $\overline{\Sigma}$ ein den Einbettungsbedingungen IV entsprechendes Feld bereits konstruiert haben. Um dann dem Hilbertschen Unabhängigkeitsintegral in der Feldtheorie von CARATHÉODORY jene Form zu geben, um daraus, ganz analog wie im Kap. III, 2, §1, das hinreichende Kriterium für die Existenz der Lösung des Variationsproblems zu erhalten, müssen wir die $r^2+r\cdot k$ Größen $\mathscr{S}_{\nu;\varrho}$ und $\mathscr{S}_{\nu;i}$ vermöge der Anpassungsbedingungen aus $[\Omega]$ eliminieren. Daß wir imstande sind, diesen Eliminationsprozeß bloß mit den $r\cdot k+1$ Gleichungen (158) auszuführen, beruht darauf, daß, wie wir vorhin bereits festgestellt haben, die Flächenelemente der Mannigfaltigkeit (159) transversal zu den durch die Stellungsgrößen definierten Flächenelementen und dementsprechend die $d\mathscr{S}_\nu$ bis auf einen Faktor identisch mit den Pfaffschen Formen

$$u_\nu = (a_{\nu\varrho})\,d x_\varrho + (\pi_{i\nu})\,d z_i \tag{166}$$

sind. In der Tat ist, infolge von (75) und von $a^*_{\lambda\varrho} a_{\lambda\mu} = \delta_{\varrho\mu}\, a$

$$\begin{aligned} d\mathscr{S}_\nu &= \mathscr{S}_{\nu;\varrho}\,d x_\varrho + \mathscr{S}_{\nu;i}\,d z_i = \mathscr{S}_{\nu;\varrho}\left\{d x_\varrho + (\pi_{i\lambda})\,\frac{(a^*_{\lambda\varrho})}{(a)}\,d z_i\right\} \\ &= \mathscr{S}_{\nu;\varrho}\,\frac{(a^*_{\lambda\varrho})}{(a)}\,\{(a_{\lambda\mu})\,d x_\mu + (\pi_{i\lambda})\,d z_i\};\end{aligned}$$

somit ist:

$$\begin{aligned}[\Omega] &= [\chi]\,(d x) = d[\mathscr{S}_1]\wedge\cdots\wedge d[\mathscr{S}_r] \\ &= |[\mathscr{S}_{\nu;\varrho}]|\,\frac{|[a^*_{\lambda\varrho}]|}{[a]^r}\cdot|[a_{\lambda\mu}] + [\pi_{i\lambda}]\cdot z_{i;\mu}|\cdot(d x).\end{aligned}$$

Berücksichtigen wir, daß aus (158) analog wie (76) aus (69) folgt:

$$\frac{|\mathscr{S}_{\nu;\varrho}|}{(a)} = \frac{1}{(f)^{r-1}} \quad \text{und daß} \quad |(a^*_{\lambda\varrho})| = (a)^{r-1}$$

ist, so erhalten wir

$$[\chi] = \frac{1}{[f]^{r-1}}\cdot|[a_{\lambda\mu}] + z_{i;\mu}[\pi_{i\lambda}]| \tag{167}$$

mit

$$\begin{aligned}[f] &= f\big(x_\varrho, z_i(x_\varrho), p_{j\nu}(x_\varrho, z_i(x_\varrho))\big) \\ [\pi_{i\lambda}] &= \pi_{i\lambda}\big(x_\varrho, z_i(x_\varrho), p_{j\nu}(x_\varrho, z_i(x_\varrho))\big) \\ [a_{\lambda\mu}] &= a_{\lambda\mu}\big(x_\varrho, z_i(x_\varrho), p_{j\nu}(x_\varrho, z_i(x_\varrho))\big).\end{aligned}$$

Wir können die bisherigen Entwicklungen wie folgt zusammenfassen: Multipliziert man das alternierende Produkt der r Pfaffschen Formen (166) mit $(f)^{-r+1}$, so ist der so erhaltene Ausdruck eine geschlossene Differentialform von der Gestalt:

$$d\mathscr{S}_1\wedge\cdots\wedge d\mathscr{S}_r.$$

Dabei sind die in (f), $(\pi_{i\lambda})$, $(a_{\lambda\mu})$ auftretenden Stellungsgrößen $p_{j\nu}(x_\varrho, z_i)$ aus den Anpassungsbedingungen (158) zu bestimmen und die $\mathscr{S}_\nu$ genügen der Hamilton-Jacobischen Differentialgleichung der Carathéodoryschen Theorie.

Aus (167) ergibt sich

$$\chi = \frac{1}{(f)^{r-1}} |(a_{\lambda\mu}) + z_{i\mu}(\pi_{i\lambda})| = \frac{1}{(f)^{r-1}} |\delta_{\lambda\mu}(f) + \{z_{i\mu} - p_{i\mu}\}(\pi_{i\lambda})|$$

und somit erhalten wir für das Analogon der Weierstraßschen Exzeßfunktion in der Feldtheorie von Carathéodory:

$$\left.\begin{aligned} e = f(x_\varrho, z_l, z_{j\nu}) - \frac{1}{f(x_\varrho, z_l, p_{j\nu})^{r-1}} \cdot |\delta_{\lambda\mu} f(x_\varrho, z_l, p_{j\nu}) + \\ + \{z_{i\mu} - p_{i\mu}\}\, \pi_{i\lambda}(x_\varrho, z_l, p_{j\nu})| \end{aligned}\right\} \tag{168}$$

mit den (158) entsprechenden $p_{j\nu} = p_{j\nu}(x_\varrho, z_i)$.

Wir wollen nun zeigen, daß die Transversalität der Flächenelemente der Mannigfaltigkeit (159) zu den durch die Stellungsgrößen $p_{j\nu} = p_{j\nu}(x_\varrho, z_i)$ des Carathéodoryschen Feldes bestimmten Flächenelementen es gestattet, auch eine hinreichende Bedingung für die Existenz des Minimums bei Variationsproblemen mit beweglichem Rand zu gewinnen.

Sei für eine vorgegebene Extremale $\bar{\Sigma}$ ein die Einbettungsbedingungen erfüllendes Carathéodorysches Feld konstruiert und sei für alle Punkte $P(x_\varrho, z_i)$ in der Umgebung U von $\bar{\Sigma}$:

$$e \geqq 0 \tag{169}$$

und ferner auch

$$f > 0. \tag{170}$$

Es sei M_R eine $(r-1+s)$-dimensionale Mannigfaltigkeit $(0 \leqq s \leqq k)$ die aus einer s-parametrigen Schar von $(r-1)$-dimensionalen geschlossenen Untermannigfaltigkeiten bestehe, unter denen auch $\bar{R}$, der Rand von $\bar{\Sigma}$, enthalten sei. (Es ist also der Rand längs M_R verschieblich. $s=0$ entspricht dem Spezialfall des festen Randes.) Sei R irgendeine dieser Untermannigfaltigkeiten, welche den Rand einer r-dimensionalen zweimal stetig differenzierbaren Mannigfaltigkeit Σ:

$$z_i = z_i(x_\varrho)$$

bilde, welche zur Gänze in U liege. Das von R auf Σ abgegrenzte Gebiet bezeichnen wir mit B. Zufolge (170) und (169) ist dann gewiß für alle Punkte von B:

$$|[\mathscr{S}_{\nu;\varrho}] + [\mathscr{S}_{\nu;i}]\, z_{i;\varrho}| > 0.$$

Es wird demnach B durch die Mannigfaltigkeit

$$\mathscr{S}_\nu(x_\varrho, z_i) = \Gamma_\nu \qquad (\nu = 1, \ldots, r) \tag{171}$$

umkehrbar eindeutig auf ein Gebiet H der $\Gamma_1, \ldots, \Gamma_r$-Hyperebene abgebildet. Dabei entspricht jeder festen Wahl der Γ_ν eine k-dimensionale Untermannigfaltigkeit, deren Tangentialelemente in den betreffenden Punkten transversal zu dem durch die $p_{i\varrho}$ definierten Flächenelement sind.

Wir betrachten nun alle jene k-dimensionalen Mannigfaltigkeiten, welche den Punkten von R entsprechen. Da zu jedem Punkt eine k-dimensionale Mannigfaltigkeit gehört, gehört zu sämtlichen Punkten von R eine $(r-1+k)$-dimensionale Mannigfaltigkeit. Sie werde mit M_T bezeichnet. Es hat dann

$$\int\limits_B (\Omega) = \int\limits_H d\Gamma_1 \wedge \cdots \wedge d\Gamma_r \tag{172}$$

nicht nur für die Flächen Σ, welche von R berandet werden, sondern auch für alle Flächen, deren Rand auf der Mannigfaltigkeit M_T liegt, denselben Wert!

Wir können jetzt zeigen: Wenn in U die Flächen, deren Rand auf der durch $\bar{R}$ gehenden Mannigfaltigkeit $\bar{M}_T$ liegen, ganz im Inneren des Gebietes im (x_ϱ, z_i)-Raum verlaufen, das von Flächen Σ eingenommen wird, deren Rand sich auf der Mannigfaltigkeit M_R befindet, so ist das, in Verbindung mit (169) und (170), hinreichend dafür, daß $\bar{\Sigma}$ das Minimum von (102) liefert.

Zunächst bemerken wir, daß in

$$\int\limits_G [e]\,(d\,x) = \int\limits_G f(d\,x) - \int\limits_G [\chi]\,(d\,x) \geqq 0 \tag{173}$$

das Gleichheitszeichen dann und nur dann gilt, wenn Σ eine Extremale ist. Mit G ist das Bild von B in der Ebene der $x_1, \ldots, x_r$ bezeichnet. Das von $\bar{R}$ auf $\bar{\Sigma}$ abgegrenzte Gebiet sei mit $\bar{B}$, dessen Bild auf die Ebene der Γ_ν sei mit $\bar{H}$ und auf die Ebene der x_ϱ mit $\bar{G}$ bezeichnet.

Sei nun $\bar{\Sigma}^*$ irgendeine andere Extremale in U, die auf M_R durch den Rand $\bar{R}^*$ gehe. Die Schnittmannigfaltigkeit von $\bar{M}_T$ mit Σ^* bezeichnen wir mit $\bar{R}_T^*$. Dann liegt der Bereich $\bar{B}_T^*$, der von $\bar{R}_T^*$ auf $\bar{\Sigma}^*$ begrenzt wird, ganz im Inneren des Bereiches $\bar{B}^*$ der von $\bar{R}^*$ auf $\bar{\Sigma}^*$ begrenzt wird. Die Bilder der Bereiche $\bar{B}^*$ und $\bar{B}_T^*$ in der Ebene der x_ϱ seien mit $\bar{G}^*$ und $\bar{G}_T^*$ bezeichnet. Wegen (170) folgt dann aus (173) und (172):

$$\int\limits_{\bar{G}^*} \bar{f}^*(d\,x) > \int\limits_{\bar{G}_T^*} \bar{f}^*(d\,x) = \int\limits_{\bar{H}} d\Gamma_1 \wedge \cdots \wedge d\Gamma_r = \int\limits_{\bar{G}} \bar{f}\,(d\,x). \tag{174}$$

Es liefert also $\bar{\Sigma}$ unter den gemachten Voraussetzungen in der Tat das Minimum.

Wir wollen nun noch kurz die Frage der Konstruktion des eine vorgegebene Extremale $\bar{\Sigma}$ einbettenden Feldes in der Carathéodoryschen

Theorie besprechen. Grundsätzlich kann man hier in der gleichen Weise vorgehen wie bei der Konstruktion des de Donder-Weylschen Feldes, indem man $(r-1)$ voneinander unabhängige, zweimal stetig differenzierbare Funktionen

$$\mathcal{S}_{\alpha'}(x_\varrho, z_i) \qquad (\alpha' = 2, \ldots, r) \tag{175}$$

so wählt, daß die Tangentialelemente der Flächen

$$\mathcal{S}_{\alpha'}(x_\varrho, z_i) = \mathcal{S}_{\alpha'}(x_\varrho^0, \bar{z}_i(x_\varrho^0)) \qquad (\alpha' = 2, \ldots, r) \tag{176}$$

auf $\bar{\Sigma}$ transversal zu den Tangentialelementen $\bar{z}_{i;\varrho}$ der Extremalen sind. Im übrigen können die Funktionen $\mathcal{S}_{\alpha'}(x_\varrho, z_i)$ willkürlich sein. Setzt man diese Funktionen in die Hamilton-Jacobische Differentialgleichung der Carathéodoryschen Theorie ein, so wird diese zu einer partiellen Differentialgleichung erster Ordnung für die Funktion $\mathcal{S}_1(x_\varrho, z_i)$.

Die Lösung

$$\mathcal{S}_1(x_\varrho, z_i) \tag{177}$$

dieser Differentialgleichung, welche auf $\bar{\Sigma}$ die Transversalitätsbedingung erfüllt, bestimmt zusammen mit den $r-1$ Funktionen (175) ein Carathéodorysches Feld.

Man kann jedoch auch, wie VAN HOVE (°) unter Verwendung einer überaus fruchtbaren Idee von E. HÖLDER gezeigt hat, die Aufgabe in wesentlich einfacherer Weise lösen, indem man die Konstruktion des Carathéodoryschen Feldes auf die Konstruktion eines speziellen de Donder-Weylschen Feldes zurückführt.

HÖLDERs Grundgedanke beruht darauf, mit den Funktionen (175) zunächst eine Punkttransformation im (x_ϱ, z_i)-Raum auszuführen, wobei von der Feststellung in § 2.3 Gebrauch gemacht wird, daß bei Punkttransformationen Extremalen wieder in Extremalen und Transversalen in Transversalen übergehen.

Die Höldersche Punkttransformation besteht darin, daß man setzt[1]:

$$\tilde{x}_1 = x_1, \quad \tilde{x}_{\alpha'} = \mathcal{S}_{\alpha'}(x_\varrho, z_i), \quad \tilde{z}_i = z_i, \qquad \alpha' = 2, \ldots, r; \; i = 1, \ldots, k. \tag{178}$$

Damit geht der Ansatz (156) in den neuen Koordinaten über in:

$$(\tilde{\Omega}) = d\,\tilde{\mathcal{S}}_1 \wedge d\tilde{x}_2 \wedge \cdots \wedge d\tilde{x}_r \tag{179}$$

mit:

$$\tilde{\mathcal{S}}_1(\tilde{x}_\varrho, \tilde{z}_i) = \mathcal{S}_1\big(\tilde{x}_1, x_{\alpha'}(\tilde{x}_\varrho, \tilde{z}_i), \tilde{z}_i\big).$$

---

[1] Es wird dabei vorausgesetzt, daß die Funktionen (175) in einem Punkt $P_0(x_\varrho^0, \bar{z}_i(x_\varrho^0))$ von $\bar{\Sigma}$ außer der Einbettungsbedingung auch die Bedingungen

$$|\mathcal{S}_{\alpha';\beta'}(x_\varrho^0, \bar{z}_i(x_\varrho^0))| \neq 0, \qquad |\mathcal{S}_{\alpha';\beta'}(x_\varrho^0, \bar{z}_i(x_\varrho^0)) + \mathcal{S}_{\alpha';i}(x_\varrho^0, z_i(x_\varrho^0)) \cdot \bar{z}_{i;\beta'}(x_\varrho^0)| \neq 0$$

erfüllen.

Diesen Ansatz (179) kann man sowohl als einen Carathéodoryschen Ansatz (bei dem die $r-1$ Ortsfunktionen speziell als $r-1$ der unabhängigen Veränderlichen gewählt sind) als auch als einen speziellen de Donder-Weylschen Ansatz auffassen, bei dem $r-1$ der Ortsfunktionen als beliebige Konstante angesetzt, also beispielsweise sämtlich identisch Null sind. Es ist nun nachzuweisen, daß mit diesem speziellen de Donder-Weylschen Ansatz ein die transformierte Extremale $\bar{\bar{\Sigma}}$ einbettendes Feld konstruiert werden kann, d.h., daß die $r-1$ als identisch Null gewählten Ortsfunktionen die Einbettungsbedingung erfüllen. Dieser Nachweis wird in folgender Weise erbracht:

Aus der Einbettungsbedingung, die die Funktionen (175) nach Voraussetzung auf $\bar{\Sigma}$ erfüllen:

$$[\bar{\mathcal{S}}_{\alpha';i}] = [\bar{P}_{i\beta}] \cdot [\bar{\mathcal{S}}_{\alpha';\beta}]$$

folgt mit (178) für die Größen $[\bar{\bar{P}}_{i\beta}]$ des transformierten Variationsproblems[1]:

$$0 = [\bar{\bar{P}}_{i\beta'}] \qquad (\beta' = 2, \ldots, r). \tag{180}$$

Auf der Extremalen $\bar{\bar{\Sigma}}$ des transformierten Variationsproblems ist nun:

$$[\bar{\bar{\pi}}_{i\gamma'}] = [\bar{\bar{P}}_{i\beta}]\,[\bar{\bar{a}}_{\gamma'\beta}] = [\bar{\bar{P}}_{i\beta}] \cdot \{\delta_{\beta\gamma'}[\bar{\bar{f}}] - [\bar{\bar{\pi}}_{j\gamma'}] \cdot \bar{\bar{z}}_{j\beta}\}. \tag{181}$$

In unserem Fall treten wegen (180) auf der rechten Seite von (181) nur die Glieder mit $\beta = 1$ auf. Beachten wir nun, daß $\delta_{1\gamma'} = 0$ ist, so stellt demnach (181) ein homogenes Gleichungssystem von der Form:

$$[\bar{\bar{\pi}}_{i\gamma'}]\,\{\delta_{ij} + [\bar{\bar{P}}_{j\alpha}]\,\bar{\bar{z}}_{i;\alpha}\} = 0 \tag{182}$$

dar. Wie in der Abhandlung von VAN HOVE durch eine formale Rechnung gezeigt wird, läßt sich aus der Voraussetzung, daß sich die Gl. (55) nach den Stellungsgrößen auflösen läßt, also aus:

$$\frac{D(P_{i\varrho})}{D(p_{i\varrho})} \neq 0$$

folgern, daß

$$|\delta_{ij} + P_{j\alpha} \cdot p_{i\alpha}| \neq 0$$

sein muß. Mit dieser Voraussetzung folgt aber aus (182):

$$[\bar{\bar{\pi}}_{i\gamma'}] = 0.$$

Also erfüllen die sämtlich identisch Null gesetzten Ortsfunktionen auf $\bar{\bar{\Sigma}}$ die Einbettungsbedingung und man kann daher mit ihnen ein $\bar{\bar{\Sigma}}$ einbettendes de Donder-Weylsches Feld konstruieren. Transformiert man

[1] Wegen (178) ist $\tilde{\mathcal{S}}_{\alpha'}(\tilde{x}_\varrho, \tilde{z}_i) \equiv \tilde{x}_{\alpha'}$, somit $\tilde{\mathcal{S}}_{\alpha';i} \equiv 0$, $\tilde{\mathcal{S}}_{\beta';\alpha'} \equiv \delta_{\beta'\alpha'}$.

dieses auf die ursprünglichen Koordinaten zurück, so erhält man das zum ursprünglichen Variationsproblem gehörende Carathéodorysche Feld.

Wir wollen diese Betrachtungen noch durch einige spezielle Überlegungen am Beispiel der Minimalfläche ergänzen. Die Gl. (164) läßt sich auch in der Form (Lagrangesche Identität der Vektorrechnung!):

$$\left.\begin{aligned}(\mathcal{S}_{1;x_1}^2+\mathcal{S}_{1;x_2}^2+\mathcal{S}_{1;z}^2)(\mathcal{S}_{2;x_1}^2+\mathcal{S}_{2;x_2}^2+\mathcal{S}_{2;z}^2)\,-&\\ -\,(\mathcal{S}_{1;x_1}\mathcal{S}_{2;x_1}+\mathcal{S}_{1;x_2}\mathcal{S}_{2;x_2}+\mathcal{S}_{1;z}\mathcal{S}_{2;z})^2=1&\end{aligned}\right\}\tag{183}$$

schreiben. Um diese Gleichung mit anschaulichen Vorstellungen verbinden zu können, führen wir krummlinige Koordinaten ein. Wir schreiben hier x_3 für z und setzen:

$$x_i=x_i(u_1,u_2,u_3)\qquad(i=1,2,3).\tag{184}$$

Das euklidische Bogenelement ds ist

$$ds^2=g_{ik}\,du_i\,du_k\quad\text{mit}\quad g_{ik}=g_{ki}=\frac{\partial x_j}{\partial u_i}\frac{\partial x_j}{\partial u_k}\qquad(i,k,j=1,2,3).$$

Wenn wir die reziproke Matrix der g_{ik} mit (G_{ik}) bezeichnen, also

$$(g_{ik})(G_{jk})=(\delta_{ij}),\tag{185}$$

so ergibt sich

mit:
$$\left.\begin{aligned}\mathcal{S}_\lambda(x_i(u_j))&=\mathcal{S}_\lambda^*(u_j)\qquad&\lambda=1,2,\\ (\operatorname{grad}\mathcal{S}_\lambda)^2&=\mathcal{S}_{\lambda;i}^*\,\mathcal{S}_{\lambda;k}^*\,G_{ik}\qquad&\lambda=1,2\\ \operatorname{grad}\mathcal{S}_1\cdot\operatorname{grad}\mathcal{S}_2&=\mathcal{S}_{1;i}^*\,\mathcal{S}_{2;k}^*\,G_{ik}.&\end{aligned}\right\}\tag{186}$$

Somit erhalten wir für (183) in krummlinigen Koordinaten:

$$(\mathcal{S}_{1;i}^*\,\mathcal{S}_{1;k}^*\,G_{ik})(\mathcal{S}_{2;j}^*\,\mathcal{S}_{2;l}^*\,G_{jl})-(\mathcal{S}_{1;r}^*\,\mathcal{S}_{2;s}^*\,G_{rs})^2=1.\tag{187}$$

Wählen wir die krummlinigen Koordinaten nun so, daß $u_3=\text{const}$ überall senkrecht auf $\bar{\Sigma}$ steht und wählen wir $\mathcal{S}_1^*=u_3$, so erhalten wir aus (187)

$$\mathcal{S}_{2;1}^{*2}\begin{vmatrix}G_{11}&G_{13}\\G_{31}&G_{33}\end{vmatrix}+2\,\mathcal{S}_{2;1}^*\,\mathcal{S}_{2;2}^*\begin{vmatrix}G_{12}&G_{13}\\G_{32}&G_{33}\end{vmatrix}+\mathcal{S}_{2;2}^{*2}\begin{vmatrix}G_{22}&G_{23}\\G_{32}&G_{33}\end{vmatrix}=1,$$

also

$$\frac{1}{|g_{ik}|}\{g_{22}\,\mathcal{S}_{2;1}^{*2}-2g_{12}\,\mathcal{S}_{2;1}^*\,\mathcal{S}_{2;2}^*+g_{11}\,\mathcal{S}_{2;2}^{*2}\}=1.\tag{188}$$

Die Variable u_3 kommt in (188) nur parametrisch vor. Jede Lösung

$$\mathcal{S}_2^*(u_1,u_2,u_3)$$

von (188) für welche $\mathcal{S}_2^*=\text{const}$ auf $\bar{\Sigma}$ senkrecht ist, bestimmt zusammen mit $\mathcal{S}_1^*=u_3=\text{const}$ ein Carathéodorysches Feld, das $\bar{\Sigma}$ einbettet.

Die Differentialgleichung (188) kann man nun aber auch als Hamilton-Jacobische Differentialgleichung eines Variationsproblems von der Form (vgl. Kap. I, 4, § 4)

$$\delta \int\limits_{u_1^1}^{u_1^2} \sqrt{a_{11} + 2a_{12}\frac{du_2}{du_1} + a_{22}\left(\frac{du_2}{du_1}\right)^2} \cdot du_1 = 0 \tag{189}$$

auffassen, wobei die Matrix der (a_{ik}) die Reziproke der Matrix

$$|g_{ik}| \begin{pmatrix} g_{11}, & -g_{12} \\ -g_{21}, & g_{22} \end{pmatrix} \tag{190}$$

ist. Die Extremalen von (189) sind die Projektionen der charakteristischen Kurven von (188) im $(u_1, u_2, \mathscr{S}_1^*)$-Raum auf die Ebene $\mathscr{S}_1^* = \text{const}$.

Bezeichnen wir mit Δ die Determinante

$$\begin{vmatrix} g_{11}, & g_{12} \\ g_{21}, & g_{22} \end{vmatrix}.$$

Von besonderem Interesse ist der Fall, bei dem die krummlinigen Koordinaten so gewählt werden, daß

$$\frac{\Delta}{|g_{ik}|} \equiv 1 \tag{191}$$

ist. In diesem Fall ist

$$\begin{pmatrix} a_{11} & a_{12} \\ a_{21} & a_{22} \end{pmatrix} = \begin{pmatrix} g_{11} & g_{12} \\ g_{21} & g_{22} \end{pmatrix}$$

und (189) stellt das Variationsproblem zur Ermittlung der geodätischen Linien auf $\mathscr{S}_1^* = u_3 = \text{const}$ dar. Die Schnittlinien der Flächenschar $\mathscr{S}_2^* = \text{const}$ mit irgendeiner der Flächen $\mathscr{S}_1^* = \text{const}$ bilden dann eine im Sinne der euklidischen Maßbestimmung äquidistante Linienschar.

§ 5. Verallgemeinerung des Hilbertschen Problems. Abschließende Bemerkungen

a) Verallgemeinerung des Hilbertschen Problems

Wir wollen hier zunächst das am Schluß des § 2 von Kap. I, 4 erwähnte Hilbertsche Problem naturgemäß auf den Fall von r unabhängigen und k abhängigen Veränderlichen verallgemeinern und dann kurz andeuten, wie die Behandlung des verallgemeinerten Problems in die im vorhergehenden Paragraphen besprochene Theorie von CARATHÉODORY-LEPAGE einzuordnen wäre.

Es sei Σ ein abgeschlossenes Stück einer durch

$$z_i = z_i(x_\varrho) \qquad (\varrho = 1, \ldots, r;\ i = 1, \ldots, k) \tag{192}$$

dargestellten Fläche. R sei ihr Rand, G sei die Projektion von Σ auf die Ebene der x_ϱ. Der Rand R zerfalle entlang einer geschlossenen $(r-2)$-dimensionalen Untermannigfaltigkeit[1] V in zwei Teile: R_1 und R_2. R_2 sei eine fest vorgegebene $(r-1)$-dimensionale Mannigfaltigkeit, während R_1 auf einer $(r-1+s)$-dimensionalen Mannigfaltigkeit M $(0 \leqq s \leqq k)$ beweglich sei. M sei durch

$$\left.\begin{aligned} x_\varrho &= x_\varrho^*(u_\mu) \\ z_i &= z_i^*(u_\mu) \end{aligned}\right\} \qquad \mu = 1, \ldots, r-1+s \tag{193}$$

und der Rand R_1 sei mit

$$u_\mu = u_\mu(\sigma_\varkappa) \qquad (\mu = 1, \ldots, r-1+s;\ \varkappa = 1, \ldots, r-1) \tag{194}$$

durch

$$\left.\begin{aligned} x_\varrho &= x_\varrho^*(u_\mu(\sigma_\varkappa)) \\ z_i &= z_i^*(u_\mu(\sigma_\varkappa)) \end{aligned}\right\} \tag{195}$$

dargestellt[2].

Die Projektion von R_1 auf die Ebene der $\sigma_\varkappa$ sei mit R_1^* bezeichnet. Wir betrachten nun die Integralsumme:

$$\left.\begin{aligned} I = \int_G & f\big(x_\varrho, z_i(x_\varrho), z_{j;\nu}(x_\varrho)\big)\,(d\,x) + \\ &+ \int_{R_1^*} g\big(x_\varrho^*(u_\mu(\sigma_\varkappa)), z_i(x_\varrho^*(u_\mu(\sigma_\varkappa))), x_{\varrho;\sigma_\varkappa}, z_{i;\sigma_\varkappa}\big)\,(d\sigma) \\ x_{\varrho;\sigma_\varkappa} &= \frac{\partial x_\varrho^*}{\partial u_\mu}\cdot\frac{\partial u_\mu}{\partial \sigma_\varkappa}, \qquad z_{i;\sigma_\varkappa} = \left(\frac{\partial z_i}{\partial x_\varrho}\right)_{x_\varrho = x_\varrho^*} \frac{\partial x_\varrho^*}{\partial u_\mu}\,\frac{\partial u_\mu}{\partial \sigma_\varkappa}. \end{aligned}\right\} \tag{196}$$

Gesucht sind:

$$z_i = z_i(x_\varrho) \quad \text{und} \quad u_\mu = u_\mu(\sigma_\varkappa)$$

mit

$$z_i\big(x_\varrho^*(u_\mu(\sigma_\varkappa))\big) = z_i^*\big(u_\mu(\sigma_\varkappa)\big), \tag{197}$$

so daß I ein Minimum wird, wobei z_i auf R_2 vorgegebene Werte annimmt.

---

[1] Diese Untermannigfaltigkeit kann nur für $r > 2$ geschlossen sein. Für $r = 2$ (beim Hilbertschen Problem) stellt sie – vgl. Kap. I, 4, § 2 – die beiden Trennungspunkte von S_1 und S_2 dar. Das Verhalten der Ableitungen von $\overline{\Sigma}$ längs V ist besonders zu untersuchen.

[2] Wir beschränken uns hier und im folgenden lediglich auf die Skizzierung der Fragestellung, ohne auf Details der analytischen Durchführung im einzelnen einzugehen. Es sei hier lediglich noch bemerkt, daß unter den vorhin gemachten Voraussetzungen im allgemeinen eine besondere Parameterdarstellung:

$$\sigma_\varkappa = \sigma_\varkappa(\tau_\alpha), \qquad \varkappa = 1, \ldots, r-1;\ \alpha = 1, \ldots, r-1,$$

existiert, so daß

$$\left\{\begin{aligned} x_\varrho &= x_\varrho^*(u_\mu(\sigma_\varkappa(\tau_\alpha))) = x_\varrho^{**}(\tau_\alpha) \\ z_i &= z_i^*(u_\mu(\sigma_\varkappa(\tau_\alpha))) = z_i^{**}(\tau_\alpha) \end{aligned}\right.$$

für einen bestimmten, festgehaltenen Wert von $\tau_1 = \tau_1^0$ die Mannigfaltigkeit V darstellt.

Bezeichnen wir:

$$\left.\begin{aligned} \mathfrak{L}_{x_\varrho}(g) &= \frac{d}{d\sigma_\varkappa}\left(\frac{\partial g}{\partial x^*_{\varrho;\sigma_\varkappa}}\right) - g_{x^*_\varrho} \\ \mathfrak{L}_{z_i}(g) &= \frac{d}{d\sigma_\varkappa}\left(\frac{\partial g}{\partial z^*_{i;\sigma_\varkappa}}\right) - g_{z^*_i} \\ \mathfrak{L}_i(f) &= \frac{d}{d x_\varrho}\left(\frac{\partial f}{\partial z_{i;\varrho}}\right) - f_{z_i} \end{aligned}\right\} \tag{198}$$

und beachten wir

$$\delta x_\varrho = \frac{\partial x^*_\varrho}{\partial u_\mu}\,\delta u_\mu,$$

sowie, daß aus (197) folgt:

$$\delta z_i = \frac{\partial z^*_i}{\partial u_\mu}\,\delta u_\mu = \left(\frac{\partial z_i}{\partial x_\varrho}\right)_{x_\varrho = x^*_\varrho} \frac{\partial x^*_\varrho}{\partial u_\mu}\,\delta u_\mu,$$

so erhalten wir aus Gl. (51′) durch Nullsetzen der Koeffizienten von $\delta_A z_i$ und δu_μ die Euler-Lagrangeschen Differentialgleichungen für das verallgemeinerte Hilbertsche Problem in der Form:

$$\left.\begin{gathered} \mathfrak{L}_i(f) = 0 \\ \mathfrak{L}_{x_\varrho}(g)\,\frac{\partial x^*_\varrho}{\partial u_\mu} + \mathfrak{L}_{z_i}(g)\,\frac{\partial z^*_i}{\partial u_\mu} + \left\{a_{\varrho\lambda}\frac{\partial x^*_\varrho}{\partial u_\mu} + \pi_{i\lambda}\frac{\partial z^*_i}{\partial u_\mu}\right\}\frac{D_\lambda(x)}{D(\sigma)} = 0 \\ i = 1,\ldots,k;\quad \varrho = 1,\ldots,r;\quad \mu = 1,\ldots,r-1+s. \end{gathered}\right\} \tag{199}$$

Die erste Gruppe von k Differentialgleichungen $\mathfrak{L}_i(f) = 0$ dienen zur Bestimmung von $z_i = z_i(x_\varrho)$ unter Berücksichtigung der auf R vorgegebenen Randbedingungen, die auf R_1 lauten:

$$z_i\left(x^*_\varrho(u_\mu)\right) = z^*_i(u_\mu)$$

für beliebige $u_\mu = u_\mu(\sigma_\varkappa)$, die nur die Randbedingungen auf V erfüllen müssen und die auf R_2 darin bestehen, daß die z_i die dort vorgeschriebenen Werte annehmen, während die zweite Gruppe von Differentialgleichungen (unter Benützung der Lösung der ersten Gruppe: $z_i = z_i(x_\varrho)$) zur Bestimmung von

$$u_\mu = u_\mu(\sigma_\varkappa)$$

dient, unter Berücksichtigung der längs V vorgegebenen Randbedingungen.

Um weiter zu untersuchen, wann die auf diesem Wege gefundenen Extremalen

$$z_i = \bar{z}_i(x_\varrho) \qquad u_\mu = \bar{u}_\mu(\sigma_\varkappa)$$

mit

$$z_i^*\left(\bar{u}_\mu(\sigma_\varkappa)\right) = \bar{z}_i\left(x_\varrho^*\left(\bar{u}_\mu(\sigma_\varkappa)\right)\right)$$

tatsächlich das Minimum liefern, haben wir die Carathéodory-Lepagesche Theorie sinngemäß zu verallgemeinern.

Zu diesem Zweck suchen wir zunächst folgende Frage zu beantworten: Wann verschwindet die erste Variation der Integralsumme:

$$\int\limits_G \varphi(x_\varrho, z_i, z_{j;\nu})\,(d\,x) + \int\limits_{R_1^*} \gamma\left(x_\varrho^*(u_\mu(\sigma_\varkappa)), z_i(x_\varrho^*(u_\mu(\sigma_\varkappa))), x_{\varrho;\sigma_\varkappa}, z_{i;\sigma_\varkappa}\right)(d\sigma) \qquad (200)$$

identisch? Das erste Integral nennen wir das Haupt-, das zweite das Randintegral.

In dem Sonderfall, bei dem der ganze Rand von Σ fest ist, wo also die Variationen am ganzen Rand R von Σ verschwinden, ist die Frage gleichbedeutend damit, wann die erste Variation für das Hauptintegral allein identisch verschwindet. Dies ist nach den Ergebnissen des § 3 dann der Fall, wenn φ der Integrand eines Integrals über eine geschlossene Differentialform r-ten Grades $(\boldsymbol{\Omega}^{(r)})$ in der x-Darstellung ist.

Für das Folgende setzen wir voraus, daß dies der Fall ist. Sei also $(\boldsymbol{\Omega}^{(r)})$ eine geschlossene Differentialform und

$$[\boldsymbol{\Omega}^{(r)}] = [\varphi]\,(d\,x)$$
$$\tilde{\pi}_{i\lambda} = \varphi_{z_{i;\lambda}}$$
$$\tilde{a}_{\varrho\lambda} = \delta_{\varrho\lambda}\,\varphi - \tilde{\pi}_{i\lambda}\,p_{i\varrho}.$$

Damit die erste Variation von (200) im allgemeinen Fall bei veränderlichem Rand R_1^* identisch verschwindet, haben wir also weiter zu fordern, daß

$$\pounds_{x_\varrho}(\gamma)\,\frac{\partial x_\varrho^*}{\partial u_\mu} + \pounds_{z_i}(\gamma)\,\frac{\partial z_i^*}{\partial u_\mu} \equiv -\left\{\tilde{a}_{\varrho\lambda}\,\frac{\partial x_\varrho^*}{\partial u_\mu} + \tilde{\pi}_{i\lambda}\,\frac{\partial z_i^*}{\partial u_\mu}\right\}\frac{D_\lambda(x)}{D(\sigma)}, \qquad (201)$$

wobei in $\tilde{\pi}_{i\lambda}, \tilde{a}_{\varrho\lambda}$ für x_ϱ die $x_\varrho^*\left(u_\mu(\sigma_\varkappa)\right)$ usf. einzusetzen sind. (201) ist in γ ein lineares inhomogenes System partieller Differentialgleichungen und wir haben γ als Lösung dieses Systems zu bestimmen[1]. Diese Lösung hängt außer von den Argumenten $\sigma_\varkappa$, $u_\mu(\sigma_\varkappa)$, $\frac{\partial u_\mu}{\partial \sigma_\varkappa} = u_{\mu;\varkappa}$ von $(r-1+s)\,(r-1)$ Ortsfunktionen $p_{t\alpha}(\sigma_\varkappa, u_\mu)$ $\left(t = 1, \ldots, r-1+s;\ \alpha = 1, \ldots, r-1\right)$ ab.

Um die Theorie von Carathéodory-Lepage auf das verallgemeinerte Hilbertsche Problem zu übertragen, haben wir somit wie folgt vorzugehen:

---

[1] Hat man eine partikuläre Lösung für γ ermittelt, so kann man zu dieser stets eine, die linke Seite von (201) identisch zum Verschwinden bringende Lösung — Integrand einer geschlossenen Differentialform $(r-1)$-ten Grades in der σ-Darstellung — additiv hinzufügen.

1. Wir haben eine geschlossene Differentialform $(\boldsymbol{\Omega}^{(r)})$ anzusetzen und mit dem sich aus $[\boldsymbol{\Omega}^{(r)}] = [\varphi](d x)$ ergebenden φ die rechten Seiten des Systems (201) zu bilden und dessen Lösung γ zu bestimmen.

2. Durch Anpassung von φ bzw. von γ an f bzw. an g unter Bestimmung jener Stellungsgrößen, die auf den Extremalen $z_i = \bar{z}_i(x_\varrho)$ bzw. $u_\mu = \bar{u}_\mu(\sigma_\varkappa)$ die Einbettungsbedingungen erfüllen, konstruieren wir je ein zur Extremale $z_i = \bar{z}_i(x_\varrho)$ bzw. zur Extremale $u_\mu = \bar{u}_\mu(\sigma_\varkappa)$ gehörendes Feld.

3. Ist zu prüfen, ob in dem zugehörenden Feld in der Umgebung der Extremale $z_i = \bar{z}_i(x_\varrho)$ bzw. $u_\mu = \bar{u}_\mu(\sigma_\varkappa)$ die Exzeßfunktion $f - \varphi$ bzw. $g - \gamma$ nirgends negativ wird.

Wie in Kap. VIII hervorgehoben wird, kommen verallgemeinerte Hilbertsche Probleme insbesondere in der Elastizitätstheorie vor.

b) Abschließende Bemerkungen

Neben den Spezialisierungen der allgemeinen Lepageschen Theorie, welche die Feldtheorien von DE DONDER-WEYL einerseits und CARATHÉODORY andererseits darstellen, ist noch eine dritte Spezialisierung von hervorragendem Interesse, die DEBEVER (*) in Betracht gezogen hat. Im Gegensatz zur De Donder-Weyl-Feldtheorie, bei der die ω_i in $\boldsymbol{\Omega}$ nur linear vorkommen, fügt er noch das zweite Glied mit den Koeffizienten $A_{i\alpha j\beta}$ zur Form $\boldsymbol{\Omega}$ hinzu, verlangt jedoch Vollintegrabilität, d.h. daß die Stellungsgrößen identisch mit den Tangentialelementen einer k-parametrigen Extremalenschar sind, welche die zu untersuchende Extremale $\overline{\Sigma}$ enthält und die Umgebung von $\overline{\Sigma}$ eindeutig und lückenlos überdeckt.

Wie bereits erwähnt, gehen wir nicht auf die Frage ein, wie man aus dem Weierstraßschen Kriterium das Legendresche Kriterium gewinnt. Wir weisen nur darauf hin, daß es als Folge der Vielzahl der möglichen Feldtheorien auch verschiedene hinreichende Legendresche Kriterien gibt. Ein verallgemeinertes notwendiges Legendresches Kriterium hat bereits HADAMARD angegeben. Ebenso verweisen wir für die Gewinnung des Analogons zum Jacobischen Kriterium und ferner auch für die Theorie der geknickten Extremalen auf die Literatur (**).

3. Die Sätze von E. NOETHER

§ 1. Einleitung. Der Noethersche Satz für endliche kontinuierliche Transformationsgruppen

Bereits in Kap. I, 4, § 5 C und auch an verschiedenen anderen Stellen dieses Buches haben wir Invarianzeigenschaften gegenüber den Transformationen einer Gruppe dazu ausgenützt, um Integrale der Euler-Lagrangeschen bzw. der Jacobischen Differentialgleichung zu gewinnen.

E. NOETHER hat in einer bedeutsamen Abhandlung (*) unter anderem gezeigt, daß unsere bisher nur in speziellen Fällen erhaltenen Ergebnisse auf einer allgemeinen Eigenschaft der Extremalen von Variationsproblemen beruhen, die Transformationen einer Gruppe gestatten. In diesem Abschnitt wollen wir einen Teil der erwähnten Abhandlung von E. NOETHER darlegen. Dabei müssen wir uns auf einige grundlegende Begriffe der Gruppentheorie stützen[1].

Die Noethersche Abhandlung enthält zwei Sätze, von denen der eine sich auf endliche, der andere auf unendliche Gruppen bezieht. In diesem Paragraphen ziehen wir nur endliche kontinuierliche Transformationsgruppen in Betracht.

Wir denken uns also eine s-gliedrige Gruppe von Transformationen vorgegeben, durch welche die r unabhängigen Veränderlichen x_ϱ und die k abhängigen Veränderlichen $z_i(x_\varrho)$ in die r unabhängigen Veränderlichen $\bar{x}_\varrho$ und die k abhängigen Veränderlichen $\bar{z}_i(\bar{x}_\varrho)$ übergeführt werden. Um dabei die allgemeinsten Transformationen zuzulassen, können die Transformationsgleichungen, außer von x_ϱ und den Gruppenparametern ε_σ ($\sigma = 1, \ldots, s$) bzw. $\bar{x}_\varrho$ und ε_σ auch noch von den z_i und den Ableitungen der abhängigen Veränderlichen $z_{j;\nu}, \ldots$ abhängen. Wir setzen ferner wie üblich voraus, daß für $\varepsilon_1 = \cdots = \varepsilon_s = 0$ die eindeutigen und umkehrbaren eindeutigen Transformationsgleichungen

$$\left.\begin{aligned} \bar{x}_\varrho &= \bar{x}_\varrho(x_\lambda, z_i, z_{j;\nu}, \ldots; \varepsilon_\sigma) \\ \bar{z}_i &= \bar{z}_i(\bar{x}_\varrho, z_i, z_{j;\nu}, \ldots; \varepsilon_\sigma) \end{aligned}\right\} \tag{202}$$

in die Identität übergehen, d.h. daß

$$\left.\begin{aligned} x_\varrho &= \bar{x}_\varrho(x_\lambda, z_i, z_{j;\nu}, \ldots; 0, \ldots, 0) \\ z_i &= \bar{z}_i\big(\bar{x}_\varrho(x_\lambda, z_i, z_{j;\nu}, \ldots; 0, \ldots, 0), z_i, z_{j;\nu}, \ldots; 0, \ldots, 0\big) \end{aligned}\right\} \tag{203}$$

[1] Die grundlegenden Begriffe werden in der hier zu besprechenden Arbeit von E. NOETHER folgendermaßen definiert:

„Unter einer ‚Transformationsgruppe' versteht man bekanntlich ein System von Transformationen derart, daß zu jeder Transformation eine im System enthaltene Umkehrung existiert, und daß die Zusammensetzung irgend zweier Transformationen des Systems wieder dem System angehören. Die Gruppe heißt eine endliche kontinuierliche $\mathfrak{G}_\varrho$, wenn ihre Transformationen enthalten sind in einer allgemeinsten, die analytisch von ϱ wesentlichen Parametern abhängt (d.h. die Parameter sollen sich nicht als ϱ Funktionen von weniger Parametern darstellen lassen). Entsprechend versteht man unter einer unendlichen kontinuierlichen $\mathfrak{G}_{\infty\varrho}$ eine Gruppe, deren allgemeinste Transformationen von ϱ wesentlichen willkürlichen Funktionen $p_\varrho(x)$ und ihren Ableitungen analytisch oder wenigstens stetig und endlich oft stetig differenzierbar abhängen."

Wir werden mit Rücksicht auf unsere Bezeichnungsweise statt von ϱ von s wesentlichen Parametern bzw. wesentlichen willkürlichen Funktionen sprechen. Eine Gruppe, welche von s wesentlichen Parametern abhängt, heißt auch eine s-gliedrige Gruppe.

Für Literatur über Gruppentheorie siehe (**).

gilt und daß die Transformationsgleichungen die im folgenden benötigten Differenzierbarkeitseigenschaften besitzen.

Bei Problemen mit nur einer unabhängigen Veränderlichen x und n abhängigen Veränderlichen $y_i(x)$ lauten die (202) und (203) entsprechenden Gleichungen

$$\left.\begin{aligned} \tilde{x} &= \tilde{x}(x, y_i, y_i', y_i'', \ldots; \varepsilon_\sigma) \\ \tilde{y}_i &= \tilde{y}_i(\tilde{x}, y_i, y_i', y_i'', \ldots; \varepsilon_\sigma), \end{aligned}\right\} \tag{202'}$$

$$\left.\begin{aligned} x &= \tilde{x}(x, y_i, y_i', \ldots; 0, \ldots, 0) \\ y_i &= \tilde{y}_i\left(\tilde{x}(x, y_i, y_i', \ldots; 0, \ldots, 0), y_i, y_i', \ldots; 0, \ldots, 0\right). \end{aligned}\right\} \tag{203'}$$

Die infinitesimalen Transformationen von (202) bzw. (202′) ergeben sich damit zu (Taylor-Entwicklung nach ε_σ!):

$$\left.\begin{aligned} \delta x_\varrho &= (\tilde{x}_{\varrho;\varepsilon_\sigma})_{\varepsilon_1=\cdots=\varepsilon_s=0} \cdot \varepsilon_\sigma = \xi_\varrho^{(\sigma)} \cdot \varepsilon_\sigma \\ \delta_S z_i &= (\tilde{z}_{i;\tilde{x}_\varrho})_{\varepsilon_1=\cdots=\varepsilon_s=0} \cdot \delta x_\varrho + (\tilde{z}_{i;\varepsilon_\sigma})_{\varepsilon_1=\cdots=\varepsilon_s=0} \cdot \varepsilon_\sigma = \zeta_i^{(\sigma)} \cdot \varepsilon_\sigma \end{aligned}\right\} \tag{204}$$

bzw.

$$\left.\begin{aligned} \delta x &= (\tilde{x}_{;\varepsilon_\sigma})_{\varepsilon_1=\cdots=\varepsilon_s=0} \cdot \varepsilon_\sigma = \xi^{(\sigma)} \cdot \varepsilon_\sigma \\ \delta_S y_i &= (\tilde{y}_{i\tilde{x}})_{\varepsilon_1=\cdots=\varepsilon_s=0} \cdot \delta x + (\tilde{y}_{i;\varepsilon_\sigma})_{\varepsilon_1=\cdots=\varepsilon_s=0} \cdot \varepsilon_\sigma = \eta^{(\sigma)} \cdot \varepsilon_\sigma. \end{aligned}\right\} \tag{204'}$$

Vorgelegt sei ein Integral über ein *beliebiges* Gebiet G

$$I = \int_G f(x_\varrho, z_i, z_{j;\nu}, \ldots)\,(dx). \tag{205}$$

E. Noether betrachtet in ihrer Arbeit solche Integrale, welche bei den Transformationen (202) und daher auch bei den infinitesimalen Transformationen der Gruppe erhalten bleiben.

Zur Erläuterung diene das triviale Beispiel:

$$I = \int_{x^0}^{x^1} f(x, y, y')\,dx = \int_{x^0}^{x^1} \sqrt{1 + y'^2}\,dx. \tag{206}$$

I bleibt offenbar erhalten bei den Transformationen der Gruppe der Bewegungen:

$$\left.\begin{aligned} \tilde{x} &= \varepsilon_1 + x\cos\varepsilon_3 - y\sin\varepsilon_3 \\ \tilde{y} &= \varepsilon_2 + x\sin\varepsilon_3 + y\cos\varepsilon_3. \end{aligned}\right\} \tag{207}$$

In der Tat ergibt sich:

$$I = \int_{\tilde{x}^0}^{\tilde{x}^1} \sqrt{1 + \tilde{y}'^2}\,d\tilde{x} = \int_{x^0}^{x^1} \sqrt{1 + y'^2}\,dx$$

bzw.:

$$f\left(\tilde{x}, \tilde{y}, \frac{d\tilde{y}}{d\tilde{x}}\right)\frac{d\tilde{x}}{dx} = f\left(x, y, \frac{dy}{dx}\right)$$

identisch in $\varepsilon_1, \varepsilon_2, \varepsilon_3$ und somit

$$\delta_S f\left(\tilde{x}, \tilde{y}, \frac{d\tilde{y}}{d\tilde{x}}\right)\frac{d\tilde{x}}{dx} = 0.$$

Die Forderung, daß das Integral des Variationsproblems gegenüber den Transformationen der Gruppe erhalten bleibt, erweist sich aber, was insbesondere bei dem im folgenden behandelten Beispiel über das n-Körperproblem in unmittelbar einleuchtender Weise zum Ausdruck kommen wird, als zu eng. Vielmehr zeigt es sich als naturgemäß und fruchtbar auch Integrale zu betrachten, die durch die infinitesimalen Transformationen einer Gruppe „bis auf einen Divergenzausdruck" erhalten bleiben. Wir werden also Variationsprobleme betrachten, für die mit den infinitesimalen Transformationen einer s-gliedrigen Gruppe gilt (wir betrachten vorerst nur Variationsprobleme in denen nur die ersten Ableitungen der abhängigen Veränderlichen allein vorkommen[1]):

$$\delta_S f(\tilde{x}_\varrho, \tilde{z}_i, \tilde{z}_{j;\nu})\frac{D(\tilde{x})}{D(x)} = \frac{\partial V_\lambda(x_\varrho, z_i, \delta x_\varrho, \delta_S z_i)}{\partial x_\lambda}, \tag{208}$$

wobei die V_λ linear und homogen in den δx_ϱ und $\delta_S z_i$ sind und somit wegen (204) V_λ sich auch in der Form schreiben läßt:

$$V_\lambda = \varepsilon_\sigma V_\lambda^{(\sigma)}, \qquad \lambda = 1, \ldots, r; \ \sigma = 1, \ldots, s, \tag{209}$$

bzw. bei Variationsproblemen mit einer unabhängigen Veränderlichen:

$$\delta_S f\left(\tilde{x}, \tilde{y}_i \frac{d\tilde{y}_i}{d\tilde{x}}\right)\frac{d\tilde{x}}{dx} = \frac{dV(x, y_i, \delta x, \delta_S y_i)}{dx} \tag{208'}$$

mit:

$$V = \varepsilon_\sigma V^{(\sigma)}. \tag{209'}$$

Bei solchen Variationsproblemen ergibt sich unmittelbar aus den Hauptformeln für die erste Variation (Kap. IV, 1, § 8, Gl. (56*)) der erste Noethersche Satz. Nach der Hauptformel ist allgemein, mit Rücksicht darauf, daß sie hier auf *beliebige* Gebiete G_x anzuwenden ist:

$$\delta_S \tilde{f}\,\frac{D(\tilde{x})}{D(x)} = -\mathfrak{L}_i(f)\,\delta_A z_i + \frac{\partial U_\lambda}{\partial x_\lambda}, \qquad \tilde{f} = f(\tilde{x}_\varrho, \tilde{z}_i, \tilde{z}_{j;\nu}), \tag{210}$$

mit[2]

$$U_\lambda = a_{\varrho\lambda}\,\delta x_\varrho + \pi_{i\lambda}\,\delta_S z_i.$$

Wegen (204) können wir U_λ auch in der Form

$$U_\lambda = \varepsilon_\sigma U_\lambda^{(\sigma)} \tag{211}$$

---

[1] Vgl. die Bemerkungen am Schluß dieses Paragraphen.

[2] Die Verwendung der Bezeichnung U_λ statt der bisher gebrauchten u_λ erfolgt aus rein formalen Gründen.

darstellen. Wenn nun bei den Transformationen der Gruppe (208) erfüllt ist, so gilt:

$$\frac{\partial(U_\lambda - V_\lambda)}{\partial x_\lambda} = \mathfrak{L}_i(f)\,\delta_A z_i; \qquad \delta_A z_i = (\zeta_i^{(\sigma)} - z_{i;\varrho}\xi_\varrho^{(\sigma)})\,\varepsilon_\sigma = \gamma_i^{(\sigma)}\,\varepsilon_\sigma. \quad (212)$$

Da die Gln. (212) identisch in den ε_σ gelten, so folgen mit (209) und (211):

$$\frac{\partial(U_\lambda^{(\sigma)} - V_\lambda^{(\sigma)})}{\partial x_\lambda} = \mathfrak{L}_i(f)\cdot\gamma_i^{(\sigma)} \qquad (\sigma = 1, \ldots, s). \quad (213)$$

Der *erste Noethersche Satz* lautet somit: Ist das Integral eines Variationsproblems bei einer s-gliedrigen Transformationsgruppe bis auf einen Divergenzausdruck invariant, so gibt es s lineare Verbindungen der Lagrangeschen Ausdrücke, von denen jede eine Divergenz ist.

Diese Verbindungen sind linear unabhängig, denn man sieht unmittelbar ein, daß aus der Annahme einer linearen Abhängigkeit ein Widerspruch zur Annahme, daß die Gruppe s-gliedrig ist, folgen würde.

Die Bedeutung des Satzes liegt darin, daß man aus ihm sog. ,,Erhaltungssätze" für die Extremalen des Variationsproblems, für die ja $\mathfrak{L}_i(f) = 0$ ist, gewinnt.

Bei einer unabhängigen Veränderlichen erhalten wir an Stelle von (213) für Extremalen $y_i = \bar{y}_i(x)$

$$\frac{d\,(\bar{U}^{(\sigma)} - \bar{V}^{(\sigma)})}{d\,x} = 0 \qquad (\sigma = 1, \ldots, s). \quad (214)$$

Das heißt, wir erhalten s erste Integrale der Euler-Lagrangeschen Differentialgleichungen in der Form

$$\bar{U}^{(\sigma)} - \bar{V}^{(\sigma)} = c^{(\sigma)}, \quad (215)$$

wobei die $c^{(\sigma)}$ Integrationskonstante sind.

Bei dem trivialen Beispiel (206) erhalten wir in unserem Falle nach (204):

$$\delta x = \varepsilon_1 - y\,\varepsilon_3, \quad \delta_S y = \varepsilon_2 + x\,\varepsilon_3$$

und aus der Hauptformel (210) im Falle einer unabhängigen und einer abhängigen Veränderlichen mit:

$$\frac{y'}{\sqrt{1+y'^2}} = \sin\varphi, \qquad \frac{1}{\sqrt{1+y'^2}} = \cos\varphi$$

$$\delta_S\left(\sqrt{1+\left(\frac{d\tilde{y}}{d\tilde{x}}\right)^2}\,\frac{d\tilde{x}}{d\,x}\right) = -\frac{d}{d\,x}(\sin\varphi)\,\delta_A y + \frac{d}{d\,x}[\cos\varphi\,\delta x + \sin\varphi\,\delta_S y]$$

und somit für die Integrale $\bar{U}^{(\sigma)} = c^{(\sigma)}$ nach (215) ($V^{(\sigma)}$ ist bei diesem Beispiel ja identisch Null):

$$\bar{U}^{(1)} = \cos\varphi = c^{(1)}, \quad \bar{U}^{(2)} = \sin\varphi = c^{(2)}, \quad \bar{U}^{(3)} = x\sin\varphi - y\cos\varphi = c^{(3)}. \quad (216)$$

Die Integrale bringen also Eigenschaften der Geraden zum Ausdruck, die ja hier die Extremalen sind; $\overline{U}^{(3)}$ ist dabei der Abstand der Geraden vom Koordinatenursprung.

Wie bereits erwähnt, wollen wir diesen Satz auch am Beispiel des n-Körperproblems erläutern, wobei wir die Bezeichnungen für die abhängigen und für die unabhängigen Veränderlichen, abweichend von den vorher benützten, entsprechend der in der Physik üblichen Art wählen. Dieses Beispiel wurde insbesondere in der Einleitung einer Abhandlung von BESSEL-HAGEN: „Erhaltungssätze der Elektrodynamik" behandelt (***).

Wir erhalten für die potentielle Energie ψ von n Massenpunkten mit den Massen m_ν $(\nu=1,\ldots,n)$, welche nach dem Newtonschen Gravitationsgesetz aufeinander Kräfte ausüben, mit

$$r_{\nu\nu'}=\sqrt{(x_{1\nu}-x_{1\nu'})^2+(x_{2\nu}-x_{2\nu'})^2+(x_{3\nu}-x_{3\nu'})^2} \qquad (\nu,\nu'=1,\ldots,n)$$

$$\psi=\frac{a}{2}\sum_{\nu,\nu'=1}^{n}\frac{m_\nu m_{\nu'}}{r_{\nu\nu'}} \qquad (\nu\neq\nu'), \tag{216}$$

wobei a die Gravitationskonstante bezeichnet. Die $x_{j\nu}$ $(j=1,2,3)$ sind dabei die Ortskoordinaten des ν-ten Massenpunktes, welche Funktionen der Zeit t sind.

Für die kinetische Energie T erhalten wir:

$$T=\sum_{\nu=1}^{n}\frac{m_\nu}{2}\left\{\left(\frac{dx_{1\nu}}{dt}\right)^2+\left(\frac{dx_{2\nu}}{dt}\right)^2+\left(\frac{dx_{3\nu}}{dt}\right)^2\right\}. \tag{217}$$

Mit

$$L=T-\psi$$

folgen die Bewegungsgleichungen der n Massenpunkte als Euler-Lagrangesche Differentialgleichungen aus dem Hamiltonschen Prinzip

$$\delta\int_{t^0}^{t^1}L\,dt=0. \tag{218}$$

Die Bewegungsgleichungen bleiben gegenüber den Transformationen der Galilei-Gruppe invariant. Diese setzt sich zusammen aus folgenden Untergruppen:

a) Verschiebung der Zeitskala,

b) Verschiebung des räumlichen Koordinatensystems,

c) Drehung des räumlichen Koordinatensystems,

d) den dem Newton-Galileischen Trägheitsgesetz entsprechenden Transformationen

$$\tilde{x}_{j\nu}=x_{j\nu}+v_{j\Sigma}\,t \qquad (j=1,2,3;\ \nu=1,\ldots,n).$$

Dabei bedeuten die $v_{j\Sigma}$ die konstanten Komponenten des Vektors der Relativgeschwindigkeit, mit der sich ein räumliches Koordinatensystem Σ gegenüber einem mit dem Fixsternhimmel starr verbundenen Koordinatensystem Σ_0 bewegt.

Für die infinitesimalen Transformationen der erwähnten Untergruppen erhalten wir:

a) $\sigma=1$: $\quad \delta t=\varepsilon_1, \quad \delta x_{j\nu}=0 \quad (j=1,2,3;\ \nu=1,\ldots,n)$,

b) $\sigma=2,3,4$: $\quad \delta t=0, \quad \delta x_{j\nu}=\varepsilon_{1+j}$,

c)[1] $\sigma=5,6,7$:

$$\delta t=0, \quad \delta x_{1\nu}=\begin{vmatrix}\varepsilon_6 & \varepsilon_7\\ x_{2\nu} & x_{3\nu}\end{vmatrix}, \quad \delta x_{2\nu}=\begin{vmatrix}\varepsilon_7 & \varepsilon_5\\ x_{3\nu} & x_{1\nu}\end{vmatrix}, \quad \delta x_{3\nu}=\begin{vmatrix}\varepsilon_5 & \varepsilon_6\\ x_{1\nu} & x_{2\nu}\end{vmatrix},$$

d) $\sigma=8,9,10$:

$$v_{j\Sigma}=\varepsilon_{7+j} \tag{219}$$

$$\delta t=0, \quad \delta x_{j\nu}=t\cdot\varepsilon_{7+j}$$

$$\delta\left(\frac{d\tilde{x}_{j\nu}}{d\tilde{t}}\right)=\varepsilon_{7+j}.$$

Während für die Untergruppen a), b), c) sowohl die Ausdrücke für die potentielle als auch für die kinetische Energie erhalten bleiben, bleibt für die Untergruppe d) wohl die potentielle Energie erhalten, für die kinetische Energie erhalten wir aber

$$\tilde{T}=T+\sum_{\nu=1}^{n} m_\nu \frac{d x_{j\nu}}{dt} v_{j\Sigma}+\sum_{\nu=1}^{n}\frac{m_\nu}{2}\left(v_{1\Sigma}^2+v_{2\Sigma}^2+v_{3\Sigma}^2\right)$$

und somit wegen (219)

$$\delta\tilde{T}=\sum_{\nu=1}^{n} m_\nu \frac{d x_{j\nu}}{dt}\varepsilon_{7+j}=\frac{dV}{dt}, \tag{220}$$

wobei

$$V=\varepsilon_\sigma V^{(\sigma)}, \quad V^{(\sigma)}=\sum_{\nu=1}^{n} m_\nu x_{j\nu}, \quad \sigma=7+j \quad (j=1,2,3), \tag{221}$$

während $V^{(\sigma)}=0$ für $\sigma=1,\ldots,7$ ist.

Die Hauptformel (210) ergibt in unserem Fall mit einer unabhängigen Veränderlichen:

$$\delta(\tilde{T}-\tilde{\psi})\frac{d\tilde{t}}{dt}=-\sum_{\nu=1}^{n}\left(\frac{\partial\psi}{\partial x_{j\nu}}-\frac{d^2}{dt^2}m_\nu x_{j\nu}\right)\left(\delta_S x_{j\nu}-\frac{d x_{j\nu}}{dt}\delta t\right)+\frac{dU}{dt}$$

mit

$$U=\varepsilon_\sigma U^{(\sigma)}=-(T+\psi)\,\delta t+\sum_{\nu=1}^{n} m_\nu \frac{d x_{j\nu}}{dt}\delta_S x_{j\nu}.$$

[1] Vgl. in Kap. V, 1, § 1 die Ausdrücke für $\mathfrak{w}$.

Aus dem in ε_σ $(\sigma=1,\ldots,10)$ identischen Verschwinden von

$$\frac{d}{dt}\left(\overline{U}^{(\sigma)}-\overline{V}^{(\sigma)}\right)$$

ergibt sich nun:

aus a) $\sigma=1$:

$$\overline{U}^{(1)}=-\left(\overline{T}+\overline{\psi}\right)=c^{(1)},$$

also der Energiesatz.

aus b) $\sigma=1+j$:

$$\overline{U}^{(\sigma)}=\sum_{\nu=1}^{n} m_\nu \frac{d\overline{x}_{j\nu}}{dt}=c^{(1+j)}; \tag{222}$$

setzt man:

$$\sum_{\nu=1}^{n} m_\nu=M, \qquad \sum_{\nu=1}^{n}\frac{m_\nu \overline{x}_{j\nu}}{M}=\xi_j, \qquad c^{(1+j)}=M v_{jS}, \tag{223}$$

so sind die ξ_j die Schwerpunktskoordinaten und wir erhalten (222) in der Form

$$\frac{d\xi_j}{dt}=v_{jS}, \tag{224}$$

also die Aussage, daß sich der Schwerpunkt des Massenpunktsystems mit konstanter Geschwindigkeit bewegt, d.h. daß der Gesamtimpuls erhalten bleibt.

aus c) $\sigma=4+j$:

$$\varepsilon_{4+j}U^{(4+j)}=\sum_{\nu=1}^{n} m_\nu \begin{vmatrix} \varepsilon_5 & \varepsilon_6 & \varepsilon_7 \\ x_{1\nu} & x_{2\nu} & x_{3\nu} \\ \frac{dx_{1\nu}}{dt} & \frac{dx_{2\nu}}{dt} & \frac{dx_{3\nu}}{dt} \end{vmatrix}, \qquad V^{4+j}=0. \tag{225}$$

Es ergeben sich somit die drei Integrale

$$\left.\begin{aligned} &\sum_{\nu=1}^{n} m_\nu \begin{vmatrix} \overline{x}_{2\nu} & \overline{x}_{3\nu} \\ \frac{d\overline{x}_{2\nu}}{dt} & \frac{d\overline{x}_{3\nu}}{dt} \end{vmatrix}=c^{(5)}, \qquad \sum_{\nu=1}^{n} m_\nu \begin{vmatrix} \overline{x}_{3\nu} & \overline{x}_{1\nu} \\ \frac{d\overline{x}_{3\nu}}{dt} & \frac{d\overline{x}_{1\nu}}{dt} \end{vmatrix}=c^{(6)}, \\ &\sum_{\nu=1}^{n} m_\nu \begin{vmatrix} \overline{x}_{1\nu} & \overline{x}_{2\nu} \\ \frac{d\overline{x}_{1\nu}}{dt} & \frac{d\overline{x}_{2\nu}}{dt} \end{vmatrix}=c^{(7)}, \end{aligned}\right\} \tag{226}$$

also der Flächensatz.

aus d) $\sigma=7+j$:

$$U^{(7+j)}=\sum_{\nu=1}^{n} m_\nu \frac{dx_{j\nu}}{dt}\cdot t, \qquad \frac{dV^{(7+j)}}{dt}=\sum_{\nu=1}^{n} m_\nu \frac{dx_{j\nu}}{dt}.$$

Mit (222) und (223) folgt dann aus (215) wenn

$$c^{(7+j)} = M\,\xi_{j,0} \tag{227}$$

gesetzt wird:

$$\xi_j = v_{js}\,t + \xi_{j,0}, \tag{228}$$

d.h. also der Schwerpunktsatz.

Der Hauptgegenstand der hier zitierten Abhandlung von BESSEL-HAGEN ist die Gewinnung von ähnlichen Erhaltungssätzen in der Elektrodynamik. Die Maxwellschen Gleichungen in der Minkowskischen Schreibweise resultieren dabei als Eulersche Gleichungen eines von LARMOR entdeckten Variationsproblems. Aus einer von H. BATEMAN gemachten Bemerkung geht hervor, daß dieses Variationsproblem gegenüber der 15-gliedrigen Gruppe invariant ist, welche die Gleichung $dx^2 + dy^2 + dz^2 - c^2\,dt^2 = 0$ invariant läßt.

Mit Rücksicht auf allgemeinere Variationsprobleme, bei denen höhere Ableitungen der abhängigen Veränderlichen im Integranden auftreten und die insbesondere bei geometrischen Problemen von Interesse sind (°), wäre die Hauptformel der Variationsrechnung entsprechend zu erweitern, doch wollen wir hier darauf nicht näher eingehen.

E. NOETHER hat auch die Frage der Umkehrung ihres Satzes erörtert, d.h. wann man aus dem Bestehen von s linear unabhängigen Relationen (213) auf die Existenz einer s-gliedrigen Gruppe schließen kann, der gegenüber das Integral (205) bis auf einen Divergenzausdruck invariant bleibt. Wir gehen jedoch auch auf diese Frage hier nicht weiter ein.

§ 2. Der Noethersche Satz für unendliche kontinuierliche Transformationsgruppen

Wir wollen nun den zweiten Satz von E. NOETHER besprechen, der sich auf Variationsprobleme bezieht, die gegenüber einer $\mathfrak{G}_{\infty s}$ invariant sind.

Entsprechend der Definition der unendlichen kontinuierlichen Gruppe $\mathfrak{G}_{\infty s}$, wie wir sie nach E. NOETHER in § 1 angeführt haben, hängen deren Transformationen statt von s Parametern ε_σ von s wesentlichen willkürlichen Funktionen $p_\sigma(x_\varrho)$ und deren Ableitungen ab, wobei wir auch hier wieder voraussetzen, daß die Transformationen die erforderlichen Differenzierbarkeitseigenschaften besitzen. Ferner setzen wir voraus, daß für

$$p_\sigma(x_\varrho) \equiv 0, \quad \frac{\partial p_\sigma(x_\varrho)}{\partial x_\nu} \equiv 0, \ldots \quad (\sigma = 1, \ldots, s)$$

die Transformationen der Gruppe in die identischen Transformationen übergehen. Die Ausdrücke für die infinitesimalen Transformationen der Gruppe sind jedenfalls linear und homogen in den Funktionen $p_\sigma(x_\varrho)$ und deren Ableitungen.

Die Invarianz eines Integrals I:

$$I = \int_G f(x_\varrho, z_i, z_{j;\nu}, \ldots)\,(d\,x) \tag{229}$$

gegenüber den Transformationen einer $\mathfrak{G}_{\infty s}$ besagt auch hier, daß

$$\delta_S \int_{\tilde{G}} \tilde{f}\,\frac{D(\tilde{x})}{D(x)}\,(d\,x) = 0 \tag{230}$$

ist für alle infinitesimalen Transformationen der Gruppe. Dabei sei hier

$$f = f(x_\varrho, z_i, z_{j;\nu}, \ldots)$$

ein Ausdruck in welchem Ableitungen bis zur m-ten Ordnung der abhängigen Veränderlichen $z_i(x_\varrho)$ vorkommen.

G sei ein beliebiges Gebiet im Raum der x_ϱ; R sei der Rand dieses Gebietes.

E. Noether formuliert ihren zweiten Satz folgendermaßen:

„Ist das Integral I invariant gegenüber einer $\mathfrak{G}_{\infty s}$, in der die willkürlichen Funktionen bis zur l-ten Ableitung auftreten, so bestehen s identische Relationen zwischen den Lagrangeschen Ausdrücken und deren Ableitungen bis zur l-ten Ordnung."

Auch bei diesem Satz hat sich E. Noether mit seiner Umkehrung beschäftigt, worauf wir hier aber ebenfalls nicht eingehen wollen.

Beim Beweis des zweiten Noetherschen Satzes gehen wir von der mit Hilfe des Stokesschen Satzes umgeformten Hauptformel für die erste Variation des Integrals (229) aus (vgl. Gl. (51)):

$$\delta_S \int_{\tilde{G}} \tilde{f}\,\frac{D(\tilde{x})}{D(x)}\,(d\,x) = I_G + I_R, \tag{231}$$

wobei

$$I_G = -\int_G \mathfrak{L}_i(f)\,\delta_A z_i\,(d\,x) \tag{232}$$

ist. I_R ist ein Integral über den Rand R von G, das durch Anwendung des Stokesschen Satzes aus dem Integral eines Divergenzausdruckes über G hervorgeht. Die genaue Kenntnis des Integranden von I_R ist für unsere folgenden Betrachtungen nicht erforderlich; wir nützen nur aus, daß er linear und homogen in den Variationen der unabhängigen und der abhängigen Veränderlichen sowie in den Variationen der Ableitungen der abhängigen Veränderlichen ist.

Es sei nun für die infinitesimalen Transformationen einer Gruppe (230) erfüllt. Dann folgt aus (231)

$$0 = I_R + I_G, \tag{233}$$

wobei die in I_G und I_R auftretenden Variationen mit den infinitesimalen Transformationen der Gruppe identisch sind. Insbesondere ist dann $\delta_A z_i$ ein Ausdruck von der Form:

$$\left.\begin{aligned} \delta_A z_i &= a_i^{(\sigma)}(x,z,\ldots)\, p_\sigma(x) + \\ &+ b_i^{(\sigma)}(x,z,\ldots)\frac{\partial p_\sigma}{\partial x} + \cdots + c_i^{(\sigma)}(x,z,\ldots)\frac{\partial^l p_\sigma}{\partial x^l}. \end{aligned}\right\} \tag{234}$$

In (234) haben wir, um das Wesentliche hervorzuheben, die Indizes bei den Veränderlichen weggelassen und

$$\frac{\partial p_\sigma}{\partial x}, \ldots, \qquad \frac{\partial^l p_\sigma}{\partial x^l}$$

als Symbol für irgendeine Ableitung erster bis l-ter Ordnung der willkürlichen Funktionen nach den unabhängigen Veränderlichen gebraucht. Diese vereinfachte Schreibweise behalten wir im folgenden bei.

Unter Verwendung von (234) formen wir I_G nochmals durch Produktintegration um:

$$I_G = I_G^* + I_R^*,$$

wobei ein Ausdruck von der Form

$$\psi(x,z,\ldots)\frac{\partial^q p}{\partial x^q}$$

in einen Ausdruck von der Form

$$(-1)^q \frac{\partial^q \psi}{\partial x^q}\cdot p + \text{Divergenzausdruck}$$

übergeführt wird (vgl. Kap. II, 2, § 6, 1 und den dort eingeführten Begriff der Äquivalenz). Der Integrand von I_G^* hat dann folgende Gestalt:

$$\sum_{\sigma=1}^{s}\left\{a_i^{(\sigma)}\mathfrak{L}_i(f) - \frac{\partial}{\partial x}\left(b_i^{(\sigma)}\mathfrak{L}_i(f)\right) + \cdots + (-1)^l \frac{\partial^l}{\partial x^l}\left(c_i^{(\sigma)}\mathfrak{L}_i(f)\right)\right\} p_\sigma(x), \tag{235}$$

der Integrand von I_R^* entsteht wiederum durch Anwendung des Stokesschen Satzes auf Divergenzausdrücke; auch hier ist für das Folgende nur von Belang, daß der Integrand homogen und linear in den Ableitungen bis zur $(l-1)$-ten Ordnung der $p_\sigma(x)$ ist.

Unterwerfen wir nun die willkürlichen Funktionen $p_\sigma(x)$ der Beschränkung, daß sie für den Rand R^* eines *bestimmten* Gebietes G^* bis einschließlich ihrer $(l-1)$-ten Ableitungen verschwinden und somit also die Integranden von I_{R^*} und $I_{R^*}^*$ verschwinden, so erhalten wir aus (233)

$$0 = I_{G^*}^*. \tag{236}$$

Bedenken wir, daß die Funktionen $p_\sigma(x)$ im Inneren von G^* willkürlich wählbar sind und stützen wir uns auf das Fundamentallemma der

Variationsrechnung, so ergibt sich, daß die Koeffizienten der willkürlichen Funktionen im Integranden (235) sämtlich verschwinden müssen, damit also der oben ausgesprochene zweite Noethersche Satz.

Wir wollen nun Anwendungen des zweiten Noetherschen Satzes angeben, wobei wir auch hier die Bezeichnungen gegenüber den bei den allgemeinen Darlegungen gebrauchten, im allgemeinen ohne weiteren Hinweis, in der Weise abändern, wie sie dem Charakter des Beispiels jeweils entsprechen.

Als erstes Beispiel betrachten wir die bekannten Identitäten, die beim homogenen Problem zwischen den Eulerschen Gleichungen auftreten. Sei $F(x_i, \dot{x}_i)$ eine positive homogene Funktion erster Ordnung in den $\dot{x}_i$, so ist das Integral

$$\int_{t_0}^{t_1} F(x, \dot{x})\, dt$$

von der Wahl des Parameters unabhängig. Betrachten wir die infinitesimale Transformation

$$\tilde{t} = t + \varepsilon p(t) \qquad \delta t = \varepsilon p(t)$$

$$\tilde{x}_i = x_i \qquad \delta_S x_i = 0\,,$$

so erhalten wir für

$$\delta_A x_i = -\dot{x}_i\, \delta t \tag{237}$$

und somit die Identität

$$\sum_i \mathfrak{L}_i(F)\, \dot{x}_i = 0.$$

Ähnliches gilt bei der Einführung einer Parameterdarstellung bei mehrfachen Integralen. So tritt z.B. im zweidimensionalen Problem

$$\delta \iint_G F(x, y, z, x_u, y_u, z_u, x_v, y_v, z_v)\, du\, dv = 0$$

an Stelle von (237)

$$\delta_A x = -x_u\, \delta u - x_v\, \delta v = -\varepsilon\big(x_u p_1(u, v) + x_v p_2(u v)\big) \quad \text{usw.}$$

und hieraus ergibt sich das bereits früher angegebene Resultat (vgl. Kap. I, 3, §1)

$$\mathfrak{L}_1(F)\, x_u + \mathfrak{L}_2(F)\, y_u + \mathfrak{L}_3(F)\, z_u = 0$$

$$\mathfrak{L}_1(F)\, x_v + \mathfrak{L}_2(F)\, y_v + \mathfrak{L}_3(F)\, z_v = 0.$$

Von großer Bedeutung wurde der zweite Satz von E. Noether in der allgemeinen Relativitätstheorie. Vom historischen Standpunkt ist zu bemerken, daß F. Klein anläßlich seiner Untersuchungen über die Relativitätstheorie E. Noether angeregt hat, die bei der Aufstellung der sog. Erhaltungssätze in der Physik verwendeten Methoden in allgemeinster Weise zu untersuchen und zu formulieren. Aus diesen Anregungen sind die beiden Noetherschen Sätze hervorgegangen. Wir erläutern hier die Bedeutung des zweiten Noetherschen Satzes im Anschluß an die bereits in Kap. I, 2, § 1, 3 erwähnte grundlegende Abhandlung von HILBERT zur allgemeinen Feldtheorie.

Die Hilbertsche Feldtheorie hat heute, abgesehen von ihrer methodischen Seite, hauptsächlich historisches Interesse. Aber es ist gerade naheliegend, diese historischen Gesichtspunkte, die auch für moderne Theorien von Bedeutung sein könnten, hier zur Darstellung zu bringen. Wir übernehmen das an obiger Stelle bereits zitierte Axiom 1 und betrachten dementsprechend ein Variationsproblem von der Form:

$$\delta \int_G H \sqrt{g}\, d\omega = 0, \tag{238}$$

wobei G ein beliebiges Gebiet im Raum der Weltparameter x_1, x_2, x_3, x_4 und

$$d\omega = d x_1 d x_2 d x_3 d x_4 \qquad g = -\operatorname{Det}(g_{\mu\nu})$$
$$H = H(q_i, q_{is}, g_{\mu\nu}, g_{\mu\nu s}, g_{\mu\nu s t}) \qquad (i, s, t, \mu, \nu = 1, \ldots, 4)$$

ist. Das Axiom 2 von HILBERT (Axiom von der allgemeinen Invarianz), mit dessen Konsequenzen für das Variationsproblem (238) wir uns hier beschäftigen wollen, lautet nun: „Die Weltfunktion H ist eine Invariante gegenüber einer beliebigen Transformation der Weltparameter x_s."

Zunächst bemerken wir, daß die Invarianz irgendeiner Funktion H gegenüber der Gruppe der allgemeinsten Punkttransformationen

$$\tilde{x}_i = \tilde{x}_i(x_1, x_2, x_3, x_4) \qquad (i = 1, \ldots, 4), \tag{239}$$

deren infinitesimale Transformationen durch

$$\delta x_i = \xi_i(x_1, x_2, x_3, x_4) = \xi_i(x_s) \qquad (i = 1, \ldots, 4) \tag{240}$$

(für die $p_\sigma(x_\varrho)$ schreiben wir hier also $\xi_i(x_s)$) gegeben seien bedeutet, daß $\delta_S H = 0$ ist, oder ausführlicher geschrieben:

$$\left.\begin{aligned} &\frac{\partial H}{\partial q_i}\,\delta_S q_i + \frac{\partial H}{\partial q_{is}}\,\delta_S q_{is} + \frac{\partial H}{\partial g_{\mu\nu}}\,\delta_S g_{\mu\nu} + \\ &\qquad + \frac{\partial H}{\partial g_{\mu\nu s}}\,\delta_S g_{\mu\nu s} + \frac{\partial H}{\partial g_{\mu\nu s t}}\,\delta_S g_{\mu\nu s t} = 0. \end{aligned}\right\} \tag{241}$$

Diese Bedingung muß demnach H erfüllen, wobei die in (241) auftretenden Variationen der abhängigen Veränderlichen sich in folgender Weise bestimmen:

Aus der vorausgesetzten Invarianz von $q_i\, d x_i$, d.h. aus

$$\delta_S (q_i d x_i) = 0$$

folgt

$$(\delta_S q_i)\, d x_i + q_i \frac{\partial \xi_i}{\partial x_\varrho}\, d x_\varrho = 0.$$

Vertauschung der Summationsindizes ϱ und i im zweiten Term ergibt

$$\left(\delta_S q_i + q_\varrho \frac{\partial \xi_\varrho}{\partial x_i}\right) d x_i = 0$$

und somit, wenn wir hier und im folgenden für $\frac{\partial \xi_i}{\partial x_\varrho} = \xi_{i;\varrho}$ bzw. $\frac{\partial \xi_\varrho}{\partial x_i} = \xi_{\varrho;i}$ und $\frac{\partial \xi_{\varrho;i}}{\partial x_t} = \xi_{\varrho;it}$ usf. schreiben,

$$\delta_S q_i = - q_\varrho \xi_{\varrho;i}. \tag{242}$$

In analoger Weise ergibt sich aus der ebenfalls vorausgesetzten Invarianz von $g_{\mu\nu}\, d x_\mu\, d x_\nu$, demnach also aus

$$\delta_S (g_{\mu\nu} d x_\mu d x_\nu) = (\delta_S g_{\mu\nu}) d x_\mu d x_\nu + g_{\mu\nu} (\delta_S d x_\mu) d x_\nu + g_{\mu\nu} d x_\mu (\delta_S d x_\nu) = 0,$$

unter Beachtung der Vertauschbarkeit von Variation und Differentiation und durch geeignete Vertauschung der Summationsindizes:

$$\delta_S g_{\mu\nu} = - g_{\varrho\nu} \xi_{\varrho;\mu} - g_{\mu\varrho} \xi_{\varrho;\nu}. \tag{243}$$

Mit (242) und (243) folgt dann[1]

$$\left.\begin{aligned} \delta_S q_{i;s} &= - q_{i;\varrho} \xi_{\varrho;s} + \frac{\partial \delta_S q_i}{\partial x_s} \\ \delta_S g_{\mu\nu;s} &= - g_{\mu\nu;\varrho} \xi_{\varrho;s} + \frac{\partial \delta_S g_{\mu\nu}}{\partial x_s} \\ \delta_S g_{\mu\nu;st} &= - g_{\mu\nu;s\varrho} \xi_{\varrho;t} - g_{\mu\nu;t\varrho} \xi_{\varrho;s} - g_{\mu\nu;\varrho} \xi_{\varrho;st} + \frac{\partial^2 \delta_S g_{\mu\nu}}{\partial x_s \partial x_t}. \end{aligned}\right\} \tag{244}$$

Erfüllt H die Bedingung (241), so folgt, daß

$$I = \int_G H \sqrt{g}\, d\omega$$

invariant gegenüber Transformationen der Gruppe (239) ist. Denn man erhält einerseits für

$$\tilde g_{\mu\nu} = \frac{\partial x_\alpha}{\partial \tilde x_\mu} \frac{\partial x_\beta}{\partial \tilde x_\nu} g_{\alpha\beta}, \qquad \text{also für} \qquad \tilde g = \operatorname{Det}(\tilde g_{\mu\nu}) = \left[\frac{D(\tilde x_i)}{D(x_\varrho)}\right]^{-2} \operatorname{Det}(g_{\mu\nu}),$$

andererseits haben wir aber

$$d\tilde\omega = \frac{D(\tilde x_i)}{D(x_\varrho)} d\omega;$$

somit

$$\sqrt{\tilde g}\, d\tilde\omega = \sqrt{g}\, d\omega.$$

---

[1] Es sind dies die zu

$$\delta_S y' = \delta_A y' + y'' \delta x = \frac{d}{dx} (\delta_S y - y' \delta x) + y'' \delta x = - y' \frac{d\,\delta x}{dx} + \frac{d\,\delta_S y}{dx}$$

usf. analog gebildeten Formeln für die schräge Variation der Ableitungen von Funktionen mit mehreren unabhängigen Veränderlichen.

Also ist auch $\sqrt{g}\,d\omega$ eine Invariante und das Produkt zweier Invarianten ist naturgemäß wieder eine Invariante.

Somit läßt sich, wenn das Hilbertsche Axiom 2 erfüllt ist, auf das Variationsproblem (238) der zweite Noethersche Satz anwenden[1]. Wir schreiben für die Lagrangeschen Ausdrücke abkürzend:

$$-\mathfrak{L}_{\mu\nu}(\sqrt{g}\,H) = \frac{\partial\sqrt{g}\,H}{\partial g_{\mu\nu}} - \frac{\partial}{\partial x_s}\,\frac{\partial\sqrt{g}\,H}{\partial g_{\mu\nu;s}} + \frac{\partial^2}{\partial x_s\,\partial x_t}\,\frac{\partial\sqrt{g}\,H}{\partial g_{\mu\nu;st}}$$

$$-\mathfrak{L}_i(\sqrt{g}\,H) = \frac{\partial\sqrt{g}\,H}{\partial q_i} - \frac{\partial}{\partial x_s}\,\frac{\partial\sqrt{g}\,H}{\partial q_{i;s}}.$$

Aus (242) und (243) erhalten wir für

$$\delta_A\,q_i = -\,q_\varrho\,\xi_{\varrho;i} - q_{i;\varrho}\,\xi_\varrho, \tag{245}$$

$$\delta_A\,g_{\mu\nu} = -\,g_{\mu\varrho}\,\xi_{\varrho;\nu} - g_{\nu\varrho}\,\xi_{\varrho;\mu} - g_{\mu\nu;\varrho}\,\xi_\varrho. \tag{246}$$

Für das Integral (232) erhalten wir damit:

$$\left.\begin{aligned} I_G = -\int_G \{\xi_\varrho\,[g_{\mu\nu;\varrho}\,\mathfrak{L}_{\mu\nu}(\sqrt{g}\,H) + q_{i;\varrho}\,\mathfrak{L}_i(\sqrt{g}\,H)] + \\ + \,\xi_{\varrho;\mu}\,[2g_{\nu\varrho}\,\mathfrak{L}_{\mu\nu}(\sqrt{g}\,H) + q_\varrho\,\mathfrak{L}_\mu(\sqrt{g}\,H)]\}\,d\omega. \end{aligned}\right\} \tag{247}$$

Bezeichnen wir im Integranden von I_G den Koeffizienten von ξ_ϱ mit N_ϱ, den Koeffizienten von $\xi_{\varrho;\mu}$ mit $M_{\varrho\mu}$, so erhalten wir aus (235) die Relationen:

$$\frac{\partial M_{\varrho\mu}}{\partial x_\mu} - N_\varrho = 0 \qquad (\varrho = 1, \ldots, 4),$$

welche sich, wie wir wiederholen, unmittelbar aus (247) ergeben, wenn auf den Term $\xi_{\varrho;\mu}\,M_{\varrho\mu}$ partielle Integration angewendet wird und beachtet wird, daß wir die willkürlichen Funktionen ξ_ϱ und ihre Ableitungen so wählen, daß sie am Rand von G verschwinden.

(248) besagt, daß zwischen den 14 Lagrangeschen Differentialgleichungen des Variationsproblems der allgemeinen Feldtheorie (238) und deren ersten Ableitungen nach den Weltparametern vier voneinander unabhängige Beziehungen bestehen. Auf die physikalische Deutung der Relationen (248) können wir hier nicht weiter eingehen. Wir heben nur hervor, daß HILBERT selbst die Anwendung des Satzes von E. NOETHER als sein Leitmotiv für den Aufbau der Theorie bezeichnet hat. Wie wichtig die Erkenntnis bei der Entwicklung der allgemeinen Relativitätstheorie war, daß vier von den Eulerschen Gleichungen aus den übrigen Feldgleichungen folgen, geht insbesondere daraus hervor, daß EINSTEIN, allerdings bei einer anderen Fassung der Theorie, bei der nur die g_{ik} und nicht die q_i vorkamen, längere Zeit gezögert hat, seine Feldgleichungen für überhaupt vertretbar zu halten. Er befürchtete, daß diese vier Gleichungen

[1] Die hier in Betracht zu ziehende Gruppe $\mathfrak{G}_{\infty 4}$ enthält zwar die Gruppe (239), darf aber mit ihr nicht verwechselt werden. Ihre infinitesimalen Transformationen bestehen aus (240) und (242), (243), (244).

(248) für die zehn Gravitationspotentiale eine ebenso weitgehende, also dem allgemeinen Relativitätsprinzip widersprechende Festlegung der Lösung ergeben müßten, wie in der speziellen Relativitätstheorie (°°).

Für eine weitere Anwendung des zweiten Noetherschen Satzes weisen wir schließlich noch auf die Möglichkeit der Herleitung der in Kap. VIII, § 5 erwähnten Bianchischen Identität hin, wenn man von der Fassung des Castiglianoschen Prinzips in allgemeinen krummlinigen Koordinaten ausgeht und dementsprechend Invarianz gegenüber beliebigen Punkttransformationen verlangt. Die Überlegungen gestalten sich dabei ganz analog denen, welche beim Beispiel der allgemeinen Feldtheorie nach HILBERT anzustellen waren.

Siebentes Kapitel

Die direkten Methoden der Variationsrechnung

1. Existenz des Minimums

§ 1. Einleitung

Die Weierstraßsche Kritik, die wir in Kap. III dargelegt haben, schien sich zunächst nur insofern rein negativ auszuwirken, als eine Berufung darauf, daß ein Problem als Variationsproblem dargestellt werden kann, noch nicht die Existenz einer analytischen Lösung einer Randwertaufgabe gewährleistet.

„Das Dirichletsche Prinzip verdankte seinen Ruhm der anziehenden Einfachheit seiner mathematischen Grundidee, dem unleugbaren Reichtum der möglichen Anwendungen auf reine und physikalische Mathematik und der ihm innewohnenden Überzeugungskraft. Aber seit der Weierstraßschen Kritik fand das Dirichletsche Prinzip nur noch historische Würdigung und erschien jedenfalls als Mittel zur Lösung der Randwertaufgabe abgetan. Bedauernd spricht C. NEUMANN aus, daß das so schöne und dereinst so viel benutzte Dirichletsche Prinzip jetzt wohl für immer dahingesunken sei; nur A. BRILL und M. NÖTHER rufen neue Hoffnung in uns wach, indem sie der Überzeugung Ausdruck geben, daß das Dirichletsche Prinzip, gewissermaßen der Natur nachgebildet vielleicht in modifizierter Fassung einmal eine Wiederbelebung erfährt." — So schildert HILBERT (*) im Jahre 1905 die Ansicht seiner Zeitgenossen.

Aber bereits im Jahre 1900 sprach HILBERT (**) die Überzeugung aus: „daß es möglich sein wird, diese Existenzbeweise durch einen allgemeinen Grundgedanken zu führen, auf den das Dirichletsche Prinzip hinweist, und der uns dann vielleicht in den Stand setzen wird, der Frage näher zu treten, ob nicht jedes reguläre Variationsproblem eine

Lösung besitzt, sobald hinsichtlich der gegebenen Grenzbedingungen gewisse Annahmen — etwa die Stetigkeit und stückweise öftere Differenzierbarkeit der für die Randbedingungen maßgebenden Funktionen — erfüllt sind und nötigenfalls der Begriff der Lösung eine sinngemäße Erweiterung erfährt". (Dabei ist unter einem regulären Variationsproblem im wesentlichen ein solches verstanden, welches der Legendreschen Bedingung genügt.)

In den darauffolgenden Jahren ließ HILBERT nicht locker, seinen Plan, einen strengen Beweis für die Existenz der Lösungen des Dirichletschen Prinzips zu liefern, auszuführen. Vier Jahre später erschien die hierauf bezugnehmende Arbeit in den Mathematischen Annalen (***). Eine wesentlich neue Idee zur Erledigung solcher Existenzbeweise verdankt man TONELLI (°), der eine, in einer berühmten Arbeit von LEBESGUE (°°) zum erstenmal auftretende grundlegende Idee für diesen Zweck heranzog.

Im folgenden sollen in gedrängter Form die direkten Existenzbeweise erläutert werden. Auf eine ausführliche Wiedergabe dieser Beweise wird verzichtet; es soll hier nur die Idee, die diesen Beweisen zugrunde liegt, vermittelt werden. Wir glauben dadurch, einerseits den mathematisch orientierten Leser für das genaue Studium der Existenzbeweise vorzubereiten, andererseits glauben wir aber, daß der Physiker ein gewisses Bedürfnis hat, das Prinzip solcher Existenzbeweise kennenzulernen. Vor allem aber ist dies von Wichtigkeit, weil sie Anstoß gaben, auch die für die Praxis außerordentlich wertvollen Methoden von RITZ und anderen Mathematikern zur Behandlung von Randwertaufgaben zu entwickeln.

Im 1. Abschnitt dieses Kapitels wird zunächst der abstrakte Existenzbeweis (HILBERT, TONELLI) erörtert. Bei den illustrierenden Beispielen werden wir, nachdem wir die Existenz der Lösung nachgewiesen haben, bei der Konstruktion der Lösung insbesondere von den in Kap. III, 1, § 3 dargelegten Methoden Gebrauch machen, weil das Verfahren, das dem abstrakten Existenzbeweis zugrunde liegt, kein analytisches Konstruktionsverfahren zur Herstellung der Lösung ist. Hingegen werden wir im 2. Abschnitt durch Heranziehung spezieller Funktionensysteme analytische Konstruktionsverfahren zur direkten Auffindung der Lösung entwickeln.

Vorerst sei an den Satz von BOLZANO-WEIERSTRASS (°°°) aus der Theorie der reellen Funktionen erinnert, der besagt, daß eine im abgeschlossenen Intervall $a \leq x \leq b$ stetige Funktion ihr Maximum bzw. ihr Minimum im Intervall annimmt. (Es sei ausdrücklich hervorgehoben, daß es sich hierbei nicht um das relative, sondern um das absolute Extremum handelt.) Es handelt sich nun darum, einen analogen Satz für gewisse Funktionale aufzustellen. Der Begriff Funktional ist in ganz analoger Weise zu definieren, wie der Funktionsbegriff nach DIRICHLET, und zwar folgendermaßen: Man denke sich irgendeine Menge von Funktionen in einem gewissen Intervall (Gebiet) definiert und eine Zuordnung geschaffen, so daß jeder einzelnen Funktion $y(x)$ eine bestimmte Zahl Z zugeordnet ist

$$y(x) \to Z, \qquad \text{in Zeichen } Z = I[y]. \tag{1}$$

Dann bezeichnet man diese Zuordnung als Funktional von $y(x)$ und Z den zu $y(x)$ zugeordneten Wert des Funktionals. Hier kommen insbesondere Funktionale von der Form

$$\int_a^b f(x, y(x), y'(x))\, dx \tag{2}$$

und ähnliche Zuordnungen in Betracht.

Um nun zu einem Analogon des Bolzano-Weierstraßschen Satzes über die Extrema von reellen Funktionen zu gelangen, haben wir — offenbar analog zum Begriff des abgeschlossenen Intervalls — den Begriff des „in sich kompakten" Funktionensystems zu definieren (+).

Unter einer kompakten Funktionenmenge $\{\varphi\}$ versteht man eine solche, bei der in jeder Funktionenfolge $\{\varphi_\nu\}$ aus $\{\varphi\}$ eine gleichmäßig konvergente Teilfolge existiert. Gehören die Grenzwerte dieser Teilfolgen selbst zu $\{\varphi\}$, so heißt die Funktionenmenge (das Funktionensystem) kompakt in sich.

Das System der stetigen oder das System der stetig differenzierbaren Funktionen stellt demnach kein in sich kompaktes Funktionensystem dar.

Im folgenden werden wir hauptsächlich solche Systeme $\{\varphi(x)\}$ von Funktionen betrachten, die in einem abgeschlossenen Intervall $a \leqq x \leqq b$ stetig differenzierbar sind, also in diesem Intervall den Bedingungen

$$|\varphi(x)| \leqq k_1, \qquad |\varphi'(x)| \leqq k_2 \tag{3}$$

genügen. Wir nennen diese Bedingungen „Abschließungsbedingungen". Bevor wir nun das Analogon zum Satz von BOLZANO-WEIERSTRASS über die Extrema bei Funktionalen aufstellen, wollen wir die einzelnen Gesichtspunkte hervorheben, aus denen sich dieser Satz ergibt.

1. Aus der Stetigkeit der Funktion $y = y(x)$ im abgeschlossenen Intervall $a \leqq x \leqq b$ folgt, daß in $[a, b]$ die Menge der Funktionswerte insbesondere nach unten begrenzt ist. Wir bezeichnen diese Grenze mit Y.

2. Es wird nun mit Hilfe des Bolzanoschen Auswahlverfahrens (etwa fortgesetzte Zweiteilung des Intervalls $[a, b]$) eine Folge von Argument-

werten x_ν in $[a, b]$ mit

$$\lim_{\nu\to\infty} x_\nu = X \tag{4}$$

bestimmt, so daß

$$\lim_{\nu\to\infty} y(x_\nu) = Y \tag{5}$$

ist.

3. Auf Grund der Weierstraßschen Definition der Stetigkeit, daß mit $\lim\limits_{\nu\to\infty} x_\nu = \xi$ auch $\lim\limits_{\nu\to\infty} f(x_\nu) = f(\xi)$ ist, folgt nun, daß der Wert Y von der Funktion für die Argumentstelle X angenommen wird, also:

$$y(X) = Y.$$

§ 2. Stetigkeit und Halbstetigkeit von Funktionalen

Bei der Übertragung des Stetigkeitsbegriffes von Funktionen auf Funktionale ergibt sich eine wesentliche Schwierigkeit. Bevor wir darauf eingehen, wollen wir noch den von BAIRE in die Theorie der reellen Funktionen eingeführten Begriff der Halbstetigkeit für Funktionen erklären:

Man nennt eine Funktion $y(x)$ an einer Stelle x_0 unterhalbstetig, wenn es zu jedem $\varepsilon > 0$ ein $\delta > 0$ gibt, so daß für alle $|x - x_0| < \delta$

$$f(x) - f(x_0) > -\varepsilon.$$

Entsprechend definiert man den Begriff oberhalbstetig. Als Beispiel einer in $x_0 = 0$ nicht stetigen, aber unterhalbstetigen Funktion diene etwa

$$f(x) = \begin{cases} (1 + x^2)\sin\frac{1}{x} & x \neq 0 \\ -1 & x = 0. \end{cases}$$

Beschränkt man sich beim Satz von BOLZANO-WEIERSTRASS auf den Beweis der Existenz des Minimums, so sieht man leicht ein, daß dazu nicht die Stetigkeit, sondern nur die Unterhalbstetigkeit in 1. vorausgesetzt werden muß, was durch die folgenden Überlegungen noch zum Ausdruck kommen wird.

Und nun zur Übertragung des Begriffes Halbstetigkeit auf die Theorie der Funktionale: Wir sagen, ein Funktional $I[y]$ ist stetig, wenn man zu jeder Größe $\varepsilon > 0$ eine Größe ϱ so finden kann, daß für alle innerhalb einer ϱ-Umgebung[1] verlaufenden Kurven $y(x)$

$$|I[y] - I[y_0]| < \varepsilon.$$

Halbstetigkeit nach unten (bzw. nach oben) bedeutet nun, daß für alle Kurven dieser ϱ-Umgebung

$$I[y] - I[y_0] > -\varepsilon$$

[1] Vgl. Kap. III, 1, § 1.

bzw.

$$I[y] - I[y_0] < \varepsilon$$

gilt.

Die Wichtigkeit des Begriffes Halbstetigkeit für die Grundbegriffe der Geometrie, wie Länge und Fläche, sowie für die Funktionalanalysis erkannt zu haben, ist das Verdienst von H. LEBESGUE. TONELLI war es jedoch, der diesen Begriff in grundlegender Weise für Existenzbeweise der Variationsrechnung herangezogen hat, wobei es sein Bestreben war, die Klasse der zugelassenen Funktionen und der zu betrachtenden Funktionale möglichst groß zu machen. Um dieses Ziel zu erreichen, mußte er in weitgehendem Maße auch Hilfsmittel und Sätze aus der Theorie der reellen Funktionen benützen. Eine ausführliche Darstellung der Theorie TONELLIS findet man in seinem Hauptwerk (*). Wir werden uns hier jedoch auf stetig differenzierbare Funktionen und auf Funktionale von der Form:

$$I[y] = \int_{x_0}^{x_1} f(x, y(x), y'(x))\, dx,$$

wobei f eine mindestens zweimal stetig differenzierbare Funktion ihrer Argumente sei.

Wir beweisen nun den Satz: Ist $f_{y'y'} \geq 0$ so ist $I[y]$ halbstetig nach unten.

ROUSSEL (**) führt den Beweis mit denselben Hilfsmitteln durch, die er bei seinem Beweis des Legendreschen Kriteriums benützt (vgl. Kap. II, 1, § 2). Sei C_0 wieder ein Kurvenbogen $y = y_0(x)$, eingebettet in ein gewöhnliches Feld, und betrachten wir die dort erklärte Funktion

$$\varphi(x, y, y') = f(x, y, p) + (y' - p)\, f_{y'}(x, y, p)$$

in einer ϱ-Umgebung von C_0. Wir werden φ als die *linearisierte Ersatzfunktion* von $f(x, y, y')$ bezeichnen. Dann gilt, wie dort näher ausgeführt wurde, für jede in der ϱ-Umgebung gelegene Kurve K

$$f(x, y, y') \geq \varphi(x, y, y').$$

Gehen wir von f zur linearisierten Ersatzfunktion über, und bezeichnen wir das auf diese ausgeübte Funktional mit I^*. Der Ausdruck $I^* - I[y_0]$ läßt sich aber wieder in ein Doppelintegral umformen, und nehmen wir an, das Maximum des Integranden des Doppelintegrals sei M, so gilt

$$|I^* - I[y_0]| < M \cdot Fl,$$

wobei Fl der Flächeninhalt der ϱ-Umgebung ist. Wählen wir ϱ genügend klein, so ergibt sich also

$$I^* \geq I[y_0] - \varepsilon$$

und ferner ist wegen $f \geqq \varphi$ auch

$$I \geqq I^*;$$

also ist

$$I \geqq I[y_0] - \varepsilon.$$

Ist $f(x, y, y')$ in y' linear, also $f_{y'y'} \equiv 0$, so ergibt die obige Überlegung, daß $I[y]$ stetig ist.

Daß aber das Funktional

$$I[y] = \int_0^l f(x, y, y')\, dx$$

für die Menge der den Abschließungsbedingungen

$$|y(x)| \leqq k_1, \quad |y'(x)| \leqq k_2$$

genügenden Funktionen $y(x)$ unstetig ist, wenn

$$f_{y'y'}(x, y, y') > m > 0 \quad \text{für} \quad \begin{cases} 0 \leqq x \leqq l \\ -k_1 - \frac{1}{n} \leqq y \leqq k_1 + \frac{1}{n} \\ -k_2 - \frac{\pi}{l} \leqq y' \leqq k_2 + \frac{\pi}{l} \end{cases}$$

ist, sieht man folgendermaßen ein:

Für genügend großes n liegt die Kurve

$$y(x) = y_0(x) + \frac{1}{n} \sin \frac{n\pi}{l} x$$

in der ϱ-Umgebung von $y_0(x)$. Dazu ist nur nötig, daß n so groß gewählt wird, daß $|y - y_0| < \varrho$ bleibt. Nach dem Taylorschen Satz ist nun:

$$\left.\begin{aligned} &\int_0^l f\left(x, y_0 + \frac{1}{n} \sin \frac{n\pi}{l} x, y_0' + \frac{\pi}{l} \cos \frac{n\pi}{l} x\right) dx - \int_0^l f(x, y_0, y_0')\, dx \\ &\quad = \frac{1}{n} \int_0^l f_y(x, y_0, y_0') \sin \frac{n\pi}{l} x\, dx + \\ &\quad + \frac{\pi}{l} \int_0^l f_{y'}(x, y_0, y_0') \cos \frac{n\pi}{l} x\, dx + \\ &\quad + \frac{1}{2} \frac{1}{n^2} \int_0^l f_{yy}(x, \tilde{y}_0, \tilde{y}_0') \sin^2 \frac{n\pi}{l} x\, dx + \frac{\pi}{ln} \int_0^l f_{y'y}(x, \tilde{y}_0, \tilde{y}_0') \times \\ &\quad \times \sin \frac{n\pi}{l} x \cos \frac{n\pi}{l} x\, dx + \frac{\pi^2}{l^2} \int_0^l f_{y'y'}(x, \tilde{y}_0, \tilde{y}_0') \cos^2 \frac{n\pi}{l} x\, dx \end{aligned}\right\} \quad (6)$$

mit:

$$-k_1 - \frac{1}{n} \leqq \tilde{y}_0 \leqq k_1 + \frac{1}{n}, \quad -k_2 - \frac{\pi}{l} \leqq \tilde{y}_0' \leqq k_2 + \frac{\pi}{l}.$$

Die ersten vier der angeschriebenen Glieder auf der rechten Seite von (6) konvergieren mit $n \to \infty$ gegen Null. Beim ersten, dritten und vierten ist dies unmittelbar ersichtlich. Das zweite kann man als einen mit $l/2$ multiplizierten Fourier-Koeffizienten auffassen und somit folgt aus dem Riemannschen Satz über Fourier-Koeffizienten, daß es auch mit $n \to \infty$ gegen Null konvergiert. Aber für das fünfte Glied folgt aus unseren Voraussetzungen:

$$\int_0^l f_{y'y'} \cos^2 \frac{n\pi}{l} x\, d x \geqq \frac{m}{2} l.$$

Somit konvergiert die linke Seite von (6) mit $n \to \infty$ nicht gegen Null!

H. LEBESGUE hat in einer grundlegenden Abhandlung (***) bei einem so einfachen Funktional, wie es die Bogenlänge ist, gezeigt, daß dieses nur halbstetig aber nicht stetig ist, wobei aber der Bereich der in Betracht gezogenen Funktionen viel allgemeiner war und nur der Bedingung zu genügen hatte, daß die durch die betreffende Funktion dargestellte Kurve rektifizierbar sei. Für einen Leser, der sich nicht speziell mit der Theorie der reellen Funktionen beschäftigt hat, mag es überraschend erscheinen, daß bei einem so geläufigen Begriff des Alltages, wie ihn die Bogenlänge darstellt, eine neue Eigenschaft erst von einem Mathematiker des 20. Jahrhunderts entdeckt und der Ausgangspunkt einer umfassenden mathematischen Theorie wurde, obwohl es sich dabei um eine durch die Anschauung unmittelbar nahegelegte Eigenschaft handelt.

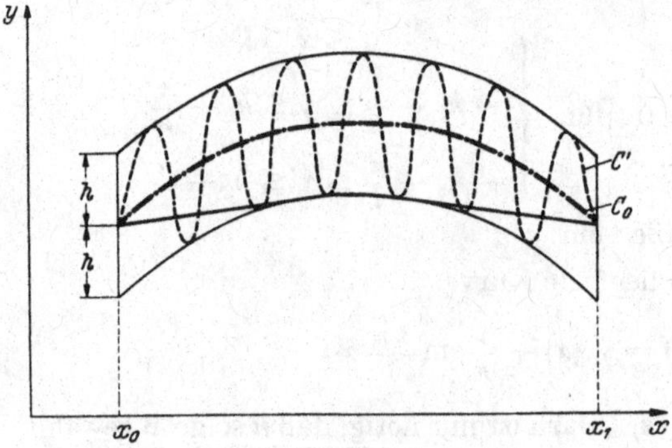

Fig. 53. Zur Halbstetigkeit der Bogenlänge

In der Tat erscheint uns im Falle der Bogenlänge die Eigenschaft der Halbstetigkeit unmittelbar anschaulich evident. Bettet man eine Kurve in einen schmalen streifenförmigen Bereich ein (vgl. Fig. 53), so ist für alle innerhalb des Streifens verlaufenden Verbindungsbögen von Anfangs- und Endpunkt der vorgelegten Kurve das Minimum der Länge nur um eine kleine, von der Streifenbreite h abhängige Größe verschieden, die mit h gegen Null konvergiert. Andererseits ist es aber auch unmittelbar einleuchtend, daß es in dem vorgegebenen streifenförmigen Bereich, den vorgegebenen Anfangs- und Endpunkt verbindende schlangenförmige Kurven gibt, die beliebig lang sein können.

Der Anschauung unmittelbar geläufig ist freilich nur der Fall, wo die Kurve aus einer endlichen Anzahl von konvexen Bögen besteht. Es ist dies eine Beschränkung, die bereits ARCHIMEDES in seiner Abhandlung über Kugel und Zylinder ausdrücklich postuliert hat.

§ 3. Existenz des Minimums

Wir wollen nun nach dem Vorbild des Satzes von BOLZANO-WEIERSTRASS den analogen Satz über Funktionale formulieren:

Ist ein Funktional $I[y]$ unterhalbstetig in $[a, b]$ und ist die zum Vergleich zugelassene Funktionenmenge von stetigen Funktionen $\{y\}$ kompakt in sich, dann existiert stets ein absolutes Minimum.

Gliedern wir unsere Beweisskizze in derselben Weise wie beim Satz von BOLZANO-WEIERSTRASS (vgl. § 1).

Da wir ja nur die Existenz eines Minimums nachweisen wollen, haben wir beim Analogon zu 1. zu zeigen, daß das Funktional unterhalbstetig ist, was also durch das Erfülltsein von

$$f_{y'y'} \geqq 0$$

gewährleistet ist.

Im Analogon zu 2. tritt an Stelle des Bolzanoschen Auswahlverfahrens der Auswahlsatz von ASCOLI. Dieser besagt, daß aus jeder Folge von Funktionen die gleichgradig beschränkt und gleichgradig stetig sind, sich eine gleichmäßig konvergente Teilfolge auswählen läßt[1].

Dabei nennt man eine Menge $\{\varphi\}$ gleichgradig beschränkt, wenn

$$|\varphi_\nu| \leq M^*, \tag{7}$$

wobei M^* unabhängig von ν ist und in x_0 gleichgradig stetig, wenn es zu jedem beliebigen kleinen $\varepsilon > 0$ ein $\delta > 0$ unabhängig von ν derart gibt, daß $|\varphi_\nu(x) - \varphi_\nu(x_0)| < \varepsilon$ wenn $|x - x_0| < \delta$. Eine hinreichende Bedingung für die gleichgradige Stetigkeit ist die Forderung, daß der Differenzenquotient gleichgradig beschränkt ist, also daß

$$\left|\frac{\varphi_\nu(x+h) - \varphi_\nu(x)}{h}\right| \leq M, \qquad M \text{ unabhängig von } \nu. \tag{8}$$

(7) und (8) wollen wir die „normalen Abschließungsbedingungen" nennen.

Die Grundidee des Beweises des Satzes von ASCOLI ist folgende: Sei $x_1, x_2, \ldots$ eine abzählbare, überall dichte unendliche Zahlenfolge des Intervalls $[a, b]$, etwa die Menge der rationalen Zahlen. Aus der Folge $\{\varphi_\nu\}$ wählt man zunächst eine Teilfolge $\varphi_1^1, \varphi_2^1, \ldots$ so aus, daß

[1] Damit eine Menge von stetigen Funktionen $\{\varphi\}$ kompakt ist, ist notwendig, daß sie in jedem Punkt des Intervalles gleichgradig stetig ist. Vgl. etwa H. HAHN: „Theorie der reellen Funktionen".

$\lim_{n\to\infty} \varphi_n^1(x_1) = a_1$. Aus der Teilfolge $\{\varphi_\nu^1\}$ wählt man nun eine weitere $\varphi_1^2, \varphi_2^2, \ldots$, so daß $\lim_{n\to\infty} \varphi_n^2(x_2) = a_2$ usw.

Nun bilden wir die Diagonalfolge:

$$\varphi_1^1, \varphi_2^2, \varphi_3^3, \ldots, \varphi_n^n, \ldots.$$

Sie konvergiert in jedem Punkt x_i gegen den Grenzwert a_i:

$$\lim_{n\to\infty} \varphi_n^n(x_i) = a_i.$$

Aus der gleichgradigen Stetigkeit sowie aus dem Umstand, daß die x_i überall dicht liegen, kann man die Gleichmäßigkeit der Konvergenz in allen Punkten des Intervalls erschließen.

Mit anderen Worten kann der Satz von ASCOLI auch folgendermaßen ausgesprochen werden: Gelten die Bedingungen (7) und (8), so folgt daraus, daß die Funktionenmenge kompakt in sich ist.

Das Analogon zu 3. ergibt sich in folgender Weise: Denken wir uns entsprechend dem Satz von ASCOLI eine Folge von Funktionen $\varphi_1, \varphi_2, \varphi_3, \ldots$ konstruiert, so daß $I[\varphi_\nu]$ gegen i_0 konvergiert, wobei i_0 die untere Grenze aller $I[\varphi]$ bedeuten möge. Allgemein bezeichnet man eine Folge von Funktionen von der Eigenschaft, daß die zugehörigen Funktionale I gegen die untere Grenze konvergieren, als eine *Minimalfolge.*

Wir denken uns also eine Funktionenfolge von der Beschaffenheit, daß sich zu jeder ganzen Zahl n eine Funktion φ_n derart angeben läßt, daß

$$|I[\varphi_n] - i_0| \leq \frac{1}{n}.$$

Sei $\lim_{n\to\infty} \varphi_n = \varphi_0$ und $I[\varphi_0] = i$. Wir erhalten somit unter Berücksichtigung der Unterhalbstetigkeit von $I[\varphi]$

$$i = I[\varphi_0] \leq I[\varphi_n] + \varepsilon \leq i_0 + \frac{1}{n} + \varepsilon.$$

Da n beliebig groß und ε beliebig klein gewählt werden kann, ergibt sich

$$i_0 = I[\varphi_0].$$

Wir heben hervor; die auf dem Auswahlsatz von ASCOLI beruhende mengentheoretische Schlußweise liefert kein analytisches Konstruktionsverfahren.

Bei diesem Beweis mußten wir die Menge der in sich kompakten Funktionen zugrunde legen, die formal durch Ungleichungen (einschließlich des Gleichheitszeichens) gekennzeichnet ist. Gerade dieser Begriff, der dem Leser wohl zunächst als abstrakt erscheinen mag, hat — wie später aus einem Beispiel folgen wird — physikalisch realen Inhalt.

Eine Verallgemeinerung der hier skizzierten Überlegungen auf Variationsprobleme mit mehreren unabhängigen Veränderlichen läßt sich zu Existenzbeweisen für Randwertprobleme für elliptische Differentialgleichungen heranziehen. Hier ist vor allem anderen HILBERTS bahnbrechende Arbeit über das Dirichletsche Prinzip der Potentialtheorie zu nennen, in der allerdings noch nicht von dem Begriff der Unterhalbstetigkeit explizit Gebrauch gemacht wird. Diese Probleme wurden insbesondere von COURANT behandelt (*). Die dabei auftretende besondere Schwierigkeit, die im Eindimensionalen kein Analogon hat, liegt beim Beweis, daß die auf Grund des Auswahlverfahrens erschlossene Lösung die vorgegebenen Randwerte tatsächlich annimmt. Hier soll der bloße Hinweis auf die Literatur genügen.

Die hier dargelegte Schlußweise wurde ferner, insbesondere von H. LEWY (**), herangezogen, um die alte historische Polygonmethode (Kap. I, 1, § 2) zu einem Existenzbeweis auszubauen. In neuerer Zeit wurde dies noch weiter verfolgt.

Aus der vorhin durchgeführten Betrachtung geht nun aber nicht hervor, daß die das absolute Minimum liefernde Funktion die Du Bois-Reymondsche Gleichung (Kap. III, 1, § 3) erfüllt.

Dies ist auch von vorneherein nicht zu erwarten. Bei der Herleitung der Euler-Lagrangeschen bzw. der Du Bois-Reymondschen Gleichung haben wir die Lösung des Variationsproblems unter den zweimal bzw. einmal stetig differenzierbaren Funktionen gesucht. Hier, bei den direkten Methoden, suchen wir jedoch die Lösung unter den gleichgradig beschränkten und gleichgradig stetigen Funktionen. Die Frage, unter welchen Bedingungen diese Lösungen übereinstimmen, bedarf also noch weiterer Überlegungen (***). Bei den folgenden Beispielen wird sich zeigen, daß eine das Minimum liefernde Kurve, die „*Minimale*", auch Stücke enthalten kann, die dem Gleichheitszeichen in (7) und (8) entsprechen. Solche Stücke wollen wir als „Abschließungsbögen" bezeichnen. Auf ihnen ist die Du Bois-Reymondsche Gleichung, wie man bei den Beispielen sofort bestätigen kann, im allgemeinen nicht erfüllt. Bei den Beispielen wird sich auch zeigen, wie die Vorgabe von Schranken für die gesuchte Funktion und ihre Differentialquotienten in der Lösung des Minimalproblems zur Geltung kommen. Bei einigen Beispielen wird auch zum Ausdruck kommen, daß die Abschließungsbedingungen praktische Bedeutung haben.

Bei den Beispielen sind die vom Existenzbeweis gefordeten Voraussetzungen erfüllt.

Als erstes Beispiel betrachten wir das Punkt-Punktproblem:

$$I = \int_{P_0}^{P_1} (y'^2 - y^2)\, dx \to \text{Min} \tag{9}$$

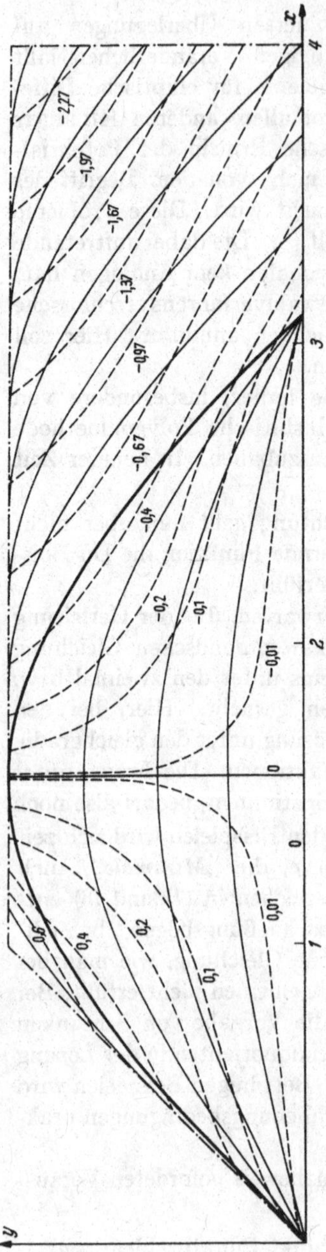

Fig. 54. Beispiel für Minimalen

mit $P_0(0, 0)$ und $P_1(x_1, y_1)$. Als Abschließungsbedingungen wollen wir fordern $0 \leq y \leq 1$, $0 \leq |y'| \leq 1$ und beschränken uns etwa auf das Intervall $0 \leq x \leq 4$.

Man sieht mit den im folgenden durchgeführten Überlegungen leicht ein, daß man in der x, y-Ebene dreierlei Gebiete unterscheiden muß (vgl. Fig. 54).

Gebiet I ist das Gebiet oberhalb der Kurve $y = \sin x$ und unterhalb der Geraden $y = x$ bzw. $y = 1$.

Gebiet II ist das Gebiet zwischen der x-Achse und der Kurve $y = \sin x$.

Gebiet III ist der Streifen rechts von der Sinuslinie.

Die Lösungen des Variationsproblems (9) genügen, soweit sie nicht den Abschließungsbedingungen widersprechen, der Euler-Lagrangeschen Differentialgleichung

$$y'' + y = 0. \tag{10}$$

Wir denken uns nun das Gebiet I erfüllt von Kurven

$$y = \sin(x - \xi) + \xi \cos(x - \xi) \quad (0 \leqq \xi \leqq 1)$$

die $y = x$ im Punkte $x = \xi$ berühren.

Das Gebiet II sei erfüllt von Kurven

$$y = c \sin x \qquad (0 \leqq c \leqq 1)$$

und das Gebiet III von Kurven

$$y = \cos(x - \xi) \quad \left(\frac{\pi}{2} \leqq \xi \leqq 4\right).$$

Alle diese Kurven sind Extremalen, da sie der Differentialgleichung (10) genügen.

Wir behaupten nun: Die Minimalen bestehen, wenn

a) P_1 im Gebiet I liegt: aus der durch P_1 hindurchgehenden Extremale $y = \sin(x - \xi) + \xi \cos(x - \xi)$ bis zu deren Berührung mit der Geraden $y = x$ und dem Stück dieser Geraden zwischen dem Berührungspunkt und dem Koordinatenursprung.

b) P_1 im Gebiet II liegt: aus den Extremalen $y = c \sin x$.

c) P_1 im Gebiet III liegt: aus der durch P_1 hindurchgehenden Extremale $y = \cos(x - \xi)$, einem Geradenstück $y = 1$ und im Intervall $0 \leqq x \leqq \frac{\pi}{2}$ aus der Extremalen $y = \sin x$.

Der Beweis für diese Behauptung ergibt sich wie folgt: Zunächst ist klar, daß jede Minimale auch in jedem ihrer Teilbogen eine Minimale sein muß. Daraus ergibt sich, daß die Minimale zwischen zwei Punkten ein und desselben Gebietes, von denen nicht beide am Rand liegen, der durch diese beiden Punkte gehenden Extremale entsprechen muß. Damit ist schon der Beweis für die Punkte P_1 im Gebiet II erbracht.

Ferner: aus der Weierstraß-Erdmannschen Knickbedingung, deren Herleitung in Kap. I, 4, § 5 auf Grund der Hamiltonschen Formeln unabhängig davon ist, ob die in den betreffenden Punkt einmündende Minimale eine Extremale ist oder nicht, ergibt sich, da in unserem Fall die Zermelosche Indikatrix keine Doppeltangente besitzt ($f = y'^2 - y^2$), daß die Minimalen in ihrem ganzen Verlauf keinen Knick aufweisen können.

Um nun vom Koordinatenursprung aus zu einem Punkt P_1 im Gebiet III zu gelangen, müssen wir, da keine Extremale durch $x = y = 0$ dieses Gebiet erreicht, entweder durch Punkte der Kurve $y = \sin x$ oder durch Punkte der Geraden $y = 1$ gehen. Der erste Fall ist aber ausgeschlossen, weil dies nur auf einem geknickten Extremalenzug möglich wäre. Der zweite Fall ist knickungsfrei nur durch jene Extremale durch den betreffenden Punkt P_1 zu verwirklichen, welche zugleich auch $y = 1$ als Tangente hat. Alle Extremalen, die $y = 1$ als Tangente haben, sind aber durch $y = \cos(x - \xi)$ gegeben. Damit ist die Behauptung für Punkt P_1 im Gebiet III bewiesen. Ganz analog beweist man die Behauptung für Punkte im Gebiet I.

In Fig. 54 sind strichliert auch die Kurven $J = \text{const}$ eingezeichnet.

Wir haben dieses Beispiel auch deshalb gebracht, um den Unterschied gegenüber der in Kap. II, 1, § 1 behandelten Frage nach dem relativen Minimum desselben Integrals hervorzuheben.

Die beiden letzten der folgenden Beispiele gehen über den vorhin allgemein behandelten Fall einer unabhängigen und einer abhängigen Veränderlichen hinaus. Zunächst sei erwähnt, daß auch MAXWELL sich schon ein Extremalproblem gestellt hat, wo eine Beschränkung des Differentialquotienten gefordert wird (+). Es handelt sich um die unmittelbar anschaulich erfaßbare Aufgabe, auf der Einheitskugel den kürzesten Weg zwischen einem Punkt des Äquators und dem Pol zu finden, wobei dieser Weg der Beschränkung unterworfen sei, daß der Winkel zwischen Weg und

Äquatorebene nie größer als 45° ist. Unterhalb des Parallelkreises der geographischen Breite 45° besteht offenbar der Weg aus einer Kurve, die überall die Neigung 45° gegen die Äquatorebene besitzt, oberhalb dieses Breitekreises verläuft der Weg längs der Meridiankurve.

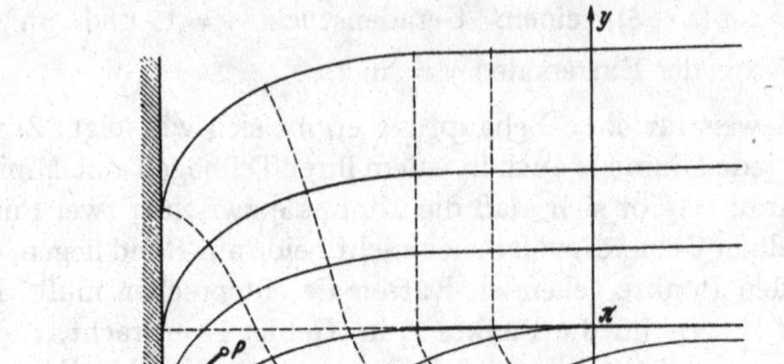

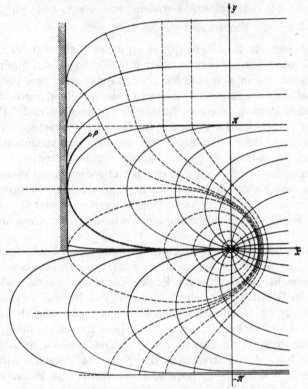

Fig. 55. Zum Brachistochronenproblem mit $v = e^{-x}$

Als weiteres Beispiel sei auf ein von CARATHÉODORY in anderem Zusammenhang ausführlich behandeltes Problem hingewiesen (°). Es betrifft das Brachistochronenproblem, bei dem die Geschwindigkeit gegeben ist durch $v = e^{-x}$, also das Problem

$$\delta \int_{P_0}^{P} \frac{\sqrt{\dot{x}^2 + \dot{y}^2}}{e^{-x}}\, dt = 0 \tag{11}$$

mit dem Anfangspunkt P_0 in

$$x(0) = 0, \quad y(0) = 0$$

und dem Endpunkt P in

$$x = x_1, \quad y = y_1.$$

Da es sich um ein homogenes Problem handelt, es aber für die Lösung nur auf das Verhältnis $\dot{y}/\dot{x}$ ankommt, kann man daher ohne Beeinträchtigung der Allgemeinheit der Lösung die Schranken für $\dot{x}$ und $\dot{y}$ beliebig wählen. Wegen der raschen Zunahme der Geschwindigkeit in Richtung der negativen x-Achse ist von vornherein anschaulich klar, daß alle Wege stark nach dieser Richtung ausbiegen werden.

Die durch P_0 hindurchgehenden Extremalen von (11) liegen im Streifen $-\pi \leqq y \leqq \pi$. Liegt P innerhalb dieses Streifens, so gibt es eine Anfangs- und Endpunkt verbindende Extremale. Liegt P außerhalb, so kann die untere Grenze für den Wert des Integrals nicht auf endlichem Wege erreicht werden, da man von P_0 längs der negativen x-Achse bis $-\infty$ und dann längs $y = y_1$ nach P zu gehen hat. Es gibt also kein absolutes Minimum.

Wir beschränken nun das Gebiet durch eine Parallele zur y-Achse, wie in Fig. 55 für positive Werte von y gezeichnet. Existiert keine Extremale, die unter Beachtung dieser Gebietsbeschränkung P_0 und P verbindet, so hat der das Minimum liefernde Weg die in der Fig. 55 strichpunktiert dargestellte Gestalt, d.h. er besteht aus zwei Extremalbogen zwischen denen ein Abschließungsbogen liegt.

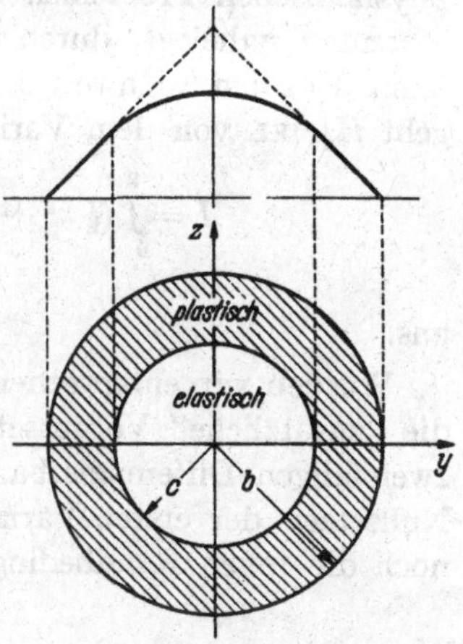

Fig. 56. Prandtlscher Spannungshügel bei teilweise plastischem Verhalten des Mediums

Schließlich sei noch darauf hingewiesen, daß in der Plastizitätstheorie Variationsprobleme auftreten, bei denen durch die Berücksichtigung der Fließbedingungen Beschränkungen für die partiellen Differentialquotienten vorhanden sind. Die am meisten behandelte Fließbedingung ist, daß der Schubspannung eine gewisse Grenze gesetzt ist. Bei der Behandlung des Torsionsproblems mittels des Prandtlschen Spannungshügels kommt dies darauf hinaus, daß die Steilheit des Spannungshügels beschränkt ist. Fig. 56 entspricht dem Fall der Torsion eines Kreiszylinders (°°).

§ 4. Anwendung des Existenzbeweises auf den Nachweis periodischer Lösungen bei einem Schwingungsproblem

Hamel (*) hat darauf hingewiesen, daß man diese abstrakten Überlegungen benützen kann um bei einem, insbesondere von Duffing (**) behandelten Schwingungsproblem, die Existenz von mindestens einer periodischen Lösung nachzuweisen. Es handelt sich hierbei um das

Problem, daß auf ein Pendel, das der Einwirkung der Schwere unterworfen ist, außerdem eine äußere periodische Kraft einwirkt. Analytisch formuliert handelt es sich um die Differentialgleichung

$$\ddot{x} + \alpha^2 \sin x = \beta \sin t \tag{12}$$

(α, β Konstante, x Ausschlagwinkel).

Wir wollen hier die diesbezüglichen Ausführungen HAMELs wiedergeben. Sie sollen uns als Beispiel dafür gelten, wie man bei derartigen physikalischen Problemen einen Satz, den uns die physikalische Anschauung nahelegt, durch eine mathematische Schlußweise gewinnen kann. Um den Nachweis der Existenz periodischer Lösungen zu führen, geht HAMEL von dem Variationsproblem

$$I = \int_0^{2\pi} \left(\tfrac{1}{2}\dot{x}^2 + \alpha^2 \cos x + x\beta \sin t\right) dt \to \text{Min}, \tag{13}$$

$$x(0) = x(2\pi) \tag{14}$$

aus.

Würden wir entsprechend dem Standpunkt von LAGRANGE (Kap. I) die „zusätzliche" Voraussetzung der Existenz des Minimums und der zweimaligen Differenzierbarkeit der Lösung $x(t)$ hinzufügen, so würde Nullsetzen der ersten Variation nicht nur (12) ergeben, sondern auch noch die freien Randbedingungen

$$\dot{x}(0) = \dot{x}(2\pi). \tag{15}$$

Hier soll es sich aber gerade darum handeln, uns von diesen Voraussetzungen freizumachen. Um überhaupt unsere Überlegungen anwenden zu können, müssen wir schon in die Problemstellung mit hineinnehmen, daß wir nur ein bestimmtes in sich kompaktes Funktionensystem $\{\varphi\}$ zum Vergleich heranziehen, und zwar müssen wir für dieses sowohl bezüglich der Funktionswerte, als auch der Ableitungen Stetigkeit voraussetzen und ganz bestimmte Schranken angeben:

$$|\varphi| \leq M, \quad |\dot{\varphi}| \leq N. \tag{16}$$

Nun haben wir aber hervorgehoben und in § 3 an Beispielen erläutert, daß die das Minimum liefernde Kurve aus Extremalenstücken und Abschließungsbögen bestehen kann. Um unser Ziel, die Existenz einer periodischen Lösung von (12) zu beweisen, zu erreichen, werden wir so vorgehen, daß wir zunächst zeigen, daß die entsprechend gewählten Grenzwerte der Abschließungsbedingungen von der Lösung des Variationsproblems (13) mit (14) nicht erreicht werden können und somit Abschließungsbögen in dieser Lösung nicht vorkommen. Damit ist gewährleistet, daß diese Lösung überall der Euler-Lagrangeschen Differentialgleichung (12) genügt und als solche genügt sie dann aber nicht nur den vorgegebenen Randbedingungen (14), sondern nach Kap. III, 1, § 3, auch den sich aus den Hamiltonschen Formeln ergebenden freien Randbedingungen (15).

Damit haben wir im Intervall $[0, 2\pi]$ die Existenz einer zweimal stetigen differenzierbaren Lösung von (12) von der Beschaffenheit sichergestellt, daß ihre Funktionswerte und ebenso auch die Werte ihrer ersten Ableitung im Anfangs- und Endpunkt des Intervalls gleich sind.

Daraus folgt, daß diese als Lösung des Variationsproblems (13) mit (14) zunächst nur für das Intervall $[0, 2\pi]$ gefundene Lösung von (12) sich periodisch fortsetzt, weil die Differentialgleichung (12) periodisch in t mit der Periode 2π ist und jede Lösung einer Differentialgleichung zweiter Ordnung durch Vorgabe von Funktionswert und Ableitung in einem Punkt eindeutig bestimmt ist.

Wir haben also nur zu zeigen, daß, wenn M und N genügend groß gewählt werden, Abschließungsbögen in der Minimale nicht vorkommen. Für die Wahl der geeigneten Abschließungsbedingungen gehen wir von (12) aus. Aus (12) folgt unmittelbar

$$|\ddot{x}| \leqq \alpha^2 + |\beta| \tag{17}$$

und hieraus für die Differenz irgend zweier Werte, die $\dot{x}$ im Intervall $[0, 2\pi]$ annimmt

$$|\Delta \dot{x}| < (\alpha^2 + |\beta|)\, 2\pi, \tag{18}$$

da aber $\dot{x}$ bei einer periodischen Lösung notwendigerweise im Intervall

$$0 \leqq t \leqq 2\pi$$

eine Nullstelle haben muß, liegt es nahe, die eine Forderung für die Abgeschlossenheit der Menge der zugelassenen Funktionen in der Form zu stellen:

$$|\dot{\varphi}| < 2\pi(\alpha^2 + |\beta|). \tag{19}$$

Aus (12) folgt, daß, wenn $x(t)$ eine ihrer Lösungen ist, auch $x(t) + 2\pi, \ldots, x(t) + 2n\pi, \ldots$ Lösungen sind. Es läßt sich daher

$$0 \leqq x(0) \leqq 2\pi$$

wählen. Hieraus und aus (19) ergibt sich für die zweite Abschließungsbedingung

$$|\varphi| \leqq 2\pi + 4\pi^2(\alpha^2 + |\beta|) = M. \tag{20}$$

Werden also die Abschließungsbedingungen entsprechend (19) und (20) gewählt, so sind Abschließungsbögen bei der Minimale unmöglich. Also muß diese durchwegs (12) genügen.

Bei zu enger Wahl der Schranken in (16) würde sich in der Tat ergeben, daß sich die Lösung des Minimalproblems aus mehreren analytischen Stücken zusammensetzt, von denen nur ein Teil der Differentialgleichung (12) genügt, während die anderen Teile dem Gleichheitszeichen in (16) entsprechen.

2. Numerische Methoden

§ 1. Die Ritzsche Methode

Das was wir bisher unter dem Titel direkte Methoden besprochen haben, entspricht dem Bedürfnis, die gefühlsmäßige, anschauliche Evidenz der Existenz des Minimums durch eine streng logische Evidenz zu ersetzen. Alle Überlegungen, die auf irgendeinem Auswahlprinzip beruhen, kommen aber für die numerische Behandlung von Randwertproblemen nicht direkt in Betracht.

Die direkten Methoden der Variationsrechnung gewannen aber auch für den angewandten Mathematiker bedeutend an Interesse, als die Arbeit von W. Ritz (*) „Über eine neue Methode zur Lösung gewisser Variationsprobleme der mathematischen Physik" erschien.

Die Ritzsche Methode ist eine Verallgemeinerung einer bereits von Lord Rayleigh am speziellen Beispiel der Berechnung von Eigenwerten angewendeten Methode, die wir in Kap. II, 2, § 6, 3b kurz dargelegt haben.

Der Grundgedanke ist der folgende:

Sei $\psi_0, \psi_1, \psi_2, \ldots$ ein solches System von geeigneten Differenzierbarkeitsbedingungen unterworfenen Funktionen, so daß eine geeignet gewählte Linearkombination mit Konstanten $a_\nu^{(n)}$

$$y_n = \sum_{\nu=0}^{n} a_\nu^{(n)} \psi_\nu \tag{21}$$

jede zum Vergleich zugelassene Funktion beliebig approximieren kann. Die ψ_ν nennt man auch Koordinatenfunktionen.

Man denke sich nun y_n in den, dem Variationsproblem zugrunde liegenden Integralausdruck $I = I[y]$ für die gesuchte Funktion y eingesetzt und bestimme die Konstanten $a_\nu^{(n)}$ so, daß das Integral $I_n = I[y_n]$ als Funktion der $a_\nu^{(n)}$ ein Minimum wird. Die Folge der I_n ist monoton abnehmend. Kann man nun nachweisen, daß für den Integralausdruck I eine untere Schranke existiert, so existiert demnach $\lim\limits_{n\to\infty} I_n = i_0$ und i_0 ist dann die untere Grenze für I. Die zugehörige Folge der y_n ($n = 1, 2, \ldots$) ist dann eine Minimalfolge.

Hier liegt also eine analytische Konstruktionsvorschrift für die Minimalfolge vor.

Die Untersuchung, die Ritz nur an Beispielen durchführt, zeigt, daß die so bestimmten y_n gegen die das Minimum liefernde Funktion in gewissen Fällen konvergieren.

Ritz selbst führt seine Methode am Beispiel einer mit Gleichlast belasteten, eingespannten Platte und beim Dirichletschen Prinzip durch.

Dabei und bei vielen folgenden Arbeiten zeigte sich, daß diese Methode bei der mit dem Variationsproblem verbundenen Randwertaufgabe oft zu numerisch sehr brauchbaren Ergebnissen führt. Doch ist die Lösung der Randwertaufgabe für eine Differentialgleichung, die man als Euler-Lagrangesche Differentialgleichung eines Variationsproblems auffassen kann, durch Anwendung der direkten Methoden der Variationsrechnung nicht immer durchführbar. Zur Illustration diene folgendes einfache Beispiel:

Wir betrachten die Randwertaufgabe

$$\Delta u(r,\varphi)=0 \qquad (0\leqq r<1,\ -\pi<\varphi\leqq\pi) \tag{22}$$

mit

$$u(1,\varphi)=u^*=\varphi; \tag{23}$$

u^* ist also an der Stelle $\varphi=\pi$ unstetig. Die Fourier-Entwicklung von u^* lautet:

$$u^*=2\sum_{\nu=1}^{\infty}(-1)^{\nu+1}\frac{\sin\nu\varphi}{\nu}.$$

Die Lösung dieser Randwertaufgabe ist somit gegeben durch:

$$u=2\sum_{\nu=1}^{\infty}(-1)^{\nu+1}\frac{r^\nu\sin\nu\varphi}{\nu}=2\,\mathfrak{J}\lg(1+z) \tag{24}$$

($z=re^{i\varphi}$, $\mathfrak{J}$: Imaginärteil).

Nun kann man (22) formal auch als Euler-Lagrangesche Differentialgleichung des Dirichletschen Problems:

$$I=\int_0^1\int_{-\pi}^{\pi}\left(u_r^2+\frac{1}{r^2}u_\varphi^2\right)r\,dr\,d\varphi\to\text{Min} \tag{25}$$

auffassen. Man überzeugt sich aber leicht, daß das Dirichletsche Integral für (24) wegen der Singularität des Integranden an der Unstetigkeitsstelle $(1,\pi)$ nicht existiert.

Sei allgemein durch

$$x=x^*(t),\qquad y=y^*(t)$$

eine geschlossene Jordan-Kurve in der x,y-Ebene dargestellt und seien durch

$$u=u^*(t)$$

die Randwerte für die zu lösende Differentialgleichung

$$\Delta u=0$$

vorgegeben, wobei wir von $u^*(t)$ etwa abteilungsweise Stetigkeit voraussetzen. Dann läßt sich, insbesondere durch funktionentheoretische Methoden, der Beweis der Existenz der Lösung dieser Randwertaufgabe erbringen, aber für die Existenz des Dirichletschen Integrals müssen weitergehende einschränkende Voraussetzungen über Stetigkeit von $u^*(t)$ bzw. über die Differenzierbarkeit von $x^*(t)$, $y^*(t)$ gemacht werden. Allerdings kann man auch in Fällen, wo $u^*(t)$ bzw. $x^*(t)$ und $y^*(t)$ solchen Stetigkeits- bzw. Differenzierbarkeitsvoraussetzungen nicht genügen, versuchen, das Dirichletsche Prinzip in einer modifizierten Form anzuwenden, indem man mit $u_\nu^*(t)$ bzw. $x_\nu^*(t)$ und $y_\nu^*(t)$ eine Folge von Funktionen mit geeigneten Eigenschaften konstruiert, die mit $\nu \to \infty$ gegen $u^*(t)$ bzw. $x^*(t)$ und $y^*(t)$ konvergieren und mit Hilfe der direkten Methoden das Dirichletsche Problem für $u_\nu(x, y)$ löst und schließlich $\lim\limits_{\nu\to\infty} u_\nu(x, y)$ bildet.

Da die Ritzsche Methode in Lehrbüchern schon vielfach behandelt ist, können wir uns hier auf eine skizzenhafte Darstellung beschränken. Um wenigstens einen ersten Einblick in die hier auftretenden Fragen in möglichst einfacher Form zu geben, wollen wir anstatt an den von RITZ selbst behandelten Beispielen, seinen Gedankengang im Anschluß an KRYLOW („Les méthodes de solution approchée des problèmes de la physique mathématique“, Mémorial des sciences mathématiques 99, Gauthier-Villars, Paris 1931) an folgendem Beispiel erörtern:

$$I[y] = \int_0^1 (p\,y'^2 - q\,y^2 + 2f\,y)\,dx \to \text{Min} \qquad y(0) = y(1) = 0, \tag{26}$$

wobei wir voraussetzen, daß

$$p(x) > 0, \quad p(x) \text{ differenzierbar,} \quad q(x) \leqq 0 \tag{27}$$

ist. Die zu (26) gehörende Euler-Lagrangesche Differentialgleichung lautet[1]:

$$\frac{d}{dx}\left(p(x)\,\frac{dy}{dx}\right) + q(x)\,y - f(x) = 0. \tag{28}$$

Daß für $I[y]$ eine untere Schranke existiert, ist bei Berücksichtigung der Voraussetzungen (27) und wenn wir den Integranden in der

[1] Freilich ist hier zu betonen: Bei diesem Beispiel kann man unter Verwendung der üblichen Methoden der Variationsrechnung den Beweis für die Existenz des Minimums von $I[y]$ in besonders einfacher Weise erbringen, indem man sich bloß auf den Cauchyschen Existenz- und Eindeutigkeitsbeweis für die Lösungen gewöhnlicher Differentialgleichungen stützt. Es ist hier nämlich nicht einmal notwendig, das Weierstraßsche Kriterium heranzuziehen, weil hier die Euler-Lagrangesche mit der Jacobischen Differentialgleichung übereinstimmt und wegen $q \leqq 0$ keine konjugierten Punkte auftreten. Vgl. auch Kap. II, 2, § 1, wo wir mit Hilfe der multiplikativen Variation ein Kriterium für den positiv definiten Charakter der zweiten Variation hergeleitet haben.

Form schreiben:

$$p\,y'^2 - q\left(y - \frac{f}{q}\right)^2 + \frac{f^2}{q} \tag{29}$$

unmittelbar ersichtlich, da die mit y bzw. y' behafteten Glieder im Ausdruck (29) jedenfalls $\geqq 0$ sind. Das Integral über den letzten Term ist eine Konstante und daher für das Minimumproblem unerheblich. Wir wollen nun eine ,,Minimalfolge" in folgender Form ansetzen:

$$y_m = \sum_{k=1}^{m} a_k^{(m)} \psi_k, \tag{30}$$

wobei die ψ_k ein abgeschlossenes normiertes Orthogonalsystem bilden mögen, ferner sollen die ψ_k den Randbedingungen $\psi_k(0) = \psi_k(1) = 0$ genügen und zweimal stetig differenzierbar sein.

(Man kann also etwa $\psi_k = \sqrt{2}\sin k\pi x$ setzen.)

Dann läßt sich jede heranzuziehende Vergleichsfunktion durch y_m beliebig approximieren, wenn nur m genügend groß ist. Da $I[y]$, wie wir festgestellt haben, eine untere Schranke besitzt, existiert somit

$$\lim_{m\to\infty} I_m = \lim_{m\to\infty} I[y_m] = i_0.$$

Für die Bestimmung der $a_\nu^{(m)}$ hat man folgendes System linearer Gleichungen aufzulösen:

$$\frac{\partial I\,[a_1^{(m)} \ldots a_m^{(m)}]}{\partial a_k^{(m)}} = 2\int_0^1 (p\,y_m'\psi_k' - q\,y_m\psi_k + f\psi_k)\,dx = 0 \quad (k = 1, \ldots, m) \tag{31}$$

ist. Da der quadratische Bestandteil von $I\,[a_1^{(m)} \ldots a_m^{(m)}]$ positiv definit ist, ist die Determinante der aufzulösenden Gln. (31) von Null verschieden.

Wir wollen nun zeigen, wie man aus der Konvergenz der Folge I_m auf die absolute und gleichmäßige Konvergenz der zugehörigen Minimalfolge $y_m(x)$ gegen eine Grenzfunktion $y(x)$ schließen kann, welche der Euler-Lagrangeschen Differentialgleichung genügt.

Multipliziert man die Gln. (31) der Reihe nach mit willkürlichen Konstanten $A_k^{(m)}$ und summiert über k, und bezeichnet man

$$\sum_{k=0}^{m} A_k^{(m)} \psi_k = \eta_m,$$

so erhalten wir

$$\int_0^1 (p\,y_m'\eta_m' - q\,y_m\eta_m + f\eta_m)\,dx = 0. \tag{32}$$

Insbesondere kann man die $A_k^{(m)}$ so wählen, daß

$$\eta_{m+n} = y_{m+n} - y_m$$

ist. Ersetzt man in (32) m durch $m+n$ und setzen wir für η_{m+n} obigen Ausdruck ein, so ergibt sich

$$\int_0^1 \{p(y'^2_{m+n} - y'_{m+n} y'_m) - q(y^2_{m+n} - y_{m+n} y_m) + f(y_{m+n} - y_m)\}\, dx = 0. \quad (33)$$

Mit Hilfe der Identität:

$$a^2 - ab = \tfrac{1}{2}(a^2 - b^2) + \tfrac{1}{2}(a-b)^2$$

formen wir (33) etwas um. Wir ersetzen $a \to y'_{m+n}$ bzw. y_{m+n} und $b \to y'_n$ bzw. y_m und multiplizieren (33) mit 2 und erhalten so:

$$\int_0^1 \{p[y'^2_{m+n} - y'^2_m + (y'_{m+n} - y'_m)^2] - q[y^2_{m+n} - y^2_m + (y_{m+n} - y_m)^2] + \\ + 2f(y_{m+n} - y_m)\}\, dx = 0$$

und daraus, indem wir bemerken, daß

$$I_k = \int_0^1 (p y'^2_k - q y^2_k + 2 f y_k)\, dx,$$

folgt

$$I_{m+n} - I_m = -\int_0^1 [p(y'_{m+n} - y'_m)^2 - q(y_{m+n} - y_m)^2]\, dx.$$

Nun können wir mit Hilfe der Schwarzschen Ungleichung die folgende Abschätzung vornehmen:

$$|y_{m+n} - y_m| = \left|\int_0^x (y'_{m+n} - y'_m)\, dx\right| \leq \sqrt{\int_0^1 (y'_{m+n} - y'_m)^2\, dx}$$

$$\leq \sqrt{\frac{1}{p_{\min}} \left|\int_0^1 p(y'_{m+n} - y'_m)^2\, dx\right|} < \sqrt{\frac{|I_{m+n} - I_m|}{p_{\min}}}.$$

Da die I_m konvergieren, so ist für genügend große n, m

$$|I_{m+n} - I_m| < \varepsilon,$$

also ergibt sich in der Tat

$$|y_{m+n} - y_m| < \sqrt{\frac{\varepsilon}{p_{\min}}} = \tilde{\varepsilon}.$$

Also existiert $\lim\limits_{m\to\infty} y_m(x) = y(x)$. Die Stetigkeit von $y(x)$ folgt aus der gleichmäßigen Konvergenz der Folge $y_m(x)$. Um aber zu beweisen, daß die so erhaltene Funktion $y(x)$ stetig differenzierbar ist, ist eine weitere Überlegung notwendig.

Die Überlegung, die hier zu machen ist, wollen wir nur kurz andeuten:

Wir denken uns zunächst formal in (32) den Grenzübergang für $m \to \infty$ durchgeführt. Dabei sei:

$$\begin{cases} \lim\limits_{m\to\infty} \eta_m = \eta, \quad \lim\limits_{m\to\infty} \eta'_m = \eta', \quad \lim\limits_{m\to\infty} \eta''_m = \eta''\,^{1} \\ \eta(0) = \eta(1) = \eta'(0) = \eta'(1) = 0. \end{cases}$$

Durch Produktintegration der Euler-Lagrangeschen Differentialgleichung (mit beliebigen unteren Grenzen) bildet man den Ausdruck $F(x)$:

$$F(x) = -p\,y + \int^{\xi=x} y\,p'\,d\xi + \int^{\xi_2=x}\int^{\xi_1=\xi_2} (f - q\,y)\,d\xi_1\,d\xi_2. \tag{34}$$

Dann kann man das aus (32) durch Grenzübergang $m \to \infty$ erhaltene Integral in die Form:

$$\int_0^1 \eta'' \cdot F(x)\,dx = 0 \tag{35}$$

bringen. Aus dem Zermeloschen Lemma (vgl. Kap. III, 1, § 3) entnimmt man $F(x) = 0$ und daraus

$$p\,y = \int^{\xi=x} y\,p'\,d\xi + \int^{\xi_2=x}\int^{\xi_1=\xi_2} (f - q\,y)\,d\xi_1\,d\xi_2.$$

Da die rechte Seite differenzierbar ist, folgt zunächst, daß y' existiert; differenziert man nun noch einmal, so folgt, daß y der Eulerschen Differentialgleichung genügt.

Bei der praktischen Durchführung der Ritzschen Methode kommt es sehr auf die Wahl der Koordinatenfunktionen an. Gut gewählt sind die Koordinatenfunktionen dann, wenn in den aufzulösenden linearen Gleichungssystemen die Diagonalglieder überwiegen, so daß bei der Berechnung der Koeffizienten die bekannten Iterationsmethoden bequem angewendet werden können. Hier ist ein gewisses physikalisches Einfühlungsvermögen unter Umständen von großer Bedeutung.

Ritz selbst hat, wie schon erwähnt, seine Methode am Beispiel der rechteckigen beiderseits eingespannten Platte illustriert. Er benützt als Koordinatenfunktionen Funktionen von der Form

$$\xi_i(x) \cdot \eta_k(y),$$

---

[1] Wir machen auf Folgendes aufmerksam: Der Inhalt einer hiezu in der Arbeit von Kryloff gemachten Fußnote besagt, daß mit Rücksicht auf die Art, wie wir in Kap. III, 1, § 3 das Zermelosche Lemma, auf das wir uns im folgenden stützen werden, ausgesprochen und bewiesen haben und wo wir keine einschränkenden Voraussetzungen über $\eta''(x)$ gemacht haben, hier die Konvergenz im Mittel von $\eta''_m(x)$ gegen $\eta''(x)$ genügt. Für den Beweis der Existenz von $y''(x)$ läßt sich aber auch ein Lemma heranziehen, das sich auf eine weniger umfassende Klasse von Funktionen $\eta(x)$ bezieht, bei der nicht nur die Konvergenz im Mittel sondern die Konvergenz von $\eta''_m(x)$ gegen $\eta''(x)$ gewährleistet ist.

wobei ξ_i und η_k Eigenfunktionen für das Problem des beiderseits einge klemmten Stabes sind. Die Verwandtschaft der Probleme eingeklemmte

Fig. 57. Klangfiguren der quadratischen Platte mit freiem Rand

Stab und eingeklemmte Platte läßt von vornherein vermuten, daß die Wahl von Koordinatenfunktionen besonders gut geeignet ist. In d Tat erweist sich, daß dann in dem linearen Gleichungssystem die Di gonalglieder stark überwiegen. Allgemein ist zu sagen, daß ein derartig

Verhalten der Gleichungen zwar dem Praktiker ein hinreichendes Vertrauen zur Lösungsmethode verschafft, aber das theoretische Problem, die Güte einer erreichten Annäherung[1] praktisch brauchbar abzuschätzen, bleibt bestehen.

Es muß aber dringend davor gewarnt werden, aus der bei der Rechnung zum Vorschein kommenden Güte der Konvergenz gegen die gesuchte Funktion auch ohne weiteres auf die Güte der Annäherung für die einzelnen Differentialquotienten, insbesondere zweiter und höherer Ordnung schließen zu wollen. Ein ganz einfaches Beispiel läßt diese Warnung beachtenswert erscheinen. Für die Funktion $y = \cos\frac{\pi x}{2}$ im Intervall $[-1, 1]$ möge die Funktion $Y = 1 - x^2$ als Näherungsfunktion gelten. Nun beachte man aber, daß $y'' = -\frac{\pi^2}{4}\cos\frac{\pi x}{2}$, hingegen $Y'' = -2$ ist.

Ritz hat sein Verfahren auch auf die schwingende Platte angewendet und die Form der Chladnischen Klangfiguren berechnet. Dabei ergab sich eine sehr befriedigende Übereinstimmung zwischen Rechnung und Experiment. Mit Rücksicht auf die historische Bedeutung dieser Arbeit sehen wir uns veranlaßt eine Reproduktion dieser Figuren beizufügen (vgl. Fig. 57).

Eine kritische Besprechung der Vor- und Nachteile der Ritzschen Methode für die numerische Berechnung findet sich insbesondere in den beiden Lehrbüchern von L. Collatz: „Eigenwertaufgaben mit technischen Anwendungen", sowie: „Die numerische Behandlung von Differentialgleichungen", und in einem Buch von L. W. Kantorowitsch, W. I. Krylow: „Näherungsmethoden der höheren Analysis". Weil es sehr zweckmäßig ist, die Vor- und Nachteile der Ritzschen Methode mit denen anderer Methoden zu vergleichen, weisen wir nachdrücklich auf diese Bücher und auf weitere Literatur (**) hin, ohne aber selbst darauf näher eingehen zu können.

Lediglich die direkten Methoden von Galerkin und von Kantorowitsch seien im folgenden noch kurz erläutert:

a) Methode von Galerkin. Um das Prinzipielle dieser Methode zu erörtern, knüpfen wir an Gl. (31) an. Durch Produktintegration formen wir diese um und erhalten

$$\int_0^1 \left[-\frac{d}{dx}(p\, y_m') - q\, y_m + f\right] \psi_k\, dx = 0.$$

Das besagt also, daß die Koeffizienten in unserem Näherungsansatz (30) so bestimmt werden müssen, daß für y_m der Lagrangesche Differentialausdruck zu (26) orthogonal zu allen $\psi_1, \ldots, \psi_m$ ist. Bei der praktischen

[1] Diesbezüglich sei auf die Arbeiten von Krylow hingewiesen; vgl. die Literaturangaben in seinem vorhin erwähnten Werk.

Durchrechnung erweist sich die eben durchgeführte Umformung als zweckmäßig. Diese Methode ist auch auf Differentialgleichungen $D(y)=0$ anwendbar, die nicht aus einem Variationsproblem stammen. An Stelle des Verschwindens des Differentialausdruckes $D(y)$ hat man zur Bestimmung der Koeffizienten a_n zu fordern

$$\int_0^1 D(y_m)\,\psi_k\,dx = 0$$

und kann damit unter Umständen zu einer zweckmäßigen Näherung gelangen.

b) Methode von KANTOROWITSCH. Diese Methode eignet sich insbesondere dazu, um mit verhältnismäßig übersichtlichen Ausdrücken Näherungslösungen zu gewinnen, die eine relativ große Genauigkeit aufweisen. Wir begnügen uns damit, den Grundgedanken dieser Methode an einem Beispiel anzudeuten, wo es nur darauf ankommt, eine erste Näherungslösung anzugeben.

Um eine erste Näherungslösung der Poissonschen Differentialgleichung

$$\Delta u = -1$$

für das Rechteck $-a<x<a$, $-b<y<b$ mit

$$u=0$$

längs des Randes, bzw. also eine erste Näherungslösung für das Minimumproblem:

$$I(u) = \int_{-b}^{b}\int_{-a}^{a}\left[\left(\frac{\partial u}{\partial x}\right)^2 + \left(\frac{\partial u}{\partial y}\right)^2 - 2u\right] dx\,dy \to \text{Min} \tag{36}$$

zu gewinnen, wird der Ansatz gemacht

$$u = (b^2 - y^2)\,f(x). \tag{37}$$

Durch diesen Ansatz werden die Randbedingungen für $y=\pm b$ erfüllt. Wird (37) in (36) eingesetzt und die Integration über y ausgeführt, so wird das Minimumproblem auf eines für ein einfaches Integral zurückgeführt. Als Euler-Lagrangesche Differentialgleichung für $f(x)$ ergibt sich eine gewöhnliche Differentialgleichung mit konstanten Koeffizienten und man erhält so für die Näherungslösung:

$$u(x,y) = (b^2 - y^2)\cdot\left(1 - \frac{\operatorname{ch}\sqrt{\frac{5}{2}}\,\frac{x}{b}}{\operatorname{ch}\sqrt{\frac{5}{2}}\,\frac{a}{b}}\right).$$

Es ist von vornherein zu vermuten, daß eine auf diesem Wege gewonnene Lösung bereits eine recht gute Näherung gibt. Bei diesem Beispiel kann man die Güte der erreichten Näherung mit der strengen Lösung und mit anderen Näherungslösungen bequem vergleichen. Dabei bestätigt sich die Richtigkeit dieser Vermutung. In dem erwähnten Buch von KANTOROWITSCH und KRYLOW finden sich eine Reihe von instruktiven Aufgaben, bei denen die Gewinnung einer Näherungslösung für das zweidimensionale Problem mit der Auflösung einer gewöhnlichen Differentialgleichung in Verbindung gebracht wird.

Wir wollen zum Schluß noch das *Prinzip der Minderung von Nebenbedingungen* zur Gewinnung unterer Schranken von Minimalwerten besprechen. Daß eine Minderung von Nebenbedingungen den Minimalwert nur verkleinern kann, leuchtet unmittelbar ein, denn durch die Minderung von Nebenbedingungen wird die Menge der zum Vergleich zugelassenen Funktionen vergrößert. Die Idee, dies praktisch zu verwerten und auf spezielle Beispiele angewandt zu haben verdankt man vor allem TREFFTZ und WEINSTEIN (***). Auch hier begnügen wir uns mit einer Illustration dieses Prinzips an einem trivialen Beispiel.

Sei $u^*(\varphi)$ $\left(u^*(0) = u^*(2\pi),\ u^{*\prime}(0) = u^{*\prime}(2\pi)\right)$ eine stetig differenzierbare, in eine Fourier-Reihe entwickelbare Funktion. Man ermittle eine untere Schranke für das Dirichletsche Integral

$$I(u) = \int_0^{2\pi}\int_0^1 \left[\left(\frac{\partial u}{\partial r}\right)^2 + \frac{1}{r^2}\left(\frac{\partial u}{\partial \varphi}\right)^2\right] r\,dr\,d\varphi \to \text{Min}$$

mit der Nebenbedingung:

$$\lim_{r\to 1}\,[u(r,\varphi) - u^*(\varphi)] = 0$$

bzw.

$$\int_0^{2\pi} [u(1,\varphi) - u^*(\varphi)]\cos\nu\varphi\,d\varphi = 0, \qquad \int_0^{2\pi} [u(1,\varphi) - u^*(\varphi)]\sin\nu\varphi\,d\varphi = 0$$

$$\nu = 1, 2, \ldots .$$

Wenn wir jedoch nun verlangen, daß diese Nebenbedingungen nur für

$$\nu = 1, \ldots, m$$

erfüllt sind, so ist die Lösung des Minimalproblems durch das logarithmische Potential von der Form:

$$u^{(m)}(r,\varphi) = \sum_1^m (a_\nu r^\nu \cos\nu\varphi + b_\nu r^\nu \sin\nu\varphi)$$

mit

$$a_\nu = \frac{1}{\pi}\int_0^{2\pi} u^*(\varphi)\cos\nu\varphi\,d\varphi, \quad b_\nu = \frac{1}{\pi}\int_0^{2\pi} u^*(\varphi)\sin\nu\varphi\,d\varphi$$

gegeben, während die Lösung des ursprünglichen Problems

$$\bar{u}(r, \varphi) = \sum_{1}^{\infty} (a_\nu r^\nu \cos \nu \varphi + b_\nu r^\nu \sin \nu \varphi)$$

ist. Es ist also

$$I(u^{(m)}) < I(\bar{u}).$$

Insbesondere wird das Prinzip der Minderung der Nebenbedingungen zur Gewinnung von unteren Schranken für die Eigenwerte verwendet. Auch hiefür begnügen wir uns aber mit einem Hinweis auf die Literatur (°).

§ 2. Die Behandlung des Duffingschen Schwingungsproblems nach Hamel

Wir wollen hier auf die im Abschnitt 1, § 4 angedeutete Arbeit von Hamel zurückkommen. Um für die dort angegebene Differentialgleichung bzw. für

$$I = \int_0^{2\pi} \left(\frac{\dot{x}^2}{2} + \alpha^2 \cos x + x \beta \sin t \right) dt \to \mathrm{Min}$$

eine, wenn auch nur erste Näherungslösung zu gewinnen, macht Hamel im Anschluß an Duffing den Ansatz

$$x = A \sin t$$

und erhält somit

$$\tfrac{1}{2} \pi A^2 + \alpha^2 \int_0^{2\pi} \cos(A \sin t)\, dt + A \beta \pi \to \mathrm{Min}$$

und hieraus

$$A - \frac{\alpha^2}{\pi} \int_0^{2\pi} \sin t \sin(A \sin t)\, dt + \beta = 0.$$

Das hier vorkommende Integral ist die bekannte Integraldarstellung für die Besselsche Funktion $J_1(A)$ und somit ergibt sich als Bestimmungsgleichung für A

$$A - 2\alpha^2 J_1(A) + \beta = 0.$$

Um diese Gleichung graphisch zu lösen, hat man die Kurve

$$y = 2 J_1(A)$$

mit der Geraden

$$y = \frac{1}{\alpha^2} A + \frac{\beta}{\alpha^2}$$

zum Schnitt zu bringen (vgl. Fig. 58). Für $\alpha < 1$ erhält man eine Gerade (I), deren Neigungswinkel größer als $\pi/4$ ist und damit nur eine einzige Lösung. Für $\alpha > 1$ und große Werte von β/α^2 erhält man ebenfalls noch eine einzige Lösung (II), während man für kleine Werte von β/α^2 drei (III) und noch mehr Lösungen (IV) erhält. Mit Rücksicht auf den Charakter des Ansatzes als einer ersten Näherung ist es überflüssig, auf eine nähere Diskussion der Güte dieser Näherung einzugehen, aber die Hamelsche Betrachtung ist vor allem als eine sehr

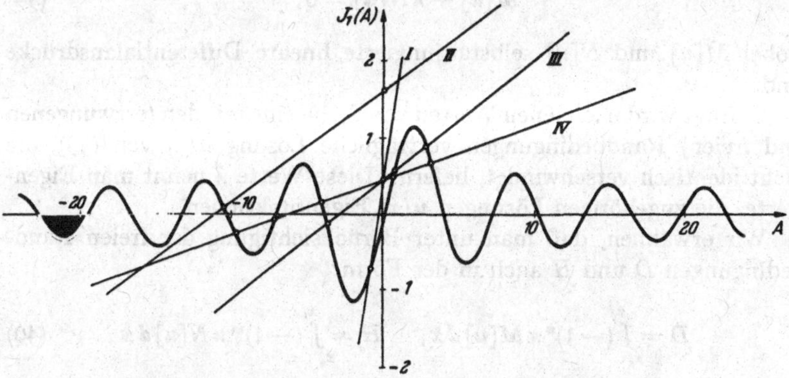

Fig. 58. Lösung des Duffingschen Schwingungsproblems nach HAMEL

bequeme heuristische Methode zu werten, um eine Vorstellung zu bekommen, was man hier zu erwarten hat. Hierin liegt eine typische Anwendungsmöglichkeit der Ritzschen Methode auf die wir hinweisen wollten. Das genannte Problem ist nach anderen Methoden sehr sorgfältig, insbesondere von R. IGLISCH (*) studiert worden.

§ 3. Anwendung der Rayleigh-Ritzschen Methode zur Berechnung von Eigenwerten

Die historisch älteste Anwendung der direkten Methoden der Variationsrechnung bezieht sich auf die Ermittlung von Eigenwerten und rührt, wie schon erwähnt, von Lord RAYLEIGH her.

Wir betrachten hier nur Variationsprobleme mit einer unabhängigen Veränderlichen von der Form:

$$\left.\begin{aligned}&\delta\{[D(u, u', \ldots, u^{(n)}) - \lambda H(u, u', \ldots, u^{(m)})] + \\ &\quad + R(u(x_0), \ldots, u^{(n-1)}(x_0), u(x_1), \ldots, u^{(n-1)}(x_1))\} = 0 \quad m < n.\end{aligned}\right\} \tag{38}$$

(D und H seien Integrale, deren Integranden positiv definite quadratische Formen ihrer Argumente sind mit Koeffizienten, die Funktionen der unabhängigen Variablen sind, die noch gewissen Stetigkeits- und Differenzierbarkeitsbedingungen genügen müssen. R sei eine positiv definite quadratische Form ihrer Argumente.)

Die allenfalls als Zwangsbedingungen vorgegebenen Randbedingungen sollen λ nicht enthalten und homogen in u und den Ableitungen von u sein, wobei jedoch nur Ableitungen bis höchstens der $(n-1)$-ten Ordnung auftreten sollen.

Die Euler-Lagrangesche Differentialgleichung von (38) hat dann die Form:

$$M[u] + \lambda N[u] = 0, \tag{39}$$

wobei $M[u]$ und $N[u]$ selbstadjungierte lineare Differentialausdrücke sind.

Gefragt wird nach jenen Werten von λ, die eine mit den (erzwungenen und freien) Randbedingungen verträgliche Lösung $u(x)$ von (39), die nicht identisch verschwindet, liefern. Diese Werte λ nennt man Eigenwerte, die zugehörigen Lösungen $u(x)$ Eigenfunktionen.

Wir erwähnen, daß man unter Berücksichtigung der freien Randbedingungen D und H auch in der Form:

$$D = \int_{x_0}^{x_1} (-1)^n u M[u]\, dx, \qquad H = \int_{x_0}^{x_1} (-1)^m u N[u]\, dx \tag{40}$$

darstellen kann. Man erhält diese Darstellung durch Verallgemeinerung der Transformation, die zur Jacobischen Differentialgleichung führt (vgl. Kap. II, 2, §1). Ein einfaches Beispiel hiefür bietet das Problem, bei welchem

$$D = \int_{x_0}^{x_1} y'^2\, dx, \quad H = \int_{x_0}^{x_1} y^2\, dx, \quad R = A\, y^2(x_1) \qquad (A = \text{const}) \tag{41}$$

ist und die erzwungene Randbedingung

$$y(x_0) = 0 \tag{42}$$

lautet. Als freie Randbedingung ergibt sich für $x = x_1$:

$$y'(x_1) + A\, y(x_1) = 0 \tag{43}$$

und damit in der Tat:

$$\int_{x_0}^{x_1} y'^2\, dx = -\int_{x_0}^{x_1} y y''\, dx. \tag{44}$$

Mit Hilfe der Formeln (40) kann man also zu einer vorgegebenen Differentialgleichung (39) mit entsprechenden Randbedingungen, das zugehörige Variationsproblem bilden.

Wir wollen hier nicht auf die allgemeine Theorie eingehen, sondern nur an Hand von Beispielen den Nutzen, den die Theorie der Eigenwerte aus der Variationsrechnung ziehen kann, erläutern. Zu Variationsproblemen der oben angegebenen Art geben vor allem andere Schwingungsprobleme Anlaß.

1. Ein typisches Beispiel liefert die schwingende Saite. Wir gelangen zu dem Variationsproblem unmittelbar durch Anwendung des Hamiltonschen Prinzips: Bedeutet $u(x, t)$ die Auslenkung der bei $x=0$ und bei $x=l$ festgehaltenen Saite an der Stelle x zur Zeit t, so ist die Verlängerung der Saite gegeben durch

$$\int_0^l \left(\sqrt{1+\left(\frac{\partial u}{\partial x}\right)^2}-1\right) d x \approx \frac{1}{2} \int_0^l \left(\frac{\partial u}{\partial x}\right)^2 d x .$$

Sei S die Spannung der Saite im nichtausgelenkten Zustand und F ihr Querschnitt. Die Änderung von S und F bei der Auslenkung wird hier, wie üblich, vernachlässigt. Dann können wir die potentielle Energie V ansetzen in der Form

$$V=\frac{1}{2} \int_0^l S F\left(\frac{\partial u}{\partial x}\right)^2 d x .$$

Für die kinetische Energie T erhalten wir den Ausdruck

$$T=\int_0^l \frac{\varrho}{2}\left(\frac{\partial u}{\partial t}\right)^2 d x$$

(bei Vernachlässigung der horizontalen Verschiebung und Drehung). ϱ bedeutet die Masse pro Längeneinheit.

Gemäß dem Hamiltonschen Prinzip finden wir für die Bestimmung der Bewegung (Genaueres über die Anwendung des Hamiltonschen Prinzipes auf die Kontinuumsmechanik, vgl. die bereits in Kap. I, 2, § 1 erwähnte Dissertation von M. Born):

$$\delta \int_0^l \int_{t_0}^{t_1} \frac{1}{2}\left[S F\left(\frac{\partial u}{\partial x}\right)^2-\varrho\left(\frac{\partial u}{\partial t}\right)^2\right] d x\, d t=0 \tag{45}$$

$$u(0)=u(l)=0 .$$

Machen wir nun den Ansatz für eine stehende Welle

$$u=y(x) \cos \omega t$$

und wählen wir als Grenzen für das Zeitintervall $t_0=0$ und $t_1=\pi/\omega$, so erhalten wir wegen

$$\int_0^{\pi/\omega} \cos^2 \omega t\, d t=\int_0^{\pi/\omega} \sin^2 \omega t\, d t$$

für (45):

$$\left.\begin{aligned} &\delta \int_0^l \left(\sigma(x) y'^2-\omega^2 \varrho(x) y^2\right) d x=0 \\ &y(0)=y(l)=0 \end{aligned}\right\} \tag{46}$$

mit $SF = \sigma(x)$. Die Funktion $\sigma(x)$ bezeichnen wir als Steifigkeitskoeffizienten, $\varrho(x)$ als Dichtekoeffizienten. Wir nehmen $\sigma(x) > 0$ und $\varrho(x) > 0$ an. Aus (46) folgt als Euler-Lagrangesche Differentialgleichung die Gleichung der schwingenden Saite, doch wollen wir hier davon keinen Gebrauch machen.

Zu dem Problem (46) würden wir auch durch Anwendung der Lagrangeschen Multiplikatorenmethode geführt werden, wenn wir das isoperimetrische Problem behandeln:

$$\left.\begin{aligned} &\int_0^l \sigma(x)\, y'^2\, dx \to \text{Min} \\ &\int_0^l \varrho(x)\, y^2\, dx = 1 \\ &y(0) = y(l) = 0. \end{aligned}\right\} \tag{47}$$

Als notwendige Bedingung erhalten wir dann die Eulersche Gleichung

$$\frac{d}{dx}(\sigma y') + \lambda \varrho y = 0, \tag{48}$$

wobei sich λ als konstant und als identisch mit ω^2 erweist. Aus (48) folgt nach Multiplikation mit y und Anwendung der Produktintegration unter Berücksichtigung der Randbedingungen:

$$\int_0^l \sigma y'^2\, dx - \lambda \int_0^l \varrho y^2\, dx = 0$$

oder:

$$\frac{\int_0^l \sigma y'^2\, dx}{\int_0^l \varrho y^2\, dx} = \lambda. \tag{49}$$

Wie bereits in Kap. II, 2, § 6 erwähnt, bezeichnet man (49) auch als Rayleighschen Quotienten. Nun können wir feststellen: Die Forderung, daß der Quotient (49) ein Minimum wird, ist äquivalent dem isoperimetrischen Problem (47). Denn die das Minimum liefernde Funktion ist durch (48) nur bis auf einen Proportionalitätsfaktor bestimmt, der, da er in die rechte Seite von (49) nicht eingeht, immer so gewählt werden kann, daß das Integral im Nenner von (49) gleich 1 ist. Diesem Minimalwert des Rayleighschen Quotienten entspricht offenbar der Grundton der schwingenden Saite. Die zugehörige Eigenfunktion kann im Inneren des Intervalls keine Nullstelle besitzen; hätte sie nämlich eine Nullstelle, so würde auch $|y|$ das Minimum liefern. Dies stellt aber einen Widerspruch zu der Weierstraßschen Eckenbedingung dar[1].

[1] Die Übertragung der Weierstraß-Erdmannschen Eckenbedingungen (vgl. Kap I, 4, § 5a) auf isoperimetrische Probleme macht keine Schwierigkeiten.

Ein direkter Beweis für die Tatsache, daß eine im Integrationsintervall keine Nullstelle enthaltende Lösung wirklich ein Minimum liefert, ist in den Überlegungen des Kap. II enthalten.

Wir bezeichnen das Minimum von (49) mit λ_0 und die zugehörige Eigenfunktion mit $y_0(x)$. Dann ergibt sich der k-te Eigenwert λ_k und die k-te Eigenfunktion $y_k(x)$ (Schwingungszahl und Schwingungsform des k-ten Obertons) aus folgendem Minimalproblem

$$\left.\begin{aligned} \lambda_k &= \frac{\int_0^l \sigma y_k'^2\,dx}{\int_0^l \varrho y_k^2\,dx} \to \text{Min} \\ \int_0^l \varrho y_i y_j\,dx &= 0 \quad \text{für } i \neq j,\ i,j = 0,\ldots,k \\ y_k(0) &= y_k(l) = 0. \end{aligned}\right\} \tag{50}$$

Beim formalen Ansatz nach der Lagrangeschen Multiplikatorenmethode erweisen sich die $k-1$ letzten Faktoren identisch 0. Wie in der Theorie der Differentialgleichungen gezeigt wird (*), besitzt (48) unendlich viele Eigenwerte. (Vgl. hierzu die Arbeiten von COURANT (**), wo der Beweis direkt im Anschluß an das Minimalprinzip erbracht wird.)

RITZ selbst erläutert die Brauchbarkeit der direkten Methoden zur Ermittlung von Eigenwerten am einfachsten Beispiel $\sigma = \varrho = 1$:

$$\int_{-1}^{1} y'^2\,dx \to \text{Min}$$
$$y(-1) = y(1) = 0.$$

Dem Grundton und den geradzahligen Obertönen entsprechen offenbar gerade Funktionen in x. Dementsprechend macht RITZ den Ansatz von der Form

$$y_n = (1 - x^2)(a_0 + a_1 x^2 + \cdots + a_n x^{2n})$$

und behandelt das Minimumproblem

$$\left.\begin{aligned} \int_{-1}^{1} y_n'^2\,dx &= \Phi(a_0 \ldots a_n) \to \text{Min} \\ \int_{-1}^{1} y_n^2\,dx &= \Psi(a_0 \ldots a_n) = 1. \end{aligned}\right\}$$

Die Freiwerte a_k werden gewonnen aus den Gleichungen[1]

$$\frac{\partial}{\partial a_i}(\Phi - \mu^{(n)}\Psi) = 0.$$

[1] Daß in allen gleichartigen Fällen die Eigenwerte positiv sind, folgt aus den zu Beginn dieses Paragraphen über die Integranden von D und H gemachten Voraussetzungen.

Der Lagrangesche Faktor $\mu^{(n)}$ stimmt aber mit der n-ten Näherung für den ersten Eigenwert, welchen wir mit $\lambda_0^{(n)}$ bezeichnen wollen, überein. Für $n=0$ ergibt sich

$$y_0 = a_0(1-x^2)$$

$$\lambda_0^{(0)} = \frac{\int_{-1}^{1} 4x^2\,dx}{\int_{-1}^{1}(1-2x^2+x^4)\,dx} = \frac{5}{2} \approx \frac{\pi^2}{4},$$

für $n=1$

$$\lambda_0^{(1)} = 2{\cdot}46744,$$

für $n=2$

$$\lambda_0^{(2)} = 2{\cdot}467401108.$$

Der Fehler bei der zweiten Näherung beträgt nur mehr $4\cdot 10^{-9}$. COLLATZ verwendet in seinem oben als erstes zitierten Werk bei dieser Aufgabe einen anderen Ansatz, nämlich

$$y_n = \sum_{\nu=1}^{n} a_\nu (1-x^{2\nu}).$$

2. Wie schon erwähnt, stammt die Anwendung der direkten Methoden der Variationsrechnung zur Berechnung von Eigenwerten von Lord RAYLEIGH (***). Sie werden von ihm zunächst bei der Auffindung des Grundtones bei einem einseitig eingespannten Stab (Stimmgabel) herangezogen. Das zu (46) analoge Variationsproblem lautet

$$\int_0^l \left(\frac{EI}{2}\,y''^2 + \mu\,\varrho(x)\,\frac{y^2}{2}\right) \to \text{Min}, \tag{51}$$

mit den erzwungenen Randbedingungen:

$$y(0) = y'(0) = 0.$$

Wir behandeln nur den Fall:

$$EI = \text{const}, \qquad \varrho = \text{const}.$$

Die Euler-Lagrangesche Differentialgleichung lautet:

$$y^{(\mathrm{IV})} - \lambda y = 0$$

mit $\lambda = \mu \frac{\varrho}{EI}$ und den erzwungenen Randbedingungen:

$$y(0) = y'(0) = 0$$

sowie den freien Randbedingungen

$$y''(l) = y'''(l) = 0.$$

Das zu (49) analoge Minimumproblem lautet:

$$\lambda = \frac{\int\limits_0^l y''^2\,dx}{\int\limits_0^l y^2\,dx} \to \text{Min}.$$

Zunächst wählt Lord RAYLEIGH den Ansatz

$$y = -3l x^2 + x^3.$$

Dieser Ansatz entspricht der Ausbiegung eines Balkens, bei dem am freien Ende eine Kraft angreift. Als Näherungswert für den ersten Eigenwert erhält RAYLEIGH

$$\lambda = \frac{140}{11 l^4}.$$

Da hier ein Vergleich mit der exakten Lösung möglich ist, läßt sich die Güte der Annäherung abschätzen. Der so erhaltene Wert der Schwingungszahl ω bzw. $\sqrt{\lambda}$ übersteigt den wahren Wert um 2%.

Aus den freien Randbedingungen ist zu ersehen, daß der Stab an seinem freien Ende ungebogen bleibt. Aus diesem Grunde sah sich Lord RAYLEIGH veranlaßt, einen Ansatz auszuprobieren, bei dem die Kraft nicht an $x = l$, sondern an $x = x_1 < l$ angreift, daher also für das Intervall $x_1 < x \leqq l$ eine geradlinige Stabform anzusetzen, und zwar so, daß bei $x = x_1$ für die Näherungsfunktion $y = y(x)$ die Ableitung $y'(x)$ stetig ist. Lord RAYLEIGH wählt $x_1 = \frac{3}{4} l$ und erhält einen Wert, der den wahren Wert nur mehr um 2,3‰ übersteigt.

Wir bemerken, daß die Güte dieser Näherung nur in geringem Maße von der Wahl von x_1 abhängt. Im allgemeinen ist bei der Bestimmung eines Näherungswertes für den Minimalwert einer Funktion eine mäßiggenaue Näherung für die unabhängigen Veränderlichen praktisch ausreichend wegen des stationären Verhaltens der Funktion in der Umgebung des Minimums.

3. Als weiteres Beispiel wollen wir die Longitudinalschwingungen bei einem homogenen Stab, dessen Enden frei ausschwingen können, betrachten: (Anwendungsmöglichkeit bei piezoelektrischen Schwingungen.)

Das Problem führt auf

$$\lambda = \frac{\int\limits_{-1}^{1} y'^2\,dx}{\int\limits_{-1}^{1} y^2\,dx} \to \text{Min}$$

mit den Randbedingungen $y'(-1) = y'(1) = 0$. Der kleinste Eigenwert λ_0 ist hier 0, die zugehörige Eigenlösung $y_0 = 1$. Die zum kleinsten, von

Null verschiedenen Eigenwert λ_1 zugehörige Eigenfunktion y_1 genügt der Bedingung:

$$\int_{-1}^{1} y_1\,dx = 0.$$

Da offenbar die Form der Schwingung durch eine ungerade Funktion dargestellt wird, ergibt sich als einfachster Ansatz

$$y_1 = a\,x + b\,x^3 \qquad (b \neq 0).$$

Die oben angeführten Randbedingungen sind in diesem Fall als freie Randbedingungen zu betrachten. Bei Vorhandensein von freien Randbedingungen gilt beim Ritzschen Verfahren der allgemeine Grundsatz: Sie können berücksichtigt werden, müssen aber nicht berücksichtigt werden.

Berücksichtigen wir die freien Randbedingungen, so ergibt sich $b = -\frac{a}{3}$. Wir erhalten somit eine obere Schranke für den Eigenwert

$$\lambda_1 = 2{\cdot}470.$$

Werden die freien Randbedingungen nicht berücksichtigt, so bekommen wir naturgemäß ein genaueres Resultat, da wir dabei nach jener kubischen Parabel fragen, die die beste Annäherung für λ_1 liefert. Durch Verwendung der Lagrangeschen Multiplikatorenmethode ergibt sich nach Differentiation nach a und b das folgende lineare homogene Gleichungssystem

$$\left(1-\frac{\lambda}{3}\right)a + \left(1-\frac{\lambda}{5}\right)b = 0$$

$$\left(1-\frac{\lambda}{5}\right)a + \left(\frac{9}{5}-\frac{\lambda}{7}\right)b = 0,$$

das nur unter der Bedingung

$$\begin{vmatrix} 1-\frac{\lambda}{3}, & 1-\frac{\lambda}{5} \\ 1-\frac{\lambda}{5}, & \frac{9}{5}-\frac{\lambda}{7} \end{vmatrix} = \frac{4}{525}\lambda^2 - \frac{12}{35}\lambda + \frac{4}{5} = 0$$

in nicht trivialer Weise lösbar ist, woraus sich der Minimalwert $\lambda_1 = 2{\cdot}469$ sofort ergibt. Wir sehen also: Berücksichtigen wir die freien Randbedingungen, so haben wir nur eine unbekannte Größe durch die Minimumforderung zu bestimmen und dementsprechend war der Rechenaufwand kleiner als bei Nichtberücksichtigung der freien Randbedingungen, aber, wie zu erwarten war, liefert die zweite Methode den genaueren Wert.

4. Bei vielen Aufgaben der Praxis handelt es sich darum, übersichtliche Formeln zu gewinnen, die die gesuchte Lösung der Minimalaufgabe als Funktion von gewissen Parametern darstellen. Wir erläutern dies am Beispiel eines doppelwandigen Druckstabes (°), von der in Fig. 59 dargestellten Form, wo das Trägheitsmoment proportional h^2 ist. Es interessiert insbesondere die Abhängigkeit der kritischen Last (Knicklast) von dem Verhältnis h_0/h_m. Wir nehmen an, der Druckstab sei an den beiden Enden gelenkig gelagert. Wir erhalten dann die kritische Last P als Lösung der Minimalaufgabe

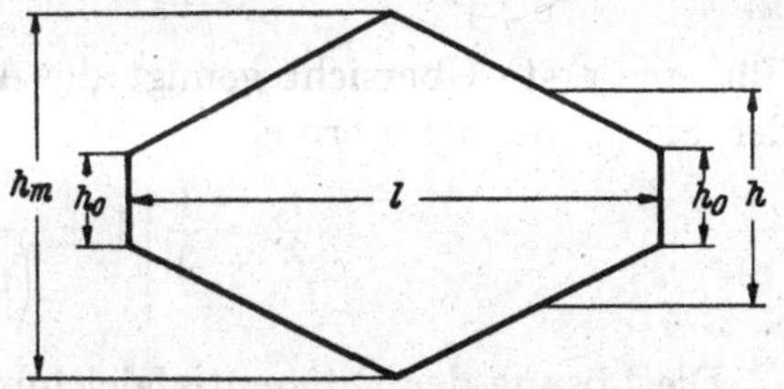

Fig. 59. Der doppelwandige Druckstab

$$P = \frac{\int_{-l/2}^{l/2} EI(y'')^2\,dx}{\int_{-l/2}^{l/2} (y')^2\,dx} \to \text{Min}$$

unter den Nebenbedingungen

$$y\left(-\frac{l}{2}\right) = y\left(\frac{l}{2}\right) = 0 \quad \text{als Zwangsbedingungen,}$$

$$y''\left(-\frac{l}{2}\right) = y''\left(\frac{l}{2}\right) = 0 \quad \text{als freien Randbedingungen.}$$

Als Euler-Lagrangesche Differentialgleichung ergibt sich

$$(EI\,y'')'' + P\,y'' = 0.$$

Setzen wir $M = EI\,y''$, so können wir dafür auch schreiben

$$M'' + \frac{P}{EI}M = 0, \qquad M\left(-\frac{l}{2}\right) = M\left(\frac{l}{2}\right) = 0. \tag{52}$$

Der kleinste Eigenwert ist nun gekennzeichnet durch

$$P = \frac{\int_{-l/2}^{l/2} M'^2\,dx}{\int_{-l/2}^{l/2} \frac{M^2}{EI}\,dx} \to \text{Min.}$$

Um zur dimensionslosen Schreibweise überzugehen setzen wir $x = \frac{l}{2}\xi$ und ferner

$$EI = (EI)_{\max}\left(1 - \left[1 - \frac{h_0}{h_m}\right]\xi\right)^2 \tag{53}$$

$$P = \pi^2 \frac{(EI)_{\max}}{l^2}\lambda.$$

Machen wir nun den Ansatz

$$M = \cos\frac{\pi}{2}\,\xi,$$

so ergibt sich

$$\frac{1}{\lambda} = \int\limits_{-1}^{+1} \frac{\cos^2\frac{\pi}{2}\,\xi}{\frac{EI}{(EI)_{\max}}}\, d\xi.$$

Für eine erste Übersicht genügt die Auswertung dieses Integrals nach der Simpsonschen Formel

$$\frac{1}{\lambda} = \frac{1}{3}\left[1 + \frac{8}{\left(1 + \frac{h_0}{h_m}\right)^2}\right].$$

Die Lösung der Differentialgleichung (52) mit (53) kann auch exakt berechnet werden. Wir stellen zum Vergleich für eine Anzahl von Werten des Parameters h_0/h_m exakt bzw. näherungsweise berechnete Werte von λ in der folgenden Tabelle zusammen:

h_0/h_m	0	0,2	0,4	0,6	0,8	1
nach SIMPSON . .	0,333	0,458	0,609	0,727	0,865	1
exakt	0,101	0,450	0,611	0,746	0,871	1

5. Um Beispiele zu behandeln, bei denen Randbedingungen vom Typus des Newtonschen Wärmeübergangsgesetzes auftreten

$$y(x_0) + a_0\, y'(x_0) = 0$$
$$y(x_1) + a_1\, y'(x_1) = 0$$

haben wir, wie zu Beginn des Paragraphen bereits angedeutet, Randfunktionen zum Variationsproblem hinzuzufügen. Außer für Wärmeübergänge in der Theorie der Wärmeleitung treten solche Randbedingungen auch bei verschiedenen Problemen in anderen Zweigen der Physik auf. Als Beispiel (°°) sei hier die Ermittlung der Beziehung zwischen Objektdistanz und Bilddistanz für achsennahe Strahlen beim Elektronenmikroskop angeführt. Die Differentialgleichung der Bahnkurven für achsennahe Strahlen im Elektronenmikroskop (Achse ist x-Achse) lautet

$$y'' + G(x)\, y = 0.$$

Auf die physikalische Bedeutung der Funktion $G(x)$ brauchen wir hier nicht ausführlich einzugehen (vgl. auch Kap. II, 2, § 5.6). Für unsere Zwecke genügt folgendes: Setzt man

$$G(x) = \lambda\,\Gamma(x),$$

so ist bei einer rein magnetischen Linse $\sqrt{\lambda}$ proportional der Stromstärke, durch welche das magnetische Feld erzeugt wird. Ferner wird angenommen, daß das magnetische Feld nur zwischen zwei achsensenkrechten Ebenen $x = \pm d$ wirksam sei, so daß $G(x)$ nur im Intervall $[-d, d]$ merklich von Null verschieden ist. In diesem Intervall ist der Elektronenstrahl gekrümmt, außerhalb ist er geradlinig. Das Objekt befinde sich bei $x_1 = -d - g$, das Bild sei bei $x_2 = d + b$ (vgl. Fig. 60). Für Objekt- bzw. Bildpunkt lauten also die Randbedingungen für den Elektronenstrahl:

$$y(x_1) = y(x_2) = 0$$

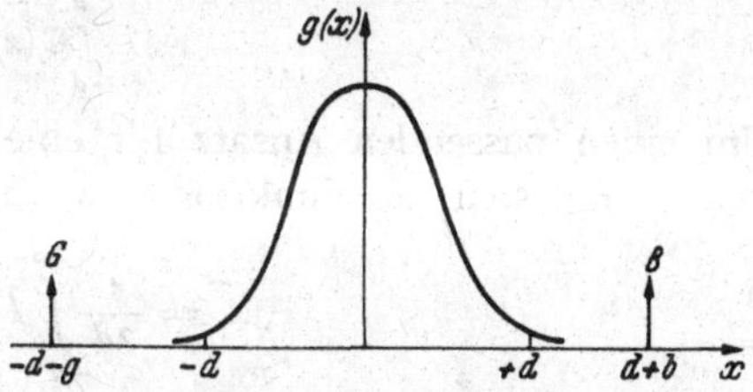

Fig. 60. Zur Linsenformel von Busch

und somit erhalten wir, da ja für $x_1 \leqq x \leqq -d$ und für $d \leqq x \leqq x_2$ der Elektronenstrahl geradlinig verläuft, die Randbedingungen für das Intervall $[-d, d]$:

$$y'(d) = -\frac{y(d)}{b}, \quad y'(-d) = \frac{y(-d)}{g}.$$

Unsere Aufgabe besteht darin, die Beziehung zwischen g, b und λ zu ermitteln.

Wir formulieren das Variationsproblem, das zur obigen Differentialgleichung und zu den eben angegebenen Randbedingungen als freien Randbedingungen gehört, wie folgt:

$$\delta\left\{\int_{-d}^{d}(y'^2 - \lambda\Gamma(x)\,y^2)\,dx + \frac{y^2(-d)}{g} + \frac{y^2(d)}{b}\right\} = 0,$$

wie man sofort erkennt, wenn man, entsprechend den Hamiltonschen Formeln den zu variierenden Ausdruck nach $y(-d)$ bzw. $y(d)$ differenziert (vgl. im übrigen auch das in der Einleitung zu diesem Paragraphen gebrachte Beispiel). Bei unserer Aufgabe handelt es sich somit um die Bestimmung eines Näherungswertes für λ:

$$\lambda = \frac{\frac{y^2(-d)}{g} + \frac{y^2(d)}{b} + \int_{-d}^{d} y'^2\,dx}{\int_{-d}^{d} y^2\,\Gamma(x)\,dx} \to \text{Extrem.} \tag{54}$$

Für eine Überschlagsrechnung genügt der Ansatz

$$y = 1.$$

Wir gelangen damit zu der Formel

$$\frac{1}{g} + \frac{1}{b} = \lambda \int_{-d}^{d} \Gamma(x)\, dx = \int_{-d}^{d} G(x)\, dx.$$

Diese entspricht genau der Linsenformel von BUSCH mit

$$f = \frac{1}{\int\limits_{-d}^{d} G(x)\, dx}.$$

Um einen passenden Ansatz für eine genauere Rechnung zu finden, denke man sich die Funktion $\Gamma(x)$ durch ihren Mittelwert

$$\overline{\Gamma} = \frac{1}{2d} \int_{-d}^{d} \Gamma(x)\, dx$$

ersetzt. Man gelangt dann zu einem Ansatz von der Form

$$y = c_1 \cos \sqrt{\overline{\Gamma}}\, x + c_2 \sin \sqrt{\overline{\Gamma}}\, x$$

und kann dann c_1 und c_2 aus dem Minimalprinzip (54) bestimmen.

§ 4. Kennzeichnung der höheren Eigenwerte durch ein Maximum-Minimumprinzip

Sowohl für theoretische wie für praktische Aussagen über höhere Eigenwerte ist ein, insbesondere von R. COURANT verwendetes *Maximum-Minimumprinzip* (*), durch das der höhere Eigenwert unmittelbar gekennzeichnet wird, von großem Wert.

Um das Wesentliche besser hervortreten zu lassen genügt es, dieses Prinzip am Beispiel der Bestimmung der Eigenwerte der schwingenden Saite darzustellen. Die Erweiterung dieses Prinzips auf allgemeinere Probleme, von dem zu Beginn des § 3 angegebenen Typus sowie auf entsprechende Probleme mit mehreren unabhängigen Veränderlichen bietet keine Schwierigkeiten.

Die folgenden Betrachtungen stützen sich darauf, daß man den Rayleighschen Quotienten:

$$\frac{\int\limits_0^l \sigma y'^2\, dx}{\int\limits_0^l \varrho y^2\, dx}$$

mit Hilfe der Umformung, die zur Darstellung der Integrale D und H in der Form (40) geführt hat, auch in der Form:

$$\frac{-\int\limits_0^l y(\sigma y')'\, dx}{\int\limits_0^l \varrho y^2\, dx} \tag{55}$$

schreiben kann.

COURANTs Überlegung ist die Folgende: Seien $\varphi_0, \ldots, \varphi_{m-1}$ voneinander linear unabhängige, in $[0, l]$ integrierbare Funktionen. Wir betrachten nur solche Vergleichsfunktionen $u(x)$, welche den m Orthogonalitätsbedingungen:

$$\int_0^l u(x)\,\varphi_\mu(x)\,dx = 0 \qquad (\mu = 0, \ldots, m-1) \tag{56}$$

genügen. Den mit diesen Vergleichsfunktionen gebildeten Rayleighschen Quotienten bezeichnen wir mit $Q[u]$; die untere Grenze, die dieser Quotient für alle zugelassenen Vergleichsfunktionen u annehmen kann, bezeichnen wir mit $\overline{Q}[u]$.

Wir behaupten: Der m-te Eigenwert ist durch das Maximum von $\overline{Q}[u]$ gekennzeichnet, das $\overline{Q}[u]$ annimmt, wenn $\varphi_0, \ldots, \varphi_{m-1}$ die Gesamtheit aller m-tupel aus der Menge der integrierbaren Funktionen durchläuft.

Wir beweisen diese Behauptung wie folgt:

Für die Vergleichsfunktionen machen wir den Ansatz:

$$v(x) = \sum_{k=0}^{m} a_k\, y_k(x), \tag{57}$$

wobei die $y_k(x)$ die $m+1$ normierten Eigenfunktionen von (48) seien. Die $m+1$ Koeffizienten a_k seien dabei so bestimmt, daß die m Orthogonalitätsrelationen (56) erfüllt sind. Da sich aus ihnen m lineare homogene Gleichungen für die $m+1$ Unbekannten a_k ergeben, existieren stets nicht-triviale Lösungen für die a_k. Setzt man also die mit derartigen Koeffizienten gebildete Funktion $v(x)$ in den Rayleighschen Quotienten ein, so ist nach der Definition von $\overline{Q}[u]$ jedenfalls:

$$Q[v] \geqq \overline{Q}[u].$$

Setzen wir (57) in den in der Form (55) geschriebenen Rayleighschen Quotienten ein, so erhalten wir, unter Benützung der Differentialgleichung (48) und der Orthogonalitätseigenschaft der Eigenfunktionen für $Q[v]$ die Darstellung:

$$Q[v] = \frac{\sum_{k=0}^{m} a_k^2\,\lambda_k}{\sum_{k=0}^{m} a_k^2}. \tag{58}$$

Die rechte Seite von (58) hat die Gestalt der Formel für die Abszisse des Schwerpunktes einer Massenbelegung, wobei die a_k^2 die Massenbelegungen und die λ_k die Abszissen der einzelnen Punkte sind. Da die

Schwerpunktsabszisse zwischen der kleinsten und größten Abszisse der Massenpunkte liegt, ist also:

$$Q[v] \leqq \lambda_m. \tag{59}$$

Das Gleichheitszeichen in (59) tritt dann und nur dann ein, wenn wir $\varphi_0, \ldots, \varphi_{m-1}$ durch $y_0, \ldots, y_{m-1}$ ersetzen; dann sind nämlich wegen (56) $a_0, \ldots, a_{m-1}$ sämtlich Null und aus (58) ergibt sich dann unmittelbar die Behauptung.

Die Bedeutung des Maximum-Minimumprinzipes liegt darin, daß über viele Eigenschaften der Eigenwerte sofort qualitative Aussagen gemacht und in vielen Fällen auch quantitative Abschätzungen durchgeführt werden können. So erkennt man auch mit seiner Hilfe unmittelbar, daß das Hinzutreten von weiteren Zwangsbedingungen nur zu einer Vergrößerung der Eigenwerte Anlaß geben kann, weil durch die Zwangsbedingungen die Menge der Vergleichsfunktionen $u(x)$ nur eingeschränkt wird, also das Maximum-Minimum von $Q[u]$ keinesfalls abnehmen kann.

Wir gehen hier auf diese Fragen nicht weiter ein und erwähnen lediglich, daß die weitaus fruchtbarste Anwendung, die COURANT vom Maximum-Minimumprinzip gemacht hat, die Behandlung einer Fragestellung war, die mit der Begründung der Strahlungstheorie in Zusammenhang steht. H. A. LORENTZ sprach bei einem Vortrag in Göttingen die Vermutung aus, daß das folgende von J. JEANS für einen quaderförmigen Hohlraum vom Volumen V ausgesprochene Gesetz, wonach die Anzahl $S(\Lambda)$ der Eigenwerte der Hohlraumschwingung unterhalb der vorgegebenen Grenze Λ asymptotisch gleich

$$\frac{V}{6\pi^2} \Lambda^{\frac{3}{2}}$$

sei, auch für beliebige Formen des Hohlraumes gültig bleibe. Diese Vermutung konnte COURANT mit den hier entwickelten Hilfsmitteln in besonders einfacher Weise beweisen (**).

Für die praktische Berechnung höherer Eigenwerte ist ferner auch ein ganz analoger Satz von HOHENEMSER von Bedeutung. Ausgangspunkt ist hierbei der Satz, daß die n-te Eigenfunktion im Inneren des betrachteten Intervalles stets genau $n-1$ Nullstellen hat. Der Satz von HOHENEMSER lautet dann folgendermaßen:

Sei $u(x; x_1 \ldots x_m)$ eine Funktion, die an den Stellen $x_1 \ldots x_m$ verschwindet (die x_i liegen alle im Inneren des Intervalls) und sei $Q[u]$ die untere Grenze für den Rayleighschen Quotienten mit diesen Funktionen. Zu jeder bestimmten Wahl dieser Nullstellen gehört also ein bestimmter Wert von $Q[u]$. Das Maximum von $Q[u]$, das sich bei entsprechend gewählten x_i ergibt, ist der $(m+1)$-ste Eigenwert.

Der Beweis erfolgt in derselben Weise wie beim Satz vom Maximum-Minimumprinzip.

Den Orthogonalitätsbedingungen entsprechen hier die Bedingungsgleichungen, die aus der Forderung, daß $x_1 \ldots x_m$ Nullstellen sind, entspringen.

§ 5. Prinzip der formalen Differentiation eines Extremums

Sei $f(x_i, a)$ eine, in x_i mindestens zweimal, in a mindestens einmal stetig differenzierbare Funktion. Wir betrachten eine Lösung $x_i = \bar{x}_i(a)$ des Gleichungssystems:

$$\frac{\partial f(x_i, a)}{\partial x_i} = 0 \tag{60}$$

und untersuchen den Extremwert $f(\bar{x}_i, a) = \bar{f}(a)$ in seiner Abhängigkeit von a. Es ist:

$$\frac{d\bar{f}}{da} = \frac{\partial f}{\partial a} + \frac{\partial f}{\partial x_i}\,\frac{d\bar{x}_i}{da}$$

und wegen (60) somit:

$$\frac{d\bar{f}}{da} = \frac{\partial f}{\partial a}\,.$$

Diese einfache Aussage wollen wir als *Prinzip der formalen Differentiation* bezeichnen.

Dieses Prinzip überträgt sich unmittelbar auch auf Aufgaben der Variationsrechnung. Dabei wird die Existenz des Minimums vorausgesetzt. Sei etwa

$$\Phi(a) = \left[\int_{x_0}^{x_1} f(x, y, y', a)\, dx\right]_{\text{Extrem}} \qquad \left.\begin{aligned} y(x_0) &= y_0 \\ y(x_1) &= y_1 \end{aligned}\right\},$$

dann ist

$$\frac{d\Phi}{da} = \int_{x_0}^{x_1} \left[\frac{\partial f}{\partial y}\cdot\frac{\partial \bar{y}}{\partial a} + \frac{\partial f}{\partial y'}\,\frac{\partial \bar{y}'}{\partial a}\right] dx + \int_{x_0}^{x_1} \frac{\partial f}{\partial a}\, dx$$

auf Grund der Extremaleigenschaft verschwindet der Ausdruck in der eckigen Klammer und wir erhalten somit die einfache Regel, daß man bei der Differentiation eines Extremums nach einem Parameter formal nur nach diesem Parameter partiell zu differenzieren hat.

Diese einfache Aussage läßt eine Reihe von wichtigen Folgerungen zu.

1. Sei

$$\lambda(\alpha) = \left[\frac{\int_{x_0}^{x_1} \sigma(x, \alpha)\, y'^2\, dx}{\int_{x_0}^{x_1} \varrho(x)\, y^2\, dx}\right]_{\text{Min}},$$

dann ist

$$\frac{d\lambda}{d\alpha} = \frac{\int\limits_{x_0}^{x_1} \frac{\partial\sigma}{\partial\alpha} \bar{y}'^2\, dx}{\int\limits_{x_0}^{x_1} \varrho \bar{y}^2\, dx}.$$

Aus diesem Satz kann man unmittelbar entnehmen: Wenn der Steifigkeitskoeffizient wächst, dann wächst auch der zugehörige Eigenwert. Ein analoger Satz gilt, wenn man den Dichtekoeffizienten als Funktion eines Parameters betrachtet.

Diese Formeln können als Ausgangspunkt der Rayleighschen Störungstheorie verwendet werden. Besondere physikalische Bedeutung hat der Fall, wenn $\partial\varrho/\partial\alpha$ nur in der unmittelbaren Umgebung der Stelle $x = x_1$ von Null verschieden ist (Einfluß einer lokalen Dichteschwankung). Es ergibt sich hier der Satz, daß der Einfluß einer lokalen Störung der Dichte auf die Änderung des Eigenwertes proportional ist dem Quadrat der Amplitude der Eigenfunktion an der betreffenden Störstelle[1].

2. Als weitere Anwendung dieses Satzes wollen wir den Satz von Castigliano in der Elastizitätstheorie an einem speziellen Beispiel illustrieren. Betrachten wir das Variationsproblem (vgl. Kap. I, 2, §1)

$$\Phi = \left\{ \int\limits_{x_0}^{x_1} (EI\, y''^2 + q(x)\, y)\, dx + Q\, y|_{x=\xi} \right\} \to \text{Min}$$

$$y(x_0) = y(x_1) = y'(x_0) = y'(x_1) = 0,$$

also die Formänderungsarbeit eines beiderseits eingespannten, mit einer kontinuierlichen Last und mit einer Einzellast an der Stelle $x = \xi$ belasteten Balken. (Um das Problem selbst analytisch zu behandeln, müßte man das Integral wie folgt zerlegen:

$$\int\limits_{x_0}^{x_1} = \int\limits_{x_0}^{\xi} + \int\limits_{\xi}^{x_1}.$$

Wir gehen aber darauf nicht näher ein.)

Betrachten wir Q als Parameter, dann ergibt sich unmittelbar

$$\frac{d\Phi}{dQ} = y|_{x=\xi}.$$

Die Durchbiegung an der Einwirkungsstelle erhält man also, indem man die Formänderungsarbeit nach der Einzellast differenziert.

3. Im Anschluß an diese Betrachtungen besprechen wir den Satz von Schaefer (*) über Eigenwertepaare.

[1] Auf den Fall entarteter Eigenwerte gehen wir hier nicht weiter ein.

Die aus

$$\delta \int_{x_0}^{x_1} [\sigma(x)\, y'^2 - (\Lambda_1 \varrho_1(x) + \Lambda_2 \varrho_2(x))\, y^2]\, dx = 0 \;[1] \qquad \varrho_1, \varrho_2 > 0$$

entspringende Euler-Lagrangesche Differentialgleichung lautet:

$$\frac{d}{dx}(\sigma(x)\, y') + (\Lambda_1 \varrho_1 + \Lambda_2 \varrho_2)\, y = 0.$$

Die Konstanten Λ_1 und Λ_2 seien so gewählt, daß eine von Null verschiedene Lösung dieser linearen Gleichung mit den Randbedingungen $y(x_0) = y(x_1) = 0$ existiert.

Dann bezeichnen wir diese Werte (Λ_1, Λ_2) als Eigenwertepaar. Wir betrachten hier nur die kleinsten einander zugeordneten Eigenwerte, die wir mit λ_1 und λ_2 bezeichnen. Deuten wir λ_1, λ_2 als kartesische Koordinaten in einer λ_1, λ_2-Ebene. Die Kurve $\lambda_2 = \lambda_2(\lambda_1)$ bezeichnen wir als „Eigenkurve". Der Satz von SCHAEFER besagt nun:

Diese Kurve ist stets konvex.

Zum Beweis betrachten wir λ_1 als Parameter und λ_2 als zugehörigen Eigenwert

$$\lambda_2 = \left[\frac{\int_{x_0}^{x_1} (\sigma(x)\, y'^2 - \lambda_1 \varrho_1 y^2)\, dx}{\int_{x_0}^{x_1} \varrho_2 y^2\, dx}\right]_{\mathrm{Min}}.$$

Daraus ergibt sich nach dem Prinzip der formalen Differentiation:

$$\frac{d\lambda_2}{d\lambda_1} = -\frac{\int_{x_0}^{x_1} \varrho_1 y^2\, dx}{\int_{x_0}^{x_1} \varrho_2 y^2\, dx}.$$

$$y = y(x, \lambda_1).$$

Betrachten wir einen beliebigen Punkt $P_0(\lambda_1^0, \lambda_2^0)$ auf der Eigenkurve; die Gleichung der zugehörigen Tangente lautet, wenn wir mit l_1, l_2 die laufenden Koordinaten auf der Tangente bezeichnen

$$\frac{\int_{x_0}^{x_1} (l_1 \varrho_1 + l_2 \varrho_2)\, y^2(x, \lambda_1^0)\, dx}{\int_{x_0}^{x_1} \sigma(x)\, y'^2(x, \lambda_1^0)\, dx} = 1.$$

---

[1] Bei Eigenwertproblemen von der Form $\frac{\int_{x_0}^{x_1} (\sigma y'^2 - q y^2)\, dx}{\int_{x_0}^{x_1} \varrho y^2\, dx} \longrightarrow$ Min, die im folgenden zu betrachten sind, kann eine endliche Anzahl von Eigenwerten negativ sein.

Wir haben jetzt zu zeigen, daß die Tangente oberhalb der Eigenwertkurve verläuft. Zu diesem Zweck betrachten wir einen Punkt

$$P^*(l_1 = \lambda_1^*,\ l_2 = \lambda_2^*)$$

in der Umgebung von P_0 auf der Tangente. Da aber $y = y(x, \lambda_1^0)$ in dem zum Abszissenwert $\lambda_1 = \lambda_1^*$ gehörenden Punkt $\overline{P^*}$ der Eigenkurve

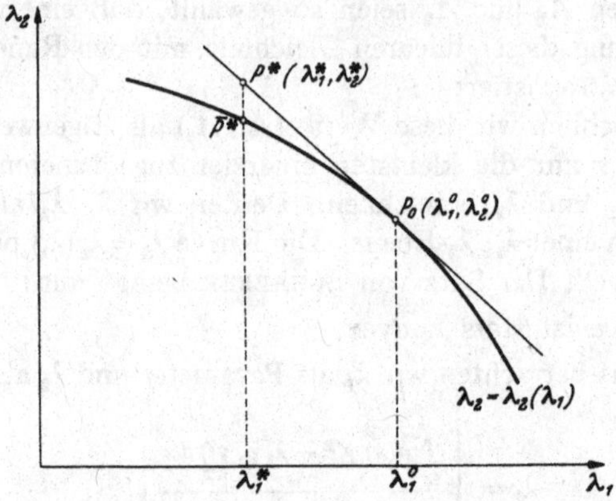

Fig. 61. Zum Satz von SCHAEFER über Eigenwertpaare

(vgl. Fig. 61) keine Eigenfunktion sein muß und im allgemeinen auch gar nicht sein wird, ergibt sich aus der Minimumeigenschaft der Ordinaten der Eigenkurve für $\lambda_1 = \lambda_1^*$:

$$\lambda_2 = \lambda_2(\lambda_1^*) = \frac{\int\limits_{x_0}^{x_1} (\sigma(x)\, y'^2(x, \lambda_1^*) - \lambda_1^*\, \varrho_1(x)\, y^2(x, \lambda_1^*))\, dx}{\int\limits_{x_0}^{x_1} \varrho_2(x)\, y^2(x, \lambda_1^*)\, dx}$$

$$\leq \frac{\int\limits_{x_0}^{x_1} (\sigma(x)\, y'^2(x, \lambda_1^0) - \lambda_1\, \varrho_1(x)\, y^2(x, \lambda_1^0))\, dx}{\int\limits_{x_0}^{x_1} \varrho_2(x)\, y^2(x, \lambda_1^0)\, dx}.$$

Diese Ungleichung besagt, daß die Eigenwertkurve unterhalb der Tangente liegt.

Wir fügen noch eine direkte Verifikation von $\frac{d^2 \lambda_2}{d \lambda_1^2} \leq 0$ hinzu. Zu diesem Zwecke führen wir zur Abkürzung die folgende Bezeichnung ein:

$$f(x, y, y', \lambda_1) = \sigma(x)\, y'^2 - \left(\lambda_1\, \varrho_1 + \lambda_2(\lambda_1)\, \varrho_2\right) y^2.$$

Der Minimalwert von $\int_{x_0}^{x_1} f(x, y, y', \lambda_1)\, dx$ ist Null und wird erreicht von der Funktion $y = y(x, \lambda_1)$. Wir fassen diese Gleichung als eine Identität in λ_1 auf und differenzieren

$$\frac{d}{d\lambda_1}\int_{x_0}^{x_1} f(x, y, y', \lambda_1)\, dx = \int_{x_0}^{x_1}\left(f_y \frac{\partial y}{\partial \lambda_1} + f_{y'}\frac{\partial y'}{\partial \lambda_1} + f_{\lambda_1}\right) dx \equiv 0. \qquad (61)$$

Wegen der Extremaleigenschaft von $y = y(x, \lambda_1)$ ergibt sich

$$\int_{x_0}^{x_1}\left(f_y \frac{\partial y}{\partial \lambda_1} + f_{y'}\frac{\partial y'}{\partial \lambda_1}\right) dx = 0 \qquad (62)$$

und somit auch

$$\int_{x_0}^{x_1} f_{\lambda_1}\, dx = 0. \qquad (63)$$

Sei ferner zur Abkürzung gesetzt

$$\int_{x_0}^{x_1}\left(f_y \frac{\partial^2 y}{\partial \lambda_1^2} + f_{y'}\frac{\partial^2 y'}{\partial \lambda_1^2}\right) dx = \mathrm{I}$$

$$\int_{x_0}^{x_1}\left(f_{yy}\left(\frac{\partial y}{\partial \lambda_1}\right)^2 + f_{y'y'}\left(\frac{\partial y'}{\partial \lambda_1}\right)^2\right) dx = \mathrm{II}$$

$$\int_{x_0}^{x_1}\left(f_{y\lambda_1}\frac{\partial y}{\partial \lambda_1} + f_{y'\lambda_1}\frac{\partial y'}{\partial \lambda_1}\right) dx = \mathrm{III}$$

$$\int_{x_0}^{x_1} f_{\lambda_1\lambda_1}\, dx = \mathrm{IV}.$$

Aus der nochmaligen Differentiation von (61) nach λ_1 ergibt sich

$$\frac{d^2}{d\lambda_1^2}\int_{x_0}^{x_1} f(x, y, y', \lambda_1)\, dx = \mathrm{I} + \mathrm{II} + 2\,\mathrm{III} + \mathrm{IV} = 0.$$

Andererseits folgt aus der Differentiation von (62) und (63):

$$\mathrm{II} + \mathrm{III} = 0$$

$$\mathrm{I} = 0.$$

Daher

$$\mathrm{II} - \mathrm{IV} = 0.$$

Da II positiv ist, ergibt sich $\int_{x_0}^{x_1} f_{\lambda_1\lambda_1}\, dx = -\int_{x_0}^{x_1} \frac{\partial^2 \lambda_2}{\partial \lambda_1^2}\varrho_2 y^2\, dx > 0$ d.h. also:

$$\frac{d^2\lambda_2}{d\lambda_1^2} \leq 0.$$

Achtes Kapitel

Das Prinzip von FRIEDRICHS und seine Anwendung auf elastostatische Probleme

§ 1. Einleitendes Beispiel aus der Fachwerktheorie

Von FRIEDRICHS rührt eine Methode her, die in praktisch wichtigen Fällen gestattet, ein Maximumproblem in ein Minimumproblem überzuführen. Die Bedeutung dieser Transformation liegt unter anderem darin, daß dadurch in gewissen Fällen eine Methode gegeben ist, für zu berechnende Größen obere und untere Schranken anzugeben. Wie FRIEDRICHS selbst in seiner Abhandlung (*) erwähnt, wurde er zu seiner Überlegung durch den Vergleich der beiden grundlegenden Minimalprinzipe der Elastostatik, dem Dirichletschen (Minimalprinzip für die Verschiebungen) und dem Castiglianoschen Prinzip (Minimalprinzip für die Spannungen)[1] angeregt. Es möge noch erwähnt werden, daß bereits PRANGE in seiner Habilitationsschrift (**) im wesentlichen auf dieselbe Weise die Beziehung zwischen diesen beiden grundlegenden Prinzipen erörtert hat.

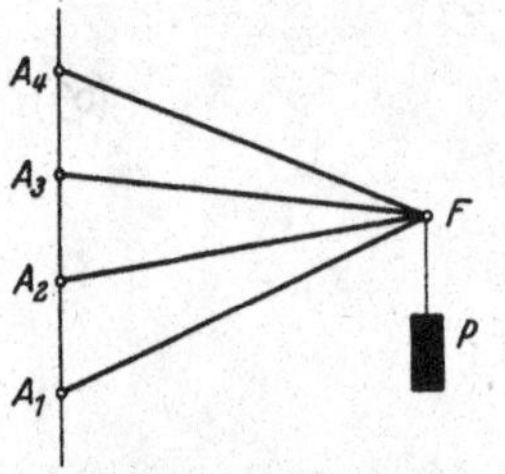

Fig. 62. Beispiel eines statisch unbestimmten Systems

Die beiden Prinzipe lauten unter der Annahme, daß die äußeren Kräfte ein Potential besitzen folgendermaßen:

a) Das Dirichletsche Prinzip: Sei Φ_v die durch Formänderung aufgestapelte Energie im Körper, ausgedrückt durch die Verzerrungsgrößen. Sei U die potentielle Energie der äußeren Kräfte. Die wirklich eintretenden Verzerrungsgrößen liefern den kleinsten Wert für $\Phi_v + U$.

b) Das Castiglianosche Prinzip: Sei Ψ_s die Ergänzungsarbeit ausgedrückt durch die Spannungsgrößen. Unter allen Spannungszuständen, die den statischen Bedingungen genügen, liefern die wirklich eintretenden Spannungen ein Minimum für Ψ_s.

Für den Fall der Gültigkeit des Hookeschen Gesetzes, den wir in diesem Paragraph allein in Betracht ziehen, ist $\Phi_v = \Psi_s = \Phi$.

Bevor wir auf das Prinzip von FRIEDRICHS eingehen, betrachten wir zur Vorbereitung folgendes einfache Beispiel (Fig. 62). Ein Gewicht P ist an einem Punkt F befestigt, der mit einem festen, unausdehnbaren vertikalen Stab durch vier angeschlossene elastische Stäbe verbunden ist.

Wir werden zeigen, wie diese Aufgabe der Elastostatik einerseits mit Hilfe des Dirichletschen, andererseits mit Hilfe des Castiglianoschen Prinzips zu formulieren ist und wie sich bei diesem Beispiel der Übergang von dem einen zum anderen Prinzip analytisch ergibt.

[1] Vgl. Kap. I, 2, § 1.

Beim Dirichletschen Prinzip sind die unmittelbar zu bestimmenden Veränderlichen die Verschiebungen ξ (in der Horizontalen) und η (in der Vertikalen) des Angriffspunktes F der Last P. Wenn wir für den Zusammenhang zwischen den Stabkräften S_i und den Stabdeformationen Δl_i $(i=1, 2, 3, 4)$ das Hookesche Gesetz als gültig annehmen, so lautet das Dirichletsche Prinzip in unserem Fall mit

$$\left.\begin{aligned} \Phi &= \sum_{i=1}^{4} \frac{E_i F_i}{2 l_i} (\Delta l_i)^2, \qquad U = P\eta \\ \Phi + U &= \sum_{i=1}^{4} \frac{E_i F_i}{2 l_i} (\Delta l_i)^2 + P\eta \to \text{Min.} \end{aligned}\right\} \tag{1}$$

E_i ist der Elastizitätsmodul, F_i die Querschnittsfläche und l_i die Länge des i-ten Stabes. Die Längenänderung Δl_i ist bis auf Glieder höherer Ordnung, die hier voraussetzungsgemäß außer Betracht bleiben, gegeben durch

$$\Delta l_i = \xi \cos\varphi_i + \eta \sin\varphi_i \qquad (i=1, \ldots, 4). \tag{2}$$

φ_i bedeutet den Winkel des i-ten Stabes gegen die horizontale x-Achse.

Die Gln. (2) stellen also vier Nebenbedingungen zu (1) dar. Aus (2) folgt

$$\frac{\partial \Delta l_i}{\partial \xi} = \cos\varphi_i, \qquad \frac{\partial \Delta l_i}{\partial \eta} = \sin\varphi_i.$$

Sind ξ und η bestimmt, so ergeben sich die Stabkräfte S_i nach dem Hookeschen Gesetz aus den Δl_i:

$$S_i = \frac{\Delta l_i}{l_i} E_i F_i.$$

Aus (1) erhalten wir durch Nullsetzen der Ableitungen nach ξ und η als notwendige Bedingungen für das Eintreten des Minimums die statischen Gleichgewichtsbedingungen zur Bestimmung von ξ und η:

$$\left.\begin{aligned} \sum_{i=1}^{4} \frac{E_i F_i}{l_i} \Delta l_i \cos\varphi_i &\equiv \sum_{i=1}^{4} S_i \cos\varphi_i = 0 \\ \sum_{i=1}^{4} \frac{E_i F_i}{l_i} \Delta l_i \sin\varphi_i + P &\equiv \sum_{i=1}^{4} S_i \sin\varphi_i + P = 0. \end{aligned}\right\} \tag{3}$$

Beim Castiglianoschen Prinzip sind die unmittelbar zu bestimmenden Veränderlichen die Stabkräfte S_i. Es lautet:

$$\sum_{i=1}^{4} S_i^2 \frac{l_i}{2 E_i F_i} \to \text{Min}, \tag{4}$$

unter Berücksichtigung der Nebenbedingungen

$$\sum_{i=1}^{4} S_i \cos\varphi_i = 0, \quad \sum_{i=1}^{4} S_i \sin\varphi_i + P = 0. \tag{5}$$

Mit den Lagrangeschen Multiplikatoren Λ_1 und Λ_2 erhalten wir al Minimumsbedingungen:

$$\frac{\partial}{\partial S_k}\left[\sum_{i=1}^{4} S_i^2 \frac{l_i}{2E_i F_i} + \Lambda_1 \sum_{i=1}^{4} S_i \cos\varphi_i + \Lambda_2 \left(\sum_{i=1}^{4} S_i \sin\varphi_i + P\right)\right] = 0.$$

Mit den Nebenbedingungen zusammen ergibt sich also ein System vo sechs linearen Gleichungen zur Bestimmung von S_k $(k=1, \ldots, 4)$, Λ und Λ_2.

Wir wollen nun zeigen, wie man auf analytischem Weg von Dirichletschen zum Castiglianoschen Prinzip übergeht. Wir gehen von Ansatz (1) aus, wobei wir aber in Betracht ziehen müssen, daß die Δ infolge der Nebenbedingungen (2) nicht frei veränderliche Größen sind Verwenden wir die Methode der Lagrangeschen Multiplikatoren, s können wir an Stelle von (1) mit den Nebenbedingungen (2) auch di damit gleichwertige Forderung:

$$\chi = \sum_{i=1}^{4}\left[\frac{E_i F_i}{2 l_i}(\Delta l_i)^2 + \lambda_i(\Delta l_i - \xi\cos\varphi_i - \eta\sin\varphi_i)\right] + P\eta \rightarrow \text{stationär} \quad (6$$

erheben. In (6) können wir die zehn Größen Δl_i, ξ, η und λ_i als fre veränderlich betrachten. Legt man diese Auffassung zugrunde, s pflegt man von einem „befreiten Problem" zu sprechen[1] (***).

Insbesondere ergibt sich aus (6) durch Nullsetzen der Ableitun nach Δl_i:

$$\frac{E_i F_i}{l_i}\Delta l_i + \lambda_i = 0. \quad (7$$

Diese Gleichungen lassen die physikalische Bedeutung der Lagrange schen Faktoren als negative Stabkräfte: $\lambda_i = -S_i$ erkennen.

[1] Wir heben ausdrücklich hervor, daß wir von χ im allgemeinen nur stationäre Verhalten in der Umgebung der für das Minimum von Φ_v sich ergebenden Wert für die Variablen und Lagrangeschen Faktoren erwarten und daher allgemei auch nur stationäres Verhalten von χ selbst fordern dürfen.

Betrachten wir z. B. die Aufgabe:

$$x^2 + y^2 \rightarrow \text{Min}$$

mit der Nebenbedingung

$$x = 0.$$

Das Minimum tritt bei $x = y = 0$ ein. Die Form

$$\chi(x, y, \lambda) = x^2 + y^2 + \lambda x$$

ist aber für $x = y = \lambda = 0$ indefinit, da es in der Umgebung dieses Punktes sowol Werte x, y, λ gibt, für die $\chi > 0$ als solche für die $\chi < 0$ ist! $\chi = 0$ stellt eine reellen Kegel im (x, y, λ)-Raum dar.

Selbstverständlich gilt diese Überlegung für jeden Übergang von einem Min malproblem mit Nebenbedingungen zu dem zugehörigen „befreiten" Problem.

Im folgenden werden wir von einem grundlegenden Prinzip, das wir als „Prinzip von der unschädlichen Hinzufügung von Nebenbedingungen" bezeichnen, Gebrauch machen. Es besteht darin, daß das Hinzufügen von Folgerungen, die man aus einem Extremalproblem gewinnt, als Nebenbedingungen zu diesem Extremalproblem keine Änderung an der Lösung dieses Problems herbeiführt. Das aus dem ursprünglichen Problem durch Hinzufügen unschädlicher Nebenbedingungen entstehende Extremalproblem bezeichnen wir als „modifiziertes Extremalproblem". In unserem Fall wollen wir das befreite Problem (6) dadurch modifizieren, daß wir zu ihm die folgenden sechs unschädlichen Nebenbedingungen hinzufügen, die wir durch Nullsetzen der Ableitungen von χ nach den ursprünglichen Veränderlichen erhalten:

$$\chi_{\Delta l_i}=0: \quad \frac{E_i F_i}{l_i}\Delta l_i+\lambda_i=0, \tag{8}$$

$$\chi_\xi=0: \quad \sum_{i=1}^{4}-\lambda_i\cos\varphi_i=0, \tag{9}$$

$$\chi_\eta=0: \quad \sum_{i=1}^{4}-\lambda_i\sin\varphi_i+P=0. \tag{10}$$

Schreiben wir überdies (6) in der Form:

$$\left.\begin{aligned}\chi=\sum_{i=1}^{4}\left[\frac{E_i F_i}{2l_i}(\Delta l_i)^2+\lambda_i\,\Delta l_i+\xi(-\lambda_i\cos\varphi_i)+\eta(-\lambda_i\sin\varphi_i+P)\right]\to\\ \to\text{stationär,}\end{aligned}\right\} \tag{6'}$$

so sieht man, daß man ξ und η als Lagrangesche Faktoren auffassen kann, durch die die Nebenbedingungen (9) und (10) in (6) einbezogen werden. Es ist also das Extremalproblem (6) bzw. (6') auch gleichwertig mit dem Extremalproblem

$$\sum_{i=1}^{4}\frac{E_i F_i}{2l_i}(\Delta l_i)^2+\lambda_i\,\Delta l_i\to\text{stationär} \tag{6''}$$

mit den Nebenbedingungen (9) und (10). Berechnet man nun aus den unschädlichen Nebenbedingungen (8) die Δl_i als Funktionen der λ_i und schreibt für $-\lambda_i=S_i$, so erhält man für (6''), (9) und (10):

$$-\sum_{i=1}^{4}\frac{S_i^2 l_i}{2E_i F_i}\to\text{stationär} \tag{11}$$

mit den Nebenbedingungen:

$$\sum_{i=1}^{4}S_i\cos\varphi_i=0,\quad \sum_{i=1}^{4}S_i\sin\varphi_i+P=0, \tag{12}$$

also ein Extremalproblem mit Nebenbedingungen, in dem nur die S_i (bzw. die in (6) eingeführten Lagrangeschen Faktoren) als Veränderliche auftreten!

Wegen des positiv definiten Charakters von $\sum \frac{S_i^2 l_i}{2E_i F_i}$ ist der stationäre Wert von (11) ein Maximum, also entsprechend jener für $\sum \frac{S_i^2 l_i}{2E_i F_i}$ ein Minimum. Folglich stellt (11) mit den Nebenbedingungen (12) das Extremalproblem (4) mit den zugehörigen Nebenbedingungen (5) dar, durch welche wir das Castiglianosche Prinzip für unsere Aufgabe formuliert hatten!

Wir wollen uns noch den geometrischen Inhalt des Prinzips von CASTIGLIANO klarmachen. Es erscheint hier als ein Grundsatz der Elastostatik; die Folgerungen aber, die man aus ihm zieht, geben Antwort auf die rein geometrische Frage: Welche Bedingungen bestehen für die Δl_i, wenn die geometrische Konfiguration erhalten bleiben soll, oder anders ausgedrückt, wenn (bei sinngemäßer Vernachlässigung von Gliedern höherer Ordnung) die verzerrten Stäbe gerade bleiben und bei Erhaltung ihrer Verbindungen mit dem starren Stab zum gemeinsamen Lastangriffspunkt führen sollen.

Bei unserem einfachen Beispiel läßt sich diese geometrische Frage sofort beantworten, indem man aus den Gln. (2) für die Beziehungen zwischen den Stablängenänderungen Δl_i und den Komponenten ξ, η der Verschiebung des Lastangriffspunktes die Größen ξ, η eliminiert. Zu diesen Gln. (2) führt aber gerade auch das Prinzip von CASTIGLIANO wie wir es in (4) mit den Nebenbedingungen (5) formuliert haben, wenn man die Methode der Lagrangeschen Faktoren auf dieses Minimumproblem mit Nebenbedingungen anwendet und die Lagrangeschen Faktoren (die wir dort Λ_1 und Λ_2 genannt haben) mit ξ und η bezeichnet.

In der Tat folgen die Gln. (2), wenn man in

$$\frac{\partial}{\partial S_k}\left[\sum_{i=1}^{4} \frac{S_i^2}{2E_i F_i} l_i + \xi\, S_i \cos\varphi_i + \eta\,(S_i \sin\varphi_i - P)\right] = 0 \qquad (13)$$

die Differentiationen nach den S_k ausführt und die S_k vermöge des Hookeschen Gesetzes durch die Δl_k ersetzt.

Eliminiert man die ξ, η aus den sich so ergebenden Gln. (2) zunächst z.B. für $i = 1, 2, 3$ und dann für $i = 1, 2, 4$, so erhält man die gesuchten geometrischen Bedingungen in der Form:

$$\begin{vmatrix} \cos\varphi_1 & \sin\varphi_1 & \Delta l_1 \\ \cos\varphi_2 & \sin\varphi_2 & \Delta l_2 \\ \cos\varphi_3 & \sin\varphi_3 & \Delta l_3 \end{vmatrix} = 0, \qquad \begin{vmatrix} \cos\varphi_1 & \sin\varphi_1 & \Delta l_1 \\ \cos\varphi_2 & \sin\varphi_2 & \Delta l_2 \\ \cos\varphi_4 & \sin\varphi_4 & \Delta l_4 \end{vmatrix} = 0.$$

Der Rang der Matrix

$$(\cos\varphi_i, \sin\varphi_i, \Delta l_i) \qquad (i=1,\ldots,4) \tag{14}$$

erweist sich als 2. Diese notwendigen Bedingungen sind auch hinreichend.

Wir wollen die geometrische Bedeutung dieses Ergebnisses noch etwas ausführlicher diskutieren, wobei wir im Gegensatz zu vorhin, von der Methode der Lagrangeschen Faktoren nicht Gebrauch machen werden. Wir ziehen solche Variationen der Stabkräfte δS_i in Betracht, die den statischen Bedingungen (3) genügen, die somit die Gleichungen

$$\left.\begin{aligned}\sum_{i=1}^{4}\delta S_i\cos\varphi_i&=0\\ \sum_{i=1}^{4}\delta S_i\sin\varphi_i&=0\end{aligned}\right\} \tag{15}$$

erfüllen. Die δS_i bilden also, da in (15) keine äußeren Kräfte enthalten sind, ein Selbstspannungssystem. Geometrisch entspricht ihnen als Kräftepolygon ein geschlossenes Viereck, dessen Seiten zu den gegebenen Stäben parallel sind und bei dem die Längen zweier Seiten willkürlich gewählt werden können. Bilden wir nun die zu den δS_i zugehörigen Längenänderungen:

$$\delta\Delta l_i=\frac{\delta S_i}{E_i F_i}\,l_i. \tag{16}$$

Um dies tun zu können, lösen wir den Knoten F der Stäbe auf, d. h. wir zerstören die Konfiguration. Nach Durchführung dieser Längenänderungen fallen also die Stabenden i. a. nicht mehr in einem Punkt zusammen. Dabei ist vorausgesetzt, daß die Stäbe gerade bleiben; die Änderung der φ_i wird nicht berücksichtigt.

Wenn wir aber für die ins Auge gefaßte Variation (bei der also der Knoten gelöst ist) gemäß dem Prinzip von CASTIGLIANO fordern

$$\delta\sum_{i=1}^{4}\frac{S_i^2\,l_i}{2E_i F_i}=0,$$

also:

$$\sum_{i=1}^{4}\Delta l_i\,\delta S_i=0, \tag{17}$$

für alle δS_i die der Bedingung (15) genügen, so ist unmittelbar einzusehen, daß die Gl. (17) unter Berücksichtigung von (15) dann gilt, wenn die Δl_i so beschaffen sind, daß die Stabenden bei der Verformung durch die Kräfte S_i (ohne Drehung und Verbiegung der Stäbe) zusammenfallen.

In der Tat, wenn wir fordern, daß (17) für alle δS_i, die (15) erfüllen, gelten soll, so ist dies gleichbedeutend damit, daß (17) eine lineare

Kombination der beiden Gln. (15) ist, also gleichbedeutend damit, daß der Rang von (14) gleich 2 ist.

Diese Forderung war aber die notwendige und hinreichende Bedingung dafür, daß sich ξ und η so bestimmen lassen, daß die Gln. (2) erfüllt sind. Das heißt also, daß sich solche Verschiebungsgrößen ermitteln lassen, so daß die um Δl_i verlängerten Stäbe durch den um ξ und η verschobenen Knoten F gehen.

Die Gl. (17) wird in der Baumechanik gewöhnlich im Anschluß an das Prinzip der virtuellen Verschiebungen hergeleitet und sie besagt, daß die Arbeit der Kräfte, die einem beliebigen Selbstspannungszustand entsprechen, bei jenen Verschiebungen, die durch die tatsächlich wirkenden Kräfte hervorgerufen werden, gleich Null ist. Bei den Anwendungen in der Baumechanik erhält man aus diesem Satz bei einem n-fach statisch unbestimmten Fachwerk durch Wahl von n möglichst einfach gewählten Selbstspannungssystemen, aus denen man durch Linearkombination das allgemeinste Selbstspannungssystem ermitteln kann, die zu den statischen Bedingungen hinzutretenden Gleichungen, die zur eindeutigen Bestimmung aller Stabkräfte nötig sind.

Im Anschluß an das Dirichletsche Prinzip haben wir noch eine wichtige Bemerkung zu machen. Multipliziert man die erste Gleichung in (3) mit ξ, die zweite mit η und addiert, so folgt daraus

$$2\Phi_v + U = 0 \quad \text{bzw.} \quad [\Phi_v + U]_{\text{Min}} = -[\Phi_v]_{\text{Min}}. \tag{18}$$

Es handelt sich hier offenbar um einen Spezialfall eines grundsätzlich wichtigen Satzes. Sei $\Phi(x_i)$ eine positiv definite quadratische Form

$$\Phi(x_i) = \sum_{i,k=1}^{n} a_{ik}\, x_i\, x_k \tag{19a}$$

und U von der Gestalt

$$U = \sum_{k=1}^{n} b_k\, x_k, \tag{19b}$$

dann gilt

$$(\Phi + U)_{\text{Min}} = -(\Phi)_{\text{Min}}.$$

Der Beweis ergibt sich, indem man die Differentialquotienten von (19) nach den x_k Null setzt, die so entstehenden Gleichungen mit x_k multipliziert und diese hierauf addiert. Es folgt für die der Minimumbedingung genügenden x_i:

$$2\Phi + U = 0.$$

Die physikalische Bedeutung dieses Satzes ist folgende: Im erreichten Gleichgewichtszustand ist die Hälfte der Abnahme der potentiellen Energie gleich der Zunahme der Formänderungsarbeit. Dieser Satz tritt auch bei den folgenden Beispielen, wo es sich nicht nur um die Bestimmung einzelner Veränderlicher, sondern um die Bestimmung von Funktionen handelt, immer wieder in Erscheinung. Man beweist dann diesen Satz in analoger Weise, indem man die Euler-Lagrangeschen Differentialgleichungen für die einzelnen Veränderlichen mit der entsprechenden Veränderlichen multipliziert und Produktintegration anwendet. Von praktischer Bedeutung wird diese Bemerkung dann, wenn wir kompliziertere Aufgaben betrachten, wo man danach trachtet die Spannungs- bzw. Verzerrungsgrößen durch einen Näherungsansatz zu bestimmen.

Fügen wir (18) als unschädliche Nebenbedingung zur Dirichletschen Minimalforderung hinzu, so sehen wir, daß $-\Phi_v$ zu einem Minimum, also Φ_v zu einem Maximum wird. Die Näherungslösungen nach dem Dirichletschen Prinzip liefern somit eine untere Schranke für die Formänderungsarbeit, während jene für das Castiglianosche Prinzip eine obere Schranke festlegen.

§ 2. Allgemeine Umformung gewöhnlicher Extremalprobleme

Nun wollen wir zunächst bei beliebigen, gewöhnlichen Extremalproblemen die Transformation von FRIEDRICHS durchführen und uns insbesondere im Anschluß an COURANT auch allgemein den Grund klarmachen, wieso dabei ein Minimumproblem in ein Maximumproblem übergeht (*).

Betrachten wir ein beliebiges gewöhnliches Minimumproblem von der Form:

Problem I: $$f(x_i) \to \text{Min} \qquad i = 1, 2, \ldots, n \tag{20}$$

unter Berücksichtigung der Nebenbedingungen (Zwangsbedingungen)

$$g_k(x_i) = 0 \qquad k = 1, 2, \ldots, m < n.$$

Wir wollen ausdrücklich voraussetzen, daß ein Minimum wirklich existiert und bezeichnen es mit f_0.

Wir bilden nach LAGRANGE die Funktion

$$f(x_i) + \sum_{k=1}^{m} \lambda_k g_k(x_i) = \psi(x_i, \lambda_k) \tag{21}$$

und haben bekanntlich zur Lösung des Problems die aus

Problem If: $$\psi(x_i, \lambda_k) \to \text{stat}$$

entspringenden Gleichungen

$$\text{(a)} \quad \frac{\partial \psi(x_i, \lambda_k)}{\partial x_i} = 0, \qquad \text{(b)} \quad \frac{\partial \psi(x_i, \lambda_k)}{\partial \lambda_k} = 0 \tag{22}$$

zu bilden. Wir wollen das Problem If, wobei wir die λ_k als unabhängig Veränderliche betrachten, als das „befreite Problem" bezeichnen. Für di (22) entsprechenden Werte der Lagrangeschen Faktoren schreiben wir $\bar{\lambda}_k$

Nun wenden wir das Prinzip der unschädlichen Hinzufügung vo Nebenbedingungen an und betrachten als neues, modifiziertes Problen

$$\text{Problem II:} \qquad \left\{\begin{aligned} \psi(x_i, \lambda_k) &\to \text{stat} \\ \psi_{x_i} &= 0. \end{aligned}\right\} \qquad (23$$

Bezeichnen wir die notwendigen Bedingungen für das Eintreten eine Extremums kurz als freie Bedingungen. Dann ergibt sich aus (23) daß beim modifizierten Problem II die Zwangsbedingungen des ur sprünglichen Problems I als freie Bedingungen auftreten.

Wir setzen voraus, daß die Gleichungen $\psi_{x_i}=0$ nach den x_i auf lösbar seien, denken uns also hieraus die x_i als Funktionen der λ_k aus gedrückt: $x_i=x_i(\lambda_k)$ und betrachten den damit aus $\psi(x_i(\lambda_k), \lambda_k)=\psi^*(\lambda_k$ hervorgehenden, nur von den λ_k abhängenden Ausdruck. Für $\lambda_k=\bar{\lambda}$ wird $\psi^*(\lambda_k)$ stationär, und zwar ist

$$\psi^*(\bar{\lambda}_k)=f_0.$$

Es läßt sich nun zeigen: Wenn in (21) das Extremum ein Minimun ist, so hat $\psi^*(\lambda_k)$ für $\lambda_k=\bar{\lambda}_k$ ein Maximum.

Um dies zu zeigen, wählt COURANT ein Wertesystem λ_k^* in der Um gebung von $\bar{\lambda}_k$ in der Weise, daß die das Minimum von ψ kennzeich nenden Ungleichungen, welche die zweiten Ableitungen von ψ enthalten auch für das Wertesystem λ_k^* gültig bleiben.

Dieses Wertesystem λ_k^* denken wir uns zunächst festgehalten. Wi betrachten nun:

1. Das Minimumproblem ohne Nebenbedingungen:

$$\psi(x_i, \lambda_k^*) \to \text{Min}.$$

Der Wert dieses Minimums sei mit ψ_1 bezeichnet. Es ist

$$\psi_1=\psi^*(\lambda_k^*).$$

2. Das Minimumproblem:

$$\psi(x_i, \lambda_k^*) \to \text{Min},$$

mit den Nebenbedingungen:

$$g_k(x_i)=0.$$

Der Wert dieses Minimums sei mit ψ_2 bezeichnet.

Es ist, da durch Hinzufügen von Nebenbedingungen grundsätzlich der Wert des Minimums niemals verkleinert werden kann, jedenfalls:

$$\psi_2 \geqq \psi_1 .$$

Ferner ist aber:

$$\psi_2 = \text{Min}\left[f + \sum_{k=1}^{m} \lambda_k^* g_k\right] = f_0$$

wegen der Nebenbedingungen $g_k(x_i) = 0$. Somit haben wir also:

$$\psi^*(\bar{\lambda}_k) = f_0 \geqq \psi_1 = \psi^*(\lambda_k^*) ;$$

das ist aber gerade der ausgesprochene Satz. Dabei mußte allerdings, wie erwähnt, vorausgesetzt werden, daß für jeden Wert λ_k in der Umgebung von $\bar{\lambda}_k$ die Gleichungen

$$f_{x_i} + \sum_{k=1}^{m} \lambda_k \frac{\partial g_k}{\partial x_i} = 0$$

eindeutig nach den x_i auflösbar sind.

§ 3. Allgemeine Umformung von Variationsproblemen

Die analoge Betrachtung läßt sich auch bei Variationsproblemen durchführen. Die hier durchzuführende Transformation läuft im wesentlichen darauf hinaus, daß man zunächst zum Variationsproblem in der kanonischen Form übergeht und dann die kanonischen Veränderlichen vertauscht. Betrachten wir das Punkt-Punktproblem

Problem I: $$\int_{x_0}^{x_1} f\left(x, y, \frac{dy}{dx}\right) dx \to \text{stat} \tag{24}$$

unter Berücksichtigung der Rand-(Zwangs-)bedingungen

$$y(x_0) = y_0, \quad y(x_1) = y_1 . \tag{25}$$

Friedrichs verwandelt dieses Problem I in ein „befreites Problem", indem er nicht nur die Randbedingungen mit Hilfe von Lagrangeschen Faktoren μ_0 und μ_1 als Randfunktionen zum Integral hinzufügt, sondern, angeregt durch ähnliche Überlegungen in den Vorlesungen von Hilbert, auch im Integranden dy/dx durch y' ersetzt und y' als freie Veränderliche betrachtet und sich dementsprechend

$$\frac{dy}{dx} - y' = 0 \tag{26}$$

als Nebenbedingung zum Problem I hinzugefügt denkt, die also mit dem Lagrangeschen Faktor $\lambda(x)$ multipliziert, zum Integranden f des ursprünglichen Problems I hinzuzufügen ist[1]. Wir gelangen damit zu dem befreiten Problem in der Form:

$$\text{Problem If:}\quad \left.\begin{aligned} &\int_{x_0}^{x_1}\left[f(x,y,y') + \lambda\left(\frac{dy}{dx} - y'\right)\right]dx + \\ &\qquad + \{\mu_1[y(x_1) - y_1] - \mu_0[y(x_0) - y_0]\} \to \text{stat.}\end{aligned}\right\} \quad (27)$$

Hierin sind $\lambda = \lambda(x), \mu_0, \mu_1$ Lagrangesche Faktoren. Der Ausdruck in der geschweiften Klammer ist als Randfunktion zu behandeln und $y, y', \lambda, \mu_0, \mu_1$ als frei veränderliche Funktionen von x. Für diese Umformung von Problem I zu Problem If ist charakteristisch, daß wir den Vorteil, daß der Differentialquotient dy/dx nur linear vorkommt, sozusagen gegen den Nachteil einer größeren Anzahl von Veränderlichen erkaufen. Es ergibt sich somit für das Innere des Intervalls

$$\left.\begin{aligned} f_{y'} - \lambda &= 0 \\ f_y - \frac{d\lambda}{dx} &= 0 \\ \frac{dy}{dx} - y' &= 0.\ (\text{U})\end{aligned}\right\} \quad (28)$$

Als Randbedingungen ergeben sich die Gleichungen

$$\left.\begin{aligned} \lambda(x_0) + \mu_0 &= 0 & \lambda(x_1) + \mu_1 &= 0 \\ y(x_0) - y_0 &= 0\ (\text{U}) & y(x_1) - y_1 &= 0\ (\text{U})\end{aligned}\right\} \quad (29)$$

und zwar die ersten als freie Randbedingungen (vgl. Kap. I, 4, § 2). Die mit (U) versehenen Gleichungen sind jene, die man als unschädliche Nebenbedingungen zum „freien Problem" hinzufügen muß, um das ursprüngliche zu erhalten. Wir fügen jedoch zunächst die erste Gleichung von (28) zu If hinzu und setzen überdies in Übereinstimmung mit unserer früheren Schreibweise $f_{y'} = \pi$ und haben damit für die erste Gl. (28):

$$\pi = \lambda. \quad (30)$$

Setzen wir nun voraus, daß $f_{y'y'} \neq 0$ ist und führen wir die Legendresche Transformation durch. Mit

$$f - y'\pi = -H(x, y, \pi)$$

erhalten wir dann für If unter Verwendung von (30):

$$\int_{x_0}^{x_1}\left[-H + \frac{dy}{dx}\pi\right]dx + \{\mu_1[y(x_1) - y_1] - \mu_0[y(x_0) - y_0]\} \to \text{stat.} \quad (31)$$

[1] Wir heben hervor, daß wir hier die Methode der Lagrangeschen Faktoren nur heuristisch anwenden. Sie erweist sich nachträglich durch die mit ihr erzielten Resultate als gerechtfertigt, deren Verifikation keine Schwierigkeiten bereitet.

Die Durchführung der ersten Variation, wobei wir y und π als zu bestimmende Funktionen betrachten, führt auf die kanonischen Differentialgleichungen in der Hamiltonschen Form:

$$\frac{dy}{dx} = H_\pi, \qquad \frac{d\pi}{dx} = -H_y.$$

Nunmehr wollen wir um zum neuen Problem zu gelangen, y eliminieren. Um diesen Schritt vorzubereiten nehmen wir, wie schon oben angedeutet, eine Vertauschung der kanonischen Veränderlichen vor, indem wir im Integranden $-\frac{d}{dx}(y\pi)$ hinzufügen und dementsprechend die Randfunktion abändern. Wir erhalten

$$\left.\begin{aligned}&\int\limits_{x_0}^{x_1}\left[-H - \frac{d\pi}{dx}y\right]dx + \\ &\qquad + \{\mu_1[y(x_1) - y_1] - \mu_0[y(x_0) - y_0]\} + (y\pi)\Big|_{x_0}^{x_1} \to \text{stat}.\end{aligned}\right\} \tag{32}$$

Die kanonischen Differentialgleichungen bleiben natürlich dieselben. Um nun die Elimination von y durchzuführen, setzen wir voraus, daß $H_{yy} \neq 0$ ist, also die Gleichung

$$\frac{d\pi}{dx} = -H_y$$

nach y auflösbar ist und denken uns aus dieser Gleichung y als Funktion von $x, \pi, d\pi/dx$ berechnet und in (32) eingesetzt. Wenn wir den neuen Integranden mit $\psi(x, \pi, d\pi/dx)$ bezeichnen und die Randbedingungen des ursprünglichen Problems berücksichtigen, so erhalten wir damit die Umformung des Problems I in das

$$\text{Problem II:} \quad -\int\limits_{x_0}^{x_1}\psi\left(x, \pi, \frac{d\pi}{dx}\right)dx + \pi(x_1)\,y_1 - \pi(x_0)\,y_0 \to \text{stat}. \tag{33}$$

Man schließt auch hier in genau der gleichen Weise wie beim gewöhnlichen Minimalproblem (Wahl eines an sich beliebigen Lagrangeschen Multiplikators $\lambda^*(x)$ in der Nähe des Multiplikators $\bar{\lambda}(x)$ der zum stationären Wert von (27) gehört usw.), daß, wenn der stationäre Wert von (27) ein Minimum ist, jener von (33) ein Maximum sein muß.

Um von (27) zu (33) zu gelangen, mußten wir voraussetzen, daß $H_{yy} \neq 0$ ist. Aus den Formeln für die Legendresche Transformation ergibt sich

$$H_y = -f_y(x, y, y'(x, y, \pi))$$

und daher

$$H_{yy} = -f_{yy} - f_{yy'}\frac{\partial y'}{\partial y}.$$

Fassen wir x, y, π als unabhängige Veränderliche auf, so folgt aus $f_{y'}(x, y, y'(x, y, \pi)) = \pi$ die Beziehung

$$f_{y'y} + f_{y'y'} \frac{\partial y'}{\partial y} = 0.$$

Also ist die Beziehung $H_{yy} \neq 0$, unter Berücksichtigung der Voraussetzung $f_{y'y'} \neq 0$, gleichwertig mit

$$f_{yy} f_{y'y'} - f_{yy'}^2 \neq 0. \tag{34}$$

Die Transformation von FRIEDRICHS läßt sich in ganz analoger Weise bei Variationsproblemen mit r-unabhängigen und k-abhängigen Veränderlichen (wir lassen im folgenden Indizes überall dort weg, wo dadurch keine Zweifel entstehen können):

$$\int_G f\left(\xi, z, \frac{\partial z}{\partial \xi}\right) (d\xi) \to \text{stat}, \tag{35}$$

wobei am festen Rand R des Gebietes G die Werte $\bar{z}_i$ der abhängigen Veränderlichen $z_i(\xi_\varrho)$ vorgegeben sind, durchführen[1]. Der Rand R sei durch r Funktionen von $(r-1)$ Parametern v_γ $(\gamma = 1, \ldots, r-1)$ im Raum der ξ_ϱ dargestellt. Das befreite Problem nimmt dann die Form an:

$$\int_G [f(\xi, z, p) - \lambda_{i\alpha}(z_{i\alpha} - p_{i\alpha})] (d\xi) + \oint_R \mu_i (z_i - \bar{z}_i) (dv) \to \text{stat} \tag{36}$$

und das Problem in kanonischer Form lautet

$$\int_G [-H + \pi_{i\alpha} z_{i\alpha}] (d\xi) + \oint_R \mu_i (z_i - \bar{z}_i) (dv) \to \text{stat}. \tag{37}$$

Dann ergeben sich die kanonischen Differentialgleichungen in der Form

$$z_{i\alpha} = H_{\pi_{i\alpha}}, \qquad \frac{\partial \pi_{i\alpha}}{\partial \xi_\alpha} = -H_{z_i}. \tag{38}$$

Berechnet man aus den ersten rk Gleichungen die $\pi_{i\alpha}$, so gelangt man wieder zum ursprünglichen Problem zurück. Berechnet man aber aus den zweiten k Gleichungen die z_i und setzt man diese in das transformierte Integral

$$\int_G \left[-H - \frac{\partial \pi_{i\alpha}}{\partial \xi_\alpha} z_i\right] (d\xi) + \int_G \frac{\partial}{\partial \xi_\alpha} (\pi_{i\alpha} z_i) (d\xi) + \oint_R \mu_i (z_i - \bar{z}_i) (dv) \to \text{stat} \tag{39}$$

ein, so gelangen wir zu dem neuen Problem. Das vorletzte Integral läßt sich nach dem Gaußschen Satz in ein Hüllenintegral umwandeln.

[1] Wir heben ausdrücklich hervor, daß wir einen Beweis für die Zulässigkeit der Anwendbarkeit der Methode der Lagrangeschen Faktoren nicht geben.

Aus der obigen Herleitung der Transformation von FRIEDRICHS ist sofort ersichtlich, daß sie involutorisch ist. Das heißt wenn man vom neuen Variationsproblem ausgeht und eine analoge Transformation durchführt, gelangt man wieder zum Ausgangsproblem zurück[1].

Bei unseren obigen Überlegungen mußten wir voraussetzen, daß

$$f_{y'y'} \neq 0 \quad \text{und} \quad f_{y'y'} f_{yy} - f_{yy'}^2 \neq 0.$$

Gerade die letztere dieser beiden Voraussetzungen trifft aber bei vielen in der Technik vorkommenden Variationsproblemen nicht zu, vielmehr sind viele technisch wichtige Probleme von dem Typus, daß

$$f\left(x, y, \frac{dy}{dx}\right) = g\left(x, \frac{dy}{dx}\right) + y\,h(x)$$

ist, bzw. Verallgemeinerungen dieses Typus, in denen höhere Ableitungen, bzw. mehrere abhängige oder unabhängige Veränderliche auftreten. Charakteristisch ist, daß die zu bestimmenden Variablen nur linear auftreten (potentielle Energie der äußeren Kräfte in der klassischen Elastizitätstheorie), während die Ableitungen in komplizierterer Form, etwa quadratisch (Formänderungsarbeit usw.) eingehen. Auch in diesem Falle, wo die Voraussetzung (34) nicht erfüllt ist, läßt sich eine ganz analoge Umformung des Variationsproblems durchführen. Schreiben wir das befreite Problem wie früher:

$$\left.\begin{aligned} &\int_{x_0}^{x_1} \left[g(x, y') + \lambda\left(\frac{dy}{dx} - y'\right) + y\,h(x)\right] dx - \\ &\qquad - \mu_0[y(x_0) - y_0] + \mu_1[y(x_1) - y_1] \to \text{stat} \end{aligned}\right\} \tag{40}$$

und gehen wir analog vor wie oben, nur mit dem Unterschied, daß wir die der Legendreschen entsprechende Transformation nur in bezug auf y' anwenden. Fügen wir insbesondere

$$g_{y'} - \lambda = 0, \tag{41}$$

$$h - \frac{d\lambda}{dx} = 0 \tag{42}$$

als unschädliche Nebenbedingungen hinzu, so fällt nach Produktintegration in (40) das Glied mit y weg. Wir erhalten mit

$$\lambda = p = g_{y'} \quad \text{und} \quad -\Phi(p) = g(x, y') - y' p$$

das Variationsproblem

$$-\int_{x_0}^{x_1} \Phi(p)\, dx + p(x_1)\, y_1 - p(x_0)\, y_0 \to \text{stat} \tag{43}$$

---

[1] Eine andere Überlegung, die zu diesem Ergebnis führt, findet sich bei COURANT-HILBERT: Methoden der mathematischen Physik Bd. I, 2. Aufl. 1931.

mit der Nebenbedingung (42)

$$\frac{dp}{dx} - h = 0.$$

Dieses Variationsproblem enthält nur p selbst als zu bestimmende Funktion und keine Ableitungen, so daß an Stelle der Euler-Lagrangeschen Differentialgleichung die endliche Gleichung

$$\Phi_p = 0$$

zur Bestimmung von p tritt.

Zum Abschluß sei noch bemerkt, daß man auch bei Variationsproblemen, bei denen im Integranden Ableitungen zweiter Ordnung der abhängigen Veränderlichen enthalten sind, die Transformation auf ein kanonisches Problem vornehmen kann. Insbesondere wurde dies von H. SCHAEFER (*) mit Vorteil bei speziellen Problemen, darunter auch Eigenwertproblemen, angewendet. Wir wollen den Gedankengang nur kurz skizzieren.

Entsprechend der allgemeinen Erörterung der Transformation eines Lagrangeschen Problems auf die kanonische Form (Kap. IV, 1, § 6,2) setzen wir bei einem Problem von der Form:

$$\delta \int_{x_0}^{x_1} f(x, y, y', y'')\, dx = 0$$

$$f(x, y, y', z') + \lambda (y' - z) = \Phi.$$

Aus den Gleichungen:

$$\Phi_{y'} = f_{y'} + \lambda = p_1, \qquad \Phi_{z'} = f_{z'} = p_2$$

berechnen wir z' und λ als Funktionen von p_1, p_2, y und x und setzen mit $y' = z$:

$$H = p_1 y' + p_2 z' - f(x, y, y', z') = H(x, y, z, p_1, p_2)$$

und somit erhalten wir das kanonische Variationsproblem in der Form:

$$\delta \int_{x_0}^{x_1} (p_1 y' + p_2 z' - H)\, dx = 0$$

und die zugehörigen kanonischen Differentialgleichungen

$$y' = H_{p_1}, \qquad z' = H_{p_2},$$

$$p_1' = -H_y, \qquad p_2' = -H_z.$$

Eliminiert man aus ihnen y und z, so entspräche dies der Transformation von FRIEDRICHS. Bei speziellen Aufgaben erweisen sich aber durch die aufgegliederte Form wie es das kanonische System darstellt, auch andere

Reduktionen dieses Systems auf eine geringere Anzahl von Veränderlichen als vorteilhaft. Dies tritt insbesondere in den erwähnten Arbeiten von SCHAEFER zutage. Auch zeigt sich gelegentlich, daß zur Integration bzw. zur Behandlung von Eigenwertproblemen der Übergang vom System der kanonischen Differentialgleichungen zu Integralgleichungen zweckmäßig ist[1]. Bei Problemen mit mehreren unabhängigen Veränderlichen sind von W. GÜNTHER (**) analoge Überlegungen durchgeführt worden.

Wir bringen nun einige Beispiele, die die große Bedeutung dieser Transformation erläutern sollen, und dabei erscheint es uns auch hier zweckmäßig, mit einem ganz speziellen, der elementaren Baustatik entnommenen Fall zu beginnen.

§ 4. Anwendung auf die Balkentheorie

Nach dem Dirichletschen Prinzip hätten wir zur Berechnung der Durchbiegung des belasteten, beiderseits an den Stellen $x = x_0$ und $x = x_1$ eingespannten Balkens zu setzen

$$\frac{1}{2}\int_{x_0}^{x_1}\left[EI\left(\frac{d^2y}{dx^2}\right)^2 + q(x)\,y\right]dx \to \text{Min} \tag{44}$$

mit den Randbedingungen

$$\left.\begin{aligned} y(x_0) &= y(x_1) = 0\\ y'(x_0) &= y'(x_1) = 0.\end{aligned}\right\} \tag{45}$$

$q(x)$ bedeutet dabei die kontinuierliche Belastung je Längeneinheit, E den Elastizitätsmodul und I das Trägheitsmoment des Querschnitts. Die y-Achse ist nach aufwärts gerichtet.

Das befreite Problem lautet, wobei wir y'' als freie Veränderliche betrachten:

$$\left.\begin{aligned} &\int_{x_0}^{x_1}\left\{\frac{1}{2}EIy''^2 + q(x)\,y + \lambda\left(y'' - \frac{d^2y}{dx^2}\right)\right\}dx -\\ &\qquad - \mu_0 y(x_0) - \bar{\mu}_0\left(\frac{dy}{dx}\right)_{x=x_0} + \mu_1 y(x_1) + \bar{\mu}_1\left(\frac{dy}{dx}\right)_{x=x_1} \to \text{stat.}\end{aligned}\right\} \tag{46}$$

Zur Beseitigung von d^2y/dx^2 wenden wir zweimalige Produktintegration an, und zwar ist:

$$\int_{x_0}^{x_1}\lambda\frac{d^2y}{dx^2}\,dx = \int_{x_0}^{x_1}y\frac{d^2\lambda}{dx^2}\,dx + \left|\begin{matrix}\lambda & y\\ \frac{d\lambda}{dx} & \frac{dy}{dx}\end{matrix}\right|_{x_0}^{x_1}.$$

[1] Auch das Verfahren von R. GRAMMEL [vgl. Anmerkung (°) zu Kap. VII, 2, § 3] kann man hier systematisch einordnen.

Da y'' als freie Veränderliche in (46) zu betrachten ist, artet die Euler-Lagrangesche Differentialgleichung für y'' in eine Gleichung aus, die wir durch Nullsetzen der Ableitung des Integranden von (46) nach y'' erhalten und welche die physikalische Bedeutung von λ erkennen läßt, und zwar ist:

$$\lambda = -E I y'' = M, \tag{47}$$

wobei M das Biegemoment bedeutet.

Nach Durchführung der angedeuteten Produktintegration hat man in dem so umgeformten Integral von (46) den Faktor von y, wobei wir jetzt y als Lagrangeschen Multiplikator betrachten, gleich Null zu setzen. Dies ergibt unter Verwendung von (47):

$$\frac{d^2 M}{d x^2} = q(x).$$

Die Variable y tritt überhaupt nicht mehr auf. Wir erhalten auf diese Weise die transformierte Minimumaufgabe, wobei die Randglieder im Falle des beiderseits eingespannten Balkens verschwinden. Diese Minimumaufgabe hat jetzt dieselbe Form, wie man sie direkt durch Anwendung des Castiglianoschen Prinzips erhält, nämlich

$$\frac{1}{2}\int_{x_0}^{x_1} \frac{1}{EI} M^2 \, d x \to \text{Min}$$

unter der Nebenbedingung

$$\frac{d^2 M}{d x^2} = q(x).$$

Hätten wir etwa den nur links eingespannten Träger betrachtet, so wären im Variationsproblem in (46) die Glieder mit μ_1 und $\bar{\mu}_1$ entfallen, doch würde nach Ausführung der Produktintegration eine Randfunktion

$$\left| \begin{matrix} M & \dfrac{dM}{dx} \\ y & \dfrac{dy}{dx} \end{matrix} \right|_{x=x_1}$$

auftreten. Dabei wären y und dy/dx als frei wählbare Größen zu betrachten. Das Verschwinden der ersten Variation liefert somit in diesem Falle die freien Randbedingungen

$$M(x_1) = 0 \qquad \left(\frac{dM}{dx}\right)_{x=x_1} = 0.$$

Schließlich wollen wir an Stelle von (45) noch den Fall der Randbedingungen

$$y(x_0) = 0,$$
$$\left.\frac{dy}{dx}\right|_{x=x_0} = 0,$$
$$y(x_1) = y_1 \neq 0$$

betrachten. In diesem Falle erhalten wir nach Ausführung der Produktintegration

$$\frac{1}{2}\int_{x_0}^{x_1} \frac{M^2}{EI}\,dx + \left|\begin{matrix} M & \frac{dM}{dx} \\ y & \frac{dy}{dx} \end{matrix}\right|_{x=x_1} \to \text{Min}. \tag{48}$$

Da dy/dx an der Stelle x_1 nicht vorgegeben ist, erhalten wir als freie Randbedingung $M(x_1) = 0$. Für das transformierte Variationsproblem folgt daher

$$\frac{1}{2}\int_{x_0}^{x_1} \frac{1}{EI} M^2\,dx - y_1\left(\frac{dM}{dx}\right)_{x=x_1} \to \text{Min}.$$

Die Randfunktion entspricht der Arbeit der Querkraft dM/dx bei der Durchsenkung y_1.

§ 5. Allgemeine Fassung der Prinzipe von DIRICHLET und CASTIGLIANO

Wie bereits zu Beginn des Kapitels erwähnt, war die Entstehung der Transformation von FRIEDRICHS eng verknüpft mit der Formulierung der beiden grundlegenden Minimalprinzipe der Elastostatik und mit der Art und Weise wie sie auseinander hervorgehen.

Wir wollen dies hier erörtern, wobei wir Gelegenheit haben werden, diese Prinzipe allgemeiner zu fassen als dies in Kap. I, 2, § 1 der Fall war.

Wir beginnen mit der Definition des Verzerrungstensors; seien

$$u_i = u_i(x_j) \qquad (i, j = 1, 2, 3)$$

die Komponenten der Verschiebungen des Punktes (x_1, x_2, x_3) und sei

$$ds^2 = dx_1^2 + dx_2^2 + dx_3^2$$

$$\bar{x}_i = x_i + u_i,$$

also

$$d\bar{x}_i = dx_i + \frac{\partial u_i}{\partial x_j}\,dx_j;$$

dann ist

$$\tfrac{1}{2}(d\bar{s}^2 - ds^2) = \varepsilon_{ik}\, dx_i\, dx_k,$$

wobei also

$$\varepsilon_{ik} = \varepsilon_{ki}$$

$$\left.\begin{aligned} \varepsilon_{11} &= \frac{\partial u_1}{\partial x_1} + \frac{1}{2}\left[\left(\frac{\partial u_1}{\partial x_1}\right)^2 + \left(\frac{\partial u_2}{\partial x_1}\right)^2 + \left(\frac{\partial u_3}{\partial x_1}\right)^2\right] \\ \varepsilon_{12} &= \frac{1}{2}\left(\frac{\partial u_1}{\partial x_2} + \frac{\partial u_2}{\partial x_1}\right) + \frac{1}{2}\left[\frac{\partial u_1}{\partial x_1}\frac{\partial u_1}{\partial x_2} + \frac{\partial u_2}{\partial x_1}\frac{\partial u_2}{\partial x_2} + \frac{\partial u_3}{\partial x_1}\frac{\partial u_3}{\partial x_2}\right] \\ &\cdots\cdots\cdots\cdots\cdots\cdots \end{aligned}\right\} \quad (49)$$

Die ε_{ik} bezeichnet man als Komponenten des Verzerrungstensors. Mit Rücksicht darauf, daß bei vielen Problemen die

$$\frac{\partial u_i}{\partial x_k} \ll 1$$

sind, werden die in eckigen Klammern stehenden Ausdrücke in der klassischen Elastostatik vernachlässigt. Im folgenden beschränken wir uns — mit Ausnahme einer Bemerkung gegen Ende dieses Paragraphen — auf die klassische Elastizitätstheorie.

Wir gehen davon aus, daß die durch die Wirkung der äußeren Kräfte (bzw. der Reaktionskräfte auf vorgegebene Verschiebungen) in einem elastischen Körper aufgestapelte potentielle Energie dargestellt werden kann durch ein über das Volumen B des Körpers erstrecktes Integral (entsprechend der klassischen Elastizitätstheorie ist das Integral über das Volumen des undeformierten Körpers erstreckt):

$$\iiint\limits_B \varphi\, dV,$$

wobei $\varphi = \varphi(\varepsilon_{ik})$ eine Funktion der Komponenten des Verzerrungstensors ist. φ wird elastisches Potential genannt.

Das Dirichletsche Prinzip vom Minimum der Formänderungsarbeit formulieren wir nun folgendermaßen:

$$\left.\begin{aligned} \iiint\limits_B (\varphi - \varrho\, Q_i u_i)\, dV - \iint\limits_{\Gamma_1} p_j u_j\, dO \to \text{Min}, \\ u_i - \bar{u}_i = 0 \text{ auf } \Gamma_2, \end{aligned}\right\} \quad (50)$$

wobei Q_i auf die Volumseinheit bezogene Massenkräfte und p_j auf die Flächeneinheit bezogene Oberflächenkräfte sind. $\varrho = \varrho(x_j)$ ist die Dichte. Γ_1 ist der Teil der Oberfläche Γ auf der die Oberflächenkräfte (Randkräfte) gegeben sind.

Als zu bestimmende Veränderliche werden hier die Verschiebungen u_i betrachtet. Was die Randbedingungen betrifft, so ist der allgemeinste Fall der, daß längs eines Teiles Γ_1 der Oberfläche die Randkräfte, längs des anderen Teiles Γ_2 die Verschiebungen $\bar{u}_i$ gegeben sind. Damit sind auch die beiden Sonderfälle $\Gamma_1=0$ (überall Verschiebungen gegeben) und $\Gamma_2=0$ (überall Randkräfte gegeben) inbegriffen.

Der Arbeit der äußeren Kräfte entspricht:

$$\iiint\limits_B \varrho\, Q_i u_i\, dV + \iint\limits_{\Gamma_1} p_j u_j\, dO.$$

Wir bemerken mit HAMEL (*) ausdrücklich, daß das hier in (50) formulierte Minimalprinzip eine Erweiterung des Prinzips vom Minimum der potentiellen Energie darstellt, da wir im folgenden nicht die Wirbelfreiheit der Kräfte mit den Komponenten ϱQ_i und p_i $(i=1,2,3)$ voraussetzen!

Die Euler-Lagrangeschen Differentialgleichungen lauten in den rechtwinkeligen Koordinaten x_1, x_2, x_3

$$\frac{\partial}{\partial x_i}\left[\frac{\partial \varphi}{\partial\left(\frac{\partial u_k}{\partial x_j}\right)}\right] + \varrho\, Q_k = 0 \qquad (k=1,2,3). \tag{51}$$

Die freien Randbedingungen auf Γ_1, erhält man folgendermaßen: Man vereinigt das nach Durchführung der Produktintegration bei der Herleitung der Euler-Lagrangeschen Differentialgleichungen sich ergebende Randintegral mit dem die potentielle Energie der äußeren Kräfte darstellenden Integral und setzt die Koeffizienten der Variationen δu_j gleich Null. Man bezeichnet

$$\frac{\partial \varphi}{\partial \varepsilon_{ik}} = \sigma_{ik}$$

als die Komponenten des Spannungstensors. Wegen der Symmetrie des Verzerrungstensors ist auch der Spannungstensor symmetrisch. Nun ist, für den Fall der klassischen Elastizitätstheorie,

$$\frac{1}{2}\left(\frac{\partial \varphi}{\partial \frac{\partial u_i}{\partial x_k}} + \frac{\partial \varphi}{\partial \frac{\partial u_k}{\partial x_i}}\right) = \sigma_{ik}, \tag{52}$$

also können wir für (51) schreiben:

$$\frac{\partial \sigma_{kj}}{\partial x_j} + \varrho\, Q_k = 0. \tag{53}$$

Die Euler-Lagrangeschen Differentialgleichungen und die freien Randbedingungen sind also einfach die statischen Bedingungen, denen die Spannungen genügen müssen. In unserem Problem hat man sich die Spannungen vermöge der Gl. (52) durch die Verschiebungen ausgedrückt zu denken und erhält somit die Bestimmungsgleichungen für die u_i.

Bevor wir hier auf die Transformation von FRIEDRICHS eingehen, erinnern wir an die Formeln für die Legendresche Transformation

(Kap. I, 4, §7). Sei

$$\psi = -\varphi(\varepsilon_{ik}) + \sigma_{ik}\varepsilon_{ik}, \tag{54}$$

dann gilt[1]:

$$\frac{\partial\psi}{\partial\sigma_{ik}} = \varepsilon_{ik}.$$

Im Fall der Gültigkeit des Hookeschen Gesetzes ist φ eine homogene Form zweiten Grades der Komponenten des Verzerrungstensors und daher

$$\varphi = \psi.$$

Ist das Medium homogen und isotrop, so ist (wobei wir hier von der Symmetrie der ε_{ik} Gebrauch machen, s. S. 109):

$$\varphi = G\left[\varepsilon_{11}^2 + \varepsilon_{22}^2 + \varepsilon_{33}^2 + 2(\varepsilon_{12}^2 + \varepsilon_{23}^2 + \varepsilon_{13}^2) + \frac{1}{m-2}(\varepsilon_{11} + \varepsilon_{22} + \varepsilon_{33})^2\right],$$

mit G: Schubmodul und m: Poissonsche Zahl.

Durch Anwendung der Transformation von FRIEDRICHS gelangen wir nun zum Castiglianoschen Prinzip. Zunächst erhalten wir für das befreite Problem

$$\left.\begin{aligned}&\iiint\limits_B \Big[\varphi + \Lambda_{11}\Big(\varepsilon_{11} - \frac{\partial u_1}{\partial x_1}\Big) + \cdots + \Lambda_{12}\Big(\varepsilon_{12} - \frac{1}{2}\Big(\frac{\partial u_1}{\partial x_2} + \frac{\partial u_2}{\partial x_1}\Big)\Big) + \cdots \\ &\qquad \cdots - \varrho\, Q_j u_j\Big]\, dV - \iint\limits_{\Gamma_1} p_j u_j\, dO - \iint\limits_{\Gamma_2} \mu_j (u_j - \bar{u}_j)\, dO \to \text{stat.}\end{aligned}\right\} \tag{55}$$

Wir erkennen unmittelbar die Bedeutung der Lagrangeschen Multiplikatoren

$$\left.\begin{aligned}&\frac{\partial\varphi}{\partial\varepsilon_{11}} = -\Lambda_{11} = \sigma_{11}\\ &\ldots\ldots\ldots\ldots\\ &\frac{\partial\varphi}{\partial\varepsilon_{12}} = -\Lambda_{12} = \sigma_{12}\\ &\ldots\ldots\ldots\ldots\end{aligned}\right\} \tag{56}$$

Die Terme mit den Größen Λ_{ik} wollen wir nun wieder durch Produktintegration in solche Terme umformen, in denen nur die Größen u_j, nicht aber deren Differentialquotienten vorkommen. Gleichzeitig ersetzen wir nach (56) die Λ_{ik} durch die σ_{ik}. Es ergibt sich unter Verwendung

[1] Bei der Bildung dieser Differentialquotienten wird vorausgesetzt, daß im Ansatz für φ bzw. ψ von der Symmetrie der ε_{ik} bzw. σ_{ik} kein Gebrauch gemacht wird, d.h. wirklich 9 Größen und nicht nur 6 verwendet werden.

von (54) und mit n als Normalenrichtung auf die Oberfläche[1]:

$$\left.\begin{aligned}&\iiint\limits_B \Big[-\psi-\Big(\frac{\partial\sigma_{11}}{\partial x_1}+\frac{\partial\sigma_{12}}{\partial x_2}+\frac{\partial\sigma_{13}}{\partial x_3}+\varrho\,Q_1\Big)u_1-\cdots\\&\qquad-\Big(\frac{\partial\sigma_{13}}{\partial x_1}+\frac{\partial\sigma_{23}}{\partial x_2}+\frac{\partial\sigma_{33}}{\partial x_3}+\varrho\,Q_3\Big)u_3\Big]\,dV+\\&+\iint\limits_{\Gamma_1}\big[(\sigma_{11}\cos(n\,x_1)+\sigma_{12}\cos(n\,x_2)+\\&\qquad+\sigma_{13}\cos(n\,x_3)-p_1)\,u_1+\cdots\big]\,dO+\\&+\iint\limits_{\Gamma_2}\big[(\sigma_{11}\cos(n\,x_1)+\sigma_{12}\cos(n\,x_2)+\sigma_{13}\cos(n\,x_3)-\mu_1)\,u_1+\cdots\\&\qquad+\mu_1\bar u_1+\mu_2\bar u_2+\mu_3\bar u_3\big]\,dO\to\text{stat.}\end{aligned}\right\}\quad(57)$$

In (57) können wir die u_j wieder als Lagrangesche Faktoren auffassen. Das transformierte Problem lautet somit:

$$\left.\begin{aligned}&\delta\Big\{\iiint\limits_B-\psi\,dV+\iint\limits_{\Gamma_1}\big[(\sigma_{11}\cos(n\,x_1)+\sigma_{12}\cos(n\,x_2)+\\&\qquad+\sigma_{13}\cos(n\,x_3))\,\bar u_1+\cdots+(\sigma_{13}\cos(n\,x_1)+\\&\qquad+\sigma_{23}\cos(n\,x_2)+\sigma_{33}\cos(n\,x_3))\,\bar u_3\big]\,dO\Big\}=0,\end{aligned}\right\}\quad(58)$$

mit den Nebenbedingungen:

$$\left.\begin{aligned}&\frac{\partial\sigma_{11}}{\partial x_1}+\frac{\partial\sigma_{12}}{\partial x_2}+\frac{\partial\sigma_{13}}{\partial x_3}+\varrho\,Q_1=0\\&\cdots\cdots\cdots\cdots\\&\cdots\cdots\cdots\cdots\end{aligned}\right\}\text{Im Innern von } B,\quad(59)$$

$$\left.\begin{aligned}&\sigma_{11}\cos(n\,x_1)+\sigma_{12}\cos(n\,x_2)+\sigma_{13}\cos(n\,x_3)=p_1\\&\cdots\cdots\cdots\cdots\\&\cdots\cdots\cdots\cdots\end{aligned}\right\}\text{auf } \Gamma_1.\quad(60)$$

Den negativ genommenen Ausdruck in der geschwungenen Klammer von (58) bezeichnet man als „Ergänzungsarbeit".

In dem neuen Problem (58) mit (59) und (60) treten nur die sechs Spannungen $\sigma_{11}, \sigma_{12}, \sigma_{13}, \sigma_{22}, \sigma_{23}, \sigma_{33}$ als abhängige Funktionen von x_1, x_2, x_3 auf. Man erkennt, daß die Nebenbedingungen (59), (60) identisch mit den statischen Bedingungen sind, denen die Spannungen zu genügen haben.

Bei konkreten Aufgaben ist insbesondere immer dann der Übergang zum Castiglianoschen Prinzip zu empfehlen, wenn längs des ganzen Randes nur die Randkräfte gegeben sind, d.h. $\Gamma_2=0$ ist.

Wir wollen uns für das Folgende auf diesen Fall beschränken, d.h. es entfällt das Randintegral über Γ_2. Die durch Ausführung der

[1] Wir schreiben hier σ_{ik} für $\frac{1}{2}(\sigma_{ik}+\sigma_{ki})$. Wo im folgenden nach den σ_{ik} differenziert wird, ist diese Substitution vorher rückgängig zu machen.

Variation aus (58) entstehende Gleichung kann also jetzt in der Form geschrieben werden:

$$\iiint\limits_B \left(\frac{\partial\psi}{\partial\sigma_{11}}\,\delta\sigma_{11}+\cdots+\frac{\partial\psi}{\partial\sigma_{12}}\,\delta\sigma_{12}+\cdots\right)dV=0. \tag{61}$$

Da sowohl die Volumskräfte wie die Oberflächenkräfte als gegeben zu betrachten sind und die statischen Bedingungen (59) und (60) erfüllt sein sollen, gehören die $\delta\sigma_{ik}$ zu einem Selbstspannungszustand. (Man beachte die Analogie mit den Betrachtungen in § 1. Den Δl_i entsprechen die Komponenten des Verzerrungstensors und den Variationen der Stabkräfte δS_i die $\delta\sigma_{ik}$.) Aus (59) folgt:

$$\left.\begin{array}{l}\dfrac{\partial\delta\sigma_{11}}{\partial x_1}+\dfrac{\partial\delta\sigma_{12}}{\partial x_2}+\dfrac{\partial\delta\sigma_{13}}{\partial x_3}=0\\ \dots\dots\dots\dots\dots\\ \dots\dots\dots\dots\dots\end{array}\right\}\text{innerhalb } B \tag{62}$$

und aus (60):

$$\left.\begin{array}{l}\delta\sigma_{11}\cos(n\,x_1)+\delta\sigma_{12}\cos(n\,x_2)+\delta\sigma_{13}\cos(n\,x_3)=0\\ \dots\dots\dots\dots\dots\dots\dots\dots\\ \dots\dots\dots\dots\dots\dots\dots\dots\end{array}\right\}\text{auf } \Gamma; \tag{63}$$

d.h. also, daß die Normalkomponenten der Variationen der Spannungen auf der Oberfläche des Körpers verschwinden. Somit gehören nur solche $\delta\sigma_{ik}$ zu einem Selbstspannungszustand, die (62) und (63) erfüllen.

Das Castiglianosche Prinzip bringt somit in unserem Fall folgendes zum Ausdruck: Man denke sich vermöge der Gleichungen

$$\frac{\partial\psi}{\partial\sigma_{11}}=\varepsilon_{11},\ldots,\qquad \frac{\partial\psi}{\partial\sigma_{12}}=\varepsilon_{12},\ldots \tag{64}$$

die Verzerrungen ε_{ik} durch die gesuchten Spannungen σ_{ik} ausgedrückt. Die durch Nullsetzen der ersten Variation der Ergänzungsarbeit entstehende Gleichung bringt dann zum Ausdruck, daß jene Invariante Null sein muß, die man erhält, wenn man die Komponenten des Verzerrungstensors mit den Komponenten eines *beliebigen* Selbstspannungstensors dyadisch multipliziert und das Integral über das Volumen bildet.

Um die notwendigen Bedingungen, denen die Spannungen unter Berücksichtigung der Nebenbedingungen zu genügen haben, aus (58) zu ermitteln, wenden wir wieder die Methode der Lagrangeschen Faktoren an, die wir jetzt mit $\lambda_1, \lambda_2, \lambda_3$ bezeichnen. Wir erhalten unter

Berücksichtigung der Voraussetzung $\Gamma_2=0$:

$$\left.\begin{aligned}\delta\iiint\limits_B\Big[-\psi+\lambda_1\Big(\frac{\partial\sigma_{11}}{\partial x_1}+\frac{\partial\sigma_{12}}{\partial x_2}+\frac{\partial\sigma_{13}}{\partial x_3}+\varrho\,Q_1\Big)+\cdots\\+\lambda_3\Big(\frac{\partial\sigma_{13}}{\partial x_1}+\frac{\partial\sigma_{23}}{\partial x_2}+\frac{\partial\sigma_{33}}{\partial x_3}+\varrho\,Q_3\Big)\Big]\,dV=\delta\iiint\limits_B\psi^*\,dV=0\end{aligned}\right\}\quad(65)$$

mit den Randbedingungen (60).

Die Euler-Lagrangeschen Differentialgleichungen lauten also:

$$\frac{\partial}{\partial x_j}\,\frac{\partial\psi^*}{\partial\left(\frac{\partial\sigma_{ik}}{\partial x_j}\right)}-\frac{\partial\psi^*}{\partial\sigma_{ik}}=0$$

und dementsprechend erhalten wir:

$$\frac{\partial\psi}{\partial\sigma_{11}}=-\frac{\partial\lambda_1}{\partial x_1}=\varepsilon_{11},\ldots,\quad\frac{\partial\psi}{\partial\sigma_{12}}=-\frac{1}{2}\Big(\frac{\partial\lambda_1}{\partial x_2}+\frac{\partial\lambda_2}{\partial x_1}\Big)=\varepsilon_{12},\ldots,\qquad(66)$$

d.h. also, die Euler-Lagrangeschen Differentialgleichungen für das Castiglianosche Prinzip sind identisch mit der Forderung, daß sich die Größen $\partial\psi/\partial\sigma_{ik}=\varepsilon_{ik}$ als Komponenten eines linearen Verzerrungstensors in der klassischen Elastizitätstheorie auffassen lassen. Somit ist die Identität der Folgerungen aus den beiden Minimalprinzipen der Elastostatik erwiesen.

Wir wollen nun zeigen, wie sich die Einführung von Lagrangeschen Multiplikatoren vermeiden läßt.

Anstatt die statischen Bedingungen für die Komponenten des Spannungstensors in Form von Nebenbedingungen beim Castiglianoschen Prinzip unter Einführung von Lagrangeschen Multiplikatoren zu berücksichtigen, ist in neuerer Zeit auch bei dreidimensionalen Problemen die Methode der Einführung von Spannungsfunktionen ausgebaut worden. Wir setzen der Einfachheit halber im folgenden voraus, daß keine äußeren Kräfte im Inneren des Körpers angreifen[1], sondern nur Kräfte an der Oberfläche.

Bei der Methode der Spannungsfunktionen handelt es sich um eine Verallgemeinerung der insbesondere von F. KLEIN und K. WIEGHARDT (**) und in den sich daran anschließenden Arbeiten verwendete Methode der Airyschen Spannungsfunktion für den Fall der Beanspruchung des Körpers durch äußere Kräfte bei ebenen Spannungszuständen. Diese Methode ist, in erweiterter Form in neuerer Zeit mit außerordentlich großem Erfolg in der Theorie der Festkörper angewandt

[1] Falls äußere Kräfte im Innern des Körpers angreifen, so sucht man zunächst eine diesen entsprechende Partikulärlösung der statischen Bedingungsgleichungen und überlagert sie mit der allgemeinen Lösung für den Fall wo keine äußeren Kräfte im Inneren angreifen.

worden und dabei kamen auch äußerst interessante mathematische Ideen — VOLTERRAs Theorie der Distorsion und ferner eine von CARTAN herrührende Erweiterung der Riemannschen Geometrie — zur Anwendung. Um diese theoretischen Erwägungen in einer der Sache angepaßten Form darzustellen, mußte die Tensoranalysis durch Hinzufügung einiger neuer Begriffe in einer sehr natürlichen Weise erweitert werden.

Wenn wir auch auf die oben angeführten Theorien nicht eingehen können, so glauben wir doch, daß es sowohl für den mathematisch wie für den physikalisch interessierten Leser zweckmäßig ist, diese neuen Begriffe kennenzulernen und zu erkennen, wie durch sie die beiden grundlegenden Minimalprinzipien der Elastizitätstheorie in einer äußerst übersichtlichen Weise behandelt werden können. Bei der Darlegung dieser neuen Begriffe der Tensoranalysis schließen wir uns eng an E. KRÖNER (***) und an eine Arbeit von G. RIEDER (°) an.

Wir benötigen dazu die in der Vektorrechnung gebräuchlichen Begriffe. Insbesondere sei auf das Symbol η_{ijk} hingewiesen[1], das folgendermaßen erklärt ist:

$$\eta_{123} = \eta_{231} = \eta_{312} = 1$$

$$\eta_{132} = \eta_{321} = \eta_{213} = -1,$$

während die Komponenten, bei denen mindestens zwei Indices gleich sind, sämtlich verschwinden. Zur Bezeichnung der Vektoren verwenden wir kleine gotische Buchstaben, zur Bezeichnung von Tensoren höherer Stufe werden wir kleine griechische oder große lateinische Buchstaben verwenden. Die Komponenten werden wir durch Anfügen von Indices an das Symbol des Vektors bzw. Tensors kennzeichnen, wobei wir als Indices kleine lateinische oder griechische Buchstaben benützen. Bei zweistufigen Tensoren bedeutet der erste Index die Zeilen-, der zweite Index die Spaltennummer. In rechtwinkeligen kartesischen Koordinaten bedeuten, unter Anwendung der Summationsvereinbarung:

$\mathfrak{a}\,\mathfrak{b} = \mathfrak{a}_i\,\mathfrak{b}_i$	das skalare Produkt
$\mathfrak{a} \times \mathfrak{b} = (\eta_{ijk}\,\mathfrak{a}_j\,\mathfrak{b}_k)$	das vektorielle Produkt
$\mathfrak{a}; \mathfrak{b} = (\mathfrak{a}_i\,\mathfrak{b}_j) = (T_{ij})$	das dyadische Produkt

der Vektoren $\mathfrak{a}$ und $\mathfrak{b}$. Ferner bedeutet:

$$\mu \cdot\cdot\, \nu = \mu_{ij}\,\nu_{ij}$$

das doppeltskalare Produkt der beiden Tensoren μ und ν.

[1] In der Literatur wird statt η häufig der Buchstabe ε verwendet. Bei uns wird jedoch der Buchstabe ε in einer anderen Bedeutung gebraucht.

Die in der Tensoranalysis neu eingeführten Begriffe sind: der Tensorgradient, die Tensordivergenz, der Tensorrotor, die Inkompatibilität und die Deformation. Wir benötigen diese Begriffe im folgenden nur für symmetrische Tensoren. Wegen einer erweiterten Fassung sei auf das oben angegebene Buch von KRÖNER verwiesen.

Es sei ∇ der als Vektor aufgefaßte Differentialoperator mit den Komponenten $\nabla_i = \partial/\partial x_i$ $(i = 1, 2, 3)$. Die Stellung des symbolischen Vektors ∇ wird durch die Regeln der Vektormultiplikation bestimmt. Differenziert wird dabei ohne Rücksicht auf die Reihenfolge der in dem betreffenden Produkt auftretenden Glieder. Es ist also z.B.

$$\nabla ; \mathfrak{a} = \nabla_i \mathfrak{a}_j .$$

Dagegen bedeutet (°°)

$$\mathfrak{a} ; \nabla = \nabla_j \mathfrak{a}_i .$$

Die fünf erwähnten Begriffe sind dann durch nachstehende Formeln erklärt. Um dem mehr an die Tensorschreibweise gewohnten Leser entgegenzukommen, fügen wir die Schreibweise in Komponenten hinzu.

1. $\operatorname{Grad} \mathfrak{a} = \nabla ; \mathfrak{a} = (\nabla_i \mathfrak{a}_j)$
2. $\operatorname{Div} T = \nabla T = (\nabla_i T_{ij})$
3. $\operatorname{Rot} T = \nabla \times T = (\eta_{ijk} \nabla_j T_{kl})$
4. $\operatorname{Def} \mathfrak{a} = \frac{1}{2} (\nabla ; \mathfrak{a} + \mathfrak{a} ; \nabla) = \frac{1}{2} [(\nabla_i \mathfrak{a}_j) + (\nabla_j \mathfrak{a}_i)]$
5. $\operatorname{Ink} T = (\nabla \times T \times \nabla) = (\eta_{ijk} \eta_{lmn} \nabla_j \nabla_n T_{km})$.

Für das Folgende benötigen wir die beiden leicht zu verifizierenden Identitäten:

$$\operatorname{Ink} (\operatorname{Def} \mathfrak{a}) \equiv 0, \tag{67}$$

$$\operatorname{Div} (\operatorname{Ink} T) \equiv 0, \tag{68}$$

sowie die nachstehenden drei Hilfssätze und eine Hilfsformel. Für deren Beweise verweisen wir zum Teil auf die angegebene Literatur, bemerken jedoch, daß sie sich auch mittels der Sätze über alternierende Differentialformen (Kap. VI, 2) in konsequenter Weise ergeben (°°°).

a) Die allgemeinste Lösung der sechs partiellen Differentialgleichungen für die drei Komponenten eines Vektors $\mathfrak{w}$ für den

$$\operatorname{Def} \mathfrak{w} = 0$$

gilt, ist:

$$\mathfrak{w} = \mathfrak{v} + \mathfrak{d} \times \mathfrak{x},$$

wobei $\mathfrak{v}$ und $\mathfrak{d}$ Konstante und $\mathfrak{x}$ der Ortsvektor ist. $\mathfrak{w}$ stellt also das Geschwindigkeitsfeld für die allgemeinste Bewegung eines starren Körpers dar.

b) Die Differentialgleichungen

$$\operatorname{Ink} G = 0$$

haben die Form der St. Venantschen Inkompatibilitätsbedingungen für den Tensor G. Genügen die Komponenten $G_{ik} = G_{ki}$ von G diesem System von partiellen Differentialgleichungen, so ist

$$G = \operatorname{Def} \mathfrak{u},$$

wobei der Vektor $\mathfrak{u}$ bis auf das Geschwindigkeitsfeld für die allgemeinste Bewegung eines starren Körpers bestimmt ist. Bedeutet $\mathfrak{u}$ eine im Sinne der linearen Elastizitätstheorie infinitesimale elastische Verschiebung, so wird $G = \varepsilon$ der Verzerrungstensor[1].

c) Die allgemeinste Lösung der drei partiellen Differentialgleichungen

$$\operatorname{Div} T = 0$$

für die sechs Komponenten T_{ik} eines symmetrischen Tensors T läßt sich in der Form

$$T = \operatorname{Ink} G$$

mit: $G_{ik} = G_{ki}$ schreiben, wobei G_{ik} beliebige, viermal stetig differenzierbare Funktionen sind. Diese allgemeinste Form der Lösung rührt bereits von BELTRAMI her. BELTRAMIs Arbeit fand lange Zeit keine Beachtung, was zur Folge hatte, daß in neuerer Zeit sein Resultat mehrmals wiederentdeckt wurde. Näheres findet man hierüber in einem kritischen Bericht über invariante und vollständige Spannungsfunktionen der Kontinuumsmechanik von TRUESDELL (+).

Ist $T = \sigma$ ein Spannungstensor für einen Körper, der nicht von Volumskräften beansprucht wird, so gilt [gemäß (59)]:

$$\operatorname{Div} \sigma = 0 \tag{69}$$

im Inneren des Körpers und σ läßt sich darstellen durch

$$\sigma = \operatorname{Ink} F. \tag{70}$$

F wird dann als Spannungsfunktionentensor bezeichnet.

Faßt man (70) als inhomogenes Gleichungssystem zur Bestimmung von F auf und ist $F = F_0$ eine partikulare Lösung dieses Gleichungssystems, so ist demnach die allgemeine Lösung

$$F = F_0 + \operatorname{Def} \mathfrak{u}.$$

Davon kann man bei speziellen Problemen durch entsprechende Verfügung über $\mathfrak{u}$ Gebrauch machen. Unter anderem geht hieraus hervor, daß man für jede Lösung von (70) entweder:

$$F_{23} = F_{31} = F_{12} = 0 \qquad \text{(Ansatz von MAXWELL)}$$

oder

$$F_{11} = F_{22} = F_{33} = 0 \qquad \text{(Ansatz von MORERA)}$$

---

[1] Ein Beweis für die Behauptung b) findet sich (einschließlich einer Note, deren Inhalt von CÉSARO herrührt) in der unter (°) angegebenen Arbeit von VOLTERRA.

voraussetzen kann. Bei diesen Ansätzen geht aber die Unabhängigkeit vom Koordinatensystem verloren.

Die Einführung von Spannungsfunktionen in der Elastizitätstheorie spielt eine ähnliche Rolle wie die Einführung des Vektorpotentials in der Maxwellschen Elektrodynamik. Während beim analogen ebenen Problem (vgl. Kap. III, 1, § 3) die Airysche Spannungsfunktion durch die Spannungen immer nur bis auf eine additiv hinzutretende lineare Funktion von zwei Veränderlichen, also bis auf drei Konstante bestimmt ist, ist beim räumlichen Problem der Spannungsfunktionentensor also nur bis auf einen additiv hinzutretenden, willkürlich wählbaren Deformationstensor Def $\mathfrak{u}$, d.h. bis auf die drei als Komponenten von $\mathfrak{u}$ auftretenden willkürlichen Funktionen bestimmt.

Die Möglichkeit durch eine geeignete Wahl von $\mathfrak{u}$ den Spannungsfunktionentensor zu spezialisieren, spielt insbesondere bei der Behandlung von Körpern, die einen mehrfach berandeten Bereich ausfüllen, eine fundamentale Rolle. Vgl. die vorhin genannte Arbeit von G. RIEDER. Wir wollen uns in diesem Paragraphen der Einfachheit halber auf einfach berandete Bereiche beschränken.

d) Verallgemeinerung des Greenschen Satzes.

Wir gehen aus von der Identität

$$\begin{vmatrix} u, & v \\ \nabla_\alpha \nabla_\beta \tilde{u}, & \nabla_\alpha \nabla_\beta \tilde{v} \end{vmatrix} = \frac{1}{2}\left\{\nabla_\alpha \begin{vmatrix} u, & v \\ \nabla_\beta \tilde{u}, & \nabla_\beta \tilde{v} \end{vmatrix} + \nabla_\beta \begin{vmatrix} u, & v \\ \nabla_\alpha \tilde{u}, & \nabla_\alpha \tilde{v} \end{vmatrix}\right\}.$$

Ersetzen wir hierin u durch G_{ik} und v durch H_{ik}, $\tilde{u}$ durch $G_{\lambda\mu}$ und $\tilde{v}$ durch $H_{\lambda\mu}$ und multiplizieren wir beide Seiten mit $\eta_{i\alpha\lambda}\,\eta_{k\beta\mu}$, so erhalten wir die folgende, auch unmittelbar zu ersehende Identität, wobei die durch die doppeltskalare Multiplikation angezeigte Summation erst nach allen anderen Operationen auszuführen ist (was dadurch angedeutet wird, daß das Operationssymbol für die doppeltskalare Multiplikation vom Tensorsymbol etwas weggerückt ist):

$$\begin{vmatrix} G\ \cdot\cdot, & H\ \cdot\cdot \\ \operatorname{Ink} G, & \operatorname{Ink} H \end{vmatrix} = \frac{1}{2}\left\{\nabla \times \begin{vmatrix} G\ \cdot\cdot, & H\ \cdot\cdot \\ G \times \nabla, & H \times \nabla \end{vmatrix} + \begin{vmatrix} G\ \cdot\cdot, & H\ \cdot\cdot \\ \nabla \times G, & \nabla \times H \end{vmatrix} \times \nabla\right\}.$$

Lassen wir nämlich die Differentiationssymbole außerhalb der Determinante auf der rechten Seite auf die obere Zeile einwirken, so heben sich die beiden Determinanten auf; lassen wir sie auf die untere Zeile einwirken, so ergibt ihre Summe die linke Seite. Integriert man nun über den Bereich B, so läßt sich die rechte Seite in ein Integral über die Oberfläche verwandeln und wir erhalten so den verallgemeinerten Satz von GREEN ($\mathfrak{n}$: Normalenvektor auf Γ):

$$\left.\begin{aligned}&\iiint\limits_B \begin{vmatrix} G\cdot\cdot, & H\cdot\cdot \\ \operatorname{Ink} G, & \operatorname{Ink} H\end{vmatrix} dV \\ &= \frac{1}{2}\iint\limits_\Gamma \left\{\mathfrak{n}\times\begin{vmatrix} G\cdot\cdot, & H\cdot\cdot \\ G\times\nabla, & H\times\nabla\end{vmatrix} + \begin{vmatrix} G\cdot\cdot, & H\cdot\cdot \\ \nabla\times G, & \nabla\times H\end{vmatrix}\times\mathfrak{n}\right\} do.\end{aligned}\right\} \quad (71)$$

Nun wenden wir uns, wie angekündigt, der Aufgabe zu, die sich aus dem Prinzip von CASTIGLIANO unter Beachtung der zugehörigen statischen Nebenbedingungen ergebenden Differentialgleichungen ohne Benützung von Lagrangeschen Multiplikatoren herzuleiten.

Diese Aufgabe läßt sich, wie wir sehen werden, zurückführen auf die Ermittlung der sechs Komponenten des Spannungsfunktionentensors F_{ik}, die sechs partiellen Differentialgleichungen vierter Ordnung genügen müssen und im Inneren des Körpers — also in B — regulär sind und für die auf der Oberfläche Γ des Körpers die Werte von F_{ik} und der ersten Ableitungen von F_{ik} entsprechend den nachstehend angegebenen Bedingungsgleichungen zu wählen sind.

Wir wiederholen die Voraussetzung, daß nur äußere Kräfte, die an der Oberfläche angreifen, als gegeben erscheinen (also $\Gamma_2 = 0$ ist) und keine Kräfte im Inneren angreifen und B ein einfach begrenzter Bereich ist.

Wir rekapitulieren unter diesen Voraussetzungen die Formulierung des Problems. Das Integral der Ergänzungsarbeit

$$\iiint\limits_B \psi(\sigma_{ik})\, dV \quad (72)$$

soll ein Minimum werden unter Berücksichtigung, daß für den Tensor σ die statischen Nebenbedingungen:

$$\operatorname{Div}\sigma = 0 \quad \text{in } B, \quad (73)$$

$$\sigma_{ik}\,\mathfrak{n}_i = \mathfrak{p}_k \quad \text{auf } \Gamma \quad (74)$$

gelten. (Wir schreiben jetzt $\mathfrak{n}_i$ bzw. $\mathfrak{p}_i$ statt wie früher n_i und p_i.)

Um (72) zu erfüllen, setzen wir nach Hilfssatz b) an:

$$\sigma = \operatorname{Ink} F.$$

Für viele Zwecke ist es nützlich, die Operation Ink F wie folgt zu zerlegen:

$$\nabla\times F = S \qquad \text{d.h.} \qquad \eta_{k\beta\mu}\nabla_\beta F_{\mu\lambda} = S_{k\lambda}.$$

also wird

$$S\times\nabla = \sigma \qquad \text{d.h.} \qquad \eta_{i\lambda\alpha}\nabla_\alpha S_{k\lambda} = \sigma_{ik}.$$

Damit ergeben sich für die Randbedingungen (74):

mit
$$\left.\begin{aligned} \eta_{i\lambda\alpha} \nabla_\alpha S_{k\lambda} \mathfrak{n}_i &= \mathfrak{p}_k \\ \eta_{k\beta\mu} \nabla_\beta F_{\mu\lambda} &= S_{k\lambda} \end{aligned}\right\} \text{ auf } \Gamma. \tag{75}$$

Denken wir uns auf der Oberfläche Γ eine Parameterdarstellung eingeführt, so stellen die obigen Gleichungen (75) ein System von neun partiellen Differentialgleichungen erster Ordnung zur Bestimmung der zwölf Funktionen $F_{\mu\lambda}$ und $S_{k\lambda}$ der Parameter dar. Eine genauere Diskussion dieses Gleichungssystems (75) übergehen wir, doch wollen wir später darüber einiges sagen.

Wir bemerken an dieser Stelle: Durch die Einführung von sechs Spannungsfunktionen wird, wie wir schon bei Hilfssatz c) beiläufig erwähnt haben, das Problem dreifach unterbestimmt. Dies kommt in doppelter Weise zum Ausdruck. Bei den abzuleitenden Euler-Lagrangeschen Differentialgleichungen werden wir zeigen, daß zwischen ihnen drei identische Beziehungen bestehen. Ferner macht sich diese Unterbestimmtheit in dem angegebenen System (75) von neun Differentialgleichungen für zwölf Funktionen geltend, was bei der Integration bei speziellen Problemen in wertvoller Weise ausgenützt werden kann. Dies tritt insbesondere in Arbeiten von H. SCHAEFER (++) deutlich hervor.

Setzen wir die erste Variation des die Ergänzungsarbeit darstellenden Integrals gleich Null, so erhalten wir

$$\iiint\limits_B \frac{\partial \psi}{\partial \sigma_{ik}}\, \delta\sigma_{ik}\, dV = 0. \tag{76}$$

Aus der Nebenbedingung, daß die Divergenz des Spannungstensors verschwindet und daß

$$\sigma_{ik}\, \mathfrak{n}_i = \mathfrak{p}_k$$

längs der Oberfläche Γ vorgegeben ist, folgt:

$$\operatorname{Div}(\delta\sigma_{ik}) = 0$$
$$\delta\sigma_{ik}\, \mathfrak{n}_i = 0.$$

Der Tensor $\delta\sigma$ stellt somit einen beliebigen Eigenspannungszustand dar. Entsprechend (68) setzen wir

$$\delta\sigma = \operatorname{Ink} G. \tag{77}$$

Zur Herleitung der Euler-Lagrangeschen Differentialgleichungen (als notwendige Bedingungen des Variationsproblems) können wir uns darauf beschränken, bloß solche $\delta\sigma$ zu betrachten, für die

$$G_{ik} = 0 \quad \text{und} \quad \frac{\partial G_{ik}}{\partial x_\nu} = 0 \quad \text{auf } \Gamma \tag{78}$$

ist. Setzen wir (77) in (76) ein und wenden wir die Greensche Identität an. Wegen der Annahme (78) verschwinden die Oberflächenintegrale und wir erhalten:

$$\iiint\limits_B \frac{\partial\psi}{\partial\sigma_{ik}}\,\delta\sigma_{ik}\,dV = \iiint\limits_B \frac{\partial\psi}{\partial\sigma_{ik}}\,(\operatorname{Ink} G)_{ik}\,dV$$

$$= \iiint\limits_B \left(\operatorname{Ink}\left(\frac{\partial\psi}{\partial\sigma_{\lambda\mu}}\right)\right)_{ik} G_{ik}\,dV = 0.$$

Also erhalten wir, mit Rücksicht auf das Fundamentallemma der Variationsrechnung als Euler-Lagrangesche Differentialgleichungen:

$$\operatorname{Ink}\left(\frac{\partial\psi}{\partial\sigma_{\lambda\mu}}\right) = 0. \tag{79}$$

Somit ist, nach Hilfssatz b):

$$\frac{\partial\psi}{\partial\sigma_{\lambda\mu}} = \operatorname{Def}\mathfrak{u},$$

also ein Deformationstensor ε.

Setzen wir das Hookesche für allgemeine anisotrope Medien voraus so ist ψ eine quadratische Form der $\sigma_{\lambda\mu}$:

$$\varepsilon_{ik} = C_{\lambda\mu ik}\,\sigma_{\lambda\mu},$$

oder kurz

$$\frac{\partial\psi}{\partial\sigma_{\lambda\mu}} = C \cdot\cdot\, \sigma,$$

wobei hier C der vierstufige Tensor der Elastizitätskonstanten ist. Für isotrope Körper reduziert sich die Zahl der Elastizitätskonstanten auf zwei. Mit (70) erhalten wir somit aus (79) die Differentialgleichungen für F in der Form:

$$\operatorname{Ink}(C \cdot\cdot \operatorname{Ink} F) = 0. \tag{80}$$

Wegen (68) sind diese Gleichungen nicht voneinander unabhängig. Bezeichnen wir die linke Seite von (80) mit L, so bestehen also die drei Identitäten:

$$\operatorname{Div} L = 0. \tag{81}$$

Zur Bestimmung der Randbedingungen für F haben wir irgendwelche partikuläre Lösungen der Gl. (75) zu ermitteln.

Damit haben wir die Aufgabe, die Euler-Lagrangeschen Differentialgleichungen beim Castiglianoschen Prinzip unter Berücksichtigung der Nebenbedingungen ohne Benützung von Lagrangeschen Multiplikatoren herzuleiten, mittels der Einführung des Spannungsfunktionentensors gelöst.

Da wir hier immer rechtwinkelige kartesische Koordinaten zugrunde gelegt haben, konnten wir es uns ersparen auf die Unterscheidung von kovarianten und kontravarianten Tensoren einzugehen und dementsprechend haben wir es unterlassen, eine solche Unterscheidung durch hoch- bzw. tiefgestellte Indizes anzuzeigen. Für Probleme bei denen krummlinige Koordinaten eingeführt werden, ist diese Unterscheidung bei der Anwendung der Tensorrechnung jedoch von grundlegender Bedeutung. Wir können hier darauf nicht näher eingehen und verweisen auf das Buch von A.E. GREEN und W. ZERNA ,,Theoretical Elasticity (+++).

Bisher haben wir uns nur mit der linearen Elastizitätstheorie beschäftigt. Die Komponenten des Verzerrungstensors waren jedoch ursprünglich [vgl. (49)] definiert als Koeffizienten der quadratischen Form

$$d\bar{s}^2 - ds^2,$$

wobei ds bzw. $d\bar{s}$ das Linienelement im unverzerrten bzw. verzerrten Medium ist und die Verzerrung durch ein Feld von Verschiebungsvektoren (u_1, u_2, u_3) gekennzeichnet ist. Für die sich hieran anschließende nichtlineare Elastizitätstheorie verweisen wir unter anderem ebenfalls auf das vorhin zitierte Werk von GREEN und ZERNA und die erwähnte Arbeit von TRUESDELL. Wir bemerken nur folgendes: ds und $d\bar{s}$ sind Linienelemente im euklidischen Raum und die hiefür notwendige und hinreichende Bedingung, der die Koeffizienten der quadratischen Form (Gaußsche Fundamentalgrößen) zu genügen haben, besteht darin, daß alle Komponenten des zugehörigen Riemannschen Krümmungstensors gleich Null sind. Mit dieser Feststellung gleichwertig ist im dreidimensionalen Raum das Verschwinden der sechs Komponenten eines durch zweimalige Verjüngung des Krümmungstensors entstehenden zweistufigen symmetrischen Tensors. Die sich aus dieser Bedingung ergebenden Gleichungen sind jedoch nicht voneinander unabhängig. Zwischen ihnen bestehen drei identische Differentialbeziehungen (Bianchische Identitäten). Diese können, wie wir bereits in Kap. VI, 3, § 2 betont haben, aus dem Satz von E. NOETHER hergeleitet werden. Die Invarianzeigenschaft, auf die dabei Bezug genommen wird, gründet sich darauf, daß die Problemstellung von der speziellen Wahl eines krummlinigen Koordinatensystems im dreidimensionalen Raum unabhängig ist, demnach Invarianz gegenüber der unendlichen Gruppe der Punkttransformationen im R_3 besteht.

Im Fall der linearen Elastizitätstheorie entsprechen den Bianchischen Identitäten die Gl. (81).

Die Vernachlässigung der quadratischen Terme bei den Komponenten des Verzerrungstensors, d.h. dem Übergang zur linearen Elastizitätstheorie entspricht bei der analogen Einsteinschen Feldtheorie im R_4 die

Annahme von Feldern mit schwacher Krümmung bzw. schwachen Feldstärken.

Wir kehren zum Abschluß dieses Paragraphen zum Ausgangspunkt unserer Betrachtungen zurück.

In den bisher besprochenen Variationsproblemen zur Herleitung der Grundgleichungen der Elastizitätstheorie schienen entweder die Spannungskomponenten oder die Komponenten der Verschiebung als die unmittelbar zu bestimmenden Größen auf. Wir werden nun, im Anschluß an E. REISSNER (×) für die Herleitung der Grundgleichungen der Elastizitätstheorie ein kanonisches Variationsproblem angeben, in dem bereits im Integranden sowohl die Spannungskomponenten als auch die Komponenten der Verschiebung auftreten. Wir verwenden die zu Beginn dieses Paragraphen benützten Bezeichnungen.

Ausgangspunkt ist das Dirichletsche Prinzip. Der Einfachheit wegen setzen wir die Komponenten der Massenkräfte $Q_i = 0$. Wir fordern also [vgl. (50)]:

$$\delta \left\{ \iiint_B \varphi \, dV - \iint_{\Gamma_1} p_j \, u_j \, dO \right\} = 0 \tag{82}$$

mit

$$\varphi = \varphi(\varepsilon_{ik})$$

$$u_i - \bar{u}_i = 0 \quad \text{auf} \quad \Gamma_2.$$

Nun wenden wir die Legendresche Transformation an und setzen:

$$\frac{\partial \varphi}{\partial \varepsilon_{ik}} = \sigma_{ik}$$

$$\varphi = \varepsilon_{ik} \sigma_{ik} - \psi(\sigma_{ik}),$$

und erhalten aus (82) das Variationsproblem in der kanonischen Form:

$$\delta \left\{ \iiint_B \left[\frac{1}{2} \left(\frac{\partial u_i}{\partial x_k} + \frac{\partial u_k}{\partial x_i} \right) \sigma_{ik} - \psi(\sigma_{ik}) \right] dV - \iint_{\Gamma_1} p_j \, u_j \, dO \right\} = 0. \tag{83}$$

In (83) sind als zu bestimmende Funktionen sowohl die σ_{ik} wie die Komponenten der Verschiebungen zu betrachten, deren Differentialquotienten nur linear auftreten.

Nachdem wir, wie schon früher besprochen, auf die Glieder mit $\partial u_i / \partial x_k$ Produktintegration anwenden, erhalten wir durch Nullsetzen der Koeffizienten von u_i die statischen Bedingungen, und zwar sowohl für die Spannungen im Inneren als auch für die freien Randbedingungen auf Γ_1. Durch Nullsetzen der Koeffizienten für die Variationen der Spannungen erhalten wir andererseits die Gleichungen des Hookeschen Gesetzes.

§ 6. Anwendung auf das Torsionsproblem elastischer Stäbe

Als Beispiel für die Anwendung der vorhergehenden Überlegungen wollen wir die Bestimmung der Torsionssteifigkeit eines elastischen Stabes sowohl vom Standpunkt des Dirichletschen als auch des Castiglianoschen Prinzips in Angriff nehmen. Wir werden auf diese Weise zu einer oberen und einer unteren Schranke für die Torsionssteifigkeit gelangen.

Wir denken uns einen homogenen zylindrischen Stab mit beliebigem Querschnitt. Wir lassen auch zylindrische Bohrungen zu, so daß der Querschnitt ein mehrfach zusammenhängender Bereich ist, den wir mit B bezeichnen. Der von der äußeren Randkurve begrenzte einfach zusammenhängende Bereich sei mit B_0, der Bereich der Löcher mit B_i, $i=1, \ldots, n$, die Randkurven seien mit K_0 bzw. K_i bezeichnet.

Der Stab sei von zwei Ebenen E_0 und E_1, die senkrecht zu den Erzeugenden des Zylinders stehen, begrenzt. Wir nehmen an, daß der in E_0 liegende Querschnitt festgehalten sei und der in E_1 gelegene Querschnitt unter der Einwirkung eines Drehmomentes stehe, durch das eine Verdrillung der Ebene E_1 gegenüber der Ausgangslage um den Winkel Θ herbeigeführt wird. Die Länge des Stabes sei l. In der Theorie von Saint-Venant, die wir unseren Betrachtungen zugrunde legen, nimmt man an, daß die Verdrillung um eine im Körper feste Achse erfolge, die wir als x_3-Achse eines kartesischen Koordinatensystems betrachten und daß die Verdrillung proportional dem Abstand von E_0 sei. Demnach ist $\vartheta=\Theta/l$ die Verdrillung pro Längeneinheit. Wir greifen aus dem Stab eine beliebige Schicht von der Dicke 1, die von $x_3=0$ und $x_3=1$ begrenzt sei, heraus. Für die Verschiebungen in den Richtungen des kartesischen Koordinatensystems setzt man in der Saint-Venantschen Theorie an:

$$u_1=-\vartheta x_2 x_3, \quad u_2=\vartheta x_1 x_3, \quad u_3=\zeta(x_1, x_2). \tag{84}$$

Für die Verzerrungsgrößen ergibt sich somit:

$$\left.\begin{aligned} 2\varepsilon_{13}=\zeta_{x_1}+u_{1,x_3}, &\quad 2\varepsilon_{23}=\zeta_{x_2}+u_{2,x_3} \\ \varepsilon_{11}=\varepsilon_{22}=&\,\varepsilon_{33}=\varepsilon_{12}=0 \\ \varphi=2G&(\varepsilon_{13}^2+\varepsilon_{23}^2). \end{aligned}\right\} \tag{85}$$

G ist der Gleitmodul und sei $\zeta=\vartheta\zeta^*$ gesetzt. Dann folgt für die Verzerrungsenergie Φ der Schicht

$$\left.\begin{aligned} \Phi &= 2G\iint\limits_B (\varepsilon_{13}^2+\varepsilon_{23}^2)\,dx_1\,dx_2 \\ &= \frac{G\vartheta^2}{2}\iint\limits_B [(\zeta^*_{x_1}-x_2)^2+(\zeta^*_{x_2}+x_1)^2]\,dx_1\,dx_2. \end{aligned}\right\} \tag{86}$$

Für die potentielle Energie der äußeren Kräfte ergibt sich

$$U = -M\vartheta. \tag{87}$$

Die Anwendung des Dirichletschen Prinzips vom Minimum der Gesamtenergie auf unser Problem führt demnach auf das folgende Minimalproblem:

$$\Phi + U = \frac{G\vartheta^2}{2} \iint\limits_B [(\zeta^*_{x_1} - x_2)^2 + (\zeta^*_{x_2} + x_1)^2]\, dx_1\, dx_2 - M\vartheta \to \text{Min}. \tag{88}$$

Bei diesem sind die Veränderliche ϑ und die Funktion $\zeta^*(x_1, x_2)$ die zu bestimmenden Größen.

Das Produkt des nur von der Gestalt und Größe des Querschnitts abhängigen Ausdruckes

$$I_d = \left\{\iint\limits_B [(\zeta^*_{x_1} - x_2)^2 + (\zeta^*_{x_2} + x_1)^2]\, dx_1\, dx_2\right\}_{\text{Min}} \tag{89}$$

mit G wird als Drillwiderstand bzw. auch als Torsionssteifigkeit bezeichnet.

Aus

$$\Phi + U = \frac{G\vartheta^2}{2} I_d - M\vartheta \to \text{Min} \tag{90}$$

folgt für den das Minimum liefernden Wert $\bar{\vartheta}$ von ϑ:

$$G\bar{\vartheta} I_d = M \tag{91}$$

und damit:

$$\{\Phi + U\}_{\text{Min}} = -\{\Phi\}_{\text{Min}} = -\frac{M^2}{2 I_d G} = -\frac{1}{2} M\bar{\vartheta}. \tag{92}$$

Für ζ^* bestehen keine erzwungenen Randbedingungen.

Zur Gewinnung oberer Schranken für I_d können wir somit die für jede Funktion $\zeta^*(x_1, x_2)$ gültige Ungleichung:

$$I_d \leqq \iint\limits_B [(\zeta^*_{x_1} - x_2)^2 + (\zeta^*_{x_2} + x_1)^2]\, dx_1\, dx_2 \tag{93}$$

verwenden.

Die Euler-Lagrangesche Differentialgleichung des Minimalproblems (88) lautet:

$$\frac{\partial^2 \zeta^*}{\partial x_1^2} + \frac{\partial^2 \zeta^*}{\partial x_2^2} = 0 \tag{94}$$

und als freie Randbedingungen ergeben sich längs der durch $x_1^j = x_1^j(s)$, $x_2^j = x_2^j(s)$ dargestellten Kurven K_j $(j = 0, 1, \ldots, n)$:

$$\begin{vmatrix} (\zeta^*_{x_1} - x_2)_{\substack{x_1 = x_1^j(s) \\ x_2 = x_2^j(s)}}, & (\zeta^*_{x_2} + x_1)_{\substack{x_1 = x_1^j(s) \\ x_2 = x_2^j(s)}} \\ \dfrac{dx_1^j(s)}{ds}, & \dfrac{dx_2^j(s)}{ds} \end{vmatrix} = 0, \qquad j = 0, 1, \ldots, n. \tag{95}$$

Um untere Schranken für I_d zu gewinnen, werden wir vom Castiglianoschen Prinzip ausgehen. Man gelangt dabei unmittelbar zum Ansatz von PRANDTL zur Behandlung des Torsionsproblems:

Die statischen Bedingungen, die wir der Formulierung des Castiglianoschen Prinzips zugrunde zu legen haben, lauten:

1. In B:

$$\left.\begin{aligned} \sigma_{11} = \sigma_{22} = \sigma_{33} = \sigma_{12} = 0 \\ \frac{\partial \sigma_{13}}{\partial x_1} + \frac{\partial \sigma_{23}}{\partial x_2} = 0; \end{aligned}\right\} \tag{96}$$

in B_i gilt durchwegs $\sigma_{ik} = 0$. Wir denken uns die Bohrungen mit einer weichen Masse ausgefüllt, die keine Spannungen aufnimmt.

2. Längs der Ränder K_0, K_i $(i = 1, \ldots, n)$

$$\frac{d x_2}{d x_1} = \frac{\sigma_{23}}{\sigma_{13}}. \tag{97}$$

3. Gleichgewichtsbedingung zwischen äußerem Moment M und dem Moment der inneren Kräfte:

$$M = \iint_B (x_1 \sigma_{23} - x_2 \sigma_{13}) \, d x_1 \, d x_2. \tag{98}$$

Sei nun P^0 ein beliebiger, festgewählter Punkt von K_0. P sei irgendein anderer Punkt mit den Koordinaten x_1, x_2 in B_0. Wir führen nun durch das in B_0 zufolge der Bedingung 1. vom Weg unabhängige Linienintegral

$$\int_{P^0}^{P} - \sigma_{13} \, d x_2 + \sigma_{23} \, d x_1 = \chi(x_1, x_2) \tag{99}$$

die Funktion $\chi(x_1, x_2)$ ein.

Es ist also:

$$\chi_{x_2} = -\sigma_{13}, \qquad \chi_{x_1} = \sigma_{23}. \tag{100}$$

Die Fläche

$$x_3 = \chi(x_1, x_2) \tag{101}$$

wird als Prandtlscher Spannungshügel bezeichnet. Die Funktion χ ist in B_0 stetig; der Differentialquotient in der Richtung normal zu K_i $(i = 1, \ldots, n)$ erleidet auf K_i einen Sprung. Auf K_0 ist $\chi = 0$; innerhalb B_i und auf K_i $(i = 1, \ldots, n)$ ist χ jeweils konstant. Diese Konstanten seien mit H_i bezeichnet. (Der Prandtlsche Spannungshügel hat über B_i ein Plateau.) Durch diese Funktion χ werden also die Bedingungen 1. und 2. erfüllt. Damit auch 3. erfüllt wird, muß die Gleichung

$$M = \iint_B (x_1 \chi_{x_1} + x_2 \chi_{x_2}) \, d x_1 \, d x_2 \tag{102}$$

bestehen. Formen wir dieses Integral mit Hilfe des Stokesschen Satzes und unter Benützung von

$$x_1\chi_{x_1} + x_2\chi_{x_2} + 2\chi = \frac{\partial}{\partial x_1}(x_1\chi) + \frac{\partial}{\partial x_2}(x_2\chi)$$

um und bezeichnen wir den Flächeninhalt von B_i mit F_i:

$$2F_i = \oint_{K_i} x_1\,dx_2 - x_2\,dx_1,$$

so ergibt sich:

$$M = -\iint_B 2\chi\,dx_1\,dx_2 - 2\sum_{i=1}^{n} H_i F_i = -\iint_{B_0} 2\chi\,dx_1\,dx_2. \tag{103}$$

Für die Verzerrungsenergie, ausgedrückt durch die Spannungsgrößen, haben wir zu setzen:

$$\left.\begin{aligned}\Phi = \Phi(x_1, x_2; H_i) &= \frac{1}{2G}\iint_B (\sigma_{13}^2 + \sigma_{23}^2)\,dx_1\,dx_2\\ &= \frac{1}{2G}\iint_B [\chi_{x_1}^2 + \chi_{x_2}^2]\,dx_1\,dx_2.\end{aligned}\right\} \tag{104}$$

Wir haben also, entsprechend dem Castiglianoschen Prinzip zu fordern:

$$\Phi \to \text{Min} \tag{105}$$

mit der Nebenbedingung (Zwangsbedingung) (103). Um diese Minimalaufgabe zu behandeln, verwenden wir zunächst die Methode des Lagrangeschen Multiplikators. Wir werden nachträglich zeigen, wie man in diesem Spezialfall diese Methode durch eine einfache Überlegung umgehen kann.

Wir haben also zu fordern, daß die Variablen H_i und die Funktion $\chi(x_1, x_2)$ so bestimmt werden, daß

$$\delta\Big(\Phi - \lambda\iint_{B_0} 2\chi\,dx_1\,dx_2\Big) = 0$$

bzw.

$$\left.\begin{aligned}\delta\Big\{\iint_B \frac{1}{2G}[\chi_{x_1}^2 + \chi_{x_2}^2 - 4G\lambda\chi]\,dx_1\,dx_2 -\\ - \lambda\sum_{i=1}^{n}\oint_{K_i} H_i(x_1\,dx_2 - x_2\,dx_1)\Big\} = 0.\end{aligned}\right\} \tag{106}$$

Als Euler-Lagrangesche Differentialgleichung von (106) ergibt sich

$$\frac{\partial^2\chi}{\partial x_1^2} + \frac{\partial^2\chi}{\partial x_2^2} + 2G\lambda = 0 \tag{107}$$

mit der Zwangsbedingung $\chi = 0$ auf K_0; die freien Randbedingungen erhalten wir durch Nullsetzen der Differentialquotienten des in der geschwungenen Klammer stehenden Ausdrucks der Gl. (106) nach den H_i. Formen wir diese Differentialquotienten mittels des Stokesschen Satzes um, so ergeben sich, da χ (107) erfüllen soll, und ferner, weil längs K_i

$$\chi = H_i, \quad \text{also} \quad \frac{\partial \chi}{\partial H_i} = 1 \quad \text{und} \quad \frac{\partial \chi}{\partial H_k} = 0 \quad \text{für} \quad k \neq i$$

ist, die freien Randbedingungen schließlich in der Form:

$$\oint_{K_i} \left(\frac{1}{G}\chi_{x_1} + \lambda x_1\right) dx_2 - \left(\frac{1}{G}\chi_{x_2} + \lambda x_2\right) dx_1 = 0. \tag{108}$$

Setzen wir

$$\chi = 2G\lambda\chi^*, \quad H_i = 2G\lambda H_i^* \tag{109}$$

und benützen wir im folgenden wieder Querstriche zur Kennzeichnung der der Euler-Lagrangeschen Differentialgleichung und den Randbedingungen genügenden Funktionen, so können wir für (107) und (108) schreiben:

$$\frac{\partial^2 \bar{\chi}^*}{\partial x_1^2} + \frac{\partial^2 \bar{\chi}^*}{\partial x_2^2} + 1 = 0, \tag{107*}$$

$$\oint_{K_i} (2\bar{\chi}^*_{x_1} + x_1)\, dx_2 - (2\bar{\chi}^*_{x_2} + x_2)\, dx_1 = 0 \qquad (i = 1, \ldots, n). \tag{108*}$$

Um die physikalische Bedeutung des Lagrangeschen Multiplikators λ zu erkennen, multiplizieren wir zunächst (107) mit $-\bar{\chi}/G$ und integrieren über B. Wir erhalten so:

$$\left.\begin{aligned} -\frac{1}{G}\iint_B \bar{\chi}\left(\frac{\partial^2\bar{\chi}}{\partial x_1^2} + \frac{\partial^2\bar{\chi}}{\partial x_2^2}\right) dx_1\, dx_2 - \lambda \iint_B 2\bar{\chi}\, dx_1\, dx_2 \\ = 2\bar{\Phi} - \lambda \iint_B 2\bar{\chi}\, dx_1 dx_2 + \sum_{i=1}^{n} \frac{H_i}{G} \oint_{K_i} (\bar{\chi}_{x_1} dx_2 - \bar{\chi}_{x_2} dx_1) = 0. \end{aligned}\right\} \tag{110}$$

Denken wir uns die Gln. (108) mit H_i multipliziert und addiert, so ergibt sich hieraus, daß

$$\sum_{i=1}^{n} \frac{H_i}{G} \oint_{K_i} (\bar{\chi}_{x_1} dx_2 - \bar{\chi}_{x_2} dx_1) = -2\lambda \sum_{i=1}^{n} H_i F_i$$

ist. Somit erhalten wir aus (110):

$$2\bar{\Phi} - \lambda \iint_B 2\bar{\chi}\, dx_1 dx_2 - \lambda \sum_{i=1}^{n} 2H_i F_i = 2\bar{\Phi} - \lambda \iint_{B_0} 2\bar{\chi}\, dx_1 dx_2 = 0. \tag{111}$$

Der Vergleich dieser Formel unter Benützung von (103) mit (92) liefert:

$$\lambda = -\bar{\vartheta}$$

und somit erhalten wir aus (109) und (91):

$$\left.\begin{aligned} M &= -\iint_{B_0} 2\bar{\chi}\,dx_1\,dx_2 = 4\bar{\vartheta}\,G \iint_{B_0} \bar{\chi}^*\,dx_1\,dx_2 \\ I_d &= 4\iint_{B_0} \bar{\chi}^*\,dx_1\,dx_2. \end{aligned}\right\} \tag{112}$$

Wir stellen nun die Frage nach der geometrischen Bedeutung der Bedingungen, die sich aus dem Verschwinden der ersten Variation beim Castiglianoschen Minimumproblem ergeben. Um diese Frage zu beantworten, gehen wir vom Hookeschen Gesetz (s. Fußnoten S. 518 und 519) aus:

$$\frac{\partial\varphi}{\partial\varepsilon_{ik}} = \sigma_{ik}.$$

Wir erhalten damit aus (85) und (100) die Gleichungen:

$$\bar{\zeta}^*_{x_1} = 2\bar{\chi}^*_{x_2} + x_2, \qquad \bar{\zeta}^*_{x_2} = -2\bar{\chi}^*_{x_1} - x_1, \tag{113}$$

also eine Beziehung zwischen der Verwölbung des Querschnittes und dem Prandtlschen Spannungshügel. Differenzieren wir die erste Gleichung nach x_2 und die zweite nach x_1, so entnehmen wir: Das Bestehen der Euler-Lagrangeschen Differentialgleichung für $\bar{\chi}^*$ ist die Integrabilitätsbedingung für die Funktion $\bar{\zeta}^*$. Multiplizieren wir die erste Gleichung mit dx_1 und die zweite mit dx_2. addieren und integrieren, so entnehmen wir aus der Gültigkeit der freien Randbedingungen für $\bar{\chi}^*$

$$\oint_{K_i} d\bar{\zeta}^* = 0$$

und hieraus die Eindeutigkeit der Funktion $\bar{\zeta}^*$ im mehrfach zusammenhängenden Bereich B.

Aus (106) erhalten wir unter Verwendung der Substitution (109) für χ^* und H_i^* das freie Minimumproblem:

$$\iint_B [\chi^{*2}_{x_1} + \chi^{*2}_{x_2} - 2\chi^*]\,dx_1\,dx_2 - \sum_{i=1}^{n} H_i^* \oint_{K_i} x_1\,dx_2 - x_2\,dx_1 \to \text{Min}$$

mit den Randbedingungen (Zwangsbedingungen):

$$\chi^* = 0 \text{ auf } K_0, \qquad \chi^* = H_i^* \text{ auf } K_i$$

bzw.

$$\iint_{B_0} [\chi^{*2}_{x_1} + \chi^{*2}_{x_2} - 2\chi^*]\,dx_1\,dx_2 \to \text{Min} \tag{106*}$$

mit:

$$\chi^* = 0 \text{ auf } K_0, \qquad \chi^* = H_i^* \text{ in } B_i.$$

Die zu (106*) gehörende Euler-Lagrangesche Differentialgleichung ist durch (107*) und die freie Randbedingung durch (108*) gegeben. Aus

(107*) folgt, in gleicher Weise wie (110) aus (107) und wegen der Konstanz von χ^* über B_i, daß für die das Minimum liefernde Funktion $\bar{\chi}^*$ von (106*) gilt:

$$\iint\limits_{B_0} [\bar{\chi}^{*2}_{x_1} + \bar{\chi}^{*2}_{x_2}]\, dx_1\, dx_2 = \iint\limits_{B_0} \bar{\chi}^*\, dx_1\, dx_2 .$$

Somit ergibt sich aus (112):

$$-\frac{I_d}{4} = \iint\limits_{B_0} [\bar{\chi}^{*2}_{x_1} + \bar{\chi}^{*2}_{x_2} - 2\bar{\chi}^*]\, dx_1\, dx_2$$

oder:

$$\frac{I_d}{4} = \left\{ \iint\limits_{B_0} [2\chi^* - \chi^{*2}_{x_1} - \chi^{*2}_{x_2}]\, dx_1\, dx_2 \right\}_{\text{Max}}, \tag{114}$$

d.h. also:

$$I_d \geqq 4 \iint\limits_{B_0} [2\chi^* - \chi^{*2}_{x_1} - \chi^{*2}_{x_2}]\, dx_1\, dx_2 . \tag{115}$$

Diese Gleichung kann also herangezogen werden, um untere Schranken für I_d zu gewinnen. Dabei sind jedoch nur solche Funktionen χ^* zugelassen, welche auf K_0 verschwinden und längs der übrigen Ränder K_i konstant sind.

Wir wollen nun noch zeigen, wie man bei dem vorliegenden Beispiel durch eine einfache Schlußweise die Methode der Lagrangeschen Multiplikatoren vermeiden kann. Diese Überlegung gilt allgemein für Variationsprobleme, bei denen der Integrand aus zwei Summanden besteht, von denen der erste homogen zweiter Ordnung in der gesuchten Funktion bzw. deren Ableitungen und der zweite homogen erster Ordnung in diesen Größen ist. Wir wollen uns jedoch bei der Darlegung dieses Gedankens eng an das vorhergehende Beispiel anschließen, wobei wir der Einfachheit halber auch nur einfach zusammenhängende Bereiche betrachten wollen.

Wir gehen aus von einem Minimumproblem ohne Nebenbedingungen von der Form (I):

$$I(z) = \iint\limits_{B_0} (z^2_{x_1} + z^2_{x_2} - 2z)\, dx_1\, dx_2 \to \text{Min} \tag{116}$$

mit der Randbedingung:

$$z = 0 \quad \text{längs } K_0, \tag{117}$$

und werden zeigen, daß die Lösung des isoperimetrischen Problems (II):

$$\iint\limits_{B_0} (z^{*2}_{x_1} + z^{*2}_{x_2})\, dx_1\, dx_2 \to \text{Min} \tag{118}$$

mit der Nebenbedingung:

$$\iint\limits_{B_0} z^*\, dx_1\, dx_2 = 1 \tag{119}$$

und der Randbedingung

$$z^* = 0 \qquad \text{auf } K_0 \tag{120}$$

eine zur Lösung des Problems (I) proportionale Funktion ist.

Wenn wir z in $I(z)$ durch

$$z(x_1, x_2) = \mu Z(x_1, x_2)$$

ersetzen und fragen, welchen Wert der konstante Proportionalitätsfaktor μ haben muß, so daß $I(\mu Z)$ bei festgehaltenem Z einen möglichst kleinen Wert annimmt. Aus der notwendigen Bedingung $\frac{\partial I(\mu Z)}{\partial \mu} = 0$ folgt für den das Minimum liefernden Wert $\bar{\mu}$:

$$\bar{\mu} = \frac{\iint\limits_{B_0} Z\,dx_1\,dx_2}{\iint\limits_{B_0} (Z_{x_1}^2 + Z_{x_2}^2)\,dx_1\,dx_2}$$

und somit für

$$I(\bar{\mu} Z) = -\frac{\left(\iint\limits_{B_0} Z\,dx_1\,dx_2\right)^2}{\iint\limits_{B_0} (Z_{x_1}^2 + Z_{x_2}^2)\,dx_1\,dx_2}. \tag{121}$$

Der Wert von $I(\bar{\mu} Z)$ bleibt ungeändert, wenn man die Funktion Z mit irgendeinem konstanten Faktor multipliziert. Wir erhalten somit, wenn wir mit $\bar{z}$ die Funktion bezeichnen, die das Minimum von (116) bei Erfüllung von (117) liefert, die für beliebige Funktionen z gültige Ungleichung:

$$\left.\begin{aligned} &\iint\limits_{B_0} (z_{x_1}^2 + z_{x_2}^2 - 2z)\,dx_1\,dx_2 \\ &\quad \geqq -\frac{\left(\iint\limits_{B_0} z\,dx_1\,dx_2\right)^2}{\iint\limits_{B_0} (z_{x_1}^2 + z_{x_2}^2)\,dx_1\,dx_2} \geqq \iint\limits_{B_0} (\bar{z}_{x_1}^2 + \bar{z}_{x_2}^2 - 2\bar{z})\,dx_1\,dx_2. \end{aligned}\right\} \tag{122}$$

Die oben hervorgehobene Eigenschaft, daß der Wert von (121) ungeändert bleibt, wenn man z mit einem beliebigen konstanten Faktor multipliziert, kann man nun, ähnlich wie wir das bei der Einführung des Rayleighschen Quotienten getan haben, ausnützen. Die Aufsuchung des kleinsten Wertes des mit Q bezeichneten Quotienten

$$Q = \frac{\iint\limits_{B_0} (z_{x_1}^2 + z_{x_2}^2)\,dx_1\,dx_2}{\left(\iint\limits_{B_0} z\,dx_1\,dx_2\right)^2},$$

wobei $z = 0$ auf K_0 ist (wir benützen: mit $-1/Q$ wird auch Q zu einem Minimum), ist offenbar gleichwertig mit dem isoperimetrischen Problem

$$\iint\limits_{B_0} (z_{x_1}^2 + z_{x_2}^2)\,dx_1\,dx_2 \to \text{Min}$$

mit der Nebenbedingung:

$$\iint_{B_0} z\, dx_1, dx_2 = 1,$$

mit $z=0$ auf K_0, denn die Willkür bei der Wahl des Proportionalitätsfaktors ermöglicht die Erfüllung der Nebenbedingung.

Das Minimum von (II) wird also geliefert durch

$$\bar{z}^* = k\bar{z},$$

wobei

$$k = \frac{1}{\iint_{B_0} \bar{z}\, dx_1\, dx_2}$$

ist. Aus der Ungleichung (122) folgt aber auch, daß zur Lösung $\bar{z}^*$ von (II) ein Proportionalitätsfaktor k^* gefunden werden kann, so daß

$$\bar{z} = k^* \bar{z}^*$$

Lösung von (I) ist. Durch Multiplikation der Euler-Lagrangeschen Differentialgleichung für das Problem (I) mit $\bar{z}$ und Integration über B_0 ergibt sich unter Anwendung des Stokesschen Satzes bei Beachtung der Randbedingung:

$$\iint_{B_0} (\bar{z}_{x_1}^2 + \bar{z}_{x_2}^2)\, dx_1\, dx_2 = \iint_{B_0} \bar{z}\, dx_1\, dx_2.$$

Setzt man nun $\bar{z} = k^* \bar{z}^*$, so ergibt sich daraus

$$k^* = \frac{\iint_{B_0} \bar{z}^*\, dx_1\, dx_2}{\iint_{B_0} (\bar{z}_{x_1}^{*2} + \bar{z}_{x_2}^{*2})\, dx_1\, dx_2}.$$

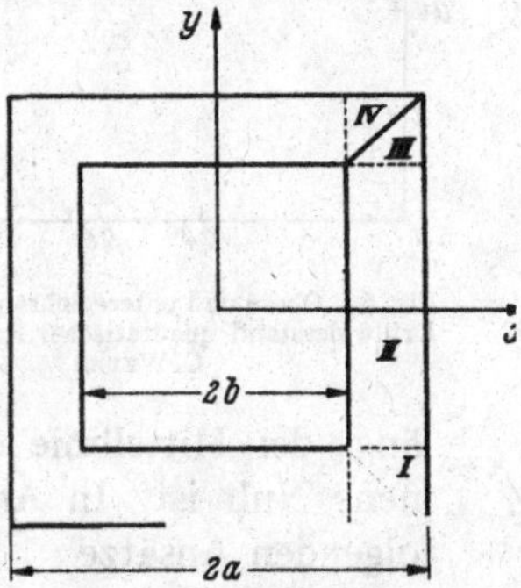

Fig. 63. Zur Torsion eines quadratischen Rahmens

Diese Überlegung kann man benützen, um bei Beachtung der für unser elastisches Problem maßgebenden Randbedingungen ohne Benützung der Methode der Lagrangeschen Multiplikatoren die Forderungen des Castiglianoschen Prinzips zu erfüllen.

Bei der Anwendung der vorhergehenden Betrachtungen auf das Problem der Bestimmung der Torsionssteifigkeit für einen quadratischen Rahmen (vgl. Fig. 63)

$$b \leq |x| \leq a, \qquad b \leq |y| \leq a$$

kann man sich aus Symmetriegründen auf ein Achtel des Rahmens, etwa auf das Gebiet $0<y<x$ beschränken. Die entsprechenden Integrale sind dann mit 8 zu multiplizieren.

Untere Schranken für I_d werden gewonnen aus (115). Als Ansätze für χ^* wählt C. WEBER (*) die Ausdrücke:

$$1.\quad \chi^* = 1 - \frac{x^2}{a^2}, \tag{123}$$

$$\left.\begin{aligned} 2.\quad \chi^* &= \left(1 - \frac{x^2}{a^2}\right)\left(1 - \frac{b^2}{a^2}\right) \quad \text{für} \quad 0 \leq y \leq b, \\ \chi^* &= \left(1 - \frac{x^2}{a^2}\right)\left(1 - \frac{y^2}{a^2}\right) \quad \text{für} \quad b \leq y \leq x. \end{aligned}\right\} \tag{124}$$

Beide Ansätze erfüllen die geforderten Randbedingungen. Für die Wahl des zweiten Ansatzes war offenbar maßgebend die Symmetriebedingung längs $y = x$ und die Bedingung, daß χ^* für $y = b$ stetig sein muß.

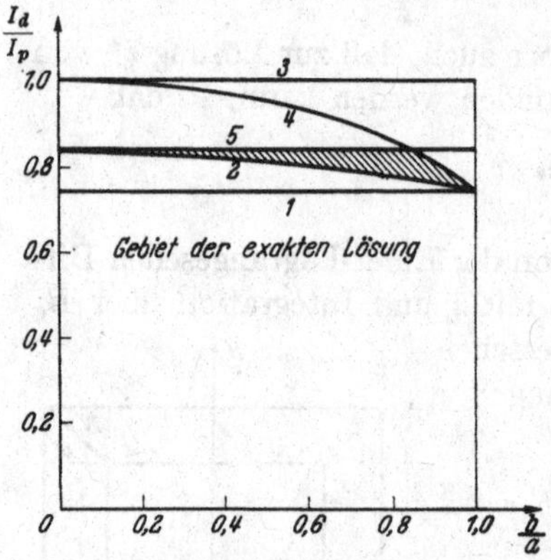

Fig. 64. Obere und untere Schranken für den Drillwiderstand quadratischer Rahmen nach C. WEBER

Obere Schranken für I_d werden aus (93) gewonnen. Der einfachste Ansatz für die Verwölbungsfunktion ist

$$3.\quad \zeta^* = 0. \tag{125}$$

Er liefert den Satz, daß das polare Trägheitsmoment I_p stets kleiner oder gleich ist I_d[1]. Zu einem etwas besseren Ansatz für ζ^* gelangen wir, wenn wir den Ansatz in Anlehnung an die bekannte Gestalt der Verwölbungsfunktion für das volle Quadrat wählen. Insbesondere ergibt sich dabei, daß ζ^* längs der Mittellinie und längs der Diagonale des quadratischen Rahmens Null ist. In Analogie dazu wählt WEBER für den Rahmen die folgenden Ansätze

$$\left.\begin{aligned} 4.\quad \zeta^* &= (x - b)\, y \quad \text{in II} \\ \zeta^* &= (x - y)\, y \quad \text{in III}, \end{aligned}\right\} \tag{126}$$

$$5.\quad \zeta^* = \alpha\,(x^3 y - x y^3), \tag{127}$$

wobei die Konstante α nach RITZ berechnet den Wert ergibt

$$\alpha = \frac{7\,(a^6 - b^6)}{18\,(a^8 - b^8)}.$$

Von C. WEBER ist das Ergebnis der mit diesen Ansätzen durchgeführten Berechnung durch die in Fig. 64 wiedergegebene Abbildung dargestellt worden. Die Abszisse dieses Diagrammes wird durch das

[1] Die Gleichheit tritt bei einem kreisförmigen Querschnitt ein.

Verhältnis der inneren zur äußeren Seitenlänge des quadratischen Rahmens, die Ordinate durch das Verhältnis von näherungsweise berechnetem Drillwiderstand zum polaren Trägheitsmoment des Rahmens gebildet. Das Gebiet, in dem die Kurve mit dem exakten Wert von I_d verläuft, ist schraffiert und man erkennt, daß es durch die unteren und oberen Näherungswerte für I_d bereits sehr eingeengt ist.

Wir wollen nun noch zeigen, wie im vorliegenden Fall die Variationsprobleme (89) und (114) durch die Transformation von FRIEDRICHS unmittelbar ineinander übergeführt werden können.

Für das in (89) gestellte Minimalproblem können wir mit

$$\alpha = \zeta^*_{x_1} - x_2, \qquad \beta = \zeta^*_{x_2} + x_1$$

das „befreite" Problem in der Form schreiben:

$$\iint_B \{\alpha^2 + \beta^2 + \lambda_1(\alpha - \zeta^*_{x_1} + x_2) + \lambda_2(\beta - \zeta^*_{x_2} - x_1)\}\, dx_1\, dx_2 \to \text{stat.} \tag{128}$$

Durch Differentiation nach α und β ergeben sich daraus die Gleichungen:

$$\left.\begin{aligned} 2\alpha + \lambda_1 &= 0 \\ 2\beta + \lambda_2 &= 0. \end{aligned}\right\} \tag{129}$$

Anwendung von Produktintegration auf die Glieder mit den Ableitungen von ζ^* liefert:

$$\begin{aligned} \iint_B (\lambda_1 \zeta^*_{x_1} + \lambda_2 \zeta^*_{x_2})\, dx_1\, dx_2 = \oint_{K_0} \zeta^* (\lambda_1\, d x_2 - \lambda_2\, d x_1) - \\ - \sum_{j=1}^{n} \oint_{K_j} \zeta^* (\lambda_1\, dx_2 - \lambda_2\, dx_1) - \iint_B \zeta^* (\lambda_{1\,x_1} + \lambda_{2\,x_2})\, dx_1\, dx_2. \end{aligned}$$

Somit erhalten wir durch diese Umformung aus (128), unter Verwendung von (129), wenn wir jetzt ζ^* als Lagrangeschen Faktor auffassen, das Variationsproblem:

$$\iint_B \left(-\frac{\lambda_1^2 + \lambda_2^2}{4} + \lambda_1 x_2 - \lambda_2 x_1\right) dx_1\, dx_2 \to \text{stat}, \tag{130}$$

mit der Nebenbedingung

$$\lambda_{1\,x_1} + \lambda_{2\,x_2} = 0 \tag{131}$$

in B und der Randbedingung

$$\lambda_1\, dx_2 - \lambda_2\, dx_1 = 0 \tag{132}$$

längs K_0, K_i $(i = 1, \ldots, n)$.

Setzen wir nun, um (115) zu erfüllen,

$$\lambda_1 = -4\chi^*_{x_2}, \qquad \lambda_2 = 4\chi^*_{x_1}, \tag{133}$$

wobei die Funktion χ^*, um auch (132) zu erfüllen, längs der Rände konstant sein muß. Wir verlangen demnach von χ^*, daß es längs K gleich Null und längs K_i gleich Konstanten H_i^* sei und definieren χ in B_i gleich H_i. Dann ist, in analoger Weise wie beim Übergang vo (102) zu (103)

$$\iint\limits_{B} (\chi^*_{x_2} x_2 + \chi^*_{x_1} x_1)\, dx_1\, dx_2 = -\iint\limits_{B_0} 2\chi^*\, dx_1\, dx_2.$$

Da ferner, mit Rücksicht auf die Konstanz von χ^* in B_i der Wert de über B_0 genommenen Integrals von $\chi^{*2}_{x_1} + \chi^{*2}_{x_2}$ nicht von dem über I genommenen abweicht, erhält man demnach mit (133) aus (130) da Variationsproblem (114).

In analoger Weise kann man auch von (114), unter Beachtung de für χ^* auf K_0 und in B_i geltenden Zwangsbedingungen, mittels de Transformation von FRIEDRICHS zum Variationsproblem (89) gelangen

Neuntes Kapitel

Finslersche Geometrie

§ 1. Einleitung

„... Die Variationsrechnung geht ... den umgekehrten Weg wie die Diffe rentialgeometrie. Während die Differentialgeometrie die Umgebungseigenschafte zugrunde legt und aus ihnen Aussagen über den Gesamtverlauf eines Gebilde herleitet, werden in der Variationsrechnung Umgebungseigenschaften hergeleite aus solchen Eigenschaften, die dem Gebilde als Ganzem zukommen."

„... Endlich führt die Differentialgeometrie auf das von GAUSS und RIEMAN zuerst erfaßte Problem, die Geometrie als Ganzes durch Begriffe und Axiom aufzubauen, die nur die unmittelbare Umgebung jedes Punktes betreffen. S entstand eine bis heute noch nicht erschöpfte Fülle von Möglichkeiten allgemeinere Geometrien, von denen die „nicht-euklidische Geometrie" ein wichtiges, aber nu höchst spezielles Beispiel bildet ...."

Aus D. HILBERT und S. COHN-VOSSEN: „Anschauliche Geometrie", S. 16 und 152.

Die Finslersche Geometrie verdankt ihre Entstehung einerseits den Wunsch, gewisse Sätze und Probleme der Variationsrechnung geometrisch zu erfassen und andererseits dem Bedürfnis nach einer Verallgemeinerung der Differentialgeometrie.

Es erscheint mir zweckmäßig, zunächst auf die Ideen und Errungenschaften von GAUSS und RIEMANN in der Differentialgeometrie einzugehen. Beiden Forschern war, im Gegensatz zu KANT, die Auffassung gemeinsam, daß die Geometrie eine auf empirischer Grundlage sich stützende Wissenschaft sei und sie daher nicht auf synthetischen Urteilen a priori begründet werden könne. Damals waren nur wenige Forscher darunter BOLYAI und LOBATSCHEWSKI zu gleichen Einsichten gelangt. Damit steht in Zusammenhang, daß die Ideen von GAUSS und RIEMANN erst in viel späterer Zeit größere Beachtung fanden.

Will man den Gedanken verfolgen, daß der Geometrie physikalische Tatsachen zugrunde liegen, so kann man von der Auffassung ausgehen, daß die primitivste physikalische Messung die Messung von Längen sei. Von diesem Standpunkt aus wäre es also naheliegend, die gewöhnliche euklidische Geometrie in der Ebene auf die Formel

$$L = \int_{x_0}^{x_1} \sqrt{1 + y'^2}\, dx \quad \text{bzw.} \quad L = \int_{t_0}^{t_1} \sqrt{\dot{x}^2 + \dot{y}^2}\, dt$$

zu gründen. Dabei kann man sich etwa vorstellen, daß der zweidimensionale Versuchsraum nach Ausführung von Messungen mit einem Koordinatensystem belegt sei, etwa, indem man eine kürzeste Linie, d.h. entsprechend oben definiertem L, eine Gerade als x-Achse auszeichnet und jedem Punkt zwei Zahlen, x und y, zuordnet, wobei y der kürzeste Abstand des Punktes von der x-Achse und x den Abstand dieses Lotes von einem willkürlich ausgezeichneten Koordinatenursprung auf der x-Achse bedeutet (geodätische Auffassung). Diese Vorstellung eines vom Physiker (Geodäten) auf Grund von Längenmessungen hergestellten Koordinatensystems bei der Begründung irgendeiner Geometrie ist aber durchaus nicht die einzig mögliche. Wenn man z.B. an die Verhältnisse, wie sie tatsächlich auf unserer Erdkugel vorhanden sind und an die Annahme der Kugelgestalt der Erde, bzw. an die Gradmessung des ERATOSTHENES denkt, so ist folgende Auffassung naheliegend: Der Versuchsraum sei bereits von vornherein mit einem Koordinatensystem, d.h. mit einem zweidimensionalen Zahlenkontinuum belegt, also, jedem Punkt seien zwei Zahlen u und v zugeordnet (z.B. bei der Erdkugel durch astronomische Messung von geographischer Länge und Breite).

Das Ergebnis der angestellten terrestrischen Messungen von Längen von Kurven wird durch die Formel

$$s = \int_{t_0}^{t_1} r \sqrt{\dot{u}^2 + \dot{v}^2 \cos^2 u}\, dt \tag{1}$$

wiedergegeben, wobei die Kurve in der Parameterdarstellung $u = u(t)$, $v = v(t)$ gegeben ist und r der Radius der Kugel ist. [ERATHOSTENES hat allerdings, soviel man weiß, sich mit einer einzigen Messung begnügt. Dies hängt damit zusammen, daß damals die Vorstellung von der Kugelgestalt der Erde den allgemein unter den Philosophen seiner Zeit verbreiteten Auffassungen entsprochen hat (*).]

Aus Formel (1) kann die für die Erdoberfläche mit großer Annäherung maßgebende sphärische Trigonometrie erschlossen werden. GAUSS blieb bekanntlich bei dieser Betrachtung nicht stehen, sondern legte sich die Frage vor, was man durch ausschließliche Längenmessung auf einer willkürlichen, krummen Fläche, die im euklidischen R_3 gelegen ist und mit einem beliebigen krummlinigen Koordinatensystem belegt ist, über deren gestaltliche Eigenschaften aussagen könne. Die Länge einer beliebigen Kurve auf der Fläche ist gegeben durch

$$s = \int_{t_0}^{t_1} \sqrt{\mathcal{E}\dot{u}^2 + 2\mathcal{F}\dot{u}\dot{v} + \mathcal{G}\dot{v}^2}\, dt, \tag{2}$$

wobei

$$\mathcal{E} = \mathcal{E}(u, v), \qquad \mathcal{F} = \mathcal{F}(u, v), \qquad \mathcal{G} = \mathcal{G}(u, v)$$

die Fundamentalgrößen erster Art der Flächentheorie bedeuten. Die Beantwortung der gestellten Frage liefert das theorema egregium, d. h. die Formel für das Gaußsche Krümmungsmaß $\varkappa$. Die einzige für die Gestalt der Fläche maßgebende Größe, die sich durch Längenmessungen auf der Fläche ermitteln läßt, ist

$$\left.\begin{aligned} \varkappa^2 = \frac{1}{R_1 R_2} = \frac{1}{(\mathcal{E}\mathcal{G} - \mathcal{F}^2)^2} \times \\ \times \left\{ \begin{vmatrix} -\frac{1}{2}\mathcal{G}_{uu} + \mathcal{F}_{uv} - \frac{1}{2}\mathcal{E}_{vv}, & \frac{1}{2}\mathcal{E}_u, & \mathcal{F}_u - \frac{1}{2}\mathcal{E}_v \\ \mathcal{F}_v - \frac{1}{2}\mathcal{G}_u & \mathcal{E} & \mathcal{F} \\ \frac{1}{2}\mathcal{G}_v & \mathcal{F} & \mathcal{G} \end{vmatrix} - \right. \\ \left. - \begin{vmatrix} 0 & \frac{1}{2}\mathcal{E}_v & \frac{1}{2}\mathcal{G}_u \\ \frac{1}{2}\mathcal{E}_v & \mathcal{E} & \mathcal{F} \\ \frac{1}{2}\mathcal{G}_u & \mathcal{F} & \mathcal{G} \end{vmatrix} \right\}, \end{aligned}\right\} \tag{3a}$$

wobei R_1 und R_2 den größten bzw. kleinsten Krümmungsradius der Normalschnitte einer Fläche bedeuten. Für ein besonders gewähltes Koordinantensystem (geodätisches Koordinatensystem), in dem

$$\mathcal{E} = 1, \qquad \mathcal{F} = 0, \qquad \mathcal{G} = \mathcal{G}(u, v)$$

ist, ergibt sich

$$\frac{1}{R_1 R_2} = -\frac{(\sqrt{\mathcal{G}})_{uu}}{\sqrt{\mathcal{G}}}. \tag{3b}$$

Im Anschluß an diese Formel und im Anschluß an die für den zweiten Differentialquotienten allgemein gültige Formel

$$f'' = \lim_{h \to 0} \frac{f(x + h) - 2f(x) + f(x - h)}{h^2}$$

läßt sich die Gaußsche Formel folgendermaßen geometrisch deuten: Wir denken uns auf der Fläche einen beliebigen Kurvenbogen C, dessen Länge wir mit s bezeichnen und zwei im Sinn der Maßbestimmung (2) äquidistant dazu im Abstand h zu beiden Seiten geführte Kurvenbögen C' und C'' gezogen, deren Längen wir s' und s'' nennen. Dabei mögen entsprechende Punkte von C, C' und C'' einander durch eine Schar von zu C senkrecht stehenden geodätischen Linien zugeordnet sein. Dann erweist sich die obige Formel (3b) identisch mit

$$-\frac{1}{R_1 R_2} = \lim_{\substack{h\to 0\\ s\to 0}} \frac{s'' - 2s + s'}{s h^2} \tag{3c}$$

oder, indem wir s' als Funktion von s und h auffassen, $s' = s'(s, h)$:

$$-\frac{1}{R_1 R_2} = \frac{\partial^3 s'}{\partial s\, \partial h^2}\bigg|_{\substack{s=0\\ h=0}}. \tag{3d}$$

Besonders hervorzuheben ist bei dieser geometrischen Deutung des Gaußschen Krümmungsmaßes der Umstand, daß zwar von einer bestimmten Kurve C auf der Fläche ausgegangen wird, daß aber der Ausdruck für die Krümmung der Fläche von C, insbesondere auch von der Richtung von C, wie aus den Formeln (3a) und (3b) unmittelbar ersichtlich ist, vollkommen unabhängig ist.

Ein weiterer Grundbegriff der Gaußschen Flächentheorie ist der Begriff der geodätischen oder tangentiellen Krümmung $1/R_g$ einer auf der Fläche liegenden Kurve C. Man kann diesen Begriff einerseits deuten als Krümmung der durch orthogonale Projektion von C in die Tangentialebene entstandenen Kurve, andererseits, wenn man nur Längenmessungen auf der Fläche zuläßt, als

$$-\frac{1}{R_g} = \lim_{\substack{h\to 0\\ s\to 0}} \frac{s' - s}{s h}, \tag{4a}$$ [1]

wobei s, s' und h dieselbe Bedeutung wie bei der geometrischen Herleitung der Gaußschen Krümmung haben.

Mit $s' = s'(s, h)$ erhalten, wir für (4a):

$$-\frac{1}{R_g} = \frac{\partial^2 s'}{\partial s\, \partial h}\bigg|_{\substack{s=0\\ h=0}}. \tag{4b}$$

Ist C durch eine Parameterdarstellung $u = u(t)$, $v = v(t)$ dargestellt, so erhält man für $1/R_g$ eine Formel, in der die Gaußschen Fundamentalgrößen und deren erste Ableitungen nach u und v, sowie $\dot{u}$, $\dot{v}$, $\ddot{u}$, $\ddot{v}$ vorkommen. Auf die Wiedergabe dieser Formel können wir hier verzichten, weil wir in diesem Kapitel ihre Verallgemeinerung angeben werden.

[1] Die Wahl des Vorzeichens entspricht dem Umstand, daß es in der gewöhnlichen analytischen Geometrie üblich ist, von einem positiven Krümmungsradius zu sprechen, wenn die links von der Ausgangskurve gelegene Parallele kürzer ist als diese (Durchlaufungssinn beim x-Problem in Richtung der positiven x-Achse).

Was die Begriffe $\varkappa$ und $1/R_g$ betrifft, so ist für uns vor allem von Wichtigkeit, daß sie Invarianten in folgendem Sinne sind: Seien durch

$$\begin{aligned}\tilde{u} &= \tilde{u}(u, v)\\ \tilde{v} &= \tilde{v}(u, v)\end{aligned} \tag{5}$$

neue krummlinige Koordinaten auf der Fläche eingeführt, so bleibt ihr Aufbau aus den Gaußschen Fundamentalgrößen ungeändert, was ja unmittelbar aus ihrer geometrischen Bedeutung hervorgeht.

Im engen Anschluß an die Errungenschaften, die man GAUSS auf dem Gebiet der Flächentheorie verdankt, stehen RIEMANNs grundlegende Ideen, die er in seinem Habilitationsvortrag „Über die Hypothesen, welche der Geometrie zugrunde liegen" (**) in einer Form dargelegt hat, die — wie wir wissen — schon bei GAUSS selbst Bewunderung erregte und die auch auf unsere Generation ungemein eindrucksvoll wirkt, weil, wie WEYL in seinem Kommentar sagt: „RIEMANNs Idee, welche die alte Scheidewand zwischen Geometrie und Physik niederriß heute durch EINSTEIN ihre glänzende Erfüllung gefunden hat" (***).

RIEMANN hat die Gaußschen Betrachtungen, die sich nur auf zweidimensionale Mannigfaltigkeiten bezogen haben, auf Mannigfaltigkeiten von n Dimensionen verallgemeinert. Dabei entspricht dem Gaußschen Krümmungsmaß der Riemannsche Krümmungstensor. Für uns ist aber von besonderer Wichtigkeit, daß RIEMANN, darüber hinausgehend, bereits die Idee jener Geometrie erfaßt und ausdrücklich erwähnt hat, die wir heute als Finslersche Geometrie bezeichnen. Wir wollen hiefür die beiden folgenden Stellen aus seinem Vortrag anführen (+):

„... Ein ganz ähnlicher Weg läßt sich bei Mannigfaltigkeiten einschlagen, in welchem das Linienelement durch einen weniger einfachen Ausdruck, z.B. durch die vierte Wurzel aus einem Differentialausdruck vierten Grades ausgedrückt wird..."

„... Noch kompliziertere Verhältnisse können eintreten, wenn die vorausgesetzte Darstellbarkeit eines Linienelementes durch die Quadratwurzel eines Differentialausdruckes zweiten Grades nicht stattfindet..."

RIEMANN mußte bei seinen Darlegungen, die ja ein Vortrag vor der gesamten Fakultät waren, auf formelmäßige Darstellungen möglichst verzichten. Die Idee, die in den obigen Zitaten enthalten ist, besteht unter anderem darin, daß man für die Länge eine Maßbestimmung durch die Formel einführt

$$s = \int_{t_0}^{t_1} F(x_i, \dot{x}_i)\, dt \qquad (i = 1, \dots n), \tag{6}$$

wobei $F(x_i, \dot{x}_i) > 0$ für $\dot{x}_i \neq 0$ und in den $\dot{x}_i$ positiv homogen erster Ordnung ist.

Der Riemannsche Habilitationsvortrag fand im Jahre 1854 statt. Die durch CARATHÉODORY veranlaßte Dissertation von P. FINSLER: „Über Kurven und Flächen" erschien 1918 in Göttingen. [Ein unveränderter Nachdruck ist 1951 bei Birkhäuser in Basel herausgekommen, dem eine umfassende Bibliographie beigegeben ist (°).] Erst in dieser Arbeit von FINSLER wurde diese bereits von RIEMANN gefaßte Idee in konsequenter Weise durchgeführt. Die Länge dieses Zeitintervalls ist kennzeichnend dafür, daß RIEMANNs Gedanken nur ganz allmählich von den Mathematikern aufgenommen wurden.

Von Arbeiten, die zwischen RIEMANNs Habilitationsvortrag und FINSLERs Dissertation erschienen sind, sind für unsere Darstellung des Gegenstandes besonders hervorzuheben die von O. BOLZA veranlaßte Dissertation von UNDERHILL „Invariants of the function $f(x, y, x', y')$ in the calculus of variations", Trans. Amer. Math. Soc. Bd. 9, 316—338 (1908), und die Arbeiten von LANDSBERG, insbesondere „Über die Krümmung in der Variationsrechnung", Math. Ann. Bd. 65, 331—349 (1908), sowie HILBERTs Abhandlung „Über die gerade Linie als kürzeste Verbindung zweier Punkte" (Grundlagen der Geometrie, Anhang I) und G. HAMELs Dissertation aus dem Jahr 1901, sowie dessen gleichlautende Arbeit in den Math. Ann. Bd. 57 (1903) „Über die Geometrien, in denen die Geraden die kürzesten sind".

In einer knappen Darstellung der Finslerschen Geomtrie innerhalb eines Lehrbuches der Variationsrechnung können diejenigen Ideen, die aus Bestrebungen nach Verallgemeinerung spezieller Methoden der Differentialgeometrie entstanden sind, nicht zur Darstellung gelangen. Dies um so weniger, als vor kurzem in der gleichen Reihe, in der das vorliegende Buch erscheint, eine Monographie von H. RUND über die Finslersche Geometrie (°°) erschienen und eine weitere Monographie von D. LAUGWITZ angekündigt ist. Wie aus der den zitierten Werken von FINSLER und RUND beigegebenen Bibliographien ersichtlich ist, haben gerade die Verallgemeinerungen des Ricci-Kalküls, insbesondere die der infinitesimalen Vektorübertragung, die ziemlich gleichzeitig in den Jahren 1925 und 1926 von J. H. TAYLOR, J. L. SYNGE und L. BERWALD in verschiedener Weise vorgenommen wurden, zu sehr vielen weiteren Untersuchungen in der Finslerschen Geometrie Anlaß gegeben. Vor allem ist hier auch E. CARTAN zu nennen, der eine neue Art der Vektorübertragung durch infinitesimale Parallelverschiebung eingeführt hat, bei der, zum Unterschied von jenen, welche die vorhin erwähnten Autoren in Betracht gezogen haben, die Länge des Vektors erhalten bleibt. Es ist vielleicht bezeichnend für CARTAN, daß er seine grundlegenden Annahmen als Konventionen bezeichnet, womit er offenbar zum Ausdruck bringen will, daß er zu ihnen durch eine kritische Überprüfung der bereits vorhandenen, weit entwickelten Literatur geführt worden ist. In einem gewissen Gegensatz zu dieser Richtung stehen jene Bestrebungen, die im Anschluß an die großen Fortschritte in der Grundlagenforschung der Geometrie die Finslersche Geometrie auf Axiome zu gründen suchen, die möglichst elementarer Natur sind. Hier ist insbesondere H. BUSEMANN zu nennen, der von dem endlichen Entfernungsbegriff zweier Punkte ausgeht und dem es gelingt, die Finslersche Geometrie frei von Differenzierbarkeitsvoraussetzungen zu begründen. Wir müssen uns hier auf diesen Hinweis beschränken.

Wir sehen uns hingegen jedoch noch genötigt, eine Verallgemeinerung der Finslerschen Geometrie zu erwähnen. Analog wie der gewöhnlichen metrischen euklidischen Geometrie die projektive Geometrie übergeordnet wird, bei der Punkt und Gerade die Grundelemente sind, kann man der Finslerschen Geometrie die sogenannte „Wegegeometrie" (geometry of path) überordnen, bei der neben den Punkten im R_n ein System von $(2n-1)$-parametrigen Kurvenscharen als Grundelemente auftreten (vgl. die Literaturangaben (**) zu § 8). Zu dieser Bemerkung sehen wir uns vor allem deshalb veranlaßt, weil im Anschluß daran D. LAUGWITZ eine sehr interessante geometrische Behandlung des sogenannten „Umkehrproblems der Variationsrechnung" (Kap. X, § 1) gegeben hat.

Das Hauptziel der kurzen hier folgenden, sich auf die zweidimensionale Finslersche Geometrie beschränkenden Darstellung ist es, einerseits auf möglichst kurzem Weg, andererseits möglichst eng im Zusammenhang mit den in den ersten drei Kapiteln dieses Buches erörterten Kriterien der Variationsrechnung die fundamentalen Invarianten dieser Geometrie, sowie die invarianten Differentiationsprozesse einzuführen. Dabei werden für die Funktion F in der durch (6) eingeführten Maßbestimmung die üblichen Differenzierbarkeitsvoraussetzungen beibehalten (vgl. Kap. I, 3, § 1). Die Gruppe der Transformationen, die für die Invarianten der Finslerschen Geometrie maßgebend ist, ist die Gruppe der Punkttransformationen von der Form

$$\tilde{x}_i = \tilde{x}_i(x_j) \qquad (i, j = 1, \ldots, n) \tag{7}$$

bzw. im R_2

$$\left.\begin{aligned} \tilde{x} &= \tilde{x}(x, y) \\ \tilde{y} &= \tilde{y}(x, y), \end{aligned}\right\} \tag{7'}$$

wobei wir von den auf der rechten Seite von (7) bzw. (7') stehenden Funktionen nicht nur Stetigkeit sondern auch einmalige stetige Differenzierbarkeit voraussetzen. Ferner wollen wir im folgenden die dem Legendreschen Kriterium entsprechende Forderung (vgl. Kap. II, 1, § 1)

$$F_1(x, y, \dot{x}, \dot{y}) > 0 \tag{8}$$

als erfüllt voraussetzen.

Der tiefere Grund dafür, daß wir uns bei unserer Darstellung der Finslerschen Geometrie häufig auf die Erörterungen in den ersten drei Kapiteln dieses Buches stützen können, ist der, daß die Kriterien der Variationsrechnung naturgemäß Aussagen sind, die gegenüber Koordinatentransformationen invariant bleiben.

Wir führen hier schließlich noch einige für unsere weiteren Erörterungen wichtige Begriffe ein. Allgemein bezeichnet man im R_n eine Geometrie, bei der die Funktion F im Integral für die in ihr geltende Maßbestimmung (6) nicht vom Ort, sondern nur von der Richtung abhängt, als Minkowskische Geometrie. Die zu einem Punkt P_0 mit den Koordinaten x_i^0 zugehörige Geometrie mit der Maßbestimmung

$$s^0 = \int_{t_0}^{t_1} F(x_i^0, \dot{x}_i)\, dt \tag{9}$$

bzw. im R_2

$$s^0 = \int_{t_0}^{t_1} F(x_0, y_0, \dot{x}, \dot{y})\, dt \tag{9'}$$

nennen wir die P_0 zugehörige Minkowskische Geometrie des Tangentialraumes.

Der durch (7) bzw. (7') dargestellten Gruppe von Punkttransformationen T entspricht in dem zu P_0 zugehörigen Tangentialraum die Gruppe der affinen Transformationen T_{P_0} die P_0 als Fixpunkt haben. Unserer Zielsetzung entsprechend, werden wir zunächst für die zu P_0 zugehörige Indikatrix

$$F(x_0, y_0, X, Y) = 1$$

ein gegenüber T_{P_0} invariantes Bogenelement und die Differentialinvariante niedrigster Ordnung aufzusuchen haben (im folgenden mit $d\vartheta$ und $\mathcal{I}$ bezeichnet). Dies wird im folgenden Paragraphen geschehen.

Dabei werden wir uns bei dieser speziellen Gruppe von sehr naheliegenden geometrischen Gesichtspunkten leiten lassen. Die systematische Behandlung einer solchen Fragestellung im Anschluß an die allgemeine Liesche Theorie der Transformationsgruppen wurde insbesondere von G. Pick als eine Verallgemeinerung der Cesàroschen natürlichen Geometrie durchgeführt (°°°).

§ 2. Die Invarianten der Indikatrix

Im Sinne von F. Kleins Erlanger Programm ist die Finslersche Geometrie, wie wir vorhin bereits hervorgehoben haben, aufzufassen als Invariantentheorie gegenüber der Gruppe der stetigen Transformationen. Dabei werden aber die in der Differentialgeometrie allgemein üblichen Differenzierbarkeitsvoraussetzungen noch zusätzlich zugrunde gelegt, auf deren genaue Präzisierung wir im weiteren jedoch nicht eingehen werden. Zunächst bemerken wir, daß eine stetige und stetig differenzierbare Punkttransformation

$$\left.\begin{aligned} \tilde{x} &= \tilde{x}(x, y) \\ \tilde{y} &= \tilde{y}(x, y) \end{aligned}\right\} \tag{10}$$

eine zentrisch-affine Punkttransformation $T_{(x,y)}$ der Größen $\dot{x}, \dot{y}$ induziert:

$$\left.\begin{aligned} \dot{\tilde{x}} &= \tilde{x}_x(x, y)\,\dot{x} + \tilde{x}_y(x, y)\,\dot{y} \\ \dot{\tilde{y}} &= \tilde{y}_x(x, y)\,\dot{x} + \tilde{y}_y(x, y)\,\dot{y}\,. \end{aligned}\right\} \tag{10a}$$

Halten wir bei dem homogenen Variationsproblem

$$\delta \int_{t_0}^{t_1} F(x, y, \dot{x}, \dot{y})\, dt = 0 \tag{11}$$

bzw. in inhomogener Schreibweise

$$\delta \int_{x_0}^{x_1} f(x, y, y')\, dx = 0, \tag{11'}$$

wobei $F(x, y, \dot{x}, \dot{y})$ in $\dot{x}, \dot{y}$ eine positiv homogene Funktion erster Ordnung ist, den Punkt (x, y) fest, so geht bei den Transformationen $T_{(x,y)}$ die zu diesem Punkt gehörige Indikatrix

$$F(x, y, X, Y) = 1 \tag{12}$$

in eine affin verzerrte Kurve über. Der Vektor mit den Koordinaten

$$X = \frac{\dot{x}}{F}, \qquad Y = \frac{\dot{y}}{F}$$

wird gelegentlich als Elementvektor $\mathfrak{E}$ bezeichnet.

Bei den Transformationen der Gruppe (10a) bleiben der Koordinatenursprung [Punkt (x, y)] und ferner die Verhältnisse von Flächeninhalten erhalten.

Zunächst wollen wir eine Parameterdarstellung der Indikatrix

$$X = X(\vartheta), \qquad Y = Y(\vartheta)$$

finden von der Beschaffenheit, daß für einen Bogen auf der Indikatrix zwischen den Punkten P_0 und P_1

$$\int_{P_0}^{P_1} d\vartheta$$

eine Invariante gegenüber der Gruppe (10a) ist.

Um diese Aufgabe zu lösen, erinnern wir uns zunächst daran, daß wir bereits in Kap. I, 3, § 4 den sogenannten Keplerschen Parameter τ zur Darstellung der Indikatrix verwendet haben, der invariant war gegenüber den Transformationen jener speziellen zentrisch-affinen Gruppe, bei denen der Flächeninhalt erhalten bleibt.

$$\int_{P_0}^{P_1} d\tau$$

ist dabei der doppelte Inhalt des von den Elementvektoren $\mathfrak{E}_0=\overrightarrow{OP_0}$ und $\mathfrak{E}_1=\overrightarrow{OP_1}$ und dem Indikatrixbogen $P_0\,P_1$ eingeschlossenen Flächenstückes.

Bei dieser Parameterdarstellung der Indikatrix

$$X=X(\tau), \qquad Y=Y(\tau)$$

müssen folgende Bedingungen erfüllt sein (vgl. Kap. I, 3, § 4; wir schreiben hier $1/\mu^2$ statt der Größe λ, die wir dort eingeführt hatten)

$$\begin{vmatrix} X & Y \\ \frac{dX}{d\tau} & \frac{dY}{d\tau} \end{vmatrix} = 1 \tag{13}$$

$$\frac{d^2X}{d\tau^2} = -\frac{1}{\mu^2}X \qquad \frac{d^2Y}{d\tau^2} = -\frac{1}{\mu^2}Y \tag{14}$$

$$\frac{1}{\mu^2} = F_1(x_0, y_0, X, Y), \qquad \mu^2 = \frac{1}{F^3(x_0, y_0, X, Y)\,F_1(x_0, y_0, X, Y)} \tag{15}$$

oder in inhomogener Schreibweise

$$\mu^2 = \frac{1}{f^3 f_{y'y'}}\,. \tag{15a}$$

Der Parameter τ hat die Dimension einer Fläche. Ebenso hat auch μ die Dimension einer Fläche, und zwar ist μ der Flächeninhalt jenes Parallelogramms das vom Elementvektor $\mathfrak{E}=(X, Y)$ und dem zu ihm konjugierten Halbmesser für die im Punkt (X, Y) die Indikatrix berührende Ellipse gebildet wird, wie wir in Kap. I, 3, § 4 bereits festgestellt haben.

Folglich ist

$$\frac{d\tau}{\mu}$$

als ein Verhältnis von Flächeninhalten invariant gegenüber allen Transformationen der Gruppe (10a) und somit haben wir in

$$\vartheta = \int_0^{\tau} \frac{d\tau}{\mu} \tag{16}$$

einen Parameter gefunden, der unserer Invarianzforderung entspricht. Man bezeichnet ϑ als Landsbergschen Winkel.

In analoger Weise können wir schließen, daß

$$\mathcal{J} = -\frac{d\mu}{d\tau} \tag{17}$$

eine Invariante eines Linienelementes der Indikatrix gegenüber der Gruppe (10a) ist. $\mathcal{J}$ wird als Berwaldscher Hauptskalar bezeichnet.

Aus

$$\mathcal{J} = 0 \tag{18}$$

folgt

$$\mu = \text{const}$$

und hieraus, mit (14), daß die Indikatrix eine Ellipse ist. Also ist (18) kennzeichnend für die Riemannsche Geometrie und somit ist $\mathcal{J}$ nach (17) *ein Maß für die Abweichung einer bestimmten Finslerschen Geometrie von der Riemannschen Geometrie* (*).

Für die Indikatrix gilt

$$X F\left(x, y, 1, \frac{Y}{X}\right) = 1$$

oder, inhomogen geschrieben mit

$$\frac{Y}{X} = y', \tag{19}$$

$$F\left(x, y, 1, \frac{Y}{X}\right) = f(x, y, y'),$$

$$X = \frac{1}{f}. \tag{20}$$

Durch Differentiation von (19) nach y' erhalten wir:

$$X \frac{dY}{dy'} - Y \frac{dX}{dy'} = X^2.$$

Andererseits folgt aus (13):

$$\left(X \frac{dY}{dy'} - Y \frac{dX}{dy'}\right) dy' = d\tau,$$

somit ergibt sich mit (20)

$$\frac{d\tau}{dy'} = \frac{1}{f^2}. \tag{21}$$

Hieraus ergibt sich unter Verwendung von (15a) aus (16) für

$$\vartheta = \int_0^{y'} \sqrt{\frac{f_{y'y'}}{f}}\, dy' \tag{22}$$

und für den Berwaldschen Hauptskalar:

$$\mathcal{J} = -f^2 \frac{\partial}{\partial y'} \left(f^3 f_{y'y'}\right)^{-\frac{1}{2}} \tag{23}$$

oder, in homogener Schreibweise:

$$\left.\begin{aligned} \mathscr{J}\cdot 2(F F_1^3)^{\frac{1}{2}} &= -\frac{1}{\dot y^3}\frac{\partial^3(\frac{1}{2}F^2)}{\partial \dot x^3} = \frac{1}{\dot x\,\dot y^2}\frac{\partial^3(\frac{1}{2}F^2)}{\partial \dot x^2\,\partial \dot y} \\ &= -\frac{1}{\dot x^2\,\dot y}\frac{\partial^3(\frac{1}{2}F^2)}{\partial \dot x\,\partial \dot y^2} = \frac{1}{\dot x^3}\frac{\partial^3(\frac{1}{2}F^2)}{\partial \dot y^3}. \end{aligned}\right\} \tag{24}$$

Der Berwaldsche Hauptskalar ist die Differentialinvariante niederster Ordnung der Gruppe (10a). Differentialinvarianten höherer Ordnung erhält man hieraus durch Differentiation nach ϑ.

Sei nun x_0, y_0, y_0' ein vorgegebenes Linienelement in der x, y-Ebene und X_0, Y_0 der zugehörige Punkt der Indikatrix. Wir legen durch X_0, Y_0 eine dreipunktig berührende Ellipse mit dem Mittelpunkt in $X=0$, $Y=0$ und bezeichnen sie als die zu x_0, y_0, y_0' gehörige „indizierende Ellipse". Wir schreiben sie in der Form:

$$A X^2 + 2B X Y + C Y^2 = 1. \tag{25}$$

Dabei ist:

$$A = \left(\frac{1}{F}\frac{\partial^2 F}{\partial X^2}\right)_{x_0, y_0, X_0, Y_0}, \quad B = \left(\frac{1}{F}\frac{\partial^2 F}{\partial X\,\partial Y}\right)_{x_0, y_0, X_0, Y_0},$$
$$C = \left(\frac{1}{F}\frac{\partial^2 F}{\partial Y^2}\right)_{x_0, y_0, X_0, Y_0}.$$

Der zum Elementvektor $\mathfrak{E}_0 = (X_0, Y_0)$ konjugierte Halbmesser der indizierenden Ellipse hat die Koordinaten:

$$\xi_0 = \frac{F_{\dot y}(x_0, y_0, X_0, Y_0)}{\sqrt{F_1(x_0, y_0, X_0, Y_0)}}, \quad \eta_0 = \frac{F_{\dot x}(x_0, y_0, X_0, Y_0)}{\sqrt{F_1(x_0, y_0, X_0, Y_0)}}. \tag{26}$$

Wir nennen ihn den Transversalitätsvektor $\mathfrak{T}_0 = (\xi_0, \eta_0)$, weil seine Richtung die zu $\mathfrak{E}_0$ transversale Richtung angibt. Es ist auch

$$\mathfrak{T}_0 = \frac{d\mathfrak{E}_0}{d\vartheta}. \tag{27}$$

Das von $\mathfrak{T}_0$ und $\mathfrak{E}_0$ aufgespannte Parallelogramm hat, wie wir bereits erwähnt haben, den Flächeninhalt $\mu(x_0, y_0, X_0, Y_0)$.

Unter Berücksichtigung der Homogenität von F_1 ergibt sich in der inhomogenen Darstellungsweise für die Koordinaten von $\mathfrak{T}_0$:

$$\xi_0 = -\left(\frac{f_{y'}}{\sqrt{f^3 f_{y'y'}}}\right)_{x_0, y_0, y_0'}, \quad \eta_0 = \left(\frac{f - y' f_{y'}}{\sqrt{f^3 f_{y'y'}}}\right)_{x_0, y_0, y_0'}. \tag{26'}$$

Für die Untersuchung der Eigenschaften einer gegebenen Kurve C in der x, y-Ebene vom Standpunkt der Finslerschen Geometrie, d.h. also ihrer invarianten Eigenschaften gegenüber beliebigen Punkttransformationen (10) bei einer vorgegebenen Finslerschen Maßbestimmung ist es zweckmäßig, jene Punkttransformation T_C zu benützen, durch die die Kurve C so in die $\tilde x$-Achse übergeht, daß ein bestimmtes Linienelement von C: (x_0, y_0, y_0') in das Element $(0, 0, 0)$ der $\tilde x$-Achse und ferner der Elementvektor und der Transversalitätsvektor in Vektoren mit den Koordinaten (1, 0) und (0, 1) übergehen.

Diese Transformation läßt sich in dem zugehörigen Minkowskischen Tangentialraum wie folgt darstellen (vgl. (19), (20) und (26')):

$$\left.\begin{aligned} X &= \frac{1}{f(x_0, y_0, y_0')}\tilde{X} - \left(\frac{f_{y'}}{\sqrt{f^3 f_{y'y'}}}\right)_{x_0, y_0, y_0'} \tilde{Y} \\ Y &= \frac{y_0'}{f(x_0, y_0, y_0')}\tilde{X} + \left(\frac{f - y' f_{y'}}{\sqrt{f^3 f_{y'y'}}}\right)_{x_0, y_0, y_0'} \tilde{Y} \end{aligned}\right\} \quad (28)$$

bzw. erhalten wir in der x, y-Ebene folgende Transformationen der Differentiale:

$$\left.\begin{aligned} dx &= \frac{1}{f(x_0, y_0, y_0')} d\tilde{x} - \left(\frac{f_{y'}}{\sqrt{f^3 f_{y'y'}}}\right)_{x_0, y_0, y_0'} d\tilde{y} \\ dy &= \frac{y_0'}{f(x_0, y_0, y_0')} d\tilde{x} + \left(\frac{f - y' f_{y'}}{\sqrt{f^3 f_{y'y'}}}\right)_{x_0, y_0, y_0'} d\tilde{y}\,. \end{aligned}\right\} \quad (28')$$

§ 3. Differentiation nach Länge, Breite und Winkel

Entsprechend der Tatsache, daß ein Linienelement durch drei Bestimmungsstücke festgelegt ist, ist es naheliegend, drei Arten von invarianten Differentiationen einzuführen. Um sie zu definieren, greifen wir auf die oben besprochene Transformation T_C zurück, wobei wir als Kurve C die durch das feste Linienelement[1] x, y, y' gehende Extremale wählen. Die drei Differentiationsprozesse, die wir als Differentiation nach Länge, Breite und Winkel bezeichnen, sollen nun für das betreffende Linienelement dadurch erklärt sein, daß sie nach Durchführung der Transformation T_C in die Prozesse übergehen

$$\frac{\partial}{\partial \tilde{x}}, \; \frac{\partial}{\partial \tilde{y}}, \; \frac{\partial}{\partial \tilde{y}'}, \Big|_{\tilde{x}, \tilde{y}, \tilde{y}' = 0, 0, 0}.$$

Es sei $\Phi(x, y, y')$ eine in der Umgebung des festen Linienelementes differenzierbare Funktion. Wir erklären:

a) *Differentiation nach der Länge „s“.* Um die Differentiation nach der Länge zu erklären, denken wir uns durch das vorgegebene Linienelement eine Extremale gelegt, und definieren dementsprechend

$$\left.\begin{aligned} \Phi_s &= \frac{\partial \Phi}{\partial s} = \Phi_x \frac{\partial x}{\partial s} + \Phi_y \frac{\partial y}{\partial s} + \Phi_{y'} \frac{\partial y'}{\partial s} \\ \frac{\partial x}{\partial s} &= \frac{1}{f(x, y, y')}, \quad \frac{\partial y}{\partial s} = \frac{y'}{f}, \quad \frac{\partial y'}{\partial s} = \frac{y''}{f} \\ -y'' &= \frac{y' f_{y'y} + f_{y'x} - f_y}{f_{y'y'}}. \end{aligned}\right\} \quad (29)$$

---

[1] Wir lassen hier den Index 0, den wir im vorigen Paragraphen zur Auszeichnung eines festen Linienelementes verwendet haben, im allgemeinen fort.

Dabei denkt man sich also entlang der Extremale differenziert, so daß Φ_s eine invariante Bedeutung hat.

b) *Differentiation nach der Breite „b"*. Hier werden zunächst $\partial x/\partial b$ und $\partial y/\partial b$ so erklärt, daß sie die Koordinaten des Transversalitätsvektors zu y' ergeben, d.h.

$$\xi = \frac{\partial x}{\partial b} = -\frac{f_{y'}}{\sqrt{f^3 f_{y'y'}}}, \qquad \eta = \frac{\partial y}{\partial b} = \frac{f - y' f_{y'}}{\sqrt{f^3 f_{y'y'}}} \tag{30}$$

und $\partial y'/\partial b$ vermöge

$$\frac{\partial y'}{\partial b} = \frac{\partial}{\partial b} \frac{\dfrac{\partial y}{\partial s}}{\dfrac{\partial x}{\partial s}}$$

und der allgemein für reine, zweimal stetig differenzierbare Ortsfunktionen und im besonderen daher für die Koordinaten geltenden Vertauschbarkeit $x_{bs} = x_{sb}$, $y_{bs} = y_{sb}$. Damit wird

$$\Phi_b = \frac{\partial \Phi}{\partial b} = \Phi_x \frac{\partial x}{\partial b} + \Phi_y \frac{\partial y}{\partial b} + \Phi_{y'} \frac{\partial y'}{\partial b}$$

und

$$\frac{\partial y'}{\partial b} = \frac{\partial}{\partial b}\left(\frac{y_s}{x_s}\right) = \frac{x_s y_{sb} - y_s x_{sb}}{x_s^2} = \frac{x_s \eta_s - y_s \xi_s}{x_s^2} \tag{31}$$

bzw. mit

$$\eta_s = \frac{\partial \eta}{\partial x} x_s, \qquad \xi_s = \frac{\partial \xi}{\partial x} x_s, \qquad y_s = \frac{dy}{dx} x_s,$$

$$\frac{\partial y'}{\partial b} = \frac{\partial \eta}{\partial x} - y' \frac{\partial \xi}{\partial x}.$$

Mit Rücksicht auf die invariante Bedeutung des Transversalitätsvektors ist also dieser Differentiationsprozeß gegenüber Koordinatentransformationen invariant.

c) *Differentiation nach dem Winkel „ϑ"*. Für das transformierte Linienelement

$$(\tilde{x}, \tilde{y}, \tilde{y}') = (0, 0, 0)$$

ergibt sich aus der Definition von T_C mit (30)

$$\tilde{f}(0,0,0) = 1, \qquad \tilde{f}_{\tilde{y}'}\big|_{0,0,0} = 0, \qquad \tilde{f}_{\tilde{y}'\tilde{y}'}\big|_{0,0,0} = 1.$$

Folglich ist für dieses Linienelement nach (22)

$$\left(\frac{\partial}{\partial \tilde{\vartheta}}\right)_{\tilde{x},\tilde{y},\tilde{y}'=0,0,0} = \left(\frac{\partial}{\partial \tilde{y}}\right)_{\tilde{x},\tilde{y},\tilde{y}'=0,0,0}$$

und da ϑ ein invarianter Parameter ist, liefert demnach die Differentiation nach dem Landsbergschen Winkel den gesuchten invarianten

Differentiationsprozeß. Da bei der Differentiation nach dem Landsbergschen Winkel die Ortskoordinaten definitionsgemäß ungeändert bleiben, also

$$\frac{\partial x}{\partial \vartheta} = \frac{\partial y}{\partial \vartheta} \equiv 0\,,$$

ergibt sich mit (22) aus

$$\Phi_\vartheta = \Phi_x \frac{\partial x}{\partial \vartheta} + \Phi_y \frac{\partial y}{\partial \vartheta} + \Phi_{y'} \frac{\partial y'}{\partial \vartheta}\,,$$

$$\Phi_\vartheta = \Phi_{y'} \sqrt{\frac{f}{f_{y'y'}}}\,. \tag{32}$$

§ 4. Endlicher Längenabstand, Breitenabstand und Winkel

Beim Aufbau der Finslerschen Geometrie, d.h. bei der Aufstellung von Differentialinvarianten ist es grundsätzlich nicht nötig, auf eine Definition der Begriffe „endlicher Längenabstand", „endlicher Breitenabstand" und „endlicher Winkel" selbst einzugehen. Wenn man es jedoch darauf abgesehen hat, Finslersche Geometrie sozusagen als eine Pseudophysik darzustellen, so wird man gerade ein Interesse haben, diese Begriffe zu definieren, da dadurch der der Anschauung zugängliche Inhalt der Sätze besser in Erscheinung tritt.

Der Begriff „endlicher Längenabstand" zwischen zwei Punkten $P_0(x_0, y_0)$, $P_1(x_1, y)$ ist bereits durch

$$s = \int_{P_0}^{P_1} f(x, y, y')\, d x \to \text{Minimum}$$

erklärt. Der „Längenabstand" s von einer Kurve für Punkte in einer genügend kleinen Umgebung wäre mit Hilfe der Hamilton-Jacobischen Differentialgleichung zu erklären, und zwar unter Berücksichtigung der Anfangsbedingung, daß entlang der Kurve $s=0$ ist.

Zur Definition des „endlichen Breitenabstandes" $b(x, y)$ von einer beliebigen Kurve $b(x, y) = 0$ für eine hinreichend kleine Umgebung betrachten wir die Schar der Kurven $b = \text{const}$. Für sie gilt

$$y' = -\frac{b_x}{b_y}\,.$$

Ferner gilt für die Schar der dazu transversalen Kurven wegen $\frac{db}{db} = b_x \frac{\partial x}{\partial b} + b_y \frac{\partial y}{\partial b} = 1$

$$b_x \frac{\partial x}{\partial b} + b_y \frac{\partial y}{\partial b} = 1\,.$$

Setzen wir für $\partial x/\partial b$ und $\partial y/\partial b$ die Werte

$$\frac{\partial x}{\partial b} = -\frac{f_{y'}}{\sqrt{f^3 f_{y'y'}}}\,, \quad \frac{\partial y}{\partial b} = \frac{f - y' f_{y'}}{\sqrt{f^3 f_{y'y'}}}$$

ein, so ergibt sich

$$b_y = \sqrt{f\left(x, y, -\frac{b_x}{b_y}\right) f_{y'y'}\left(x, y, -\frac{b_x}{b_y}\right)} \tag{33}$$

bzw. in der homogenen Schreibweise

$$F(x, y, -b_x, b_y)\, F_1(x, y, -b_x, b_y) = 1. \tag{33a}$$

Durch diese partielle Differentialgleichung und durch die Anfangsbedingung ist $b(x, y)$ eindeutig bestimmt.

Was den endlichen Winkel betrifft, so werden wir im folgenden zumeist nur den bereits in § 2 eingeführten Landsbergschen Winkel benützen. In der Literatur kommen noch andere Winkelbegriffe vor (*), von denen wir hier nur den von Bliss eingeführten angeben. Als Winkel zwischen zwei Richtungen im Punkt $P(x, y)$ führt Bliss die Länge des zugehörigen Indikatrixbogens ein, wobei die „Länge" nach der zu P zugehörigen Minkowskischen Geometrie bestimmt wird.

§ 5. Flächeninhalt

Vom formalen Standpunkt liegt es nahe, beim Flächeninhaltsbegriff an die bekannte Formel der Gaußschen Flächentheorie für den Flächeninhalt

$$\iint\limits_G \sqrt{\mathcal{E}\mathcal{G} - \mathcal{F}^2}\, du\, dv$$

anzuknüpfen und eine ähnliche Definition in die Finslersche Geometrie zu übernehmen, indem wir $\mathcal{E}, \mathcal{F}, \mathcal{G}$ ersetzen durch

$$\mathcal{E} = \frac{1}{2}\frac{\partial^2 (F^2)}{\partial \dot{x}^2}, \quad \mathcal{F} = \frac{1}{2}\frac{\partial^2 (F^2)}{\partial \dot{x}\,\partial \dot{y}}, \quad \mathcal{G} = \frac{1}{2}\frac{\partial^2 (F^2)}{\partial \dot{y}^2}$$

bzw. ist, mit den in Gl. (25) eingeführten Größen A, B, C

$$\mathcal{E} = AF, \quad \mathcal{F} = BF, \quad \mathcal{G} = CF.$$

Es ist

$$\mathcal{E}\mathcal{G} - \mathcal{F}^2 = F_1 F^3 = \frac{1}{\mu^2},$$

wobei u und v durch x und y ersetzt sind. Man überzeugt sich leicht, daß das Integral

$$\mathfrak{F} = \iint\limits_G \sqrt{F_1 F^3}\, dx\, dy = \iint\limits_G \frac{dx\, dy}{\mu} = \iint\limits_G \sqrt{f^3 f_{y'y'}}\, dx\, dy \tag{34}$$

gegenüber beliebigen Punkttransformationen invariant bleibt. Dieser Umstand allein ist wohl schon ausreichend, dieses Integral als Maß für den „Flächeninhalt" einzuführen. Dabei ist aber zu beachten: Der Integrand ist nicht etwa eine Funktion des Ortes, sondern im allgemeinen eine Funktion des Linienelementes. Um also den „Flächeninhalt" zu definieren, müssen wir uns den Raum mit einer ganz bestimmte Kurvenschar durchzogen denken, die wir als Strukturschar bezeichne wollen. (Integralinvarianten die von einer Strukturschar abhängen, kom men in der Physik vor. Zum Beispiel smektische Flüssigkeiten, erd magnetisches Feld.) Die einzigen Finslerschen Räume, in denen de Flächeninhalt von der Wahl der Strukturschar unabhängig ist, sin die Riemannschen Räume. Um dies rasch einzusehen, verwenden wi inhomogene Schreibweise.

Die Differentialgleichung

$$\frac{\partial}{\partial y'}(f^3 f_{y'y'}) = \frac{1}{2} f^2 (f^2)_{y'y'y'} = 0$$

führt zu

$$f(x, y, y') = \sqrt{\mathscr{E}(x, y) + 2y'\mathscr{F}(x, y) + y'^2\mathscr{G}(x, y)}\,.$$

Im allgemeinen wird man die Strukturschar als irgendwie beliebig vor gegeben anzusehen haben. In Sonderfällen wird es angebracht sein als solche Strukturscharen spezielle Kurvenscharen zu betrachten.

Eine bloß formale Einführung eines so fundamentalen Begriffes wi den des Flächeninhalts, ist jedoch unbefriedigend. Man wird also daz verleitet, Interpretationen zu suchen, die den Zusammenhang des for mal eingeführten Begriffes mit der Elementargeometrie herstellen.

1. Wir erinnern zunächst an einen elementaren aber wohl selte hervorgehobenen Satz der euklidischen Geometrie. Sei

$$I(x, y) = \mathrm{const}$$

eine Schar von äquidistanten Kurven [I genüge also der Differential gleichung $(\partial I/\partial x)^2 + (\partial I/dy)^2 = 1$] und sei ein Streifen dieser Schar durc $I = I_0$ und $I = I_1$ begrenzt. Von einer beliebigen Kurve C, welche all Kurven $I = \mathrm{const}$ im Streifen schneidet, ausgehend, trage man auf de Kurven $I = \mathrm{const}$ die euklidische Bogenlänge $s = s^*$ auf und es sei C der geometrische Ort der so erhaltenen Punkte. Dann ist der Flächen inhalt der Figur, die von $I = I_0$, $I = I_1$, C und C^* begrenzt wird, gleic wie beim Rechteck[1]

$$(I_1 - I_0) \times s^* = „\text{Breite}“ \times „\text{Länge}“.$$

Ein ganz analoger Satz gilt für die in der Finslerschen Geometrie ein geführte Definition des Flächeninhalts, wenn man als Strukturschar di Kurven konstanten Breitenabstands verwendet und auf ihnen Stücke kon stanter „Länge s“ im Sinne der eingeführten Maßbestimmung aufträgt

Umgekehrt kann man dieses Ergebnis aber auch benützen, um mi Hilfe des oben definierten Flächeninhalts eine zweite Herleitung de Differentialgleichung für den Breitenabstand zu gewinnen.

[1] Der Satz ist anschaulich unmittelbar evident, wenn man an die Zerlegun des Streifens in schmale Bänder denkt.

Es liege ein Kurvenfeld $b(x, y) = \text{const}$ vor. Von einer festen, die Feldkurven schneidenden Kurve C aus, werde auf allen Kurven des Feldes die gleiche Bogenlänge s abgetragen. Führen wir zur Auswertung des den Flächeninhalt darstellenden Integrales die Veränderlichen s und b als neue Integrationsveränderliche und führen wir s als Kurvenparameter auf den Kurven $b(x, y) = \text{const}$ ein, so ist der Flächeninhalt des von Feldkurven gleicher Länge mit $0 \leq b(x, y) \leq B$ überdeckten Bereiches in bezug auf das Feld

$$\mathfrak{F} = \int_0^B \int_0^s \sqrt{F_1 F^3}\, \Delta\, ds\, db \tag{35}$$

mit

$$\Delta = \begin{vmatrix} \frac{\partial x}{\partial s} & \frac{\partial y}{\partial s} \\ \frac{\partial x}{\partial b} & \frac{\partial y}{\partial b} \end{vmatrix}.$$

Soll $\mathfrak{F}$ den Wert $s \cdot B$ haben, so muß der Integrand von (35) den Wert 1 haben, also muß

$$F^3\left(x, y, \frac{\partial x}{\partial s}, \frac{\partial y}{\partial s}\right) F_1\left(x, y, \frac{\partial x}{\partial s}, \frac{\partial y}{\partial s}\right) = \Delta^{-2} \tag{36}$$

sein. Wegen der Definition der Bogenlänge ist

$$F\left(x, y, \frac{\partial x}{\partial s}, \frac{\partial y}{\partial s}\right) = 1\,. \tag{37}$$

Vertauschen wir die Rolle der unabhängigen und abhängigen Veränderlichen, so erhalten wir insbesondere

$$\frac{\partial x}{\partial s} = \frac{\partial b}{\partial y} \Delta^{*-1}, \qquad \frac{\partial y}{\partial s} = -\frac{\partial b}{\partial x} \Delta^{*-1}$$

mit

$$\Delta^* = \begin{vmatrix} \frac{\partial s}{\partial x} & \frac{\partial s}{\partial y} \\ \frac{\partial b}{\partial x} & \frac{\partial b}{\partial y} \end{vmatrix} = \Delta^{-1}.$$

Aus (36) folgt

$$F^3\left(x, y, \frac{\partial b}{\partial y}, -\frac{\partial b}{\partial x}\right) F_1\left(x, y, \frac{\partial b}{\partial y}, -\frac{\partial b}{\partial x}\right) = \Delta^{*2}$$

und ferner aus der Homogenität von F

$$F\left(x, y, \frac{\partial b}{\partial y}, -\frac{\partial b}{\partial x}\right) = \Delta^*$$

und hieraus die Differentialgleichung (33a)

$$F(x, y, -b_x, b_y)\, F_1(x, y, -b_x, b_y) = 1$$

für den Breitenabstand.

Diese zweite Herleitung von (33a) hat vielleicht den Vorzug, daß dabei stärker hervorgehoben wird, daß zur Längenmessung in gleichberechtigter Weise eine zweite grundlegende Messung, die Flächenmessung, hinzutritt.

2. In der Elementargeometrie gilt für den Flächeninhalt eines Kreissektors mit dem Radius r und dem Winkel ψ die Beziehung

$$\tfrac{1}{2} r^2 \psi. \tag{38}$$

Betrachten wir in der Finslerschen Geometrie zwei Extremalen $\overline{C}_0$ und $\overline{C}_1$, die sich in einem Punkt $P(x, y)$ schneiden mögen und nehmen wir als Strukturschar alle durch P hindurchgehenden Extremalen die zwischen $\overline{C}_0$ und $\overline{C}_1$ liegen[1]. Auf den Kurven der Strukturschar denken wir uns nun die Finslersche Länge $s = r$ aufgetragen und betrachten in dem zwischen $\overline{C}_0$ und $\overline{C}_1$ liegenden Gebiet den Bereich $0 \leqq s \leqq r$. Die nach (34) ermittelte Fläche dieses Bereiches bezeichnen wir mit $\mathfrak{F}(r)$. Dann gilt, analog zu (38)

$$\vartheta = \lim_{r \to 0} \frac{2\mathfrak{F}(r)}{r^2}, \tag{39}$$

wobei ϑ der Landsbergsche Winkel ist.

3. Betrachtet man aber als Strukturschar die Kurven $r = \text{const}$ und bezeichnen wir den zu dieser Strukturschar gehörenden Flächeninhalt mit $\mathfrak{F}^*(r)$, dann gilt

$$\varphi = \lim_{r \to 0} \frac{2\mathfrak{F}^*(r)}{r^2}, \tag{40}$$

wobei φ der zu Ende des § 4 eingeführte Blisssche Winkel ist.

Die Beweise für (39) und (40) findet man bei P. Funk und L. Berwald: „Flächeninhalt und Winkel in der Variationsrechnung", Z. Lotos Prag Bd. 67/68, 20, 45 (1919/20); vgl. auch S. Gołąb, C. R. Acad. Sci. (Paris) Bd. 200, 250 (1935).

§ 6. Die extremale Krümmung von Kurven

So wie wir in der Einleitung den Begriff der geodätischen Krümmung einer Kurve in der Gaußschen Flächentheorie erklärt haben, definieren wir jetzt die „extremale Krümmung" einer Kurve C_0 im Punkte P_0 folgendermaßen: Wir betten C_0 in ein Feld von Kurven C konstanter „Breite" b ein. Sei s die „Bogenlänge" auf C zwischen zwei Transversalen, die C_0 in P_0 $(s = 0)$ und P_1 $(s = s_0)$ schneiden. Die Länge s auf

[1] Dabei denke man sich das Gebiet zwischen $\overline{C}_0$ und $\overline{C}_1$ etwa dadurch festgelegt, daß es in der Umgebung von P dem Bereich entspricht, den die positiv orientierte Tangente an $\overline{C}_0$ in P bei ihrer Drehung entgegen dem Uhrzeigersinn in die positiv orientierte Tangente an $\overline{C}_1$ überstreicht.

irgendeiner Kurve C wird als Funktion von s_0 und b aufgefaßt: $s = s(s_0, b)$. Analog zu (4b) definieren wir dann die extremale Krümmung von C_0 in P_0 durch

$$-\frac{1}{R} = \frac{\partial^2 s}{\partial s_0 \partial b}\bigg|_{\substack{s_0=0,\\ b=0}} \tag{41}$$

also

$$-\frac{1}{R} = \lim_{x\to x_0} \frac{\left[\frac{\partial}{\partial b}\int\limits_{x_0}^{x} f\,dx\right]_{b=0}}{\left[\int\limits_{x_0}^{x} f\,dx\right]_{b=0}}. \tag{42}$$

Der Zähler von (42) entspricht einer ersten, schrägen Variation (vgl. Kap. IV, 1, § 8: $I \leftrightarrow s$, $\varepsilon \leftrightarrow b$). Da nun

$$\frac{\partial x}{\partial b} = \xi = -\frac{f_{y'}}{\sqrt{f^3 f_{y'y'}}}, \quad \frac{\partial y}{\partial b} = \eta = \frac{f - y' f_{y'}}{\sqrt{f^3 f_{y'y'}}}$$

die Koordinaten des Transversalitätsvektors sind, ist also die hier auszuführende schräge Variation speziell eine solche in der transversalen Richtung. Somit sind in der allgemeinen Variationsformel [Kap. IV, Gl. (56)] auch bei endlichem Intervall $[x_0, x]$ die Randglieder Null. Bezeichnen wir die durch $(\varepsilon - \varepsilon_0)$ dividierte gerade Variation von y jetzt mit $\eta_A (Y_\varepsilon \leftrightarrow \eta_A)$, so entspricht dieser Größe in unserer jetzigen Bezeichnungsweise

$$\eta_A = \eta - \xi y' = \frac{1}{\sqrt{f f_{y'y'}}}.$$

Wir erhalten somit aus der allgemeinen Variationsformel für den Zähler von (42)

$$\int\limits_{x_0}^{x} \mathfrak{L}(f)\, \eta_A\, dx.$$

Damit ergibt sich für die extremale Krümmung von C_0 in P_0

$$\frac{1}{R} = \lim_{x\to x_0} \frac{\int\limits_{x_0}^{x} \mathfrak{L}(f)\,\eta_A\,dx}{\int\limits_{x_0}^{x} f\,dx} = \frac{\mathfrak{L}(f)}{\sqrt{f^3 f_{y'y'}}}\bigg|_{x=x_0}. \tag{43a}$$

Führen wir, entsprechend der Differentialgleichung der Extremalen, zur Abkürzung

$$\bar{y}'' = \frac{f_y - f_{y'x} - f_{y'y}\, y'}{f_{y'y'}}$$

ein, dann können wir für $\mathfrak{L}(f)$ auch schreiben

$$\mathfrak{L}(f) = (y'' - \bar{y}'')\, f_{y'y'}$$

und dann ergibt sich

$$\frac{1}{R} = \sqrt{\frac{f_{y'y'}}{f^3}}\,(y'' - \bar{y}''). \tag{43b}$$

Diese Formel erinnert unmittelbar an die für den Krümmungsradius in der euklidischen Geometrie.

Bei FINSLER findet sich eine andere Herleitung der Formel (43b) fü die extremale Krümmung, auf die wir hier noch näher eingehen wollen Bezeichnet man mit s die Länge eines Bogens, mit s' die Länge de zugehörigen Sehne eines Kreises vom Radius R, $s' = 2R\sin(s/2R)$, s verifiziert man leicht die Formel

$$\frac{1}{R^2} = 24 \lim_{s\to 0} \frac{s-s'}{s^3}.$$

Diese Formel legt uns nahe, die extremale Krümmung einer Kurve C durch die Formel zu definieren

$$\frac{1}{R^2} = 24 \lim_{s\to 0} \frac{s-\bar{s}}{s^3}. \tag{44}$$

Dabei bedeuten s die „Länge" des Kurvenbogens auf C_0 und $\bar{s}$ di „Länge" der die beiden Endpunkte P_0 und P_1 verbindenden Extremalen also

$$s = \int_{P_0}^{P_1} f(x, y, y')\,dx$$

$$\bar{s} = \int_{P_0}^{P_1} f(x, \bar{y}, \bar{y}')\,dx.$$

Dabei denken wir uns das Koordinatensystem passend gewählt, so da y und $\bar{y}$ in der Form $y = y(x)$ und $y = \bar{y}(x)$ darstellbar seien. De Koordinatenursprung möge mit dem Anfangspunkt P_0 der Kurve C zusammenfallen. Neben $y(0) = 0$ kann auch ohne Beschränkung de Allgemeinheit $y'(0) = 0$ angenommen werden.

Um die Formel (44) auszuwerten, erinnern wir uns, daß sich de Zähler des Bruches durch ein Integral ausdrücken läßt, dessen Integran die Weierstraßsche e-Funktion ist

$$s - \bar{s} = \int_0^{x_1} e\big(\xi, y(\xi), p(\xi, y(\xi)), y'(\xi)\big)\,d\xi.$$

Die Weierstraßsche e-Funktion ist darstellbar in der Form

$$e = \frac{(y' - p(x,y))^2}{2} f_{y'y'}\big(x, y, p(x,y)\big) + R_3, \tag{45}$$

wobei in R_3 die Glieder höherer Ordnung in $(y' - p)$ zusammengefaß sind. Unter $p(x,y)$ ist die Gefällsfunktion jenes uneigentlichen Feld verstanden, das aus den durch P_0 gehenden Extremalen besteht. E zeigt sich, daß man zur Berechnung des obigen Grenzwertes nur di Glieder niedrigster Ordnung benötigt, so daß man in der Entwicklun nach ξ für $(y' - p)$ nur das erste Glied berechnen muß. Setzen wir in der Form an

$$y = \frac{x^2}{2} y''(0) + \cdots,$$

so wird für $x=\xi$

$$y(\xi)=\frac{\xi^2}{2}y''(0)+\cdots;\qquad y'(\xi)=\xi y''(0)+\cdots$$

Sei $y=\bar{y}(x,k)$ die Schar der Extremalen, die dieses uneigentliche Feld bilden, wobei k den Richtungskoeffizienten in P_0 bedeutet. Wegen der speziellen Wahl des Koordinatensystems ist $\bar{y}_x(0,k)=k$, so daß sich für $y=\bar{y}(x,k)$ die Entwicklung bezüglich x

$$\begin{aligned}\bar{y}&=x\bar{y}'(0,k)+\frac{x^2}{2}\bar{y}''(0,k)+\cdots\\&=x\,k+\frac{x^2}{2}\,\frac{f_y(0,0,k)-f_{y'x}(0,0,k)-f_{y'y}(0,0,k)\,k}{f_{y'y'}(0,0,k)}\end{aligned}$$

ergibt. Hieraus folgt

$$\frac{\partial}{\partial k}\bar{y}\Big|_{P_0}=0,\qquad \frac{\partial^2}{\partial x\,\partial k}\bar{y}\Big|_{P_0}=1,\qquad \frac{\partial^2}{\partial k^2}\bar{y}\Big|_{P_0}=0.$$

Für diejenige Extremale, die durch P_0 und $P_1(\xi, y(\xi))$ hindurchgeht hat man $k=k(\xi)$ aus der Gleichung

$$y(\xi)=\bar{y}(\xi,k(\xi))$$

zu bestimmen, die ausführlich geschrieben lautet

$$\frac{\xi^2}{2}y''(0)+\cdots=\xi k+\frac{\xi^2}{2}\,\frac{f_y(0,0,k)-f_{y'x}(0,0,k)-f_{y'y}(0,0,k)\,k}{f_{y'y'}(0,0,k)}+\cdots.\tag{46}$$

Dividiert man (46) durch ξ und setzt nachträglich $\xi=0$, so folgt

$$k(0)=0.\tag{47}$$

Wir setzen

$$\left(\frac{dk}{d\xi}\right)_{\xi=0}=m$$

also

$$k(\xi)=m\xi+\cdots.\tag{48}$$

Setzen wir (47) und (48) in (46) ein und vergleichen wir die Koeffizienten des Gliedes ξ^2 rechts und links vom Gleichheitszeichen, so erhalten wir

$$\tfrac{1}{2}\left(y''(0)-\bar{y}''(0,0)\right)=m,$$

wobei

$$\bar{y}''(0,0)=\frac{f_y(0,0,0)-f_{y'x}(0,0,0)}{f_{y'y'}(0,0,0)}$$

ist. Man erhält somit

$$\bar{y}(x,k(\xi))=\tfrac{1}{2}\left[y''(0)-\bar{y}''(0,0)\right]\xi x+\tfrac{1}{2}\bar{y}''(0,0)\,x^2+\cdots.$$

Differenzieren wir $\bar{y}(x, k(\xi))$ nach x und setzen wir danach $x=\xi$, so erhalten wir

$$p(\xi, y(\xi)) = \tfrac{1}{2}[y''(0) + \bar{y}''(0,0)]\,\xi + \cdots.$$

Also ist

$$y'(\xi) - p(\xi, y(\xi)) = \tfrac{1}{2}[y''(0) - \bar{y}''(0,0)]\,\xi + \cdots. \tag{49}$$

Für den Grenzwert

$$\lim_{s\to 0}\frac{s-\bar{s}}{s^3} = \lim_{\xi\to 0}\frac{\int\limits_0^\xi (y'-p)^2 f_{y'y'}\,d\xi}{2\left(\int\limits_0^\xi f\,d\xi\right)^3}$$

erhält man mit (49) und

$$s(\xi) = \xi f(0,0,0) + \cdots$$

$$\frac{1}{R^2} = \frac{[y''(0) - \bar{y}''(0,0)]^2 f_{y'y'}(0,0,0)}{f^3(0,0,0)} \tag{50}$$

in Übereinstimmung mit (43b).

§ 7. Das Koordinatensystem der Länge und Breite

Diese Bezeichnung wollen wir verwenden, wenn wir einen Punkt P in der Umgebung eines Ausgangslinienelementes $L_0(x_0, y_0, y_0')$ durch den Punkt $P_0(x_0, y_0)$ in der folgenden Weise festlegen. Wir legen durch L_0 eine Extremale $\bar{C}_0$. Sei wieder C die Schar der Kurven mit konstantem Breitenabstand b von $\bar{C}_0$ und sei T eine Kurve durch P transversal zu den Kurven C; sei schließlich Q der Schnittpunkt von T mit $\bar{C}_0$ und P_0 der Punkt (x_0, y_0) auf $\bar{C}_0$. Wenn nun das x, y-Koordinatensystem in der Weise gewählt wird, daß der Breitenabstand b gleich y und die längs $\bar{C}_0$ gemessene Länge s des Bogens P_0Q gleich x ist, dann nennen wir y die Breitenkoordinate und x die Längenkoordinate von P.

In der sphärischen Trigonometrie entsprechen dann tatsächlich x und y der geographischen Länge bzw. Breite, wenn wir $\bar{C}_0$ als Äquator auffassen.

Dieses Koordinatensystem ist durch die folgenden Gleichungen charakterisiert, wobei wir der Kürze halber mit einem Dach oberhalb der Funktionszeichen andeuten, daß wir voraussetzen, es sei $y'=0$ zu setzen und durch zwei Dächer, daß $y=0$ und $y'=0$ zu setzen ist. Es bezeichnen also Funktionszeichen mit einem Dach Funktionen in den Veränderlichen x und y, während Funktionszeichen mit zwei Dächern Funktionen der einen Veränderlichen x darstellen. Aus der Forderung, daß die Kurven $y=\text{const}\,(y'=0)$ transversal zu den Kurven $x=\text{const}$ $(\delta x=0)$ sein sollen, sowie aus (33), durch die Identifizierung $b=y$ (d.h. $b_y=1, b_x=0$) ergeben sich zunächst die Gleichungen

$$\hat{f}_{y'} = 0, \quad \hat{f}\cdot\widehat{f_{y'y'}} = 1. \tag{51}$$

Aus der Identifizierung $s=x$ für die Kurve $y=0$ folgt

$$\hat{\hat{f}}=1 \tag{52}$$

und damit, aus der zweiten Gleichung (51) für $y=0$

$$\widehat{f_{y'y'}}=1. \tag{53}$$

§ 8. Das Analogon zum Gaußschen Krümmungsmaß

In einem Koordinatensystem der Länge und Breite, wie wir es im vorhergehenden Paragraphen definiert haben, sei $P(x,y)$ ein beliebiger Punkt in der Umgebung des Linienelementes $L_0(x_0, y_0, y_0')$. N sei der Schnittpunkt von $x=0$ mit der Parallelkurve C zu $\overline{C}_0$ durch P. Schließlich sei $s=s(x,y)$ die Länge des Bogens NP auf C. Dann läßt sich, in Analogie zu dem durch (3d) eingeführten Krümmungsmaß in der Gaußschen Flächentheorie — wobei hier jedoch als Ausgangskurve durch L_0 nicht eine beliebige Kurve, sondern eine Extremale verwendet wird — das Krümmungsmaß in der Finslerschen Geometrie definieren durch

$$-\widehat{\frac{\partial^3 s}{\partial x\,\partial y^2}}\Bigg|_{\substack{x=0\\y=0}} = -\lim_{x\to 0}\frac{\widehat{\left[\frac{\partial^2}{\partial y^2}\int\limits_0^x f\,dx\right]_{y=0}}}{x},$$

also

$$\hat{\hat{\mathscr{K}}}\Big|_{x=0} = -f_{yy}(0,0,0). \tag{54}$$

Entsprechend ist das Krümmungsmaß in allgemeinen Koordinaten — wobei wir hier von den zu Beginn des § 6 eingeführten Bezeichnungen Gebrauch machen, die Kurve C_0 jetzt jedoch eine Extremale sei, — definiert durch

$$\mathscr{K} = \lim_{b\to 0}\left(\frac{1}{R\cdot b}\right) = \left(\frac{\partial}{\partial b}\frac{1}{R}\right)_{b=0} \tag{55a}$$

bzw.

$$\mathscr{K} = -\left[\frac{\partial^3 s}{\partial s_0\,\partial b^2}\right]_{\substack{s_0=0\\b=0}} = -\lim_{x\to x_0}\frac{\left[\frac{\partial^2}{\partial b^2}\int\limits_{x_0}^x f\,dx\right]_{b=0}}{\left[\int\limits_{x_0}^x f\,dx\right]_{b=0}}. \tag{55b}$$

Der Zähler von (55b) entspricht einer zweiten Variation. Nach (43a) und (55a) ist

$$\left[\frac{\partial^2}{\partial b^2}\int\limits_{x_0}^x f\,dx\right]_{b=0} = \left[\frac{\partial}{\partial b}\left[\frac{\partial}{\partial b}\int\limits_{x_0}^x f\,dx\right]_{b=0}\right]_{b=0} = \left[\frac{\partial}{\partial b}\int\limits_{x_0}^x \mathfrak{L}(f)\,\eta_A\,dx\right]_{b=0}, \tag{56}$$

so daß die Ausführung dieser zweiten Variation auf die Ausführung einer ersten schrägen Variation an dem über $\mathfrak{L}(f)\,\eta_A$ erstreckten Integral zurückgeführt ist. Zur Ausführung dieser Variation benützen wir Formel (55) aus Kap. IV, in der an Stelle von f nun $\mathfrak{L}(f)\,\eta_A$ tritt und zu berücksichtigen ist, daß

$$[\mathfrak{L}(f)]_{b=0} = \mathfrak{L}(\bar{f}) = 0$$

gilt und $\mathfrak{L}(f)$ die zweite Ableitung der abhängigen Veränderlichen enthält. Wir verwenden die Umformung

$$\begin{aligned}
\delta_A \mathfrak{L}(f) &= \delta_A\left(-\frac{d f_{y'}}{d x} + f_y\right) \\
&= -\frac{d}{d x}(f_{y'y}\,\delta_A y + f_{y'y'}\,\delta_A y') + f_{yy}\,\delta_A y + f_{yy'}\,\delta_A y' \\
&= -\frac{d}{d x}(f_{y'y'}\,\delta_A y') + \left(-\frac{d f_{yy'}}{d x} + f_{yy}\right)\delta_A y
\end{aligned}$$

und erhalten somit für (56)

$$-\int\limits_{x_0}^{x} \eta_A \cdot \left\{\frac{d}{d x}\left(f_{y'y'}\frac{d\eta_A}{d x}\right) + \left(\frac{d f_{yy'}}{d x} - f_{yy}\right)\eta_A\right\} d x$$

und folglich für

$$\left.\begin{aligned}
\mathcal{K} = \Bigg[\frac{1}{\sqrt{f^3 f_{y'y'}}} \cdot \Bigg\{&\frac{d}{d x} f_{y'y'} \frac{d}{d x} \frac{1}{\sqrt{f f_{y'y'}}} + \\
&+ \left(\frac{d f_{yy'}}{d x} - f_{yy}\right)\frac{1}{\sqrt{f f_{y'y'}}}\Bigg\}\Bigg]_{x,y,y' = x_0, y_0, y'_0},
\end{aligned}\right\} \tag{55c}$$

wobei die Differentiation nach x längs der durch das Linienelement L_0 gehenden Extremalen auszuführen ist.

Aus (55c) entnehmen wir, daß in einem Koordinatensystem, in dem wir nur die Voraussetzung machen, daß für $y' = 0$

$$f f_{y'y'} = 1, \quad f_{y'} = 0$$

gilt, aber ohne vorauszusetzen, daß eine Kurve der Schar $y = \text{const}$ eine Extremale ist, für alle Kurven dieser Schar die Formel

$$f_{yy} + \mathcal{K} f = 0 \tag{57}$$

gilt.

Weitere geometrische Deutungen für das Krümmungsmaß

Ausgangspunkt für die folgenden Überlegungen ist die Jacobische Differentialgleichung für die ausgezeichnete Extremale $y = 0$ in einem Koordinatensystem der Länge und Breite. Sie lautet

$$u'' + \hat{\hat{\mathcal{K}}}\, u = 0. \tag{58}$$

Wir betrachten hier ausschließlich Differentialgleichungen von dieser Form, wobei wir $k(x)$ für $\hat{\hat{\mathcal{K}}}$ schreiben werden.

Zur Vorbereitung für die weitere Deutung des Gaußschen Krümmungsmaßes wollen wir, um nicht auf andere Darstellungen verweisen zu müssen, den Begriff des Schwarzschen Differentialausdrucks besprechen, der auch sonst in der Mathematik von großer Bedeutung ist (vgl. auch Kap. II, 2, § 5, 6.) und zwar in einer Weise, wie dies dem Charakter der späteren Ausführung angemessen ist. Zu diesem Begriff wird man geführt, bei der Frage nach einem Differentialausdruck[1] $[l(s), s]$ dessen Wert ungeändert bleibt, wenn man den Ausdruck $l(s)$ auf den die durch $[l(s), s]$ symbolisierte Differentialoperation angewendet wird, durch eine projektive Funktion von $l(s)$, also durch eine Funktion

$$\tilde{l}(s) = \frac{c_1 l(s) + c_2}{c_3 l(s) + c_4}$$

ersetzt. Es sei $l(s)$ eine dreimal stetig differenzierbare Funktion und wir bezeichnen den Wert von $l(s)$ für einen bestimmten Wert von $s = s_i$ kurz $l(s_i) = l_i$. Ferner werde das Doppelverhältnis, wie üblich, durch runde Klammern angedeutet, also

$$(l_1 l_2 l_3 l_4) = \frac{l_1 - l_3}{l_2 - l_3} : \frac{l_1 - l_4}{l_2 - l_4}.$$

Das Doppelverhältnis bleibt bei projektiven Transformationen ungeändert. Bildet man dieses Doppelverhältnis für die Werte von $l(s)$ in vier benachbarten Punkten s_1, s_2, s_3, s_4 und entwickelt die $l_i - l_k$ nach Potenzen von $s_i - s_k$, so werden wir zu der Formel

$$[l(s), s] = 6 \cdot \lim_{s_1 = s_2 = s_3 = s_4} \frac{\dfrac{(l_1 l_2 l_3 l_4)}{(s_1 s_2 s_3 s_4)} - 1}{(s_1 - s_2)(s_3 - s_4)}$$

geführt. Setzen wir

$$s_1 = s_0 + h\alpha, \quad s_2 = s_0 + h\beta, \quad s_3 = s_0 + h\gamma, \quad s_4 = s_0 + h\delta,$$

dann ergibt sich durch Potenzreihenentwicklung von

$$l(s_0 + h\alpha) - l(s_0 + h\gamma)$$

nach Potenzen von h

$$h(\alpha - \gamma)\left[l'(s_0) + \tfrac{1}{2} l''(s_0)\, h(\alpha + \gamma) + \tfrac{1}{6} l'''(s_0)\, h^2(\alpha^2 + \alpha\gamma + \gamma^2) + \cdots\right]$$

---

[1] Aus Gründen, die im folgenden ersichtlich werden, ist hier diese Schreibweise für den Schwarzschen Differentialausdruck zweckmäßiger als die in Kap. II, 2, § 5, 6. benützte.

und somit

$$(l_1 l_2 l_3 l_4) = \frac{(\alpha-\gamma)(\beta-\delta)}{(\alpha-\delta)(\beta-\gamma)} \times$$

$$\times \frac{1 + \frac{1}{2}\frac{l''(s_0)}{l'(s_0)} h(\alpha+\beta+\gamma+\delta) + \frac{1}{6}\frac{l'''(s_0)}{l'(s_0)} (\alpha^2+\beta^2+\gamma^2+\delta^2+\alpha\gamma+\beta\delta) h^2 + \frac{1}{4}\left[\frac{l''(s_0)}{l'(s_0)}\right]^2 (\alpha+\gamma)(\beta+\delta) h^2 + \cdots}{1 + \frac{1}{2}\frac{l''(s_0)}{l'(s_0)} h(\alpha+\beta+\gamma+\delta) + \frac{1}{6}\frac{l'''(s_0)}{l'(s_0)} (\alpha^2+\beta^2+\gamma^2+\delta^2+\alpha\delta+\gamma\beta) h^2 + \frac{1}{4}\left[\frac{l''(s_0)}{l'(s_0)}\right]^2 (\alpha+\delta)(\beta+\gamma) h^2 + \cdots}$$

und wegen

$$(s_1 s_2 s_3 s_4) = \frac{(\alpha-\gamma)(\beta-\delta)}{(\alpha-\delta)(\beta-\gamma)}$$

und

$$(s_1 - s_2)(s_3 - s_4) = h^2(\alpha\gamma + \beta\delta - \alpha\delta - \beta\gamma)$$

ergibt sich schließlich, indem man den Grenzübergang für $h=0$ vollzieht

$$[l(s), s] = \frac{l'''(s_0)}{l'(s_0)} - \frac{3}{2}\left[\frac{l''(s_0)}{l'(s_0)}\right]^2.$$

Aus dieser Ableitung folgt sofort

$$\left[\frac{c_1 l(s) + c_2}{c_3 l(s) + c_4}, s\right] = [l(s), s].$$

Der Schwarzsche Differentialausdruck spielt vor allem in der Theorie der linearen Differentialgleichungen zweiter Ordnung eine große Rolle. Wir betrachten hier, wie vorhin bereits erwähnt, ausschließlich Differentialgleichungen von der Form (58)

$$u'' + k(x)\, u = 0.$$

Es ergibt sich, daß für irgendein Paar linear unabhängiger Lösungen $u_1(x)$ und $u_2(x)$ der Ausdruck $\left[\frac{u_1(x)}{u_2(x)}, x\right]$ von der speziellen Wahl der Lösungen unabhängig ist. Denn mit

$$\tilde{u}_1 = c_1 u_1 + c_2 u_2, \quad \tilde{u}_2 = c_3 u_1 + c_4 u_2$$

folgt unmittelbar

$$\left[\frac{\tilde{u}_1}{\tilde{u}_2}, x\right] = \left[\frac{c_1 \frac{u_1}{u_2} + c_2}{c_3 \frac{u_1}{u_2} + c_4}, x\right].$$

Es läßt sich also erwarten, daß $\left[\frac{u_1}{u_2}, x\right]$ mit $k(x)$ in einem einfachen Zusammenhang steht. In der Tat gilt für jedes System linear unabhängiger Lösungen $u_1(x)$ und $u_2(x)$

$$\begin{vmatrix} u_1 & u_2 \\ u_1' & u_2' \end{vmatrix} = c$$

und somit

$$\frac{d}{dx}\left(\frac{u_1}{u_2}\right) = \frac{c}{u_2^2}.$$

Setzt man $\frac{u_1}{u_2} = z$, so wird

$$[(z')^{-\frac{1}{2}}]'' + k(x)(z')^{-\frac{1}{2}} = 0,$$

also

$$-\frac{[(z')^{-\frac{1}{2}}]''}{(z')^{-\frac{1}{2}}} = \frac{1}{2}[z, x] = k(x). \tag{59}$$

Bei Formel (59) für das Krümmungsmaß spielt neben der „Länge" $x = s$ auf einer Extremalen ein zweiter auf ihr veränderlicher Parameter $z = l(s)$, den wir als die *linearisierende Veränderliche* bezeichnen wollen, eine Rolle. Zu diesem Begriff gelangt man, wenn man frägt, welche Punkttransformationen anzuwenden sind, damit nach Ausführung der Transformation die Jacobische Gleichung nur lineare Funktionen als Lösungen haben soll. Hat die ursprüngliche Jacobische Gleichung die allgemeine Lösung

$$u(s) = C_1 u_1(s) + C_2 u_2(s)$$

und führt man durch

$$\frac{u(s)}{u_2(s)} = Y, \quad \frac{u_1(s)}{u_2(s)} = X,$$

X und Y als neue Veränderliche ein, so erhält man in den neuen Koordinaten die Lösung der Jacobischen Gleichung in der Form

$$Y = C_1 X + C_2.$$

Dementsprechend wollen wir

$$l(s) = X = \frac{u_1(x)}{u_2(x)} \tag{60}$$

als die linearisierende Veränderliche bezeichnen. Wegen (59) ergibt sich für $l(s)$ die Differentialgleichung dritter Ordnung

$$\frac{1}{2}[l(s), s] = k(s). \tag{61}$$

Entsprechend der Herleitung des Schwarzschen Differentialausdrucks kann man mit der Einführung der linearisierenden Veränderlichen folgende geometrische Vorstellung verbinden: Die Transformation (60) kann man als Abbildung deuten, bei der alle Extremalen in der nähere: Umgebung einer ausgezeichneten Extremalen annähernd in gerad Linien abgebildet werden. Nun denke man sich eine Möbiussche Netz konstruktion (*) durchgeführt, wobei man statt der Geraden Extremale: verwendet, die alle mit der ausgezeichneten Extremalen kleine Winke einschließen, die unterhalb einer festen Grenze ε bleiben. Vermög dieser Netzkonstruktion denke man sich wie in der projektiven Geometri auf der ausgezeichneten Extremalen eine Skala $l=l(s,\varepsilon)$ konstruier und dann den Grenzübergang $l(s)=\lim\limits_{\varepsilon\to 0} l(s,\varepsilon)$ vollzogen.

Durch diese Ermittlung der geometrischen Deutung von $l(s)$ — al projektive Skala auf der Extremalen — und der Deutung des Schwarz schen Differentialausdruckes — als Grenzwertformel — haben wir au (61) somit eine weitere geometrische Deutung für das Krümmungsma gewonnen.

Es ist bemerkenswert, daß ERATHOSTENES bei der Bestimmun der Erdgestalt den Vergleich zwischen der linearisierenden Veränder lichen und der natürlichen Länge tatsächlich angestellt hat. Für da Verhältnis der Schattenlänge des Obelisken zur Länge des Obeliske: zur Mittagszeit ergibt sich der Tangens der geographischen Breite de Standortes des Obelisken, d.h.

$$l(s)=\operatorname{tg}\frac{s}{R},$$

wobei s die Entfernung vom Erdäquator und R den Erdradius bezeichnet Bildet man von $\operatorname{tg}\frac{s}{R}$ den Schwarzschen Differentialausdruck, so erhäl man (**)

$$\frac{2}{R^2}.$$

§ 9. Cartansche Vertauschungsformeln. Bianchische Identität

Wenn wir mit den in § 3 definierten invarianten Differentialpro zessen die zweiten Ableitungen bilden, so ergeben sich die folgender als Cartansche Vertauschungsformeln bezeichneten Relationen (*)

$$\left.\begin{aligned}\Phi_{b\vartheta}-\Phi_{\vartheta b}&=-\Phi_s-\mathcal{J}\Phi_b-\mathcal{J}_s\Phi_\vartheta\\ \Phi_{\vartheta s}-\Phi_{s\vartheta}&=\qquad\quad-\Phi_b\\ \Phi_{sb}-\Phi_{bs}&=\qquad\qquad\qquad-\mathcal{K}\Phi_\vartheta.\end{aligned}\right\}\qquad(62$$

Wir können sie leicht beweisen, wenn wir mit dem Linienelement i: dem die Differentiation durchgeführt wird, ein Koordinatensystem de Länge und Breite verbinden. Außer den in einem solchen Koordinaten system geltenden Formeln (51), (52) und (53) benötigen wir noch die folgenden

$$\hat{\hat{f}}_y = 0, \quad \widehat{f_{y'y'y}} = 0, \tag{63}$$

die sich daraus ergeben, daß wir vorausgesetzt haben, daß $y=0$ Extremale sei, d.h. längs $y=0$ die Euler-Lagrangesche Differentialgleichung erfüllt ist.

Da nämlich wegen der ersten Gleichung (51),

$$\frac{d\widehat{f_{y'}}}{dx} = 0$$

ist, folgt für die Extremale $y=0$ sofort die erste Gl. (63) und aus ihr sowie aus (52) ergibt sich die zweite Gleichung (63) als Folgerung aus der Differentiation der zweiten Gleichung (51) nach y.

Ferner ergibt sich aus (23) mit (51), (52) und (53)

$$2\hat{\hat{\mathscr{I}}} = \widehat{f_{y'y'y'}}. \tag{64}$$

Mit dem aus den Formeln in § 3 folgenden System von Gleichungen

$$\begin{pmatrix} \hat{\hat{x}}_s, & \hat{y}_s, & \hat{y}'_s \\ \hat{x}_b, & \hat{\hat{y}}_b, & \hat{y}'_b \\ x_\vartheta, & y_\vartheta, & \hat{\hat{y}}'_\vartheta \end{pmatrix} = \begin{pmatrix} 1, & 0, & 0 \\ 0, & 1, & 0 \\ 0, & 0, & 1 \end{pmatrix} \tag{65}$$

erhalten wir dann für die Koordinaten der Linienelemente auf $y=0$ spezialisierte Vertauschungsformeln (62)

$$\begin{pmatrix} \widehat{x_{b\vartheta}}, & \widehat{y_{b\vartheta}}, & \widehat{y'_{b\vartheta}} \\ \widehat{x_{\vartheta s}}, & \widehat{y_{\vartheta s}}, & \widehat{y'_{\vartheta s}} \\ \widehat{x_{sb}}, & \widehat{y_{sb}}, & \widehat{y'_{sb}} \end{pmatrix} - \begin{pmatrix} \widehat{x_{\vartheta b}}, & \widehat{y_{\vartheta b}}, & \widehat{y'_{\vartheta b}} \\ \widehat{x_{s\vartheta}}, & \widehat{y_{s\vartheta}}, & \widehat{y'_{s\vartheta}} \\ \widehat{x_{bs}}, & \widehat{y_{bs}}, & \widehat{y'_{bs}} \end{pmatrix} = \begin{pmatrix} -1, & -\hat{\hat{\mathscr{I}}}, & -\hat{\hat{\mathscr{I}}}_s \\ 0, & -1, & 0 \\ 0, & 0, & -\hat{\hat{\mathscr{K}}} \end{pmatrix}, \tag{66}$$

die man leicht durch unmittelbares Ausrechnen bestätigt. Die meisten dieser Formeln folgen sofort aus (52), (53), (54), (63), (64) entsprechend den Ausführungen in § 3 und § 7. Nur die Ermittlung von $y'_{b\vartheta}$ ist etwas umständlicher. Aus (31) folgt zunächst

$$y'_{b\vartheta} = \frac{\partial}{\partial\vartheta}\left(\frac{d\eta}{dx} - y'\,\frac{d\xi}{dx}\right) = \frac{\partial}{\partial\vartheta}\left(\frac{\eta_s}{x_s} - y'\,\frac{d\xi}{dx}\right).$$

Mit

$$\hat{\hat{y}}' = 0, \quad \widehat{\frac{d\xi}{dx}} = 0, \quad \hat{\hat{\eta}}_s = 0, \quad \hat{\hat{x}}_s = 1$$

erhält man dann

$$\widehat{y'_{b\vartheta}} = \frac{\hat{\hat{\eta}}_{s\vartheta}\,\hat{\hat{x}}_s - \hat{\hat{x}}_{s\vartheta}\,\hat{\hat{\eta}}_s}{\hat{\hat{x}}_s^2} = \widehat{y_{bs\vartheta}}.$$

Aus der sogenannten Jacobischen Identität (**), die auf die Größen Φ_s, Φ_b, Φ_ϑ angewendet lautet

$$\{(\Phi_{sb\vartheta} - \Phi_{bs\vartheta}) - (\Phi_{\vartheta sb} - \Phi_{\vartheta bs})\} + \cdots = 0,$$

wobei mit den Punkten die weiteren Glieder angedeutet sind, in denen die Ableitungssuffixe entsprechend in zyklischer Reihenfolge vertauscht sind, ergibt sich mit den rechten Seiten von (62) die sogenannte Bianchische Identität

$$\mathcal{I}_{ss} + \mathcal{K}\mathcal{I} + \mathcal{K}_\vartheta = 0. \tag{67}$$

Aus (67) folgt, daß man sich die Invarianten $\mathcal{I}$ und $\mathcal{K}$ einer Finslerschen Geometrie nicht willkürlich vorgeben kann.

Wenn $\mathcal{I} \equiv 0$ ist, also im Falle der Riemannschen Geometrie, dann ist also

$$\mathcal{K}_\vartheta = 0;$$

vgl. hiezu die im Anschluß an Gl. (3d) gemachte Bemerkung, wo wir ausdrücklich hervorgehoben haben, daß in der Gaußschen Flächentheorie das Krümmungsmaß nur vom Ort, nicht aber vom Linienelement abhängt.

Insbesondere kann man zeigen, daß $f(x, y, y')$, d.h. also die Maßbestimmung der Finslerschen Geometrie vollständig bestimmt ist, wenn man in einem Koordinatensystem der Länge und Breite

$$\mathcal{I} = \mathcal{I}^*(x, y, y') \tag{68}$$

als eine Funktion des Linienelementes, $\mathcal{K}$ jedoch nur längs Kurven der Schar $y' = 0$, d.h. als

$$\widehat{\mathcal{K}} = \mathcal{K}^*(x, y)$$

vorgegeben denkt. In der Tat ist durch die Anfangsbedingungen (vgl. (52) und (63))

$$\hat{\hat{f}} = 1, \quad \hat{\hat{f}}_y = 0$$

für die gewöhnliche Differentialgleichung zweiter Ordnung in y (57)

$$\widehat{f_{yy}} + \mathcal{K}^* \hat{f} = 0$$

die Funktion

$$\hat{f} = f(x, y, 0) = 1 - \tfrac{1}{2}\mathcal{K}^*(x, 0)\, y^2 - \tfrac{1}{6}\mathcal{K}_y^*(x, 0)\, y^3 + \cdots$$

eindeutig, — jedenfalls in der Umgebung des Linienelementes (0,0,0) —, bestimmt. Die Definitionsgleichung (23) von $\mathcal{I}$ liefert jetzt eine gewöhnliche Differentialgleichung dritter Ordnung in y' für $f(x, y, y')$, für welche wir die drei Anfangsbedingungen

$$\hat{f} = f(x, y, 0), \quad \widehat{f_{y'}} = 0, \quad \widehat{f_{y'y'}} = \frac{1}{\hat{f}}$$

haben. Setzt man Analytizität von f voraus, so ergibt sich für f eine Potenzreihenentwicklung in y und y', deren Koeffizienten durch das Krümmungsmaß und den Berwaldschen Hauptskalar sowie deren Ableitungen nach Breite und Winkel ausgedrückt werden. Unter Verwendung von (51), (52), (53), (54), (63) und (64) erhält man:

$$f(x, y, y') = 1 + \tfrac{1}{2}\left[-\mathcal{K}^*(x,0)\,y^2 + y'^2\right] + \\ + \tfrac{1}{6}\left[-\mathcal{K}_y^*(x,0)\,y^3 + \tfrac{1}{2}\mathcal{I}^*(x,0,0)\,y'^3\right] + \cdots,$$

Wenn man daran festhält, daß die Indikatrixkurven geschlossen sein sollen, muß die Willkür in der Vorgabe von (68) entsprechend eingeschränkt werden.

§ 10. Variationsprobleme mit symmetrischer Transversalitätsbedingung

In Kap. I, 4. § 2 haben wir die zu einer Extremale zugehörige transversale Richtung durch Konstruktion der Tangente an die Indikatrix vom Endpunkt des Elementvektors aus festgelegt. Wir fragen, wann ist diese Zuordnung involutorisch? Sei O der Ursprung des Koordinatensystems (X,Y) in dem die Indikatrix dargestellt ist, P ein beliebiger Punkt auf ihr. $\overrightarrow{OP} = \mathfrak{E}$ ist also ein Elementvektor.

Sei $X(t)$, $Y(t)$ eine Parameterdarstellung der Indikatrix. Wir setzen zweimal stetige Differenzierbarkeit voraus. Der Durchlaufungssinn der Indikatrix sei positiv, also

$$\begin{vmatrix} \dfrac{dX}{dt}, & \dfrac{dY}{dt} \\ X, & Y \end{vmatrix} > 0 \quad \text{für alle} \quad t \tag{69}$$

und ferner sei die Indikatrix eine konvexe Kurve, also:

$$\begin{vmatrix} \dfrac{d^2X}{dt^2}, & \dfrac{d^2Y}{dt^2} \\ \dfrac{dX}{dt}, & \dfrac{dY}{dt} \end{vmatrix} > 0 \quad \text{für alle} \quad t. \tag{70}$$

Für (69) und (70) können wir vektorsymbolisch schreiben, wenn wir, wie üblich, vereinbaren, daß dem „vektoriellen Produkt" von Vektoren in einer Ebene ein Zahlenwert zuzuordnen ist:

$$\frac{d\mathfrak{E}}{dt} \times \mathfrak{E} > 0 \tag{71}$$

$$\frac{d^2\mathfrak{E}}{dt^2} \times \frac{d\mathfrak{E}}{dt} > 0. \tag{72}$$

Sei nun P_1 ein Punkt der Indikatrix und der zugehörige Elementvekto $\overrightarrow{OP_1} = \mathfrak{E}_1$ sei durch die Forderung bestimmt, daß $\mathfrak{E}_1$ parallel zur Tangent in P sei:

$$\mathfrak{E}_1 \parallel \frac{d\mathfrak{E}}{dt}.$$

Sei ferner P_2 ein Punkt der Indikatrix für den der zugehörige Element vektor durch die Forderung

$$\mathfrak{E}_2 \parallel \frac{d\mathfrak{E}_1}{dt}$$

bestimmt sei. Die Zuordnung: Richtung eines Linienelement auf de Extremalen → Richtung eines Linienelements auf der zugehörige Transversalen im Schnittpunkt beider Kurven ist also dann vertausch bar (involutorisch bzw. symmetrisch), wenn

$$\mathfrak{E} \parallel \mathfrak{E}_2.$$

Wenn dies zutrifft, so ist:

$$\frac{d\mathfrak{E}}{dt} \times \mathfrak{E}_1 + \mathfrak{E} \times \frac{d\mathfrak{E}_1}{dt} = \frac{d}{dt}(\mathfrak{E} \times \mathfrak{E}_1) = 0.$$

Der Flächeninhalt des von den Vektoren $\mathfrak{E}$ und $\mathfrak{E}_1$ gebildeten Parallelo gramms ist also konstant. Wir bezeichnen diese Konstante mit C Wir können somit für die Indikatrix von Variationsproblemen mi symmetrischer Transversalitätsbedingung folgende Konstruktion an geben: Wir gehen aus von Punkt P^0, der dem Wert $\tau = 0$ auf der In dikatrix entspricht, und denken uns einen Bogen $\overline{P^0 P_1^0}$ so vorgegeben daß die Tangente in P^0 parallel zur Strecke $\overline{OP_1^0}$ und die Tangente i P_1^0 parallel zu $\overline{OP^0}$ ist. Sonst aber sei der Bogen willkürlich. Dan können wir für jeden Punkt P auf dem Bogen $P^0 P_1^0$

$$P^0 < P < P_1^0$$

den zugehörigen Vektor OP_1 konstruieren, denn OP_1 ist parallel zu Tangente in P und der Flächeninhalt des von OP und OP_1 aufgespannte Parallelogramms ist gleich $\overrightarrow{OP^0} \times \overrightarrow{OP_1^0}$.

Auf diese Weise ordnen wir dem Bogen $P^0 P_1^0$ einen Bogen $P_1^0 P_2^0$ z (wobei den Punkten P_1^0, P_2^0 die Punkte P, P_1 entsprechen). Analog er folgt die Konstruktion der Bogen $P_2^0 P_3^0$ und $P_3^0 P_4^0$, wobei aus der Kon struktion folgt

$$\overrightarrow{OP_2^0} = -\overrightarrow{OP^0}$$

und die Tangente in P_2^0 parallel der Tangente in P^0 ist, und hierau $P_4^0 = P^0$ mit identischer Tangente. Die so erhaltene Kurve ist, wie au der Konstruktion unmittelbar folgt, eine Mittelpunktskurve. Man be zeichnet sie als Radonsche Kurve, da Radon (*) erstmalig derartig Betrachtungen angestellt hat.

RADON hat auch eine analytische Darstellung für die nach ihm benannten Kurven gegeben. Seien φ bzw. φ_1 die Winkel, die $\mathfrak{E}$ bzw. $\mathfrak{E}_1$ mit der X-Achse einschließen und ψ bzw. ψ_1 die Winkel POP_1 bzw. P_1OP_2. Dann gilt:

$$\varphi_1 = \varphi + \psi$$

$$\psi_1 = \pi - \psi \quad \text{bzw.} \quad \left(\psi_1 - \frac{\pi}{2}\right) + \left(\psi - \frac{\pi}{2}\right) = 0,$$

also:

$$2\varphi_1 + \psi_1 = 2\varphi + \psi + \pi.$$

Setzen wir $2\varphi + \psi = u$, so ist

$$u_1 = u + \pi.$$

Bei einem Umlauf um die Indikatrix nimmt also u um 4π zu. Wir wollen u zur Parameterdarstellung der Radonschen Kurven in Polarkoordinaten benützen. Setzen wir

$$\psi - \frac{\pi}{2} = \chi(u),$$

so folgt wegen:

$$\chi(u + \pi) + \chi(u) = 0,$$

daß nur solche Funktionen $\chi(u)$ in Betracht kommen, in deren Fourier-Entwicklung nur Glieder mit $\cos(2\nu + 1)u$ bzw. $\sin(2\nu + 1)u$ vorkommen. Für den Winkel φ haben wir damit

$$\varphi = \frac{1}{2}\left(u - \chi(u) - \frac{\pi}{2}\right).$$

Sei π der Absolutbetrag des Vektors $\mathfrak{E}$:

$$|\mathfrak{E}| = |OP| = \pi,$$

so ergibt sich aus:

$$\frac{dr}{r\,d\varphi} = \frac{d\lg r}{d\varphi} = -\operatorname{ctg}\psi = \operatorname{tg}\chi(u)$$

$$r = C\, e^{\int\limits_0^u \operatorname{tg}\chi(v)\cdot\frac{1}{2}\left(1 - \frac{d\chi(v)}{dv}\right)dv},$$

wobei C eine beliebige Konstante ist.

Die analoge Fragestellung im Raum $n = 3$ führt auf die geometrische Aufgabe, alle Flächen zu ermitteln, die bei jeder Parallelbeleuchtung ebene Eigenschattengrenzen haben. Die Frage wurde von BLASCHKE behandelt (**) und ferner auch die Erweiterung auf das analoge n-dimensionale Problem. Das Ergebnis der Untersuchungen lautet: Die einzigen nicht abwickelbaren Flächen mit dieser Eigenschaft sind Mittelpunktsflächen zweiter Ordnung, bzw. allgemein für $n \geqq 3$: F^2 ist eine quadratische Form in $\dot{x}_i$.

Für $n > 2$ ist somit symmetrische Transversalität eine die Riemannsche Geometrie kennzeichnende Eigenschaft.

§ 11. Spezielle Finslersche Räume

a) Finslersche Geometrien, bei denen der Gauß-Bonnetsche Satz über die Totalkrümmung gilt (Landsbergsche Geometrie)

Das im Titel genannte Theorem lautet in der Flächentheorie

$$\oint_C \left(\frac{ds}{R_g} - d\vartheta\right) = \iint_B \varkappa \, d\omega .$$

Dabei bedeutet die linke Seite das Linienintegral über die geodätische Krümmung, ϑ bedeutet den Winkel, den das Linienelement der Kurve C mit dem Linienelement einer fest vorgegebenen Schar von Kurven, die ein gewöhnliches Feld bilden, in deren Schnittpunkten mit C einschließt. $\varkappa$ bedeutet das Gaußsche Krümmungsmaß, $d\omega$ das Flächenelement. B ist die von C eingeschlossene Fläche. Das Doppelintegral auf der rechten Seite nennt man die Totalkrümmung. Bei einfach zusammenhängenden Bereichen ist $\oint_C d\vartheta = 2\pi$.

LANDSBERG hat nun die Frage behandelt, bei welchen Variationsproblemen ein ähnlicher Satz gilt, also wann ist

$$\frac{ds}{R} - d\vartheta = \psi(x, y, y') \tag{73}$$

ein Pfaffscher Ausdruck. Dabei bedeuten jetzt $1/R$ die extremale Krümmung und ϑ den Landsbergschen Winkel. [Unter Verwendung der Formeln (43b) und (22) ergibt sich, daß sich dann die in (73) auftretenden Glieder mit y'' tilgen.] Ist nämlich (73) ein Pfaffscher Ausdruck, dann ist

$$\frac{1}{R}\frac{ds}{dx} - \frac{d\vartheta}{dx} = P(x, y) + Q(x, y)\, y' \tag{74}$$

linear in y' und das Linienintegral (74) über eine geschlossene Kurve C läßt sich in ein Flächenintegral über eine Ortsfunktion über die von C eingeschlossene Fläche B umwandeln

$$\left.\begin{aligned} \int_C (P\,dx + Q\,dy) &= \iint_B \left(\frac{\partial Q}{\partial x} - \frac{\partial P}{\partial y}\right) dx\,dy \\ &= \iint_B \frac{\left(\frac{\partial Q}{\partial x} - \frac{\partial P}{\partial y}\right)}{\sqrt{f^3 f_{y'y'}}}\, d\omega , \end{aligned}\right\} \tag{75}$$

$$d\omega = \sqrt{f^3 f_{y'y'}}\, dx\,dy .$$

Unsere Aufgabe ist somit, die invariante Bedeutung der Gleichung

$$\left[\frac{1}{R}\,\frac{ds}{dx}-\frac{d\vartheta}{dx}\right]_{y'y'}=\psi_{y'y'}=0 \tag{76a}$$

d.h. von

$$\left\{-\sqrt{\frac{f_{y'y'}}{f}}\,\bar{y}''+\left[\int^{y'}\sqrt{\frac{f_{y'y'}}{f}}\,dy'\right]_x+\left[\int^{y'}\sqrt{\frac{f_{y'y'}}{f}}\,dy'\right]_y y'\right\}_{y'y'}=0, \tag{76b}$$

die man unter Berücksichtigung der Formeln (43b) und (22) erhält, zu ermitteln. Die untere Grenze bei den in (76b) auftretenden Integralen kann willkürlich gewählt werden, denn eine Abänderung der unteren Grenze bedeutet Hinzufügen eines vollständigen Differentials, so daß bei der Integration längs einer geschlossenen Kurve sich nichts ändert. Wir wählen als untere Grenze $y'=0$.

Berwald (*), der diese Aufgabe zuerst behandelte, hat dabei gefunden: die notwendige und hinreichende Bedingung für das Bestehen von (76) ist

$$\frac{d\mathfrak{J}}{ds}=0. \tag{77}$$

Wir zeigen dies folgendermaßen: da von vorneherein klar ist, daß die Fragestellung vom Koordinatensystem unabhängig ist, kann der Beweis dadurch erbracht werden, daß wir ein Koordinatensystem der Länge und Breite einführen, und den Ausdruck auf der linken Seite des Gleichheitszeichens für das Linienelement $x=y=y'=0$ berechnen.

Außer den Formeln (51), (52), (53), (54), (63) und (64) benötigen wir hiefür und für das Folgende noch die nachstehend hergeleiteten Beziehungen. Wir setzen

$$\bar{y}''=\varphi(x,y,y');$$

es bestehe also die Identität

$$f_{y'y'}\,\varphi(x,y,y')+f_{yy'}\,y'+f_{y'x}-f_y\equiv 0. \tag{78}$$

Hieraus ergibt sich durch einmaliges bzw. zweimaliges Differenzieren nach y'

$$f_{y'y'}\,\varphi_{y'}+f_{y'y'y'}\,\varphi+f_{yy'y'}\,y'+f_{y'xy'}=0 \tag{79}$$

bzw.

$$f_{y'y'}\,\varphi_{y'y'}+2f_{y'y'y'}\,\varphi_{y'}+f_{y'y'y'y'}\,\varphi+f_{yy'y'y'}\,y'+f_{yy'y'}+f_{y'xy'y'}=0. \tag{80}$$

Aus (79) folgt

$$\widehat{\varphi_{y'}}=0 \tag{81}$$

und aus (80) mit (64) erhalten wir

$$\widehat{\varphi_{y'y'}}=-2\hat{\hat{\mathfrak{J}}}_x. \tag{82}$$

Ferner ergibt sich aus (78) mit (51)

$$\widehat{f_{y'y}}\,\hat{\varphi} = \hat{f}_y$$

und hieraus durch Differentiation nach y für $y=0$ mit (52), (53) und (54)[1]

$$\widehat{\widehat{\varphi_y}} = -\hat{\hat{\mathscr{K}}}. \tag{83}$$

Mit diesen Formeln folgt sofort aus (76b) $\left(\text{mit } \frac{ds}{dx} = 1 \text{ für } y=0,\ y'=0\right)$

$$\left[\left(\frac{1}{R}\frac{ds}{dx} - \frac{d\vartheta}{dx}\right)_{y'y}\right]_{\substack{y=0\\y'=0}} = -3\hat{\hat{\mathscr{I}}}_x.$$

Somit haben wir das Berwaldsche Resultat (77) verifiziert.

Es ist mit der in (73) eingeführten abkürzenden Bezeichnung $\psi(x,y,y')$ für den in (76b) in der geschwungenen Klammer ausführlich angeschriebenen Ausdruck:

$$\hat{\psi} = -\frac{\hat{\varphi}}{\hat{f}}, \qquad \widehat{\widehat{\psi_{y'}}} = -\widehat{\widehat{\varphi_{y'}}} = 0,$$

somit:

$$\widehat{\widehat{\psi_y}} = -\widehat{\widehat{\varphi_y}} = \hat{\hat{\mathscr{K}}}.$$

Ist (77) erfüllt, ist also ψ von der Form (74), so ist

$$\psi_{y'} = Q(x,y), \quad \hat{\psi} = P(x,y).$$

Folglich:

$$\frac{Q_x(x,0) - P_y(x,0)}{\sqrt{\hat{\hat{f}}^3\,\widehat{\widehat{f_{y'y'}}}}} = \hat{\hat{\mathscr{K}}}.$$

Wir erhalten also das Resultat: Wenn (77) erfüllt ist, so gilt die Formel:

$$\oint\limits_C \left(\frac{1}{R}\,ds - d\vartheta\right) = \iint\limits_B \mathscr{K}\,d\omega.$$

b) Variationsprobleme, bei denen Kurven konstanten Breitenabstandes auch Kurven konstanten Längenabstandes sind (Riemannsche Geometrie)

Wir stellen uns nun die Frage: Wann ist für ein vorgelegtes Variationsproblem die Hamilton-Jacobische partielle Differentialgleichung identisch mit der Differentialgleichung für den Breitenabstand?

---

[1] Gl. (83) hat die von L. BERWALD hervorgehobene geometrische Bedeutung: Bettet man eine Extremale in eine Schar von Kurven konstanten Breitenabstands b ein, so ergibt sich für das Krümmungsmaß $\lim\limits_{b\to 0}(1/Rb)$, wobei R die extremale Krümmung der Kurven konstanter Breite ist. Vgl. hiezu auch die Formeln (43a), (43b), (55a).

Wir denken uns im x, y, Z-Raum jene Lösung

$$Z = J(x, y) \tag{84}$$

bzw.

$$Z = b(x, y) \tag{85}$$

der Hamilton-Jacobischen Differentialgleichung bzw. der Differentialgleichung für den Breitenabstand konstruiert, die durch eine vorgegebene Kurve C in der x, y-Ebene ($Z=0$) geht, wobei wir im folgenden jedoch von dieser Kurve nur das Linienelement $L_0(x_0, y_0, y_0')$ betrachten. Es sind

$$Z = (x - x_0)\left(\frac{\partial J}{\partial x}\right)_{x, y = x_0, y_0} + (y - y_0)\left(\frac{\partial J}{\partial y}\right)_{x, y = x_0, y_0} \tag{86}$$

bzw.

$$Z = (x - x_0)\left(\frac{\partial b}{\partial x}\right)_{x, y = x_0, y_0} + (y - y_0)\left(\frac{\partial b}{\partial y}\right)_{x, y = x_0, y_0} \tag{87}$$

die Tangentialebenen an die Flächen (84) bzw. (85) im Punkt $(x_0, y_0, 0)$. $\mathfrak{E}$ sei der zu (x_0, y_0, y_0') gehörige Elementvektor. Wir schneiden beide Tangentialebenen (86) und (87) mit der Ebene $Z=1$, wobei die Ebene $Z=1$ zugleich auch die Ebene der Indikatrix mit $x=X$, $y=Y$ sei, und gelangen im ersten Fall zur Tangente parallel zu $\mathfrak{E}$ an die Indikatrix (vgl. Kap. I, 4, § 1) im zweiten Fall zur Tangente parallel zu $\mathfrak{E}$ an die zu $\mathfrak{E}$ zugehörige, die Indikatrix dreipunktig berührende Ellipse.

Denken wir uns nun $\mathfrak{E}$ im festgehaltenen Punkt (x_0, y_0) gedreht, indem wir y_0' variieren und fordern wir für alle diese Lagen das Zusammenfallen der beiden Tangenten. Ist $\mathfrak{T}$ der zu $\mathfrak{E}$ zugehörige Transversalitätsvektor, so läßt sich die zu Beginn gestellte Frage so formulieren: Wann liegt der Endpunkt von $\mathfrak{T}$ stets auf der Indikatrix?

Wir zeigen, daß dies dann und nur dann der Fall ist, wenn die Indikatrix eine Ellipse ist, also wenn eine Riemannsche Maßbestimmung vorliegt.

Wir denken uns die Indikatrix wieder in Parameterdarstellung mit dem Keplerschen Parameter τ vorgelegt. Es ist [vgl. (69) und (14)]

$$\mathfrak{E} \times \dot{\mathfrak{E}} = 1, \tag{88}$$

$$\ddot{\mathfrak{E}} = -\frac{1}{\mu^2}\mathfrak{E}. \tag{89}$$

Ferner

$$\mathfrak{T} \times \mathfrak{E} = \mu$$

und nach (27) mit (16)

$$\mathfrak{T} = \mu\,\dot{\mathfrak{E}}.$$

Die Differentiation dieser Gleichung nach τ liefert

$$\dot{\mathfrak{T}} = \mu\,\ddot{\mathfrak{E}} + \dot{\mu}\,\dot{\mathfrak{E}} = -\frac{\mathfrak{E}}{\mu} + \frac{\dot{\mu}}{\mu}\mathfrak{T} \tag{90}$$

und durch nochmalige Differentiation erhalten wir, unter Verwendung von (90), mit

$$\frac{1}{\mu^2} - \left(\frac{\dot{\mu}}{\mu}\right)^{\cdot} - \left(\frac{\dot{\mu}}{\mu}\right)^2 = \frac{1}{\mu^{*2}},$$

$$\ddot{\mathfrak{T}} = -\frac{1}{\mu^{*2}}\mathfrak{T}. \tag{91}$$

Aus (90) folgt weiters durch vektorielle Multiplikation mit $\mathfrak{T}$

$$\mathfrak{T} \times \dot{\mathfrak{T}} = 1. \tag{92}$$

Also: bewegt sich der Elementvektor auf der Indikatrix, dann durchstreichen der Elementvektor und der zugehörige Transversalitätsvektor die gleichen Flächeninhalte. (89) bzw. (91) stellen die Differentialgleichungen der vom Endpunkt des Vektors $\mathfrak{E}$ bzw. $\mathfrak{T}$ durchlaufenen Kurven dar.

Es ist, wenn $1/\mu^{*2}$ über die ganze von $\mathfrak{T}$ durchlaufene Kurve integriert wird, da das vollständige Differential $(\dot{\mu}/\mu)^{\cdot}$ keinen Beitrag liefert

$$\oint \frac{1}{\mu^{*2}}\,d\tau = \oint\left(\frac{1}{\mu^2} - \frac{\dot{\mu}^2}{\mu^2}\right)d\tau$$

und somit können nur im Fall $\dot{\mu}=0$, d.h. $\mu = \text{const}$, also wenn die Indikatrix eine Ellipse ist, die von $\mathfrak{E}$ und die von $\mathfrak{T}$ beschriebenen Kurven identisch sein, womit die Behauptung bewiesen ist.

c) Geometrien, bei denen die Extremalen durch lineare Gleichungen dargestellt werden können

Das Problem, die Geometrien, in denen die Geraden die kürzesten sind, zu kennzeichnen, hat Hilbert in seinem Pariser Vortrag gestellt und G. Hamel in seiner Dissertation behandelt (**). Ein Beispiel von Hilbert für eine solche Geometrie haben wir in Kap. I, 3, § 3, 5. angegeben.

Das Problem, welchen Bedingungen $\mathscr{H}$ und $\mathscr{I}$ genügen müssen, damit die Extremalen Geraden sind wurde gleichzeitig von L. Berwald und P. Funk (***) behandelt. Wir begnügen uns hier bloß mit der Angabe des Resultats. Notwendig und hinreichend dafür ist, daß die Gleichungen

$$\mathscr{H}_b = \tfrac{1}{3}\mathscr{H}_{\vartheta s},$$

$$(\mathscr{I}_{s\vartheta} + \mathscr{I}_b)_\vartheta + 2\mathscr{I}(\mathscr{I}_{s\vartheta} + \mathscr{I}_b) + 6\mathscr{I}_s = 0$$

bestehen.

Zehntes Kapitel

Zusätze und spezielle Probleme

§ 1. Das Umkehrproblem der Variationsrechnung

Einer der stärksten Antriebe für die Mathematiker, sich mit Variationsrechnung zu beschäftigen, ging immer von dem Wunsch aus, die Differentialgleichungen, die eine große Klasse von Naturerscheinungen beschreiben, aus einem Variationsprinzip herleiten zu können. Zu Zeiten EULERS war dieses Bestreben mit allerlei mystischen Überlegungen (daß die Natur „mit sparsamsten Mitteln arbeitet" usw.) verbunden. Die mystischen Tendenzen traten zwar immer mehr zurück als man sich mit der Aufstellung der notwendigen und hinreichenden Bedingungen für die Existenz eines Extremums beschäftigte, doch es erwies sich die Auffindung eines Variationsproblems, dessen Euler-Lagrangesche Differentialgleichungen mit den die betreffenden Naturvorgänge beschreibenden Differentialgleichungen identisch sind, stets als außerordentlich nützlich. So wird hierdurch die Untersuchung von Invarianzeigenschaften der Differentialgleichungen und die Auffindung von Naturgesetzen als Folge dieser Invarianzeigenschaften wesentlich erleichtert. Vor allem aber erlaubt die Formulierung als Variationsproblem die Anwendung der direkten Methoden der Variationsrechnung zur Ermittlung von Näherungslösungen, was sich, namentlich bei Randwertaufgaben, zumeist als sehr zweckmäßig erweist. Außerdem wies insbesondere HELMHOLTZ auf gewisse Reziprozitätsgesetze hin, die bei vielen physikalischen Problemen auftreten, und diese ließen sich leicht herleiten, wenn es gelang, ein die betreffende Naturerscheinung beherrschendes Variationsproblem aufzustellen. So gewann die Frage, wann man einer bzw. einem System von Differentialgleichungen ein Variationsproblem zuordnen kann, so daß die Forderung nach dem Verschwinden der ersten Variation die betreffende Differentialgleichung bzw. das betreffende System von Differentialgleichungen zur Folge hat, immer mehr an Bedeutung.

In Kap. I, 5, § 5 hatten wir uns bereits in einem bestimmten Fall — den Differentialgleichungen für die Bewegung eines Elektrons im elektromagnetischen Feld — mit der Aufgabe beschäftigt, zu diesen Differentialgleichungen ein Variationsproblem zu finden. Wir haben diese Aufgabe dadurch gelöst, daß wir diese Bewegungsgleichungen als Euler-Lagrangesche Differentialgleichungen auffaßten und den Weg ihrer Ableitung aus einem Variationsproblem zurück verfolgten. Es ist jedoch klar, daß dieser Weg nur dann zum Ziel führen kann, wenn die vorgegebenen Differentialgleichungen die Eigenschaften besitzen, welche für die Euler-Lagrangeschen Differentialgleichungen kennzeichnend sind.

In Kap. II, 2, § 6 haben wir als eine kennzeichnende Eigenschaft der Euler-Lagrangeschen Differentialgleichung die Tatsache festgestellt, daß ihre Variationsgleichung selbstadjungiert ist. Daß diese *notwendige* Bedingung, welche eine vorgelegte Differentialgleichung erfüllen muß, um als Euler-Lagrangesche Differentialgleichung gelten zu können, dafür auch *hinreichend* ist, hat A. HIRSCH (*) erkannt. Er hat folgenden Satz ausgesprochen:

Wenn die Variationsgleichung einer gewöhnlichen Differentialgleichung beliebiger Ordnung selbstadjungiert ist (was notwendigerweise zur Folge hat, daß ihre Ordnung gerade ist), bzw. wenn die Variationsgleichung einer partiellen Differentialgleichung zweiter Ordnung mit einer abhängigen Veränderlichen selbstadjungiert ist, so kann sie als Euler-Lagrangesche Differentialgleichung aus einem Variationsproblem hergeleitet werden, dessen Integrand durch gewöhnliche Quadraturen aus der vorgegebenen Differentialgleichung ermittelt werden kann.

In der Arbeit von HIRSCH wird dieser Satz für gewöhnliche Differentialgleichungen und partielle Differentialgleichungen mit zwei und drei unabhängigen Veränderlichen bewiesen. Den Beweis dieses Satzes für partielle Differentialgleichungen mit beliebig vielen unabhängigen Veränderlichen hat J. KÜRSCHAK (**) erbracht.

Eine neuere, umfassende Darstellung des Umkehrproblems der Variationsrechnung für Systeme gewöhnlicher Differentialgleichungen findet sich bei PAUL DEDECKER: „Sur un problème inverse du calcule des variations" (***), die auch ausführliche Angaben über die Literatur des Umkehrproblems enthält.

Im folgenden wollen wir, der Einfachheit halber, den Beweis dieses Satzes nur für gewöhnliche Differentialgleichungen zweiter Ordnung durchführen. Für gewöhnliche Differentialgleichungen höherer gerader Ordnung kann man hieraus den Beweis unmittelbar durch vollständige Induktion erhalten. Auch die Verallgemeinerung des Beweises auf partielle Differentialgleichungen bietet keine grundsätzlichen Schwierigkeiten, erfordert aber einen verhältnismäßig umfangreichen Formelapparat.

Es sei nun eine Differentialgleichung zweiter Ordnung vorgelegt

$$F(x, y, y', y'') = 0 \tag{1}$$

von der Beschaffenheit, daß für ihre zugehörige Variationsgleichung

$$F_y \cdot \eta + F_{y'} \eta' + F_{y''} \cdot \eta'' = 0 \tag{2}$$

der Ausdruck auf der linken Seite einen selbstadjungierten Differentialausdruck darstellt. Dann muß

$$\frac{dF_{y''}}{dx} = F_{y'}. \tag{3}$$

Hieraus geht hervor, daß y'' in F nur linear vorkommt, denn wäre $F_{y''}$ noch von y'' abhängig, so enthielte unsere letzte Differentialgleichung auch dritte Ableitungen. Somit ist F von der Form

$$F = m(x, y, y') \cdot y'' + n(x, y, y'),$$

wobei $m = F_{y''}$ ist.

Nennen wir nun $P(x, y, y')$ irgendein unbestimmtes Integral von m nach y', so daß

$$P_{y'} = m,$$

so ist

$$\frac{dP}{dx} = m \cdot y'' + P_y \cdot y' + P_x,$$

und somit kann man F auch in der Form schreiben

$$F = \frac{d}{dx} P(x, y, y') + Q(x, y, y') = P_x + P_y \cdot y' + P_{y'} \cdot y'' + Q. \tag{4}$$

Die oben aufgestellte Bedingung (3) dafür, daß die zugehörige Variationsgleichung einen sich selbst adjungierten Differentialausdruck darstellt besagt nun, daß

$$\left.\begin{aligned} \frac{dP_{y'}}{dx} &= F_{y'} \\ P_y + Q_{y'} &= 0. \end{aligned}\right\} \tag{5}$$

Dies ist aber die notwendige und hinreichende Bedingung für die Existenz einer Funktion $f(x, y, y')$, die gleichzeitig die beiden Gleichungen

$$f_{y'} = P$$

$$f_y = -Q$$

erfüllt. Setzen wir diese Werte in (4) ein, so erkennen wir daraus, daß

$$F = 0$$

die zu

$$\delta \int_{x_0}^{x_1} f(x, y, y')\, dx = 0$$

gehörige Euler-Lagrangesche Gleichung ist, womit also die oben aufgestellte Behauptung bewiesen ist.

Bei dem Satz von Hirsch und Kürschak wird aber eine ganz bestimmte Form der vorgelegten Differentialgleichung vorausgesetzt und die Frage, ob und wann eine gegebene Differentialgleichung sich in diese bestimmte Form bringen läßt, ist noch zu diskutieren. Zur tatsächlichen Erledigung des Umkehrproblems der Variationsrechnung ist demnach die Beantwortung der folgenden Frage notwendig: Wann läßt sich eine vorgegebene Differentialgleichung auf eine Form bringen, so daß die linke Seite ihrer Variationsgleichung einen sich selbst adjungierten Differentialausdruck darstellt? Wir behandeln hier auch diese Frage nur für den Fall einer gewöhnlichen Differentialgleichung zweiter Ordnung. Diese denken wir uns nach y'' aufgelöst, also in der Form

$$y'' + \Phi(x, y, y') = 0 \tag{6}$$

vorgelegt. Die aufgeworfene Frage ist identisch mit der Frage nach einem Multiplikator $M(x, y, y')$, mit dem man die vorgelegte Differentialgleichung zu multiplizieren hat, damit die neue Gleichung die verlangten Eigenschaften hat. Wir erhalten damit für M aus (3) die partielle Differentialgleichung

$$\frac{dM}{dx} - \frac{\partial}{\partial y'}(M y'' + M\Phi) = 0$$

oder

$$\frac{\partial M}{\partial x} + \frac{\partial M}{\partial y} y' - \Phi \frac{\partial M}{\partial y'} - \frac{\partial \Phi}{\partial y'} M = 0. \tag{7}$$

Zu derselben Gleichung gelangt auch Darboux, indem er die Euler-Lagrangesche Differentialgleichung nach Einsetzen von y'' aus (6) formal nach y' differenziert.

Die Euler-Lagrangesche Differentialgleichung für die zu bestimmende Funktion $f(x, y, y')$ lautet ja

$$f_y - f_{y'x} - f_{y'y} y' - f_{y'y'} y'' = 0. \tag{8}$$

Setzen wir $y'' = -\Phi(x, y, y')$ und differenzieren wir (8) formal nach y', so ergibt sich mit

$$M = -f_{y'y'}$$

die Differentialgleichung (7).

Die Ermittlung des Multiplikators aus (7) führt auf die Aufgabe, das System gewöhnlicher Differentialgleichungen

$$dx : dy : dy' : \frac{dM}{M} = 1 : y' : -\Phi : \frac{\partial \Phi}{\partial y'} \tag{9}$$

zu integrieren (vgl. Kap. IV, 1, § 4, III.).

Der allgemeinste Multiplikator läßt sich ermitteln, wenn man die allgemeine Lösung von (6) kennt, und zwar folgendermaßen:

Sei

$$y = g(x, \alpha, \beta) \tag{10}$$

die allgemeine Lösung von (6) und sei die Ableitung nach x mit

$$y' = g_x(x, \alpha, \beta) \tag{11}$$

bezeichnet. Löst man nun (10) und (11) nach α und β auf, so erhält man die beiden Integrale

$$\alpha = \varphi_1(x, y, y')$$
$$\beta = \varphi_2(x, y, y').$$

Aus dem System (9) erhalten wir für die Bestimmung von M

$$\frac{d \ln M}{d x} = \frac{\partial \Phi}{\partial y'}.$$

Denken wir uns nun $g(x, \alpha, \beta)$ und $g_x(x, \alpha, \beta)$ für y und y' eingesetzt. So ergibt sich durch Integration die allgemeine Lösung der Gleichung für den Multiplikator in der Form:

$$M = \gamma(\alpha, \beta)\, e^{\int\limits_0^x \frac{\partial \Phi}{\partial y'} dx},$$

wobei γ eine willkürliche Funktion der Konstanten α und β ist, also

$$\gamma(\alpha, \beta) = \gamma(\varphi_1(x, y, y'), \varphi_2(x, y, y')).$$

Bei Kenntnis der Lösung von (6) läßt sich übrigens das Umkehrproblem der Variationsrechnung unter Benützung der Hamilton-Jacobischen Theorie auch in der folgenden Weise lösen:

Denkt man sich die Lösungen von (6) aufgefaßt als Extremale des zu bestimmenden Variationsproblems dargestellt in der Form

$$h(x, y, \alpha) = \beta,$$

wobei α ein nichtadditiver Parameter ist, so wird man entsprechend dem Hauptsatz der Hamilton-Jacobischen Integrationstheorie (vgl. Kap. I, 4, § 4)

$$J_\alpha = h(x, y, \alpha)$$

ansetzen und daraus durch Integration nach α den Ansatz für J gewinnen

$$J = J(x, y, \alpha).$$

Indem man α aus J_x und J_y eliminiert, gewinnt man die Hamilton-Jacobische Differentialgleichung und aus deren allgemeinem Integral mittels der Hamiltonschen Formeln eine Funktion $f(x, y, y')$, deren Extremalen die oben angeschriebene zweiparametrige Kurvenschar bilden.

Die tatsächliche Bestimmung des Integranden des Variationsproblems bietet bereits bei dem Problem:

„Gegeben im Intervall $x_0 \leqq x \leqq x_1$ das System von Differentialgleichungen für $y = y(x)$, $z = z(x)$

$$y'' = F(x, y, z, y', z'), \qquad z'' = G(x, y, z, y', z'); \tag{12}$$

gefragt ist, ob die allgemeine Lösung von (12) Extremalen eines Variationsproblems

$$\delta \int_{x_0}^{x_1} f(x, y, z, y', z')\, dx = 0$$

bilden und — falls dies zutrifft — sind alle derartigen Funktionen f zu bestimmen", erhebliche Schwierigkeiten. Sie wurden in der Arbeit von J. DOUGLAS: „Solution of the inverse problem of the calculus of variations" (°) eingehend behandelt und gelöst.

Ferner sei hier noch auf eine Arbeit von D. LAUGWITZ (°°) hingewiesen, dem es gelungen ist, dem Umkehrproblem eine sehr interessante geometrische Fassung zu geben. Bei ihm handelt es sich um eine Frage der Wegegeometrie (vgl. Kap. IX, §1). Dabei wird eine von W. BARTHEL herrührende „längentreue" Vektorübertragung für Wegesysteme erörtert und im Anschluß daran die Frage untersucht, wann jede Kurve einer durch Differentialgleichungen definierten Kurvenschar mit einem bis auf eine affine Transformation festgelegten Parameter ausgestattet ist, der demnach als Finslersche Maßbestimmung gedeutet werden kann.

§ 2. Die Eulersche Knicklast.
Ermittlung der Knicklast von geraden Stäben unter Berücksichtigung des Einflusses der Längenänderung der Stäbe

EULER hat die nach ihm benannte Formel für die Knicklast eines zylindrischen, ursprünglich geraden, zentrisch gedrückten Stabes in seiner Abhandlung: „Von den elastischen Kurven" (s. Anmerkung zu Kap. I, 1, § 2) aufgestellt. Sein Ausgangspunkt war dabei im wesentlichen derselbe wie bei den in Kap. IV, 3, § 2 von uns behandelten Beispielen.

Um die Formel für die Knicklast im Anschluß an die Ausführungen in Kap. IV, 3, § 2 herzuleiten, hätten wir das akzessorische Problem für die Extremale $\vartheta = 0$, $\lambda_1 = -P$, $\lambda_2 = 0$ zu betrachten. Wir deuten hier die durchzuführenden Überlegungen lediglich an. Die Jacobischen Differentialgleichungen lauten [vgl. Kap. IV, Gl. (99)]

$$\left.\begin{array}{ll} \text{(a)} & EI\tau''+P\tau+\mu_2=0 \\ \text{(b)} & \eta'=\tau \\ \text{(c)} & \xi'=0 \\ \text{(d)} & \mu_2'=0. \end{array}\right\} \qquad (13)$$

Differentiation und Elimination der Ableitungen von τ' aus (13a) und (13b) unter Berücksichtigung von (13d) liefert

$$\eta^{\text{IV}}+\frac{P}{EI}\eta''=0, \qquad (14)$$

also

$$\eta = C_1\sin\sqrt{\frac{P}{EI}}\,s + C_2\cos\sqrt{\frac{P}{EI}}\,s + C_3 s + C_4$$

und für das akzessorische Problem [vgl. Kap. IV, Gl. (98)]

$$\delta\int_0^L \Omega^* ds = \delta\int_0^L \left(\tfrac{1}{2}EI\eta''^2 - P\eta'^2\right)ds = 0. \qquad (15)$$

Wir bemerken, daß wir hier ein akzessorisches Problem haben, bei dem zweite Ableitungen im Integranden auftreten[1].

[1] Bei komplizierteren Randbedingungen kann hier häufig mit Vorteil die Ritzsche Methode zur Lösung herangezogen werden.

Die einfachsten und häufigsten in der Literatur behandelten Fälle sind: Fest vorgegeben ist die Verschiebung der Stabenden in Richtung der undeformierten Stabachse, wobei

1. die Stabenden frei drehbar sind,
2. die Stabenden fest eingeklemmt sind,
3. das eine Stabende fest eingeklemmt, das andere frei drehbar und frei beweglich ist. Diesen Fall hat Euler behandelt (vgl. auch Kap. III, 2, § 5).

Diese Fälle führen für (14) auf die Randbedingungen:

1. $$\eta(0)=0, \quad \eta(L)=0$$

als Zwangsbedingungen und

$$\eta''(0)=0, \quad \eta''(L)=0$$

als freie Randbedingungen;

2. $$\eta(0)=0, \quad \eta(L)=0, \quad \eta'(0)=0, \quad \eta'(L)=0$$

sämtlich Zwangsbedingungen;

3. $$\eta(0)=0, \quad \eta'(0)=0$$

als Zwangsbedingungen und

$$\eta''(L)=0, \quad \eta'''(L)+\frac{P}{EI}\eta'(L)=0$$

als freie Randbedingungen,

Bei dieser Behandlung des Knickproblems nach EULER wird jedoch die Längenänderung des Stabes vernachlässigt, d.h. es wird der Einfluß der Druckspannungen nicht berücksichtigt. Im folgenden wollen wir nun auch die Wirkung dieses Einflusses in Betracht ziehen.

Als erstes derartiges Problem behandeln wir hier den Fall, der bei der experimentellen Prüfung der Knicklast meist verwirklicht wird, nämlich den des auf Schneiden (bzw. frei gelenkig) gelagerten ursprünglich geraden zylindrischen Stabes, bei dem die Annäherung der Stabenden in Richtung der undeformierten Stabachse (die wir als x-Achse wählen) vorgegeben wird. Dabei wird von einer elastischen Rückwirkung des Stabes auf die Lager abgesehen. Der Stab habe im undeformierten Zustand die Länge l, die vorgegebene Annäherung der Enden sei Δl. Nach dem Hookeschen Gesetz (E: Elastizitätsmodul, F: Querschnittsfläche des Stabes) gilt für die Kraft P

$$\frac{P}{EF} = \frac{\Delta l}{l}.$$

Als Parameter bei der folgenden Darstellung der Koordinaten der Mittellinie des deformierten Stabes benützen wir die Länge s_0 der Mittellinie im undeformierten Zustand, d.h. wir stellen die Mittellinie dar durch

$$x = x(s_0), \qquad y = y(s_0) \qquad 0 \leqq s_0 \leqq l.$$

Die Ableitungen nach s_0 bezeichnen wir im folgenden durch Punkte.

Wir setzen ferner voraus, daß die Schneiden (Achsen der Gelenke) parallel zueinander sind und genau mit der „neutralen Faser" in den Endquerschnitten übereinstimmen, so daß die virtuellen Verschiebungen alle in einer Ebene liegen, d.h. wir betrachten entweder einen Stab mit kreisförmigem Querschnitt oder wir setzen als realisiert voraus, daß die Mittellinie des Stabes beim Ausknicken in jener Ebene bleibt, die dem kleinsten Trägheitsmoment des Querschnittes entspricht.

Um zu einer genaueren Theorie der Knicklast unter Berücksichtigung der Druckspannungen zu gelangen, verwenden wir den folgenden Ausdruck für die Formänderungsarbeit A des Stabes, der sich additiv aus

---

wobei wir bezüglich der Herleitung der freien Randbedingungen bemerken, daß man sich hierbei, analog zu den in Kap. I, 4, § 2, 5a hergeleiteten, auf die Gln. (58) des Kap. I zu stützen hat. Man erhält als kritische Lasten (Knicklasten) und als zugehörige Elementarlösungen von (14) im Fall

1. $$P_K = \frac{\pi^2}{L^2} EI, \qquad \eta = \sin \sqrt{\frac{P_K}{EI}}\, s_0,$$

2. $$P_K = \frac{4\pi^2}{L^2} EI, \qquad \eta = 1 - \cos \sqrt{\frac{P_K}{EI}}\, s_0,$$

3. $$P_K = \frac{\pi^2}{4L^2} EI, \qquad \eta = 1 - \cos \sqrt{\frac{P_K}{EI}}\, s_0.$$

der Formänderungsarbeit bei der Zusammendrückung und der Formänderungsarbeit der Biegung des Stabes zusammensetzt:

$$A = \frac{1}{2}\int\limits_0^l EF\left(\frac{ds - ds_0}{ds_0}\right)^2 ds_0 + \frac{1}{2}\int\limits_0^l EI\frac{1}{\varrho^2}\,ds_0 \tag{16}$$

mit

$$ds = \sqrt{\dot{x}^2 + \dot{y}^2}\,ds_0, \qquad \frac{1}{\varrho} = \frac{\begin{vmatrix}\dot{x} & \dot{y}\\ \ddot{x} & \ddot{y}\end{vmatrix}}{(\dot{x}^2 + \dot{y}^2)^{\frac{3}{2}}}.$$

I: Trägheitsmoment des Stabquerschnittes.

Wir haben die folgenden Zwangsbedingungen

$$\left.\begin{array}{ll} x(0) = 0 & x(l) = l - \Delta l\\ y(0) = 0 & y(l) = 0. \end{array}\right\} \tag{17}$$

Die freien Randbedingungen ergeben sich daraus, daß wir uns den Ausdruck für die Formänderungsarbeit längs einer, (16) erfüllenden Extremale $\bar{x}(s_0)$, $\bar{y}(s_0)$ gebildet denken, den wir mit $\bar{A}$ bezeichnen und die Ableitungen von $\bar{A}$ nach $\dot{\bar{x}}, \dot{\bar{y}}$ für $s_0 = 0$ und $s_0 = l$ gleich Null setzen [vgl. Kap. I, Gln. (58) bzw. Kap. I, 4, § 2]. Damit ergeben sich als freie Randbedingungen

$$\left(\frac{1}{\varrho}\right)_{s_0=0} = 0, \qquad \left(\frac{1}{\varrho}\right)_{s_0=l} = 0, \tag{18}$$

d. h.

$$\left.\begin{array}{ll} \ddot{\bar{x}}(0) = 0, & \ddot{\bar{x}}(l) = 0\\ \ddot{\bar{y}}(0) = 0, & \ddot{\bar{y}}(l) = 0. \end{array}\right\} \tag{18'}$$

Als Extremale erhalten wir

$$\left.\begin{array}{l} x = \bar{x} = \left(1 - \dfrac{\Delta l}{l}\right)s_0\\ y = \bar{y} = 0 \end{array}\right\} \quad \text{für } 0 \leqq s_0 \leqq l. \tag{19}$$

Zur Prüfung der Stabilität haben wir zu untersuchen, wann diese Extremale ein Minimum liefert. Wir setzen

$$x = \bar{x} + \varepsilon\xi, \qquad y = \bar{y} + \varepsilon\eta,$$

denken uns A in eine Potenzreihe nach ε

$$A = A_0 + A_1\varepsilon + A_2\varepsilon^2 + \cdots$$

entwickelt und haben nun die Bedingung dafür, daß A_2 positiv definit ist, bzw. den Grenzfall zu bestimmen, wann A_2 semidefinit wird.

Entwicklung nach Potenzen von ε ergibt für

$$\left(\frac{ds-ds_0}{ds_0}\right)^2=\left(\sqrt{\left(1-\frac{\Delta l}{l}+\varepsilon\dot{\xi}\right)^2+(\varepsilon\dot{\eta})^2}-1\right)^2$$
$$=\left(\frac{\Delta l}{l}\right)^2-2\frac{\Delta l}{l}\dot{\xi}\varepsilon+\left(\dot{\xi}^2-\frac{\Delta l}{l}\frac{\dot{\eta}^2}{\left(1-\frac{\Delta l}{l}\right)}\right)\varepsilon^2+\cdots$$

und für

$$\frac{1}{\varrho^2}=\frac{\ddot{\eta}^2}{\left(1-\frac{\Delta l}{l}\right)^4}\varepsilon^2+\cdots.$$

Damit ergibt sich für

$$A_2=\frac{EI}{2}\frac{1}{\left(1-\frac{\Delta l}{l}\right)^4}\int_0^l\left[\ddot{\eta}^2-\frac{P}{EI}\left(1-\frac{\Delta l}{l}\right)^3\dot{\eta}^2+\frac{F}{I}\left(1-\frac{\Delta l}{l}\right)^4\dot{\xi}^2\right]ds_0$$

und die Ermittlung der Stabilitätsgrenzen von (19) ist damit zurück geführt auf die Untersuchung der Frage wann das akzessorische Varia tionsproblem

$$\delta A_2=0 \tag{20}$$

bei den nachstehend formulierten Randbedingungen eine diesen Rand bedingungen genügende nichttriviale Lösung hat.

Die Zwangsbedingungen für (20) ergeben sich daraus, daß die Koordi naten der Stabenden fest vorgegeben sind zu

$$\left.\begin{array}{ll}\xi(0)=0, & \eta(0)=0\\ \xi(l)=0, & \eta(l)=0.\end{array}\right\} \tag{21}$$

Die freien Randbedingungen ergeben sich in analoger Weise wie jene des Primärproblems. Wir erhalten hierfür

$$\ddot{\eta}(0)=0,\quad \ddot{\eta}(l)=0. \tag{22}$$

Bilden wir das System der Jacobischen Gleichungen von (20), so erhalten wir

$$\left.\begin{array}{l}\left.\begin{array}{r}\eta^{(\mathrm{IV})}+\omega^2\ddot{\eta}=0\\ \ddot{\xi}=0\end{array}\right\}\\ \text{mit}\quad \omega=\sqrt{\frac{P}{EI}\left(1-\frac{\Delta l}{l}\right)^3}.\end{array}\right\} \tag{23}$$

Viele Herleitungen der Knicklast nehmen von vornherein nur auf solche virtuelle Verschiebungen Rücksicht, die in horizontaler Richtung vor sich gehen. Der Umstand, daß $\xi=0$ die den Randbedingungen entsprechende Lösung der Jacobischen Gleichungen ist, liefert den Nachweis für die Berechtigung hierzu. Die allgemeine Lösung von (23) lautet:

$$\xi = C_1 + C_2 s_0$$
$$\eta = C_3 \cos\omega s_0 + C_4 \sin\omega s_0 + C_5 s_0 + C_6;$$

somit ergibt sich für die Knicklast P_k, d.h. für den kleinsten Wert, für den eine nicht identisch verschwindende, den Randbedingungen genügende Lösung des Systems vorhanden ist, wegen (21) und (22)

$$P_k = \frac{EI}{\left(1-\frac{\Delta l}{l}\right)^3} \cdot \frac{\pi^2}{l^2}.$$

Dieselbe Knicklast wie bei der eben abgeleiteten Formel würden wir auch bei einer zweiten Versuchsanordnung erhalten, nämlich, wenn wir nicht Δl als unmittelbar gegeben ansehen, sondern den Stab unter der Einwirkung einer an der oberen Schneide (Lager) angreifenden, in der vertikalen Richtung frei verschieblichen Last P als gegeben annehmen. An der Gleichung würde sich nur ändern, daß wir jetzt dem Energieausdruck (16) noch die potentielle Energie der Last

$$P x(l) = \int_0^l P \dot{x}\, ds_0$$

hinzuzufügen hätten. Als erzwungene Randbedingungen des Primärproblems haben wir, an Stelle von (17), hier

$$\left.\begin{aligned} x(0) = 0, \quad y(0) = 0,\\ y(l) = 0; \end{aligned}\right\} \tag{24}$$

als freie Randbedingungen haben wir daher zusätzlich zu (18) bzw. (18') noch eine weitere für $\dot{x}(l)$ in Betracht zu ziehen. Diese zusätzliche freie Randbedingung ergibt sich aus

$$\frac{\partial}{\partial \dot{x}}\left(A + \int_0^l P\dot{x}\, ds_0\right)_{\substack{y=\overline{y}(s_0)\\ x=\overline{x}(s_0)\\ s_0=l}}$$
$$= \left[\frac{\partial}{\partial \dot{x}}\left(\frac{1}{2} EF\left(\sqrt{\dot{x}^2+\dot{y}^2}-1\right)^2 + \frac{1}{2} EI \frac{1}{\varrho^2} + P\dot{x}\right)\right]_{\substack{y=\overline{y}(s_0)\\ x=\overline{x}(s_0)\\ s_0=l}} = 0$$

unter Beachtung des Umstandes, daß $y = \overline{y} = 0$ die den Randbedingungen entsprechende Lösung der Euler-Lagrangeschen Differentialgleichung ist und unter Beachtung von (18) zu

$$\frac{\partial}{\partial \dot{x}}\left(\frac{1}{2} EF(\dot{x}-1)^2 + P\dot{x}\right) = 0,$$

d.h.

$$\dot{x}(l) = 1 - \frac{\Delta l}{l}. \tag{25}$$

Somit ergibt sich für x

$$x = s_0 - \frac{P}{EF} s_0$$

in Übereinstimmung mit Gl. (19). Bei der Betrachtung der Jacobischen Gleichung ist nur zu berücksichtigen, daß jetzt $\xi(s) = 0$ aus den Bedingungen

$$\xi(0) = 0, \quad \dot{\xi}(l) = 0$$

zu erschließen ist.

Die Berücksichtigung der Längenänderung des Stabes führt dazu, daß die Knicklast $1\Big/\left(1 - \frac{\Delta l}{l}\right)^3$ mal jenem Wert ist, der sich für die Knicklast ergibt, wenn diese Wirkung wie in der Eulerschen Formel vernachlässigt wird.

Der Korrekturfaktor $1\Big/\left(1 - \frac{\Delta l}{l}\right)^3$ wird meist vernachlässigt, da die Eulersche Formel nur für schlanke Stäbe gilt, also demnach $\Delta l/l \ll 1$, und wenn diese Voraussetzung nicht erfüllt ist, die Gültigkeit des Hookeschen Gesetzes meist nicht mehr besteht.

Wir wollen zum Abschluß dieses Paragraphen noch eine weitere Herleitung der Eulerschen Knickformel besprechen. Dabei wollen wir nicht die Koordinaten der Punkte der Stabachse, sondern ihre Verschiebungen infolge der einwirkenden Kräfte als zu bestimmende Funktionen von s_0 einführen:

$$x = s_0 + u(s_0), \qquad y = 0 + v(s_0).$$

Entsprechend der Grundvoraussetzungen der klassischen Elastizitätstheorie werden wir konsequent die Differentialquotienten dieser Größen nach s_0 gegenüber der Einheit als klein ansehen. Dementsprechend werden wir gleich bei der Aufstellung des Energieausdruckes *bei ein und derselben abhängigen Veränderlichen* bzw. ihren Ableitungen nach s_0 höhere Potenzen gegenüber niederen Potenzen vernachlässigen.

Es ist

$$\left(\frac{ds}{ds_0} - 1\right) = \sqrt{(1+\dot{u})^2 + \dot{v}^2} - 1 \cong \dot{u} + \frac{\dot{v}^2}{2}$$

$$\frac{1}{\varrho} \cong \ddot{v}.$$

An Stelle von (16) erhalten wir damit

$$A = \frac{1}{2}\int\limits_0^l \left[EF\left(\dot{u} + \frac{\dot{v}^2}{2}\right)^2 + EI\ddot{v}^2\right] ds_0. \tag{16'}$$

Als Randbedingungen für die erste Versuchsanordnung gelten

$$u(0) = 0, \quad u(l) = -\Delta l,$$
$$v(0) = 0, \quad v(l) = 0,$$
$$\ddot{v}(0) = 0, \quad \ddot{v}(l) = 0.$$

Die zu untersuchende Gleichgewichtslage ist gekennzeichnet durch

$$u = \bar{u}_0 = -\frac{s_0 \Delta l}{l}; \quad v = \bar{v}_0 = 0.$$

Setzen wir

$$u = \bar{u}_0 + \varepsilon\xi = -\frac{s_0 \Delta l}{l} + \varepsilon\xi$$
$$v = \varepsilon\eta,$$

so wird unter Berücksichtigung von (16′)

$$A_2 = \tfrac{1}{2}\int\limits_0^l [E F \dot{\xi}^2 - P\dot{\eta}^2 + E I \ddot{\eta}^2]\, d s_0.$$

Die Randbedingungen für das akzessorische Problem lauten

$$\xi(0) = 0, \quad \xi(l) = 0,$$
$$\eta(0) = 0, \quad \eta(l) = 0,$$
$$\ddot{\eta}(0) = 0, \quad \ddot{\eta}(l) = 0,$$

und somit erhalten wir auf analogem Weg wie früher für P_K

$$P_K = \frac{\pi^2}{l^2} E I.$$

Beim beiderseits eingespannten Stab sind für das ursprüngliche Problem die Zwangsbedingungen

$$u(0) = 0, \quad u(l) = 0,$$
$$v(0) = 0, \quad v(l) = 0, \quad \dot{v}(0) = 0, \quad \dot{v}(l) = 0$$

zu berücksichtigen bzw. für das akzessorische Problem

$$\xi(0) = 0, \quad \xi(l) = 0,$$
$$\eta(0) = 0, \quad \eta(l) = 0, \quad \dot{\eta}(0) = 0, \quad \dot{\eta}(l) = 0$$

und dementsprechend ergibt sich für $P_K = \frac{4\pi^2}{l^2} E I$.

§ 3. Knickung unter Berücksichtigung der Eigenlast

Wenn man beim Knickproblem den Einfluß der Eigenlast berücksichtigt, und von einer am Ende des Stabes angebrachten Einzellast sowie von der Längenänderung des Stabes absieht[1], so ergibt sich bei der Gewichtsbelegung $q(s)$ für die potentielle Energie je Längenelement

$$x \cdot q(s),$$

wobei

$$\frac{dx}{ds} = \cos\Theta$$

ist. Mithin erhält man das Minimalproblem

$$\int_0^l \left(\frac{EI}{2}\Theta'^2 + q(s)\,x\right) ds \to \text{Min} \tag{26}$$

mit der Nebenbedingung

$$x' = \cos\Theta.$$

Am unteren Ende ($s=0$) gelten die erzwungenen Randbedingungen

$$x = 0, \qquad \Theta = 0$$

und für $s=l$ die freie Randbedingung

$$\Theta' = 0.$$

Die Lagrangesche Multiplikatorenmethode läßt sich hier vermeiden, indem man auf das Integral

$$\int_0^l q(s)\,x\,ds$$

Produktintegration anwendet:

$$\int_0^l q(s)\,x\,ds = x \cdot Q\,\Big|_0^l - \int_0^l Q(s)\cos\Theta\,ds,$$

wobei

$$Q(s) = \int_0^s q(u)\,du.$$

Ersetzt man noch

$$x(s) = \int_0^s \cos\Theta\,du,$$

so ergibt sich

$$\int_0^l q(s)\,x\,ds = \int_0^l \left(Q(l) - Q(s)\right)\cos\Theta\,ds.$$

---

[1] Das heißt: $s = s_0$ setzt, weshalb im folgenden die Länge der Stabachse mit s bezeichnet wird.

Bei konstanter Massenbelegung ist zu setzen:

$$q = k, \qquad Q = ks$$

und es ergibt sich für das Minimalproblem

$$\int_0^l \left(\frac{EI}{2}\,\Theta'^2 + k(l-s)\cos\Theta\right) ds \to \text{Min}. \tag{26'}$$

Zur Untersuchung der Stabilität der Extremalen $\Theta = 0$ von (26′) setzen wir wieder $\Theta = 0 + \varepsilon\tau$ und bilden die zweite Variation. Es ergibt sich

$$\int_0^l \Omega(\tau, \dot\tau)\, ds = \int_0^l \tfrac{1}{2}\left[EI\,\dot\tau^2 - k(l-s)\,\tau^2\right] ds \to \text{Min}. \tag{27}$$

Nun führen wir durch

$$\sigma = \frac{l-s}{l}$$

dimensionslose Schreibweise ein und erhalten für (27), wenn man EI als konstant voraussetzt und

$$\lambda = \frac{k\,l^3}{EI}$$

einführt

$$\frac{1}{2}\int_0^1 \left[\left(\frac{d\tau}{d\sigma}\right)^2 - \lambda\,\sigma\,\tau^2\right] d\sigma \to \text{Min}. \tag{27'}$$

Die zugehörige Jacobische Differentialgleichung lautet

$$\frac{d^2\tau}{d\sigma^2} + \lambda\sigma\tau = 0 \tag{28}$$

oder, wenn man

$$\sigma^* = \sigma\sqrt[3]{\lambda}$$

einführt

$$\frac{d^2\tau}{d\sigma^{*2}} + \sigma^*\tau = 0. \tag{28'}$$

(28′) kann man, wie dies in der älteren Literatur auch geschieht, auf eine Besselsche Differentialgleichung von der Ordnung $-\frac{1}{3}$ zurückführen oder man kann die Lösung direkt in eine Potenzreihe entwickeln. Statt dessen kann man aber auch nach der Methode von Rayleigh-Ritz λ_1 aus (27′) vermöge der Beziehung

$$\lambda_1 \leqq \frac{\int_0^1 \left(\frac{d\tau}{d\sigma}\right)^2 d\sigma}{\int_0^1 \sigma\tau^2\, d\sigma}$$

bestimmen. Für $\tau = 1 - \sigma^2$ und für $\tau = 1 - \sigma^3$ erhält man jeweils $\lambda_1 \leqq 8$ für $\tau = 1 - \sigma^{\frac{5}{2}}$ erhält man $\lambda_1 \leqq 7\frac{7}{8}$.

$$\lambda_1 \approx 7\tfrac{7}{8}$$

ist bereits ein recht guter Näherungswert für λ_1 (*). Damit ergibt sic

$$k_{\text{krit}} \approx 7\tfrac{7}{8}\,\frac{EI}{l^3}.$$

§ 4. Das Ausbeulen von ebenen Platten (Bryansche Gleichung)

Im unbeanspruchten Zustand falle die Mittelebene der Platte mi der x, y-Ebene zusammen; die Kräfte, die auf die Platte wirken, solle gleichfalls in die x, y-Ebene fallen. Die Platte wird also als Scheib beansprucht. Solange die Kräfte unter einem gewissen Betrag bleiber erfolgen die Verschiebungen nur in der x, y-Ebene; überschreiten abe die Kräfte ein gewisses Maß, so kommt auch eine Verschiebungskompo nente senkrecht zur x, y-Ebene zustande (Ausbeulen). Die folgende Unte suchung schließt sich eng an die am Schluß des § 2 gegebene Herleitun für die Eulersche Knicklast an. Ähnlich wie dort besteht der Ausdruc für die Formänderungsarbeit aus zwei Bestandteilen: Für den erste sind die Längenänderungen jedes einzelnen Linienelementes der Platt infolge der Verschiebungen maßgebend, während der zweite durch di Krümmung der Platte bedingt ist. Den zweiten Ausdruck entnehme wir der Theorie der gebogenen Platte, wie sie z. B. in den Lehrbücher von Love, Rayleigh und Girkmann dargestellt wurde (*). Was di Herleitung des ersten Bestandteiles betrifft, so wollen wir sie hier kur angeben. Im unbeanspruchten Zustand erhalten wir für das Länge element der Platte

$$ds = \sqrt{dx^2 + dy^2}.$$

Erleidet nun jeder Punkt eine Verschiebung mit den Komponenten

$$u = u(x, y), \qquad v = v(x, y), \qquad w = w(x, y),$$

so erhalten wir für die Dilatation

$$\frac{ds - ds_0}{ds_0} = \sqrt{\left[\frac{d(x+u)}{ds_0}\right]^2 + \left[\frac{d(y+v)}{ds_0}\right]^2 + \left[\frac{dw}{ds_0}\right]^2} - 1.$$

Indem wir entsprechend der Grundauffassung der Elastizitätstheor die Differentialquotienten der Verschiebungen nach den Koordinate als Größen auffassen, die klein gegen Eins sind, können wir uns a die Glieder niedrigster Ordnung in u, v, w beschränken. Es ergibt sic für die Dilatation ein Ausdruck von der Form

$$l_{11}\cos^2\varphi + 2l_{12}\cos\varphi\sin\varphi + l_{22}\sin^2\varphi, \qquad \cos\varphi = \frac{dx}{ds_0}, \qquad \sin\varphi = \frac{dy}{ds_0}$$

wobei wir für die „Verzerrungsgrößen" l_{ik} erhalten

$$l_{11} = \frac{\partial u}{\partial x} + \frac{1}{2}\left(\frac{\partial w}{\partial x}\right)^2,$$

$$l_{12} = l_{21} = \frac{1}{2}\left(\frac{\partial u}{\partial y} + \frac{\partial v}{\partial x}\right) + \frac{1}{2}\frac{\partial w}{\partial x}\frac{\partial w}{\partial y},$$

$$l_{22} = \frac{\partial v}{\partial y} + \frac{1}{2}\left(\frac{\partial w}{\partial y}\right)^2.$$

Der Integrand in dem von den Längenänderungen herrührenden Teil des Energieausdruckes ist eine positiv definite quadratische Form in den l_{ik}. Er sei mit $H = H(l_{ik})$ bezeichnet. Aus der vorausgesetzten Gültigkeit des Hookeschen Gesetzes ergeben sich dann die Spannungen σ_x, σ_y, τ aus

$$\frac{\partial H}{\partial l_{11}} = \sigma_x, \qquad \frac{\partial H}{\partial l_{12}} = \frac{\partial H}{\partial l_{21}} = \tau, \qquad \frac{\partial H}{\partial l_{22}} = \sigma_y. \tag{29}$$

Aus dem Eulerschen Satz über homogene Funktionen folgt nun für H

$$H = \tfrac{1}{2}(l_{11}\sigma_x + 2l_{12}\tau + l_{22}\sigma_y). \tag{30}$$

Für den gesamten Energieausdruck erhalten wir daher

$$E = \iint\limits_G \left[H + \frac{\alpha}{2}\left\{(\Delta w)^2 - 2(1-\mu)\begin{vmatrix} w_{xx} & w_{xy} \\ w_{yx} & w_{yy}\end{vmatrix}\right\}\right] dx\,dy. \tag{31}$$

Wir betrachten nun jene Gleichgewichtslage, für die längs des Randes $w = 0$ ist und u und v dort vorgeschriebene Größen sind. Weitere Randbedingungen für w ergeben sich, je nachdem man die Platte fest eingespannt oder frei auf den Rändern aufgelagert ansieht. Die Lösungen $u = \bar{u}(x, y)$, $v = \bar{v}(x, y)$, $w = \bar{w}(x, y) = 0$ der Euler-Lagrangeschen Gleichungen in Verbindung mit den Gln. (29) liefern dann die Lösungen des ebenen Verzerrungsproblems. Um zu untersuchen, ob die so erhaltene Gleichgewichtslage stabil ist, denken wir uns u, v, w ersetzt durch $\bar{u} + \varepsilon\xi$, $\bar{v} + \varepsilon\eta$, $\bar{w} + \varepsilon\zeta$ und bilden $\left(\frac{\partial^2 E}{\partial \varepsilon^2}\right)_{\varepsilon=0}$. Wir erhalten dabei unter dem Integralzeichen einen Ausdruck Ω, der homogen zweiter Ordnung in den angeschriebenen Argumenten ist:

$$\Omega = \Omega(\xi, \eta, \zeta, \xi_x, \xi_y, \eta_x, \eta_y, \zeta_x, \zeta_y, \zeta_{xx}, \zeta_{xy}, \zeta_{yy}).$$

Wir stellen die Frage: Wie groß muß der Steifigkeitsfaktor, d.h. wie groß muß α sein, damit das Integral $\left(\frac{\partial^2 E}{\partial \varepsilon^2}\right)_{\varepsilon=0}$ größer als Null bleibt, wobei ξ, η, ζ jedenfalls längs des Randes Null sein müssen; weitere Randbedingungen für ζ ergeben sich je nach der Art der Auflagerung bzw. Einspannung der Platte. Beim analogen eindimensionalen

Problem[1] fällt die Frage zusammen mit der Untersuchung jenes Systems von Differentialgleichungen, das wir durch Nullsetzen der Lagrangeschen Ausdrücke für Ω, d.h. der Jacobischen Differentialgleichungen, bekommen. Das Analoge ist hier der Fall; also

$$\Lambda_\xi(\Omega) = 0, \quad \Lambda_\eta(\Omega) = 0, \quad \Lambda_\zeta(\Omega) = 0. \tag{32}$$

Wie beim analogen eindimensionalen Fall der Knickung ergibt sich bei den vorgeschriebenen Randbedingungen[2] für ξ und η

$$\xi = 0, \quad \eta = 0.$$

Benützen wir dieses Ergebnis und setzen wir

$$\left.\begin{array}{lll} u = \bar{u}(x,y) + 0, & v = \bar{v}(x,y) + 0, & w = 0 + \varepsilon\zeta \\ \sigma_x = \sigma_x(\bar{u},\bar{v}), & \tau = \tau(\bar{u},\bar{v}), & \sigma_y = \sigma_y(\bar{u},\bar{v}) \end{array}\right\} \tag{33}$$

in (31) ein, so ergibt sich bei der Potenzreihenentwicklung nach ε für den Koeffizienten von ε^2

$$\Omega = \tfrac{1}{2}\{\sigma_x\zeta_x^2 + 2\tau\zeta_x\zeta_y + \sigma_y\zeta_y^2\} + \frac{\alpha}{2}\left\{(\Delta\zeta)^2 - 2(1-\mu)\begin{vmatrix}\zeta_{xx} & \zeta_{xy}\\ \zeta_{yx} & \zeta_{yy}\end{vmatrix}\right\}.$$

Und dementsprechend erhalten wir die „Bryansche Gleichung"

$$\Lambda_\zeta(\Omega) = \frac{\partial}{\partial x}\{\sigma_x\zeta_x + \tau\zeta_y\} + \frac{\partial}{\partial y}\{\sigma_y\zeta_y + \tau\zeta_x\} + \alpha\Delta\Delta\zeta = 0.$$

Bezeichnen wir den größten Wert von α, für den es noch eine von Null verschiedene, den Randbedingungen entsprechende Lösung von ζ gibt, mit α_k, so ist offenbar α_k der kritische Steifigkeitswert, d.h. es ergibt sich die Stabilitätsbedingung der Platte in der Form $\alpha < \alpha_k$. Die zugehörige Lösung von ζ hat offenbar die Bedeutung, daß sie annähernd die Gestalt der ausgebeulten Platte angibt (entsprechend dem Umstand, daß die Lösung der Jacobischen Gleichung immer die Ordinatendifferenz zweier unendlich benachbarter Lösungen des Variationsproblems angibt). Somit ergibt sich für α_k

$$\alpha_k = \left[\frac{-\iint\limits_G(\sigma_x\zeta_x^2 + 2\tau\zeta_x\zeta_y + \sigma_y\zeta_y^2)\,dx\,dy}{\iint\limits_G\left\{(\Delta\zeta)^2 - 2(1-\mu)\begin{vmatrix}\zeta_{xx} & \zeta_{xy}\\ \zeta_{yx} & \zeta_{yy}\end{vmatrix}\right\}dx\,dy}\right]_{\text{Max}}. \tag{34}$$

Bryan (**) selbst knüpft die Untersuchung einiger interessanter Spezialfälle an diese Formel an. Wir wollen insbesondere jenen Fall besprechen, wo eine langgestreckte, rechteckige Platte in der Längsrichtung, die wir mit der x-Achse zusammenfallen lassen, einem gleichförmigen Druck unterworfen ist. Die Platte sei längs der Ränder als frei aufliegend

[1] Der Faktor α spielt hier die analoge Rolle wie $1/\lambda$ im § 3.

[2] Die Differentialgleichungen $\Lambda_\xi(\Omega) = 0$, $\Lambda_\eta(\Omega) = 0$ entstammen einem positiv definiten Variationsproblem und die zugehörigen Randbedingungen sind homogen.

betrachtet. [Analogon zum Fall 1), der in § 2 bei der Knickung von Stäben besprochen wurde.] Der rechteckige Bereich sei gekennzeichnet durch die Ungleichungen $0 \leq x \leq a$, $0 \leq y \leq b$ und dementsprechend setzen wir ζ an als Fouriersche Reihe von der Form

$$\zeta = \sum_{\mu,\nu} A_{\mu\nu} \sin\left(\mu \frac{x}{a} \pi\right) \sin\left(\nu \frac{y}{b} \pi\right), \quad \mu, \nu = 1, 2 \ldots;$$

so daß die Randbedingungen erfüllt sind. Durch die analogen Überlegungen wie in Kap. II, 2, § 6, 3b werden wir erkennen, daß das Maximum geliefert wird durch einen Ausdruck, in dem nur ein Glied von Null verschieden ist. Dies hätte man auch direkt aus der Bryanschen Gleichung entnehmen können. Für unseren Spezialfall haben wir zu setzen

$$\sigma_y = \tau = 0, \quad \sigma_x = -\frac{P}{b} = -p,$$

wobei wir annehmen, daß P die Größe der Druckkraft ist, die sich gleichförmig auf die Breitseite des Rechteckes verteilt. Wir erhalten aus (34) nach Ausführung der Integration, wobei der zweite Integralterm im Nenner verschwindet, einen Ausdruck von der Form

$$\alpha_k = \left[\frac{p \sum\limits_{\mu,\nu} A_{\mu\nu}^2 \frac{\mu^2}{a^2}}{\pi^2 \sum\limits_{\mu,\nu} A_{\mu\nu}^2 \left(\frac{\mu^2}{a^2} + \frac{\nu^2}{b^2}\right)^2}\right]_{\text{Max}}.$$

Setzen wir also

$$M_{\mu\nu} = p\, A_{\mu\nu}^2 \frac{\mu^2}{a^2}$$

$$X_{\mu\nu} = \frac{\pi^2 \left(\frac{\mu^2}{a^2} + \frac{\nu^2}{b^2}\right)^2}{p \frac{\mu^2}{a^2}},$$

so wird

$$\frac{1}{\alpha_k} = \left[\frac{\sum\limits_{\mu,\nu} M_{\mu\nu} X_{\mu\nu}}{\sum\limits_{\mu,\nu} M_{\mu\nu}}\right]_{\text{Min}}.$$

Die durch diese Bezeichnungsweise angedeutete massengeometrische Deutung des vorliegenden Minimumproblems läßt unmittelbar eine Lösung erkennen. Wir sehen, daß jene Massenbelegung die kleinste Schwerpunktskoordinate $1/\alpha_k$ liefert, bei der die gesamte Masse auf jenes $X_{\mu\nu}$ vereinigt wird, das den kleinsten Wert hat. Hieraus ergibt sich sofort $\nu = 1$. Ferner beachten wir, daß für ein stetig veränderliches positives μ das einzige Minimum für $X_{\mu\nu}$ durch $\mu = a/b$ geliefert wird. Hieraus erkennt man, daß eine ganze Zahl μ, die dem Wert a/b benachbart ist, das Minimum ergibt. Dies liefert das anschauliche Ergebnis, daß die Aufbeulung der Platte so erfolgt, daß annähernd quadratische Bereiche einer Erhebung bzw. Einsenkung unterworfen sind.

§ 5. Herleitung von Randbedingungen für partielle Differentialgleichungen vierter Ordnung in einer abhängigen und in zwei unabhängigen Veränderlichen aus einem zugehörigen Variationsproblem, dargestellt am Beispiel der Biegung der dünnen Platte

Wir schicken voraus: Das im folgenden betrachtete ebene Gebiet G sei zunächst als einfach zusamenhängend aufgefaßt. Mit s sei die Bogenlänge der Randkurve R bezeichnet. Die Randkurve zerfalle in zwei Teile R_1 und R_2, so daß $R_1+R_2=R$, wobei längs R_1 zwei Funktionen $Q(s)$ und $M^{(n)}(s)$ (im folgenden als senkrecht zur Plattenebene wirkende Randquerkraft und als in der Plattenebene normal zum Rand wirkende Komponente eines Randmoments gedeutet), längs R_2 der Wert der gesuchten Funktion w vorgegeben ist. Ferner zerfalle R in zwei Teile R^1 und R^2, so daß $R^1+R^2=R$, wobei längs R^1 eine Funktion $M^{(s)}(s)$ (im folgenden als in der Plattenebene, parallel zur Randtangente wirkende Komponente eines Randmoments gedeutet), längs R^2 die Normalableitung der gesuchten Funktion $\partial w/\partial n$ vorgegeben seien.

Durch Anwendung von partieller Integration kann man für das Integral:

$$\int_{R_1}\left(Q w + M^{(n)}\frac{\partial w}{\partial s}\right) d s$$

schreiben:

$$\int_{R_1}\left(Q - \frac{\partial M^{(n)}}{\partial s}\right) w\, d s + [M^{(n)} w]_{P_1}^{P_2},$$

wobei P_1 und P_2 die Randpunkte des Bogens R_1 bezeichnen.

Gegenstand dieses Paragraphen bildet die Aufstellung der Formel für die erste Variation des Ausdrucks

$$\left.\begin{aligned} I = &\iint_G \left(\frac{\alpha}{2}(\Delta w)^2 + \beta \begin{vmatrix} w_{xx} & w_{xy} \\ w_{yx} & w_{yy}\end{vmatrix} + q(x,y)\, w\right) d x\, d y + \\ &+ \int_{R_1}\left(Q - \frac{\partial M^{(n)}}{\partial s}\right)\cdot w\, d s + \int_{R^1} M^{(s)}\frac{\partial w}{\partial n}\, d s + [M^{(n)} w]_{P_1}^{P_2} \\ = &\frac{\alpha}{2} I_1 + \beta I_2 + \iint_G q(x,y)\, w\, d x\, d y + I_3 + I_4 + A. \end{aligned}\right\} \quad (35)$$

Bedeuten dabei

$$\alpha = \frac{E h^3}{12(1-\mu^2)}, \quad \beta = -\alpha(1-\mu)$$

$h=$ Dicke der Platte, $E=$ Elastizitätsmodul, $\mu=$ Poissonsche Zahl und haben $Q(s)$, $M^{(n)}(s)$, $M^{(s)}(s)$ die vorhin erwähnte Bedeutung, so stellt (35) den Ausdruck dar, der dem Variationsproblem für die Durchbiegung einer dünnen Platte zugrunde liegt, deren Mittelfläche im unbelasteten Zustand mit der x, y-Ebene zusammenfällt und die in diesem Zustand den von der Randkurve R begrenzten Bereich G in der x, y-Ebene bedeckt. $w(x, y)$ stellt die gesuchte Form der deformierten Mittelfläche der Platte unter der Wirkung der senkrecht zur x, y-Ebene einwirkenden Flächenlast $q(x, y)$ sowie der Randquerkraft und des Randmoments dar. Bei dem Ansatz (35) ist nur die Formänderungsenergie der Auswölbung der Platte, nicht aber die der Streckung berücksichtigt.

Dieses Variationsproblem leitet sich aus dem Dirichletschen Prinzip her, wonach die Gleichgewichtslage dadurch gekennzeichnet ist, daß die zu einer virtuellen Verschiebung notwendige Gesamtenergie den kleinsten Wert annimmt. Im Ausdruck (35) stellen die ersten beiden Glieder die Formänderungsenergie dar, während das Integral über den Ausdruck $q(x, y) \cdot w$ die potentielle Energie der Flächenlast und $I_3 + I_4 + A$ die Arbeit der Randquerkraft und der Komponenten des Randmoments bedeuten.

Während nach Voraussetzung w längs R_2 und $\partial w/\partial n$ längs R^2 vorgegeben sind, sind die Randbedingungen für w längs R_1 und R^1 als freie Randbedingungen zu ermitteln.

Wir bilden wieder die erste Variation, indem wir w durch $\overline{w} + \varepsilon\zeta$ ersetzen und unsere weitere Aufgabe soll nun darin bestehen, den Koeffizienten von ε so umzuformen, daß er aus einem Doppelintegral besteht, indem nur ζ vorkommt und aus zwei Randintegralen, in denen ζ und $\partial\zeta/\partial n$ als Faktoren im Integranden auftreten. Dabei benutzen wir als Hilfssatz die Greensche Formel

$$\iint_G (u\Delta v - v\Delta u)\, df = \oint_R \left(u\frac{\partial v}{\partial n} - v\frac{\partial u}{\partial n}\right) ds.$$

Zur Umformung des Gliedes mit α, d.h. also des Gliedes von der Form

$$2\iint_G \Delta\overline{w}\,\Delta\zeta\, df$$

setzen wir $u = \Delta\overline{w}$ und $\Delta v = \Delta\zeta$. Wir erhalten also

$$\left(\frac{\partial I_1}{\partial\varepsilon}\right)_{\varepsilon=0} = 2\iint_G \Delta\Delta\overline{w}\cdot\zeta\, df + 2\oint_R \left(\Delta\overline{w}\frac{\partial\zeta}{\partial n} - \zeta\frac{\partial\Delta\overline{w}}{\partial n}\right) ds.$$

Bei der Umformung des Koeffizienten von β gehen wir aus von der Identität

$$\iint_G \begin{vmatrix} u_x & v_x \\ u_y & v_y \end{vmatrix} df = \frac{1}{2}\iint_G \left(\frac{\partial}{\partial x}\begin{vmatrix} u & v \\ u_y & v_y \end{vmatrix} + \frac{\partial}{\partial y}\begin{vmatrix} u_x & v_x \\ u & v \end{vmatrix}\right) df$$

$$= \frac{1}{2}\oint_R -\begin{vmatrix} u_x & v_x \\ u & v \end{vmatrix} dx + \begin{vmatrix} u & v \\ u_y & v_y \end{vmatrix} dy.$$

Das letzte Integral läßt sich, wenn man die Bogenlänge als Parameter einführt, auch in der Form schreiben

$$\frac{1}{2}\oint_R \begin{vmatrix} u & v \\ \frac{du}{ds} & \frac{dv}{ds} \end{vmatrix} ds.$$

Indem wir $w_x = u$ und $w_y = v$ setzen, erhalten wir

$$I_2 = \frac{1}{2}\oint_R \begin{vmatrix} w_x & w_y \\ \frac{dw_x}{ds} & \frac{dw_y}{ds} \end{vmatrix} ds$$

und somit

$$\left(\frac{\partial I_2}{\partial \varepsilon}\right)_{\varepsilon=0} = \frac{1}{2}\oint_R \begin{vmatrix} \overline{w}_x & \overline{w}_y \\ \frac{d\zeta_x}{ds} & \frac{d\zeta_y}{ds} \end{vmatrix} ds + \frac{1}{2}\oint_R \begin{vmatrix} \zeta_x & \zeta_y \\ \frac{d\overline{w}_x}{ds} & \frac{d\overline{w}_y}{ds} \end{vmatrix} ds.$$

Um die Größen $d\zeta_x/ds$, $d\zeta_y/ds$ wegzuschaffen, subtrahieren wir die identische Gleichung

$$\frac{1}{2}\oint_R \frac{d}{ds} \begin{vmatrix} \overline{w}_x & \overline{w}_y \\ \zeta_x & \zeta_y \end{vmatrix} ds = 0,$$

die ausführlicher geschrieben lautet:

$$\oint_R \left(\frac{1}{2} \begin{vmatrix} \overline{w}_x & \overline{w}_y \\ \frac{d\zeta_x}{ds} & \frac{d\zeta_y}{ds} \end{vmatrix} + \frac{1}{2} \begin{vmatrix} \frac{d\overline{w}_x}{ds} & \frac{d\overline{w}_y}{ds} \\ \zeta_x & \zeta_y \end{vmatrix} \right) ds = 0$$

und erhalten

$$\left(\frac{\partial I_2}{\partial \varepsilon}\right)_{\varepsilon=0} = \oint_R \begin{vmatrix} \zeta_x & \zeta_y \\ \frac{d\overline{w}_x}{ds} & \frac{d\overline{w}_y}{ds} \end{vmatrix} ds.$$

Wir bemerken, daß die rechte Seite dieser Gleichung gleich ist der z-Komponente von

$$\oint_R \left(\operatorname{grad} \zeta \times \frac{d}{ds} \operatorname{grad} \overline{w}\right) ds.$$

Wir müssen nun den Gradienten von ζ in seine tangential und normal zur Randkurve verlaufenden Komponenten zerlegen. Führen wir die beiden Einheitsvektoren ein,

$$\mathfrak{t} = \mathfrak{i}\cos\varphi + \mathfrak{j}\sin\varphi$$

$$\mathfrak{n} = \mathfrak{i}\sin\varphi - \mathfrak{j}\cos\varphi,$$

wobei

$$\cos\varphi = \frac{dx}{ds}, \qquad \sin\varphi = \frac{dy}{ds}$$

ist, von denen der erste in der Richtung der Tangente und der zweite in der Richtung der Außennormalen weist.

Es ergibt sich mithin

$$\left(\frac{\partial I_2}{\partial \varepsilon}\right)_{\varepsilon=0} = \oint\limits_R \left[\left(\mathfrak{t}\,\frac{\partial \zeta}{\partial t} + \mathfrak{n}\,\frac{\partial \zeta}{\partial n}\right) \times \frac{d}{ds}\left(\mathfrak{t}\,\frac{\partial \overline{w}}{\partial t} + \mathfrak{n}\,\frac{\partial \overline{w}}{\partial n}\right)\right] ds.$$

Nun gilt aber für alle Punkte, wo stetige Krümmung vorliegt

$$\frac{d\mathfrak{t}}{ds} = -\frac{1}{r}\,\mathfrak{n}; \qquad \frac{d\mathfrak{n}}{ds} = \frac{1}{r}\,\mathfrak{t} \qquad (r = \text{Krümmungsradius}).$$

Unter Benützung dieser Formeln kann die Differentiation nach s folgendermaßen durchgeführt werden:

$$\frac{d}{ds}\operatorname{grad}\overline{w} = \frac{d}{ds}\left(\mathfrak{t}\,\frac{\partial \overline{w}}{\partial t} + \mathfrak{n}\,\frac{\partial \overline{w}}{\partial n}\right) = \mathfrak{t}\left(\frac{\partial \overline{w}_t}{\partial s} + \frac{\overline{w}_n}{r}\right) + \mathfrak{n}\left(\frac{\partial \overline{w}_n}{\partial s} - \frac{\overline{w}_t}{r}\right)$$

und es ergibt sich der Ausdruck

$$\left(\frac{\partial I_2}{\partial \varepsilon}\right)_{\varepsilon=0} = \oint\limits_R \begin{vmatrix} \zeta_n & \zeta_t \\ \left(\frac{\partial \overline{w}_n}{\partial s} - \frac{\overline{w}_t}{r}\right) & \left(\frac{\partial \overline{w}_t}{\partial s} + \frac{\overline{w}_n}{r}\right) \end{vmatrix} ds.$$

Zur Beseitigung von $\partial\zeta/\partial t$ liegt es nahe, partielle Integration zu verwenden. Sind aber an der Berandungskurve Ecken vorhanden, so ist der Integrand eine unstetige Funktion. Wir müssen daher das gesamte Integral in eine Summe von Integralen zerlegen, die sich über die einzelnen stetig gekrümmten Kurvenstücke erstrecken. Sind etwa k Ecken vorhanden, dann ist[1]:

$$-\oint\limits_R \zeta_t\left(\frac{\partial \overline{w}_n}{\partial s} - \frac{\overline{w}_t}{r}\right) ds = \sum_{i=1}^{k}\left[\zeta\left(\frac{\partial \overline{w}_n}{\partial s} - \frac{\overline{w}_t}{r}\right)\right]_{s_i-0}^{s_i+0} + \sum_{i=1}^{k}\int\limits_{s_i+0}^{s_{i+1}-0} \frac{d}{ds}\left(\frac{\partial \overline{w}_n}{\partial s} - \frac{\overline{w}_t}{r}\right)\zeta\, ds$$

$$= \sum_{i=1}^{k}\left[\zeta\left(\frac{\partial \overline{w}_n}{\partial s} - \frac{\overline{w}_t}{r}\right)\right]_{s_i-0}^{s_i+0} + \oint\limits_R \frac{d}{ds}\left(\frac{\partial \overline{w}_n}{\partial s} - \frac{\overline{w}_t}{r}\right)\cdot\zeta\, ds.$$

Fassen wir zusammen, dann erhalten wir

$$\left(\frac{\partial I_2}{\partial \varepsilon}\right)_{\varepsilon=0} = \sum_{i=1}^{k}\left[\zeta\left(\frac{\partial \overline{w}_n}{\partial s} - \frac{\overline{w}_t}{r}\right)\right]_{s_i-0}^{s_i+0} +$$

$$+ \oint\limits_R \left[\frac{d}{ds}\left(\frac{\partial \overline{w}_n}{\partial s} - \frac{\overline{w}_t}{r}\right)\cdot\zeta + \left(\frac{\partial \overline{w}_t}{\partial s} + \frac{\overline{w}_n}{r}\right)\frac{\partial \zeta}{\partial n}\right] ds.$$

Für die Variation der Randintegrale I_3 und I_4 erhalten wir:

$$\left(\frac{\partial I_3}{\partial \varepsilon}\right)_{\varepsilon=0} = \int\limits_{R_1}\left(Q - \frac{\partial M^{(n)}}{\partial s}\right)\cdot\zeta\, ds, \qquad \left(\frac{\partial I_4}{\partial \varepsilon}\right)_{\varepsilon=0} = \int\limits_{R^1} M^{(s)}\,\frac{\partial \zeta}{\partial n}\, ds.$$

[1] Man beachte: $\dfrac{\partial}{\partial t} \equiv \dfrac{\partial}{\partial s}$

Die Variation der Randfunktion verschwindet, da w in den Endpunkten P_1 und P_2 vorgegeben ist. Somit ergibt sich aus (35):

$$\left(\frac{\partial I}{\partial \varepsilon}\right)_{\varepsilon=0} = \beta \sum_{i=1}^{k} \left[\zeta\left(\frac{\partial \overline{w}_n}{\partial s} - \frac{\overline{w}_t}{r}\right)\right]_{s_i-0}^{s_i+0} + \iint_G [\alpha \varDelta \varDelta \overline{w} + q(xy)]\, \zeta\, df +$$

$$+ \oint_R \left\{\left[\beta \frac{d}{ds}\left(\frac{\partial \overline{w}_n}{\partial s} - \frac{\overline{w}_t}{r}\right) - \alpha \frac{\partial \varDelta \overline{w}}{\partial n}\right] \zeta +\right.$$

$$\left. + \left[\beta\left(\frac{\partial \overline{w}_t}{\partial s} + \frac{\overline{w}_n}{r}\right) + \alpha \varDelta \overline{w}\right] \frac{\partial \zeta}{\partial n}\right\} ds + \int_{R_1} \left(Q - \frac{\partial M^{(n)}}{\partial s}\right) \zeta\, ds + \int_{R^1} M^{(s)} \frac{\partial \zeta}{\partial n}\, ds,$$

wobei die Randintegrale als Summe der Integrale über die stetig gekrümmten Kurvenstücke aufzufassen sind. Nullsetzen der Koeffizienten von ζ im Doppelintegral liefert somit die Differentialgleichung

$$\alpha \varDelta \varDelta w + q(x, y) = 0.$$

Bei den Randintegralen und bei dem unter dem Summenzeichen stehenden Glied ist zu beachten, daß ζ bzw. $\partial\zeta/\partial n$ längs R_2 bzw. R^2 Null sind, da dort w bzw. $\partial w/\partial n$ vorgegeben sind. Längs R_1 bzw. R^1 sind die Koeffizienten von ζ bzw. $\partial\zeta/\partial n$ Null zu setzen und wir erhalten somit als freie Randbedingungen:

$$\beta \frac{d}{ds}\left(\frac{\partial w_n}{\partial s} - \frac{w_t}{r}\right) - \alpha \frac{\partial \varDelta w}{\partial n} + \left(Q - \frac{\partial M^{(n)}}{\partial s}\right) = 0 \quad \text{auf } R_1,$$

$$\beta\left(\frac{\partial w_t}{\partial s} + \frac{w_n}{r}\right) + \alpha \varDelta w + M^{(s)} = 0 \quad \text{auf } \mathrm{R}^1.$$

Durch Nullsetzen jedes einzelnen Koeffizienten von $\zeta(s_i)$ für jene Ecken i, die auf das Randstück R_1 entfallen, erhält man schließlich die *Lambsche Eckenbedingung*

$$\left[\frac{\partial w_n}{\partial s} - \frac{w_t}{r}\right]_{s_i-0}^{s_i+0} = 0.$$

Die hier behandelte Aufgabe ist historisch von einiger Bedeutung, da in der ersten Hälfte des neunzehnten Jahrhunderts insbesondere bei den damals unter anderem von POISSON und SOPHIE GERMAINE aufgestellten Theorien der Plattenbiegung noch große Unklarheiten über die bei freien Rändern vorzuschreibenden Randbedingungen herrschten. Erst die Behandlung, die KIRCHHOFF sowie J. J. THOMSON und TAIT dem Problem angedeihen ließen, brachte eine vorläufige Klärung. Unsere Darlegung schließt sich eng an die KIRCHHOFFs an. Die Geschichte des Problems ist in dem Lehrbuch der Elastizität von LOVE ausführlich dargestellt (*). Eine neue Theorie der Plattenbiegung, auf die wir hier nicht näher eingehen können, rührt von H. REISSNER her (**).

K. Wieghardt und H. Schaefer (***) haben gezeigt, daß die Scheibe formal analog zu den obigen Ausführungen über die Platte behandelt werden kann, wobei der Größe w bei der Scheibe die Airysche Spannungsfunktion entspricht. Auch die vorhin aus Gründen der Einfachheit erfolgte Beschränkung auf die Betrachtung von bloß einfach zusammenhängenden Bereichen kann aufgehoben werden. Bei der formalen Analogie zwischen Scheibe und Platte entspricht der mehrfach zusammenhängenden Scheibe eine Platte mit starren Bereichen im Inneren der Löcher.

§ 6. Knickung des durch Krümmung versteiften Meßbandes

Hier wird eine gekürzte Fassung meiner über diesen Gegenstand erschienenen Arbeit wiedergegeben (*). Zum Unterschied von den meisten Stabilitätsaufgaben der Elastostatik, wo das Jacobische Kriterium herangezogen wird, gründet sich hier die Theorie auf das Legendresche Kriterium. Außerdem erscheint es mir wünschenswert, auf ein elastostatisches Problem hinzuweisen, wo die Theorie der geknickten Extremalen Verwendung findet.

Im folgenden soll eine Theorie jener Erscheinungen gegeben werden, die bei einem durch Krümmung steif gemachten Stahlmeßband zu beobachten sind, wenn man das Meßband mit der hohlen Seite nach außen biegt. Dabei sind nur solche Biegungen gemeint, bei denen die Zentralachse, das ist die Verbindungslinie der Querschnittsschwerpunkte, eine ebene Kurve bleibt. Die Mittelfläche des Meßbandes, die wir ursprünglich als Teil einer Kreiszylinderfläche ansehen wollen, wird bei einer Biegung zu einer Fläche mit negativem Krümmungsmaß. Am einfachsten wird diese Biegung erzeugt, indem man das Meßband mit der hohlen Seite nach aufwärts aus dem Gehäuse herauszieht, einseitig hält und der Wirkung der Schwerkraft überläßt (erste Versuchsbedingung). Will man die Schwerkraft ausschalten, so hat man das Meßband mit beiden Händen so zu biegen, daß es sich während der Deformation in einer horizontalen Ebene bewegt. Dabei stellen wir uns vor, daß durch die Handhaltung das Meßband nur an einem Ende festgehalten wird, während am anderen Ende zwar eine Dyname (Kraft und Biegemoment) ausgeübt werde, das Ende im übrigen aber frei beweglich sei (zweite Versuchsbedingung).

Unser Hauptaugenmerk ist dabei auf folgende Erscheinung gerichtet: Wenn man eine derartige Biegung vornimmt und das Biegungsmoment eine gewisse Grenze überschreitet, so tritt ein Krachen und gleichzeitig eine solche Verformung des Meßbandes ein, daß der in der Längsrichtung verbogene Teil auf ein kurzes Stück beschränkt ist, das in der Querrichtung dem freien Auge vollständig abgeflacht

erscheint, während der übrige Teil verhältnismäßig wenig deformiert is
Läßt man nur die Schwerkraft in der oben angeführten Weise einwirke
so tritt der in der Querrichtung abgeflachte und in der Längsrichtun
verbogene Teil unmittelbar an der Einspannstelle auf. Bei dem Biege
mit der Hand tritt der verbogene, abgeflachte Teil meist in der Mitt
auf, also dort, wo vor dem Eintreten des Krachens das größte Biegungs
moment war. Besonders bemerkt sei, daß die Übergangsstücke zwische
dem scheinbar vollkom
men abgeflachten Te
und dem fast unver
bogenen Teil sehr klei
sind. Dieser rasche Über
gang soll bei unsere
Näherungstheorie durc
eine Diskontinuität dar
gestellt werden. Di
nachstehenden Dar
legungen sind also vo
allem darauf gerich
tet, folgendes zu zei
gen:

Legt man einen, de
üblichen Theorien de
Elastizitätslehre ent
sprechenden Energie
ausdruck für den ver
formten Zylinderstreife
zugrunde und geht ma
von dem Prinzip, da
eine stabile Gleichge

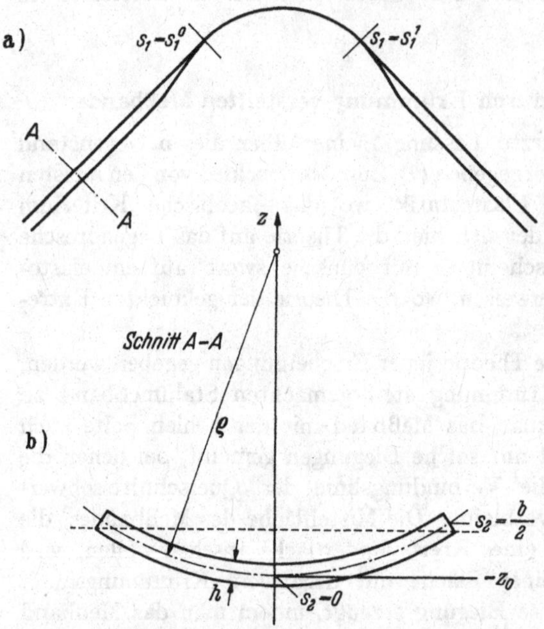

Fig. 65. Knickung eines durch Krümmung versteiften Meßbandes

wichtslage durch das Minimum der potentiellen Energie gekennzeichne
ist, aus, so ergibt sich bei folgerichtiger Benützung der Regeln der Varia
tionsrechnung unter einer gewissen vereinfachenden Annahme tatsäch
lich eine diskontinuierliche Lösung. Die Annahme besteht darin, da
bei der Aufstellung des Energieausdruckes vorausgesetzt wird, der defor
mierte Querschnitt sei durch zwei parallele Kreise begrenzt. Diese
Annahme ist zwar nur näherungsweise richtig und trifft insbesonder
für das kurze, bereits obenerwähnte Übergangsstück nicht zu (**), abe
es erschien mir doch ausreichend, das Stabilitätsproblem unter diese
Annahme zu erörtern. Labilität tritt ein, wenn die Legendresche Be
dingung der Variationsrechnung nicht mehr erfüllt ist. Während di
meisten Stabilitätsaufgaben (Knicken, Kippen, Ausbeulen usw.) di
Anwendung des Jacobischen Kriteriums erfordern, steht bei unsere

Aufgabe — wie einleitend erwähnt — das Legendresche Kriterium im Vordergrund. Gelegentlich sind auch schon früher derartige Probleme in der Elastizitätstheorie behandelt worden, allerdings ohne ausdrückliche Berufung auf das Legendresche Kriterium der Variationsrechnung (***).

Den Energieausdruck für einen deformierten Zylinderstreifen entnehmen wir der Theorie der dünnen Zylinderschalen, und zwar schließen wir uns den Darlegungen von S. TIMOSHENKO (°) an.

Es bedeuten (vgl. Fig. 65): R den Krümmungsradius der Zentralachse des Meßbandes; ϱ den Krümmungsradius der Schnittkurve von Querschnittebene und Mittelfläche des Meßbandes; ϱ_0 diesen Krümmungsradius im ursprünglichen Zustande; h die Dicke des Meßbandes; b die Breite des Meßbandes im abgeflachten Zustande; L die Länge des Meßbandes; E, ν Elastizitätskonstanten; s_1 die Bogenlänge in der Längsrichtung der Mittelfläche im unverzerrten Zustand; s_2 die Bogenlänge in der Querrichtung der Mittelfläche im unverzerrten Zustand; ϑ den Winkel der Tangente der Zentralachse.

Die Formänderungsenergie V des Meßbandes setzt sich aus der Formänderungsenergie V_1 der Biegung und der Formänderungsenergie V_2 der Reckung zusammen. Unter den üblichen Näherungsannahmen, welche in meiner eingangs erwähnten Arbeit näher diskutiert sind, und welche unter anderem für V_1 und V_2 die Ausführung der Integration nach s_2 gestatten, ergibt sich für V nach Ausführung dieser Integration, wobei $1/R = \vartheta' = d\vartheta/ds_1$ gesetzt wird:

$$\left.\begin{aligned} V = \frac{E h^3 b}{24(1-\nu^2)} \int\limits_{s_1=0}^{s_1=L} \Big\{ \Big(\vartheta' + \frac{1}{\varrho} - \frac{1}{\varrho_0}\Big)^2 - 2(1-\nu)\,\vartheta' \Big(\frac{1}{\varrho} - \frac{1}{\varrho_0}\Big) + \\ + \frac{1-\nu^2}{60}\,\frac{b^4}{h^2}\,\frac{1}{\varrho^2}\,\vartheta'^2 \Big\}\, ds_1 . \end{aligned}\right\} \tag{36}$$

Unser Variationsproblem lautet somit

$$V \to \text{Min}, \tag{37}$$

wobei $\vartheta(s_1)$, $\varrho(s_1)$ die gesuchten Funktionen sind.

Die Einführung von isoperimetrischen Nebenbedingungen, welche den Zusammenhang zwischen ϑ und den Ortskoordinaten der Anfangs- und Endpunkte der Zentralachse festlegen würden, entfallen bei den besprochenen Versuchsbedingungen. Da uns im folgenden nur der Integrand des Variationsproblems beschäftigen wird, brauchen wir auf die Formulierung der Randbedingungen hier nicht weiter einzugehen.

Wir können (36) auch in der Form

$$V = C \int\limits_0^L [\tau'^2(1+\mu^2\varkappa^2) + (\varkappa-1)^2 + 2\nu\tau'(\varkappa-1)]\, ds \equiv C \int\limits_0^L F\, ds \tag{36'}$$

schreiben, wobei wir

$$C = \frac{EI}{2(1-\nu^2)\varrho_0^2},$$

$$s_1 = s, \quad \mu^2 = \frac{1-\nu^2}{60}\frac{b^4}{h^2\varrho_0^2}, \quad \varrho_0\vartheta' = \tau', \quad \frac{\varrho_0}{\varrho} = \varkappa, \quad I = \frac{b\,h^3}{12},$$

gesetzt haben.

Als gesuchte Funktionen stehen im Variationsproblem somit

$$\tau(s) \quad \text{und} \quad \varkappa(s),$$

wobei im Integranden von (36′) keine Ableitungen von $\varkappa(s)$ auftreten. Bezüglich $\varkappa(s)$ haben wir also ein gewöhnliches Minimumproblem vor uns.

Aus der Bedingung

$$\frac{\partial F}{\partial \varkappa} = 0$$

ergibt sich

$$\varkappa = \frac{1-\nu\tau'}{1+\mu^2\tau'^2}$$

und dementsprechend aus (36′) ein Variationsproblem in $\tau'(s)$ allein

$$\int_0^L \mathfrak{G}(\tau')\,ds \to \text{Min}, \tag{38}$$

in welchem

$$\mathfrak{G}(\tau') = \tau'^2 + 1 - \frac{\nu^2}{\mu^2} - \frac{1-\dfrac{\nu^2}{\mu^2}}{1+\mu^2\tau'^2} - \frac{2\nu\mu^2\tau'^3}{1+\mu^2\tau'^2}$$

ist, bzw. läßt sich hierfür die die folgende Rechnung wesentlich vereinfachende Darstellung (wobei $\mathfrak{R}$ Realteil bedeutet) finden:

$$\mathfrak{G}(\tau') = \tau'^2 - 2\nu\tau' + 1 - \frac{\nu^2}{\mu^2} - \mathfrak{R}\left(\frac{1-\dfrac{\nu^2}{\mu^2}-2i\dfrac{\nu}{\mu}}{1+i\mu\tau'}\right).$$

Die Legendresche Bedingung verlangt nun

$$\frac{\partial^2\mathfrak{G}}{\partial\tau'^2} \geq 0.$$

Fig. 66a bzw. b enthält die Darstellung der Zermeloschen Indikatrix, d.h. die Kurve $\mathfrak{G} = \mathfrak{G}(\tau')$. Wenn wir die Größenordnungen von μ und ν, wie sie praktisch auftreten ($\mu \sim 20$, $\nu \sim 0{,}3$), beachten, ergibt sich für die Wurzeln von $\mathfrak{G}_{\tau'\tau'} = 0$:

$$\tau'_{w_1} \sim \frac{1}{\mu\sqrt{3}} \quad \text{bzw.} \quad \tau'_{w_2} \sim \frac{1}{\sqrt{\mu}}\sqrt[4]{3}.$$

Denken wir uns das Meßband an irgendeiner Stelle quer durchschnitten und einen Dorn in Richtung der Zentralachse angebracht.

Betrachtet man nun die durch Drehung dieses Dornes bewirkte Änderung der gesamten potentiellen Energie, so ergibt sich, daß der Differentialquotient der für die Energieänderung notwendigen Arbeit und somit der Differentialquotient der Energie selbst nach dem Drehwinkel gleich dem Einspannmoment M ist. Differenzieren wir das Integral

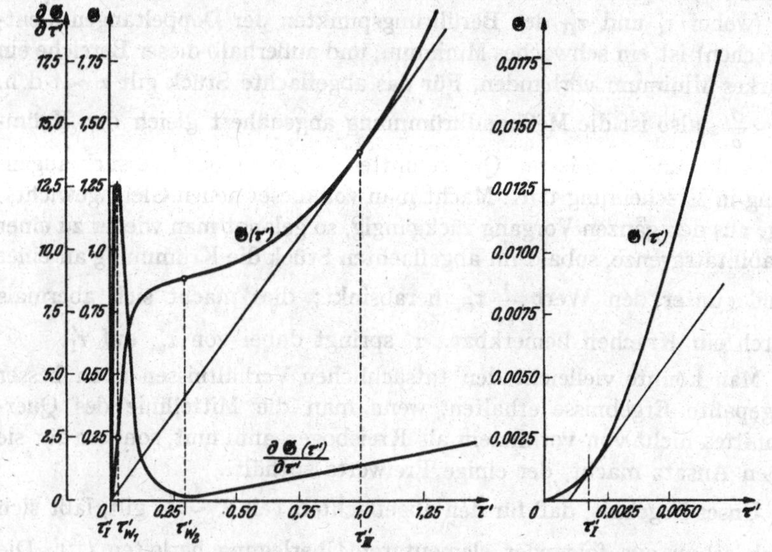

Fig. 66. Darstellung der Zermeloschen Indikatrix $\mathfrak{G}(\tau')$ und von $\mathfrak{G}_{\tau'}(\tau')$

unseres Variationsproblems nach τ, so ergibt sich wegen $\partial V/\partial\vartheta = M$ aus den Hamiltonschen Formeln der Wert

$$M = \frac{EI}{2(1-\nu^2)\,\varrho_0}\,\frac{\partial\mathfrak{G}(\tau')}{\partial\tau'}.$$

Wenn nun bei der Biegung des Meßbandes an der Stelle, wo die stärkste Krümmung der Zentralachse auftritt, diese den Wert $\frac{1}{\varrho_0}\tau'_{w_1}$ überschreitet, so tritt Labilität ein, was sich durch ein Krachen bemerkbar macht. Das zugehörige Biegungsmoment ist dann

$$M_{\text{krit}} = \frac{EI}{2(1-\nu^2)\,\varrho_0}\left[\frac{\partial\mathfrak{G}(\tau')}{\partial\tau'}\right]_{\tau'=\tau'_{w_1}}.$$

(Im Falle, daß die Biegung durch die Schwerkraft hervorgerufen wird, ist dies der kritische Wert des Einspannmomentes.) Nach Überschreiten des M_{krit} tritt jener schroffe Übergang vom fast undeformierten zum abgeflachten Stück des Querschnitts ein und macht sich in unserer Theorie durch den plötzlichen Übergang des Wertes τ'_{w_1} in den Wert

τ'_{II} (~ 1) bemerkbar. Man vergleiche die Fig. 66. Die Funktion $\frac{\partial \mathfrak{G}(\tau')}{\partial \tau'}$ stellt die Ableitung der Zermeloschen Indikatrix dar. Längs ihrem Teil zwischen den Punkten τ'_{w_1} und τ'_{w_2} ist die Legendresche Bedingung nicht erfüllt (also entspricht diesem Teil der Kurve kein realisierbarer Zustand), längs ihren Teilen zwischen τ'_I ($\sim 0{,}0016$) und τ'_{w_1}, sowie τ'_{w_2} und τ'_{II} (wobei τ'_I und τ'_{II} den Berührungspunkten der Doppeltangente entsprechen) ist ein schwaches Minimum, und außerhalb dieser Bereiche ein starkes Minimum vorhanden. Für das abgeflachte Stück gilt $\tau' \sim 1$ d.h. $\vartheta' \sim \frac{1}{\varrho_0}$, also ist die Meßbandkrümmung angenähert gleich der Krümmung des undeformierten Querschnittes, was bei einem Versuch augenfällig in Erscheinung tritt. Macht man von dieser neuen Gleichgewichtslage aus den ganzen Vorgang rückgängig, so gelangt man wieder zu einer Stabilitätsgrenze, sobald im abgeflachten Stück die Krümmung an einer Stelle unter den Wert $\frac{1}{\varrho_0}\tau'_{w_2}$ herabsinkt; dies macht sich abermals durch ein Krachen bemerkbar. τ' springt dabei von τ'_{w_2} auf τ'_I.

Man könnte vielleicht den tatsächlichen Verhältnissen noch besser angepaßte Ergebnisse erhalten, wenn man die Mittellinie des Querschnittes nicht von vornherein als Kreisbogen annimmt, sondern für sie einen Ansatz macht, der einige Freiwerte enthält.

Unser Ergebnis, daß für den abgeflachten Teil $\vartheta' \sim \frac{1}{\varrho_0}$ gilt, läßt sich auch schon aus folgender elementaren Überlegung herleiten (°°). Die gesamte Formänderungsarbeit, die in dem abgeflachten Stück des Meßbandes gespeichert ist, setzt sich zusammen:

1. Aus der Aufbiegungsarbeit, d.h. jener Arbeit A_1, die nötig ist, um die Abflachung zu bewirken. Für sie können wir setzen:

$$A_1 \approx k \int_{s_1^0}^{s_1^1} \frac{ds_1}{\varrho_0^2}.$$

Dabei sind durch $s_1 = s_1^0$ und $s_1 = s_1^1$ die beiden Unstetigkeitsstellen bezeichnet, durch die der abgeflachte Teil des Meßbandes begrenzt ist. k ist eine von b und h und den Materialeigenschaften (d.h. E und ν) abhängige Konstante.

2. Aus der Umbiegungsarbeit A_2, d.h. jener Arbeit, die nötig ist, damit das Meßband in der Längsrichtung die Krümmung $1/R$ aufweist. Für A_2 können wir schreiben:

$$A_2 \approx k \int_{s_1^0}^{s_1^1} \frac{ds_1}{R^2}.$$

Die Beobachtung zeigt, daß R im abgeflachten Bereich annähernd konstant ist. Setzt man $ds_1 = R\,d\vartheta$ und sind ϑ^0 und ϑ^1 die Werte von ϑ

an den Stellen $s_1 = s_1^0$ und $s_1 = s_1^1$ so ist

$$A = A_1 + A_2 \approx k(\vartheta^1 - \vartheta^0)\left(\frac{R}{\varrho_0^2} + \frac{1}{R}\right).$$

Nach dem Dirichletschen Prinzip ist R so zu bestimmen, daß A ein Minimum ist. Somit folgt

$$R = \varrho_0.$$

Um sich zu überzeugen, daß dies annähernd zutrifft, kann man folgende Probe machen. Man denke sich ein hinreichend langes Meßband mit beiden Händen geknickt und biege es dann so weit zusammen, daß die von den Knickstellen beiderseits gelegenen Teile mit einer Hand aneinander gehalten werden können. Dabei möge die hohle Seite des Meßbandes auch außen weisen, so daß also an der mit einer Hand gehaltenen Stelle die beiden gewölbten Seiten einander berühren. Ferner sei das eine Ende des Meßbandes zu etwa drei Viertel der gesamten Länge von der festgehaltenen Stelle entfernt. Nun nehme man dieses freie Ende mit der anderen Hand und lege es mit der hohlen Seite auf das abgeflachte Stück zwischen den beiden Knickstellen auf.

§ 7. Vollkommene optische Instrumente

Unter einem vollkommenen (absoluten) optischen Instrument versteht man ein solches System von Medien, das alle Lichtstrahlen eines Bündels (alle Lichtstrahlen die von einem Objektpunkt P_0 ausgehen) in einem Bildpunkt P_1 wieder vereinigt. Ein Beispiel dafür liefert das Fischauge, dessen Theorie insbesondere von MAXWELL behandelt wurde. Es handelt sich hier um ein isotropes Medium, bei dem der Brechungsindex durch die Formel

$$n = \frac{a b}{a^2 + r^2}$$

gegeben ist. Dabei bedeuten a und b Konstante, r den Abstand vom Mittelpunkt der Kugellinse. In seiner Theorie denkt sich MAXWELL den ganzen Raum mit einem derartigen Medium erfüllt. Die Extremalen sind, wie wir gezeigt haben (vgl. Kap. I, 3, § 3, 2.), Kreise.

Auch F. KLEIN und H. BRUNS haben sich mit dem Problem der vollkommenen optischen Instrumente beschäftigt. CARATHÉODORY hat für sie einen Satz aufgestellt, der hier, im Anschluß an eine Arbeit von J. L. SYNGE (*), kurz mitgeteilt werden soll. Bei seiner Formulierung stützen wir uns auf den bereits in Kap. VI, 1, § 4 [Fußnote zu Gl. (30)] erwähnten Begriff der optischen Länge eines Kurvenbogens $\mathfrak{C}$ die definiert ist durch

$$L(\mathfrak{C}) = \int_{\mathfrak{C}} \frac{c\, ds}{v} = \int_{\mathfrak{C}} n\, ds = \int_{\mathfrak{C}} F(x_1, x_2, x_3, \dot{x}_1, \dot{x}_2, \dot{x}_3)\, dt, \tag{39}$$

wobei c die Vakuumlichtgeschwindigkeit, v die lokale Lichtgeschwindigkeit im Medium, $ds = \sqrt{\dot{x}_1^2 + \dot{x}_2^2 + \dot{x}_3^2}\, dt$ das Wegelement längs der Kurve $\mathfrak{C}$ bedeuten.

Den Satz von CARATHÉODORY kann man unter Vorbehalt gewisser Voraussetzungen, die erst später angefüht werden sollen, kurz so aussprechen: Bei einem vollkommenen optischen Instrument sind die optischen Längen zweier im Objekt- und Bildraum einander entsprechenden Kurvenbögen gleich.

Nach CARATHÉODORY führt man in die Theorie der vollkommenen optischen Instrumente folgende Bezeichnung ein: Man sagt, ein Strahl, der durch den Objektpunkt P_0 in vorgegebener Richtung hindurchgeht, liegt im Feld des Instrumentes, wenn er nach dem Durchgang durch das Instrument das zum Bildraum gehörige Medium erreicht, d.h. also, alle Blenden passiert. Allen Punkten des Objektraumes sind auf diese Weise Kegel K zugeordnet, die alle im Feld liegenden Strahlen enthalten. Wir nehmen nun an, die eineindeutige Zuordnung von Objektpunkt $P_0(x_1^0 x_2^0 x_3^0)$ und Bildpunkt $P_1(x_1^1 x_2^1 x_3^1)$ sei gegeben durch[1]

$$x_i^1 = \varphi_i(x_1^0, x_2^0, x_3^0); \qquad (i = 1 \ldots 3), \tag{40}$$

wobei φ_i stetig differenzierbare Funktionen sein sollen. Wir nennen eine solche Abbildung eine scharfe Abbildung. Die optische Länge L von $\widehat{P_0 P_1}$ für die Lichtstrahlen die von P_0 ausgehen und P_1 erreichen, ist für alle diese Strahlen dieselbe. Dies folgt unmittelbar aus dem Verschwinden der ersten Variation des zu dieser Abbildung gehörigen Punkt-Punktproblems, indem eine einparametrige Schar der P_0 und P_1 verbindenden Strahlen herausgegriffen wird und $L(\widehat{P_0 P_1})$ nach dem Scharparameter differenziert wird.

Wir denken uns nun (40) in $L(\widehat{P_0 P_1})$ eingesetzt und erhalten so eine Ortsfunktion von P_0:

$$L(\widehat{P_0 P_1}) = L(x_1^0, x_2^0, x_3^0, \varphi_1(x_1^0, x_2^0, x_3^0), \varphi_2(x_1^0, x_2^0, x_3^0), \varphi_3(x_1^0, x_2^0, x_3^0)) \tag{41}$$

und erhalten aus den Hamiltonschen Formeln [vgl. Kap. I, 4, §1, Gl. (55″)]

$$\frac{\partial L}{\partial x_k^0} = L_{x_k^0} + L_{x_i^1} \varphi_{i x_k^0} = -F_{\dot{x}_k}^{(0)} + F_{\dot{x}_i}^{(1)} \frac{\partial \varphi_i}{\partial x_k^0}, \tag{42}$$

wobei zur Abkürzung

$$[F_{\dot{x}_k}]_{\substack{x_j = x_j^0 \\ \dot{x}_j = \dot{x}_j^0}} = F_{\dot{x}_k}^{(0)}, \qquad [F_{\dot{x}_k}]_{\substack{x_j = x_j^1 = \varphi_j \\ \dot{x}_j = \dot{x}_j^1}} = F_{\dot{x}_k}^{(1)}$$

gesetzt ist.

---

[1] SYNGE hebt dabei ausdrücklich hervor, daß die rechtwinkeligen Koordinatensysteme im Objekt- und im Bildraum nicht notwendig achsenparallel sein müssen.

Wir betrachten nun im Objektraum einen Kurvenbogen $\mathfrak{C}_0$ bei dem alle Linienelemente innerhalb der Kegel K_0 ihrer Punkte liegen (1. Voraussetzung) und einen beliebigen Punkt P_0 auf $\mathfrak{C}_0$. Das scharfe Bild von $\mathfrak{C}_0$ sei $\mathfrak{C}_1$ und im besonderen das von P_0 sei P_1. Die euklidischen Linienelemente von $\mathfrak{C}_0$ bzw. $\mathfrak{C}_1$ seien mit ds_0 bzw. mit ds_1 bezeichnet und ihre Richtungskosinus mit α_i^0 bzw. α_i^1:

$$\alpha_i^0 = \frac{dx_i^0}{ds_0}, \quad \alpha_i^1 = \frac{dx_i^1}{ds_1}. \tag{43}$$

Dann erhalten wir:

$$\frac{\partial L}{\partial s_0} = \frac{\partial L}{\partial x_k^0} \cdot \alpha_k^0 = -F_{\dot{x}_k}^{(0)} \alpha_k^0 + F_{\dot{x}_i}^{(1)} \frac{\partial \varphi_i}{\partial x_k^0} \alpha_k^0. \tag{44}$$

$F_{\dot{x}_i}$ ist homogen 0-ter Ordnung. Daher können wir für $\dot{x}_i$ auch α_i eingesetzt denken und somit ergibt sich $F^{(0)}$ wegen der Homogenität von F für den ersten Ausdruck auf der rechten Seite von (44). Ferner beachten wir daß

$$\frac{dx_i^1}{ds_1} = \alpha_i^1 = \frac{\partial \varphi_i}{\partial s_0} \frac{ds_0}{ds_1} = \frac{\partial \varphi_i}{\partial x_k^0} \alpha_k^0 \frac{ds_0}{ds_1}$$

also

$$\frac{\partial \varphi_i}{\partial x_k^0} \alpha_k^0 = \alpha_i^1 \frac{ds_1}{ds_0}.$$

Wir betrachten nun den Ausdruck

$$\frac{\partial L}{\partial s_0} + F^{(0)} - F^{(1)} \frac{ds_1}{ds_0} \tag{45}$$

als Funktion der α_i^0, d.h. als Funktion auf der Einheitskugel. Aus (44) entnehmen wir, daß er für jenen, einem Kegel K_0 entsprechenden Bereich auf der Einheitskugel verschwindet. Daraus kann man, indem man Analytizität des Ausdrucks (45) voraussetzt (2. Voraussetzung) funktionentheoretisch schließen, daß (45) auf der ganzen Einheitskugel verschwindet. Nun wollen wir weiter voraussetzen, die Strahlenfläche sei eine Mittelpunktsfläche, d.h. F eine gerade Funktion auf der Einheitskugel und somit auch

$$\frac{\partial L}{\partial s_0} = -F^{(0)} + F^{(1)} \frac{ds_1}{ds_0}$$

eine gerade Funktion der α_i^0. Andererseits ist aber $\partial L/\partial s_0$ nach (44) eine lineare Funktion der α_i^0. Dies führt nur dann zu keinem Widerspruch, wenn

$$\frac{\partial L}{\partial s_0} \equiv 0$$

ist, d.h.

$$ds_0 F^{(0)} = ds_1 F^{(1)}.$$

Somit ist unter den drei Voraussetzungen der Satz von CARATHÉODORY bewiesen.

Anhang

Historische Bemerkungen

I. Über die Arbeiten der Brüder BERNOULLI

Zu den im Text (Kap. I, 1, § 1) gemachten historischen Bemerkungen seien noch einige Ergänzungen hinzugefügt. Die erste Aufforderung zur Beteiligung an der Lösung des Brachystochronenproblems erfolgte, wie bereits erwähnt, im Juniheft 1696 der Acta eruditorum. Ihr folgte am 1. 1. 1697 die in Groningen herausgegebene Ankündigung, die mit den Worten anfängt: „Die scharfsinnigsten Mathematiker des ganzen Erdkreises grüßt JOHANN BERNOULLI, Professor der Mathematik." Die ursprünglich gestellte Frist zur Einsendung der Lösung wurde darin bis Ostern 1697 verlängert. Diese Ankündigung ist in einem überaus selbstbewußten Ton abgefaßt. (Die deutsche Übersetzung findet sich in OSTWALDs Klassikern, Bd. 46, Abhandlungen über die Variationsrechnung 1. Teil 1. Aufl. 1894, 2. Aufl. 1914.) Am Schluß dieser Ankündigung findet sich eine etwas boshaft klingende Bemerkung, die wohl nur für die Eingeweihten verständlich sein mochte. JOHANN BERNOULLI wurde nämlich durch Zufall ein Konzept seines Bruders JAKOB bekannt, aus dem er entnahm, daß dieser einer falschen Vermutung nachgehe. Später hat aber auch JAKOB die richtige Lösung gefunden und termingemäß an die Acta eruditorum eingesandt. An der Lösung der Aufgabe beteiligten sich unter anderem auch LEIBNIZ und NEWTON. NEWTON gab allerdings nur die Lösung an und verschwieg seine Methode. Die Einsendung erfolgte anonym; doch erkannte JOHANN BERNOULLI am Stil den Verfasser — tanquam ex ungue leonem.

An die Aufforderung JOHANN BERNOULLIs schloß sich ein überaus erbitterter Streit zwischen ihm und seinem älteren Bruder und Lehrer JAKOB an. Dieser Streit spornte die beiden Brüder zu bewundernswerten Höchstleistungen an. Ausführliche Darstellungen dieses Bruderzwists finden sich in CANTORs „Geschichte der Mathematik", Bd. III (1901) und ferner in der kürzlich erschienenen Schrift von J. E. HOFMANN: „Über Jakob Bernoullis Beiträge zur Infinitesimalmathematik", (Monographie de l'Enseignement mathématique, Bd. III bzw. l'Enseignement mathématique, Serie II, t. II (1956)). Diese letzte Darstellung ist ganz besonders sorgfältig abgefaßt und ist wegen ihrer reichhaltigen Quellenangaben sehr verdienstvoll.

JAKOB BERNOULLI bezog die boshafte Bemerkung seines Bruders mit Recht auf sich. Seine Arbeit trägt den Titel: „Lösung der Aufgaben meines Bruders, dem ich zugleich dafür andere vorlege". Um sich an seinem Bruder zu rächen, ersann JAKOB Aufgaben, von denen er nicht ganz mit Unrecht annahm, daß sein Bruder sie nicht zu lösen vermöge.

Die Aufgaben, um die es sich hier handelt, sind die sogenannten isoperimetrischen Probleme, und zwar gebraucht JAKOB BERNOULLI das Wort: „isoperimetrisch" in einer engeren Bedeutung wie heute und wie es im Text dieses Buches vorkommt. Er betrachtet ausschließlich die Nebenbedingung, daß die Länge der die Lösung darstellenden Kurve vorgegeben ist und so ist auch der Name zu erklären. Eine ganz ausgezeichnete und anregende Darstellung der älteren Arbeiten über Variationsrechnung findet sich in den Abhandlungen von CARATHÉODORY, „The Beginning of Research in the Calculus of Variations", Osiris Vol. III (1937) Part I, p. 224—240 und „Basel und der Beginn der Variationsrechnung", Festschrift zum 60. Geburtstag von Prof. Dr. A. SPEISER, Zürich, 1945, S. 1—18. Beide Arbeiten sind abgedruckt in „CARATHÉODORYs gesammelte mathematische Schriften", Bd. II, München 1955. Wir können uns daher hier sehr kurz fassen. JAKOB BERNOULLIs Methode zur Beherrschung der isoperimetrischen Probleme ist nicht wesentlich verschieden von der späteren, bei EULER vorkommenden (vgl. Kap. I, 1, § 2), jedoch viel schwerer verständlich. Seine Betrachtungen erforderten im einzelnen sehr viel Scharfsinn, so daß die junge Wissenschaft als etwas außerordentlich Schweres galt und eine längere Pause in der Entwicklung eintrat. Sein Bruder JOHANN war ihm in der Handhabung der Analysis sicher unterlegen, war aber ein glänzender Geometer, so daß seine unmittelbar anschaulichen Überlegungen auch heute noch fesseln. Als Beispiel bringen wir eine zweite von ihm herrührende Herleitung der Lösung des Brachistochronenproblems. Um den Leser nicht allzusehr durch Ungewohntes abzulenken, ändern wir Figur, Bezeichnung und Text gegenüber dem Original ab, ohne den Grundgedanken wesentlich zu beeinträchtigen. Wir denken uns auf der gesuchten Lösungskurve K zwei benachbarte Punkte A und B herausgegriffen und errichten in ihnen die Normalen. Sei $A'B'$ ein um $\Delta\varrho$ verschobener Bogen, dann gilt:

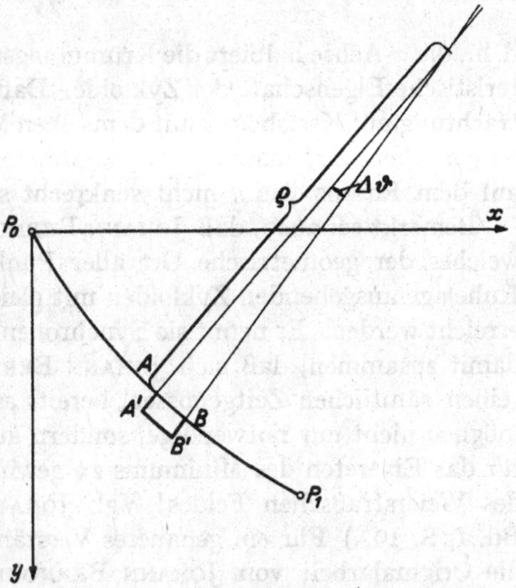

Fig. 67. Zweite Lösung des Brachistochronenproblems von JOHANN BERNOULLI

$$\frac{(\varrho+\Delta\varrho)\,\Delta\vartheta}{\sqrt{y+\Delta y}} = \frac{(\varrho+\Delta\varrho)}{\sqrt{y}}\left(1-\frac{1}{2}\,\frac{\Delta y}{y}+\cdots\right)\Delta\vartheta\,.$$

Also wegen $\Delta y = \Delta \varrho \cdot \sin\vartheta$ folgt

$$\frac{(\varrho + \Delta\varrho)\,\Delta\vartheta}{\sqrt{y + \Delta y}} - \frac{\varrho\,\Delta\vartheta}{\sqrt{y}} = \frac{1}{\sqrt{y}}\left(1 - \frac{\varrho\sin\vartheta}{2y}\right)\Delta\varrho\cdot\Delta\vartheta + \cdots.$$

Dann entspricht der Forderung, daß die 1. Variation verschwinden soll, die Forderung

$$1 = \frac{\varrho\sin\vartheta}{2y},$$

d. h., die x-Achse halbiert die Krümmungsradien und dies ist eine charakteristische Eigenschaft der Zykloide. Daß man sich bei der obigen Betrachtung auf Kreisbögen mit demselben Mittelpunkt als Nachbarkurven beschränken darf, hängt damit zusammen, daß ein Linienelement, das auf dem Radius von k nicht senkrecht steht, länger wäre.

Bemerkt sei auch, daß JOHANN BERNOULLI schon die Frage aufwirft, welches der geometrische Ort aller Punkte ist, die bei allen von der Ruhelage ausgehenden Zykloiden mit gleicher Basis in der gleichen Zeit erreicht werden. Er nennt sie Synchronen. Diese Betrachtungen hängen damit zusammen, daß sich JOHANN BERNOULLI, zum Unterschied von seinen sämtlichen Zeitgenossen, bereits an die Aufgabe heranwagt, womöglich nicht nur notwendige, sondern auch hinreichende Bedingungen für das Eintreten des Minimums zu gewinnen. (Vorwegnahme der Idee des Weierstraßschen Feldes! Vgl. JOHANN BERNOULLI Opera omnia, Bd. I, S. 192.) Für ein genaueres Verständnis ist hier wohl Einblick in die Originalarbeit von JOHANN BERNOULLI als auch die Lektüre der oben genannten Arbeiten von CARATHÉODORY zur Interpretation der Bernoullischen Arbeiten geboten.

II. Über NEWTONs Problem einer axial angeströmten Rotationsfläche kleinsten Widerstandes

Das Bernoullische Problem der Brachistochrone hat wohl auf die Entstehung der Variationsrechnung den größten Einfluß ausgeübt, aber älter ist das in der Überschrift genannte Problem. NEWTON hat im zweiten Buch seiner „Prinzipien[1]" (1687) das Problem eines axial angeströmten Rotationskörpers (Geschoß) kleinsten Widerstandes behandelt und dort eine Lösung ohne Beweis angegeben. Da es sich hier um die erste Abhandlung über ein Problem der Variationsrechnung handelt, sehen wir uns veranlaßt, genauere historische Angaben zu machen.

Bald nach dem Erscheinen des „Lehrbuches der Variationsrechnung" (1904) von O. BOLZA wurde BOLZA von T. H. MACLAGAN WEDDERBURN

[1] „Sir ISAAC NEWTONs Mathematische Prinzipien der Naturlehre". Mit Bemerkungen und Erläuterungen herausgegeben von J. PH. WOLFERS. Berlin, Verlag von Robert Oppenheimer, 1872. II. Buch, VII. Abschnitt, § 46, S. 323f.

darauf aufmerksam gemacht, daß in einem Konzept eines Briefes NEWTONs, von dem man vermutete, daß er aus dem Jahre 1694 stammt und an D. GREGORY gerichtet war, der Beweis des in den Prinzipien angeführten Resultates enthalten sei. Dieses Konzept ist abgedruckt in: „A catalogue of the Portsmouth Collection of books and papers written by or belonging to Sir ISAAC NEWTON“, Cambridge 1888, p. XXI–XXIII.

Über den Beweis NEWTONs berichtet BOLZA in der „Bibliotheca Mathematica“ 3. Folge Bd. 13 (1912–1913).

Aus der Schrift von H. W. TURNBULL: „The Mathematical discoveries of ISAAC NEWTON“, Blackie and Sons, London and Glasgow 1945 ist zu

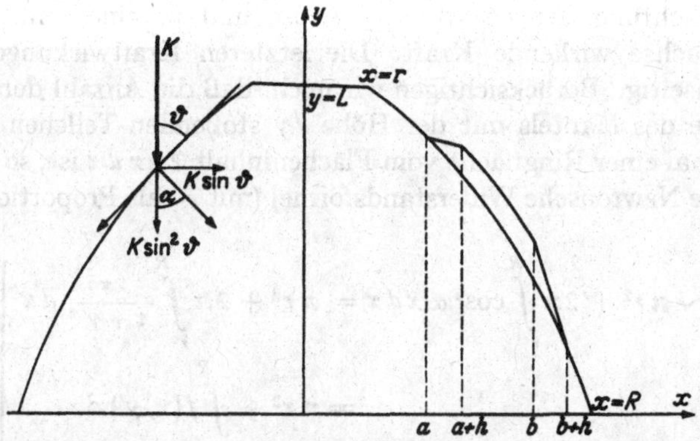

Fig. 68. NEWTONs Methode zur Bestimmung der Rotationsfläche mit kleinstem Strömungswiderstand

entnehmen, daß in der Tat NEWTON den Beweis seines Theorems in einem Brief vom 14. 7. 1694 an GREGORY gesandt hat, der dies bestätigte und den Brief seinen gesammelten Notizen zu den Prinzipien beifügte. Dieses Werk ist zwar nicht publiziert, ist aber in der Bibliothek der Universität von Edinburgh vorhanden. Ferner existiert an der Bibliothek der St. Andrews University ein unveröffentlichtes Werk GREGORYs über NEWTONs Fluxionen, in dem ebenfalls NEWTONs Beweis enthalten ist.

Wir wollen hier das Problem in einer dem Text dieses Buches angepaßten und nicht den Gepflogenheiten des 18. Jahrhunderts Rechnung tragenden Form darlegen und nur das Prinzipielle an NEWTONs Gedankengang erläutern. Zur Erläuterung wie NEWTON seine Formel für die Mantelkurve des Geschoßes mit kleinstem Strömungswiderstand gefunden hat, diene die Fig. 68, die einen beliebigen Meridianschnitt des Rotationskörpers darstellt. Daß der Rotationskörper mit einer senkrecht zur Rotationsachse verlaufenden Stirnfläche versehen ist, ist eine Folge von NEWTONs Theorie des Strömungswiderstandes, die wir sogleich erörtern werden. $x = R$ sei der vorgegebene Radius der Basis und $x = r$ der Radius der Stirnfläche, L die vorgegebene Länge des Geschoßes, ϑ der

Winkel, den der Meridianschnitt in einem beliebigen Punkt mit der y-Achse einschließt und $\alpha = \frac{\pi}{2} - \vartheta$. NEWTON denkt sich das Geschoß ruhend und berechnet die Kraft, die von den einzelnen in Richtung der negativen y-Achse mit gleicher Geschwindigkeit w auf das Geschoß auftreffenden materiellen Teilchen erzeugt wird. Sei K die Kraft die eine stoßende Partikel auf eine senkrecht zur Rotationsachse stehende Fläche ausübt, dann kann man diese Kraft zunächst in eine normal zum Geschoßmantel wirkende Komponente und in eine längs des Mantels wirkende Komponente zerlegen. Die letztere wird vernachlässigt und für die Normalkomponente ergibt sich $N = K \sin \vartheta$. Diese Normalkomponente wird wieder zerlegt in eine in Richtung der negativen y-Achse und in eine senkrecht zur Rotationsachse wirkende Kraft. Die letzteren Kraftwirkungen tilgen sich gegenseitig. Berücksichtigen wir noch, daß die Anzahl der auf eine Ringfläche des Mantels mit der Höhe dy stoßenden Teilchen offenbar proportional einer Ringfläche vom Flächeninhalt $2\pi x\, dx$ ist, so erhalten wir für die Newtonsche Widerstandsformel (mit $\sim$ als Proportionalitätszeichen)

$$\left.\begin{aligned} W \sim \pi r^2 + 2\pi \int_r^R \cos^2 \alpha\, x\, dx &= \pi r^2 + 2\pi \int_r^R \frac{x}{1 + y'^2}\, dx \\ &= \pi r^2 + \int_r^R f(x, y')\, dx. \end{aligned}\right\} \tag{1}$$

Es handelt sich also entsprechend unserer Ausdrucksweise bei der Ermittlung der Form des Körpers mit kleinstem Widerstand um ein Problem mit Randfunktion. Die Ausgangsmannigfaltigkeit ist durch $y = L$, der Endpunkt durch $y = 0$ gegeben; r ist als Unbekannte zu betrachten. Die Eulersche Regel I liefert für die Extremale

$$f_{y'} = \frac{4\pi x y'}{(1 + y'^2)^2} = c. \tag{2}$$

Die Randbedingung für die Ausgangsmannigfaltigkeit erhalten wir, entsprechend der Hamiltonschen Formel, indem wir die rechte Seite von (1) nach r differenzieren und für $x = r$ Null setzen:

$$\left[x\left(1 - \frac{1 + 3y'^2}{(1 + y'^2)^2}\right)\right]_{x=r} = 0. \tag{3}$$

Somit ergibt sich für die Randbedingung: $y' = -1$ bei $x = r$, also erhalten wir für $c = -\frac{\pi}{2} r$. Die Integration der Differentialgleichung (2) wurde von de l'HOSPITAL durchgeführt. Sie gelingt leicht, wenn man y' als Parameter einführt.

Wir wollen nun andeuten, wie NEWTON das Problem gelöst hat. Er berechnet zunächst, entsprechend der obigen Formel, den Widerstand eines Kegelstumpfes, indem er den Gesamtwiderstand aus dem Widerstand der Stirnfläche und dem Widerstand der Mantelfläche zusammensetzt und frägt nach jenem Kegelstumpf, der den geringsten Widerstand bei gegebener Höhe und Grundfläche aufweist. NEWTON löst also die Minimalaufgabe, die man erhält, wenn man den Meridianschnitt des Geschosses durch ein Trapez ersetzt. Für die Lösung ergibt sich dabei: Der Punkt, der auf der Achse in der Mitte zwischen oberer und unterer Kreisfläche liegt, hat von dem Rand des größeren Kreises denselben Abstand wie von der Spitze des zu einem Kegel ergänzten Kegelstumpfes. Für den Spezialfall, daß die Höhe des Kegelstumpfes klein gegenüber der Basis ist, erkennt NEWTON hieraus, daß der Winkel zwischen Stirnfläche und Mantel 135° wird. Der unmittelbar an die Überlegung anschließende Abschnitt in NEWTONs Darstellung enthält bereits das allgemeine, hier durch Gl. (2) ausgesprochene Ergebnis, deren Inhalt NEWTON geometrisch ausdrückt. NEWTON ist so fest von der Richtigkeit seiner Theorie überzeugt, daß er glaubt, „... *daß dieser Satz für die Konstruktion von Schiffen nicht ohne Nutzen sein werde*".

Bemerkenswert ist wohl, daß NEWTON zum Nachdenken über dieses Problem durch den Umstand angeregt wurde, daß das wirtschaftlich wichtige Problem der Ermittlung der günstigsten Schiffsform schon zur Zeit der Gründung der Royal Society eine große Rolle gespielt zu haben scheint. Wir zitieren nach TURNBULL, „Mathematical discoveries of NEWTON", p. 40, folgenden Ausspruch von Sir WILLIAM PETTY: "*The consideration of double bodies (solid figures) hath (unless I am become drunk with too much thinking) brought me to the perfection of the shape that the single body must be put into for its most easy passage through the water, to the very utmost of what in nature is possible.*"

Die Schlußweise, wie sie in dem oben erwähnten Brief NEWTONs an GREGORY enthalten ist, geben wir in einer Form wieder, wie sie den von uns gebrauchten Bezeichnungen entspricht (vgl. Fig. 68). Wir betrachten ein Intervall $a \leqq x \leqq b + h$; für $a + h \leqq x < b$ sei $\eta = k = \text{const}$, für $a \leqq x < a + h$ sei $\eta = k(x - a)/h$ und für $a \leqq x \leqq b + h$ sei $\eta = -k(x - (b + h))/h$. Die im Intervall $(a + h, b)$ vorgenommene konstante Variation ändert am Widerstand überhaupt nichts, da es sich ja um eine Parallelverschiebung der Meridiankurve in Richtung des Windes handelt. Soll die erste Variation verschwinden, so muß der Zuwachs des Widerstandes im Intervall $(a, a + h)$ in erster Annäherung gleich der Verminderung des Widerstandes im Intervall $(b, b + h)$ sein. Dieser Forderung entspricht, wenn wir im Sinne der damaligen Betrachtungsweise die Differentialquotienten durch Differenzenquotienten ersetzen

$$\frac{\partial}{\partial k}\left[f\left(a, \frac{y(a+h) - y(a) + k}{h}\right) + f\left(b, \frac{y(b+h) - y(b) - k}{h}\right)\right]\bigg|_{k=0} = 0,$$

woraus sich nach Grenzübergang $h \to 0$

$$f_{y'}(a, y'(a)) = f_{y'}(b, y'(b))$$

ergibt. Da aber a und b beliebige Stellen sind, ist damit die Eulersch Regel, d. h. Gl. (2), bewiesen. Wir heben hervor: Im Gegensatz zur Euler schen Methode, wo an einem einzigen Punkt variiert wird, werden hier all Ordinaten zwischen $a+h$ und b um den gleichen Betrag k variiert Diese Herleitung entspricht also nicht einer Herleitung der Eulerschen Gleichung, sondern einer direkten Ableitung der Dubois-Reymondschen Gleichung.

Nun zur Frage, wieweit NEWTONs Resultate annähernd den beobacht baren Tatsachen entsprechen. Zunächst sei darauf hingewiesen: Schon vom rein mathematischen Standpunkt aus machen sich gegen NEWTON Widerstandsgesetz Bedenken geltend. Wäre das Newtonsche Geset exakt gültig, so könnte man durch eine beliebig gezackte Meridiankurve die man sich aus Stücken von Geraden $y = \pm m x + c$ zusammengesetz denken möge, das nach NEWTON dem Widerstand proportionale Integra

$$\int_0^R \frac{x\,dx}{1+y'^2}$$

beliebig klein machen, wenn man m hinreichend groß wählt. Derartige Einwände finden sich bereits in den Vorlesungen von WEIERSTRASS (vgl FINSTERWALDER: „Aerodynamik", Enzyklopädie der mathematischen Wissenschaften, Bd. IV/3). Der innere Grund für das Versagen de Widerstandsformel fällt damit zusammen, daß im Intervall $0 \leqq |y'| \leqq$ · das Legendresche Kriterium nicht erfüllt ist. Um im Sinne des Kap. III, · die Newtonsche Widerstandsformel zu rechtfertigen, hätte man nur eine abgeschlossene Klasse von Funktionen zuzulassen und dementsprechend eine Beschränkung der Gefällsfunktion von der Form $0 \geqq y' \geqq -m$ mi $m > 0$ zu fordern. Dabei kann man m, bei vorgegebenem R und L s wählen, daß $|y'(R)| < m$, so daß diese letztere Beschränkung der Gefälls funktion nicht in Erscheinung tritt. Den modernen Anschauungen zu folge ist es ferner auch ausgeschlossen, im Unterschallgebiet den Wider stand durch ein Elementargesetz zu erfassen. Lediglich bei ganz kleinen Geschwindigkeiten ergibt sich annähernd eine Übereinstimmung de Newtonschen Ansatzes mit den Beobachtungen. Die Frage nach de näherungsweisen Gültigkeit des Newtonschen Widerstandsgesetzes in Überschallbereich wurde vielfach diskutiert. Von Herrn Prof. G. KUERT wurde ich auf folgende drei interessante Arbeiten aufmerksam gemacht TH. V. KÁRMÀN, 5ter Volta-Kongreß 1935 (Proceedings of the 5th Volta Congres, pp. 269—271) bzw. „ISAAC NEWTON and Aerodynamics' (Journal of the Aeronaut. Sciences Vol. 9 (1942) p. 521 ff.) sowie

G. GRIMMINGER, E. D. WILLIAMS, G. B. W. YOUNG, „Lift on inclined bodies of revolution in hypersonic flow" (Journal of Aeronaut. Sciences Vol. 17 (1950) p. 675 ff.). In der letzten Abhandlung wird gezeigt, daß das Newtonsche Widerstandsgesetz als Annäherung für die exakte zweidimensionale gasdynamische Gleichung für die Machzahl $M \to \infty$ erhalten werden kann. Als erste wiesen auf diese Tatsache A. BUSEMANN und TH. V. KÁRMÀN hin. Siehe auch K. OSWATITSCH: „Gasdynamik", Springer-Verlag Wien, 1952, wo sich auch weitere Literaturangaben finden.

III. Über die Geschichte des Prinzips der kleinsten Wirkung

Das Prinzip der kleinsten Wirkung steht mit der Entwicklung der Variationsrechnung in sehr enger Verbindung. Die Geschichte seiner Entstehung gibt einen tiefen Einblick in die Denkweise jener Forscher, die wir als Begründer der Variationsrechnung zu betrachten haben, so daß es wohl angebracht erscheint hierüber einiges zu sagen.

Obwohl die Literatur über die Entstehung des Prinzips der kleinsten Wirkung einen überaus großen Umfang angenommen hat, so sind doch die Kenntnisse darüber — wie ich glaube — sowohl bei reinen wie bei angewandten Mathematikern im allgemeinen wenig verbreitet. Ich halte es daher für angebracht, wenigstens einen knappen Überblick darüber zu geben und dies um so mehr, da in dem über dieses Prinzip entstandenen Streit nicht nur die Mathematiker, sondern die Spitzen des geistigen Europas der Mitte des 18. Jahrhunderts verwickelt waren. Mit Rücksicht auf die hier gebotene Kürze ist unser Überblick in vieler Beziehung nicht ausreichend. Insbesondere sei für genaueres Studium auf P. BRUNET: „Etude Historique sur le Principe de la Moindre Action" Actualités Scientifique et Industrielles Nr. 693, Paris, Hermann et Cie. 1938 und auf L. EULER: „Opera Omnia" Ser. 2, Bd. V (1957)[1] verwiesen. In seiner Schrift: „Das Prinzip der kleinsten Wirkung von LEIBNIZ bis zur Gegenwart" (Reihe „Wissenschaftliche Grundfragen der Gegenwart" Bd. 9, B. G. Teubner 1928) hat A. KNESER die in der platonischen Philo-

[1] Letztere enthält nicht nur EULERs ungemein anregende Abhandlungen, sondern auch Abhandlungen von S. KÖNIG und die von MAUPERTUIS und das Urteil der Akademie im Streit zwischen MAUPERTUIS und KÖNIG sowie eine sehr lesenswerte Einleitung von J. O. FLECKENSTEIN. Dieser Band der Euler-Gesamtausgabe ist besonders wichtig, da durch ihn die bisher nur schwer zugängliche Originalliteratur greifbar wurde und damit Fehlinterpretationen, die bei der Lektüre von Referaten älterer Autoren entstehen können, vermieden werden.

Wir heben ferner hervor, daß in diesem Band auch jene Arbeiten EULERs enthalten sind, die das Minimalprinzip der Statik (modern: Dirichletsches Prinzip) in dem Sinn beweisen, daß die Resultate der „finalen" Naturerklärung mit denen der „kausalen" als übereinstimmend nachgewiesen werden. Die Anwendung dieses Minimalprinzips auf die Theorie des vollständig biegsamen Fadens führte EULER auf die allgemeine Einführung des Potentialbegriffs.

sophie wurzelnden Ideen von LEIBNIZ dargestellt. Diese Schrift von KNESER, aus der wir im folgenden viele Zitate entnehmen, wendet sich in erster Linie an Philosophen. Ich glaube aber, daß sich hier allgemein für Ideenentwicklungen Charakteristisches vorfindet, das somit auch für Mathematiker und Physiker von wesentlichem Interesse ist. Dies insbesondere mit Rücksicht auf die Bedeutung, die der Begriff der Wirkung durch die Quantenmechanik in der modernen Physik erfahren hat.

Eine Vorahnung des Prinzips der kleinsten Wirkung, bzw. die Meinung, daß der tatsächliche Verlauf der Erscheinungen mit Minimalprinzipen in Verbindung gebracht werden kann, läßt sich in der Tat schon im klassischen Altertum nachweisen. Insbesondere beruft sich LEIBNIZ auf mehrere Stellen in PLATONs Schriften, so z.B. findet sich im „Phaidon" der Satz: *„Die Natur regle alles aufs Schönste und Beste und wenn man von dieser Auffassung ausgehe, so könne man auch Einzelerscheinungen der exakten Wissenschaft gedanklich erfassen."* Diese Ideen werden bei LEIBNIZ zu einem Grundprinzip seiner Philosophie, wie aus den im folgenden zitierten Stellen deutlich hervorgeht. In der Abhandlung über Metaphysik („De ipsa natura sive de vi insita actionibusque creaturarum", Acta Erud. 1698, Leibnitii opera philosophica ed. ERDMANN p. 155 Nr. 50) heißt es: *„Ich glaube, daß Gott aus bestimmten Gründen der Weisheit und Ordnung die Gesetze gegeben hat, die wir in der Natur beobachten und hieraus wird offenbar, was von mir einst bei Gelegenheit eines optischen Gesetzes angemerkt worden ist und was der berühmte* MOLYNEUX *nachher in der Dioptrik durchaus gebilligt hat, daß die Zweckursache nicht bloß nützlich sei für Tugend und Frömmigkeit in der Ethik und natürlichen Theologie, sondern auch in der Physik zur Auffindung und Entdeckung verborgener Wahrheiten."* (Man beachte das Erscheinungsjahr der oben angegebenen Abhandlung!) Man kann hieraus erkennen, wie sehr das Interesse an der Variationsrechnung mit den philosophischen Ideen der damaligen Zeit in Verbindung stand. Dies wird noch deutlicher und bestimmter aus einer ebenfalls in der Kneserschen Schrift zitierten Stelle, von der in der gleichen Zeit verfaßten Leibnizschen Abhandlung „Tentamen anagogicum" (LEIBNIZs philosophische Schriften, herausgegeben von GERHARDT Bd. VII, p. 270). *„Was zur letzten Ursache führt, wird bei Philosophen wie Theologen Anagogik genannt. Man beginnt also hier damit zu zeigen, daß man von den Naturgesetzen keine Rechenschaft geben kann, wenn man nicht eine intelligente Ursache annimmt. Man zeigt auch, daß bei der Untersuchung der Zweckursachen Fälle vorkommen, wo man auf das Einfachste und Bestimmteste achten muß, ohne zu unterscheiden, ob es das Größte oder Kleinste ist, daß dieselbe Sache auch in der Differentialrechnung beobachtet wird, daß das allgemeine Gesetz der Richtung des Lichtstrahls aus den Zweckursachen abgeleitet, ein schönes Beispiel gibt, gleichviel ob Reflexion oder Brechung vor-*

liegt und ob die Oberfläche gekrümmt ist oder eben. Man zieht hieraus einige neue Sätze, die in gleicher Weise auf Reflexion und Brechung anwendbar sind."

Von Interesse und wohl kennzeichnend für LEIBNIZ ist, daß hier die Unterscheidung, ob ein Minimum oder ein Maximum vorliegt, wenigstens in einigen seiner Schriften beiseite geschoben und daß hier nur ein *Prinzip der Naturbeschreibung* gefordert wird, das möglichst einfach und bestimmend ist. Aber auch die viel nüchternere Forderung eines Variationsprinzips, bei dem, modern gesprochen, nur von einem Verschwinden der ersten Variation die Rede ist, genügt für LEIBNIZ, um teleologische Betrachtungen anzustellen. Diese stimmen dem Wesen nach mit jenen EULERs überein. Eine dafür charakteristische Stelle aus EULERs grundlegender Abhandlung zur Variationsrechnung haben wir bereits im Text, Kap. I, 2, § 1, wiedergegeben. Aber nicht nur bei der Begründung des Prinzips der kleinsten Wirkung, sondern auch in seinen Arbeiten zu den Minimalprinzipen der Statik bringt EULER ähnliche philosophische Ansichten vor. Insbesondere ist dafür folgende Stelle aus der Einleitung zu seiner Abhandlung: „Von den elastischen Kurven"[1] sehr kennzeichnend: „*... kann weiter kein Zweifel bestehen, daß alle Wirkungen in der Welt aus den Endursachen mit Hilfe der Methode der Maxima und Minima gleich gut bestimmt werden können wie aus den bewirkenden Ursachen ... Da also ein doppelter Weg gegeben ist, die Wirkungen in der Natur zu erforschen, einmal aus den bewirkenden Ursachen, was man die direkte Methode zu nennen pflegt, zweitens aus den Endursachen, so wird sich der Mathematiker beider mit gleichem Erfolge bedienen. Wenn nämlich die bewirkenden Ursachen zu verborgen liegen, die Endursachen aber klarer liegen, so ist die Aufgabe durch die indirekte Methode zu lösen. Im Gegenteil wird die direkte Methode angewandt werden jedesmal, wenn aus den bewirkenden Ursachen die Wirkung definiert werden kann. Besonders aber soll man darauf sehen, auf beiden Wegen die Lösung zugänglich zu machen. Dann wird nicht nur die eine zur Bestätigung der anderen dienen, sondern die Übereinstimmung beider erfüllt uns mit höchster Befriedigung ..*."

Beim Prinzip der kleinsten Wirkung handelt es sich demnach um ein Prinzip, das man richtiger als Prinzip der stationären Wirkung zu bezeichnen hätte. Man sprach damals von zwei Arten der Naturerklärung, eine nach dem Prinzip des Effizienten (NEWTON) und eine nach dem Prinzip des Finalen. Auch in dem „Tentamen anagogicum" kommt dies zum Aus-

[1] „Additamentum I zum Methodus inveniendi lineas curvas maximi minimive proprietate gaudentes", Lausanne und Genf 1744, abgedruckt in der Übersetzung von H. LINSENBARTH in OSTWALDs Klassiker der exakten Wissenschaften, Nr. 175, Leipzig 1910 „Abhandlungen über das Gleichgewicht und die Schwingungen der ebenen elastischen Kurven" von JAKOB BERNOULLI und LEONHARD EULER, S. 18 und 19.

druck: „*Aus diesem Grunde bin ich gewohnt zu sagen, daß es sozusagen zwei Reiche der körperlichen Natur gibt, die sich durchdringen, ohne sich zu vermischen und ohne sich zu hemmen, das Reich der Macht, nach welchem alles sich mechanisch erklären läßt durch wirkende Ursachen, wenn wir nur hinreichend weit ins Innere eindringen und das Reich der Weisheit, nach welchem alles sich architektonisch, sozusagen durch die Zweckursachen erklären läßt, wenn wir deren Gebrauch genügend kennen.*" Wie weit LEIBNIZ bereits in der Erkenntnis des wahren Ausdruckes für das Prinzip der kleinsten Wirkung vorgedrungen war, kann aus folgender Stelle eines Briefes an JOHANN BERNOULLI erkannt werden: „*Die bewegenden Wirkungen — actiones motrices — desselben bewegten Massenpunktes sind im zusammengesetzten Verhältnis der unmittelbaren Wirkungen — effectus —, nämlich der durchlaufenen Längen und der Geschwindigkeiten. Also sind die Wirkungen in einem Verhältnis, das zusammengesetzt ist aus dem einfachen Verhältnis der Zeiten und den doppelten der Geschwindigkeiten. Deshalb sind in gleichen Zeiten oder Zeitelementen die bewegenden Wirkungen desselben Körpers im doppelten Verhältnis der Geschwindigkeiten oder wenn verschiedene bewegte Punkte vorliegen, in einem Verhältnis, das aus dem einfachen Verhältnis der bewegten Punkte, Massen und dem doppelten der Geschwindigkeiten zusammengesetzt ist.*" Es handelt sich also um eine in Worten ausgedrückte Fassung der Formel $\int v\,ds = \int v^2 dt$. KNESER weist noch auf mehrere Stellen hin, wo sich dieser mathematische Ausdruck vorfindet. Die primitive, etwas scholastisch anmutende Art, wie LEIBNIZ zu dieser Formel gelangt, geht ebenfalls aus einer Stelle in einem Brief an BERNOULLI hervor. Wir zitieren wörtlich[1]: „*Weil die Durchlaufung von zwei Meilen in einer Stunde das Doppelte ist der Durchlaufung von zwei Meilen in zwei Stunden und die Durchlaufung von zwei Meilen in zwei Stunden das Doppelte ist der Durchlaufung von einer Meile in einer Stunde, so folgt, daß die Durchlaufung von zwei Meilen in einer Stunde das Vierfache ist der Durchlaufung von einer Meile in einer Stunde.*" An einer früheren Stelle wird diese Schlußweise etwas ausführlicher und sorgfältiger durchgeführt, wobei die Zahl 2 durch eine beliebige Zahl ersetzt wird und in LEIBNIZs „Mathematischen Schriften V", (herausgegeben von GERHARDT, Bd. VI, S. 356—366) tritt noch die Masse als Proportionalitätsfaktor hinzu. So primitiv uns auch diese Überlegungen erscheinen mögen, so müssen sie aber doch als spekulative Betrachtungen zur Ermittlung einer der wichtigsten physikalischen Größen gewertet werden. Freilich sind es ganz derb anmutende Spekulationen, wie insbesondere aus einer weiteren Stelle eines Briefes an BERNOULLI hervorgeht, wo LEIBNIZ zur Erläuterung von der Entlohnung des Läufers spricht, entsprechend der oben angeführten Formel. Allerdings spielt wohl bei LEIBNIZ der Gedanke an das Fermatsche Prinzip, wie aus dem gleich zu Beginn

[1] Nach KNESER.

unserer Notiz angeführten Zitat zu entnehmen ist, für die Ermittlung des mathematischen Ausdrucks für die kleinste Wirkung eine ebenso große Rolle, wie die gerade angeführten Überlegungen. Es ist aber kein Beispiel bekannt, wo LEIBNIZ mit Hilfe der Variationsrechnung erläutert hätte, daß das Prinzip der kleinsten Wirkung zur Ermittlung der wirklichen Bahnkurve führt. Dies ist einigermaßen auffallend, weil er sich doch, wie wir erwähnt haben, mit dem Problem der Brachystochrone erfolgreich befaßt hat. Es mag dies damit zusammenhängen, daß LEIBNIZ um diese Zeit wegen seiner geschwächten Gesundheit allzu anstrengende mathematische Überlegungen vermied. In einem Brief an JOHANN BERNOULLI klagt er, daß durch eine solche, überaus anstrengende Arbeit seine Kräfte nicht wenig erschöpft werden und unangenehme Hitzeanfälle (Phlogosen) hervorgerufen werden.

Das Prinzip der kleinsten Wirkung wird häufig, namentlich von Franzosen, als Maupertuissches Prinzip bezeichnet. MAUPERTUIS seit 1745 Präsident der Berliner Akademie, war eine der markantesten Persönlichkeiten im wissenschaftlichen Leben seiner Zeit. Als Leiter einer Expedition nach Lappland hatte er NEWTONs Hypothese von der Abplattung der Erdkugel bestätigen können und hatte sich so ein großes wissenschaftliches Verdienst erworben. Sein großes durch diesen Erfolg gesteigertes Selbstbewußtsein und seine übergroße Phantasie, die er gelegentlich auch hemmungslos zum Ausdruck brachte, führten ihn dazu, von der Physik zur Metaphysik überzuspringen und auf diesem Gebiet Behauptungen aufzustellen, die für Physik und Biologie allgemeine Geltung haben sollten. Insbesondere glaubte er durch teleologische und theologische Betrachtungen ein ganz allgemein gültiges, umfassendes Naturgesetz aufstellen zu können, das sowohl in der Biologie und in der Statik, als auch in der Dynamik (einschließlich der Theorie des elastischen und nicht elastischen Stoßes) eine herrschende Stellung einnehmen könne. Bei Betrachtungen über Biologie weist er z.B. auf die Zweckmäßigkeit der Hautfalten beim Rhinozeros hin, die die Beweglichkeit des Tieres ermöglichen. Durch die Zusammenfassung aller dieser Tatsachen glaubte er darüber hinaus auch noch durch den Hinweis auf die Zweckmäßigkeit beim Ablauf der Naturerscheinungen einen Beweis für das Dasein Gottes erbracht zu haben und gerade das erhöhte sein Selbstbewußtsein ins Maßlose.

Eine Darstellung seiner Betrachtungen über Statik und Dynamik findet man außer in den eingangs erwähnten Werken auch wiedergegeben bei E. MACH: „Mechanik in ihrer Entwicklung historisch kritisch dargestellt" (F. A. Brockhaus, Leipzig; 9. Aufl. 1933) und ferner bei R. DUGAS: „Histoire de Mécanique" (Editions du Griffon, Neuchâtel, Schweiz, 1950). Wir gehen darauf nicht näher ein, da MAUPERTUIS an mathematischen Hilfsmitteln nur die elementare Theorie der Maxima und Minima und nicht die Variationsrechnung benützt; wir begnügen uns damit, drei dieser

Abhandlungen anzuführen. „Les lois du mouvement et du repos deductés d'un principe metaphysique", Histoire d'Academie de Berlin 1746, p. 290. „Accord de différentes lois de la nature", Mém. de l'Academie Royale des Sciences, Paris 1744, p. 417. „Lois du repos des corps" Mém. de l'Academie Royale des Sciences, Paris 1740, p. 170—176

MAUPERTUIS war, wie EULER, Schüler von JOHANN BERNOULLI, und hatte auch eine Zeitlang freundschaftliche Beziehungen zu dessen Sohn DANIEL BERNOULLI, der für EULER nicht nur bester Freund, sondern auch einflußreicher Ratgeber war. Aus Briefen ist bekannt, daß BERNOULLI im Interesse der Wissenschaft sehr besorgt war zwischen seinen beiden Schülern MAUPERTUIS und EULER gute Beziehungen herzustellen, da beide offenbar an der von Friedrich II. völlig umgestalteten Berliner Akademie leitende Stellungen einnehmen sollten.

MAUPERTUIS' Abhandlungen erregten großes Aufsehen und zwar nicht nur bei Fachkollegen, sondern weit darüber hinaus in allen Kreisen, die für den kulturellen Fortschritt Interesse hatten, weil seine Überlegungen durch nachhaltig wirkende Worte eine unmittelbar ansprechende Verbindung von mathematisch formulierten Behauptungen, Philosophie und Theologie enthielten.

Besonders muß hier betont werden, daß bei MAUPERTUIS die Forderung nach einem Minimum (Ökonomieprinzip im Walten der Natur) zugrunde gelegt wird, was also im Gegensatz steht zu der viel freieren Auffassung Maximum *oder* Minimum bei LEIBNIZ, wie sie uns in der bereits zitierten Stelle des „Tentamen anagogicum" entgegentritt.

Die erste klare Darstellung des Prinzips der kleinsten Wirkung verdankt man EULER in der Abhandlung: „De motu projectorum in medio non resistente per methodum maximorum ac minimorum determinando." Additamentum II zu seiner grundlegenden, im Kap. I, 2, § 1 zitierten Abhandlung: „Methodus inveniendi lineas curvas maximi minimive proprietate gaudentes." EULER macht aber keinerlei Prioritätsansprüche geltend. Die Gründe für diese etwas auffallende Tatsache wurden vielfach erörtert (vgl. insbesondere O. SPIESS: „LEONHARD EULER" und ferner E. WINTER, „Die Registres der Berliner Akademie der Wissenschaften 1746 bis 1766" und weiters vgl. auch die bereits zitierten Arbeiten von A. KNESER und CARATHÉODORY und DUGAS). Insbesondere in dem in der neuen Euler-Ausgabe (Opera Omnia Ser. 1, Bd. XXV) enthaltenen Kommentar zur oben genannten Abhandlung schreibt CARATHÉODORY auf Grund seiner Einsicht in den Briefwechsel zwischen MAUPERTUIS und EULER und BERNOULLI vor dem Erscheinen der genannten Abhandlungen: „*Es läßt sich nicht von der Hand weisen, daß die Arbeiten von* MAUPERTUIS, *so verschwommen und unvollständig sie uns heute auch erscheinen, der treibende Faktor gewesen sind, der* EULER *veranlaßt hat sich mit diesem Thema eingehender zu beschäftigen.*" KNESER weist darauf hin, daß für EULER auch

Gründe rein persönlicher Natur vorlagen und daß er sicher großen Wert auf gute Beziehungen zu dem mit sehr realen Vollmachten ausgestatteten Akademie-Präsidenten MAUPERTUIS legte. Von großem Einfluß war sicher auch die religiöse Einstellung EULERs, die sich vielfach in seinen Schriften dokumentiert, und sein sich daraus ergebender Haß gegen die Philosophie von LEIBNIZ und WOLFF. Auch muß betont werden, daß EULER grundsätzlich sehr wenig Wert auf Prioritätsansprüche legte.

Und nun eine kurze Inhaltsangabe von EULERs grundlegender Arbeit.

Die Form, in der das Prinzip der kleinsten Wirkung dort ausgesprochen wird ist identisch mit der im Kap. I, 5, § 3 behandelten Form des Jacobischen Prinzips

$$\delta W = \delta \int_{s_0}^{s_1} \sqrt{E - U}\, ds = 0.$$

Allerdings beziehen sich alle Beispiele nur auf einen einzigen Körper, also $U = U(x, y)$. Die erste Aufgabe betrifft die Bestimmung der Wurfparabeln, vgl. Kap. I, 5, § 3. Ferner wird erledigt

$$\sqrt{E - U} = \Phi(x) \quad \text{und} \quad \sqrt{E - U} = \Phi(x) + \Psi(y),$$

also die auf S. 100f. behandelten Fälle. Die letzte Aufgabe behandelt EULER folgendermaßen: Er schreibt die Eulersche Gleichung als gleich Null gesetzten Pfaffschen Ausdruck in $x, y, p = y'$ und findet einen geeigneten Multiplikator. In derselben Abhandlung findet sich auch die Erledigung des Falles der Bewegung bei Einwirkung einer beliebigen Zentralkraft. Allgemein wird gezeigt, daß der Inhalt der Eulerschen Gleichung identisch ist mit der Aussage, daß v^2/r gleich dem Betrag der Normalkomponente der Kraft ist, wie es auch aus den Newtonschen Grundgleichungen der Mechanik folgt. EULER glaubt wohl auch, daß sein Prinzip für mehrere Körper gültig ist, aber die Erledigung dieses Falles wurde erst von LAGRANGE vorgenommen. Um zu kennzeichnen, wie EULER selbst sein Resultat vom erkenntnistheoretischen Standpunkt aus einschätzt und wie sehr er von einer Möglichkeit einer teleologischen Begründung des Prinzips der kleinsten Wirkung überzeugt ist, lassen wir EULER selbst zu Worte kommen. Wir zitieren zunächst den Schlußpassus der Einleitung zum Additamentum II: „*Wenn ich nun zeigen kann, daß das errechnete Resultat mit der wahren, schon früher bestimmten Bahn übereinstimmt, erhält dieser Schluß, obgleich er an sich nicht genügend fundiert zu sein scheint, ein solches Gewicht, daß alle Zweifel, die in dieser Hinsicht entstehen könnten, von selbst verschwinden. Es wird sogar leichter sein, in die verborgenen Gesetze der Natur und ihre letzten Ursachen einzudringen, sobald die Richtigkeit dieses Schlusses festgestellt sein wird; und dadurch wird die in ihm enthaltene Behauptung durch die überzeugendsten Gründe bekräftigt werden*". Die letzten Sätze dieser Abhandlung im Anschluß an seine Behauptung, daß das Prinzip der kleinsten Wirkung auch für den Fall der Bewegung mehrerer Körper gültig ist, lauten: „*Da nun in diesem Falle der „motus" (die Aktion) nur schwer auf Formeln zurückgeführt werden kann, ist es leichter, den Satz aus den Grundprinzipien zu verstehen, als aus der Übereinstimmung von Rechnungen, die nach den beiden Methoden ausgeführt werden. Da nämlich die Körper wegen ihrer Trägheit jeder Änderung ihres Zustandes widerstreben, werden sie den einwirkenden Kräften so wenig wie möglich nachgeben, wenigstens wenn sie frei beweglich sind. Daraus folgt, daß für die wirkliche Bewegung die Wirkung, die durch die Kräfte hervorgerufen wird, kleiner sein muß, als für irgendeine andere Bewegung, die man dem oder den Körpern aufprägen könnte. Obgleich nun die Kraft dieses Schlusses noch nicht genügend einleuchtet, zweifle ich nicht, daß es möglich sein wird, ihn mit Hilfe einer gesunden Metaphysik besser zu begründen. Dies ist aber eine Sorge, die ich anderen, die sich mit Metaphysik befassen, überlasse.*"

In schroffem Gegensatz zu EULERs Auffassung steht D'ALEMBERT. In seinem: „Traitè de dynamique, discours préliminaire", 1758 ed. p. 29 spricht er schon die Überzeugung aus, daß alle mit Hinweis auf Zweckursachen begründeten Prinzipe aus den Grundgesetzen NEWTONs beweisbar seien. Eine ausführliche Wiedergabe der Ansichten D'ALEMBERTs findet sich in dem bereits genannten Werk von DUGAS. Vor allem aber ist es LAGRANGE, der in seiner analytischen Mechanik dieser Forderung von D'ALEMBERT vollkommen entspricht. Wie er selbst sagt, betrachtet er das Prinzip der kleinsten Wirkung „*nicht als einen metaphysischen Grundsatz, sondern als eine einfache und allgemeine Folge der Grundgesetze der Mechanik*" und leitet es auch wirklich so her (vgl.: LAGRANGE: „Analytische Mechanik" II. Teil, Abschn. 3, § 6), und zwar in einer viel allgemeineren Form wie EULER: „*für jedes System von Körpern die auf beliebige Art aufeinander wirken*", (vgl. auch Kap. I, 5, § 4).

Wir schilderten hier nur die Geschichte des Prinzips der kleinsten Wirkung bis zum Erscheinen von LAGRANGEs „Analytische Mechanik". Eine Darstellung der weiteren Ausgestaltung der Prinzipe insbesondere durch HAMILTON und JACOBI findet sich in den Encyklopädie-Artikeln von VOSS und PRANGE. (Encyklopädie der Mathematischen Wissenschaften Bd. 4). Ferner auch bei LANCZOS: „The Variational Principles of Mechanics", Toronto 1949.

Wohl aber sehen wir uns, wie eingangs bereits erwähnt, veranlaßt, hier wenigstens in aller Kürze über den großen wissenschaftlichen Streit zwischen MAUPERTUIS und SAMUEL KÖNIG zu berichten. SAMUEL KÖNIG, ein angesehener in Holland wirkender Mathematiker schweizer Herkunft, korr. Mitglied der Berliner Akademie, legte bei einem Besuch in Berlin im Jahre 1750 dem Präsidenten MAUPERTUIS eine Arbeit vor, in der er sehr kritisch zu dessen Veröffentlichungen über das Prinzip der kleinsten Wirkung Stellung nahm und zwar handelt es sich dabei um folgendes:

1. S. KÖNIG hat in seiner Abhandlung behauptet, daß man nicht von einem Minimumprinzip sprechen könne, weil die Wirkung gelegentlich auch ein Maximum sein könne. Dieses Argument war ein sehr starker Einwand gegen MAUPERTUIS, der für seine hochfliegenden philosophischen Ideen unbedingt und allgemein ein Minimum brauchte und sich nicht mit einem bloß stationären Wert der Wirkung zufrieden geben konnte.

Daß es sich bei den sog. Minimalprinzipien nicht immer um ein Minimum handelt, hat auch EULER gewußt. In seiner 1751 verfaßten Arbeit: „Harmonie entre les Principes géneraux de Repos et de Mouvement de M. MAUPERTUIS" (Opera Omnia Ser. 2, Bd. V, p. 152—176) betrachtet er u. a. das folgende überaus einleuchtende Beispiel für ein labiles Gleichgewicht. Ein schräger Stab gleitet mit seinem unteren Ende reibungslos auf einer vertikalen Wand und ist gestützt auf einem festen Punkt und trägt auf seinem oberen Ende ein Gewicht. (Das Problem ist auch deshalb interessant, weil es eine mechanische Lösung des Problems der Würfelverdoppelung [Delisches Problem] liefert.) Ferner hat sich EULER am Beispiel der Wurfparabel von der Stichhaltigkeit des Einwandes gegen die Allgemeingültigkeit des Prinzips der kleinsten Wirkung selbst überzeugt. Die sich darauf beziehende Abhandlung trägt den Titel: „De insigni paradoxo quod in analysi maximorum ac minimorum occurit." (Opera Omnia Ser. 1, Bd. XXV, p. 286—292), die aber erst posthum in den Mém. de l'Academie, Petersbourg 3 (1809/10), 1811 erschienen ist. Allerdings sind die dort ausgeführten Rechnungen ein Diskussionsbeitrag zur Theorie des absoluten und nicht des relativen Minimums.

2. S. KÖNIGs sachlicher Einwand war zwar peinlich, hätte aber für sich genommen wohl noch keine so bösen Folgen hervorgerufen, denn man konnte sich durch Rechnung überzeugen, daß KÖNIG Recht hatte und gegen Resultate einer Rechnung konnte man nicht ankämpfen. Viel schlimmer war der zweite Einwand: Die Arbeit KÖNIGs enthielt die Kopie eines Briefes aus dem Jahre 1707 von LEIBNIZ an einen unbekannten Empfänger. (Als solchen sah man danach den Basler Mathematiker HERMAN an). Dieser Brief enthielt eine klare Fassung des Prinzips der kleinsten Wirkung und einen Hinweis auf bereits gerechnete Beispiele. MAUPERTUIS ließ sich aber auf keine Diskussion mit S. KÖNIG ein und wies jede Einsichtnahme in die vorgelegte Abhandlung ab. KÖNIG veröffentlichte sie in den „Nova Acta Eruditorum" im folgenden Jahr.

O. SPIESS, dessen überaus ansprechende Euler-Biographie wir schon öfters zitiert haben, schreibt über die Gefühle die das Erscheinen dieser Abhandlung bei MAUPERTUIS auslöste: „*Nun war Feuer im Dach bei* MAUPERTUIS. *Wie! der Plagiator* LEIBNIZ *will aus dem Grab heraus auch ihn, den zweiten* NEWTON, *um die größte Entdeckung des Jahrhunderts bestehlen? Oder vielmehr er selbst, der Präsident der Akademie, wird von diesem Schweizer* (S. KÖNIG), *diesem Undankbaren, den er vor kurzem zum auswärtigen Mitglied gemacht hatte, des Plagiats bezichtigt! Die Akademie, der König* (FRIEDRICH II.) *sollen diese Beleidigung ihres Präsidenten rächen!*"

Zunächst wurde von S. KÖNIG die Vorlage des Originals des Briefes von LEIBNIZ verlangt, dieser war aber nicht mehr auffindbar. Dieser Brief hatte sich im Besitz des Berner Dichters S. HENZI befunden, der 1749 wegen revolutionärer Umtriebe gegen das Stadtregime unter Einziehung und teilweisen Vernichtung seines Besitzes enthauptet worden war. Daraufhin wurde in einer Sitzung der Berliner Akademie auf Betreiben von MAUPERTUIS und EULER der „angebliche" Brief in beleidigender Form als eine Fälschung erklärt. Verärgert sandte hierauf S. KÖNIG sein Mitglieds-Diplom an die Akademie zurück und veröffentlichte einen „Appel au public", der die ganze Angelegenheit ausführlich darstellte, und hatte dabei Erfolg. Unter anderem auch bei VOLTAIRE, der damals Gast Friedrich II. in Berlin und seit langem mit seinem ehemaligen Freund MAUPERTUIS aufs Bitterste verfeindet war. Für VOLTAIRE war das der Anlaß, eine Schrift voll bissigen Humors: „Dr. Akakia" abzufassen.

Friedrich II., dem VOLTAIRE seine Schrift vorlas, empfand wohl auch das Lächerliche an MAUPERTUIS' Vorgehen, verbot jedoch den Druck dieser Schrift. VOLTAIRE aber umging dieses Verbot und sorgte dafür, daß sie in Holland gedruckt wurde, und damit war MAUPERTUIS und zum Teil auch EULER öffentlich lächerlich gemacht. Allerdings mußte VOLTAIRE daraufhin Berlin fluchtartig verlassen.

Kurze Auszüge aus „Dr. Akakia" findet man in der bereits genannten Euler-Biographie von SPIESS und ferner in dem ebenfalls bereits genannten Werk von DUGAS. Trotz der bizarren Form in der VOLTAIRE seine Kritik abfaßt, enthält sie viel Wahres und Ernstes. Darum zitieren wir hier zwei Stellen daraus, die erste nach SPIESS, die zweite nach DUGAS. Bei der ersten Stelle wird gleichzeitig MAUPERTUIS wegen seines Ignorierens der Leistungen der großen deutschen Naturforscher und EULER wegen seiner allzu gefügigen Haltung gegenüber dem Präsidenten angeprangert. Die Stelle lautet: „*Dr. Akakia stipuliert einen Friedensvertrag zwischen* MAUPERTUIS *und* KÖNIG, *worin der Präsident sich in 19 Artikeln als im Unrecht bekennt und Besserung verspricht. So heißt es z.B. in Artikel 15: geloben wir künftig die Deutschen nicht mehr herabzusetzen und geben zu, daß die* KOPERNIKUS, KEPLER, LEIBNIZ, WOLFF, HALLER *und* GOTTSCHED *auch etwas sind; — daß wir ferner bei den* BERNOULLI *studiert haben und noch studieren — und daß endlich der Herr Prof.* EULER, *Unser Leutnant, ein sehr großer Geometer ist, der Unser Prinzip durch Formeln gestützt hat, die Wir zwar nicht verstehen, die aber nach dem Urteil derjenigen, die sie verstehen, voll Genie sind, wie alle Werke des genannten Professors, Unseres Leutnants.*"

Bei der zweiten Stelle die wir hervorheben möchten, macht VOLTAIRE in Form einer „*Entscheidung der Professoren des Kollegiums der Weisheit*" eine trotz ihres sarkastischen Charakters scharfe Bemerkung, die auch sachlich interessant ist: „*Die Behauptung, daß das Produkt von Entfernung und Geschwindigkeit immer ein Minimum sei, scheint uns falsch zu sein, denn dieses Produkt ist manchmal ein Maximum wie es* LEIBNIZ *glaubt und wie er es auch gezeigt hat. Es scheint, daß der junge Autor nur zur Hälfte den Leibnizschen Gedanken erfaßt hat.*"

Die Leibnizsche Idee, daß unsere Welt die beste und schönste aller denkbaren Welten sei, daß daher die Naturgesetze a priori erfaßbar seien, die allerdings von ihm etwas vorsichtiger formuliert war als dies später bei MAUPERTUIS der Fall war, hatte schon zu Beginn des 18. Jahrhunderts, nicht nur in der philosophischen sondern auch in der schöngeistigen Literatur Wiederhall gefunden. Nun aber trat VOLTAIRE mit einer Reihe sarkastischer Romane, z.B. „Candide", dieser Idee entgegen.

In der zweiten Hälfte des 18. Jahrhunderts wirkten HUMES' und KANTs Schriften ebenso wie die bereits erwähnten Mathematischen Schriften von D'ALEMBERT und LAGRANGE dahin, daß eine völlige Trennung von Metaphysik und mathematischer Erfassung der Naturgesetze eintrat.

Über die Entwicklung des Wirkungsprinzips seit MAUPERTIUS und EULER und die Bedeutung, die es für die moderne Physik gewonnen hat, finden sich wertvolle Angaben in dem Werk von R. DUGAS. Insbesondere sei aber auf den Aufsatz von M. PLANCK: „Das Prinzip der kleinsten Wirkung" verwiesen, der in dem von P. HINNEBERG herausgegebenen Werk: „Kultur der Gegenwart" (Teil III, Abt. III, 1, S. 692 bis 702, Leipzig, Verlag B. G. Teubner, 1915) enthalten ist.

Sehen wir von den Eigentümlichkeiten der Charaktere der Forscher denen wir die Aufstellung des Prinzips der kleinsten Wirkung verdanken ganz ab und versuchen wir das allgemein Menschliche aus dieser Entwicklung kurz zu erfassen, so werden wir sagen:

Treibend wirken die an Idealen sich entzündenden Phantasien,
herrschen und Herrscher bleiben kann nur die kühle Vernunft!

Anmerkungen

Wir heben hervor, daß die literarischen Anmerkungen nur einen ersten Hinweis auf die einschlägigen Arbeiten geben und sich vor allem auf jene Literatur beziehen, die mich beeinflußt oder sehr beeindruckt hat. Für einen an der Verfolgung bestimmter Ideen interessierten Leser steht die große Hilfe, die die bekannten Referatenblätter bieten, zur Verfügung, die meistens einen guten und raschen Überblick vermitteln. Doch wollen wir noch ausdrücklich auf folgende Bücher hinweisen, in denen vielfach wichtige Quellen besonders angeführt sind:

CARATHÉODORY, C.: Variationsrechnung und partielle Differentialgleichungen erster Ordnung, B. G. Teubner 1935,

das unter anderem eine wohl fast vollständige Liste der Lehrbücher über Variationsrechnung enthält. Aus diesem Verzeichnis heben wir insbesondere hervor:

KNESER, A.: Lehrbuch der Variationsrechnung. Braunschweig: Vieweg 1900, 2. Aufl. 1925.

BOLZA, O.: Vorlesungen über Variationsrechnung. Leipzig: B. G. Teubner 1909, Neuabdrucke 1933 und 1949.

HADAMARD, J.: Leçons sur le calcul des variations. Paris: Hermann 1910.

TONELLI, L.: Fondamenti di calcolo delle variazioni, 2 Vol. Bologna: Zanichelli 1921 und 1923.

FORSYTH, A. R.: Calculus of variations. Cambridge: Cambridge University Press 1927.

WEIERSTRASS, K.: Werke, Bd. 7, Vorlesungen über Variationsrechnung. Leipzig: Akadem. Verlagsges. 1927.

MORSE, M.: The calculus of variations in the large. Amer. Math. Soc. Colloquium Publ. Vol. 18, New York 1934.

Ferner:

COURANT, R., u. D. HILBERT: Methoden der mathematischen Physik, Bd. I u. II. (Grundlehren der mathematischen Wissenschaften, Bd. XII, 2. Aufl. 1931 und Bd. XLVIII, 1. Aufl. 1937.) Berlin: Springer. Unveränderter Nachdruck als Heidelberger Taschenbücher, Nr. 30 und 31, Berlin: Springer 1967 und 1968.

An kleineren Lehrbüchern erwähnen wir:

BLISS, G. A.: Calculus of variations. Chicago: The open Court Publishing Company 1925. Deutsche Übersetzung von E. SCHWANK. Leipzig: B. G. Teubner 1932.

KOSCHMIEDER, L.: Variationsrechnung. Slg. Göschen 1074. Berlin: W. de Gruyter 1933, 2. Aufl. 1962.

GRÜSS, G.: Variationsrechnung, 1. Aufl. Leipzig: Quelle und Meyer 1938.

An neuer Literatur erwähnen wir:

BLISS, G. A.: Lectures on the calculus of variations. Chicago: Chicago Univ. Press 1946.

Calculus of variations and its applications, edit. by L. M. GRAVES. Proceedings of the Eight Symposium of the Amer. Math. Soc. New York: MacGraw Hill Book Comp. 1958.

PARS, L. A.: An Introduction to the Calculus of Variations. London: Heinemann 1962.
AKHIEZER, N. I.: The Calculus of Variations (Translated by A. H. FRINK). New York: Blaisdell Publ. Co. 1962.
GELFAND, I. M., and S. V. FOMIN: Calculus of Variations (Translated by R. A. SILVERMAN). Englewood Cliffs, N. J.: Prentice Hall Inc., 1963.
MIKHLIN, S. G.: Variational Methods in Mathematical Physics (Translated by T. BODDINGTON). Oxford: Pergamon Press 1964.
SAGAN, H.: Introduction to the Calculus of Variations. New York: Mac Graw Hill 1969.
KLÖTZLER, R.: Mehrdimensionale Variationsrechnung. Berlin: Deutscher Verlag der Wissenschaften 1969.

Wir verweisen schließlich auf die Bibliographien von

LECAT, M.: Bibliographie du calcul des variations depuis les origines jusqu'à 1850. Grand Hoste; Paris: Hermann 1916.
— Bibliographie du calcul des variations 1850—1913. Grand Hoste 1913.
— Bibliographie des séries trigonométriques, appendice (1913—1920). Bruxelles: Louvain 1921.
— Bibliographie de la relativité, appendice II, 1920—1923. Bruxelles: Lambertin 1924.

Zu Kapitel I

[1, § 1]

(*) Weitere Ausführungen zur Entstehungsgeschichte der Variationsrechnung s. Anhang, insbesondere die Abschnitte I und II und die dort angegebene Literatur. Vgl. auch:

CANTOR, M.: Vorlesungen über Geschichte der Mathematik, Bd. III. Leipzig: B. G. Teubner 1894/1901.
HOFMANN, J. E.: Geschichte der Mathematik II. Slg. Göschen, Nr. 875. Berlin: W. de Gruyter & Co. 1957.

[1, § 2]

(*) Das im Text genannte Hauptwerk EULERs ist u.s. abgedruckt in:

OSTWALDs Klassiker: Abhandlungen zur Variationsrechnung, Bd. 46, 1. Aufl. 1896, 2. Aufl. 1914.

(Vgl. ferner Anhang, Abschnitt III und die dort angegebene Literatur.)

Dem Hauptwerk EULERs sind noch zwei Anhänge angeschlossen (Additamentum I und II), wovon der erste über die elastischen Kurven (abgedruckt in OSTWALDs Klassiker Bd. 175), der zweite vom Prinzip der kleinsten Wirkung handelt.

Zu EULERs Arbeiten über Variationsrechnung liegt ein Kommentar von A. KNESER vor:

KNESER, A.: Euler und die Variationsrechnung. Abhandlungen zur Geschichte der Mathematik, Bd. 25, S. 21—60. Leipzig: B. G. Teubner 1907.

Ferner heben wir besonders hervor, die von C. CARATHÉODORY verfaßte Einführung zu EULERs Arbeiten über Variationsrechnung in

Leonhardi Euleri opera omnia I. Bd. 25, Bernae 1952, S. VII—LXIII, die auch in

Carathéodory, C.: Gesammelte Mathematische Schriften, Bd. V, München: Becksche Verlagsbuchhandlung 1957,

abgedruckt ist. Von dem im Text zitierten Hauptwerk Eulers sagt Carathéodory, es sei „eines der schönsten mathematischen Werke, die je geschrieben worden sind. Wie sehr dieses Lehrbuch späteren Generationen immer wieder als Muster gedient hat, wenn es sich darum handelte, einen speziellen mathematischen Stoff im Zusammenhang darzustellen, kann nicht genügend betont werden."

Uursprünglich bestand die Absicht, diesem Buch ein vollständiges Verzeichnis der 66 Einzelprobleme beizufügen, die, wie Carathéodory sagt, „fast jede Zeile beleben". Da aber Carathéodory dies bereits getan hat, beschränke ich mich im wesentlichen darauf, auf diese hinzuweisen. Zu einzelnen geometrisch interessanten Problemen gibt Carathéodory einen ausführlichen Kommentar. Insbesondere zum Problem, den Flächeninhalt eines Gebietes, das durch die Krümmungsradien eines (konvexen) Kurvenbogens überstrichen wird, zu einem Minimum zu machen. Ferner zum Problem, Kurven zu finden, die mit ihrer Evolute konvex sind und für welche die Krümmungsradien der Evolute ein möglichst kleines Gebiet überstreichen.

Schließlich seien noch von diesen Beispielen hervorgehoben: Rotationskörper von maximalem Volumen und Meridianen von vorgeschriebener Länge und das Problem, die Gleichgewichtslage eines mit Wasser gefüllten zylindrischen Tuches zu finden. Bei den beiden letzten Problemen sind die Extremalen elastische Kurven.

(**) Carathéodory, C.: Variationsrechnung und partielle Differentialgleichungen erster Ordnung, 1. Aufl., S. 190. Leipzig: B. G. Teubner 1935.

[1, § 3]

(*) Von den Abhandlungen von Lagrange seien insbesondere hervorgehoben:

Lagrange, J. L. de: Observations sur la méthode des variations. Miscellanea philosophico-mathematica Societatis privatae Taurinensis, Bd. 4 (1766/69) éd. 1771, S. 163–187 (vgl. deutsche Übersetzung von P. Stäckel in: Abhandlungen über Variationsrechnung, Theil II, Ostwalds Klassiker Nr. 47, Leipzig 1894).

ferner:

Lagrange, J. L. de: Théorie des fonctions analytiques, contenant les principes du calcul differentiel, dégagés de toute considérations d'infiniment petits, d'évanouissants, de limites et de fluxions, et de reduits à l'analyse algebrique de quantités finis, Paris 1797, vor allem: Part II, S. 198–220, chap. 12: Des questions de maximis et minimis qui se rapportent à la méthode des variations. De l'équation comune au maximum et au minimum, et des caractères propre à distinguer les maxima des minima. Chap. 13: Extension de la méthode précédente aux fonctions d'un nombre quelconque de variables.

— Leçons sur le calcul des fonctions, Paris 1806, vor allem S. 401–501, Leç. 21: Des équations de condition par lesquelles on peut reconnaître si une fonction d'un ordre quelconque de plusieurs variables est une fonction dérivée exacte. Analogie de ces équations avec celles du problème des isopérimètres. Histoire de ce problème. Méthode des variations. Leç. 22: Méthode des fonctions.

(**) Eine neuere Darstellung dieses Problems mit weiteren Literaturangaben findet sich unter anderem bei:

COURANT, R.: Dirichlet's principle, conformal mapping and minimal surfaces, New York: Interscience Publishers Inc. 1950,

wo auch die hierfür grundlegende Arbeit von H. A. SCHWARZ und die neueren Arbeiten von A. HAAR, T. RADÓ und J. DOUGLAS behandelt sind.

(***) Vor allem denken wir hier an den Satz von S. BERNSTEIN

vgl. BERNSTEIN, S., Über ein geometrisches Theorem und seine Anwendung auf die partiellen Differentialgleichungen vom elliptischen Typus. Math. Z. **26**, 554–558 (1927)

der folgendermaßen lautet: Wenn $z(x, y)$ eine Lösung der Differentialgleichung der Minimalfläche (14) ist, die in der ganzen x,y-Ebene regulär ist, so ist $z(x, y)$ eine lineare Funktion von x und y.

Bei der Herleitung dieses Satzes spielt die Differentialgleichung

$$\chi_{xx}\chi_{yy} - \chi_{xy}^2 = 1 \tag{I}$$

eine fundamentale Rolle. Um die im Text gegebene Herleitung von (I) mit der in der Literatur üblichen in Zusammenhang zu bringen, bemerken wir, daß unter Verwendung der Abkürzung

$$w = \sqrt{1 + p^2 + q^2}, \tag{II}$$

$$\alpha = \frac{p}{w}, \quad \beta = \frac{q}{w}, \quad \gamma = -\frac{1}{w}, \quad dz = p\,dx + q\,dy$$

die beiden ersten Komponenten von (15) lauten:

$$\left.\begin{aligned} &\oint \frac{1}{w}\,[(1 + q^2)\,dy + p\,q\,dx] = 0 \\ &\oint \frac{1}{w}\,[p\,q\,dy + (1 + p^2)\,dx] = 0. \end{aligned}\right\} \tag{III}$$

Die Integrabilitätsbedingung jeder dieser beiden Gleichungen ist identisch mit der Differentialgleichung der Minimalflächen.

Für den im Text behandelten zweidimensionalen Spannungszustand sind diese beiden Integrale identisch mit der Forderung, daß die x- und y-Komponente der auf den Rand wirkenden Kraft verschwindet. Setzen wir dementsprechend:

$$\frac{1 + q^2}{w} = \sigma_x, \quad \frac{1 + p^2}{w} = \sigma_y, \quad \frac{p\,q}{w} = \tau_{xy} = \tau_{yx}, \tag{IV}$$

so sehen wir, daß die Forderung nach Symmetrie des Spannungstensors erfüllt ist.

Wenn wir nun setzen

$$\sigma_x = \chi_{yy}, \quad \sigma_y = \chi_{xx}, \quad \tau_{xy} = -\chi_{xy}, \tag{V}$$

so sind sämtliche Integrabilitätsbedingungen von vorneherein erfüllt. Elimination von p und q aus (IV) führt, unter Beachtung von (II) mit (V) auf (I). Die Hauptspannungen σ_{I} und σ_{II} ergeben sich aus den beiden Wurzeln der Gleichung

$$\begin{vmatrix} \chi_{xx} - \sigma, & \chi_{xy} \\ \chi_{xy}, & \chi_{yy} - \sigma \end{vmatrix} = 0.$$

Über den Satz von S. BERNSTEIN gibt es eine ausgedehnte Literatur. Vgl. u.a.:

RADÓ, T.: Zu einem Satz von S. BERNSTEIN über Minimalflächen im Großen. Math. Z. **26**, 559–565 (1927).

— On the Problem of Plateau. Ergebnisse der Math., Bd. 2. Berlin: Springer 1933.

HOPF, E.: On Bernsteins theorem on surfaces $z(x, y)$ of non-positive curvature Proc. Amer. Math. Soc. **1**, 80—85 (1950).

MICKLE, R. J.: A remark on a theorem of SERGE BERNSTEIN. Proc. Amer. Math Soc. **1**, 86—89 (1950).

BERS, L.: Isolated singularities of minimal surfaces. Ann. of Math., Ser. II **53** 364—386 (1951).

HEINZ, E.: Über die Lösung der Minimalflächengleichung. Göttinger Nachr 1952, S. 51—56.

(°) Über die Verwendung homogener Koordinaten bei Variationsproblemen mit mehrfachen Integralen vgl.:

RADON, J.: Über einige Fragen, betreffend die Maxima und Minima mehrfacher Integrale. Mh. Math. Phys. **22**, 53—63 (1911).

(°°) GROSS, W.: Das isoperimetrische Problem bei Doppelintegralen. Mh. Math. Phys. **27**, 70—120 (1916).

Unmittelbar an den Text anschließend kann man für isoperimetrische Probleme, wie HILBERT dies in seinen Vorlesungen getan hat (s. O. BOLZA, Lehrbuch der Variationsrechnung, S. 458, Leipzig: B. G. Teubner 1909), beim Problem

$$\delta \int_{P_0}^{P_1} f(x, y, y')\, dx = 0$$

mit der Nebenbedingung

$$\int_{P_0}^{P_1} g(x, y, y')\, dx = k$$

die im § 2 in den Gln. (5) und (5a) angegebene Regel herleiten, indem man bei festgehaltenen Funktionen $\eta_1(x)$ und $\eta_2(x)$ setzt:

$$y = \overline{y} + \varepsilon_1 \eta_1 + \varepsilon_2 \eta_2,$$

wobei $\overline{y}(x)$, die als existent vorausgesetzte Lösung des Variationsproblems mit Berücksichtigung der isoperimetrischen Nebenbedingung ist, und auf das so entstehende gewöhnliche Extremalproblem in ε_1 und ε_2 die Multiplikatorregel für gewöhnliche Extremalprobleme anwendet.

Es ergibt sich: Die Multiplikatoren beim isoperimetrischen Problem sind Konstante. Die Multiplikatorregel ist nur dann nicht anwendbar, wenn $y = \overline{y}(x)$ zugleich auch Extremale des Varationsproblems

$$\delta \int_{x_0}^{x_1} g(x, y, y')\, dx = 0$$

ist. Wenn die ohne Berücksichtigung der Nebenbedingung ermittelte Extremale des Variationsproblems

$$\delta \int_{x_0}^{x_1} f(x, y, y')\, dx = 0$$

von sich aus die Nebenbedingung erfüllt, so ist der Multiplikator Null.

Analog kann man auch bei Problemen mit mehreren unbekannten Funktionen und bei mehreren vorgegebenen isoperimetrischen Bedingungen verfahren, auch, wenn das Problem höhere Ableitungen enthält. Ausführlich ist dies dargestellt bei:

HADAMARD, J.: Leçons sur le calcul des variations. Paris: Librairie Scientifique A. Hermann et fils 1910.

Bei HADAMARD kommt auch die in der Mechanik übliche Auffassung, wonach man eine Gleichung von der Bauart (5a) als Eulersche Gleichung für das „befreite" Problem (d.h. von Nebenbedingungen freie) anzusprechen hat, vor. Vgl. Kap. VIII.

Die ausführliche Behandlung der isoperimetrischen Probleme bildet bei HADAMARD die Grundlage für die allgemeine Behandlung des Lagrangeschen Problems. Vgl. Kap. IV.

[2, § 1]

(*) Handelt es sich jedoch nicht wie bei den bisherigen Überlegungen um ein dynamisches sondern um ein statisches Problem, so wird in der Tat ein echtes Extremum gefordert, denn ein stabiles Gleichgewicht wird durch das Minimum der potentiellen Energie gekennzeichnet. In diesem Fall wird bei der Lösung der Aufgabe von wirklichen Minimalprinzipen, etwa den in den Punkten 4 und 5 diese Paragraphen besprochenen Prinzipen von DIRICHLET und CASTIGLIANO, ausgegangen. Dieser Umstand führt damit unmittelbar zu der Frage, welche weiteren Bedingungen neben dem Verschwinden der ersten Variation erfüllt sein müssen, damit ein Minimum vorliegt. Mit dieser Frage, die auch auf die Kriterien für das Eintreten instabiler Gleichgewichtszustände (Knicken, Beulen usw. in der Elastostatik) führt, werden wir uns in Kap. II und in weiteren Teilen dieses Buches noch eingehend beschäftigen.

(**) Das Hamiltonsche Prinzip bezieht sich auf nicht-dissipative Systeme. Ein einfaches Beispiel zur Behandlung dissipativer Systeme mit den Methoden der Variationsrechnung stammt von VAN DUNGEN:

DUNGEN, F. H. VAN: Les équations canoniques du résonateur lineaire. Bull. Acad. Roy. Belg. Cl. Sci., Sér. V, **31**, 659–668 (1945),

und zwar besteht diese Methode in folgendem: Sei („gegebenes System"):

$$a\ddot{q} + b\dot{q} + cq = 0$$

die Differentialgleichung einer gedämpften Schwingung, dann ordnet VAN DUNGEN dieser Gleichung eine zweite zu, von der Form („gespiegeltes System"):

$$a\ddot{q}^* - b\dot{q}^* + cq^* = 0.$$

Die physikalische Bedeutung dieser zweiten Gleichung ist die, daß die Schwingung, die dieser Gleichung entspricht, gerade jene Energie aufnimmt, die von der Schwingung, die der ersten Gleichung entspricht, abgegeben wird. Beide Schwingungen zusammen bilden demnach ein konservatives System. Für das System dieser beiden Differentialgleichungen gilt das Minimalprinzip:

$$\delta \int_{t_0}^{t_1} (a\dot{q}\dot{q}^* + \tfrac{1}{2} b(\dot{q}q^* - \dot{q}^*q) + cqq^*)\,dt = 0.$$

Eine allgemeinere Behandlung dissipativer Systeme, die auf demselben Prinzip beruht, insbesondere der Wärmeleitungsgleichung und der ihr formal entsprechenden zeitabhängigen Schrödinger-Gleichung findet sich unter anderem bei

MORSE, PH. M., and H. FEHSBACH: Methods of Theoretical Physics, Part I, S. 298 bis 301 u. 313–318. New York: MacGraw Hill 1953;

s. auch die dort angegebene Zusammenstellung von Variationsprinzipen der Theoretischen Physik, S. 341–347.

Vgl. zum Hamiltonschen Prinzip ferner:

EDDINGTON, A. S.: Relativitätstheorie in mathematischer Behandlung mit einem Anhang: Eddingtons Theorie und Hamiltons Prinzip von A. EINSTEIN. Berlin: Springer 1925.

LANDAU, L. D., u. E. M. LIFSCHITZ: Lehrbuch der Theoretischen Physik. Bd. I bi IX (in deutscher Sprache herausgegeben von G. HEBER). Berlin: Akademi Verlag 1962 bis 1967. Insbesondere Bd. I: Mechanik.

RUND, H.: The Hamilton Jacobi Theory in the Calculus of Variations. London D. Van Nostrands Company Ltd. 1966.

(***) BORN, M.: Untersuchung über die Stabilität der elastischen Linie in Eben und Raum. Diss. Göttingen 1909.

Vgl. ferner

— Ursache, Zweck und Ökonomie in den Naturgesetzen (Die Minimalprinzipie der Physik). Abgedruckt in: Physik im Wandel meiner Zeit. Slg. Die Wisser schaft, Bd. 111. Braunschweig: Vieweg & Sohn 1957.

(+) HILBERT, D.: Die Grundlagen der Physik. Math. Ann. **92**, 1—32 (1924). (Ges Abh., Bd. III, S. 258ff. Berlin: Springer 1935).

(°) HELLINGER, E.: Die allgemeinen Ansätze der Mechanik der Kontinua. Enzyklc pädie der mathematischen Wissenschaften, IV, 30. Leipzig: B. G. Teubner.

HAMEL, G.: Theoretische Mechanik. Grundlehren der mathematischen Wisser schaften, Bd. LVII. Berlin: Springer 1949.

Vgl. auch:

HÖLDER, E.: Über die Variationsprinzipe der Mechanik der Kontinua. Ber. säch: Akad. Wiss. Lpz., math.-phys. Kl. **97**, 1—13 (1950).

— Klassische und relativistische Gasdynamik. Math. Nachr. **4**, 366—381 (1950/51 Berlin: Akademie Verlag.

Über eine interessante Anwendung des Castiglianoschen Prinzips zum Bewe des Prinzips von ST. VENANT vgl.:

ZANABONI: Dimonstrazioni generale di Principo del De Saint Venant. Acac Lincei **25**, 117, 595 (1937).

BIEZENO-GRAMMEL: Technische Dynamik, S. 81. Berlin: Springer 1939.

[2, § 2]

(*) Über die Begründung der Wellenmechanik durch E. SCHRÖDINGER vgl die Anmerkung zu Kap. I, 4, § 1.

[3, § 1]

(*) RADON, J.: Über einige Fragen, betreffend die Maxima und Minima mehr facher Integrale. Math. Phys. **22**, 53—63 (1911).

[3, § 2]

(*) DARBOUX, G.: Leçons sur la Théorie génerale des surfaces, Bd. III, 3, S. 40—66 Paris 1894.

[3, § 3]

(*) LORENZEN, P.: Die Entstehung der exakten Wissenschaften, S. 97f. Berlin Göttingen-Heidelberg: Springer 1960.

WAERDEN, B. L. VAN DER: Erwachende Wissenschaft, S. 452. Basel u. Stuttgart Birkhäuser 1956.

(**) FUNK, P.: Über Geometrien, bei denen die Geraden die kürzesten sind. Math Ann. **101**, 226—237 (1929).

In dieser Arbeit wird insbesondere verifiziert, daß

$$\Phi = \frac{1}{\sigma_k - \sigma}$$

der Gl. (35) genügt!

[3, § 4]

(*) BLASCHKE, W.: Über die Figuratrix in der Variationsrechnung. Arch. Math. u. Phys. **20**, 28–44 (1912).

(**) Wir verweisen in diesem Zusammenhang auf eine Bemerkung von J. L. SYNGE in dessen Arbeit „The absolute optical instrument" [Trans. Amer. Math. Soc. **44**, 34 (1938)], die wie folgt lautet:

"It seems a pity to reject HAMILTON's very suggestive terminology, *wave surface* and *surface of components*, in favor of the names *indicatrix* and *figuratrix*, which carry no intrinsic meaning. Unless the extension to *n* dimensions appears an important advance, it does not seem historically correct to assign priority in the consideration of these surface to MINKOWSKI and HADAMARD (cf. C. CARATHÉODORY, Variationsrechnung, p. 247, Leipzig u. Berlin 1935). HAMILTON had a priority of seventy years, and even he assigned priority to CAUCHY."

[4, § 2]

(*) SINCLAIR, M. E.: On the minimum surface of revolution in the case of one variable end-point. Ann. of Math. **8**, 177–188 (1907).

Vgl. hierzu auch:

BLISS, G. A.: Calculus of variations, S. 121. Chicago: The open Court Publishing Company 1925.

(**) Aus der besonders in letzter Zeit sehr umfangreich gewordenen Literatur über die Anwendung der Variationsrechnung auf ökonomische Probleme greife ich, — nach einem Bericht von W. FRANK — willkürlich heraus:

SAMUELSON, P. A.: Efficient paths of capital accumulation in terms of the calculus of variations. Mathematical methods in the social sciences. Proc. of the First Stanford Symposium 1959. Stanford: Univ. Press 1960.

THEILSIEFJE, K.: Ein Beitrag zur Theorie der wirtschaftlichen Ausnutzung großer Speicherseen zur Energieerzeugung. ETZ-A **82**, 538–545 (1961).

Aus dem gleichen Bericht geht ferner hervor, daß sich auch ökonomische Minimalprobleme, bei denen Nebenbedingungen in Form von Ungleichungen auftreten und die mit den in letzter Zeit entwickelten Methoden des sogenannten dynamischen Programmierens von R. BELLMAN und des Maximumprinzips von L. S. PONTRJAGIN elegant gelöst werden können sich vielfach auch mit den Methoden der klassischen Variationsrechnung, wie sie in diesem Buch dargestellt sind, behandeln lassen. Die Brücke zum Verständnis für diese neuen Verfahren, die vor allem auch bei regeltechnischen Optimierungen erfolgreich verwendet werden und bei denen teilweise über die Eigenschaften der Lösung wesentlich weniger Voraussetzungen gemacht werden als in der klassischen Variationsrechnung, läßt sich sehr wohl von dieser her schlagen. Das dynamische Programmieren knüpft an die Überlegungen in Kap. I 4 § 1 — insbesondere an die Gl. (49) und (50) bzw. (53) und (54) — an, das Maximumprinzip an die in Kap. IV behandelten Probleme mit Nebenbedingungen und den Beweis der Lagrangeschen Multiplikatorregel sowie an die in Kap. I 4 § 8 gegebene Darstellung des Variationsproblems in der kanonischen Form.

Wir können hier auf diese neuen Verfahren nicht weiter eingehen, machen auf sie aber ausdrücklich aufmerksam.

Vgl.:

BELLMAN, R.: Dynamic Programming. Princeton, N. Y.: Princeton Univ. Press 1957.

BELLMAN, R., u. ST. DREYFUS: Applied Dynamic Programming. Princeton University Press 1962.

HESTENES, M. R.: Calculus of Variations and Optimal Control Theory, New York: John Wiley and Sons Inc. 1966.

YOUNG, L. C.: Calculus of Variations and Optimal Control Theory. New York: Saunders and Co. 1969.

FRANK, W.: Mathematische Grundlagen der Optimierung. München: R. Oldenbourg 1969.

PONTRJAGIN, L. S., W. G. BOLTJANSKI, R. W. GAMKRELIDSE u. E. F. MITSCHENKO: Mathematische Theorie optimaler Prozesse. [Russ.] Gosndarstwennoe Isdatelstwo, Fisiko-Matematitscheskoi Literaturi, Moskau 1961. — In deutscher Übersetzung von W. HAHN u. R. HERSCHEL, München: R. Oldenbourg 1964.

(***) NEUMANN, FR. E. C.: Vorlesungen über die Theorie der Kapillarität. Herausgeg. von A. WANGERIN. Leipzig: B. G. Teubner 1894.

Vgl. ferner auch:

WEBER, H., u. R. GANS: Repetitorium der Physik, Bd. I, zweiter Teil, S. 34–36. Leipzig: B. G. Teubner 1916.

Eine spezielle, jedoch interessante Abhandlung ist:

FÜRTH, R.: Zwei Versuche zur Bestimmung der Oberflächenspannung und des Randwinkels von Quecksilber. Sitzgsber. Kais. Akad. Wiss. Wien, math.-nat. Kl., Abt. IIa, **126**, H. 3 (1917).

[4, § 3]

(*) HAMILTONs Arbeiten regten ganz besonders eindringlich an, über die Frage nachzudenken: Hängt nicht irgendwie das Prinzip der kleinsten Wirkung mit dem Fermatschen Prinzip der kürzesten Lichtzeit zusammen? Wie im Anhang, Abschnitt III ausgeführt, haben sich schon LEIBNIZ, EULER, MAUPERTUIS mit dieser Frage beschäftigt. Hier liegt wohl eines der deutlichsten Zeichen vor, wie tief und nachhaltig gerade die Formulierung der Naturgesetze durch Variationsprinzipe unsere bedeutendsten Forscher anzuregen vermochte. Beantwortet hat diese Frage erst E. SCHRÖDINGER in seiner Begründung der Wellenmechanik. Vgl.:

SCHRÖDINGER, E.: Vier Vorlesungen über Wellenmechanik, insbesondere S. 1–5. Berlin: Springer 1928.

Wir geben hier in aller Kürze SCHRÖDINGERs Formeln und Gedankengang wieder. Er schließt so: Es sollen beim Prinzip der kleinsten Wirkung:

$$\delta \int_{P_0}^{P_1} m\, w^2\, dt = \delta \int_{P_0}^{P_1} \sqrt{2m(E-V)}\, ds = 0$$

und beim Fermatschen Prinzip

$$\delta \int_{P_0}^{P_1} \frac{ds}{u} = 0$$

[E Energiekonstante, $v = v(x, y, z)$ potentielle Energie, w Geschwindigkeit des Massenpunktes mit der Masse m, u gewöhnliche Phasengeschwindigkeit eines Lichtstrahles] die Extremalen übereinstimmen. Es muß daher

$$u = \frac{C}{\sqrt{2m(E-V)}}$$

sein, wobei $C = C(E)$ von E aber nicht von x, y, z abhängen darf.

PLANCKs Grundgleichung der Quantenmechanik verlangt:

$$E = h\nu.$$

SCHRÖDINGERs grundlegende Hypothese ist nun:

Es sei die Geschwindigkeit w gleich der Gruppengeschwindigkeit g einer polychromatischen Welle. Nach Lord RAYLEIGH gilt:

$$\frac{1}{g} = \frac{d}{d\nu}\left(\frac{\nu}{u}\right)$$

und somit ist

$$\frac{1}{w} = \frac{d}{dE}\left(\frac{E}{u}\right),$$

also

$$\frac{d}{dE}\left(\frac{E\sqrt{2m(E-V)}}{C}\right) = \frac{m}{\sqrt{2m(E-V)}}.$$

Nun ist:

$$\frac{d}{dE}\left(\sqrt{2m(E-V)}\right) = \frac{m}{\sqrt{2m(E-V)}},$$

und somit erhalten wir:

$$\left(\frac{E}{C} - 1\right)\sqrt{2m(E - V(x, y, z))} = \text{const}.$$

Da C nicht vom Ort abhängen soll, folgt hieraus:

$$\text{const} = 0, \quad \text{also} \quad \frac{E}{C} = 1 \quad \text{oder} \quad E = C.$$

Diese Bestimmung von C ist die einzige, durch die sich eine vollkommene Koinzidenz zwischen den dynamischen Gesetzen der Bewegung eines Massenpunkts und den optischen Gesetzen der Bewegung eines Lichtsignals ergibt.

(**) CARATHÉODORY, C.: Elementare Theorie des Spiegelteleskops von B. SCHMIDT. Hamb. Math. Einzelschriften, Bd. 28. Leipzig: B. G. Teubner 1940.

Nachgedruckt in:

Gesammelte Mathematische Schriften, Bd. II. München: Becksche Verlagsbuchhandlung 1955.

Der Vollständigkeit halber bemerken wir, daß CARATHÉODORY hervorgehoben hat, daß der praktische Erfolg des Schmidtschen Spiegelteleskopes namentlich auf folgenden Umständen beruht. Wenn die Korrekturplatte so hergestellt ist, daß achsenparalleles Licht, das die Platte senkrecht durchquert, genau in einem Brennpunkt gesammelt wird, so wird auch für schief einfallendes Licht nahezu dasselbe der Fall sein. Infolge der sphärischen Symmetrie wird also der geometrische Ort der Brennpunkte nahezu auf einer zur Spiegelfläche konzentrischen Fläche $B'B$ liegen, auf der daher der Film für die photographische Aufnahme der zu beobachtenden Himmelsgegend anzubringen ist. Ferner spielt die Chromasie bei einer so schwachen Linsenkrümmung, wie sie sich für die Korrekturplatte ergibt, eine untergeordnete Rolle. Doch konnte SCHMIDT auch hier, durch eine entsprechende Modifikation der Korrekturplatte eine wesentliche Verbesserung erzielen.

[4, § 4]

(*) JACOBI, C. G. J.: Vorlesung über Dynamik, gehalten 1845/46, hrsg. von A. CLEBSCH. Berlin 1866.

POINCARÉ, H.: Les méthodes nouvelles de la mécanique célèste, 3 Bde. Paris 1892–1899.

WHITTAKER, E. T.: Analytische Dynamik der Punkte und starren Körper. Nach der zweiten Auflage übersetzt von Dr. F. u. K. MITTELSTEN-SCHEID, Grundlehren der mathematischen Wissenschaften, Bd. XVII. Berlin: Springer 1924.

PRANGE, G.: Allgemeine Integrationsmethoden der analytischen Mechanik. Enzyklopädie der mathematischen Wissenschaften, IV, 12 u. 13. Leipzig: B. G. Teubner.

RUND, H.: The Hamilton Jacobi Theory in the Calculus of Variations. D. van Nostrands Company Ltd. London 1966.

[4, § 5]

(*) Siehe Anmerkung zu Kap. III, 1, § 2.

[4, § 6]

(*) Dies ist zugleich auch eine notwendige Bedingung für die Metrisierbarkeit eines topologischen Funktionenraumes durch eine Finslersche Geometrie.

[4, § 7]

(*) ENGESSER, F.: Über statisch unbestimmte Fragen bei beliebigem Formänderungsgesetz und über den Satz von der kleinsten Ergänzungsarbeit. Z. Ing. u. Arch. Vereins zu Hannover **35**, 733ff. (1889).

[4, § 8]

(*) Eine moderne Darstellung dieses Problems findet sich bei

SIEGEL, C. L.: Vorlesungen über Himmelsmechanik. Grundlehren der mathematischen Wissenschaften, Bd. LXXXV. Berlin-Göttingen-Heidelberg: Springer 1956.

[4, § 9]

(*) Aus der großen Zahl von Büchern über Quantentheorie sei nur auf:

HEISENBERG, W.: Die physikalischen Prinzipien der Quantentheorie, Leipzig: S. Hirzel 1930,

verwiesen, wo die hier in Frage stehende Beziehung zur kanonischen Form besonders klar behandelt ist.

[4, § 9]

(*) STRAUBEL, R.: Über einen allgemeinen Satz der geometrischen Optik und einige Anwendungen. Phys. Z. **4**, 114–117 (1902–1903).

Blaschke, W.: Ein Gegenseitigkeitsgesetz der Optik. Math. Ann. **113**, 110—112 (1936)
und weitere dort zitierte Literatur.

[5, § 4]

(*) Glaser, W.: Grundlagen der Elektronenoptik. Wien: Springer 1952.

Es handelt sich hier um eine Verallgemeinerung der Herleitung der Lagrangeschen Zentralgleichung der Mechanik.

Zu Kapitel II

[1, § 1]

(*) Legendre, A. M.: Abhandlung über die Unterscheidung der Maxima und Minima in der Variationsrechnung. Mém. Acad. roy. Sci. Paris 1788, S. 7—37. Abgedruckt in Ostwalds Klassiker der exakten Wissenschaften, Nr. 47, Leipzig: W. Engelmann 1894, S. 57—86.

(**) Vgl.

Hamel, G.: Theoretische Mechanik. Grundlehren der mathematischen Wissenschaften, Bd. LVII, S. 268—270. Berlin: Springer 1949.

[1, § 2]

(*) Die hier durchgeführten Überlegungen schließen sich an an:

Roussel, A.: Recherches sur le calcul des Variations. J. de Math., IX. s. **5**, 395 bis 462 (1926).

Zu dieser Arbeit hat Tonelli bemerkt, daß eben dieselben Grundgedanken auch seinem (in den Vorbemerkungen genannten) Werk enthalten sind und dort eine grundlegende Rolle spielen. Hadamard hat jedoch darauf verwiesen, daß Roussel durchaus keine Prioritätsansprüche stellt und daß im Grunde genommen Anregungen zu diesen Überlegungen schon bei Weierstrass entnommen werden können. Vgl.

Tonelli, L.: Sur la méthode d'adjonction dans le caclul des variations. C. R. Acad. Sci. Paris **182**, 678—679.

Hadamard, J.: Remarque au sujet de la communication précédente. C. R. Acad. Sci. Paris **182**, 679.

Die Titelüberschrift dieses Paragraphen ist gerechtfertigt, weil Roussels Darstellung einen lehrbuchmäßigen Charakter hat.

[2, § 1]

(*) Jacobi, C. G. J.: Zur Theorie der Variationsrechnung und der Differentialgleichungen. Crelles J. **17**, 68—82 (1837). Abgedruckt in Ostwalds Klassiker der exakten Wissenschaften, Nr. 47, Leipzig: W. Engelmann 1894, S. 87—98.

(**) Bliss, G. A.: Lectures on the calculus of variations. Chicago: Chicago Univ. Press 1946.

(***) Vgl. Anmerkung (**) zu [2, § 5].

[2, § 2]

(*) BLISS, G. A., and I. J. SCHOENBERG: On separation, comparison and oscillation theorems for self-adjoint systems of linear second order differential equations. Amer. J. Math. 33, 781–800 (1931).

[2, § 5]

(*) Es ist

$$I(\varepsilon) = I(0) + \left(\frac{\partial I}{\partial \varepsilon}\right)_{\varepsilon=0} \cdot \varepsilon + \left(\frac{\partial^2 I}{\partial \varepsilon^2}\right)_{\varepsilon=0} \frac{\varepsilon^2}{2!} + \cdots.$$

Wie bereits Kap. I, 1, § 2 erwähnt, bezeichnet man

$$\delta I = \varepsilon \left(\frac{\partial I}{\partial \varepsilon}\right)_{\varepsilon=0} \quad \text{als erste Variation}$$

$$\delta^2 I = \varepsilon^2 \left(\frac{\partial^2 I}{\partial \varepsilon^2}\right)_{\varepsilon=0} \quad \text{als zweite Variation}$$

usw.

(**) Vgl.

CARATHÉODORY, C.: Variationsrechnung und partielle Differentialgleichunger erster Ordnung, S. 191. Leipzig: B. G. Teubner 1935.

(***) Zu den Bildern 27a und 27b wird bemerkt: Die Elektronenstrahlen wurden normal zu einer Radialebene, bzw. mit Abweichungen von $\pm 7°$ und $\pm 1°$ ausgesendet und die Bilder wurden auf derselben fotographischen Platte festgehalten. Sie wurden der Arbeit von

VOGES, H.: Demonstration der Brennpunkts- und Auflösungseigenschaften des Feldes eines Zylinderkondensators an Kathodenstrahlen. Z. Physik 76, 390 (1932).

entnommen. Die Anregung zu dieser Arbeit gab W. KOSSEL.

(+) SCHRÖDINGER, E.: Notiz über den Kapillardruck in Gasblasen. Ann. der Phys., IV. F. 46, 413ff. (1915).

CANTOR, M.: Über Capillaritätsconstanten. Wied. Ann. Physik u. Chemie 47, 399f. (1892).

(°) GLASER, W.: Grundlagen der Elektronenoptik. Wien: Springer 1952.

(°°) HUTTER, R. G. E.: The class of electron lenses which satisfy NEWTON's image relation. J. Appl. Phys. 16, No. 2 (1945).

(°°°) FUNK, P.: Über das Newtonsche Abbildungsgesetz der Elektronenoptik. Acta phys. Austriaca 4, 304–308 (1950).

[2, § 6]

(*) COLLATZ, L.: Eigenwertaufgaben mit technischen Anwendungen. Leipzig B. G. Teubner 1949.

– Numerische Behandlung von Differentialgleichungen. Grundlehren der mathematischen Wissenschaften, Bd. LX, 2. Aufl. Berlin-Göttingen-Heidelberg Springer 1955.

(**) TEMPLE, G.: The computation of characteristic numbers and characteristic functions. Proc. London Math. Soc. 29, 257–280 (1929).

Zu Kapitel III

[1, § 1]

(*) Vgl. insbesondere:

WEIERSTRASS, K.: Über das sogenannte Dirichletsche Prinzip. Mathematische Werke, Bd. II, S. 49—54. Berlin: Springer 1895.

Zur Zeit von WEIERSTRASS legte man den Riemannschen Integralbegriff zugrunde. Legt man aber den Lebesgueschen Integralbegriff zugrunde, so kann man sich auf den grundlegenden Satz von LEBESGUE stützen, wonach eine Funktion von beschränkter Schwankung bis auf eine Punktmenge vom Lebesgueschen Maße Null differenzierbar ist. Für eine ausführlichere Darlegung vgl. das in den Vorbemerkungen genannte Werk von L. TONELLI.

(**) Will man nur Kurven von der Klasse C' zulassen und verwendet man beim Beweis Variationen der Klasse D', so ist eine ergänzende Betrachtung erforderlich (Satz über die Abrundung der Ecken), auf die wir bereits in Kap. II, 2, § 5 hingewiesen haben. Vgl. die Anmerkungen (**) zu Kap. II, 2, § 1 und Kap. II, 2, § 5.

(***) Im Anschluß an die in Klammer stehende Bemerkung sehen wir uns hier veranlaßt, darauf hinzuweisen, daß man bei einer deduktiven Darstellung der Variationsrechnung, wo man sich nicht, wie wir, wesentlich von historischen Gesichtspunkten leiten läßt, zweckmäßig von axiomatisch gefaßten Prinzipen der Funktionalanalysis ausgeht. Wir werden uns in Kap. VII auf einige grundlegende Sätze der Funktionalanalysis zu stützen haben.

Für Literatur über Funktionalanalysis verweisen wir:

LJUSTERNIK, L. A., u. W. I. SOBOLEW: Funktionalanalysis. Berlin: Deutscher Verlag der Wissenschaften 1955.

KOLMOGOROFF, A. N., and S. V. FOMIN: Elements of the theory of functions and functional analysis (übersetzt von L. F. BORON), Bd. I, Metric and normed spaces. Rochester, USA: Graylock Press 1957.

Vor allem weisen wir auch darauf hin, daß die Funktionalanalysis für die moderne Quantenmechanik große Bedeutung erlangt hat. Vgl. z. B.:

NEUMANN, J. v.: Mathematische Grundlagen der Quantenmechanik. Grundlehren der mathematischen Wissenschaften, Bd. XXXVIII. Berlin: Springer 1932.

[1, § 2]

(*) Die Theorie der geknickten Extremalen bei gewöhnlichen und isoperimetrischen Problemen, insbesondere die hinreichenden Bedingungen für das Auftreten geknickter Extremalen, hat vor allem C. CARATHÉODORY behandelt. Vgl.:

CARATHÉODORY, C.: Über die diskontinuierlichen Lösungen in der Variationsrechnung. Doktor-Dissertation, Universität Göttingen 1904, S. 1—71. (Ges. Math. Schriften, Bd. I, S. 3—79. München: Becksche Verlagsbuchhandlung 1954.)

— Über die starken Maxima und Minima bei einfachen Integralen. Habilitationsschrift, Universität Göttingen. Math. Ann. **62**, 449—503 (1906). (Ges. Math. Schriften, Bd. I, S. 80—142. München: Becksche Verlagsbuchhandlung 1954.)

— Sur les points singuliers du problème du calcul des variations dans le plan. Ann. Matemat. pura appl. (3) **21**, 153—171 (1913). (Ges. Math. Schriften, Bd. I, S. 143—161. München: Becksche Verlagsbuchhandlung 1954.)

CARATHÉODORY schildert in einer der Wiener Akademie gewidmeten autobiographischen Notiz (Ges. Math. Schriften, Bd. V, S. 405, München: Becksche Verlagsbuchhandlung 1957) wie folgt den Anlaß, der ihn zur Beschäftigung mit diesem Problemkreis und zur Abfassung seiner Dissertation geführt hat:

„Im Herbst 1903 kamen Gustav Herglotz aus München und Hans Hahn aus Wien nach Göttingen, denen etwas später Heinrich Tietze, ebenfalls aus Wien, folgte. Hahn hatte gerade mit einer Dissertation über Variationsrechnung bei G. v. Escherich in Wien promoviert, und trug kurz vor Weihnachten in der mathematischen Gesellschaft über die Escherichsche Theorie der zweiten Variation bei Lagrangeschen Problemen vor. Wir waren alle von der Tatsache höchst überrascht, daß es nach dieser Theorie Ausnahmefälle gibt, bei welchen anscheinend keine Lösungen des Variationsproblems existieren. Ich versuchte ein einfaches, geometrisch übersichtliches Beispiel zu konstruieren, bei welchem die Anomalie vorhanden war, und fand nach einigen Tagen folgendes: durch eine Lampe, die von einem halbkugelförmigen Globus umgeben ist, werden die Punkte dieses Globus zentral auf den Fußboden projiziert. Es soll eine Kurve von vorgeschriebener Länge zwischen gegebenen Endpunkten auf dem Globus gezeichnet werden, deren Schatten auf den Fußboden möglichst lang oder möglichst kurz ist. Es war zu vermuten, daß dieser Schatten aus zwei Strecken, die eine Ecke bildeten, bestehen mußte. Am 22. Januar des folgenden Jahres befand ich mich in Berlin, wo Schwarz uns zu der Feier seines 200. Kolloquiums eingeladen hatte, und dort konnte ich in einem Cafe des Potsdamer Platzes, innerhalb weniger Stunden die Weierstraßsche E-Funktion meines Problems ausrechnen. Wenige Wochen später hatte ich das Gerüst meiner Arbeit über diskontinuierliche Lösungen zusammengestellt, die ich dann während der Osterferien in Brüssel ausarbeiten konnte.“

Wir führen außerdem noch folgende Arbeiten über geknickte Extremalen an:

Graves, L. M.: Discontinuous solutions in space problems of the calculus of variations. Amer. J. Math. **52**, 1–28 (1930).

Reid, W.: Discontinuous solutions in the non-parametric problem of Mayer in the calculus of variations. Amer. J. Math. **57**, 69–93 (1935).

Smiley, N.: Discontinuous solutions for the problem of Bolza in parametric form. Diss. University of Chicago, "Contributions" 1933–1937, S. 527–566.

Klötzler, R.: Beiträge zur Theorie mehrdimensionaler Variationsprobleme mit geknickten Extremalen. Ber. Verh. sächs. Akad. Wiss., math.-naturw. Kl. **102**, H. 5 (1957). Berlin: Akademie Verlag 1958.

[1, § 3]

(*) Reymond, P. Du Bois: Erläuterungen zu den Anfangsgründen der Variationsrechnung. Math. Ann. **15**, 282–315 (1879).

(**) Eine Herleitung des Du Bois Reymondschen Lemmas ohne Anwendung von Produktintegration hat

Radzmadzé, A.: Über das Fundamentallemma der Variationsrechnung. Math. Ann. **84**, 14ff. (1922),

gegeben.

(***) Zermelo, E.: Über die Herleitung der Differentialgleichung bei Variationsproblemen. Math. Ann. **58**, 558–564 (1904).

Vgl. auch:

Haar, A.: Über eine Verallgemeinerung des Du Bois Reymondschen Lemmas. Acta Szeged. **1**, H. 1, 1–8 (1922).

Berwald, L.: Über Haars Verallgemeinerung des Lemmas von Du Bois Reymond und verwandte Sätze. Acta math. **79**, 39–49 (1947).

(°) HAAR, A.: Zur Variationsrechnung. Drei Vorträge, gehalten am mathematischen Seminar der Hamburgischen Universität. Abh. math. Sem. Hamburg. Univ. 8, 1–27 (1930) (Abgedruckt in A. HAAR, Gesammelte Arbeiten, S. 374–400. Budapest: Akadémia Kiadó 1959),

und ferner die dort angegebene weitere Literatur. Insbesondere aber:

SCHAUDER, J.: Über die Umkehrung eines Satzes aus der Variationsrechnung, Acta Szeged. 4, 38–50 (1926),

wo ebenfalls wie bei ZERMELO im eindimensionalen Fall Legendresche Polynome verwendet werden.

(°°) LICHTENSTEIN, L.: Über das Verschwinden der ersten Variation bei Doppelintegralen bei zweidimensionalen Variationsproblemen. Math. Ann. 69, 514–546 (1916).

[1, § 4]

(*) WEIERSTRASS bezieht sich hier auf die Niederschrift einer von DIRICHLET gehaltenen Vorlesung.

(**) Die „Verwerflichkeit" solcher Schlußweisen, wo man, wie bei der Dirichletschen Schlußweise, a priori die Existenz eines Minimums als gesichert annimmt, hat allerdings schon B. BOLZANO angeprangert. Vgl. BOLZANOs Vorrede in der Arbeit: „Die Drey Probleme der Rectification, der Complanation und der Cubierung ohne Betrachtung des unendlich Kleinen, ohne die Annahmen des Archimedes, und ohne irgend eine nicht streng erweisliche Voraussetzung gelöst; zugleich als Probe einer gänzlichen Umgestaltung der Raumwissenschaft, allen Mathematikern zur Prüfung vorgelegt." Abgedruckt in: BERNARD BOLZANOs Schriften, herausgegeben von der königl. böhm. Ges. der Wiss., Bd. 5, Geometrische Arbeiten, herausgegeben und mit Anmerkungen versehen von Dr. JAN VOJTECH, Prag 1948, S. 67ff.

In der genannten Arbeit (S. 67/68) führt BOLZANO u.a. auch aus, daß die euklidischen Grundsätze zu einer Definition der Länge einer krummen Linie nicht ausreichen und daß „der treffliche ARCHIMEDES mit seinen neuen Grundsätzen nur unter der schüchternen Benennung von Annahmen aufgetreten sey". Es waren dies im wesentlichen die folgenden:

„I. Jede krumme Linie ist länger als die gerade, die zwischen denselben Endpunkten liegt.

II. Von zwey krummen Linien, die beyde nach einer Seite zu hohl sind, ist die umschließende länger als die umschlossene."

Zu ARCHIMEDES vgl. Archimedes Werke von HEATH-KLIEM, Berlin: O. Hernig 1914, S. 157. (Abhandlung „Über Kugel und Zylinder I".)

Den Anlaß zu der eingangs erwähnten Kritik von BOLZANO gab ein Beweis in LEGENDREs „Eléments de géometrie", dessen Unrichtigkeit BOLZANO vom Standpunkt der formalen Logik dargetan hat.

(***) Zum Beweis vgl. etwa:

HAHN, H.: Allgemeiner Beweis des Osgoodschen Satzes der Variationsrechnung für einfache Integrale. Festschrift Heinrich Weber, Leipzig 1912, S. 95–110.

(°) HAMEL, G.: Über eine mit dem Problem der Rakete zusammenhängende Aufgabe der Variationsrechnung. Z. angew. Math. Mech. 7, 451–452 (1927).

[2, § 5]

(*) FUNK, P.: Über die Stabilität der beiderseits eingespannten Elastica und ähnliche Fragen. Z. angew. Math. Mech. 5, 468–472 (1925).

Vgl. auch:

BORN, M.: Physik im Wandel meiner Zeit, S. 69ff. Braunschweig: F. Vieweg & Sohn 1957.

[2, § 7]

(*) Bei der „Differentiationsmethode" wird grundsätzlich immer vorausgesetzt, daß wir innerhalb eines Feldes von Extremalen bleiben.

Die Differentiationsmethode ist daher an und für sich grundsätzlich ungeeignet, Entscheidungen über das Vorzeichen der zweiten Variation zu treffen, wenn die Extremale einen konjugierten Punkt enthält. Von dieser Tatsache ausgehend, wurde — wie ich glaube — zunächst von H. HAHN, vgl.

HAHN, H.: Über Extremalenbogen, deren Endpunkt zum Anfangspunkt konjugiert ist. Sitzgsber. Akad. Wiss. Wien, Abt. IIa **118**, 99—116 (1909),

die Methode der „gebrochenen" Extremalen entwickelt. Diese besteht, für eine Extremale, die zwei konjugierte Punkte P und $\overline{P}$ enthält, darin, daß man die zu P und $\overline{P}$ gehörigen singulären Felder konstruiert (man verwendet hier also statt *eines* Feldes *zwei* Felder!) und auf den Schnittpunkt einer von P bzw. von $\overline{P}$ ausgehenden Feldextremalen die Aussagen über das Verhalten der zweiten Differentialquotienten der Hamiltonschen charakteristischen Funktionen dazu benützt, um Aussagen über das Vorzeichen der zweiten Variation der zu untersuchenden Extremalen zu machen.

Die Methode der „gebrochenen" Extremalen hat eine große Anwendung durch M. MORSE gefunden. Dieser hat sich das Ziel gesetzt, eine Darstellung der Ergebnisse der Variationsrechnung „im Großen" zu geben, deren Ursprünge auf die Einführung der Topologie in die Analysis durch POINCARÉ zurückgehen (Verallgemeinerung einiger bereits früher studierten topologischen Eigenschaften der Trajektorien der Dynamik).

Die Hauptwerke von M. MORSE sind:

MORSE, M.: The calculus of variations in the large. Amer. Math. Soc. Colloquium Publ. Vol. 18, New York 1934.

— Functional topology and abstract theory of the calculus of variations. Mem. des Sci. Math. Paris 1938.

Vgl. ferner auch:

CARATHÉODORY, C.: Variationsrechnung und partielle Differentialgleichungen erster Ordnung. Leipzig: B. G. Teubner 1935.

SEIFERT, H., u. W. THRELFALL: Variationsrechnung im Großen. Hamburger Mathem. Einzelschriften, H. 24 (1938). Leipzig: B. G. Teubner.

Ein Haupthilfsmittel bei den Untersuchungen von M. MORSE ist das sogenannte „Indextheorem". Wir begnügen uns hiefür mit einem Verweis auf die oben genannte Literatur.

(**) Vgl. hiezu:

HELMHOLTZ, H. v.: Die physikalische Bedeutung des Prinzips der kleinsten Wirkung. H. v. HELMHOLTZ Wisssenschaftl. Abh. Bd. 3, S. 201—248. Leipzig: Johann Ambrosius Barth 1895.

BOLTZMANN, L.: Vorlesungen über die Prinzipe der Mechanik, II. Teil, S. 209—212. Leipzig: Johann Ambrosius Barth 1904.

Das Bestehen der Reziprozitätsgesetze beruht darauf, daß in den gemischten zweiten Ableitungen des Wirkungsintegrals die Differentiationen nach einem Linienelement im Anfangs- und Endpunkt vertauschbar sind.

Damit steht im Zusammenhang, daß die Variationsgleichung der Euler-Lagrangeschen Differentialgleichung sich selbst adjungiert ist, was auch bei Variationsproblemen mit mehreren unabhängigen Veränderlichen der Fall ist und auch die Symmetrieeigenschaften der Greenschen Funktion. Vgl. hierzu die Ausführungen im Anschluß an Gl. (47). Wir verweisen im übrigen auch auf:

HÖLDER, E.: Entwicklungssätze aus der Theorie der zweiten Variation. Allgemeine Randbedingungen. Acta math. **70**, 193–242 (1939).

HELMHOLTZ selbst hat die nach ihm benannten Reziprozitätsgesetze allerdings nicht durch die Betrachtung der gemischten zweiten Ableitungen des Wirkungsintegrals hergeleitet. Er ging vielmehr von den Lagrangeschen Differentialgleichungen aus und mußte über deren Gestalt bestimmte Annahmen treffen.

(***) Genauere Begründung der hier vorausgesetzten Existenz vgl.

BOLZA, O.: Vorlesungen über Variationsrechnung, S. 270ff. Leipzig: B. G. Teubner 1909.

Vgl. ferner auch Kap. IV, 1, § 6, 3.

(°) Vgl. auch:

DRESDEN, A.: The second partial derivatives of HAMILTON's principal function and their application in the calculus of variations. Trans. Amer. Math. Soc. **9**, 467–486 (1908).

— The second derivatives of the extremal integral for a general class of problems of the calculus of variations. Proc. Nat. Acad. Sci. **1**, 238–241 (1915).

Wir bemerken ferner: Will man die Differentialquotienten, bei denen an zweiter Stelle nach x_0 bzw. x_1 differenziert wird, direkt berechnen, also den Weg über das Gleichungssystem (48) vermeiden, so hat man von folgendem Fundamentalsystem der Jacobischen Differentialgleichung auszugehen:

$$U^*(x) = \left(\frac{\partial y_x(x; \bar{\bar{x}}_0, \bar{\bar{y}}_0, x_1, \bar{\bar{y}}_1)}{\partial x_1}\right)_{x_1=\bar{\bar{x}}_1}, \qquad V^*(x) = \left(\frac{\partial y_x(x; x_0, \bar{\bar{y}}_0, \bar{\bar{x}}_1, \bar{\bar{y}}_1)}{\partial x_0}\right)_{x_0=\bar{\bar{x}}_0}.$$

Es wird dann:

$$\begin{cases} U^*(x_0) = 0 & U^*(x_1) + \bar{\bar{y}}'(x_1) = 0 \\ V^*(x_0) + \bar{\bar{y}}'(x_0) = 0 & V^*(x_1) = 0, \end{cases}$$

somit ist:

$$U^*(x) = -\bar{\bar{y}}'(x_1)\, U(x), \qquad V^*(x) = -\bar{\bar{y}}'(x_0)\, V(x).$$

Zu Kapitel IV

[1, § 2]

(*) Für die Methode der Lagrangeschen Multiplikation bei gewöhnlichen Maxima- und Minimaproblemen vgl.

CARATHÉODORY, C.: Variationsrechnung und partielle Differentialgleichungen erster Ordnung, 1. Aufl., S. 164–189. Leipzig: B. G. Teubner 1935.

[1, § 3]

(*) BLISS, G. A.: Lectures on the calculus of variations. Chicago: Chicago University Press 1946, insbesondere S. 196—199.

Wir haben uns bei unserer Darstellung an die Arbeit von

RADON, J.: Zum Problem von LAGRANGE, Hamburger Abh. H. 6, 273–29
Leipzig: B. G. Teubner 1929,

angeschlossen.

[1, § 4]

(*) CARATHÉODORY, C.: Untersuchungen über die Grundlagen der Thermodynami
Math. Ann. 67, 355–386 (1909). (Nachgedruckt in: Gesammelte Mathematiscl
Schriften, Bd. II, S. 131–166. München: Becksche Verlagsbuchhandlu
MCMLV.)

Vgl. insbesondere auch

LANDÉ, A.: Axiomatische Begründung der Thermodynamik von C. CARATHÉ
DORY. Handbuch der Physik, Bd. IX. (Herausgeg. von H. GEIGER u. K. SCHEE
Berlin: Springer 1927.)

EHRENFEST-AFANASJEWA, T.: Die Grundlagen der Thermodynamik. Leide
E. J. Brill 1956.

[1, § 6]

(*) Für das räumliche Problem vgl. z.B.:

LEVI-CIVITÁ, T.: Über ein Luftfahrtproblem (Kurs im Wind). Schweiz. Bauzt
122, 25–27 (1943).

[2, § 1]

(*) Grundlegend waren die Arbeiten von CLEBSCH und von v. ESCHERIC

Wir verweisen auf die §§ 74 und 75 des Lehrbuches der Variationsrechnu
von BOLZA. Ein reichhaltiges, wenn auch bei weitem nicht vollständiges Literatu
verzeichnis über die einschlägigen Arbeiten, findet man im Lehrbuch von CAR
THÉODORY.

Einen elementaren Beweis dafür, daß für genügend kleine Bögen das Legendr
sche Kriterium *hinreichend* für die Existenz eines schwachen Minimums ist, find
man bei:

KRULL, W.: Zur Variationsrechnung. Arch. der Math. 5, 81–91 (1954).

[2, § 2]

(*) MORSE, M.: Calculus of variation in the large, Vol. 18. New York: Ame
Math. Soc. Colloquium Publ. 1934.

[3, § 2]

(*) Das hier verwendete Minimalprinzip stammt von DANIEL BERNOULI
der seine Entdeckung EULER mitteilte. Die ausführliche Theorie der Elasti
findet sich, wie in der Anmerkung zu Kap. I, 1, § 2, bereits erwähnt, bei EULE
Dieser hat auch die gestaltliche Form der Elastica mit Hilfe der Auflösung vo
elliptischen Integralen ermittelt. Bilder der Elastica finden sich außer bei EULE
auch in vielen Lehrbüchern der Elastizitätstheorie.

(**) Vgl. die zweite Anmerkung zu Kap. I, 2, § 1.

(***) Für eine hinlänglich genaue Zeichnung genügt es, einige Punkte von
und $\mathfrak{C}'$ mit Hilfe eines Tabellenwerkes über elliptische Integrale zu bestimme

(°) Nadai, A.: Labile Gleichgewichtslagen stark gebogener Stäbe. Techn. Bl., Prag (Zeitschrift des deutschen polytechnischen Vereines in Böhmen) **47**, 125 bis 145 (1915).

Nadai löst das Problem so, daß er in Abhängigkeit des Neigungswinkels der Elastica an den Auflagerstellen das zugehörige Gewicht bestimmt und denjenigen Wert des Neigungswinkels aufsucht, für den das Gewicht ein Maximum wird.

Diese Methode ist mit der Methode der zweiten Variation gleichwertig. Vgl. auch Kap. III, 2, §§ 7 und 8.

Wir bemerken folgendes: Liegt ein Minimalproblem (Stabilitätsproblem) in der Form

$$\varphi(x_i, a) \to \text{Min} \qquad (i = 1, \ldots, n)$$

vor, wobei a ein Parameter ist, der zunächst als fest betrachtet werde, dann liefern die n Gleichungen:

$$\varphi_{x_i} = 0$$

die zum Minimum gehörenden Werte $\bar{x}_i$ von x_i. Denken wir uns aber in den Gleichungen $\varphi_{x_i} = 0$ die Größe a als Variable, so haben wir in den n Gleichungen $\varphi_{x_i} = 0$ ein unterbestimmtes System für die $n+1$ Unbekannten x_i und a. Denken wir uns nun durch eine weitere Gleichung

$$g(x_i, a) = t$$

einen Parameter t eingeführt und sei die Funktionaldeterminante

$$\frac{D(\varphi_{x_i}, g)}{D(x_i, a)} \neq 0$$

und sei dementsprechend die Auflösung durchgeführt und $x_i = x_i(t)$, $a = a(t)$ in die Gleichungen $\varphi_{x_i} = 0$ eingesetzt, dann ergeben sich durch Differentiation:

$$\frac{\partial^2 \varphi}{\partial x_i \partial x_j} \frac{\partial x_j}{dt} + \frac{\partial \varphi_{x_i}}{\partial a} \frac{\partial a}{dt} = 0.$$

Ist nun a als Funktion von t ein extremer Wert, also $da/dt = 0$, so ist nur dann eine nicht-triviale Lösung für die dx_i/dt möglich, wenn $|\varphi_{x_i x_j}| = 0$ ist. Das ist aber das Kriterium dafür, daß der Grenzwert der Stabilität erreicht wird.

Denkt man sich $\varphi(x_i, a)$ als charakteristische Funktion eines einen Parameter enthaltenden Variationsproblems, so könnte diese Überlegung als Ausgangspunkt zur Behandlung von Stabilitätsproblemen benützt werden (Differentiationsmethode!), bei der freilich unter Umständen gewisse Vorsicht geboten ist.

Über Stabilitätsprobleme der Elastizitätstheorie existiert eine ausgedehnte Literatur. Insbesondere sei auf

Timoshenko, S.: Theory of elastic stability. New York: McGraw Hill Book Comp. 1. Aufl. 1936, 2. Aufl. 1960

verwiesen, wo auch zahlreiche Hinweise auf einschlägige Veröffentlichungen enthalten sind. Ich erwähne hier nur folgende, mich speziell interessierende Arbeiten:

Radon, J.: Über Tschebyscheff-Netze auf Drehflächen und eine Aufgabe der Variationsrechnung. Mitt. Math. Ges. Hamburg **8** (II), 147–151 (1940).

— Gleichgewicht und Stabilität gespannter Netze. Arch. der Math. **5**, 309–316 (1954).

Hölder, E.: Stabknickung als funktionale Verzweigung und Stabilitätsprobleme. Jb. 1940 der dtsch. Luftfahrtforsch. S. 1799–1819.

CZITARY, E., u. G. HEINRICH: Abwurfsicherheit des Tragseils auf einem Seilschu
Öst. Ing.-Arch. **6**, 372—386 (1952).
HEINRICH, G.: Zur Stabilität der Strickleiter. Öst. Ing.-Arch. **10**, 175—189 (195

[3, § 3]

(*) MAXWELL, J. C.: Capillarity action — stability of a plane surface. J. C. Ma well, Scientific Papers Bd. II, S. 585.
(**) DUPREZ, F.: Sur un cas particulier de l'equilibre des liquids. Nouv. Me Acad. Belg. **26** (1851); **28** (1854).

Zu Kapitel V

[§ 1]

(*) Ausdrücklich sei hervorgehoben, daß wir die Quasikoordinaten nur Rechenhilfsmittel zur Behandlung von Variationsproblemen einführen, die an si holonom sind.

Auf die Behandlung nicht-holonomer Probleme der Mechanik gehen wir nic ein, obwohl, vgl.

PRANGE, G.: Die allgemeinen Integrationsmethoden der analytischen Mechan Enzykl. d. Math. Wiss. IV, 12. u. 13. Leipzig: B. G. Teubner,

zahlreiche Arbeiten darüber existieren, wie man aus sogenannten Variationsp blemen die Bewegungsgleichungen für nicht-holonome mechanische Systeme h leiten kann. Der Grund, warum wir uns mit diesen Methoden nicht beschäftig ist der, daß es sich bei diesen Variationsproblemen nicht um echte Variationsp bleme handelt, die den Gegenstand unseres Buches bilden, sondern um solc bei der die Art des Variierens in besonderer Weise vorgeschrieben werden mu Die Variationen der Ortskoordinaten sind stets nur in bezug auf die Ortskoor naten vorzunehmen, weil sie virtuellen Verschiebungen entsprechen; bei nich holonomen Systemen hat dies zur Folge, daß bei Ortskoordinaten Differentiati nach der Zeit und Variation nicht mehr vertauschbare Operationen sind.

Für neuere Arbeiten über die Verwendung von Methoden, die formal Method der Variationsrechnung ähnlich sind, bei nicht-holonomen Systemen, vgl. ins sondere

JOHNSEN, L.: Dynamique générale des systèmes non holonomes. Schr. Norw Ges. Wiss. Oslo math.-nat. Kl. **1941**, Nr. 4.
HAMEL, G.: Theoretische Mechanik. Grundlehren der mathematischen Wisse schaften, Bd. LVII. Berlin: Springer 1949.
SCHAEFER, H.: Bewegungsgleichungen nicht-holonomer Systeme. Abh. Brau schweig. Wiss. Ges. **3**, 116—121 (1951). Braunschweig: F. Vieweg 1951.

Bei letzterer Arbeit ist hervorzuheben, daß der Verfasser vom Prinzip d kleinsten Wirkung in der kanonischen Form ausgeht, so daß die Variationen d Impuls- und der Ortskoordinaten getrennt behandelt werden können.

[§ 2]

(*) Die Vertauschungsrelationen spielen nicht nur in der Mechanik, sonde auch in der Gruppentheorie eine besondere Rolle, insbesondere bei E. CARTA vgl. auch Kap. IX, § 9, Gl. (62) und die Anmerkung (*) hiezu.

[§ 3]

(*) Über die Rechtfertigung des Vernachlässigens der Längendehnung vgl.:

KIRCHHOFF, G.: Vorlesungen über Mechanik, Bd. I, Mechanik, S. 406–427. Leipzig: B. G. Teubner 1897.

Das allgemeine mathematische Schema für die hier benötigte Überlegung läßt sich, für gewöhnliche Maximal- oder Minimalprobleme, kurz wie folgt skizzieren. Vorgelegt sei ein Problem von der Form:

$$\Phi(\nu, x_i) \equiv \Phi_1(x_i) + \Phi_2(\nu, x_i) + A_i x_i \to \text{Min} \qquad (i = 1, \ldots, n),$$

x_i: zu bestimmende Größen; ν: kleiner Parameter. Dabei sei Φ_1 in x_i homogen zweiter Ordnung und semidefinit und von den Gleichungen

$$\frac{\partial \Phi_1}{\partial x_i} = 0$$

seien nur r (etwa bei entsprechender Numerierung $i = 1, \ldots, r$) voneinander unabhängig, während $n - r$ sich als Folge der übrigen ergeben.

Ferner sei Φ_2 ebenfalls homogen zweiter Ordnung in x_i und analytisch in ν und:

$$\Phi_2(0, x_i) = 0 \quad \text{und} \quad \left(\frac{\partial \Phi_2(\nu, x_i)}{\partial \nu}\right)_{\nu=0} = \Phi_2^*(x_i) \neq 0$$

und

$$\Phi_2(\nu, x_i) > 0 \quad \text{für } x_i, \nu \neq 0.$$

Für die Lösungen $x_i = x_i(\nu)$ von

$$\frac{\partial \Phi}{\partial x_i} = 0$$

sei

$$\lim_{\nu \to 0} x_i(\nu) = \xi_i.$$

Es sei also:

$$x_i = \xi_i + \bullet,$$

wobei durch den Punkt ein Glied angedeutet werden soll, dessen Grenzwert für $\nu \to 0$ Null ist.

Zur Bestimmung der x_i für kleine ν können wir das oben formulierte Problem ersetzen durch

$$\Phi_1 + \nu \Phi_2^* + A_i x_i \to \text{Min}. \qquad (*)$$

Zur Bestimmung von ξ_i ergibt sich daraus zunächst ($\nu = 0$):

$$\frac{\partial \Phi_1}{\partial \xi_i} + A_i = 0. \qquad (**)$$

Denken wir uns diese Gleichungen aufgelöst:

$$\xi_\varrho = \psi_\varrho(\xi_j, A_i), \qquad \varrho = 1, \ldots, r;\; j = r + 1, \ldots, n;\; i = 1, \ldots, n;$$

und setzen wir diese Werte in $x_i = \xi_i + \bullet$ und hernach die x_i in (*) ein, so ergibt sich aus

$$\frac{\partial}{\partial x_i}(\Phi_1 + \nu \Phi_2^* + A_i x_i) = 0 \qquad \text{identisch in } \nu$$

wegen (**):

$$\nu \frac{\partial \Phi_2^*}{\partial x_i} = 0 \quad \text{identisch in } \nu,$$

somit also insbesondere:

$$\frac{\partial \Phi_2^*}{\partial \xi_i} = \frac{\partial \Phi_2^*(\psi_1, \ldots, \psi_r, \xi_{r+1}, \ldots, \xi_n)}{\partial \xi_i} = 0,$$

d.h.:

$$\frac{\partial \Phi_2^*}{\partial \xi_j} = 0, \quad j = r+1, \ldots, n.$$

Durch Auflösen dieser $n-r$-Gleichungen erhält man (Unabhängigkeit vorau gesetzt) eine eindeutige Bestimmung für die $\xi_{r+1}, \ldots, \xi_n$.

Zu denselben Bestimmungsgleichungen für die ξ_i gelangt man, wenn man forde

$$\Phi_2^* \to \text{Min}$$

unter Berücksichtigung der Nebenbedingungen:

$$\frac{\partial \Phi_1}{\partial \xi_i} + A_i = 0, \quad i = 1, \ldots, n.$$

Diese Aufgabe kann man mit Hilfe von Lagrangeschen Multiplikatoren löse Analoges gilt auch für Variationsprobleme, wo an Stelle der Φ Funktion treten.

Die hier skizzierte Überlegung findet wohl immer dort Anwendung, wo phy kalische Probleme auf Probleme mit Nebenbedingungen führen. Bei dem v KIRCHHOFF behandelten Problem ist $\nu = I/Fl^2$, wobei I das Trägheitsmoment d Stabquerschnittes, F die Fläche des Stabquerschnittes und l die Stablänge i Vgl. auch:

FUNK, P.: Die linearen Differenzengleichungen und ihre Anwendung in der Theo der Baukonstruktionen, S. 66. Berlin: Springer 1920.

[§ 6]

(*) FUNK, P.: Stabilitätstheorie bei Stäben unter Druck und Drillung. Öst. Ing.-Arch. **1**, H. 1, 1—14 (1947).

Eine Erweiterung auf krumme Stäbe hat mein Schüler W. RAHER durchgefüh vgl.

RAHER, W.: Allgemeine Stabilitätsbedingungen für krumme Stäbe. Öst. Ing.-Arc **6**, H. 3, 236—246 (1952).

Zu Kapitel VI

[1, § 2]

(*) Vgl.

RADON, J.: Bewegungsinvariante Variationsprobleme, betreffend Kurvenschare Hamburger Abh. **12**, 70—82 (1938).

(**) Eine schöne Darstellung des von LAGRANGE beschrittenen Weges find man im Enzyklopädieartikel (Enzykl. d. Math. Wiss. IV, 12 und 13) „Die allg meinen Integrationsmethoden der analytischen Mechanik" von GEORG PRANG

Dort findet man auch den Zusammenhang mit den Poissonschen Klammerausdrücken. Wir beschränken uns hier darauf zu sagen, daß LAGRANGE vom Dreikörperproblem ausging. Es handelt sich dabei darum, für die Integrationskonstanten des Zweikörperproblems, aufgefaßt als langsam veränderliche Variable (gestörtes Problem) die Differentialgleichung des Dreikörperproblems in übersichtlicher Weise zu gewinnen. Ähnlich gelangt auch POISSON zu seinen Klammerausdrücken. Während sich LAGRANGE jedoch die Lösungen des Zweikörperproblems explizit nach der Zeit aufgelöst denkt, behandelt sie POISSON allgemeiner als implizit gegebene Funktionen.

Erst viel später kommt JACOBI, wieder auf ganz anderem Weg, nämlich bei Behandlung der Theorie der partiellen Differentialgleichung erster Ordnung auf die Poissonschen Klammerausdrücke. (Vgl. etwa auch CARATHÉODORY, Variationsrechnung und partielle Differentialgleichungen erster Ordnung. B. G. Teubner 1935, insbesondere § 44 bis 46.)

[2, § 1]

(*) HILBERT, D.: Mathematische Probleme. Vortrag, gehalten auf dem internationalen Mathematikerkongreß in Paris 1900. Göttinger Nachr. 1900, S. 253 bis 297. (Nachgedruckt in D. HILBERT: Ges. Abh., Bd. III, S. 290—329, Berlin: Springer 1935, insbesondere S. 323—328.)

[2, § 2]

(*) CARTAN, E.: Les systèmes différentiels extérieurs et leurs applications géométriques. Actualités Scientifiques et Industrielles, No. 994. Paris: Hermann & Cie. 1945.

Vgl. ferner auch:

GOURSAT, E.: Leçons sur le problème de PFAFF. Paris: J. Hermann 1922.

KÄHLER, E.: Einführung in die Theorie der Systeme von Differentialgleichungen. Hamburger Math. Einzelschriften, H. 16. Leipzig: B. G. Teubner 1934.

LICHNEROWICZ, A.: Lineare Algebra und lineare Analysis. Hochschulbücher für Mathematik. Berlin: VEB Deutscher Verlag der Wissenschaften 1956.

SŁEBODZINSKI, W.: Formes extérieures et leurs applications. Polska Akademia Nauk, Monografie Matematycne, Warszawa, Bd. I (1954), Bd. II (1963).

(**) Für die axiomatische Einführung des Begriffes „Äußeres Differential" einer Differentialform vgl. z. B. das in der vorhergehenden Anmerkung angeführte Buch von A. LICHNEROWICZ, S. 148ff.

(***) Über ein hierher gehöriges Umkehrproblem, nämlich der Auffindung eines zu vorgegebenen Transversalitätsbedingungen gehörenden Variationsproblems, vgl. u. a.

BLASCHKE, W.: Eine Umkehrung von A. KNESERS Transversalensatz. Nieuw Arch. Wiskunde **15**, 202—204 (1928).

SCHOUTEN, J. A.: Über die Umkehrung eines Satzes von LIPSCHITZ. Nieuw Arch. Wiskunde **15**, 97—102 (1928).

LA PAZ, L., and T. RADÓ: On the converse of KNESERS transversality theorem. Ann. of Math. **36**, 749—769 (1935).

und die dort weiter angegebene Literatur (vgl. dazu auch Kap. IV, 1, §4, II).

[2, § 4]

(*) DONDER, TH. DE: Théorie invariantive du calcul des variations. Bruxelles: Hayez 1935.

WEYL, H.: Geodesic fields. Ann. of Math. **36**, 607–629 (1935).
CARATHÉODORY, C.: Über die Variationsrechnung bei mehrfachen Integralen. Acta Szeged. **4**, 193–216 (1929).
LEPAGE, J. TH.: Sur les champs géodesiques du calcul des variations. Bull. Acad. Roy. Belg., Cl. Sci., V. s. **22**, 716–729, 1036–1046 (1936).
— Sur le champs géodesique des integrales multiples. Bull. Acad. Roy. Belg., Cl. Sci., V. s. **27**, 27–46 (1941).
— Champs stationaires, champs géodesiques et formes integrables. Bull. Acad. Roy. Belg., Cl. Sci., V. s. **28**, 73–92, 247–265 (1942).
BOERNER, H.: Über die Extremalen und geodätischen Felder in der Variationsrechnung mehrfacher Integrale. Math. Ann. **112**, 187–220 (1936).
— Variationsrechnung aus dem Stokesschen Satz. Math. Z. **46**, 709–719 (1940).
— Über die Legendresche Bedingung und die Feldtheorien in der Variationsrechnung der mehrfachen Integrale. Math. Z. **46**, 720–742 (1940).
— CARATHÉODORYs Eingang zur Variationsrechnung. Jber. dtsch. Math.-Ver. **56**, 31–58 (1953).
(**) KÖNIGSBERGER, L.: Über das identische Verschwinden der Hauptgleichungen der Variation vielfacher Integrale. Math. Ann. **62**, 118–147 (1906).
(***) HOVE, L. VAN: Sur la construction des champs de DE DONDER-WEYL par la méthode des caractéristiques. Bull. Acad. Roy. Belg., Cl. Sci., V. s. **31**, 278–285 (1945).
(°) HOVE L. VAN: Sur le champs de CARATHÉODORY et leur construction par la méthode des caractéristiques. Bull. Acad. Roy. Belg., Cl. Sci., V. s. **31**, 625–738 (1945).
HÖLDER, E.: Die infinitesimalen Berührungstransformationen der Variationsrechnung. J. ber. dtsch. Math.-Ver. **49**, 799–819 (1939).

[2, § 5]

(*) DEBEVER, R.: Les champs de MAYER dans le calcul des variations des intégrales multiples. Bull. Acad. Roy. Belg., Cl. Sci., V. s. **23**, 809–815 (1937).

(**) Zu der bereits vorhin angegebenen Literatur führen wir hier insbesondere noch an:

KLÖTZLER, R.: Beiträge zur Theorie mehrdimensionaler Variationsprobleme mit geknickten Extremalen. Ber. sächs. Akad. Wiss. **102**, H. 5 (1958). Berlin: Akademie Verlag.

[3, § 1]

(*) NOETHER, E.: Invariante Variationsprobleme (F. KLEIN zum 50jährigen Doktorjubiläum). Nachr. kgl. Ges. Wiss. Göttingen, math.-phys. Kl. **1918**, 235–257.
(**) LIE, S.: Theorie der Transformationsgruppen. Bearbeitet von F. ENGEL. Leipzig: B. G. Teubner. Bd. I 1888, Bd. II 1890, Bd. III 1893, Neudruck, mit Zusätzen und Berichtigungen von F. ENGEL 1930.
— Gesammelte Abhandlungen, Bd. V: Abhandlungen über die Theorie der Transformationsgruppen. Erste Abteilung, herausgeg. von F. ENGEL, 1924; Bd. VI: Abhandlungen über die Theorie der Transformationsgruppen. Zweite Abteilung, herausgeg. von F. ENGEL 1927. (Insbesondere Abhandlung XI und Abhandlung XII: Die Grundlagen für die Theorie der unendlichen kontinuierlichen Transformationsgruppen.) Leipzig: B. G. Teubner.
(***) BESSEL-HAGEN, E.: Erhaltungssätze der Elektrodynamik. Math. Ann. **84**, 258ff. (1921).

(°) Vgl. z.B.:

RADON, J.: Zum Problem von LAGRANGE. Hamburger Abh. **6**, 273—299 (1928). — Bewegungsinvariante Variationsprobleme betreffend Kurvenscharen. Hamburger Abh. **12**, 70—82 (1938).

(°°) Die Feldgleichungen der relativistischen Theorie des nichtsymmetrischen Feldes wurden von A. EINSTEIN in der dritten Auflage seines Buches „The Meaning of Relativity", deren deutsche Übersetzung unter dem Titel „Grundzüge der Relativitätstheorie", F. Vieweg u. Sohn, Braunschweig 1956 erschienen ist, ebenfalls in der hier dargelegten Weise hergeleitet. Da Invarianz gegenüber einer $\mathfrak{G}_{\infty 5}$ besteht, gibt es entsprechend fünf identische Relationen. Die $\mathfrak{G}_{\infty 5}$ kann als die Vereinigung der allgemein relativistischen Koordinatentransformation mit der Eichgruppe der Maxwellschen Theorie interpretiert werden. Letzteren Hinweis verdanke ich Herrn Prof. Dr. H. TREDER.

Zu Kapitel VII

[1, § 1]

(*) HILBERT, D.: Über das Dirichletsche Prinzip. J. reine angew. Math. **129**, 63—67 (1905). (Ges. Abh., Bd. III, S. 11. Berlin: Springer 1935.)

(**) HILBERT, D.: Mathematische Probleme. Vortrag auf dem Internationalen Mathematiker Kongreß zu Paris 1900, Problem Nr. 20. (Ges. Abh., Bd. III, S. 322. Berlin: Springer 1935.)

(***) HILBERT, D.: Über das Dirichletsche Prinzip. Math. Ann. **59**, 161—186 (1904). (Ges. Abh., Bd. III, S. 15—37. Berlin: Springer 1935.)

(°) TONELLI, L.: Fondamenti di calcolo delle variazioni, Bd. I 1921, Bd. II 1923. Bologna: Nicola Zanichelli.

(°°) LEBESGUE, H.: Sur le problème de DIRICHLET. Rend. Circ. mat. Palermo **24**, 371—402 (1907).

(°°°) Über die Berechtigung diesen Satz mit B. BOLZANO zu verbinden vgl. die Anmerkung zu § 20 in:

BOLZANO, B.: Schriften. Herausgegeben von der königl. böhmischen Ges. der Wiss., Bd. 1, Functionenlehre. Herausgegeben und mit Anmerkungen versehen von K. RYCHLIK, Prag 1930.

(⁺) Vgl. z.B. für diesen und auch für weitere hier verwendete Begriffe der Funktionalanalysis: LJUSTERNIK, L. A., u. W. I. SOBOLEW: Elemente der Funktionalanalysis, S. 35. Berlin: Akademie-Verlag 1955.

[1, § 2]

(*) Vgl. die Anmerkung (°) zum vorhergehenden Paragraphen.

(**) Vgl. die Anmerkung (*) zu Kapitel II, 1, § 2.

(***) LEBESGUE, H.: Intégrale, longueur, aire. Ann. di Mat., Ser. IIIa **7**, 231—358 (1902).

[1, § 3]

(*) COURANT, R.: Dirichlet's principle, conformal mapping and minimal surfaces. New York: Interscience Publishers Inc. 1950.

Vgl. ferner:

COURANT, R., u. D. HILBERT: Methoden der mathematischen Physik, Bd. 2. (Grundlehren der mathematischen Wissenschaften, Bd. XLVIII), 1. Aufl. Berlin: Springer 1937.

(**) LEWY, H.: Über die Methode der Differenzengleichungen. Math. Ann. **98**, 107—124 (1928).

Diese Arbeit löste eine Reihe von weiteren Abhandlungen aus, z.B.:

McSHANE, E. J.: Some existence theorems in the calculus of variations. Trans. Amer. Math. Soc. **44**, 429—453 (1938).

Ferner vgl. auch

KANTOROWITSCH, L. W., u. W. I. KRYLOW: Näherungsmethoden der höheren Analysis. Berlin: VEB Deutscher Verlag der Wissenschaften 1956

und die dort angegebene Literatur.

(***) Dazu ist vor allem zu bemerken, daß wir bei der Herleitung der Euler-Lagrangeschen bzw. der Du Bois Reymondschen Gleichung die *wesentliche* Voraussetzung gemacht haben, daß die Lösung in einem *offenen Bereich* liegt. D. h. wir haben weder für den Wertverlauf der Lösung noch ihrer Ableitungen Schranken vorgegeben. Wir konnten so stets die Voraussetzung machen, daß die Lösung so in eine Schar von Vergleichskurven einbettbar ist, daß sie — ausgenommen allenfalls Anfangs- und Endpunkt — nirgends am Rand des von der Schar eingenommenen Bereichs liegt.

Läßt man diese Voraussetzung fallen, d. h. ist der Bereich für die Lösung zumindest teilweise *abgeschlossen*, dann kann die Lösungskurve auch zum Teil längs der Berandung verlaufen. Längs dieses Teils erfüllt die Lösung anstelle der Lagrangeschen bzw. Du Bois Reymondschen Gleichung nur entsprechende Ungleichungen. Vgl. hierzu etwa die ausführliche Darstellung bei

BOLZA, O.: Vorlesungen über Variationsrechnung. B. G. Teubner, Leipzig, 1909, S. 392ff.

Dieses Verhalten ist analog zu dem etwa einer monotonen differenzierbaren Funktion einer Veränderlichen in einem abgeschlossenen Intervall. In den Endpunkten des Intervalls, in denen die Funktion ihre Extremalwerte annimmt, existieren nur die rechts- bzw. linksseitigen Ableitungen der Funktion, die dort wegen der vorausgesetzten Monotonie nicht verschwinden.

Bei Extremalaufgaben, bei denen die Lösung den einschränkenden Bedingungen (7) und (8) genügen soll, kann die das Extremum liefernde Lösung — je nach den Randbedingungen — teilweise oder zur Gänze durch das Gleichheitszeichen in diesen Bedingungen gekennzeichnet sein, ohne dann Extremale zu sein bzw. der Du Bois Reymondschen Gleichung zu genügen.

(+) MAXWELL, J. CL.: On a problem in the calculus of variations in which the solution is discontinous. Proc. Cambridge Phil. Soc. **2**, 294—295 (1876).

(°) CARATHÉODORY, C., anläßlich der Besprechung von A. R. FORSYTH'S: Calculus of variations, in: Math. Gazette **16**, 310—311 (1928/29). Vgl. auch

CARATHÉODORY, C.: Ges. Math. Schriften, Bd. V, S. 345—349. München: Becksche Verlagsbuchhandlung 1957.

(°°) Die Fig. 56 wurde dem Werk: SZABÓ, I.: Höhere Technische Mechanik, Berlin: Springer 1956, S. 347, entnommen. Vgl. im übrigen auch:

HAAR, A., u. TH. v. KÁRMÀN: Zur Theorie der Spannungszustände in plastischen und sandartigen Medien. Göttinger Nachr., math.-phys. Kl. 1909, S. 204—218.

[1, § 4]

(*) HAMEL, G.: Über die erzwungene Schwingung bei endlichen Amplituden. Math. Ann. **86**, 1–13 (1922).

(**) DUFFING, G.: Erzwungene Schwingungen bei veränderlicher Eigenfrequenz und ihre technische Bedeutung. Braunschweig: Vieweg 1918.

[2, § 1]

(*) RITZ, W.: Über eine neue Methode zur Lösung gewisser Variationsprobleme der mathematischen Physik. J. reine angew. Math. **135**, 1—61 (1908).

Vgl. ferner auch:

— Über eine neue Methode zur Lösung gewisser Randwertaufgaben. Göttinger Nachr., math.-phys. Kl. 1908, S. 236—248.

— Theorie der Transversalschwingungen. Ann. d. Phys., IV. F. **28**, 737ff. (1909).

PLANCHEREL, M.: Sur la methode d'intégration de RITZ. Bull. Sci. Math. (Darboux), Sér. II **47**, 376–383, 397–412 (1923) und **48**, 12–48, 58–80, 93–109 (1924).

(**) Wir erwähnen insbesondere:

HOHENEMSER, K.: Die Methoden zur angenäherten Lösung von Eigenwertproblemen in der Elastokinetik. In: Ergebnisse der Mathematik und ihrer Grenzgebiete, Bd. I, H. 4. Berlin: Springer 1932.

(***) TREFFTZ, E.: Die Bestimmung der Knicklast gedrückter, rechteckiger Platten. Z. angew. Math. Mech. **15**, 339ff. (1935); **16**, 64ff. (1936).

WEINSTEIN, A.: On the symmetries of the solutions of certain variational problems. Proc. Cambridge Phil. Soc. **32**, Part. 1, 96—101.

(°) Vgl. insbesondere:

COLLATZ, L.: Eigenwertaufgaben mit technischen Anwendungen. Leipzig: B. G. Teubner 1949.

[2, § 2]

(*) Für die erste der hier in Frage stehenden Abhandlungen vgl.

IGLISCH, R.: Zur Theorie der Schwingungen. Mh. Math. Phys. **37**, 325—342 (1930).

[2, § 3]

(*) Vgl. z.B.:

COLLATZ, L.: Eigenwertaufgaben mit technischen Anwendungen. Leipzig: B. G. Teubner 1949.

(**) HILBERT, D., u. R. COURANT: Methoden der mathematischen Physik, Bd. I, Reihe „Grundlehren der mathematischen Wissenschaften", Bd. XII, 1. Aufl. Berlin: Springer 1924.

(***) STRUTT, J. W., Lord RAYLEIGH: Die Theorie des Schalles, Bd. I. Übersetzt von Dr. F. NEESEN. Braunschweig: F. Vieweg & Sohn 1880.

(°) FUNK, P.: Bemerkungen zur praktischen Berechnung des kleinsten Eigenwertes. HDI-Mitt. des Hauptvereines deutscher Ingenieure in der Tschechoslowakischen Republik 1931, H. 21/22.

In dieser Arbeit werden auch obere und untere Schranken für den kleinsten Eigenwert der schwingenden elliptischen Membran in Abhängigkeit von der Exzentrizität abgeleitet.

Im Anschluß daran sei auf die Methode von R. GRAMMEL hingewiesen. Um kurz deren Grundgedanken zu skizzieren, bemerken wir: Die Methode des schwach-variablen Quotienten für den ersten Eigenwert (vgl. Kapitel II, 2, § 6, S. 192) kann man mit der Methode des Rayleighschen Quotienten so in Verbindung bringen, daß man Zähler und Nenner des schwach-variablen Quotienten mit dem Nenner multipliziert und hierauf Zähler und Nenner integriert. Bei GRAMMEL wird hingegen Zähler und Nenner des schwach variablen Quotienten mit dem Zähler multipliziert und hierauf integriert. Bei der Grammelschen Methode ist der Näherungswert für den Eigenwert bei der gleichen Anzahl von Näherungsschritten schlechter als bei RAYLEIGH, aber die Ermittlung erfordert oft eine viel geringere Rechenarbeit. Vgl.

BIEZENO-GRAMMEL: Technische Dynamik. Berlin: Springer 1939.

GRAMMEL, R.: Über die Lösung technischer Eigenwertprobleme. Forsch.-H. a. d. Gebiet d. Stahlbaues, H. 6, Berlin 1943.

(°°) FUNK, P., u. W. GLASER: Die Berechnung elektronenoptischer Konstanten als Eigenwertproblem. Z. Physik **102**, 603—610 (1936).

[2, § 4]

(*) HILBERT, D., u. R. COURANT: Methoden der mathematischen Physik, Bd. I, Reihe „Grundlehren der mathematischen Wissenschaften", Bd. XII, 1. Aufl. Berlin: Springer 1924.

(**) COURANT, R.: Über die Eigenwerte bei den Differentialgleichungen der mathematischen Physik. Math. Z. **7**, 1—57 (1920).

[2, § 5]

(*) SCHAEFER, H.: Angenäherte Berechnung des kleinsten Eigenwertes zusammengesetzter Systeme. Z. angew. Math. Mech. **14**, 367 (1934).

Zu Kapitel VIII

[§ 1]

(*) FRIEDRICHS, K.: Ein Verfahren der Variationsrechnung das Minimum eines Integrals als das Maximum eines anderen Ausdrucks darzustellen. Göttinger Nachr. 1929, S. 13—20.

(**) PRANGE, G.: Die Variations- und Minimalprinzipe der Statik der Baukonstruktionen. (Ungedruckte Habilitationsschrift, TH Hannover 1916.)

(***) Vgl.: HADAMARD, J.: Leçons sur le calcul des variations, S. 196ff. Paris: Hermann et fils 1910.

[§ 2]

(*) Vgl. COURANT, R., u. D. HILBERT: Methoden der mathematischen Physik, Bd. 1, Reihe „Grundlehren der mathematischen Wissenschaften", Bd. XII, 2. Aufl. Berlin: Springer 1931.

[§ 3]

(*) SCHAEFER, H.: Transformationen der Variationsrechnung und ihre Anwendungen auf technische Eigenwertprobleme. Z. angew. Math. Mech. **29**, 25—27 (1949).

— Über Anwendungen der Variationsrechnung auf technische Eigenwertprobleme. Abh. Braunschweig. Wiss. Ges. **4**, 166—175 (1952).

Vgl. ferner auch:

HÖLDER, E.: Entwicklungssätze aus der Theorie der zweiten Variation. Allgemeine Randbedingungen. Acta math. **70**, 193—242 (1939).

— Reihenentwicklungen aus der Theorie der zweiten Variation. Abh. Math. Sem. Hansische Univ. (Hamburg) **13**, 273—283 (1939).

— Stabknickung als funktionale Verzweigung und Eigenwertproblem. Jb. dtsch. Luftf.-Forsch. 1940, S. 1799—1819.

Ein Hauptziel der Hölderschen Arbeiten war es, für Reihenentwicklungen nach Eigenfunktionen bei Eigenwertproblemen die Voraussetzungen über Differenzierbarkeit der zu entwickelnden Funktionen zu lindern. Dabei werden systematisch die Differentialgleichungen in Integralgleichungen umgewandelt.

(**) GÜNTHER, W.: Die Biegung kreissymmetrischer Ringplatten veränderlicher Dicke als Problem der Variationsrechnung. Diss. Braunschweig 1946.

— Ein Iterationsverfahren zur gleichzeitigen Berechnung der Beanspruchungsgrößen und der Durchbiegung einer kreissymmetrischen Ringplatte. Abh. Braunschweig. Wiss. Ges. **4**, 94—106 (1952).

[§ 5]

(*) Vgl. HAMEL, G.: Theoretische Mechanik. Grundlehren der mathematischen Wissenschaften, Bd. LVII, Kap. VII, § 9, Die Minimalprinzipe der Elastizitätstheorie, S. 368ff. Berlin: Springer 1949.

(**) KLEIN, F., u. K. WIEGHARDT: Über Spannungsflächen und reziproke Diagramme mit besonderer Berücksichtigung der Arbeiten MAXWELL's. Arch. Math. u. Phys. **3**, 8.

Vgl. ferner auch:

FUNK, P.: Über eine geometrische Auffassung bei Aufgaben über Fachwerke. Sitzgsber. Akad. Wiss. Wien, math.-naturw. Kl., Abt. IIa **127**, 1—24 (1918).

— Die linearen Differenzengleichungen und ihre Anwendung in der Theorie der Baukonstruktionen. Berlin: Springer 1920.

GAUSTER, W.: Bemerkungen zum elastischen Spannungszustand. Z. angew. Math. Mech. **5**, 519—521 (1925).

(***) KRÖNER, E.: Kontinuumstheorie der Versetzungen und Eigenspannungen. Ergebnisse der angewandten Mathematik, Bd. V. Berlin: Springer 1958.

Vgl. ferner:

— Allgemeine Kontinuumstheorie der Versetzungen und Eigenspannungen. Arch. Rat. Mech. Anal. **4**, 273ff. (1960).

(°) RIEDER, G.: Topologische Fragen in der Theorie der Spannungsfunktionen. Abh. Braunschweig. Wiss. Ges. **12**, 4—65 (1960).

Aus der sonstigen überaus reichhaltigen einschlägigen Literatur zitieren wir hier nur die Arbeiten, die sich vorwiegend auf die klassische Elastizitätstheorie beziehen.

FINZI, B.: Integratione delle equatione indefinita della meccanica dei systemi continui. Atti Accad. Naz. Lincei; Rend., Cl. Sci. Fis. Mat. Natur., VI. s. **19**, 578—584 (1934).

GÜNTHER, W.: Spannungsfunktionen und Verträglichkeitsbedingungen der Kontinuumsmechanik. Abh. Braunschweig. Wiss. Ges. **6**, 207 (1954).

— Zur Statik und Kinematik des Cosseratschen Kontinuums. Abh. Braunschweig. Wiss. Ges. **10**, 195 (1958).

Marguerre, K.: Ansätze zur Lösung der Grundgleichungen der Elastizitätstheorie. Z. angew. Math. Mech. **35**, 242 (1955).

Nemenyi, P.: Selbstspannungen elastischer Gebilde. Z. angew. Math. Mech. **11**, 59—70 (1931).

Peretti, G.: Significato del tensore arbitrario che intervienne nell'integrale generale delle equazione della statica dei continui. Atti Sem. Mat. Fis. Univ. Modena **3**, 77 (1949).

Prager, W.: On plane elastic strain in doubly-connected domains. Quart. Appl. Math. **3**, 377ff. (1945).

Schaefer, H.: Die Spannungsfunktionen des dreidimensionalen Kontinuums und des elastischen Körpers. Z. angew. Math. Mech. **33**, 356ff. (1953).

— Die Spannungsfunktionen einer Dyname. Abh. Braunschweig. Wiss. Ges. **7**, 106ff. (1955).

— Die vollständige Analogie Scheibe-Platte. Abh. Braunschweig. Wiss. Ges. **8**, 142ff. (1956).

— Die drei Spannungsfunktionen des zweidimensionalen ebenen Kontinuums. Öst. Ing.-Arch. **10**, 267ff. (1956).

— Die Spannungsfunktionen des dreidimensionalen Kontinuums; statische Deutung und Randwerte. Ing.-Arch. **28**, 291 (1959).

Volterra, V.: Sur l'équilibre des corps élastiques multiplement connexes. Ann. Ec. Norm. Sup. (3) **24**, 401ff. (1907).

(°°) Bei dem im Text verwendeten, in der Literatur über Vektoranalysis gebräuchlichen symbolischen dyadischen Produkt:

$$\mathfrak{a}; \nabla$$

ist zu beachten, daß der Operator ∇ hier auf das vor ihm stehende Funktionssymbol wirkt. Diese Schreibweise, wonach gelegentlich Operatoren auf Funktionen wirken, die vor ihnen stehen, findet sich u.a. auch bei

Lagally, M.: Vorlesungen über Vektorrechnung, 5. Aufl., bearbeitet von W. Franz. Leipzig: Akadem. Verlagsgesellschaft 1956.

Diese Wirkung des Operators ∇ wird gelegentlich auch durch einen über ihn gesetzten, nach links weisenden Pfeil besonders hervorgehoben. Da im Text die Bedeutung der Operation in der eindeutigen Tensorschreibweise angegeben ist, konnte auf solche zusätzlichen Symbole verzichtet werden.

(°°°) Die Formel für Ink T läßt sich im Matrizenkalkül wie folgt schreiben:

$$\begin{pmatrix} 0, & \nabla_3, & -\nabla_2 \\ -\nabla_3, & 0, & \nabla_1 \\ \nabla_2, & -\nabla_1, & 0 \end{pmatrix} \begin{pmatrix} T_{11}, & T_{12}, & T_{13} \\ T_{21}, & T_{22}, & T_{23} \\ T_{31}, & T_{32}, & T_{33} \end{pmatrix} \begin{pmatrix} 0, & -\nabla_3, & \nabla_2 \\ \nabla_3, & 0, & -\nabla_1 \\ -\nabla_2, & \nabla_1, & 0 \end{pmatrix}$$

bzw., wenn wir die Elemente der Operatormatrix mit D_{il} bezeichnen und das transponierte Element mit $D'_{il} = D_{li}$:

$$(D_{il})\,(T_{ls})\,(D'_{sk}).$$

[Der Matrix (D_{il}) entspricht also im Text der Operator $\nabla\times$.]

Da diese Formel von grundlegender Bedeutung ist und da wir in Kapitel VI, 2 die Theorie der alternierenden Differentialformen behandelt haben, erscheint es mir angebracht zu zeigen, wie man durch Ausnützung dieses Kalküls auf systematischem Weg zu dieser Formel gelangt.

Im folgenden werden wir häufig das Zeichen $\therefore$ verwenden, um anzudeuten, daß zu dem angegebenen Ausdruck noch zwei weitere Ausdrücke hinzuzufügen sind, die durch zyklische Vertauschung der Indices 1, 2, 3 entstehen.

Die Grundgesetze der Statik verlangen, daß — bei Abwesenheit von Massenkräften — auf der Oberfläche jedes beliebigen Teiles des im Gleichgewicht stehenden Kontinuums die Gesamtheit der Kräfte und die Gesamtheit der Momente verschwindet. Hieraus folgt für die Spannungen σ_{ik}, daß folgende sechs äußere Differentialformen:

$$\boldsymbol{\Omega}_i^K = \sigma_{1i}\, dx_2 \wedge dx_3 + \therefore \qquad (i = 1, 2, 3) \tag{I}$$

$$\left.\begin{aligned} \boldsymbol{\Omega}_1^M &= x_2 \boldsymbol{\Omega}_3^K - x_3 \boldsymbol{\Omega}_2^K \\ &\therefore \end{aligned}\right\} \tag{II}$$

äußere geschlossene Differentialformen sein müssen. Hieraus ergibt sich unmittelbar aus (I):

$$d\boldsymbol{\Omega}_i^K = \frac{\partial \sigma_{ki}}{\partial x_k}\, dx_1 \wedge dx_2 \wedge dx_3 = 0 \qquad (i = 1, 2, 3) \tag{1}$$

also:

$$\frac{\partial \sigma_{ki}}{\partial x_k} = 0 \qquad (i = 1, 2, 3). \tag{2}$$

Aus (II) folgt mit Rücksicht auf (I) und (1):

$$\left.\begin{aligned} d\boldsymbol{\Omega}_1^M &= (\sigma_{23} - \sigma_{32})\, dx_1 \wedge dx_2 \wedge dx_3 \\ &\therefore \end{aligned}\right\} \tag{3}$$

also:

$$\sigma_{ik} = \sigma_{ki}. \tag{4}$$

Nach dem Satz von Poincaré können wir setzen:

$$\boldsymbol{\Omega}_i^K = d\boldsymbol{\Pi}_i^K, \tag{5}$$

wobei:

$$\boldsymbol{\Pi}_i^K = S_{ki}\, dx_k. \tag{6}$$

Dementsprechend erhalten wir für die zu den alternierenden Produkten in (I) und (5) zugehörige Matrix der Koeffizienten:

$$(\sigma_{ik}) = -(D_{il})(S_{lk}). \tag{7}$$

Für (II) ergibt sich mit (5):

$$\left.\begin{aligned} \boldsymbol{\Omega}_1^M &= x_2\, d\boldsymbol{\Pi}_3^K - x_3\, d\boldsymbol{\Pi}_2^K = d(x_2 \boldsymbol{\Pi}_3^K - x_3 \boldsymbol{\Pi}_2^K) - (dx_2 \wedge \boldsymbol{\Pi}_3^K - dx_3 \wedge \boldsymbol{\Pi}_2^K) \\ &\therefore \end{aligned}\right\} \tag{8}$$

Hieraus schließen wir, daß der letzte hier auftretende Term:

$$\left.\begin{aligned} \boldsymbol{\Omega}_1^\Phi &= dx_2 \wedge \boldsymbol{\Pi}_3^K - dx_3 \wedge \boldsymbol{\Pi}_2^K \\ &\therefore \end{aligned}\right\} \tag{9}$$

ebenfalls eine geschlossene Differentialform sein muß und setzen dementsprechend:

$$\left.\begin{aligned} \boldsymbol{\Omega}_1^\Phi &= d\boldsymbol{\Pi}_1^\Phi \\ &\therefore \end{aligned}\right\} \tag{10}$$

mit:

$$\left.\begin{aligned} \boldsymbol{\Pi}_1^\Phi &= \Phi_{1s}\, dx_s \\ &\therefore \end{aligned}\right\} \tag{11}$$

Nun ist einerseits:

$$\Omega_1^\Phi = dx_2 \wedge (S_{13}\,dx_1 + S_{23}\,dx_2 + S_{23}\,dx_3) - dx_3 \wedge (S_{12}\,dx_1 + S_{22}\,dx_2 + S_{32}\,dx_3)$$
$$= - S_{13}\,dx_1 \wedge dx_2 - S_{12}\,dx_3 \wedge dx_1 + (S_{22} + S_{33})\,dx_2 \wedge dx_3$$
$$\therefore$$

also:

$$\left.\begin{aligned} \Omega_1^\Phi &= (Sp\,S - S_{11})\,dx_2 \wedge dx_3 - S_{12}\,dx_3 \wedge dx_2 - S_{13}\,dx_1 \wedge dx_2 \\ &\therefore \end{aligned}\right\} \tag{12}$$

mit

$$Sp\,S = S_{11} + S_{22} + S_{33}.$$

Andererseits ist:

$$\left.\begin{aligned} d\Pi_1^\Phi &= \left(\frac{\partial \Phi_{13}}{\partial x_2} - \frac{\partial \Phi_{12}}{\partial x_3}\right) dx_2 \wedge dx_3 + \left(\frac{\partial \Phi_{11}}{\partial x_3} - \frac{\partial \Phi_{13}}{\partial x_1}\right) dx_3 \wedge dx_1 + \\ &+ \left(\frac{\partial \Phi_{12}}{\partial x_1} - \frac{\partial \Phi_{11}}{\partial x_2}\right) dx_1 \wedge dx_2 \\ &\therefore \end{aligned}\right\} \tag{13}$$

Die zu den $d\Pi_i^\Phi$ zugehörige Matrix der Koeffizienten der äußeren Produkte hat also die Form

$$-(\Phi_{il})\,(D'_{lk}). \tag{14}$$

Durch Koeffizientenvergleich von (12) mit (13) ergibt sich, daß die Matrix (14) gleich ist der Matrix

$$(Sp\,S \cdot \delta_{ik} - S_{ik}), \tag{15}$$

wobei δ_{ik} das Kroneckersche Symbol ist. Somit ist aber die Spur der Matrix (14) gleich

$$\left(\frac{\partial \Phi_{13}}{\partial x_2} - \frac{\partial \Phi_{12}}{\partial x_3}\right) + \therefore - 2\,Sp\,S. \tag{16}$$

Aus:

$$(S_{ik}) = (\Phi_{il})\,(D'_{lk}) + Sp\,S\,(\delta_{ik})$$

folgt:

$$(\sigma_{ik}) = -(D_{il})\,(\Phi_{ls})\,(D'_{sk}) - (D_{il}) \cdot Sp\,S\,(\delta_{lk}). \tag{17}$$

Auf der linken Seite der Gleichung (17) steht ein symmetrischer Tensor. Soll auch die rechte Seite einen symmetrischen Tensor darstellen, so kann man diese Forderung in einfachster Weise dadurch erfüllen, daß man annimmt,

$$\Phi_{ik} = \Phi_{ki}. \tag{18}$$

Damit ergibt sich aus (16):

$$Sp\,S = 0$$

und daher aus (17):

$$(\sigma_{ik}) = -(D_{il})\,(\Phi_{ls})\,(D'_{sk}). \tag{19}$$

Für die Elastizitätstheorie ist die Annahme (18) nicht bloß hinreichend, sondern man kann auch noch die im Text etwas später erwähnten Zusatzannahmen, die den Maxwellschen bzw. Moreraschen Tensor ergeben, machen. Vergleiche:

SOUTHWELL, R. V.: Castiglianos principle of minimum strain energy and the condition of compability of strain. St. Timoshenko 60th Anniversery. New York: Macmillan Comp. 1938.

Mit dieser Zusatzforderung (18) entspricht (19) mit $-\Phi_{ik} = F_{ik}$ der im Text [Gleichung (70)] angegebenen Formel

$$\sigma = \text{Ink}\, F.$$

Bemerkt sei aber, wie auch im Text erwähnt wurde, daß in der neuen Festkörpertheorie, insbesondere in der genannten Arbeit von KRÖNER, die Operation Ink F auch für Tensoren erklärt und angewendet wird, bei denen $F_{ik} \neq F_{ki}$ ist.

Aus (5) und (6) folgt:

$$\Omega_i^K = d\Pi_i^K = d(S_{ik}\, d x_k).$$

Aus (8), (9) und (10) folgt:

$$\Omega_1^M = d\,(x_2 \Pi_3^K - x_3 \Pi_2^K) - d\Pi_1^\Phi$$

$$\therefore$$

Für ein Stück der Oberfläche Σ eines beliebigen Teiles des im Gleichgewicht stehenden Kontinuums, das von der Randkurve R begrenzt ist, folgt somit aus dem Satz von STOKES, daß wir die resultierende Kraft und das resultierende Moment der auf die Oberfläche Σ wirkenden Kräfte durch Linienintegrale über R ausdrücken können:

$$\iint_\Sigma \Omega_i^K = \int_R \Pi_i^K \qquad (i = 1, 2, 3),$$

$$\left\{ \begin{array}{l} \iint_\Sigma \Omega_1^M = \int_R (x_2 \Pi_3^K - x_3 \Pi_2^K) - \int_R \Pi_1^\Phi \\ \therefore \end{array} \right.$$

Diese Formeln ermöglichen leicht den Grenzübergang von kontinuierlich verteilten Kräften zu Einzelkräften bzw. zu an einzelnen Stellen einwirkenden Momenten. Sie sind daher bei verschiedenen Aufgaben der Elastostatik von besonderer Bedeutung. Dies kommt insbesondere in den in den anderen Anmerkungen genannten Arbeiten von H. SCHAEFER zum Ausdruck.

Daß der in (II) formulierte Satz (Analogon des Flächensatzes der Punktmechanik) ausdrücklich bei der Grundlegung der Mechanik der Kontinua als ein Axiom ausgesprochen werden muß, hat zuerst L. BOLTZMANN erkannt. Vgl.:

BOLTZMANN, L.: Populäre Schriften, 1. Aufl. 1905, 2. unveränd. Aufl. 1919. Leipzig: Johann Ambrosius Barth. S. 2955ff.

Ferner:

HAMEL, G.: Elementare Mechanik, 1. Aufl. Leipzig: B. G. Teubner 1912.
— Theoretische Mechanik. In: Grundlehren der mathematischen Wissenschaften, Bd. LXII. Berlin: Springer 1949.
— Axiome der Mechanik. In: Handbuch der Physik, von GEIGER und SCHEEL, Bd. V. Berlin: Springer 1927.
MISES, R. v.: Anwendung der Motorrechnung. Z. angew. Math. Mech. **4** (1924).

Man pflegt heute sowohl in der neueren Festkörpertheorie als auch bei gewissen Modellen (SCHAEFERS Krustenschale), die man für den Aufbau der gewöhnlichen Elastizitätstheorie heranzieht, d.h. überall dort wo eine über den Geltungsbereich des Boltzmannschen Axioms hinausgehenden Kontinuumsmechanik entwickelt wird, von einem „Cosseratschen Kontinuum" zu sprechen. Vgl.:

COSSERAT, E. u. F.: Theorie des corps déformables. Paris: Hermann et fils 1909. Siehe insbes. S. 174ff.

Sowohl L. BOLTZMANN wie E. u. F. COSSERAT waren von der „gyroskopischen Äthertheorie" von Lord KELVIN beeinflußt.

(+) TRUESDELL, C.: Invariant and complete stress function for general continua. Arch. Rat. Mech. Anal. **4**, 1ff. (1960).

(++) Vgl. z.B. SCHAEFER, H.: Spannungsfunktionen des dreidimensionalen Kontinuums; statistische Deutung und Randwerte. Ing.-Arch. **28**, 291—306 (1959).

(+++) GREEN, A. E., and W. ZERNA: Theoretical elasticity. Oxford: Clarendon Press 1954.

(×) REISSNER, E.: On a variational theorem in elasticity. J. Math. and Phys. **29**, 90—95 (1950).

[§ 6]

(*) WEBER, C.: Bestimmung des Steifigkeitswertes von Körpern durch zwei Näherungsverfahren. Z. angew. Math. Mech. **11**, 244—245 (1931).

Zu Kapitel IX

[§ 1]

(*) Siehe insbesondere die Abhandlungen des ARCHIMEDES in „ARCHIMEDES Werke" von Sir THOMAS HEATH, deutsch herausgeg. von FRITZ KLIEM, Berlin 1914, vor allem die Abhandlung „Die Sandrechnung" und die höchst eigenartige Begründung der Hydrostatik in „Über schwimmende Körper".

(**) RIEMANN, B.: Über die Hypothesen, welche der Geometrie zugrunde liegen. Neu herausgeg. und erläutert von H. WEYL. Berlin: Springer 1919.

(***) Ja, noch mehr. In der einheitlichen Feldtheorie muß Finslersche Geometrie verwendet werden. Vgl. etwa:

TONNELAT, M. A.: „La théorie du champs unifié d'Einstein et quelques des ses dévelopments". Paris: Gauthier-Villars 1955, S. 5.

(+) Die Zitate sind den S. 12 und 19/20 des in (**) genannten Werkes entnommen.

(°) Vgl. auch

KOSCHMIEDER, L.: Die neuere formale Variationsrechnung. Jber. dtsch. Math.-Ver. **40**, 109—132 (1931).

(°°) RUND, H.: The differential geometry of Finsler spaces. In: Grundlehren der mathematischen Wissenschaften, Bd. 101. Berlin-Göttingen-Heidelberg: Springer 1959.

Für die Arbeiten der im folgenden genannten Autoren darf auf die diesem Werk beigegebene reichhaltige Bibliographie verwiesen werden.

(°°°) PICK, G.: Natürliche Geometrie ebener Transformationsgruppen. Sitzgsber. Wien. Akad. **115**, IIa, 130ff. (1906).

[§ 2]

(*) Die hiemit gegebene Kennzeichnung der Riemannschen Geometrie mag vielleicht auch einen Hinweis für Versuche zur Klärung der Bedeutung der Riemannschen Metrik in der Physik beinhalten. Man vergleiche zu der hier vorliegenden Problemstellung:

WEIZSÄCKER, F. C. v.: Einige Fragen über die Rolle der pythagoreischen Metrik in der Physik. Z. Naturforsch. **7a**, 141 (1952).

LAUGWITZ, D.: Zur Rolle der pythagoreischen Metrik in der Physik. Z. Naturforsch. **9a**, 827—832 (1954).

Von den Forderungen, auf die LAUGWITZ die Riemannsche Metrik gegründet wissen will, heben wir insbesondere sein Isotropiepostulat hervor: „alle Richtungen sind geometrisch gleichwertig". Vom Standpunkt der Finslerschen Geometrie heißt dies: Man fordert zunächst $\mathcal{J} = \text{const}$. Wegen Gleichung (17) muß aber die Konstante Null sein, wenn die Indikatrix eine geschlossene Kurve sein soll.

[§ 4]

(*) Wir verweisen auf die Winkeldefinition, die P. FINSLER selbst in seiner in § 1 angeführten Dissertation gegeben hat, die als natürliche Verallgemeinerung der auf Längenmessung zurückgeführten Winkelmessungen in der elementaren Trigonometrie aufgefaßt werden kann. Ferner auf den in meiner Arbeit:

FUNK, P.: Beiträge zur zweidimensionalen Finslerschen Geometrie. Mh. Math. Wien **52**, 194—216 (1948),

angegebenen Winkelbegriff von CARATHÉODORY.

[§ 8]

(*) Vgl. z.B.

HILBERT, D., u. S. COHN-VOSSEN: Anschauliche Geometrie. In: Grundlehren der mathematischen Wissenschaften, Bd. 37, S. 86. Berlin: Springer 1932.

(**) Weitere geometrische Deutungen des Krümmungsmaßes vgl.:

BERWALD, L.: Über Finslersche und Cartansche Geometrie. I. Geometrische Erklärungen der Krümmung und des Hauptskalars eines zweidimensionalen Finslerschen Raumes. Mathematica, Vol. XVII, S. 34—58. Timişoara 1941.

DUSCHEK, A., u. W. MAYER: Zur geometrischen Variationsrechnung; zweite Mitteilung: Über die zweite Variation des eindimensionalen Problems. Mh. Math. Phys. **40**, 294—308 (1933).

FUNK, P.: Über zweidimensionale Finslersche Räume, insbesondere über solche mit geradlinigen Extremalen und positiver konstanter Krümmung. Math. Z. **40**, 586—593 (1935).

Vgl. ferner:

BERWALD, L.: On the projective geometry of path. Ann. of Math. **37**, 879—898 (1936).

— Über Systeme von gewöhnlichen Differentialgleichungen zweiter Ordnung, deren Integralkurven mit dem System der geraden Linien topologisch äquivalent sind. Ann. of Math. **48**, 193—215 (1947).

Diese letzten beiden Arbeiten geben auch einen übersichtlichen Einblick und Angaben über die hierher gehörenden Arbeiten über die Wegegeometrie (O. VEBLEN, T. Y. THOMAS, J. DOUGLAS, H. WEYL, M. S. KNEBELMAN, A. WINTERNITZ, D. D. KOSAMBI, J. H. C. WHITEHEAD, E. BORTOLOTTI, V. HLAVATY u.a.).

[§ 9]

(*) BERWALD, L.: On Finsler and Cartan geometries III. Two dimensional Finsler spaces with rectilinear extremals. Ann. of Math. **42**, 84—112 (1941).

FUNK, P.: Beiträge zur zweidimensionalen Finslerschen Geometrie. Mh. Math. **52**, 194—216 (1948).

(**) Im vorliegenden Fall kann die Jacobische Identität einfach als formale Rechenvorschrift entsprechend der angeschriebenen Formel aufgefaßt werden, deren Richtigkeit sich unmittelbar daraus ergibt, daß jedes Glied doppelt — und zwar einmal mit positivem und einmal mit negativem Vorzeichen versehen — auftritt.

Die Jacobische Identität, deren Spezialfall die von uns verwendete Formel darstellt, spielt in der Theorie der kontinuierlichen Gruppen eine hervorragende Rolle (vgl. insbesondere S. Lie u. F. Engel: Theorie der Transformationsgruppen, Bd. I, II, III. Leipzig: B. G. Teubner, 1. Aufl. 1888—1893, 2. Aufl. 1930), worauf wir hier jedoch nicht näher eingehen können.

[§ 10]

(*) Radon, J.: Über eine besondere Art ebener konvexer Kurven. Leipziger Ber. **68**, 123—128 (1916).

(**) Blaschke, W.: Räumliche Variationsprobleme mit symmetrischer Transversalitätsbedingung. Ber. d. math.-phys. Kl. d. sächs. Ges. Wiss. Leipzig **68**, 50—55 (1916).

— Über affine Geometrie. XXVIII. Bestimmung aller Flächen, die von den umschriebenen Zylindern längs ebener Kurven berührt werden. Math. Z. **8**, 115—122 (1920).

[§ 11]

(*) Berwald, L.: Über zweidimensionale allgemeine metrische Räume. II. J. reine angew. Math. **156**, 211—222 (1927).

Duschek, A.: Zur geometrischen Variationsrechnung. III. Das Variationsproblem der F_m im Riemannschen R_n und eine Verallgemeinerung des Gauß-Bonnetschen Satzes. Math. Z. **40**, 279—291 (1935).

(**) Hilbert, D.: Mathematische Probleme. Göttinger Nachr. 1900, S. 253—297 (Ges. Abhandl., Bd. III, S. 290—325. Berlin: Springer 1935) [4. Problem von der Geraden als kürzester Verbindung zweier Punkte].

Hamel, G.: Über Geometrien, in denen Geraden die kürzesten sind. Diss. Göttingen 1901 und Math. Ann. **57** (1903);

Vgl. auch Kap. I, 3, § 3, 3.

(***) Funk, P.: Über Geometrien, bei denen die Geraden die kürzesten sind. Math. Ann. **101**, 226—237 (1929).

— Über Geometrien, bei denen die Geraden die kürzesten Linien sind und die Äquidistanten zu einer Geraden wieder Gerade sind. Mh. Math. Phys. **37**, 153—158 (1930).

— Über zweidimensionale Finslersche Räume, insbesondere über solche mit geradlinigen Extremalen und positiver konstanter Krümmung. Math. Z. **40**, 586—593 (1935).

— Über Geometrien, vom Krümmungsmaß Null mit geradlinigen Extremalen. Anz. math.-naturw. Kl. Öst. Akad. Wiss. **1953**, Nr. 11, 206—209.

— Eine Kennzeichnung der zweidimensionalen elliptischen Geometrie. Sitz. Ber. d. Österr. Akademie d. Wissenschaften, Mathem.-naturw. Klasse, Abt. II, **172** 251—269 (1963).

Berwald, L.: Über die n-dimensionalen Geometrien konstanter Krümmung, in denen die Geraden die kürzesten sind. Math. Z. **30**, 449—469 (1929).

— Über eine charakteristische Eigenschaft der allgemeinen Räume konstanter Krümmung mit geradlinigen Extremalen. Mh. Math. Phys. **36**, 315—330 (1929).

— On Finsler and Cartan geometries III. Two dimensional Finsler spaces with rectilinear extremals. Ann. of Math. **42**, 84—112 (1941).

— Über Finslersche und Cartansche Geometrie IV. (Nachgelassene Arbeit.) Ann. Math. **48**, 755—781 (1947).

Zu Kapitel X

[§ 1]

(*) Hirsch, A.: Über eine charakteristische Eigenschaft der Differentialgleichungen der Variationsrechnung. Math. Ann. **49**, 49—72 (1897).

(**) Kürschack, J.: Über eine charakteristische Eigenschaft der Differentialgleichungen der Variationsrechnung. Math. Ann. **60**, 157—165 (1905).

(***) Dedecker, P.: Sur un problème inverse du calcule des variations. Bull. Sci. Acad. roy. Belg., V. s. **36**, 63—70 (1950).

(°) Douglas, J.: Solution of the inverse problem of the calculus of variations. Trans. Amer. Math. Soc. **50**, 71—128 (1941).

(°°) Laugwitz, D.: Geometrische Behandlung eines inversen Problems der Variationsrechnung. Annales Universitatis Saraviensis. Naturwissenschaften-Sciences **2/3**, V, 235—244 (1956).

[§ 3]

(*) Nach A. E. H. Love: Lehrbuch der Elastizitätstheorie, Deutsch von A. Timpe, Leipzig: B. G. Teubner 1907, S. 488, ergab sich bei der Ermittlung von λ_1 auf Grund der ersten Glieder der Potenzreihenentwicklung $\lambda_1 \approx 7{,}91$, ein Wert, der, wie unser mit Hilfe der Methode von Rayleigh-Ritz gewonnenes Näherungsresultat zeigt, jedoch zu hoch ist.

[§ 4]

(*) Love, A. E. H.: Lehrbuch der Elastizität. Deutsch von A. Timpe, S. 545, Gl. (55). Leipzig: B. G. Teubner 1907.

Strutt, J. W., Baron Rayleigh: Die Theorie des Schalles; übersetzt von Dr. F. Neesen. Zehntes Kapitel: Schwingungen von Platten, insbes. S. 387, Gl. (3). Braunschweig: F. Vieweg & Sohn 1880.

Girkmann, K.: Flächentragwerke, 1. Aufl., S. 275, Gl. (688). Wien: Springer 1946.

(**) Bryan, H. G.: Stability of a plane plate under thrusts in its own plane. Proc. London Math. Soc. **22**, 54 ff. (1891).

Melan, E.: Über die Stabilität von Stäben, welche aus einem mit Randwinkeln verstärktem Blech bestehen. Verh. III. Intern. Kongr. für Techn. Mechanik, Stockholm 1930, Teil III, S. 59.

Bleich, F.: Theorie und Berechnung eisener Brücken. Berlin: Springer 1924.

[§ 5]

(*) Love, A. E. H.: Lehrbuch der Elastizität. Deutsch von A. Timpe. Leipzig: B. G. Teubner 1907; vgl. Historische Einleitung, S. 33 ff.

(**) Reissner, E.: The effect of transverse shear deformation on the bending of elastic plates. J. Appl. Mechanics **12**, 69—72 (1945).

— On bending of elastic plates. Quart. Appl. Math. **15**, 55—68 (1947).

Eine sehr sorgfältig durchdachte und etwas abgeänderte Darstellung der Theorie von Reissner findet sich bei

Schäfer, M.: Über eine Verfeinerung der klassischen Theorie dünner Platten. Z. angew. Math. Mech. **32**, 161—171 (1952).

REISSNER geht von Annahmen über das Verhalten der Spannungen in der Richtung senkrecht zur Plattenebene aus und benützt das Prinzip von CASTIGLIANO. Als Hilfsgröße tritt die durchschnittliche Plattenverbiegung auf, im Gegensatz zu KIRCHHOFF, wo die unmittelbar gesuchte Größe die Durchbiegung der Mittelebene (bei uns mit w bezeichnet) ist.

REISSNERS Theorie führt zwanglos und naturgemäß zu einem mathematisch bestimmten Problem mit drei statischen Randbedingungen. Die älteren Theorien von POISSON und S. GERMAINE haben ebenfalls zu drei statischen Randbedingungen geführt, doch wurde dadurch das von ihnen betrachtete System von Differentialgleichungen überbestimmt.

(***) WIEGHARDT, K.: Über ein neues Verfahren verwickelte Spannungsverteilungen in elastischen Körpern auf experimentellem Wege zu finden. Mitt. Forschungsarb. Ingenieurwes. **49** (1908).

SCHAEFER, H.: Die vollständige Analogie Scheibe-Platte. Abh. Braunschweig. Wiss. Ges. **8**, 142—150 (1956).

[§ 6]

(*) FUNK, P.: Über ein Stabilitätsproblem bei den durch Krümmung steif gemachten Meßbändern. Öst. Ing.-Arch. **5**, 387—397 (1951).

Wir stellen hier folgende Druckfehler in dieser Arbeit richtig. Auf S. 393, Zeile 11 von unten muß es heißen:

$$\varepsilon_1 = -\nu \varepsilon_2,$$

ferner auf S. 393, Zeile 2 von oben:

$$\varepsilon_x = \frac{z}{R},$$

wobei unter x und z Koordinaten in dem von TIMOSHENKO [vgl. die folgende Anmerkung (°)] verwendeten Koordinatensystem sind.

(**) Bezüglich der wahren Form des Querschnitts vgl. M. WEINEL: Z. angew. Math. Mech. **17**, 366ff. (1937).

(***) KÁRMÁN, TH. v.: Festigkeitsversuche unter allseitigem Druck. Z. VDI **55**, 1749—1758 (1911).

BRAZIER, L. G.: On the flexure of thin cylindrical shells and other "thin" sections. Proc. Roy. Soc. Lond., Ser. A **116**, 104—114 (1927).

CHWALLA, E.: Reine Biegung schlanker, dünnwandiger Rohre mit gerader Achse. Z. angew. Math. Mech. **13**, 48—53 (1933).

— Elastische Probleme schlanker, dünnwandiger Rohre mit gerader Achse. Sitzgsber. Akad. Wiss. Wien, Abt. IIa **140**, 163—198 (1931).

Die Biegung von Zylinderschalen behandelt ferner auch

WURST, W.: Einige Anwendungen der Zylinderschale. Z. angew. Math. Mech. **14** (1954).

(°) TIMOSHENKO, S.: Theory of elastic stability, S. 419ff. New York and London: McGraw Hill 1936.

(°°) FUNK, P.: Über die durch Krümmung steifgemachten Meßbänder. Z. angew. Math. Mech. **14**, 251f. (1934).

[§ 7]

(*) CARATHÉODORY, C.: Geometrische Optik. In: Ergebnisse der Mathematik und ihrer Grenzgebiete, Bd. 5, S. 70ff. Berlin: Springer 1937.

SYNGE, J. L.: The absolute optical instrument. Trans. Amer. Math. Soc. **44**, 32—46 (1938).

Namenverzeichnis

Sachverzeichnis

Die Grundlehren der mathematischen Wissenschaften in Einzeldarstellungen mit besonderer Berücksichtigung der Anwendungsgebiete

2. Knopp: Theorie und Anwendung der unendlichen Reihen. DM 48,—; US $ 13.20
3. Hurwitz: Vorlesungen über allgemeine Funktionentheorie und elliptische Funktionen. DM 49,—; US $ 13.50
4. Madelung: Die mathematischen Hilfsmittel des Physikers. DM 49,70; US $ 13.70
10. Schouten: Ricci-Calculus. DM 58,60; US $ 16.20
14. Klein: Elementarmathematik vom höheren Standpunkte aus. 1. Band: Arithmetik, Algebra, Analysis. DM 24,—; US $ 6.60
15. Klein: Elementarmathematik vom höheren Standpunkte aus. 2. Band: Geometrie. DM 24,—; US $ 6.60
16. Klein: Elementarmathematik vom höheren Standpunkte aus. 3. Band: Präzisions- und Approximationsmathematik. DM 19,80; US $ 5.50
20. Pólya/Szegö: Aufgaben und Lehrsätze aus der Analysis II: Funktionentheorie, Nullstellen, Polynome, Determinanten, Zahlentheorie. DM 38,—; US $ 10.50
22. Klein: Vorlesungen über höhere Geometrie. DM 28,—; US $ 7.70
26. Klein: Vorlesungen über nicht-euklidische Geometrie. DM 24,—; US $ 6.60
27. Hilbert/Ackermann: Grundzüge der theoretischen Logik. DM 38,—; US $ 10.50
30. Lichtenstein: Grundlagen der Hydromechanik. DM 38,—; US $ 10.50
31. Kellogg: Foundations of Potential Theory. DM 32,—; US $ 8.80
32. Reidemeister: Vorlesungen über Grundlagen der Geometrie. DM 18,—; US $ 5.00
38. Neumann: Mathematische Grundlagen der Quantenmechanik. DM 28,—; US $ 7.70
40. Hilbert/Bernays: Grundlagen der Mathematik I. DM 68,—; US $ 18.70
43. Neugebauer: Vorlesungen über Geschichte der antiken mathematischen Wissenschaften. 1. Band: Vorgriechische Mathematik. DM 48,—; US $ 13.20
50. Hilbert/Bernays: Grundlagen der Mathematik II. DM 68,—; US $ 18.70
52. Magnus/Oberhettinger/Soni: Formulas and Theorems for the Special Functions of Mathematical Physics. DM 66,—; US $ 16.50
57. Hamel: Theoretische Mechanik. DM 84,—; US $ 23.10
58. Blaschke/Reichardt: Einführung in die Differentialgeometrie. DM 24,—; US $ 6.60
59. Hasse: Vorlesungen über Zahlentheorie. DM 69,—; US $ 19.00
60. Collatz: The Numerical Treatment of Differential Equations. DM 78,—; US $ 19.50
61. Maak: Fastperiodische Funktionen. DM 38,—; US $ 10.50
62. Sauer: Anfangswertprobleme bei partiellen Differentialgleichungen. DM 41,—; US $ 11.30
64. Nevanlinna: Uniformisierung. DM 49,50; US $ 13.70
66. Bieberbach: Theorie der gewöhnlichen Differentialgleichungen. DM 58,50; US $ 16.20
68. Aumann: Reelle Funktionen. DM 68,—; US $ 18.70
69. Schmidt: Mathematische Gesetze der Logik I. DM 79,—; US $ 21.80

71. Meixner/Schäfke: Mathieusche Funktionen und Sphäroidfunktionen mit Anwendungen auf physikalische und technische Probleme. DM 52,60; US $ 14.50
73. Hermes: Einführung in die Verbandstheorie. DM 46,—; US $ 12.70
74. Boerner: Darstellungen von Gruppen. DM 58,—; US $ 16.00
75. Rado/Reichelderfer: Continuous Transformations in Analysis, with an Introduction to Algebraic Topology. DM 59,60; US $ 16.40
76. Tricomi: Vorlesungen über Orthogonalreihen. DM 68,—; US $ 18.70
77. Behnke/Sommer: Theorie der analytischen Funktionen einer komplexen Veränderlichen. DM 79,—; US $ 21.80
78. Lorenzen: Einführung in die operative Logik und Mathematik. DM 54,—; US $ 14.90
80. Pickert: Projektive Ebenen. DM 48,60; US $ 13.40
81. Schneider: Einführung in die transzendenten Zahlen. DM 24,80; US $ 6.90
82. Specht: Gruppentheorie. DM 69,60; US $ 19.20
84. Conforto: Abelsche Funktionen und algebraische Geometrie. DM 41,80; US $ 11.50
86. Richter: Wahrscheinlichkeitstheorie. DM 68,—; US $ 18.70
88. Müller: Grundprobleme der mathematischen Theorie elektromagnetischer Schwingungen. DM 52,80; US $ 14.60
89. Pfluger: Theorie der Riemannschen Flächen. DM 39,20; US $ 10.80
90. Oberhettinger: Tabellen zur Fourier Transformation. DM 39,50; US $ 10.90
91. Prachar: Primzahlverteilung. DM 58,—; US $ 16,00
93. Hadwiger: Vorlesungen über Inhalt, Oberfläche und Isoperimetrie. DM 49,80; US $ 13.70
94. Funk: Variationsrechnung und ihre Anwendung in Physik und Technik. DM 120,—; US $ 33.00
95. Maeda: Kontinuierliche Geometrien. DM 39,—; US $ 10.80
97. Greub: Linear Algebra. DM 39,20; US $ 9.80
98. Saxer: Versicherungsmathematik. 2. Teil. DM 48,60; US $ 13.40
99. Cassels: An Introduction to the Geometry of Numbers. DM 69,—; US $ 19.00
100. Koppenfels/Stallmann: Praxis der konformen Abbildung. DM 69,—; US $ 19.00
101. Rund: The Differential Geometry of Finsler Spaces. DM 59,60; US $ 16.40
103. Schütte: Beweistheorie. DM 48,—; US $ 13.20
104. Chung: Markov Chains with Stationary Transition Probabilities. DM 56,—; US $ 14.00
105. Rinow: Die innere Geometrie der metrischen Räume. DM 83,—; US $ 22.90
106. Scholz/Hasenjaeger: Grundzüge der mathematischen Logik. DM 98,—; US $ 27.00
107. Köthe: Topologische lineare Räume I. DM 78,—; US $ 21.50
108. Dynkin: Die Grundlagen der Theorie der Markoffschen Prozesse. DM 33,80; US $ 9.30
110. Dinghas: Vorlesungen über Funktionentheorie. DM 69,—; US $ 19.00
111. Lions: Equations différentielles opérationelles et problèmes aux limites. DM 64,—; US $ 17.60
112. Morgenstern/Szabó: Vorlesungen über theoretische Mechanik. DM 69,—; US $ 19.00
113. Meschkowski: Hilbertsche Räume mit Kernfunktion. DM 58,—; US $ 16.00
114. MacLane: Homology. DM 62,—; US $ 15.50
115. Hewitt/Ross: Abstract Harmonic Analysis. Vol. 1: Structure of Topological Groups, Integration Theory, Group Representations. DM 76,—; US $ 20.90

116. Hörmander: Linear Partial Diffential Operators. DM 42,—; US $ 10.50
117. O'Meara: Introduction to Quadratic Forms. DM 48,—; US $ 13.20
118. Schäfke: Einführung in die Theorie der speziellen Funktionen der mathematischen Physik. DM 49,40; US $ 13.60
119. Harris: The Theory of Branching Processes. DM 36,—; US $ 9.90
120.
121. Collatz: Funktionalanalysis und numerische Mathematik. DM 58,—; US $ 16.00
122. Dynkin: Markov Processes. DM 96,—; US $ 26.40
123. Yosida: Functional Analysis. DM 66,—; US $ 16.50
124. Morgenstern: Einführung in die Wahrscheinlichkeitsrechnung und mathematische Statistik. DM 38,—; US $ 10.50
125. Itô/McKean: Diffusion Processes and Their Sample Paths. DM 58,—; US $ 16.00
126. Letho/Virtanen: Quasikonforme Abbildungen. DM 38,—; US $ 10.50
127. Hermes: Enumerability, Decidability, Computability. DM 39,—; US $ 10.80
128. Braun/Koecher: Jordan-Algebren. DM 48,—; US $ 13.20
129. Nikodým: The Mathematical Apparatus for Quantum-Theories. DM 144,—; US $ 36.00
130. Morrey: Multiple Integrals in the Calculus of Variations. DM 78,—; US $ 19.50
131. Hirzebruch: Topological Methods in Algebraic Geometry. DM 38,—; US $ 9.50
132. Kato: Perturbation Theory for Linear Operators. DM 79,20; US $ 19.80
133. Haupt/Künneth: Geometrische Ordnungen. DM 68,—; US $ 18.70
134. Huppert: Endliche Gruppen I. DM 156,—; US $ 42.90
135. Handbook for Automatic Computation. Vol. 1/Part a: Rutishauser: Description of ALGOL 60. DM 58,—; US $ 14.50
136. Greub: Multilinear Algebra. DM 32,—; US $ 8.00
137. Handbook for Automatic Computation. Vol. 1/Part b: Grau/Hill/Langmaack: Translation of ALGOL 60. DM 64,—; US $ 16.00
138. Hahn: Stability of Motion. DM 72,—; US $ 19.80
139. Mathematische Hilfsmittel des Ingenieurs. Herausgeber: Sauer/Szabó. 1. Teil. DM 88,—; US $ 24.20
140. Mathematische Hilfsmittel des Ingenieurs. Herausgeber: Sauer/Szabó. 2. Teil. DM 136,—; US $ 37.40
141. Mathematische Hilfsmittel des Ingenieurs. Herausgeber: Sauer/Szabó. 3. Teil. DM 98,—; US $ 27.00
142. Mathematische Hilfsmittel des Ingenieurs. Herausgeber: Sauer/Szabó. 4. Teil. In Vorbereitung.
143. Schur/Grunsky: Vorlesungen über Invariantentheorie. DM 32,—; US $ 8.80
144. Weil: Basic Number Theory. DM 48,—; US $ 12.00
145. Butzer/Berens: Semi-Groups of Operators and Approximation DM 56,—; US $ 14.00
146. Treves: Locally Convex Spaces and Linear Partial Differential Equations. DM 36,—; US $ 9.90
147. Lamotke: Semisimpliziale algebraische Topologie. DM 48, —; US $ 13.20
148. Chandrasekharan: Introduction to Analytic Number Theory. DM 28,—; US $ 7.00
149. Sario/Oikawa: Capacity Functions. DM 96,—; US $ 24.00
150. Iosifescu/Theodorescu: Random Processes and Learning. DM 68,—; US $ 18.70
151. Mandl: Analytical Treatment of One-dimensional Markow Processes DM 36,—; US $ 9.80
152. Hewitt/Ross: Abstract Harmonic Analysis. Vol. II. DM 140,—; US $ 38.50
153. Federer: Geometric Measure Theory. DM 118,—; US $ 29.50

154. Singer: Bases in Banach Spaces I. DM 112,—; US $ 30.80. In Vorbereitung
155. Müller: Foundations of the Mathematical Theory of Electromagnetic Waves. DM 58,—; US $ 16.00
156. van der Waerden: Mathematical Statistics. DM 68,—; US $ 18.70
157. Prohorov/Rozanov: Probability Theory. DM 68,—; US $ 18.70
159. Köthe: Topological Vector Spaces I. DM 78,—; US $ 21.50
160. Agrest/Maksimov: Theory of Incomplete Cylindrical Functions and their Applications. In Vorbereitung
161. Bhatia/Szegö: Stability Theory of Dynamical Systems. In Vorbereitung
162. Nevanlinna: Analytical Functions. DM 76,—; US $ 20.90
163. Stoer/Witzgall: Convexity and Optimization in Finite Dimensions I. DM 54,—; US $ 14.90
164. Sario/Nakai: Classification Theory of Riemann Surfaces. DM 98,—; US $ 27.00
165. Mitrinović: Analytic Inequalities. In Vorbereitung
166. Grothendieck/Dieudonné: Eléments de Géometrie Algébrique. I. In Vorbereitung
167. Chandrasekharan: Arithmetical Functions. DM 58,—; US $ 16.00. In Vorbereitung
168. Palamodov: Linear Differential Operators with Constant Coefficients. In Vorbereitung
169. Rademacher: Topics in Analytic Number Theory. In Vorbereitung
170. Lions: Optimal Control Systems Governed by Partial Differential Equations. In Vorbereitung
171. Singer: Best Approximation in Normed Linear Spaces by Elements of Linear Subspaces. DM 60,—; US $ 16.50. In Vorbereitung

Reproduktion und Druck:
Werk- und Feindruckerei Dr. Alexander Krebs, Weinheim und Hemsbach (Bergstr.)
und Bad Homburg v. d. H.

Printed in the United States
By Bookmasters